U0480147

国家社科基金重点项目"科学认知的适应性表征研究"（16AZX006）成果

科学认知
从心性感知到适应性表征

魏屹东 / 著

我们能够体验的最美好事物是奥秘。这是一切真正的艺术与科学的源泉。
——阿尔伯特·爱因斯坦（Albert Einstein, What I Believe）

世界不是理性的，但是……我们（应当）尽可能让它臣服或屈从于理性。
——卡尔·波普尔（Karl Popper, The Open Society and Its Enemies）

科学出版社

北京

内 容 简 介

本书将适应性表征作为概念框架，深入分析成熟自然科学包括物理学、天文学、宇宙学、生物学等学科的主要理论的认知表征特性，挖掘其不同表征形式的共同机制、特征和方法论，寻找其适应于客体对象的从心性感知到适应性表征的一般形式和判断标准。全书内容包括五个部分：科学认知适应性表征的理论框架；科学认知适应性表征的自然-文化进化解释；科学认知适应性表征的符号学与哲学解释；科学理论的适应性表征；科学认知适应性表征的方法论。最终基于这五个部分的内容归纳出一种新的认识论和方法论——认知表征适应论。

本书可供科学史、科学哲学、心灵哲学、科学知识社会学、认知科学、计算机科学和人工智能等相关专业的人员阅读参考。

图书在版编目（CIP）数据

科学认知：从心性感知到适应性表征/魏屹东著. —北京：科学出版社，2024.3

ISBN 978-7-03-077585-6

Ⅰ. ①科… Ⅱ. ①魏… Ⅲ. ①认知科学－研究 Ⅳ. ①B842.1

中国国家版本馆 CIP 数据核字（2024）第 008972 号

责任编辑：任俊红　高雅琪 / 责任校对：贾伟娟
责任印制：师艳茹 / 封面设计：有道文化

科 学 出 版 社 出版
北京东黄城根北街 16 号
邮政编码：100717
http://www.sciencep.com

北京中科印刷有限公司印刷
科学出版社发行　各地新华书店经销

*

2024 年 3 月第 一 版　开本：720×1000　1/16
2024 年 3 月第一次印刷　印张：38 3/4
字数：738 000

定价：348.00 元
（如有印装质量问题，我社负责调换）

作者简介

魏屹东，1958年生，山西永济人，山西大学哲学学院教授、博士研究生导师，主持完成十多项国家和省部级项目；从事科学史、科学哲学、分析哲学、认知哲学和人工智能哲学研究，出版专著12部、译著6部、主编"认知哲学译丛""认知哲学文库""山西大学认知哲学丛书""山西大学分析与人文哲学丛书"；在《中国社会科学》《哲学研究》《自然辩证法研究》《自然科学史研究》等权威刊物发表学术论文260余篇。

目　录

导论 ··· 1
 第一节　科学认知适应性表征的相关研究 ························ 2
 第二节　研究内容和研究目标 ···································· 5
 第三节　涉及的重要问题和研究进路 ······························ 6
 第四节　相关核心概念及其关系的界定 ···························· 9
 第五节　基本思路、研究方法和创新 ······························ 11

第一部分　科学认知适应性表征的理论框架

第一章　作为科学认知本质的适应性表征 ····························· 15
 第一节　适应性表征的含义 ······································· 16
 第二节　适应性表征的经验适当性 ································ 20
 第三节　适应性表征的经验认知模式 ······························ 23
 第四节　适应性表征的"四象限"类型 ····························· 25
 第五节　适应性表征的心理建模 ·································· 31
 第六节　小结 ·· 37

第二章　作为认知系统概念框架的适应性表征 ························· 38
 第一节　认知科学的"范式统一"问题 ····························· 38
 第二节　适应性表征作为认知系统的范畴化能力 ···················· 40
 第三节　离身认知科学的适应性表征 ······························ 44
 第四节　具身认知科学的适应性表征 ······························ 47
 第五节　对一些潜在质疑的回应 ·································· 50
 第六节　小结 ·· 52

第三章 作为替代选择的适应性表征·················54
第一节 表征作为心智与自然的界面·················54
第二节 适应作为替代选择·················57
第三节 反馈-前馈相互依赖作为适应性表征的机制·················60
第四节 适应性表征作为抽象组织·················62
第五节 适应性表征作为信息加工过程·················64
第六节 适应性元表征作为解释框架·················66
第七节 元表征框架的形而上学问题·················73
第八节 小结·················78

第四章 适应性表征的规范性和操作性·················80
第一节 基于区分代数的适应性表征体系·················80
第二节 区分的适应性运动约束表征·················82
第三节 区分范畴与适应性表征结构·················84
第四节 范畴与区分间的适应性表征关系·················87
第五节 区分的动态约束与适应性表征的操作化·················89
第六节 小结·················92

第五章 认知适应性的表征策略·················94
第一节 近代物理学中的表征策略·················95
第二节 认知科学中的表征策略·················98
第三节 人工智能中的表征策略·················101
第四节 适应性表征的实现路径·················103
第五节 适应性的语境表征策略·················106
第六节 小结·················113

第二部分 科学认知适应性表征的自然-文化进化解释

第六章 认知系统与认知的适应性·················117
第一节 认知系统的范畴结构·················118

第二节　认知系统的适应性特征……………………………………122

　　第三节　认知系统：创造性和自我理解的统一……………………127

　　第四节　认知适应性：认知与目标的具身耦合……………………130

　　第五节　认知境遇：不确定性和适应性的互补……………………134

　　第六节　认知历史性：时间和记忆的显现…………………………137

　　第七节　认知敏感性：学习与社会的互动…………………………140

　　第八节　不确定性：认知适应性的根源……………………………143

　　第九节　小结…………………………………………………………145

第七章　认知系统与环境关系的系统论解释…………………………147

　　第一节　认知系统的相关概念界定…………………………………147

　　第二节　认知系统与环境边界的界定………………………………150

　　第三节　认知系统适应环境的属性…………………………………153

　　第四节　环境与认知系统的耦合……………………………………156

　　第五节　认知涌现的哲学分析………………………………………158

　　第六节　小结…………………………………………………………162

第八章　认知系统的生物与文化进化解释……………………………164

　　第一节　有意识生物进化的隐喻表征………………………………164

　　第二节　意识进化的"自我"表征…………………………………169

　　第三节　意识的文化进化解释………………………………………172

　　第四节　心智形成的生物语义学解释………………………………177

　　第五节　小结…………………………………………………………180

第九章　认知系统意向性的量子与进化解释…………………………182

　　第一节　意识是不是量子场？………………………………………183

　　第二节　意识是不是可预测的奇怪吸引子系统？…………………185

　　第三节　进化论能否解释意识的"难问题"？……………………188

　　第四节　意识的进化是否导致心智的出现？………………………191

　　第五节　心智与智能是否同一？……………………………………196

　　第六节　小结…………………………………………………………199

第十章　情感认知的自然与文化解释 ········ 200

- 第一节　情感认知的心理机制 ········ 201
- 第二节　情感认知的连贯性计算 ········ 204
- 第三节　情感认知的隐喻类比与推理 ········ 207
- 第四节　情感认知的格式塔转化与连贯性说明 ········ 211
- 第五节　情感认知的分子表征机制 ········ 214
- 第六节　科学研究中的情感认知 ········ 217
- 第七节　情感认知的社会建构 ········ 220
- 第八节　小结 ········ 225

第三部分　科学认知适应性表征的符号学与哲学解释

第十一章　认知表征的符号学解释 ········ 229

- 第一节　作为某种认知状态的意识现象 ········ 230
- 第二节　作为认知前提意识的生物实在论说明 ········ 233
- 第三节　生态语境中的适应性表征 ········ 237
- 第四节　作为内在表征模式的符号过程 ········ 241
- 第五节　小结 ········ 244

第十二章　适应性表征的生物符号学解释 ········ 246

- 第一节　认知现象的生物特异性 ········ 246
- 第二节　认知现象说明的生物符号学框架 ········ 249
- 第三节　神经系统的起源与"第一人称"经验的形成 ········ 251
- 第四节　心智的进化与指号解释策略 ········ 254
- 第五节　记忆作为意识的指号适应方式 ········ 256
- 第六节　智能体作为最小之心 ········ 259
- 第七节　小结 ········ 262

第十三章　认知经验的神经实用主义解释 ········ 263

- 第一节　作为实验进化论的实用主义 ········ 263

第二节　意识经验的隐喻解释……………………………………… 265
　　第三节　注意作为心智特征的自然渐进解释……………………… 267
　　第四节　"心理器官"假设和心智的进化解释…………………… 269
　　第五节　小结………………………………………………………… 274

第十四章　认知过程的现象学解释………………………………… 275
　　第一节　认知过程现象学解释的必要性…………………………… 276
　　第二节　关于认知经验的两种争论………………………………… 279
　　第三节　认知现象特征的存在论证………………………………… 282
　　第四节　胡塞尔对认知过程的现象学论证………………………… 285
　　第五节　现象意向性与自然化意向性……………………………… 288
　　第六节　认知的现象学分析面临的问题…………………………… 299
　　第七节　小结………………………………………………………… 303

第十五章　认知现象的自然主义解释……………………………… 304
　　第一节　认识论的自然主义化和外在化的自然主义……………… 305
　　第二节　意识/认知自然化的内在主义……………………………… 308
　　第三节　意识/认知自然化的外在主义……………………………… 313
　　第四节　外在化的自然主义认识论………………………………… 315
　　第五节　自然主义的方法论意义…………………………………… 320
　　第六节　小结………………………………………………………… 324

第四部分　科学理论的适应性表征

第十六章　经典力学的适应性表征………………………………… 329
　　第一节　经典力学表征的不同形式………………………………… 329
　　第二节　表征的动态约束…………………………………………… 335
　　第三节　经典表征中的区分及其不变性…………………………… 338
　　第四节　对经典表征框架的哲学反思……………………………… 340
　　第五节　小结………………………………………………………… 343

第十七章 量子力学的适应性表征 ……………………………… 344

- 第一节 量子行为的互补性表征 ……………………………… 344
- 第二节 量子行为的非定域性表征 …………………………… 347
- 第三节 量子现象的形式表征 ………………………………… 349
- 第四节 量子行为的概率表征 ………………………………… 353
- 第五节 量子观察过程信息转移的表征 ……………………… 355
- 第六节 量子数学表征的解释及其争论 ……………………… 358
- 第七节 小结 …………………………………………………… 361

第十八章 时空理论的适应性表征 ……………………………… 362

- 第一节 坐标系表征时空的相对性 …………………………… 362
- 第二节 同时性与同步性表征的相对性 ……………………… 364
- 第三节 时空结构表征的不变性 ……………………………… 367
- 第四节 因果表征的局部性与普遍性 ………………………… 369
- 第五节 因果联系的适应性形式表征 ………………………… 372
- 第六节 时空悖论的元表征问题分析 ………………………… 374
- 第七节 小结 …………………………………………………… 380

第十九章 信息过程的不可逆适应性表征 ……………………… 381

- 第一节 统计力学中的可逆与不可逆表征 …………………… 381
- 第二节 热力学第二定律的适应性统计表征 ………………… 385
- 第三节 自组织过程的不可逆性表征 ………………………… 388
- 第四节 耗散结构的自动性与适应性表征 …………………… 390
- 第五节 认知过程的不可逆性表征 …………………………… 393
- 第六节 作为表征变化的学习与发现 ………………………… 395
- 第七节 小结 …………………………………………………… 397

第二十章 宇宙结构的适应性表征 ……………………………… 399

- 第一节 地心宇宙结构的适应性表征 ………………………… 399
- 第二节 日心宇宙结构的适应性表征 ………………………… 404
- 第三节 宇宙结构的综合表征、调整与更新 ………………… 406

第四节　宇宙结构的相对论表征 …………………………………… 408
第五节　宇宙结构的量子引力学表征 ………………………………… 412
第六节　宇宙结构的超时空高维表征 ………………………………… 416
第七节　宇宙结构的弦-膜表征 ……………………………………… 420
第八节　小结 ……………………………………………………………… 422

第五部分　科学认知适应性表征的方法论

第二十一章　认知任务分析：以目标导向解决问题 ………………… 427
第一节　认知任务分析的含义 ………………………………………… 427
第二节　认知任务分析的思想根源 …………………………………… 430
第三节　认知地图知识表征模型：一种基于语境的认知手段 …… 432
第四节　临界决策法：基于事件的认知任务分析 ………………… 434
第五节　认知任务的分析与表征 ……………………………………… 436
第六节　自然语境中的宏观认知表征 ………………………………… 438
第七节　以决策为中心的设计：认知任务分析的一个精致案例 …… 442
第八节　小结 ……………………………………………………………… 446

第二十二章　认知模拟：为对象建模表征 …………………………… 447
第一节　作为适应性表征的认知功能模拟 …………………………… 447
第二节　作为适应性表征的认知仿真模拟 …………………………… 450
第三节　作为适应性表征的认知心理模拟 …………………………… 452
第四节　小结 ……………………………………………………………… 455

第二十三章　情境认知：行动中感知 ………………………………… 457
第一节　情境认知的语境性 …………………………………………… 458
第二节　情境认知的语境之网 ………………………………………… 461
第三节　情境认知的语境模式 ………………………………………… 464
第四节　情境认知的表征方式 ………………………………………… 465
第五节　情境认知的核心预设 ………………………………………… 469
第六节　情境认知的本质特征 ………………………………………… 473

第七节　情境认知的方法论意义………………………………… 481
　　第八节　小结……………………………………………………… 483

第二十四章　语境同一分析：把握对象意义……………………………… 485
　　第一节　语境同一化作为适应性表征…………………………… 485
　　第二节　表征概念的语境重构…………………………………… 487
　　第三节　表征的语境投射机制…………………………………… 490
　　第四节　语境投射表征的本质特征……………………………… 492
　　第五节　案例研究："自由意志问题"的语境同一分析………… 496
　　第六节　小结……………………………………………………… 510

第二十五章　溯因推理：从结果探明原因………………………………… 511
　　第一节　归纳和演绎形成之谜…………………………………… 511
　　第二节　溯因、归纳和演绎的互动结构………………………… 513
　　第三节　溯因推理的逻辑结构…………………………………… 517
　　第四节　溯因推理作为最佳说明模型…………………………… 521
　　第五节　溯因的适应性表征特征………………………………… 523
　　第六节　小结……………………………………………………… 525

结语　认知表征适应论：一种新的认识论和方法论……………………… 526
参考文献……………………………………………………………………… 530
后记…………………………………………………………………………… 606

导　论

纵观科学史，我们不难发现，成熟的科学理论，如牛顿力学、相对论、量子力学、进化论等，无一不是对目标系统（世界的部分或方面）从最初的观察和思考（笔者称之为心性感知）[①]发展到适应性表征的结果。在这里，适应性表征（adaptive representation）就是主体人（科学家）主动地使用概念、命题、模型、理论等中介工具对目标系统的似真的（plausible）、可靠的、一致的描述或刻画，且这种描述或刻画会随着目标对象及其环境的变化而实时地做出调整，其中渗透了心性感知和心理表征，如想象和思想实验。这种适应目标和环境的认知变化就是理论的更替与超越。

在科学认知的实践中，对于一个特定目标客体或系统，表征它的方式不止一种，诸如图像表征、模型表征、数学表征、逻辑刻画、语言表征等。那么，其中有没有最佳或最适合的表征？如果有，哪一种是最佳的？如果没有，如何才能更有效地表征？假设存在最佳表征，就意味着我们要做选择。然而，这又是一个难以抉择的问题，也是一个见仁见智的问题。例如，对一棵树的表征，画像、照片和语言描述哪个更好？画家会选择画像，摄影师会选择照片，语言学家会选择语言描述。再比如，对于一种天气现象，语言描述与模型表达哪个更好？定性描述与定量表达哪个更佳？一般来说，气象学家会选择模型表达，文学家会选择语言定性描述，数学家会选择方程式定量刻画。选择哪种表征方式，要根据所表征对象的特点和要达到的目标来确定。这就是表征要依据认知目标的特点和要达到的目的的适应性问题。在笔者看来，适应性表征是科学认知的核心，关乎科学创造和创新。因此，从适应性表征视角研究科学认知和思维（包括意识、心智）的本质，事关科学创造的主体性和原创性问题，其意义不言而喻。

[①] 笔者之所以将"观察和思考"称为"心性感知"（感觉与觉知）是基于两方面的考量：一方面，科学认知是从观察（主动或被动）开始的，这一过程虽然主要是通过感官（眼睛等）进行的发现，但也涉及意识、知觉和心智等心理活动；另一方面，思考是基于观察的深层次的认知，包括假设、反驳、解释和思想实验等高级智力活动。在笔者看来，较之这两个认知过程更基本的是适应性表征（见书中论证），该概念不仅囊括了观察和思考过程，也具有更大的包容性（所有心理现象都是适应性表征的结果）和更强的解释力（一切认知活动都可通过适应性表征来解释）。

第一节　科学认知适应性表征的相关研究

在一切探索活动中，表征是不可或缺的一个认知环节。作为一个认知过程，表征是用一类事物代替或描述另一类事物。在这个过程中，新的理解和创造渗透其中，认知作为表征或刻意设计有两个原则："对应原则（表征的内容和形式应该对应目标概念的内容和形式）和使用原则（表征应该能促进目标任务的高效完成）。"（特沃斯基，2022：214）这两个原则恰好反映了认知过程的适应性和表征性。

在科学探寻中，表征是用人工物（模型、方程等）来描述自然或现象。我们发现，一切知识都是认知表征的产物，知识要成为可靠的、准确的科学陈述，就必须是真实的而非虚假的认知表征；所有表征，若要可靠地、逼真地描述其客体对象，就必须与它所描述的对象经验地、理性地相适应，这就是笔者所称的"适应性表征"。

所谓适应性表征，准确来说，就是指表征源（模型、图像）与表征目标（系统、现象）之间的适当性与一致性描述。不同学科进行表征的侧重点不同——认知心理学侧重心理表征，人工智能侧重知识表征，自然科学侧重形式语言表征，哲学社会科学侧重日常语言表征。不论侧重哪一方面，是哪一类表征，其本质上都是认知过程。科学认知的实质就是如何可靠地、真实地表征目标对象，因此，表征是一切理论创造的核心。没有表征就难有创造和发现，更遑论科学创新。研究适应性表征的意义就在于探讨并弄清科学认知的表征结构、机制和形式，最终为科学创新和科学发现提供可靠的表征理论。

提及表征及其学说，这里有必要对其发展历史作简单回顾。古希腊哲学家将表征分为感觉的、内在的和概念的，相应地形成了纯的、强的和弱的表征主义。中世纪哲学家认为表征和被表征的事物有相同的形式、表征与被表征的事物类似、表征由被表征的事物引起、表征意指被表征的事物，相应地形成了表征的同构观、相似观、因果观和指称观，构成了后来的保形（conformality）、相似（likeness）和协变（covariance）理论，并成为现代认知表征的思想基础（King，2004）。现代心智哲学将这些表征理论扩展为不同形式的表征主义，诸如窄内容与宽内容的、还原与非还原的、显在和潜在的，它们彼此之间相互竞争。与表征主义相对立的是非表征主义，主张认知是潜意识技能过程，无须表征。

这些不同表征理论之间的分歧，反映在科学认知实践中具体表现为图像论、自然主义、结构主义、指代-替代推理主义和语义-语用论之间的争论。图像论是19世纪物理学家麦克斯韦（J. C. Maxwell）、玻尔兹曼（L. E. Boltzmann）和赫兹（H. Hertz）建立科学模型的观点，他们认为模型是物理学的支柱[①]，是世界图像的本质，科学理论就是心理图像，与物理实在具有相似性。这是最基本、最普遍的相似和同构表征观的混合，也是最受诟病的观点，因为它依据心理图像将目标客体确定为建构外在世界的图像，外在世界完全内在地存在[②]。这导致了后来的科学实在论与结构实在论的争论。图像论不能说明根本不是图像的数学方程的表征问题，且图像具有对称性、反身性和传递性，而表征关系不是。正是图像论的这种缺陷，导致了自然主义的目的语义学（Teleosemantics）的产生。

目的语义学认为，表征关系能够由生物学中的功能概念加以说明，旨在阐明一个完全物理的行动者的内在状态如何能够真实地表征其周围的世界。这意味着表征完全不需要心智概念，表征就是感受器接收外在信息的过程，即"感受器表征"（Morgan，2014）。自然主义的目的是用自然科学（生物学）的方法取代心智哲学的方法，用功能取代心智，使表征成为可操作的。然而，表征是有心理活动的行动者参与其中的过程，排除心智概念不等于排除心理活动，缺乏心智的表征只是自然呈现，这促使科学哲学家从数学结构主义视角探讨表征的机制问题。

结构主义表现为同构论（集合-理论说明）、部分同构论和经验结构主义。同构是指数学的映射 $f: A \rightarrow B$，它将研究对象描述为结构化系统，科学的"客体"被描述为"结构化系统中的位置"，科学理论是通过共有结构（态射）描述这样的客体或系统的。这种将现象结构看作世界本身的观点受到了强烈批评，因为同构是数学上的，实际的表征工具与目标之间根本不是同构关系。为此，弗雷赫（S. French）将同构弱化为部分同构，部分同构作为理论模型与数据模型之间的基本关系起作用，是两个模型的共有部分（French，2003）。鉴于物理表征通常是描述或表达而不是同构或部分同构，范·弗拉森（B. C. van Fraassen）提出经验结构主义，主张测量及其理论化就是表征，测量结果不表示被测量实体是什么，而是在测量结构中"看起来像"什么（Van Fraassen，2004）。

然而，结构表征同样蕴含了对称性、反身性和传递性，这是不少哲学家所极力反对的。指代-替代推理主义试图克服这些缺陷。休斯（R. I. G. Hughes）发现科学表征具有指代（denotation）、证明（demonstration）和诠释（interpretation）（DDI）的作用，其中指代是指模型的元素指称现象，证明是指使用者运用模型得到一个结果，诠释是指这个结果得到物理上的说明（Hughes，1997）。苏雷

[①] 模型作为一种主要表征和思维方式，是科学认知不可缺少的，它有多种功能，如推理、解释、设计、沟通、行动、预测、探索、表征等（佩奇，2019：25）。

[②] Thomas N. Mental imagery. In Stanford encyclopedia of philosophy. http://plato.stanford.edu/entries/mental-imagery/[2023-03-20].

兹（M. Suárez）发现这种 DDI 对于表征是不充分的，表征还应该包含认知和推理，本质上是一种类似于"力"的推理力，有程度的差异——准确表征、真实表征和完全表征，从而形成了指代-替代推理主义（Suárez，2004）。按照这种观点，X 表征 Y 仅当 X 的表征力指向 Y，X 允许有能力、有知识的行动者得出关于 Y 的推论。若 X 是模型，则必须满足两个条件：一是指代，即模型被用来表征系统；二是替代推理，即模型允许它的使用者执行从模型到系统的具体推理。然而，指代-替代推理的实质是结构映射式的功能替代，更强调指称关系和推理过程，却忽略了表征的语义内容，从而导致语义-语用论的形成。

语义-语用论是语义论的语用化。语义论始于萨普斯（P. Suppes）的集合-理论形式主义，它主张理论是通过模型与世界发生联系的，而模型与经验以复杂的方式相联系，理论的标准框架以"一个抽象的逻辑运算"表征理论，并提供运算的"对等定义"（Suppes，1967）。这意味着科学理论由（数学）模型家族构成，包括经验模型以及阐述经验模型与经验系统之间联系的假设集。在笔者看来，这种基于集合的语义论不过是数学结构主义的翻版，依赖的还是相似与同构，不能完全说明理论与模型关联世界的方式。范·弗拉森则进一步指出了结构主义的问题，并基于几何学发展了语义论，认为一个结构应该是几何结构，它能够被嵌入另一个几何结构，而且是嵌入性的一个有限情形（van Fraassen，2006）。事实上，这种基于几何结构的语义论仍然是一种结构主义，它不同于集合语义论的地方在于更强调结构的语义内容，却忽视了产生语义的语境和使用过程。这导致了语义论的语用论倾向。

语用论者吉尔（R. N. Giere）认为，表征是主体 S 出于目的 P 使用工具 X 表征世界 W 的认知过程。这种语用论强调主体 S 基于目的对表征工具模型的使用（Giere，1994）。康特萨（G. Contessa）认为，一个表征应该是一个有效认知推理，仅当使用者能够使用表征工具进行关于目标的有效替代推理时，表征工具才是目标的一个认知表征（Contessa，2007）。这等于将语义-语用论与指代-替代推理主义相结合。问题是，这种混合的语用论仅仅规定替代推理有效，没有规定结论是真是假，结论的真假与推理是否有效无关。由于语义-语用论在表征结果真假上的模棱两可性，它在真理问题上受到了批判。这就为适应性表征主义的提出与研究提供了机遇和挑战。

概言之，关于科学表征的研究路径主要有两条：一条始于 19 世纪末科学与哲学中关于表征与建模关系的争论；另一条始于 20 世纪 50 年代科学哲学中关于科学理论本质的研究，特别是卡尔纳普（R. Carnap）"句法观"开创的"语义"和"结构"观使得表征逐渐成为核心。这两条路径今日汇聚成认知表征问题的研究。同时，其他两个关于表征的哲学探讨也汇入其中：一是关于理论或模型与要表征的真实系统或现象之间表征关系的本质问题，这构成了后来的关于表征的"分析方法";二是科学哲学家关于科学家如何使用表征的建模方法的探讨,这构成了今日的表征的"实践方法",包括描述分析、溯因推理、基于案例的分析、基于实践的推理、基于模型的推理等。第一条路径与分析方法构成了表征的"紧缩观",即将表征理解为不能还原的原始概念;第二条路径和实践方法构成了表征的"实质观",即表征概念可还原为另一种更基本的东西。笔者在此基础上,从语境实在论出发,提出语境同一方法论,建立了"语境叠加模型",形成了基于语境表征的第三条研究进路(魏屹东,2018:584-593)。这是从表征包含的内容或意义以及表征需要理解和说明的角度进行的,因为说到底,表征的目的是要给出目标对象的意义,以便交流和传播。

第二节 研究内容和研究目标

本书将适应性表征作为概念框架,深入分析成熟自然科学(物理学、天文学、宇宙学、生物学等)主要理论的认知表征特性,挖掘其不同表征形式的共同机制、特征和方法论,寻找其适应于客体对象的从心性感知到适应性表征的一般形式和判断标准,其内容概括起来有以下五个方面。

(1)科学认知适应性表征的理论框架,包括适应性表征的含义、本质特征、表征框架、心理建模、范畴化能力、规范性、表征区分的运动约束和表征的操作化、适应性变化,以及海里根(F. Heylighen)的适应性表征主义等形式表征体系。

(2)科学认知适应性表征的自然-文化进化解释,包括认知系统与认知的适应性、认知系统与环境关系的系统论解释、认知系统的生物与文化进化解释、认知系统意向性的量子与进化解释,以及情感认知的自然与文化解释。

(3)科学认知适应性表征的符号学与哲学解释,包括认知表征的符号学和生物符号学解释、认知经验的神经实用主义解释、认知过程的现象学解释,以及认知现象的自然主义解释。

(4)科学理论诸如经典力学、量子力学、时空理论、信息理论和宇宙结构理论的适应性表征,具体涉及信息过程、自组织过程的不可逆表征,耗散结构的自动性与适应性表征,认知过程的不可逆表征,坐标系表征时空的相对性、时空结构表征的不变性、因果表征的局部性与普遍性,以及经典表征、非经典表征和元表征框架的哲学反思。

(5)科学认知适应性表征的方法论,包括认知任务分析、认知模拟方法、情境认知方法、语境同一分析和溯因推理方法,这些是适应性表征方法论的具体应用。

最终基于这五方面的内容归纳出"认知表征适应论",一种能够跨越物理层次、生物层次和认知层次的新表征方法论。

本书旨在寻求一种简单的、无内容的区分(表征的前提),由此建构一种形式表征结构或框架,然后侧重从不同视角或立场予以解释。在这种结构中,所有约束都是透明的,也没有冗余性;每个结构(区分的一个集合)都与要解决的问题域相关,并将这个结构增加到表征上,从而使形式结构有了内容或意义。如果发现新的问题域,就一定有新的区分出现,这些新区分对应于一种新表征,最终通过新表征的认知适应性彰显科学发现和科学创造过程。

因此,本书最终想要达到三个目的:一是通过深入分析自然认知系统的起源和演化过程,阐明其在自然和文化环境中的适应性表征的机制;二是通过系统地考察和分析自然科学的主要学科的认知过程,阐明它们的适应性表征的特征;三是通过适应性表征这个概念框架连通不同认知系统(自然的人脑和人工的电脑,即双脑),为人们科学地探索自然认知活动甚至人工智能的发展提供一种科学合理的表征方法论及其可能的应用前景。这些目标是否达成,有待于学者、专家和相关读者的评判。

第三节 涉及的重要问题和研究进路

本书总体上是从认知哲学视角探讨科学认知的适应性表征问题的。认知哲学是近十几年伴随着认知科学、认知神经科学、人工智能和机器人学等学科的发展,在整合认知现象学、符号学、科学哲学和心智哲学等基础上兴起的一个崭新研究领域,为单一学科难以解决的心智和认知问题提供了一个多学科、多视角、多维度的统一框架(魏屹东,2010a)。

一、关于认知问题的研究

目前关于认知问题的研究,笔者将其归纳为以下八个方面。

(1)认知作为意识现象的感受性及情感研究,涉及古代和近代的情感观、情感状态的因果评价说明,对情感作为身体状态的原初表征的探讨;情感作为认知或思维形式的研究,包括情感认知状态的心身同一性,涉及各种精神障碍症如孤独症的认知衰退机制问题。

(2)认知的进化与内在逻辑研究,涉及人类行为和认知的达尔文方法,认为知觉、记忆、推理能力在人类智力进化中发挥重要作用;实验心理学和演化生物学方法，解释共享知识、文化创新和时空传承模式；心理普遍性的文化再发生，揭示文化如何塑造认知和心智；认知范畴方法，探讨认知与语言的内在关系。

（3）认知的表征机制研究，涉及认知的表征本质和机制。认知科学将表征作为表达事物的一个替代、一套本体论假设、一个认知推理的组合、一个有效计算和表达的中介。人工智能力图在计算框架下系统地阐释认知过程，主张认知是计算的一种形式，心理状态的语义内容与计算机表征一样是被编码的，神经网络就是自组织计算方式。这些都是认知表征研究的核心问题。弄清这些问题，对于揭示心智活动的机制是非常有益的。

（4）认知与心智（意识）关系研究，比如将有意识的生物定义为体验生命的实体，意识被理解为有机体与它意识到的某些客体之间的一种意向关系。这是将意识看作一种生物学现象，排除了非生物体意识化的可能性，如塞尔（J. Searle）的生物自然主义。还有意识的一致性和全局性研究，如巴尔斯（B. J. Baars）的认知理论，认为意识经验是由无意识语境形成的。

（5）认知的信息编码研究，涉及从信息论探讨认知的本质，这是将认知看作减少不确定性的能力，将复杂适应性系统看作一个观察者、一个心理信息空间，并使用数学构造把信息作为逻辑空间处理，也就是将信息看作复杂适应性系统中的一个关键部分，如对意识的控制论、协同学研究。

（6）认知的语言机制研究，涉及范畴结构、意象、概念获得等，用历时的、心理的、多视角的方法对语言系统及其运作规律进行分析，发现了语言在进化过程中对发明创造和交流所起的作用，超越了转换生成语法传统。

（7）认知的具身性与情境性研究，力图在具身性前提下系统地阐释认知过程，主张认知本质上是一种依赖于身体的智能活动，不仅没有局限于大脑，而且从大脑延展到身体，从身体延展到环境，是大脑、身体和环境的耦合；认知与空间、行为和思维关系的研究，涉及认知规律或定律①的探讨。这主要是具身认知科学和认知心理学的研究。

（8）认知的脑科学与哲学研究，将神经科学方法用于传统哲学问题，将哲学方法用于阐明神经科学问题，比如丘奇兰德（P. Churchland）等探讨颜色相似空间不能表征实际的颜色刺激的物理过程，将大脑看作控制器，研究其编码与解码的表征过程，基本特性是预测记忆的行动结果。这主要是认知神经科学的研究。

这八个研究领域基本构成了对认知现象的不同研究进路：第一是哲学进

---

① 芭芭拉·特沃斯基探讨了认知的九个定律：①没有代价就没有收益；②行为塑造感知；③感觉先行（感觉先于思维）；④思维能超越感知；⑤认知反映感知；⑥空间思维是抽象思维的基础；⑦大脑会填补缺失的信息；⑧思维超出大脑的负荷时，就会将思维转移到世界中去；⑨用在大脑中组织事物的方式组织世界（即以模型的方式看待世界或为世界建模）（特沃斯基，2022）。

路,特别是科学哲学中的自然主义、心智哲学中的功能主义以及认知心理学中的实用主义;第二是语言学进路,涉及语言哲学中的解释学、语义学、语用学和语境论;第三是现象学尤其是胡塞尔(E. Husserl)的现象学和梅洛-庞蒂(M. Merleau-Ponty)的知觉现象学以及认知现象学进路;第四是符号学包括皮尔士(C. S. Peirce)的符号学和生物符号学进路;第五是认知科学进路,包括计算-表征主义、联结主义、动力主义(感知-行动主义)、生成主义、情境主义以及认知神经科学等;第六是人工智能进路,包括机器人学、认知控制论和认知信息论;第七是生物学特别是认知生物学进路,主要探讨认知基因学;第八是文化学进路,包括文化人类学中的文化基因学和文化神经科学。这些不同进路涉及许多学科,既有融合又有分歧,难以形成统一的研究纲领,本书依据"认知是一切知识之根"和"认知过程是适应性的"这两个信念或假设,在适应性表征框架下整合不同研究进路,给出认知问题的一种可能更加科学合理的解释。

二、关于科学认知的适应性表征研究

聚焦于科学认知的适应性表征研究主要涉及以下五个重要问题。

(1)认知的主体性问题,要澄清和解决意识优先性、智能有无意识等问题:认知及其预设是什么?有哪些分类?认知的行动者或智能体(agent)是什么?它是不是意识(智能)的"基本粒子"?其组合如何产生智能?这种人工主体与主体人(subject)的区别是什么?能否意识化?如何意识化?认知的统一基底是什么?无生命的认知是否可能?人脑是不是由亿万个神经元整合成的量子计算机?心智是一元还是多元的?若是多元的应如何互动?

(2)认知的统一性问题,要解决认知中介问题、内在-外在关系问题以及认知运行机制问题:认知的特异性(相对于无机物)是如何产生的?心身之间、心脑之间、心物之间、心语(言)之间、心世(界)之间互动的机制是什么?人机交互的界面或人机合一的机制是什么?如何在计算理论、脑的知识表征和计算机层次上联合实现认知?已有认知科学理论与当代哲学范式如何融合?能否建构出人类水平的智能机?或者说人工智能能否像人一样思维?判断的标准是什么?仿生脑能否实现?若实现能否像人一样思维?

(3)认知的确定性问题,要澄清和解决心理状态与相应行为之间的关联机制、内在模型角色问题:认知是纯粹心理活动还是心智与外部世界互动的结果?内在的心理认知机制是确定的还是不确定的?心智与世界的作用是不是因果决定的?或者心理状态与物理状态之间是不是因果关联的?外在的无身认知能否实现,即离身的认知是否可能?认知表征是如何形成的?其本质是什么?有没有无表征的认知?

(4) 意识的"难问题",要研究感觉经验的形成或感受性问题:意识(自我/自由意志)是否只是生物进化的产物?脑的生理过程何以引起有意义的内心活动?意识(心智)如何进行思维活动?如何驱动身体运动?感官信息如何整合成概念?概念如何整合产生言语行为?感觉经验是实在的还是非实在的?如何表征?感受性是具身分布的文化-语言现象吗?思想观念是如何产生的?现象意向性(向内)能否取代意向性(向外)?有意识感觉是如何在中枢神经系统中产生的(绑定问题)?有没有无意识的智能或表征?外在情境因素如信仰、欲望、意志如何影响意识?文化基因学能否解决查尔莫斯的意识的"难问题"?意识作为科学研究的对象是否可能?

(5) 符合入场(意义形成)问题,要研究认知意义形成或内容加载问题:语言形成与认知能力发展是什么关系?抽象符号如何获得内容,即意义形成的机制和本质是什么?信息图式或编码是文化基因还是遗传基因?有没有无语言(符号)的认知?知识获得与智能发展是什么关系?符号学包括生物符号学如何解决符号入场问题?

总之,这五个问题贯穿了整个哲学体系,即本体论(主体性)→认识论(统一性)→方法论(因果性)→价值论(符号入场及其应用),也都与适应性表征相关。因此,本书或多或少、或深或浅都涉及这些问题,但侧重点是探讨科学认知的适应性表征问题。

第四节 相关核心概念及其关系的界定

本书有两个重要范畴:科学认知和适应性表征。这两个范畴又涉及意识、心智(心灵)、感知、经验、意义(语义)等概念。这些概念之间是什么关系?如何使用?这是必须要澄清的,因为本书使用了这些看似意义不同但紧密相关的概念。

科学认知[①]意味着认知的主体是科学家。科学家是经过严格训练、掌握专门知识和逻辑思维的专业人士,但他们首先是人,必然有人类的特性,如有大脑,有意识,有心智(心灵),有情感,会思维,能认知,会使用语言,特别是使用逻辑语言和数学语言。这必然会涉及意识、心智(心灵)、自我甚至情感等这些描述心理或精神现象的概念。这就是为什么科学认知必然会涉及这些

---

① 科学认知是自然认知的延续和升华或深化,自然认知是科学认知的前提和基础,前者是主体借助科学仪器,使用科学语言特别是数学和逻辑语言对研究对象进行表征,后者是主体通过感官和身体,运用自然语言、身体图示对所获得信息的加工包括推理与表征。在笔者看来,这两种认知都是适应性表征过程。

大众心理学和传统心灵哲学中的一些主观性概念或非理性观念（难以经验验证和操作）。因此，这里的认知特别强调"科学性"，即集中于认知的推理、问题解决和操作符号的意义。

虽然说科学强调客观性，科学家大多持客观主义和自然主义（一种唯物主义）立场，科学理论大多是抽象的，但对自然世界的解释却离不开意识经验的参与，这就是科学认知和科学解释的经验适当性问题。经验具有主观性（与心智相关），也具有客观性（与自然世界相关），所以经验有时也称意识经验，即经验是我们能够意识到的东西，而意识到的往往是心智意向地所指的事物，如自然类，具有客观性，即是与客观世界相关联的。这意味着经验是通过有机体实现的，它并不完全属于某一个人，而是在根本上属于自然，只是局限于一个身体中，但身体归根结底是自然存在物。在这个意义上，经验是一种认知模式，是联系心智和自然的中介。这必然会涉及自然主义、实用主义和现象学关于认知和经验的理论。

适应性表征有两个含义：一是适应性；二是表征。适应性不仅与有机物和生物科学相关，也与无机物和物理学及化学相关，因为有机物是由无机物构成的，生物科学是基于物理学和化学的。所以，适应性是自然世界的基本的普遍属性。表征也有两种意思：一是物理和生物层次的属性呈现，在解释这种属性时，需要使用语言；二是在认知层次，表征指使用中介工具描述对象，这个过程就是符号意义的说明。这两种意思的表征都是符号性指涉关系。也就是说，表征的本质就是符号指涉，这是人类特有的。因此，表征势必涉及符号学、生物符号学、语义学和语用学。

对于认知与表征所涉及的上述概念及其关系而言，实用主义哲学家杜威（J. Dewey）在《经验与自然》中关于自然、心灵与主观之关系的说明对笔者有一定的启示（杜威，2014：301-302）。他认为，在精神物理层次上，意识系针对现实的直接在性质上的各种差异的总和而言的，而在心智（心灵）层次上，意识是针对意义现实的领会而言的，即指观念而言的。因此，在心智（心灵）与意识之间有一个明显的差别，在意义（语义）和观念（思想）之间有一个明显的差别。心智（心灵）系针对那些体现在有机生活的功能中意义的整个体系而言的，意识在一个具有语言的动物中系针对意义的察觉或知觉而言的；意识是从实际的事情（无论是过去的、现在的还是未来的）的意义之中去认知这些事情，因此，意识就是实际的观念。在任何有意识的行动和状态中，心智（心灵）的大部分仅是隐晦不明的，其范围（起作用的意义领域）要比意识的范围宽广得多。在杜威看来，心智（心灵）是关联全局的和永远持续的，意识是局部的和变动的；心智（心灵）是结构性、实质性的思维过程，有一个恒常的背景和前景，而认知的意识乃是一个过程，是一系列的此地此时，如我感觉牙疼。形象点说，心智（心灵）是一个恒常的光辉，意识则是间断的，是一连串强度不同的闪光。或者说，意识乃是对持续传递中的消息所作的片刻的遮断，好像一架收音机从布满振波的空气中选择少数的振波而使得它们可以为人所听见。情绪、感觉、思维和欲望都是一个认知的察觉状态，而意识到的意义在发生意义上就是观念。笔者不完全同意杜威关于心智是全局的、持续的而意识是局部的、变化的观点，相反，笔者认为意识是全局的、持续的和基本的，而心智是基于意识的（当然也是全局的、持续的），也就是说，没有意识就不会有心智，意识具有优先性。

概言之，在笔者看来，认知是有意识的心智活动，表征同时包含了这些方面，而且使用了符号，这意味着认知的表征是有意识的符号指涉过程。这些概念之间的优先和逻辑关系是意识→心智（心灵）→认知和表征，即认知和表征是基于或源于意识和心智的。至于意识到底是什么，在哪里发生，有多少种类，与生命、情感有何关系，与大脑、身体、认知有何关系[①]，则超出了本书所探讨的范围。

第五节　基本思路、研究方法和创新

本书抓住现代科学理论的两个重要特征，即形式化和操作化，进而挖掘成熟科学中的适应性表征。形式化是运用数学或逻辑表征符号化的客体，也就是抽去客体的物理意义，而剩下形式，这有利于操作；操作化是运用数学或逻辑进行推理或运算。这是本书研究的基本思路。本书在形式表达方面运用区分代数或布尔代数方法[②]，研究经典科学、非经典科学、认知科学等学科的表征形式；在内容表达方面，本书采用认知历史分析、语境分析和经验适应性分析，呈现表征形式的经验意义。这是本书的具体研究方法。经典框架的形式结构（布尔代数、群结构）是一种元表征，包含许多冗余性，而非经典框架[非平凡正交关系、因果优先（causal precedence，P）关系]则导致了进一步的冗余性，二者的结合产生了不一致。适应性表征就是要消除这种不一致。

在研究方法上，本书基于适应性表征理念，运用区分代数对经典和非经典

[①] 这些问题可参考 Margolis 等（2012）第 2、6、8、12 章的内容，该书已由笔者翻译出版：《牛津认知科学哲学手册》，人民出版社，2022 年。
[②] 所谓布尔代数，也称布尔格，是英国数学家布尔（G. Boolean）为了研究思维规律于 1847—1854 年提出的一个数学模型。它是指一个有序的四元组 $\langle B, \vee, \wedge, * \rangle$，其中 B 是一个非空的集合，$\vee$ 与 $\wedge$ 是定义在 B 上的两个二元运算，* 是定义在 B 上的一个一元运算，并且它们满足一定的条件。在布尔代数上的运算被称为 AND(与)、OR(或)和 NOT(非)。代数结构要成为布尔代数，这些运算的行为就必须和两元素的布尔代数一样，这两个元素是 TRUE(真)和 FALSE(假)。

科学理论的表征形式与特征进行研究，进而探讨其应用。总体框架和研究路径为：适应性表征的理论框架和形式表征→认知作为表征系统的自然进化和文化进化解释→认知适应性表征的符号学和哲学解释→成熟自然科学理论的适应性表征→适应性表征的认识论和方法论及其应用。其中表征关系是表征源 a 与表征目标 b 之间的形式表达，用区分代数(a,b)表示；区分代数$(a,b')→(b,a')$类似于一个因果关系$(a,a)→(b,b')$。任何关联可被看作区分之间的关系，而区分是因果关系和蕴涵关系。总之，科学认知的基本区分是(a,b)，基本表征形式是$a→b$，a 可以是模型、图像、方程等，b 是系统、现象或世界的某些方面。这是认知表征形式的最基本表达，是一种紧缩表达形式。

本书有三个特色：一是以区分代数为工具研究认知表征，这是以往该研究领域所缺乏的；二是形式表达、语义解释、理论说明和实践应用相统一，这是从形式表达到确定指称再到呈现意义的认知表征的完整过程；三是从符号学、现象学、实用主义、自然主义、语境同一论以及文化进化等多视角去探讨和解释认知现象。

创新性表现在五个方面：一是赋予"适应性表征"[①]概念以新的内涵，并将其作为一个统一概念框架来统摄自然认知系统和人工认知系统；二是提出"表征是一种认知过程""所有可靠、准确表征都是适应性表征""适应性表征是语境依赖和语境敏感的"等观点；三是运用区分代数研究科学认知表征，并探讨不同学科的适应性表征问题；四是将科学哲学、认知科学、逻辑方法和区分代数相结合来探讨科学认知表征问题；五是用"语境投射"解决表征关系中两个客体的语境同一性问题，试图消解关于表征的各种争论，这是对"语境同一论"的进一步补充和发展，最终形成"表征适应论"。

[①] 这个概念是笔者在研究科学表征问题的过程中受达尔文进化论的启示想到的，也就是发现表征是适应性的，从而形成"适应性表征"概念。为谨慎起见，笔者搜ައং和翻阅了大量的相关文献，发现早在1987年布鲁塞尔自由大学的海里根博士在《表征与变化》一书中就提出了，只是含义有所不同，如笔者的适应性表征还包括认知适应性、基于语境的适应性等，这些观点是海里根的适应性表征概念中所没有的。为此，笔者将海里根的表征思想称为"适应性表征主义"，将自己的思想称为"表征适应论"，前者在哲学上是工具主义，后者在哲学上是语境实在论，更具体的差异在书中有详细论述。就这个概念本身而言，提出者应归于海里根，尽管笔者也独立地想到了。此外，还有一点需要说明，虽然适应性与生物进化论相关，但进化论并不能解释生命的起源，也不能解释社会的发展。若硬要将该理论推广到它的适应范围以外，就会出现类似社会达尔文主义这样的极端观点。这就好比将牛顿力学应用于微观领域一样不适当。"适者生存"是以生物（有生命的有机体）的存在为其前提的，也就是说，该原理是基于生命存在的，至于生命是如何来的，那是另一回事。认知现象之所以是适应性的，是因为它是基于有意识生命这种有机体适应环境而存在的。即使是非生命的机器人，其认知行为（严格说是一种智能行为）由于其背后是人类设计者，因而也应该是适应性的，比如模仿人的行为就是渐进地适应人的特征。这是笔者提出认知适应性的基本逻辑思路。这一点海里根没有谈及，他侧重强调世界的变化特征导致的表征变化与适应，也没有谈及表征的语义产生问题，原因是他忽视了语境对意义产生的作用。基于语境实在论和认知哲学的表征适应论弥补了这一根本性缺陷。

第一部分　　科学认知适应性表征的理论框架

　　认知系统，特别是作为自然认知系统的人脑，由于它是自然进化的结果，因而是适应性的，它对外部世界的表征也必然是适应性的。这就是笔者称之为的适应性表征。笔者将适应性表征视为认知系统的本质属性，并将它作为说明或解释认知现象的概念框架。

　　这一部分的内容包括第一至第五章。第一章论述并阐释了适应性表征作为科学认知本质的含义、经验适当性、不同类型（直接具象表征、间接具象表征、直接抽象表征和间接抽象表征）和心理建模机制，因为所有认知的表征都是人做出的，人在给出表征前必须首先在心中形成表象（图像的或命题的），这就是心理表征。心理表征也因此成为一切知识表征的必要条件。尽管关于心理表征还存在争论，但笔者认为这个假设是必须有的，就像"光速不变"假设对于相对论一样。

　　第二章探讨并论述了认知科学的不同范式和纲领为什么是适应性表征的。认知科学作为一门还未形成统一范式的新兴学科，目前业已发展出诸如计算表征、联结网络、动态演化、具身-延展-生成，以及情境认知等多种说明理论或研究纲领。是否存在一种统一范畴或概念框架来统摄这些不同甚至对立的认知说明理论，是目前认知科学及其哲学面临的困境。"适应性表征"概念具有统摄各种认知说明理论的共通性，能够为复杂的认知现象提供一种方法论，能够合理地说明认知在语境中的形成与演化机制。原因在于，涉及认知的所谓计算、表征、演化、具身、延展、生成、情景化等概念，均是语境依赖的，即是在特定语境中对认知现象的不同方面的描述，这种依赖语境的认知及其说明过程，本质上是适应性表征过程。

　　第三章介绍并评析了海里根的适应性表征主义。"适应性表征"概念据笔者考证是海里根最先提出的，旨在说明物理科学和认知科学在知识上的统一性。他在《表征与变化》的第二章专门讨论了适应性表征的含义和运作机制，笔者将他的理论称为"适应性表征主义"。该理论的核心主张有六点：表征是心智与自然之间的界面；适应是一种替代选择；反馈-前馈相互依赖是适应性表征的机制；适应性表征的结构是一种抽象组织；适应性表征过程是一种信息加工过程；对表征的最终理解需要元表征，即追问表征的发生根源是什么，或者说究竟什么是表征，其背后的机制是什么，这就涉及表征的本体论或形而上学问题，也就是元表征框架问题。按照区分代数，海里根假定表征结构的基本元素是一种区分，若 a 表征 b，则意味着 a 与 b 是一种区分，经典力学和量子力学均是按照区分来描述其表征的。因而，区分可看作是适应性元表征的一种数学框架。换句话说，根据区分代数，在表征关系中，b 可看作是 $\neg a$，即形成 $(a, b) = (a, \neg a)$。这意味着表征关系中的两个客体不是同一的，但它们是有关联的（相似的或因果的）。这些作为区分的不同状态，在经典力学的表征中是不同的时空状态，在量子力学的表征中是不同的量子态，在相对论的表征中就是不同的坐标变换。可以肯定，这些观点对于阐明心智与自然、主体与客体、自我与世界之间的关系有着重要的启迪。

第四章围绕现代科学理论的两个重要特征展开：一是形式化，即运用数学或逻辑表征符号化的客体，也就是抽去客体的物理意义，只剩下形式，这有利于操作；二是操作化，就是运用数学或逻辑进行推理或运算，以得出精确结论。这两个特征体现了科学认知的规范性和表征的适应性。这两个特征使得科学理论变得越来越抽象，越来越远离经验，越来越难以理解，专业化也越来越强，结果也越来越精确，预测力也越来越强，比如相对论与量子力学。一句话，形式化和操作化使得科学理论更简洁、更精确、更易操作。这是科学的规范性的必然要求，而规范性必然要求一种理论框架内的认知表征作为中介必须是适应性的。

第五章是关于科学表征的适应性变化问题的，具体包括近代物理学和认知科学中表征的适应性及其实现路径和语境策略。当我们面对自然界的时候，我们似乎是与自然界直接发生作用的，比如看见、触摸、听到等。事实上，我们的心智是通过一个可称为表征的中介与自然界或物理世界发生联系的，或者说，表征是心智世界与物理世界的界面或中介，即心智→表征→自然（世界）。心智的表征是潜在的，通常是心理学侧重研究的对象，常常被称为心理表征。心理表征的显现就是知识表征，知识表征通常是人工智能侧重研究的。科学表征是心理表征的特殊形式，它主要通过模型化显现，是自然科学常用的表征手段，是科学哲学侧重研究的。在这种意义上，就表征而言，心理表征是最根本的，因为它是知识表征和科学表征的源头，或者说，一切表征都源于心理表征，因为人是有精神意向的主体。但表征不是静态不变的，而是动态变化的，因为表征依赖的概念是变化的，概念描述的对象世界也是变化的。因此，我们不能将表征理解为某种静态的部分结构，如模型，而应该将其理解为某种整体的和不断变化的东西，即表征是适应性的。

第一章　作为科学认知本质的适应性表征

　　对每个科学的事实来说，原则上都有一个既确实可靠又无时不在的表征，即当且仅当事实存在时才存在的表征。这类表征总是可以通过表示个别情况的各种不同表征之结合而创造出来。因此这样一种表征乃是事实的既充分又必要的条件。因此当我们为一科学对象的基本事实创造出上述这类表征时，我们就建立了这个对象的构造。

——鲁道夫·卡尔纳普（《世界的逻辑构造》第 94-95 页）

　　所谓适应性，就是主体（有机体或中介物）与其所处环境不断协调进化而表现出来的特性。霍兰（J. H. Holland）在《自然与人工系统中的适应性》（Holland, 1992）中通过"隐秩序"探讨了适应性如何建构复杂性的问题，发现自然系统和人工系统都存在适应性。在生物学特别是进化论意义上，适应就是生物融入环境并在环境中生存的过程，"适者生存"就是生物适应环境的结果，不适应就会被淘汰。在这个意义上，生物学就是关于适应性的科学，可称之为"适应生物学"。事实上，适应生物学业已形成并得到迅速发展。柏格森（H. Bergson）的创造进化论认为，"适应不仅仅是淘汰不适应者。适应是由于外部条件的积极影响，使有机体造就自己的形态"（柏格森，2004：54）。神经生理学的可塑性原理表明，"皮层神经元所创造的有关世界的表征并非固定不变，而是不稳定的。在人的一生中，根据新经验、新的自我模式、外部世界的新刺激以及新同化工具等的不同，这一表征会不断调整自己"（尼科莱利斯，2015：195）。因此，适应是一种动态的、交互过程，包括明适应、暗适应和运动适应等。比如，眼睛对阳光的适应就是明适应，对黑暗的适应就是暗适应，运动员对自身运动状态的调整就是运动适应，比赛前的热身就是为了调整身体状态，使身体的运动肌肉达到最佳状态。经常不锻炼的人若要运动，普遍存在一个运动适应的过程，否则就会对身体造成伤害。

　　相似地，认知的表征也是适应性的。这是从身体的适应性到认知的适应性的自然推论。表征作为一种认知过程，也是动态的、交互的同化适应过程。同化是主客体通过中介的互动，"这种互动的性质是，它包含对客体的特性的最大顺应，同时也包含最大限度地整合到先行结构中去（不管这些结构是怎样建立起来的)"(皮亚杰,1989:54)。根据皮亚杰(J. Piaget)的生物学认识论,认知是适应性的,而且只是有机体适应环境的一个特例,适应的标准就是适应的成功。比如,"氧化说"比"燃素说"更成功地说明燃素现象,这是同一思维过程的两个近似值。认知表征是一个适应系统,其中的核心要素是中介客体a和目标客体b。在表征系统中,a是适应性主体,它不断使自己适应其客体b,通过互动最终形成适应性表征,而"适应度必须产生于具体的情境(语境)"(霍兰,2011:94)。这就是说,适应随着语境的变化而变化,必须在特定语境中形成。

第一节 适应性表征的含义

所谓表征就是显现、呈现或再现,它意味着用什么显现,显现什么。"用什么显现"是载体,"显现什么"是对象或内容,即用一事物a显现另一事物b。在笔者看来,说a表征b,a至少在以下八种意义上与b相适应。

第一,协调性。a表征b意味着a与b应该在某些方面是协调的,比如生物系统与环境的协调,模型与描述对象的协调。生物不能与环境协调则不能生存,模型不能与要表征的对象协调,它就不能起到表征的作用。例如,摆模型表征了摆钟,二者的原理是相同的,相同的原理就意味着协调与一致。不协调意味着矛盾与冲突。尽管有误表征、不可靠表征的存在,但这是认识的偏差问题,不代表表征本身应该如此。

第二,匹配性。a表征b意味着a应该与b匹配,尽管不必然是完全匹配的。汽车模型一定与真实汽车相匹配,即在形状、结构上应该一致,它不能是飞机的模型。原子模型一定是描述原子的,它不能描述台球,尽管我们可以将原子看作台球。用线性方程描述非线性现象则是不匹配的,即用直线表征曲线就是不匹配的,用经典力学解释量子现象也不匹配。理论要能够合理地解释现象并能够预测未知现象,否则就是不匹配的。例如,用神学解释雷电现象,尽管可以解释但那是一种牵强附会,不是科学的解释,当然不匹配。科学解释应该与被说明的现象匹配,因为解释也是表征的一种方式,即语言表征。

第三,兼容性。当表征工具不止一种时,a表征b意味着a的其他形式也表征b。在表征对象b不变时,表征工具a可能有多个,在这种情形下,对于同一表征对象,不同的表征工具之间应该是兼容的,或者说是不矛盾的。兼容其实就是匹配,就是一致,比如word文档与其他文档的兼容、高级版本与低级版本的兼容。当然,两个事物的兼容并不一定是表征关系,如word文档并不表征其他文档，但是表征关系一定是兼容的，特别是同一对象的不同表征类型的兼容。比如 DNA 模型，不论它是用什么材料制作的，一定与 DNA 结构是兼容的，否则就不能用双螺旋结构表征脱氧核糖核酸结构了。桥梁设计图、桥梁模型与实际桥梁一定是兼容的，也就是说，设计图表征桥梁，模型也表征桥梁。一幅肖像，用图像刻画、照片写实、语言描述应该都是对那幅肖像的表征。兼容性是刻画同一对象的不同表征工具之间的一致性问题。

第四，相似性。a 表征 b 意味着 a 与 b 至少应该在形态和结构上是相似的。这是表征的相似论。一个人的照片或画像与那个人一定是相似的，否则就不是那个人了。警察根据画像寻找嫌疑人就是根据相似性做出判断的。相似性被认为是表征的最重要特征，图像论就是基于相似性的表征观，它认为外部世界在心理形成图像，或者说心理图像是外在世界的内在反映。如果 a 与 b 之间没有任何相似性，肯定不会形成表征关系，例如用中国地图表征美国地形。由于相似性具有普遍性和模糊性，将相似性作为表征的根据时，我们会遇到不可靠表征和误表征的问题。比如用猪的图像表征大象，二者之间有某些相似性，歇后语"猪鼻子插大葱——装象"就是利用猪与象之间形的相似性，但这是不可靠表征。用伪装的骡子代替斑马，就是以前者表征后者，这是误表征。因此，相似性作为表征的根据是不充分的，它难以应对误表征和不可靠表征问题。

第五，同构性。a 表征 b 当且仅当 a 与 b 结构同一。这是表征的同构论，也是一种数学结构主义，其表达形式通常是映射 $f:a \to b$。也就是说，a 中的元素与 b 中的元素一一对应，或者说 a 的组成成分和结构与 b 的组成成分和结构相同。这是严格数学意义上的定义，比如集合-理论说明就认为，表征是一个集合的元素与另一个集合的元素的对应，理论是以集合形式表征的，理论表征就是理论所包含的元素对世界的元素的对应描述。实际情形并非如此，理论所描述的客体（如气象模型）与目标客体（如天气现象）之间很大程度上不是同构关系，特别是面对未知现象时，我们并不知道所描述对象的结构，只能根据该对象表现出来的属性先提出假设，再根据假设进行理论计算从而给出可能的表征。关于太阳系起源的量子理论说明了这种情形。1945 年，英国生物学家霍尔丹（J. B. S. Haldane）在《自然》杂志发表论文，提出了关于太阳系起源的一个极富争议的假设（Haldane，1945）。他认为，康德-拉普拉斯关于太阳系是由一个旋转的星云盘形成的假说已经陷入困境，而关于太阳系起源的灾变论——一颗或两颗恒星与太阳相撞，有一定道理。受灾变论启发，霍尔丹提出了另一种完全不同的灾变起源，即量子转换或一系列类似转换，并且根据米尔恩（E. A.

Milne）的宇宙理论①证明其合理性。根据量子转换假设，在时间 $t=10^{-72}$ 秒时，一个完全振荡的最小光子的能量大约为 6.5×10^{45} 尔格；若这个时间内真的存在任何辐射，而且被太阳吸收，则这个能量足以使行星从太阳中爆发出来。由于太阳系的形成是不可能观测到的，太阳吸收一个或多个光子而形成太阳系的起源仅仅是一个假说，而且是由一个外行人提出来的。米尔恩对霍尔丹的假设做了回应，认为尽管这是一个纯粹猜测性的想法，但他仍然支持这个想法并丰富了其内容（Milne，1945）。在他看来，宇宙的膨胀使得光子在遥远的过去可能具有极高的能量，以至于任何物质对它们的吸收都足以创造出行星，甚至可能是整个星系。他将霍尔丹的基本思想进一步描述为：$t=0$ 时刻是宇宙演化过程中的奇点（密度无穷大），也是宇宙光学史中的奇点，在该时刻辐射频率无穷大，因为波长为零。今天看来这个假设几乎没有意义，但它认识到了很重要的一点，即宇宙早期的物理条件应该是极端的，它包含极其巨大的超越今天能够观测的能量密度。

　　第六，模拟性。从功能主义的角度看，a 表征 b，当且仅当 a 成功地模拟 b 的结构、属性或行为时。比如地壳模型模拟地层的结构，计算机模拟人脑的属性或行为。在动物研究的实验中，动物学家用机器模拟猴子的叫声，这足以吸引猴子的注意力，这等于用机器声表征猴子的声音。生理学家巴甫洛夫（P. Pavlov）的"条件反射"实验表明，给狗喂食时摇铃的行为多次重复后，就可以在狗的大脑中形成"条件反射"，即以铃声表征喂食。这种以具体事物为刺激条件建立的条件反射，是外部刺激与有机体反应之间建立起来的暂时神经联系过程，被称为第一信号系统。还有一种是以词语为刺激条件建立的条件反射，被称为第二信号系统，这是人所特有的。比如"望梅止渴"，就是人们听到"梅"后产生了止渴的作用，用梅的属性模拟水的属性，用梅的概念表征了止渴的行为。

　　第七，类比性。a 表征 b 实质上是用 b 类比 a。这是一种隐喻类比的表征观。隐喻是一个陈述句，其表达式是"b 是 a"，例如"人生是一场游戏"这个隐喻，就是以游戏(a)表征人生(b)，即所谓的"游戏人生"。游戏是有规则的，人生也是有规则的，游戏的规则类似于人生的规则，也就是以游戏表征了人生。

---

① 米尔恩的宇宙理论认为，宇宙可能有两种完全不同的存在方式。从运动学看，时间 t 存在有限的过去，大约 2×10^9 年，用 t_0 表示。空间是欧几里得空间，每个处在被称为星系核的"基本粒子"上的观察者都有其自己的专有空间。无限个这种基本粒子的集合被包括在半径为 ct、以光速膨胀的有限体积的球体内，处在任何粒子上的观察者均认为自己就处在这个球体的中心，其他粒子则在不断远离他退行。从动力学看，时间有无限长的过去，基本粒子在一个公共的双曲空间中处于静止状态。行星和原子的轨道半径都是一定的，行星和电子的周期也是恒定的，但是在运动学表征的时间和空间中，行星和原子的轨道半径以及角动量都随着时间 t 的增加而增加。

一般而言，类比关系中的 a 和 b 是两类不同的事物，比如游戏与人生。表征关系中的两个事物也是不同的客体，如汽车模型与汽车、肖像与某人。若是同一类事物，类比或表征关系就失去了意义，例如"张三是人"就是同义反复，"张三是猴子"就有意义，其意在说明张三这个人像猴子一样机灵、调皮。在科学中，用模型表征世界的某一方面是最常见的。例如原子的太阳系模型，用隐喻说就是"原子是微型的太阳系"，也就是用太阳系结构类比或表征原子结构。

第八，语境依赖性。a 表征 b，当且仅当 a 的语境与 b 的语境交叉或重叠形成同一语境时。这是笔者提出的语境同一论的表征观。根据语境同一论（魏屹东，2017），当我们说"a 表征 b"时，就意味着这是在特定语境中说出的，或者说，"a 表征 b"是有先决条件和语境因素的。a 作为表征工具是人设计和使用的，b 作为被表征的对象是概念化的，它们都是有语境支撑的，当 a 的语境与 b 的语境叠加时，表征关系就形成了，新的语境也形成了。叠加意味着 a 与 b 在某些方面诸如结构、属性、功能等有相似之处，也意味着由 a 可以推出 b。比如，有机化学中苯的结构用六边形内加一个圆形表示，因此可以说"六边形内加圆形表征苯的结构"，我们对六边形和圆的几何结构有一定的了解，对关于苯的组成和属性的知识有一定的掌握，前者涉及几何学，后者涉及有机化学，这两个学科的知识都是语境因素。因此，"a 表征 b"是语境敏感的和语境限制的。当 a 是日常语言时，这种语境依赖性更加明显，当 a 是图像、模型、数学方程、图解时，语境依赖性似乎不明显。这就是显语境与隐语境的区分。

以上关于适应性的几种含义也是适应性的特征。a 表征 b 就意味着 a 适应 b，若 a 不适应 b，则 a 肯定不表征 b。若 a 表征 b 的方式不止一种，比如 a 是模型、图像、符号等，则会有哪种表征方式是最佳的问题产生。根据适应性概念，最适应的表征应该是最佳表征。如果模型表征 b 比之图像和符号表征 b 更合适，则模型就是 b 的最佳表征。当然，要给出适应性的确定度的确很难，可以有适应与不适应之分，难有更适应、最适应之别。定性上容易说明，定量上就难以把握了。

在笔者看来，虽然在不同表征方式上我们可以选择，但是哪种是最佳表征我们又难以选择，这是表征方式选择方面的两难问题。事实上，最佳表征是不存在的，只有适应性表征，或者说，适应性表征就是最佳表征。凡是适应表征对象的表征就是最佳的。这与引进一种技术是相似的。技术引进也有一个选择的问题，即引进哪种技术或哪国的技术。比如汽车制造技术，是引进德国的还是英国的，或是美国的？这要根据我们的目的、价格、消费水平、公众喜爱程度等因素做综合考量。凡是适应我们的就是最好的。不适应的，即使技术含量高也不能引进。也就是说，最高端的技术对于某些国家或人来说不一定是最佳技术。工具的使用也是如此。用起来顺手和方便的工具是我们的最佳选择，即适合自己的工具就是最佳工具。譬如汉字输入法，有人擅长五笔输入法，有人喜欢汉语拼音输入法，有人喜欢别的输入法。哪种是最佳输入法会因人而异。学习方法也一样，没有普遍适应的方法，只有适合自己的才是最好的。成功是不能复制的，比尔·盖茨、马云的成功经验不一定适合其他人。

科学表征也会因学科不同而相异，例如数学表征不同于生物学表征，化学表征不同于物理学表征。即使是同一学科，使用者不同表征方式也可能不同，例如电磁现象，法拉第（M. Faraday）使用物理语言描述，麦克斯韦则使用数学方法表征，前者是定性描述，后者是定量表征。

第二节 适应性表征的经验适当性

表征的适应性与经验密切相关，或者说，表征在经验上应该是适当的。这就是范·弗拉森所说的经验适当性。范·弗拉森将世界分为两种：可观察世界和不可观察世界。可观察世界是我们直接看到的，或者通过仪器观察到的世界，即经验世界；不可观察世界是超越人类视力范围，或者根本就不能观察到的非经验世界或超经验世界，如物理学中的宇观、微观领域，哲学中的可能世界或形而上学世界。理论对不可观察世界的描述或表征应该是经验适当的，若这种描述不具有经验适当性，这种理论就难以被理解和接受。比如量子力学，不论多么深奥，也不论有多少种解释，最终都是要与经验（实验）联系起来才能够被理解。这种超经验的理论如何与经验联系起来本身就是个难题。范·弗拉森作为反实在论者，赞同经验主义，但不是一般的经验主义，而是建构的经验主义。使用建构是要表明科学是建构的，而不是发现的，是建构符合科学现象的模型，而不是发现不可观察物的真理（弗拉森，2002：6-7）。

哈瑞（R. Harré）将世界分为三个局域（哈瑞，2006：18-21）。局域1是人类视力直接观察的世界，这是一种完全的经验世界。局域2是借助仪器可观察的世界，如通过望远镜和显微镜观察的世界，这是一种非完全的经验世界，或者是半经验世界。局域3是完全不可观察的世界，即形而上学的世界，这是一种超验的可能世界。局域1和局域2是经验主义和实证主义可达的世界，对于局域3它们无能为力。局域3是科学实在论可达的世界，到达途径不是通过经验，而是通过隐喻式的想象和思维。当然，科学实在论并不排除经验，对于局域1和局域2，它承认通过经验主义和实证主义就可以描述。也就是说，科学实在论超越了经验主义和实证主义，将认识论的范围扩展到经验之外。想象和隐喻思维是科学研究所必须的，但仍面临着抽象的想象物和隐喻的事物的经验适当性问题，也就是如何通过表征将想象和隐喻的事物转换为经验上可感知的东西。

施拉格尔（R. H. Schlagel）倡导的语境实在论认为，语言不是作为探究的首要材料，经验探寻的结果才是首要材料；科学如果仅仅致力于逻辑形式和数学形式的研究，而忽视了实验探究的发现，它就不会取得如此大的进步；逻辑不是澄清概念和论证的唯一工具，经验探寻可能更重要。科学表征是系统的描述，它极力说明知识问题的不同方面，如经验探寻的层次、量子力学的自相矛盾的结论、心身问题困境、语言指称问题以及真理的意义标准等。这些问题相互关联，应该在新的说明框架——语境实在论中加以解释（Schlagel，1986：xiii）。显然，施拉格尔要说明的是，实验探究首先是经验性的，其结果也一定与经验相关，因为实验的设计要与探究的现象相匹配，结果要通过数据模型来表征，而数据模型是与实在世界紧密相连的。

可见，语境实在论也非常重视经验在探究中的作用，语言被置于次要地位，尽管探究的结果需要语言表达。或者说，在科学探寻中，经验探寻是第一位的，语言描述是第二位的，因为语言毕竟是作为工具被使用的。正如康德（I. Kant）指出的，"在时间上，我们没有任何知识是先于经验，一切知识都从经验开始"（康德，2013：26）。

需要指出的是，这里虽然强调经验的作用，但并不是说经验在表征中是唯一的。事实上，表征关系中并不包括经验，经验只是在两种事物形成表征关系时的匹配方面起作用，也就是表征关系应该在经验上是适当的，经验上不适当，就不能形成经验上可接受的表征关系。奎因（W. V. O. Quine）对经验主义的两个教条的批判已经表明，它关于观察命题和理论命题的区分是失败的，经验作为检验标准也是不可靠的。尽管如此，经验在表征中的作用仍然不可忽视。因此，这里有必要对经验概念作深入分析。

经验是与纯粹观念或思想相对的东西，如形而上学和抽象理论超越经验，形而下的器物与经验相关。在哲学中经验是指通过感官能够知觉的东西，即感觉经验，从前人、别人那里或者亲自从实践中获得的东西。在这种意义上，经验与经历、观察、体验、实验、实践密切相关。正如杜威在《经验与自然》中指出的，"经验"是用来指示所有属于人的东西，被认为是属于自然界的，"它被用来代表作为自然的一部分的人类应付自然的其他所有方面和阶段的每一个实际的和可能的方式，不仅包括人类有用的和好的艺术、各种发现和发明、经过检验和证明的各种知识，还包括人类的幻觉、错误和白日梦"（杜威，2015：282）。可以看出，杜威的经验观与传统经验主义不同。传统经验主义强调经验是知识的唯一源泉，或者说知识必须建立在经验上，经验之外无知识。与之相对的是理性主义，它强调经验通常是靠不住的，甚至是错误的，理性才是知识的根源。这种分歧导致了实在论、唯心论、怀疑论的形成及其争论。

问题在于，经验是未经观念加工的纯粹的感觉倾向吗？纯粹理性知识的材料与经验无关？知识表征不依赖经验即可形成？在笔者看来，经验不完全是纯粹的感觉倾向，它一定有某种不依赖于经验主体的被经验的东西。"这种被经验到的并不是经验而是自然——岩石、树木、动物、疾病、健康、温度、电力等。在一定方式之下互动的事物就是经验，它们就是被经验的东西。当它们以另一些方式和另一种自然对象——人的机体——相联系时，事物也就是事物如何被经验到的方式。因此，经验深入到了自然的内部，它具有了深度。它也有宽度而且可大可小。它伸张着，这种伸张的过程就是推论。"（杜威，2015：11）因此，经验也是一种意识状态，它与经验客体之间必定存在某种非经验的东西，如理性、抽象思维等。例如归纳推理，它是经验与理性关系的一个典型问题。归纳是依据有限经验事实进行的概括，得出的结论却具有普遍性，这就是著名的"休谟问题"，即有限的经验事实如何能够推出具有无限性的结论。这在逻辑上是讲不通的，我们如何能够从有限直达无限呢？如何能够从个别推出一般？从特殊推出普遍呢？在现今的思维和知识框架内，这是难以理解的。中间的跳跃环节是什么？是直觉、灵感、顿悟、理性？我们不得而知。这个问题迄今仍然在探讨和争论中。

在笔者看来，这个问题还要回到对经验的理解上。也许经验具有这种能力而我们并不知晓。我们以为经验就是纯粹的感觉材料的状态，就是我们感觉过程所获得的东西，实际情形可能不是这样的。经验绝不是一个简单的东西，其中包含了某些不为我们所知的成分，如判断、推理、综合等。罗素（B. Russell）和维特根斯坦（L. Wittgenstein）的逻辑原子主义强调的原子事实和原子命题，其实就是经验事实和经验命题，因为经验事实和经验命题本质上就是基本事实和基本命题。基本事实和基本命题说明了经验的重要性。这样说并不是要回到经验主义，而是强调经验本身具有建构性和创造性，范·弗拉森的建构的经验主义是有一定道理的。当然，经验虽然具有私人性，即只有经验主体自己才能够知晓，但它同时也具有公共可达性，即私人经验可被他人接受和把握，从而变为公共经验。例如某人的经历感悟通过书被读者阅读后成为公共的知识。

概言之，经验不仅是一种纯粹的感觉倾向或状态，更是一种基本认知模式，其中包含了判断、推理和综合，也是一种探索方式，其中包括归纳、演绎、假设等逻辑方法。也就是说，经验是一种具身的认知状态和认知模式，其中包含推理过程。我们以往对经验的看法是何等肤浅！

第三节 适应性表征的经验认知模式

奥克肖特（M. Oakeshott）对经验作为基本认知模式做了深入分析，笔者结合适应性表征将其概括为如下七种观点（奥克肖特，2005：309-318）。

（1）经验是一个不可分割的整体，总是一个世界；伴随着每个经验都出现一个经验世界，经验中被给定的东西是单一的、有意义的，是一而不是多。

（2）经验意味着思想或判断，它在任何时间、任何地点都是一个观念世界，或者说，凡是经验都是观念，凡是观念都是一个经验世界。感觉、直觉、知觉、情感、意志绝不是一个独立的经验，它们是判断的不同水平或程度。总之，任何经验都包含判断，判断就是思想，因而经验也是思想。

（3）真理是一个连贯整体的经验世界，它与经验是一起被给定的，因而不能将它们分开。也就是说，真理与经验是一起被获得的，因为真理是在经验中作为一个连贯的观念世界被给定的。总之，真理是经验中达致的东西，不纯粹是理性的产物。

（4）经验与实在不可分，实在作为经验，是一个连贯的经验世界。或者说，实在是一个观念世界，是作为经验存在的。每个经验中都存在实在整体，任何判断都被断言为实在整体。但在每个经验中，实在整体不是清晰地作为整体被给定的，在任何判断中，实在整体也不是作为整体被直接断言的。在这种情形下，就会出现经验中的限定情况。

（5）每个限定物都是经验中的一个确定的缺陷物，而且都是一个确定的观念世界；缺陷物由于其所体现的不完满程度的不同而被区分开来，观念世界由于对实在断言的精确程度不同而相互区别，这些经验的限定物被奥克肖特称为经验模式。

（6）一种经验模式是一种特定水平、特定程度的经验，而不是一类特定的经验。总体上来看，一种经验模式是一个抽象的观念世界，不是经验中的一个独立阶段，不具有独立性，因为其特征依赖于具体的整体。经验模式是总体的变更物，是具体整体的一种抽象物。然而，总体并不是由其变更物构成的，具体整体也不是一个集合物，或者一个抽象的观念系统。因为，真正抽象的东西并不是这一整体的一部分，而且对该整体的总体性没有任何贡献。也就是说，真正抽象的东西作为一个整体是缺乏完整性的，缺乏的部分就是经验。

在奥克肖特看来，由经验模式的整体性和不完整性可以推知：每个经验中都存在实在整体，每个判断都是对作为一个整体的实在的断言。比如，古希腊哲学中关于世界的各种断言，如世界是由水构成的，世界是由气构成的等。经验总是一个同质的观念世界，任何经验的形态都能成为一个世界。因为经验总是个人的经验，所以是单一的、同质的世界。这是经验的抽象意义上的纯粹特殊性。经验具有特定的内容和形式，因为每一种经验中都存在对实在的特定指涉，那种特定指涉就是其内容，对指涉的表达就是形式（表征）。经验的形式不是由纯粹的经验事实所决定，而是由经验的性质所决定的。因此，经验被看作是一种具有差异性的整体，一种具有多样性的统一体。

（7）历史经验、科学经验和实践经验是三种具体的经验模式，它们都是真实的东西。每一种模式都是经验中的特定物，都是一个抽象的观念世界，它们试图寻求一种完整性的东西，但最终获得的都是一种不完备的、抽象的断言，因此，每个这样的观念世界都必须被超越。这种超越就是对经验世界的理性完善和补充。根据历史经验奥克肖特进一步推知：①任何事物都有历史，历史是一种经验形式、一种观念世界。被经验的东西在某种意义上就是过去，但历史中的过去不仅仅是过去，还包含了判断和观念。因此，所有历史事实都是判断，尽管有些判断可能是错误的。由于历史包含判断和观念，因此，历史是一种抽象观念世界，历史经验是对经验的一种变更，是经验中的一个限定物。②科学世界是一个经验世界，因而也是实在世界。由于科学是经验，因此其也是一个观念世界，并包含一个特定的、同质的关于实在的判断。这些判断是可用语言表达的，或者说是可表征的。一个经验也只有当它是一个能够用语言表达的经验世界时，才是一个科学经验，而科学经验是尽可能摒弃人为证据而客观地获得的观念，具有稳定性。如果科学经验被看作一个观念世界，那么它一定是有缺陷的、抽象的世界，是经验中的一种限定物。总之，科学经验是一种个别的、特定的、有缺陷的经验模式，可借助一种数量化范畴方法将自己凸显出来。科学观念是一个具体的、同质的整体，其目的是对可言表的世界加以解释；科学知识是一个抽象的、有条件的、不完整的命题系统。③实践活动也是一种有缺陷的经验模式，一种观念世界。"实践出真知"表明，实践是通过经验获得关于世界的真实知识的。历史事件是实践，社会活动是实践，科学活动也是实践。这些实践经验被认为是一个经验世界、知识世界。由于实践经验是一种经验模式，这种实践经验世界必然由判断构成，而不是由纯粹的行为、意志、感觉、直觉和本能构成。实践的真理是这一实践经验世界的连贯性知识，在实践经验的每一时刻都拥有一个不完整的经验世界，这种不完整的经验世界最终构成不完备的知识体系。因此，在实践判断中，关于实在的断言一定是不完备的、不充分的，我们不能过分迷恋实践的作用。

根据奥克肖特对经验的分析，我们可以得知：经验绝不是一个简单的概念，一种纯粹的感知倾向，它包含了一种判断模式、思维方式，本身就构成了一种观念世界，而且这种观念世界是通过具象表征的。因此，表征本质上是基于经验的，适应性表征就是要表明：表征在经验上是可感知的，在实践中是可操作的。由于经验是一种有缺陷的模式，一种抽象的观念世界，表征的经验适当性，无论在感知的意义上，还是实践的意义上，都是不完备的。尽管经验不完备，但没有经验的参与，可靠的表征是难以实现的。正如皮尔逊（K. Pearson）所言，"科学依然认为心智的整个内容最终建立在感觉印象的基础上。没有感觉印象，就不会有意识，不会有供科学处理的概念"（皮尔逊，2003：51）。接下来我们讨论适应性表征的表现形式。

第四节 适应性表征的"四象限"类型

如果一种认知表征是适应性的，那么它在经验上应该是适当的，在实践上是可操作的。在操作层面，笔者根据表征的直接性、间接性和具象性、抽象性特征将其分为四类：直接具象表征、间接具象表征、直接抽象表征和间接抽象表征。笔者称之为适应性表征的"四象限"，它们分别相应于经验主义象限Ⅰ、建构经验主义象限Ⅱ、理性主义象限Ⅲ、科学实在论象限Ⅳ（图1-1）。

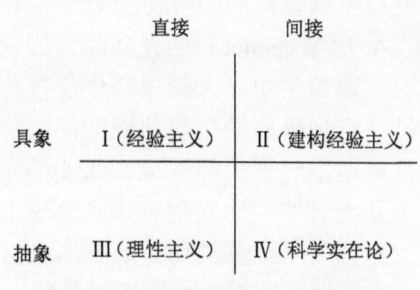

	直接	间接
具象	Ⅰ（经验主义）	Ⅱ（建构经验主义）
抽象	Ⅲ（理性主义）	Ⅳ（科学实在论）

图1-1 适应性表征的"四象限"

接下来的章节均是对这些不同表征形式的详细分析与讨论。

一、经验主义象限——直接具象表征

所谓直接具象表征，就是通过感官对要探究的现象本身直接进行描述。凡是通过肉眼的观察，或者通过触觉的感知，嗅觉和听觉的接收对现象的描述，都是直接具象表征。生物学、天文学、地质学等是使用这种表征形式的主体学科，具体表现为实物、图像、图表、曲线图、物理模型等可见表征形式。在科学中，科学家为什么除了使用语言表征外，还要使用视觉表征或图像表征呢？原因也很简单，作为文本的语言表征不能完全清晰地说明世界或现象，语言描

述具有模糊性和歧义性，而视觉表征能够克服这种模糊性和歧义性，"视觉表征说明所需的是，它提供科学中使用的不同类的图形，阐明各种不同的视觉表征能够依据内容表达和指明指称"（Perini，2004：38）。中世纪晚期的阿奎那（T. Aquinas）就曾认为，"视觉，无论是感觉层面还是理智层面，要求两个东西：即视觉能力以及被看见的事物与看（sight）的结合"（帕斯诺，2018：167-168），而理智认知需要三个事物：理智的能力、来自主动理智的光照以及将被把握的对象的相似性。这意味着，认知仅仅靠视觉表征是不够的，还必须有理智（即相当于感性到理性心智）的参与。奥利维（P. J. Olivi）则认为，视觉表征这种结构遗漏了一个重要的元素，即认知能力将注意力集中于被认知的对象，因为"无论认知能力从习性（habit）和不同于认知能力的种相①那里获得怎样的信息（informed），它都必须先要现实地朝向于（tends；intendat）那个对象，从而使其意向的（suae intentionis）注意力现实地转向并指向那个对象，它才能进而成为一个认知活动"（帕斯诺，2018：168）。奥利维的看法无疑是对的，因为"看见"而没有"心智"的参与，这种行为就纯粹是一种被动的镜式反映了。因此，语言表征与图像表征是不同的两类表征形式，但它们并不是相互排斥的，而是相辅相成的。也就是说，语言表征需要图像表征加以辅助说明，图像表征也需要语言表征做进一步的解释。

在科学中，语言表征与图像表征的同时使用是非常普遍的。例如，20世纪初德国气象学家魏格纳（A. L. Wegener）的大陆漂移假说的形成，就是直接具象表征的一个典型例子。在地质学中，大陆漂移假说纯粹是通过视觉形象而形成的视觉表征或图形表征。据说魏格纳生病住院期间，病房的墙上挂有一张当时的世界地图，在注视这张地图时他突然发现，西非的海岸线与南美洲的东侧海岸线的凹凸部分基本上是吻合的，他立刻意识到地球上的原初大陆可能是一个整体，后来某种未知的原因使大陆移动而分裂开来。这是他第一次产生大陆可能移动的想法。此后，魏格纳通过查阅大量历史资料发现，17世纪的英国哲

---

① 关于"种相"这个概念，哲学史上从亚里士多德到休谟都是有争议的，即认知的本性是否与种相的存在模式有关——意向性的？精神性的？非物质性的？被动的或主动的？具体而言，一些哲学家开始质疑亚里士多德关于人类对外在世界的认知表征依赖于种相的参与这一假设。于是围绕种相究竟是什么，是多余而产生了分歧与争论。根据亚里士多德的假设，种相是某种形式的认知中介或某种表征，或者内在于认知者的心理表征，如概念，或者外在于认知者的实在表征，如模型、语言表达。其后的阿奎那进一步强化了这种假设，认为种相就是一个中介物，外在对象的一个表征，也是认知的来源，而其他哲学家如奥利维则持不同看法，认为种相就是认知的对象，即被认知的事物，内在的或外在的，不是人类借助它进行认知的事物，而且强调种相只有被认知者把握时才能将对象表征给认知者，所以种相一定是被把握、被注意的东西。因此，奥利维并不否认种相的存在，只是强调它必须是被把握的。在笔者看来，种相的所有这些特征均包含于适应性表征中，有了适应性表征这个概念，种相就是多余的，其神秘性也就不存在了，而且关于它的各种争论也就自然消失了。

学家培根（F. Bacon）曾经指出非洲和秘鲁西海岸之间存在大致吻合的情形，19世纪德国科学家冯·洪堡（A. von Humboldt）也几乎认识到大西洋两边海岸线之间的相似，但他们都没有意识到两个大陆曾经是连在一起的，也没有意识到大陆是移动的。在对已有大陆形成说（地球冷缩说、陆桥沉没说和海洋永存说）批判的基础上，魏格纳基于地壳均衡说（固体地壳在较重的岩浆基底上漂浮，受到的压力平衡）提出自己的假说，并致力于从大地测量、地球物理、地质、古生物和生物、古气候诸方面寻求证据，最终提出大陆漂移假说①。

可以看出，魏格纳是依据大西洋海岸的高度吻合的二维视觉表征和形象（各种地图比较）建构大陆漂移假说的，并通过大地测量证据、地球物理证据、地质证据、古生物和生物证据及古气候证据②，将大陆移动的论点建立在地质学和古生物学的基础上，强调大西洋两岸地质学的相似性。在表征意义上，这种假设是依据直接感知形象做出的，证据也是可直接感知的。正如吉尔所言，"我认为形象是作为地球相关属性的部分视觉模型起作用的。这样，它们（形象）为关于物理概率的基于模型的判断提供了基础。这些物理概率在世界上将是有效的，假如它们是根据该模型被建构的话"（Giere, 1999: 131-132）。当然，在视觉表征中，语言的辅助说明也是很重要的。

二、建构经验主义象限——间接具象表征

通过仪器或他人的观察进行的表征，笔者称之为间接具象表征。借助望远镜和显微镜的观察所做出的表征是典型的例子。比如伽利略（Galileo）用自制的望远镜观测月球，发现月球表面并不是以前人们一直认为的光滑表面，月球表面实际上像地球一样凹凸不平。生物学家用显微镜发现了细胞结构，对细胞结构的图像描述就是间接具象表征。开普勒（J. Kepler）利用第谷（Tycho）的天文观测资料所做的关于行星运动的几何模型与数学刻画（行星运动三定律），

---

① 大陆漂移假说可归纳为四点：①大陆系由较轻的刚性的硅铝质组成，它漂浮在较重的黏性的硅镁质之上；②全世界大陆在古生代石炭纪以前是一个单一的大陆，称为泛大陆，由于潮汐力和地球自转离心力的影响，自中生代始泛大陆崩解并彼此之间逐渐漂移分离；③南、北美洲在西漂移的过程中，大陆前缘受到挤压，褶皱形成科迪勒拉山系，印度洋裂开活动主要在白垩纪，它使得印度向北漂移，继而紧紧地嵌入亚洲，使其北部埋入青藏高原下；④大陆漂移的结果造成了当今世界大陆和大洋的格局。

② 这些证据有七个方面：①大西洋两岸的海岸线，特别是巴西东端的直角突出部分与非洲、西海岸呈直角凹进的几内亚湾非常吻合；②大西洋两岸构造相呼应，北美洲和非洲、欧洲在地层、岩石、构造上相呼应；③非洲南端和南美阿根廷南部晚古生代构造方向、岩石层序和所含化石相一致；④相邻大陆特别是大西洋两岸古生物群具有亲缘关系；⑤石炭纪、二叠纪时，出现古冰川的诸大陆在当时曾相连接成一个统一的大陆；⑥精确的大地测量数据证实大陆仍在缓慢地持续水平运动，古地磁的资料表明许多大陆块现在所处的位置并不代表它原始的位置，而是经过了或长或短的移动；⑦化石的相似性，即从海底钻孔找到的化石标本都未超过2亿年，而从陆地上挖掘出的海生化石生物都可追溯到20亿年前。

以及法拉第对电磁场的形象表达是两个典型的例子。

从视觉表征的角度看,第谷的天文观测结果无疑是一种直接具象表征。开普勒运用几何学和数学方法处理那些观测资料,并提出一个由五个正多面体外接圆球的宇宙模型,以此说明太阳系行星之间的数量关系。在笔者看来,开普勒的宇宙模型是一种间接具象表征,之所以间接是因为他所用的资料是第谷的,而且几何模型不是通过对行星结构的直接观测获得的,而是抽象地构想的结果;之所以具象是因为这种几何模型是形象的、可见的。开普勒用语言和图形混合表达的行星运动三定律也是间接具象表征。而且,开普勒基于三定律提出的开普勒方程 $M=E-e\sin E$[①],反映了行星的平均角运动与行星运动实际位置之间的相互关系,是一种间接抽象表征。开普勒的例子说明,一方面,每一种发现一定会有一种相应的表征,要么是语言描述,要么是几何图形表达,要么是方程式刻画,抑或是几种方式的混合,这几种方式在开普勒的表征中都用到了;另一方面,表征过程是发现过程的一部分,仅发现而不知道如何表征是难以有所突破的,也难以有所发现,有所创造,因此,表征是发现的最终实现。

另一个例子是物理学家法拉第对电磁感应现象的表征。在电磁学中,我们知道电流有磁效应,磁也有电效应,也就是电可以产生磁,磁也可以产生电,电流与磁场的互动产生电磁感应现象。那么电和磁的作用机制是什么?它们是通过何种介质传递的?为了解释这种现象,法拉第创造性地提出了"场"和"力线"的概念,这是两个隐喻式的概念,目的是将不可见的场用常见的图形线表示。为此,法拉第画出条磁铁的 N 极和 S 极的磁力线图形,磁力线和电流线的互动关系的图形表征,表示电和磁通过运动相互变换的两个圆环垂直嵌套的图形,以及表示电、磁和运动的统一表征图。这些视觉模型在麦克斯韦的工作中起到了重要作用。法拉第否认牛顿(I. Newton)的超距作用,认为电和磁的传递是有介质的,这种介质就是场。他设想的场是一种看不见、摸不着、无色、无味的介质。带电体周围存在电场,磁体周围存在磁场,或者说,电场是带电体如电荷产生的,磁场是由磁体产生的。电力线和磁力线分别是电场和磁场分布的形象表达。为了使得电场或磁场成为可见的,法拉第在一张纸上撒满铁屑,并轻轻敲击纸,铁屑便连成许多细小线条,显示出永久磁铁或电流导线周围的磁场分布图形。铁屑所排列的形状就是磁力线的形状。这是铁屑在磁场中受力并相互吸引而形成的磁力线。

通过场和力线这两个抽象概念的形象化显现,法拉第实现了对电磁场及其

---

① 其中,e 是行星运动的椭圆轨道的偏心率;M 是行星绕太阳的平均角运动,即平近点角,它等于行星过近日点后的日数乘以行星每日的平均行度;E 是偏近点角,它是椭圆半长轴与以此半长轴作椭圆的外接圆,并过行星所在椭圆处作垂直于半长轴的直线并延长至外接圆上,外接圆上的交点和圆心的连线与半长轴形成的夹角就是偏近点角,M 和 E 通常用弧度表示。

感应效应的间接具象表征，即将心中设想的不可见的场和力线变为由铁屑显示的可见线条。心中的设想是一种心理模型，心理模型是一个系统如磁场的三维表征，它是科学家在其想象中能够操作的东西。这类模型是一种原型表征，或者心理表征。铁屑显示的力线说明了电磁传递的机制，最后达到对电磁感应现象的解释。总之，间接具象表征首先是建立心理模型，然后进行机制表征，最后获得启示法。

三、理性主义象限——直接抽象表征

直接抽象表征是一种不以可见实物、图像、物理模型等为中介的表征。在面对一个新问题或一种未知现象时，科学家可能直接给予它一个新概念，而不是建立一个物理模型或数学方程①，然后设计实验验证，一旦验证了，就说明新概念对那个问题或现象的解释是正确的。拉瓦锡（A.-L. de Lavoisier）提出燃烧的氧化说和门捷列夫（Д. И. Менделеев）发现元素周期律就属于这类表征，他们使用的表征工具是一种新的化学语言。

燃烧本质的发现是以抽象概念直接表征的例子。在化学史上，对燃烧现象本质的探讨是先设想可燃物质内部存在某种燃素（如硫素、油土），然后用其进行解释，再用实验进行验证。在探索燃烧本质的过程中，经过几代化学家的努力，拉瓦锡的"氧化说"最终取代了斯塔尔（G. E. Stahl）的"燃素说"。在概念表征的意义上，燃素和氧最初都是化学家设想的一种物质，但实验否定了燃素的存在，证实了氧的存在。也就是说，燃素没有实际指称物，它虽然能指，但没有所指。氧气不仅能指，也有所指，即它有实际的存在物。

笔者发现，在对燃烧的本质的探索过程中，从硫素、油土到燃素概念的提出，其实质是相同的，即均从可燃物质内部寻找原因。氧化过程的认知是从可燃物质与空气的互动找原因。思路不同导致结果迥异。从表征的角度看，前者是用设想的东西表征能指，后者是用发现的东西表征存在的东西，即用发现的并命名为"生命空气"的东西表征真实存在的氧气。因此，科学表征是用一种中介工具来指代真实存在的东西，否则就不是科学认知，只能算作是一般或虚幻认知。

元素周期律的发现是无模型直接抽象表征的例子。首先，元素周期律的发现得益于元素和原子量这两个重要概念的确立，因为元素周期律正是基于这两个概念的表征结果。其次，按照原子量大小和性质排列元素，发现部分元素之间存在性质上的规律性，这种以量增和相似为主的表征方式体现了直接抽象表

---

① 概念作为观念的东西也可看作是一种概念模型，但不是物理模型。这里强调概念是不可见的心理表征，而不是可见的物理表征。

征的特征。最后，元素性质依据原子量递增规律的发现只是说明了量变引起质变，并没有完全反映元素性质的周期性变化，元素性质变化也是表征周期性的一个重要因素。门捷列夫将当时的 63 种元素按照原子量从小到大排列绘制了第一张当时最完整的元素周期表，阐明了"元素性质随原子量的变化而呈周期性变化"的规律，并首次将这一规律称为"元素周期律"①，"完成了科学上的一个勋业"（恩格斯，1971：51）。

笔者发现，在发现元素周期律的过程中，包括门捷列夫在内的所有人，直接使用经验可获得的原子量和实验测量的元素的物理性质来表征周期性，其中没有设计任何模型，也没有假设任何可能的机制，而是直接进行抽象的表征。这类表征完全不同于通过设计一个模型如原子模型，或者运用数学模型来描述世界的某方面的表征。这就是接下来要讨论的间接抽象表征。

四、科学实在论象限——间接抽象表征

使用抽象语言如逻辑符号和数学方程式表征属于间接抽象表征。这类表征不是使用概念或模型中介描述客体或现象，而是通过符号或数学方程这种间接的东西进行表征。麦克斯韦描述电磁波的方程，量子力学对基本粒子的数学刻画均属于此类表征。接下来以麦克斯韦如何为电磁现象建模为例来分析这种表征的过程。

在电磁学的发展中，如果说法拉第使用不同的图解（磁力线和电流线，电、磁及其运动的图解表征）对电磁现象的描述是间接具象表征，那么麦克斯韦对电磁现象的数学刻画就是一种间接抽象表征。为了表达法拉第的力线和场的思想，弄清传播电磁作用介质的力学结构和运动与所观察到的电磁现象之间的关系，麦克斯韦提出位移电流概念和涡旋电场假说以及光的电磁波动学说。他设想因磁场变化而在导线中产生电流应源于电动势，在导线内应该存在着一种激发的电场，即使没有导线也应该存在，而且这种感应的电场也具有涡旋性。他进一步假定以环形涡流代表磁，它周围的粒子代表电，运动的粒子就是电流。当涡流转速发生变化时，涡旋壁上就存在一种切向旋于粒子的冲力，即电动力。这意味着磁通量的变化将引起感生电动势。位移电流概念和涡旋电场假说是麦克斯韦在表征电磁理论上的重大突破。他建立的麦克斯韦方程组进一步将电、磁和光现象用动力学统一起来，不仅证明了电磁波是一种横波，光是一种电磁波，也揭示了电磁场的物质性，成为自牛顿以来物理学上最深刻

---

① 其要点是：①将元素按原子量大小排列，其性质呈现明显的周期性；②原子量大小决定元素的特征；③元素按照原子量形成的族与其化合价相对应；④还有许多未被发现的元素，如类铝和类硅两个元素；⑤依据元素的同类的原子量可以修正该元素的原子量。

的一次革命。

从表征的角度看,麦克斯韦针对电磁现象创造性地导出了电磁现象的场方程,这是物理学中的一个新的表征结构——关于力的一个量化场表征。在麦克斯韦前,力有两种表征形式:一是超距作用力包括势场,一个计算这种力的数学工具;二是一个连续转换的物理中介,比如水或弹性固体。奈瑟希安(N. J. Nersessian)将麦克斯韦的建模表征过程概括为三个基于模型(漩涡流动模型、修正模型和弹性漩涡-滚轮模型)的推理过程(Nersessian,2008:29-60),而且三个模型是递进的,它们都以流体力学和机器力学作为源,通过满足各种约束条件建模来表征电磁现象。正如奈瑟希安总结的那样,"麦克斯韦基于模型的推理实践包括建构、评价,以及通过抽象和整合不同约束条件来适应模型。约束条件本质上是经验的、数学的和理论的,它们源于连续统力学和机器力学,源于电与磁中的实验发现,源于数学,以及法拉第和汤姆逊的各种假设。一旦麦克斯韦形成一个满意的模型表征一个具体的机制,他就考虑能够说明电磁现象的机械模型的那些抽象关系结构,明确表达抽象模型的方程,并用电磁变量替换"(Nersessian,2008:28)。

第五节 适应性表征的心理建模

在认知的意义上,所有表征都首先基于心理建模,都是内在于人的心-脑的。上述的四种表征象限均是如此,都是心理表征的结果,因为所有表征都是人做出的,而人是有心理意向的。可以说,心理建模和认知加工是所有知识产生的基础,人的所有表征都是认知表征,心理学也因此应该是一门基础学科。

如果表征是一种认知过程,那么它就不仅仅是指代、经验描述、心理想象,更应该是推理和建模。在传统认知科学中,表征和包括推理的加工被认为是在头脑中进行的,心理建模包括心理想象、心理动画以及基于感知的表征。这种内在表征一定会延伸到外在世界,从而形成外在表征。外在表征包括语言(描述、叙述、口头和书面交流等)、数学方程、逻辑符号、视觉表征、形体表征、物理模型和计算模型等。因此,适应性表征需要考虑内在表征与外在表征之间的关系,并将它们耦合起来。

一、心理建模框架

"心理模型"这个概念是心理学家科雷克(K. Craik)在《解释的本质》(1943年)中提出的,在当代认知科学中处于核心位置。科雷克假设,在许多案例中人们通过设计思想实验进行关于物理情境的内在模型的推理,在此过程中,模型是类比真实世界现象的一个结构、行为或功能。也就是说,科雷克的假设是基于思想的预测力与人类探索真实世界和想象的情境能力的。严格讲,这是一种行为主义方法,后来兴起的认知心理学强化了这种假设。20世纪80年代后,心理模型作为一种解释框架在认知科学中得到进一步发展,比如约翰逊-莱尔德(Johnson-Laird)的《心理模型》(1983年)强调心理模型在逻辑推理中的作用,指出在进行推理时,人们都会根据已经提供的条件建构一个心理模型,并根据自己的心理模型得出结论。显然,心理模型是一种心理结构、一种心理表征、一种解释框架,这种解释框架作为模型是知识的心理表征的组织单元,它在各种认知任务包括推理、问题解决和话语理解方面起着重要作用。因为人们基于一组前提建立的心理模型可能有多种,但只有当结论与心理模型一致时,人们才会接受这个结论。这意味着,心理模型是在工作记忆中作为感知、话语理解和想象的结果被建构的,它的一个重要特征是它的结构对应于它所表征的结构,比如一栋房子的心理模型与该房子的结构几乎同构。因此,心理模型与建筑师的房子模型类似,也与化学家的化合物分子模型类似。

那么究竟什么是心理模型?它如何表征?哪类加工是它使用的基础?创造和使用心理模型的心理机制是什么?心理建模如何参与外在表征和加工过程?这些问题目前还没有一个公认的理论能够说明。不过,心理模型作为解释框架的一个总假设是:领域知识的某些心理表征被组织在包括时空结构、因果联系和其他关系结构知识的单元中。奈瑟希安运用认知历史方法给出心理模型的定义:"心理模型是真实世界或想象情境、事件或过程的一个结构的、行为的或功能的类似表征。"(Nersessian, 2008:93)也就是说,心理模型是通过类比对真实世界、想象情境或事件或过程进行的表征。在心理学中,心理模型通常是指人们遵循习俗或经验建立的有效方法,它是根据零散的事实构建而成的一种初步的理解,或者是相互关联的言语或表象的命题集合,是推论和预测深层知识的基础。

在笔者看来,心理模型是一类框架或结构,与命题框架相比更形象化和动态化。例如狗,它不仅仅是一个抽象概念,我们都有一个关于狗的形象化的心理模型,或许是基于宠物狗的形象,或许是基于像狗的狼的形象。不同框架之间可以相互嵌套,不同心理模型之间也可以相互嵌套。比如科学家能够有一个关于总系统的心理模型,如地层模型,也能够有这个系统的一部分如何工作的心理模型,如地幔模型。在日常生活中,胸有成竹就是做事有成功把握的一种心理模型,所做的事可以是绘画,也可以是下棋,不同的事有不同的心理模型或框架。一个菜谱就是一个框架、一个脚本,我们能够按照菜谱做自己喜欢的菜。心理模型就类似于菜谱。

表征也是一种框架。例如语言表征有命题框架，模型表征有物理的、符号的、数学的框架。韦伯（R. J. Weber）和珀金（D. N. Perkins）指出："一个实体拥有槽，具体赋值、关系、程序或其他框架居于槽中。同样地，框架是一个架构或骨骼结构，其中有放东西的位置。槽是一个变量之观念的概括。框架表征一个客体、事件或概念，槽是其中的关键性特征。槽的赋值是变量、属性、关系或程序的例示。"（Weber and Perkins, 1989: 50）例如，纳税表是框架的一个简单例子，它的槽是"姓名"和"纳税数"，每个槽都包含不同的赋值，如"张三""100"。狗的框架是一个复杂的例子。这个框架继承了哺乳动物这个总框架的某些特质，包括某些槽和赋值。狗也有自己独一无二的槽，比如品种类型，可能包括猎犬这样的值；在每一个品种类型中，还可能有特殊品种，如史宾格犬或金毛寻回犬。这个例子说明了框架概念的灵活性，它给我们创造了不同的槽，留下了许多空间。同框架一样，我们可以将心理模型分解为许多槽。例如爱迪生发明的活动照相机的心理模型包括一个机制槽，通过这个槽，图像将连续地移动。爱迪生使用留声机的鼓形圆筒填充这个槽。这是心理模型的一种图式或脚本理论。

心理模型的意义一般是通过在心中编码形成的命题实现的，即心理表征。心理表征的结构是语法式的，依赖惯例来控制被称为"思想语言"的东西。例如语句"三角形位于圆的右侧"，"右侧"这个词先于主语"三角形"和宾语"圆"，在我们心中形成的心理模型（图像）是：O△。这种心理模型是有空间的，即它与两个客体之间的实际空间关系是同构的，但它不表征两个客体之间的距离和物质特征。表征这个概念在认知心理学中被理解为可以反复指代某一事物的符号集，包括日常语言与形式语言。特别是在某物缺席时它表征该事物，被表征的事物通常是外部世界的一个特征，或者人们心中想象的一个对象。相对于外部表征（地图、图画、文字语言等），心理表征是内在的，它仅代表了环境（客观世界或内心的可能世界）的一些特征，与外部表征的一些特征是对应的（艾森克和基恩，2004：262-366）。在认知科学中，符号主义心理表征观认为，认知是通过各种基于规则的加工过程而对符号表征进行操作，因此心理模型就是符号模型。联结主义采用神经网络组成的计算模型，不通过命题表征的符号内容对信息进行表征，而是以具有亚符号特性的分布式表征来表征信息，因此，心理模型也是一种微观结构模型。

由于心理模型是所有表征的基础，因而对它的研究和应用都十分广泛。一方面，逻辑推理和问题解决中的语义信息效果和话语理解集中于对心理表征本质的探讨，知识的长时记忆表征集中于使用组织化知识对物理系统的探讨；另一方面，心理模型框架的应用包括但不限于以下方面（Nersessian, 2008: 94-95）：关于物理系统的因果性的定性推理的人工智能模型、直觉领域的知识表征、类比问题解决、演绎与归纳推理、概率推论、异质或多模态推理、模态逻辑、叙述与话语理解、科学思想实验和文化转移等。另外，在心理表象、心理动画、基于感知的表征中的想象模拟和念动理论也发展了心理建模的说明。

二、心理建模的实现路径

我们究竟是如何在大脑中组织和表征外在世界的？这是所有学科特别是脑科学面临的最基本的问题。根据认知心理学，表征作为中介是在物理客体不在场的情形下重新指代这一实体的任何符号或符号集，心理表征就是要处理大脑中所储存的知识的内容和形式。问题是：心理建模或表征是通过什么途径实现的呢？根据认知科学，笔者将心理建模的实现路径概括为以下五种。

（1）思想语言。思想语言是福多（J. Fodor）于1975年提出的一种心理语言（mentalese）假设，它是相对于自然语言而言的。自然语言是我们表征外部世界的重要工具，这是我们的一种语言表达能力。思想语言是我们表征外部世界的一种观念或观念集，也是关于我们的行为如何被解释的一种观念，因此，思想语言是我们的一种心理表征能力，类似于我们的语言表达能力。与自然语言一样，思想语言不受刺激的约束，也就是说，我们在任何时候任何地点都能够使用思想语言进行思考和想象，使用这种语言表征的世界可能是反事实的世界，如神话世界。思想语言的这种特征使它作为表征工具可能会误表征真实世界。在笔者看来，所谓思想语言其实就是自然语言在心中的反映，没有自然语言就不会产生思想语言，因为自然语言是从口语到书面语逐渐在特定社会如汉语世界中发展起来的，只有学会了自然语言，才能形成思想语言。自然语言是组织化的系统，语言表达就是组织化的知识。具体说，一个语句是按照语法规则组织起来的词语结构，语句的意义是依赖于词语的含义加上它的结构，即语义加上语形。在表达的意义上，自然语言是说出的思想语言，思想语言是内化于心的自然语言。前者是外在的、显在的，后者是内在的、潜在的。当然，思想语言假设能否成立，也就是思想语言是否存在是有巨大争议的，比如哪类语言是思想语言？不过，笔者认为既然有思想就会有思想语言，否则思想就难以被表征了。尽管自然语言可以表达我们的思想，但它不能描述所有的思想和观念，思想和观念有时是自然语言无法言表的东西，如意会知识。

（2）心理表象。表象即意象（image），它是视觉感知的东西不在场时在心中形成的图形或图像，也称视觉表象。比如我们看到一匹马，当闭上眼回忆时这匹马在我们心中会形成马的形象，心中马的形象就是表象。因此，表象由脑过程产生，"这种脑过程的特点是，构造上的精确排列秩序维持了感官接收器和大脑皮层之间在拓扑上的同形性，但是它在没有影响剩余部分发挥功能的能力时也会受到严重的伤害和毁坏（达90%）"（洛耶，2004：79）。亚里士多德曾经将表象看作人类思维的主要中介，认为概念就来自表象，它既是心理表征的一种重要形式，也是知识表征的一种重要形式，具有模拟性、抽象性、易变性和可操作性的特点（彭聃龄和张必隐，2004：234-238）。心理旋转、心理扫描和认知地图是表象的主要形式。心理旋转实验表明（Shepard and Metzler，1971），表象具有客观世界中那些物体的全部属性，它像物质客体占据物理空间那样占据一定的心理空间。也就是说，表象似乎具有三维空间。心理扫描实验也证明表象具有特异性的空间特征，与客观世界的物体和活动所拥有的特征相类似（Kosslyn，1973）。例如测试者让被试看一幅地图，发现被试从一个目标扫视另一个目标的时间与这两个目标之间的实际距离相关，即扫视时间与两物体之间的实际距离成正比关系。认知地图[①]是指人对环境的空间布局的心理表征，是基于过去经验产生于头脑中的某些类似于现场图的模型，也是一种对局部环境的综合表象，包括事件的顺序、方向、距离以及时间关系的信息。或者说，认知地图是真实环境中的复制品，与物质环境大致一一对应，似乎是一幅贮存在头脑中的环境图像。总之，表象的实质是客观事物的心理空间模拟和心理动画模拟，也是一种具身的心理表征。

（3）心理命题。这里的命题不是指一个有特定意义的陈述句，而是指一种心理的概念性内容，一种可以用于指代所有心理信息的基本语言。这种心理命题构成了一个普遍的、不具有感觉特性的心理语言。我们可以想象的心理的内容是类似事物的各种实体，它们通过各种概念关系组合起来。例如狗、草坪这些实体，它们的概念加上谓词"玩"可以表征为（狗，草坪，玩），用语句描述就是"狗在草坪上玩"。金属如铜、铁、银等这些实体，它们的概念加上谓词"导电"，可以表征为（金属，导电），用语句表示就是"金属能导电"。科学中的许多核心概念起初并不是从实践中获得的，而是先在心中形成范畴，如原子、分子、基因、夸克等，这些范畴均是不可观察的、类似于实体的心理客体，由它们组成的命题自然就是心理命题。潜在的心理命题通过实验检验证实后，就成为显在的知识命题。这就是心理命题与知识命题的转化关系，它们是内在表征与外在表征耦合的结果。

（4）思想实验。思想实验就是在心中做实验，它是一种模拟真实实验的心

[①] 这个概念最初是由美国心理学家托尔曼（E. C. Tolman）提出的。托尔曼在研究白鼠走迷宫实验时发现，白鼠并不是通过尝试错误的行为习得一系列刺激与反应的联结，而是通过脑对环境加工后在获得达到目的的手段中建立起一个完整的格式塔，这种格式塔就是认知地图。托尔曼认为，白鼠获得了关于迷宫的综合知识，因而在其大脑中产生了一幅类似于地图的东西。这幅地图引导白鼠从一个地方走到另一个地方，而不受已形成的运动习惯的约束，直到获得它所寻求的目标。这一观点与行为主义相悖，为认知心理学的产生奠定了基础。

理类比。类比是用一类事物的属性推出另一类事物的属性。在心中操作类比推理就是心理类比。与命题是类语言表征相比，类比是关于视觉、听觉和动觉的表象。类比表征是不连续的，它能内隐地指代事物，组合规则是松散而具体的。例如，我们通过类比知晓电脑病毒类似于生物病毒，不同病毒的复制和传播途径不尽相同，危害性也大小不一。科学中的思想实验就是一种与真实实验的心理类比。思想实验是在心中操作的，虽然不像实验室实验有真实场所，但它具有实验室实验的一些特征，如具有实验设备和过程。例如，牛顿设想了水桶旋转思想实验来证明时空是绝对的，用无限大的水桶类比宇宙，桶中旋转的水形成的凹类比绝对空间。伽利略的真空思想实验设想了两块重量不同的物体连接在一起，若在真空中它们的下落速度相同。这个实验在真空中轻易就可以操作，但当时并不能制造真空，也就无法做实验，只能在心中设想操作。伽利略还设想了在行驶中的船上运动的物体，如飞翔的苍蝇，这种情境与在陆地上没有什么区别，以此说明运动的地球围绕太阳转动的相对运动性。这些思想实验说明，精心制作的思想实验的叙事导致建构一类情境的一个心理模型，而且这类情境的模拟结果提供了表征世界的方法的某些方面的认知通道。正如奈瑟希安指出的，"思想实验模型提供了探讨结果——概念的或经验的——一种方法，由此产生了表征世界的一种方式。它们本身通常不提出解决方案，而是指明可能变化的通道"（Nersessian，2008：175）。

（5）模拟推理。上述提及的科雷克的心理模型的一个核心洞见是：推理经由心理模拟进行。事实上，不仅推理需要心理模拟，其他知识如因果知识、领域知识等也同样需要建构模型，创造一个经由心理模拟的新状态。日常生活中像搬家这样简单的事情，我们事先也是在心中像"放电影"一样预想家具搬入家门的情境，看家门的大小是否能让家具通过。这个过程就是心理模拟。可以说，凡是在心中想象某种情境的过程都是心理模拟。科学中的心理模拟就是想象，想象是展现场景的思维过程，例如，据说化学家凯库勒（F. A. Kekule）在思考苯环的结构时，在梦中出现了几条蛇头尾相咬连成一个环的情境，醒来后豁然开朗，意识到苯的结构可能是一个环状。爱因斯坦设想追逐光柱、光线弯曲的情境，是他创立相对论不可或缺的一环。科学中的心理模拟不是做梦，它是一种基于科学原理的想象，有可能变为现实。

根据现代心理学，心理模拟具有心理空间、心理旋转、心理动画的特征。我们可以想象某一客体如木棒在空间旋转的情形，如同在三维空间旋转一样。科斯林（S. M. Kosslyn）总结道，"心理学研究提供了形象的旋转、移动、弯曲、缩放、折叠、升降、萌动的证据"（Kosslyn，1994：345）。心理想象的这些组合与变换不仅仅是假设，它们已经得到心理学证据的支持。拓扑心理学的形成证明了这一点，同时也说明心理模拟具有拓扑结构的特征。被模拟的客体可能是一个模糊的、无模式的图像，比如牛顿在探讨万有引力时将地球想象为一个质点或刚体，而不是椭圆形的球体。这不只是为了研究和表征的方便，也可能是心理模拟的特点使然。

总之，心理模拟就是通过建立与研究对象相类似的一个心理模型来探索该研究对象的结构和属性的。由于心理模拟是客观世界的反映，因此，心理模拟不纯粹是精神现象，心理建模技能的形成必须确定心智技能的操作程序。这是一项长期而艰难的工作，科学家的成长经历已经说明了形成心理建模能力的艰难性。

第六节 小 结

综上，科学认知的实质是适应性表征，这是由认知过程的心理机制决定的。人类的知识，不论它们有多少种形态，均是基于我们的心智进行认知的结果。在认知表征的过程中，经验是必不可少的一个环节，这不是因为知识必须源于经验，而是因为认知获得的结果必须在经验上适当，否则我们就没有办法理解和解释认知结果了，如量子力学的解释。所以，认知表征不仅与心理建模密不可分，也与经验密切相关。没有心理建模，我们就不能产生认知，缺乏经验适当性，我们便不能理解认知。

第二章　作为认知系统概念框架的适应性表征

去认知，就是去准确地再现心以外的事物；因而去理解知识的可能性和性质，就是去理解心灵在其中得以构成这些表象的方式。哲学的主要关切对象是一门有关再现表象的一般理论，这门理论将把文化划分为较好地再现现实的诸领域，较差地再现现实的诸领域，以及根本不再现现实的诸领域（尽管它们自己以为再现了现实）。

——理查德·罗蒂（《哲学和自然之镜》第 3 页）

认知系统有两种：一种是自然的（基于生物学的）；另一种是人工的（基于物理学和人工智能的）。科学认知是两种认知的混合（人+科学仪器）。笔者发现，这两种认知系统虽然在质料构成上截然不同（碳基的和硅基的，或者生物的和非生物的），但它们在适应性表征上却几乎是一致的。这的确令人惊奇。这是这一章要探讨的重大问题，之所以重大是因为它涉及认知科学不同范式的统一问题和人工智能的表征是不是适应性的问题。

第一节　认知科学的"范式统一"问题

认知科学发展到今天，已经形成了各种相互竞争的研究范式，如计算-表征主义（认知主义）、联结主义、动力主义，以及新近发展出的研究纲领——具身认知[1]（嵌入认知）、延展认知、生成认知[2]以及情境认知。这些不同的认知范式和纲领的形成表明：一方面，认知科学正处于繁荣发展时期；另一方面，

---

[1] embodied 这个词有不同的译法，诸如"涉身的""寓身的""具身的""亲身的""体验的"，可以说各有千秋，均是要说明像认知、思想、心智这些精神层面的东西是离不开身体的（莱考夫和约翰逊，2018：1-5）。在英语中，embodied 是 embody（有表现、包含、使具体化等含义）的过去式形式，其意思是"表现于、包含于、具体化于"。从词源来看，embody 由前缀 em-（使成为、使处于……状态之意）和 body（身体）组成，其名词形式是 embodiment（具身性）。按照这种词源组合来理解，该动词的意思应该是"成为身体内的状态"或"具体化为身体内的东西"，故而这里采用了"具身的"译法。

[2] 生成认知即所谓的跨学科研究的 4E（embodied, embedded, enactive, extended）认知，它假设认知是由大脑、身体、物理和社会环境之间的动态交互形成和结构化的。

这种竞相出现新研究纲领的局面说明,认知科学还没有形成统一的范式或理论框架。这是目前认知科学及其哲学面临的一个重大理论问题,即在何种框架下可使认知科学统一起来。这是美国科学史家和科学哲学家库恩(T. S. Kuhn)在《科学革命的结构》中提出的"范式更替"理论论及的情形,即科学发展的前期往往处于前范式时期,没有形成常规科学的统一范式(库恩,2003:9-10)。正因为如此,认知科学这个概念在英语的表述中,"科学"通常使用复数sciences,以表明这门科学是由不同的学科包括计算机科学、认知心理学、脑科学、哲学、语言学等组成的学科联盟,并没有形成统一的理论框架。在这个意义上,与成熟的学科如物理学、化学、生物学相比,认知科学还处于库恩所说的"前范式时期"。

问题是,认知科学已有范式或纲领中是否有能脱颖而出"战胜"其他的纲领而成为一种统一理论的呢?就目前的发展态势来看,这种可能性不大,比如最成熟的计算-表征主义和联结主义也遭到了许多质疑和诘难。这些新老研究纲领中没有一个有资格能够统摄其他纲领而形成一个统一的理论。那么,这些研究纲领是否有可能通过一个概念框架来得到统一呢?笔者认为不仅有这种可能性,而且可能性很大。正如牛顿力学通过"万有引力"统一了伽利略理论(地上的)和开普勒理论(天上的)一样,认知科学也很可能存在这样一个概念来统一不同的认知研究纲领,即第一代的"离身的"认知科学和第二代的"具身的"认知科学。正是基于这样一种想法,笔者认为根据目前认知科学的发展态势,寻求一种统一的认知科学的概念框架不仅是可能的,而且时机业已成熟。一种思路就是通过发现存在于各种认知研究纲领中的共通性来归纳出一个概念框架,通过这个概念框架来统一认知科学的不同纲领,也就是寻求不同认知理论所蕴含的共性来统摄不同认知理论。

沿着这一思路笔者发现,认知科学的已有研究范式或纲领之间并不是不可"通约的",它们之间存在一种共享的属性——适应性表征。笔者给这个概念的定义是:自然认知系统具有在特定环境中自主地表征目标对象的能力,且这种能力能够随着环境的变化而自主调整。这意味着,适应性表征是自然认知系统如人脑的天生能力,它是生物主体在生存压力下自然进化的结果。尽管适应性表征是基于生物进化论的,但需要指出的是,适应性表征还不是所谓的"适应论"。"适应论"是瓦雷拉(F. Varela)、汤普森(E. Thompson)和罗施(E. Rosch)所称的生物适应环境的自然选择观点(瓦雷拉等,2010:148-171)。这是一种新达尔文主义,它在认知科学的表征观中占据核心地位。显而易见,表征主义本身是适应论的,或者说与新达尔文主义是一致的。"适应论"虽然在直觉上似乎是合理的,但它不能根据逻辑或孤立的观察加以证明。瓦雷拉和汤普森依据"自然漂移"进化观修正了正统的适应论,并将自然漂移作为具身行动的认知基础，以此来修正进化和认知中的"适应"蕴含的"最优"，以"生成"替代"表征"，形成了基于身体的生成认知科学。根据生成认知科学，行动是直觉引导的，认知并不是表征，而是具身的行动，我们认识的世界并不是给定的，而是通过我们与世界的结构耦合形成的。因此，认知即生成，其过程是通过一个由多层次相互连接的、感知运动子网络构成的网络执行的。在笔者看来，生成过程就是适应过程，适应不一定是最优，不论是基于自然选择还是自然漂移。生成同时也是表征过程，因为表征也是生成的，如心理图像在脑中的生成，所以，以生成取代表征并不可取，特别是我们现在常用的符号表征，生成认知科学难以说明。这里的生成是基于生命的，认知自然而然地就是具身的行动，它不可避免地与活生生的历史交织在一起。这与语境论的观点是一致的，因为语境论的根隐喻是"历史事件"（Pepper, 1942: 232），现在就是过去的历史事件的当下耦合。因此，适应性表征概念既吸收了生物进化论的优点，也汲取了语境实在论和生成认知科学的长处，其实质上是三者在语境基底上的整合，凸显了表征的环境适应性、历史关联性和意义实在性。

如果适应性表征能够反映认知系统的本质属性，那么说明这种表征能力的各种认知理论也应该涉及这种能力[①]。这里的重点不是要论证适应性表征是如何产生的（进化生物学已经说明人类是适应环境进化的，由此得出的一个自然推论必然是人的认知表征也是适应性的），而是要着重论证两个问题：一是适应性表征如何成为认知科学的统一概念框架；二是认知科学的已有研究纲领如何具有适应性表征的特征。

第二节　适应性表征作为认知系统的范畴化能力

一种理论，如果不能对它所描述的现象给出合理的表征，它就会被淘汰，就像不适应环境变化的生物会被淘汰一样。虽然基于有意识大脑的认知现象是非常复杂的，但它是适应性的。进化心理学[②]和认知神经科学[③]的研究表明："大脑能够建立起一套灵活的适应机制。这种适应机制是一系列监控行为的规则并

[①] 需要强调的是，这里提出适应性表征作为认知科学的统一概念框架，不是别出心裁地建立一种不同于已有认知理论的认知科学理论，而是在哲学层次给出一个可能的概念框架，通过这种概念将不同范式整合起来，形成一个更合理地解释认知现象的方法论，并不是要取代已有认知理论。

[②] Downes S. 2008. Evolutionary psychology//Stanford encyclopedia of philosophy. http://plato.stanford.edu/entries/evolutionary-psychology/[2021-03-18].

[③] 认知神经科学很可能会成为继第一代认知科学（计算-表征主义）和第二代认知科学（具身认知）之后的第三代认知科学，有望在脑的认知机制研究方面有所突破。

能够随环境条件灵活应用,最终产生无穷无尽的行为。"(葛詹尼加等,2011:554)这已经是无可辩驳的事实。描述这种复杂现象的理论必然要适应这种复杂性,其表征也必然要求是适应性的。那么,适应性表征如何能够成为不同认知理论共享的统一范畴呢?这是要着重论证的第一个问题。

就自然认知系统——我们人类的大脑而言,它有两个重要特征:意识和表征。没有人会否认我们有意识,会表征,尽管意识通常与心理学和哲学上的一些概念如心智、自我、自由意志等纠结在一起,科学上也难以把握和定义,我们也不知道意识从哪里开始。但是,我们有意识这种现象比较容易理解,那就是我们醒着、有知觉,比如知道我是谁,能感到疼痛。这表明我们是有意识的,尽管我们的某些行为是无意识的,比如不经意的行为。表征也容易理解,因为我们说话做事是先在大脑中形成心理表象而后采取行动的,这是一个有意向、包含内容或意义的认知过程。由于我们有意识是不言而喻的,故而这里不做进一步讨论,而是集中于讨论表征问题。

表征(representation)这个概念及其同源词均源于动词(represent),即将事物表征为这样或那样(represent things as being thus-and-so),其衍生的意义主要有三种(Horst,2016:87):①表征是把事物表征为这样或那样的一个行动,如对事实的描述,这是最初意义;②表征作为这样或那样的表征工具如符号、图解、模型而发生,这是二阶意义;③表征作为工具的属性允许这类工具被系统地用于将事物表征为这样或那样,这是把术语"表征"用作类型(type)和记号(token),如命题表征和记号表征。可以看出,这三种意义都依赖于心理的和意向的主体,因而所有类型的表征都会涉及心理表征。在这个意义上,表征就是一种具身的内部模式,一种表象系统,它包含着一个预想的行为模式的表达,用以解释内部心理行为,意义因此是这种内部模式产生的,且整合了外部和内部的影响,即综合了现在的感知、过去的记忆和未来的渴望的状态,这样一来,符号表征就超越了具身性(embodiment)[①]而成为符号学了(da Fonseca et al.,2013)。

在笔者看来,虽然表征这个概念有许多用法(魏屹东,2018:86-108),

---

① 这个概念主要有三种不同的含义:①认知不是计算-表征,而是具身行动,这是瓦雷拉、汤普森和罗施针对传统认知观的主张,他们赋予具身这个概念两个意思,一是认知依赖于体验的种类,这些体验来自具有各自感知运动的身体;二是这些个体的感知运动能力本身嵌套在一个更广阔的生物的、心理的和文化情境中。他们使用这个词是想强调感知与运动、知觉与行动在活生生的认知中是不可分离的。②认知是身体与世界的交互作用,这是西伦(E. Thelen)等人的观点,意在说明认知过程不仅仅是符号的操作,与传统的认知主义相对立。③用身体思考,这是克拉克的主张,他给出了具身认知的六个属性——非平凡因果传播、生态装配原则、开放通道知觉、信息自我组织活动、作为感官运动体验的知觉、动力-计算互补原理,这六个属性旨在说明,身体并不是大脑的一个纯粹容器,应该把身体看作在产生认知时的脑的搭档(夏皮罗,2014:56-73)。

但其本质上是语境依赖的,因为它是主体在特定语境中为解决特定问题而使用中介客体描述另一个它所指涉的目标客体的过程,这种表征关系能否成立,最终取决于主体能否根据特定问题在特定语境中使中介客体适应于目标客体(魏屹东,2017:44)。显然,这里的表征是指具有真实对象的心理状态的心理表征,而心理表征则构成了认识论的一个根本性信念:所有认知都是被认知事物(真实的或虚构的)的一个内在心理表征[①]。按照伯奇(T. Burge)的定义,表征的心理状态是将真实性条件作为它们本质的一个方面的那些状态,即作为它们例示的基本解释基础的一个方面(Burge, 2014)。根据这个定义,表征是对真实存在客体的心理反应,没有感知对象的心理幻想不能被称为表征。也就是说,没有真实指称的纯粹概念不是表征,至多是指代。这是对表征的一种科学定义,涉及表征对象的真实性或实在性问题。如果使用命题表征,就存在表征内容的真假问题,即表征的真理问题。心理表征是基于感知的,感知有准确和不准确之分,但没有真假之别。因此,伯奇的真实性条件就是指感知的准确性和命题的真假性。

生物进化论已经揭示,生物包括人类是进化的结果,进化意味着适应性,因此,人的各种能力包括感知能力和认知能力无疑是适应性的,基于感知的心理表征也是适应性的,即随着对象的不同或环境的变化而不断调整和提升。有了心理表征能力,我们就有了认知能力,有了认知能力当然就有了心智和智能。这就是生命-心智连续性论题所表明的(Froese and Di Paolo, 2009)。根据这个论题,心智的形成、生命的演化与生物行为的社会性密切相关。如果说有机生命的产生是心智形成的必要的自然条件,那么生物主体的社会化是心智形成的充分条件。这两个条件共同塑造了我们的心智。人类发展史业已表明,这是无可辩驳的事实。

我们的心智具有意向性和表征力,这也是不争的事实。意向性使我们能够关涉外物,表征力使我们能够使用符号表达和描述外在世界。这种使用符号表征的能力使我们人类超越了所有其他生物,成为"万物的尺度",成为世界的主宰者,人类中心主义就此产生。在认知表征的意义上,人类中心主义无可厚非,因为至少迄今为止,在我们所知道的宇宙范围内,人类是唯一具有认知表征的智慧生物,也就是使用符号表征目标对象的主体。这种由意向性通过适应性表征产生的主体性是人之成为人的认知标志。

为什么是这样的呢?这就要从适应性表征这个概念谈起。适应性表征包括

[①] 当然,心理表征概念也受到了质疑,如激进的具身认知科学主张取消表征概念,认为基于身体行为的动态认知系统完全不需要心理表征,认知就是主体对具身情境的直接觉知,其反对理由是心理表征会面临内在因果规范性问题、表征必要性问题和表征无穷倒退问题。在笔者看来,这些挑战均可以通过适应性表征加以消除。

两个方面：一是适应性，二是表征。上述业已表明，适应性是所有生物都具有的特征，因为身体（生理上）不适应（环境）就会被淘汰，因此，适应性本身就暗示了生物对环境的依赖性。心理学意义上的表征几乎是有意识的生物都具有的能力，这种表征能力是基于身体的适应性（具身性）的，因而是一种认知适应性，而且表征本身蕴含了心智对外在事物的再现，是蕴含了内容和意义的过程。这意味着，适应性表征这个概念将生物对外在事物的感知能力和表征能力结合在一起，体现了心智的有意识和表征这两个主要特征。感知能力正如伯奇所说的可能是意识开始的地方，如果是这样，感知就是适应性表征的生物学和心理学基础，感受性也就成为意识的特例。

对于人工认知系统（智能机），其认知过程是适应性的吗？在说明人工主体的认知理论中，从心的表征理论到心的计算理论包括心的数字计算理论，均主张认知主要指对我们周围世界的心理表征进行心理操作（生成、转化和删除）的概念，而计算机就是这样一种能够自动操作符号的机器（哈尼什，2010：160）。根据心的表征理论，认知状态具有内容的心理表征关系，认知过程是对这些表征进行的心理操作，所谓的命题态度，诸如相信、计划、知道，就是一种表征关系，说明了从内在心理到外在世界的一种适应性，比如"我相信黑洞存在"，就是将自己的"信念"与"黑洞存在"这个"我"相信的"事实"相适应，尽管"黑洞"只是广义相对论预言的一种宇宙客体。心的计算理论接受了表征理论，认为认知状态就是具有内容的计算心理表征的计算关系，认知过程就是具有内容的计算心理表征的计算操作，关系、结构、操作和表征都是计算的（数字的）。这是一种物理符号系统假设，它意味着物理符号系统具有产生智能行为的充要条件。这里的智能是可以没有心智的，就像智能手机没有心智一样，但它是适应性的。按照人工智能专家纽威尔（A. Newell）和西蒙（H. A. Simon）的设想，物理符号系统包含一组符号实体，这些符号实体是某种物理模式，在机器内能够产生随时间变化而演化的符号结构的集合（Newell and Simon, 1976）。事实上，心的计算理论将认知状态和过程分为两个部分：一是计算操作；二是心理表征。我们知道，计算机的普遍特征是以某种编码方式进行计算。如果心智在脑中对心理表征的操作以及心理表征本身形成了一种计算编码，那么这种编码的结构在某种程度上就意味着心理表征形成了一种类语言系统。这种类语言系统就是福多（Fodor, 1975）所说的思想语言假设，其基本观点是，认知表征系统与语言类似，而语言是我们先天基因的一部分。根据这个假设，认知和推理在表征的类语言系统中被执行。所以，计算机语言是与人类自然语言类比做出的。因为人类在执行推理和计划时，有一个用于表征其周遭环境的心理系统，该系统具有生成性和系统性特征，计算机也与此类似。如果思想语言假设和这个类比是正确的，那么人工认知系统也应该是适应性的。

心的联结理论（联结主义）则进一步强化了认知的适应性表征。根据心的联结理论，认知状态和过程是心理表征在思想语言中的计算操作，只是计算的结构和表征必须是"联结"的。"联结"是一种定位表征的交互激活竞争网络和一种分布式表征的多层次前馈网络。这种网络通过传递兴奋或抑制信号结构能够实现表征，具有一定的计算能力，通过联结所有单元的激活传递规则实现编程。例如 NETtalk 就是一种能够朗读英语文本的网络，其处理模式与人脑类似，具有一些人类的适应性行为特征，比如 NETtalk 学习的内容越多，行为表现就越好，就越接近人的朗读行为。

由此推知，适应性表征所包含的两个方面也同时是两个判断标准：适应性的主体可以是有生命的植物、动物和人类，也可以是无生命的机器（智能机）。在适应性方面，有生命和无生命主体都有适应能力；而在表征方面，植物和低等动物如昆虫，则没有意向表征能力，人类有心理表征能力，如心理想象，智能机有符合操作能力。所以，适应性表征体现了认知过程是通过概念/符号进行的，是一种范畴化适应能力。

接下来将要论证，已有认知科学理论，诸如认知主义、联结主义、动力主义、具身认知、延展认知、生成认知和情境认知，虽然各不相同，也存在分歧甚至对立，但适应性表征却是它们的核心属性或共通性。这就好比"盲人摸象"，不同认知理论的这些"盲人"只是刻画了认知这头"象"的某些方面，而不是全部，适应性表征恰如认知这头"象"的整体属性或共通性。正是这种共通性才将不同认知理论联系起来并作为一种统一概念框架，或者说，不同认知理论恰恰是适应性表征的不同进路和表现方式。

第三节 离身认知科学的适应性表征

按照莱考夫（G. Lakoff）和约翰逊（M. Johnson）的划分（莱考夫和约翰逊，2018：75-76），离身的认知科学主要是认知主义和联结主义，这里也将动力主义作为过渡归入第一代认知科学加以考察。

第一，认知主义通过智能主体自主地操作符号适应地表征。认知主义[①]也称计算-表征主义或符号主义，是认知科学的第一个范式，源于计算机科学特别

---

① 认知主义作为一种范式最初出现于计算机科学，诞生于 1956 年。这一年，在英国剑桥和达斯茅斯举办的两次会议上，西蒙、乔姆斯基、明斯基、麦卡锡等提出了成为现代认知科学指导纲领的观念，即智能的本质特征是计算，认知（思维）可被定义为符号的计算和表征。人工智能是认知主义的典型表现。认知心理学是将认知主义引入心理学的结果，这是心理学中的认知主义。认知主义面临的问题是，如何将无意识的符号操作与有意识的人类经验关联起来。这就是认知的具身性问题，也是认知的现象学问题。

是图灵机。它将大脑对语言的处理看作信息处理过程，即符号处理过程，并将符号表征发挥到极致。根据这种范式，计算就是思维，思维就是符号操作，符号操作包含语义，表征涉及所有这些方面，只要操作设计良好的算法（程序）就能够展示出智能，无须意识的参与。这意味着，认知无意识参与也是可以进行的，认知与意识之间没有必然的本质联系。这与传统哲学关于自我意识对认知是必要的信念是对立的，也与我们的直觉相悖，即无意识如何能够认知，或者说，基于符号计算的认知如何与经验世界联系。这个问题一方面涉及"符号接地"问题，即符号如何获得意义，另一方面涉及如何定义认知以及如何看待认知与意识、心智、自我之间的关系问题[①]。这是认知主义面临的非常复杂和棘手的问题。

在笔者看来，认知主义的"计算策略"有三个不足：一是序列性，即基于逐一使用的序列规则（串行运算）；二是局部性，即符号或规则任何部分失灵都会导致系统崩溃（相比而言，分布式运算会更好些）；三是离身性，即抽象的符号处理远离生物学的原理。这样一来，新的问题又出现了，那就是：无身的认知系统如人工智能如何适应其环境呢？这是人工主体的适应性表征问题，是人工智能领域面临的难题和要研究的重要课题，如机器人如何适应变化的环境来行动。

我们知道，认知主义范式本质上是人工智能的表征理论，将其用于人的认知系统就会产生上述一系列问题。主体人能够适应性地表征，不必然推出人工主体（智能体）也能够适应性表征。事实上，认知主义的符号计算策略在处理简单的任务时，如爬楼梯，还不如蟑螂这种昆虫速度快和灵活。不过，人工智能通过各种搜索和学习方法以及相应的算法，也能在一定程度上适应性地表征目标系统（对象）。这是基于理性以解决问题为导向、以非生物质料为载体的认知系统的研究纲领，超越了身体这种生物载体的认知系统。在认知科学中，人们按照符号处理模式来研究人的心理活动，心理表征也因此是通过符号加工来实现的。例如所谓的"终极算法"就是将不同算法综合起来，其中的遗传算法遵循的就是程序的"适者生存法则"（多明戈斯，2017：167-179）。因此，认知无论是作为无意识的符号计算的"计算心智"，还是作为有意识的经验运作的"现象心智"，它们在本质上均是适应性的，因为"有意识觉知"的元素

[①] 如果将认知定义为计算，即符号的操作，那么人脑和人工智能系统都是计算系统，但后者无意识，由此推出认知可以无意识地进行；如果将认知定义为有意识经验的产物，则排除了人工智能认知的可能性。如何解决这个矛盾是认知主义之后的认知理论无法回避的，比如联结主义以神经联结和涌现替代符号表征。在笔者看来，就人的认知来说，认知与意识、心智、自我这些概念是相互交叉的，有时混用不加区分，这些概念是对意识现象的不同方面的描述，或者说是对认知系统所表征的不同性能的刻画。也就是说，认知、心智、自我只不过是意识这个整体的不同表现方面而已。

是由"计算心智"的信息和过程引起或支持或投射的（Jackendoff，1987：20-23）。这意味着有意识的觉知是"计算心智"元素子集的外化或投射，通过这种投射机制[①]，认知的无意识符号操作就能与有意识的经验联系起来，从而适应性地表征。

第二，联结主义模拟神经系统通过调节节点间的联结强度适应地表征。联结主义又称神经网络[②]，与计算-表征主义几乎对立，因为它不再以符号表征为出发点，而代之以大量神经元的简单非智能元素的适当联结，这种元素间的适当联结会产生全局性属性的认知能力。这种范式把认知看成是动态网络的整体活动，由类似于神经元的基本单元和节点构成，方法上采用分布式表征和并行加工。由于联结主义模式在许多方面体现了大脑的特点，它可以通过简单单元所构成的相互连接的网络结构来描述心理表征，而且联结与节点形式可以根据实际情况发生变化。比如在表征语言处理时，节点可以是一个语言的基本单位，如单词，联结可以是与之相关的因素，如语义相似性。该模型中包含的许多处理单元可以通过激活传递信息，但不传递符号信息，而只传递数值。每个节点都与许多其他节点相联结，节点之间协同进行信息处理，从而构成一个复杂的网络体系。节点之间联结的权重值可以通过学习进行调节。这个调节过程显然是适应性的，体现了自组织系统的涌现属性，认知就是在大量神经元的联结中涌现出的表征能力。鉴于联结主义模型与大脑在许多结构上的相似性，它具有适应性表征能力也就是理所当然的事情了。

第三，认知动力主义通过元素动态耦合适应地表征。认知动力主义被认为是认知科学理论的第三种范式（Eliasmith，1996），它是针对认知主义和联结主义面临的困境提出的动力学假设，将认知视为一个复杂的动力系统，认为认知是大脑、身体和相关环境之间的一种交互建构的过程（Van Gelder and Port，1995）。动力系统最初是数学上的一个概念，旨在用一组方程描述自然中随时间演化的系统的属性，使用数学中的状态空间、吸引子、轨迹、确定性混沌等概念描述与环境交互的认知主体的内在认知状态。就时间而言，这是认知主义和联结主义所缺乏的。在演化的意义上，认知系统是动力学系统应该是正确的，因为认知始终处于实时的环境中，不存在没有时间的认知过程。但认知动力主

[①] 杰肯道夫将心智分为"计算的"和"现象的"，心-身问题自然就被分为"计算的"和"现象学的"，前者是指大脑如何实现推理，后者是说大脑如何拥有经验。为了打通计算心智与现象心智的连接，杰肯道夫提出了"中间层次理论"来解决符号计算认知如何与经验世界联系的问题。心智的"中间层次"是指位于外在的"感觉层次"和中心的"类思想层次"之间的层次，根据中间层次理论，意识是计算心智的中间层次表征的投射，即有意识觉知的形成源于计算心智的不同表征结构的集合或由它们投射。

[②] 它最初是一种学习心理学理论，认为生物情境感觉和动作冲动反应之间形成的联想是学习的基础，后来发展为一种认知研究范式，即网络模型。

义与其他认知理论在表征问题上持完全不同的见解。认知主义基于符号进行表征，联结主义以网络中的分布式表征为基础，而认知动力主义则主张认知是无须表征的，因为认知行为是身体感知与行为同时协调的适应性结果，是神经机制与环境在运动中彼此建构的产物，并不依赖于任何抽象的计算与表征，如果说有表征，也是"在某类非计算的动力系统中存在的状态空间的演化"（Van Gelder，1995）。在笔者看来，认知动力主义蕴含了认知的具身性观念，对认知随时间变化的连续性给出了一种自然主义的说明，这是其他认知理论所不能给予的，因为它们忽略了时间概念，这正是认知动力主义的优势所在。

第四节 具身认知科学的适应性表征

相比于离身的认知科学，具身的认知科学更彰显了认知系统的适应性表征特征。

首先，具身认知纲领通过强调认知的亲身性适应地表征。具身认知继承了动力主义的具身观，它是针对认知内在主义提出的，后者认为认知仅在大脑中发生，身体对于大脑的认知功能是中性的，也就是说身体对大脑的认知不产生影响，并不是说身体与大脑没有联系。众所周知，我们的身体与大脑是不可分割的，具身认知着重强调身体对于认知的不可或缺性，认为身体运动不仅影响认知，而且会改变大脑结构从而塑造认知，即"大脑之外改变大脑之内"（贝洛克，2016：ⅲ）。这意味着所谓"具身认知"就是一种"具身行动"[①]，"具身"强调两点：一是认知依赖于不同的经验，这些经验来自具有个体感知运动的身体；二是个体的感知运动能力本身嵌入一个更广泛的生物的、心理的和文化的情境中。"行动"强调感知和肌肉运动过程，知觉和行动本质上在认知中是不可分离的。这与梅洛-庞蒂的知觉现象学强调身体本身的空间性和运动机能的观点是一致的。根据知觉现象学，认知是一种抽象范畴运动，它受制于身体本身，因为它必须以目标意识为前提，靠目标意识支撑，而目标意识作为意向性指向身体本身，把身体当作对象，而不是贯穿身体。因此，认知作为抽象运动包含一种客观化能力、一种象征功能、一种表象功能，一种投射能力，这种能力已经在"物体"的构成中发挥过作用，把感觉材料当作相互表示的东西，当作能用一种"本质"表示整体的东西，给予感觉材料一种意义，内在地赋予

[①] 在笔者看来，具身认知与中国哲学中的"体知"很相似。后者强调个体内在的亲身体验性，在表达上多是意会的而非可言传的，故而是一种非概念化的内在体证过程。相比于认知这种对象化、概念化的认识活动，体知更多是非对象化的身体体验和感悟。

它们活力,使之成为系统,并把众多的体验集中于同一个纯概念性核心,使得在各种不同视角下可辨认的一种统一性出现在感觉材料中(梅洛-庞蒂,2001:141)。一种更强的具身性认知观认为(Dempsey and Shani,2013),人的具身性的特殊细节形成人的心智的现象和认知的本性。这是一个极具吸引力的观点,但会遭到三个误解(Dempsey and Shani,2015):①违背了假定的心性的多重实现性;②与传统心理表征不相容;③与延展心智论题不一致。在笔者看来,强具身性是一种典型的身体中心主义,若一味地坚持主张认知是身体内的生物化学过程,就是一种内在主义,因为它排除了认知的社会性和境遇性。事实上,具身认知强调将认知嵌入身体和大脑神经元及周围环境而适应地表征,强调身体对认知的不可或缺性就意味着认知是适应性的,因为生物性的身体在进化过程中逐渐拥有了适应性功能。

其次,生成认知纲领通过强化行动适应地表征。生成认知最初源于"具身心智"(Varela et al.,1991),它是在综合了控制论、生物自创生理论、大陆现象学和理论生物学等学科的基础上形成的,经过20多年的发展,已经形成了一个自创生生成主义流派(De Jesus,2016)。生成认知强调两点:第一是知觉存在于由知觉引导的行动中;第二是认知结构出自循环的感知运动模式,它能够使行动被直觉地引导(瓦雷拉等,2010:139)。根据自创生生成主义,将认知看作抽象心理表征的操作的认知主义是错误的,认知最好被理解为活的生物作为具身主体动态地与其环境交互而耦合的过程。或者说,生成主义者把认知看作是活的情境化的生物在时空上延展的自组织活动,而且这种活动是基本的、动态的、非线性的,植根于生物主体与其所处环境的交互,不依赖于心理表征。在拒斥心理表征方面,生成主义与传统认知主义是对立的。生成主义不仅强调生物主体的自主性,更突出其自主适应性和保持其系统的完整性和稳定性。认知就是生物主体在适应性交互中建构意义的过程。这似乎暗含了一种目的论,因为意义建构被理解为一种目标引导的行为,无须心理表征这种假设。一种激进的生成主义认为,自创生生成认知取消心理表征的做法还不够激进,因为后者仍然主张认知必然涉及内容,只是不是心理内容而是信息内容。根据这种激进的生成主义,基本心智是基于行为而不是基于表征的,比如机器人直接与其环境交互而无须心理表征这个中介,不包含也不处理信息内容,因为基本认知是由实时展开的情境化于环境的生物主体活动的具体模式构成的,这些交互是非线性的和循环的,因而不可能区分出内在的心智和其外在的环境,这意味着"心智构成的交互根植于生物主体先前的交互的历史,并由这种历史形成和解释"(Hutto and Myin,2013:8)。这是一种将具身认知与生成认知相结合而形成的激进的生成认知科学,它试图替代基于表征的认知科学。在笔者看来,表征尤其是心理表征,是不能被取代的,原因很简单,这不符合我们能思维、能想象、能回忆等现象。这些不可否认的事实表明：心理表征是存在的，知识表征的存在也有力地说明，表征是不能被消解的。

再次，延展认知纲领通过中介（工具）适应地表征。延展认知是在承认具身认知的基础上，进一步将认知延展到身体之外的环境的相关方面。根据延展认知纲领，认知不仅可以从大脑延展到身体，还可以从身体延展到环境的相关方面，具身化心智正是通过延展心智实现的（Jacob，2012）。社会认知作为外在于身体的认知是延展认知的最好例证。然而，延展认知同样遇到了三个挑战（亚当斯和埃扎瓦，2013：144-145）：一是对何为"认知"的界定，不能因为某些过程与人类认知相似就认为这些过程可以延展到身体和环境；二是必须说明因果关系与构成关系的区别，即认知过程因果地依赖于身体和环境，与构成性地依赖于身体和环境完全是两回事；三是需要关注延展认知系统假设与延展认知假设之间的区分，因为主张认知系统包括脑、身体和环境，与主张认知过程跨越这些区域完全是两回事。在笔者看来，适应性表征的意向性就已经蕴含了认知的向外延展的意思，因为意向性的含义是"关于""指向外物"，就是从内在的大脑和身体延展到外在的物体。只是延展认知论题更强调延展过程中中介的作用，比如使用笔和纸的计算比起仅仅使用心算更让我们得心应手，特别是复杂的计算。因此，延展认知强调计算使用的笔和纸构成了认知的一部分，认知不仅延展到了大脑和身体之外，还将不属于身体的工具看作认知的构成部分。笔者不赞成这种观点，笔者认为中介工具虽然有助于认知的发挥，如增强记忆，但毕竟不是认知系统的构成部分，至多是认知过程的延伸，就像望远镜是眼睛的延展一样，我们不能说望远镜是眼睛的构成部分。认知状态和过程就发生在具身的脑中，它是认知具有的意向性表征能力，正是这种能力将认知映射到脑之外的环境中，表面看好像是认知延展到脑之外的世界，其实这是一种错觉和误解。即使像笔记本在功能上等同于记忆，也不能说笔记本是认知的一部分，外在工具只不过是认知的协作部分，不是构成部分。大脑利用工具作用于外在对象的认知过程，恰好说明了认知是适应性的。

最后，情境认知纲领通过在境遇中行动适应地表征。情境认知（situated cognition）是当代认知科学包括认知心理学和人工智能中的一个新理论，认为知识与行为不可分，所有知识都处于与社会、文化和物理环境相联系的活动中。情境是指一个行为、事件或活动的具体场景或环境，其概念一定是自然化的，即它是具体的而非抽象的（Seifert，1999：767），是接地的而非符号的，强调身体姿态和情境行动的基础性，反对认知过程是对模块系统中的符号进行计算并独立于大脑的感知、行动模式系统的传统认知观（Barsalou，2007）。事实上，认知的情境化本身就意味着认知要适应其境遇，因为"认知总是情境化的。它总是以这种或那种方式被具体地例示，不存在非具身的认知结果"（Solomon，

2007：413）。在笔者看来，情境认知首先强调认知的境遇或环境的嵌入性，弱化信息加工的作用，凸显环境条件的约束性和认知加工的语境依赖性，这些特征均蕴含了认知适应性。这凸显了"世界本身就是它自己的最好模型"（Allen，1983：832）。明斯基（M. Minsky）设想的"心智社会"（明斯基，2016）隐喻更表明了认知的情境适应性行为。根据这种隐喻，心智是由许多被称为智能体的处理器组成的，每个智能体都执行简单的任务，它们并没有心智，但当它们组合为社会时，就产生了智能。这个过程是不同智能体之间相互协同、共同适应环境而涌现的结果。哈肯（H. Haken）的"大脑协同学认知模型"就认为，大脑是一种具有涌现性的复杂自组织系统，一种通过序参量达到有序的适应性表征系统（Haken，1983，1996）。由此看来，认知表征一定是情境适应性的，因为认知必须适应于那种情境。从生物符号学的视角看，"重要的不仅是生物上的适应性，更是符号学上的适应性。适应性取决于关系——只有在给定的语境中，某物才能去适应"（Hoffmeyer，1998：290-291）。由此可得出结论：认知是语境中的适应性行动，其功能呈现就是适应性表征。

第五节　对一些潜在质疑的回应

对于上述关于适应性表征的论证，人们也许会提出一些质疑：适应性表征是否过度依赖于心理表征假设？是不是物理符号假设这种强表征主义的翻版？如何应对反表征主义的挑战？接下来笔者将尝试回应这些可能的质疑。

关于心理表征问题，认知心理学称其为表象，包括记忆和想象，介于感知和思维之间，是一种类似知觉的信息表征，心理旋转实验有力地说明了这种思维方式的存在（史忠植，2008：65-71）。大量的研究表明，表象具体有心理模拟（空间性表征）和概念刻画（命题性表征）的能力，在认知过程中发挥着重要作用，如提高记忆力和想象力（戈尔茨坦，2015：377-378）。例如，表象计算模型的研究将视觉表象视为类似于视知觉在人脑中的图像或类语言表征，主张表征与知觉的功能等价。科斯林（Kosslyn，1994）的研究有力地表明，心理表征作为认知假设，无论从直观感觉还是实验探究，都是存在的，心理表征因此可作为一切知识表征的前提。只要大脑反映外部世界，它就要将其内化于心而范畴化，尽管我们还不清楚大脑是如何组织和表征外在世界的。这意味着，表征就是在实际对象缺席的情况下重新指称这一实在的任何标识或符号集，而心理表征处理所记忆或储存于大脑中的信息或知识的内容与形式，这些内容（语义）与形式（结构）既包括感觉、知觉、表象等，也包括概念、命题、图式、模型等,反映了主体对事物认知的不同广度和深度。因此,心理表征对于认知过程不仅仅是一个依赖与否的问题,而是必须的问题。这就是心理表征对于认知的根本性和必要性。在这个意义上,表征主义是难以反驳的。

不过,相对于强表征主义,适应性表征是一种弱表征主义。在认知科学中,物理符号系统假设被视为标准观点,它将心智解释为表征或信息使用装置,其中的符号作为客体,既可物理地实现又具有语义内容(Egan,2012:254)。事实上,这种物理装置仅是无心的符号加工系统,与有心的有机认知系统在质料上完全不同。但在认知实现的层次上,两种认知系统除有心无心而使主体行为在灵活性和对环境的敏感性方面表现出强弱之外,在具有适应性表征的特征方面几乎没有差异。众所周知,无心的恒温器可以根据外界温度变化自动调节温度,这是物理系统的适应性表征,它的适应性行为虽然无需意识或心智,但它至少是由某种环境引起的表征状态引导的。物理系统都能表现出对变化环境的敏感性,更遑论有机系统了。正如斯特里尔尼(K. Sterelny)辩护的那样,行为的灵活性需要表征,"没有表征就不会有信息的敏感性。没有表征也不会有对世界的灵活性和适应性反应。向世界学习,使用我们所学以新的方式行动,我们必须能够表征世界,表征我们的目标和选择。而且我们必须从那些表征中做出适当的推理"(Sterelny,1990:21)。因此,人的表征是包含信念和期望的,是包含目的和内容的,即使是物理系统,要么是人设计的,要么是人要解释的,其中必然负载了人的信念、目的和期望。

反表征主义的挑战自认知主义产生以来就从来没有停止过。吉布斯(J. Gibson)、德雷福斯(H. L. Dreyfus)、乔姆斯基(A. N. Chomsky)以及新近的具身认知,都对表征持取消主义立场。吉布斯(Gibson,1979)的视觉感知生态理论认为,视觉感知不是由表征、记忆、概念、推理等这些术语促成和刻画的,输入视觉系统的不是一系列静态的视觉图像,而是当主体在环境中移动时光线簇的平滑转换,他称之为"视网膜的流动"。显然,吉布斯的理论蕴含了两个基本假定:一是环境的基本方面以特定方式(共振)构成背景光;二是有机体的视觉系统进化到能探测光线的特定结构。这两个假定都是有争议的,不足以对表征主义构成威胁,因为第一个是隐喻式的,第二个是进化解释,这恰恰说明视觉系统是适应性的,是将客体通过其形状、色彩和结构归入一个概念的范畴化过程,而范畴化就是一个依赖表征的过程。德雷福斯在《计算机不能做什么:人工智能的极限》(1986年)中质疑计算表征主义的符号加工模型,认为感觉是整体的,符号则是原子的,它们是完全分离的;自然语言的理解不仅仅是一个如何表征知识的问题,也是一种知道如何做的能力,这种能力融入熟练的技能如打网球中,而无须在心中表征。事实上,他所持的是知觉现象学的观点,"移动身体就是通过身体针对事物,这是允许人做出反应的,完全独立于任何表征"（Merleau-Ponty，1962：14）。不过，德雷福斯在阐释获得技能的五个阶段中并没有完全否认表征，因为在初学阶段还是需要心理表征的，只是到了专家阶段由于表征融入技能中而被掩盖了。乔姆斯基认为，所谓涉及认知能力的表征状态并不是真实地表征的，它们是不恰当地被理解为被表征的客体或实体，事实上根本不存在代表意义的内在属性，它们是为了解释而预设的（Chomsky，1995：52-53）。然而，乔姆斯基并没有给出严格的论证。在笔者看来，即便表征是预设，也没有什么不妥，毕竟科学理论中就包含有预设，比如世界是物质的。乔姆斯基的"先天语法"概念不仅是基于进化适应性的，也暗示了类语言的思想客体的存在，本质上也是一种预设。具身认知包括嵌入认知在机器人设计中被称为"人工生命"，麻省理工学院计算机科学和人工智能实验室的机器人专家布鲁克斯（R. Brooks）认为，智能行为涌现于机器人的各种子系统的交互，不需要建构和操作机器人世界的表征，"使用世界作为它自己的模型是更好的选择。在建构智能系统的庞大零件中，表征是错误的抽象单元"（Brooks，1999：80-81）。在笔者看来，智能系统中子系统的交互呈现的结果就是表征，因为表征系统在弱的意义上就是使用信息的系统，而且布鲁克斯没有区分智能系统与环境；如果没有区分智能体的环境与其目标，也就不能说明假定的任何表征没有完全包含在系统内（说明认知是具身的或嵌入的），而是强调认知是行动引导的。退一步讲，即使具身认知否认表征的存在，也不能否认适应性，因为它本身就是适应性的。具身认知反表征的错误在于忽视了它本身就是表征的模式，虽然不是以符号的形式出现的。这涉及表征的多样性（生物表征、物理表征、语言表征等）及其关系问题。

总之，认知的适应性表征包括两方面：一是生物适应性，通过感知（视觉、听觉、触觉等）表征和（潜在）心理表征进行；二是非生物适应性，通过符号操作和知识表征（命题、规则、逻辑形式）这些人造物进行。无论是在物理层次还是生物层次，适应性表征作为主体的本质属性都是存在的。需要指出的是，适应性表征作为认知系统的统一概念框架，并不能替代已有认知理论，相反，它的功能就是将不同的已有理论内在地联系起来，形成一个能更合理地解释认知现象的方法论。

第六节 小　　结

综上，在概念表征的意义上，作为动词的"计算、表征、联结、耦合、嵌入、具身、延展、生成"这些概念，本身就蕴含了认知系统是适应性的意思。

计算意味着适应并遵循规则；表征意味着在语境中呈现意义；联结意味着不同元素之间的关联；耦合意味着系统与环境之间的协调；嵌入意味着认知系统介入相关的神经系统和环境中；具身意味着认知不仅仅是大脑的功能，身体的感觉运动能力对于认知系统是至关重要的；延展意味着认知不仅植根于大脑和身体，也适应性地延伸到环境的相关方面；生成意味着演化，是具身和延展的结合。回过头来看，最初的计算表征范式倒是超越生理的感觉感知凭借符号操作来说明认知，而后来的研究纲领反而回到了依赖于感觉感知通过所谓的交互耦合来说明认知了；前者是高级的、抽象的、离身的、表征的（有内容的），后者是低级的、具体的、具身的、非表征的（耦合的），但它们都是系统性的和适应性的。

如果上述论证是合理的和可接受的，那么我们就应该能够预测——认知科学可能在"适应性表征"这个概念框架下获得统一，至少是某种程度上或哲学观念上的统一。这意味着"适应性表征"概念有可能消解了生命与非生命、心智与非心智以及无机与有机在认知行为方面的界限。而且笔者坚信，对认知系统的发展和理解，离不开科学认知，必然会经历一个从具身到离身再到新的具身的过程，即从人的认知到机器认知再到人机合一认知的过程，这是一个从离身的人工智能到具身的人工智能的发展过程。

第三章　作为替代选择的适应性表征

　　智力适应与器官适应的本质区别在于，当思维形式用于日益增大的时空距离时（范围日益分化），导致"环境"的建立，这种环境无限扩展，因此愈益稳定，相反，运算工具依赖于符号的帮助（语言和书写），保存了自己的过去，并获得某些连续性和可逆的变动性（依靠思维），它们获得了动态稳定性，这种稳定性凭借生物组织是无法获得的。

　　——皮亚杰（《生物学与认识：论器官调节与认知过程的关系》第 176-177 页）

　　如前所述，"适应性表征"这个概念包括两个方面：适应和表征。适应早在达尔文进化论中业已阐明，即"自然选择"和"适者生存"；表征是认知科学和心理学中的核心概念，哲学中已有多种用法并产生了各种理论（魏屹东，2018：85-108）。但是，将这两个概念结合起来形成一个统一概念的，据笔者所掌握的文献来看，应归于海里根[①]，他在《表征与变化》的第二章专门讨论了适应性表征的含义和运作机制（Heylighen，1999：23-37）。笔者将他的理论称为"适应性表征主义"。之所以这样称呼，是因为笔者主张的适应性表征观与海里根的理论还有所不同：适应性表征主义是基于物理科学和认知科学的，哲学立场是自然主义；笔者的适应性表征观可称为"表征适应论"，是基于进化生物学、认知科学和认知神经科学的，哲学立场是语境实在论和认知哲学。虽然两种观点有所区别，哲学立场也迥异，但都奉行心理表征主义，主张表征是动态适应性的。因此，必须承认，海里根的适应性表征主义给予我们很大启示，有必要做详细评介和分析。

第一节　表征作为心智与自然的界面

　　心智与自然的对立始于笛卡儿（R. Descartes）。表征概念的用法几乎一直

[①] 该书最早于 1990 年出版，是第一本关于科学表征之变化的著作，主要论及物理学与认知科学中的表征及其关系的演变。

遵循这个二元论的传统,这也导致了心智研究的学科和自然研究的学科的对立,即认知科学和物理科学的严格区分。海里根认为,这种二元对立直接导致了这样一个后果——一个表征应该表征什么变得模棱两可,比如,被称为表征的规范结构可以说既指一个抽象心理实体,如一个问题、一个代数概念、一条知识,也可以指一个具体的物理现象,如一个物体、一个物理过程、一个情境。借用逻辑学的术语,海里根将心理实体这种抽象指称称为表征的"内涵",将物理现象这种具体指称称为表征的"外延"。显然,这是从内外角度划分的,前者可称为表征的内在主义,后者可称为表征的外在主义。如果将一个表征看作一个特殊的"指号"(sign),使用皮尔士的符号学术语,心理实体可称为表征的"解释项"(interpretant),物理现象可称为表征的"指代项"(denotatum)。这两种理解方式均蕴含了这样一个事实——任何表征,文学的或科学的,都包括一个外延(一组外在的、客观的物理现象)和一个内涵(一个内在的、主观的心理意义或解释)。

在海里根看来,关于表征概念的大多数混淆,都源于我们仅承认两种基本功能中的一个,也就是,要么承认心理表征,要么只承认物理表征,这实际上是从各自学科出发的,结果导致了二者的对立。消除这种混淆的方法就是从两个视角看待表征。比如,关于一个状态的数学描述,该描述有一组动态算子和方程,允许我们从输入函数计算输出函数,如果是这样,那么我们既可以将这个数学描述看作物理系统(如一个电路)的一个数学表征,也可以将它看作我们获得关于这个系统的知识表征,即从心里产生表象。事实上,在笔者看来,解方程的过程就是获得关于那个系统的知识的过程。比如我们解几何题,解题的过程既是运用已有集合规则的知识表征,也是获得知识的认知过程。这个过程一直有心理因素参与其中。

根据海里根的看法,一个表征既不属于外在物体或康德的"物自体"的物质领域,也不属于纯粹心智或柏拉图(Plato)的"理念"的领域,它处于心智和自然之间、主体与客体之间、自我与世界之间,构成了连接它们的一个界面。这意味着,作为界面的表征概念超越了传统的心智与自然的二分,这是我们对表征唯一所能做的。在操作的意义上,纯粹"理念"和"物自体"都不存在,它们只存在于不可达的观念中,或者只是概念而已,没有确定的实在指称。事实上,笔者认为表征概念蕴含了可操作的意思,不可操作的概念如自我、意识、心灵等难以表征。这就是这些概念在认知科学中要被排除的原因所在。

按照这种思路,主客二分就是表征的一个人造物,这意味着,是表征本身创造了一个"内在自我"和一个"外在世界"。一般来说,表征可以被看作一个联系不同领域的中介系统或媒介。如果这个中介系统存在,那么它连接的两个部分如主体与客体、心智与自然,不仅是存在和合理的,而且是由表征结构决定的。显然，海里根谈论的是一种三元关系，表征作为中介起到了桥梁作用。这种理解事实上依赖于具体的语境，也就是说，同一事件可以被表征为属于内在自我，也可以被表征为属于外在世界。例如，当你伸手摸咖啡壶确认咖啡是否还发烫时，这种体验可以有两种表达：咖啡是烫的，咖啡壶烫了你的指尖，这是同一身体体验的不同概念表征。其中一个指外部世界的一个客体——咖啡；另一个指属于自我的一个客体——你的身体，常识错误是认为这个认知视角仅仅作为外部世界模型的应用。然而，海里根认为，表征先于自我和世界的区分。在科学表征的情形中，哥白尼（N. Copernicus）革命是一个典型例子。在托勒密（C. Ptolemaeus）的表征体系中，太阳的视运动被认为是属于外部世界的，即客体"太阳"本身，但在哥白尼的表征体系中，太阳的视运动属于地球，属于站在地球上观测太阳的主体。

这两个例子说明，至少在原则上，表征概念似乎是连接心智科学和自然科学之间鸿沟的桥梁。比如20世纪发生在物理学中的两次概念革命的理论——相对论和量子力学。在相对论中，基本物理属性，如空间、时间、质量和能量，依赖于观察者的参照系，这种参照系就是一种表征方式。在量子力学中，观察者和被观测的客体是难以分离的，测不准原理揭示了其中的奥秘，即主体和其观察的客体之间总是存在着一个有限的互动：一方面是观察行动引起了"物自体"（粒子）的扰动；另一方面由于主体和客体的不可分离性，总是存在着一个剩余的不确定性（粒子的位置和速度不能同时确定，即确定一个而剩下另一个不能确定）。这是因为观察者不能拥有关于粒子的完整知识，他只能选择粒子的一个状态来表征，这对于计算他感兴趣的变量方面是非常有用的。因此，选择何种表征方式，选择哪一部分，对于科学理论的表征是十分重要的。例如，若观察者对某一空间发现粒子的概率感兴趣，他就会使用薛定谔方程表征粒子的状态；若他对粒子的自旋的可能值感兴趣，他会把该状态表征为自旋本征向量的线性组合。观察过程的特性是这样的：处于一个特殊表征（即可观察属性，如对应于这个特殊表征的自旋有确定的值）的本征态的客体，在被观察后，一般不再处于这个表征的本征态，但处于一个相应于被观察的属性（如位置）的新表征的一个本征态。

这种不同于经典力学的反常结果意味着，在量子力学中，表征不只是一种不变物理现象的实质上等价的和纯粹的惯例描述，情形似乎是：主体、客体、表征和观察过程不再被看作是分离的，它们形成了一个不可分割的整体。相比而言，传统物理世界观缺乏概念工具来模型化这个基本的互动，这导致许多矛盾和概念问题的出现，如经典力学无法合理说明黑体辐射现象。这些问题不只是基于量子力学的物理机制问题，更是物理观察和表征方式的认识论问题。在笔者看来就是表征的适应性问题。如果表征方式跟不上，科学发现就很难有所突破。假如爱因斯坦没有打破平面几何表征的约束，他就不会创立相对论了（相对论是使用黎曼几何表征的）。

相对论和量子力学给我们的启示是，纯认知或思维对于探索抽象或不可观察现象具有重要意义。新兴的认知科学更强化了这种探索方式。比如认知科学一般不参考外部物理现象来研究认知和智能，如脑科学研究不必涉及自然环境，技术科学研究能够面对真实对象的问题、能够与具体境遇交互的系统，如人工智能和智能机器人。人工智能的知识表征几乎是不涉及物理现象的纯符号系统，智能机器人能够体验物质世界，能够根据其专门目标与环境互动，能够根据适当的反馈系统修正自己的行动。这些例子充分说明，一个包括主体、客体和表征方法在内的整体的、整合的方法论正在兴起。按照海里根的看法，物理科学和认知科学正在联手，物理表征与心理表征的界限正在被打破，承担这一任务的就是统一心智与世界、主体与客体的整体概念——适应性表征。

第二节 适应作为替代选择

可以看出，海里根定义的表征概念是主体与客体之间、心智与自然之间、一个智能适应性系统的内在和外在环境之间的动态关系的特征描述。他假设一个"主体"或"自我"由一个稳定的同一性描述，而且通过一个适当方式与外在破坏它的扰动交互来保持这种同一性，也就是假设"自我"系统是活的，"主体"与"自我"持续保持同一。按照这种观点，这种系统与其环境的互动可简化为自主选择过程——该系统要么为了活着积极选择，要么消极选择被毁灭。其中，环境可以被看作是动态选择者的角色，它不断消除某些系统而保持其他系统。

在笔者看来，这个环境中的自我系统就是有智能的生物系统，遵循达尔文进化论。海里根的观点似乎有点同义反复，即在变化的任何复杂过程中，区分出稳定现象和不稳定现象总是可能的，比如在观察某物的间隔期，可以保持某类同一性，也可破坏某类同一性。不稳定现象通常被认为是变化的背景或环境，它是稳定现象凸显的东西，比如乘火车观光时，窗外的环境是不断变化的，但观察者和车厢是稳定的。海里根将高层次的稳定现象称为"适应性系统"，如果该系统能够以它受制于变化的某种方式做出预期，并使它能够应对潜在的破坏过程的话。比如，当一个人遇到潜在的危险现象如着火时，他不必去体验被烧伤的过程就知道迅速做出反应，如逃离，因为他可能观察到有烟冒出的信号，这足以使他调整自己的行动计划，如报警。当然，要做出一个预期，该系统应该拥有关于这个世界的某些知识,如"烟是着火的信号",以及关于自我的知识,如"火能烧伤人"。显然,适应性系统是一种具有动态性的稳定系统,人类是这种系统的典型例子,既保持相对稳定也不断适应环境。

在海里根看来,概念化这种知识的最简单方法是将其看作一个坎贝尔(D. T. Campbell)所说的"替代选择者"(vicarious selector)(Campbell, 1974: 413),它选择系统可能的行动,从而使系统能在一个给定的外部环境中生存。这种选择是替代性的,因为它代表或表征那个由环境本身执行的选择,而环境通常会破坏那些不适当行动的系统。例如,面对着火现象,不同的生物包括人类和动物本能上都会以不同方式做出反应,有的逃离,有的隐藏,有的采取行动,如灭火。大火被熄灭后,选择的结果就出现了,只有那些以恰当方式做出选择的生物才能存活下来,如隐藏到没有火的地方,或者跑得快而远离火场。比如2020年发生在澳大利亚的那场大火,据报道烧死了几亿只包括考拉、袋鼠在内的澳大利亚特有的动物。在这个例子中,火可以被看作是一个适当行为系统的选择者。

假设有一个人,在面对火情时他只有两个选择:一是当察觉到着火的信号后他知道如何适当地行动;二是他不知道如何做出反应。在第一种情形中,他会从他的多种可能行动中选择适当的行为,如报警或用工具灭火,并因此活了下来。在第二种情形中,他会做出盲目猜测,并采取一个连他都不知道是否适当的行动,比如把自己关在屋里。在这种情形中,这种选择是否适当就要看火势发展和救火的效果而定了。因此,在特定环境(如着火)破坏不适当行为系统前,我们会把知识(如救火知识)看作允许我们采取适当行动的替代选择的东西。海里根认为,这个"替代选择者"概念可以被看作是我们要寻找的关于表征的整合概念的第一步,其基本观点是,一个系统能够在保持其稳定同一性方面是成功的,尽管它通过内化那些互动的选择行动于它的行为中,并与其环境持续变化而互动,其结果是,它能够预测哪类行为会适应一个给定的情境。为达此目标,这种系统至少应该能区分哪些是危险的互动,哪些是不危险的互动。

问题是,这种"替代选择者"如何"内化"或"表征"它与环境互动的选择性呢?海里根使用德·梅伊(M. De Mey)(De Mey, 1982)所举的恒温器的例子来说明这个问题,并称恒温器是"世界观或表征的最简单模型"。假设你有一个水箱装热带鱼,要让鱼活着,水温必须保持在24℃。这就需要在水箱中装一个恒温器。恒温器由两个平行的金属板构成,一个固定不动,另一个可以移动(可与固定的金属板接触或不接触)。移动的金属板由双金属板构成,它能够以向固定的金属板弯曲的方式降低温度。若水温低于阈值(24℃),这两块金属板就会接触,从而触发发热原件使水温升高。若水温过高,这个双金属板再弯曲回来，接触就断开了，从而阻止了加热过程，使水温再次降低。在热力学中，这是一个典型的控制-反馈系统，也是一个初级的适应性表征的例子，也就是没有智能的适应性系统。这个恒温器系统有两个状态：金属板接触和金属板不接触。第一个状态对应于世界的状态——"水箱中的温度太低"（低于24℃）；第二个状态针对世界状态——"水箱中的温度足够高"（高于24℃）。在不了解其内部结构的人看来，恒温器的确被认为拥有关于这个世界的初步知识：它似乎知道水温是否低于或高于某一阈值。它似乎也知道它属于适应性系统，即温度应该是24℃才能保持平衡（实际上是人设置的）。

海里根认为，这个"自我知识"被恒温器的固定金属板具体化，并形成了一个标准（保持24℃），根据这个标准，由温度变化引起的双金属板的运动得到评估。这个双金属板的位置是关于系统和环境当下互动的知识的一个具体化身，这是通过一个初级的感知形式达到的。接下来，恒温器的后继状态很好地表征外部环境中的变化（温度波动）和系统的稳定同一性（它的平衡温度）。从主体的视角看，恒温器也是一个替代选择者，因为它为水箱选择正确的温度。假如你没有一个能确定恰当温度的恒温器，而只有一个等价的水箱，它可以有不同的温度。在这种情形下，选择不是替代而是自然引导，此时水箱中的鱼很可能会死掉，除非外界温度接近24℃。

在恒温器系统中，是哪个基本过程和结构控制这个系统呢？从稳定性方面来看，我们知道恒温器的结构，即固定的金属板、移动的金属板（它使一个恒定温度处于固定金属板的一个确定距离）、移动金属板的弯曲常数（当温度达到24℃时其距离会接近0）。这种结构是一种物质实现或一种抽象表征，即系统的"心理"组织——保持温度24℃的目标；感知或区分温度是否达到或低于阈值的能力；关于温度低于24℃时需要加热的知识和高于24℃时需要降温的知识；关闭或打开热回路作用于情境的能力；等等。我们发现，这些基本性质以最原始的形式描述了恒温器系统的"心理"活动，包括目的或动机、感知、知识、问题解决和行动，从表面看，这与一个生物有机体在行为上没有多大区别。不过，我们知道，要建构这样一个系统，拥有初步的物理学知识就够了，即知道关于温度和金属膨胀之间的关系，以及通过关闭电回路热消散的知识。在这种意义上，这种非常简单的物理系统位于物理学和认知科学的边界，即这种机制基本上是由物理原理控制的，但它增加了某些超越纯物理理论范围的东西，即非常原始的"心理"或控制组织。也就是说，从外部看，这种物理系统似乎具有一些智能，如自动保持恒温的能力。

从动态方面来看，这种系统是如何运行的？从感知角度看，外部环境温度的变化引起双金属板的弯曲变化。我们可以认为这种系统"意识到"温度的变化，或者已经"觉察到"这种变化。这种感知可得到评估，即水温低于或高于

24℃？也就是金属板之间接触或不接触？评估后接着就是推论阶段，即使用"如果-那么"规则进行认知或思维的过程：如果水温低，那么加热装置就会被触发；如果水温高，那么加热装置就会被关闭。现在的智能电器都有这种自动功能。最后是行动阶段，即"信息"被发送到加热元件来执行是加热还是不加热。假设元件开始加热，就会给水箱的水增加热量，改变水温。外界的温度越低，内部水温升高就越慢。加热一段时间后，水箱中水温会增加直到达到阈值（24℃），于是，一个新的感知-评估-推理-行动序列就被启动了。这个过程在一个循环模式中进行，也就是控制论中的"反馈环"。从控制-反馈原理看，系统行动（输出）的外部结果（温度变化）反馈到系统（输入），并重新评估，以便一个新修正的行动能够开始。

除此外，事实上，这个过程还有另一个被称为预测的方面，即前馈。意思是，行动的开始不仅由决定行动方向的外部反应启动，而且由一个特殊行动使系统更独立地接近它的外部可能性的任何目标的预期启动。一般来说，一个适应性系统也会使用反馈作为前馈机制，以便处理外部环境中的变化。如上述的恒温器系统，其前馈机制非常简单，如果温度低于阈值时唯一的预期就会产生，那么热元件的触发会让系统更接近其目标温度。这是因为系统使用的表征只有两个状态，即它的唯一内在知识是某一行动，这种行动会将一个状态转化为另一个状态。

第三节 反馈-前馈相互依赖作为适应性表征的机制

简单系统的适应性表征依赖于反馈和前馈过程，复杂系统又如何呢？根据控制论，如果表征变得越复杂，比如有更多状态，那么预期知识的储备和前馈的可能状态数就会变得非常大。在一个给定状态和目标之间会存在许多路径，系统必须决定哪个行动序列最有可能产生所期望的目标状态。在这种情形下，知觉状态的组合会产生一个更复杂的结构，它允许系统产生更详细的和长期的期望，以便它能够适应更复杂和更多变的环境。然而，即使是这样，系统仍然需要一个反馈机制来修正或完成不适当的期望，因为在一个情境表征中一个单一错误或不完备性会通过前馈的主动应用被极大地扩大，其结果是系统失去了它的稳定性（Simon, 1979: 173）。这意味着，反馈与前馈的相互依赖对于适应性表征的工作机制是至关重要的。

为了阐明适应性表征的工作机制，海里根举了这样一个例子，假设一个人仅使用一幅地图和一个磁罗盘探测一个区域。通过比较地图上标有等高线的地形特征，他成功地确定了他所在的位置。从表征的视角看，这等于提供给他初始状态的一个表征。假设他希望到达一座山里的小屋过夜，他会在地图上寻找。地图上指代小屋位置的符号就是他的目标状态的一个表征。此时他会在地图上画一条线连接他的实际位置和将要到达的目标位置。这条线表征了他的行动计划，并预测了他到达小屋的行动路径。如果地图是准确的，他的标记也是正确的，他也按照所标记的线路行进，原则上这个问题就算解决了，也就是说，他能够到达那个小屋。至此我们发现，他使用的唯一适应性机制是前馈，即借助地图上的表征，他简单地预测了他达到目标必须采取的行动。

然而，在现实中，凡是经历过这种简单认知活动的人都知道，这种表征是不充分的。比如，即使地图本身没有问题，使用精确的罗盘指引行动，他仍然有可能找不到目标，原因是行动过程中有太多的不确定因素，比如山路上有障碍必须改道，或者地形因地震或山洪而改变，等等，这些是地图上所没有的。当然，这些未知因素是可以修正的，比如及时修正地图，就像导航系统及时更新一样。这个过程就是反馈。这意味着，理想的表征通常会偏离现实。如果这种偏离得不到修正，它就会越来越大，最终导致失去目标。解决这个问题的唯一方法就是使用反馈，也就是在地图上比较实际位置和目标位置，及时修正线路，这等于是及时补充新的信息。控制-反馈循环的作用就是不断将环境中的信息及时返回给初始状态，使初始状态及时做出调整。人工智能中的强化学习利用的就是反馈原理，所谓强化就是不断通过奖励来调整权重从而达到目标。所以，这种修正方法非常普遍，应用也非常广泛，比如社会中的各种奖励，目的是强化人们正确的行为。

显然，反馈方法随着循环次数的增加，达到目标的成功概率就会越大，失败的风险就越小。在反馈过程中，一个预设过程应该是连续性，即小的行动只会对初始状态（如位置）产生小的影响，因此，初始状态和目标状态之间的偏离不会以非连续的方式增长。不过，这种预设不是必要的。比如我们在行走中跨出过大一步会导致跌倒甚至摔伤，反而对达到目标不利。这就是"欲速则不达"的道理。反馈机制也是如此。处理环境中这种不连续变化的唯一方法就是使用前馈或预期，在上述例子中就是使用及时修正的地图，可使所有障碍和潜在危险被标记出来。

总之，在海里根看来，反馈和前馈作为处理变化的适应性机制根本上依赖于表征。这是适应性系统的实质，也是理解变化与适应性的关键所在，但这一事实在大部分关于反馈-前馈概念的描述中却被忽视了。上述例子中的预期或计划严格依赖于地图这一点说明，环境的表征是不可或缺的，而且通过反馈的修正行动更需要使用地图这种表征，因为这可引导人们评估预期目标的距离和方向，从而避免偏离预期目标。反过来，如果我们不知道如何解释从环境获得的反应或信号，我们就不能获得修正的行动。这种知识表征过程表明，解释或说明过程包括感知、推理和评估，没有表征就不能有效地得到执行。这就解释了为什么最简单的控制系统如恒温器为了达到理想的效果，应该包含其目标状态和环境的可能状态的一些表征。物理系统尚且如此，生物有机系统更是如此。

第四节　适应性表征作为抽象组织

上述内容表明，反馈、前馈、适应和表征是适应性系统的特性，它们作为概念是我们理解这种系统所必须的。如何将这些特性整合为一个抽象的统一模型呢？在海里根看来，这需要将适应性表征描述为一个抽象组织，它能够以不同的具体媒介如电回路、神经组织、联结网来实现。但这些物质实现对于表征来说并不是根本性的，可暂时忽略不加考虑，也就是在符号层次讨论表征而不考虑其具体内容，因为表征本来就是中介性和替代性的。

首先，表征的功能就在于如何引导或控制系统和其环境之间的互动。引导或控制的方式是系统的同一性通过发生在环境中的变化得到保持。这允许系统去适应，也就是说，内在变化是以这种方式发生的，即外部变化在破坏系统的同一性之前就得到了补偿。要做到这一点，表征应该提供关于环境中的可能变化、系统的可能行动、被保持的同一性或"自我"的一个模型，这种外部世界的特征和内在自我之间的差异由表征的结构决定，而不是由先验结构决定的。这允许系统替代性地探索环境或系统和环境之间的可能关系，也就是检验行为与外部情境的可能策略，而不实际地执行它们，因为它们可能是不适当的，没有必要去冒可能被伤害的危险。

其次，在摄影图像是具体环境的某个视觉方面映射的静态结果的意义上，环境与表征之间的替代性关系不是静态的映射或同构关系。一般来说，大多数人倾向于把表征看作是与要表征对象在形式上有相似结构的东西。比如 A 表征 B，意味着 A 与 B 结构上相似。这是普遍接受的关于表征的相似或同构观。然而，环境与其适应性表征之间的一致不是结构或静态形式上的一致，而是过程或动态演化上的一致。这意味着，总体上不存在环境的部分与其表征的部分之间的一致性。换句话说，环境与其适应性表征之间不存在绝对的一致性。表征源于将一个抽象结构的元素映射到环境的元素上的观点，被称为表征的指代或同构观。它对应于这样的观点，即一个语言描述的意义源于这种事实——描述的不同词语指代被描述现象的不同部分，或者说，一个图像的意义归于它的组成部分和属性与要表征的对象的组成部分和属性之间的同构。海里根认为，这种表征机制就是德·梅伊所说的信息处理的"单体的"和"结构的"阶段，其中被加工的刺激或要表征的情境被分解为独立单元，这些独立单元通过不变的结构属性相关联。然而，在后两个阶段（德·梅伊分别称为"语境的"和"认知的"），情境的解释不只是需要对情境本身做更多的静态结构分析，更需要掌握这个情境如何演化和如何进一步发展的知识。这就是海里根所强调的——环境或情境的动力学使一个表征适应。在这个意义上，一幅表征静止生命的人像绘画、一首描述爱情的诗，严格说都不是适应性表征，它们只是静态描述或表征而已。

再次，适应性表征的机制源于状态和结构的二元关系及其转换。什么使一个表征是适应性的，什么机制允许表征为实际和潜在的变化建模？这需要从状态和结构的关系上去寻找。如上所述，结构是一个适应性表征的静态部分，它相对环境是不变的。也就是说，元素的组织或相互连接是不变的，或者说它的变化是缓慢的。系统的状态是不断变化的表征的一个方面，以便它与要表征的环境中的变化相一致。从一个状态到另一个状态的转换部分地由表征的结构决定，即该结构详细说明了从一个状态到另一个状态的可能状态和可能转换，也部分地由系统的接收器所感知到的实际外部情境决定，即该系统选择其中一个潜在状态或转换。简单来说，状态和结构之间的区分是显著的，比如水，其液态、固态和气态三种状态的结构不同，其表征方式也不同（流体力学、固体力学和气体方程）。

海里根以语言为例说明状态和结构对于适应性表征的重要性。一般来说，一种成熟的语言由词汇表或词典、语法或句法和一种内在逻辑来描述。词汇、句法和逻辑对应于表征的结构。为了熟练和准确使用语言，我们必须掌握语言的这些方面。掌握这种结构的语言使用者拥有乔姆斯基称之为有"能力"的人，即他能够说出准确和精妙的句子。当然，语言使用者产生的句子不完全是由语言结构决定的，也依赖于他的意图和他所处的情境。也就是说，句子的产生不仅依赖于结构，也依赖于产生句子的意图和情境。这意味着，语句的意义是依赖语境的。这种实际产生的语句被乔姆斯基称为言说者的"表现"，即实际语句对应于作为表征的语言系统的状态。语句作为可能状态是无限的，单词和逻辑-句法规则作为结构则是有限的。这种特征让语言使用者能使用其口语表达来描述多样的情境。所以，在不同情境中使用语言来准确描述不同现象是适应性表征的一个典型应用。动态地看，从一种语言表达到另一种语言表达的转换，在语言内是难以详细阐明的，还依赖于语言的使用者。

最后，适应性表征的建构受制于表征结构的各种约束。海里根认为表征有三类约束。第一是生成约束，即一个表征结构必须提供一些生成机制来生产不同的状态。正如语言一样，一个状态可以看作一个组合，如语句，由选自一个前决定集（词典）的单元（单词）的特殊约束（语法规则）决定。被允许的集合连同它们的相互关系形成一个状态空间。单元集合被称为单元空间。在通常情况中，单元的最大数被组合为一个状态，状态空间和单元空间同时发生。在这种情形下，组合为一个单一状态的单元数是无限的，状态空间也是无限的，而单元空间是有限的。从所有可能的组合中选择其中一个单元组合的行为，被海里根看作是所选择单元的一个"现实化"（actualization）或者"活化"（activation）。因此，表征所处的一个特殊状态的情境，可被看作源于表征结构的单元的一个选择性活化。第二是转换约束，状态组合一定存在着某种约束，那种约束决定了被允许的状态之间的转换，这是表征结构的动态部分。第三是目标约束，即决定哪类转换与系统的目标一致。这三种约束是一个适应性表征必须遵循的。

在这里海里根提醒要注意的是，将表征结构划分为单元空间、生成约束、动态约束和目标约束纯粹是概念性的，因为没有任何理由说明为什么一个适应性表征的这些不同功能属性也应该对应于实际上不同的亚结构。在科学认知中，科学模型例示的显表征结构是根据这个模式被理解的，如原子模型，但由神经系统例示的隐表征如大脑系统不是明显的。还应该注意的是，被称为静态表征的东西，如言语表达、一幅绘画或一首诗，可以被看作是一个适应性表征的外化状态，其结构由创造它们的主体的能力或技能决定。这种理解适应的静态表征所需要的技能有时被称为"表征模式"（Blatt，1984）或"表征技术"[①]，海里根称之为"表征结构"（Heylighen，1999：34）。

第五节　适应性表征作为信息加工过程

静态结构与变化环境之间的互动可再细分为输入和输出，比如由外部情境引起的表征状态的变化（输入），由表征状态引起的外部情境的变化（输出）。在高阶认知系统中，输入过程对应于感知，输出过程对应于行动。从输入到输出的过程由表征决定，被称为"前馈"；从输出通过环境中的变化到一个新输入的过程，被称为"反馈"。前馈与反馈构成一个表征循环，或者说，互动过程作为一个整体可被看作一个循环，由表征产生，通过环境再返回表征。然而，这个过程不是周期性的，因为每次循环完成，表征就处于不同的状态。这个过程可以进一步被概念化为一些抽象实体的传输和加工，这些抽象实体就是"信息"。不过信息概念有许多含义，容易混淆。海里根所使用的信息概念的意思

---

① Cohen H. 1982. On the Modelling of Creative Behavior. Rank Xerox Corp(internal report). https://www.rand.org/pubs/papers/P6681.html(2023-03-17).

是：获得信息是从潜在情形的一个更大集合中来选择和区分实际或可能情形的一个子集。比如掷硬币，有两个可能期望的结果——正面朝上或朝下。你不知道会是哪种结果，即你缺乏这方面的信息。当你看到硬币正面朝上时，你就获得了一条信息，也就是从一组可能事件中选择了一个实际结果。在这里，海里根是在定性的意义上使用信息概念的，即不对信息进行测量。这种信息的含义是简单而普遍的。

就选择来说，任何选择都意味着区分，即关于被保留现象和被消除现象之间的区分。区分过程基本上是一种从选择主体到一组被选择的现象的信息传递。被保留现象集，如事件、系统或状态，可被认为是合并或储存被传递的信息。海里根将这个想法用于环境与表征之间的互动。这样一来，输入阶段可被看作通过环境表征的潜在状态的一个选择，即只有一部分潜在激活的表征成分由通过感知装置的信号被真正地激活。因此，这个表征就接收到关于环境的信息。这意味着表征知道它的哪个潜在状态是真实外在情境的一个可接受表征。在笔者看来，表征概念蕴含了选择和区分的含义，因为要表征，就意味着用什么去表征什么，这个过程既包含了区分（不同状态或现象），也包含了选择（用什么表征，表征什么）。

然而，在海里根看来，适应性表征不只是以被动的方式承受着环境产生的选择性影响，它本身还主动地选择它接收的信息携带的信号。这种内在选择由表征具体化的知识来实现。这个"知识"可被看作"储存的信息"，而"信息"可被看作"传递的知识"。因此，内在于表征结构的这种知识在进行选择时，在某种意义上就是将信息增加到从环境而来的传递信号上。这种现象被称为"信息加工"，即信息被转换，部分通过被过滤的或已被消耗的信息损失，部分通过增加来自加工结构的新信息。这个表征信息加工的"终端产品"被称为"意义"。这实际上是符号表征意义形成的过程，也就是"符号接地问题"的解释。

海里根是这样解释这个信息加工过程的：来自环境的选择性影响或信号激活表征的某个状态，这个状态使接收到的信息具体化。该过程经历了一个内在演化，即信息加工，并由表征结构的约束决定，直到达到一个局部平衡状态，即一个不需要进一步加工的状态。这个状态表征关于环境的信号所指的意义和其内在目标。从这个观点看，一个新过程被建立起来了，而且这个新过程使用外部信号的意义，目的是设想一个计划来解决由系统的目标状态和被感知信号产生的解释之间的不一致性限定的问题。这意味着构成系统输出的这些行动可被看作从系统到环境的信息传递，因为它们（系统和环境）选择环境中几个可能情境中的一个，也就是导致最有可能完成系统目标的那个情境。与这个情境相关的信息，部分地由系统的行动计划来决定，部分地由信息的反应来决定，可以通过接收器（感觉器官）被反馈到系统，于是循环就持续进行下去。

这个信息加工的渐进模型通过忽略各种中间反馈环而得到简化，可以从信息加工的一个阶段到先前的一个阶段的反馈，而不用通过完备的输入—系统—输出—环境—输入这种循环。比如，从"平衡状态"到中间感知阶段可能有一个反馈，因为"平衡状态"与其他信息不一致，其结果是，感知阶段必须得到检测并可能得到修正。这些中间反馈环对全部信息加工的有效性和稳定性有贡献。但是，由于这些中间反馈环会让建模变得复杂，它们在大部分时间被忽略了。因此，这就构成了适应性表征的一个简化的信息加工模型。

第六节 适应性元表征作为解释框架

上述分析表明，适应性是人的认知系统的本质属性，是生物进化与文化进化共同作用的结果。对于科学认知，适应性表征发展到了更抽象的符号层次。海里根在对已知科学理论如经典力学、量子力学、相对论和热力学的表征和变化作了考察和分析后认为，这些理论可被看作经典表征框架（形式主义表征）的具体案例，每个理论都由特殊的特征描述，这些特征由区分在每个表征内守恒的方式来决定。也就是说，表征的基本结构就是每个理论的区分，它们在不同理论中是不变的，比如公理、假设、形式化、观察、检验等是所有已知科学理论所共有的区分。这些区分可被看作元表征框架的构成元素。

第一，元表征是更基本的原子命题表达。相对于表征，元表征是关于表征的表征，是更基本的表征，是对表征的形而上学的思考。上述内容表明，表征是实际的或潜在的抽象结构，这些结构允许我们对外部现象进行分类和预测。表征过程是发生在一个表征中的简单或复杂信息的转移，也可以是连接一个表征到另一个表征的过程。按照区分代数，表征结构的基本元素被假定为区分，一个区分能够被直觉地理解为把一类现象从其补充物或否定物中分离的某种事物，比如一个命题 a 和其否定命题 $\neg a$，用区分表征就是 $(a, \neg a)$。根据区分要实现的特殊目标，表征将处于不同状态。一个表征的整体状态可被定义为构成表征的区分的所有已实现状态的联合。一个表征过程因此可被理解为将现在状态带入同一或不同表征的未来状态的过程。为了确定哪些状态将从一个给定状态中实现，我们应该知道限定初始状态的区分如何与限定最终状态的区分相关。这种关系可被称为因果关系，可被表达为表征的一个态射（morphism），比如，保持该表征结构的最小部分或原子部分的一个态射。

为了使元表征框架形式化，海里根认为我们首先应该定义公理，因为公理决定区分的静态属性，比如平面几何、布尔代数的公理系统。通过建立公理系统,表征的形式化和操作化成为现实。这种形式主义等同于更复杂的布尔代数形式主义。在布尔代数体系中,一个表征的静态部分可通过一个变量集($a,b,c,\cdots$)及其所有合成($a,b,b\cup c$)来表征。以这种方式定义的布尔代数是原子式的,原子相当于变量及其否定,是最大非零合取,因此,它们能够被解释为表达该表征的状态。不过,布尔代数并不表征变化,为了给表征过程建模,我们必须增加进一步的结构——态射代数。

海里根给出了态射代数形式化的如下描述(Heylighen,1999:171-172):

假定集合理论的公理,并将特征代数看作一个由某种操作提供的表达集。一个态射可被定义为一个从代数 A 到代数 B 的函数 f,该函数能够保持基本操作:

$f:A\rightarrow B:a\rightarrow f(a)$

于是有:$f(a')=(f(a))'$;$F(a,b)=f(a)\cdot f(b)$(→是连接关系)

原理:所有布尔代数集加上由合成操作提供的所有布尔态射的集形成一个范畴。

证明:被作为函数的态射的合成是联合的;将布尔代数的每个元素发送给它本身的函数是同一态射 id_A。

id_A 具有同一性的属性:对于每个 $f:A\rightarrow B$ 和每个 $g:C\rightarrow A$,

得到:$id_A*g=g$ 和 $f*id_A=f$

这说明:所有布尔客体和布尔态射的范畴可被认为表征了一般元表征框架;具体的亚范畴变体被解释为特殊的表征结构。映射一个亚范畴到另一个亚范畴的算子可被看作是这些结构的转换。

根据这个定义,为了使范畴代数成为一个适应性元表征,我们应把一个或多个决定"动态约束"的公理增加到元表征框架内的表征过程上。比如前面提及的"一致性"就是这样一个公理。在静态布尔框架中,一致性的含义是:同一布尔客体的两个不同状态,没有任何一个能够被联合实现,对于每个 $s_1\neq s_2$(原子):$s_1\cdot s_2=0$。

这个一致性假设通过引入下列条件被扩展到态射:如果两个态射 $f:A\rightarrow B$ 和 $g:A\rightarrow B$,与每个 g:不一致(比如在 A 中有元素 a,因此 $f(a)\cdot g(a)=0$),那么 f 和 g 不能同时都为真。这就是海里根所说的一致性公理。这个要求通过态射可被看作"一致性守恒",即如果两个命题是内在一致的,$a=b\cdot c\neq 0$,那么,在实际态射被应用于 $f(b)\cdot g(c)\neq 0$ 之后,它们仍然一致。这个普遍公理可用于经典力学和量子力学的表征。

第二,经典力学的元表征基于绝对区分不变性。以牛顿理论为代表的经典力学,其对象是可观察的或部分可观察的,或者说是宏观现象。对于宏观现象,经典力学的表征采取了形式主义的方法,比如牛顿第二定律 $F=ma$。根据区分代数,加速度 a 不同于 $\neg a$,它们构成一个区分($a,\neg a$)。这种区分是一种绝对区分，海里根称之为"绝对区分不变性"（absolute distinction invariance，ADI）原理，笔者称之为"区分的守恒性"。这是一个更一般的条件，它被认为对于"经典性"（classicality）是充要条件，而且是适应性表征的基础。在海里根看来，每个适应性表征都可通过以下三个基本观点来分析：①状态空间的逻辑结构（更一般的是表达集的结构）；②时间的结构及其与状态空间的关系；③动态算子集合的代数结构。

在经典框架中，这些结构是非常简单和规范的。首先，状态之间的关系是平凡的：两个状态是同一的，或者是正交的。其次，事件之间的关系是一个完全序或线性序：两个事件是同时发生的（即当表征全局系统的相同状态的不同方面时，它们可能是同一的），或者一个先于另一个。最后，可能算子形成一个群：它们可能是反转的，而且无制约地相互构成。

在这里海里根指出了"绝对区分不变性"原理蕴含了这些特征，可将这一原理应用于元表征框架的定义：ADI持续存在，当且仅当被容许的唯一态射是那些保留所有区分的态射。这个定义的意思是，所有态射是同构的，即一个元素映射到另一个。布尔客体之间的态射关系可被定义为：两个客体是同构的，仅当存在一个从一个到另一个的同构。这显然是一个等价关系。因此，一个ADI表征的所有客体属于同一个等价类。在实践中这意味着，这些客体可能是同一的，因为它们的内在结构及其关于外部信息过程的行为是同一的。据此可以推测，根据ADI要求描述的一个表征，由唯一的被其自主态射提供的布尔代数构成。

在笔者看来，这种形式主义的同构表征观其实质是一种强结构主义，主张表征工具与被表征对象的结构同一性。这一观念在数学意义上是可实现的，但在物理意义上难以实现。这种强结构主义的表征是一种被动映射，也就是将主体设想的表征工具（符号表达）投射到客体对象，在可操作和规范的意义上这是没有问题的，但在真实认知和理解对象方面却是成问题的。比如量子力学的数学表征果真真实反映或描述了微观世界的情形吗？在笔者看来未必，因为量子世界若是像玻尔所言其行为与观察者的介入是互补的，也就是观察可以干扰量子行为，那么真实反映量子世界的愿望就会落空。换句话说，被观测到的量子态已不是原来的状态了。

海里根作为物理学的形式主义者，极力倡导表征的同构观，强调形式表征的规范性和可操作性。这对于严格科学来说没有问题，但会遇到"科学表征问题"，即形式表征与自然语言表达之间有何不同。他进一步提出"绝对区分不变性"的三个原理。

原理1：如果一个表征具有ADI属性，那么它也具有平凡正交（TO）属性。原因是，如果一个表征由唯一的客体构成，那么它的状态就是这个客体的状态，因为一个单一客体被假定具有布尔结构，它的状态是布尔原子，而且这些是必然正交的。正交意味着绝对区分。

原理 2：如果一个表征具有 ADI 属性，那么它也具有线性时间（LT）属性。

原因是，鉴于状态空间的结构由两个状态的组合为真的可能性决定，那么时间的结构由两个表征过程结合为真的可能性决定。

为了检验这个结论，海里根认为我们应该将一致性公理应用于自主态射来描述一个 ADI 表征。假设有两个不同的自主态射 $f, g:A\rightarrow A$，它们是原子布尔代数的一个基本属性，使得每个布尔元素都能够表征为原子的一个析取。根据定义，析取是被态射保存的，这意味着我们能够制约我们对原子集上 f 和 g 行为的注意。$f\neq g$ 的意思是存在一个原子 s，其结果是 $f(s)\neq g(s)$。由于 f 和 g 是态射，它们将一个原子发射到另一个原子，因此 $f(s)$ 和 $g(s)$ 是原子状态，这包含 $f(s)\cdot g(s)=0$。这显然与一致性公理相矛盾，除非我们假设 f 和 g 的组合不是真的。这意味着 f 和 g 只能是一个接一个地真。因此，不同的实际态射描述一个 ADI 表征状态的变化，形成一个线性序列，这个线性序列可被解释为描述时序。

原理 3：如果一个表征具有 ADI 属性，那么它也具有算子群（GO）属性。

海里根给出这样的证明：一个布尔客体的所有自主态射的集合，构成组合下的一个群。由于仅有一个客体，它既是态射的一个域，又是态射的一个共域，组合处处受到限制。这个同一态射是自主态射，而且一个自主态射的反演又是一个自主态射（ADI 属性的确是一个守恒原理，因此它对于反演是不变的）。

根据布尔代数的形式化表征，海里根得出如下命题：①ADI<TO（一个表征的绝对区分不变性具有平凡正交性）；②ADI<LT（一个表征的绝对区分不变性具有线性时间性）；③ADI<GO（一个表征的绝对区分不变性具有算子群性）。

因此，这些蕴含的反命题是：①NOT(TO)< NOT(ADI)（一个表征的非平凡正交性具有非绝对区分不变性）；②NOT(LT)< NOT(ADI)（一个表征的非线性时间性具有非绝对区分不变性）③NOT(GO)< NOT(ADI)（一个表征的非算子群性具有非绝对区分不变性）。

在海里根看来，前三个命题可用于描述经典框架，比如由 ADI 决定的表征结构；后三个反命题可用于非经典表征框架，比如分别由 TO、LT、GO 的否定描述的结构，以及由 ADI 的否定描述的结构。

第三，量子力学的元表征服从于叠加原理。在物理学史中，量子力学是从普朗克试图调和动力学（时间可逆）和热力学第二定律（时间不可逆）的矛盾开始的。量子力学的表征结构可被看作如下命题：量子态空间（希尔伯特空间）的逻辑结构相当于量子观察过程（被描述为波动函数的塌陷，形式化为投射假定）的具体属性，其结果是，不同状态能够被发射到相同状态。这与"绝对区分不变性"原理矛盾。在海里根看来,量子表征的这种非经典表征可由不同的方式描述——亚表征的互补性、非决定性、状态的叠加、非布尔逻辑、非贝叶斯概率等;量子力学的非 TO 结构比较突出,它可由如下叠加原理的逻辑观点得到描述:

对于每两个不同的状态 s_1 和 s_2,存在第三个状态 s_3;s_3 既不与 s_1 正交,也不与 s_2 正交,但与所有与 s_1 和 s_2 都正交的状态正交。

问题是,这个原理是如何从元表征框架和观察过程(微观现象与宏观测量仪器之间的信息传递)的基本属性推出的呢?我们将观察者及其使用的测量仪器看作一个适应性认知系统,观察者处理过的信息必然是被过滤的,也是不完备的。这说明一个表征不能完全表征它与外部世界的互动,表征是部分的,特别是它不能拥有一个完全的自我知识。过滤的信息是一个相对简单的现象,不限于量子观察。在统计力学中,观察产生"宏观态",根据定义,这些宏观态是在微观水平下被决定的现象的不完全表征,而量子过程的特殊性在于,从仪器返回到被观察的微观客体的互动效果不能被忽视。由于观察者不拥有这个效果的全部知识,微观客体状态的扰动是部分地非决定的。因此,每个观察都制造了一个具体的非确定性,也就是说,某些特征被抹掉了。根据玻尔的思想实验,那些被抹掉的特征依赖于观察结构,而每个观察结构由一个特殊表征描述。而且,不同的结构和各种不完全表征一般是不相容的。换句话说,它们在一个整合的结构中是不协调的,也不能被一个接一个地应用,因为第一个制造的不确定性将干扰下一个的结果。

海里根依据元表征形式主义来重建量子力学表征。他假设,客体的微状态(不完全观察物)能够被经典的微观表征描述,比如一个单一布尔代数 C。属于这个表征的区分被解释为表征所有观察物和决定量子系统的所谓"隐变量"。观察过程能够由一个外态射(epimorphism)f 表征,并将这个完全微观表征发送到一个不完全宏观表征上。这个宏观表征又是一个布尔代数 M,其区分宏观地表征了相容观察结构的聚合的可分辨状态。比如,在一个最简单的情形中,M 将由唯一的区分构成,即(粒子)自上旋和自下旋之间的区分,它被认为是在使用偏光器探测一个粒子和缺乏探测(意指这个粒子没有通过偏光器)之间的差异。这种情形的形式化表征是:$f: C \rightarrow M: a \rightarrow f(a)$,其中 $f(a)$ 或是 u(自上旋)或是 u'(自下旋)。

海里根进一步将 $f^{-1}(u)$ 定义为 C 中所有微观变量(更简单的微态)的集合,它们被 f 发送到宏观状态 u 上。由于通过 f 被传播的信息是不完全的,这个集合包含一个以上因素(f 是多对一)。因此,f^{-1} 不是规范函数。然而,如果我们要表征由另一个不相容结构产生的可能宏观区分,那么我们必须考虑另一个宏观表征和另一个观察外态射。即

$$f_1: C \to M_1 e \cdot g, \text{ 其中 } M_1 = \{1, 1'\}$$

现在 $f_1^{-1}(1)$ 相当于 C 的一个不同子集（或它的状态空间）。由于我们能够假设 f 和 f_1 将发送 C 的半个状态到 u 上，而且分别到 1 上，另一半发送到 u' 上，而且分别发送到 $1'$ 上，相当于这些函数的这个子集将是不相交的。它们的交集相当于微状态的集合，这个微状态将由 f 被发送到 u 上，由 f_1 发送到 1 上。然而，由于这些表征是不相容的，因此这个交集不能被观察到。它相当于不可观察的微表征 C 的一个命题，不会相对于一个可观察区分。因此，我们可以进一步假设，这两个可观察命题的合取是零，尽管微状态的对应子集的交集不是零。

海里根给出的形式定义和解释如下（Heylighen, 1999: 177-178）。

定义：$S_m = \{s \in S : f$ 观察外态射：$f(s) = m\}$

释义：S_m 能够被解释为正交微状态的最小集，这些微状态能够通过相容观察结构的一个单一聚集被充分地扩大，成为宏观地可辨识的宏观亚表征 M 的一个命题 m。如果 m 是 M 的一个原子，那么 S 的元素可被认为表征了被观察系统的隐变量。然而，这些隐变量不依附于作为传统隐变量的某些限制，因为被看作隐变量子集的宏观态 m 不是共轭的。这允许我们给出宏观态（宏观命题）之间的一个非平凡正交，其定义是：$a \perp b$ 当且仅当 $S_a \cap S_b = \emptyset$

根据此定义，若两个宏观态属于由同一观察现象 f 决定的同一个经典亚表征，则它们是正交的，而属于不同经典亚表征的宏观态将不是正交的，因为不同区分被过滤掉了。这个定义允许我们确定宏观态之间的一个非经典转变概率。

海里根给出的定义是：$P(m_1 | m_2) = N(S_{m_1} \cap S_{m_2}) / N(S_{m_2})$。

其中，N 是关于微状态空间的一个测量。这个定义的属性是：对于条件概率，P 不遵循贝叶斯定理。而且对于 $S_{m_1} \cap S_{m_2} S_{m_1} \neq \emptyset$，$P(m_1 | m_2) \neq P(m_1 \cdot m_2) / P(m_2) = P(0) / P(m_2) = 0$。

由此得出原理：以这种方式定义的所有宏观态集，包含所有最大容许经典表征的原子，满足叠加原理。海里根给出的证明是：考虑两个宏观态 m_1 和 m_2，它们由集合 S_{m_1} 和 S_{m_2} 描述，这两个宏观态通过观察态射成为它们的反图像。我们总能够发现第三个状态 m_3，它由一个最小可分辨子集 $S_m \in S_{m_1} \cup S_{m_2}$ 决定。m_3 既不与 m_1 正交，也不与 m_2 正交，因为 $S_m \cap S_{m_1} \neq \emptyset$ 且 $S_m \cap S_{m_2} \neq \emptyset$。但 m_3 与所有状态正交，m_4 与 m_1 和 m_2 正交。假设 $m_4 \perp m_1$ 且 $m_4 \perp m_2$，那么 $S_{m_4} \cap (S_{m_1} \cup S_{m_2}) \neq \emptyset$，但 $S_{m_4} \cap S_m = 0$，因此，$m_4 \perp m_3$。

概言之，这种形式化建构反映了量子力学的基本非经典属性——叠加原理。该原理表明了原子的对分特性（bisection property）或量子格（quantum lattice）的不可还原性。而且，元表征框架及其公理系统说明，经典表征框架的基本属性可从绝对区分守恒条件导出状态的正交性、时间的线性和算子代数的群结构。

量子力学的非经典表征结构能够根据这三个属性的否定来描述。

第四，相对论的元表征要遵循因果性。爱因斯坦的相对论（狭义和广义）是现代时空的最主要表征理论，包括相对性原理、光速不变原理和等效原理（引力质量与惯性质量相等），其数学表征形式有多种，诸如庞加莱群、矩阵、矢量、张量、四元数、旋量、扭量等。从元表征视角看，相对论是线性时间的否定，即用非线性时间来描述，因此违背了 ADI 原理，即时间优先不再是线性有序关系，而是一个部分有序关系。根据相对论，时空只不过是事件的一个不完全有序集，具有一个所谓的"因果结构"，由两个明显关系[历时优先（chronological precedence，CP）和共时优先（horismotic precedence，HP）]决定。

海里根依据适应性元表征概念定义了相对论的一系列相关态射的空间拓扑结构（Heylighen，1999:180-181）。他假设，一个态射集 $f:A \to B$，$g:B \to C$，$h:C \to D$，…是一个"路径"，如果它们能够被相继地组合，比如存在一个态射：$P=\cdots*h*g*f$。这种路径能够被解释为一个"普遍因果联系"。这个局部态射 f，g，h…的组合性意味着它们允许一个普遍态射 P，这个过程仍然是从初始客体 A 到终态客体传递至少一个区分，而这个过程本身可能不是一个态射。这个一致性公理可被用于对比平行路径，比如其初始和最终客体一致的路径。我们可将它用于循环路径。

假设一个路径 $p:A \to Z$ 是一个循环，如果它的初始和终态客体一致，即 $A=Z$。这说明一个循环至少有一个平行路径，即它的初始客体 id_A 的同一性态射。其原理是：如果一个循环路径之一 $p:A \to A$ 与 A 的同一性态射不一致，那么它从来就不是真实的，或者它发送状态到弱命题上，即 $s \in A$ 原子，那么 $s<p(s)$。

海里根给出如下的证明。

假设这个状态 s 是真实的，那么会有两种可能情形：$p(s) \cdot s=0$；$p(s) \cdot s \neq 0$。

在第一种情形中，由于 $p(s) \cdot id_A = p(s) \cdot s=0$，因此 p 与同一性态射不一致。这种同一性态射表明，根据一致性公理，那个 p 与同一性在不联合情形下为真。然而，由于每个范畴客体根据定义必须是一个相应的同一性态射，我们不能排除 id_A，因此必须排除 p。

在第二种情形中，由于 s 是一个布尔原子，这种情形蕴含了 $p(s) \cdot s=s$，因此 $s<p(s)$。为什么是这样的结果呢？循环路径显然不能被用于传递信息——任何路径不可能是真实的，或者说，它们传递的信息总是被包含于这个状态中。这意味着，如果我们期望表征潜在的信息传递过程，那么我们应该严格将我们限制于非循环路径。这些路径能够被进一步分为两个明显类型：第一，一个非循环路径是历时的，如果它至少有一个不同的平行路径（显然不是一个同一性态射）；第二，一个路径是共时的，如果它没有任何平行路径。

需要注意的是，一个共时态射从来都是一致的，因为不存在任何其他路径与它不一致。然而，对于历时路径来说，一致性的不同条件必须做进一步的分析。分析的原理是：所有相对论的客体及其关系（历时优先、共时优先和因果优先）的集合形成一个因果空间，它们分别由历时路径、共时路径和两个路径集的联合来决定。在这个意义上，因果结构可被看作相对论时空的最基本属性，但不是唯一的属性。显然，对相对论，海里根奉行的是弱因果决定论。如果我们想建构一个相对论的适应性表征，就需要元表征的假设或公理系统。因此，适应性元表征仅仅是一个可能的解释框架，而不是唯一可能的解释。它的问题在于，元表征如何解决语境依赖问题。

第七节 元表征框架的形而上学问题

对海里根的适应性元表征框架的阐释，我们论及知识表征的变化性、表征的适应性和元表征的不变性以及表征的形式化、操作化等问题。在笔者看来，其中的表征与元表征、经典表征与非经典表征、非经典表征的互补性与局部性是值得进行哲学反思的三个问题。

首先是表征与元表征问题。表征无疑是认知和思维过程中最重要的概念。它在不同的语境中，诸如物理学、数学、哲学、计算机科学、科学史等，有不同的意义。一般来说，物理学侧重表征的模型化，数学侧重表征的形式化，哲学侧重表征的内容或意义，计算机科学侧重表征的知识模拟，科学史侧重表征（知识）的历史关联。由于表征意义的这种多元性，海里根试图通过引入元表征概念来综合不同意义的表征，即用一个概念来整合其他表征。不论是哪种意义上的表征，"适应性"可能是其共有的属性，也就是表征要随着目标和环境的变化改变其形式，这样一来，通过适应性表征就可以将不同表征统一起来。或者说，表征在不同的语境中，其形式和意义可能是不同的。但是，表征有没有不变的属性呢？要回答这个问题，我们需要元表征概念，也就是关于表征的表征问题，或者说是表征的本原问题。引入元表征概念的目的是研究表征变化性背后的不变性。这与哲学上寻求偶然性背后的必然性，科学上寻求不确定性背后的确定性的情形是类似的。因此，元表征应该是变化与不变化的统一体。

然而，这又产生了另一个问题，适应性表征本身就蕴含了变化，因为适应性意味着变化。这似乎表明适应性表征是局部的和暂时的，不存在一个绝对的和普遍的表征。那么适应性表征有没有不变性的区分呢？如果表征是相对的和变化的，那么我们必须弄清它是相对于什么的及如何变化的。要弄清这个问题，就需要另一个概念：适应性元表征。它是关于适应性表征是什么的问题，也就是适应性和表征的本原问题。这似乎有点拗口。简单来说，为了整合不同意义的表征，我们需要元表征；为了说明表征的变化性，我们需要适应性表征；为了探讨适应性表征的不变性，我们需要适应性元表征。在哲学上，形而上学就是元物理学（物理学之后），类似地，元表征就是表征之后（meta-representation），也是一个形而上学问题。

的确，适应性元表征将表征的两面性综合了起来。根据海里根的看法，适应性元表征是一种抽象结构，通过这种结构一个内在的认知系统能够有效地预测，并由此适应发生在环境中的外部物理变化。在笔者看来，人是适应环境的主体，其行为一定是适应性行为，其认知也一定是适应性认知，按照此推理，表征（隐性的、显性的）也一定是适应性的，即是随着环境的变化而变化的。在这个意义上，一个表征形成一类抽象界面，控制系统与之互动，以这种方式系统能够保持一个稳定的同一性，即不变性。这种控制过程可被概念化为来自环境的一个内在信息加工。被加工的实际信息相当于表征的"状态"，控制这个信息加工的更稳定的知识相当于表征的"结构"。作为一种显表征（科学知识），形式化和操作化是科学的两个重要方法。形式化使科学表征结构及其正馈机制更明确和更清晰，操作化使表征与环境之间的信息转换和反馈机制更明确和更清晰。

其次是经典表征与非经典表征问题。在经典科学特别是经典力学中，形式化结构是一个重要特征，海里根称之为"经典表征框架"。为了阐明这个框架，海里根以等级结构的方式进行重构——从最初始元素开始，逐渐增加组织或结构的层次，直到一个完备的、内在的和自充分的整体出现（详见第十七章第三节）。这种表征的显著外部现象的基本元素就是"客体"。表征的初始表达（命题）能够通过将客体耦合到"谓词"（描述属性）上得以建构，从而表征客体之间的属性或关系。通过使用连接词及其否定将这些表达结合起来，我们就可以获得一组表达或命题，其逻辑结构可用布尔代数的结构表征。布尔代数的原子（基本要素）相当于经典状态，它的每个命题都能够被分解为相互正交原子的一个联合。在这个意义上，我们获得了基本命题，即对于每个命题和每个原子来说，原子要么蕴含了命题，要么蕴含了命题的否定。这允许我们将命题的布尔代数还原到其原子的子集，这些子集形成经典框架的"状态空间"。"变化"可由所表征系统的状态空间中的一个轨迹来表征，而轨迹是一个连续的、参数化的路径。这样，我们就必须引入一个表征绝对的"线性时序"参数和一个在状态空间上定义连续性的"拓扑学"。

进一步讲，为了表征状态变化发生的方式，海里根认为我们需要算子概念，算子可以被组合。时间的线性结构和状态空间的等价类结构,对于算子代数来说包含一个群结构。为了决定哪些算子应该被用于一个特殊时刻的一个特殊状态,我们需要动态约束——守恒原理和变化原理。守恒原理要求状态的属性在演进期间是不变的,变化原理要求可能状态的变换根据某一标准被评价,以便选择最优的状态变换。为了在经典表征与非经典表征之间做出区分,需要引入表征的"经典性"概念,这一概念在最基本的机制中体现为"区分过程"。一个表征的信息加工基本上由概念化和选择范畴的组合体构成。经典框架的布尔逻辑和因果动力学提供了这种机制的一个非常简单的模型。这个模型表明,一个范畴及其要素,或者一个命题及其否定之间的区分是绝对不变的。在非经典表征中,这种区分是变化的。这就是元表征的守恒性和变化性之间的辩证关系。

那么,经典元表征的守恒性与非经典表征的变化性在科学实践中能否达成一致呢?比如一个科学家,他既有经典科学的知识背景,也有非经典科学如量子力学的知识背景,那么他能够在这两种不同范式或不同表征框架之间保持平衡吗?或者说,他如何能够从一种范式或表征框架过渡到另一种?抑或如何将二者融合起来?这种情形在同一科学共同体中交流的科学家之间尤为明显。比如,从经典力学过渡到量子力学的物理学家普朗克(M. Planck),他的普朗克常数是两种力学都使用的。如果两位科学家使用同一概念如"质量"描述现象时,这个概念应该有相同的含义或区分。具体说,为了区分具有不同质量的客体,他们应该使用相同的形式化定义,相同的测量单位和工具。按照这种惯例,现象的纯主观意义或经验能够从主体间的表征中被排除。比如,一种色彩能够被两个人(其中一个可能是色盲)以不同方式去体验。如果他们对同一种色彩如绿色有相同的体验或认识,那么纯主观意义就被排除了,或者说他们之间的交流没有任何障碍。这种在主体间交流的意义,完全由区分的显性的、主体间的图式决定。不过,这种意义不同于由隐性区分的变化图式决定的意义。事实上,一个主体间表征一定是基于某些不变区分的,或者说,它必须有一个经典结构。因为,如果主体间表征中不存在基本的不变区分,那么我们就无法进行交流,也就难以在某一问题上取得一致,进而难以形成科学共识。在实践中,我们的确形成了共识,比如常识知识、科学知识。这种共识有力地说明,主体间表征一定存在不变的东西,这些不变的东西是交流和理解的基础,也是形成知识的基础。另一方面,科学争论也表明,科学表征是部分显性的、部分主体间的,表征中蕴含某些变化的东西。

问题是,我们如何建构没有区分过程的主体间表征呢?海里根认为引入元区分(meta-distinctions)概念就可以解决这个问题。元区分本身是不变的,但区别于其他特征(可能是变化的)。不变的元区分的一个图式将形成一个经典的元表征。这种元表征依赖于解释，也就是说，它既表征经典客体表征（特征守恒）中的变化，也表征一般非特征守恒表征中的变化。比如，量子力学就是由非经典逻辑描述的一种显表征，它在观察过程中表征区分的非守恒性（详见第十八章第二至第三节），而表达这种非经典逻辑的唯一方法就是使用数学语言，如集合理论，它形成了希尔伯特空间几何学及其代数学的基础。但是，这种语言完全基于经典的布尔代数。在量子逻辑中，这一事实通常会在不同研究者中产生混乱。一方面，如果要形式化量子理论，我们使用经典逻辑；另一方面，如果深入分析这种形式主义的认识论意义，我们会发现一个非经典逻辑。哪一个对于量子力学逻辑来说是真的呢？

为了消除这种悖论，海里根认为我们有必要区分这种描述：第一，集合理论的经典逻辑在元表征层次起作用，可描述希尔伯特空间表征的结构；第二，非经典逻辑在表征层次起作用，可表征观察到的外部过程。因此，我们发现一个被耦合到非经典客体表征上的经典的元表征。比如量子系统的状态是由波函数决定的，而波函数满足一个动力学方程，该方程也像经典力学一样对时间是可逆的，这意味着波函数的动力学描述不能表征不可逆性。相对论是非经典表征的又一个典型例子（详见第十九章第三节）。在微粒子层次，相对论不是一个经典表征——在时间（优先性）和空间（同时性）之间不存在任何不变区分。然而，我们能够在元层次重新构想相对论的一个经典表征，这种理论被称为"几何动力学"。根据几何动力学，在四维时空，我们有一个特殊的、类空间的超曲面结构，它被看作三维空间几何学的一个特殊状态。由爱因斯坦方程决定的四维时空的完备结构，可被看作是这种三维空间几何学的一个动态序列。这相当于把相对论的时空表征还原到状态空间的一个经典轨迹。不过，这种状态空间不表征一个具体物理现象的可能属性。这种空间的一个状态，表征一个具有适当空间几何结构的完备空间，也就是说，几何动态表征的状态本身是一个三维空间的完备表征。因此，几何动力学是一个经典的元表征，它描述一个非经典客体如微粒子的表征。

然而，相对论的这种经典的元表征是非常不完备的。量子力学的经典元表征没有涉及任何动力学，而相对论的元表征似乎忽略了所有逻辑结构。这样，这两个理论似乎还没有找到一个统一的基础，它们似乎是不一致的。为了整合这两种不同的非经典表征方法，海里根认为我们需要一个经典元表征，它既是简单的又是普遍的。它不是仅表征它的客体表征（观察的逻辑、三维几何空间）的某些特殊亚结构，还应该表征基本构件，用这些构件重构所有适应性表征——区分及其被相互关联或演进的方式。

最后是非经典表征的互补性与局部性问题（详见第十八章第一节）。量子力学最突出的属性是表征的互补性（也称并协性）。给出一种量子现象的完备经典描述似乎是不可能的。我们只能发现互不相容的、部分的表征。每个部分表征都由一套相容的可观察物组成，对于量子现象的一套特殊状态（可观察物的代偿集的本征态），它给出确定的结果。然而，量子形式主义的一个基本属性是叠加原理，它假定：对于一个部分表征的每两个正交的本征态 S_1 和 S_2，有一个等价状态，即 $S_3=S_1+S_2$。S_3 不是这个表征的一个本征态。虽然对于 S_3 是一个本征态的可观察物的表征是可能的，但这种表征与先前的表征是不相容的，而表达这种互补原理及其形式等价物、等价原理的最简单方式，似乎是在量子状态空间中引入一个平凡正交关系。这样的话，叠加态 S_3 可被识别为一个既不与 S_1 正交也不与 S_2 正交的状态，但与所有 S_1 和 S_2 都正交的状态正交。量子表征的命题可被看作这个状态空间的子集的正交闭合。

状态 S_3 和 S_2 的非正交性意味着一个非零的变换概率 $P(S_1 \mid S_2)$。状态 S_3 和 S_2 的联合不总是真的，这与经典概率理论的贝叶斯定理是矛盾的。这种矛盾能够通过假定量子态 S_3 和 S_2 相当于不可观察的"底层状态"的非正交子集而得以解决。这个变换概率 P 正比于处在这些子集的交叉面上的"底层状态"的数目。一个量子状态被解释为最大量信息，它能被观察仪器同时放大。不过这种信息从来不是完备的，因为在观察过程中总是有一些区分被损失了。原因是，仪器的微观状态本身是非决定的，而这些微观状态在测量后又决定量子系统的状态。也就是说，没有被仪器放大的那些区分以一种未控制的方式被观察所干扰，因此不再能被后续观察放大。仪器微观状态的这种非决定性可追溯到自决定的不可能性原理——仪器的宏观可观察部分不能表征作为整体的仪器所包含的那么多信息，因为部分没有整体那样复杂。或者说，通过单一实验区分两个非正交的量子状态是不可能的，它们只能统计地被区分。正如普里戈金（或普利高津）指出的，"科学与哲学在其中互相渗透的当代最热门的问题之一是：我们能否在'孤立'之中认识微观世界？事实上，我们认识物质，尤其是它的微观性质，仅仅是依靠测量设备才能进行的，而这些测量设备本身是由大量的原子或分子组成的宏观客体"（普里戈金，2007：30）。问题在于，以微观粒子组成的测量仪器如何能够准确探测微观粒子的行为呢？其中似乎蕴含着不可调和的矛盾。

另一方面，如果处于状态 S_1 的一个量子系统依附于一个命题 a（与 S_1 不相容或非正交）的观察，那么一个新的区分就出现了。换句话说，处于状态 S_1 的一个量子系统全体（ensemble）的一部分，将被投射到对应于 a 的一个本征空间上，其他部分将被投射到对应于 a' 的一个本征空间上。这两个亚全体（subensemble）存在区分是由于系统与测量工具之间的一个微观关系。在这个意义上，a 和 a' 之间的区分是由观察结构之间的一个不可观察区分产生的。这不是量子系统本身固有的。如果这个不可观察区分被解释为一个"隐变量"，那么这个"隐变量"并不局限于这个量子系统。这就解释了为什么量子同时存在实验不遵循贝尔局部性条件，该条件要求对一个系统同时在空间上分离的部分观察结果可被观察者局部地决定，因此观察结果将是相互独立的。此外，非经典表征中还涉及因果性、不可逆性、复杂性、实在性和理性等问题，关于这些问题笔者将在以后的章节中专门详论。

总之，在科学理论中，公理、假设、形式化、观察、检验等是不可或缺的共有区分。理论不同，如牛顿理论与爱因斯坦理论，这些区分也会不同。按照科学史学家库恩的说法，两种理论是不可通约的。在形成范式的意义上，不同理论由于存在明显的区分，难以通约，比如概念不同、假设不同、运用的数学表征工具不同，但它们在拥有公理、假设、形式化、观察、检验等方面却是相同的。在这个意义上，这些共同的部分是元表征所需的组成成分。特别是形式化（数学化），如量子形式主义，是成熟科学理论所必须的。这表明了一个显而易见的事实：符号表征这种形式主义具有简洁性和可操作性，是科学理论不可或缺的表征工具。

第八节 小 结

综上，海里根认为，一个表征可同时包含两类知识或信息：一类是表征结构中固有的稳定知识，它引导进入信号的加工和规划行动，这类似于心理学中的长时记忆；另一类是变化的知识或当下情境的觉知，它由表征状态拥有，经历由新感知和内在加工决定的连续转换，这类似于心理学中的短时记忆。认知心理学揭示，短时记忆可以转化为长时记忆，短期知识可以转化为长期知识。这个过程对应于表征结构的变化，而且非常难以描述，因为这个模型基于结构的稳定性。模型化这类变化的唯一途径超越了"状态↔结构"或"短时↔长时"二分法，并将表征结构看作一个"高阶元表征"的状态。元表征是海里根为解决为什么是适应性表征的问题而提出的一个概念，旨在探讨表征背后的原因。

在笔者看来，这是关于表征的形而上学问题，类似于亚里士多德的 metaphysics（物理学之后或形而上学）。海里根从物理科学、系统科学特别是控制论和信息论与认知科学相结合的视角探讨适应性表征和元表征框架，所持的哲学立场是自然主义，科学立场是结构形式主义。一方面，他尝试通过适应性表征解释物理现象如何拥有了主动性和目标性，试图打通物理现象与心理现象之间的壁垒；另一方面，他试图通过元表征来说明适应性表征何以可能。总体上，这不能不说是一种好的研究策略，但是，他侧重于物理层次和心理层次的结合，忽视了这两个层次与人工认知层次的关系，也忽视了现象学、语境论等哲学观对这些问题的探讨，特别是没有注意到认知神经科学在这方面所起的作用，最终不得不回到古老的形而上学。这既是海里根的适应性表征主义的悲哀，也是笔者的研究所力求克服和弥补的。

第四章 适应性表征的规范性和操作性

科学定律是与由人的知觉和推理能力形成的知觉和概念关联的；除非与这些东西结合，否则它是无意义的；它是某些感知和概念群的关系和顺序的概要或简明的表达，只有当人阐明它时，它才存在。

——卡尔·皮尔逊（《科学的规范》第 79-80 页）

对于科学认知来说，为了使其表征更加合理、可靠、简洁、明了，表征就必须要形式化和操作化。"从发生学的观点来看，形式化很可以（能）被认为是思维发展中已经出现的反身抽象过程的一种扩展。但是由于形式化可具有的日益增加的专门化和一般化，它显示出形成各种组合的可能性是不受拘束的、丰富多采（彩）的，这就大大地超越了自然思维的范围；形式化之所以能做到这一点，是依靠一种跟通过可能性借以预测现实性的过程相类似的过程。"（皮亚杰，1981：72-73）一种基于布尔代数和群代数，被称为"暂时形式主义"（provisional formalism）（Heylighen，1999：154）的表征主义主张，科学认知必须寻求一种简单的、结构合理的表征形式，以取代不完备、复杂和结构不合理的表征形式。这种新表征是通过什么形式实现的？是通过哪些基本元素和原则建立的？海里根运用布尔区分对这些问题做了初步探讨，本章笔者将基于此着重分析和讨论适应性表征的规范性和操作性。

第一节 基于区分代数的适应性表征体系

表征在最小意义上是一个二元关系，即用一个事物描述另一个事物。这意味着两个事物是不同的，是必须区分开来的。布尔代数恰好描述了这种区分关系。布尔代数是经典逻辑的基本结构，它由不同的公理集（collection）来定义，并通过连接符如合取、析取和否定等将代数的变量和常量关联起来。后来，斯宾塞尔-布朗（G. Spencer-Brown）（Spencer-Brown，1969）发现，布尔代数能够从区分代数导出，而区分代数仅使用一个连接符 ⌐（表示区分的行为）并由两个公理决定。为了便于用一阶逻辑理解，海里根使用双括号"[ ]"代替斯宾塞尔-布朗的 ⌐，于是，斯宾塞尔-布朗的两个公理就成为：

[[p]p]=

[[pr][qr]]=[[p][q]]r

海里根使用布尔代数的记号将这两个公理表征为：

[p]=NOT p（[p]=非 p）

pq=p OR q（pq=p 或 q）

于是这两个公理变成：

$p \cdot p' = 0$（矛盾律）

$(p \text{ OR } r) \cdot (q \text{ OR } r) = (p \cdot q) \text{ OR } r$（分配性）

然而，区分代数可从一个更简单的形式结构即区分运算导出。在这种运算中，没有任何指代不同区分的变量，仅有一个被考虑的区分，它可被解释为真和假之间的区分，并由"[]"表征。这样一来，运算结构就能从极简单的公理导出：

（I）[[]]=

（II）[][]=[]

根据海里根的记号，这两个简单公理可运用圆括号中的一个变量(a)被表征为：

（I）$(a)'' = (a)$ （双否定）

（II）$(a) \text{ OR } (a) = (a)$ （幂等性）

其中(a)是指一个不具体的区分。这个记号能够被理解为两个状态之间的边界或区分的交叉：标记的状态（由这个记号的内部表征）和未标记的状态（由这个记号的外部表征）。

公理（I）的意思是：如果我们平行地两次穿过一个边界，即从外到里和从外到里（→→），那么这就等价于一次穿过边界。

公理（II）的意思是：如果我们连续两次穿过一个边界，即从外到里和从里到外（→←），那么我们就回到了我们开始的状态，即什么变化也没有发生。

斯宾塞尔-布朗证明，这两个公理能够用于证明一系列定律。这些定律能够被用于由连接符"[]"和变量（a,b,c,…）构成的简化表达。用于布尔逻辑的所有表达能够由区分代数的表达表征，这种形式主义能够被用于简化来自经典逻辑的表达。一个表达的最终简化形式由这两个原始表达之一构成，也就是将一个表达还原到两个原始表达之一：①[]（真）；② （假）（这里的空白表示[]之外）。

表达或其否定的证明被认为是后继步骤的简化。在海里根看来，简化的表达仍然包含变量。比如，$((p<q) \cdot (r<s) \cdot (q \text{ OR } s)) < (p \text{ OR } r)$，能够被表征为

[[[[p]q][[r]s][qs]]]，根据斯宾塞尔-布朗的形式规则，这个式子可简化为[qs]pr，按照海里根的标记法可进一步表征为(q OR s)<(p OR s)。这样一个表达的真值要视变量 q、s、p、r 的真或假而定。

然而，对于这些变量的一个给定值的集来说，检验简化表达的真值，比检验初始表达的真值更容易。这个简化或证明命题的方法，本质上类似于人工智能和自动化定律证明中使用的解决方法。在布尔代数中，这种方法基于一个布尔表达变换到它的合取或析取的规范形式。一个合取的规范形式由因子的一个合取构成，这些因子本身由许多原始表达或它们的否定的析取构成，这样，每个因子以正或负的形式包含同一套原始表达。比如，(a OR b')·(a OR b)就是一个合取规范形式，它有两个因子，两个原始表达 a 和 b。通过将所有蕴含变成析取，每个布尔表达能够被还原为这样一种形式。一旦我们有一个规范形式，消除冗余变量或区分就是很容易的事情了。比如表达 a 是以上规范形式中两个因子的一部分，根据分布律，它能够被拿到括号外，即 a OR (b·b')=0，因为 b·b'=0。这意味着 b 的真值与决定完全表达的真值没有关联。

海里根假设，一个适应系统面临的问题由获得被初始复合表达式表征的一个目标构成，这意味着这个系统将拥有一系列行动，这些行动将从表征实际境遇的表达产生表征它的目标的表达。海里根认为，为了有效地做到这一点，我们最好能够最大限度地简化表达，以便留下一组最小的原始变量。然后，这个系统能够检验这些变量的哪一个已经拥有所需的真值？哪一个需要获得一个不同的真值？答案是，它能够计划一系列行动构成不同的子集，每个子集能够改变一个原始变量的真值（即穿过一个区分的边界）。这个程序类似于纽威尔和西蒙（Newell and Simon, 1972）设想在一个问题解决者中使用的手段-目的（means-ends）分析[①]。对于初始和目标状态，我们成功简化的表达越多，我们就越容易设计这样一个行动计划。这是问题变换的一个具体例子。不过，这个变换受制于表征元素的纯逻辑组合。在笔者看来，对表征的运动的、几何的和动力学的属性，也需要形式化，这是表征的变化性和适应性的必然要求，因为适应性和表征本身都是动态的和变化的。

第二节 区分的适应性运动约束表征

对于表征关系，可以肯定的是，没有对表征对象的区分，就不能运用区分

[①] 这是将要解决的问题分析成一系列子问题，并寻找解决子问题的手段，通过解决子问题最终实现问题的解决。

代数进行表征。在这个意义上，区分是表征的前提，也是运用区分代数所必须的。上述表明，斯宾塞尔-布朗的区分代数基于这样的假设——所有变量有一个固定的真值。这意味着这些变量可以被看作真和假之间的一个基本区分的不同表达形式。它们的明显变化性只是暂时的，因为我们还不知道它们的真值。然而，要建立一个适应性表征，必然需要一组不同状态，以便对每个状态都有一个为真的原始表达的特定集，而其他表达则为假。因此，在海里根看来，对于不同状态，不同的原始表达是真的，可能状态的空间将由所有可能分配给原始表达的真值来决定。比如在一个自由布尔代数中，每个原子状态可被表征为对这个状态为真的原始表达，和对这个状态为假的原始表达状态的否定的一个合取，即 $s=a_1 \cdot a_2 \ldots a_n \cdot b'_1 \cdot b'_2 \ldots b'_m$。

根据海里根的看法，每个复合表达都能够以其析取的规范形式被表征为表达方式的一个析取，而这些表达方式由原始表达及其否定的一个合取构成。如果这些表达方式包含所有原始表达及其否定，那么它们相当于原子状态。因此，每个表达可被表征为原子状态的一个析取。在实践中，不是所有原始表达都是独立的，这意味着存在着约束，其结果是：原始表达的某些结合被排除了。原始区分之间的这类基本关系是蕴含：$a<b$，等价于 $b'<a'$。这也可被表征为：$(a,b')→(b,a')$。这类似于一个因果关系：$(a,a')→(b,b')$。

根据表征区分的变化，海里根认为，对于一个蕴含关系，两个区分(a,a')和(b,b')是以某种方式混合的，以便记号"→"能够联系两侧的区分，从而使两个区分包含每个状态。这表明两个区分是同时的，它们之间不存在任何模糊序。循环或对称因果关系被称为关联（correlations）：$(a,a')→(b,b')$和$(b,b')→(a,a')$。这可被看作蕴含的具体例子，也就是对称蕴含或等价关系：$(a,b')→(b,a')$和$(b,a')→(a,b')$，或者$(a<b) \cdot (b<a)$。在这个意义上，关联可被看作不同区分之间的关系，而区分主要是因果关系和蕴含关系，即在原因和结果、前提和结论上是分明的。在布尔代数中，原始表达之间的蕴含：$a<b$ 通常被表征为同一性形式 $a \cdot b=a$ 或 $a \cdot b'=0$。意思是：在一个析取规范形式中，$a \cdot b$ 或者 $a \cdot b'$ 的合取能够被简化为 a 或 0。

在海里根看来，如果保持这种同一性，布尔代数就不是"自由的"。这意味着它与一个集合的幂集不是同构的，这个集的元素相当于所有原始表达或它们的否定的最大合取。布尔代数的区分元素在数量上小于这种幂集的元素，因为这种约束暗示了原始表达的某种结合应该是同一的，比如 $a \cdot b$ 与 a 同一。

除此外，还有另一种运动约束的类型经常发生。正如我们已经看到的，变量的某种布尔结合不是可观察物，即使原始表达是。表征这种限制的最简单方法是在布尔代数中引入一种封闭操作。一个表达的观察性等同于它是封闭的这个事实。非封闭表达对应于不同原始表达的结合，而原始表达是不能在宏观上区分的。这种方法在经典布尔结构内也能够被用于表征一个非经典逻辑，如量子逻辑，在布尔代数中表征拓扑结构的模型（Sikorsky，1969：198-199）。在这个例子中，一个封闭表达可被看作由原子表达构成的状态空间的一个封闭子集。所有封闭子集的集合限定一个拓扑状态空间。一个封闭子集可被看作一个状态集，该状态集能够与其外部明确地区分开来。这就是说，存在一个边界将内部与外部分离开来。在量子力学中，这种宏观可观察区分可由一个正交关系表征（平行关系不易区分）。如果有一个边界将两个状态分离，它们可被认为是正交的。这个封闭操作被定义为两次使用了正交关系，即封闭$(a)=a^{\perp\perp}$。

由于正交关系可以表征区分，因此我们可以认为，凡是可区分的事物，均可用正交关系描述。表征关系一定是区分关系，因此完全可用正交关系表征。由此推知，蕴含关系在区分的意义上也是正交的，也可被看作一个表达与另一个表达的否定之间的一个正交关系：$a<b$ 当且仅当 $a\perp b'$。从区分的观点看，所有运动约束包括蕴含、有限性观察、拓扑结构等，可通过将一个简单类型的关系增加到区分代数的正交性得到表征。然而，对于这个区分代数的基本结构，这种正交性关系的意义和本体论地位我们还不十分清楚。但是，我们可以假设，如果状态或命题能够通过一次观察被直接区分，我们就说它们是正交的。例如，两条平行线不好区分，而两条垂直（正交）的线则容易区分。这种现象在城市的交通规则中行之有效。在笔者看来，正交性不仅意味着区分，也意味着"此路不通"，因而使主体明白必须"另辟蹊径"。

第三节 区分范畴与适应性表征结构

从上述可知，我们可以运用区分代数形式化地描述一个表征的状态。一般来说，从一个描述到另一个描述的变换可由布尔或区分代数的一个态射表征。一个态射是从一个代数到另一个代数的映射 f，它使得基本结构守恒，比如 $f(p,q)=f(p)\times f(q)$，$f(p')=(f(p))'$。在海里根看来，如果要使用正交性关系表征运动约束，就要增加这种类型的一个条件：$a\perp b$ 当且仅当 $f(a)\perp f(b)$（Heylighen，1999：161）。如果正交性关系表征一个拓扑结构，那么这个条件就成为这个映射的连续性形式。如果它表征一个量子逻辑，这个条件可被看作这个映射的单一整体的一个形式。显而易见，这是结构主义的表征观，主张表征物与被表征物的同构性，即二者之间的结构映射关系（魏屹东，2018：205-207）。这就是罗素所说的"结构上的相同"（罗素，2001：301）概念，这个概念对于很多问题都非常重要。原因在于，表征结构的同构关系映射是一种"最小量用语"[①]。

对态射的一般映射的限制可被看作这样一个条件或要求，即一个过程为了被表征应保持为一个最小结构。一个不以任何方式使任何区分守恒的过程将不会传递任何信息，也因此是完全不可控制和不可观察的。这意味着，区分不守恒的过程不产生意义，该过程也不会包括在表征中。为了更好地表征一个观察状态，范畴或类型理论可能是一个更合适的代数框架（Arbib and Manes，1975）。

根据范畴理论，一个范畴 K 被定义为一组形式客体 Obj(K)，一组态射 K(A,B) 从一个客体 A 到另一个客体 B 和一个对于态射的合成算子（*），这个态射是联合的，而且对于每个客体存在一个同一性态射：

态射：$f \in K(A,B)$，也可以写作 $f:A \rightarrow B$

合成：$\forall f \in K(A,B), \forall g \in K(B,C), \exists h \in K(A,C):h=g*f$

同一性：$\forall A \in Obj(K), \exists! id_A \in K(A,A):f*id_A=f, \forall f \in K(A,B)$

在海里根看来，将每个客体 A 与它的联合同一性态射 id_A 同一是可能的。这个 id_A 发送客体到它本身而自己没有变化。在这种情形下，范畴仅由态射构成。这有时被称为一个范畴的"唯一箭头"（arrow only）描述，因为态射通常被表征为"→"来连接不同客体，不同客体中也包括其他范畴的"→"。这个框架可被用于表征和分类所有被区分的部分，而使态射过程在布尔代数的形式主义中保持守恒。

海里根设定了这样一个范畴，它的客体是布尔代数，它的态射是布尔代数态射。这些态射包括以下五种形式。

（1）自构（automorphisms）：将一个布尔代数 B 映射到它本身上（$f(B)=B$）的态射。具体说就是，态射将 B 的一个区分(a,a')发送到 B 的另一个区分(b,b')上，而且对于 B 的每个区分(b,b')在其上都存在另一个区分(a,a')。因此，一个自构完全是一个区分或保持的结构，比如，水分子与它自身同构。B 的所有集合 $G(B)$是一个群，它是范畴 $K(B,B)$的一个子集。根据范畴理论，这意味着在 $G(B)$之中存在一个联合的组合操作，也存在一个同一态射，它将 B 的每个元素发送到它本身。由自构的映射关系可以推出，自构的对立面也是一个自构，类似于物体与自身镜像的关系，如结构化学中的手性分子（左右手对称关系）。

（2）内构（endomorphisms）：将一个布尔代数 B 映射入它本身（$f(B)B$）的态射。这意味着，B 的每个区分(a,a')被发送到 B 的另一个区分(b,b')，但不是所有(b,b')都会成为区分(a,a')的映像。海里根认为，内构这种态射将 B 发送到一个有更少区分的、更小的代数 $f(B)$上。这意味着这种态射删除了某些区分。因

[①] 这是罗素用于说明科学中描述事实或现象的基本用语，对于一门知识来说最小量用语有两种性质：这门知识中每个命题都可以用最小量用语的词来表示；最小量用语中任何一个词都不能由其他别的词来下定义。

此，内构表征了一个有信息损失的过程。比如，在统计力学的不可逆过程中，从微观表征到宏观表征的转换伴随着熵增，其中存在着某些信息的损失。从群表征的视角看，从 B 到 B 的所有态射的子范畴 $K(B,B)$，包括自构和内构，可以被看作只有一个客体 $Obj(B)$。这种范畴被称为单范畴或半群（monoids），即一个内在的联合组合，它拥有一个同一元素但一般没有任何逆元素，比如化学元素。

（3）同构（isomorphisms）：从一个代数 A 到一个代数 B，而且 A 和 B 都是既在其上又引入其中的态射。这意味着在 A 中的所有区分 (a,a') 和在 B 中的所有区分 (b,b') 之间存在一个双射对应一致性。所以，同构是一一对应的可逆映射。然而，在海里根看来，从 A 到 B 和从 B 到 A 的所有可逆态射的子范畴不是一个群，因为其中不存在任何唯一的同一元素，也就是说，在 A 中不存在任何 id_A，在 B 中不存在任何 id_B。或者说，A 和 B 中的元素完全不同，只是存在一一对应关系，如物体和其图像的关系。从数学结构主义看，如果 A 和 B 由一个同构连接，那么它们可以被解释为表征了完全互相关的客体，即 A 中的每个区分由对应的 B 中的每个区分决定，相反亦然。比如，经典力学中两个弹性球碰撞的表征、量子力学中两个量子纠缠的表征就是同构的。总之，同构是两个状态空间的双射对应关系，两个物体的交互在经典力学中采取的表征方式均是同构的。

（4）优先态射：从 A 到 B 没有任何可逆的态射可被看作从 A 到 B 的信号发射，即 A 优先于 B 而不能相反。这种态射逻辑上相当于蕴含关系 $A \rightarrow B$，而不是循环关系。它可再分为三种：①单构（monomorphism），即一对一进入的态射将发送不同元素或区分到不同的元素上；②本构（epimorphism），即发射到 A 上的态射将完全包括 B；③新态射，一个既非本构也非单构的态射，而是将从 A 中删除的区分作为 B 中创造的一个区分，相比于单构和本构，这是一种非常普遍的情形。

对于单构来说，它要保留 A 中所有的区分，但不是一个同构，因为 A 完全不包括 B。这意味着 B 的某些区分不会由 A 决定。海里根将这种表征方式看作与 A 相关的 B 中创造的一个区分。比如，若 B 对应于一个耗散结构，A 对应于 B 的环境，则 B 中会出现明显的区分，且这些区分不完全由 A 提供的边界条件决定。这就是系统科学中的分叉现象。

对于本构而言，如果它不是同构，那么它会将 A 的不同元素发送到 B 的相同元素上。这意味着，A 的某些区分会被保留，而 B 的区分则完全由 A 的区分决定。在海里根看来，这与内构的情形类似，即导致从 A 到 B 的过程是确定的，但会伴随着信息损失。例如，如果一个复杂系统 a 发射一个粒子 β，该粒子的状态完全由该系统的初始状态决定。但是，对该粒子的观察将不会提供充分的信息来决定这个初始状态。

（5）2-值态射：一个态射，它发送一个布尔代数 B 到平凡布尔代数"2"上，这个平凡代数由两个元素 1 和 0（一个区分）构成。海里根将这种态射看作表征 B 的一个特殊状态。具体来说，假设被发送 1 到 B 的所有命题都为真，而被发送 0 的所有命题都为假。由于这种态射保留布尔结构，如非、合取，真命题的集合会不一致，但会对应于命题的一个具体而极大的合取来指代初始状态。比如，由两个 2-值态射表征的 B 的两个状态 s_1 和 s_2 之间的转换，可通过一个自构（$f(B)=B$）来表征，即 $s_2*f=s_1$。在海里根看来，以这种方式定义的不同物体的可能状态被认为可表征潜在状态。这意味着，非平凡客体之间的态射被认为可表征从一个客体产生另一个客体的因果联系。也就是说，2-值态射可用于表征具有真假值的命题关系。

在笔者看来，上述五种态射其实就是数学结构主义的具体表征方式。根据布尔代数，一个表征关系 $A \rightarrow B$ 就是一个区分（A,B），即 A 表征 B。A 是表征客体，即表征工具，B 是目标客体，即表征对象。这种关系构成态射或映射关系，但不是因果关系，因为 A 表征 B 不是 A 引起 B，而是 B 的属性和特征引起主体去设想或设计 A 来描述 B。这是一种逆因果关系。从信息控制的视角看，表征过程就是主体使用表征工具不断适应目标客体的控制-反馈的认知过程。这种过程可通过不同态射及其组合而得到表征。

第四节 范畴与区分间的适应性表征关系

对于表征来说，上述讨论的两种形式主义——范畴代数和布尔代数之间是什么关系呢？从最基本的预设来看，它们有共同的公理。为了在这个框架中描述一个经典或非经典表征，海里根认为，我们需要做到：①将一个客体与布尔代数同一；②将描述这个客体的谓词与这个代数中的指示或命题同一；③将命题的逻辑与这个代数结构同一；④将状态空间与原子集同一；⑤将用于客体的算子、过程或关系与代数之间的态射同一；⑥将具有客体状态的事件，如 2-值态射、时空的因果结构，与由不可逆态射决定的共时优先和因果优先关系同一。

这些同一性对于表征是充分和必要的，体现了语境同一性原理。也就是说，任何表征关系，无论是用何种形式表达，必须在特定的同一语境中进行。语境同一蕴含了上述所有具体的同一。

显然，"区分"是描述表征的一个基本概念，也是表征的前提条件。范畴代数和布尔代数两种形式主义表征的形式化和操作化都是基于这一概念的。因为区分意味着二元对立，最基本的表征关系就是二元的。这里并不是要综合或整合这两种代数。事实上，这是两种不同的代数范式，按照库恩的观点，这两种范式是不可通约的，在这个意义上，它们是不能被综合为一个代数的。不过，我们有理由假定，范畴代数和布尔代数仅仅是指向同一问题的不同观点。也就是说，它们只不过是解决同一问题如表征的不同方法或路径而已。在布尔代数中，一个范畴中的客体本身可以当作态射，以便它们的所有属性能够被表达为态射组合的属性。这对于范畴代数更为典型，即为了描述它们，我们不必详细指明这些客体或态射的内在结构。譬如，上述已经将本构定义为态射，它们包括它们的集合的所有元素。

在范畴代数中，海里根认为我们可使用以下等价定义（Heylighen，1999：166）：一个范畴 K 中的一个箭头 f 是一个本构，当且仅当 K 中的等式 $g*f=h*f$ 总是蕴含 $g=h$。

按照笔者的理解，这里的本构 f 相当于一个坐标系。在同一个坐标系中，不论怎么变换，都有 $g=h$。有了这个定义，我们不再需要关注客体的内在结构或元素，也就是说，知识仅由抽象关系决定。就像逻辑刻画一样，知识是抽去内容的符号表征。这与知识或信息独立于它的基质的传统哲学观点一致，比如柏拉图的理念论认为知识源于抽象的理念，与真实客体无关。牛顿力学中的抽象概念如质点、质量、加速度等，均与客体的结构和属性无涉。形式主义，无论是哲学的，还是数学的或逻辑的，都主张抽去客体的物理意义而仅留下形式（符号）及其关系，认为形式才是事物的本质，是实在的东西。人工智能的兴起和发展与符号主义有很大的关系。比如信息就是一种形式，它既不是能量也不是物质，而是事物的一种新的存在方式。换句话说，区分概念的一个核心点不是要区别具体状态、客体或要素，而是关注它们的关系。比如牛顿力学的三个定律，它们关注的不是客体本身，而是客体之间的关系，而且客体是用符号表征的，这就是客体的形式化或符号化，运用代数规则对符号及其关系进行运算就是操作化。这一观念类似于科学哲学中的"关系实在论"，也就是略去实体，关注实体之间的关系的实在性。相对论、量子力学无一例外都是通过数学方式表征的，而数学几乎完全是符号化的操作，即符号演算和推理。所以，抽象符号表征的价值就在于超越实体（包括身体）。

根据前面的定义，一个态射就是一个使区分守恒的映射。然而，同一性态射除外，因为它不使被区别的元素守恒。不过这并不重要，因为区分是抽象的，信息也是如此。因此，态射可被看作从一个客体传递到另一个客体的一条信息。客体本身（布尔代数）可被看作静态的或被储存的信息项。根据这种解释，一个态射也可被看作一个区分代数、同构或等价于它表征的区分亚代数。比如，坐标系的变换可被看作同构映射，一个典型例子是"相对性原理"，正如爱因斯坦所描述的，"若 K 为伽利略坐标系，则其他任何相对于 K 做匀速平移运动

的坐标系 K' 亦为伽利略坐标系。和相对于 K 一样,伽利略-牛顿力学定律相对于 K' 也成立"。爱因斯坦还做了进一步的推广,"如果 K' 是一个相对于 K 作匀速运动而无转动的坐标系,那么自然现象相对于坐标系 K' 的发展所遵循的普遍定律将与相对于坐标系 K 相同。我们把这一陈述称为'相对性原理'(狭义)"(爱因斯坦,2017: 8)。

概言之,不仅将一个布尔代数解释为一个态射是可能的,而且将一个态射解释为一个布尔代数也是可能的。通过整合布尔代数(区分、合取及其否定)和范畴代数(组合)的基本操作,我们就可使用它们来描述科学表征甚至一般表征。

第五节 区分的动态约束与适应性表征的操作化

将这种形式主义转换成适应性表征的一个重要问题是动态约束的形式表达。动态约束之所以重要是因为它们控制一个模型中的信息流。可以说,适应性表征的实质就是如何控制动态约束的问题。约束就是规范,就是规范主体的行动在变化的环境中不断适应。比如道德就是对人们行为的规范或约束,什么应该什么不应该,自由是以约束为前提的,没有约束就没有自由,如交通规则,没有这种约束,交通就会陷入瘫痪。类似地,认知行为的表征是以约束为前提的,没有约束(规则限制),认知就不会得到适当和可靠的表征。

根据海里根的看法,在表征关系中,首要的动态约束是一致性。这是表征关系的一个硬条件。如果一个客体从不同的另一个客体接收信息,那么这些信息不能是彼此矛盾的。表征过程的运算与推理也不能是矛盾的。以局部的方式来决定动态约束似乎是困难的,因为不同的客体彼此不知道它们传递哪些信息。消除这种问题的方式之一是让这些矛盾的信息彼此中立。譬如,如果一个客体发送蕴含 a 的一条信息,另一个客体发送蕴含 a' 的一条信息,那么 a 和 a' 之间的区分将立刻从这个代数中消除。换句话说,关于区分 (a,a') 的这个客体的状态将成为非决定性的。这为我们提供了消除区分标准的第一个说明。

第二个动态约束是创建一个新区分的标准。这是建立区分的一个完备动力学的需要。一般情况下,不同态射携带的信息总是明确的或可区分的。但是,不是所有区分的信息都被发送到区分的一个布尔代数的指示或命题上。比如,被两个不同客体发送的信息都可能实现命题 a。换句话说,两个信息都被同化到范畴 a。比如一个还不能区分母亲的脸和其他人的脸的新生婴儿,会将所有其他人的脸的表达同化到一个范畴。但是不久,这个新生婴儿就通过学习知道这个无差异的信息集合，紧随着知道另一个有着明显区分的信息范畴，也就是说，这个婴儿或者接受他所看到的脸的人喂奶，或者不。因此，他倾向于对不同的人脸做出区分，也即将初始表达集区分为明确的范畴。这就是婴儿为什么在出生几个月后就能够识别其母亲与其他人的原因。显然，婴儿一出生甚至未出生（通过听）就能区分周围事物是一种本能。当我们第一次见到欧洲人，或者欧洲人第一次看到中国人，第一反应似乎是感到所有欧洲人或所有中国人都有相同或相近似的面孔。这就是原始区分的混淆问题。

简单的观察是这样，复杂的认知更是这样。科学家在研究复杂事物时，首先要对研究对象进行区分或分类，否则，要么无法做研究，要么所做研究不准确。比如在测量原子量的过程中，如果没有区分出原子和分子或化合物，就不能准确测量原子量。这就是为什么最初测出的原子量相当一部分是分子量，原因在于当时只有原子的概念而没有分子的概念，也就是在原子和分子之间没有做出区分。这意味着当时在化学领域还没有创建新区分（区分原子和分子）的标准。再比如，2020年初发生的新冠疫情的治疗问题，起初效率并不高，原因是没有建立从诊断确诊到分类治疗的标准，采取了分类管理和分类治疗（疑似、轻症、重症、危重症）手段后，治愈率就极大地提高了。这是区分表征的一个典型案例。可见，引入一个新区分对科学认知和拯救生命有多么重要！

从表征的角度看，引入一个新区分的基本要求是：它由表征因果关系的某些态射所保留，并因此与已存在的区分联系起来。这个区分的一般过程已由坎贝尔称为"盲变化与选择保留"（blind-variation-and-selective-retention，BVSR）的方法所描述[1]，该方法被认为是创造性思维的一种表征方法（Simonton，2010）。这种区分不是一个已存在区分的保留，它只能从一个盲视的、非决定的方式产生。然而，它一旦被产生，就会倾向于以同样的方式消失，除非它是稳定的或守恒的。一个区分的这种守恒或保留依赖于其他区分和态射的"环境"（语境），这个环境执行一个选择。比如对于新生儿，选择一个新区分是由这个新区分允许预期重要事件（喂奶，不喂奶）的效率来决定的。

不可否认，这些关于区分的动态约束仍然是模糊的。最好的方法就是通过操作表征使这些约束具体化，以便我们能够观察到发生在一个系统中的具体过程，而这个系统由布尔代数的一个范畴和具有不同的动态约束的实验来描述。

---

[1] 20世纪70年代，坎贝尔在进化认识论中就提出创造性思想应该被看作一种BVSR过程。BVSR方法将组合模型作为一般理论的形式表征。坎贝尔不仅定义了盲变量、创造性思维和学科语境的关键概念，而且根据单个域样本、可变场大小、概念组合和学科交流，详细说明了组合模型，然后推导出关于个人、领域和场系统的经验含义。事实证明，这些抽象的组合模型在有关认知过程、人格特征、发展因素和有助于创造力的社会语境的发现方面提供了实质性的强化功能。

也就是说，为了使用一个适应性表征来控制一个具体系统的行为，我们必须发现能够使用适应性表征的系统。人脑是这种系统的一个典型例子。对于认知过程而言，人脑无疑是适应性的，因为它允许我们预测或控制我们自己的认知过程。比如认知神经科学的一项研究表明（Wang, 1996）：我们的决策机制是在特定社会背景中进化出来的，也就是适应社会环境的结果，其中的"框定效应"[①]尤为明显。人类认知的这种控制在教育学和心理治疗中最为常见。不过，人的认知系统是非常复杂的，难以观察和分析，这就是它被称为"黑箱"的原因。

另一类适应性表征系统是一种组织，如人工智能的专家系统。在管理和组织决策的学科中，信息加工过程、决策问题解决已经是一种显表征，容易观察和控制。然而，这种系统的基本要素仍然是人，因而也难以观察与控制。对于一个非人类组织，如动物，我们仍面临着同样的问题——复杂性和有限性观察。人工认知系统是检验适应性表征的最好组织，具体说就是数字计算机和人工智能系统。我们知道，自组织、科学发现和表征变化已经在计算机上模拟，并取得了许多成果，如机器证明与发现、专家系统、语音识别、人脸识别等。在这些模拟中，认知科学家已经认识到，困难不是技术层面的问题，而是缺乏一个清晰的一般概念框架，它可被形式化和转译为一个程序语言。不过，现代计算机的程序语言具有这种框架的雏形，比如人工智能中使用程序语言 PROLOG[②]设计的专家系统就是这样一个框架。PROLOG 被认为是经典表征框架在计算机上实施的一个逻辑部分，包括客体、谓词、布尔代数等这些适应性表征应该有的元素。不过它缺乏空间、时间和动态约束（现代人工智能的设计已接近克服这些困难）。根据海里根的研究，为了消除这些不足来决定一个客体的表征，我们需要将它用于具有动态约束和非经典框架的元层次，也就是适应性元表征。

然而，由传递客体之间信息的态射决定的形式主义的另一个方面，与人工智能中另一种技术——客体引导的知识表征——相似。这种表征的原理是以模块（客体）建构知识，而这些模块能够通过交换数据进行交流，因此它们也被称为"处理器"。交流模块的一般理念是计算机硬件的一个基础，即平行处理

[①] "框定效应"是指在给定条件下被试所做的选择是一种非理性行为，即仅仅根据得失决策。在框定试验中，实验者给被试在风险条件下两个选择——哪种方法被用于治疗一种可怕的传染病如"非典"：治疗方法有积极和消极两个方面，即治愈和减少死亡率。实验结果表明，在风险条件下，当治疗被框定在积极方面时，被试倾向于选择确定的方案，即选择有保证的治疗；当被框定到消极方面时，被试倾向于更具概率性的选择。

[②] PROLOG（Programming in Logic 的缩写）是一种逻辑编程语言，建立在逻辑学的理论基础上，最初被用于自然语言领域，现已广泛应用于人工智能研究中，可用来建构专家系统、自然语言理解、智能知识库等，它能够比其他语言更快速地开发程序，因为它的编程方法更像是使用逻辑的语言来描述程序。

器或连接机器。技术上建立这样一个由平行处理器构成的机器是可能的,事实上已经实现,但主要困难在于创造一个程序形式主义,如强化学习和深度学习算法,它可在这种机器中有效地控制复杂的信息流,也便于操作。

在人工智能领域,语义网[①]和细胞自动机[②]是两个著名的可操作的概念框架。语义网是知识表征的一个框架及通用形式,类似于一个信息传递客体网,旨在对人类关联性记忆如何工作进行建模。语义网中的客体通过某些语义关系,比如内在属性、因果关系、二元谓词等来表征概念。这种语义结构不包含任何显性的动态约束,即新概念、谓词或命题必须从外部引入。它虽然是表征知识的直观方式,但并不意味着它必须考虑关于真实事件或行动的许多细节,它只是用于获取、储存和传递信息的系统。细胞自动机是一个抽象动态系统,具有一个离散的内在时空结构,但没有显性语义学特性。它由一个处于不同状态的细胞阵列构成,其中有一个离散的时间参数,以便在通过每个时间单元后,所有细胞执行一个状态变换。这个过程的动态约束是:一个细胞在时间 $t+1$ 的状态,将由这个细胞的状态本身和在先前时间 t 的相邻细胞来共同决定。这些细胞及其状态空间相当于布尔代数的结构。也就是说,一个细胞在时间 t 将信息传递给在时间 $t+1$ 的一个相邻细胞,相当于用一个直接态射来表征一个唯一的因果路径。

总之,语义网和细胞自动机可被看作布尔代数的更一般范畴的两个特殊案例。如果这样的结构相对容易在计算机上执行,那就可以预测,在使用区分形式主义刻画科学认知的表征问题时就是可能的。定理的机器证明就是基于区分的形式刻画的典型例子,是一种适应性表征过程,因为"定理证明的过程,都是一个归约(reduce)的过程,无论是逻辑派的(即把数学问题归约到更基本的逻辑问题),还是形式派的(即用一套规则不断地变换给定的公式直到显性的形式出现)"(尼克,2017:46)。

第六节 小 结

上述表明,基本表征本质上是一种元表征的形式主义。这种形式主义运用布尔代数和群代数及其结合的方法,将经典科学(牛顿力学)和非经典科学(量

[①] 语义网最初由奎利安(R. Quiullian)引入,这是一种便利的知识表征方式,它用节点(圆或方框)表示对象、概念、事件、行动、情境等,用带箭头的线表示节点之间的关系,最终形成一个产生意义的网络。
[②] 细胞自动机(cellular automata)也称为元胞自动机(cellular automaton),它是模拟复杂现象的一个方法,其基本思想是类比有机体的细胞复杂结构和过程,也就是复杂组织是由大量基本单元的互动引起的,它的一个显著属性是涌现。

子力学、相对论）的形式结构（布尔代数、群结构）看作一种元表征，试图寻求一种简单的、无内容的区分，由此建构一种纯形式的表征结构或框架。在这种结构中，所有约束都是透明的，也没有冗余性。也就是说，每个结构（区分的一个集合）都与要解决的问题域相关，并将这个结构用于表征上。如果发现新的问题域，就一定有新的区分出现，这些新区分对应于一种新表征，而发现新区分并进行表征的过程就是适应性表征。

第五章 认知适应性的表征策略

  无论往哪里看，我们所发现的都不是稳定性和谐和性，而是演化的过程，由此而来的是多样性和不断增加的复杂性。我们对物质世界看法上的这个变化，引导我们去研究那些看来与这种新的思考脉络有关的数学分支和理论物理学分支。

——普里戈金（《从存在到演化》"物理学中的时间"第 3 页）

  当我们面对自然界的时候，比如看见、触摸、听到等，我们似乎是与自然界直接接触的。事实上，我们的心智是通过一个可称为表征的中介与自然界或物理世界发生联系的，或者说，表征是心智世界与物理世界的界面或中介，即心智→表征→自然（世界）。在这里，表征起到了罗素所说的"共相"的作用，"一个共相则是那种能为许多特殊的关系所分享的，并且是具有这样一些特性的东西，这些特性，我们上面已经看到，就是把公道①和种种公道的行为、白的和种种白的东西区分开来"（罗素，2007：75-76）。这样，通过这种"共相"，"一切先验的知识都只处理共相之间的关系。这个命题极为重要，大可解决我们过去有关先验知识方面的种种困难"（罗素，2007：85）。这表明了表征作为共相的重要性。

  当然，心智的表征是潜在的，通常是认知心理学侧重研究的对象，被称为心理表征。心理表征的显现就是知识表征。知识表征通常是人工智能侧重研究的。科学表征是心理表征的特殊形式，它主要通过模型化显现，是自然科学和科学哲学侧重研究的。在这种意义上，就表征而言，心理表征是最根本的，因为它是知识表征和科学表征的发生源，或者说，一切表征都源于心理表征，因为人是有精神意向的主体。但表征不是静态的，而是变化的，因为表征依赖的概念是变化的，概念描述的对象世界也是变化的。因此，我们不能将表征理解为某种静态的部分结构，如模型，而应该将其理解为某种整体的和不断变化的

---

① 罗素所说的"公道"是指各种不同事物所具有的共同性质，它是事物纯粹的本质，如"白"是所有白色东西的共同性质，类似于柏拉图的"理念"或"形式"。也就是说，"公道"是一种不属于特殊事物的东西，但却为特殊事物所共有，它本身是不变的、永恒的。表征作为中介，是心智反映世界时刻都会用到的一种工具，因此，表征就是居于心智和世界之间的"共相"。

东西。

科学发展史业已表明，静态思维已经让位于动态思维，存在的已让位于演化的或生成的，机械的已让位于有机的，部分的已让位于整体的，系统的已让位于语境的。这样说不是要说明静态是无用的，而是要把静态与动态辩证地结合。换句话说，我们如何能够从静态性中寻找动态性，从动态性中寻找静态性。从牛顿经典力学到爱因斯坦的相对论和现代物理学及宇宙学，无一不是将动态思维贯穿于其理论体系，特别是微积分的问世与应用，更是把动态思维作为一种方法论而广泛接受。科学表征也不例外，它肯定不是静止的，而是动态的，只是以静态的方式（结构）描述动态的现象，或者说，把握动态现象中的不变性（关系）。海里根提出了关于科学表征的两个重要问题（Heylighen，1999：7-8）：其一，如果科学与社会的进化迫使我们拒绝基于永恒不变（如原子或基本粒子）的经典概念框架，那么我们如何替换它呢？其二，我们如何概括经典力学的表征，以便它能够被用于表征变化的更广泛类型？

我们知道，在经典力学中，一些核心概念如力、质量、加速度等，是从一个变化的境遇中通过对某个不变性的理想化和提取得出的，这一过程允许我们以一种有效的方式建构一个指导性框架来解决不同种类的问题，而不至于陷入一种混乱状态。这一过程的结果可称为"表征"，也即一个模型，一种抽象结构，以一种稳定的方式描述变化的现象。科学的目标就是建构这种表征，而且使得它们尽可能的有效。牛顿范式的不足使我们意识到，它只不过是一种表征，并不表达绝对的外在真理，而是提供了一种相当准确地表征一个非常具体的一类变化（机械运动）的手段。如果我们要表征更根本类型的变化，比如那些决定我们日常社会进化的变化，那么我们必须寻找力学框架的替代范式，如相对论和量子力学范式。

然而，不论是哪种理论，其中最核心的表征方式（数学方程式）是相对不变的，如爱因斯坦的质能公式。因此，将表征的静态方式与真实世界或系统的动态变化结合起来的确是一件难事，这就是认知表征的动力学问题。

第一节　近代物理学中的表征策略

近代科学源于伽利略，他不同于其前辈的地方在于，他以数学语言描述经验观察，而他之前的科学家一般是以日常语言描述经验观察。运用形式描述经验观察的现象，使得伽利略能够以更一般和控制客体的方式为物理现象建模。他提出的原理可使其他科学家能够在非常不同的环境中以精确的方式得到应用并获得检验。例如，他的自由落体公式在宏观世界就具有普遍性，无论落下的物体是石头、木块、树叶还是苹果。因此，伽利略开创的方法被认为是物理科学的开端，而物理科学也被看作关于世界变化的普遍形式的科学表征。

那么，在何种意义上，我们可以说某种方法导致一种表征呢？海里根认为，首先是一种数学结构，如包含某些参数的方程式，它提供了对现象的一种清晰的、明显的和可控的描述；其次是观察操作，它告诉我们这种抽象的数学结构如何与它所描述的现象相关。比如，方程中的一个参数相当于一个米尺所测量的距离，一个点相当于方程中的一个数。因此，一般来说，一个表征就是一个抽象结构，该结构通过某种经验操作与外部的物理现象相联系（Heylighen，1999：10）。这种抽象结构可以是一个数学方程、一个复杂模型、一个思想实验等。这种表征方式自伽利略以来到现在都一直在应用着，最终导致了牛顿力学的产生。所有物理学的理论和模型都是表征，都是与经验观察相关的数学结构。可以说，物理学是数学的应用领域，而数学是物理学的表征工具。

不过，这种描述也是还是过于模糊，因为在物理学和数学中，表征的概念是在非常具体的意义上使用的，比如数学物理学家谈论矢量表征、算子表征、群表征等。如果一个系统的状态可以通过一个抽象矢量来描述，你想建构这个系统的一个操作模型，那么你就必须首先将这个矢量表征为一个数列形式。这些数被称为某一系统中矢量的要素或坐标，它们能够通过某种测量被解释为经验值。只要这些数没有被指明，矢量形成的代数结构之间的操作关系和具体系统就不能被建立起来，也就不能形成表征关系。矩阵、集合、群的表征也是如此。比如矩阵，它就是一个数学结构，若一个矩阵中某一列或行的数字不能确定，则这个矩阵就不能表征任何现象。一个群也是一个数学结构，它可用来描述一个系统的状态的可能变化，如果想让这个系统可操作，那么这个结构必须嵌入一个坐标空间，以便这个群中的每一个元素的行为能够被一个矩阵特别指明，这可将一个坐标列转换成另一个坐标列。这就是坐标系的变换，如物理学中的洛伦兹变换。爱因斯坦根据狭义相对论分析光的传播与相对性原理的相容关系时，以我们既相对于火车又相对于路基来谈论地点和时间为例说明：我们可以设想不同事件相对于两个参照物的地点和时间之间存在着这样一种关系，使得每一条光线无论相对于路基还是相对于火车，其传播速度都是光速 c；他还十分肯定地认为从中可以导出了一个完全确定的变换定律，可以把事件的时空量从一个参照物变换到另一个参照物（爱因斯坦，2017：18-22）。这个参照物的变换就是洛伦兹变换。

除数学结构和观察操作方法外，海里根认为，二者的结合可形成另一种方法，这就是综合方法。在笔者看来，数学结构是一种抽象普遍方法，经验观察是一种视觉表征方法，将抽象普遍方法与视觉表征方法相结合是一种更好更合理的表征方法。事实上，物理科学中的理论和模型主要是这两种方法的结合。比如一个系统的动力学或状态空间的表征，这种方法在工程系统中常用，如电路、机械装置等。据此，海里根得出一个基本观点：一个系统是变化的，部分是由于内在自动的适应，部分是由于外部环境的影响。一个科学的观察者应建立这个系统的一个演化模型，以便他能够预测将会发生什么，如果该系统依赖于他能够控制的某环境的输入的话。于是，观察者会假设这种演化能够被表征为状态系列，结果在每一个时间 t，该系统由状态函数 $S(t)$ 来描述。这个参数化的状态系列在所有可能的状态空间形成一个轨迹。这个轨迹就是这个系统的一个表征，如抛物线的数学方程式表征。在这个意义上，解析几何就是描述图形的一种有力工具。

这样一来，自然就产生了"表征问题"。海里根将"表征问题"描述为：给这些状态以什么形式，才能使得这个轨迹及其可观察现象能够容易地计算？他在这里引入系统的输入与输出概念，输入与输出均是系统的过程，构成系统的动态实体，它们之间的关系不是一个函数关系，因为一个给定的输入可能有不同的输出。这意味着，如果我们要准确地预测系统是如何作用于确定的输入的，那就需要某些附加信息，这些附加信息就是状态，在做出预测前这些状态在某种意义上概括系统过去的历史。更准确地说，如果我们知道一般动态规律约束系统的行为，而且知道它输入的外部行为，那么状态就会是一组特征，这些特征蕴含的知识决定系统的进一步行为。在这个意义上，"状态"就是一种概念建构，它本身是不可直接观察的，但它允许我们具体说明可观察的输入和输出过程之间的关系。因此，表征这个系统意味着引入一个中介形式结构——状态空间和动态率。这样一来，借助此结构的帮助，该系统可对一个已知输入的可观察结果进行有效地计算。在实际中，这个问题等同于选择一些状态变量，这些变量表达动态率，而且它与输入输出的联系尽可能简单，而动态率作为时间函数采取一组方程的形式，与输入、输出和状态变量发生联系。如果这个方程能够容易地得到解，而且如果对于一个给定的输入函数和初始状态，结果（状态和输出函数）就是唯一的，那么这个表征就被认为是适当的。这意味着，如果一个给定初始状态的函数有唯一的解，那么这个函数作为形式表征就是适应性表征。

概言之，在物理科学中，表征概念并非是清晰的和意义明确的，但仍在几个更具体的意义上的使用，这依赖于语境。然而，在海里根看来，这些不同的含义非常相似，以至于我们能够将它们整合为一个定义：一个表征是一个与可观察现象相关的形式结构（也可以是与不可观察现象相关的形式结构，如量子力学表征）。这样，表征就提供了一个从实际观察（输入）导出预先观察（输出）的机制，它有效地依赖于它的数学形式。

第二节　认知科学中的表征策略

对于物理现象我们通常采取形式化（数学）表征，对于精神或心理现象也这样做行得通吗？一般来说，如果说物理学是研究自然现象的科学，那么认知科学就是研究心智现象的科学。二者的研究对象截然不同。就认知科学来说，表征是其核心概念之一，其基本目标之一是理解知识是如何在大脑中被表征的，以及理解大脑活动如何产生心理经验和现象意识。具体而言，联想主义关注概念之间的功能联系，认知主义致力于描述意义和记忆之间关系的心理结构，联结主义侧重于知识被表征为单元之间的联结（类似于神经网络表征信息的方式），认知神经科学致力于探讨大脑工作的机制（索尔所等，2008：235-256）。

然而，对物理现象的探究是心智参与的过程，这必然涉及主体与客体的区分问题。在传统哲学中，这种主客体区分是理所当然的，并无不妥。因为作为主体的人与其之外的自然客体是明显分离的。细加分析就会发现，这种二分法仍然是模棱两可的，因为我们很难准确区分哪些现象是自然的，哪些现象是心智的，毕竟心智也是一种自然现象（自然进化来的），一种"在世存在"[海德格尔（M. Heidegger）语]。比如，人工智能机器是属于自然现象还是属于心智现象，抑或二者兼有？表征概念是自然的还是心智的，抑或二者兼有？不过，可以肯定的是，认知既是自然的又是心理的，因为如果我们要解释诸如知觉、记忆、思想、观念、意志、语言，甚至情感和动机这些心理现象，我们就必须研究"认知现象"。"认知"这个词源于拉丁动词 gnoscere，意思是"获得……的知识"，引申为"心智地理解"。这个定义可从两方面来理解：一方面是静态的，即知识；另一方面是动态的，即知识获得的过程。因此，大多数哲学家和认知科学家将认知看作一组通常被称为记忆、感知、学习和推理的心理行动或认知过程，该过程之所以是认知的是因为它的目标是完成认知任务，而且是通过操作一个工具完成的（Menary，2007：15）。这意味着内在的认知过程是通过外在表征（工具）完成的，所以操作外在表征工具可使我们完成仅靠内在思维如心算不能完成的认知任务，如复杂计算。海里根将认知科学的适当域限定为：心智的稳定组织（认知结构）与受制于其变化的环境（认知过程）互动和变化的关系（Heylighen，1999：13）。这样，认知科学与物理科学一样也遇到了稳定性与变化之间的基本张力。

从科学史来看，物理科学与认知科学走了完全不同的发展路线。物理科学设法追求一个清晰的、详细的和可靠的框架，如牛顿理论，尽管这个概念框架经历了几次变化，也遭到不少的诘难，但物理科学仍坚持其所有模型原则上都可还原到几个基本概念和定律，如时间、空间、物体、粒子、质量，加速度、动量守恒定律、万有引力等。这些概念和定律仍然是物理科学的核心范畴。即使是与牛顿理论相对立的相对论，也仍使用这些概念，因为"科学将空间、时间和物体（尤其是重要的特殊情形'固体'）的概念从前科学思想中接过来加以修正和精确化"（爱因斯坦，2017：93）。

对于心智科学，直到今日，还没有形成这样的核心范式，心理现象仍然是许多学科诸如哲学、心理学、语义学、神经科学、社会学、逻辑学、人类学和文化学等研究的对象。计算机科学、控制论、信息论特别是人工智能的产生，使得人们通过实验和计算机模拟来研究心理现象成为现实，心理现象的研究也像物理科学那样能够有自己的整合框架——认知范式，如计算-表征主义、联结主义。计算-表征主义的核心概念是信息加工和表征，其中信息加工是动态的过程，表征被看作是静态的结构。如果是这样，认知范式也体现了静态与动态之间的张力。然而，在笔者看来，表征作为名词是静态的，作为动词则是动态的，如"心智表征世界"。因此，适应性表征更多是在动态的意义上使用的。

我们知道，对外部客体的表征思想最初来自哲学的思辨，特别是关于概念的哲学理论。在哲学史上，对于认知现象的研究始于关于心智与物质的本质的哲学思辨。最基本的问题就是心智与物质如何相关，也就是意识与物质的关系问题。这导致了两种观点：一种认为观念这种心理现象是真实的而且是首要的，这就是著名的唯心主义；另一种认为只有物质是真实的，这就是著名的唯物主义。二者的综合更多是妥协的观点，即著名的二元论，主张心智与物质是彼此独立存在的。二元论导致了这样一个问题——心智与物质是如何互动的？这就是著名的心身问题或心脑问题，用笛卡儿的术语说就是"我思故我在"还是"我在故我思"。笛卡儿没有给出明确的答案，当代哲学特别是心灵哲学也没有解决这个问题。或许这个问题本身就有问题，心身本来就是同一的、不可分的。这就是心脑同一论。认知神经科学业已表明，心或脑的优先性并不重要，<u>活脑</u>中神经元的交互产生意识才是无可争辩的事实。

然而，一个不可否认的事实是，我们的心智能够感觉、思考、与物质实体互动，这说明心智又不同于物质的脑，这又如何解释呢？笛卡儿认为，心智不直接与其感知客体发生联系，而是通过"观念"这个中介起作用，是观念表征客体。后来的霍布斯（T. Hobbes）、洛克（J. Locke）和贝克莱（G. Berkeley）均持这种观点。基本的直觉告诉我们，如果我们感知或思考外部客体，那么呈现在我们心智中的东西不是客体本身，而是客体的一个意象（图像）或表征，意象或表征只是真实的物质客体的一个心理的或理想的"代言者"。也就是说，使得这些表征实现的过程可具体设想为：被感知的物质客体引起感觉器官的某类模式化的激活，如视觉感知在视网膜上的图像，这种图像立即被意识理解，同时在记忆中留下印迹。如果我们思考一个非直接感知的客体，那么我们只是激活了它的记忆印迹。所以，呈现在我们心中的是客体的图像而不是客体本身。

在笔者看来，这种认知反应系统与照相机系统没有多大区别，笔者将其称为心智的"照相机隐喻"，即心智的认知过程就如同照相机摄影。根据照相机的原理，来自外部客体（刺激）的光模式通过透镜的某个系统（感觉器官），显示在屏幕（意识）上，如果它们在照片胶卷（记忆）上留下印迹的话。这也是关于表征的同构观，即我们的观念与其要表征的现象具有某种相同的结构。这显然与事实不符，因为抽象的观念与其要表征的物质客体不可能是同构的，比如我们心智中的数字1、2、3、4、5、6这种观念，在现实中不可能对应于这么多个真实客体。现象与观念的同构对于具体的视觉图像来说也不是真实的，我们通过视觉看到的物体与物质本身并不是完全同构的，比如某人与其照片就不是完全同构的，仅仅是表面形象上的相似。如前所述，同构表征在数学刻画物理现象方面是有用的，但在描述心智方面作用有限。

心智的照相机隐喻其实是心智的"小人观点"的翻版。这就类似于笛卡儿描述大脑时提到的小小的、居于中心的松果体。如果感知只是屏幕上图像的投影，而且记忆与那些投影的照片印迹没有什么不同，那么是谁透过照片看屏幕？唯一的答案就是在我们的大脑某个地方有一个"小人"。为了确定这些图像真实的意思，用它们应该做什么，应该在哪些方面注意，这个"小人"要看不同的进入和储存的心理图像。这使得人们不得不进一步假设"心智中的心智"（头脑中的"小人"）这种完全臆造的东西，但这种假设并无助于我们更接近心智是如何工作的这个问题的解决。这些困难使得观念作为外部世界表征的观点逐渐失去了市场。行为主义心理学正是在这种背景下兴起的，它让这种观点越来越遭到了质疑。行为主义主张，心理现象只能作为外部可观察的刺激和反应非直接地进行研究，而且关于内在表征的结构的任何思辨都被看作是无意义的。这样一来，行为主义通过否认内在表征的存在从而否认了心理表征。在笔者看来，尽管传统哲学上关于心智作为表征者（观念、"小人"）的看法是有问题的，但行为主义也过于激进，以外在的感觉刺激否认内在的心理属性的存在同样是有问题的。计算机科学特别是人工智能的兴起，进一步让心理现象的模拟成为可能，使隐性的观念表征成为显性的知识表征，基于生物脑的心理表征成为基于人工物的知识表征。

第三节　人工智能中的表征策略

在人工智能中，表征特指知识表征，它是人工智能解决问题必不可少的方式。这种表征方式有多种形式（卢奇和科佩克，2018：163）——图形草图（非正式绘图）、人类视窗、搜索树（决策树）、逻辑（命题的和谓词的）、产生式系统（if-then）、面向对象（一种编程范式）、框架法（明斯基开发的一种表格）、脚本和概念依赖系统（与框架法类似但增加了包括事件顺序的信息）、语义网、概念地图(conceptual map)[①]、概念图(conceptual graphic)[②]、智能体[③]。人工智能的基本信念是：计算机作为一种机械的信息加工装置，可被用于模拟感知、理解、学习、推理、决策和问题解决等人类智能过程。这种信念基于这样的观点——所有心理活动可被还原到某种信息加工形式，而且这种信息具有纯粹的抽象特性，独立于信息加工系统的详细物理结构。按照这种观点，计算机类似于有机的大脑，能够处理与人脑基本相同的信息过程。这就是计算-表征主义的"计算机隐喻"，认为思维就是计算，人脑就是计算机。

为了给信息这种抽象实体建模，计算机需要使用符号来表征物理客体的信息，也就是用符号表征一个信息单元，这是表征概念的最基本形式。若要有效地表征复杂信息，我们需要更多的基本表征的组合（信息单元的组合），这导致了"知识表征"概念的出现。德·梅伊将这种发展过程概括为四个阶段（De Mey，1982）：①单值阶段，在此阶段，每一个信息单元被分别和独立地处理，好像它们是单一的、自我包含的实体；②结构阶段，在此阶段，被思考的信息作为一个更复杂的实体由几个单元构成，这些单元以某种特殊方式被安排；③语境阶段，在此阶段，除对信息承载单元的结构组织进行分析外，需要附加信息来进一步澄清消息的意义；④认知阶段，在此阶段，信息被看作附加的或补充的概念系统，此系统表征信息处理者的知识或世界的模型。

德·梅伊认为，这些阶段在感知、语言理解的计算机模拟过程中对遇到的问题加以说明，比如智能系统如何做解释，如何将意义加载到刺激上。在第一阶段，刺激被分解为简单单元，如词语、粒子、光点、夸克，意义就附加在这些简单单元上。在第二阶段，意义不仅加载到词语上，而且加载到它们形成的

---

① 一种使用椭圆、矩形、弧线、箭头连接构成图形式的知识表征方法。
② 一种基于存在图和语义网络的逻辑系统，用逻辑上精确的、人可读的、计算机易处理的形式表达意义。
③ 一种能够替代其他物体进行行动的物体，即代理或智能体。在计算机或人工智能中，它是一种程序或算法，也称学习器，具有情境化、自治、目标导向和交流等特征，也就是能够在特定环境中进行适应性表征。从系统论的视角看，智能体就是处于环境中的一个系统，可以感知环境，并对环境做出适当反应。

结构或模式上，如一个语句是由语法规则和单词形成的。然而，在实践中，意义是如何确定的仍是模糊的。因此，在第三阶段，就要考虑语境因素。因为外部刺激本身并无意义，意义的确定需要附加信息，也就是意义指称什么，是在什么境遇中形成的。例如语句"她漂亮"，我们要知道"她"指谁，就必须借助于说出这个语句的语境。不过，在人工智能中，确定语境并不是一件容易的事情，指明什么在语境中，什么不在语境中是很困难的。或者说，语境在哪个阶段起作用，智能体如何感知语境并与其发生联系并不清楚。比如机器翻译，仅仅按照字面意思而脱离语境翻译不仅不准确，有时还会闹笑话，这就需要设计出能够"理解"语言的系统，而理解是处于某种语境的，如习惯语和世俗知识。所以，在知识库中增加习惯语和世俗知识就等于扩展了语境，这必然会提高智能机的理解能力，因此，语境对于人和机器的谈话都极为重要，这是得到普遍认可的看法。在笔者看来，在知识库中增加习惯语和世俗知识就是寻求特定语句或问题的语境问题。寻找事件或行动的语境是一个科学发现问题，也就是知道事件或行为要寻找其发生原因的问题。在第四阶段，每个刺激居于一个概念系统或模型中，该系统或模型详细指明了哪些有意义的信号能够或不能在这个给定的境遇中发生获得。这个认知系统被称为信息加工者的环境或境遇知识的一个表征。

  可以看出，信息加工的认知阶段较其他阶段更有优势，一个最主要的优势是它减小了复杂性。在实在论的语境中，一个智能系统如人类用感觉刺激指向目标，用信息单元建构目标。由于这个系统的信息加工能力是有限的，它不能深层次处理所有信号，因此，我们需要某些稳定的框架将这些刺激组织到范畴中，以便只有最重要的刺激被加工。这种信息加工的过程与形式就是表征。

  上述业已表明，在认知科学中，当谈论表征时，我们一般是在两个不同但同时存在的客体意义上使用"表征"概念的：一是被表征的事物是某些抽象的实体——知识，它被表征的方式是给予它以形式的、理论的结构，这种结构被充分详细地说明，并明确地允许某些推理或计算，而且这些推理或计算可通过观察检验，如牛顿力学的表征；二是被表征的事物是一个具体境遇——在某一时刻世界的状态，它被表征的方式是通过它与另一个具体现象的联系，这种知识被称为一个特殊认知系统的状态，如心理表象。这两个意义上的表征相关但不相同：前者是可观察的物理（符号）表征，后者是不可观察的心理表征。

  与物理学和认知科学的基于生物脑的表征相比，人工智能的表征是非生物的，或者说是人造的，而且更倾向于符号表征。这是因为计算机系统或人工智能是没有任何内在意向的，不能为外部环境提供感知或理解，也不理解它们所处理的符号和数字的含义，它们只是产生新的符号串和新的数字，目标是解决复杂问题，因而主要是针对问题的建模表征。对于人工智能专家来说，一个理论模型要有意义，它就必须详细说明它要解决的问题如何通过一组有限的操作程序得到切实的解决。这个要求必然会导致表征问题，即通过什么表征方式去实现行动目标。一般来说，人工智能专家设计出有效解决问题的程序的通常做法是，将问题的抽象概念体系如谓词演算转译成一个详尽的索引程序或信息结构，以便使要解决的问题能够以最小的步骤和搜索代价得到解决。这个过程一般包括四个元素：一个明确的状态空间、一组用于转换不同状态的算子、一套用于选择搜索路径的经验启示法和一组用于评估搜索的状态是否达到目标的评价标准。以这种方式得到解决的问题被称为"良好定义"（well-defined）的问题，这种问题表征实质上是知识表征的一种特殊形式。

总之，表征概念在不同学科的含义有所不同，但基本意义相同。物理学和认知科学中的动态表征包括心理表征，人工智能中的动态表征是知识表征和问题表征，按照海里根的看法，这些都是认知过程中的表征，可以综合为一个名称，那就是"适应性表征"或简称为"表征"（Heylighen, 1999: 22）。在笔者看来，这些表征的不同形式都是为适应不同的语境或境遇而形成的，在这个意义上，语境对于适应性表征来说是不可或缺的，然而，海里根却忽视了语境在表征中的作用。表征一旦失去了语境，其适应性便无从谈起，意义就没有了保障。

第四节　适应性表征的实现路径

笔者发现，海里根虽然提到了适应性表征这个概念，但他所说的"适应性"特指"变化"，而变化的东西不一定是适应性的，如气候的变化。笔者所说的适应性是指自组织性、自主性和涌现性，这些特性是某一系统（物理的或生物的）特别是认知系统的特有功能。海里根所说的系统主要是物理系统，涉及的学科主要是物理学。

在适应性的意义上，表征作为一种动态结构形成了知识的框架。科学作为一种创造知识的活动，是否适合于这种框架呢？很显然，科学理论和模型作为一种特殊知识体系是一种显表征，其结果不同于一般常识性知识。也就是说，科学表征与一般知识表征还是有区别的，尽管前者在范围上属于后者，或者说科学表征是一般知识表征的一种特殊形式。这主要体现在两者结构的不同上。

科学活动的结构一般可简单分为六个阶段：①观察、解释、问题解决、预测和检验，这些功能相当于发生在适应性表征中的基本信息过程——观察到一种现象；②对所观察到的现象作出解释或说明，这一般是使用自然语言完成的；③解决从观察境遇和期望境遇之间的区分产生的问题以及构想行动的计划；④使问题解决的行动计划与所观察的境遇的未来变化的预测或预见具体化；⑤实际变化通过感知系统得到反馈并与预测相比较；⑥如果预测不能被证实，人们就会提出修正的解释和新的计划方案。

科学研究的这些主观的、个人的过程，与社会的、主体间的过程之间的差别在于：为了在科学共同体内部成员之间进行有效交流，后一过程必须是显在的。使内在知识表征凸显的一种途径是使用语言作为一种外在符号系统。也就是说，我们可通过语言将隐表征变为显表征。然而，海里根认为，语言并不是一种完全适应性表征，因为它缺乏一种动态的、互动的表征特征：反馈与正馈过程是自然语言中所没有的，必须由使用者提供。尽管语言可被看作社会表征（二人之间的交流），但它本身不是适应性的，因为它不为交流过程提供任何目标或方向。要让社会表征也具有适应性，我们必须给语言系统（它决定表征的状态空间）增加一套方法、程序和评价标准（它决定发生在状态空间中的过程的方向），而这种评价和程序系统通常由文化提供，因为社会互动是在文化中发生的。不过，文化的实体如宗教、伦理、传统等是难以检验的，而科学则与此完全不同。科学在某种意义上可被理解为尝试建构主体间适应性表征的活动，其中包括一个尽可能明确的前馈和反馈机制。

那么，科学如何使模糊表征成为清晰表征，使隐表征成为显表征呢？如前所述，科学使用的方法通常是形式化和操作化的。按照海里根的说法，形式化是指表征结构被投射到表面，把"内容"变成"形式"。在这种公理化的形式体系中，表征的隐藏内容或意义没有被揭示出来，元素之间的关系是明显的和确定的。公理系统是一个经典的形式化表征的例子，也就是我们通常说的形式主义。它由一组语义元素构成，这些元素可通过运用句法规则被组合成一个命题。元素之间的语义关系由公理（如一组被认为永真的基本命题）来详细阐明。表征的动力学由一组演绎规则阐明，这些演绎规则允许我们从真命题（公理）导出真命题（原理或定律）。据此，一个命题的意义被认为完全由一组公理和演绎规则阐明。因为"一切科学命题都是结构命题"，因此，"每一个命题原则上都可转换为一个只包含结构特性和一个或多个对象领域的报道"（卡尔纳普，1999：29）。这样一来，关于一个命题是真是假的问题就不存在任何含糊性。然而，根据哥德尔不完备定理，由于更一般的形式主义缺乏决策程序，这在实践中并不是真实的。

在自然科学的情形中，理论的严格形式化非常少见，包括量子力学的表征几乎难以达到形式主义的要求，因为用来描述客体的术语的意义总是具有某些模糊性。一般来说，所研究的客体系统越复杂，这种模糊性就越突出，达到形式化就越难。当然，科学家应尽可能地严格而明确地定义其理论中的核心概念、规则和评价标准，尽可能使其明晰化，减少模糊性。根据库恩的范式理论，在前科学阶段，由于缺乏严格的定义，理论中的模糊性较为突出；在常规科学阶段，由于形成了严格的范式，模糊性就越来越少了。理论发展中出现的反常和危机问题，一般可根据范式得到解决，解决难题的过程就是减少模糊性的过程。这就是科学哲学中所说的规范性要求。

依笔者之见，科学发现就是形成一个表征的创造过程，科学家都是表征主义者[①]。在发现过程中，由于缺乏对象的详细信息，也缺乏明确的规则来指导这个过程，因此，发现是一件极困难的事情就是可理解的了。科学家只能根据已知理论（包括一系列概念、规则和标准）来形式化地表征所研究的对象，其中包含直觉判断。从表征的角度看，已知理论是部分显表征，直觉是隐表征，即心理表征，所研究的对象是待表征的客体，从部分显表征和部分隐表征推出所研究客体的这种潜在表征，其中也包括了假设、推理、操作化和经验检验过程。

操作化是科学中区分显表征和隐表征的又一个显著特点。从表征构成的前馈-反馈环来看，海里根认为形式化的目的是构造表征结构，因而使前馈机制更明显；操作化的目的是使反馈机制更明显。操作化过程使得表征状态和所要表征的外部境遇之间的关系更加详细和明确（Heylighen，1999：41）。比如，我们要表征一个物理系统，如自由落体系统，它由状态空间和动力方程（$S=1/2gt^2$）构成，此方程决定作为时间函数的可能轨迹。原则上，只要给定了状态 s_1 和时间 t_1，我们就能据此在 t_2 计算出 s_2。在实际操作过程中，我们需要指明方程中符号的经验意义，如在自由落体公式中，我们要指明 s 代表距离，t 代表时间，g 代表引力常数。指明符号的经验意义加上实际操作就构成了经验检验过程。

事实上，科学中的操作和检验本身就是表征的一部分。比如在上述例子中，如果在 t_2 的操作没有证实 s_2，那么这个表征就被认为没有被证实。因此，表征的操作化意味着科学共同体需要在一个具体问题域工作，经验检验意味着超越单一学科的多学科或跨学科的联合，因为检验不仅仅是理论的提出者或发现者的事情，也是整个科学共同体甚至社会群体的事情。这意味着科学活动在某种意义上是社会建构的结果，至少是在社会承认的意义上。虽然不同的学科有不同的问题域，但所有学科的科学家都有大致相同的常识基础。发现和提出问题

[①] 之所以说科学家是表征主义者，是因为任何想法和观念在表达和交流的意义上都必须呈现出来。表征主义一般有三种形式：一是表征实在论，认为存在心理表征，而且心理表征以许多方式存在于认知系统和认知过程中，它是建构科学理论的心智工具；二是计算表征主义，这是心智的计算-表征理论的另一种说法，根据这种理论，认知过程是中性的抽象句法，是一种符号操作过程，心理表征是所谓的"思想语言"中的显符号的层次连接；三是表征之幕假设，该假设否认直接感知的可能性，认为心智仅拥有直接的认知通达它自己的心理表征，关于外在世界的知识是间接的，而且需要一个推理的行动。符合以上任何一种或全部形式的都可称为表征主义者，比如福多就是三种意义上的表征主义者。

是一回事，运用和检验此问题是另一回事。它们是两个不同层次的问题。

然而，不同层次问题的表征具有共同的基础，这又引出了另一个问题，即海里根所说的元表征问题。我们知道，同一个对象可以有多个不同的表征方式，如语言、图像、模型、方程等，而且表征与其环境之间不仅仅是结构相似或同构关系，更是适应性关系，也就是说，表征是适应性的，如同经验是适应性的一样。我们关注的重点不是表征的结构相似性和同构性，而是它对于变化的环境的适应性机制。这个问题被称为"表征问题"（Heylighen，1999：46）——如何发现一个最适合解决给定问题的表征？这个问题与考夫（R. E. Korf）的表征变化问题相关（Korf，1980：41）——如何转化一个给定表征以便使它能更好地适合一个给定的问题域？回答这个问题就需要探讨元表征的解释问题，譬如，一个表征的所有可能适应性及其机制。海里根提出元表征概念的目的是研究所有不同表征的共同基础和整合它们的统一框架。换句话说，所有不同知识的共同基础是什么，它们的统一框架（表征结构）是什么？这个问题类似于元语言问题，即所有不同语言的共同基础是什么？有没有关于所有语言的统一框架。海里根将这个问题进一步概括为一个更根本的问题——我们如何获得一个统一的元表征，也就是所有可能方式的一个表征，此表征能适应性地表征每一个变化的环境（Heylighen，1999：47）。

在笔者看来，存在不存在所谓的元表征，这是一个更为深刻的形而上学问题。即使存在，它能否统一所有类型的表征？元表征问题使笔者想到晚年的爱因斯坦，他试图建立一个包含所有物理理论的统一宇宙理论，但他的美好愿望并没有实现，也许就不存在这样的理论。科学哲学中的物理主义者卡尔纳普也试图建立一个"统一的科学"，即以物理学统摄所有的科学，以物理学语言代替自然语言的表达。这种雄心勃勃的宏大理想遭到了许多科学哲学家的批判。笔者不希望元表征的统一理想也遭遇爱因斯坦和卡尔纳普同样的命运，但作为一种科学或哲学假设，笔者持开放和包容的态度。一种能概括所有表征的元表征是否合理，是否存在，笔者不敢断言，但可以肯定的是，适应性表征应该是所有称得上是表征的共同特征，这种共同特征虽然还不是元表征本身，但具有提出元表征概念试图达到的目的。在这个意义上，笔者主张适应性表征加上语境策略——基于语境的适应性表征——可替代元表征概念，可说明一切表征问题。

第五节　适应性的语境表征策略

前面业已提及，适应性表征是语境依赖的。这是笔者的表征适应论区别于海里根的适应性表征主义的关键特征之一。提炼概念与组合概念的能力，是我们人类独有的。这意味着我们是将概念置于语境中来看待事物的，即语境中观察，语境中思考，语境中创造。这是创造和使用语言的人类特有的能力。接下来笔者将从五个方面来分析适应性表征说明的语境策略。

第一，语境的形成意味着先前知识的积累和文化传统的形成，这种结果是不可逆的。文化累积产生的语境意味着我们能够在彼此的语境中通过思考概念来修正我们的观点、态度和理论，以便能把概念组合为整体结构来详细说明我们与世界的关系。我们自身的想法与发明引起文化累积的不可逆转，就是所谓的"棘轮效应"[①]。人类的这种能力是如何进化获得的，要详细说明也是极其困难的。有人尝试建立"语境中看事物"这种进化能力的认知机制的数学模型，一种整合的世界观涌现的数学模型，试图精确说明概念是如何组合和表征的(Gabora and Aerts, 2009)。唐纳德(M. W. Donald)的研究业已表明，早期智人的心智还限制于具体的感觉感知方面(Donald, 1991)。他们能对记忆中感知的事件编码，在提示或线索帮助下回忆事件，但很少主动进入没有环境提示的记忆中。比如，他们不会考虑特殊的人或物，除非环境中的某物具体触动了他们的回忆。也就是说，他们不能自发地形成、修改或练习技能，更不会发明创造，因为他们缺乏语境感，还不会语境地看世界，尽管他们能被动地适应环境。后来的直立人借助劳动取代了智人，其脑容量也增大了许多。"这就完成了从猿转变到人的具有决定性的一步"(恩格斯，1971:149)，而且能够使人交流的"语言是从劳动中并和劳动一起产生出来的"(恩格斯，1971:152)。这一时期被公认为是人类文化的肇始，因为直立人展示了许多智力和创造性能力，并能主动适应环境，如远距离的狩猎活动和居住地迁徙。这可能标志着人类的认知与社会能力的根本转变，甚至引发了模仿能力的出现(Dugatkin, 2001)。进化心理学家巴斯(D. M. Buss)的研究表明，直立人的智力和文化复杂性是由宏大模块的出现造成的(Buss, 2004)。

根据唐纳德的研究，随着直立人脑容量的扩大，他们的心智经历了三个转变：一是他们的心智通过内嵌的文化基质从祖先的史前人类环境中进化出来。这种转变的特征是其认知功能从情景模式转变为模仿模式，这是由于独立于环境的自主检索存储记忆能力的出现。这一转变是一种自我引发的回忆和叙述循环。自我引发的回忆使信息能够递归地进行处理，并根据不同的语境再处理。这允许直立人主动使用记忆，并因此使模拟的事件出现在过去或将来。二是模

[①] 棘轮效应是指人的习惯形成后产生的不可逆性，如能上不能下，能进不能出。这种现象普遍存在于经济、管理甚至科学认知活动中，比如在材料力学中，材料在非对称应力控制循环加载下产生的塑性变形累积的现象就是一种棘轮效应。在日常生活中，一种消费习惯一旦形成就很难再改变，比如习惯了富裕生活再过穷日子的纨绔子弟难以生存下去。所以，文化的积累达到一定程度就是不可逆转的。

仿能力带来作为认知模仿形式的指称，开启了人类文化模仿阶段的转变。三是自我引发的回忆和叙述环，使得直立人从事思维活动并产生思想的流动，即一种思想引起另一种修改的思想。在唐纳德看来，采用这种方式，注意力就直接远离外部世界而朝向内部模式，这种自我引发的回忆允许主动叙述和行为的再升华，可使技能和活动行为系统得到评估和提高。这就是唐纳德提出的"文化进化"假设。

根据"文化进化"假设，基于神经网络的智能体（人或动物）通常执行四个过程：①发明新观点；②模仿他人的行为；③评估观点；④成功实施作为行动的观点。一个模仿智能体通过浏览他人的行为并使用预先确定的合适功能来权衡他们的行为是否合适。一个智能体经过发明和模仿的连续周期，其行为会得到改善。因此，文化进化种系如何修改的模式出现在纯文化语境中。智能体在生物学语境中并没有进化，但在文化意义上，他们产生和共享未来行为的观念。霍兰（Holland，1975）的研究揭示，一旦智能体迅速发明了一种行为，这种行为会比什么也没有做具有更高的适应性，一旦被模仿，它将导致适应性增加。当其他观点被发明、评估、作为行为被执行和通过模仿被传播时，适应性将进一步增加。这样看来，人的认知能力不仅是生物进化的结果，也是文化进化的结果，我们自己连同我们的文化都是进化的一部分，也就是说，适应性表征已经内化于我们的身体和心智中，正如雷（P. H. Ray）指出的，"现在进化是内省的，因为它把人类知识当作进化过程的一部分而包容其中。它不只是发生在'那儿'，而且还发生在我们内心和文化'这里'"（雷，2004：337-338）。

第二，概念组合能够基于语境用量子方法来表征。一种递归重述的数学建模包含概念状态语境效果的方法。人们普遍认识到，当概念出现在彼此的语境中时，概念的意义会以非合成的方式发生变化，也就是说，它们的行为违背了经典逻辑的规律（Osherson and Smith，1981），因为概念的意义应以合成的方式发生变化。尽管这种潜在影响存在，但它并不是无法超越的，因为量子理论（不同于量子力学）这种数学形式主义被发明出来以精确描述这种语境性（Isham，1995）。概念的量子方法能够明确地表征语境，在这种语境中信息是通过测量观念出现的。

简单说，对于量子系统，测量不仅仅记录存在什么，而且是在考虑测量环境限定的语境下揭示关于它的状态的信息与系统的互动（Aerts and Gabora，2005a，b）。在量子理论中，参照系作为测量环境指称系统的状态是必须的，参照系就是测量的语境，或者说，任何测量都是在某种参照系的语境中进行的。比如对电子电荷和质量的测量，必须在特别设计的实验中进行。同样，一个概念或观念，如果没有参照它所在的语境，思考这个概念是难以置信的。比如"刀"，在犯罪分子手中就是危险的凶器，在烹饪中则是一种做饭工具，在森林中就是一种防卫野兽袭击的武器。有人使用一个类量子模型来呈现人的心智词汇

(Bruza et al., 2009), 该模型说明同样的概念有多个意义。

伽博拉（L. Gabora）和肯托（K. Kitto）运用量子理论将一个观念$|w\rangle$表征为：$|w\rangle = a_0|0_p\rangle + a_1|1_p\rangle$，其中 a_0 和 a_1 是两个不同状态，$|0_p\rangle$ 和 $|1_p\rangle$ 是两个状态的概率（Gabora and Kitto, 2013）。在不同语境中$|w\rangle$有不同的表征。在一个语境中，一个观念有两种不同意义上被解释的概率，就像将观念投射到两个不同的基态上被表征一样。在最初语境中，折叠在基态$|0\rangle$和结果 a_0 上的概率 p，远大于折叠在具有结果 a_1 的基态$|1\rangle$。在另一个语境中，这个概率显著地变化，这可通过将不同态投射到新语境中显现出来。我们用解析几何的方法可将一个观念进行几何学表征，比如，由$|w\rangle$表征的观念是通过依赖语境的向量表征的，而这个向量可被解释为两种不同的方式，分别表征为$|1\rangle$和$|0\rangle$。比如"刀"这个概念，在特定的语境中（如犯罪分子手中持刀）表征为潜在危险，概率为 $1_p\rangle$，在另一个语境如烹饪中，"刀"几乎不是危险的，概率是 $0_p\rangle$。这样，"刀"这个概念可被表征为$|1\rangle$和$|0\rangle$的重叠，即 $|w\rangle = a_0|0_p\rangle + a_1|1_p\rangle$。

这意味着，不同的语境是可组合的，通过组合，概念的意义发生了变化，通常变得更加复杂，比如，伽博拉和肯托根据语境将"火""食物"这两个概念进行组合来说明，早期人类可能认为火的唯一作用是食物的减损，因为火可烧掉森林和田野从而减损预期的食物。如果火被看作一个工具，它可通过把不能吃的东西转化为可食用的东西而创造更多食物，而不是通过燃烧食物减少来源。这样，"火"就是那个被表征为有用的$|1_p\rangle$与无用的$|0_p\rangle$的重叠，可食用的$|1_q\rangle$和不可食用的$|0_q\rangle$的重叠，这两个综合概念可表征为：

$|火\rangle \times |食物\rangle = (a_0|0_p\rangle + a_1|1_p\rangle) \times (x_0|0_q\rangle + x_1|1_q\rangle)$
$= a_0 x_0 |0_p\rangle \times |0_q\rangle + a_0 x_1 |0_p\rangle \times |1_q\rangle + a_1 x_0 |1_q\rangle \times |0_p\rangle + a_1 x_1 |1_q\rangle \times |1_p\rangle$

这是一个重叠状态，产生于高维空间，可通过四维基态来表征：
$\{|0_p\rangle \times |0_q\rangle, |0_p\rangle \times |1_q\rangle, |1_q\rangle \times |0_p\rangle, |1_q\rangle \times |1_p\rangle\}$

显然，这两个概念的组合形式可能增加。这是一个发散过程。如果一个人拥有许多不同的概念，这些不同的概念组合可产生无数的语句，这使得我们有能力说话和写作。

第三，通过计算机模拟可说明心智的适应性表征。认知神经科学揭示，大脑可通过仪器被科学地观察，而心智则不能。这是一种不对称现象。要模拟生命和心智现象，我们需要借助计算机技术，但人工生命模拟的前提是：意识是基于生命的，认知是基于意识的，生命、意识和认知都是适应性的。比如一种叫作高等猿（Noble Ape）的研究，被认为是一系列的计算机模拟：风景模拟、生物模拟、天气模拟以及智能体的模拟包括认知模拟、社交模拟和叙述动力（Barbalet，2004，2013）。这种实验模拟是技术上的而不是哲学上的，旨在通过高等猿的模拟说明：不同的心智视角共存于具有创造性的智能体中。心智的存在正如社会的存在一样都来自个体。人工生命的模拟预示了一个从自然大脑到人造心智的出现的可能性。

我们有心智是不可否认的事实，因为我们说话做事已经确证了这一点。然而，断言某物存在和你所观察到的现象并不是一回事。人的心智的确存在，但没有人确定已经观察到它，然而我们必须接受大脑存在的事实，这是经验上显而易见的。根据心脑同一论，我们的心理状态或心理过程源于大脑，但我们难以相信大脑过程足够解释我们的理性、感受性等。心智与大脑似乎是两个不同的东西。一方面，根据人类拥有身体与心智这个事实，我们难以拒绝二元论传统，但我们又缺乏足够的经验证据。这就是为什么直到现在，心智的存在仍被很多人包括哲学家和科学家相信和肯定。另一方面，如果二元论方法是正确的，与心智相关的概念，诸如意识、自由意志、意向性，就应该有明确的指称，目前哲学家、神经科学家和心理学家争论的焦点是这些概念的指称并不明确。

显然，心智需要明确的形而上学基础，这使得许多学者避免谈论对心智的明确指称。原因在于，心智作为某物（不可观察）与大脑作为物质结构（可观察）显然是不同的。关于心智是大脑的附属功能还是独立存在的东西的争论还在继续，心智到底是什么仍是不确定的。这必然会引起我们的猜想。如果心智概念没有必要存在（取消主义立场），那么意识、自由意志等概念也没有存在的必要。然而，如果没有这些概念，心理现象仅仅通过认知科学、神经科学的术语就能完全被说明吗？在笔者看来，这是不同层次或不同学科描述心智的问题。这就好比是用物理学术语还是自然语言描述美感一样，目的不同，所使用的描述工具也就不同。在心智现象还没有得到科学完全揭示之前，这些心理学的术语还是需要的，毕竟它们描述了心智现象的一些质性特征，如意向性、感受性。心智现象一定与大脑活动有关，因为脑科学已发现大脑及其各个脑区在许多认知和情绪活动中起核心作用。这就是为什么波普尔（K. R. Popper）和埃克尔斯（J. C. Eccles）认为，我们的主要问题不是识别心智的存在，它就像大脑的存在一样确定，而是描述它们之间的界面（Popper and Eccles，1984）。福多（Fodor，1983）把心理表征能力归于建立心身间的符号链接。丹尼特（D. C. Dennett）提出大脑引发意识力的功能，赋予大脑作为原因而意识为其作用的结果（Dennett，1991）。塞尔（Searle，1999）认为心身关系作为某物产生于一种与心脑相关联的"非事件的原因"。埃德尔曼（G. M. Edelman）认为，要理解意识首先必须理解大脑中发生了什么（Edelman，2004）。这些观点或立场说明，心智这种精神现象是基于大脑的，无论二者之间是何种关系，平行的、同一的、附属的、因果的或是涌现的，它们的存在蕴含了一种二元论，其背后似乎有古代形而上学的影子。这种新的二元论并不同于笛卡儿的二元论，原因在于，它不再坚持心智与大脑或身体的分离，但同时保持心智作为某物存在的活力。虽然心智源于大脑的物质结构，但不作为一个结构性物质功能被我们理解。

第四，心智系统的适应性源于遵循规则的自组织系统。心智基于物理的大脑，当然包括身体，这不等于说心智与文化无关。外在的文化可能塑造了我们的心智。人类的心智之所以不同于灵长类动物（如果有的话），很大程度上可能是人类文化的力量在起作用。这就是心智的物化或社会化问题。比如，明斯基就将心智看作一个简单的无思想的智能体的社会，即"心智社会"，认为心智是"涌现"于个体成员间的共存与互动的东西，他说："我将'心智社会'称为整体体系，其中每个思想是由许多更小的程序组成的。我们称这些小程序为智能体。每个思维智能体自身只会做一些简单的事情，不需要心智或思想。然而，当我们以某些特殊的方式将这些智能体加入社会中时，真正的智能就出现了。"（Minsky, 1988：17）在明斯基看来，许多无思想的智能体的互动产生了心智。霍兰将这种"心智社会"称为"复杂适应系统"（complex adaptive system），它具有协调性、持存性、多元素聚集性和适应性（如学习）（霍兰，2011：5）。在笔者看来，不论是"心智社会"还是"复杂适应系统"，都是遵循某些规则（逻辑的、物理的、社会的）的自组织系统。比如，人工智能的研究基本上是关于逻辑与数量的计算，即复制人类共有的规则，而不是人类认知与思维的复制。或者说，人工智能立足于实用主义模拟人的心智，运用神经网络方法寻找成功的结果而不是纯粹的知识。这种技术在一定程度上只是有助于我们理解人的大脑，有助于识别人类思维的特征，因为它毕竟只是模拟大脑的功能，而不是大脑活动本身。也就是说，符号化的人工智能更倾向于人类心智的建模，神经网络更倾向于人脑的建模。

这意味着模型本身不是大脑，心智应该是自然脑的特有现象，人工脑（模拟模型）没有这种特性，如灵活性。虽然我们的思想确实是通过大脑产生的，我们也可将思想的产生归于心智，但这并不意味着思想的每个结果都符合给定大脑的结构。一方面，我们会认为心智仅仅是由大脑执行的；另一方面，我们必须承认大脑的每个心理活动没有必要追踪到同构的大脑结构。人的大脑结构是相同的，但每一个人的心理状态则不同，似乎不同的心理状态活跃于不同的大脑区域，如布洛卡区之于语言。如果将大脑比作地球，地球有相同的引力，如水朝下流的自然力是相同的，但水流的线路和结果可能完全不同，如地球上没有相同路径的河流，这取决于水流碰到的障碍。类似地，大脑可能取决于给定时刻不同层面网络的活动。神经成像技术如功能磁共振成像（functional magnetic resonance imaging，fMRI）提供了大脑的视觉证据，包括心理状态，这似乎证明了布洛卡假设的正确性。当然，神经成像还不等于心智图像，我们观察到的仅是电磁场活动的轨迹，并不能完全看作心智存在的确凿证据。但不可否认的是，这些物理活动属性虽不是直接证据，却也是一种间接证据。比如太阳的结构和组成成分我们不能直接获得，但可通过光谱分析间接知晓，心智就像太阳，其结构和属性也可通过间接手段部分获得。这意味着人工心智在模拟的意义上还是可能的。

第五，心智的适应性表征是大脑和身体互动的结果。从方法论上看，心智肯定不是独立的东西，它一定是与大脑和身体共存的，至少是不能离开大脑的。这与认知科学中的具身认知是一致的。一种关于"肢体意识"和"脑意识"互动的理论认为，意识分布在整个身体的各个部分，与神经系统紧密联系的"脑意识"嵌入"肢体意识"中，它们相互生成相互制约（何曼宛，2004：64）。即使是心智的计算机模拟，也一定离不开作为我们的意识、理性、决策的动力的大脑。心智不是"空中楼阁"，它一定是"接地的"。计算机程序可模拟再现心理过程，如计算或推理过程，这并不是因为它抓住了人的推理的复杂方式，而是因为它再现了大脑运转的结果。比如专家系统这种软件程序，它会不断为具体知识领域的使用者如医生提供解释和预测。但我们要清楚，这个智能系统虽然可能很成功，但其背后是人类专家的贡献。专家们将自己的专业知识嵌入庞大的数据库系统，然后该系统把一套推理和统计规则嵌入其中，在一定范围内不断发送信息，表面好像它是人类专家一样。在实际使用中，人们也非常依赖这种人工系统，如人们普遍对智能手机的依赖。

专家系统的方法论策略表明，专家系统中被建模的并不是人脑，更不是一个假想的心智，其结果（知识和规则）是人类在近几个世纪以最佳方式获得的推理。所以，会推理的系统如智能机并不具有心智或意识，它只是人类设计者的心智的体现或实现，正如人工智能先驱麦卡锡（J. McCarthy）坚持认为的，"恒温器只会适当地考虑三种可能的思想或信念。它会认为房间太热，或太冷，或不冷不热。它没有其他的信念，比如它不相信它不是一个恒温器"（McCarthy，1990：183）。在麦卡锡看来，恒温器是有"信念"的，只是范围狭小而已，而塞尔认为恒温器只是机械地指示了房间温度的变化，根本不存在信念这种只有人才有的属性。因为"我们使用水银棒来量度温度，恰好对于我们、我们的爱人以及我们孩子的信念有同样的意义"（Searle，1999：410）。这意味着，温度计测量温度的信念是人的信念，不是温度计自己的。即使它有信念，也是人类加上去的。

在笔者看来，麦卡锡和塞尔所谈论的是不同层次的东西。麦卡锡所说的是人的认知操作包含在逻辑推理中，即算法加上装置就是人类设计师应用理性的结果。塞尔关注的是人本身的思想和信念，智能机会推理的行为不等于它有信念，信念可以说是无言的，而推理必须是基于符号的。也就是说，人类的推理能力是基于意识或心智的，智能机的推理是基于算法和规则的，而这些算法和规则是人类自己建立的。人类心智可能是"意会思维"与"语言思维"的统一，前者是还没有学会语言的儿童的思维方式，后者是成年人的主要思维方式，也包括一部分意会思维。我们大脑中发生的每件事都是"无声的"，思维活动很可能就隐藏在大脑互动的网络和微结构中，只有这些内容通过未知的过程被翻译和转换之后，我们才能说知识源于大脑。信念、思想可能是我们尚未学会说话之前就有的过程，只有一部分通过语言被具体化了，一部分成为我们文化中共享的部分。

第六节 小 结

综上所述，表征概念在不同学科的含义和呈现方式有所不同。物理学侧重于模型和数学表征，认知科学侧重于心理表征，人工智能侧重于知识表征。但总的来说，现代科学理论有两个重要特征：一是形式化，即运用数学或逻辑表征符号化的客体，也就是抽去客体的物理意义，只剩下形式，这有利于操作；二是操作化，就是运用数学或逻辑进行符号推理或运算，以得出精确结论。这两个特征体现了科学认知的规范性。由于这两个特征，科学理论变得越来越抽象，越来越远离经验，越来越难以理解，比如相对论与量子力学，专业化也越来越强，结果也越来越精确，预测力也越来越强。总之，形式化和操作化使得科学理论更简洁、更精确、更易操作。这是科学的规范性的必然要求。而且，表征要成为适应性的，语境是不可或缺的基底。语境与语言的形成与文化的进化密切相关，而语言和文化的形成是基于意识和心智的。正是语境的存在，适应性表征才能被赋予意义，才能被计算模拟，其结果是让我们人类从低级的"适者生存"发展到了高级的"智者生存"，最终可能会发展到更文明的包括安全和幸福的"智慧生存"。

第二部分　科学认知适应性表征的自然-文化进化解释

这一部分包括第六至第十章，笔者将阐明适应性表征发生的根源问题。认知的根源不外乎两个：一个是自然的，另一个是文化的。认知的适应性表征也不外乎这两个根源。如果说自然是适应性表征发生的必要条件，那么文化就是适应性表征得以发展的充分条件。自然与文化的进化共同塑造了我们的心智，当然也就是成就了适应性表征。

第六章从实用主义视角探讨认知的适应性问题。认知适应性就是主体对外部环境的探寻过程。作为主体的人，面对的境遇或情境往往是未知的或不确定的，因此，主体需要不断调整自己以适应变化的环境，包括自然的、文化的、制度的等因素，这就是人对环境的适应性。在这个适应环境的过程中，时间和记忆是认知适应性的两个主要因素。适应性同时意味着敏感性，因为敏感就是及时对环境做出反应，不敏感就不能适应，特别是生物体，敏感性是其适应环境的指示剂。适应性也意味着学习的敏感性，敏感而不会学习的生物难以生存。不仅自然认知系统是适应性的，人工智能体也是适应性的，因为它们也要根据环境的不同而不断调整自己的行为或功能。认知系统对感知、学习、推理、交流等认知行为负责，因此，认知行为是认知系统的特有功能。这些认知行为之所以发生，一方面是基于它们的认知系统的自然结构和功能；另一方面是源于它们与其自然-文化环境的互动。正是它们在不确定性的环境中不断调整自己，从而形成了依赖于环境的适应性表征能力。

第七章着重从系统论视角探讨了认知系统与环境互动的关系。关于这个问题，在认知发生在何处以及认知主体与其环境关系的问题上，形成了种种理论，诸如内在主义、外在主义、具身认知、延展认知等。这些理论在认知主体及其环境的界定上存在分歧，内在主义认为认知仅发生在头脑中，与环境几无关系；外在主义认为认知是与环境耦合的结果，而且环境是认知的构成部分。笔者主张的广义认知主义或认知系统论认为，认知发生在主体、工具、对象与环境互动的实践活动中，也就是说认知是在包括环境在内的特定实践活动中主体使用工具作用于对象的结果，这是知识产生的过程。广义认知主义不仅给出了认知发生问题的一种新解释,也在一定意义上消解了不同认知理论之间的分歧。

第八章试图回答生物进化与文化进化之间是什么关系的问题。进化生物学告诉我们,生物是进化的,这是不争的事实。文化是不是进化的?从人类历史和知识发展的视角看,应该是进化的,否则我们就不能解释人类知识的积累与进步了。然而问题产生了,如果文化也是进化的,那么它与生物进化之间是什么关系呢?是生物进化决定文化进化还是文化进化促进生物进化,抑或是二者共同进化?生物语义学给出了自己的解释,主张心智并不是来自无心,心智生物来自无心的生物,有意识的有机物来自无意识的无机物。这是基于现代生物学与语义学相结合而给出的说明。因此,生物语义学确立了这样的观点,即不仅心智的进化源于无心的生物在逻辑上是可能的,而且心智生物的进化描述似乎也是合理的。

第九章从科学视角探讨了意识可能的起源问题。这是哲学和科学都绕不开的问题。意识可能是目前最难说明的问题之一。与意识相关的心智(心灵)、智能、自由意志等不仅是哲学谈论的话题,也是自然科学必须介入的领域。哲学上关于意识的种种学说,如果仅仅停留在哲学层面,恐怕只能是哲学家们的自娱自乐了。要解开意识之谜,没有科学的介入是不可能的。从混沌学、生物进化论和皮尔士符号学视角给予意识以解释,得出意识是自然进化的结果,一种奇异吸引子系统和符号表征系统,意识与心智、智能之间的关系具有某种同一性,可以科学地进行研究。

第十章探讨了情感认知的自然和文化根源问题。认知与情感是否相关?或者说认知是否独立于情感之外?这是有争议的。在科学哲学中,情感往往被排除在认知之外,因为受传统哲学的影响,情感往往被认为是非理性的,而认知(思维)是理性的,由于理性与非理性是对立的,因而认知与情感也是不相容的。笔者主张情感不仅与认知密切相关,也可能是认知的组成部分。萨伽德(P. Thagard)对情感认知的研究表明,情感认知是一种被情感因素如情绪或动机所左右的思维形式,具有连贯性,可通过计算、隐喻等方式加以说明。因此,情感可能是一种思维方式,即情感思维,即使它不是独立的,也至少会参与思维过程或影响思维的效果。这样一来,将情感与认知分离的观点就被彻底颠覆了。

第六章　认知系统与认知的适应性

　　物质在它的一切变化中永远是同一的,它的任何一个属性都永远不会丧失,因此,它虽然在某个时候一定以铁的必然性毁灭自己在地球上的最美丽的花朵——思维着的精神,而在另外的某个地方和某个时候一定又以同样的铁的必然性把它重新产生出来。

——恩格斯(《自然辩证法》第 24 页)

　　本章笔者将要阐明,人类经验作为一种认知模式是形成人类活动不同形式的认知基础,有助于消除阻止人类追求知识的限制,消除自然与文化、科学与人文的隔阂。这些认知的不同形式或方面之间是相互渗透的,这种渗透性形成了认知适应性的基础。正是由于人类的经验形成,我们才具有了信念、愿望和经验感。认识到他人也具有信念、愿望和经验感的能力是一种内在能动性或内驱力,这种能力是基于一种生命性,即认识到一个目标客体是活的。进一步说,这是人类行为的两大特征:社会性和动物性。社会性表明,人与人之间是互动的,即具有交流性,包括直接的和间接的(可由社会科学说明);动物性说明,人们的行为是基于生物基质的(可由生物学说明),而不是机械的(由物理学说明)。由这两个特征我们可推知,人类行为必然是适应性的,因为说到底,人类是有生命的社会性生物,遵循达尔文进化论(适者生存原理)。从实用主义视角看,我们需要植根于进化的观念、生命体的观念,需要发展敏感性(适应性),正是这种特性凸显了生命体的重要性,使得我们认识到他人的信念和期望。而且我们还需要植根于历史语境的教育观念,因为人类在出生后的行为主要是基于教育的结果(Schulkin,2009:ix)。

　　即使在人工智能中,在笔者看来,作为人造认知系统的智能体的表征也是适应性的,尽管其遵循的理论是计算-表征主义或认知主义(传统认知科学范式),即主张认知行为发生在认知系统内如大脑或智能机,认知与身体或环境无关,原因在于人工智能有一套自适应的循环程序,它可通过各种搜索程序达到目标。新一代的认知科学的不同进路——具身认知(认知依赖于身体)、嵌入认知(认知主体是嵌入环境的)、延展认知(认知是延伸到系统外的,不只是在系统中进行)、生成认知(认知是基于行动演化的)和情境认知(认知是基于情境或语境的）（见第二章）——虽然强调的侧重面不同，但都主张认知不仅仅是内在的，也是外在的，其共性就是适应性。这是一种具身的认知科学，强调我们的大脑控制我们的身体，我们的身体反过来也控制我们的大脑；我们的身体和我们的世界塑造我们的大脑，大脑是为追求目标而发展的，认知系统包括人工智能都是具身的，因而是适应性的（Butz and Kutter，2017）。认知之所以依赖于身体、环境或文化这些外在因素，其目的是更好地适应环境，以便更好地认识和表征目标系统。

第一节 认知系统的范畴结构

认知系统既包括自然系统（自组织系统），也包括人工信息加工系统（他组织系统），它们对感知、学习、推理、交流、行动等负责（Morris et al.，2006：ix）。在心理学和人工智能中，认知系统一般由四个过程构成：存储提取、信息加工、输入输出和知识运用。这是系统内部进行知识操作的过程。存储提取提供了访问已存储在永久记忆中的知识和存储新的知识的途径；信息加工是对已存储的知识进行操作以在具体任务中使用；输入输出是运用知识进行理解与沟通；知识运用是用知识来执行具体的任务。这四个过程是相互关联和不断适应的。

第一，信息的存储提取是一种适应环境的过程。安德森（J. R. Anderson）(Anderson, 1995) 认为，短时记忆和长时记忆已被"记忆的几种功能"——感觉记忆、永久记忆和工作记忆——所取代。感觉记忆包括来自各种感官暂时存储的信息；永久记忆包括构成知识、认知、元认知和自我认知系统的所有信息；工作记忆处理来自感觉记忆和永久记忆的信息，它可能是丹尼特认为的意识发生的场所（Dennett，1991）。在当代认知科学中，工作记忆的概念被扩展到包括有机体之外的信息，这就是延展认知（Kiverstein，2018）。按照这种观点，记忆不仅仅发生在头脑中，它一定是与头脑之外的信息相关的，没有外部的信息输入，就不会有记忆的内容。记忆一定不是空虚的，它是负载内容的。在这个意义上，延展认知是有道理的。它强调了认知系统与环境的关联性。在安德森看来，工作记忆包含了使信息在工作记忆中被激活的两个过程，即音位环和视觉空间素描簿，它们能使信息在感觉记忆中衰退后而在工作记忆中保存下来，通过这种机制，信息会在工作记忆中重现并保持活力。这是一种不断与环境互动并逐渐适应环境的过程。正如卡罗尔（J. B. Carroll）指出的，保留听觉和视觉刺激能力被看成是一种显著的认知能力，它是人类神经系统的先天"硬件"，不是后天习得的（Carroll，1993）。

第二，信息加工是对已有经验数据的处理，即对储存在工作记忆中的信息进行处理，一般包括匹配、观念表征、信息过滤、信息概括、具体化和观念生产六种具体形式。匹配是识别工作记忆中各种要素的不同之处，这可能是信息加工诸方面最基本的内容。或者说，匹配是允许我们将经验组成不同类型的基本适应过程。世界包含无数类刺激，人类正是将无数刺激组成相似的类型，才使不确定的事物变得确定，不熟悉的事物变得熟悉。因此，我们可以得出，形成各种类型相似刺激的能力是产生各种认知形式的关键。观念表征是将工作记忆中的信息转化成可在永久记忆中储存的适当形式。工作记忆中的信息不是对由感觉接收的东西的完全复制，而是经过再加工和整合的过程。

认知心理学表明，感觉记忆中的信息消减得非常快，而工作记忆在很大程度上包括了已建构的各种表征，这些表征就是对感觉信息所做的说明。霍兰认为，工作记忆包括了通过感官感觉到的外界的模式，观念表征承担着设计外界模式的任务，即适应性在自然系统和人工系统中具有相似的机制（Holland，1975）。这些模式可能包含语言、非语言和情感的成分在内，而观念表征在其中起到协调这些成分的作用。也就是说，当这些过程变得自动化和无意识时，观念表征控制着如何使用这些成分。比如不同人对同一事件的描述可能很不同，两位历史学家对同一历史事件的对立看法，一个可能采用"辉格"解释（以今论古），另一个可能采用"反辉格"的解释（以古论古）。根据观念表征，在工作记忆中对外部世界模式的选择，就是观念表征的产物。一个人习惯于使用一种表征方式而不是另一种，这构成了个人信息加工的模式，比如画家习惯于图像表征，数学家习惯于符号表征。信息过滤就是筛选有用的信息而排除无用的信息，它使工作记忆中表达的信息变得更有逻辑性。过滤意味着只有合理的信息才能被认知系统所接收。这是因为输入的信息在工作记忆中是以语言、非语言或情感的形式表达的，认知系统在过滤新知识时就要确定在现有知识的水平上是否能够理解它们。若信息与认知系统对某个主题的掌握被认为是不合逻辑的，它就会遭到拒绝。信息概括在工作记忆中是依据具体信息与一般结构之间的关系得出具有高度归纳性的推理，这是人类具有的一种天生的能力。比如人们在观察到不同类的生物时，会自动地归纳出生命和非生命的类别。信息的具体化就是根据已有信息演绎地推出所需要的结论，这一过程是演绎地实现的。

根据霍兰的研究，认知系统是一种复杂适应系统，它通过演化、适应、凝聚、竞争、合作等实现具体化，或者说具体化是通过共时与历时规则进行的，其中包含了复杂性，而适应性造就了复杂性（Holland，1995）。共时规则包括范畴与联想一般不受时间影响，形成了分类与归类的基础。比如，"动物"这个范畴包括各种狗和猫，如果一个物体是只猫，它就是一个动物。联想是指，若一个动物是狗，就可能激活"猫"的概念。历时规则包括预测性和效应性处理因果关系和顺序关系。例如预测性事件，如果昨晚下了雨，地面就会湿。这是根据因果关系推出的。效应性事件是就原因产生的结果来说的，如果着火了你会躲避。因此，历时在逻辑上是演绎的，在推理上是蕴含的，在发生上是因果的。观念生产意味着使用永久记忆中的信息产生新命题，比如，我们将一种观念或想法用口头或书面语言表达出来，如"有人感染某种病毒可能是因食用野生动物引起的"。

第三，认知系统的基本输入输出是交流过程。认知系统的信息加工主要处理工作记忆中的即时信息，而基本输入输出交流过程是同外界进行信息交互，其中使用了储存提取过程以及信息加工。例如，输入输出交流过程使用了语言加工器。这个加工器负责解码来自外界的语言，并对在工作记忆中产生的观念进行编码，使它转换成适应与外界交流的自然语言的听和读的过程。我们熟悉的阅读就是这样一项复杂的认知过程，其中包括理解和解释。阅读一般包括五个步骤：解码书面语言来识别语词和句子；使用信息加工分析工作记忆中的信息；使用提取功能激活已有相关知识；通过提取功能激活已有相关表达信息的知识；通过提取功能激活阅读过程的相关知识。总之，输入输出交流功能并不是认知系统中单一的功能，它们是认知系统中所包含的许多相关功能的混合过程。也就是说，所有输入输出交流功能都大量地使用了储存提取功能以及基本的信息加工功能。

第四，知识运用过程涉及决策、解决问题、实验探究和调查。决策是说人们必须在两个或多个任务之间做选择。决策过程的实现要求人们从永久记忆中提取与主题相关的已有知识。比如"我"决定去度假，"我"就会回忆曾经去过的目的地，还会提取已有的相关知识，如度假地的景色、价格等信息。决策过程一般包括选择的确认、评价选择的价值、确定成功的可能性，以及确定价值高和最可能成功的选择。每个过程的实施都要求人们用基本信息加工分析工作记忆中的信息。一般来说，决策过程包含三个方面：通过提取激活相关知识；通过提取激活整个决策过程中的所有知识；通过信息加工分析工作记忆中的信息。

解决问题是指，人们为了达到还有困难的目标所进行的问题解决的过程。解决问题要求激活已有相关知识。例如，你想驾车在某时到达某特定地方，但车抛锚了，想到达目的地而障碍出现了。为了有效地解决此问题，你就会在你的永久记忆中提取已有的相关知识，以解决车抛锚的问题，如给朋友打电话求助，或者是叫出租车。一般来说，解决问题包括确认达到目标的困难、重新分析达到目标的可能性、评估选择并做决定，然后实施选择。同样，解决问题的每个步骤要求人们用基本信息加工分析工作记忆中的信息，并对克服困难的可能方法做出假设，看如何才能克服困难。概言之，解决问题包括使用提取激活与目标相关的知识，通过提取激活涉及解决问题的知识，以及通过信息加工分析工作记忆中的信息。

实验探究是从实验出发进行假设并对假设继续检验，目的是了解一些自然或心理现象。实施实验探究时，人们不仅要激活相关知识，还要从永久记忆中提取关于实验探究过程中的各个步骤的知识。实验探究一般包括三个过程：根据已知原理或假设做出预测；给出检验预测的方法；根据检验结果评价原理或假设的正确性和可靠性。执行这些步骤要求人们使用信息加工分析工作记忆中的信息。

调查是对过去、现在和将来的事件做出假设，并对假设进行检验的过程。与实验探究不同的是，调查使用不同的证明规则，具体来说，证明规则要坚持合理推论的逻辑规则，如确定正当理由，而实验探究可能坚持统计学的假设检验规则。当然，调查过程也可以使用与实验探究相同的方法，这包括三个方面：通过提取激活相关知识；通过提取激活涉及调查过程的知识；通过信息加工分析工作记忆中的信息。

显然，所有知识的运用过程都存在基本句法。它们要求人们从永久记忆中提取与目标或任务相关的知识和整个过程涉及的知识。在执行过程中，它们都大量利用了信息加工分析工作记忆中的信息。与输入输出交流过程一样，知识运用过程也是一个混合过程，该过程包含了一组储存提取功能和信息加工功能。因此可以说，认知系统包含了四种类型的功能：储存提取、基本信息加工、语言解码和语言编码。认知系统也包含了四个基本范畴：储存提取、基本信息加工、输入输出和知识运用。前两个范畴具有纯加工过程结构，它们的结构大都是基于命题的，不具有非语言或情感成分。输入输出交流过程的解码和编码也是纯粹的程序形式，不具有非语言或情感表征。不过，在输入输出和知识运用的混合过程中，整个过程使用的步骤和方法可能会包含语言、非语言和情感成分。

需要指出的是，认知系统不等于认知结构。认知结构是我们关于现实世界的内在的编码系统，是以感知、加工外界信息以及进行推理活动为参照系的。换句话说，所谓认知结构，就是人们头脑中的知识结构。这种结构是个人通过皮亚杰所称的同化-顺应过程在心理上不断扩大并改进所形成的知识结构，这就是认知适应，适应的标准就是适应的成功（皮亚杰，1989：174）。比如作为认知的学习就是适应认知结构的变化，这个变化表现为分化、概括化与再组织三种方式，其中包含使新材料或新经验成为一体这样一个内在认知过程。这个结构是以图式、同化、顺应和平衡的形式表现出来的。

第二节 认知系统的适应性特征

舒尔金（J. Schulkin）从当代行为科学、认知神经科学和传统实用主义视角得出这样一个主张，即在认知-神经系统和进化之间存在一个基本连接，这种连接构成人类活动的基础或起因。这个观点的一个必然推论是，自然和文化、科学的和人文的探寻之间是相互渗透的，而且是相互持续影响的。斯库尔金使用两个概念刻画了人类认知的出现：一个是能动性（agency）[①]，另一个是灵性（animacy）[②]。能动性意味着对另一个具有信念和愿望的人的再认识，也就是具有经验感；灵性意味着对一个生命体的再认识。这两个概念反映了人类认知构架的一种偏好或倾向，这种偏好对于一个进化的但脆弱的人性是最基本的。舒尔金强调人类经验的获得、人类活动的不同形式的认知基础以及消解追求知识的边界这三方面的重要性，其目的是将自我修正探寻（self-corrective inquiry）的一个规范标准、对知识生产的假设特性的评价和揭示人类解释及适应环境的不同形式的"具身认知"系统统一起来，最终说明认知的适应性。在他看来，认知适应就是主体对外部世界或客体的探索过程，在此过程中，作为主体的人类，所面对的世界或境遇是不确定的，为了自身的生存，人类必须去适应这种不确定性的世界，也就是说，世界的不确定性造就了人类的适应性，包括认知适应性，其中时间和记忆是历史敏感性的主要因素，教育敏感性是认知适应性的重要方面，精神探索是认知适应性的天性（Schulkin，2009）。笔者将认知系统的适应性特征概括为以下五点。

一、认知客体取向性

根据现代生物学和人类学的研究，我们人类这种生物具有各种认知能力，诸如计算、预测、产生假设、使用符号语言、创造发明等，这些认知能力按照实用主义的看法是在适应环境和行动组织的语境中发挥作用的。根据实用主义，"认知"概念蕴含了两个范畴：一个是用生命和非生命客体的术语对各种客体的再认识，这就是灵性；另一个是能动性，即有生命经验或活经验。这两个范畴

[①] 该词有多种含义，如"代理""机构""力量"，在不同学科有不同译法，在新闻界一般译为"媒介"，在人工智能中通常译为"智能组"（相对于智能体 agent）。在这里，根据舒尔金的用法，其意思就是一个智能体的自主性或自动性，具有信念和期望，与历史信息相关。

[②] 该词是舒尔金自造的一个词，其词根是拉丁词 anima，意思是"内心""灵魂""灵气"，即与有灵魂的东西相关，故而译为"灵性"，它是关于活的生物精神层次属性的。

都是基于生物学的，这意味着认知，包括意识，是生命体独有的，排除了其他客体如非生物的人工智能[①]。心理学表明，儿童能够区分生命体和非生命体，这种认知能力反映在他们使用符号的表达能力。笔者发现18个月的儿童能够根据看到的图案说出这是什么，例如看到墙上雨水留下的似山峰的痕迹说那是大山[②]。这令笔者感到惊奇。这种基于生命的认知事件，无论是显性的还是隐性的，都为人类提供了连贯性和支持行动的能力。它们被用于选择客体的种类并追踪事件。因此，不断追踪客体、寻找其本质特征，不管是明显的还是隐含的，都是基本的认知事件，这在人类的思想发展和表征方面有着重要意义。例如儿童能够确定客体的指称，如区分苹果和橘子，但并不能说明它们的基本特征，可见这些特征可能并不决定客体是如何被理解的。

根据具身认知科学，人类的客体取向首先是基于身体敏感性的，包括视觉的、听觉的、嗅觉的等。也就是说，人类对于客体的认知取向是基于身体的，或者说认知是具身的，即认知适应性是基于身体对外部客体的探寻。在这个意义上，客体与身体在认知过程中不是分离的，认知的结果——知识的获得——是以身体的存在为前提的。我们的认知适应性反映了身体敏感性的不同形式，例如，感觉运动特性反映了我们的一个深层认知能力，认知系统是感知组织特有的，而感知能力是我们行动的关键。这意味着我们的身体运动不仅影响我们的思维，也在某种程度上塑造我们的认知能力，也就是身体可能控制大脑，因此，我们应该改变对已有认知的定义和理解（贝洛克，2016：162）。没有感知的认知能力是不可想象的。当然，有人会反驳说，机器人没有人的感知能力但可能有认知能力，这是一个更深刻的问题——无生命体是否拥有感知能力进而有认知能力，或者说，认知能力是否一定是有生命体才能拥有的能力，这在认知科学中是一个对于行为体（碳基的或硅基的）来说硬件要紧不要紧的问题，即生命和意识对于认知是不是必须的。简单说，认知或智能是否必须是经自然进化产生的生命体（人类或动物）才具有的。人工智能的发展可能会颠覆这个观点，目前的智能机如"阿尔法狗"在下棋方面已超越人类棋手，更不用说在计算速度和推理方面了。然而，有一点是不可否认的，那就是，智能机是人类设计出

[①] 笔者并不完全赞同这种将认知能力局限于生物有机体的观点，因为这排除了人工生命和人工认知的可能性。事实上，人工智能的发展业已表明，智能体也具有感知能力（通过感受器）和认知能力，如计算。这是另一个需要进一步研究的重要问题。

[②] 2016年4月下旬的一天下午，笔者散步来到美术学院大楼旁，看见一个约18个月的女孩指着外墙上雨水留下的痕迹说"大山"，笔者当时很惊奇，18个月大的儿童竟然能够将画上看到的图景，与实际看到的图景联系起来，这本质上是一种符号使用的能力。笔者立刻意识到，人的符号表征能力是天生的，这可能就是儿童学习语言的能力相当强的原因所在。儿童1~3岁时的语言学习能力是最强的，在什么语言环境中就习得什么样的语言。因此，同时给儿童提供双语的语言环境，如中文和英语，儿童很可能就会使用两种语言表达。

来的，不是机器自己制造出智能机战胜人类（与科幻不同）。因而，至少在目前的情形是——再聪明的智能机也是基于人类智能的（即人制造的），非人类智能的机器目前还没有出现。

需要指出的是，认知系统的客体取向性与意向性看起来极为相似，但二者的出发点或立足点是不同的。意向性是胡塞尔为说明意识的本质特征使用的一个概念，其含义是"关涉"或指向（外部），是立足主体谈论客体的，旨在说明意识具有自主反映外在事物的倾向性；客体取向性意在说明，主体的认知目标是外在客体或事物，这意味着心理模型是一种对象表征（Held et al., 2006），至于主体是否有意识并不是关注的重点，"意识"概念能否成为科学概念是存在争议的（欧文，2018）。而且，在笔者看来，意识与智能是两个完全不同的东西，其所指也不同。进一步说，意识不必然产生智能，智能也不必然需要意识。如果意识必须是生物现象，智能则不一定是。换句话说，智能的产生不一定需要意识，或者说，在智能的形成中意识仅仅扮演了"脚手架"的角色。

二、认知探寻性

如果说认知是基于生命的，那么生命体的一个重要特质就是能动性，能动性的具体表现就是认知探寻性。也就是说，探寻发生在行动者和生命体的世界。归纳、演绎、溯因等推理，是在生命体及其能动性的框架中进行的。在面对不确定的客体或现象时，做假设进行探寻是人类的天性，难怪科学哲学家波普尔认为科学研究就是猜想与反驳，认知过程就是先形成假设然后进行检验的过程。皮尔斯提出的溯因（abduction）就是从已知结果寻找未知原因的假设推理过程，这一现象在科学研究中是最常见的，因为我们常常遇到的是某种现象或结果，它们发生的原因是什么我们并不清楚，这就需要探索。在笔者看来，整个医学科学就是溯因的科学，因为它根据症状（结果）寻找病因（结果）。根据溯因概念（阿丽色达，2016：21-26），理论或观念的发生就是假设的形成，也就是通过提供一个支持观察的背景，溯因不仅将观念与现实联系起来，也将观念与问题解决中的归纳、演绎功能联系起来（关于溯因的适应性表征见第二十五章）。因此，溯因概念产生了人类信息处理和推理的认知模型，该模型反过来构成了人类的决策和行动的基础。

然而，在溯因过程中，我们假设的范围会受到溯因推理的影响，因为在此过程中，我们将看到的客体作为某物总是预设了某些理解的语境，此语境规定了关于客体关系的核心倾向，如归纳推理被置于一个有根据的语境中，归纳推理不是任意的，演绎推理也不是遥不可及的，它们均被结合在溯因的语境中。根据语境同一论，语境是理解特定问题的基底，即任何理解都是不能超越其语境的。我们的推理受限于事件的取向、被探索客体的种类，譬如是天体还是动物，是天体就是天文学的范围，是动物就是生物学的范围。各自的语境是不同的，所使用的方法也是不同的。因此，语境在理解认知能力方面起到基础性作用，认知是基于语境的。

三、认知具身性

当代具身认知科学认为，认知植根于行动中，行动是根据境遇不断调整的。从语境论来看，思维过程必须被置于行动的语境中才能被理解，被置于与他人的相互交流中才能被理解，这与实用主义主张认知被嵌入行动的组织中才能理解的观点是一致的，这就是为什么说实用主义是语境论思想的主要来源（魏屹东，2010b）。按照具身认知的观点，认知不仅仅是大脑的功能，也是根植于感知运动的身体的功能，或者说，认知系统不仅仅是脑皮层的功能，它是头部甚至整个身体特有的功能。

不过，"具身认知"相对于身体外的环境来说，仍然是一种认知内在主义。这种观点只是将认知延伸到相对于大脑的身体。若将认知看作是整个人包括脑和身体的功能，这种认知显然仍是一种内在主义。相对于认知系统的环境在认知过程中是不可或缺的，因为认知作为系统就是相对于环境来说的，没有环境范畴也就不会有认知范畴（关于认知系统与环境的关系见第七章）。在更深层的意义上，认知的特性是在自然和文化的语境中彰显的。人类说到底是自然进化的产物，文化是人类与自然互动的产物，所以应先有自然而后有文化。或者说，自然概念源于生物学，文化概念是由我们的认知能力衍生出的，这两个概念是相互纠缠在一起的。我们不能简单地认为自然概念是人类进化出来的文化的产物。我们的空间、时间、因果、物质、心智、语法结构等范畴，是我们的心智发展出文化的前提条件。因此，自然进化出心智是适应性的和解决问题的。

四、认知社会性

如果我们坚持认知是适应性的和解决问题的，那么适应性和解决问题就一定预示了认知会延伸到社会环境，如身体语言——眼神和点头的动作等是特定情境中的，其中社会因素起重要作用，如点头（同意或赞成）和摇头（不同意或不赞成）的含义的社会约定。这表明认知系统不仅是内在的（生物的和生理的），也是外在的（社会的和文化的）；不仅是语言的，也是非语言的；不仅是嵌入的，也是延伸的。它是一种混合系统，其中认知灵活性是我们解决问题倾向的认知能力的核心属性（Mithen，1996）。

生物进化史告诉我们，人类解决问题的能力总是适应性的，比如猜想-反驳这种自我修正的认知过程,它是一种试错法,而试错的过程就是不断自我修正的过程。我们常说的"失败是成功之母""向错误学习"就暗含了一种适应性。在这个试错的过程中,人通过感觉系统从环境吸收信息,通过经验感知构造世界,经验在其中是不可或缺的,它是我们确认真实世界的途径。经验从来不是先天的,它是后天适应性的。"在生物学语境中,问题-解决总是适应性的。如果一个动物不能看见客体,它会通过别的感觉如听觉和味觉来补偿。"(Schulkin, 2009: 29-30) 比如盲人的听觉通常比常人要好就是为了适应环境。因此,身体的补偿机制就是适应性机制。

五、认知抽象性

人类学研究表明,人类天生具有分类、归纳和概括的能力。如果说对自然的概念化是人类认知能力的一大飞跃,那么符号表征的出现就使得人类的概念化能力发生了质的变化,人类从此进入了意义的世界。或者说,人类从此以负载理论的方式看待世界,以语言的形式理解和解释世界。

从文化或理解世界或自然的视角看,人类概念化世界或自然有很长的历史。在自然进化的压力下,人类通过社会化发展出各种认知能力——范畴化(分类生命与非生命体)、概念化(给客体命名)、推理(从已知条件推出结论)、创造神话(编故事)、做假设、解决问题、检验,等等。这经历了一个由制造神话到理论化的文化进化过程。例如,人类早期制作的洞穴画(各种动物形象),象形文字就是由此发展而来的,最终发展为符号文字。这种由视觉表征到符号表征的变化,表明人类的智力发生了质的飞跃。人可以闭上眼睛进行思考,可以自由想象,创造出许多"人造物"(工具发明和理论建构),科学就是符号表征的产物。所以,符号本身就是交流共享的知识的形式,通过符号表达的思想遍及我们的推理之中,根植于我们的文化之中。

显然,使用符号的能力的确是认知能力的标志,它不仅反映在神话故事的结构(情节构造、结局方式)中,更反映在语言的细微差异(象形文字与符号文字)上。符号作为认知工具能够使我们征服自然,预设某些条件的存在,如时空、引力、暗物质来解释自然,而其他动物只是本能地适应自然。当我们将符号表达用于新的客体时,我们就同时延伸了生命性和能动性,也就是说,符号表达贯穿我们的理解当中。事实上,舒尔金所说的灵性概念已经加载了符号的意义。这并不是说灵性的发生意味着大脑中包含了符号表达的思想,而是说使用符号的能力是一种适应性,一个进化的故事。因此,"在操作符号的过程中,人类让环境中的客体进入一个概念框架,从而产生意义"(Schulkin, 2009: 31)。人类发展史表明,符号表征出现在人类的早期,如原始宗教中的各种动物图腾,早期人类表征自己使用或遇到的客体并试图理解它们。图腾就是符号,它们表征不同的对象,最终会上升为一个民族的信仰,如"中国龙"。

总的来说,人脑就是为解决问题而进化的,认知系统遍及整个神经系统,并支持所有人类的活动。认知加上文化环境设置了人类表征的语境,我们的心智和我们创造的工具相互进化,共同促进人类智力的发展,如科学仪器促进了科学的发展和知识的增长。

第三节 认知系统:创造性和自我理解的统一

人类是生物体,这是不容置疑的。人类基因组计划已经破解了人类基因遗传的分子组成成分。这等于在生物学水平上重建了我们是谁,说明了人类进化的生物物质的细节,进一步验证了达尔文(C. R. Darwin)和孟德尔(G. J. Mendel)的理论。整个人类基因结构的描述是生物学上一次革命性事件,正如爱因斯坦对牛顿物理世界的重构一样。然而,这一具有革命性的成就并不能解释人类的意识和心智现象。

假如我们将基因或基因组合看作一个智能体或智能组合体,其行动能否说明更高层次的心智和认知现象?我们知道我们是生物体,是由基因组成的,我们也知道我们有意识和期望,也知道他人有意识和期望,但基因层次的原理能够说明意识和认知行为吗?这些层次之间是如何互动的?生物组织的人脑如何就产生了意识和心智?迄今的生物科学、认知科学、认知神经科学包括脑科学还不能给出令人信服的合理说明。这就给意识和心智现象蒙上了一层神秘的面纱。

然而,一个不可否认的事实是,意识和心智现象是寓于我们身体的,没有身体就不会有意识和心智。这是传统哲学中一直坚持的观点,因为是人在意识、在思考,不是大脑,大脑只是思维的器官,正如是"我"在看,而不是眼睛在看,眼睛只是视觉器官。人在思维时,除大脑外的器官如心脏等也会对认知(思维)有或多或少的贡献。比如我们的心脏供血不足,我们就会感到头晕,这势必影响思维效果。目前认知科学中的具身认知纲领之所以强调认知的具身性,主要是针对人工智能中的离身认知的观点,即智能机是不需要身体的。在笔者看来,认知或思维本来就是人作为整体的功能,而不是人体的哪一部分特有的功能。虽然眼睛有看的功能,大脑有思考的功能,各个器官都有各自的功能,但不能因此而忽视每个器官与其他器官的协作功能。在治疗的意义上,人体是可以分离的，如换心脏、换肾，但在认知的意义上，人体（主要器官）是一个不可分割的整体①，即使将来有一天医学技术发达到大脑也可移植（即换脑术）了，也不意味着意识和心智也可移植。尽管如此，我们理解和创造生物体的取向，以及理解他人具身状态的神经支撑物的取向，离不开现代认知科学和生物学的成就。生物学使我们能够区分有生命和无生命的东西，认知科学使我们认识他人的信念和期望以及个人认知的历史。这两方面蕴含了一个相关的但明显不同层次的适应性——生物的适应性和认知的适应性。

舒尔金认为生物学和认知科学取得的认知成就有以下四个方面的作用（Schulkin，2009：2-15）。

第一，有助于创造和理解活的东西。像现在我们能够通过注射疫苗预防各种疾病，如百日咳、流行性感冒、小儿麻痹症等，设想有一天我们可通过注射基因试剂治疗和预防今天不能根治的疾病，如癌症、糖尿病、获得性免疫缺陷综合征（艾滋病）、严重急性呼吸综合征（SARS）等，那将是病理学上的一场革命，也是一场认知革命。这个设想并不是科幻场景，而是科学的事实。因为基因治疗和相似的方法论将被用于囊性纤维化（遗传性胰腺病）、癌症、血友病等疾病。这种从基因层次治疗疾病的方法，不仅从根本上将人类从疾病的折磨中解脱出来，而且创造了我们的生物组织。这是将信息处理方法与分子生物学结合的产物。

第二，有助于理解自我中心主义（孤独症②）和他人的行为。人类是一种偏爱认知地预测他人和他物行为的物种，探寻似乎是人类的天性。这就是前面谈及的能动性和灵性。按照舒尔金的用法，能动性是与我们的信念、期望、喜好和目标、个人历史和历史遗产相关的；灵性与能动性相关，但不相同。两个概念的不同之处在于：某些活的东西不必是一个智能体，反过来，一个智能体不一定是活的东西，如智能机。当灵性概念被用于能动性概念时，它有多种意义。从某种活物到一个智能体的转换包含两种意义：一是信念、期望和目标的例示；二是个人历史的例示。舒尔金使用这两个概念来说明我们理解世界的方式，并与我们确定事物的不同属性的能力相关联。在舒尔金看来，人的认知系统具有皮尔士的实用主义所称的天生的探寻倾向，那不是笛卡儿所指的某种分离的、不相干的裁决者，而是关于适应性和行为的系统。这种系统被进化出来就是为了认知我们周遭环境的意义、解决我们面临的问题的。这就是实用主义所说的自我-修正探寻。现在看来，我们人类既不是笛卡儿式的在真空中思维的

---

① 这里说的人体是指构成人的主要器官（大脑、消化系统、呼吸系统、神经系统），少了其中一个人类都不能存活。少一只胳膊或一条腿虽然会让人行动不便，但并不会影响学习和思维。

② 也称自闭症，多见于儿童，以男性居多。病因尚不明确，可能与遗传、孕期、免疫系统、神经内分泌和神经递质有关，表现为语言障碍、社会交往障碍、兴趣缺失、行为刻板等，极少数有智力障碍。

机器，也不是洛克式的经验主义的白板。我们有许多种类的认知器官，它们支撑着"具身经验"，用皮尔士的术语说就是"活经验"，当代认知科学称为"具身认知"。根据舒尔金的看法，我们的认知进化是通过能动性和灵性这两个范畴跨越生物的和社会的互动得以显现的，像孤独症这样的认知功能弱化也反映在人类病理学中。孤独症严格说就是能动性和灵性的减小，不愿与他人交流，不愿融入周围的社会环境，但其智力如解决问题的能力并没有减弱，也几乎没有生理上的损伤。因此，孤独症的治疗通常是通过让患者与他人沟通（即通过信念和期望的归属分析，了解他人的社会空间），让其融入一定的社会情境来进行的，即通过教育与训练，尝试通过信念与期望的归属理解他人的经验[①]。这种治疗方法笔者称为"哲学疗法"——找回缺乏的自我意识，如信念、期望，树立与他人交流的信心。

第三，有助于运用认知和自然偏爱去发现自我-驱动运动。人类是善于分类和计算的物种。要理解我们的心智是如何工作的，就需要理解关于某物的倾向（意向性），这就是所谓运动的自我驱动感（Premack，1990）。根据这种理论，大脑的不同和重叠区域可能模块化自我-驱动行为的感知，与作用于另一个区域的行为相反。各种脑成像研究已经表明，不论某物作为自我意图和自我驱动是否被察觉到，在激活大脑的不同区域过程中它都是一个重要变量，如右中间前脑回、左侧颞上沟（Blakemore et al., 2003）。

第四，有助于弄清探寻、怀疑和不确定性的关系。从实用主义视角看，一个具身心智寻求连贯性，适应变化，丰富感觉运动功能和脑皮层功能，这对于适应性认知系统特定的刻画是重要的。具体而言，当进化的大脑与一组认知偏好比较时，每个经验都是一个运动力，认知偏好倾向置身于语境、灵活性和关于目标的感知具身性中，这对于行为的适应性是至关重要的。探寻是我们想知道的一个自然结果，自我修正探寻需要受制于感到的不安全性和不确定性，这些不安全性和不确定性不只是我们的过去，更是不可能根除的我们现在语境中的无穷的活事件。在这个意义上，实用主义，包括詹姆斯、皮尔士、杜威、米德以及后来哈恩的，都是语境论的不同形式，都注重行动、事件发生的语境依赖性和敏感性（魏屹东，2012a：63-66）。

总之，我们人类来到这个世界就是准备学习、探寻和建立理论，如科学理论，这是人类的天性使然。接下来我们探讨认知适应性、认知目标和认知探寻过程之间的关系。

[①] 孤独症的治疗主要是通过训练干预方法，包括交流、教育，但严重时也常辅以药物治疗，如使用中枢兴奋药物、抗精神病药物、抗抑郁药物等。

第四节　认知适应性：认知与目标的具身耦合

认知行为不是凭空产生的，它一定是在某个适应和行动的语境中发生的。按照实用主义的说法，一个认知行为不可能不是由先前的认知决定的，行动的组织性特征是认知系统特有的。杜威主张，根据有生命和无生命体认识目标的类别和活的经验是认知系统的两个本质特征（Dewey，1989）。这意味着认知作为探寻活动发生在智能体和活体的生命世界，这排除了非生命世界发生认知行为的任何可能性。这与塞尔关于意识是生物现象的观点极为相似[①]。斯库尔金所说的能动性和灵性也是基于意识的认知系统的特征。虽然人工智能系统也是一种认知系统，但与人的认知系统相比，它虽不缺乏智能，但缺乏灵性。这就是两种认知系统的根本差异。正是能动性和灵性这两个特征，支撑着我们的推理和我们理解周围事物的能力。我们推理、演绎、归纳或溯因事件，依赖于这个背景框架。

这意味着，在这个背景框架下，认知包括各种推理，均是智能体驱动的、目标引导的过程。特别是溯因推理，更能体现这些特点。溯因推理[②]是皮尔士创造的一个术语，用于描述假设的形成，即由结果推出假设的过程。根据皮尔

[①] 这是塞尔关于意识的生物自然主义的主张，他认为所有意识状态都有三个共同特征：内在的、质性的和主观的。"内在的"是说意识状态和过程是在身体内部特别是大脑中进行的，意识不可能脱离大脑而存在；"质性的"是说对于每一个意识状态，都存在一定的感知方式，都有其特有的质的特性，就是内格尔所说的"它像什么"的某种东西；"主观的"是指它总是由人类主体或动物主体体验的，即具有所谓的"第一人称本体论"的性质，也就是"我"的意识状态只能以某种方式由"我"而不是由他人来体验（塞尔，2001：41-42）。后来塞尔将这种生物自然主义做了进一步的修改和补充，将其主张归纳为四个论题：①意识状态（包括其主观的、"第一人称"的本体论特征）是处在实在世界中的实在现象；②意识状态完全是由大脑中的较低层次的神经生物学进程所引起的；③意识状态是作为脑系统的特征而实现于脑中的，因此它们是在一个比神经元与触突更高的层次上实存的；④因为意识状态是实在世界的实在特征，所以它们是以因果方式来发挥功用的（塞尔，2008：101-102）。

[②] 溯因的逻辑结构一般为：①观察到事实 C；②如果 $A \to C$ 是真的；③那么有理由认为 A 是真的。A 是要推出的假设，C 是其结果或事实。笔者认为，溯因推理是科学和医学中最常用的。比如医生诊断的过程往往是溯因的过程，因为医生一开始面对的就是患者的症状（结果或事实），医生要根据病症（结果）找到病因（原因），也就是从结果找原因。有丰富医学知识和丰富临床经验的医生，往往比新手医生更能准确及时地找到病因，其中的道理是很明显的，这就是语境依赖性。会诊的过程本质上是将不同学科的医生的知识和经验汇集起来，形成一个更大更丰富的语境，从而更有利于找到病因。科学研究也是这样，从所观察到的事实或现象找到产生这些现象的原因，从而形成解释性理论，如伽利略从落体现象发现了自由落体定律。从构造假设开始推出结果的推理过程，与从结果找到原因的推理过程相比要少些，比如相对论，在没有得到验证前，它只能是一种假说，还不是严格意义上的理论，因为理论是要经过严格检验的，所以相对论最初并不被认可，逐渐得到检验后才得到科学界的承认。

士的看法,一个假设的形成可能需要三个条件:满足解释性、可检验性和经济性(阿丽色达,2016:27)。解释性是说一个假设必须是能够给出合理说明的,而不是随意的猜测,如宇宙大爆炸假说;可检验性是说它必须是经验上可验证的,即能够给出经验证据,如明天会下雨,事实上下了雨,地是湿的(不是人为洒水);经济性就是简单性,即一个假设不能太复杂,越简单越好,如万有引力假设、光速不变假设。溯因过程就是目标引导的探寻过程,其中包括了假设、推理、检验等步骤,而这些步骤都是人做出的,因而是智能体驱动的。溯因的最终目的是解决问题,因此我们可以得出结论:认知的核心就是解决问题,或者说是问题导向的。

对于我们人类来说,分类是一种本能或天性,比如儿童天生就能够分清活的与非活的东西。或者说人类是会分类的物种,并能将事物范畴化,即给事物命名,比如生物学家林奈(C. Linnaean)给各种自然类——动物和植物分类命名。在知识获得的意义上,这是一种由指号驱动的表征发展起来的使用符号表征的能力,也就是通过某种符号包括自然语言和形式语言来呈现目标客体意义的能力。同时,人使用符号表征形或概念之间的连贯性,寻求内在于目标客体的稳定的、本质的属性,并将它们组织起来形成理论,所有理论无一例外都是这样形成的(至少都是通过某种符号表征的)。

如果认知的核心是解决问题(目标),那么认知系统就是目标取向的,目标就是认知投射的靶子。形象点说,认知作为探讨过程,就像射击训练过程一样,是瞄准靶子的,射击者使用的工具(枪、弓等),如同研究者使用的仪器和语言。这个目标取向的认知,笔者称之为"射击隐喻"[①]。两种类型的不同在于,认知过程创造概念范畴,而且所创造的范畴依赖于背景理论,其中包括许多组织原理,如桥接原则、剃刀原则等。

在笔者看来,目标取向的系统一定是认知适应性系统。原因并不复杂。在认知过程中,我们一旦选取了目标(问题),就会围绕目标想方设法达到它(解决问题),其间会遇到各种意想不到的困难,如不确定性、偶然性等,这就需要认知者及时调整研究策略,以适应变化的环境。还以射击为例,在射击运动中,运动员要根据靶子的位置、距离,现场的氛围甚至自己的呼吸速率和心态及时调整,才可能射得准。特别是在户外移动靶子的射击中,对射击者适应性能力的要求更为突出,这要求射击者不仅要随着移动的靶子及时调整,还要考虑风速和风向,这一过程特别凸显了身体的敏感性和协调性。这种射击过程就

[①] 该隐喻是要说明,认知行为不仅是目标取向的,更包含了达到目标的方式(用什么去射击,击中什么目标),虽然它具有意向性的特征,也可用意向性概念加以说明,但意向性只是隐含了"指向性和目的性",没有涉及工具性。这是笔者提出"射击隐喻"的原因所在。

是运动员不断调整、适应的过程,其中身体敏感性起到核心作用。目标取向的认知过程与此类似。在认知过程中,对目标的感知是根植于认知者身体的,特别是大脑。这就是认知的具身性和目标性的统一。

可以说,没有目标的认知,就好比射击没有靶子,就不能形成认知过程。同样,没有认知者更谈不上认知了,即使有目标,就好比有靶子没有射击者。在这个意义上,我们的认知功能适应性反映了身体敏感性的不同形式,这在大脑的解剖结构中得到了验证,譬如感觉运动属性就是我们认知能力一个深层部分(Lakoff and Johnson, 1999)。比如,我们困惑于一个难题时,久坐可能是最差的一种状态,此时出去散散步、聊聊天、松弛一下,就很有可能跳出固有的思维模式和局限,在遥远的概念之间建立新的联系(产生灵感或顿悟),从而找到问题的解决办法,这也是创造力的真谛①。因此,认知系统是感知的特有组织形式,而感知是行动的核心,因为没有感知能力,我们就不能行动,就同无生命物无异了。因此,对于人的认知系统来说,具身性是一个不可或缺的前提条件。

具身性如前所述强调认知与身体的不可分性,即认知完全依赖于身体,非身体的认知是不可能的②。按照舒尔金的理解,它是非笛卡儿意义上的,即对于目标客体的表征,不论是有生命还是无生命的,都不是孤立的,而是植根于行动的组织和人类的经验中。表征并不把我们与客观世界分离,相反,它是通过认知系统将外部世界纳入活的认知过程。莱考夫和约翰逊认为认知系统根植于行动,认知适应性可以被理解为如下9个方面(Lakoff and Johnson, 1999):①思维即感知③;②知道即眼见;③表征就是做;④交流即显现;⑤搜索作为知晓;⑥想象作为活动;⑦试图获得知识就是搜索;⑧有意识就是注意;⑨从一个视角知道就是从一个观点看见。这些方面都关涉具身性。比如,思维必须在行动的语境中被理解,在他人的交流中被理解,而行动本身是基于身体的,由

---

① 这说明运动能激活或改变我们的创造力。思维可能遍布全身,如舞者是用身体姿态来思考的(贝洛克, 2016: 46-58)。

② 关于具身认知存在一种强具身心智论题,该论题主张我们人类的具身的具体细节形成了我们的现象特性和认知特性。不可否认,这是一个有吸引力的观点,但这种观点面临许多挑战,其中包括三个错误观念需要澄清:第一,它违背了心智的多重可实现性假设,如智能机的认知无须身体;第二,它不能适应于心理表征,如心理表征不是身体的行为;第三,它与延展心智论题不一致,因为根据延展心智论题,心智的延展不仅超越了大脑,而且超越了身体,也就是可以延展到社会领域(Dempsey and Shani, 2015)。

③ 我们的思维作为认知是基于意识的,而感知或知觉是认知系统如大脑产生心智或意识的生物学前提。然而,在进化序列中最早有意识的生物是什么我们不得而知,但是我们知道没有感知的东西如石头、植物,是没有意识和心智的。因此,感知能力可能是意识或心智开始的地方。而且一个普遍存在和被承认的事实是,我们有心智,这种心智有意识、能表征,所以意识和表征是判断心智的两个标准,或者说是构成心智的两个要素。至于感知为什么是心智开始的地方,这可能与生物体必须通过感官接受外部信息然后才能在其大脑中加工信息进而形成知觉有关。

大脑控制的。这与实用主义的主张——认知系统被嵌入行动组织中——极为相似,也与语境论的"在历史语境中行动"主张相一致(魏屹东,2012a:33)。在这个意义上,"具身认知"不外乎是语境论在认知科学中的一种表现形式。

显然,认知的具身性也同时蕴含了语境性,即认知活动是与认知系统之外的环境因素(自然的、历史的、文化的、制度的)相关的。自然是我们赖以生存的天然环境,文化则源于我们的认知能力。这两个概念是相互缠绕的,没有自然的概念当然不会有文化,也就是说,文化是基于自然的。我们不能简单说我们的概念和范畴仅仅是在文化中进化出来的,没有生物的进化就不可能有文化的进化。这是非常明显的事实。当然,生物进化完成后,文化进化在认知发展方面就起主要作用了,比如时间、空间、因果等范畴以及语言就是文化进化的产物。语言的形成与发展促进了人类的认知发展,这也是不争的事实。这说明认知也是进化的,进化就意味着它不仅在生物学语境中是适应性的,而且在文化语境中也是适应性的。我们不断学习新的知识,就是为了适应变化的环境,如老年人使用智能手机、微信支付等,就是"与时俱进","与时俱进"蕴含了适应性。

符号表征的出现是人类概念能力在进化上的质变。动物如类人猿虽然也有适应能力,但没有进化出符号表征能力,因而它们无论多么聪明,都无法与人类的智力相提并论。这种理解抽象符号意义的能力只有人才有,它就是舒尔金所说的能动性和灵性。在舒尔金看来,灵性的概念充满了符号象征的意义,这种使用符号的能力是一种适应性,一种进化成功的叙事。在操作符号的过程中,人类将环境中的客体嵌入一个概念框架,这个概念框架反过来赋予客体以意义。正如卡希尔(E. Cassirer)认为的那样,符号的使用是"人类生命的一个显著标志",它提供了人类认识"实在的一个新维度"(Cassirer,1978:24)。因此,符号本身成为人们分享知识的形式,符号表达的思想不仅根植于文化中[①],也普遍存在于我们的推理和计算中。

总之,人类认知的目标是解决问题,认知系统是人特别是神经系统的功能,它支撑和控制我们的所有活动。认知过程不仅依赖于大脑,也根植于人类文化。进而,我们的心智和我们发明的工具共同进化。

[①] 符号的第一要义就是象征,象征是一种用视觉图像即符号来表达某种思想。比如火,不仅象征太阳,也象征"红红火火""蒸蒸日上",象征着积极的生命力量,象形文字"火"本身就是符号。象征符号不仅普遍存在,从图像到宗教仪式,再到神话传说,而且形式多样,既有自然类的,也有人类创造的,从古老的图腾到建筑、装饰品,到现代的交通标志,再到象征国家的国旗、国徽等。

第五节　认知境遇：不确定性和适应性的互补

我们居于其中的世界是复杂的、不确定的，我们要生存就必须适应这些不确定性。正是存在不确定性，我们人类才有了适应能力。在这个意义上，不确定性和适应性不是对立的，而是互补的。前面我们已经谈及，解决问题作为认知的核心根植于与我们耦合的环境条件。或者说，认知发生在与他物和他人的互动中，这不仅是实用主义的核心主张，也是一种实践哲学和行动哲学[①]。换句话说，认知过程发生于我们适应的、耦合的、产生意义的生命世界。

第一，自然生命作为进化的语境，是认知的源泉。进化论为我们提供了认知的初始条件，即认知首先是基于生命的，无生命的东西如石头不会有认知（智能机的认知功能是人赋予的）。根据进化论我们还可以推知，意识或心智也是基于生命的，认知又是以意识或心智为前提的，于是，进化论就给出了这样一个链条：生命→高级动物（特别是人类）→意识（心智）→认知（思维）→知识。认知是解决问题的推理过程，包括操作符号和使用语言，其结果是形成知识或理论。生命之前的环节是什么，或者说生命是怎么来的，这个问题和宇宙的起源、意识的形成一样，仍然是之谜。这是人类迄今仍然不能给出科学合理说明的三大谜题：宇宙起源、生命起源和意识发生。比如大爆炸假说，尽管它为科学界所推崇，也有一些证据可以佐证，但仍然还是假说，因为它无法回答大爆炸前的宇宙状态（这个秘密可能是宇宙中的人类永远不可能知道的，就像我们肚子里的蛔虫永远不知道外面的世界一样）。自人类从动物分化出来后，我们的祖先对自然的理解不外乎两类：活的和无生命的。活的东西如何从无生命的物质中产生，我们如何有了意识，等等，这些问题形成了此后一个个科学领域——生物学、物理学、化学、神经科学、认知科学等。但无论产生多少科学知识，一个无可辩驳的事实是：这些成就都是活的、有意识的、有认知能力的人类产生的。

第二，社会联系作为交流语境，促进了认知表达。人类是社会性动物，人与人之间的交流与沟通建立了原始部落以至后来的国家，最终形成了我们称为文化的东西。在互动中人类不仅制作了各种有形的工具，如刀、箭，而且产生

[①] 实用主义（pragmatism）源于希腊文 pragma，其原意是行动、行为，实用主义者大多强调行动、行为、实践在哲学中的决定性作用，即主张哲学应该立足于现实，将确定的信息作为行为的出发点，把采取行动作为谋生的主要手段，把开拓、创新看作基本的生活态度，把获得成就看作生活的最高目标，因此，实用主义通常也被称为"实践哲学"、"行动哲学"和"生活哲学"（涂纪亮，2009：15）。

了无形的语言。语言的使用与传播，不仅提升和扩展了我们的认知能力，也彻底改变了我们的认知表达。而认知能力提升和扩展的过程，也是我们的认知适应能力发展的过程。正是将认知扩展到更新奇的领域，我们的认知功能才增强了。认知扩展的一个关键特征是整合世界的不同方面，诸如社会智力、技术能力、自然知识的不同表达、变化环境中的语言使用等（Mithen，1996）。有许多证据表明，社会互动与大脑的新皮层扩展相关（Dunbar and Shultz，2007），这更说明了社会交流对于认知能力提升的作用。

  第三，对不确定性的预测和探寻，强化了认知理解。人类进化的历史表明，现代人距今不过5万年，与最初生命的形成相比，时间要短得多。但那时的人类不仅能够区分活的和无生命的物体，也能够区分熟悉和不熟悉的环境，这种区分是基本的认知能力，包括期望和信念，并将这种期望扩展到他们探寻世界的各种方式上。这些方式与人类对不知道的事物的恐惧相关，比如对他们不理解的自然现象雷电的恐惧。由于对不确定的、变化莫测的自然现象的恐惧，于是神秘故事出现了，这可以用于抚平人类对这些视觉表征的恐惧，并有助于人类对不确定性的探讨。也就是说，古人通常是将神话故事与人类的活动联系起来，用神的秩序映射人类的秩序，即神的世界就是人类世界的反映，如《西游记》中描述的神仙世界与人类社会的世界基本是相同的，神仙们都是从普通人修道成仙的，如中国人熟悉的"八仙"。在笔者看来，这种神话故事就是古人探寻世界的主要认知方式，因为那时还没有什么技术手段可让人类认识自然世界，必然会设想一个或多个人类之外的精神主体（神）的存在，这就不难理解为什么不同的民族有不同的神了。神话故事意味着语言的出现和发展，意味着人类的教育、仪式化、想象力和认知能力的发展。即使是口口相传的故事（书写文字还没有出现），不仅起到了学习和教育的作用，更起到了文化承认的作用。事实上，神话故事本身就是古人对自然世界的概念化表征，是对不确定性的一种基本认知方式。洞穴画的发现表明，古人有了艺术形式，通过这种符号化（图画）表达他们对自然世界的认识和理解，特别是在宗教仪式或祭祀活动中表现得尤为突出。

  神经科学的研究表明，不确定性越大，或者期望越低，大脑前额皮层和扣带回皮层的激活越大（Critchley et al.，2003）。这说明不确定性与神经系统是有联系的，特别是人类面对突发事件或危险时，这些事件会刺激大脑的激活，比如我们对亲历的突发性事件如地震的记忆特别清楚，对震动特别敏感。反过来，倾向于减少自主表达的语境也倾向于减少对不确定性的回应（Damasio，1996）。因此，自然世界的不确定性刺激了大脑的进化，从而提升了人类的认知和理解能力。这一基本事实已得到进化论、脑科学和认知科学的确认。一个不可否认的事实是，人类进化出的大脑可以思考事物的意义，猜想、假设并给出其所有可能的解释,如各种假说和理论的出现。在这个意义上,与确定性相比,不确定性更能促进认知包括记忆的发展。比如,我们对过去事件的回忆,记住的大多数是受到相当程度的刺激的事情,如小时候受到老师的严厉批评,遭遇突发事件如海啸等的记忆。因此,我们要重视不确定性,尽管我们在研究中要尽可能找到规律性而避免不确定性。

第四,对环境的稳定性与变化性的理解,提升了人类经验的能动性和适应性。人类认识和改造世界的期望意味着我们相信我们是变化的主体。自人类文明始,人类就思考着这个自然世界(生命之母),适应她,琢磨她,探讨她。这个世界既是不断变化的,如赫拉克利特(Heraclitus)所认为的,变化是永恒的,变化是这个世界存在的核心;巴门尼德(Parmenides)则认为,世界是静止的,现实是不动的,变化就是灾难,是堕落的开始。其后,关于世界是变化还是静止的争论一直不断。辩证地看,两种看法都有道理,比如人们每天看到太阳的升落,也看到地的不动。这是人类的两极认知的体现——普遍存在的流动性和永恒的稳定性。这两方面是我们每时每刻都在追求的东西,比如稳定的收入和工作、安全健康的永恒,同时渴望不断提升自己,如职位、收入的提升。人们总是希望在稳定中求发展。由此看来,稳定性与变化性不仅是自然世界的两个基本特征,也是人类认知发展的两个重要方面。

在认知过程中,我们总是对新事物和意外惊奇充满好奇心,总是用已知的、熟悉的方法探讨新的东西。这是我们认识事物的基本规律,因为理解和解释总是用已知的知识去说明未知,相反则不成立,就像时间之箭从过去到未来一样。笔者称此为"认知的不可逆规律"。由于这一规律在起作用,我们就必须预先计划,学习已有知识和经验,然后探讨未知。在探讨未知的过程中,我们的经验不是被动地去适应,而是主动参与其中,通过观察、假设、检验、修正来展现认知的适应性和探寻性。这是因为经验与自然是在特定语境中和谐地存在的,"在这种语境中,经验乃是达到自然、揭示自然秘密的一种且是唯一的一种方法,并且经验所揭露的自然(在自然科学中利用经验的方法)又得以深化、丰富化并指导经验进一步地发展……"(杜威,2015:9-10)因此,随着我们对自然世界认知的加深,我们逐渐认识到不确定性是世界本身固有的,而不仅仅是我们认知过程的不确定性造成的。我们的计划就是尝试控制和预测未知的设想。在科学研究中,人们设计实验就是为了在一定范围和程度上控制目标对象,这就是控制性实验。控制的目的是要达到稳定性,减小不确定性,找到某些规律性的东西。未知现象在时间上是指向未来的。这种未来取向说明了我们的意向立场,即目的性。或者说,认知是目的取向的,目的就包含在行动中。比如我们要生存就要生产粮食、建造房屋等,这些都是有目的的生活,也是行动适应性的,因为我们要适应生存的环境包括自然、社会和文化等方面。这种适应性行动可能包括多个方面——减少选项、增加费用、设立奖励、制定时间表、标记偏好、投资交易、归纳知识、增强某些技能等（Elster，1988）。人的适应性行动远不止这些。凡是我们能够计划的，都能够根据变化做出适当调整，比如要出差去海南三亚，我们就要根据目的地的天气条件增减衣服。

概言之，稳定性和不确定性是人类的基本认知方面。稳定性使我们能够发现世界变化的规律，不确定性使我们认识到世界的本质，进而促进了我们的认知能力。对自然世界这两方面的辩证理解，进一步提升了我们探索世界的能力。

第六节 认知历史性：时间和记忆的显现

我们说人是社会性物种，同时也是历史性物种。因为我们是进化的产物，进化蕴含了历史性。比如我们有时间感，这是一种生而具有的"生物钟"（节律感）。我们不仅使用这种内生于我们身体的"钟"，也将它扩展到外部的自然世界——感知世界的变化和时间的流逝。认知的适应性就体现在这种时间和记忆中。

首先，认知历史敏感性源于过去的生物进化和文化的积淀，这导致了我们对时间的感知和对过去事件的记忆。按照实用主义者詹姆斯的理解，记忆，像意识一样，并不是某种东西，而是一组适应性功能（James，1917）。这与认知科学和心灵哲学中的功能主义意识观一致，即主张心理状态是行为的内在原因，具有可多重实现性，通过不同角色彰显功能（布拉登-米切尔和杰克逊，2015：36-37）。人的认知作为一种意识现象，与记忆相关。记忆是储存在大脑中的信息，与储存在电脑硬盘中的信息不同。前者是陈述性记忆（可叙述言说）或语义记忆（有内容有意义），后者是程序性或片段性储存记忆（不可言说）[1]。也就是说，这里所说的记忆是基于意识的，认知是基于生命的，认知系统有记忆，非认知系统没有记忆但可能有储存如电脑的硬盘[2]。两种系统都是信息系统，都可以是大脑中携带的东西，如脑中的不同部分。

我们对历史的敏感性与我们的时间感（生物钟）相关。生物钟是生物体内在地产生的，并且是在自然世界的认知和生理适应性的环境中进化出来的，能

---

[1] 陈述性记忆与程序性记忆的区分主要是看其是否有意识。前者达到意识层次，更具有穿透性，知道"我"如何做某事，如人类，后者仅知道如何做某事，不知道自己在做事，如智能体。然而，在认知的意义上，前者并不比后者更具有认知特征，如操作符号的能力。计算机操作符号的能力或运算能力明显比人强。

[2] 在这里，记忆与储存是两个不同的概念，前者是基于意识的，是生物性的（碳基的），后者不是基于意识的，可以是非生物性的，如硅基的智能机。

随着白昼和季节变化，如动物的季节性迁徙，鱼类的产卵季节的洄游①。这样一来，时间感是内在于生物身体的功能②，而不仅是独立于身体的外在属性。我们理解动物行动的自发性，就等于在理解产生它们行动的不同的生物钟。我们因果地体验自然世界实质上是生物钟在起作用，因为因果性是有时序的，即有先后关系。也就是说，我们的能动感植根于自发生成的行动，我们的经验也源于这种自发的行动。或者说，经验是具身的，与时间感包括生物钟密切相关。这就不难理解为什么经验主义者会说历史是从经验开始的，科学也源于经验（一个观念世界），也就不难理解为什么有那么多哲学家关注经验，为经验辩护了（奥克肖特，2005：165-166）。

其次，认知历史性植根于心理记忆和文化传承中。与生物钟这种生物现象相比，认知历史性是基于文化的一种精神现象。文化现象是人类特有的，与心理学相关。在心理学的语境中，认知历史意识的关键是对时间和记忆的感知，比如预先计划、由过去的体验描述现在的感受等。不过记忆并不是一整块实体，而是事件的片段，明显的和普通的，这些片段有时可以形成连续的情景，这就是序列性的回忆。比如我们对小时候的记忆通常与面孔、食物和地点等相关联。那些明显的和普通的特点将记忆系统的不同形式组织起来。而组织记忆系统的机制是生物学和神经科学理论③，它们不仅提供了记忆系统的连贯性解释，也将不同的时间感联系起来。根据这些理论，认知系统是事件编码的基础，而编码的事件就是记忆，长时的或短时的。比如，一个记忆系统与构成我们个人经验基础的偶然插曲（片段）相关联，而其他系统记录文化性的词语和词目——一

---

① 动物如鸟类的季节性迁徙肯定与生物钟相关，但这不意味着它们有历史感，即它们不能感知它们的历史。生物钟几乎是所有有机物包括动物和植物都有的现象，这种周期性内在机制和外在地理环境在长期的进化适应性之中得到了协调。虽然鸟会有节奏地鸣叫，狼有强烈的社会性，猿类有领地意识，但它们并没有任何人类才有的历史感。历史感的形成很可能还与文化有关，而文化是除人类外其他动物所没有的。由此可以推知，虽然生物钟与时间感相关，但不必然与历史感相关，历史感的形成是生物钟与文化共同造就的，缺一不可。

② 生物钟与动物冬眠和性活动有关，比如春季和夏季，动物体内的睾酮和黄体激素的含量会升高，这正是动物繁殖的高峰期。

③ 现代认知心理学和脑科学的研究表明，人脑中不止一个学习系统，也存在着不同类型的记忆系统，包括长时记忆和短时记忆、隐记忆和显记忆、工作记忆、陈述记忆和程序记忆、片段记忆和语义记忆，这些记忆形式都存在于我们的记忆容量中。不同的记忆形式与不同的大脑区域相关，比如程序性和习惯性学习更多与大脑中的基底核相关联，而基底核本身与行动的组织相联系；海马体和颞叶更多地与陈述性记忆相关联，陈述性记忆更多的是个人的经验回忆；一些共同区域构成工作记忆、片段记忆、自传记忆和语义记忆的基础。这些区域包括丘脑、扣带回、前额和颞叶皮质区域，海马体和扁桃形结构。正是自传记忆反映了我们的能动感和历史偏好；海马体涉及短时记忆和时间感知，扁桃形结构被认为参与了负载意义的那些特殊记忆，如早期形成的情感经验。这些大脑区域对于有情感意义的记忆来说是必需的，它们以不同方式表征了某些重要的、要注意的和要记住的东西。比如，前额新皮质的激活在预先计划和整合过去的经验中起到重要作用。反映这些记忆系统的机制基本上是无意识的。事件的有意识和无意识编码在脑中来回反射，以便长期巩固记忆。

种人们生活和继承的更大语义空间（Tulving，2002）。记忆的序列构成了我们的历史，一种更大的、宏观的人类现象。正是记忆系统将我们过去的经验联系起来，我们才能想象和回忆，才能形成我们的历史记录。认知系统就建立在记忆系统的基础上。如果没有记忆系统，我们很难形成认知能力；如果没有文化传承，我们就不能产生我们的历史（历史事件被遗忘了）。在这里，文化是作为语境起作用的。语境在关联不同事件、目标客体或现象方面起到重要的背景支撑的作用。

最后，认知和记忆的扩展强化了历史敏感性。有研究表明，我们的认知系统的主要属性是拥有广泛的记忆系统，内在的和外在的（Donald，1991）[1]，外在属性毫不费力地融入我们的认知属性（Clark，1997）。这就是说，我们不断地将外部客体保存在我们的记忆中，但这样下去会增加我们的认知负担。为了减轻认知负担，我们会将记忆储存卸载到我们的环境上而进入我们生活的空间。随着认知负担的减轻，我们熟悉了我们周遭的东西。外记忆记录（exogram）是一个重要的适应性特征，它是对记忆的一个隐喻说明（就像将电脑中的信息储存在它之外的硬盘中）。比如我们学习了某些东西后，我们可使它们客观化（外化），并使其成为我们日常生活的一部分，如手机的使用，学会以后就成为我们的一部分，出行时刻也离不开了（购票、购物、导航等）。一个外记忆记录不断与世界互动，记忆也不断地同外部世界互动。这种互动的过程，在笔者看来就是适应性表征过程。

显而易见，人类进化中的一个适应性特征就是向外延伸，用哲学术语讲就是意向性，即指向外在目标客体的属性。指称他物就是向他物学习，人类在学习某物后，就创造了环境中的一个支柱来激活执行系统，如认识一个事件、一个人，学会做某事。记忆因此不总是严格存在于我们的头脑中，外记忆记录在日常生活中或许更为明显，并持续与内生的认知系统互动（Wheeler，2005）。这类似于认知科学中的延展认知。我们的认知世界有丰富的外记忆记录，它们承担指导行为的责任，并与内认知机制互动。正是这一过程塑造了我们的认知历史敏感性，而历史敏感性产生之时，正是文化开始之日。在这个意义上，历史敏感性不仅仅在于记忆能力，因为动物也有记忆能力，还在于文化的熏陶。最初的记忆只是历史敏感性的生物基础，文化才是造就历史敏感性的真正因素。我们的历史教科书（历史的经典叙事）教会了我们认识自然世界和人类本身的过去，并从历史中学到许多知识，如科学知识、地理知识、自然知识等。人类的历史或许是超越达尔文进化论的，因为它承载了太多的文化成分（信息），这是超越生物适应性的。如果说生物的进化是基于基因的，那么文化的进化或

---

[1] 唐纳尔德将记忆分为内记忆记录（endogram）和外记忆记录，并对它们的属性做了比较。

许就是基于信息的。

概言之，我们人类从进化产生了不同的认知系统，记忆是其中一种主要能力，有了记忆我们就有了时间感，进而通过与文化的结合产生了历史感。我们对历史认知的敏感性反过来又促进了我们的认知能力。所以，我们的认知系统不仅在自然环境中进化，更是在文化氛围中得以提升和发展的。

第七节 认知敏感性：学习与社会的互动

人类不仅是社会性物种，也是学习性物种。为了理解我们自己的过去、现在和不确定的未来，我们需要学习。学习作为认知活动主要有两种：一是通过观察、猜想、假设，自主向他人和经验寻问，这是一种自我校正学习；二是被教育，即通过训练获得知识，这是一种规范学习。第二种是我们成长进步的主要方式，我们从幼儿园到大学的教育就是明证。

第一，向他人学习是教育（训练）和文化熏陶的一种主要方式。学习是我们的一种天生倾向。根据表征重述模型[①]，儿童天生就会观察甚至做假设，儿童就是一个语言学家、物理学家、数学家、心理学家和符号创造者。尽管这种观点有点言过其实，但儿童的确会观察，对外界有强烈的好奇心，几个月的婴儿就有识别人脸的能力，有判断动的和不动的物体的能力[②]。观察的过程就是向他/她周围的环境汲取信息的认知过程，这是一种自主学习能力。按照凯里（S. Carey）的说法，如果成年人（父母或老师）对儿童加以引导和教育，就会释放儿童的认知能力，强化他们的基本认知硬件（大脑）的丰富性（Carey, 2004）。有研究表明，儿童有能力学习设计和做实验，提出假设和发展理论，进行各种

[①] 表征重述是卡米洛夫-史密斯（A. Karmiloff-Smith）针对福多的模块性理论提出的一种认知发展理论。她认为人类心理（认知）的各个方面都有其先天的基础，不完全赞成皮亚杰关于人类新生儿认知发展的后天建构论。这些先天基础在她看来是儿童对特定输入的注意偏向和加工原则。因为最初的偏向把儿童的注意引向某些输入，并建立某些表征。先天的原则制约着儿童对这些输入的加工，并决定以后学习的性质。表征重述模型试图说明，对于知识的意识通达的出现和对于儿童建立理论来说，儿童的表征逐渐变得可操作和灵活。它包含这样一个循环过程，即信息已经出现于机体的独立功能作用中，通过重述过程，有特殊目的的表征信息逐渐变得能为认知系统的其他部分所利用。也就是说，表征重述是心理中的内隐信息变成心理的外显知识的过程。这个过程先是在一个领域之内，然后处于几个领域之间。

[②] 据笔者观察，6个月的婴儿就知道一些动作的含义（虽然还不会说话），比如给他/她喂奶时他/她有时"摇头"，同时紧闭嘴拒绝进食，这表明他/她在给大人信号表示自己不想喝奶。笔者对此感到很奇怪，这么小的婴儿就知道表达了。这个事实说明，婴儿在习得语言前是知道如何通过简单动作表达意思的。由此笔者推知，人类的"点头表示接受，摇头表示拒绝"很可能是先天的、普遍的。因为这种动作并不是训练的结果，即使是通过观察习得的，又是如何将含义赋予动作的？这很可能就是一种本能，就像婴儿一出生就会哭、会找奶吃一样。

分析；理论建构和连接证据成为探寻的核心，也应该是教育的核心（Carey and Smith，1993）。尽管儿童还不是成年人意义上的"科学家"，但他们开始表现出通过假设和检验来寻求稳定性、预测性和连贯性的倾向。这样，认知过程就与某种文化环境相关联了，儿童就是在这种环境中理解和适应的，成年人更是如此。因此，通过教育向他人的经验学习是人类学习的核心，这种认知倾向性的实质是一种社会互动性。儿童的模仿学习就是与他人的互动，学习他人的行为表现，分享他人的信念与期望。这可能是人类认知发展的最重要的机制（Tomasello and Call，1997）[①]。儿童的认知发展有力地表明，他们不仅有模仿能力，而且意向地指向他人，能识别安全与危险的东西，并查明和预测它们。看来，心智一开始就是活跃的，它是行动中、发现中和言说中具身的行动，一开始就能适应他人，与他人互动。所以，我们大脑的大部分可能用于辨别我们适应的、应对的和变化的社会环境。

　　第二，认知敏感性通过社会互动得以扩展。认知系统通过行动与其之外的物体（人或物）发生联系与互动，这种意向立场处于社会互动中解决问题的核心（Dennett，1987）。也就是说，这种意向视角嵌套在人的行动和社会结构中，认知不可能是孤立的。这样一来，社会知识、识别他人的信念与期望会限制我们的孤立状态。社会环境包括我们自己作为个体，将各种规则包括伦理的、法律的加予彼此。这就是马克思所说的，我们是社会中的人，实践中的人，用语境论的术语说，是历史语境中的人。在社会中，人与人之间彼此交流（语言表达）、彼此互动（合作竞争），从而在不知不觉中提升并扩展了我们的认知敏感性。在互动中我们的感觉聚焦于他人，尽管我们有自我全神贯注的能力，比如在交流中，我们总是看着对方，关注对方的一言一行。与他人保持关联意味着获得进入社会的一个立足点，而社会包含了具体化于日常生活实践中的道德和法律含义。通过与他人交流，向他人学习，我们学会许多知识。比如积极关心他人，帮助他人不仅有助于提升我们的社会知识，更能净化我们的心智，扩展我们的认知敏感性。在某种意义上，社会互动是减少粗鲁表达的有效途径。认知神经科学的研究表明：想象他人的意向行动和真实地履行自己的意向行动，都同样执行大脑中许多相同的基本信息加工系统（Blakemore and Decety，

[①] 研究表明，人类认知发展的三个主要阶段集中于社会-文化维度及其结果：①婴儿有意图地理解他人，表现为模仿他人的注意和行为，这是一种社会参与、注意跟随和模仿行为；引导他人的注意和行为，即表现为命令性和陈述性姿势；与客体象征性地互动，即与意向性客体玩，如各种动物玩具。②儿童早期会使用语言，表现为主体间表征，即使用语言符号和陈述；事件范畴化，即在一个图式中表达事件和参与者；叙事，即组织词语表达意义，或者会描述某事或某物。③儿童期会多视角表达和重新描述，表现为将情境既看作它本身的（现实的）又看作他人所相信的（想象的），这是建立心智理论的起点；同时以两种方式看待事件或物体，这是具体的操作能力；从外部视角看自己的行为或认知，这是表征重述能力。

2001）。在行动的组织中，运动系统充满了信息加工过程，也具有丰富的内部表达。如果我们的神经系统的确是这样工作的，认知敏感性的增强就主要是社会互动的结果，进化只是提供了生物学基础。

第三，认知敏感性主要是通过隐喻表达机制实现的。在我们理解世界和他人的过程中，隐喻起到了实质性的作用（Fauconnier and Turner，2002）。在表达的意义上，隐喻是一种类比形式，它是通过人们熟悉的概念或知识描述未知的现象和事物的认知机制。隐喻表达普遍存在于我们的认知能力及其科学词汇中，如电流、镜像元。这可能是人类认知最本质的特征。特别是对复杂现象的描述和表征，隐喻表达是必不可少的。在宇宙学中，各种宇宙理论或模型是用我们熟悉的概念表达的，比如霍金在《果壳中的宇宙》中描述的"虫洞"模型，"黑洞""弦""膨胀气球"等理论，使用了人们熟悉的形象概念"虫洞""黑洞""弦""膨胀气球"。再比如，杜威将认知过程比作"健身房"（意指强化训练），把教育比作"实验室"（意指探寻、检验以及自我修正）。"实验室"隐喻表达了这样一个意思——探寻是长期的，我们的观念需要得到检验。自我修正的探寻是知识、科学和理解的核心，它引导我们的认知硬件，有益于我们创造的环境并适应它。看来，隐喻不仅仅是一种修辞手法，也是一种认知方式，"一把开启人类思想和语言的金钥匙"（平克，2015：322），因为语言的使用反映了人的思维过程。我们常说的"活到老学到老"就是一个"终身学习"隐喻，蕴含了我们要不断地适应社会。认知敏感性反映在语言上就是语言的敏感性。当然，语言敏感性并不完全等同于认知敏感性，因为我们对世界的认知并不完全依赖于语言，语言能力是自然选择的结果（适应性过程），我们之外还存在一个非语言的世界（物质世界）。

总之，我们进入社会就准备学习。一方面是我们自己观察，从我们的周遭环境吸取信息；另一方面是向他人和书本学习，这样我们就不必从头再来，他人的经验和知识就为我们积累了财富，其中文化在人与人之间的互动中起到了促进作用。当然，学习这种认知适应性过程是基于进化的，比如解决问题的能力强烈地与适应性的机制相关，也由应对、努力与理解来定向。一句话，认知系统植根于人类生活的世界，我们认知能力的进化本质地与我们被进化的和已适应的世界（自然世界）相关联，也与由我们的创造所延展的世界（文化世界）相关联。一旦自然世界进化出我们，我们就会在它的基础上创造出原本没有的世界，这种世界就是我们自己的知识或文化世界，诸如神话、宗教、文学、艺术、科学技术以及各种人造物，如机器人。此时的人类不仅会适应自然世界，更会认识和改造这个世界，并成为世界的主宰。

第八节 不确定性：认知适应性的根源

现代科学告诉我们，我们居于其中的世界，是一个充满不确定性的世界。寻求确定性和稳定性是人类的天性，而正是不确定性的存在，才促使人类使用工具理性寻求其中的确定性和安全性，不断地去适应这种不确定的世界，否则人类就难以生存下去。根据生物学和神经科学，认知系统必须适应其环境，否则就难以有所发展，更遑论认识世界和改造世界。这就是说，环境对于认知系统从来就是不确定的，如天气变化，这种不确定性导致了适应性表征，如天气预报。或者说，是不确定性造就了适应性。

首先，面对不确定性的世界，人类解决问题源于应对其环境的存在条件。生物学家威尔逊（E. O. Wilson）在其《生命的未来》（2003 年）中认为，人脑已经进化到在情绪上对一小片土地、有限的亲属和未来的两三代负责，也即进化是根植于大脑中的空间和时间的局部观念。这说明自然赋予了我们基本原理，"我们的基因赋予了我们的身体和大脑；身体提供了可动性和感知器官，通过它们我们可以获得信息；大脑则是控制中心和数据库"（波拉克，2005：58）。几乎所有人都是自然的产物，都具备这些特征，例如儿童天生就具有好奇心，他们使用自己的感知器官去观察、触摸、倾听、品尝，接着在他们的大脑中进行分类、比较、评价这些经历，主动地去适应他们的环境，包括自然的和社会的。根据实用主义，认知发生在与世界和其他人的互动之中，认知过程发生在我们不断应对而适应的生命世界，尽力产生一个有意义的世界。不确定意味着变化，变化会产生新奇，新奇就是不确定性。派普（S. Pepper）的语境论主张，变化与新奇是我们居于其中的世界的两个重要特征（Pepper, 1942: 235-236）。新奇是我们未预料到而突然出现的事件或事物，如预测获胜概率很高的球队输了，熟悉的路上突然出现障碍物等。由于新奇是未预料到的事件或事物，解决新奇问题就等于解决不确定性问题。

其次，进化理论给出了我们人类认知的初始条件的语境。人类的发展史表明，从狩猎到农业再到工业时代，人类的认知结构发生了巨大变化。这可能是由于语言特别是句法能力的出现导致的。例如人类和大猩猩都是社会性的，基因编码有 98% 是相同的，但人类创造了文明，因此说，句法表达和进化语言的使用，可能是人类告别动物性的标志事件。在笔者看来，不论是渐变还是突变，都是生物适应环境的结果，不能说哪个比哪个更好。突变也不是一夜之间就发生了，它有一个相对于渐变较短的发生过程，这是进化过程中的渐变与突变之间的张力或平衡问题，即所谓的点断平衡说（punctuated equilibrium）[①]。或者说，我们对生物进化过程的理论说明是以一种连续的方式进行的，说明的不连续会导致理论内部的矛盾。例如，生物学史学家迈尔（E. Mayr）给出的达尔文通过自然选择的进化解释模型为（Mayr，1991）：

事实 1：人口的潜在指数增长（来源：马尔萨斯等人）
事实 2：被观察到的人口的稳态性（来源：普遍观察）
事实 3：资源的有限性（来源：由马尔萨斯具有说服力的观察）
↓
推论 1：个体间的生存竞争（马尔萨斯）
事实 4：个体的唯一性
事实 5：个体变化的传递性
↓
推论 2：差异生存，如自然选择（达尔文）
↓
推论 3：通过多代进化（达尔文）

显然，这种进化说明是基于连续性的。然而，进化不总是缓慢和逐渐的，也不一定总是进步的，事实上，变化可能是突然的和不连续的，即进化过程存在连续性和不连续性，或者说既有渐变也有突变。对进化的这种连续与中断事件的说明，我们需要借助语言包括逻辑和数学，基于语言的科学说明应该是连贯的，也就是理论的解释必须是内在连贯的（逻辑的一致性），解释的连贯性表明认知是适应性的。

萨伽德给出了达尔文理论的说明连贯模型（图 6-1）（直线表示说明关系，曲线表示类比关系）（Thagard，1992：141）：

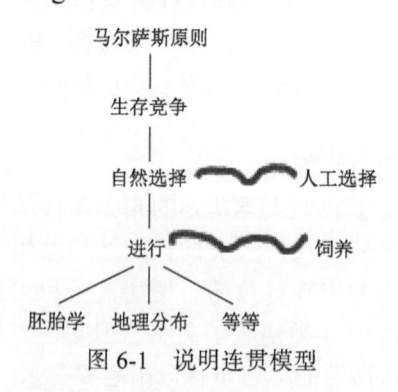

图 6-1 说明连贯模型

[①] 也称为间断平衡论，认为进化是突变间断与渐变平衡的结合，一个物种是在较短时期内迅速分化成新物种的，在此后很长一段时间内新物种会保持稳定。

因此，生物进化的连续性和非连续性，与科学说明的连续性还不是一回事，它们属于不同的层次。前者是自然进化意义上的，后者是解释一致性或无矛盾性意义上的。我们的重点是要说明认知系统的适应性特征，但二者之间有密切的关联。有生命的认知系统无疑是自然进化的结果，如果它们是适应环境的，那么对它们的说明也应该是适应性的，也就是说，认知的适应性是基于生命对环境的适应性。人科动物从几百万年前到目前人类的自然演化史已充分说明，人类的进化不仅是生理和身体上的（从爬行到直立行走、脑容量增大），更体现在心智和智力上（有意识竞争、制作工具、耕作、语言等）（Donald, 1991）。

再次，人的认知系统的适应性是通过人类经验不断强化的，而经验正是在不确定性中寻求确定性的过程。自人类文明起，人类就已经思考世界的变化与永恒，探讨事件发生的原因，编码、记忆并适应那些变化。例如，古希腊哲学家赫拉克利特主张"万物在变化中获得安宁"，"人不能两次踏入同一条河流"。面对不断变化与相对静止的世界，人们探讨世界的唯一方式就是用熟悉的、旧的经验来探索新的和不熟悉的事物，这是由时间的不可逆性决定的。比如我们最简单的适应性行为是根据天气变化增减衣服，根据条件变化调整和改善行动计划等。这些适应性行为是具身的、体验的，包括思考、计划，而环境的变化是我们不能决定的，我们只能去适应。这说明，我们的认知适应性是源于世界的不确定性的，正是由于不确定性的存在，我们才能去认识它、探寻它。在认识和探寻过程中，我们会不断调整我们的思维和计划，以便适应不断变化着的世界。

总之，自然认知系统，在生物学意义上，是自然进化的结果；在文化人类学意义上，是文化塑造的产物。认知科学对认知系统的研究经历了一个从离身认知到具身认知，从符号加工经神经网络模拟到具身表征的转变。因此，关于自然认知系统，一个普遍被接受的观点是，人的认知能力的形成与发展，一定是与自然和文化环境通过进化产生的，它们相互影响、相互改变，造就了今日人类高度发达的认知能力。

第九节 小 结

适应性是主体（人或智能体）根据其环境的变化自主发生的、自我调节的属性。但适应或调节是需要付出代价的，即需要花费时间和精力（孔达，2013：368-369）。在认知层次，适应性就是根据解决问题的目标不断调节假设、推理、检验等步骤的过程，这显然是需要付出智力、能力和时间的，也就是要消耗认知资源。在进化意义上,我们的认知系统由两个方面决定:一是我们的生物学进化的历史,二是我们的历史和社会文化因素,语言和经验是其主要方面。认知的适应性具体表现在不同方面,包括认知系统的结构适应性、经验适应性、历史敏感性、意向适应性和文化依赖性。这些不同方面都可归结到认知系统的语境性(多因素关联性)。这样一来,在认知作为表征的意义上,它是语境化的,遵循笔者提出的语境同一原则,即认知的表征关系(表征工具与表征目标构成的关系)必然是同一语境中的相关物,这种表征关系在语境中获得适应性表征。

第七章 认知系统与环境关系的系统论解释

  在自然界中没有孤立发生的东西。事物是相互作用的，并且在大多数情形下，正是忘记了这种多方面的运动和相互作用，阻碍我们的自然科学家去看清最简单的事物。

——恩格斯（《自然辩证法》第 157 页）

  大脑既不是一个向世界敞开的被动系统，因此它本身的任何结构都不能被感知和认知，也不是一个封闭的系统，因此只有它的内部运作才会向心灵和意识显示……这就构成了人类的大脑-心灵：已知世界中最完美的信息处理系统。

——欧文·拉兹洛（《微漪之塘：宇宙中的第五种场》第 51 页）

  "系统"和"环境"是一般系统论的两个基本概念，"系统"是相对于"环境"而言的，它们是一对范畴，就像哲学中的"思维"与"存在"、"主体"与"客体"。认知系统的上述属性与其环境是密切相关的。可以说，是环境使得认知系统具有了那些属性。那么，认知系统与其环境是如何互动的？环境在认知系统发展过程中扮演什么角色？关于认知的内在主义与外在主义之争的原因是什么？在回答这些问题之前，我们需要对一些相关但易混淆的概念重新进行界定。

第一节 认知系统的相关概念界定

  在认知过程中，脑之外的环境始终是无法绕开的因素：要么是作为背景，要么是作为对象。很明显，环境一直在对我们的认知过程产生重要影响，但在其能否构成认知系统的要素的问题上，则是有分歧的，这导致了传统内在主义和外在主义之争。为了避免由于概念的歧义而产生不必要的争论，有必要对相关概念——认知器官、认知主体、认知客体（目标或对象）、认知工具、认知环境、认知系统做明确的界定。

  认知器官主要是指人的大脑包括中枢神经系统，它们是我们认知的生物学基础。从这个层次看，内在主义的主张是有其合理性的，但将大脑看作认知主体就有问题了，毕竟主体是具有意识或心智的人，大脑只是人进行认知的一个主要器官而已。在自然认知的意义上，认知主体指的是人，包括心智和身体，它既不是抽象的人，也不是离身的"大脑"，而是具体的人。认知客体是相对于认知主体而言的，它是人的认知活动所指的对象，是由人的意向性特征决定的，因此认知客体本身还不是环境，虽然它是外在于认知主体的部分，如另一个人可能作为认知的对象但其不是环境。认知工具是主体用于认识客体的手段，包括硬件的仪器和软件的方法，它们是主体作用于客体必不可少的中介，如语言、模型、仪器等。没有这些中介，主体对某些认知对象，如微粒子、大脑内部的活动，就无能为力了。

相对于认知客体，我们需要对认知环境做出精确的界定。根据一般系统论，环境是相对于系统来说的。系统哲学家拉兹洛（E. Laszlo）将环境看作物理事件（physical events）、一种自然系统，将认知看作心理事件（mental events or mind events），一种由"我的"经验建构的认知系统。如果物理事件被认为是"我的"经验的嵌入物，那么这种事件只能是心智之外假想事件的一些摹写。因此，"物理事件只能被置于认知系统的环境中，虽然认知系统仅仅是建构，而不包括这种环境。认知系统所包含的内容是知觉表象，许多不同类型的概念以及意动"（拉兹洛，1998：168）。拉兹洛认为，认知系统与其环境是截然不同的两类事件，抹杀或混淆这两类事件之间的差别是幼稚的，不是导致物理主义的还原论，就是导致某种形式的唯心主义，如唯我论或唯灵论。显然，这两类事件是传统哲学都承认的，否则就不存在主观和客观、意识与物质、精神与存在这些区分了。逻辑地讲，环境应该是认知主体和认知客体构成的认知系统的外在部分，也就是说，主体和客体都是认知系统的一个必要组成要素，认知客体本身不属于环境。当然，在笔者看来，不是所有外在于认知系统的东西，如遥远的日月星辰、近处的山川河流，以及潜在的各种文化、惯例、制度，皆属于认知环境的范畴；环境可分为自然的和人为的两部分，只有与认知客体密切相关的外部事物的总和才构成认知环境的内容。因此，在这里我们有必要对认知环境做进一步的区分。

根据环境与认知系统关系密切的程度，笔者将环境分为直接的和间接的两类。直接环境就是与我们的认知系统直接关联的事物、条件和情境，可称之为认知系统的"周围域"，也就是认知环境，它对认知过程产生直接影响。间接环境则是"周围域"以外的境遇，包括自然因素和人文因素，如地域、文化、经济、制度、习俗等，它对我们的认知过程仅产生间接影响，是相对次要的外在因素。总之，环境是外在于认知系统的境遇。

至于认知系统，根据拉兹洛的认知系统理论（拉兹洛，1998：142-145），认知系统是由心灵（心智）事件构成的系统，包括知觉、感觉、感情、意志、气质、思想、记忆和想象——也就是任何出现在心灵中的东西。相对而言，环境是物理事件的领域，靠知觉来传递信号并通过意志对它起作用。在拉兹洛看来，知觉和意志或意动（conations）是认知系统和其环境之间的连接工具，即输入（知觉）和输出（意动），知觉和意动在物理事件（环境）和心灵事件（认知系统）之间形成所谓的"经验流"——知觉→认知组织（建构集）→意动→环境→知觉……。在笔者看来，认知系统是包括认知主体当然包含大脑、中枢神经系统甚至心智、认知客体、认知工具、认知目的等因素在内的一个智能整体。认知器官相对于身体在生物学层次可勉强被看作认知系统，但在认知层次不能算作认知系统，因为身体毕竟是人体的不可分割部分，不是认知器官的环境，而环境相对于其系统是可分离的。也就是说，任何系统都是有边界的，如国家，边界以外与系统相关的境遇是其环境，如周边国家。

从形式表达的视角看，拉兹洛将认知系统表征为 $Q=f(\alpha,\beta,\gamma,\delta)$，其中 α、β、γ、δ 是独立变量，有共同的函数 Q（认知系统）。α 表示系统的状态性质，也就是导致状态中有序整体性部分的互动关系，描述心智的整体性和秩序性；β 表示导致系统重建其原先稳定状态的对环境扰动的适应功能，描述心智的适应性自稳；γ 表示导致系统重组其状态（由于存在更高概率，包含有负熵和信息量的总增益的对环境扰动的适应功能），描述心智的适应性自组；δ 表示双重功能-结构适应[相对于下层系统（作为系统整体而适应）和上层系统（作为互动的部分而适应）而言]，描述心智的层级性。这就是拉兹洛在《系统、结构和经验》中建构的一个自稳自组系统的信息流动的循环模式，该模式试图说明：认知系统及其认知过程同其他系统（物理系统、自然系统、有机体）类似，是一种负反馈的适应性自稳和正反馈的适应性自组的交替发生的探寻过程。如果拉兹洛是正确的，那就意味着"自然系统的特性是通过认知系统（人）表征和描述的。这样，自然系统和认知系统自然就构成一个更大的系统——自然认知系统"（魏屹东，2004：185）。

这种更大的认知系统就是笔者称为的"广义认知系统"。广义认知系统可定义为：$Q=f(a,b,c)$，其中 a 表示整体人（包括脑、心智和身体），b 表示工具，c 表示目标客体。与拉兹洛的定义相比，该定义少了一个独立变量，显得更简单。具体而言，广义认知系统将属于人的所有变量（$\alpha,\beta,\gamma,\delta$）合并为一个，即整体人，同时增加了工具和客体这两个外在变量。这样做的原因在于：一方面，这种独立的内在认知系统是极其复杂的，迄今认知神经科学还没有弄清楚脑、心智、身体之间的互动关系，甚至于连大脑内部的运作机制也没有完全搞清，如意识发生于脑的哪一部分，大脑各个部分如何互动，所以，仅仅从哲学上猜想地建构是不靠谱的（尽管哲学家可以"创造性地"去建构），与其这样，还不如将认知系统看作一个智能整体，其细节留给认知科学家去探索，如霍兰的

"复杂适应系统"探讨主体系统如何通过"演化、适应、凝聚、竞争与合作"这些局部规则导致该系统产生宏观的有序行为和组织(霍兰,2011);另一方面,仅仅有认知系统是无法执行认知任务的,纯粹的认知系统就是洛克所说的"白板",没有外部环境中的目标客体以及作用于那些客体的工具如语言,认知系统一无所成。所谓独立于环境的"内省"思维是不存在的,事实上,内省是以环境的存在为前提的。总之,广义认知系统观强调主体人-工具-目标客体作为认知系统,其外的部分作为环境,二者的互动产生了各种知识。接下来我们将探讨环境在认知过程中究竟扮演何种角色。

第二节 认知系统与环境边界的界定

环境在认知过程中究竟扮演什么角色,它与认知系统的边界如何界定?认知内在主义(颅内主义)、积极外在主义(延展认知主义)、消极外在主义(具身认知主义)对此持有不同的看法。

传统认知科学范式(认知主义)坚持一种以大脑为核心的计算-表征模式,主张人的认知行为本质上就是符号计算与逻辑规则的操作,形成了以笛卡儿主义(二元对立)为特征的认知观,即所谓的"笛卡儿剧场"(剧场反映客观世界)。这种认知内在主义坚持认为,认知只能在大脑内发生,头骨和皮肤是认知的边界,环境对我们的认知行为没有太大的影响,即使有,也是某种因果性的联系,而不是什么耦合。亚当斯(F. Adams)和埃扎瓦(K. Aizawa)对延展认知观展开了激烈的批判,认为应当区分认知与非认知,也就是要弄清认知的标志。在他们看来,认知源于心智对非衍生性的表征,即关于认知,最重要的条件就是认知状态必须包含在非衍生内容中,在一般情况下,认知主体的认知状态并不是从社会性的实践或约定中衍生出意义(Adams and Aizawa, 2001: 48)。但他们同时强调,对非衍生性表征的定义,并未限定其只在大脑中发生,也没有限定大脑中的各种过程在概念、逻辑上必定仅出现在大脑内,认知的延展仅具有逻辑的可能性。这种立场并不十分激进,蕴含非衍生性表征的认知过程是单纯发生在头脑中的,他们因此自称是"有条件的颅内主义者"(contingent intracranialists),而不是"必然的颅内主义者"(necessary intracranialists)(Adams and Aizawa, 2001: 53)。

在谈及环境这一要素时,颅内主义和延展认知主义持截然相反的观点。颅内主义主张,大脑内部的认知过程与通过使用工具的过程有着显著的区别,不能加以混淆。心理表征中的欧拉图(心像)与用笔所画的欧拉图(图像)之间不具有实在的同一性,也就是说,"胸中之竹"不等于"纸上之竹"。梅纳里(R. Menary)则反驳说,对这两种过程进行区分意味着我们的认知能力受到了相当程度的限制,但这种认知能力是没有明显限制的,这得益于我们的外在表征模式及其操作方式(Menary, 2006)。亚当斯和埃扎瓦认为,我们可以很明显地觉察到自身或多或少具有确定的认知能力,但这种能力有相当的缺陷,我们借助外在的工具和环境开展认知活动就是为了克服这种缺陷。我们习惯于使用笔和纸进行数学计算,是由于我们相对有限的短时记忆力,利用计算机代替纸笔进行运算则进一步提高了我们的计算速度与准确率。我们的认知能力虽然有限,但借助非认知的工具和环境就可加以克服。因此,将颅内的认知过程与外在工具和环境进行区分是合理的,并无不妥(Adams and Aizawa, 2010)。

以积极外在主义标榜的延展认知理论对传统认知主义的这种主张嗤之以鼻。它提出了一种耦合的构成性,将大脑-身体-环境相整合,代替孤立主义的因果性解释策略。"我们将证明:当环境中的要素在驱动认知过程中发挥恰当的作用时,这些要素便可部分地构成信念,如果是这样的话,心智便已延展至世界中。"(Clark and Chalmers, 1998: 12)亚当斯和埃扎瓦极力反对延展认知的这种观点,认为它混淆了构成性与因果性,并提出耦合构成谬误(coupling-constitution fallacy)加以反驳。在他们看来,延展认知的耦合构成理论的核心缺陷在于以下设定:一般来说,认知过程 X 与其他过程 Y 之间的因果相关性,并不能合理地推出 Y 是一种认知过程,或 X 与 Y 作为整体共同构成认知过程(Aizawa, 2010)。正是由于延展认知未考虑认知的标志,同时将认知过程看作认知主体与环境的耦合过程,因此才会把使用工具的过程理解为认知过程。这种观点预设了一种强孤立主义立场,即认为认知过程就发生在大脑中枢神经系统中,心智活动就是大脑活动,头骨和皮肤就是认知的边界。这种将认知局限于大脑的做法其实也容易理解,因为我们在思考时的确使用的是大脑,身体和环境似乎没有参与其中,这说明我们对身体和环境影响思维的情形还不了解。

与前两种立场相比,具身认知进路则显得较为温和,认为我们的心智和认知能力是寓于身体的,依赖于我们身体的生理结构和活动图式,认知活动不限于大脑内;认知行为是从脑-身与情境的交互过程涌现出来的,身体体验和情境互动必然会对认知产生影响。威尔逊(M. Wilson)将这种认知理论概括为六点(Wilson, 2002):①认知是情境的;②认知具有时间压力(time-pressured);③环境承担认知任务;④环境是认知系统的一部分;⑤认知是行动导向的;⑥离线认知以身体为基底。可以看出,具身认知进路突破了颅内主义的头骨的界限,将身体囊括进认知范围。

然而,相比于作为积极外在主义的延展认知,这种扩张又显得不足,具身认知的主张因此就成为一种"消极外在主义"。不过，具身认知的激进立场则要求将环境纳入认知系统中，认为环境是认知系统的一部分。对于这一点，威尔逊认为它是很成问题的，不一定能提供关于认知本质的合理的、深层的解释。在笔者看来，颅内主义与外在主义的分歧主要体现在认知系统如何界定、认知环境如何定位、认知是否延展，以及环境是否构成认知系统的要素这些问题上，但在环境对认知系统产生影响这一问题上，都持肯定态度，不存在分歧，而仅在影响的程度和方式上各持己见。

根据上述对认知相关概念的界定，笔者发现，由于颅内主义、积极外在主义、消极外在主义对认知主体、认知系统等概念的理解存在明显差异，环境在其中也有不同的含义。因此，接下来我们要对这些理论所提及的环境概念的内涵与外延进行详细的分析。

由于颅内主义将作为认知器官的大脑看作认知系统，脑之外的包括身体都可纳入认知环境的范畴，笔者将这种最狭义的环境称为"环境1"。环境1的这种理解明显存在问题，即脑作为我们认知的生物基础（无意识）无法和认知主体（有意识）等同。在认知的意义上，颅内主义的错误在于把认知环境和认知客体、认知主体和大脑混淆了。

为了克服颅内主义的缺陷，具身认知理论强调人的身体的重要性，注重身体体验或感受性的主体性，因此，具身认知意义上的认知系统是包括身体在内的人（脑＋身体＋心智），人之外的境遇属于环境，可称之为"环境2"。虽然具身认知突破了颅内主义的桎梏，但它仍未对认知环境与认知客体或对象进行区分。

延展认知的支持者在承认认知具身性的前提下，不仅将认知工具（如语言）纳入到认知系统中，还强调人的主体性。因此，它所指的认知环境是主体人和所使用工具之外的境遇，可称之为"环境3"。这样，认知系统被拓展为（脑＋身体＋心智＋工具），即工具被纳入其中，但认知环境和认知客体之间的关系依然是模糊的，后者仍没有从前者中分离出来。根本原因在于，传统主-客二分的认识论惯常思维在作祟，表现在我们的认知活动中就是主-客二元对立，认知系统被主体所取代，认知环境淹没于客体的范畴中。

从认知系统的整体观出发，笔者主张认知主体、认知客体、认知工具属于认知系统中的要素，因此，这样理解的认知系统就成为主体人、认知对象（目标客体）和认知工具所构成的有机体（脑＋身体＋心智＋工具＋目标客体），它之外的境遇则属于环境的范围，这种广义认知的环境可称为"环境4"，这种认知系统论也可称为"广义认知主义"。

四种不同系统与环境的内涵和外延如表7-1所示。

表 7-1　不同认知理论的认知系统与认知环境[①]比较

项目		系统-环境	
		认知系统	认知环境
认知理论	颅内主义 （认知内在主义）	系统1： 神经系统=脑+（心智）	环境1： 大脑之外的物体和境遇
	消极外在主义 （具身认知主义）	系统2： 人=脑+身体+心智	环境2： 人之外的境遇
	积极外在主义 （延展认知主义）	系统3： 人（脑+身体+心智）+工具	环境3： 人-工具之外的境遇
	认知系统论 （广义认知主义）	系统4： 人（脑+心智+身体）+工具+目标	环境4： 人-工具-目标之外的境遇

第三节　认知系统适应环境的属性

　　上述表明，人的认知系统由于是具身的，它在生物学和生理学意义上无疑是与环境相关的。这里的环境不仅仅是自然环境，还包括时间、历史、精神、语言和文化等因素。因为认知系统绝不是孤立的，而是嵌入其赖以存在的各种环境中的。根据一般系统论，所有系统都具有开放性、复杂性、整体性、关联性、动态平衡性等特征，其中开放性和关联性表明系统与其环境是不可分割的，没有环境也就不会有系统，系统的适应性是依据环境而产生的。因此，我们谈论认知系统的适应性，就是谈论其适应环境的属性或能力。这意味着自然系统与认知系统具有某种同一性，或者说，认知系统就是自然系统的一部分。

　　这种自然系统与认知系统的同一性被拉兹洛称为"双透视的自然-认知系统"[②]，是一种非二元论的心理-物理系统。根据这种双透视论，自然系统与认知系统，不论事件本身怎样不同，它们在结构上都是同型的，即自然系统 $R=$ 认知系统 Q。这实质上是一种新的心脑同一论。拉兹洛将这个本体论框架的心

[①] 斯珀波（D. Sperber）和威尔逊给出的定义是：①某事实在某时对某人显明，当且仅当在此时能够对该事实作心理表征并接受该表征为真或可能为真；②个人的认知环境是对其显明的事实的集合。其意思是：个人的认知环境是他可感知的全部事实的集合，这意味着，个人的认知环境是其所处的现实境遇（自然的和社会的），这是直接感知意义上的认知环境（斯珀波和威尔逊，2008：40-41）。

[②] 双透视的含义是：自然系统和认知系统是单一的、自洽的事件系统，这两个系统都是可观察的。具体说，当系统是"生存着"时，它是心智事件系统，即认知系统；当系统是"非活着"时，该系统是物理事件系统，即自然系统。这就是说，基于生物基质的认知系统，当活着时，它是认知系统，当非活着时，它是自然系统。从还原论的视角看，生物系统归根结底是物理系统，即由原子、分子组成的系统。这种观点容易导致极端的物理主义。

理-物理命题表述为："不可还原的各种精神和物理事件组成一个同一的心理-物理系统，它可以通过各自的理论的不变性来揭示。"（拉兹洛，1998：181）拉兹洛所指的"理论不变性"就是他创造性地演绎和建构的，认为可跨越自然系统（物理的）、生物系统（有机体、社会系统）和认知系统（心智）的系统哲学理论：$R=Q=f(\alpha,\beta,\gamma,\delta)$。从表征的视角看，这是一种结构主义的表征同构论。

在笔者看来，认知系统与自然系统之间一定存在同一性，毕竟前者源于后者，这就好比父子之间存在遗传基因上的同一性。这里强调的是认知系统适应环境的能力，这种能力体现在如下四个方面。

第一，认知系统具有历时敏感性。认知系统的历时特征与时间、生物钟（对时间的感知）、记忆相关。我们人类是历时性生物，不仅使用内在的生物钟，还将它延伸到外部世界，比如我们早上按时醒来，然后在时间中行动。这种历时敏感性是生物进化和文化进化的结果，具体说就是心理和神经的记忆机制造就了我们认知系统的历时敏感性。认知心理学表明，记忆有多种方式——情节记忆、语义记忆、程序性记忆、知觉表征系统和短时记忆，在完成任务时这些记忆系统通常是互动的（索尔所等，2008：199-200）。生物进化论告诉我们，人类是自然界长期进化的产物，大脑当然也不会例外。这里我们将大脑整体地看作一个认知系统[①]，不考虑其结构细节（比如大脑是左右脑构成还是上下脑构成），是因为大脑是思维的器官，认知任务的执行主要是在大脑中进行的。由于记忆是对过去发生事件的储存，因而本身就是一个历时过程，自然就与时间相关。可以说，在人的认知系统中，时间、生物钟和记忆是整合在一起的，外在的、客观的时间蕴含在内在的、主观的生物钟和记忆中。或者说，是进化的神经网将我们的经验和行动的时间规则组织起来。可以推测，人类若没有记忆，就会缺乏时间感，也就会减弱认知能力，认知能力应该是以记忆为基础的。因为若没有记忆，我们就不能认识事物的进化，也当然难以认知外部世界。这说明人类的认知系统是具身认知系统，是依赖历史经验的（记忆的积累）。总之，认知系统的时间敏感性不仅与生物进化相关，也与我们生活于其中的社会文化相关。

第二，认知系统具有共时协调性。共时是指在一个时段内事物的各种因素之间的关联。对于人的认知系统，向他人的经验学习是认知系统共时性的主要方面。人类是终身学习的动物，教育在其中起到至关重要的作用，如形成价值判断。比如，一个受到良好教育的人和没有受过教育的人是完全不同的两类人，

[①] 我们将大脑看作认知系统并不否认身体在认知中的作用。因为对于人而言，认知无疑是与身体相关的，人本身就包括大脑和身体，这就是所谓的"具身认知"。当然对于智能机来说，认知可以是离身的，这是人工智能的认知系统。我们这里讲的是人类的认知系统，这种系统肯定是基于进化的，因此，在进化的意义上，智能机的智能不是进化的结果，当然也不存在历时敏感性问题，尽管它可以被装上时钟来显示时间。

他们的认知能力也存在明显的差异,这就是要普及教育的根本原因。这意味着认知系统是开放的,"认知系统是心灵事件的开放系统,它们通过'认知组织'(建构集)同感觉输入的匹配来适应它们的环境"(拉兹洛,1998:316)。教育被认为是释放认知能力、发现方法、强化基本认知硬件的最有效手段,或者说,教育能够提升人的认知能力和认知水平,特别是科学技术教育占主导的今天,科学教育是概念形成与概念变化的关键(Carey,2003)。比如在大学,学生学习设计和做实验,提出假设和理论,进行各种分析和计算,没有受过科学教育的人难以完成这些认知任务。认知探寻的核心就是建构理论并将其与经验联系起来,这也是科学教育的核心任务。卡米洛夫-史密斯的研究表明,儿童也在做科学家做的事情,比如也会做假设,尝试创造稳定性、可预测性和一致性,他们是语言学家、物理学家、数学家、心理学家、符号创造者。知识的获得过程通常是一个共时协调的过程,并受到身体敏感性和想象力的刺激。因此,认知系统的学习绝不是孤立的、封闭的,而是开放的和交互的,其中的各个要素同时协调地互动。这样一来,学习的核心就是某种社会建构的东西,即向他人的经验学习,比如儿童的语言、行为主要是模仿成年人特别是父母的。有研究表明:婴儿能意向地理解他人,早期儿童能够自主地学习语言,儿童能够多视角透视和表征再描述(Tomasello et al.,2005)。所以,我们大部分的知识是通过向他人包括书本学习获得的,而不是直接通过自己的实践获得的,这就是哲学上所说的主体间性的意义,即向他人学习被包含于他人的约定中。也就是说,社会行为是主体间事件,或者说,分享意图是人类意义和人类连通性的根本。这是人类的一种重要的认知适应性。

第三,人的认知系统具有天生的心性或精神性。如果我们承认文化影响甚至是塑造了心智,那么我们就必须承认文化影响或塑造了认知系统。这是显而易见的事实。动物虽然也有认知系统,但它们并没有发展出知识。这是为什么呢?在笔者看来,原因并不复杂。除生物进化的因素外,主要是它们缺乏文化氛围的熏陶和塑造。人之所以为人,就是因为人类发展出了自己的文化,而正是我们的文化成就了我们的智慧和智力。同是人类,为什么不同文化圈的人们的认知方式和思维方式不完全相同呢?这只能从文化、习俗的差异性找原因,我们不能说白人天生就比黑人聪明、有智慧。事实上,不同人种的基因几乎没有什么差异,认知系统和能力也没有什么差别,关键是他们所处的文化不同。比如,在美国的文化圈中,不同人种在相同的教育系统中的表现几乎没有差异。这个事实有力地说明:是文化造就了人类的认知能力并超越了其近亲动物。

第四,认知系统具有语境敏感性。人的认知的发展与语言的创造和使用密切相关。没有语言特别是书面语,恐怕不会有人的高级认知(相对于猿类的认知)。这就是人类的概念化能力,这种能力被认为是通过同时发生和平行的思维模式——句法思维（产生语词序列）和意象思维（创造交流的一个整体视觉模式）形成的（Scovel, 1998: 27）。早在古希腊和古罗马时期，人们就强调修辞、数学、音乐和权威，但严密的思考需要使用形式系统，如数学、逻辑。他们认为数学知识是先天具有的，没有受过任何教育的奴隶也具有这种能力，但教育强化了先天的能力，使得修辞、论辩不仅成为一种技巧，更被视为一种认知能力。现代认知语言学、语言哲学更将语言看作人类认识世界的必备工具。这说明认知系统的发展是依赖语言的，语言的发展反过来又促进了认知的发展，认知与语言是相辅相成、相互促进的，进而认知系统也对语境敏感。

第四节 环境与认知系统的耦合

在日常生活和实践活动中，我们都能实实在在地感觉到环境对我们认知活动的巨大影响，比如不好的学习氛围严重影响学习效果。问题是，我们怎样才能合乎逻辑地说明环境是如何参与到我们的认知过程中的？这还得从认知系统与环境的关系谈起。

就系统与环境的关系而言，认知外在主义是有道理的。认知主体作为一个系统，无疑与其环境是正相关的。对于我们而言，最重要的就是选择什么样的方式与认知环境相联系，如何跨越传统主-客认识论所设立的那道认知系统与环境之间"不可逾越"的鸿沟。倡导均等原则的克拉克（A. Clark）和查尔默斯（D. J. Chalmers）认为，"人类有机体通过双向的互动和外在实体连接起来，创造了能够以其自身正当性而被视为一个系统的耦合系统"（Clark and Chalmers, 1998: 8），这意味着认知过程与外在环境构成一个相互耦合的整体，即人类有机体和外部实体通过一种双向的交互得以联系，从而构成某种耦合系统，并且系统中的所有要素都发挥着积极的因果作用。在笔者看来，这种解释仍然是模糊的，因为其中的要素之间如何交互、如何耦合，并没有得到详细的说明。这与哲学上讲的主体与客体互动的观点并没有实质性区别。

我们应当首先澄清环境对认知主体的作用。根据颅内主义，环境对认知过程的影响相当有限，认知甚至无须环境[①]。对于外在主义或延展认知主义来说，环境对认知过程至少具有影响性，甚至是渗透性的作用。颅内主义面临的最大困境是，内部的表征系统如何与环境相匹配。如果说我们的大脑就是计算机，

[①] 这里需要澄清的是，认知的颅内主义只是主张认知活动发生于大脑内，并不因此认为大脑就是一个孤立或封闭的系统，事实上，认知内在主义也认为大脑通过其感知器官与环境发生信息交流，否则大脑就失去思考的内容了。颅内主义者没有那么糊涂。

认知行为就是计算的话，我们需要何种复杂程度的算法和庞大的内存信息才能完整地表现外在环境。这样的认知模式会给我们带来相当大的认知负担。

为了节约认知资源，减轻认知压力，认知系统有必要使环境参与到认知过程中来，即我们要放弃被动地表现外在环境，让环境主动地融入认知系统，并通过环境解决问题。从认知范式来看，就是扬弃"笛卡儿剧场"，代之以"海德格尔剧场"。具体来说，人类是情境化于世界的，认知主体是由世界给予的，用海德格尔的话说就是"在世之在"（在世界之中存在）（海德格尔，2014：61-62），用语境论的术语说就是"语境化的世界"，也就是当代认知科学的"情境认知"。不管是哪种表述，意思都是说，无论是个体的认知还是集体的认知，构成其认知过程的是世界，而不是通过自身的设定来认识世界。认知主体的能力是通过外在环境构建起来的，认知活动是根据认知目标构建起来的，即认知是目标导向的，认知目标就是要解决外在于主体的认知任务，相应产生某种认知能力，从而通过产生的认知能力完成认知任务。

关于认知与环境的相关性问题，杜威在《经验与自然》中已做过讨论了。在他看来，将主客与心物二分会导致这样的问题：认识到底怎样是可能的；一个外部的世界怎样能够影响一个内部心智；心智的活动怎样能够伸张出来把握到客体，而客体按理说是和心智的活动处于对立的地位。杜威进一步认为，传统的"个人主义"意义上的反思使心理学的成果被曲解了，形成了一个分隔和孤立的以及自根自本、自给自足的心智世界，将物理世界当作相对完备和自封的东西，心智与物质，一个物理的世界和一个心理的世界的二元论由此产生。

在讨论自然和意义之间关系的基础上，杜威给解决上述问题提供了有益的方法——沟通。他指出："在一切的事情中，沟通是最为奇特的了。事物能够从在外部推和拉的水平过渡到把它们本身揭露在人的面前，因而也揭露在它们本身前面的水平……当发生了沟通的时候，一切自然的事情都需要重新考虑和重新修订。"（杜威，2014：166）如果我们不承认沟通形式下的自然和认知主体之间的互动，那就会造成自然和意义之间的鸿沟，而这道鸿沟显然是不必要的、多余的。事物的意义来源于有机体（人）或其他事物的沟通过程。根据杜威的看法，每一个存在的东西，只要它是被认知的和可知的，它就是在和其他事物的互动中。意义是普遍且客观的，但不是针对分隔孤立的事物而言的，而是在和主体的联合与交互中产生的。换句话说，外在环境本身是没有意义的，它只有在进入认知主体的视野中，对我们有用时才被意义所充斥。按照杜威的理解，意义之所以客观，是因为它们是自然互动的样式，即包括有机体以外的事物和能量在内，以及有机体之间的交相作用（杜威，2014：190）。反过来，这种互相沟通有其自身的工具性，因为它使我们从沉重的事务压力之下解放出来，从而生活在有意义的世界中。

不可否认，这种实用主义立场说明，外在环境参与内在认知过程，甚至分担一些认知任务，可以减轻我们的认知压力，提高我们的认知效率。认知和意义本身都在相互沟通中得到充实、加深和巩固。人类也打破了自身孤单的状况而参与到一种有意义的交流之中。

第五节 认知涌现的哲学分析

综上可知，环境作为与认知系统相对立的范畴存在并发挥积极作用。这种作用不是偶然性的概率事件，而是必然的、绝对的，我们要考虑的问题就是，这种影响机制到底是单向的因果性还是多向的非因果性。作为一组并存的范畴，认知系统与环境之间的联系，并不是相互联系、相互制约这种简单笼统的表达就可以解释的。

认知科学的发展历程告诉我们，早期的认知研究遵循柏拉图主义、笛卡儿主义、个人主义、表征主义和心智计算主义，体现了"方法论的唯我论"，强调认知产生于大脑中，夹在作为输入的感觉和作为输出的行为之间，赫尔利（S. Hurley）（Hurley，1998）形象地称之为"认知式的三明治"。这种心理表征的计算过程，单纯地依赖于形式或语法间的符号与规则，没有将其扩展到个体所处的环境中。这一直为人所诟病。

在笔者看来，即便认知产生于头脑中，我们也不能单纯地采用神经生物学的解释策略。虽然人类的中枢神经系统足够发达，但我们在面对复杂多变的外在环境时，仍旧感到力不从心，比如"非典"疫苗的研制，至今还没有成功，2020年初面对新冠疫情的蔓延，人类似乎也应对乏力，因为人们对此病毒缺乏足够的认知。在威尔逊和克拉克看来，从认知可延展的意义上看，传统计算主义[①]的错误在于否认计算过程也可延伸到大脑之外的世界（Wilson and Clark，2009）。作为内嵌于海量信息和复杂的环境中的生命体，内生于大脑的计算过程虽然有其重要性，但却只是完全的计算系统的一部分。这种广义计算主义的基本思想可概括为："人能够嵌入信息丰富而复杂的环境中，大脑中的计算也是其中的一部分，但是它并不代表完全的计算系统。计算单元既包括大脑中的计算，也包括大脑外的环境。"（任晓明和董云峰，2014）显然，这种"宽计

[①] 传统的计算主义认为计算系统止于颅骨，计算活动必定完全在大脑中，其程序是：①对外部世界进行编码；②仅在表征间进行模型计算；③在步骤2的输出结果的基础上对行为进行解释，即仅用内部符号进行乘法运算。延展的计算主义则主张计算系统可突破皮肤的界限从而延展至世界中，计算不完全在大脑内，其程序是：①确定表征性或信息性的形式——不论是否在脑中——都构成相关的计算系统；②模型计算存在于表征中；③行为本身可能是"宽计算系统"的一个部分，即利用内部与外在符号进行乘法运算。

算系统"包括大脑和环境在内,超越了颅骨的限制并延伸至世界之中。

之所以要借助这样一个"宽计算系统",主要是出于对认知复杂性的考虑。在笔者看来,我们的认知系统以及在此基础上所产生的认知行为也是复杂的,特别是认知系统与环境的交界处,如计算机作为人与环境的认知中介,通过互动所产生的复杂性尤为关键。二者间的关系不是线性的,而是非线性的,因为我们面对的世界是不稳定的,其内部时刻进行着建构与解构、发散与聚合,充满了不可预测性。这就要求我们采用一种新的策略来解释环境与认知系统间非线性的影响机制,即尝试利用系统的复杂性机制。笔者试图构建一个囊括认知系统和环境在内的框架,将其看作一个新的巨系统,在认知系统与环境的非线性的互动下,认知行为得以从中"涌现"出来。

在科学中,涌现概念无处不在,其含义是,简单的互动可产生复杂的系统行为,也就是一般系统论所主张的"整体大于部分之和"的观念。比如一个微观水平的复杂原子系统经过一番组织后形成了一个宏观水平的全新结构体,这个新结构体拥有微观系统不具备的性质,如激光的形成。这就是涌现过程。对于心智来说,涌现现象产生于大量神经元的互动,这是无数细胞类型组成的生物体所具有的惊人的协调性,如人体中各种抗体组成的免疫系统表现出的奇特属性。这意味着心智与物质之间存在着千丝万缕的联系。根据加扎尼加(M. S. Gazzaniga)的看法,心智的涌现"仿佛存在一个'自上而下'的认知过程在对一个'自下而上'的有形的生物加工过程发送指令:心智在向大脑发送指令的同时也在影响大脑的加工"(加扎尼加,2016:336)。加扎尼加通过对裂脑人的研究发现,不仅物质的大脑产生了非物质的心智状态,与此同时,精神的心智状态也影响物理的脑状态。

这种认知涌现观与生成认知观基本一致,即人与环境的交互方式即是涌现,认知产生于人的身体、心智、世界互动的大环境,其中每个因素的波动都会影响到整体的平和。生成认知观认为,环境是介入性的、被生成的,产生认知行为的大环境是封闭的;认知涌现观认为,认知框架是发散的、敞开的,其中包含的元素是大量聚集的,环境不是被生成的,而是作为认知行为的基底存在的。两种观点的不同之处是看待环境的地位和属性问题。

那么"涌现"是通过什么机制得以实现的?霍兰认为涌现是通过"回声"机制产生的,并通过计算机加以模拟(霍兰,2011:97-128)。具体说,霍兰通过六个模型[①]阐明回声机制的过程,该机制的关键在于,它规定主体只有在收集了足够的资源、能够复制其染色体字符串时才能繁殖,才能产生涌现行为。

---

① 其中模型 1 是基本模型,描述主体间通过资源流与环境互动。模型 1 的五种机制构成其余五个模型:①选择性交互的条件交换;②资源变换;③主体相互黏着;④选择性交配;⑤复制条件。

在笔者看来，"回声"的实质是一种反馈式的非线性"涨落"（声波起伏）。在耗散结构论中，"涨落"通常是指系统局部范围内子系统间以及系统与环境间随机形成的偏离系统整体状态的各种集体运动，反映了系统的非稳定特征。然而，这种非稳定的涨落何时出现却是不可预测的，因为"涨落表现了体系的非稳定性的一个因素，逐渐地远离平衡也表现了体系的非稳定性的一个方面，非线性反映了体系内部的非稳定性"（吴彤，2001：39）。因此，系统中涨落的出现是一种自组织行为。根据复杂性理论，认知系统与环境之间的这种微小变动可分为内涨落和外涨落：认知系统内部诸组成要素之间的非线性互动是内涨落；认知系统和外在环境间由于存在着非线性互动引起的涨落是外涨落。内涨落与外涨落之间是密切相关的，它们之间不存在无法逾越的鸿沟。

根据自组织系统理论，内涨落会造成系统内部诸要素间的物质流、信息流和能量流的交换过程，从而推动和影响系统结构的演化；同样，外涨落也会导致系统和外在环境之间的物质流、能量流和信息流的交换过程（湛垦华等，1989）。认知系统作为一种具有耗散结构的自组织系统，对外在对象进行认知的过程，也就是与环境进行能量与信息交换的过程。在这个交换过程中，外在环境中的能量和信息得以输入到认知系统内部，构成系统内部的要素的一部分，并参与内涨落的过程；认知系统内部一定的能量与信息，则通过实践活动或工具的使用输出到环境中，成为认知系统外部的作用因素，并参与外涨落的过程，也就是"通过涨落达到有序"的认知过程。这里的"有序"不是我们所讲的平衡态，而是保持认知系统和外在环境之间适度的张力的"亚平衡"态。耗散结构理论指出，系统远离平衡态是其自组织演化的一个前提条件，此时涨落才会出现，也就是说，平衡态没有涨落，涨落是耗散结构出现的触发器。因此，认知系统与环境之间的关系不可处于一种平衡态，否则，它们所构成的大系统内部会趋于停滞和无序。唯物辩证法认为，事物发展的根本原因在于事物内部的矛盾冲突，正是事物内部矛盾的此消彼长使得事物不断地发展。认知系统与环境之间的非线性的互动——涨落，使得系统不断地变化，人类对世界的认识程度、认识水平也在不断地加深、提高，如果保持平衡，那我们的认知活动也就趋于终结了。

如何让认知系统与其环境保持一种适当的张力呢？根据超循环论，认知系统的内涨落构成了一种小循环，它与认知环境之间的外涨落构成一种大循环，即内涨落和外涨落之间构成一种大循环，因为各自的物质流、能量流与信息流的交换本身就构成了一种循环。那么是什么将两种涨落联系起来，也就是在认知系统与认知环境之间起桥梁作用的是什么？在笔者看来是"认知实践"。根据马克思的实践观，劳动实践以及技术、工具可作为认知主体和环境之间互动的中介起作用。莱文森也指出："技术是中介。凭借技术，我们给思想赋予物质表现，并改变构成我们人和世界的物质。通过技术，我们体现和延伸自己的思想，把自己的思想注入客观世界，把我们的理论扩散到宇宙遥远的角落。"（莱文森，2003：14）我们对外部世界的认知活动不是单纯"看""思"的形式，还要去"实践"、去"做"。我们正是在使用、操作的过程中掌握某一技术工具的，只看图纸是完全不够的，更重要的是实践操作，即行动，这是实践哲学所极力倡导的。

按照拉兹洛的双透视论，人的认知是一种双向活动，认知系统和环境作为认知活动中作用的两极，需要中介作为二者之间的通道、联系媒介和转换机制。认知环境中的各种认知资源以及以非观念形式存在的对象，要以信息的形式进入大脑，就必须要有适当的转换媒介，如语言符号系统、概念范畴系统等。现实生活不仅仅是认知主体的感官系统所直接面对的现象世界，更多的是我们的机体无法直接掌握的复杂现象，必须要借助各种工具和仪器来认识和把握。反过来，人脑中信息式的存在——观念，要转化为客观实在，光靠冥想无法实现，必须依靠实践。如果说认知活动是主体对客体的观念把握，那么实践就是主体对客体的物质把握。更进一步讲，我们是通过实践操作将认知对象的概念图式纳入到我们的认知系统当中的，实践作为沟通认知系统和认知环境之间的纽带和桥梁是必需的，正是由于实践，才使得二者之间的内涨落与外涨落得以联系起来，并构成一种循环。

认知系统和环境间、内涨落和外涨落间双向作用构成的"循环"，类似于黑格尔（G. W. F. Hegel）所说的"辩证的圆圈"，一种"认知循环"。这种循环不是简单的、周而复始的重复，而是由低级到高级、螺旋式上升的循环，是有着不同发展水平的循环。认知系统在无限的"循环"中不断进化，在与环境交互的过程中不断从中获取资源来发展自身；反过来，通过实践这种中介作用，认知环境也在发生着改变，它不断地吸收自身之外的信息。认知主体和环境在这种循环中纠缠到了一起，从后现代主义和后人类中心主义的视角看，人类不再是发号施令的主体和行动中心。也就是说，认知主体和环境之间不是简单的互动、因果联系，而是一种循环往复、不断运动的过程。黑格尔正确地指出："相互作用无疑地是由因果关系直接发展出来的真理，也可说是它正站在概念的门口。但也正因为如此，为了要获得概念式的认识，我们却不应满足于相互关系的应用。假如我们对于某一内容，只依据相互关系的观点去考察，那么事实上这是采取了一个完全没有概念的态度。我们所得到的仅是一堆枯燥的事实，而对于为了应用因果关系去处理事实所首先要求的中介性知识，仍然得不到满足……这就是说，相互关系中的两个方面不可让它们作为直接给予的东西，而必须如前面两节所指出那样，确认它们为一较高的第三者的两个环节，而这较高的第三者即是概念。"（黑格尔，2009：297）黑格尔的概念中介观给予我们以方法论的启迪。作为认知活动两极的环境和认知系统,与我们的认知结果之间的关系是"具体的统一",经过认知系统和环境之间复杂的矛盾运动、互动,最后产生认知的结晶——科学知识。当然,我们不排斥认知系统和环境之间直接的互动也产生了感觉经验,但感觉经验是不确定的,甚至是混乱的,有时会混淆我们的理性。

洛克主张,人类的全部知识是建立在感觉经验上的,知识归根到底都源于经验。然而,经验是有局限的,要成为科学意义上的知识,就必须摆脱感觉经验的窠臼,通过认知系统和环境的循环运动,从而获得更高层次的概念知识(理性知识)。不过,要保持认知系统和环境之间的某种张力,适当维持二者之间的界限是必要的。这是因为,认知系统与环境之间本来就存在边界,否则就没有系统与环境之分了,只是这种界限有时被模糊了。认知系统是对其环境开放的,它绝不是封闭的,封闭会造成认知的僵化。但认知系统的开放也是有限的,即保持合理的"度",系统边界的完全开放,就意味着系统没有边界,完全与环境融为一体,这就从根本上模糊了人类认知与其背景的差异,抹杀了人自身的主体性。然而,过分强调人或大脑在认知系统与环境关系中的主体地位,又会使我们陷入人类中心主义和人类沙文主义的窠臼。因此笔者认为,在强调环境与认知系统之间的双向作用时,要提防可能产生的泛心论,即使在我们眼中环境不是消极的、僵死的存在,而是始终与认知系统进行信息与能量交换的境域,但其本身是无意识的,并不存在斯宾诺莎(B. Spinoza)所说的"自然神性"。

第六节 小 结

在看待环境在认知过程中起何作用的问题上,以传统颅内主义为代表的内在主义主张,环境作为外在于认知系统的影响因子而起效用,从程度上看,也仅仅是外部的影响性作用,笔者称之为"影响观"。以延展认知和延展心智观为代表的积极外在主义则主张,环境可以并且应当成为认知系统的组成要素,笔者称之为"构成观"。这两种观点都是有问题的,应该在二者之间保持一种张力,这就是"张力观"。"张力观"承认环境对认知系统的巨大影响,但将其作为认知系统的构成要素就取消了系统与环境的界限,环境消失了系统也就不存在了,再讨论二者之间的关系也就没有意义了。

在笔者看来,一方面,颅内主义完全立足于认知系统的内涨落,重视系统内部能量和信息的流动交换过程,在某种意义上有其合理性,因为内涨落是推动和影响认知系统的内动力,但颅内主义将该过程严格限制在颅骨内,忽略了认知系统和环境之间的外涨落过程，在内外涨落之间设置了一道不可逾越的屏障。事实上，两种涨落之间构成一种互生互存的互动关系，颅内主义对环境的否定是片面的、不恰当的。另一方面，延展认知主义视域中的环境相对于颅内主义有了相当的进步，弥合了认知系统与环境之间的裂缝，以积极外在的方式使二者统一起来，正视了环境对认知系统的作用，但它对环境的地位有所夸大。外涨落固然能够将外在环境中的信息、能量等输入认知系统，参与内涨落进而对其产生影响，但不能就此认为，环境因素可与大脑联结而成为认知系统的一部分。可以确定的是，作为外涨落过程的基点，环境为认知系统提供物质、能量和信息，使它们渗透到认知系统中，这不能等同于环境就是认知系统的构成部分。这就像承认西方文化对东方有巨大影响，就认为前者成为后者的一部分一样荒唐。唯物辩证法认为，事物的内部矛盾（内因）是事物发展变化的根本原因，而外因则是次要原因，内因是变化的根据，外因是变化的条件，外因通过内因而起作用。这样一来，大脑包括心智所组成的认知系统乃是我们认知的必要条件，环境则是充分条件，或者说，环境是认知发生的外部条件。不受环境影响的认知系统是孤立的、僵死的，但排除了认知系统的环境也是没有意义的，只是不可理解的"自在之物"。

  需要强调的是，上述对于外在环境与认知系统的关系的探讨，不是为了对之作形而上学的说明，而是基于日常生活实践，对两者之间的作用机制做出一种合乎逻辑的解释。事实上，外在环境既不是积极外在主义主张的是认知系统的要素，也不是颅内主义所认为的毫无瓜葛的"第三者"，而是作为认知系统的外在影响性因素发挥着作用。对于延展认知主义将内在与外在的过程和工具"整合"在一起的激进立场，虽然它为我们思考有关内在-外在的过程和工具的动态整合提供了一条有益的路径，但将环境作为认知系统的构成要素的观点则不妥当。我们既具有理解外在环境的能力，也具有通过利用外在环境来控制理解力的能力，但这并不足以说明环境就成为我们认知力和理解力的一部分。这也是延展认知主义一直为人诟病的地方，而且它的耦合机制也未能详尽地解释外在环境与认知系统之间的联系。系统科学的"涨落"概念和黑格尔的"辩证逻辑"方法给予我们以启迪，是我们提出认知主体与环境在线的、共时的、共生的解释机制的科学和哲学依据。虽然认知系统和环境之间互动的机制纷繁复杂，但是心智若没有表征就是空的，认知若没有环境支撑就是盲目的。

第八章 认知系统的生物与文化进化解释

> 认知是一种进化的产物，在其所在的世界秩序中，它一定要适合其活动者特定生态小生境的本土特性。
>
> ——尼古拉斯·雷舍尔（《复杂性：一种哲学概观》第151页）

> 所有复杂系统（具有涌现和自组织行为的系统）都通过学习和进化过程进行适应，即改变自身的行为以增加生存或成功的机会。
>
> ——梅拉妮·米歇尔（《复杂》第14-15页）

生物进化几乎是不争的事实，人类的文化是否也像生物那样是进化的？如果是，生物进化与文化进化之间是什么关系？它们之间的过渡或中介是什么？有没有一种文化基因，它构成了人类的一种信息模型或基本框架？"进化"在这里既可指某个随时间变化的事物，也可指源于某个共同祖先的所有生命形式都具有的血统，而不用说明导致进化的机制。因此，在完全的生物学意义上，进化意味着一个适应过程，在这个过程中，生命源于无机物，随后完全通过自然的方式获得发展，这就是达尔文进化论赋予的含义，也是科学界普遍认可的意义。基于这一进化意义，本章将探讨认知系统的生物进化与文化进化之间的关系，重点讨论文化是否进化、如何进化以及对认知系统的影响等问题。

第一节 有意识生物进化的隐喻表征

在具身认知科学中，隐喻不仅被看作一种普遍的修辞手段，也被认为是一种基本的思维和认知方式。我们的日常生活和概念体系中、人们的思维和行为中，普遍使用了隐喻表达（Lakoff and Johnson，1980）。关于生物进化的隐喻表达，哲学家丹尼特提出"塔隐喻"（Dennett，1995）。所谓的塔是一个想象的三层结构：第一层生活着"达尔文式的生物"，这种生物是经自然选择进化出来的，其行为是由基因决定的，即神经元层次；第二层生活着"斯金纳式的生物"，这种生物是操作性条件反射，即大脑层次；第三层生活着"波普尔式的生物",这种生物第一次展示了模仿现实的内在能力,表现出对外部世界的自我表征能力,即心智层次。根据这个隐喻,这个由不同层次的模仿构建复杂外部世界的模型,可能伴随不同的潜能和几种适应力,这就是共同进化的观念。共同进化意味着,对于变化的环境来说,这种生物并不是一味地被动适应,而是通过它们的存在改变甚至形成新环境(Maturana and Varela, 1987),这就是适应性进化。因此,我们人类就不仅仅是模仿世界,而是能创造一个新的世界。现代人类社会的发展已经证明了这一点。

联结主义的模块论已经表明(Fodor, 1983),一个认知结构以模块的顺序排列,这些结构能够把输入转换成表征。脑解剖已经揭示,大脑的特殊区域是毫无争议的模型(即将大脑看作一个神经元相互连接的模式),这导致了联结主义的复兴。然而实际上,模块结构并不能建立工作脑或心智的满意模型,因为模块论是建立在心智或大脑系列功能假说的基础上的。因此,如果大脑被分成特殊的区域或模块,那么必须当它们是在连接的条件下,并且功能是严格协调的。这就需要神经元的组织化。神经科学家埃德尔曼认为,神经元在网络中组织起来具有特定的功能,基因、神经元和突触是重复的,自然选择被定义为表观遗传,这完全是事后的现象。神经元组并非是单个的神经元构成的选择部件,它们在胚胎内及其后的发展中通过行为决定经验选择,并用于重返现象。重返现象是大脑的一个区向另一个区发射的持续信号经过大量平行的纤维又返回来的现象,被认为普遍存在于高级大脑中(Edelman, 2006: 28)。比如,我们所称的"自我"并不是一个客体,而是依赖这种重返现象的一种功能而获得的认知。

这种功能可能是动物社会性的根源。人类作为符号性物种是由于其特殊的神经元组织,社会性是其本质(Deacon, 1997)。如果没有社会组织,这种特殊神经元组织在发展的关键阶段也不会产生语言,也就不会有人的心智和自我。进一步说,人的特殊神经元与外部文化进化的共同发展才产生了现代有意识的人。这就是说,人类发展依赖于周围自然环境和我们自己的内在世界以及社会文化世界和他人世界的共同互动。比如,身份是在人与人的互动中才被确立的,威信是在社会实践中逐渐形成的,道德是在交往中规范行为发展出的。

语言作为交流的工具,在认知的意义上,其基石是隐喻,即利用物体之间的相似性,明显的或隐含的,使用一个物体的术语描述另一个物体。莱考夫和约翰逊(Lakoff and Johnson, 1980)认为,隐喻是最重要的认知方式,它从另一个观点构思一个事物,把"某物"理解为"其他某物"。因此,隐喻就是一种认知工具,它是依赖于双关修辞的一种语言形式,其中所使用词的意义在语言学和符号学上不同于它的字面意义。例如,"张三是傻瓜","张三"与"傻瓜"字面上意义完全不同,但隐喻的功能是以"傻瓜"暗指"张三"笨。

虽然人有解释符号的能力，但根据符号学，符号只是潜在的指号范畴之一。为了弄清符号的认知功能，塞伯克（T. A. Sebeok）和达尼斯（M. Danesi）（Sebeok and Danesi, 2000）在审视索绪尔（F. de Saussure）和皮尔士在 20 世纪确认的符号学和指号学思想的基础上，重新对指号的基本构成进行了命名，他们把 A 代替 B 的关系作为定义$[A=B]$（类似于表征关系但不是表征关系）。A 是形式，B 是所指称的内容，$[A=B]$的关系产生了一个模型。我们知道，皮尔士把指号与物体间的关系分为图示、指示和符号。图示是与它们所指客体相似的指号方式。指示是与它们的客体的实际联系。符号是为它们的解释提供一个习惯和规则。而在塞伯克和达尼斯的模型系统理论（MST）中，符号使用者是在更一般的符号学理论中的特定人。一个指称物在任何情况下都归因于一种形式。因此，我们需要考虑指号、符号和人的意识是如何在生命自然进化中发挥作用的，毕竟我们操作的只是表征（中介工具，如语言、符号）而不是事物本身（客体、事件）。

在操作各种表征中，感受性是不可或缺的因素。因为感受性被看作是有意识的特征，没有感受性，我们就不能操作表征了。新生儿的大脑可能模仿物理世界和基于环境的特征，比如四五个月大的婴儿就开始对外界产生好奇，不停地观察。他们虽然不会说话，但我们能够轻易发现他们在观察，对看到的事物感兴趣或不感兴趣。笔者注意到，6 个月的婴儿就会盯着一个移动的彩色球，他/她的头会随着球的移动而扭动。大人打电话，1 岁的儿童通过模仿也学会了，模仿时嘴里还念念有词。模仿的过程就是操作的过程，操作的过程就是展示感受性的过程。这说明模仿学习在儿童的成长中起着十分重要的作用。模仿的发生也一定与感受性相关。缺乏感受性，儿童就不会模仿了。

问题是，感受性是如何发挥作用的，这个问题似乎仍很神秘。在笔者看来，这可能与刺激有关，看见、听见等均是刺激的不同形式，动物能对环境的刺激做出反应，人就更不用说了。有一个实例足以说明外部刺激在儿童心理上的反应。笔者做过这样一个实验：给 4 岁半的女童看一组照片，其中有她和她 3 岁半的表妹，看着看着她突然哭了，这让笔者十分不解，而后她的一句话令笔者恍然大悟，她说："我才有两个呀！"原来，照片里她仅出现了两次，妹妹的出现频次比她多，她感到不公平或不被关注，所以哭了。这个实验说明，不是照片刺激了她，而是照片中她出现的频次刺激了她，在她的意识里，这是不公平的。这个例子也说明，感受性是意识的一个核心部分，也当然是认知的一个重要方面。

感受性的概念最早是由刘易斯（C. I. Lewis）引入的一个拉丁文术语 quale（复数 qualia），意指"给定物的可识别的质性特点"，"它通常是指非常明显的主观心理状态，或是通过反省唯一容易理解的心理生命现象"（Lewis, 1929；

121），也就是指感受性或感觉的特性，如疼痛、发热等这些我们可体验的"第一人称"属性。感受性被认为是独立于它们对行为影响的感官形式，与心理状态相关，即人的感知经验或身体感觉与心理状态如情绪感受和心情相关。比如"红色"，是作为红的特质，独立于现实的物体，如红旗。但是，人们对"红"的感受性与号召人们起来革命的红旗联系了起来，人们一看到红旗就热血沸腾。因此，感受性是感官经验的具体特征，不能被认为仅仅是一种幻觉。

迪克（T. W. Deacon）提出一种关于感受性的假设，即在意识和本能行为以及意识和习得行为这两种情形中，当一个反应是由一个具体的感受，或一个不同的感受的一个具体集合诱导而产生时，它的"身影"出现在神经网络中，在那里，感官引起"神经过程上一致的变量需求"（Deacon, 1997: 329）。因此，恰当的神经网络的生存是由基因决定的，它们将控制本能行为或来自经验学习的选择。20世纪初物理学家玻尔兹曼将大脑看作建立世界图像的器官，认为感知集中于感觉器官提供的数据不变的特征，即感觉的感受性，这种感受性就是童年时就会发现物体固定不变特点的一致性。这就是著名的关于表征的图像论。

根据进化论，物种的形成是一个生物事件。动物会产生一个基于信号的"方向系统"，比如对应视觉的电磁波、对应嗅觉的易挥发分子，这些都是生存的重要信息。一般来说，生物与世界并没有直接关系，世界只是借助生物自己的敏锐观察的结果。对于我们人类而言，我们不仅有各种感觉器官，还能解释抽象符号的含义。大脑是模仿现实的，我们内部的方向是与世界地图联系在一起的。相对于感觉器官，生物可能存在着"心理器官"。这是关于心理现象的一个隐喻，用于说明心理现象是有生物来源的，就像眼睛是"看"的器官，"看"源于眼睛，鼻子是"嗅"的器官，"嗅"源于鼻子，但这些器官都与大脑相连，大脑控制它们，而"心理器官"可能控制着大脑。

如果这个隐喻是真实的，那么"心理器官"可能就是现代人形成的基点：一个新的物种模仿现实的新能力就能产生语言和思想，之后我们就有了世界上除了感知外严格意义上的意识。意识活动反过来又通过"心理器官"对神经系统产生定向的塑造作用。有研究表明，在没有明显外部刺激的情况下，人仅凭想象力就能激活与想象的具体行为所对应的神经通道（Kosslyn, 2001）。这说明心理功能既可建立在新的不变性（神经通道）的基础上，也可建立在新的感受性（想象）基础上。也就是说，一个新的刺激（生理的、语言的、想象的），可打通神经元之间的连接，进而涌现出新想法。比如顿悟、灵感可能就是这样产生的。因此，在适当的语言组织能力的条件下，存在着可能成分的选择性组合、替换和控制，这就产生了语言学"语义特性"的新水平的融合，如解释特性。有了语言，人类的智能就像插上了双翼，在想象的空间自由翱翔。

如果进化论是对的，我们可进一步假设，感觉在觉知（awareness）形成之前已经产生，甚至在任何类型的意识产生之前有更多的感觉已经形成。也就是说，感觉在意识形成中具有优先性，即先产生感觉，而后经过进化才产生感知，进而形成意识和智能。因为进化在生物学意义上就是一个历时过程，在这个过程当中，生命源于无机物，随后完全通过自然的方式获得发展，进而产生感受性和意识现象，再进而产生智能。感觉上的感受性有积极和消极、好与坏两面性，这就是情绪。达玛西奥（A. Damásio）认为，情绪是公开的、可观察的反应，有好的、坏的感觉等，如高兴、生气，而感受是私人的，如疼痛，情绪和感受是有区别的（Damásio，1999）。我们都能体会到情绪特别是强烈情绪给我们的影响。即使是动物也有情绪，如狗也会发怒，情绪在动物的生存过程中可能起着重要作用，因为情绪是具身的，对于生物的生存来说是必要的。这样看来，生物选择感觉感受性是为了拥有生存和建构世界的能力。

我们人类有自己的意识和觉知，不仅有感觉感受性，还有隐喻感受性，前者以感觉为基础，后者以语言为基础，而且是建立在感觉感受性上的。感觉感受性对于评价意义和评估隐喻感受性的价值来说是必要的，而隐喻感受性被赋予了更加复杂的隐含意义，比如分配的价值要么是"好的"要么是"坏的"，具有语义或价值判断。用语境论的术语讲，重新赋予意义的过程可能是作为语境变化的结果，或者是重新对话产生的一种扩展适应。这意味着感受性不仅表达感觉的属性，而且能表征意义，即通过隐喻感受性把意义添加到经验或身体的感觉中，这样它们就有一个意义的扩展。比如牙疼，它首先有一种感觉感受性，即体验到牙疼，将这种状态用语句"牙疼是钻心的痛"描述出来，就是一种隐喻感受性。也就是说，隐喻感受性是对感觉感受性的语言性描述，它可能是一种间接感受性，例如"我"自己没有牙疼，但见过别人牙疼的表情，听过别人描述牙疼的表达，因而"我"可描述牙疼的状况。这种表达就是一种间接隐喻性。这种隐喻感受性在一定程度上共享意义，因而使我们能够理解和交流，比如对"牙疼不是病，疼起来要了命"的理解。这样，感受性就是可描述的，比如，分享一个感觉，我们可使用类比或隐喻，如"和平鸽"，也可使用语言表达，如"针刺般的疼"。

从神经生物学的角度看，理解感受性应该是基于生物过程的，而且与意识相关，即感受性和意识是由神经生物学过程引起的（Crick and Koch，2003）。因为没有生物的感觉特征就没有意识的形成，没有功能性特点就不存在不同主体间的感受性的相似性。因此，感受性并不是偶然发生的，它们被定义是由于它们能选择神经元网络来调节适应性。如果感受性仅仅是隐喻性的（即抽象的，或缺乏具体感知的分析），甚至更多的是从语言学意义上来定义的，那么它们只是一个后来的习得，不能形成生物表征的一部分。比如儿童感知一个红球，他并没有感知到球的抽象类（球的概念）和抽象的"圆"这个属性，也没有感知到球"红色"的特征。这是非常清楚的事实。所以，认知的感受性先于认知的抽象性，或者说，没有感受性，就没有抽象思维能力。

除了感觉的和隐喻的感受性，还存在其他形式的感受性，如我们熟知的情绪，通常表现为喜、怒、哀、乐等多种形式，可称之为情绪感受性。这就是为什么达玛西奥把情绪定义为可观察的、公众的反应和感受以及个人的心理经验。在笔者看来，达玛西奥对情绪的定义实质上是一种隐喻的感受性，它需要海马体作为一种神经结构，意识作为一种心智功能。情绪之所以是感受性，是因为它是主观性的心理状态，但只有我们自己可以体验，其他人则不能。当情绪被有意识地表达时它变成了一种感受，当我们理解它时仅仅靠这些感官不能充分地描述它。在达玛西奥看来，意识使用感受性作为原材料是为了形成故事或叙事。当我们描述我们的感受性时，我们通常使用了具身隐喻的方式，如"怒发冲冠""开怀大笑"等。

那么，我们的感受性究竟是什么？由什么构成？这是十分重要的问题，因为我们生活在一个感知的世界，感知是我们通向世界的通道，由此我们可得到不同的感受性，如颜色、气味、声音、冷热等，这些都已证明特别适合通过改善物种的适应性来发展传感器、感官系统和能感知它们的脑地图。在笔者看来，感受性作为诸多感觉的一般概括性特征，本质上是有意识的或主观的，因为它们只存在于世界和感觉物的互动中，或者说，感受性是有意识主体和自然世界互动的中介。如果感受性不是主观的，而是客观的，那么感觉感受性就是被动的刺激-反应，隐喻感受性将不复存在，因为没有意识主体使用语言来描述它们。迄今，我们人类已基于隐喻感受性发展出一种新的"感官"工具范畴，这种工具的特征是有能力用其他术语如数学、逻辑来表征某物。科学表征就是基于这种工具发生的，不同表征理论都有其根隐喻，如图像隐喻、结构隐喻、力隐喻等（魏屹东，2018：133-146）。正如我们的感官以同样的方式建构我们的世界，隐喻感受性真正地建构了我们建立的人类表征的物理世界的一部分，如图像、气味和声音，这些概念源于世界与感知者之间的互动。

第二节 意识进化的"自我"表征

有了隐喻感受性，就肯定有了意识，因为意识是感受性存在的前提，而隐喻感受性是更高级的意识，是有创造性的意识。正如柏格森指出的，"对于一个有意识的生命来说，存在在于变化，变化在于成熟，成熟在于不断地自我创造"（柏格森，2004：13）。在这个意义上，意识本质上是自由的，是不断适应物质环境变化的。这是因为意识本身具有多种"自我"特性。詹尼斯（J. Jaynes）认为意识有空间化、选录、类比我（I）、隐喻我（me）、叙述化与调和几大特点（Jaynes, 1986）。空间化并不是"简单的"对空间的感觉，它是指"心理空间"。选录是意识到的细节，用于表征它们例示的概念。类比我和隐喻我引入了多维视角和识别，除了一个言者的我（I），还有一个"听者"与一个"评判"的我（me）[①]。在这个对话中，一个叙事就是类比"我"，即从内部审视的我；隐喻我，即从外部观察"从内部审视的我"，是从其他人的视角来看我们自己。在最重要的功能中，存在的隐喻化会产生"我"的两种形式（主格 I 和宾格 me），它们总是在对话中创造一个叙述，一个故事，也就是一个叙述化。调和的功能是产生一个一致的世界，它是通过抑制和聚集来保证的。这是因为意识有时是盲目的，所以要用我们的世界观否认矛盾的客体。

埃德尔曼将意识区分为初级的和高阶的。初级意识是没有"过去与将来的概念"而对现在的觉知；高阶意识是考虑我们的行动和感受的自我认识，它建构个人的认知以及过去与将来感知的东西——包含心智部分的即刻意识，不包含任何感觉器官或接受器。意识的这种形式是自我反身的，它是人类良心的觉知和对时间清晰的感知（Edelman, 1987）。达玛西奥则提出一个核心意识概念，即现在的自我以及扩展的意识，在"历史"时刻提供一种身份感和自我感，是关于自我与世界的过去和将来的意识（Damásio, 2005）。在达玛西奥看来，自我是意识的主角，自我的结构是多层次的：事实上，我们有一个原我，它是身体的和生物的，它构成核心自我的基础，还有更高水平的自传体的自我（描述性的、历史化的和抽象的）。

根据詹尼斯的看法，意识"形成于语言之后"（Jaynes, 1976：66），即心智空间是通过言语产生的。在笔者看来恰好相反，即意识在语言之前形成，或者说语言是有意识生物特有的符号性表达方式，没有意识何来语言？如果说语言的形成优化了意识，提升了意识的能动性，这是可能的。因为学习是一种新的符号系统，它允许心智使用抽象思想的形式。无意识不是没有意识特性，它与有意识相对，也是一种有意义的心理状态，只是存在于意识状态之外。或者说，无意识是除有意识外的脑状态。无意识自我是一种心理状态，是一种自觉、自主的过程，学习也会在那里发生。从神经科学来看，处于无意识是一种由自动神经系统控制的复杂的心理和身体状态。我们的许多行动并不是有意识状态支配的，而是无意识状态控制的，如一个不经意的动作、沉思时的来回走

---

① 这里的"我"有主格 I 和宾格 me 之分，体现为主体言说时的主动性和被动性。主格"我"是"第一人称"叙事，宾格"我"是"第二人称"或"第三人称"叙事。

动、演讲时的各种手势等。

布莱克（M. I. Blanco）使用形式逻辑工具研究弗洛伊德的无意识认知过程，给出了无意识的无限集合的两个基本原则：对称原则和归纳原则（Blanco，1975）。对称原则是指无意识展示了一个"不对称关系的对称"，比如，母子关系是不对称的，是相对的。对称逻辑与不对称逻辑并存，正如意识和无意识并存一样。依据认知的任务，所发生变化的是双逻辑组合的两个元素变化的程度。缺乏空间概念不可能概念化时间，因为时间总是一个空间化的行为，而没有历史和语境的学习是没有变化的。这就是一种信息模式，其结构重复、特点稳定、不易变化。这种信息模式由于它的起源要么是无意识的，要么成为能引导的行为，与存在于更高水平的逻辑相关。在布莱克看来，对称原则与普遍性原则是结合在一起的。无意识逻辑不会考虑个体成员，它处理它们只是作为类的成员或是大类中的小类。集合中单独的元素是单独的个体，这个个体与它所属的类本质上是一致的。这与转喻相似，其中部分与整体同一。即使从表面分析也清楚地表明普遍性原则对于从心智到范畴化事物都很关键。认知过程通过无意识"自动"产生类和范畴。对称的认知过程在纯形式上是一致的，这是布莱克使用"存在"（being）的方式，而不对称的认知过程在纯形式上是与"生成"（becoming）相一致的，最终我们的"感觉"通过克服这些不对称为我们提供关于客体的知识，在理性范围内与对称方式相一致。这是从抽象符号层次对无意识认知过程的说明。

在笔者看来，这些语义信息模式就是"文化基因"，因为它们通过其行为感应物理能量的转移。指号复杂系统的物种和个体的俘获需要一个双重进化优势：模拟之前更多能力的现实和克服只处理感官输入的记忆系统的有限性。语义信息模式最初的起源需要生物和基因的变化，而后来的进化——从图示和基于类比的系统到完全的符号系统——应该发生在文化进化的范围内。因此，我们可得出结论：信息模式是文化基因而不是遗传基因。

众所周知，在生物学中，基因是重要的符号复制，因为它们会被用作编码、储存和检索生物信息模式。生物进化的符号复制和文化进化的符号复制都适用以下三个特征（Recchia-Luciani，2013：79）：

（1）需要一个机制，它允许具有受控的变化性和随后繁殖的转换（最初的个体或小部分主体的表达）。

（2）被产生后，它们必须经历一个选择的过程，基于它们选择的价值之上，正如适者生存展示的那样。

（3）在被选择后，需要稳定然后有一个机制来保护偶然的变化。

这就是文化基因的本体论地位：一个指号性质的信息模式，伴随有隐喻关系、个体生长和社会选择。它们的稳定性是通过将其变成无意识的来保证的，也就是在个体、群体、组织和机构中成为与历史无关的。

当我们学习一个程序后，我们所学会的东西嵌入"我们体内"，我们不再思考它，就像学会了骑自行车后不再思考如何骑的步骤。学习是在模式中进行的，而模式有一个历史过程。当基因被组织在一个紧凑的网状物之中时，我们称之为染色体，它们并不起作用，但形式上它们是被保护的，不易受到环境的影响，这被称为关于我们语义记忆的信息[1]。

对于生物适应的信息模式，基因和染色体决定具体的形式来保证生产、受控条件的突变，以及已选择的保留。相似地，隐喻关系中的指号表征了人类文化中的生产、受控条件下的突变，以及已被选择的保留的信息模式。相比动物文化（如果有的话），人类文化不再依赖于感官领域的限制，也不依赖于客观物理的存在，不论是否在单一个体或社会组织中。这些基本的指号信息模式，具有隐喻本质，使用"隐喻群"机制，比如通过认知语言产生个体形式和社会组织的性格与个性的结构。可以说，文化中存在着很强的传统和过渡阶段，我们可以假定一个一般的和统一的知识理论。我们必须给予指号一个自然史，理解它们如何真正区别于能产生、发展和死亡的生命形式，以及它们如何指导进化的结构。

概言之，认知语言学的发展使得意识的隐喻理论成为认识论的可能性，因为人们通过隐喻理解的认知实体可用来测量真理的程度（Lakoff and Johnson，1980）。这是一个有力的标准，它可评价通过每一个可能陈述获得的可信度，无论它是不是具体的知识领域，也不管它是科学的、人文的、技术的或艺术的，都适于产生生物语义学的认识论（见本章第四节）。

第三节 意识的文化进化解释

意识发展到使用符号阶段，就意味着高级智慧的出现。人类就是这种高级智慧的唯一代表（至少迄今是这样，我们还没有发现地球外的智慧生物）。智慧的出现是意识依赖物质、适应物质并超越物质的必然结果。这种智慧笔者认为就是作为认知的意识的适应性表征。唐纳德假设了认知发展的不同阶段，认为"在认知组织中有结构变化，以及深远的文化变化。一个新的认知模块的复合体伴随着每一次适应"（Donald，2001：18）。这意味着意识是在认知组织中涌现的特性。涌现特性的所有层次和最近的认知模块在物理上限定在某个地

---

[1] Lawley J, Tompkins P. What kind of a man is David Grove? http://www.cleanlanguage.co.uk/articles/articles/37/1/And-what-kind-of-a-man-is-David-Grove/Page 1.html[2022-09-20].

方（通常在外部的记忆中），而且外部符号的储存"一定被认为是在人的认知结构中硬件的变化，尽管是一个非生物的硬件的变化"（Donald，2001：18）。这样，记忆就以新的方式组织成了"心理器官"，通过这种方式让我们使用隐喻理解事物成为可能。

上述已表明，"心理器官"隐喻使人类发明了工具和系统地使用工具。工具是一种中介、一种假体，如模型（不是原型）。也就是说，人造工具不仅易于代替身体丢失的部分或是患病的部分，如假肢，而且显然能改善其功能。在更广泛的意义上我们能够说，它们允许人类做一些有机体不能预见的事情。因此，人造物恰好是一个真正的"假肢"。假体作为工具是一种隐喻，是"表征其他事物的"客体，是"心理器官"这种根隐喻的衍生物。考古发现，原始人能制作和使用工具，这表明他们有一定的想象力。这意味着他们在选用材料建造工具之前，心里已经有了工具的初步图像。符号互动论和历史-文化心理学已表明：为了得到真实的抽象思想的形式和意识，一个特殊的假体所需的就是基于字母语音的书面语言。

这样看来，我们的心智使用其他的事物来理解事物的能力（隐喻思维），不仅是语言的起源，而且是所有指号系统的起源。隐喻的基本功能是有助于理解，就是使抽象思想和语言能被我们所理解。劳瑞兹（K. Lorenz）指出，"在动物传统的所有情形中，知识的传递依靠物体的出现。只有随着抽象思维和人的语言的进化，通过自由符号的创造，动物传统才能变成独立的客体。个体知识的积累的先决条件是它的独立性。并且是长时间的传递，只有人才能获得这种成就"（Lorenz，1977：165）。如果这一观点是正确的，进化就不仅在生物层次，而且还在人类文化层次中发挥作用。

那么，文化中是否存在像基因一样可继承的单元呢？答案是肯定的，否则，我们的文化就难以传承了。丹尼特曾断言，文化进化的观点是显而易见的，它必须被认为是自明之理（Dennett，1999，Edge：52）。从古希腊哲学家赫拉克利特时代开始，人们就认为每个事物都是在变化、运动着的，每个客体都有着自己的历史。相比而言，文化的变化往往更为迅速，它是通过文化基因进化的。可以说，生命和意识时时刻刻都在文化中创造某种东西。如果说生命的进化使我们有了意识，那么文化的进化则使我们有了认知能力和智慧。认知的基本功能引导我们的行为，使我们能在特定情境中预测有利或不利事件的发生。这就是文化基因的作用。

雷奇亚-卢西亚尼（N. M. A. Recchia-Lucianim）对文化基因的定义是：认知的或行为类型的信息结构，即信息的图示，存在于个人的记忆中，能被其他的个体记忆所复制（Recchia-Lucianim，2013：75）。这就是说，信息结构或图式是复制或复制品的单元。能被复制的特性对于基因和文化基因来说都是非常普通的，这使得它们都是复制品。复制结构就等于得到所复制的运输工具。这就是文化基因学的基础。史诗、故事、名言和格言，甚至规章和法律都是经典的文化基因的实例。正像基因一样，精确的复制、多产和寿命的所有标准也适用于文化基因[①]。因为精确的复制、多产和寿命都指向文化基因的语义内容，而不是它的外形或容器，即它的形式句法和符号特征。

在笔者看来，这种文化基因的符号复制特征类似于柏格森关于认知（思维）的"电影放映"隐喻。柏格森认为，我们对事物的认知就如同电影放映一样，其特征在于我们适应事物的"万花筒"特征；认知能力的这种机制本质上是实践。这意味着我们对某种变化的连续性形成一系列印象，并通过一般的变化把这些印象连接起来。在柏格森看来，这种机械论哲学同现代科学一样，"现代科学也是按照电影放映的方法工作的。现代科学不能另辟他途，所有科学都服从这个规律。实际上，科学的本质是处理它用来代替事物本身的符号。这些符号因为更精确和更有效，所以不同于语言符号，但仍然受制于以不变形式记录现实的一个固定方面的符号的一般条件"（柏格森，2004：272-273）。在表征的意义上，柏格森无疑是正确的，因为科学表征就是通过客体的符号来描述世界的，科学并不操作客体本身，而是操作客体的符号。这种范畴化能力无疑依赖于人类的文化。

根据符号学，基因就是一个简单的指号概念（认知的符号化在第三部分详细讨论），那么文化基因是什么类型的指号呢？库尔（K. Kull）认为，这正是符号学家索绪尔和皮尔士所忽视的（Kull，2000）。在笔者看来，文化基因这个术语是与生物基因类比得出的，生物基因可遗传，如果存在文化基因这种东西，它一定是遗传的吗？虽然文化可以传承，但传承还不是遗传。二者不是同一层次的东西，一个是生物层次，一个是文化层次，只是二者之间存在类比关系。所以，文化基因这个概念必须予以澄清，即有必要界定文化基因的本体地位和它的一些基本特征。

如果存在文化基因这种东西，它一定不像基因遗传一样从一个客体传递到另一个客体。比如，一个中国儿童一出生就将他与其父母分离，由美国夫妇养大，虽然他天生有中国人的基因，但他讲英语，遵循美国人的传统和习俗，一点也不懂汉语，也不知道中国人的习俗和文化传统（如果不教他汉语和中国文化习俗）。在这种情况下，我们还能够说文化可遗传吗？由此是否可以得出结论：文化基因只是一种类比的说法，它虽然可以传承但不能遗传。传承是后天训练的结果。

[①] Heylighen F. Memetics1993-2001//Principia cybernetica web. http://pespmc1.vub.ac.be/MEMES.html [2022-09-20].

显然，文化基因学说忽视了心理学的进化，也忽视了心理学和行为学后果，复制的信息结构有它们的承载者，如 DNA。文化基因也有自己的承载者，如书籍、戏剧、电影等。书籍承载了语义内容，戏剧以表演的形式一代代传承下去。一代代传承下去，就像基因遗传一样。这就是文化传承。事实上，文化不会是以基因遗传的方式传播。文化基因不是像病毒那样不断自复制，其中有新的创造性在里面。这是否意味着文化基因不会影响认知系统如大脑呢？也不是。文化作为一种外在的传统习俗，在一定程度上会影响我们的大脑发育，不然的话，后天的教育就没有意义了。狼孩的例子已经说明，后天的文化因素对大脑的影响是巨大的。如果说是自然造就了大脑，那么可能是文化塑造了心智。然而，正如迪克认为的，如此定义的文化基因是复制品而不是重复的指号，因为它们是性质和大小都未知的复制品，通过有限的保真复制会阻止进化的选择过程。

从符号学来看，文化基因是一种指号过程或表征，因为指号不是通过物理特征被描述的，而是通过符号象征来表达的，而且"指号进化并且有着实用的结果，通过这些结果它们被选择存在于世界上或随着时间的推移被淘汰掉。通过文化基因类比到基因的进化，我们可能发现动态逻辑仍需要一个完备的符号学理论，而不仅仅是符号学的分类"（Deacon，1999：1-3）。指号过程通过识别和描述重复的结构，能够识别等级系统（组织的分层顺序）中产生的观念。问题是，指号来自哪里？如何明确指号与客体对象之间第一序列关系的范围，以便我们能最先感知然后控制它们之间的关系？皮尔士认为，如果没有解释，事物本质上是没有意义的。解释是基于信息的解释，而不是产生信息的系统。所有信息都要被置于语境中，而不仅仅存在于人的语言中。所以，文化基因并不在生物学层次影响人的大脑，而是通过结构化信息模式施加一定的影响。

这就是说，文化虽然不足以在器质上影响大脑，但至少会在精神上影响甚至塑造人的心智。一个不争的事实是，我们的心智现象不仅与生物材料有关，而且也与文化有关，至少文化有助于心智的建构。科学实在论一般将心智看作一种精神实体（相对于物质实体），其本质是由潜在的神经运作机制规定的（Antonietli，2008）。比如，狂热信徒的那些异常表现的发生，往往伴随着颞叶性癫痫病的突然发作（Devinski，2003），这使人们相信，这些病态行为发生的原因在于颞叶，更精确地说是在于神经过程可能存在的损伤，从而导致了大脑结构无法正常工作。几乎没有人会否认心智在运转时伴随着大脑活动的发生。可以说每一个精神体验都对应着一个生物过程，明显的或隐含的（不同于一个心理状态一定对应于一个生理状态的观点）。如果人被看作一个心理-生物的组合体，并用其整个身体来经历精神体验，那么心智和大脑之间的对应关系就不那么令人惊讶了。

如果神经运作机制还不能解释行为的心理原因的话，文化是否可扮演这样一个角色呢？从文化主义视角看，癫痫患者在癫痫发作期间周期性地经历着一些新的迷失方向感的体验。这种现象完全可用其他视角给予解释，比如癫痫患者在未发作期间采用"超自然的"概念来解释他身上正在发生的事情，也可运用"神话的""文学的""科幻的"框架给予解释。这些框架引导癫痫患者学习某种语言，鼓励其去从事一些特殊的实践活动，并让这些活动成为其日常行为的一部分。这样一来，癫痫患者可能会逐渐地吸收某些特定方面的文化，并为自己建构出一种新的个性。

根据心理学中的历史文化学派的观点，心理动力学最重要的因素是人所使用的工具，尤其是社会工具。人与现实的关系根本上是以这些工具为中介的，而且它们也塑造了心智的结构。语言是这些工具中的一个特殊角色，因为语言不仅有交流的功能，而且起着组织和构造心智的作用。退一步说，语言虽然不是一个绝对的因素，但仍是文化结构中的一个重要相关因素，甚至是文化结构的一部分。比如我们每个人不只参与了一个语言-文化世界，如汉语、英语、德语，不同的心智会依据当时的境遇、环境、角色和对象而被不同地激活。这是一种语境论心理学的观点。现代心理学建立在可能有一个共同研究对象，以及会找到心智的一般规律这一假设的基础上，相对而言，语境论心理学假设心理学的对象是一种历史建构，通过语言被表达，受历史社会环境的影响。这就是说，主体人融入其所涉及的语言结构和多元关系中，自我会分成几个部分，多重自我存在于个体之中。哈瑞和吉利特（Harré and Gillett, 1994）主张，心理学必须研究"我"如何叙述"我"自己，他人如何叙述"我"；心智是一个系统，它控制着在某一特定时空以及社会文化环境中相互影响的人的活动；心智是体验到这些来自环境的结构影响的关键点。因此，心智似乎是一个建构和重构的文本，一个有着多个入口和交叉路线的心理空间。或者说，文化是一个基本框架，我们可在其中调配不同的观点以达成共同的信念，即在文化环境方面建构人的心智，如统一思想、统一行动以及品德的塑造。这种情形在现实社会中似乎是显而易见的。

这样说并不是将文化绝对化。一方面，毕竟文化对心智的影响只是外在的，或者说，文化只是心智的一个外在影响因素，而不是内在的构成因素。因为精神活动仍被认为主要是从个体中产生出来的，文化一般被视为一种促进-阻碍、加速-减速的因素，不是一个决定性因素。另一方面，在成为人的意义上，文化可被看作一种构成因素，因为如果没有文化的作用，人不可能成为一个真正的人（有立场、有主张、有思想）。正如科尔（M. Cole）从文化心理学视角指出的，文化既代表了精神活动得以进行的框架，又代表了精神活动得以产生的工具；文化既是理解现实的关键，又是通往现实的关键，因为现实实质上是一种文化建构（Cole，1996）。比如，每个人的体验差异一般使用文化提供的解释框架，这是个人自我认同的一种文化建构，如不同文化圈的价值观的差异一般来自固有文化传统的差异。每个人都被禁锢在文化框架中，就像人居于空气中，鱼儿居于水中，与之终生相伴无法从中逃离。

第四节　心智形成的生物语义学解释

在西方哲学中，关于心智或心灵[①]的起源始终是一个有争论的问题。即使同一种自然主义，其内部也存在分歧，如二元超自然主义和泛心论的自然主义，前者认为心智不会源于无心，心智只有一种超自然的解释；后者主张心智不是源于无心，而是存在于宇宙各处，有一种自然的解释。当然，心智已存在于世界上，可能是自然世界中一个具有根本性的普遍特点。然而，心智产生于何处，正如无中不能生有，变化不会产生于无变化，心智不会从无心状态产生，或者说，对立面不会产生对立面（无与有）。

柏拉图的二元论和亚里士多德的形式质料说，通过将无中生有原则置于合适的范围内而得以理解，避免了巴门尼德和赫拉克利特极端变化的观点。在亚里士多德看来，变化存在于自然世界中，但不是唯一的变化。正如果树的果实长在果树上，虽然进行了一个材料变化，但其形式仍是一样的。生物语义学通过限制无中生有原则的范围，避免了二元超自然主义和泛心论的自然主义的极端论。

根据生物语义学，心智并不是来自无心，而是心智生物来自无心生物，有意识有机物来自无意识无机物。因此，生物语义学是基于现代生物学的，是生物学与语义学的结合。生物语义学家密立根（R. Millikan）试图确立这样的观点——不仅心智的进化源于无心生物逻辑上是可能的，而且心智生物的进化描

[①] 心智或心灵英语单词都是 mind。在心灵哲学中，已约定俗成为"心灵"。在认知科学中，往往使用"心智"，以便与心灵哲学所谈的心智区别开来。前者的心灵是思辨意义上的，指称不明（一种神秘之物），后者的心智是可操作意义上的，有明确的指称（一种推理机制）。在认知科学和科学哲学的语境中，笔者使用心智概念，而在哲学特别是心灵哲学的语境中，按照约定俗成，笔者使用心灵概念。另外，认知与心智或心灵是什么关系呢？这也是一个不好回答的问题，在学术界也还存在争论。这个问题也涉及认知与意识的关系问题，或者说认知、意识与心智的关系问题。在笔者看来，意识是心智和认知的前提，有了意识，才可能有心智和认知。至于心智与认知的关系，笔者认为心智是观念和想法，是我们思维的核心，认知是连接不同观念和想法的推理，比如对概念的操作、符号计算等。按照这种理解，认知是基于心智的复杂推理。这样一来，三个概念之间的优先次序就是：意识→心智→认知。因此，要谈论认知的适应性表征，心智也是一个绕不开的概念。

述似乎也是合理的（Millikan，1989）。这意味着，不仅无心与心智之间的鸿沟可以桥接，而且这种连接已经建立。为此，密立根确认了一个中间物，即第三事物，在这种情况下，无心与心智有机体都有着共同的属性，即组成一个相关的解释关系，或者说，中间物的标准化表征具有一个共同的能力。即使是无心的单细胞生物，也能以一种健全的方式表征外部环境的特点。

如果将生物的某种显性特征看作一种表征的话，那么我们可以说生物也会表征。只是这种表征不是用一物表征另一物意义上的。这是在状态或特征呈现的意义上的表征，是一种非人为的自然表征。厌氧水生细菌是典型的生物表征现象，德雷特斯克（F. Dretske）认为，一些水生细菌有内部磁体一样的东西，其功能就像罗盘指针，与地球的磁场平行。这些磁线在北半球朝下倾斜，在南半球朝上倾斜。细菌的方向是通过内部的磁性决定的，推动它们朝向地磁线的北极（Dretske，1994）。这些细菌生存并且确保有机会繁殖和传递遗传特征，因为它们总是朝向地磁的北极。在北半球细菌朝向南极，这将使细菌无法存活在充满氧气的水表面。我们有理由思考具有细小磁性的生物的逻辑功能，并通过表征细菌相关环境特点来说明。生物语义学家并不同意环境的特征恰好是通过磁性来表征的，比如最接近磁性或远端氧化的情况。但是，他们同意磁性使得正常条件的细胞远离地磁线的北极，使细菌朝向水的表面而导致其死亡。

德雷特斯克认为，基本生物种类表征的出现，在贯穿所有生物的生命中起着重要的进化作用。但是，生物语义学家不是泛心论者，他们并不主张水生细菌或它们的磁性具有心智特征，而是说它们基本的表征力与人类高水平的表征类似。生物语义学家不赞同泛语义论的观点，即认为只有部分生物及其亚系统归于相应类别的表征力，无机物如石头则没有，虽然一堆石头可以铺路，但不表征路。也就是说，根据生物语义学，只有有生命、有意识的物种才具有相应的表征力，并不是所有的生物都具有表征力，如植物就没有向磁性的表征能力。不过树的年轮被认为是对树龄的表征。这种分歧的关键在于如何定义生物表征这个概念。在笔者看来，在呈现属性的意义上，动物和植物都有一定的表征力，但在有无心智的意义上，植物显然没有表征力。这样一来，戈弗雷-史密斯（P. Godfrey-Smith）的"强连续性论题"（Godfrey-Smith，1996）显然不尽合理，因为并不是所有的活生物都显示了心智，如单细胞生物，虽然可复制繁殖，但没有心智。

生物语义学成功地说明了基本生物表征和心智生物如何可能适合并存在于世。这些说明遵循一定的形式："a 表征 b，当且仅当……"，a 是表征物，b 是被表征的对象，"当且仅当……"是适当表征的条件或范围。也就是说，表征是有条件的，比如自然表征与人的表征是在不同语境[自然语境（natural context）、文化语境]中完成的。语境因素就是表征的条件限制。无语境的表征不显示特定的语义。严格讲，自然表征不能超越自己，它仅是一种自然属性的呈现，而人的表征（语言表达和抽象思维）往往超越了自身，如思想。正如布伦塔诺（F. Brentano）主张的，我们的思想超越了我们自己，指向我们所想象的任何地方，因为思想和其他有意向的状态在本质上超越了它们自己（Brentano，1995）。

然而，生物语义学主要还是诉诸自然选择和适当的生物功能的病因学概念。因为它要说明的是生物表征而不是语言表征。例如，我们说"磁性表征无氧水"就是意指磁性功能是协调细菌和无氧水之间的表征关系，这只不过是赋予现在的水生细菌祖先一个选择优势。表征只是生物功能的方式，这种方式是物种选择的历史把约束强加给表征特征。比如，现在的水生细菌的磁性位置并不意味着无氧水所表明的位置，除非从前的细菌被选择，因为它们具有磁性作用，从而能协调它们与相关无氧水的关系。

生物语义学作为一种解释纲领，它试图桥接无心与心智之间的"解释鸿沟"。无心生物（细菌）与心智生物（人）具有许多相似之处，因为心智生物可能来自无心生物。但是，心智是如何从无心生物进化出来的？它们之间是否存在一个中间物——适应性表征？为什么我们的表征力一直包含低水平生物的表征力？生物语义学并没有完全解决这些问题。倒是自然主义通过描述生命的起源提供了一个更好的类比。至少有机体的生命源于无机物，这已经在实验室中证实了。实验也已揭示有心生物实际上是从无心生物进化而来的。这一点不容置疑。正如密立根所说的，"怀疑大脑并不是为思考之用，或眼睛并不是为观察而用，而且怀疑关于这些结构的稳定的原因缺乏任何替代的假设，这将是完全不负责的"（Millikan，1989：285）。然而，即使密立根的纲领被广为接受，她也否认"细菌和草履虫，甚至鸟儿和蜜蜂有着同样意义上的内在表征，正如我们人类所做的那样"（Millikan，1989：288）。虽然细菌的磁体使它表征其环境，但它并没有感知或思考力。人们普遍同意，在低水平的生物表征和人类的感知与思想之间存在着质的差异。密立根要求心理表征可用低水平的表征加上其他的自然主义解释来说明。这实质上是遗传基因进化与文化进化的关系问题。

平克（S. Pinker）提出了一个人类独有的"语言本能"假设——人类具体的概念与现代达尔文的进化概念并不相容，"复杂的生物系统产生于几代基因随机变化的积累，以提高成功繁育"（Pinker，1994：333）。在他看来，进化史像灌木式结构，而不是有顺序的。可以肯定，更合理的假定是，人类进化的近亲包括黑猩猩等，虽然也具有使用不同工具的能力，但不能通过比较的方式进行交流。而且，我们对语言和心理进化的完整理解，更多依靠对遗传与文化进化间差异的理解。邦纳（J. Bonner）通过遗传进化单元的"基因"与文化进化单元的"文化基因"（模因）（memes）的划分，区分了遗传与文化进化之间的三种重要差异（Bonner，1980）：

（1）基因可独立存在，文化基因不可独立存在，不存在离身的思想。

（2）每种生物基因可传递一次，而文化基因在经历一段时间后可获得和改变。

（3）妊娠限制基因的变化率（改变非常缓慢），而文化基因的变化率接近于信息传递的速度（变化非常快）。

费策尔（J. H. Fetzer）认为，潜在的文化进化的因果机制源于物种的符号能力，生物遗传影响其不变的特征，基因变化的机制是达尔文主义，包括基因突变、自然选择和有性繁殖、人工选择和基因工程，而文化基因仅仅影响瞬变的特征，其变化的机制是拉马克式的，包含经典条件、操作条件、模仿他人、逻辑推理和理性批判（Fetzer，2005）。对于那些心理能力是先天的、与生俱来的、物种特异性生物，和对于那些其心理能力经过环境与学习甚至批判性思维提高许多的生物，它们之间一定会产生差异。低水平的生物如细菌，可能符合进化的观念，而复杂生物的产生通过任意的遗传突变数代的逐渐积累而提高繁殖的成功率。人具有的唯一与语言相关的长期习性是获得概念的前提，作为思维的习惯与行为的习惯，包含使用图示、指示与符号。因此，"语言本能"假设作为使用语言的先天意向的观点是不必要的（Dupre，1999）。

第五节 小　　结

这里的认知系统是指具身的神经系统，特别是指大脑。我们对生物进化、心智和意识形成的说明往往采取隐喻的方式，生物语义学采取的是一种自然主义说明，实质上也是隐喻的。因为隐喻说明是用熟悉的说明未知的，用明显的说明隐藏的，故而容易理解。由于认知系统本质上是一个隐式进化系统（其进化我们观察不到），所以它处于不断的变化之中。世界的永恒变化是自古希腊哲学以来哲学家一直坚持的观点。马克思主义哲学将这种观念发展为一种普遍联系与永恒发展的世界观。生物的进化与繁衍、社会的发展就是这种观念的具体化。进化论具体阐明了生物进化的原理和机制，但并没有说明心智或心灵进化的机制。这需要一种新的视野——生物语义学。生物语义学坚持唯物论立场，即承认世界是物质的，或者作为一种本体论承诺加以认可，也就是承认物质（实在）先于心智（精神），心智产生于物质而不是相反。进一步说，生物语义学承认赫拉克利特的永恒变化观和巴门尼德的无中不能生有观，认为变化是最基本的存在，变化来自唯一的变化，唯一的变化来自变化，变化至多是自我解释的解释者，变化自身则超越了解释的范围，也就是不能被解释。现在看来，这些观点是有局限的，面对变化的难题，认知科学与认知哲学都试图给出更合理的解释。

第九章　认知系统意向性的量子与进化解释

意识是这样一个过程，在这个过程里，有关感觉和知觉的各种各样个体样式的信息结合起来构成了对该系统及其环境的状态的一种统一而多元的表现，它同关于记忆和机体需要的信息相结合，从而产生了行为的情感反应和程序，以调整机体适应它所处的环境。

——神经生理学家 E. R. 约翰（摘自道格拉斯·R. 霍夫施塔特和丹尼尔·C. 丹尼特《心我论：对自我和灵魂的奇思冥想》第 11 页）

就自然认知系统而言，意识、心智和认知是其突出特征。在意识（心智、认知）起源问题的科学探讨方面，还原论是一个重要的方法论。还原论假定，一些无生命的物质聚集自身成为复杂的模式，最终成为有生命有意识的生物。这是一种物理主义观点，即意识源于原子构成的物质，也是达尔文进化论得以成立的前提。

道金斯（R. Dawkins）指出，"宇宙开始是简单的。但很难解释简单宇宙是如何开始的。我赞同更难解释复杂顺序的生命全副武装地突然涌现，或者一个存在能够创造生命。根据自然选择的达尔文进化理论是完全可以解释这一切的，因为它指明了简单性变成复杂性的一种方式，以及无序的原子能聚集为更复杂的模式，直到它们产生出人类"（Dawkins，1976：12）。通过与宇宙的演化类比，道金斯提出了自然世界的有心生物是如何出现的这个生物进化论的问题。在方法论上道金斯坚持还原论和涌现论，认为无序原子聚集成更复杂的形态时复杂的生物就会出现，然后复杂顺序的生命就会突然涌现。这就是说，意识或心智这种复杂现象，如果不将它们分解为更小的部分，如分子或原子，我们就不能解释它们。笔者不赞成意识起源问题上的激进还原论（彻底还原），因为意识（心智）现象显然不适合还原到分子、原子层次甚至亚原子层次，但笔者赞同温和还原论（部分还原），因为低层次的物理现象与高层次的精神现象之间一定存在某些还不为我们所知的中间环节。本章笔者将从量子力学和进化论考察作为认知核心的意识（心智）形成问题。

第一节 意识是不是量子场？

　　意识作为认知系统的核心属性，与可观察的物质性相比，明显具有不可捉摸性或虚无性。这就为科学家从量子力学探讨意识现象提供了契机，意识的"量子场假说"是其中的典型代表。根据量子场假说，意识是出现在生命系统中的一种量子现象，其科学根据是玻色-爱因斯坦凝聚态这种宏观量子行为。在现代物理学史上，物理学家从热和光的微观量子性认识到对意识现象进行解释的可能性。众所周知，热是大量分子的运动产生的，光是一种电磁波，由此科学家可类比设想意识可能是大量微粒子运动产生的宏观现象。比如，马歇尔（I. N. Marshall）认为意识是玻色子场，具有统一性、复杂性和空间非局域性（Marshall，1989）；哈莫洛夫（S. R. Hameroff）和彭罗斯（R. Penrose）认为意识可能源于神经元内部的特殊蛋白质结构（微管）的量子物理过程，当这种微观结构之间发生关系时，意识就会出现，其中一定有某种耦合量子振荡在微管内发生，并扩展到大脑的很大区域（Hameroff and Penrose，1996）；埃德尔曼认为，意识是一种对大脑、身体和环境之间进行互动而涌现的信息的加工过程，遵循量子物理学和进化论原理（Edelman，2003）。这些研究显然是从量子力学的非局域性、量子纠缠、量子态叠加等特征得到启示的，比如超导体中电子对形成整体的电子流，单一电子则失去了其个体性，激光是大量光子进入同一能量状态形成凝聚态的宏观行为，单个光子则没有这种特性。

　　从一元二面（如光的波动性和粒子性）的系统哲学观点看，意识的量子场假设意味着意识具有量子相干性，即具有空域结构性和时域运动性。空域结构性就是复杂网络性，也就是神经网络结构，其中还包含思维传感的量子相干性，即通过对神经信号的精确测量和分析，发现不同生命体之间的思维相干波，这一点应该是认知神经科学未来的一个重要探索方向。时域运动性是指神经元的各种频率的振动和波，及其之间的复杂相干性，这表现在信号的复杂多样性上。根据这种哲学观，意识场是生命系统的场，其一元的一个基本面对应于大量微观粒子组成的宏观系统的量子波函数的相位场，这是将意识定义为系统的宏观波函数的相位，暗含心智的复杂多维多层次性隐藏在大量神经元的复杂网络结构动力学中。这种关于意识的一个恰当类比是流体的湍流现象。湍流是大量微流元在宏观层次所表现出的具有特定能量、动量传输性质的物质运动状态，对应于意识，而意识也是在宏观层次表现出的控制生命体状态变化的量子运动状态。因此，意识作为概念就像湍流概念一样。从认知神经科学看，这等于要研究大脑神经网络的时空结构和神经元之间的交互过程,这中间是否存在量子相干现象还不得而知。

不过,这种想法很独特,一旦被确证,极有可能回答高级动物为什么会有意识这个问题。"因此,我们确切地说,所谓意识量子场,是与动物的神经活动密切耦合的、对其结构和运动有影响的量子相干场,这是一种人类还未充分认识的量子场。……这里,我们把人的神经活动比作水中之鱼,是可见的,量子场乃是水(透明不可见),而意识量子场则是水里的特殊子结构(如营养液、水流等)。鱼离不开(富有营养的)水,水因为鱼的存在而显得丰富多彩。所以,意识量子场与神经活动,构成意识的一元二面系统,二面相依相存,共同构成意识。"(佘振苏,2012:250-251)根据这种一元二面系统哲学,意识场是伴随生命系统成长和进化的场,是在长期适应环境的过程中不断丰富和发展的,具有与周遭环境之间紧密的多尺度、多层次的耦合特性。

笔者认为,这种量子力学的进路从方法论看仍是还原论的路数。意识的量子场假说实质上是一种意识的耦合-涌现论,因为它把复杂性看作意识最重要的特征,进化则是意识产生的动力学本源。这与当代认知科学的动力主义关于认知系统通过耦合涌现出高级行为如意识现象是一致的。根据认知动力主义,一个系统要拥有智能行为或意识,它必须与其周围环境进行多方面的反馈和互动。这种从量子力学说明意识的做法,具体说是根据量子纠缠和量子叠加解释意识的产生,推测出意识可能是一种能量波,能够产生量子效应,即大脑中存在着处于量子纠缠状态的电子,电子波函数的周期性坍塌产生了意识。尽管这还仅仅是一种有科学根据的猜测,但不失为一种可能的研究路径和新想法,正如哈肯从协同学解释意识现象一样,认为意识是原子协同产生的集体行为。笔者认为,如果量子纠缠可解释意识现象,那有机物与无机物之间的界限就被彻底打破了,因为所有物质,包括有机物和无机物,均是由基本粒子构成的。笔者部分赞成这种还原论,是因为科学的主要方法就是还原分解,比如我们的健康体检表就是还原分解的结果,分解指标的综合才能得出健康不健康的结论。笔者部分不赞成这种还原论是因为,精神、心智现象不同于物理现象,它很难用指标、参数来衡量或表征,也难以通过做实验来研究,原因是这种研究对象是不可观察但确实存在的现象,它是一种整体涌现的属性,不是单个或几个量子的纠缠就可解释的。如果科学有了理论上的突破,技术上有了新的探测方法,意识或心智的秘密或许有被真正揭示的那一天。

在这里,唐孝威基于合理还原和有机整合的方法论探讨意识并得出意识的四个规律的做法值得推广和借鉴:"第一规律——意识具有内部结构,是由意识觉醒、意识内容、意识指向和意识情感四个要素以及它们之间的互动组成的整体的心理活动。第二规律——意识的四个要素分别以脑的四个功能系统为基础。意识的脑机制是脑的四个功能系统的许多脑区激活、互动和协调活动的过程。第三规律——在相关脑区的支持和协调下，当大脑皮层某个脑区的激活水平达到意识阈值时，其信息加工进入意识。意识涌现过程和意识流过程都是许多脑区激发态之间竞争选择的过程。意识流过程是脑区激发态传播的动力学过程。第四规律——个体意识随着个体脑的发育过程而有发生、发展和终结的历史。个体意识是在先天遗传基础和后天与环境作用中发展的。个体死亡，个体意识就终结。"（唐孝威，2004：120-121）这四个规律表明，意识是一种有神经结构、内部诸多元素互动、进行信息加工和传播的动力学系统。

第二节 意识是不是可预测的奇怪吸引子系统？

上述意识的量子力学研究和系统哲学思考表明，还原论是有道理的，但将意识还原到什么层次（大分子、原子、量子）我们不得而知。科学地研究意识而使用分析技巧如脑扫描技术，也没有发现意识的基本组成。这说明对物质实体的分解完全不同于对精神实体（如果存在的话）的分解，因为意识这种精神性的东西，即使最终可分解为更小的粒子如夸克的组合、量子的纠缠，还原方法也不能解释量子现象，更不能解释意识现象。这是粒子物理学与普通物理学之间的重要区别。这样看来，无论将来我们的科学技术多么发达，意识是完全不同于物质的东西，它可能是不能被还原的，也可能根本就不能被观察，只能被体验或内省。

实用主义者皮尔士的两个形而上学原则——连续论和偶成论，或许能为我们提供还原解释的一个替代方案。连续论认为，"假设必然包含真正的连续性"（Peirce，1958a：6，160），而还原论认为，存在着唯一的划分世界的方式——最基本的因果关系。根据连续论，最终的实在不是一个比特的集合体，而是一个真实持续的过程，这个过程能够以多种方式被划分，其中没有一个是最终的物理实在。偶成论认为，"绝对偶然性是这个世界的一个因素的信条"（Peirce，1958a：201），但这种偶然性并不产生混沌，而是"一定程度上有规律的自发性"（Peirce，1958b：178）。在皮尔士看来，宇宙的规律并不是来自机械因果相关性，而是来自这个养成"习惯"的自发力的倾向性。

很显然，皮尔士的这两个形而上学原则与道金斯的本体优先性完全对立。一方面，在皮尔士看来，复杂系统并不是由粒子组成的，相反，不论是宏观的物体还是微观的粒子，都是一个基本连续实在流动的片刻。还原论认为存在着基本粒子，它们具有所有的因果力。皮尔士的连续论所说的"真正连续性"说明，世界上最小的粒子比中等大小的物体并不具有任何因果力，因果力蕴含于过程中，而不是存在于粒子中，因此，来自过程的无论什么都有它自己的因果力。另一方面，还原论认为不可预测性是我们忽视的一个函数，因为现实中出现的都是由必然的决定论规律来决定的[①]。

在皮尔士那里，自发性是一定程度唯一规定的力的函数，不是混乱的随机性，他相信偶成论一定会产生一个宇宙进化论，其中所有自然与心智的规律都被认为是进化的产物（Peirce, 1940: 339）。因此，皮尔士认为活的生物是本体论上先于生物学机制的，因为当自发成长的物质适应决定论的模式时，机制便出现了。根据还原论，自然发生的东西除了复杂的机制什么也没有产生。也就是说，皮尔士认为机制是自然发生的，它已成为还原的和一成不变的。或许皮尔士的哲学观是对的，但它与现代科学奉行的主流理念不太协调，因而未引起科学家的足够重视。还有一个重要方面是，皮尔士的哲学容易被误解为泛心论，即认为宇宙中存在的宏观模式是一定意义上的意识，坚持宇宙中唯一的意识实体是具有最大大脑的生物——人类。

依笔者之见，道金斯的还原论是一种生物自然主义，他指出，"自然选择……在心智上没有意向。它没有心智并且没有心之眼。它并不为将来计划什么。它没有眼光，没有远见，甚至没有视力。如果它在自然中起到钟表匠的作用，它也是一个盲钟表匠"（Dawkins, 1986: 5）。笔者赞同道金斯反对意识的神学解释和泛心论解释的立场。意识现象虽然有点神秘，科学目前还不能给出合理的解释，但因此倒向神秘主义或神学是不可取的。皮尔士的哲学有一定的启示作用，但必须将它与泛心论、活力论区别开来。活力论认为物理科学不能描述生物的行为，生物所需的原则不能还原为物理的东西。传统的泛心论认为宇宙中每个个体都有意识，就连树木、岩石都有意识。这种论点显然很难让人接受。我们知道，我们自身是有意识的，也可分解为机械的组成部分。我们也知道存在着其他物体，如岩石、植物、动物等，其也可分解为几个部分。但我们不认为被机械分解的部分是有意识的，特别是有意识的生物如我们人类，我们不能说我们的五脏六腑分别都是有意识的。有确切的证据表明，我们任何时间做一个血样品的化学分析时，无意识部分都是有意识系统的组成部分。然而，没有证据表明，任何无意识内容只参与无意识的系统，因为我们自身作为有意识的系统会分解为无意识的部分。

[①] 决定论并不是我们一概要拒斥的，在笔者看来，它是科学探索所需要的一种主要世界假设，比如宇宙大爆炸假说就预设了决定论。从某种最基本的"奇点"开始可能是我们先天的思维方式所决定的，是我们人类对理想化认知的偏爱。因此，决定论最好被理解为科学的一种规范理想或原则，是某种可以无限接近但永远不能达到的预设（关于决定论和非决定论的详细讨论可参见 Stevenson, 2014）。这可能就是康德所说的"纯粹理性"或"先验理性"。

当代泛心论者主张,科学告诉我们世界是由微小的基本粒子构成的,人的主观经验因此不会从这种粒子中涌现出来,但原子内的粒子具有某种原型意识,它为存在于世界的意识提供了基础(Skrbina, 2005)。根据皮尔士的符号学,世界基本上是一个指号过程,它把自身塑造成变化大小的项,其中没有比因果关系更重要的东西了。也不存在基本粒子,因为连续论描述连续的过程时比这一过程呈现的任何基本粒子形式更为基本。大的物体并不是依附于小的粒子的抽象模式,从这些粒子中并不能推演出因果力。原子是真实的,更大的物体也同样是真实的,因此主观经验不会在粒子中发生(Rockwell, 2008)。

现代物理学表明,世界是由基本粒子构成的,但也表明世界是一个由小到基本粒子,大到大分子、蛋白质、生物体如动物和植物等组成的复杂等级系统,生命和意识可能是在某个或几个生物高层次中涌现的,基本粒子本身并没有意识,它们至多是构成意识的基本成分。这就好比石子、砖头不是大厦本身,它们只是构成大厦的基本材料。我们也不能说量子纠缠就是意识本身,它至多是意识发生的机制。所以,有意识和无意识生物的区分是有意义的。毕竟人类是有意识的,而石头没有,尽管这两类东西都是由基本粒子构成的。我们还知道黑猩猩比鱼类更有意识,人类比黑猩猩更聪明。所以,意识是一种高级有序的自主行为,混乱的、无序非自主行为,如发疯的人是丧失意识和心智的。显然,我们不能把意识归因于任意东西的组合,意识一定是一个可预测其行为的意向系统,但其准确的细节则难以预测,这就是丹尼特所描述的意向立场和物理立场间的关系,即这种意向系统的结构可描述为系统行为的更大的轮廓,但不能预测其准确的细节。

也许意识就是一个可预测性的奇怪吸引子系统。混沌学表明,世界是一个被称为奇怪吸引子的非线性混沌系统的动态结构,确定性中存在着不确定性,但这种不确定性是数学上可预测的,即使一个包含混沌模式的认知系统是不可预测的,也不是深不可测的(Port and Van Gelder, 1995: 576)。这样一来,意识与奇怪吸引子系统间可能存在某种关系。斯科比纳(D. Skrbina)指出:"大脑就像所有的动态系统一样,详细讲就是混沌和不可预测的。也就是说,至少与我们人类的思想和行为尝试的看法相一致。具体思想与行为是不可预测的……然而,我们知道存在一种观念、思想和行为是可预测的,这是通过人的个性的概念来预测的。个性是相当程度的稳定内容。对于人而言,它表征着象征性和预期行为的范围。对于更多的人来说,除了受伤或严重的崩溃,个性通常在童年到老年的一段时间保持一致。个性的概念与奇怪吸引子的概念紧密相关……如果大脑被看作一个混沌系统,伴随着相空间的准吸引子的结构,个性被认为是一个逻辑和必要结果……因此,人为什么会有个性呢?答案好像是相同的：真实的混沌系统为什么产生相空间的准吸引子结构。"①按照这种观点，大脑的认知功能最好被理解为带有奇怪吸引子系统的波动（Rockwell，2005）。当然，意识系统也可能是一个超循环系统或一个协同系统，它包含吸引子空间的反馈环，就像许多环相互嵌套一样没有开始和结束。这种奇怪吸引子系统我们可能还不能理解，但并不意味着这种系统不存在。就像宇宙的大爆炸假说所推论的，宇宙始于混沌，当混沌自发形成时决定论规律就出现了，依次形成机械性的习惯。如果这种推论是正确的，那么机械的机制就会涌现出意识，而不是相反。也就是说，意识是从无意识的机械过程中产生的。这就避免了自然神论和宗教解释意识的可能性。但意识问题依然存在，这就是查尔默斯的意识的"难问题"。

第三节　进化论能否解释意识的"难问题"？

　　关于意识的"难问题"，查尔默斯是这样表述的："意识真正的难问题是'体验'（或经验）问题。当我们的思考和感知存在着信息处理时，也存在着一个主观方面。正如内格尔（T. Nagel）（1974年）提出的，存在着就像意识生物体的东西。主观方面是体验……被广泛认同的是，体验产生于一个物理基础，但我们对为什么和如何的问题的产生没有给予很好的解释。为什么物理过程产生丰富的内部生命？"（Chalmers，1995：201），在这里，查尔默斯提出了三个"为什么"——为什么主观体验产生于物理基础？为什么大脑的物理过程引起丰富的质性内在生命？为什么大脑的功能性伴随着体验？这三个问题形成了意识的"难问题"。在他看来，这些问题是神秘的，科学不能给出满意的答案。

　　在笔者看来，这些问题的确神秘（至少目前科学还不能解释），要给出完全令人满意的、准确的解释可能不行，但给出合理的解释则是可能的。这就要看从哪个角度或哲学立场来审视这个问题了。如果从物理还原论的视角看，这些问题的确对意识的物理主义解释提出了挑战。这其实就是感受性问题。查尔默斯认为，意识的"主观方面"就是"体验"，这两个方面都是有意识的，也就是说，意识是主观的、体验的，而不是客观的。对它的解释就形成了意识的"难问题"。

　　然而，笔者认为"主观方面"不完全是"体验"的。比如我们的思想、假

---

① Skrbina D. Participation organization and mind: toward a participatory worldview. http://people.bath.ac.uk/mnspwr/doc_theses links/pdf/dt_ds_chapter 4.pdf[2022-09-26].

设、范畴、推理等，这些抽象的观念是主观的东西，却不是体验，"体验"这个术语，按照笔者的理解，是指个体的身体体验，如品尝食物、完成一次旅游、进行一次实践活动，或者说，经验是我们在亲身参与的实践过程所感受到的东西。这个意义上的经验，其实就是感受性，是一种纯粹具身的体验。"主观方面"除了感受性外，还包括超经验的抽象思维过程，即理性思维过程。在这里，查尔默斯强调"难问题"作为解释经验（感受性）为什么以及如何产生于一个物理基础的问题。这两个问题既不是物理主义，也不是功能主义的解释能完全表达的，因为这些解释是将心理质性经验的主观特征还原为客观的（物理和功能的）状态（Chalmers, 2003: 104-105）。就目前的科学和哲学水平而言，我们还缺乏强大的科学理解质性经验如何产生于大脑的细节。

泰格马克（M. Tegmark）在《生命3.0：人工智能时代人类的进化与重生》中将意识定义为"主观体验"（subjective experience），感受性是其特例。这个定义其实就是查尔默斯所说的意识的"难问题"。泰格马克从物理学出发思考这个"难问题"，认为有意识的人是以汲取食物为生的，而食物只不过是经过了重新排列的粒子而已。这就是说，有些粒子的排列产生了意识，而有些没有。比如你知道你大脑中的粒子当下正处于有意识的排列状态，但当你处于无梦的睡眠状态时却不处于有意识的状态。这等于是把消化的化学过程与有意识状态相关联，进一步说就是把生命过程与有意识相联系。

在泰格马克看来，这种基于物理学的观点导致了三个独立的意识难题（泰格马克，2019: 379-380）：①到底是什么性质让不同的粒子排列产生不同的结果，也就是哪些物理性质将有意识系统和无意识系统区分开来？这是相当难的问题，要回答是什么物理性质区分了有意识和无意识系统的问题。若读脑技术成熟，这是可验证的理论。若这个问题得到解答，就可弄清楚人工智能是否会有意识（意识涌现于物质，或者说物质孕育智能[①]）。②物理性质如何决定体验是什么样的？即是什么决定了质感，也就是感受性？这是更难的问题，要回答物理性质如何决定质感，这种理论部分可验证。③为什么一团物质会产生意识，这是真难的问题，要回答为什么会产生意识的问题，这种理论是不可验证的。如果真难的问题无解，意识问题就超出了科学的范围。或者说，意识不是科学

[①] 作为一名物理学家，泰格马克认为智能这种东西并不神秘，也不仅仅存在于生物特别是人类身上，在他看来，智能只不过是运动的粒子处理信息的特殊过程，因为我们宇宙中的生命的最终极限取决于物理定律，而不取决于智能。笔者认为这是关于智能的激进的物理主义，也是极端的还原论。一切物质的东西都可还原到基本粒子，并不意味着意识也可还原或归结为粒子的行为。这种物理主义显然忽视了精神或心理现象不同于物理现象的特殊性。如果这种物理主义是正确的，石头岂不是也可能有意识或智能，若能让石头的组成粒子重新有序排列的话？这与协同学主张原子协调产生激光类似，激光的形成等于意识的产生？认知神经科学表明，意识很可能是神经元的互动的涌现结果，神经元与粒子排列还相去甚远。

能回答的问题。但这并不能阻止哲学家去思考意识问题。

根据心脑同一论,心理状态就是大脑状态,经验作为心理状态,当然就是大脑的状态,如头痛。这样一来,为什么的问题就消解了。但如何的问题依然存在,因为我们仍不清楚心理状态如何发生于大脑状态。实际上,这种心脑二分状态蕴含了一种二元论,即心理状态和大脑状态独立存在。我们设想,假如不同的人有同一种心理状态,如疼痛的感觉,他们的大脑状态相同吗?如果相同,就意味着所有的人是同质的。如果不同,就意味着所有人是异质的。事实上,虽然人都是生物基质的,都由碳水化合物组成,但每个人的体质是不相同的,比如有人对花粉过敏,有的人则不,有的人对青霉素过敏,有的人则不。因此,查尔默斯提出,"什么使得这个难问题难,且它是几乎独特地超越了功能执行的问题。为弄清这一点,注意,即使当我们已解释所有的认知与行为功能的实施位于邻近的经验——感知差别、范畴化、内部通道、口头表达——仍存在没有回答的问题:这些功能的实施为什么伴随着经验"(Chalmers,1995:203)。显然,认知功能伴随着经验是需要进一步研究的"难问题":"进一步的问题是意识问题的关键。为什么并不是所有的信息处理都会发生在任何黑暗、自由的内部感觉中?为什么当电磁波形式的物质碰到视网膜上,通过视觉系统被分辨和范畴化,这种分辨和范畴化的经历是作为鲜亮红色的感觉?当这些功能完成时,我们知道意识经验的确产生了,但事实上它的产生是非常神秘的。"(Chalmers,1995:203)用神经科学的术语说就是,为什么(特殊的)神经状态伴随着主观经验?神经状态和主观经验之间确实存在一个"解释鸿沟"①?

在笔者看来,主观经验这种感受性可从进化适应性给予解释。如果我们承认生物是进化的产物,而且是适应环境进化的,那么就必须承认生物的感受性也是为了生存而在有益和有害意识状态间进行选择的结果。19世纪末詹姆斯在

---

① 更一般地说就是物质与精神之间的鸿沟。根据唯物主义哲学,物质决定意识,意识反作用于物质,二者之间有着密切的互动。至于这种互动的具体机制是什么并没有具体说明。亨特(T. Hunt)2018年12月5日发表在《科学美国人》上题为"The hippies were right: it's all about vibration, man!"(《嬉皮士是对的:一切都与振动相关》)的文章提出一种意识的新理论——"意识的振动说",该理论试图将物质与精神联系并统一起来,认为同步振动是所有事物包括物质和意识现象的核心要素,旨在解决意识的"难问题"。根据该理论(严格讲是假说,还没有得到证实),宇宙万物时刻在不停地振动着,即使看起来静止的物体也是振动的,只是频率与振幅很小我们难以察觉,因此,所有事物包括物质和意识都是能量场的振动;当不同的振动物体在某个时刻彼此靠近时,它们开始同步振动,就像发生了共振,这被称为"自发性自组织"。这样一来,同步就是实体之间的一种物质、能量和信息的交流。大脑的神经元的同步振动意味着神经元的激活,从而形成意识和对外界的感受。在笔者看来,这种理论有泛心论之嫌,好像振动的物质包括沙粒、电子都可能有意识,都可被看作一种主体存在。这实际上是将物理学的振动原理用于解释意识现象的一种有益尝试,虽然感觉新鲜但并没有什么创新,因为量子纠缠、脑电波都可看作一种微振动。这样的话,我们岂不是可使用任何科学理论诸如控制论、信息论、协同学、混沌学、电磁学、生物学、化学等学科来解释意识问题。即使可给出解释,但不能解决意识的意义问题,也就是说,振动的神经元为什么有了含义或内容。

《心理学原理》中就曾指出在有益和有害意识状态间存在一定的对应关系,并且主观体验附加这种状态:"众所周知,开心总是与受益联系在一起的,而疼痛与有害的体验有联系。所有基本的重要过程说明这一规律。饥饿、窒息、喝水与睡眠、累时工作、受伤、燃烧、毒药的效果,都是饥饿的胃所厌恶的,在筋疲力尽之后的休息和睡眠是愉悦的。斯宾塞和其他人认为,这些巧合是由于自然选择的行为,这种行为会在长期进化中消灭任何本质上有害的经验。如果愉悦和痛苦没有效果,那么人们就没有看到更多的有害行为,比如烧伤为什么不可能给予人们高兴,最必要的喘气为什么会造成痛苦。例外的例子很多,但相关的体验(如喝醉)要么不重要,要么不具有普遍性。"(James,1917:143-144)这一表述说明,生物存在着好的进化理由说明为什么一定的意识状态伴随着特殊的主观体验。特别是进化的有害状态都与痛苦的体验相关,而有益的进化状态往往伴随着愉悦的体验,因为这些主观体验状态有助于生物生存和繁衍。

根据进化论,笔者认为,这种解释是有道理的,趋利避害是生物的一种本能,是适者生存的必然要求,因此,一定的神经状态伴随着主观感受性,因为这些感受性在体验利用一些功能(如寻找食物、避免伤害)时发挥着重要作用,促进了物种的生存与繁衍(Cole,2002:43-62)。对于感受性的这类意识状态,适应性解释能够说明这些状态的感受性方面的起源。比如,疼痛状态的感受性体验,如受伤,就是进化的适应性,而且那些感受性的状态有助于生物避免刺激和可能伤害身体的情境,一个缺乏感受性状态的生物将处于进化的劣势。因此,适应性解释提供了为什么一些意识状态伴随着特殊的感受性体验的问题。

第四节 意识的进化是否导致心智的出现?

上述分析表明,所谓意识的"难问题"实质上就是"意识是不是进化的以及为什么进化"的问题,但有人否认意识本身有资格成为进化适应性(Harnad,2002)。丹尼特在《心智的类型》中认为,意识是感受性加上"x"因素,但同时也认为可能不存在"x"因素(Dennett,1996a)。这种似乎矛盾的表述说明,他对意识是什么并不确定。如果意识仅仅是感觉的能力,且感觉不再倾向于经历变化,意识可能与心理过程相分离,意识的进化就没有必要辨明了。如果意识被事物的感受性特征所替代,如比较事物的颜色、形状和大小,那么就可能产生差异并意味着心智的存在。这是从感受性介入意识探讨的方法。这一进路的预设是:如果没有感受性,也就不会有意识的存在,更遑论意识的进化问题。简单地说,感受性是意识存在与进化的前提。这个预设是难以反驳的,因为没有人会否认无感受性的石头会有意识。植物人的例子也充分说明，暂时丧失意识的人，是没有感觉的。可见，感受性与意识是密切相关的。这一事实同时也意味着，意识是与生物学相关的，或者说，意识是生物现象[①]。这是塞尔一直坚持的观点。

如果塞尔是正确的，那么意识概念就蕴含了一种刺激-反应的模式。这是生物体之为生物的基本模式。然而，这种模式并不必然意味着其中包含意识行为，也就是说，简单生物如蚯蚓，虽然有刺激-反应行为，但并没有意识（不知道它们是谁）。由此可推出这样的结论：刺激-反应模式是低级生物的普遍行为特征。还可以进一步推知：意识这种高级行为特征是特定生物体如人类才会有的。但是，人类作为有意识的高级生物，也肯定有刺激-反应这种低级行为特征，因为这种行为是感受性产生的生物学基础。就像我们常说的，人不仅有社会性，也有动物性，动物性中就包含了刺激-反应模式。

不可否认，每个正常人都有意识，但我们的意识是如何运作的，我们不得而知。因此，意识就像"黑箱"一样。我们虽然直觉地知道它是存在的，也猜想它可能位于大脑的某处，或是大脑的整体功能表现，但要对其进行研究，我们不得不采取某种外在主义如行为主义的策略，因为我们不能打开活脑来观察或研究意识。这不仅仅是因为我们会面临法律和伦理的风险，更是因为事实上我们对意识现象或行为的探讨还缺乏有力可靠的技术手段。各种技术的运用，如脑扫描或脑成像，虽然极大地促进了大脑结构及其活动机制的研究，但意识行为是观察不到的，实验获得的只是一堆可能有用的数据。研究人员只能通过这些数据来评判意识为何物。比如，脑电图至少反映了大脑的一些活动规律，如激活或抑制。

这让笔者想到"意识"概念就像"健康"概念一样，要弄清什么是健康，包括身体和精神上的，也就是我们常说的"身心健康"，最可行的方法就是进行体检包括心理测试。我们进行的体检，包括采血、拍片等一系列检查，最终医院出具一份尽可能详尽的报告，报告中列出了各种数据和可供参考的范围，健康状态就体现在这些密密麻麻的数据中。笔者认为，意识很可能也像健康，对它的研究也需要进行各种数据的收集，经过认真分析和比较，才能窥视意识

[①] 如果意识是电子等微粒组成的神经元的共振引起的，那么说意识仅仅是生物现象就有问题了。根据意识的共振理论，意识也是一种物理现象。比如，斯托拉茨（S. Stgoratz）提供了来自物理学、生物学、化学和神经科学的各种关于共振的例子，以说明"同步"现象，这些例子包括：萤火虫开始在大量萤火虫聚集时同步闪烁它们的小萤火，这种方式根据传统方法很难解释；大规模的神经元放电可在人脑中以特定频率发生，哺乳动物的意识通常与各种神经元的同步性有关；当功率和频率相同的光子一起发射时，激光就产生了；月球的自转与其围绕地球的轨道是完全同步的，因此我们总是看到相同的一面。这说明，共振是一种真正普遍的现象，也是有时看起来神秘的自我组织倾向的核心。

第九章　认知系统意向性的量子与进化解释

的某些端倪。

人的行为是有意识的结果。比如参加一个会议，你可能提前好几个月做准备，但你对任务行为的反应，仅显示在当时间快临近时。人的这种行为作为复杂因果互动的结果，在多种因素诸如动机、信念、道德、才能之间的互动中产生了，这些因素共同组成一个语境（一个综合体）。语境对于意义和心智来说被证明是重要的，因为语境能确定心智这种意识行为的意义。比如，同样的行为表现的具体特性与语境相关，在那种语境中行为是确定的，如站在路边招手就是"叫出租车"。所以，人的行为，特别是主动行为，被证明是对意义的部分呈现。皮尔士的符号学有助于澄清和说明心智表征意义的本质。

根据皮尔士的符号学，一个指号在某些方面是代替其他物或人的东西。比如，十字路口的红绿灯就是一种指号，红灯亮起必须停车，绿灯亮起才能行驶。在一个具体标准的语境中，这是人们期望出现的准确的行为表现（Fetzer，1988）。遵守规则无疑是合适的行为反应。人们之所以常常抱怨交通混乱拥堵，原因在于有人不遵守交通规则，如在斑马线区域车不礼让行人，行人随意穿越马路等。这些都是不合适的行为。不同的指号也可表征相同的意义，比如一个停止的指号，它可以是红灯，也可以是一个交通警察做出的停车手势，这些都有基本相同的意义。指号的意义是需要做出解释的，这就是皮尔士称为的"解释项"。所谓"解释项"就是使用者对其所使用的指号所做出的复杂反应的倾向。一个指号要有意义，按照皮尔士的看法，它必须是"接地的"（grounded），也就是"奠基的"或"入场的"，即说明一个指号的具体所指，或是它所代替的相关事物，如招手（指号）叫出租车（所指）。

皮尔士认为，一个指号一般有三种具体的存在方式或模式："图示"或"像号"（icons）、"指示"或"示号"（index）和"符号"或"象征"（symbols）。"图示"是基于相似关系的指号，它"看起来像"包括尝起来像、闻起来像、感觉像、听起来像它所代替的东西。这是皮尔士的第一个基本模式。这种基于相似关系的指号关系，当它对指号作出合理的解释时，雕像、照片、绘画就是这种关系最常见的例子。一个图示预设了一种观点，如驾照例证了某人的重要特点，驾照的照片看起来非常像某人。这意味着即使使用最基本的指号，一个图示，也预设了某种观点。如果一个事物或事件不具有某种观点，就不能使用指号，也当然不拥有心智。这样一来，指号的出现就蕴含了心智的存在。

"指示"是基于因果关系的，即一个引起另一个的关系，原因表征它的结果，结果也指代它的原因。比如，烟表征了火，火也表征了烟，灰表征火的结果。这是皮尔士的第二个基本模式。当眼睛发红与体温的上升表征着感冒时，这意味着有人（如医生）正在解读一定种类的指号。因此，指示就是将某个现象与另一个现象因果地联系起来。比如，早上起来看到地面是湿的，我们就会联想到昨晚可能下了雨。

"符号"是皮尔士的第三种基本模型，它涉及的只是指号与它们所代替的东西之间的习惯联系。我们最熟悉的例子是日常语言中的词语或概念，比如"杯子""椅子""花"等。这个第三类指号与第一类和第二类的不同，因为词语肯定既不看起来像或相似于它们所指称或引起的东西，也不是它们所代替的东西。这些作为符号的词语通常被认为是"自然指号"，因为它们存在于自然界中，不管它们是否被注意到。这类指号是我们概括和创造的"人造指号"，即"符号"。在抽象的层次上，我们不得不使用符号，如数学方程式对物理现象的刻画。符号的使用有力地说明，人类的思维能力极大地提高了，这种能力是脱离了形象思维或实体思维的纯符号操作。这是迄今只有我们人类才有的能力。

更为重要的是，指号的所指在有些情况下可能不存在。比如，"独角兽""以太""上帝"等，这些概念（指号）不存在于现实世界中，但它们所表征的那些种类的物体并没有丧失意义。比如各种科幻电影中的主角，诸如外星人、狼人、超级飞侠、蝙蝠侠等，这说明指号的使用有着巨大的空间。这也恰恰证明了人类心智的极大创造性。在笔者看来，恰恰是这一点，彰显了心智的本质特征——无限的想象性。

上述表明，皮尔士所说的指号关系是一个三元组关系：一个物体 S，表征它的其他物体 x 和人（心智）z。一个指号对人的意义是它在每一种可能的语境中对人所施加的全部因果影响。这说明，人类使用指号的能力可能是标志心智的东西。无论指号所指的是人还是物，是动物还是机器，它可在一定情况下代替其他的事物或其他具有心智的东西。这种能使用指号的系统被费策尔称为符号系统（Fetzer，1989）。这样一来，"解释"代替一个系统的符号意向作为一个指号，在不同语境下可能出现反应的所有方式。在相同的指号在场的情形下，它在特定语境中的行为不同于它出现在另一个语境中的行为。因此，一个符号系统就由一个指号、所指客体和人的心智组成，它们之间构成三种关系，其中指号与其所指的客体之间是"接地关系"（包括相似性关系、因果关系、习惯联系），指号与心智之间是"因果关系"，心智与客体之间是"解释关系"。接地意味着产生意义，因果意味着内在联系，解释意味着给出说明。正如费策尔指出的，这种基于人的符号系统的关键在于接地关系的建立，也就是让一个指号有了意义。

这个问题在人工智能中是著名的符号"接地问题"。我们知道，计算机完全是一个符号系统，一个输入-中央处理器（CPU）-输出系统，按照皮尔士的符号学，输入-中央处理器之间是因果关系，中央处理器和输出系统之间是解释关系，而输入和输出之间并不构成接地关系，这就是为什么计算机不能像人那样给出符号的意义。所以，不是所有的符号系统都具有心智。比如数字机，之所以不能使运行的符号系统具有心智，是因为它们缺乏所代表的那些事物相关符号的接地关系，它实质上可能没有建立一个符号联系（Fetzer，1990：278）。因此，虽然指号被设计来处理那些建立在它们形状、大小和相关位置基础上的记号（marks），那些记号对那些数字机没有任何意义。因此，它们不再作为符号系统而代之为输入-输出系统，输入就是给它们施加因果影响，合适的理解仅仅作为刺激而不是作为指号。它们被称为"符号系统"，并不蕴含着它们所使用的符号是皮尔士意义上的（Fetzer，2002a）。

费策尔注意到，当这些系统使用相同方式的指号时，就促进了符号系统间的交流。当使用指号的共同体通过一些制度化的系统强化了使用指号的共同行为时，如在学校中，某些习俗、传统和惯例的实施促进了交流与合作的目的，因此促进了追求共同体的目标（Fetzer，2005）。当一个符号系统使用指号与另一个符号系统交流时，那些指号假定有信号的特征。因此，在纯粹刺激、指号和信号间会出现了一个等级结构，因为每一种信号就是一个指号，每一种指号就是一个刺激，而不是相反。比如，无机物产生变化的原因是刺激而不是指号。所有的刺激、指号和信号可能是影响不同系统行为的原因，而只有指号与信号使得心智得以存在。

那么，一个指号系统何以能有意识或认知功能呢？按照费策尔的看法，一个系统 Z 是有意识的（一个相关的指号系统），当且仅当：①Z 有能力使用那类指号 S；②Z 在当下语境 C 中不适合使用那类指号。认知（相关的具体种类的指号）因此作为系统 Z 与指号 S 的因果互动的结果出现，其中 Z 是有意识的关于 S 的指号，这种 S 的指号接近 Z 的合适因果出现，并产生一个适当机会的结果。这样，费策尔就给出了意识和认知的定义（Fetzer，2013：234）：

意识（关于种类 S 的指号）=定义能力+才能（在一个语境中）
认知（关于种类 S 的一个具体指号）=定义意识的结果+机会

根据这个定义，一个系统具有图示、指示和符号的特征，就表征了心智的特征。因为图示表明了对图像的识别，指示表明了对对象的反映，符号表明了可操作的抽象象征意义。因此，心智这个概念作为使用指号的符号系统，不仅拥有作为符号能力的心理定义，而且是有用的意识与认知的概念。换句话说，意识作为关于种类 S 的指号，将使用指号表征种类的能力和操作那种能力结合起来，而认知则将关于那个种类的指号的意识和关于种类的指号的因果互动的条件结合起来。这样，指号及其关联的能力就成为一个系统有无心智的关键。人类之所以不同于其他动物，就在于人类有创造和使用符号的心理能力，这种能力就像生存与复制的计算机，其中语言的进化是意识进化的关键所在（MacPhail，1998）。

然而，如果语言的进化是意识进化的关键，那么难以理解的是，语言为什么在进化中出现得很晚，因此很难想象意识是如何进化的。可以肯定，语言与意识的进化密切相关，如果意识是进化的话，那么哪个具有优先性，抑或二者同时进化，目前还缺乏足够的证据。尽管黑猩猩没有我们这样发达的语言，我们也不能因此说它们没有发展出自己的语言从而认为其心智就迟钝。更进一步说，黑猩猩由于没有形成自己的文化传统，因而它们没有人那么聪明。

为了回答这个问题，费策尔依据符号学提出了界定"意识"的五个模式或特征（Fetzer，2013：236）：

①敏感性——因果影响刺激但不包含心理性，如温度调节装置、温度计、石蕊试纸作为无心的意识。②符号能力——关于刺激的敏感性在某些方面代替某物，因此②隐含了①和心智的出现。③自我觉知——符号能力对于指号使用者来说，包括代替指号使用者自身的指号，因此③隐含了②并具有自我指涉能力。④具有发音的自我觉知——符号能力包括代替指号使用者自身的指号，有能力清晰地表达自我觉知，因此④隐含了具有表达能力的③。⑤交流能力的自我觉知——符号能力包含代替自身指号和其他同类，它加强合作，因此，⑤隐含了拥有信号的④。

这种意识的模式从①到⑤是按照低级到高级进化的。由于生物进化是适应性的，意识的进化也应是适应性的。在生物进化中，根据费策尔的看法，基因突变、有性生殖、基因漂变的机制是模式①，基因工程、群体选择、人工选择的机制是模式⑤，自然选择的机制是模式①到⑤，雌雄淘汰的机制是模式②到⑤。按照这个思路，机器如智能机由于没有进化机制，所以就没有心智，这意味着心智不是机器，当然不能按照算法来说明。但智能就另当别论了，因为在笔者看来，智能还不是心智。

第五节　心智与智能是否同一？

上述分析表明，一个智能体如果仅仅有操作符号的能力而不能理解符号的意义，可以算作有智能，而不能算作有意识或有心智。也就是说，有智能不一定有意识，有意识（心智）一定有智能。比如我们人类是有意识的，当然也有智能，而智能机器人虽然有智能但没有意识，也没有心智。因此，可以说，心智与智能还不是一回事，也就不是同一的，但它们之间有着密切的联系。反过来讲，有智能的智能体蕴含着意识或心智的可能性，或者说，没有智能的智能体一定没有意识或心智。在这个意义上，有无智能就成为衡量有无心智的一个重要判据。

福利德兰德（E. Fridland）认为，灵活性、可操作性和可迁移性是智能概念的三个重要特征（Fridland，2013：211）。一种行为，不论多么复杂，不灵活就不可能作为智力，因为"认知的重要标志是它是变化的，而不是刺激-反应""行为是灵活性、可塑性和倾向于复杂交互的结果，在内部状态学习和适应有助于决定目前的反应"（Bermúdez，2003：8-9）。这意味着智能体的灵活性至少是真正智能的特征之一。当然，并不是所有灵活的行为都是智能的，非智能行为也可能是灵活的。比如随机行为或事件可能有灵活性，达到不可预测的程度，但不承载智能行为。也就是说，智能行为预设了一个自由度，但也要求一个可靠的限制标准。正如丹尼特所说："在给定最初输入的刺激条件和行为出现的环境条件下，智能存储的标准是系统需要适当的合力行为。"（Dennett，1969：50），因为智能应该是在正确的时间做正确的事。因此，智能行为必须是同时具有灵活性和根据，必须是在一定范围内依据生物的目标和工具行为提供的可能性变化的。这样，灵活性不是通过自身作为智能标准，而是作为一种指示，其价值源于提供一定行为可能所起的作用，这就是对环境条件变化提供的适当性。

可操作性也暗含了某种灵活性。不过可操作性强调，当谈及智能时，我们想要的行为不仅是与世界相关的灵活性，而且是可实施和控制的灵活性。灵活性要求适当的环境反应，智能行为是智能体计划、组织、再组织、引导和控制的行为。这样一来，"认知状态和过程是揭示表征的那些状态，它们处于一个有机体的控制下而不是在环境的控制下"（Prinz，2004：45）。正如拜恩（R. Byrne）和汝森（A. Russon）指出的，"我们不愿意描述智能的任何行为顺序，它的心理组织是一个单元或行为连接着目标表征，一个很长的线状联系或一个等级结构。因此，一个行为结构是否经过个体的修正是成为衡量'智能'的关键"（Byrne and Russon，1998：671）。因此，可操纵的智能行为要求的关键含义是智能成为人层次的现象。即使操作性并不是智能的必要条件，也应是充分条件。人工智能的发展已经说明了可操作性的重要性。即使对于我们人类，如果说一个人有智能但他从来不会操作任何行为，难道我们能认为这个人是有智能的吗？所以，可操作性的描述将是智能行为的一部分，不论它是不是智能行为的必要条件。

可迁移性是指智能的可交流性和概括性。如果工具性学习出现在一个领域但不能转移到另一个领域，我们就会怀疑这种变化是否真的是智能。可迁移性与灵活性紧密相关，不可迁移性的智能一定是不灵活的。当然，可操作性也暗示了一定程度的可迁移性，只是后者强调智能在不同智能体之间的交流，前者只是一个智能体内的智能操作问题。

根据卡米诺夫-史密斯的表征重述模型，人的认知发展过程有三个基本阶段（Karmiloff-Smith，1992），它们重述的多种层次导致灵活性和影响增加，也就是作为表征状态在更高层次上重述，它们开始表达更高层次智能的更多的特征（Clark and Karmiloff-Smith，1993）。表征重述的第一层次，也称隐含层，它是程序的且必须是整体运行的，不会被影响或操控。这个层次的程序是语境依赖的、不灵活的、信息封装的、不易通达意识的。在卡米诺夫-史密斯看来，这些程序是严格的、顺序限制的、很难中断的、个体的、变化的和控制的，对于后来的变化行为控制来说是作为前提的（Karmiloff-Smith，1990）。这意味着，在这个层次，儿童能成功地完成一项任务，但不会重组、重新安排、控制或影响成功任务完成的程序。虽然完成任务可实现目标，但它是不灵活的、不可控或不迁移的。"尽管第一阶段隐含表征征兆的限制，但到第一阶段结束时这对于儿童回想一种特殊的语言形式是很重要的，因为儿童使用特殊的语言形式实现了充分的交流。"（Karmiloff-Smith，1986：106）同样，人类思想中灵活性、可操作性和可迁移性的出现，并不立刻要遵循实践的成功。在这个阶段，智能所需要的是"发展显表征能力，允许系统更加可操作和更加灵活"（Karmiloff-Smith，1992：503），也即"显表征不可能在一阶网络中提供一个灵活性和概括性的系统"（Karmiloff-Smith，1992：492）。

关于显表征，如前所述，丹尼特使用"波普尔式的动物"这一术语来说明。意思是，我们成为这种动物，一种能够让旧假设消失并代之新假设的动物，它们在我们的大脑中试错。正如密立根所认为的，"波普尔式的动物"能假设性地思考，能考虑可能性而不用完全相信或计划它们。"波普尔式的动物"通过内表征的试错来完成它意图的方式（Millikan，2006）。当然，成为显表征并不是通过模仿获得行为控制的直接结果，虽然模仿可提供一种描述能力，儿童使用这种能力学会不同的实践和文化。

根据表征重述模型，认知发展的中间阶段通过重述的周期性循环，表征状态开始呈现新颖的特征。在第二阶段，儿童首先有意识进入他自身的隐含的过程，开始获得内部表征的结构控制，在这里，智能过程的灵活性、可操作性和可迁移性特征第一次得以呈现，儿童最先关注自身的内部表征。在认知发展的中间阶段，儿童的实际对象成为其提高与升华能力的目标，他们用具体例证说明他们的能力。为了提高能力，儿童必须改变其完成行为的方式。通过技能升华的过程，儿童中断其程序知识并引入灵活性作为行为结果。这个过程是一个不断试错的过程。通过这个过程，儿童必须用产生行为的不同方式来实践。这样，试错法把灵活性引入行为顺序，用儿童自动的、固定的和蕴含的行为来实践。也就是说，儿童操作自己的行为指令，并将一定程度的灵活性引入自己的行为模式。这种有限的、原始的灵活性与操作性，经过不断重复循环，为儿童细致的操作性、灵活性和可迁移性创造了条件。这样，经过试错法的实践，经过技能的细化，儿童的智能得到提高和升华。

从认知视角看，认知与心智、智能都相关。有心智的主体有智能和认知功能，如人类；无心智的主体也有智能和认知功能，如机器人。因此，有无心智不是认知功能的必要条件。这里的智能相当于认知能力，而不对应于心智。总之，智能和认知可以是无心的，但心智一定是有心的。在这意义上，心智与智能不是同一的。

第六节 小　　结

在科学能否解释意识的问题上，一般存在两种观点：一种认为意识就是不能打开的"黑箱"，我们永远不可能揭开其神秘面纱，只能哲学地内省，如传统心智哲学所认为的那样；另一种认为意识虽然复杂神秘，但以科学方法介入其研究并不是不可能的，如脑科学和认知神经科学的研究。在笔者看来，科学地研究意识是可能的，如各种成像技术的使用（间接测量），即使目前还不能令人满意地给出意识的直接可观察结果，但这种可能性依然存在。在这个问题上，笔者坚持一种乐观主义的态度，相信有一天人类的智力能给予自身意识一种科学的说明。

第十章　情感认知的自然与文化解释

> "情感"一词至少表示三种或四种东西,它们是"趋向"(或"动机")、"情态"、"情绪"(或"激情")和"感受"。趋向、情态和情绪并不是事件,因而既不公开地发生,也不私下地发生。它们是些倾向,而不是行为或状态。不过,它们是不同种类的倾向,而且它们之间的差别至关重大(要)。
>
> ——吉尔伯特·赖尔(《心的概念》第 82 页)

前述的心理器官假设表明,情感这种被认为是非理性的东西也是进化的产物。这一发现意味着情感与认知有共同的进化起源,它们是密切相关的,而不是彼此分离和排斥的。这与传统哲学的看法完全不同。

在哲学史特别是科学哲学传统上,情感由于其非理性特征一般被认为是与认知无关的因素,甚至对认知过程还起消极作用,主张在认知和思维过程中尽量消除情感成分。这就是情感的排除主义。还有一种观点认为情感虽然不是认知的理性因素,但至少也是一种影响因素。这是大多数人都认可的观点,因为我们都曾经体会到情绪会影响人们的思维效果,比如心情不好时,就会心绪烦乱,理不出头绪。

近十几年来一种更激进的观点认为,情感是认知的组成部分而不仅仅是影响因素。也就是说,情感不仅不是认知和思维的外在因素,而且是其内在的构成成分。这一主张完全颠覆了传统的观念——理性的认知与非理性的情感是完全对立的。按照萨伽德的隐喻说法,理性认知是"冷思维",情感认知是"热思维"(Thagard,2006)。"冷"意味着逻辑推理和演算的符号操作,比如我们常说"遇事冷静";"热"意味着情绪的感染与沸腾,如"遇事不要头脑发热"。这应该是萨伽德提出"热思维"观念的初衷。

在笔者看来,科学认知不仅仅是纯粹的理性过程,也充满了非理性因素,特别是情感在其中也起到重要作用。然而,认知与情感之间到底是一种什么样的关系?对立还是融合?是起外在影响作用还是认知系统的组成部分?它们之间的互动机制是什么?这些是本章要着重探讨的问题。

第一节　情感认知的心理机制

　　情感或情绪，无论是作为影响因素还是作为认知的成分，都会对认知过程产生或多或少的影响。这是不可否认的事实。在这个意义上，情感相对于"理性"来说可作为一种认知的形式，即"情感认知"。我们知道，相对于感性认知，理性认知一般被认为是认知的抽象阶段，它是在归纳、整理大量经验材料的基础上，运用逻辑推理、数学演算等方法达到对事物本质及其运动规律的认识，其表现形式一般是概念、判断和推理。与理性认知相对的是非理性认知，这种认知一般不以概念、判断和推理的形式出现，而是突出直觉的、本能的、欲望的、自由意志的、情感的、体验的方式，诸如体验哲学、情感主义、自由意志论、神话故事所描述的。

　　按照传统的分类，情感属于非理性的范畴，也是心理学的范畴。在心理学中，一种认知-情感符合理论认为，人们会尽量让自己的认知和行为保持连贯一致，试图使认知与感情相符，或者说，人们的认知信念在很大程度上受其感情支配。这意味着认知与情感是相互依赖的。比如，无知可导致勇敢，无知者无畏，无知也可引起恐慌，如面对新冠疫情，有人表现出害怕，有人无所谓，原因都是出于对这种新病毒的不了解。

　　这一现象在医疗领域中颇为常见。例如，某人感染了某种细菌如幽门螺杆菌，由于这种细菌具有传染性，如不及时治疗不仅会传染给周围的人特别是家人，而且会给家人带来健康威胁和经济负担。即使患者经过咨询后认为不去治疗也会慢慢痊愈，个人对治疗并不积极，但由于担心家人的健康，此时情感就会介入个体的认知过程，使个体认知发生变化，从而去积极治疗。这说明，人的认知与情感是密不可分的，有时情感能左右认知，如人发怒时通常是不计后果的，所以说"冲动是魔鬼"，这是情感的消极方面或负面效应，更多的时候情感会对行动起到积极的促进作用，如团队的合作。

　　萨伽德认为，情感认知是一种被情感因素如特殊情感、情绪或动机所左右的思维形式（Thagard，2006：3）。很多情形下，人们会受到自身情绪的影响。笔者赞同这种说法。比如"追星族"现象，并不是"追星"的人多么深入了解某明星的品行有多好，而是仅仅因为对其有好感。在科学研究中，即使某个计划的项目没有得到基金的资助，研究者仍会继续研究，因为研究者或是发现这项研究令人激动，或是为了实现自身价值，或是为了拿到奖项，这些动机是理性之外的非理性因素在起作用。人们在做事、搞研究、决策过程[①]中，情感是一种挥之不去的因素，它时时刻刻影响着人们的认知和判断，因为说到底，人类就是一种"情感动物"，甚至许多动物也是有情感的，比如有很多人养宠物狗。

不过，情感是很难用对错、是非、真假来衡量和评价的。这与以往的哲学观念（情感与认知无关）相冲突。事实上，认知和推理过程常常渗透了情感因素，要提高认知与推理能力，就要求我们对情感的影响进行识别和利用。情感作为一种非自然现象，它的运作机制肯定不同于物理现象，如自由落体、机械运动等，试图用机械论的方法解释情感这种心理现象或状态是不可取的，也是行不通的。因为物质现象与心智现象根本不同，它们的运作机制也必然各异，尽管心智现象依附于物质，物质现象要依靠心智去认识。例如，我们知道物质由原子组成，难道我们也因此就认为心智或精神也是由原子组成的？虽然机械（决定）论的解释在现代科学中取得了辉煌成就，如牛顿力学、现代原子论、生物进化论和遗传学、生物化学等，但柏拉图以来的哲学家如笛卡儿、莱布尼兹、康德以及当今的一些哲学家，均反对将机械论用于解释心理现象。柏拉图的理念论、笛卡儿二元论、莱布尼兹的单子论、20世纪的现象学和解释学，特别是当代科学哲学和心灵哲学，都试图超越实体思维来理解心智这种精神现象。这清楚地表明，物质实体与心智精神是截然不同的，或者说，它们不是一个层次的东西。

根据现代认知科学的研究，心理机制作为"自我"可通过社会的、认知的（心理的）、神经的和分子的机制来解释人类认知过程。这是一个基于自然-文化的心智认知模型（Thagard，2012a）（图10-1），一个从高级（社会的）到低级的（分子的）层级结构。社会机制主要基于社会科学，如经济学和法学，通过交流互动进行；认知机制主要基于认知科学、计算机科学，通过计算和模拟过程展开；神经机制主要基于神经科学和脑科学，由激发与抑制来说明；分子机制主要基于人类生理学和分子生物学，经生物化学规律来揭示。

[①] 情感在决策过程中，特别是在集体决策如城市规划中，扮演着重要角色。萨伽德给出了城市规划中情感所起的六个作用：a.城市规划需要价值观，它是对事物和情况的情感、心理/神经表征；b.如何设计城市的决策是建立在情感连贯性的基础上的；c.城市规划中使用的概念，最好被理解为一种新的神经表征形式，即语义指针；d.城市规划和居住的社会过程可用多主体系统来模拟，其中主体是有情感的；e.支撑城市发展的认知、情感和社会机制是复杂的，即非线性的、突发的、混沌的、协同的，被反馈回路放大，并产生临界点；f.使城市的创造力能够部分地通过有助于人们创造的社会和认知过程来实现。在萨伽德看来，通过提供创造力的社会模拟的计算模型，可增强对这些过程的理解（Thagard，2016）。

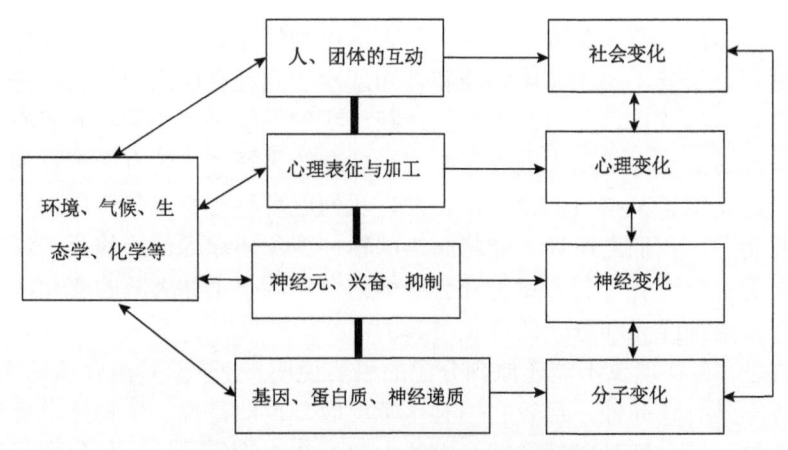

图 10-1　基于自然-文化的心智认知模型

哈瑞借助维特根斯坦的"语法"（意指表达系统的规则）概念将人类认知的这种层级结构称为"认知语法"，包括灵魂语法、人的语法、生物体语法和分子语法（哈瑞，2006：142-144）。灵魂语法用以说明人以思维和行动的方式表达所预设的东西，即每个人都有一个非物质的灵魂，存在于身体中但又不同于身体，人的灵魂使得人类社会成为可能。人的语法用以说明每个人作为独立个体的意志可自由行动，并对其行为负责任。生物体语法用以说明经过良好训练的习惯和遵循外显规则的领域之外的人类活动。分子语法用以说明在分子层次起作用的动因，如脑节律的变化。

与情感认知最相关的是认知机制。萨伽德将心智描述为基于心理表征的计算过程，认为观念、规则、推理、类比、计算、表象等心理表征都是某种认知结构，它们都是由算法操作的（萨伽德，2012）。比如关于心理现象的人工神经元的联结主义认为，心理表征是单纯的类神经元的活动和过程的涌现。这种人工神经机制与人类大脑的运行方式（神经网）极为类似。由此可知，人的情感的发生，既有神经和分子层次的机制，也有社会和认知层次的动因，它是多层次共同作用的结果，其中主要的机制是反馈过程而不是单向的，就像恒温器这种自动调节温度的装置。在萨伽德看来，人体包含许多反馈机制，如维持血压和胆固醇含量，且与解释情感密切相关的认知的、神经的、分子的和社会的机制皆是反馈机制，而不是伴随着起始性和终止性条件的单向式机制。也就是说，整合不同层次来说明心理现象是最佳的解释方式。这种整合形成一种"社会—认知—神经—分子"机制的嵌套层次结构，比之将社会层次还原为认知层次，将认知层次还原为神经层次，将神经层次还原为分子层次的单向式机制要复杂得多。

这种多层次嵌套结构是一种包含组成部分和交互式转变的层次结构。因为一个社会群体由拥有大脑的人组成，而大脑由神经元组成，神经元又由分子组成。这是一个从分子层次跨越神经和认知层次达到社会层次的系统，每个层次之间不仅有量的变化，更会发生质的飞跃。我们不能说一个神经元有心智，但大量神经元的组合形成的大脑有了心智，社会的人通过交流有了智慧和文化。这中间一定发生了某些质的变化，否则，我们就可将心智现象还原为分子的组合及其互动了。我们之所以不能将高级的精神现象还原为低级的分子反应，就是因为分子本身没有意识，尽管社会群体的变化源于个体大脑的变化，而大脑的变化则是由神经元和分子的变化引起的。

概言之，心智现象不能还原到分子的事实说明，分子及其组合成的大分子、蛋白质等不具有意向性，尽管它们有化学反应。也即是说，生物化学反应还不是意向性的，意向性是包括意图在内的指向外在事物的属性，是包含事件意义的特性。因此，对情感认知进行单层次解释和还原解释，肯定是不合理的，目前很少有人支持这种解释策略。

第二节　情感认知的连贯性计算

决策或决定无疑是理性认知过程，但这种过程也会受到情感因素的影响。所谓决策就是我们决定做什么或不做什么，它可以是个人的选择，如学生考哪所大学、学什么专业，也可以是集体的选择，如大学招聘教师选择哪些学科、哪些专业、要男性还是女性。这些决策过程既有理性的分析和推理，也有情感的影响。比如，某学生考某所大学可能是出于情感的考量，如他喜欢的名师在那所大学。尽管基于情感的决策可能不太靠谱，但这种情形时常会发生。我们的目的是要弄清它是如何发生的。

萨伽德提出的情感连贯性理论是基于认知连贯性对情感认知机制说明的一种有益尝试，它试图对决策的直觉模型与计算模型进行综合和局部调整（Thagard，2000）。直觉模型是我们常见的一种决定模式，比如笔者最初的专业是化学，但由于不喜欢，最终选择了科学技术哲学。这是依靠直觉做出的选择，因为笔者当时并不十分了解科学技术哲学这个专业，对其前景一无所知，选择只是出于喜欢而已。回想这一过程，完全是非理性因素直觉在起作用，也就是利用直觉作出决定，选择了笔者的情感反应所支持的那个专业。也许是笔者对感兴趣的学科有着强烈的积极直觉，最终基于直觉选择了情感反应所认为更好的选项。直觉决策显然具有直接性的情感反应，但其缺陷是明显的，那就是缺乏较全面的分析，比如笔者不知道科学技术哲学专业的就业情况，它对科学技术和社会发展的作用和意义也不十分清楚。也就是说,情感因素掩盖了其他方面,甚至导致基于错误信息做出选择。

计算模型是基于逻辑推理的理性决策模式,具有系统性和计算性。巴泽曼(M. H. Bazerman)给出了这种模式的六个步骤(Bazerman, 1994: 4):①明确问题;②确定标准;③重视标准;④产生可供选择项;⑤依照标准评估选择项;⑥计算出最佳决定。这是通过计算每一选择项的权重再相加上预期值做出选择的过程。人们最终会选择有最高期望值的选项,将决策行为植根于计算而非情感反应。由于这种模式像机器人一样过于程式化(人工智能中的决策虽然缺乏感情,但也是适应性的)。许多人不喜欢这种以计算方式作出的重大选择。

在笔者看来,计算决策模型有点像所谓的"科学算命"。笔者曾经在一些著名寺院看到有人利用计算机算命,有不少人参与,据他们说还很灵验。笔者认为这件事情很可笑。试想,我们的人生重大决定交于一个计算模型结局会怎样?这无异于抓阄做决定,无异于用计算决定"漂亮"的标准,将选择权交于偶然性或不确定性。这似乎有点荒唐。然而,计算模型的优势在于它有明确的目标和选项,过程也是透明的和可分析的。这类似于标准考试,其机械性、片面性十分明显。在日常生活中,大多数决定据说是根据兴趣、情感和直觉做出的,如喜欢的课程或职业、所爱的人,没有必要罗列一大堆数据和标准再进行计算。这些经验表明,在做出正确判断的过程中,计算虽然要准确,但有时明显要逊于直觉判断,也不一定准确可靠。

记得在《中国梦想秀》节目中,有一位参加节目的姑娘,节目组在她不知情的情况下,安排她的生父母到现场与她相认。那位姑娘断然拒绝,说"我只有一对父母,那就是我的养父母,20多年里是他们含辛茹苦把我养大。在我最需要父母的时候,生父母从来没有出现过。即使我们生活在一个镇上,他们从来没有看过我一眼。现在来相认,我怎能接受呢?"而主持人对姑娘不愿认生父母的行为大加指责,说她心胸狭窄,不大度,应该换位思考来体谅一下生父母的感受。不管主持人怎样劝说,姑娘就是不认。在这里,主持人站在道德制高点来指责那位姑娘,完全不顾及她的感受,原因在于主持人完全忽略了情感在人生中的作用。在姑娘看来,养育之恩大于生育之恩,养育渗透了感情。这恰恰体现了那位姑娘"知恩图报"、重感情的美德。此例说明,情感判断与道德评价不是一回事。

根据萨伽德的情感连贯性理论,人的认知情感系统中的要素具有被接受或被拒斥的认知状态。从情感连贯性的角度看,那位姑娘不接受生父母主要是情感上难以接受,毕竟她长期没有与他们生活在一起,没有建立起情感联系。试想,假如有一天突然有人让你称呼一位你从未见过面的人为爸爸,你能接受吗?情感是维系人与人之间关系的纽带,在缺乏足够充分认知的情况下,情感对于决定（是接受还是拒绝）具有至关重要的作用。人是如此，有些动物也是这样，如狗。狗对主人忠诚是因为它与主人之间建立了情感关系，据说有的狗在主人去世后不吃不喝直至饿死。这些事例说明，情感在做选择中起到重要作用，不能被忽视。忽视情感许多事就说不清楚了，比如不和睦的婆媳关系，若能够建立较深厚的情感，许多矛盾就可化解。所以，家庭问题不是用理性分析可解决的，情感才是化解家庭矛盾的最佳"润滑剂"。

然而，这并不意味着在决策或选择过程中情感可左右一切。连贯性理论认为，决策主要是一种推理过程，但如何推理则有不同看法。归纳、演绎、溯因、计算、概率理论都有可能用到。比如有一种观点认为，接受某一表征，仅当该表征最大限度地符合你的表征。这就是推理的符合论，但这种理论在如何最大化连贯性问题上相当模糊（Harman，1986）。萨伽德等依据满足多重约束条件建构了一个基于连贯性推理的普遍模型，其中连贯性的解释包括七个方面（Thagard and Verbeurgt，1998）：

（1）概念、命题、图像、目标、行为即是表征；

（2）要素（即情感认知系统中的相关因素）可连贯或离散，连贯性关系包括解释、演绎、简化、联想等，离散关系包括不一致性、不相容性以及消极联想；

（3）若两个要素相连贯，则它们之间存在一种积极的约束条件，若两个要素不连贯，则存在一种消极的约束条件；

（4）要素可分为被接受和被拒斥两个部分；

（5）接受或拒斥两个要素可满足它们间的积极约束条件；

（6）只有在接受一个要素且拒斥另一个的情况下，才能满足两要素间的消极约束条件；

（7）连贯性问题要区分一组要素，即可接受和拒斥的两个集，某种程度上可满足大部分约束条件。

在萨伽德看来，计算连贯性就是将约束满足最大化的问题，通过多种不同算法可接近实现这种连贯性。比如，联结主义算法提供了在心理上最有吸引力的聚合优化模型，它利用类神经元单元（人工神经网）表征要素，利用兴奋性和抑制性联结，表征积极的和消极的约束条件，并通过扩展激活设置的联结主义网络，从而导致一些单元的"接受"和其他单元的"拒绝"。也就是说，通过说明如何将连贯性应用到人做什么的推断，说明人的行为与目标是组成要素，积极的约束条件基于简化关系，如去张家界的行为使"我"玩得开心的目标变得容易，消极的约束条件则基于不相容的关系，如"我"不可能同时去张家界和九寨沟。决定做什么是基于对最连贯计划的推理，这里的连贯性不仅包括对目标的评估（基于理性和情感），也包括决定要做什么，比如，去张家界是出于玩,还是写生或地理考察。

因此,即使最严格的计算推理也难以计算出情感的成分,或者说,情感这种东西是难以精确计算的,因为其灵活性和可变性是任何一种计算模型和计算理论把握不了的。比如笔者假期想出去玩、散散心,但又意识到玩不是那么重要,因为还有更重要的事情要做,如课题结项,这与玩的目标相冲突。从心理上讲,情感认知的连贯性决策和计算模拟决策有很大差异。计算是有计划、有意识、程序清楚的过程,任何人都可用纸笔或计算机计算。相比而言,人的情感连贯性最可能是直觉的而非有意计划的,它是模糊的而非清晰的。换句话说,在解释决策活动方面,关于我们做什么的直觉一般是情感性的,包括趋利避害的本能,它是快速的、灵活的,而不是程式的、呆板的。

然而,尽管情感是非理性的,难以推理计算,但连贯性理论的自然扩展囊括了情感判断。这就是情感的连贯性计算问题。为了能计算情感这种要素,萨伽德提出情感连贯性理论的三个原则(萨伽德,2019:19):①要素具有积极或消极效价,如快乐与痛苦;②要素间有积极或消极的情感关联,如牙疼与牙医之间的关系;③要素的效价由与之相关联的所有要素的效价和可接受性决定。例如,人工神经网络模型中,要素由与神经元群基本相类似的单元表征——要素间的积极约束通过单元之间的对称兴奋性联结来表征,而消极约束通过单元之间的对称抑制性联结来表征,单元的激活表征要素的可接受程度,考虑到兴奋和抑制环节的强度,单元通过激活与之相关的所有单元来确定。

萨伽德将这些原则直接运用到情感连贯性模型中,这就是他所称的"热连贯性"(HOTCO)模型。根据 HOTCO 模型,单元具有效价和激活功能,能通过输入效价来表征它们的内在价态。基于情感的选择或决策源于激活和效价在认知系统内的传播,因为表征某些行为的节点接受积极效价,而表征其他行为的节点则接受消极效价。非理性的直觉是认知和情感约束满足的复杂过程的最终结果。情感反应,如快乐、愤怒、恐惧等,要比积极和消极效价复杂得多,因此,HOTCO 模型通过对客体、情境和选择的积极和消极态度的情感推断获取了结果。情感连贯性理论表明,人们关于做什么的直觉有时可能会从综合的、无意识的、最能实现其目标的判断中涌现出来,因而该理论也适用于人们的直觉信息不足和直觉过于迅速的情况。

第三节　情感认知的隐喻类比与推理

由于情感认知的复杂性和难以量化的特征,它在许多情形下是通过隐喻式类比表征的。比如"婚姻是爱情的坟墓",是要表达结婚意味着爱情的终结。隐喻是用一个事物类比另一个不同类事物,比如"爱是一朵玫瑰花",爱与玫瑰花是完全不同的东西,它们之间没有任何可见的相似性,但它们之间暗含的属性是相关的,如爱的甜蜜与玫瑰花的美丽令人陶醉相似,因此才称得上是隐喻。这就是人们常常给情人送玫瑰花而不是别的花的原因。

在逻辑学中,萨尔蒙(W. Salmon)给出了类比推理的一般模式(Salmon, 1984: 105):

客体 X 具有 G、H 等属性;
客体 Y 具有 G、H 等属性;
客体 X 具有属性 F。
因此,客体 Y 具有属性 F。

比如,当大量实验数据确定幽门螺杆菌可以造成胃溃疡时,医生们才能认识到这种细菌也可能致癌。类比推理的强弱依赖于其前提中的属性与结论中属性的相关程度,强相关性通常是因果相关性。在萨尔蒙的模型中,如果客体 X 的属性 G、H 共同引起 F,那么通过类比可认为在客体 Y 中它们可能引起 F。

然而,这种基于逻辑关系如因果性的类比并不能说明情感的类比,因为情感类比不是基于理性逻辑的,而是非理性的情绪或自由意志的东西。萨伽德的HOTCO 模型给出了推理和情感关系的四个假设(Thagard, 2006: 29):

(1) 所有推理基于连贯性。唯一的推理规则是,支持某一结论的前提是其可接受性能将连贯性最大化。

(2) 连贯性是约束满足的问题,可利用联结主义和其他算法进行计算。

(3) 有六种连贯性:类比的、概念的、解释的、演绎的、感知的和审慎的。

(4) 连贯性不仅接受或拒绝某一结论,而且在命题、对象、概念或其他表征上附加了积极或消极的情感评价。

这个 HOTCO 模型融合了早期的解释连贯性、概念连贯性、类比连贯性、审慎连贯性(Thagard, 2000),因为那些早期模型都利用了类似联结主义的算法将约束满足予以最大化。HOTCO 模型所表征的要素,不仅具有表征要素的接受和拒绝的激活作用,而且具有表征判断积极或消极的情感诉求的效价。

在萨伽德看来,在 HOTCO 模型中,激活作用在具有刺激环节和抑制环节的单元网整体的传播过程中产生了关于接受什么的推论,这些环节表征积极和消极约束的要素,但是,HOTCO 模型利用相同的刺激和抑制环节系统,以一种类似整体主义的方式传递效价和激活。他举例说,HOTCO 模型决定是否雇佣特定的人当保姆,在某种程度上是"冷"审慎连贯性、解释连贯性、概念连贯性和类比连贯性的问题,而且是对候选人产生的情感反应的问题。对个人的客观推断和所推断之物的附属效价的结合产生了情感的反应。如果你推断应聘保姆的人有责任感、聪明，那么这些属性的积极效价会波及应聘人。然而，如果连贯性使你推断出该应聘人懒惰、愚蠢，且心理病态，那么应聘人则获得消极的效价。在 HOTCO 模型中，效价与激活作用在约束网络内的传播方式很相似，其结果是情感的格式塔反应，即提供了对可能成为保姆之人的全方位的"直觉反应"。

　　笔者认为，将情感模型化、计算化虽然有规可遵，有据可依，对于决策过程的透明和准确也起到一定促进作用，但总体上意义不大，因为即使计算模型再精确也不能说明情感认知的本质，毕竟情感这种东西是难以量化的，难以计算和推理的，它本来就是非理性的、不确定的和模糊的。而且表达情感的词汇也非常之多，到底有多少难以统计（Prinz, 2012a）。如果非要给情感以精确的计算，那就像给美感设定标准。笔者认为，以隐喻和类比描述情感是最有效但模糊的方式之一，也是人们常用的方法。比如对"愤怒"的表达，如果直接说"我很愤怒"，不如说"我的愤怒像火山般地爆发了"。再比如，"我的电脑感染了病毒"，我们清楚这种感染不是生物学意义上的感染，而是借用了生物病毒的传染特性。因此，与其坚持这种精确的"硬计算"，不如使用一种模糊的"软计算"。

　　在情感认知的计算化和模型化的问题上，"机器翻译"是一个恰当的类比。我们知道，对于机器翻译来说，翻译单词和简单语句效果还不错，但对于复杂的语句，特别是隐喻式的语句，或者是方言、俚语表达，机器翻译只能按照字面意思直译，不能意译，比如英语 black tea 汉译是"红茶"，直译是"黑茶"，在这方面机器翻译效果差，不能代替人的翻译工作。情感的计算和模型化也是这个道理。正因为如此，情感隐喻和类比是普遍存在的，不仅文学作品、日常生活中有大量的隐喻和类比，科学中也不例外，如电流、电磁波等就是概念隐喻。由于情感这种感受常常难以言说，所以人们常常以具身性来表达自己的体验，如"针刺般的痛"，只有经历某种感受后人们才能表达某种情感，比如没有遭受牙疼的人，不知"牙疼不是病，疼起来要命"的感受。

　　有研究表明，创伤后应激障碍的受害者经常使用类比和隐喻描述自己的情况（Meichenbaum, 1994: 112-113），诸如"我是一颗随时会爆炸的定时炸弹""我感觉自己陷入了一场龙卷风""我是一只聚光灯下的兔子，动弹不得""我的生活就像重演的电影，永不停止""我感觉自己置身洞穴，无法出去""家就像一个高压锅""我是个没有感情的机器人"，等等。从这些言语描述的情感类比中，我们基本上理解了个人的情感状态和感受。因此，情感类比是解释性的，其目的是描述一般情感或某一特定人的情感状态的本质。从这些例子可以看出，隐喻类比不仅能传递信息，而且能传递某种情感态度，比如我们常说的"有心栽花花不发，无心插柳柳成荫"，用于表达刻意去做的事没做成，而无意做的事反而成了。

在情感传递过程中也存在类比，至少存在说服、移情和逆向移情三种情感传递（Holyoak and Thagard，1995）。在说服中，人们可利用某个比喻说服他人接受某种情感化的态度，例如，"我"不喜欢养狗，但"我"的一位同事却很喜欢，她对"我"说"我的狗就是我的孩子，我称她宝宝"。在移情中，通过向他人传递在相似情境下你的情绪反应，以试图让他人理解你在某一情境下的情绪反应，如"看见这个人就像吃了苍蝇一样"，吃苍蝇的情境许多人都有体会，所以容易理解你的感受。在逆向移情中，通过将"我"的所处情境和相对应的情绪反应与你所熟悉的情境和反应进行比较，力图使你理解"我"的情感，如"我宁愿吃苍蝇，也不愿意见那个人"。

说服性情感类比的结构是：你具有来源 S 的某种情感评价；目标 T 在相关方面与 S 相类似；所以你对 T 应该具有某种类似的情感评价。比如"英国脱欧（目标）就像兄弟分家（来源）"。身份认同是另一种更加个性化的说服性情感类比，即你认同某人，那么你会将自身积极的情感态度传递给他们，其结构是：你对自己有某种积极的情感评价（来源）；"我"（目标）与你相似；所以你对"我"应该有一个积极的情感评价。认同是一种说服性类比，但与一般类比不同的是，来源和目标都是相关的人。在萨伽德看来，充分体现认同和其他类比的相似性，需要详细说明因果关系和其他高阶关系，从而获得来源和目标之间深刻的、高度相关的相似性。

移情的目的是理解而不是说服某人，只是一种解释性的情感类比，其基本结构为：你身处情境 T（目标）；当"我"处于相似的情境 S 时，"我"体验到情感 E（来源）；因此，你可能正体验到某种类似于 E 的情感。说服性类比的主要作用在于传递积极或消极效价，而移情要求传递全方位的情感反应，即根据他所处的情境，"我"需要设想某人愤怒、恐惧、鄙视、狂喜、入迷等的情绪状态。

逆向移情的结构为："我"身处情境 T（目标）；当你处于相似的情境 S 时，你体验到情绪 E（来源）；所以，"我"体验到与 E 相似的情绪。萨伽德给出的一个例子是，"心理学家宁愿彼此使用对方的牙刷，也不愿意使用对方的术语"。这是个复杂的比喻，因为在某一层面上，它将厌恶使用牙刷的情感反应投射到对术语的使用上，但同时也产生了某些乐趣。再比如"我对自己的工作有一种疯狂而变态的爱，就像苦行僧爱那件破破烂烂的袈裟一样"。这种类比超越了情感的类比传递，确实产生了新的情感。这种情感发生的变化类似于心理学的格式塔转化。

第四节　情感认知的格式塔转化与连贯性说明

如果将情感认知看作一个动态系统，其发生与变化机制类似于心理学上的格式塔转化。这就像一个人的心情从一个状态到另一个状态的转换。比如，某人体检得知自己感染了幽门螺杆菌，心情很糟，因为他上网查阅得知这种细菌往往会导致胃溃疡甚至胃癌。到医院复查后医生告诉他，感染这种细菌的人在50%以上，目前医学界对这种细菌是治还是不治持不同意见，而且感染这种细菌是可治愈的，不必紧张害怕。此刻，他的心情就好了许多。我们每个人都会有这种情况，在不同的心境和情感之间转换，如发脾气后的微笑，紧张后的释怀。情感的易变性和不确定性可使我们认为它是一个动态系统，而且是非线性的混沌系统，这样一来，我们就可以运用吸引子理论加以说明。

萨伽德在《心智：认知科学导论》第 12 章中提出了一种将吸引子动态理论用于描述心理现象的解释模式（Thagard, 2005: chaper 12, sector 12.3）：

解释目标：为什么人们具有稳定但不可预测的行为模式？

解释模式：人类思维可用一组变量来描述；

　　　　　这些变量由一组非线性方程决定；

　　　　　这些方程建构了一个具有吸引子的状态空间；

　　　　　方程所描述的系统是混沌的；

　　　　　吸引子的存在解释了行为的稳定模式，多个吸引子解释突发的相变；

　　　　　系统的混沌性质解释了行为不可预测的原因。

在萨伽德看来，将这种解释模式用于情感系统，可说明为什么人们具有持续的情感，以及有时人们如何在不同的情感状态之间作出明显转换。只有我们能确定一组描述环境、身体和心理状态的变量，描述这些变量之间因果关系的方程（如果有的话）一定是非线性的，因为它需要详细说明不同因子之间复杂的反馈关系。一方面，该方程描述的系统肯定是混沌系统，因为某些变量数值的细微变化可能导致整个系统的重大变化。例如一件小事如心爱的人的安慰就会使患者的情绪发生鲜明的变化，这就是情感变化的"蝴蝶效应"。另一方面，情感动态系统具有一定的稳定性，如人们可以长时间保持愉快的情绪。这种稳定性的存在是由于系统具有某种演化为少数吸引子状态的趋势，情绪间的转换可描述为吸引子之间的转换。

然而，萨伽德的这种解释模式仍是一种定性说明，并没有给出定量的数学方程式，因为他无法测得情感系统的具体数据。这是完全可以理解的，因为情感系统本身就是复杂系统，建立它的具体方程更是难上加难甚至不可能。情感就像天气，模拟情感变化就像预报天气变化，长期准确预报天气是不可能的，预报情感变化也是如此。因此，通过格式塔隐喻来说明情感系统的变化目前还是最有效的方法。这也是笔者一直主张的方法，特别是从哲学立场解释情感认知更是如此。这不是哲学的先天不足，而恰恰是哲学的优势，即澄清问题并给出该问题的正确的探索方向。因此，再精确的科学研究对情感的处理也显得不足，因为"科学只能对那种被认为能重复出现的事物加以处理，也就是说，只能对根据假设受到时间作用的东西加以处理。科学不能处理在历史的连续中不可还原、不可逆的东西"（柏格森，2004：31）。情感正是那种不可重复、不可还原、不可逆的东西。

例如，在检查视力时，一个简单的鸭兔图就说明了心理图示的转换。当你看鸭兔图时，你看到的不只是构成图形的线条，立方体的前后翻转使你看到了不同的格式塔。也就是说，当你看鸭兔图时，看到的要么是鸭子，要么是兔子，不可能同时都看到。这是注意力的转换问题。如果将注意力看作吸引子，按照吸引子理论，从某种构型转变为另一种构型，意味着感知系统有两个吸引子状态，而格式塔转换涉及从一个吸引子到另一个吸引子的相变。类似地，我们是将情感状态视为从环境、身体和认知变量的复杂交互中涌现出的某种格式塔，并将情感的变化视作一种格式塔转换。

萨伽德认为，情感的隐喻类比说明是一种文学式的描述，要给出一种科学的说明，就需要通过详细说明变量和与之相关的方程来充实动态系统的解释模型，然后利用计算机模拟数学系统的运行状况，最终确定它如何充分模拟心理系统的复杂行为，也就是将平行约束满足和联结主义模型扩展至情感认知。平行约束满足向情感的延展，要求超越纯粹的认知连贯所需的表征和机制。除对命题、概念、目标和行为的表征外，我们还需要表征诸如幸福、悲伤、惊奇和愤怒等情感状态。这就是认知表征与情感状态的相关性，最常见的是积极和消极的评价。例如，老师张三因没评上教授而使这一信念具有消极效价，与悲伤相关联，同时他的另一个信念——他的女儿今年考上了心仪的大学具有积极效价，与自豪相关联。张三的心境也由悲伤转换到自豪。

根据连贯性理论，在纯粹的认知连贯模型中，接受或拒斥表征取决于这样做是否有助于满足大多数约束条件。如果与约束相关联的表征既可被接受，又可被拒斥，那么该约束则是积极的。判断情感连贯性不仅要求对接受和拒斥表征做出推断，而且要求推断表征所具有的效价。在萨伽德看来，评价结果可能是一个情感格式塔，包括一组在认知和情感上一致的表征，这些具有可接受度和效价的表征最大限度地满足了与之相关的约束条件。当表征发生变化使其效价生成一个接受度和效价的新序列时，情感的格式塔转换就应运而生了，而且新接受度和效价能够将约束满足最大化。比如张三得知自己没有评上教授时，他必须转变对这一事实的认知状态，即从评上转换到没评上，情感从积极转到消极。此时，张三的情感认知发生了格式塔转换。

萨伽德使用 HOTCO 模型说明了辛普森（O. J. Simpson）事件中情感认知对判决的影响（Thagard，2006:135-156）。1995 年，辛普森因谋杀前妻布朗（N. Brown）及其朋友罗·德曼(Ron Goldman)而受审。由于陪审团认定辛普森无罪，结果令许多人为之哗然。萨伽德从陪审团的情感偏见到控方的无能等方面评估了四种相互竞争的心理学解释，说明了为何陪审团会做出如此离谱的判决：①解释连贯性说明，即陪审团认定辛普森无罪，因为他们认为其犯罪并无合理之处，合理性是由解释的连贯性决定的；②概率论解释，即陪审团认定辛普森无罪，因为他们认为其犯罪的可能性不大，而概率由贝叶斯定理计算得出；③愿望思维解释，即陪审团认定辛普森无罪，因为他们在情感上对他有偏见，想判他无罪；④情感连贯性解释，即陪审团认定辛普森无罪，因为情感偏见和解释连贯性之间存在交互作用。

萨伽德描述的计算模型详细模拟了陪审员基于解释和情感连贯性的推理过程，并证明后一种解释最为可信。

根据情感连贯性理论，除了被接受或拒斥的认知状态，命题和观念的心理表征都具有效价的情绪状态，基于某人对表征的情感态度可分为积极效价和消极效价。比如，人们可以接受或拒绝辛普森是凶手这一命题，人们也可依据自己对命题的评价来给出积极或消极的效价。通过修正情感连贯性理论的模拟分析，萨伽德得出结论：陪审团的心理过程涉及情感和解释连贯性，这是对辛普森被无罪释放的最合理解释。

理由有四点：首先，在民事审判中，除了合理怀疑之外不存在任何举证责任，所以陪审员只需确定支持辛普森无罪这一假设的证据优势即可；其次，辛普森的辩护律师避免了检方在刑事审判中所犯下的诸多错误，如传唤具有明显种族主义倾向的刑警作证；再次，民事审判过程更多的证据为人所知；最后，与洛杉矶市中心进行的刑事审判相比，在圣莫妮卡进行的民事审判选择了不同的陪审人员，设法组成了一支由大多数白人男性组成的陪审团，其中仅包括一名黑人女性。由此萨伽德推测，民事审判的陪审员之所以得出无罪结论，是因为他们与刑事审判中的陪审员有着不同的情感偏见，同时也因为辛普森一案具有更大的解释连贯性，而且不用克服合理怀疑。

第五节 情感认知的分子表征机制

脑科学揭示，人和动物的大脑功能涉及神经递质、荷尔蒙和其他分子等数十种遗传信息。这是所有关于心智和大脑计算模型没有详细说明的[①]，比如基于产生式规则的符号模型完全是神经学细节的抽象化，神经网络计算模型通常将神经元处理视为一种电学现象，借助兴奋和抑制连接，某一神经元的放电可影响其他所有神经元的放电。相当多的证据表明，大脑在某种程度上既有电学属性又有化学属性，化学复杂性确实与大脑计算和情感紧密相关。

第一，细胞具有感受和传导功能。人体有数万亿个细胞，一个标准细胞包含大约10亿个蛋白质分子，每个细胞大约有10 000种不同的蛋白质（Lodish et al., 2000）。细胞外膜拥有感受体，那是结合了在细胞外环流的信号分子的蛋白质。感受体接收信号分子会激活细胞内的信号传导蛋白，从而引发受酶影响的化学反应，而酶是加速小分子反应的蛋白质。细胞内的化学途径会产生各种结果，包括细胞分裂产生新细胞、细胞死亡以及产生新的信号分子。这些分子从细胞内排出，然后环绕细胞并与其他细胞的感受体结合。例如，当人受到惊吓或剧烈运动时，肾上腺会分泌激素肾上腺素，通过血流在全身循环并与具有适当感受体的细胞结合。这些细胞包括肝细胞，它们被刺激后向血液中输送葡萄糖和心肌细胞，结果是增加了主要运动肌肉的可用能量。

如果将单个神经元视作一台计算机，它就是以分子结合感受体蛋白质的形式输入，以细胞释放分子的形式输出，以及含有蛋白质的化学反应所进行的内在过程（Gross, 1998）。细胞内的分子运算大部分是并行的，因为感受体可同时产生许多化学反应，这些化学反应在细胞内大约10亿蛋白质中同时进行。因此，多细胞计算表现出巨大的并行性，因为细胞彼此间能独立地接收和发送信号。比如，在自分泌信号传导中，细胞通过分泌与自身的感受体相结合的分子发出信号。神经元信号传导是旁分泌的，并以神经递质作为分子信号。分泌性分子的另一种信号传导类型是内分泌，在内分泌过程中，细胞分泌了一种激素，通过血管被数米之外的靶细胞接收。

第二，神经递质是信息传导的中介。细胞具有感受和传导能力，但并没有

[①] 计算建模作为大脑神经系统加工机制的方法主要有三种局限性：a.模型通常需要对神经系统做出极端的简化，如非线性的激活规则可产生类似于动作电位脉冲的行为，但模型在规模上仅包含几百个元素，而且还不清楚这些元素是对应于单一的神经元还是神经元组；b.在建模中出现一些必要条件和问题与我们所了解的生物体上出现的现象不一致；c.大部分建模局限于一些相对较窄的问题，如单词意义表征，这些局限会随着计算机模拟功能在认知神经科学中的作用增大而有望得到克服（葛詹尼加等，2011：103）。

心理属性。人的心智依赖于大脑,大脑有数十亿个能以特殊方式互动的细胞。一个标准神经元接收一千多个神经元的输入信息,通过突触的特殊连接向其他成千上万个神经元输出信息。有一些是电突触,它们将离子直接从一个细胞传递至另一个细胞,但大多数突触是化学突触,使神经元能够利用从突触前细胞传递至突触后细胞的神经递质来相互激发或抑制。这就是说,大脑本身可被看作一个内分泌腺。这里以下丘脑-垂体-肾上腺轴(HPA 轴)为例说明大脑的内分泌的本质。下丘脑分布在脑中心、丘脑的下方。下丘脑由大量的核组成,共同调节新陈代谢、体温、体液平衡、唤醒、生殖等基本生理过程,调节饿、渴、恐、攻、睡、性唤起等动机状态。这些状态通过调整激素的生成和释放来实现。首先从垂体腺,再到其他内分泌腺,如肾上腺。我们每天早晨醒后的 30 分钟左右,HPA 轴的正反馈调节皮质醇循环水平急剧上升。一个小时之后,皮质醇循环水平降到最初基线,直到傍晚再次升起,睡前回到最初基线。抑郁与皮质醇循环水平持续升高有关,因为慢性压力源或 HPA 轴的调节异常有可能导致抑郁症。一些研究表明,负反馈缺失可能导致抑郁症皮质醇循环水平升高;皮质醇分泌缺乏日常节奏后,一些抑郁症患者就会被睡眠失调所困扰。因此,失眠、嗜睡等是抑郁症的症状之一。

最重要的神经递质有天冬氨酸和谷氨酸(兴奋剂)、γ-氨基丁酸和甘氨酸(抑制剂)、肾上腺素(一种激素)、乙酰胆碱、多巴胺、去甲肾上腺素、血清素、组胺、神经降压素和内啡肽,它们存在于大脑特定的神经通路中(Brown,1994:70)。神经通路由相互连接的神经元组成,这些神经元的突触都传递同一种化学物质,例如乙酰胆碱、多巴胺、去甲肾上腺素和血清素都有特定的通路。通路不同,功能也不同。多巴胺是对运动进行整合,血清素对情绪具有调节作用。神经通路的中断会引发各种精神疾病,如缺乏多巴胺会导致帕金森病,缺乏血清素会导致抑郁症。药物通过增加或减少神经递质的量来治疗疾病,例如抑郁症的治疗就是利用单胺氧化酶抑制剂提升多巴胺和血清素的可用性。

第三,神经调质有助于改变神经网络的因果结构。神经调质是一种影响神经活动的化学物质。上述表明,神经元释放神经递质,并通过突触作用于其他神经元。神经调质由非神经元和神经元释放,且不借助突触影响突触前细胞和突触后细胞,以便改变神经调质的合成、储存、释放和神经递质的摄取。神经调质包括经血液循环的激素和直接在细胞间传递的非激素分子。大脑利用各种神经调质增强其思维能力,这有助于我们解释人类思维的各个方面。这是因为,一方面,神经调质极大地改变了神经网络的因果结构。神经元的放电仅由提供突触输入的神经元决定,而不是由局部的因果关系决定,因此,甚至数米之外的神经元和细胞都有可能对某一神经元的放电造成影响。比如,下丘脑的神经元可能会激发并释放激素并传递至身体的某一部位,如肾上腺,从而刺激释放其他激素,然后传递回大脑并影响不同神经元的放电活动。另一方面,神经调质具有时间效应,即它们会影响神经元的放电速率(Brown, 1994: 166-167)。比如,雌性激素可调节多巴胺和血清素的释放。许多神经元分泌内啡肽和催产素等神经肽。与标准的神经递质不同,这些分子释放于突触区之外,产生的作用会持续数小时或数天(Lodish et al., 2000: 936)。因此,我们可以推测包含神经调质的计算系统具有丰富的时间行为,而且不同的神经递质会导致不同的时间属性。总之,分子与神经网络的时间行为相关。

第四,神经化学是情感发生的化学基础。大量证据表明,这些神经调质对于情感来说很重要,而且也有证据表明情感对问题求解和学习有很大影响。根据萨伽德的研究,即使是最具认知能力的心理功能也要受制于我们对神经化学的理解,化学过程对情感和问题求解具有积极和消极的影响。首先,神经化学对情绪有控制功能。比如,谷氨酸盐作为兴奋性神经递质会引起攻击性的暴怒和恐惧反应。去甲肾上腺素影响知觉唤醒,其作用在剧烈的情绪反应如恐吓的情况下尤为突出。多巴胺与积极情绪相关,腺苷是一种天然的安眠药,其作用容易被弱的情感强化剂如咖啡因所限制(Panksepp, 1993)。还有,神经调质在特定情感中也起重要作用。例如,促肾上腺皮质激素释放因子所产生的应激反应对恐惧或焦虑等情感有重要影响。催产素有利于孕妇分娩并增强了接受感和社会归属感,且有助于性满足。精氨酸加压素受睾酮控制会激起男性的挑衅行为。大脑中的雌激素受体与女性的性行为、敌对行为以及情感态度有关(Brown, 1994:154)。有关神经化学影响情绪和情感的其他证据来自药物的医疗效果,这些药物针对特定的神经递质起作用(Panksepp, 1998: 117)。比如,百忧解类的药物通过延长血清素和多巴胺等神经递质的突触可用性治疗抑郁症,抑制酶单胺氧化酶的药物也可治疗抑郁症,而且在神经递质释放后对其进行降解,此时治疗精神分裂症的抗精神病药物通常会抑制多巴胺的活性。因此,有充分的理由相信,理解人类的情感要考虑神经调质对思维的作用。可以说,所有神经化学与理解情感意识的本质相关,幸福、悲伤、恐惧、愤怒、厌恶等情感都是从大脑活动中涌现出来的。

第五,认知活动也受到神经化学的影响。如上所述,化学解释与情感相关,但神经化学会影响问题求解、学习和决策等认知过程吗?心理学和神经科学的大量证据表明:认知和情感不是彼此独立的系统,情感是人类认知的内在组成部分(Dalgleish and Power, 1999)。我们的直觉经验告诉我们,积极的情感不仅可为当前问题的相关情况提供线索,也可提升人们在解决问题中的创造力和决策的效率。小礼物或沁人心脾的音乐对情绪的影响已被证明能影响人的许多判断,包括对个人能力的评估、对生活总体的满意度,以及对政治领导人素质的评估。情感也会影响我们的认知策略:心情糟糕的人更有可能利用复杂系统的处理策略（Kunda，1999：248）。我们发现，幸福增加了我们对社会陈规的依赖，而悲伤的人们会减轻对消极陈规的依赖。因此，分类、问题求解和决策认知功能都受情感的影响。有研究进一步发现，积极情感与大脑中多巴胺水平的增强相关，它能提升认知的灵活性（Ashby et al.，1999）。喝咖啡的人都熟悉咖啡因的作用，它能增强人们解决问题的能力，这是由于咖啡因阻断了抑制性神经递质腺苷。相反，酒精可通过对兴奋性神经递质谷氨酸的受体进行抑制来扰乱心理功能（Brown，1996）。由此我们可得出结论：人的意识与情感具有内在的关联性，也与人脑中特殊的化学物质密切相关。

第六节 科学研究中的情感认知

从上述可知，情感虽然不是直接的认知因素，至少也是间接因素，按照萨伽德的看法，情感是科学认知的重要组成部分（Thagard，2006：171）。在情感影响思维效果的意义上，这种观点无疑是正确的。自柏拉图以降，许多哲学家都在理性和情感之间划出了界线。直至今日，科学认知仍被大多数科学家和哲学家认为是独立于情感的，科学仍被视为理性的典范。不过，认知科学的发展对情感-理性对立的观点形成了严重挑战，认知心理学和神经科学越来越多的证据表明：情感与理性思维密切相关（Damaslo et al.，1994）。

萨伽德通过回顾沃森的《双螺旋》（Watson，1969）中 DNA 结构的发现历程，详细考察和分析了书中提及的情感因素，并在研究、发现和辩护三种语境下解释情感在科学认知中的作用。众所周知，DNA 结构的发现是 20 世纪后半叶科学史上的革命性事件之一。为了弄清被历史学家、哲学家甚至心理学家所忽视的科学思维的情感方面，萨伽德对《双螺旋》中的情感词汇进行了统计和详细分析，试图发现情感在沃森和克里克（F. H. C. Crick）的认知中扮演了什么样的角色。通过统计他发现 235 个与情感有关的词汇。在这 235 个词汇中，有 125 个只与沃森相关，其他 35 个词描写他的合作者克里克，13 个词描述两人共同的情感状态。还有 62 个情感词汇描述其他研究者，包括剑桥和伦敦的许多科学家的情感。他将情感进行编码，使其具有积极效价或消极效价，由此发现超过一半的情感词汇（135）具有积极效价。

为了确定情感在沃森和克里克的思维中所起的作用，萨伽德将情感词汇编码为三种不同语境下的探究过程：研究、发现和辩护。他发现，大部分科学研究都在研究语境下进行，即科学家们长期艰苦地尝试确定经验事实并发展解释这些事实的理论。在进入发现语境之前，通常需要进行大量实验和理论准备，从而产生新的理论和重要的新实证结果。最后，若替代性解释和整个科学思想体系评估新的假设和实证结果，那么科学家们便进入了辩护语境。这样，萨伽德就将赖欣巴哈（H. Reichenbach）的发现语境进一步区分为研究语境和发现语境，以表明在做出实际发现之前需要做大量工作。

就沃森来说，萨伽德发现他的大部分情感词汇（163 个）都出现在研究语境中，发现语境下有 15 个词，辩护语境下有 29 个词，而与科学思想发展无关的其他更为个体化的语境中出现了 28 个情感词汇。萨伽德给出了研究语境中情感的一般模型（图 10-2），其中兴趣、求知欲等是选择科学问题进行研究的关键。

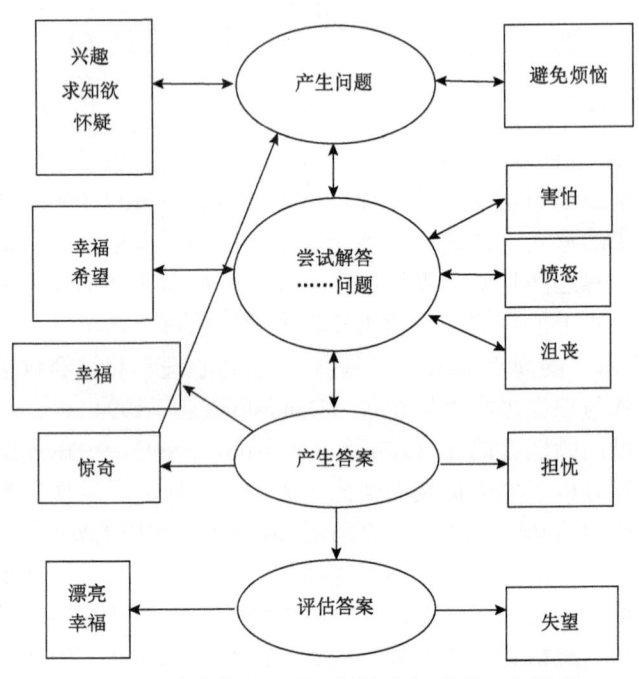

图 10-2　萨伽德关于研究语境中情感的一般模型

在发现语境中，沃森看到利用 X 射线衍射形成的 DNA 的三维影像后兴奋地说，"一看到照片我就激动得合不拢嘴，心跳也加速了"（Watson, 1969：107）。在萨伽德看来，这张照片将沃森从研究语境引入发现语境，使他在这一语境下提出了有关 DNA 结构的合理假设。在绘制 DNA 结构图的过程中，沃森萌生了每个 DNA 分子都可能由两条链条构成的想法，他对这种可能性及其生物学意义感到十分兴奋。对于科学家来说，科学研究中的重大发现是一种极富乐趣的体验，无疑会令他们激动不已，就像哥伦布发现了新大陆时的心情。从图 10-2 中可以看出，惊奇和幸福源自对所追问问题的成功解答，期望能体验这样的情感是科学成就背后的主要动因之一。正如物理学家费曼（R. Feynman）所说，"发现和查明事实真相的乐趣，发现的快感，其他人所用的知识经验[我的成果]就是对我的奖励——这些才是真实的东西，其他对于我而言都是虚幻的"（Feynman，1999：12）。

在辩护语境中，情感成分也十分鲜明。沃森和克里克对提出的 DNA 模型所表现出来的优雅与漂亮是辩护中情感成分的主要标志。他们之所以确信自己的结构是正确的，一个主要原因是该结构的审美和情感吸引力。萨伽德根据他的情感连贯性理论给出了辩护语境中的连贯性判断和其他情感是如何产生的（图 10-3）。图中的"单元"是表示命题的人工神经元，并且通过将约束满足最大化的神经网络算法对单元进行评估，从而决定接受或拒绝这些单元。某一单元的约束满足程度影响了表示连贯性判断的单元，后者产生了快乐情绪。比如，若我们接受某个假设可满足众多约束条件，且这些约束条件是将假设与其解释证据相联系的纽带，则表示该假设的单元会强烈地激活连贯性节点，由此激活"幸福"这一节点。在情绪分布的另一端，非连贯性往往会产生苦恼，甚至产生与恐惧相关的情绪，如焦虑。

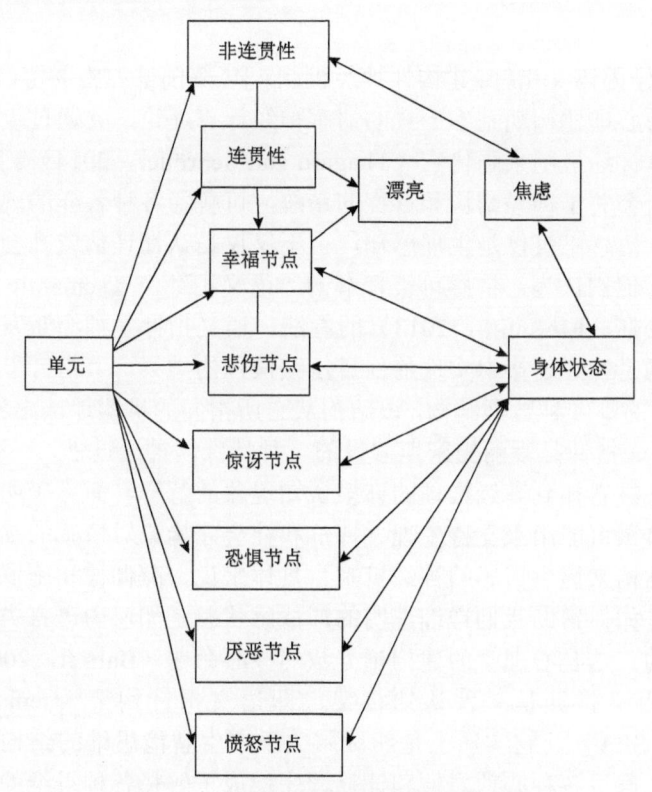

图 10-3 萨伽德关于情感连贯性的模型

在萨伽德看来，这幅情感连贯性模型为我们展示了一个人如何能同时作出认知判断和情感反应。沃森和克里克有关 DNA 结构的假说与现有的证据以及生物学家理解生命遗传基础的目标高度一致。这种高度的一致性不仅产生了一种判断，即应该接受这一假说，同时还产生了一种审美、情感上的态度，即假说很优美。连贯性使沃森和克里克及其他人都非常高兴。

可以看出，在发现 DNA 的过程中，情感变化也引起了概念变化。概念变化导致了科学革命的发生。由此可知，情感在科学发现中是一个不可忽视的因素。毕竟科学家也是人，是人就有情感，这种情感不仅表现在日常生活中，也表现在科学研究中。正如著名神经病学家卡扎尔（S. R. Cajal）所言："所有杰出的作品，无论是在艺术还是科学中，都是巨大热情应用于伟大思想的结果。"（Cajal, 1999: 7）人的认知系统与情感系统之间的这种紧密关联性，将是认知科学及其哲学要研究的一个主题。

第七节　情感认知的社会建构

在《情感作为语义指针：建构性神经机制》中，萨伽德和施罗德（T. Schröder）提出了一种与心理建构观基本一致的情感神经计算理论，并通过设置一组经验上可信的基本神经机制来强化它（Thagard and Schröder, 2014）。这个新理论详细说明了一个关于神经结构和过程的系统，可解释各种各样的现象，并支持这样的说法：情感不仅仅是生理感知，也不仅仅是认知评估或社会结构，而是它们的综合。他们认为，情感可被理解为"语义指针"（semantic pointer）。根据爱丽史密斯（Eliasmith, 2013）的看法，语义指针是神经激发或放电活动模式，其结构是神经连接中实现的信息压缩操作的结果。"指针"一词来自计算机科学，指的是一种数据结构，该结构从它所指向的机器地址中获取它的值。也就是说，语义指针是爱丽史密斯假设的一种特殊的神经过程，一种隐喻表达，它提供了从低级感知到高级推理的许多认知现象的解释，而且表明这种神经处理语义指针体系可能用来支持生理、评价和社会建构论对情感的描述，如何用它作为心理结构来提供情感的神经机制。具体来说，萨伽德和施罗德展示了语义指针假说是如何帮助我们详细说明的，情感状态是如何由语言类别应用于生物状态表征的。这是心理学的建构论方法的核心命题（Barrett, 2006）。

显然，语义指针是一种认知构架，即语义指针构架（semantic pointer architecture, SPA）。它实质上是纽威尔关于产生智能思维的结构和过程的一种语义框架，假设各种心理表征和计算程序构成了解释各种思维的机制，包括知觉、注意力、记忆、问题解决、推理、学习、决策、运动控制、语言、情感和意识（Newell，1990）。笔者认为，这是认知科学中的一种形而上学或哲学假设。在人工智能中，最有影响的认知构架是基于规则的，即在其上操作如果-那么规则和程序来解释思维，或者是基于联结主义网络（人工神经网络）的。语义指针作为一种构架被设计出来用于建立生物上合理的一般认知过程模型，它在情感理论中的应用是对"统一脑"的一种贡献。语义指针构架是基于爱丽史密斯和安德森（C. H. Anderson）开发的一种神经工程框架（Eliasmith and Anderson，2003），它采用了一种比联结主义（并行分布式处理）更精确的神经表征和处理观，这是自鲁梅哈特和麦克兰德以来一直在心理学上具有高度影响力的"大脑式"计算观。就像联结主义一样，语义指针构架假设心理表征是通过兴奋和抑制联系连接的神经元群的分布过程。但萨伽德和施罗德认为，语义指针构架至少在如下四个方面不同于联结主义：①神经元激增，因此放电模式而不仅仅是激活(放电率)对表征能力有贡献；②神经元是异质的，具有不同的时间模式，产生不同的神经递质；③神经网络是巨大的，涉及数千或数百万个神经元，而不是几十个典型的联结主义模型；④神经网络被组织成为功能子网络，它们可映射到解剖的大脑区域。

这些方面正是语义指针构架优于联结主义构架的地方。根据语义指针构架，心理表征是一个过程，它涉及成千上万或数以百万计的动态脉冲神经元的互动。联结主义被认为不足以解释诸如推理和语言使用的这些高级认知现象。语义指针构架通过说明神经过程如何支持通常归因于符号规则的问题解决和语言理解来解决这个问题。这种从生物实在的神经元到认知符号的关键桥接正是语义指针的理念。在萨伽德和施罗德看来，这一理念是解决符号/亚符号问题（即符号接地问题）的最佳选择。因为如何让符号有意义是认知科学中最重要的问题之一，涉及高级符号（如单词和概念）与神经网络中的低层分布表征之间的关系。

在关于情感的心理学建构论的语境中，语义指针概念之所以重要，是因为它提供了对概念化过程的详细的神经层面的解释，被认为是在更模糊的非特定情感反应中产生特定情感的中心。这就是说，如果将情感理解为语义指针，就可将情感体验的生物的、认知的和社会文化的限制整合到一个单一的框架中。

萨伽德和施罗德给出了语义指针作为神经过程（非外在语言过程）的四个功能：①通过与世界的类符号关系和其他表征提供表面意义；②通过扩展来提供与感知、运动和情感信息相关的深层含义；③支持复杂的句法操作；④有助于控制通过认知系统的信息流来实现其目标。

可以看出，虽然语义指针是神经层次的，但具有语义、句法和语用的功能，就像基于规则的系统中的符号一样，具有高度分布的概率操作。然而，当情感建立在生理状态的高度分布式表征的基础上时，它们是如何被理解为语义指针而具有相似的语义、句法和语用功能的呢？

如上所述，语义指针构架提供了认知系统的分层组织，其中更高层次的类符号表征指向更多地与感觉运动体验联系的较低水平的神经表征。这种观点与心理建构论方法相契合。或者说，在某种程度上，语义指针构架也与具身情感、具身认知和概念隐喻的观点相一致，同时避免一些更激进的观点，即心智不使用表征或计算（Lakoff and Johnson，1980）。因为根据语义指针理论，意义通常以身体体验为基础，但语义指针从可使用类符号属性来操作的低级深层意义被充分减弱了。

那么，语义指针构架如何用于情感认知呢？萨伽德和施罗德认为，情感可作为语义指针，因为该构架足够广泛，以至于可为目前流行的任何理解情感的方法提供神经机制。比如，达马西奥关于情感的主张主要是对生理状态的感知，认为可通过对心率、皮肤反应和激素水平等生理变量作出反应的神经种群方法进行生物学的详细说明。因为这一观点与关于幸福、恐惧和愤怒等基本情绪的内在机制的说法一致。也就是说，情感是对情境与主体的目标相关性的认知评估（Oatley，1992）。更激进的观点认为，情感仅仅是由一个人的文化所创造的社会结构，可通过对社会交流作出反应的神经群体在生物学上加以详细说明（Harré，1989）。

这些心理学建构论者认为，情感状态产生于一个概念化过程，即运用语言范畴来理解生理状态的内在表征，这种观点可通过语义指针的压缩机制和绑定机制加以规定，因为语义指针将深层的感觉运动意义与更高层次的符号意义联系起来。语义指针构架作为综合了生理、评价、社会和心理学建构论对情感的说明模型，与关于情感意识的情感连贯（EMOCON）说明是一致的（Thagard and Aubie，2008）。根据情感连贯性理论，情感的生理和评价理论不是可选择的，而是通过一个神经模型来统一的，该模型显示了大脑中的并行处理是如何将生理状态的感知和当前状况的评估，与主体的目标相关性结合在一起的。但情感连贯太大、太复杂，无法用以前的理论工具进行计算，而语义指针构架得到了软件的支持。

萨伽德和施罗德详细说明了语义指针构架的四个主要概念——神经表征、语义指针、绑定和控制——是如何应用于情感的。他们首先区分了情感记号（如幸福或恐惧的特定实例）和情感类型（情感反应的类别），并建议以语义指针构架的神经表征来识别情感的实例，包括神经群中的脉冲行为。需要注意的是，一个神经群无须局限于一个特定的大脑区域，因为在不同区域的神经元之间有广泛的突触联系。我们需要避免这种天真的假设，即特定的情感存在于特定的大脑区域，例如杏仁核中的恐惧和伏隔核中的快乐，因为大脑扫描发现情感与更多分布的大脑活动相关。情感连贯说明假定了情绪广泛分布于多个大脑区域，情感的语义指针构架说明同样可将情感视为神经元群中不局限于单个区域的活动。这意味着情感记号是一个语义指针。

我们还需要说明情感是如何通过压缩的表征而具有表面意义的，这种表征使用支持句法组合的绑定操作，并在能产生完成目标的行动的系统中管理和控制信息流，可扩展到更深的表征中。萨伽德和施罗德举例说，当你感觉到一种情感，比如听到你的一篇论文被一个好杂志如《自然》所接受时，你的大脑中发生了什么？这种情感的发生包括以一种当下境遇的压缩但可扩展的表征方式激发相互关联的神经元。这种压缩的表征功能产生口头报告的经验——"我很高兴"，以及将事件与其他感觉快乐的事件联系起来。而且，这种神经表征"指向"提供一个扩展意义的其他表征，因为它是建立在生理知觉和认知评价的基础上的，与情感连贯模型一致。这种绑定操作能在语义指针构架中通过反馈得到执行，这对于构建你的论文被接受的快乐的情感反应来说是至关重要的。

萨伽德和施罗德将这个例子以区分逻辑记法表征为：

命题1——接受（杂志，论文）

这比用语言表达命题简单得多（如，我的论文被一个好杂志接受了）。命题1的神经加工需要这样一个绑定：

命题2——绑定[绑定（接受，行动），绑定（杂志，主体），绑定（论文，接受者）]

在语义指针构架中，这种复杂的组合可被理解为由神经元群执行的向量数学运算，并产生一个由神经元的放电模式所表征的新向量。命题2是命题（向量，神经放电模式），它是通过执行绑定产生的，绑定机制将（接受、杂志和论文）的表征统一为一个表征事件的命题。这种神经表征的命题（你很高兴这篇论文被接受了）可表征为：

命题3——高兴[接受（杂志，论文）]

然而，如果高兴是生理知觉和认知评价相结合的结果，那么这种绑定就更复杂了，于是就形成了：

命题4——绑定（命题2，生理学，评价）

在命题4中，命题2是通过将高兴、杂志和论文绑定在一起而产生的激活模式。其他两种成分萨伽德和施罗德是这样解释的——将情感反应的生理和评价方面识别为神经群中的放电模式。对于生理学来说，相关的过程是由大脑区域（包括杏仁核和岛叶）检测到诸如心率、呼吸频率、皮肤温度、面部肌肉结构和激素水平等身体变化。对于评估而言，相关的过程是一个复杂的目标相关性计算，可执行约束满足。我们知道，杂志如《科学》接受你的论文可满足个人的目标，如提高声誉。将这三种成分——情境表征命题2、生理变化的表征和评价的表征——绑定在一起，能够产生语义指针，它构成你情感反应的神经表征。

总之，语义指针是三个关键表征绑定的结果：情绪反应的情境、生理知觉的结果和认知评价的结果。这三个表征中的每一个都可进一步分解为其他表征。一般来说，情境表征是一种指示动作与行为主体结合的指标。生理表征是对身体状态的多种变化的压缩，如呼吸。认知评价表征是一个复杂的平行的满足过程的压缩，这一过程决定了情境的目标意义。因此，情感的发生依赖于一系列指向他人的语义指针，而情感表征具有丰富的意义，这些意义来自它们与其他表征的关系，并最终产生于感知输入。

最后，情感也涉及自我表征和社会建构。比如命题2可扩展为：

命题5——高兴[你，接受（杂志，论文）]

命题5暗含了你很高兴杂志接受了你的论文，但如何表征你的情感呢？在萨伽德和施罗德看来，这涉及自我表征，如自我概念。他们提供了一个新的观点，即自我表征是一个语义指针，即一种神经表征，它语境地扩展到更丰富的感官体验、身体状态、情感记忆和社会概念的多模态表征[①]。在这里，绑定是一个重要概念，它提供了一种半统一、自然主义的自我表征观的线索，包括通过反馈和其他神经变换将几个因素聚集在一起形成：

命题6——自我表征=绑定（自我概念，经验，记忆）

在这里，自我概念本身就是人们应用于自己的一般概念的语义指针，包括大学教授、父亲和同事等角色，以及高个子、中年、社交能力和责任心等特质。通过运用这些概念，人们将文化知识和社会结构融入当前的表征中，因为角色和特征的意义是通过文化建构的，并通过语言代代相传。

根据社会建构论，对杂志接受自己的论文感到高兴的解释是：情感是包含于那种表征概念的文化建构意义的结果。可以说，所有的语言概念都包含情感意义，它是一种特定文化中成员广泛共享的，因为所有的语言表达是有情感的人说出的。根据萨伽德和施罗德的看法，情感意义是对相应的评价模式和生理反应的压缩表征，这种表征与复杂的情感表征结合在一起。因此，语义指针的解压机制使文化上共有的符号概念能够被激活，并在社会上同步相关的认知和生理过程，从而产生情感和行动。

当然，不是所有的情感体验都需要自我表征。比如在期刊接受论文的例子

---

① 语义指针作为一种隐喻，它们的绑定形成了意识，即意识产生于三种机制：通过在神经种群中的放电模式表征、将不同表征绑定到称为语义指针的更复杂表征，以及捕捉生物体当前状态中最重要方面的语义指针之间的竞争。萨伽德和斯图尔特将语义指针竞争（SPC）意识理论与意识是系统整合信息能力的假设（IIT）进行了比较，通过计算机模拟表明SPC在提供更好地解释意识的关键方面优于IIT：定性特征、开始和停止、经验转变、不同有机体之间种类的差异、统一性和多样性以及存储和检索（Thagard and Stewart, 2014）。

中，重要的是你的论文被接受，情感反应可立即被识别为是你的而不是别人的。假设是你同事的论文被接受了，你的自我表征就不存在了。当然，当你得知此事后你也会有情感反应，如羡慕或嫉妒，此时你的表征就是关于他人的了。由此我们可推知：自我表征及其语言表达对于情感来说并不是不可或缺的，尽管它们是人类情感的重要组成部分。

第八节 小　　结

综上，情感不是独立于认知的，而是深深嵌入认知过程的。情感不仅具有心理机制，也有生物学的基础，因为它们是具身的，非具身的东西绝对没有情感。这意味着，情感这种东西一定是与生物构成相关的。情感虽然不像自然类具有具体的指称，如各种动物、植物，但它们也像心智一样，也是实实在在的存在。我们不能否认情感，就像不能否认心智、自我一样，尽管我们不能直接观察到它们。这是关于情感的实在论与非实在论问题，也是本体论问题。在这个问题上，笔者基本赞同萨伽德的观点，持一种科学实在论的立场，即认为情感是存在的。而且，在现象学意义上，情感也是可直接描述的，是一种感受性，可称之为"情感现象学"。我们的一些决定或决策，如投票，在相当程度上依赖于情感，如对候选人有好感，而不是基于理性认知或思维，如候选人的能力。总之，在认知方面，情感绝不是可有可无的，而是必不可少的，有时情感对于认知选择来说是决定性的，如离异父母对孩子抚养权的争夺，人们对离世亲人的深切怀念。

第三部分　科学认知适应性表征的符号学与哲学解释

前两部分业已说明，适应性表征不仅具有生物学和心理学基础，也具有符号学和哲学基础。这里的符号是广义上的，是指包括自然语言、逻辑和数学符号等范畴化的指号或标记。符号学自20世纪30年代初皮尔士开创以来，40年代经莫里斯（C. W. Morris）的指号学的发展，其在80年代发生了重大变化，即将符号看作过程而非结构，因而更具有包容性，将前语言符号（如生物反应）纳入自己的研究范围，使得符号学从对文化符号系统和逻辑结构主义的研究，转向了生物符号学和后来的生态符号学及生命符号学。这一大好局面得益于皮尔士符号学的普遍发展、洛特曼（Ю. М. Лотман）符号域思想的引入和塔尔图-莫斯科学派的乌克斯库尔（J. J. von Uexküll）的符号理论，并直接激发了生物符号学的迅速发展。这意味着符号学从抽象的符号层次回归到具体的生命起源。

这一部分包括第十一到第十五章，具体是通过符号学特别是生物符号学、实用主义、现象学和语境论对适应性表征做更进一步的解释。这些立场均与符号或形式表达相关。就我们人类的认知包括求知、探索、学习等而言，它本质上是一个符号过程。在这个抽象层次，认知是嵌入符号场域中的，它不能是独立的。也就是说，一个符号的意义总是在其他符号域中获得。这就是语境论的观点。

第十一章试图回答这样一个问题，即认知表征作为一种指号是如何通过符号学说明的。根据符号学，特别是皮尔士的指号学，认知能力是将使用符号的能力作为标志的，这意味着符号表征是认知系统的认知标志，符号成为一种内在表征模式。在解释的意义上，这是将符号学与现象学相结合，形成符号现象学，目的是在具身的生命系统中通过主体间有意义的交流行为来解释意识现象，而不是在机器人有意义的语言交流中来解释。

第十二章通过生物符号学这种生物自然主义来说明意识现象。生物的认知系统怎样就有了意识？有了心智或智能？这个问题仅仅通过生物学和脑科学难以说明，还需要通过生物符号学的介入来说明生物表征的意义。根据塞尔的生物自然主义，意识是一种生物现象，只能通过生物学来说明。生物符号学试图解释生物系统中意义是如何产生的,它介于心智哲学和生物学之间,区别于认知科学、神经科学和生物哲学。根据生物符号学,认知现象具有生物特异性,具有"第一人称"经验;记忆是适应性表征的一种主要方式,智能体作为一种最小之心存在。

第十三章着重从实用主义来说明意识作为感知和认知行为的形成问题。意识虽然不是认知本身,但认知经验一定是有意识的。缺乏意识的认知虽然也存在,如人工智能,但这种认知只是符号操作,没有理解。理解一定是有意识的行为。根据实用主义,心智与自然之间一定存在着某种深层的连续性,也遵循进化规律。比如"注意"是意识的一种显在存在方式,是高级生物特有的。这意味着心智现象不是凭空产生的,更不是上帝赋予的,而是有着坚实的自然根源。对意识和心智现象的说明,要依据科学实验,通过隐喻方式,如"消化隐喻""探照灯隐喻""心理器官隐喻"等来说明。心理器官的载体是化学分子,它们承载了特定的信息。正是这些化学分子的相互结合与反应,产生了我们所称的意识或心智。

第十四章从现象学探讨认知和思维的本质。理解认知和思维的本质是哲学中的一个重要论题。传统现象学被认为只承认感觉的现象特性,不认为认知或思维也具有现象特性,这引发了认知现象学是否有必要的争论。通过考察胡塞尔的先验现象学以及梅洛-庞蒂的知觉现象学,笔者发现,他们的现象学一般并不否认认知的现象特性,也不拒绝认知科学,反倒是海德格尔的存在论现象学远离了认知科学。在当代心智哲学研究中,意识的扩展论和限制论之争进一步诱发了关于认知的现象学的讨论,思维的现象特性以及如何解释所意识到的心理状态的现象特性,自然成为有争议的热点话题。内省论证和现象对比论证着重分析认知是否存在现象特性的问题,其中涉及感觉、知觉与思维的还原问题,知觉现象多样性与思维现象多样性的对称问题,心理活动中情感、范畴化知觉和认识感觉中的现象特性问题。这些均是当代认知科学和心智哲学中的核心问题,也是认知现象学要研究的重要课题。

第十五章探讨自然主义是如何说明认知和意识问题的。众所周知,自然主义有多种形式,自20世纪50年代奎因提出自然化的认识论以来,它已发展出了三种主要形式:替换的自然主义、合作的自然主义和实质的自然主义。但这三种形式依然不能阐明自然主义关于认知的认识论实质。意识的外在化自然主义的形成与发展,使得传统的自然主义认识论得以拓展,这就是笔者主张的认识论的外在化的自然主义。根据这种认识论,认知和意识的发生虽然是基于生物自然主义的,但外在的社会文化作用在其发展中却是不可或缺的。内在的自然发生与外在的社会文化影响的共同作用,才是认知和意识形成的根本原因所在。

第十一章　认知表征的符号学解释

　　所谓"表象①系统"是指组织起来的、能动的、自我更新地"反映"发展着世界的结构体。……简言之，表象系统是建立在范畴之上的，当有必要提高或扩大其内在范畴网络时，它就把输入的材料筛选出来纳入这些范畴之中；它的表象或"符号"依据自己的内在逻辑互动。

——美国计算机教授霍夫施塔特（摘自道格拉斯·R. 霍夫施塔特和丹尼尔·C. 丹尼特《心我论：对自我和灵魂的奇思冥想》第 211-212 页）

　　像感受性、经验、情感、意志、自我和意识这些概念性实体，即使我们打开大脑，在大脑的神经生理结构中也是观察不到的。即使借助仪器观察或测量，也只能发现电化学脉冲、传导物分子、神经元荷尔蒙与功能结构、神经胶质和肌肉细胞等这些神经相关物。脑扫描技术使我们能够观察脑的哪一部分在什么类型的感知、行动和情绪中被使用，因为大脑耗费很多氧气，增加血液流动可以使相应的部分活动起来。所以，一个人与其大脑并不完全是同一个东西（Edelman and Tononi, 2000: 1），虽然为了保持有意识我们需要大脑。我们人类好像是一个更加复杂的由物理、化学、生物、社会、文化、心理、符号和语言交流系统所产生的复杂一体化的产物，其中大脑和躯体是最重要的组成部分。

　　然而，生物系统的认知能力是通过语言这种符号产生经验来思考和交流的，这是其中存在的所谓"解释鸿沟"要阐明的一个问题（Thompson, 2003）。"解释鸿沟"是指存在于物理世界的知识与现象或体验世界的知识之间的巨大差异性。但是，如何明确表达这个"解释鸿沟"的问题并没有形成一致的答案。我们需要从物理化学、信息和计算机范式加上现象学的范式来解释意识，这是科学哲学的一种思路。胡塞尔现象学尝试给出自然态度的总设定，将问题置于括号里（悬置起来），尽力得到纯粹的现象或"事物本身"，通过系统的方式，剥去意义的象征性层面，直到事物的本身作为"最初的"预期和经验的剩余物（胡塞尔，2014: 53-57）。因为意识和意向性总是受到主体间的语言和文化的心理概念以及情境的本体论假定的影响，因此，为了得到纯粹的现象，我们必

---

　　① 此处表象即表征。

须想办法超越这些障碍而进入纯粹符号领域。这意味着将符号学引入现象学，从而使二者结合起来形成符号现象学。

第一节　作为某种认知状态的意识现象

在认知科学中，意识①作为认知前提的这种精神现象是被看作实体的，这是一种科学实在论的立场（哈瑞，2006）。当然，这种实体不是可观察物质意义上的，而是现象存在意义上的，因为这种现象不能被直接观察到，只能被个体体验和感知，比如我们每个活着的人都是有意识的。这一点没有人会否认，因为如果没有意识，我们就不能做或说任何事。物理世界被认为是所予（the given），之后才有了精神世界，这个观念是自纽拉特（O. Neurath）基于物理主义的统一科学引入逻辑实证主义的思想。激进社会建构论则拒绝承认实证主义的任何形式的事实论断，认为政治意识形态以及实在的文化概念成为首要的实在，其中科学与现象学的生命世界是许多产物中唯一的。胡塞尔和皮尔士的现象学坚持认为，经验的现象世界是所予的实在，真理是在分析它的结构中被发现的。胡塞尔所寻求的纯粹意向性结构的永恒基础，成为皮尔士符号学的认知方式，这种方式通过皮尔士的连续性一元论概念从第一性的"可能是"发展成为第三性的"将可能"。

在皮尔士看来，第一性就是纯粹心智和感觉的未破损的连续性，特质和趋向是皮尔士称为的第二性的存在。因此，皮尔士的符号学作为生物符号学以第三种方式呈现，介于自然科学和社会科学之间，因为皮尔士的符号学与逻辑被组合在进化的实用主义框架中。皮尔士指出："这里的逻辑被定义为形式符号

---

① 这里仍然涉及认知与意识的关系问题。要探讨认知的适应性表征问题，我们就绕不开意识问题，这两个概念及其所指是什么关系呢？在笔者看来，意识是认知的前提和基础，没有意识，我们就谈不上认知，这里的认知是指基于理性的问题解决、符号操作等推理过程，当然是以意识为前提的，或者说，有意识是进行认知活动的必要条件。这意味着，相对于意识，认知是更高级的思维形式，所以我们谈论的认知是有意识的思维。至于有没有无意识的认知，那是另一个问题，这里不做进一步的讨论。本书谈论的认知，如不作特别说明，均是指基于意识的思维活动。还有一个重要问题也需要在这里说明，那就是意识本身是否包含了认知？这个问题笔者是这样理解的——如果将意识定义为"第一人称"意义上的经验，即"我的经验"或"我的感知"，那么意识本身就包含部分认知的含义，因为经验是蕴含体验和理解的，而体验和理解是包含认知的，只是这种认知还处于基于直觉或本能的低级阶段（与逻辑推理相比）。如果只将意识理解为感觉意义上的意向性（指向他物），意识就不包含认知，比如低等生物如阿米虫没有意识但有意向性。即使有意识的高等动物如大猩猩，也没有推理意义上的认知能力，比如没有使用符号的能力。所以，谈论认知的基础和适应性问题，我们必须要谈论意识。一个充足的理由是，如果承认意识是生物进化的产物，那么基于意识的认知也必然是进化的结果，包括生物进化和文化进化。

学。指号是这样被定义的，它并不是指人的思想，而是被定义为作为位置的线，那个位置随着时间的推移一点一点地被粒子所占据。也就是说，一个指号就是某物 a，a 将某物 b（它的解释指号是由 a 决定和创造的）带入与某物 c（a 的目标客体）一致的同种类，就像 a 本身代表 c。正是从这个定义连同"形式"的定义一起，我数学地演绎出逻辑的原理。"（Peirce，1980：20-21）这是把语言理论、认知与非常重要的条件整合起来解释科学数据，其中结合了符号学、现象学和实证主义的知识观，目的是了解产生科学知识的普遍方法论。正如爱默彻（C. Emmeche）所说，"皮尔士符号学的本体论-现象学基础的逻辑含义，指向物质、生命和心智之间的一个有趣的连续性，或者更准确地说，指向指号工具作为生命的物质可能性、指号行动作为实际的信息处理和指号的任何解释的实验本质，如符号对更广泛的类心智系统的影响之间的连续性"（Emmeche，2004：118）。这样，皮尔士的符号学对我们如何解释感觉信息的意识和感受性问题，以及如何解释感觉经验就有所助益。

然而，对于意识概念是否有必要，有人采取一种取消主义的立场（欧文，2018）。取消主义认为，哲学家们往往就"意识科学可获得什么"的问题被划分为不同的阵营。还有人基于莱文（J. Levine）的"解释鸿沟"，反对存在一种关于意识的科学理论的可能性（Levine，1983）。这种基于"解释鸿沟"的论证认为，无论我们得到什么样的意识的科学理论，它都会遗漏了某种本质的东西——"感觉到的性质"（felt qualities），或体验的"像什么样的"（what's it like）。

正是基于这种直觉，查尔默斯区分了科学能回答和不能回答的问题（Chalmers，1995）。在查尔默斯看来，"意识"涉及许多认知的、神经生理的和感官的不同现象，而且这些现象都能以科学的方式来探究。凡是科学能够探讨的意识现象问题都是意识的"易问题"，包括可报告性的神经基础、睡着与醒着的神经生理差异、感觉系统如何运作，以及复杂的认知加工如何实现等。相比之下，"难问题"则是"解释鸿沟"所揭示的问题，即关于体验如何和为何产生于一些物理实体排列的问题。"难问题"之所以难就在于，即使我们知道可报告性、注意和视觉加工的所有东西，但这些也不能告诉我们看见一个充满活力的视觉场景是什么样子，为何这样一种体验产生于物理质料。

不可否认，这的确是一个当代认知科学和脑科学难以回答的问题，我们的确不知道我们的经验为什么会产生于物理的东西（我们的生物实体）。布洛克（Block，1990，1992，1995）也将意识分为"取用意识"（access consciousness），即我们可通过报告和行为加以研究的意识，和"现象意识"（phenomenal consciousness），即不能通过科学加以研究的主体性方面。事实上，尽管我们可以探究我们如何对颜色做出反应,颜色视觉如何运作,但我们对这些状态的认识并不能使我们推断出这些外部行为如何与内在的颜色体验相联系。尽管人们可进一步提出科学方法来研究现象意识,但这些方法并不是直接基于对可报告性这种认知能力探究的(Block,2005,2007)。

针对意识的这两种区分,丹尼特认为"难问题"是因对体验"像什么样的"的概念混淆产生的(Dennett,1996b),对于意识无非就是那些各种各样的"易问题"。查尔默斯认为,"易问题"遗漏了某种类似的东西,就好像现代生物学仍未解释生物为什么是活的,而"难问题"仅仅是不连贯性引起的,这需要一门关于意识的完整的科学理论。

在关于如何看待意识的问题上,学界意见不一。库德尔(S. Kouider)等认为,由于现阶段在没有可报告性的情况下,缺乏定义意识运作的科学标准,所以取用意识与现象意识之间的分离,在很大程度上仍是猜测性的,甚至不能被科学加以研究(Kouider et al.,2007)。比如,一种被称作意识的"神经相关物"(NCC)的方案认为,心理状态不能等同于物理状态,它们之间仅仅是相关的。拉米(V. A. F. Lamme)试图直接研究现象意识,将现象意识看作循环处理(recurrent processing)(Lamme,2006),而托诺尼(G. Tononi)的信息整合论试图通过信息关系刻画感受性空间(qualia-spaces)(Tononi,2008)。这些不同的探讨方式都在一定程度上推进了意识的科学研究。

目前,除上述对意识的看法外,还有关于意识理论和相关意识的不同看法,比如现实辨别理论(worldly discrimination theories)、整合理论(integration theories)和高阶思维理论(higher order thought theories)(Seth,2008)。现实辨别理论认为,意识是通过行为来展示的,这些行为显示了被探测物或分辨刺激物的能力。根据这种理论,若被试在高于阈值的情况下不能报告某种刺激,则这一报告将被看作反应偏好的产物,而不是表示被试必定没有意识到该刺激物。相比而言,整合理论认为,意识依赖于整合和分享不同大脑区域信息的能力。根据整合理论,意识发挥某种执行的、择取性的和控制性的作用,而且这一作用通过分享从感觉区到计划、决策和行动所涉及的区域的信息来实现,巴尔斯的全局工作空间模型(Baars,1997)、迪昂(S. Dehaene)和常葛(J. P. Changeux)的神经元工作空间模型(Dehaene and Changeux,2004)以及托诺尼的信息整合论,都是基于意识与信息整体可用性间的平衡的。根据这些理论,信息可通过注意性择取、循环加工和神经同步来获得,或通过计算机语言来刻画。由于整合理论的范围涉及意识的心理学模型、神经生理学模型和计算模型,所以它说明了意识概念是何等的宽泛!高阶思维理论与前两种理论有所不同,它基于这样一种观点,即如果某人意识到了某物,则意味着他察觉到了该物的某种表征,因此,这种理论被用于指称这样的观点——意识到某物蕴含了被试能对这一状态提出看法，或意识到某物蕴含了被试对该状态具有某种倾向性或态度。这就是命题态度问题，也就是某人对某个陈述内容的立场，如"我"相信明天会下雨。这表明我意识到了某物的存在，如果我能正确判断自己对某物反应的可靠性和准确性的话。

另外，劳伦斯（S. Laureys）对生物意识与状态意识的区分也值得我们关注（Laureys，2005）。生物意识是指完全有意识的状态，状态意识是指某人意识到某物时的情形，这一区分抓住了意识的两种含义。比如，意识的神经相关物纲领致力于确定状态意识的神经相关物，如对颜色或运动的意识感知的神经相关物。生物符号学也致力于这种意识状态的研究。

显然，意识问题不仅是哲学反思的主题，也已经成为科学研究的对象。笔者不赞成意识概念没有具体的指称而采取取消主义的立场，尽管意识概念不指称任何自然类，如动物、植物，但不能因此就取消意识概念，因为意识指称一种状态或属性而非某种实体。即使"意识"像"以太"和"燃素"概念那样不存在实际的指称对象，但它所描述的一类现象却是真实的，如我们有清醒和睡眠的状态。笔者相信科学发展会有解开意识秘密的那一天。

第二节 作为认知前提意识的生物实在论说明

从科学哲学视角看，意识问题也是一个科学问题。首先是意识概念的澄清，因为"概念问题在真理与谬误问题之前发生。它们是关于我们呈现形式的问题，不是关于我们经验主义陈述的真假问题。……当经验主义的问题被陈述而没有适当的概念澄清时，错误的问题一定会产生，跟着可能发生研究方向的误导。抓住相关概念结构的不连贯可能会显示实验结论的解释不连贯性"（Bennet and Hacker，2007：4）。这就需要一个包括自然科学、生命科学、现象学、符号学-语言学、信息科学和社会科学以及人文科学的认识论和本体论框架——生物符号学，并使用此框架进行科学哲学的反思。也就是在具身的生命系统中通过主体间有意义的交流行为来解释意识现象（"第一人称"的意识），而不是在有意义的语言交流机器人中来解释意识现象。因为我们知道的所有意识是具身于生命的自创生系统的，目前的计算机、人工智能和机器人还不能产生意识（它们是离身的）。也就是说，人工智能行为根本不是意识行为（尽管可称之为人工意识）。

我们知道，基于生物基质的具身主体的感觉经验是产生意识（心智）的前提条件，所有科学知识要求具身意识主体有意义地通过指号共享感觉经验的解释。机器人自身不会创造出科学知识，只是作为人类的认知工具，因为机器人并没有经验的身体。因此，意义是在科学之前和之外被有意识的心智创造的，因为意义首先是处理社会语言和伴随语言的身体上受影响的信号的结果。

对于认知、交流、意义与意识的理解，生物符号学为我们提供了不同的方式，比如自然科学、生命科学、现象学、语言学等。法国科学知识社会学家拉图尔（B. Latour）的行动者网络理论认为，我们对意识的解释仅仅通过大脑作为一个自然存在物几乎是不可能的，因为我们是通过"科学"思考"自然存在"的。也就是说，科学作为行动者符号网络为我们获得自然存在提供了有效方法。这也意味着拉图尔的行动者网络理论是建立在符号学基础上的。根据拉图尔的行动者网络理论，科学就是我们诸多叙述中的一种自然叙述（自然故事），一种包括了人、物以及与我们相关的自然实体的交流-符号网络（Latour，2007：10-11），因此，拉图尔的理论更接近皮尔士的符号学（Semiotics），而不是索绪尔的指号学（Semiology）。

根据科学实在论，科学给予我们关于实在的有用知识，这就需要我们接受语言、具身心智、文化和非文化环境的实在性，以及我们的知识在它们之间互动过程中涌现的观点。这是一种试图从对身体、认知的跨学科的外在方式和互动过程来理解心智的方式。如果仅仅从现象学、符号学和解释学来理解心智而忽略人这个根本的认知存在，我们就难以解释意义的发生问题，因为有意义的人类交流或是主体间性才是科学成为可能的前提。在这种情况下，我们需要从谈论意识的科学转向我们处理意识的知识（符号的组合体）。这样，皮尔士的生物符号学就发挥作用了，因为指号过程的一个实在和实用的概念化被看作单一现象，它连接着所有的生命自然系统与人类的文化，进而将它们与无生命的自然世界区分开来。

然而问题是，心智是如何集中所有这些存在的个体成为一种感受性经验？这就是所谓的绑定问题，即有意识感知的统一在形成中枢神经系统的神经过程中是如何被创造的（Chalmers，1996）。因此，意识现象的这两个未解的方面是产生意识感知统一的机制与法则，从心理学角度看，就是许多独立的神经系统的输入如何会形成一个统一的认知。从现象学角度看，意识是作为自我个体出现的，而不是作为它们之和产生的。这不仅是神经科学的问题，也是一个超越了物理学的研究领域，因为它关注有意义主体和主体间的经验，经验超越了物理解释的范围。正如塞尔所辩护的，"意识包含统一的、感受性的主观性。它是由大脑过程所产生的，并在大脑中得以实现"（Searle，2007：102）。在这种情况下，我们如何整合所有从身体的内部和外部的感知而进入生命世界或进入一个意识范围？皮尔士的符号学似乎回答了这一问题，因为它通过指号过程的联系来传递科学认知，不需要引入新的元素或世界外部的特征，因为指号过程本身就是联系。这就等于把生物本体论的观点扩展到一个基于生物符号学的相互依存的活的感知思维上（Cowley et al.，2010）。因此，在对自然类的理解中，我们感知意识经验的能力需要被概念化，因为意识、物质和指号共存于自然世界和文化世界中。

　　这种解释是否就消解了意识的难易问题？在笔者看来未必。"易问题"是它必须处理意识的内部工作方式，如辨别能力、范畴化和对环境刺激的反应，这可通过进入心理内部来报告心理状态；"难问题"必须解决感官经验如何和它们不同的感受性相关的问题，如快乐与痛苦、甜与酸等，是如何从物理大脑和身体物质中出现的。也就是说，我们的经验能力或经验现象是如何出现的并没有得到解释。这些问题可能需要用自然主义的方式，即进化论的框架或生物符号学来解决。

　　麦克金（C. McGinn）对目前我们解释意识现象的能力持怀疑态度，提出自然世界的意识何以可能的问题（McGinn，2000）。内格尔关于"成为一只蝙蝠是什么样子"的质疑，就是问我们经历了看的能力就会说红色或蓝色吗（Nagel，1974）？看来，意识问题不是将其归结为朴素唯物主义认为的其是幻觉那么简单。总之，我们的神经系统是如何产生感官经验的？这就是我们熟知的感受性问题。根据实用主义，一个系统的功能不是它的物质性或它的经验性，那里没有理由给经验提供因果力，这经常导致我们会假设智能机有心智、能思维。这是强人工智能的观点。这种观点不是这里所说的经验意识，因为它们所依据的物质基质是不同的，即生物的和非生物的差异。构成意识主体的物质基质的差异，可能是造成有无意识或认知能力的关键。这就是认知科学中的"硬件要紧不要紧的问题"。

　　对于我们的经验意识，虽然心智过程的某些方面可通过计算机或算法来实现，但计算机不能计算意识、感受性和意义这些非实体的抽象东西，因为它们根本没有计算机可执行的算法。布里尔（S. Brier）基于皮尔士生物符号学反对强人工智能主张符号操作本身就是意向性的观点，认为我们不能理解计算机中的自动符号操作如何与意向性和感受性有任何联系（Brier，2008）。这事实上就是计算的心智和现象的心智之间的鸿沟问题。内格尔指出，"如果我们试图从明显不同于主观经验的客观视角来理解经验，那么即使我们继续相信它的透视的本质，我们也不能抓住它最具体的特点，除非我们能主观地想象它们。既然这样，就没有心理世界的客观概念包含所有的内容"（Nagel，1986：259）。塞尔也坚持认为，意识与意向性一定是生物的产物，基于大脑的意向性就像碳水化合物经过光合作用产生叶绿素一样（Searle，1980）。塞尔的这种观点遭到了人工智能哲学家博登（M. A. Boden）的批评，他指出经验在性质上完全不同于碳水化合物（Boden，1990b），因为我们可以科学地描述和测量碳水化合物,但经验则不可以。我们知道,人只有活着才具有经验。由于意识经验是科学的前提,科学可能不能完全认知和解释它。

我们说智能机有智能,但不能说它有意识。意识和智能是两个相关但不同的东西。意识与生命、自我相关,智能与算法、程序相关。这样一来,意识有着不可避免的生物属性,当然也是大脑的属性。这至少是生物符号学如何看待意识的方式,因为生物符号学除生理学和化学视角外,还以符号学视角分析生命的过程。如果说生物学以物理、化学和生理的形式不能描述活的生物系统过程的重要方面,那么用符号学可以补充生理学、化学知识的不足。前者描述了意识的生命过程,后者描述了意义获得过程。生物符号学作为一种探究人脑的心理活动的模式,旨在探讨心智是如何通过互动从物理形式中提取意义,以及这种形式可代替其他东西的方式。

当然,生物符号学也包含人类和文化的符号学,可被理解为在生物系统中研究指号与它们在感知和认知装置中编码的信息之间意义是如何被创造的(Hoffmeyer,2010a)。在笔者看来,纯粹的唯物主义、自然主义和自然科学理论难以回答意识问题,因为它们只会描述生理学和行为的后果,不能描述意识到感觉或经历感受性的现象、意志和意向性。一般来说,这种关于意识现象的哲学超越了物理学的范围,因为意义是建立在行为解释的基础上的,它们的心理状态伴随着因果力,超越了它们的行为。比如,布里尔的控制符号学的跨学科的框架运用信息、认知和通信技术尽力展示、使用皮尔士的生物符号学来组合自然、生命和社会科学以及人文学科中产生的知识,每个都描述了意识的不同方面(Brier,2010a)。

如果从现象学看生命世界和意识世界,物理世界并不是实在的合理基础。胡塞尔的现象学宣称,在科学把世界分为主客体和内外部之前,生命世界已然是实在的一部分了。主客二元论实际上对现象学的范式不是基本相关的,它认为处理认知过程在我们的文化中是科学发现的前提。因此,在现象学中,感知是首要的实在,在科学家尽力解释感觉感知的起源前,它的信息与意义来自生物内部生理过程和外部物理信息的综合。物理信息影响着感觉器官,生物学尽力解释感觉器官的功能和来自进化与生态生理学理论的神经系统。根据现象学,生物学不能解释我们为什么和如何看到、听到和闻到的世界。正如埃德尔曼指出的,生物学只能建立器官活动的生理学的模型,但没有办法解释它们是如何产生经验的(Edelman and Tononi,2000:222)。认知者、所予和知性被认为是整个生命世界一个活的整体,知性的意识里包含着所予的客体。因此,现象学认为,生命世界体验的"第一人称"意识产生的知识,比自然和社会科学所产生的知识更重要。比如,梅洛·庞蒂一方面利用胡塞尔的现象学,把生命世界描绘成比自然和社会科学知识更加重要的东西,认为对于意识没有科学解释,因为意识是首要的所予（Merleau-Ponty，2008）。"所予"在卡尔那普（R. Carnap）那里是中性的、无主体的，即不是具有经验的、心理的东西，但是"'所予'从来不是作为一种纯然未曾加工过的材料出现在意识中的，而总是存在于或多或少复杂的联系和形态中。认识的综合，将所予加工改制为构成物、改制成事物或'实在'的表象，大都是在无意中而非按照知觉的程序发生的"（卡尔纳普，1999：181）。这意味着意识不纯粹是"第一人称"或"自我的心理"，而是经由身体与外部世界或多或少有联系的东西。在胡塞尔看来，意识并不被认为是大脑或文化和语言的产物，只有意识的内容和内容的方式才能被语言表达（Husserl，1970）。另一方面，梅洛-庞蒂并没有给予身体超心智的特权，身体就是心智，我们置身于世界，不能离开世界，因为心智与身体是一个整体，正是通过海德格尔的"在世之在"（being-in-the-world）和体验世界，我们才有了意识，但那个世界在本体论上不同于物质世界，它也包含活的并与其他活的、具身意识的语言生物交流的主体和主体间的世界。伽达默尔（H. G. Gadamer）在解释学中也表明：科学是有意义和可解释的，是基于作为必要前提的文化历史视域的，因为那是通过文化和世界观产生的一种自然语言，依据形成语言概念的能力来解释它们（Gadamer，1989）。

概言之，生物符号学虽然接受皮尔士的观点，但主张科学解释作为意识指号过程是自组织的自创生系统，是更好地理解语言和自我意识生物的前提。然而，在埃德尔曼看来，生物符号学并没有给出实在结构的普遍解释，也没有解释能量、信息、生命、意义、心智和意识，因为自然科学只处理世界的外部物质方面以及我们的躯体，不处理经验的意识、感受性、意义和人的具身理解（Edelman and Tononi，2000：220-221）。因此，关于意识和思维的研究必然会转向一个生态系统的语境。

第三节　生态语境中的适应性表征

表征作为科学认知的一个基本概念，其核心意思是关涉、指向或代替。在生物系统中，表征的本质是属性的呈现或展示，即活的有机体的神经系统中例示的最初或基本的表征状态。因此，生物系统的表征指的是这种例示意义上的属性呈现，而非意义表达上的内容陈述。

根据生物系统的表征含义，不是每个状态或事物都是表征的。那么如何区分承载表征内容的状态和不承载表征内容的状态呢？在心智哲学中，表征是真实的或满意度评价的状态，即它们是否准确、是否满意的状态。比如，我们说桌子上有一杯茶且味道不错，这可能是真实的表达和评价，这种表达和评价可能准确也可能不准确。在神经科学中，表征通常被认为蕴含了因果力，其中神经元对一定形式的能量做出不同的反应来表征是什么典型地引起它们的激活，如某种刺激引起的放电。如果一个系统的状态不是真实的或满意的评价，那么它仅仅起着因果作用和它成为一个表征或编码所承载的表征内容。当然，表征具有因果作用，也是语义可评估的。这也揭露了真值评价对人类语言或语言学表达的信念与愿望的不具体性。我们假设蜜蜂通过舞动表征将花蜜的位置传递给其他蜜蜂，舞动结构的变化，如速度和坐标轴的角度对应花蜜位置的变化。这种舞动的语义评价是：舞动的蜜蜂会通过精确表征花蜜的位置直接发送给它的同伴。这种假设情形是人通过语言的评价性描述，真实情形不承载语义内容。

因此，对于一个承载表征内容的状态是真实的和满意的评价来说，其一定是语言表达的逻辑建构，按照卡尔那普的说法，这种建构一定是理性的构造，或者说，评价一定是在一个承载逻辑结构的表征语境中发生的。比如，"我"和朋友在花园散步，我们看到一些红色的玫瑰花，此时"我"指着其中一枝对朋友说，"这朵玫瑰花是红色的"，这句话一定是真实的，因为主语"这朵玫瑰花"指称特定的玫瑰，谓语"是红色的"指红色的特征，而且是在特定的语境中（说话时的境遇）。主谓词之间这种基本的差别映射到个体与个体承载特征之间的范畴的基本差异上，主语指称个体，谓词适应于个体的特征。这种逻辑结构不需要蕴含物理机制或符号结构。在自然语言中，句子的逻辑结构附加在它的句法结构中，比如书面语或口语，其自身是通过拼字或语音结构特征来实现的。这表明，即使一个表面无结构的实体也会承载逻辑结构，通过"逻辑结构"仅仅是说明表征工具不仅指称一个物体，也指称那个物体的特征，如玫瑰花和红色。因此，表征的中介物的不同方面会决定它表征的内容的不同方面，即逻辑结构会映射到物理或符号结构。

那么，在什么使某物成为一个表征和某物为什么是一个表征之间存在一个概念区分。前者包含什么是表征的哲学问题，后者是表征内容的语义学问题。例如，"什么使某物是钱"与"某物是钱"之间是不同的。根据密立根的生物自然主义，表征是生物有机体的状态，是生物学的基本概念，特别是生物功能的概念。比如，心脏具有循环血管输送氧气的功能，神经系统的表征状态也发挥着生物功能。有生命的活的有机体都有能力对不稳定的环境条件做出反应，反应方式反映出那些变化的条件，这使它们保持生理稳定性、繁殖，或趋利避害。生物体行为的灵活适应性表明，作为对环境条件变化的适当反应源于生物体内部与外部条件的表征力，即什么是一个表征承载一定对应关系的生物功能（Millikan, 1984, 1989）。比如，秀丽线虫展示的趋化现象，或者对化学刺激的反应做出的定向活动，是细菌首要的食物来源（Bargmann and Horvitz, 1991）。

秀丽线虫神经元展示升级的电压的可能而不是行动的可能，在它鼻尖的化学感应神经元的电压承载环境中，化学引诱物的浓度是具体的对应关系。化学引诱物浓度的增加之所以对应电压成比例地增加，是因为化学引诱物浓度的变化刺激线虫的移动，感觉与内部神经元产生一种信号给移动的神经元，然后产生一种移动输出的信号给颈部的神经元，使秀丽线虫适应于化学梯度而指向食物（Ferree and Lockery，1999）。

这个例子表明，感觉神经元具有与生物体周围化学引诱物浓度具体相关的生物功能。由于感官神经元意识到这种相关的关系，内部的神经元和移动的神经元会使用那个信息产生输出信号以与环境相适应。因此，化学感应神经元电压的变化是感觉的和指示的表征。移动神经元表明，颈部肌肉的具体伸展程度对应于相似比例的电压变化，并决定颈部的旋转角度，移动神经元因此与产生那些具体的旋转角度相关。这样，成为一个表征的东西是具有承载具体对应关系的生物功能，它适应的那些状态是生物体的一部分行为。

然而，承载具体对应环境或肌肉状态关系的生物功能对于产生逻辑结构来说是不够的，对于产生表征内容来说也是不够的。为了解释是什么决定表征内容的问题，一些谓语的类比或指称一定被内置于这一理论的语境中。这些概念虽然对于语言不够具体，但却映射到属性与属性承载物之间的基本范畴的区别上。即使是秀丽线虫的化学感应神经元的状态，也一定意味着描述位于它鼻尖（指属性被断言的事物）周围环境的化学引诱物的浓度。当然，虫子并不使用"浓度""化学引诱物"等概念来表达这种表征内容，但这不意味着它的神经状态就不具有表征内容。这是语言表达和属性呈现的区分问题。概念表征是人对某种现象或事物的描述，而生物表征是某种属性或状态的展现，当这种展现被我们观察到时，我们就会使用某些范畴去描述，比如上述用浓度、电压等描述秀丽线虫的食物趋向性。因此，客体属性的呈现是在先的，语言描述的表征是在后的。或者说，只有有了表征的对象，才能有表征；只有有了指称物，才能有指称。比如，先有了自然界的各种花，我们才有了花的概念，才能用"花"这个概念指称各种花。

如果说语言表征或概念化的表征是一种因果性表征，那么生物体的表征就是一种映射或同构表征。在表征理论中，前者是因果论，后者是同构论。因果论认为，表征表达了引起它们的任何东西；表征就是精确描述其原因的前件。因此，说陈述表征是错误的是没有道理的。比如，说青蛙的神经系统状态典型地把苍蝇表征为食物，这种陈述是正确的，因为青蛙的神经状态是引起它捕食苍蝇的前因。表征的因果论典型地假定了表征关系是一个引起另一个。但是，在很多情况下，表征并不是引起关系，如指称关系，"猫"的概念指称猫不是引起关系，相反，是真实存在的猫的类型使得我们归纳出"猫"这个概念。因此，指称就像因果关系一样，要么得到要么得不到，不存在错误指称的问题，即使是空表征。指称表达既不真也不假，要么指称要么不指称。因果论可决定表征相关的客体与事物，但并不决定那一事物的表征谓词的特征。谓词的表征是特征的描述关系，而不是特征引起的因果关系。

生物的表征（如果算作表征的话）不是一种描述关系，更多的是表征工具承载结构相似性或承载它表征的共享特征，即表征工具和被表征物间存在一种相似和"映射"。比如，某人的逼真画像表征某人。然而，由于相似是对称的而表征不是，所以用相似性作为切实可行的表征说明理论就行不通了，而且两个事物或系统之间的相似性有无限个。后来，结构主义被引入表征关系，它使用同构的映射取代了相似，也就是一个表征系统和一个事件状态系统的同构，而不是表征工具和它表征的任何物体间结构的相似性。比如，青蛙眼中的苍蝇（表征）和被它捕食的苍蝇（被表征物）是精确相似的或同构的。因此，表征与被表征物之间内部结构关系的保持是表征的本质。

然而，与相似方法一样，同构方法也面临许多同样的问题，其中最重要的是多种同构的问题。如果同构是内容的唯一决定因素，它似乎要遵循表征是关涉或表征太多的事物。任何关系系统，关于它的一个关系集，就有无限的关系系统与它是同构的。假如两个同构的系统，在保存同构的两个系统间存在一些不同的映射，即同构不是两个系统所有方面都相同。一个表征在一个映射中可能是真的，但在另一个映射中则可能是假的，比如，一根柱子在阳光下的影子是直线，但在水中的影子是折线。在许多映射中，如果不存在选择原则，好像没有办法来描述错误表征。因为一个系统属性的多个例示的谓项，适应于多个同构和事物的多样性，这意味着同构在基本表征中负责谓项的元素。具体说，个别或所有神经元的状况有可能变化，这意味着超越那些情况的顺序关系会导致经验关系系统的形成。比如，神经元的放电率有可能变化，那是通过增加或较少行为如何快速地放电，通过更大的放电率命令一系列放电比率的关系组成一个经验关系系统。

在生物体中，表征不是作为原子形式被发现的，而是存在着表征的系统，其成员是系统对那些不同的有组织的表征物以同构方式组织起来的。一个映射是从一个系统的元素到另一个系统的元素的映射，这种映射是具体的对应关系，而这些表征状态拥有了关系的目的功能。而且，没有必要限制单个神经元活动，神经元的数量可使用矢量及其关系来描述，更高阶关系系统和描述能量的其他关系系统间的多值函数能够限定系统间的同构。根据生物表征理论，似乎没有理由来通过同构的数学结构强加保持相对严格的要求，事实上，有许多方式可扩展或放松这些技术限制，同时保持内部关系的结构-保持的基本特征（Swoyer，1991）。结构-保持这个术语是指那些包含同构、同态和其他类型关系系统之间的结构不变关系,这会弱化严格数学结构主义的映射概念。

上述关于在什么使某物成为一个表征与什么决定表征的内容之间存在着概念区分的问题,表征理论必须给出合理的解释。在笔者看来,什么使某物表征就是承载一定相关联系的目的功能,这使生物体对变化的环境条件做出适当的反应。然而,要解释表征的内容,就需要解释指称和谓项,因为我们需要逻辑结构,目的功能决定相关关系是通过自身不充分解释两者的组成成分。因果论决定它所指称的事物只是表征工具的一个方面。而且,表征系统与被表征系统决定了表征所指称事物的谓项的具体特征。承载周围能量状态的目的功能相关关系恰好是相关系统间的映射,它决定同构,并将一对一表征系统的状态与被表征系统的状态相匹配。因此,这是一种表征的结构-保持理论。总之,表征概念至少是关涉,是所有心理状态与概念建立的基础。要理解自然界中心智的地位,我们必须理解表征是什么,活的生物系统是如何表征的。

第四节 作为内在表征模式的符号过程

在生物系统中,表征可能包含着一个预想的行为模式表达。然而,当这种内部模式被用于说明神经心理过程与心智事件间的关系时,表征仍是一个未解之谜。这涉及意义与符号过程,这个过程包含内部和外部感官信息、运动命令和规则模式等,它是如何在一个表征的内部空间被创造的?它是否以投射的方式出现在行为的计划和命令直接与外部环境及未来理想状态的相关联的输出过程中?

从神经心理学视角看,这些过程出现在一个更广泛分布的网络系统中,其中包括有关脑皮层和皮层下区域大规模的并行与互动。或者说,表征出现在不同神经系统互动的语境中,感官和运动内容遵循一个一致的框架,允许创造一个赋予意向性和意义的内部生物环境模式。对于一个与环境互动的生物体而言,关键在神经层面要有一个内部模式来表征内部和外部的环境及未来的理想状态。由于这种模式是具身的,它引导生物有目的的行为,独立于自然的即时约束。根据林纳斯(R. R. Llinás)的看法,若心智建构了一个内部功能空间,则当那些特征出现在感知中时,它表征内部和外部环境的特征,会成功地与外部环境互动,感知功能通过识别不变量进一步在神经系统中转译为很好执行的运动行为,并重新发送给外部世界(Llinás,2001)。

如果生物体如我们人类内部有一种内在表征模式,由于表征具有智能的特征，那么它一定是有自我意识的，即一种哲学或心理学上的"自我"[①]，这种抽象的"自我"成为一种内在表征模式。没有人否认我们是有意识的，有意识的衡量标准就是"自我"，这个不可观察的神秘"自我"在一个预想模式中整合了多种感官运动和行为计划，综合了不同的感觉运动的转换，成为对符号过程很关键的单一内部表征模式。按照林纳斯的说法，这种内部表征模式是神经系统的一种基本功能，特别是它对环境的适应性。在林纳斯看来，思维能力出现在活动的内在化，活动不仅与身体相关，也与包括感知和复杂思想在内的外部世界的物体相关（Llinás, 1987）。如果我们能研究生物行为的内在化过程，我们就可能理解我们本质的东西，即我们以一个自我组合和复杂的行为方式思考、学习和表征我们自身的方式。隐喻地看，这是一种"大脑模拟器"隐喻。

根据认知神经科学，神经系统的基本功能就是对行为的计划和规范。作为一种内部模式，神经系统可被理解为运动系统的神经机制，它产生一个输出-输入特征的子集，其行为规范的获得在低水平循环上整合一个预先组成的反馈环，其中有一个错误检测和纠正感官运动过程发挥着广泛的协调作用，规范着神经元的活动。这个过程是自适应的，即它可在执行运动时节省时间和精力。比如，我们一旦学会了写字，我们就可以用我们的任何可移动的关节，如手指、肘子甚至脚趾在纸或地面上写字。尽管写出的字美观程度不同，但写字在大脑中的模式是相似的。这表明，我们的神经系统呈现了一种运动不变性，其中的行为用一种抽象的形式表征，与意向性相关。这个例子充分说明，大脑中的内在表征模式是运动行为发生的关键，所以说练习书法这种活动，与其说是"练手"，不如说是"练脑"。一旦写字的内部表征模式成型，我们就能用任何能够活动的部位写字。用神经科学的术语说，大脑的高水平神经回路在运动层级平行于这种控制功能，并以一个预期和投射方式开始在进化阶段逐步变得复杂化。在这种投射预期过程中，大脑信号被用来在内部反馈环中产生行为计划，与当下的刺激因素没有直接关系。总之，大脑功能作为一个模拟器投射未来的状态和策略。这些过程对于认知表征来说是最基本的，它们整合了多种信号，如行为计划和命令。这些多种信息的意义的整合指称其环境中的一个"自我"，这种"自我"便成为现象经验的核心。

虽然说"自我"概念借此于哲学或心理学，有点抽象晦涩，但"自我"就

[①] 这里的"自我"不是所谓脑中的"小人"，它是指一种精神层次的意向主体。在笔者看来，我们人类之所以有智慧，不仅仅因为我们有意向性（动物也有），关键是我们还有自我意识，即一种知道自己是谁的意识状态。笔者将这种自我意识称为"反身性"，它是相对于"意向性"而言的。因为意向性仅描述了主体指向外在客体的属性，没有具有指向主体自身的属性。恰恰是这种反身性才使得人类拥有了高级智慧。从控制-反馈循环看，由于意向性和反身性构成了一个反馈环，从而形成意识流和经验流，才使神经系统产生了意识和智能。这个循环过程在笔者看来就是适应性表征过程。

像计算机科学中的智能程序一样，可看作一种智能体，或者说"自我"是"心智"概念的另一种表达。说一个生物有意识或有更高级的心智，它应该有"自我感"。简单生物如阿米虫有感觉但没有自我感，也就不会有自我意识，即使是像灵长类动物黑猩猩，虽然被普遍认为有意识，但说它们有自我感（认识自己是黑猩猩）则可能性不大。在这里，有意识、有心智和有自我感是几个相关但意思不同的概念。在笔者看来，如果这三个概念是有生命的有机物特有的属性或特征，那么可以说，生命（活的生物）是这三个概念的预设性前提，从低级到高级的顺序排列就是：有生命→有意识→有心智→有自我感。因此"自我"或"自我意识"是衡量一个生物体进化到何种程度的标志。这几个概念都与意向性概念相关，即都表现出某种程度的关涉性，即指向外部对象的属性，或者关于、关涉的能力，但心智、自我还具有反身性或反思性，即指向内部的能力。因此，我们人类不仅有意识，更有心智和自我感。总之，我们不仅有智能，更有智慧，不仅能够创造知识，更能创造文化。这是人之外的其他生物所没有的。

然而，生物中的智能体还不是自我本身，它至多是一种无意识的"原我"[①]，这种所谓的"原我"是更高级的自我经验的基础，没有它，知识就不能被整合于内部模式中，出现在智能体中的符号过程的必要创造条件就不能产生。在加拉格尔（S. Gallagher）看来，这种功能形成于一个内部认知模式，与能动性的感觉相联系，这种能动性的感觉就是经验主体具有自身作为原因和行为的结果（Gallagher, 2012a）。这就是符号形成过程中多种神经元信号绑定的作用。因此，在感觉运动回路中，传入与再传入信号的匹配形成自我指派的意义。

经验自我的内感受回路和内部认知模式，是生物内部环境规则中另一种自我指派过程，其中传出和再传入信号回路规范着生存的内部条件。在这种情况下，传入和传出信号包括来自那些与主动行为相关的不同结构：脑干核与中脑结构、躯体自主神经调节低水平的自主反应和包含边缘结构的高水平回路、下丘脑、脑岛和前扣带回。这是一个在垂直神经轴上整合的自我平衡的内感受系统，详细指明了一个经验现象自我的状态参数。或者说，感觉经验来自一个高度分散系统中的神经元活动的联结。这一主观经验与一个一致的匹配相关，该匹配介于如下三部分之间：高阶认知情感状态、由包含丘脑与边缘结构的皮层下路径处理的未分化的感官信号，以及一些结构规定的生物内部回路。一些证

[①] 一种自我经验的前反身形式，是我们天生具有的，这从婴儿出生后的个体发生中很早就能看出来。有证据表明：4个月的婴儿开始在镜子前面玩，并会辨别自身与镜子中的图像。在儿童的自我与他们图像间的辨别说明作为自我意识的最初形式出现了。这就是大脑的记忆-预测与模式识别能力。

据表明，自我产生的感官再输入不同于外部产生输入的过程，这似乎表明，在生命的早期已开始形成元自我和智能体的意识。罗切特（P. Rochat）的儿童发展研究表明，婴儿在 14—18 个月看到镜子中自己脸上有个红点会感到局促不安。到两岁时，儿童开始展示自我意识，这在发展上是暗示大脑成熟的重要一步，特别是在额叶前部的皮质层区域（Rochat, 2010）。有了感觉经验，自我意识也就形成了。通过自我在行为计划和执行意义及内部模式符号的形成，此时就可以说，意义和符号形式源于自我智能体的意识。

那么，自我表征的最基本特征是什么？在笔者看来应该是我们的身体表征。身体体验不同于其他所有的经验，它是现象的和行为空间的最大不变量。我们知道，身体的知觉经验源于生理的感官信息，比如，皮肤和深层组织的压力来自神经肌肉的信息，来自内耳廓和平衡信息，来自感受器的身体和意向，以及大脑系统对血液成分的敏感性等。有研究表明，自我表征不同于其他现象的表征，它是大脑的独特表征结构，在所有的认知和现象经验中接受永久的感官输入。身体表征之所以独特，是因为它在所有知觉和现象经验中是最大不变量——现象空间的中心（Kinsbourne, 1995）。因此，身体表征是在细胞和运动皮层中的感觉末梢刺激和中枢神经元映射之间的整合。

总之，在感官活动中，表征被暂定为意向内部模式的一种形式。这种内部模式通过解释行为指向未来目标实现的事实，相对独立于即刻环境的刺激或具体感官活动表征。内部模式是以反映主观预期的方式出现的，表征是什么则是预期的状态或是抽象的意向目标。因此，认知是表征的最基本特征之一，它的作用在于预测事实。正如克雷科认为的，表征中存在着三种基本的过程：外部过程和内部的信息翻译为文字、数字或其他符号的过程；其他符号出现推理、演绎和推论的过程，也就是预言的过程；这些符号重新翻译为外部过程或至少是这些符号与外部事件间的联系，这样的结果被转译入世界（Craik, 1943）。

第五节 小　　结

符号学认为，心智的本质是提供外部世界的一个模型，而内部模式中的心理表征是灵活而通用的感觉、模式、计划和行为。作为文字、图示或信号的符号，是将示意符（signifier）映射到它们表征的事物的元素；这些映射可能是主观的或明晰的。文字是示意符，主观上与有意义的事物相关；一个符号是一个明晰的示意符，与它们所指事物的相似性有关，而信号显然是示意符，与其他物体有一个物理的或机械的联系（Swan and Goldberg, 2010a）。而且，符号构造有一个感觉-感知起源,也就是感觉感受体检测到刺激的出现和做出的反应,通过知觉的符号构造进行处理和编码(Swan and Goldberg,2010b)。这意味着符号会引起感受器过程,这是生物符号学要进一步研究的问题。总之,符号是反映主观的、预期的实例,是抽象的和意向的,是超越身体的。所以,认知的具身性不仅仅是由生物学规定的,更是由社会文化塑造的。

第十二章　适应性表征的生物符号学解释

> 在抽象的符号和具体的事实之间可以存在对应（correspondance），但不能够创造完备的等同；抽象的符号不能够是具体事实的足够描述，具体事实不能够是抽象符号的逼真实现；物理学家用来表达他在实验过程中观察到的具体事实的抽象的和符号的公式，不能够是这些表达观察的精确等价物或忠实的叙述。
>
> ——皮埃尔·迪昂（《物理学理论的目的和结构》第170页）

认知现象特别是科学认知，按照塞尔的看法，一定是人的意识现象，而意识一定是一种生物现象。或者说，如果有心智，那也是一种自然心智、生物心智，而不是人造心智。如果这种观点是正确的，非生物的意识或人工意识就是不可能的。至少到目前为止，除基于生物的意识外，还不曾发现有非生物的意识出现。尽管人工智能发展出了非常了得的智能系统，如专家系统、智能机器人等，但这些物理系统只是表现出智能行为，并没有涌现出意识现象，因为智能还不是意识或心智。意识严格说是一种包含目的、意图的自我感知、自我反省的生命现象，比如我们知道我们是谁，能干什么，不能干什么，活着有什么意义，等等。无生命的无机物，如石头，根本没有这些内容。这些是众所周知的事实，没有人能够否认这一点。即使坚持万物有灵论的人，好像也难以辨明这一点。这好像有点哲学思辨的意味。在这里笔者不打算浪费篇幅讨论这个问题，因为这已有太多的文献和争论，也涉及哲学立场或世界观问题，如有神论和无神论、唯心主义和唯物主义的争论。本章笔者将侧重从霍夫梅耶（Hoffmeyer，1997）的生物符号学——一种生物学自然主义[①]——探讨科学认知的适应性表征问题。

第一节　认知现象的生物特异性

进化论已经表明，生物是适应性进化的，即适者生存。在自主表现其状态

[①] 需要说明的是：生物学自然主义还不是生物自然主义。后者是塞尔提出的一种观点，认为意识纯粹是生物现象，必须局限于有机层次；前者认为意识是自然进化的结果，要用生物学术语来说明，生物符号学恰好迎合了这一要求。如果说生物自然主义是一阶理论，那么生物学自然主义就是二阶理论，因为后者结合了符号学。

或功能特征的意义上，所有生物都会表征，即将某种状态或属性呈现出来。人作为有心智的高等动物，其表征是文化意义上的，即文化表征。然而，心智到底是什么？它是不是进化的？它是如何进化的？除人外的动物是否也有心智？把这些问题与心智（心灵）哲学、认知科学甚至还有生物学整合起来，就会导致一种基于生物学的自然主义。根据这种自然主义，心智现象是自然进化的产物，是一种客观存在的现象，适合用生物学来描述，它绝不是脱离物质存在的纯粹的精神现象。因此，基于生物符号学的自然主义也是一种科学的唯物主义。单独的心智哲学或认知科学，不足以科学地回答心智是什么的问题。例如，像传统心灵哲学和传统认知科学那样把心智概念化为某物，从而迫使我们寻找对心智的合适的或"权宜之计"的理论描述。这业已证明是失败的，因为至今心智是什么我们仍然不能清晰地说明，尽管我们在理解心智现象方面取得了长足进步。如果我们把心智概念化为一个自然现象过程而不是一个客体的话，情况会怎样？

尽管心智哲学中有各种关于心智的说明理论，诸如心脑同一论、副现象论、二元论、各种功能主义等，但这些理论主要还是哲学的分析和思辨，几乎没有涉及生物学，更没有涉及生物符号学。因此，在将心智现象看作一个符号过程而不是一个客体方面，我们并没有取得实质性进步。康德的先验唯心主义将人的心智限制在我们经历的世界的一部分表象，由此推断世界上的存在物，这是尝试将人的心智概念化，以便对自然世界进行构造。达尔文进化论的发现，使人们在一定程度上认识到世界外在的经验世界决定了人的心智，进化论逐渐被运用到心智现象的研究上，这导致了生物学自然主义的出现。海德格尔的存在主义极力将心智现象聚焦于我们正在进行的经验过程之中，探讨心智的有机过程，或者说，心智从一种物种到另一种是变化的，甚至单个个体之间也是变化的，这导致笔者想到了一种认知存在主义理论的可能性——立足于存在主义研究心智、意识和认知问题。

然而，这些哲学学说更多还是停留在思辨和冥想的层次，与生物学、脑科学结合起来探讨心理现象还有相当距离[1]。我们会问，人的心智究竟是如何建

---

[1] 尼克在谈及哲学和人工智能的关系时给哲学的忠告是：当代哲学，尤其是欧陆哲学（相对于分析哲学）就像韩国整容术，乍一看唬人，其实遗传不了，强调哲学不是指导科学，而是像维特根斯坦所言，哲学的使命是提醒而不是指导（尼克，2017：190-192）。在笔者看来，就科学与哲学的关系来说，如果说近代以前的哲学引领科学（如牛顿的自然哲学），那么现代科学则走在了哲学前面，哲学是在追踪和反思科学了（如科学哲学、科技伦理、生态伦理等）。哲学要想有所作为，就应该与当代科学技术结合，与当代社会发展结合，"扶手椅哲学"不再合时宜了。至于哲学的目的和功能，怀特海的看法值得借鉴。他认为"哲学是心灵对无知地接受的理论的一种态度"，这种态度是坚定不移地试图去扩大对进入我们当前思想中的一切概念的应用范围的理解，也就是说，哲学要突破有限性的界限，尽力扩大人类的知识，这与科学是一致的。同时哲学还有另一个更重要的功能，就是批判性和建设性。哲学类似于诗，诗与韵律联姻，哲学则与数学结盟（怀特海，2010：159-162）。在这个意义上，纯思辨的哲学是空洞的，分析的哲学才是深刻的。

构起来的，经验在其中起到什么作用。按照康德的看法，知识既不是源于内心，也不是源于外在世界，我们关于世界的知识是从我们关于世界的具体经验中涌现出来的（Brook，2004）。这一洞见对现代认知科学产生了极大影响，启示我们对心智的研究必须与经验科学特别是生物学以及生物符号学相结合才能取得进展。

塞尔在这方面是一位先行者。在《心智的再发现》中他指出意识是一种生物现象，并将其称为生物的自然主义（Searle，1992），这一观点基本上排除了非生物意识或人工意识的可能性。在人工智能领域，特别是持强人工智能观点的人，反对这种"仅仅生物意识"的观点，因为这会影响目前人工智能对意识的创新研究。这种借计算机技术研究心智的模拟，不仅与复杂的大脑细节不接触，而且与现实几乎无联系，这可能导致一种无须意识的智能系统的产生，如智能机器人。如果心智仅仅是一种生物现象，那么心智现象就完全依赖复杂有机体的中枢神经系统，即在复杂的有机体内依赖离散的神经系统。可以肯定，心智不是人类所特有的，其他灵长类动物也有心智，我们的大脑包括心智是自然界长期进化的结果。如果不做这样的解释，心智现象就是非常神秘的东西了。所以，塞尔的生物自然主义在坚持自然主义的同时却忽视了社会文化（包括语言符号）的作用。

在自然科学中，我们对自然现象的某些方面的研究通常是通过模型来表征的。按照休斯的DDI模型，对于某现象的研究应该是：现象→（指代）→模型（证明）→（诠释）（Hughes，1997：S325-S326）。这个模型说明，结论（知识）是通过模型来证明和解释的，解释的目的在于预测自然现象。比如用温度计测量房间的温度，温度计就是一个模型，水银柱的高度表征温度的高低。这是因为在现象（冷热）和模型（温度计）之间存在现象的一致性。温度计模型类似于心智模型，因为冷热与心智一样，只可体验，不可观察。

根据DDI模型，生物系统的方法可激发非生物系统的模型，这些模型的结构可告知我们生物系统的某些信息。比如，认知科学中的主流观点——功能主义只关注认知系统的行为，而忽视其物理属性。正是这个原因，认知科学家模糊了生物系统和非生物系统间的界限。人脑的许多功能被认为能通过硬件和软件来实现（计算机模拟），通过编码和解码就可理解人脑。在认知科学中，硅基智能体被认为是碳基生物大脑的模型，模型与现象似乎是相同的。事实上，模型与其所表征的对象之间不完全或根本不同，因为基本物质在模型中是不同的。因而不论人工智能模拟生物的心智方面多么地成功，也不意味着计算模型能准确复制出生物大脑正在发生的活动。计算主义的"计算机隐喻"只是强调思维是计算，计算机的运行像大脑的工作机制，并不是说计算机就是大脑。这完全是两个不同层次的问题。即使计算机与大脑的功能相似或相同，如都会计算，我们也不能说二者是一回事，毕竟它们的构成成分完全不同（无机的与有机的）。尽管在粒子物理学层次无机物与有机物的界限已经被打破，但在生物学和社会文化层次，无意识的无机物（石头）与有意识的有机物（人脑）之间的差异有天壤之别。

在哲学领域，实用主义在一定程度上开辟了一条探讨心智的自然主义路径，比如一种称为"方法论的连续性"原则主张，"理解心智需要理解它在整个活生物系统中发挥的作用，认知研究应当放在整个生物语境中"（Godfrey-Smith, 1994）。这意味着，哲学家使用抽象的模型描述心智，认知科学家使用软件和硬件模型模拟心智，生命科学家关注活的生命并不关注心智，实验心理学家研究动物认知的不同方面，这些不同领域的研究并没有形成统一的心智科学范式。正如斯沃（L. Swan）正确地指出的，我们面临的最大问题是心智是如何进化的，为什么这样的进化必须需要联合多学科研究（Swan, 2013: 5）。在他看来，生物符号学恰好提供了一种新的概念空间，因为生物符号学作为一门新兴的交叉学科，主要探讨微观世界的编码、指号和指号过程，这不仅反映出在微生物和胚胎学领域的强表征，也表明了心智哲学家和认知科学家洞见到生物符号学的世界观如何应用于复杂的生物，如我们人类。正是这种指号和指号过程的出现，才构成了我们的社会和我们的文化。这是一种新颖而富有洞见的观点，值得我们关注和重视。

第二节 认知现象说明的生物符号学框架

人的认知是一种心智现象，将生物符号学用于解释心智现象，就形成了一种所谓的心智符号学理论（BTM）。"心智"（mind）这个术语，在心智哲学中习惯被称为心灵，因为这个概念既有一种神秘性，也有一种灵性或智慧特征，如果将它看作一种能力，那么恐怕只有人才有这种能力，因为只有人才能表现出交流、喜好、想象、学习、记忆、信仰和计划等。倘若没有这个概念，我们似乎很难解释这些属性。

认知科学中一般不使用术语"心灵"而是使用"心智"，尽管英语是同一个词 mind。原因是，像心灵、自由意志、感受性这些抽象术语，主要是心灵哲学或常识心理学中使用的术语，由于它们不能经验地操作，所以认知科学家尽量避免使用，甚至完全排斥。生物符号学介于心灵哲学和自然科学（生物学）之间，它不排斥心智概念，而是尽力将其在生物学基础上符号化为"一个心智"，所有生物都具有这种特殊的适应环境的能力。

当然,心智的生物符号学不同于心智的分析哲学和神经哲学,斯沃给出了这种差异的以下三个理由(Swan,2013:6-9)。

第一,生物符号学并不关注心智的抽象理论,特别是哲学范围内特定领域的心智的抽象理论,因为它们不是把心智理解为一种自然现象,而是理解为一种纯粹精神现象。它所描述的是位于我们所知道的自然世界语境中的东西,包括大脑和有机体。这种理论与塞尔的生物自然主义相似。在塞尔看来,人的意识就像光合作用或消化那样的生化现象,是一种因果关系。比如感受性问题,即经验的质性问题,它是大脑产生的而不是相反。这是一种唯物论的立场。如果唯物论是正确的,那么心智在现代分析哲学中是作为物理的存在物。比如,查尔默斯认为,我们能感知颜色、声音和味觉,并适当地做出反应,但没有伴随任何感受性(Chalmers,1995)。根据唯物论,物质先于意识而存在,意识出现后反作用于物理存在,也就是感受到物理存在,如闻一杯浓香的热咖啡、看见一朵美丽的玫瑰、听一首动听的歌曲。这就是现象经验问题,它们有着质的不同。我们为什么会有现象经验?生物符号学试图解释生物系统中意义是如何产生的,毕竟我们经历的世界是由气味、声音、景观和感受的经验实现的,这使我们认识到心智是一种具身的、时空的现象。

第二,神经哲学致力于利用神经科学的发现探究心智问题。在斯沃看来,神经哲学误导了与排除式唯物论的关系,因为神经哲学通常把概念化作为一种手段运用到非实在论的目的。根据神经哲学,我们的思维和感觉仅仅是特殊神经元活动的结果,我们不再需要思想、信念和感觉这些概念。在笔者看来,这是一种将心理现象还原为神经活动的还原论策略。神经哲学还忽视了大脑进化的历史。因为神经哲学专注于人的大脑研究,使得心智研究的范围相对狭窄,比如忽视了身体对于大脑的重要性(具身心智问题)。神经哲学的不足是将非常重要的有趣的问题当作心智的本质,诸如不同人的心智以什么方式相似?人的心智出现和简单神经系统生物的早期认知能力的出现是连续的吗?人的心智在自然世界中是唯一的吗?为什么人的心智进化成现在的样子?心智为什么难以观察与复制?这意味着神经哲学的科学问题完全聚焦于大脑的研究。这在一定程度上无疑是正确的,可促使心智哲学家思考大脑的机制。问题是,如果离开心智与环境互动的活的躯体,大脑还能够思维吗?普特南(H. Putnam)的"缸中之脑"思想实验对于说明思想在大脑中形成是不靠谱的。总之,生物符号学不同于神经哲学是由于它为意义开拓了一个概念空间来理解信念、观念等心理生命特点,包括心智的生物学起源和进化作为必要的基础来理解人的心智,而神经哲学的焦点是大脑而不是环境中整个活的有机体。

第三,生物符号学也不同于认知科学和神经科学。在表征问题上,认知科学会问,机器人没有利用存储的表征会展示智能行为吗?如果会的话,它们是有用的生物模型吗？谁会使用存储的表征？神经科学会问，大脑表征世界的特点并在心理上控制它们的表征，如当计划一个行为时，它们如何做？生物符号学会问，脑-对象完全是一个建立心理表征描述的基础，还是某种更基本的东西？关于计算主义，认知科学会问，在计算机有意识并真正通过图灵测试后，计算能力能达到关键的阈值吗？神经科学会问，生物大脑会计算意味着什么？它们计算的是什么内容？大脑中灰色物质意味着什么？生物符号学会问，计算主义适用于低等生物如单细胞生物吗？概念只会对计算模式兼容吗？总之，这些理论的视角不同，看问题的方式也不同，而生物符号学致力于意义在生物系统的接地问题（Swan and Goldberg，2010b）。

第三节 神经系统的起源与"第一人称"经验的形成

假如有心智的话，认知一定是通过心智执行的，而心智是通过行动来实现的。一般来说，一个生物有了本能、感觉和感情时，就应该有了"第一人称"经验，这个生物也就有了心智。也就是说，心智的起源是主观经验的开始。按照塞尔的生物自然主义，心智是一种自然现象，心理活动是由大脑活动产生的，这是目前科学界和哲学界几乎形成的共识（人工智能领域不完全接受）。更准确地讲，广泛接受的观点是，心智是由高水平的大脑活动过程如感受和直觉构成的，而这又是由低水平的大脑过程如神经元的放电或突触间的互动产生的（Searle，2002）。因此，我们需要弄清大脑是如何产生心智以及它们之间的区别是什么。

关于这些问题，巴比里（M. Barbieri）提出了一个新观点，即关于一个几乎普遍的心智起源的神经元编码问题，正如生命起源的基因编码一样（Barbieri，2008a）。神经元编码与基因编码在次序上是平行的，它们是更大框架的一部分，因为基因编码处于漫长的生命史中，有机编码处于首位。有机编码的框架是基于事实的，即我们证实自然界中存在许多有机编码。同样，我们也已证实基因编码的存在，如人类基因组计划的完成。根据巴比里的看法，任何编码都是连接两个独立的世界的一系列规则，必要时通过我们称为适配器的结构来实现，表现为两个独立的再认知过程。例如，基因编码是一系列连接核苷酸和氨基酸的规则，转换 RNAs 就是它的适配器。在信号传递过程中，细胞膜的感受器形成了连接第一和第二信使的适配器，因为任何第一信使传递时连接第二信使都意味着信号的传递是根据编码的规则进行的，也就是信号传递编码（Barbieri，1998）。几乎所有的生物都存在着生物适配器，因此存在着剪接编码、细胞间编码和细胞骨架编码（Barbieri，2003）。概言之，生命的世界里充满着有机编码，如果没有它们，我们就难以理解生命的起源与生物进化和繁殖的历史。

根据生物进化史，心智的起源得益于有机编码的宏观进化。这意味着宏观进化事件与有机编码有关。分子生物学业已表明，宏观进化的第一事件就是生命本身的起源与基因编码相关，因为有机编码带来了具体生物的存在。沃斯（C. R. Woese）的研究表明，所有细胞属于最初的三个独立的古生菌、真菌和真核菌系统，所有细胞都有相同的基因编码，但沃斯认为那些系统还不是真正的细胞，之后才是完全细胞组织的出现（Woese，2000，2002）。根据有机编码理论，发展成为基因编码的祖先系统并不是现代意义上的细胞，因为它们还没有信息传递编码，这个编码能产生细胞的环境依赖行为，允许细胞根据环境的信号定期进行蛋白合成。因此，环境传递编码对于祖先系统来说是至关重要的。根据生物编码，三个最初领域的细胞转换方式引导它们进入不同的进化方向，如古生菌和真菌选择流线型的方式来防止获得新的生物编码。任何新的有机编码的出现，都意味着多细胞生命的起源和一个真正的宏观进化，进而形成三种复杂的生物系统——植物、动物和真菌（Barbieri，1985）。

在生物系统中，认知活动仅仅与动物这种生物系统相关，而与植物和真菌无关。根据生物编码理论，动物的起源是一个真正的宏大进化。动物的出现肯定是细胞以不同的形式在空间上组织起来的。或者说，动物身体的三维组织是由许多生物编码决定的，它们整合起来就是身体构造的编码。具体来说，在胚胎发展过程中，细胞有两种不同的过程：一是三维的方式；二是它们组织的构造。这表明，动物的起源完全是宏观进化的过程。所有的动物组织和器官的身体构造以及组织结构，都是建立在生物编码的基础上的，其中包括与认知密切相关的神经元的进化。神经生物学已经揭示神经元有两个特点：一是通过化学物质同其他细胞交流信息的能力；二是传递电信号的能力。细胞与环境不断地交换分子，许多分子都是带电的，带电离子穿越细胞膜形成持续不断变化的状态。所有的离子穿越细胞膜的输送受到细胞内部的影响，细胞的内部是负电子，外部是许多大分子。所有的细胞都有离子泵和离子渠，而且连续的钠离子渠有可传播一个行动的潜能，允许细胞传递电信号。因此，神经系统的运作机制可能就是细胞之间传递电信号的过程。

神经系统是由三种神经元组成的：①感官神经元，传递由感官组织产生的电信号；②运动神经元，传递电信号给运动器官；③中间神经元，为以上两种神经元提供连接。有时，感官神经元与运动神经元直接连接，形成反射弧，为一个系统迅速提供刺激反应。实验已经证实，进化中大脑首先通过增加中间神经元的数量来增大脑容量，而且绝大多数大脑过程完全是无意识的。因此，间脑可分为有意识和无意识部分。

在巴比里看来，意识的这种区分会产生一个问题，即"意识"是太大的一个范畴，因为意识也与感受、知觉、情绪、本能、思维、自由意志、伦理道德和审美等相关。这些实体在进化中并不是同时出现的，有的比较早，有的比较晚，并且只有有限的一些物种才具有，因此，它们可能是特殊的进化过程（Barbieri，2013：28）。也就是说，意识的起源被限定在某些最初的和普遍的特征上，比如感觉和本能，这可能是所有意识活动最普遍的。巴比里进一步假设，最初的大脑会设法产生意识，于是意识就出现了。那么，意识具体是如何出现的？在他看来，最初的神经系统仅仅是反射弧的集合，可能是最初的中间神经元形成那些神经弧的物理延伸。反射弧的数量激增是有利的，因为它们在感官神经元和机动神经元之间提供了一个有用的投射连接。间脑的进化来自反射弧系统，并发展成为两种不同的神经元过程，一种完全是无意识的，另一种则是本能控制的。控制性脑可操纵所有的生理功能，可处理变幻莫测的环境，但这同时也意味着，所有控制性脑的运转是以物理连续顺序连接在一起的，其最初输入的信号完全来自外部世界，完全受制于环境。本能脑是一个系统，它执行的命令来自系统内部。比如，拥有本能脑的动物在它自己的本能和内部规则的基础上做出判断，因此有一定的自主性。

总之，本能脑的进化需要在大脑循环中有一个主要的变化。如果控制性脑提供的感觉器官和运动器官间的连接中断，则由感觉和本能来连接。化学信号、神经网络、感觉与本能是间脑要求的三个不同的控制系统的基础：前两者组成了控制性脑，第三个是动物的本能脑，而且感觉和本能的起源与意识的起源相关，而意识被认为与"第一人称"经验相关。

"第一人称"经验，包括感受、知觉、情感和本能，被认为是意识的主要组成部分。这些类型的经验是没有中间环节的直接经验，即"我"的感觉，"我"感受到"我知道我自己的身体"，"我"支配"我的活动"。或者说，"我"是有意识的个体，享受"我自己"的体验。这是感受性问题，是一种体验哲学观，也是一种具身认知观，因为它强调个人内心的状态和感受，在一定程度上不能与其他人分享，如牙疼的感觉，没有经历的人难以体会到。这就是"第一人称"经验，它是通过"我"的生理过程产生的。这里的"生理过程"其实就是胡塞尔所说的"身体是所有感知的媒介"，身体形成了我们感知自然世界的最初视角，形成了我们与自然世界融合的模式。因此，"自我本质上是特定情境中与他物相关联的共生性自我；不像传统自我概念所说的那样，自我是独立自主的，是植根于个体的、单独的、牢不可破的、不变的灵魂"（舒斯特曼，2014：21）。

在巴比里看来，身体的这一生理过程产生了感觉器官和间脑短暂的分离，比如，牙疼时电脉冲立即发送给中枢神经系统，间脑加工它们并发送命令给运动器官,进而引起身体活动。当牙疼发生时,我们的间脑并没有感受到疼痛,它只是形成感受的一个地方,准确形成了单个的感受,这就产生了"第一人称"经验。再比如,当我们看到血淋淋的伤口时,身体会感到一阵"寒冷",甚至战栗,这是因为我们接收来自环境的信号时,在我们的视网膜上形成一个图像,电信号会将图像发送给间脑。当然,我们看到的不是视网膜上的图像,视觉信息是在视网膜上产生的。间脑和视网膜的折叠形成一个加工后的统一体,我们所看到的是外部世界的图像。可以说,"第一人称"经验是每个人都具有的基本能力。它是复杂的神经元加工的结果,不存在于单个的细胞中,只存在于宏观进化的生物如人类中。至于其他动物如类人猿是否具有"第一人称"经验,笔者认为在感觉的层次上,它们有这种能力,比如宰杀动物时动物发出的嚎叫声就足以表明它们能感觉到疼痛。

有了"第一人称"经验,心智的发生也就是水到渠成的事情了。原因并不复杂。"第一人称"也即"自我意识",有了自我意识,知道了"我"是谁,当然就有了心智,有了心智再加上记忆,就形成了伴随我们一生的人格。这就是人格同一性。低等动物虽然有感觉,但不会有自我意识,也就是不知道它们是谁。比如猴子,虽然人们认为它们很聪明,能使用简单的工具,但它们并不知道它们是谁。进一步说,如果说生命是进化的,那么拥有生命的有意识生物的心智也一定是进化的。

第四节 心智的进化与指号解释策略

如果我们承认生命是进化的产物,承认神经系统特别是大脑是进化的产物,那么也就必须承认基于大脑的心智也是进化的,包括文化对心智的影响。我们知道,神经系统进化成熟的标志是大脑特别是人脑的形成,大脑使得我们能够与环境互动,从而感觉(通过感官)、感知(通过大脑)外在事物。比如,视觉系统,人的视网膜由三个层次构成,其中包含着10亿个图像接受素细胞(杆细胞和锥细胞),它们通过产生电信号对光线做出反应。这些电信号被发送到第二层的两极细胞,并继续传送信号到第三层的神经节细胞。图像接受素细胞的信号在视网膜上进行第一次加工处理,上百万次脉动的结果经过光神经传递给大脑。在最高处理的层次上,大脑不仅记录来自视网膜的信息,而且能够控制它。比如,一个物体正在靠近,视网膜上的图像就会变大,但大脑仍认为物体是先前固定不变的大小。当人的头部移动时,视网膜上的物体也会移动,但大脑认为物体仍是静止的(实际物体不移动,大脑的判断是正确的)。这表明,我们所"感知"的并非是感觉器官告诉我们的。感觉是心中感觉到的东西，有着具体的心理影响，感知是利用感官获得的信息经大脑处理后决定完成什么。因此，我们所有的感官和感知都是受大脑控制的。

大脑处理信息的结果通常被称为感受、感觉、情绪、感知、心理图式等。巴比里使用大脑模型来指称所有大脑处理信息的结果。这就是说，大脑实际上是一种模型系统，对符号学产生了重要影响（Sebeok and Danesi, 2000）。巴比里进一步用三种模型系统表征出现在三个不同进化阶段的脑系统，给出三种不同类的大脑信息加工的起源。第一模型系统是指最初的大脑产生感受和感觉的系统。感受和感觉是两类模型，因为感觉器官传送信息，要么是关于外部世界（客观世界）的，要么是关于身体内部（主观世界）的。这两个世界一个是"环境"，一个是"内心"，每种动物都生活在两种不同的世界中。因此我们说，主观世界是大脑本能形成的身体内部的环境模型，环境是动物的模拟大脑形成的外部世界的模型。我们所知的具有感受力的大脑，是基于本能脑和模拟脑而形成的。第二模型系统是指当信号来自基于新型的神经加工的环境时，控制性脑的一部分成为一个"解释性大脑"，这意味着抽象的符号开始出现。第三模型系统是指语言系统，一种新的神经加工的类型。语言的出现意味着大脑进入一个更高级阶段，认知进入一个实质性发展过程，那就是操作符号，使用语言来表达意义。

这种使用抽象符号的能力目前只有我们人类才具有。根据皮尔士的符号学，世界上存在着三种主要的指号（Peirce, 1936）：图示（icons）、指示（indexes）和符号（symbols）。人的解释行为包含通过定义赋予某物意义，定义是一个指号过程（semiosis）。因此，解释是一种指号形式，指号和意义（meanings）是最基本的构成。一个指号就是一个图示，当它同一个物体相关联时，它们之间存在相似性。比如树的概念，既有具体特点也有共性，即使第一次看到一种新树，我们也会把它们当作树。因此，图示产生图识，它是感知的最基本工具。一个指号也是一个指示，当指号与物体发生联系时，它们之间就建立了一种指示性的物理联系。例如，看到浓密的黑云我们会联想到雨，黑云指示雨水。指示是我们学习的基本工具，它允许我们从一个事物推断另一个事物，如从动物的脚印推断某动物的存在。当然，一个指号也是一个符号（象征），当它与物体发生联系时，它们之间建立了一个习惯联系。比如，国旗与某国之间不存在相似性和物理联系，一个物体和名字之间，如鸽子与和平，只是传统习惯的约定俗成。这种符号让我们做出主观联系，建立未来事件、抽象数字，以及不存在的东西的心理图像等，符号的抽象象征意义使人类发展到一个其他动物无法企及的高度。人类的解释力也由此产生。今天科学技术特别是人工智能的进步，就得益于这种符号能力的发展。

按照皮尔士的符号学，解释能力是一种指号过程，它是建立在指号和意义基础上的。解释能力也是一种溯因推理（abdaction），因为它是一种从有限数据中假设性推断结论的操作，一个新的逻辑范畴，并不能还原为经典的归纳和演绎推理。人类准确解释世界能力的出现似乎是基于这种逻辑的。按照这种溯因逻辑，解释是一个真正的指号过程，因为它不是建立在基因编码的基础上，而是建立在溯因推理的基础上。因此，如果说基因编码是在表征世界，那么指号过程才是在解释世界。然而，就解释世界而言，所有有意识的生物，包括人类和其他动物，都不能解释世界本身，只能解释世界的心理图像。因为我们的知觉由大脑产生这一发现意味着，我们生活在自己创造的世界里，这导致了在心智和现实之间存在不可逾越的鸿沟。这就是查尔默斯所说的"解释鸿沟"问题。

达尔文进化论告诉我们，自然选择使得生物更好地适应环境。这样一来，任何动物都会拥有一个模型系统来建立世界的心理图像。也就是说，自然选择是一个进化过程，它使得动物通过心理图像了解更多的现实世界。所以，心理图像不是关于事物本身的，而是关于事物之间关系的。自然选择形成的心理图像所表征的关系，至少是存在于物理世界中物体间的关系。或者说，自然选择可能使用建立在图示和指示基础上的关系，因为这些过程反映了物理世界的特点。然而，自然选择不会使用符号，因为符号是一种有意识的主观行为。目前只有我们人类会使用符号，语言也是符号性的，如象形文字。根据索绪尔的观点，语言是建立在任意的指号或符号的基础上的。动物符号学的主流观点也认为，动物的交流也是建立在符号基础上的（Deacon，1997）。因此，心智的进化与指号过程密切相关。可以说，没有指号的出现，心智恐怕只能停留在类人猿阶段。

第五节　记忆作为意识的指号适应方式

记忆无疑是意识或心智的一个重要方面。没有记忆的心智恐怕不能算作心智。记忆是有内容的，内容是由符号表达的。根据生物符号学，"生命是基于符号的"（Barbieri，2008a），"如果指号（而不是分子）被看作研究生命的基本单位，生物学就成为符号的学科"（Hoffmeyer，1995）。这里存在一个类比，如果将分子作为生命的单位，那么指号就作为心智和意义的单位。其中蕴含了生物符号学的两条原则：其一，"指号过程对于生命来说是唯一的，比如，无生命的物质并不存在指号过程"；其二，"指号过程和意义是自然实体"，比如地球上生命的起源被认为并不是超自然因果作用的结果（Barbieri，2009）。

因此，这意味着"生物符号学为了说明那些从生物学借用来的多种假设是必要的，将这种未分析的目的论概念作为功能、适应、信息、编码、信号、提示等，并为这些概念提供理论基础"（Pain，2007：121）。

生物符号学把所有的生物作为语境来追问心智起源的问题，因为所有陆地生命进行"信息交换的过程就是指号过程"（Sebeok，1991：22）。在巴比里看来，植物的指号过程不同于动物的，动植物不同于真菌、单细胞生物和细菌的。尽管有差异，但它们都是指号过程，所以指号存在于所有生物中（Barbieri，2008c）。因此，心智起源的问题指的是具体的生物系统，或者可能指心智的进化涌现，其中包括重要的记忆形式。记忆不仅对生命必要，如信息的传递，而且对发展更高水平的复杂性认知也是必要的，如将信息解释为意义。将记忆作为心智的发生方式，并不是否认不同生物心智的差异。生命本身演化出变幻复杂的心智，记忆作为更高水平心智的可能创造条件，一定存在于共同呈现生命的传递过程中。

根据皮尔士的符号学，一个指号是"在某些方面和某种程度上由于某物而支持某人的某物"（Peirce，2011：99）。具体说，"一个表征项是三元关系的第一个相互关系，第二个相互关系叫作它的对象（即客体），第三个可能相互关系叫作它的解释项，通过这个三元关系，可能的解释项被确定是相同的三元关系对同一对象的第一个相互关系"（Peirce，1998：290）。显然，三元关系首先包括指号的认知，其次是再认知，最后是发现并确认。为了让信息如表征项（表征工具）代替某物（表征对象），即被解释为有意义的，解释项（概念或范畴或命题）是必须在场的。这样，指号的解释总是创造一个新的指号，一旦解释形成新的指号，这一过程就是指号过程。指号过程就是适应性表征过程，因为表征蕴含了语义和解释。复杂性是从解释项中发展出的，因为承认表征项作为对象，就是通过将它传递到更高层次的复杂性把它解释为有意义来保持表征项。在随后的指号中，一旦解释项成为表征项，这个指号过程就已在复杂性中被强化了。因此，表征项作为有意义对象的传递的保留，是记忆的一种形式，更高级结构的对象是从记忆中被建构出的部分。

显然，这里说明的是三种方式，其中解释项是记忆的一种形式：①解释项是作为对象的表征项的再认知的呈现，表明了解释项有能力识别作为对象的表征项；②表征项作为对象的解释项的再认知，通过目前转换为不同的复杂性保持了表征项；③由于解释项后来的功能是作为表征项——认识的倾向或解释的习惯，正如它已经具有的，复杂性如趋向、习惯、结构就被传递到将来（Scalambrino，2013：329-330）。

生物符号学通过将解释项作为基本单元来研究生命，似乎认为心智是通过解释项来传递的。根据生物符号学的内在逻辑，解释项是记忆的形式，记忆是心智的起源。因为"指号过程总的来说包含记忆过程,这维持信息的连续性和动态选择的稳定性"(Kull et al., 2009: 172)。其中解释者作为与符号紧密相关的有界系统,能够在开放的环境中幸存和自我复制,这依靠的是其记忆存储的结构与控制(Pattee, 1997)。因此,生物系统进行符号的互动基本上是解释的过程(Hoffmeyer, 2010b)。按照巴比里的说法,学习过程要求记忆,在那里经验结果是累积的,这就意味着解释项也是一个依赖记忆的过程。

生物记忆存储包括一个系统和一个分子构成要素,分子构成要素适合于生物的变化,对记忆的出现是必要的,如长时记忆的形成要求新蛋白的合成,生物变化的系统组成包含在生物外部空间配置的区别和决定上,如"模式完成""模式分离""空间地图"(Kandel, 2009)。这一架构引起的哲学问题是关于生物的中枢神经系统与其外部环境之间的联系,生物符号学可能提供这种统一的框架。比如,对于生物来说,环境的刺激作为表征项,中枢神经系统作为对象客体,记忆则作为解释项。这一框架把环境、中枢神经系统和记忆这三项归结为环境和大脑。

根据心脑同一论,脑状态同时就是心智状态,大脑与身体的运动功能之间是同步的。比如,在环境刺激的客观性(如时间性与空间性)和表征它的现存大脑-对象之间,"存在一个直接对应物,一个同构的实在"(Swan and Goldberg, 2010b: 141-142),这样,大脑-对象就是这种机制,通过这种机制,世界的特征成为大脑的特征。因此,它们的符号过程就始于"直接对应物"。正如巴比里指出的,"动物建立世界的表征(或内部模式),而单个细胞不能物理地来完成。这意味着两种不同种类的指号过程的存在,一个建立在(动物)解释的基础上,另一个建立在(单个细胞)编码的基础上"(Barbieri, 2009: 237)。因此,解释项成为表征项或对象的对立面,成为解决心智起源问题的具体构想。正如斯皮尔(N. E. Spear)和里乔(D. C. Riccio)认为的,解释项是记忆的一种形式,由于决定自身的客体与记忆相关联,由环境经验产生的复杂性实际上源于生物的记忆,而且记忆以多种方式影响生物的无意识地与环境的互动(Spear and Riccio, 1994: 346)。我们有理由相信,每个感官系统可能伴随通过相对唯一的记忆系统成为可理解的。

此外,"启动"作为记忆的特征是解释项的一个最好的例子。它是解释项作为记忆的形式以指号方式先于相关客体的再认知的例证,因为启动是人的记忆的无意识的形式,这关涉词与客体的感知识别(Tulving and Schacter, 1990),而且"启动"是记忆的无意识形式,包含一个人识别能力的变化以及产生并分类之前遇到的那个相关项(Schacter et al., 2004)。

第六节　智能体作为最小之心

　　由上述可知，心智，包括感知、记忆、理性、逻辑、世界模式、动机、情感和注意等心理活动，一般被认为是人类的能力，负责意识经验和智力思维。心理功能的缺陷，如失语、遗忘等，被认为是部分心智的缺失。因此可以说，心智是人类心理功能的组合。每一个心理功能由一个智能体执行，一个智能体可以是一个大分子如DNA，一个神经系统，也可以是一个程序，如计算机中的程序或算法，它是一种能独立执行任务的特殊客体，因此也被称为"最小之心"（Sharov，2013：343）。在这里，如果智能体被限于生物学范围，那么最小之心是指最低级心智的神经系统，如动物的心智。这意味着，心智也可能存在于人之外，即动物有可能有心智现象，如感知、记忆、注意等。动物缺乏抽象思维如符号思维表明，理性并不是心智的最根本的组成，而是后来外加的（Griffin，1992），即理性可能是通过文化进化获得的。

　　笔者基本赞同塞尔的观点，即心智本质上是生物现象，与生命相关，因为心智是生命系统涌现出的一种能力。心智是否也存在于人工装置如智能机中是极具争议的。尽管人工智能得到长足发展，表现出很高的智能水平，如人机对弈中智能机战胜了人类棋手。但是，笔者仍然坚持，机器仅仅有智能但没有心智，而且机器的智能还是人类设计者赋予的，心智或意识与智能是不同的东西。"计算机隐喻"通常被认为是对生命和心智现象错误的简单化（Deacon，2011），因为把生命和心智与机器分开的动机源于智能机是由人生产和编程的这一事实，而生物是自我生产并生长为一定的形状（Swan and Howard，2012）。正如丹尼特正确地指出的，机器改变它们的状态要遵循物理学规律，而不是像生物那样遵循内部的目标和价值，如生物展示功能不同的发明顺序（Dennett，1995）。当然，生物学上的基因修复是建立在分子机器基础上的细胞过程，就是复制核酸的顺序，合成蛋白以及修改它们，并把它们排成一个新的分子机器。在这个意义上，生物的成分是被制造的，生物修复系统实际上是人工产物（Barbieri，2003）。但是，这种人造生物机器根本没有意识特征，意识特征是生物在几十万年中才逐渐形成的。即使是人工系统和生命有机体有相同或相似的功能，即普特南所称的"功能同构"（Putnam，1975a），也不能说这种可能有生命的人工生物系统和生命有机体有完全相同的功能，如有意识。也就是说，人造意识或人工心智至少目前还只是人们的一厢情愿，即使克隆人成功，也不意味着意识和思维也可被复制。

在这里，按照笔者的理解，英语单词 agent 在不同的学科中有不同的名称，在生物学范围应该是"行为体"，在人工智能中是"智能体"，在媒体中被称为"媒介"，在化学中则被称为"试剂"，在控制论中被称为"人工装置"（一种编程），这是由学科的特性决定的。所以，智能体不应被认为只是外部程序化的机器，虽然所有智能体携带外在的程序，但大多数生物智能体都有自生系统。这种智能体就是一个自组织系统，它通过选择行动来追求它的目标。目标被认为在更广泛的意义上不仅包含已获得的资源，如资源获得和再生，而且包含可持续的价值，如能量平衡。一些目标是由母体智能体或更高智能体外在地编程的，其他的目标在智能体内出现。心智在智能体中没有必要出现，因为简单智能体会基于一个程序自动执行目标导向的活动（Sharov, 2013: 345）。而且，一个生物的自生智能体有许多身体-特异性功能，如新陈代谢，智能体的排列、生长、发展和复制。这些功能在身体中一般不会被意识到，如我们意识不到我们的消化系统在消化食物。总之，一个智能体，不仅需要具体的物质组织，如身体，而且需要功能的信息来控制它们的行为。或者说，智能体总是通过与其他智能体相比较或组合而形成，包含许多部分以及自组织和发展的组合（Sharov, 2006）。

在生物符号学中，智能体是一种特殊的物质实体，其行为不能通过物理学来有效地描述。由于符号学旨在说明智能体的意义，因而智能体必须携带功能信息。在这里，智能体是一个指号的集合，指号进行编码和控制它们的功能。这样一来，指号也是实体，它们具有智能体的功能，但不直接与它们的物理属性相关。然而，我们必须清楚，并不是所有的智能体都能将指号与内容或意义联系起来，因为皮尔士的指号是作为物体的更一般的类属定义的，即所使用的物体通过智能体进行编码和控制它们的功能（Sharov, 2010a）。而且，生物有机体细胞内发生的许多信号过程并未引起理想的表征，但它们编码或控制细胞功能，因此具有自然符号的本性。完全编程的智能体的作用被限定于支撑其他能进化和学习的智能体的功能。因此，功能信息的意义是奠基于交流系统中的，这是一套相容的交流智能体（Sharov, 2009a）。比如，单独的染色体只有与它使用的有机体相关时才具有意义，一个卵子被认为是染色体的最小解释者，因为卵子的结构通过染色体编码，一个合格的卵子需要正确地解释染色体，遗传因此是建立在染色体和卵子组合的基础上的，而不是单独的染色体（Hoffmeyer, 1997）。这意味着，智能体的功能信息只有与一定交流系统相关才有意义。

生物符号学告诉我们，单个智能体虽然携带信息，但如果它不与其他智能体互动或交流而组合成为更大的智能体组或聚合体，就不会产生意义，当然也就不会产生心智，心智的出现应该首先源于智能体对基本信号的加工。当然，能够加工信号的智能体不必然有心智，即心智不是智能体的必要组成成分。比如，作为无心智能体的细菌能通过操作（DNA复制、转录、转化和分子感受）加工基本信号。它们能察觉外部信号并直接控制它们的行为，并不能像人那样感知和分类客体。按照生物符号学，直接控制可能包含信号传递的多个步骤，即普罗迪（G. Prodi）所说的"原始指号过程"（Prodi，1988）。这种"原始指号过程"并不包含分类和客体的模型，它仅仅是分子信号，不同于高层次的指号过程。高层次的指号过程蕴含着心智现象，表征着更高层次的信息加工过程，因为它包含了表征着智能体自身及其环境的"知识"分类和客体模型。这些拥有分类和内在模型的指号过程被沙洛夫（A. A. Sharov）称为"理想符号过程"（Sharov，2012）。

根据沙洛夫的看法，客体的分类被认为有三个过程（Sharov，2013：348）：第一是即刻感知，当不同的智能体发送信号到心智时，这些信号集将心智重设为新的状态；第二是心智的内部状态始于心智的新状态，然后聚集到其中一个吸引子上，这一过程等于再认识和分类，每个吸引子都表征一个具体的有意义的范畴，即理想或概念客体，如水果，相比外部世界组成的真实客体，概念客体存在于心智内部并作为真实客体分类的工具；第三是理想客体为最初的其他功能的检查点。理想客体是智能体使用的工具，被用于感知和控制真实的世界。心中的理想客体决定外部世界是如何被感知和被改变的，如"胸有成竹"表明，心中的"竹"就是理想客体，现实的"竹"就是真实客体，现实中的竹是根据心中的竹分类的。因此，根据生物符号学，理想符号过程就是内在模型，它将心中的客体映射到外部世界的相应客体。这个映射过程反映了心智的出现，它是内部模型与外部模型的表征关系。

在笔者看来，表征关系就是一种有意识现象，特别是使用中介描述对象的过程，就是心智展现的过程。这样，心智就由两部分组成——内部的自我模型和分类，以及外部目标的模型和分类。内部是首要的而外部是次要的。这种心智的"内部"和"外部"世界的区分，就是内部世界的高级预测性和外部世界的低级预测性的区分。因此，生物的心智分类和目标模型的能力，与智能体追踪目标的能力紧密相关。比如，食肉动物追逐作为目标的猎物之前，不需要再一次重复识别。相似地，如果智能体追踪它预测的对象，建模似乎更为有益。因此，智能体对目标的追踪会增加分类和模型的效果。

心智对目标客体的分类之后是建模。建模被认为是对未被见事物的预示或预想。建模的组成可在任何分类中出现，因为理想客体也是模型。智能体对客体的认识是建立在预想特征的综合上，然后是图像识别的扩展。这种模型有些是固定的，有些包含一些参数，它们被调节到增加模型与感觉数据之间匹配的可能性（Perlovsky et al.，2011）。例如，物体的距离被用作影响图像大小和分辨率的特征以及与其他物体的相对位置。这是一种动态逻辑方法，其功能是在一套模型与经验数据的可调整属性间建立最可能的匹配。每种模型都与潜在的物体相关，会在最优化过程中被增加或删除。目标模型间的精确性增加，模型参数作为最优发展就会得到调整。这种方式解释了模型的两个重要方面：一是发现目标不可能没有模型，因为模型使得我们所寻找的目标更加明确；二是测量目标可使用目标模型的最佳参数，因为空间和时间指称数据，模型包含运动守恒和产生目标模型的可能轨迹。

在皮尔士符号学中，感知的目标是一个指号工具，它引起我们对解释项或联想的理想客体的关注。这就是一种解释模型。最初的建模系统用图示来运转，这与单独的理想客体相关，而第二模型系统也包含指示，指示是理想客体之间的连接（Sebeok and Danesi，2000）。皮尔士将指号关系看作世界的组成部分，而不是由智能体发展的模型，模型在他看来是嵌入世界的。库尔认为，高效的模型交流是通过语言进行的，这依赖于指号的文化层次（Kull，2009）。在语言中，指号不仅相当于理想客体，它们也复制模型中理想客体间的关系。因此，语言本身成为第三模型系统的立体环境。这样，语言是建立在符号基础上的，符号是指号，其意义在交流系统中是由惯例建立的，两个相互联系符号的信息被解释为模型内相关理想客体间的联系。因此，第三模型系统是基于符号的，是人类特有的。

总之，智能体作为最小的心智，类似于原子作为最基本的物质构成单元。诸多智能体的组合构成宏观行为的心智。在这一复杂过程中，智能体是分类和对象建模的工具。分类与物体的建模始于智能体本身，然后扩展到外部物体。心智的建模功能，从源于支撑物体分类的最初模型（第一层次模型）发展到相互联系的理想客体的第二层次模型，最后发展到能与其他智能体交流的第三层次模型（语言）。这个过程就是生物符号学所说的心智的进化机制。

第七节　小　　结

生物符号学作为一门新学科，它是生物学与符号学的结合，试图给出意识、心智等认知现象的一种不同于认知科学和神经科学的说明，其目的是要说明生物的大脑为什么产生了内容或意义。根据生物符号学，基因就是一种指号，表征是通过指号进行的，即指号过程；心智或心智现象是通过被称为"最小之心"的智能体及其组合实现的。如果生物符号学的说明是正确的，那么符号接地问题、意识"难问题"等所谓的"解释鸿沟"就不再是问题了。

第十三章　认知经验的神经实用主义解释

只要思想特性描述的基础范畴——空间性和时间性模式、结构描述的模式、功能连接的模式和说明合理性的模式——并不都被视为某种智能的必要特征，而是被视为进化了的认知适应性，即与自然中的那种特定的临时偶发的座架所构成的模式相适应，并且与自然的互动相适应，就没有理由期待统一均衡。

——尼古拉斯·雷舍尔（《复杂性：一种哲学概观》第158页）

第八章业已论及，意识作为认知表征的前提和基础，可通过实用主义得到说明。"简单说，意义的实用理论坚持我们对待概念的整个意义，而不仅仅是语言游戏的术语的含义，正如维特根斯坦告诉我们的，在这方面是公开的实验和行为，并且这种方式优于特定的语言游戏：概念的意义所做出的辨别是为了未来的体验。"（Hickman，2007a：36）实用主义将实验作为其核心方法。这种实验的实用主义直接与达尔文的自然主义相联系。根据实用主义，心智与自然之间不仅存在着深层的连续性，也遵循进化的逻辑。按照这种逻辑，如果人类和人类所做的每件事情都是进化的产物，那么科学活动以及知识也是进化的产物。实用主义者在他们理解人与自然的关系方面，采用的是进化的事实。在这个意义上，实用主义是一种实验的进化论，一种神经实用主义。

第一节　作为实验进化论的实用主义

皮尔士认为，人的行为一定继承了祖先的一些特征（Peirce，1992）。丹尼特也认为，个体发生学和系统发生的过程是生成事物的过程，如行为、技能、观念、假设，并对它们进行测试，这是一个生成与测试的过程（Dennett，1991）。关于心智在自然界起源的观念，实用主义强调进化连续性的重要性，认为生物与非生物之间、人与动物之间以及经验与自然之间存在连续性。人与自然的这种连续性，不仅对于解释心智的起源和自然中的经验，而且对于我们获得那种解释的方式的理解都是很重要的。

进化论揭示，生物适应于稳定和不稳定的环境。由于环境经常是变化的，有时很难预测,所以更能适应环境变化的生物有更大的生存的可能性。只有那些能适应环境的生物,才会把这些特征传给它们的后代并继续它们的进化。这一进化过程不仅对于生物自身,而且对于其所处环境都会产生重要影响。适应变化将继续个体生物的生存过程,特别是它的后代。比如青蛙对具体条件的无意识反应,当它看到它视域范围内一定大小的物体时,它的舌头会咬住目标。

对于我们人类,工具的出现表明了人的进化的一个重要发展,即使用工具说明对环境的精心改良是出于特定目的的,如制作捕杀猎物的矛。工具的发明与使用的结果是语言与艺术象征手法的出现,也就是使用符号探讨未知的出现。这就是人类文化的崛起,探索活动成为符号化的认知过程。根据实用主义,人类适应环境的能力恰好表明了人类进化的轨迹,其中包括了经验的重构,因为最初的探索活动主要是经验的。这种意义上的经验就是杜威所说的"经验的自然主义"或"自然主义的经验论"(杜威,2014:1)。传统的经验主义认为,经验是被动的,心智接收来自观念之幕后的感观数据,那些观念保持的外部世界容易被识别。哲学上讨论的经验,一般是指人感觉事物的过程,即心智是关于世界的身体感官提供的数据的被动接受者。杜威将这种观点称为心智的旁观者理论,丹尼特称之为笛卡儿剧场(Solymosi,2011)。

杜威认识到,进化过程是生物适应其环境的连续性,而且这种适应性可能是生物改变自身的一些方面以更好地适应环境,或生物改变环境来更好地适应生物,这些并不是相互排斥的过程,并且经常是动态地出现。从进化的视角看,没有环境就不存在生物,同样,没有生物环境也没有意义,二者是互动的。这种互动是如此之大,以至于生物与环境应被认为是单个的进化单元(Griffiths and Gray,2001)。在杜威看来,经验作为一种存在,只发生在拥有特殊环境的组织严密的生物中,也就是生物与环境的交互中,这个过程不是旁观者理论认为的被动过程,而是生物-环境的交互的动态和活跃的过程(Dewey,1981:12)。

新实用主义者布兰顿(R. B. Brandom)通过诉诸德语说明感觉论的经验与交互经验间的差异,指出经典实用主义是"[受到达尔文进化论的影响]的自然主义本体论方法,服务于复活的经验主义,他们把经验的概念发展为经验(erfahrung)而不是体验(erlebnis):情境的、具身的、交互的和结构性的学习,是一个过程,而不是一种状态或经历。它的口号是'没有尝试就没有经验'。对于表征与介入来说,它们是一个概念硬币的两面,或者在较少想象和体验的意义上,它们依赖于过程方面展示选择性的、适应性的普遍进化和学习的结构概念"(Brandom,2004:14)。当我们经历了一件事、一个活动后,我们就会说我们对它熟悉了。这是经验上的学习,也是熟悉过程获得知识的方式。我们与一个事物熟悉就是与它互动。从进化的视角看,经验进化作为自然选择产生模式的发展过程,通过的是生物与其环境互动的试错模式。

根据新实用主义，通过生成与测试的层层迭代，进化经验累积到社会动物既能交流也有意识的程度。这样，通过使用环境控制的符号，特别是在工具的制造中，文化出现了。进化过程是一个生存和发育的过程，解决这些问题的生物更可能持续生存，更有机会传递它们解决问题的方式。在文化出现前，传递解决问题的最好方式主要是遗传，因为基因是其本身的构造与细胞机制的互动，基因间的互动使细胞活动，与同种类型的其他细胞互动使组织活动，组织使得器官活动，从而使生物系统的整体活动起来，身体也活动了起来。一旦动物间的交流进化为通过群体交流解决问题，而不是等待出现基因的变化和选择，解决问题就是个体间以及与后代相互交流的方式进行。这种分享通过交流得以实现，使得个体间通过语言整合为心智的重构。

在杜威看来，心智并不是我们通常认为的"第一人称"的反省。心智不是作为一个人拥有的实体，它是一个活动或一个过程，但在詹姆士看来就是刺激问题，因为不存在心智或意识这样的东西（James，1977）。杜威不仅强调人的意识与心智的对立，也强调环境条件使得生物的有意识和有心成为可能。有意识的生物成长的环境是文化，文化是社会的人的交互，也就是在共享的符号、价值与事实的社会媒介中人与人间的互动。在实用主义者看来，心智与文化是可互换的。如果没有培养精神生活的文化，就不存在个体的心智，丰富的象征意义就不存在了，也就谈不上经验了。在笔者看来，经验不是被动的，感官数据一定程度上主动表征接收到的外部信息。这样一来，经验就是积极的和动态的，因为生物与环境的互动一起规范构成解决问题的模仿活动。

第二节 意识经验的隐喻解释

经验作为意识即意识经验可能是人特有的，它是与人类文化（而非自然）互动的产物。问题是，心智与文化的重构是在哪里进行的，或者说智能是在何处产生的。杜威认为，"观察自然界中的生物、生物的神经系统、大脑的神经系统和大脑皮层，是萦绕哲学问题的答案。因此，当把它们置于……里面观察时，并不像看见弹珠在盒子中，而是像事件在历史中，在一个移动的、变化的没有完成的过程中"（Dewey，1981：224-225）。这清楚地表明，当我们观察大脑活动时，我们看不到意识实体在哪里，大脑活动是一个不断变化的持续过程，这意味着意识包含在神经系统的活动过程中，并不存在实体性的意识，如盒子中的弹珠。而且，当经验、心智、文化等这些意识特征第一次出现时，并没有一个准确的时刻，所有生物的进化是缓慢地产生于其生长的过程中的。

根据心脑同一论，心智就是大脑，大脑就是心智，二者是同一的，就像肠子所起的消化作用，心智就是大脑所起的消化作用。这是一种类比描述或隐喻说明。这就是意识的消化隐喻（参考第八章第一、第二节的意识隐喻描述）。在笔者看来，这种利用心智与消化之间（正如大脑和肠子的功能）的类比是有问题的，会产生误导性。为描述丰富的心理活动，诺埃（A. Noë）认为身体与大脑同样重要，特别是考虑它们的互动时（Noë, 2009）。在诺埃看来，我们的大脑不能从其躯体分离，躯体也难以从其环境中分开。为此，他提出意识活动是一种舞蹈过程，这就是意识的舞蹈隐喻。这一隐喻的核心是舞蹈与意识都是由我们所做的。当我们咽下食物时消化就在我们体内发生，当我们思维时思维过程也自动在我们头脑中发生。以隐喻方式思考意识，诺埃发现了一个存在着自动程度的问题，意识并不是恰好发生的那类事物，它所起的作用包含着"大脑、身体和世界的连接"。这与心智的生成理论、具身理论和延展理论几乎是相同的观点。

意识的舞蹈隐喻试图说明意识的发生是在头脑中自动做出的，但这种隐喻似乎强调意识的动态性，而忽视了大脑在意识活动中的重要作用，而且舞蹈对环境没有过多要求。这种几乎不与环境交互的意识隐喻对我们理解世界帮助不大。消化隐喻蕴含了一种动态积极而又复杂的生物适应性过程，舞蹈隐喻意味着一种自动程序的存在，然而，这两个类比并不是好的隐喻，因为它们还需要进一步地解释，而且忽视了意识的文化适应性。

为了更好地解释意识经验，索莫斯（T. Solymosi）提出一种意识的烹饪隐喻（Solymosi, 2011），对消化隐喻和舞蹈隐喻进行了改善与整合，因为意识经验产生于身体与世界中。索莫斯认为，烹饪捕捉到消化与舞蹈的积极方面，因为从进化和生态的视角看，烹饪使消化躯体延伸到环境中，而且将经验信息与外部文化联系起来。所以在他看来，烹饪隐喻能更好地说明意识经验的特征。有证据表明，烹饪文化对我们的大脑和躯体变化的影响是实质性的（Laland et al., 2000）。原因是，随着大脑生长发育得更大，它对热量的需求更多，即脑是以消化能量为代价的。具体说，当大脑生长发育得更大时，我们的胃肠道变得更小，需要通过更长的胃肠道来满足营养需求。烹饪有助于提高消化能力，它在摄取能量前把动植物的材料分解，有利于我们消化食物、汲取营养，而这样一个过程在我们身体之外就开始了，其中还包括了经验习得、技能传递和模仿学习等活动（Chemero, 2012）。

根据切莫罗（A. Chemero）的研究，烹饪是正在进行的实验，一种传承的文化传统，它在延展消化中超越了身体。类似地，有意识活动是通过我们的大脑、身体和文化所做的事情。每个人生于一种文化中，在那种文化中，许多机缘给我们的行为提供了许多机会，从而促进了脑的发育和意识的升华

(Chemero, 2009)。事实上, 烹饪文化也突出了文化特性。在更广泛的意义上, 烹饪为我们提供了一种机会来思考意识的起源和可评估的活动, 它在某种程度上标志着智能的出现（动物不会烹饪）。总之, 烹饪隐喻是一种实用主义的观点, 因为实用主义总是寻求消解二元论, 认为心智在自然界中的起源问题最好按照智力行为的起源来考虑, 最好从连续的过程中理解意识（Solymosi, 2012a）。从语境论来看, 烹饪是一种历史事件, 其中蕴含了人的智力和创造力。

第三节　注意作为心智特征的自然渐进解释

"注意"（mindfulness）是意识现象的一个主要方面。凡是我们注意、留神的事物, 都表明我们的意图是指向那个事物的, 而且是有选择性的。如果注意是进化的产物, 那么意识或心智也一定是进化的结果。因此, 注意就是心智的一个特殊方面。达尔文在《人类起源》中就聚焦于心智生物的特殊方面的起源研究, 倾向于通过做什么来进行审美判断, 而判断始于对不同事物做出反应的辨别能力, 甚至是在不同的互动环境中有相同的刺激物。所以, 注意很可能是认知涌现的"宏观进化顺序"的一个注意环节（Campbell and Bickhard, 1986）。除人类外的其他生物也有区分环境的空间能力, 并为一些潜在环境去执行超越其他因素的偏好（Levine, 2011）。进一步说, 动物也有审美判断的能力, 比如, 雄孔雀通过开屏展示其美丽来吸引异性的注意力, 而异性是否选择是需要判断的。这表明, 注意和判断特征并不是人类特有的。

然而, 达尔文认为, "美感——这种感觉是人所特有的。这里我仅指的是一定颜色、形式和声音给人的愉悦, 并完全称为美的感觉——当我们看到雄鸟在雌鸟面前展示它漂亮的羽毛或鲜艳的颜色, 同时其他的鸟并没有这种展示行为, 雌鸟羡慕雄鸟的美貌不用怀疑。因为用这些羽毛来装饰自己, 这种装饰之美不会引起怀疑"（Darwin, 2004: 114-115）。当然, 人类的这两种能力要优于其他动物。在这个意义上, 人类具有特殊性。这是我们的生物身体意向性的一种自发能力, 一种不经反思就表现出的属性（好与不好都有）。这是梅洛-庞蒂在《知觉现象学》中一再强调的身体的两个层面：隐藏在此刻自发的身体下的层面和长期积淀的"习惯-身体"层面, 这两种未经反思的身体习惯在我们的日常行动、语言和思想中是普遍和重要的。而笛卡儿倾向于否认动物有判断和注意的能力, 动物不会言语是因为它们没有思想, 而不是因为它们缺乏言语的器官（Descartes, 2000）。在笛卡儿看来, 人类正是借助语言从自然界中脱离出来的, 心智的起源也似乎与自然界无关。或者说, 思想不是自然进化的产物。笛卡儿似乎是对的，在自然给予我们身体的前提下，思想的发展主要与文化进化相关。

然而，乔姆斯基指出，"可以肯定，今天不存在任何理由持一种严肃的立场认为，复杂的人类语言是几个月（最多几年）的经验，而不是几百万年的进化对神经组织的本能可能有更深层的物质规律的基础——而且这一立场将产生一个结论：表面上看，在动物界，人类以独特的方式获取知识，这对于语言的这种立场是难以置信的"（Chomsky, 1965a: 59）。乔姆斯基拒斥这种他称为的"笛卡儿式的语言学"，认为这种经验主义语义学不能描述几乎所有语言习得的速度和效率，特别是婴儿对"刺激缺乏"有自己的处理方式。乔姆斯基的"先天语法"事实上是一种"人类特殊论"，即人类在智能和语言方面优于灵长类动物，甚至只有人才有语言能力，才能因此产生思想。用乔姆斯基术语讲，就是生成语法是内生于人的，是天生的。在他看来，"如果心智组织的很多内容需要发展概念，以及概念的组合规律是内生的，并且将要尽力解释它是如何刚出生时就产生心智，那不会说上帝把它放在这里（笛卡儿）或构建转世的神话（柏拉图）。对我们唯一开放的过程是关注生物学和其他自然科学，它们会说明婴儿出生时的情况以及他/她出生后是如何发展的。采取那条路线至少使我们可能开始谈论人类首先如何逐渐明显地拥有一个唯一组织的问题——表达进化的问题"（Chomsky, 2009a: 18）。可以看出，这条路线就是自然主义的，它提供了人类如何逐渐明显地拥有一个唯一组织的生物学解释。

在使用语言特别是书面语言方面，不可否认，我们人类具有特殊性，最接近我们的灵长类动物没有使用书面语言的能力，尽管他们可能有口头语，如各种叫声。但是，人类书面语言的产生距今不超过6000年（埃及金字塔最早的文字也就是5000多年），这比现代人的出现（大约20万年前）要晚得多。这样看来，书面语言可能不是进化的产物，而是历史文化的产物。语言的形成与意识或心智的形成相比要快得多，因为达尔文的进化是渐进式的而不是突变的。达尔文在《物种起源》中关于"极度完美与复杂器官"的章节中认为，哺乳动物的眼睛，"如果从一个完美和复杂的眼睛到一个非常不完美和简单的眼睛有无数等级，那么对它的拥有者非常有用的每种等级能够被显现存在；进一步讲，如果眼睛变化如此的微妙且变化被继承下来，那一定是这种情形；如果这个器官中的任何变化和改进在生命变化的条件下对动物是有用的，那么很难相信完美复杂的眼睛会通过自然选择形成，虽然我们难以想象，但很难认为是真的"（Darwin, 1859: 186）。对于达尔文来说，视觉就是一个"黑箱"，他猜测人的眼睛可能是以类似的器官作为中间体而逐渐进化形成的，其中可能既包括微观进化，也包括宏观进化。

在关于语言的论述中，达尔文认为，低级动物不拥有人类联系不同声音和思想相关的独特非凡能力，这显然取决于它们的心智发达的程度。人的心智力与非人近亲的心智力是程度上的差异，而不是类型上的差异。根据休谟（D.Hume）的经验主义，出于交流的目的，语言取决于联想能力，如推理和学习，聪明的动物形成更复杂和多样的联想。交流只会发生在社会性的动物之间，相应的社会性也是动物有性繁殖的特征，它们在繁殖后代时，都辅之以审美判断。也就是说，审美判断力是作为性选择的必要条件，审美判断与心智间一定存在着密切的联系。

在笔者看来，人类的审美能力预示了心智的成熟，比如在原始时代，当我们的祖先最初意识到暴露的私处"不好意思"时，他们的情商就形成了，就会想方设法来遮掩，这就需要制作"遮盖物"，如树叶、兽皮等，在制作这种"遮盖物"的过程中，通过动手和交流，智商也增强了，"遮盖物"也因此演化为现在的审美性衣服。这样一来，智商与情商共同构筑了人类的心智。由此可以推断，"羞耻感"是人类区别于其他动物的标志，正是有了"羞耻感"，人类才能形成道德知识、价值判断等高级智能。

第四节 "心理器官"假设和心智的进化解释

在第八章第一节中我们谈及了作为隐喻的"心理器官"，隐喻就是假设。人们普遍认为，大脑是思维的器官，眼睛是视觉器官，耳朵是听觉器官。以此类比，心理活动是否也存在特定的器官，就像笛卡儿认为的松果腺是心智的所在地。按照这种类比推理，就可能存在一种"心理器官"。这是一种隐喻思维，因为器官是可见的，心理活动是不可见的，通过隐喻来说明不失为一种好的策略。雷（T. S. Ray）提出"心理器官"这一术语（Ray，2013），旨在说明人的心智、精神和灵魂的出现，都是通过创造所有生命的相同过程：自然选择的进化。在雷看来，为理解心智是如何进化的，我们必须知道它的结构如何，以及它的结构是如何与基因联系的。笔者将这个概念称为"器官隐喻"，即"心智是一种器官"，一种认知操作的平台，其实质是假设性和隐喻性的，因此也可称之为"心智器官假设"或"心智器官隐喻"，其作用有以下四点。

第一，"心理器官"假设为心智提供了实在的分子载体。雷将"心理器官"定义为神经元群承载其表面的一个具体受体，诸如血清胺-7（5-羟色胺）、组胺-1、阿尔法-2C，它们提供结构与基因机制，允许通过进化来雕琢心智。药物实验表明，心理组成会被药物控制，它们可通过化学系统自然地调整。那些影响心理组成的受体是不同的元素，心智正是根据这些元素通过进化塑造的。这就是说，心智是有载体的，它不是空虚的东西。或者说，心智是一种间接的实体，它通过 13 个受体（化学分子）表现出来。笔者将这 13 个受体承载的心智的功能概括为相应的如下 13 个假设。

（1）认知保持假设（血清胺-7）——成年人的意识与创造保持着认知（语言、逻辑与理性）与感情（感受、情绪）的内容。意识是一个生成系统，能创造世界乃至宇宙。这种创造性特征可能是自由意志的基础。

（2）情感形成假设（卡帕受体）——童年的意识与创造只有情感的内容。卡帕可能是一个纯粹的情感系统。卡帕意识可能形成一个复杂的、难以捉摸的、丰富详细的世界表征，这个世界是一个除感受外被建构的世界。

（3）纯粹认知假设（血清胺-1）——纯粹认知包括逻辑、理性、概念、思想、符号和语言。它们不产生任何感受性，只能通过从事认知任务如计算被检测到。

（4）动态选择性假设（血清胺-2）——动态的过滤、抑制、保护，提供即时即地的选择性过滤意识，可能聚焦于注意。血清胺-2 的激活接近意识的大门，当血清胺-2 缓和或抑制时，则打开了意识之门。

（5）长期过滤假设（大麻素-1）——长期的过滤、抑制、保护。大麻素系统可能与血清胺-2 协调一致，形成一个长期的架构，血清胺-2 在这一框架内动态地完成。随着心智的成熟，大麻素系统逐渐地被阻止进入许多意识系统，特别是情感的心理器官。

（6）自我感假设（西格玛受体）——西格玛是我们的心脏和灵魂，我们存在的核心，自我感的核心。它表面是一个纯粹感情的领域，包括基本情绪的内容，诸如生气、害怕、幸福、伤心、惊讶和厌恶。

（7）安全假设（姆受体）——关于舒适、安全和保护的感觉，其首要作用可能体现在胎儿和早期婴儿的安抚，有助于消除痛苦、饥饿、紧张、焦虑、挫折、害怕、生气等情绪。

（8）规范假设（贝塔受体）——关于家庭、社群、社会、人类的感觉，与人性一起在人的活动中提供行为规范，如幸福感、美感、喜悦感、道德感等。

（9）释放假设（咪唑啉受体）——对他人或自身行为的原谅，对真正的内心生气、嫉妒、犯罪感或羞愧感的释放，以及心理疾病的康复。

（10）语境感假设（阿尔法-1 受体）——对地方、场景、境遇、语境的感觉，比如，对动态性、连贯性、连续性、历史性、整体性的感觉。

（11）心智本质假设（阿尔法-2 受体）——对物质的灵魂与本质的感觉。阿尔法-2 的激活可能刺激以阿尔法-2 格式存储的（主要是童年）记忆的回想。

（12）表达感情的心智理论（组胺受体）——对建构亲密关系的表达感情领域（心脏与心智）的持续表征，如亲密的家庭成员。

（13）意义凸显假设（多巴胺受体）——对于突显、意义、含义、洞察力、整合的感觉及情绪，它建立精神作用的含义。这种方式可能调整精神作用对行为的影响，能把感受与思想联系起来，使得我们对新的想法和洞见充满热情。

上述假设表明，一些心理器官为成年人和童年的形式提供意识；一些器官功能作为意识的"看门人"，一些器官给予意识内容以特点和意义，而另外的器官为意识提供内容。还有一些心理器官支持语言、逻辑和理性的认知能力，这在过去几十万年前已经产生了。如果仅仅把语言、逻辑和理性看作认知，那么这种能力的完全发展只出现于人类的成年阶段，我们的童年和进化之前的动物则缺乏这种能力。其他心理器官仅仅通过感觉提供认识世界的有效方式，这为我们的古代祖先提供了完全的古人心智。

如果这些假设是正确的，那么每种心理器官都在很大宽度和深度上调整着人的经验领域。心理器官是人脑的基本组织特征，心智就发生于具身性的大脑。当我们考虑大脑的结构时，一般会想到额叶、皮质、小脑、丘脑、脑桥、布罗卡氏区等。在雷看来，心理器官虽然是肉眼不能看到的大脑解剖的另一种形式，但它们有对应的化学物质实体，这些实体构成了心智组织的基本关系（一种由神经元编织的网络），组成了心理器官的细胞种群，可能与基于基因的表达模式"组织"的解释并存，因为它们表达了相关受体的基因。当然，心理器官不同于肝、肾、胃等那些普通物理聚合物。原则上，一个神经元可能组成许多心理器官，或一个心理器官包括分散的神经元，这些神经元并不与器官的其他神经元相互联系。还有，组成心理器官的神经元群可能使其所有细胞体群聚在一起。

需要注意的是，雷对心理器官的定义并没有通过神经传递素来描述，而是通过它们表面承载的神经传递素受体来表达。相关不同受体的心理器官在解剖学上可能彼此分离或交织。

第二，意识的"剧场"假设不足以解释心智的功能。根据心理器官假设，不同心理器官共同组成了意识的器官（大脑）。意识就是我们所感知的、所意向的东西，是表征形成的一种心智空间。这种表征可能是某种场景的表征，也可能是身体的感觉、想象、记忆、感受、想法等。因此，意识是一种极其复杂的心理或认知现象，其中心理器官起着重要作用。但是，根据巴尔斯的意识"剧场"假设，意识剧场有一个工作记忆的舞台，包括注意的聚光灯和语境操作员（导演、聚光灯的控制者、局部语境）、演员（外部感觉、内部感觉、想法）和无意识的观众（记忆系统、动机系统、意识内容的解释、自动作用）（Baars, 2005）。根据心理器官假设，血清胺-7可能提供其他心理器官的活动场所，血清胺-2和大麻素被认为是导演，多巴胺可能是聚光灯的控制者。知道的方式（血清胺-1、组胺、贝塔、阿尔法-1受体、阿尔法-2受体）可能是主角。西格玛受体可能是无意识观众的一部分。

意识的剧场假设表明，不同的心理器官产生的心理作用进入意识器官产生心理空间。比如贝塔受体产生家庭、社群和生命愉悦的感觉，但贝塔受体的激活并不导致主体经历这些感觉，除非它们进入意识。在雷看来，为了进入意识，贝塔受体产生的感觉必须通过血清胺-2和大麻素受体调节之门。对于一些主体，贝塔受体单独地激活并未产生生命愉悦的意识经验，因为意识之门永远不被大麻素受体阻塞。对于那些主体，若贝塔受体同时被激活且大麻素的阻止也被移出，那么贝塔受体的经验就会出现。因此，贝塔受体的作用是穿越大门进入意识。

一个有趣的问题是，意识本身的扩展会永远被大麻素受体阻挡吗？对于有阻块的受体，若大麻素的阻止被消除，意识就会扩展。这意味着意识之门并没有干预心理器官如贝塔受体进入意识器官，如血清胺-7，而是干预进入意识器官到其他心理器官，如贝塔受体。这表明意识的剧场假设并不是一个合适的隐喻。在剧场假设中，心理器官扮演着演员角色，如贝塔受体进入意识的中心舞台（血清胺-7）。如果专门的心理器官需要产生具体的感受域，如家庭、社群和生命愉悦的感觉，那么通用的意识器官可反映不同种类中每一个心理器官产生的经验吗？心理器官如贝塔受体的感觉是如何与意识的器官交流的？在可选择的观点中，意识的器官并未提供心理空间让其他心理器官能够进入，而是意识的器官展示其他心理器官有意识的功能。这样一来，心智空间是分散的而不是围绕一个中心。

虽然传统意识观与剧场假设一致，其中感觉必须穿过大门才能在剧场的舞台的聚光灯下演出。这个观点隐含着意识的器官（羟色胺或卡帕）是一个呈现意识的中心场所。但选择观点表明，意识的分配是在不同的感觉器官之间进行的，而不是其他心理器官必须发送它们的感觉通过大门进入意识的剧场，意识的器官必须穿越大门才能产生感觉器官的意识特征（Ray，2013：309）。因此，意识并不集中于任何器官，剧场也不是一个适合的隐喻说明。

第三，意识可能是心理器官转换生成的系统。根据心理器官假设，当血清胺-7受到强烈的刺激但同时并未激活血清胺-2时，主体非常可能经历了丧失自我感的过程。因为自我感的出现实际上没有任何血清胺-2系统的抑制，只有血清胺-7的强烈激活。如果血清胺-7的剧烈活动碰巧发生而血清胺-2并没有改变时，血清胺-2系统是压倒性的；当血清胺-2的守门功能完全失去作用时，意识便通过大门注入。在这种情况下，自我意识的失去表明，自我意识的重要组成部分是血清胺-2的系统行为控制意识之门。血清胺-2的能力是控制意识之门出现对血清胺-2和血清胺-7的相对依赖。雷认为，当意识的内容比实际现实更显著时，我们的意识会穿越心理事件的界限。我们心理上会退出实际的空间和时间进入心智创造的空间与时间，心智会因此形成一个替代现实。此时，心理上的大爆炸（心智）可能出现。因此，意识是一个转换生成系统，它能在心理层次创造世界，能在物理层次影响身体。这种创造性和影响性特征可能是自由意志的基础。

在笔者看来，自由意志是一个纯哲学的或纯理性主义的观点，与自然主义对立。意识的心理器官说明是自然主义的立场。假如自由意志的确存在，它也不是先于人的存在，一定是进化出人类后或在进化的同时涌现出的特征。如果意识是一个转换生成系统，它的创造性一定是共存于自然法则的因果关系中。在雷看来，只有当血清胺-7被激活时，意识转换的特征才能出现；只有与血清胺-1一起激活时，它才产生一个非二元的空状态；只有表达感情的心理器官被同时激活，转换生成的特征才显现出来。因此，转换生成的过程并不只是血清胺-7的特征，而是表达感情的心理器官，它们通过血清胺-7强烈地产生意识的特征。这种通过血清胺-7的转换，被称为"血清胺-7化"，它是基本的创造过程。由此，我们可得出一个推论：心智也好，自由意志也罢，均是基于具有生物特征的"心理器官"的转换生成的结果。

第四，心理器官的多样性导致认知方式的多样性。因为存在多种心理器官，所以大脑的认知方式也相应地会有多种。一般来说，我们的认知方式主要有两种——感性的，如味觉、听觉、视觉、触觉、情绪；理性的，如语言表达、概念理解、逻辑推理。儿童主要是感性认知，成年人多是理性认知，当然不排除部分成年人也会以感性认知为主。或者说，儿童多是由感情支配的，成年人多是由认知心智支配的，更多的是通过语言、逻辑和理性了解世界。这意味着理性作为认知和理解的方式是文化进化的结果，不是生物进化的结果，因为理性认知似乎只在完全成熟的成年人中出现。也就是说，在理性认知出现之前，人类是通过感受知道和理解自身和世界的，成年人即使没有受过训练也具有这种能力就说明了这一点。

在雷看来，理性出现于我们进化的最近几万年，表达感情的认知方式经过几亿年的进化才获得。语言、逻辑和理性的能力好像受到基于血清胺受体的一个或几个心理器官的影响，情感的心理器官有很多且多样化，会受到多种受体的影响。因此，表达感情的系统并不表征一个单一、可选择的认知方式，而是表征许多认知方式。这些认知方式的组合表征了一系列的自然本体论范畴，也就是进化决定了在心智中表征世界：自然的法则与模式（血清胺-1受体）、事物（阿尔法-2受体）、地点和场景（阿尔法-1受体）、家庭和社区（贝塔受体）、生物（存在）（组胺受体）。这导致了心智进化出灵活性，进而导致认知方式的多样性。

心智的形成是心理器官互动的必然结果。根据心理器官假设，所有心理器官与单一的基因家族G蛋白偶联受体（GPCR）联系在一起，它们通过潜在基因和调整元素的复制和分叉而进化。人脑中有超过 300 个 G 蛋白偶联受体,包括血清胺、多巴胺、组胺和许多其他神经递质,它们提供一个基因和调节系统来丰富具体的心智结构,而不只是大脑(包括躯体)。如果调节受体执行心智的组成成分,那么新的组成成分能通过受体基因复制和分叉过程被创造。每个单一 G 蛋白偶联受体对应单一的蛋白质编码基因,它的表达受到很多基因控制因素的影响。在人的基因组中 G 蛋白偶联受体是迄今发现的最大的受体超家族,通过复制与分叉过程产生多样化。

概言之,心理器官作为心智的组成部分变得更加丰富、深邃、微妙、详细和复杂。根据雷的研究,如果一个心理器官在种群中相对表达力退化,那么就会弱化选择,受体基因就会变得易受攻击而转变成伪基因。而且,大量的心理器官的特征可能开始丧失,这可能导致更随意地探索更远的心理空间领域。在弱选择条件下,心理特征会通过低适应区域徘徊,并最终会产生一个新功能,或者一个现存功能的一个新变化,于是一个新的心理器官将随之产生,心智也会随之形成。通过进化形成的心智,一定存在着基因和调节系统允许遗传基因在连贯的心理特征中变化。总之,心理器官、调节受体和基因系统的出现,为心智起源和进化提供了基因进化的路径。

第五节 小 结

意识经验作为认知的基础和前提,它与自然之间的联系是遵循生物学规律的。对这种心理或精神现象的说明,实用主义是一种可行的进路。实用主义重视实验,注重隐喻说明方法,特别是"心理器官"假设或隐喻:调节受体的多样性是建构心智和模块化的机制,允许进化很好地成形,很好地协调和说明。心理器官的出现、基因系统的调节和进化,共同促进了复杂心智的发生。如果这个假设成立,一切关于心智的神话和秘密将有可能随之消解。当然,实用主义只是其中一种进路,还有其他进路,如现象学、心灵哲学、科学哲学和认知哲学等,接下来的一章将探讨认知的现象学解释。

第十四章　认知过程的现象学解释

现象学将我们从科学体系的旧的客观主义理想中解放出来，从数学自然科学的理论形式的旧的客观主义理想中解放出来，因此将我们从可能是物理学的类似物的心灵存在论的理念中解放出来。

人们可以将自然认作确定的流形，并且假定这种理念为根据。但是只要这个世界是认识的世界，是意识的世界，是具有人的世界，对于这个世界来说，这样一种理念（指物理学主义和逻辑学主义的数学主义）就是极端荒谬的。

——胡塞尔（《欧洲科学的危机与超越论的现象学》第 316-317 页）

人的认知过程作为一种意识现象，既有物理性的一面，如脑化学过程，也有精神性的一面，如自我意识。从现象学的视角对认知的内在性予以探讨是非常必要的，这有助于我们弄清认知作为经验的"现象特性"。笔者基本赞同胡塞尔的如下论断："只有通过进入产生认知和理论的内在性，即先验内在性之深部的一种原则性阐明，所产生的真实理论和真实科学才能被理解。然而只有通过这样的阐明，该存在的真正意义才能被理解。此存在是科学在其理论中由真实的存在、真实的自然、真正的心灵世界产生的。因此只有一种在现象学意义上完成先验阐明和证明的科学，才能够是最终的科学，只有一种由先验现象学阐明的世界才能够是可最终理解的世界，只有一种先验逻辑学才能够是一种最终的科学理论，一种一切科学之最终的、最普遍的原则理论和规范理论。"（胡塞尔，2012：12）。虽然说胡塞尔的论断有点言过其实，对其先验现象学的期望有点过高，其唯心主义特征也多受到诟病，但他所追求的对一种现象内在性的分析和阐明的主张是没有问题的。因此，这里的现象学是指以胡塞尔为代表的反思科学的现象学，包括梅洛-庞蒂的知觉现象学，不涉及其他类型的现象学[①]。

[①] 施皮格伯格在其《现象学运动》中将现象学分为四种：最广义的现象学、广义的现象学、严格意义上的现象学和最严格意义上的现象学。胡塞尔的现象学是最严格意义上的，因为它除了严格的现象学外还使用了被称为"现象学还原"的特殊方法，而且基于这种特殊方法特别关注事物的显现在意识中及意识构成的那种方式。

第一节　认知过程现象学解释的必要性

现象学是关于心智（意识）的主观方面的，诸如与视觉和触觉相联系的意识状态，与情感和心情相联系的意识状态。根据胡塞尔的看法，这些意识状态包括两方面，即意识内容与意识体验，前者涉及心理学，后者涉及物理科学。由于心智关涉的内容跨越心理和物理层面，涉及心理学和物理科学，故而人们对意识概念的理解会有所不同。为此，胡塞尔将意识分为三种（胡塞尔，2018：5）：①作为经验自我之全部实在的现象学内容（bestand），即作为体验流统一体的内在心理体验交织域（verwebung）；②作为自身心理体验的内知觉（gewahrwerden）；③作为一切"心理行为"或"意向性体验"的总称。

不论意识的分类或用法有多少种，在笔者看来，这些关于意识的不同主观状态都有一个明显的"第一人称""感觉"或"体验"，比如，"我"看见了、"我"摸到了、"我"感觉疼痛、"我"感到悲伤，这些感觉或体验在心灵哲学中被称为"现象特征"①。笔者认为这些现象特征是包含内容或语义的，即是关涉外部世界的，是表征性的，所以现象学的"心智"应该是作为"表征性心智"实存的（Perner，1991），而不是仅作为罗蒂（R. Rorty）所说的"自然之境"（罗蒂，2003），所感知的世界也不是叔本华所说的纯粹的"我的表象"（叔本华，1986），而是胡塞尔意义上的"作为意识相关物的自然世界"（胡塞尔，2014）。如果现象学所谈论的心智是完全脱离了外部世界的所谓纯粹心灵或精神，那么这种现象学就是肤浅的。现象学要合逻辑地解释心智现象，不管它有多少种形式[胡塞尔的、海德格尔的、萨特（J-P. Sartre）的，还是梅洛-庞蒂的]，多少种流派（德国的、法国的还是后期美国的），怎样发展（先验的、存在论的，还是梅洛-庞蒂式的、符号学的），都应该立足于现实世界和自然科学特别是认知科学和脑科学的成就。认知作为思维形式，如思想、观念、概念等，是否也存在着"第一人称"意义上的现象特性？我们思考、内省时是否也有像疼痛一样的感觉体验？意识思维是否像詹姆斯所说的是一种连续的意识流？传统感觉现象学，或者笔者称为的"第一人称现象学"，能否说明认知现象？这就需要对认知现象进行现象学的探讨。这就是近年来兴起的"认知现象学"（Cognitive Phenomenology）。

---

① 现象特征一般限制在心智的具体特征和条件上，是指经历某个心理状态对主体来说"它像什么"的描述。内格尔借用在某种状态中"它像什么"来理解现象意识或经验，"它像什么"是判断现象意识的心理状态的充要条件。

认知现象学作为不同于主流现象学的另类，它主要探讨思维的现象特性，包括思维的内省与知识、现象对比论证、意识的价值、经验的时间结构、经验的整体特征、感觉与认知的相互依赖性、现象特性与心理表征的关系等（Chudnoff，2015）。作为一种新的认知研究进路，认知现象学是随着认知科学的发展和科学哲学的认知转向而逐渐进入哲学视野的，明显不同于18世纪黑格尔的精神现象学，也有别于主流现象学（主要是胡塞尔的先验现象学、海德格尔存在论现象学和梅洛-庞蒂的知觉现象学）。黑格尔的精神现象学主要探讨超验的精神（心灵）层次，包括概念体系、精神文化、表象和常识与思想的相互转化、意识与我自意识等，反对形式主义（对意识的逻辑分析），与分析哲学意义上的认知相去较远，故这里不再论及。

胡塞尔的精神现象学是在反思科学的危机中出现的，是以严格科学的哲学为目标的，所以这种科学的哲学诉诸一切知识的根源——事实或现象，提出"转向事物""回到事物本身"，即主张研究现象或事实本身，如意识或认知现象，认为事实与本质不可分离，或者说本质就在事实之中。这种现象学还原的分析技术包括现象还原、悬搁、证明和意向性分析，体现了分析哲学的风格。梅洛-庞蒂称胡塞尔晚期的现象学是"发生现象学"或"构造现象学"（梅洛-庞蒂，2001：1），这显然就带有认知的成分。笔者认为这正是科学哲学应该倡导和坚持的。

正因为如此，梅洛-庞蒂的知觉现象学摒弃传统的感觉偏见，拒斥经验主义，重返现象（事实）本身，从身体出发反思感知，把感知与行为的关系看作一种存在方式，把空间看作一种认知方式，主张世界不是纯粹的存在，而是通过"我的体验"的互动，通过"我的体验"与他人的体验的互动来显现意义。因此，他坚持主体性和主体间性的不可分割性，认为这两种特性是通过"我"过去的体验在现在的体验中的表征（再现）[①]，他人的体验在"我"的体验中的表征形成它们的统一性。在笔者看来，梅洛-庞蒂的现象学是一种具身的认知现象学，对认知科学和认知神经科学的发展产生了一定影响。相比而言，海德格尔的存在论现象学（哲学人类学取向）反而远离了科学。

更为重要的是，现象学最独特的核心就是它的方法，特别是胡塞尔的"现象学还原"方法。施皮格伯格（H. Spiegelberg）将现象学方法概括为七个步骤（施皮格伯格，2011：892）：①研究特殊现象，如意识、认知；②研究一般本质，如意向性；③理解诸本质间的本质关系，如意向性与表象；④观察显现的方式，如模型、数学表征；⑤观察现象在意识中的构成，如在新城市中辨识方

[①] 在现象学中，"表征"（representation）通常被译为"表象""代表""再现""代现"，这可能与现象学理论以德语、法语为主有关。结合科学、心理学和认知科学中的用法，笔者认为"表征"更为适当准确。

向（意识的不同模式或形态）；⑥将对现象存在的信念悬搁起来，如关于意识的实在性可暂时"括"起来；⑦解释现象的意义，如基于意识的认知意义。前三个步骤是哲学特别是现象学中普遍采用的，后四个是自然科学、科学哲学和分析哲学中常用的。在笔者看来，这些方法中对现象显现方式的研究方法对于科学认知的适应性表征尤为重要，因为适应性表征就是意识或认知显现的方式。

这样看来，从现象学与心智的关系问题上解读意识与认知，必然会触发我们对心智的认知维度的现象特性的思考。罗蒂通过反思和批判由视觉隐喻支配的西方思想史（境式之心），根据事物是否具有现象特性与是否具有意向性和再现性（表征性），区分了四种心理事物和物理事物（罗蒂，2003：22）：①闪现的思想和心象（表象）是意向性的和表征性的，具有现象特性；②信念、欲望和意图是意向性的和表征性的，但不具有现象特性；③感觉，如疼痛和婴儿见到有色物体时的感觉，是非意向性的和非表征性的，具有现象特性；④"纯物理性的"东西，如石头，是非意向性的和非表征性的，不具有现象特性。在笔者看来，除第四种外，其他三种都是有争议的。在罗蒂看来，若把心理现象定义为意向性现象，明显的反驳是，痛苦不是意向性的，它既不表征什么，也不与任何东西有关；若把心理现象定义为现象性的，明显的反驳是，信念并不像是任何东西，不具有任何现象特性，而且某人的实在信念不总是它显现出来的那样；若把痛苦和信念混合起来，除了没有物理性外，二者似乎并没有共同之处，但"心的"和"物的"东西总是时离时合的。由此罗蒂提出这样一个问题——不论心身问题是什么，它绝对不会是感觉-神经细胞的问题。这意味着，心身问题不能还原为神经元之间的互动。

问题是，若从心的概念中排除表征观念和意向状态，留下的不过是某种类似于生命和非生命之间关系的问题，而不是心身关系的问题了。当代认知科学和心灵哲学中的主流观点认为，只有感觉状态具有现象特征，认知状态没有，或者说，认知状态的现象特征附随于感觉状态的现象特征。感觉经验是现象意识的心理状态，而认知经验与现象意识无直接关系。对现象意识的这种讨论主要围绕着感觉、视知觉、情感等感觉状态进行，而悬搁了认知状态。感觉状态的这种现象属性并未遭到质疑。即使一些"意向主义者"，也将感觉状态的现象属性等同于其意向属性，也预设了感觉状态的存在。

然而，认知状态的质性是什么？认知状态与感觉状态有什么关系？内在的认知状态能否还原为可体验的感觉状态？这些问题始终是认知和心智哲学绕不开的。不少哲学家将心理状态分为意向的认知状态和质性的感觉状态，认为用现象学分析心理状态就是分析某个心理现象的现象特征，即"对于主体来说它像什么"。这实际上是从主体性出发探讨认知现象。本质上，现象意识与认知的关系涉及意识思维是否具有现象特征的存在主义问题，认知经验与知觉经验的关系是否涉及现象特征的问题。

第二节 关于认知经验的两种争论

思维作为认知活动是否具有独特的现象特性？如何解释所意识到的心理状态的现象特性？这些问题需从对意识思维的不同界定开始。目前，关于意识活动的现象本质有两种不同观点[①]：一种是限制论，认为"身体感觉和知觉经验具有对现象的感觉或心理学的直感，是现象特征的主要例证，认知状态缺少现象特征"（Braddon-Mitchell and Jackson，2007：129），也就是将现象学限制在感知上，知觉、情绪等感知状态具有独特的现象特征，而思维、认知、理解等没有；另一种是扩展论，认为除了知觉有现象特征外，意识思维也是一种独特的现象学。"看到红色，理解句子等都属于经验片段的范畴，持有者具有质性的特征。思维的现象特征是一个连续的模式，与听或听觉、看或视觉等的现象特征存在着复杂关系"（Siewert，1998：18-19），而且"意向状态具有现象特征，这个现象特征是经历一个特殊的意向状态和具体的意向内容的'它像什么'。无论是相信、渴望等态度的改变，还是具体的意向特征的变化，现象特征也随之改变"（Horgan and Tienson，2002：520-521）。这是关于感觉状态和认知状态是否有现象特性的两种有代表性的观点：一种是激进的否定论，只承认感觉状态有现象特性，认知状态没有；另一种是温和的包容论，即认知状态也像感知状态那样有现象特性。

根据感觉状态和认知状态的表征关系，切德诺夫（E. Chudnoff）将其分为四个命题（Chudnoff，2015：15）：①心理状态 M 部分是感觉的，仅当 M 以感觉的方式表征它的部分内容；②心理状态 M 完全是感觉的，仅当 M 以感觉的方式表征它的所有内容；③心理状态 M 部分是认知的，仅当 M 以认知的方式表征它的部分内容；④心理状态 M 完全是认知的，仅当 M 以认知的方式表征它的所有内容。

这意味着认知状态存在变化，现象状态也存在变化，即从部分到全部。这种变化似乎表明，现象状态的变化在某种程度上是由认知状态的变化引起的。比如，当你在书中读到"如果 $a<1$，那么 $2-2a>0$"时，你的第一反应是想知

[①] 这个问题涉及对现象意识的划分，不同的定义取决于将何种状态归于现象的意识以及它具有哪种现象学立场，比如，克里格尔分为"现象的膨胀论者"（phenomenological inflationists）和"现象的紧缩论者"（phenomenological deflationists）；西维特（C. Siewert）分为"包容主义"（inclusivism）和"排外主义"（exclusivism）；普林茨（J. J. Prinz）分为"扩展论"（expansionism）和"限制论"（restrictivism）。这里采用的是"扩展论"和"限制论"的划分方式。

道这是不是真的。这种反应中既有感觉状态，也有认知状态。两种状态交汇在一起，有时这种强一些那种弱一些，有时这种弱一些那种强一些，很难明确加以区分，或者说，认知状态难以还原为感觉状态。据此，切德诺夫将认知现象学的论题归结为以下五个。

（1）不可还原论题：一些认知状态使你处于现象状态，在这种现象状态，没有整体感觉状态是充分的。

（2）现象在场论题：一些认知状态使你处于现象状态。也就是，一些认知状态是现象状态。

（3）独立性论题：一些认知状态使你处于现象状态，这种现象状态独立于感觉状态。独立性强于不可还原性，因为前者可推出后者，相反则不能。

（4）现象意向性论题：一些现象状态决定意向或表征状态。这里的意向性意味着表征性，也就是包含内容的或语义的。

（5）认知现象意向性论题：一些现象状态决定认知意向状态。这个论题强于不可还原性论题，因为认知现象意向性可逻辑地推出不可还原性。

这些论题或观点与主流现象学之间存在着严重的分歧，引发了是否存在一门认知现象学的必要性，以及对认知进行现象学分析的可能性的争论。这种分歧与争论有着深刻的哲学和心理学根源。

以笛卡儿为代表的扩展论主张思维与意识同一。笛卡儿的贡献在于在理解了思维与意识的共通性之后，将思维引入心理状态的描述中。"我用思维这一术语来指以某种方式存在于我们，并且能够立即意识到它""所有意志、理解力、想象力和感觉的操作都是思维"（Chalmers，1996：11-15），即所能意识到的心理状态都属于思维，思维和意识被视为一体。现象学先驱布伦塔诺也提出了"意识的统一"概念[1]。他认为现象学的方法就是从"第一人称"视角研究心理现象，内部觉知和内部意识是心理现象的研究对象，是心理现象区别于非心理现象的关键。只有通过内部觉知才能感知到心理现象的另一特征，意识思维不存在现象与非现象这两种形式[2]。胡塞尔将意识作为内知觉和意向性的体验，比如，伏托利尼（A. Voltolini）认为，胡塞尔也用现象学的方法支持意识的概念，"知觉的、想象的、图像的表征，概念化思维的行为，如猜测与怀疑、欢乐和悲伤、希望和恐惧、愿望和意念的行动等，都是'经验'或'意识的内容'"（Voltolini，2009），也就是知觉和图像表征的经验形成概念化的思维。康德也表达了类似观点，指出经验不仅仅由感觉组成，还包括判断。摩

---

[1] Brook A, Raymont P. The unity of consciousness. *Stanford Encyclopedia of Philosophy*. http://plato.stanford.edu/entries/consciousness-unity/[2020-03-16].

[2] Psychology from an empirical standpoint. https://link.springer.com/content/pdf/10.1007/1-4020-4202-7_03.pdf[2020-03-16].

尔（G. E. Moore）反对英国经验主义者对理解只是内部图像运行的观点，认为理解涉及某种认知经验。"我现在要说出词语形成句子：这些词语，例如：二二得四。当我说这些话时，你不仅听到词，也能明白词的意思。也就是说，你脑中的某种意识的行为，超出了言语的听觉，意识的这一行为被称为对意义的理解。"（Moore，1910：57-58）总之，从笛卡儿到摩尔，这些哲学家都贯彻思维与意识的同一性，认同对经验的界定也适用于发生的心理片段。

以刘易斯为代表的限制论，从感受性视角对比经验中的主观因素与思维中的概念因素，从而证明意识与思维的不同。作为不同于心理现象的整体论，限制论将心理分为纯粹的认知和纯粹的感觉。纯粹的认知包括命题态度和具有意向内容的心理状态；纯粹的感觉指具有某种现象特征时，对于主体来说它像什么。刘易斯认为，"感受性是主观的，在普通术语中没有界定，但被'看起来像'等一些委婉的词所表述；感受性是难以言喻的，很难发现两个心智的不同之处，也没有对客体及其属性的知识产生不必要的不便。因此，指明感受性在经验中的位置，也就是指定了感受性再现的条件或相关的其他关系。这种定位不涉及感受性本身。如果可从其关系网络中解脱出来，在个人的全部经验中，并由另一个人替代，则这种替代不会影响社会利益或行动利益。理解和沟通根本上所必需的不是感受性，而是它在经验中的稳定关系的模式，当被视为客观属性的标志时，这种模式是隐含的"（Lewis，1929：124-125）。

赖尔（G. Ryle）虽然没有在理论上使用感觉或意识流等类似术语，但他犀利地指出，"聪明的人无论有什么感觉系统，该系统是可理解的在于有意识的生物可能有一个精确类似的系统。如果'意识流'意味着'一系列的感觉'，那么只是从贮存的内容不可能决定具有这些感觉的生物是动物还是人类"（Ryle，1949：136）。这种激进的主张把意识流还原为一系列的感觉状态，与思维完全没有什么实质性的联系。因此，赖尔的心智理论实质上是一种物理主义，认为不存在所谓的心理世界和物理世界，主张取消心身、心物问题。类似的观点也隐含在斯马特（J. J. C. Smart）的理论中，在他看来，对一个男人脑中正进行的事情的完整描述，你不得不提及他的组织、腺体、神经系统等物理过程，甚至还包括视觉、听觉和触觉，他的疼痛和痛苦等在内的意识状态（Smart，1959）。普特南采纳了思维的这一普遍路径，指出精神生活中的概念特征的方式，与图像、知觉和感觉的方式之间存在极大的不同。"当我们内省时，我们不会感觉到'概念'流经我们的头脑。当我们停止或想要停止思维时，我们捕捉的是词语、图像、感受和感觉等对人的'概念'或'思维'的归因，与对任何精神'呈现'、内省实体、事件的归因不同，概念不是心理呈现物。"（Putnam，1981：17-18）在限制论的意义上，感觉特征是某种"直接地"经历，而思维则是对构成这些感官元素进行间接地、结构化地作用形成的意识内容。总之，意识思维的扩展论和限制论围绕思维、认知与现象意识的关系,以及认知与知觉经验的关系的争论,进一步触发了认知现象是否有现象特性的论证。

第三节 认知现象特征的存在论证

认知的现象学分析能否成立,或者说认知现象学能否得到承认[①],我们首先要论证并阐明认知是否具有现象特性。最直接的论证是内省(introspection)论证。内省被认为是我们的有意识的心理活动,它是对自身意识思维和感觉的觉察,不仅构成了感觉、体觉、认知、情绪等心理状态的基础,也是了解个体经验的可靠途径和获取心理状态中某些信息的有效方法。但是,由于内省的短暂性、易变性特征而遭到排斥,直到19世纪末认知神经科学利用功能磁共振成像[②]技术研究意识时,要求被试报告实验体验,才复苏了对内省的重视。在哲学意义上,科学心理学的内省与传统笛卡儿主义的主观内省的任意性、不可重复性和模糊性不同,这种对内省的重视继承了胡塞尔的哲学思想,"哲学作为一门严格的科学,严格性是指最具有确定性的知识起源于内在感知中,更确切地说,起源于对意识活动的内在反思之中"(倪梁康,2007:3)。在这个意义上,遵循"内在化"趋向的内省路径,能区分出现象意识状态中的现象的差异。罗素认为,内省是区别于感觉的"精神事实"或"精神状态",康德称之为"内感",比如,我们的梦、记忆和思想明显不同于感觉,如疼痛。这种"精神事实"有时也被称为"自我意识"或"意识经验",在近代英国心理学中才普遍被说成"内省"。在罗素看来,一种意识经验显然不同于一个物理对象,也就是说,"一种其对象是意识经验的思想或知觉,一定不同于一种其对象是物理对象的思想或知觉"(罗素,2012a:99)。那么,"内省"是否能称为知识的一种来源呢?罗素认为回答这个问题需要弄清三个问题:①被观察的事物是公共性的还是私人性的?②一切可观察的事物都遵守物理学定律吗?③我们能够观察到任何内在地不同于感觉的事物吗?回答这些问题必然会产生分歧与争论,即使这些问题都弄清了,罗素认为还会有两个问题需要回答:其一,"内

---

① 关于认知的现象学分析,据笔者考察,在胡塞尔那里就开始了。胡塞尔在《逻辑研究》第五和第六部分对意识、意向性、意识内容、认知表征、感知与理解等做了详细而深入的分析,这其实就是胡塞尔的"认知现象学"或"现象学的认识论",只是中译本的翻译不同,意思是相同的,比如李幼蒸将第六逻辑研究的题目译为"认知现象学阐释原理",倪梁康译为"现象学的认识启蒙之要素"。从认知哲学来看,"认知"相比于"认识"更合适些,但从认识论来看,"认识"相比于"认知"似乎确切些,不同译法各有所长。

② 功能磁共振成像:利用磁振造影测量神经元活动引发的血液动力的改变。功能磁共振成像的非侵入性、时间分辨率高、实时跟踪信号等优势,在认知科学对意识的研究中得到了广泛的应用。

省"在多大程度上是可靠的？其二，"内省"会为我们提供与通过反思外部知觉而获得的材料不同的关于关系的知识的材料吗？因此，我们会问，从内省出发，能否证明认知的现象学分析是可能的呢？

通常，我们对于所处现象的意识状态有一些内省的知识，如能感觉到耳朵痒、肘部夹痛外，还能通过内省分辨出这两种感觉的不同。一般而言，内省知识能够区分所处现象意识状态中的现象差别，以及对其进行简单的描述。根据意识思维的内省特征，皮特（D. Pitt）将每种意识思维分为由其表征内容构成的"专有的""独特的""个体化的"[①]现象学，这也预设了意识思维的不可还原性和认知现象的意向性（Pitt，2004）。如果意识思维 P 的现象学是专有的，那就意味着有意识地思考 P 像什么与其他意识的心理状态不同，即使全部的感觉状态也无法再现意识思维处在 P 现象特征，因此是不可还原的；如果意识思维的现象学是个体化的，那么意识思维的现象学是由其表征内容所构成的。因此，意识思维的现象状态 P 满足具有相同表征内容的思维的认知意向状态，即说明了认知现象的意向性。

在笔者看来，虽然皮特在一定程度上确证了意识思维的不可还原性和认知现象的意向性，但他忽视了二者之间的关联。不可还原性是逻辑复杂的、归纳的、可能的、解释的关系，而内省是逻辑简单的、个别的、确实的、内在的心理状态。假设意识思维 P 的不可还原性与所处的现象状态的认知现象的意向性是正确的，不可还原性暗示了相同的感觉状态不足以构成与意识思维的相同现象状态，但并没有指出只有认知状态的思维能形成与意识思维相同的现象特征，这与皮特所说的"独特性"相矛盾。认知现象的意向性暗示了意识思维的现象状态有一些认知意向状态，但无法说明这些现象状态足以产生具有表征内容的思维的认知意向状态，这有违于"个体化的"特征。基于意识思维的内省提供的是非决定性证据，内省因此不能证明认知的现象特性，但在引出其他论证的作用方面具有积极意义。

与内省论证的直接性相比，现象对比论证间接地引入不同情境中的现象特征。当事物的现象发生变化后，认知随之改变，但感觉、知觉等非认知成分保持不变。在《逻辑研究》中，胡塞尔描述了两个场景：给一些人播放一组复杂的、从未听过的声音，一旦他们熟悉了对话中的语音链之后，就理解了这组声音；想象一些数字只能产生一些审美效果，突然间我们明白了它们可能是一些标志或语言符号，具有确定意义。胡塞尔认为，这两种状态在现象学上是有所

[①] 从其他正在发生的意识心理状态中辨别出当前正在发生的某一种意识思维，即"专有的"（proprietary）；从当前正在发生的意识思维中识别出彼此的不同，即"独特的"（distinctive）；确定当前正在发生的意识思维的表征内容的构成，即"个体化的"（individuative）。

不同的，这体现在意向的确定性或不确定性方面。事实上，这是两种不同的认知状态，一种是感知，一种是想象，根据胡塞尔的看法，每一个感知和想象都是一个由局部意向组成的交织物，这些局部意向融合为一个总体意向的统一。这个总体意向的相关项就是事物，而那些局部意向的相关项则是事物的部分和因素。只有这样才能理解，意识如何能够超出真实被体验的东西之外。可以说，意识能够进行超出的意指，而意指可以得到充实（胡塞尔，2015：917-919）。在笔者看来，这两种情形是心理状态的"质性"发生了变化，"质性"是指"感受性"，思想、想象、信念等行为的"表征方式"（命题态度）构成了意向经验或意向行为。感受性是经验的意味着，不同感受性有不同的经验。想象、知觉、判断等行为或意向心理状态是不同种类的经验。从现象特征的角度看，理解的经验与感觉的经验不同。思维经验往往伴随着图像和其他元素，但我们在体验和解释时常常将它们忽略。

那么，认知的现象属性能否解释这种现象对比呢？斯特劳森（G. Strawson）以理解的现象对比为例来说明（Strawson，2010：5）。他假设两个人，A 懂汉语，B 不懂汉语，他们在听汉语新闻时，A 理解了新闻内容，B 只是听到一串听起来像汉语的词，完全不懂词的意义。他认为，A 和 B 有相同的现象特征，相同的感觉经验，但有不同的认知经验；A 有理解的经验，B 没有。一些哲学家质疑 A 和 B 有相同的感觉状态，A 可能听到的是词句结构的声音流，形成了与新闻内容相关的视觉意象。如何说明理解与不理解所呈现出的现象变化？支持对认知作现象学分析的人认为，这是一种具体的认知现象学，这种现象学与获取语言表达的意义相关。根据笔者学习外语的体会，笔者认为听懂和看懂是不同的认知现象，有时一个单词和语句没有听懂，但能看懂，这表明听觉系统和视觉系统在处理语音和图符时是不同的。在此，理解与否都超越了视觉和听觉经验，感觉经验无法解释这两种心理状态之间的现象对比，只能诉诸一些认知经验如理解的具体现象特征。

除了理解的经验，货币换算的经验中也存在现象对比。从购买日常物品的支付的经验中，人们获得从熟悉的货币到陌生的货币的换算的体验。这与理解相似，也具有两种经验的现象差异的对比。认知经验是以知觉经验为基础的思维经验，许多认知意向状态依赖具体发生的知觉经验。具体认知的现象学分析并不否认认知中的感觉基础和知觉基础，而是承认认知意向状态尤其依赖于特定发生的一些知觉经验。换句话说，如果没有感觉、知觉经验，我们可能就没有认知经验。概念、认知元素本身是经验性的，这导致一些知觉经验具有认知的特征，但这还不足以证明认知作为意识思维具有现象学特性。因此，认知的现象学分析必然会遇到一些困境和质疑。

第四节　胡塞尔对认知过程的现象学论证

在《逻辑研究》的第六部分，胡塞尔从现象学观点出发，通过充实现象来刻画最一般的概念意指（意义）和直观（直觉），目的是阐明认知经验以深入各种直观的、首先是感性直观的基本分析，特别是包括以前的逻辑研究附带提及而没有深入分析的新概念——直观内容、再现性（表征性）内容，以达到一切相关认知的统一性，从而进入认知阶段的现象学。笔者认为这就是胡塞尔的"认知现象学"。接下来笔者将根据倪梁康（2015年）和李幼蒸（2018年）的译本主要围绕"认知"和"表征"从以下五个方面展开讨论。

第一，认知是表达性思想和被表达直观间的静态统一体。这是胡塞尔对直观行为与表达性行为之间存在关系的分析。按照笔者的理解，直观即直觉，它是高于感觉和知觉的，或者说是二者的统一，如何表达直观的确是一个问题。从静态统一关系看，被赋予意义的思想植根于直观之上，并因此与直观的对象发生联系。胡塞尔举了这样一个简单的例子，当"我"说这是"我的墨水瓶"时，就是说墨水瓶此时就在"我"面前，"我"看着它。名称"墨水瓶"指称着真实的墨水瓶，这个表达过程既包含"我"的思想（"我"的墨水瓶），也有感知（看着它）在其中。按照胡塞尔的说法，"我的墨水瓶"这个描述性表达将"自身安放到"被感知的对象墨水瓶上，这意味着这个表达以可感知的方式从属于它所描述的对象（墨水瓶），但它本身并不是它所描述的对象本身，即词语≠对象。从表征的视角看，这是一个认知表征过程，即用词语（表征项）描述所指对象（被表征项）的过程。所以，包含认知行为的"表征"起到了连接词语与其指称的作用。从现象学看，这是感觉体验进入到认知过程之中，即词语和墨水瓶同时显现于行为体验中，但它们又不是存在于体验"之中"。出现这种看似矛盾的表述是因为，我们通常谈论知觉对象的认知和分类是指行动作用于对象，事实上，存在于体验本身的不是对象而是知觉，是这样那样的印象感觉，因此，胡塞尔得出结论：体验中的认知行为植根于知觉行为。这意味着，内在的认知行为具有某些感觉的现象特性，或者说，体验建构着认知行为，并以确定的和直接的方式使表达的体验与对应的知觉融为一体。观念中的体验也与实际的体验一样，比如记忆中"我的墨水瓶"是词语表达的可感觉的承载。按照胡塞尔现象学的说法，与这种表达体验结合的认知行为是以这样的方式与表象化行为相关联的，即我们客观上将其描述为对表象性观念所呈现的认知。因此，观念中的体验，如想象的牙疼，与实际的牙疼有着近乎相同的现象特性。

这说明认知过程与感觉体验具有统一性，即表达的和想象的行为同时实现着一种具有内在统一性的认知行为。

第二，认知作为行为特性和词语显现的普遍性。对于认知行为和感觉状态，现象学的描述是通过语言进行的。这意味着词语显现（表达）与事实直观（感知对象）之间存在着一种中介性行为，即语言表达。在表征意义上，语言就是一种中介工具，具有普遍性，我们借助语言（自然的或符号的）来刻画我们要描述的客体对象，其中认知被看作一种中介行为。然而，在胡塞尔看来，词语并非系于个别的直观上，而是属于无限多的可能直观上。他以"红色"为例来说明其中的缘由。当一个显现的客体（自然类）命名为红色时，"红色"（概念）便借此客体显示的红色而从属于这个客体，如"红玫瑰"，红色属于玫瑰，这意味着红色不能是空的，它必须有承载者。也就是说，红色从属于它附着的客体，如红苹果、红旗等。那么，借助同一个意义（如红色）进行的指称包含什么呢？在胡塞尔看来，词语并非只是从外部基于隐藏的心理机制而具有直观中与之对应的同类单一特性。这是因为，每当一个特征出现在直观中时，词语作为纯语音组合也会伴随该特征出现。这两种显现方式的单纯组合、聚集和连接，不会在它们之间产生任何内在联系，也肯定不会产生任何意向性关系，但存在现象学的特征。这就是说，概念"红色"不意向性地指称红玫瑰，但红色是可感知的。按照胡塞尔的说法，词语将红色物体指称为红色，显示的红色就是用红色的名称所指的物体，而且是被指为红色的物体。以这种指称指向物体的方式，名称显现为从属于被指称物，而且是与其合二为一的，比如"红苹果"是一个整体。即使被观察物不在场的情形下，比如没有红苹果在场，我们也能够用"红苹果"指称红苹果。这是一种意向统一性。胡塞尔认为，这两种行为（词语表达和感知对象），一个构建出完整的词语，另一个构造出客观事实，它们通过表征意向地结合成统一的认知行为。这就是说，认知行为通过表征活动将词语及其所指对象连接为一个动态的统一体，其中包含的感知、语音、语义、意向、客体等因素没有必要再加以区分。因此，从现象学看，词语表达本身就是一种认知行为，因为它包含理解和阐释，对于我们人类来说具有普遍性。

第三，认知作为表达与被表达的直观的动态统一体。从上述论述可以看出，认知不仅是一种意指（词语意义）与直观（意指对象）之间的静态结构一致性或相符关系，更是一种动力学行为。在静态意义上，词语表达只具有象征功能，但在附加相应或多或少的直观后，就成为动态的了。在胡塞尔看来，一旦这种直观的附加发生，我们便会体验到一种在描述上极具特色的"充实意识"（取代以前的直观）——纯粹意指行为在朝向意向的方式中发现其在直观化行为中的充实。在这种过渡性体验中，其现象学的论证清晰地表明两种行为的相互关联性,这两种行为是意义意向和与之或多或少对应的完全直观。我们体验到,在象征行动中"仅被设想的"同一对象,如何被直观地在当下出现,而且此对象正是在直观中成为如是被确定之物,就像其最初只被设想的或被意指的(符号行为)那样。或者说,直观行为的意向性本质适应于表达性行为的意义性本质,这两种行为共同存在于认知同一体中,或者说具有同一性。从现象学来看,存在的是行为而非对象,如认知行为和直观行为。这些行为是动态的、充实的,是存在于时间中的形态,在时间中彼此区分开来。从适应性表征看,认知过程中的关系项(表征物与被表征物)在相符中同一化,也就是在适应性表征中获得同一。根据现象学,这种认知的同一性是一种包含"充实意识"的充实行为。充实行为两端的客体(被直观的和被思想的)被表征为同一性体验、同一性意识和同一化行为,认知的现象特性就体现在这种充实行为中。比如"树"概念,在胡塞尔看来,我们不仅仅将其理解为符号,还以直观的方式使用着树,在这两种情形下我们都指向同一物。从这种意义上说,胡塞尔的现象学一般并不拒绝认知或思维也具有现象特性,只是这种现象特性相比于感觉的现象特性是内在的、蕴含的、不易察觉的。

　　第四,认知综合是客观化行为特有的充实化形式。认知行为不单纯是概念的和思想的,它是概念和思想的客观化。这就是说,在表达和阐明的层次上,认知行为是综合的而非单一的。在笔者看来,这种认知综合性体现在意向主体通过语言对外在客体进行范畴化。用现象学的术语说就是,认知过程是将设想的客体(表象或心理客体)客观化并充实的过程。比如,一个愿望(认知状态)在一个行动中得到充实(完善),这种行动包含着一种作为必要组成成分的同一化(达到目的),因为存在着这样一个法则,即愿望的性质植根于一个表象中,也就是说奠基于一个客观化行为中,或者更准确地说,植根于一个纯表象中。更进一步说,愿望的充实化也植根于一个行动中,此行动在同一化过程中包含着根本性的表象,愿望意向只能通过这样的方式获得其充实满足,即为这个愿望提供奠基的被愿望物的纯表象,被转化为对一致性的确信。也就是说,一个愿望在行动中得以实现,实现的过程即是愿望的客观化行动的充实化。从表征的视角看,愿望的实现就是适应性表征得以展现的过程。笔者认为,一个愿望可通过意指符号地表征,也可通过相似性图像地表征,但在认知层次都是一种范畴化的客观化行为,一种语境同一化过程。虽然胡塞尔的现象学没有提及语境,但所说的愿望的客观化行动蕴含了语境,因为一个行动的充实必然是在特定情境或语境中完成的。

　　第五,认知作为表象体现了表征的心理本质。表象或观念呈现在胡塞尔那里频繁出现。在德语世界中,据笔者考证,表象(vorstellung)与表征(représentation)虽然词形完全不同,词义也有差异,但用法几乎相同,即都指心理印象或心理表征或观念（魏屹东，2018：94-105）。在现象学中，vorstellung是指表象或观念呈现，représentation通常被译为"再现"、"代现"或"表征"。如胡塞尔的"间接表象"是指符号意向，如数学符号或表达式，"表象的表现"即元表象，是意向客体，独立于它们的组成部分。表象的充实性（充盈）是指表象与其对象的相符程度，如相似的程度、一致的程度，表象与其对象越相似，就越充实。充实的内容包括想象的表征、感知体现、自把握、自呈现等，如果这些感知表象的不同因素被聚集起来，无论是以感知的方式还是以想象的方式，感知表象的充实性均得以实现。这个实现过程就是一种客观化的行动。根据现象学，一切具有完备的客观化行动都具有三个组成部分——性质、质料和表征性内容。随着表征性内容起着纯符号性的或纯直观性的表征者作用，或者同时起着这两种作用，行动就相应地是纯符号性的、纯直观性的，或者是混合性的。因此，表征作为中介客体（工具客体）的功能，实质上不受行动性质变化的影响，即表征中介可以面对任何外在对象。比如，不论外部事物是什么，它们要成为表征性的，首先必须成为表征者（主体）的表象（心中图像），表象再以中介方式（符号、模型等）表征或呈现出来。这个过程就是适应性表征。因此，表征的作用就是作为一切行动必需的表象基础，因为意向关系最终都需要通过不同表征方式呈现并得到阐释。总之，认知的本质就是让意向性充实化，即让被表征的对象更接近表征者，如相似表征，或者最好能够与表征者同一，如映射表征。用现象学术语讲，认知表征是一种客观化行为，其本质在于其性质与质料的统一，比如符号表征的感性经验充实，即符合意指的客观化对象。

第五节　现象意向性与自然化意向性

现象意向性是意向性和现象学融合形成的意向性方案。它沿袭了布伦塔诺的意向性和胡塞尔的现象学研究的哲学传统，建立了基于现象意识的现象意向性。在意向属性和现象属性的关系方面，自然化意向性强调二者的对立，而现象意向性强调二者的关联，继而强化现象意识、现象属性、"第一人称"视角在意向性研究中的重要性，区别于自然主义强调意向性研究中的"第三人称"视角。在心灵哲学中，自20世纪70年代至今，心身问题本质上已沦为分析哲学的自然主义框架下在物理世界中寻找心智位置的问题，而核心的意向性问题也呈现了这一趋势，表现为自然化意向性的主导地位。

自然主义利用物理学概念解释心智，将意识与物理世界的关系解释为意向性关系，并将意向性与环境、环境中的事物关联起来，强调心理状态与外部因素的关系。这种解释虽然凸显了心智现象的客观性，却忽略了与心理状态相关的内部因素，这引发了哲学家们对自然主义解释的重新思考，特别是对经验的主观特征的重视诱发了与之相对的现象意向性方案。根据笔者的考察，对现象意向性的思考最早始于劳尔（B. Loar）（Loar，1987），而对这种意向性的公开讨论则始于霍根（T. Horgan）和梯恩森（J. L. Tienson）以及劳尔（Loar，2003），他们以经验的现象属性所呈现出的意向性为研究对象，触发了现象意向性的讨论。这里笔者从以下几个方面就现象意向性的产生、作用及其是否超越自然化意向性做分析与讨论。

第一，现象意向性作为意向性与现象学的整合出现。现象意向性的探讨始于对现象意识的重视，当代心灵哲学家开始重新审视现象意识在意向性理论中的核心地位。现象意识概念的广泛使用来自布洛克（N. Block），他认为现象意识与经验同义，并对比了现象意识与存取意识：现象意识表现为在该状态中"它像什么"，如感觉；而存取意识是命题态度，用于推理和合理控制行为，如思维、信念、欲望等（Block，1995）。借此，内格尔的"它像什么"不仅区分了经验主体的现象状态和非现象状态，而且指出了不同类型的现象状态（Nagel，1974）。因此，基于现象意识所构成的意向性就是现象意向性。将传统心灵哲学家所指的意向性和现象意识相比较，一些哲学家强调意向性与现象学具有内在相关性，并据此形成了现象意向性的哲学依据，即我们一方面接受、继承了来自布伦塔诺所积累的意向性研究经验；另一方面我们吸收、发展了来自胡塞尔在现象学方面的研究成果。

布伦塔诺将整个现象世界划分为物理现象与心理现象两类，与具有广延的、空间位置的物理现象相比，心理现象关涉一种内容，指涉一个对象，这种意向性是心理现象的特性。基于此种划分，他首次将意向性引入心灵哲学，并将其视为心理现象独有的特征，并以此为标准区分了心理现象与物理现象，"每一心理现象自身都包含作为对象的某物，这种意向的内存在是心理现象所专有的特征，没有任何物理现象能表现出类似的性质。所以，我们完全能够对心理现象做出如下界定：它们是在自身中意向地包含一个对象的现象"（布伦塔诺，2017：105）。而且，赋予了意向性与意识相同的外延，"由于'意识'一词也指涉一种意识所意识到的对象，这看来与心理现象的区别性特征——关于对象的意向的内存在特征——更为相符"（布伦塔诺，2017：120）。意识的这一概念类似于"现象的"概念，尤其体现在解释心理现象的双重对象时，"每种心理行为都是有意识的；它在自身之中包含了一种对其自身的意识。因为，每种心理现象，不论多么简单，都具有双重对象：一阶对象和二阶对象。例如听这种简单行为，它有一阶对象——声音；以及二阶对象——听自身，即，在其中声音被听到的心理现象"（布伦塔诺，2017：182）。这样，一阶对象指向外部客体，二阶对象指向自身。这一划分延伸到心灵哲学的语境中则体现为现象方面（声音）和意向方面（听），它们是心理现象中两个独立的、不同的方面。正如克里格尔（U. Kriegel）认为的，每个心理状态构成了自身的意识，心理状态的内意识是自明的（Kriegel，2013）。

根据布伦塔诺的看法，一切意识都是意向性的，一切意向性都是有意识的，或以某种方式派生于意识的，继而心理现象的另一种特性是内意识，即现象意识，以意向内容为内容的意识。二者都属于同一种心理行为。例如，在"听"这一行为中，声响是意向内容，而现象内容是指通过声响这种意向内容而产生的寂静或欢腾的感受。布伦塔诺在挖掘了这两种特性之后，尝试将二者统一起来，认为"对一阶对象的认识与对二阶对象的认识并非两种不同的现象，而是同一个整体现象的两个方面；二阶对象以不同方式进入我们意识这一事实也不消除意识的统一性。我们必须将这两种对象解释为统一的真实存在之部分"（布伦塔诺，2017：184）。在此，他将现象意识视为二阶对象，是主体以"第一人称"姿态所体验到的心理的本质和结构，统一于心理现象这一整体之中。当代心灵哲学将现象意识的内容表述为另一种意向性，即现象意向性。可见，布伦塔诺最早支持了现象意向性，也诱发了现象学与意向性的统一趋向。

胡塞尔接受并改造了布伦塔诺的意向性概念，随后提出了现象学的"视域"概念。"视域"是理解现象意向性的关键，为解释经验的现象方面与意向方面的关联提供了思路。"所谓'视域'，通常是指一个人的视力范围，因而它是一种与主体相关的能力。它是有限的。但'视域'又可以是开放无限的，随着主体的运动，'视域'可以随意的延伸。"（倪梁康，2016：231）"视域"一方面与主体的能力有关，另一方面又随着主体的运动而得以延展。因此，胡塞尔正是利用"视域"概念赋予了经验结构的意向特征，而经验具有主观性，这种主观性与主体自身的视域范围有关，所以是现象的；而"视域"结构是经验的本质特征，它以特定的结构呈现出独立于心智的客观世界，因而是意向的。因此，"视域"体现了经验的现象属性和意向属性的融合。

同时，视域的范围不是完全孤立封闭的，与时间、环境、世界相关，具有不断变化的潜在可能性。因为"视域始终是活的，流动着的视域。不断持续的生活所具有的视域可能性最终植根于原初时间流连同过去视域和未来视域的发生性规律之中"，而且"经验都具有这样一个视域结构，因而与此相关，所有意识作为关于某物的意识也始终是视域意识"（倪梁康，2016：229）。可以看出，从经验的主观性、时间性出发，胡塞尔不仅解释了意向性进入现象属性的过程，而且进一步阐明了"视域"概念是从"第一人称"视角研究意识经验的结构，而"视域意识"是一种具有意向属性的意识。这种对于经验自身结构的回归，恰恰嘲讽了意向性自然化进路对科学范式的极度推崇。

对于"视域"的影响，我们可以从两个方面来分析：其一，从现象属性看，先验结构以现象的方式内在于经验，是经验得以意向地表征外界的前提；其二，从意向属性看，"视域"结构指示了具有意向性的经验结构，而经验结构又进入经验的现象属性，理解意识的意向性需要综合经验的意向属性和现象属性。二者统一于意识经验的结构之中，体现为经验的自明性。因此，现象学主要集中于研究我们意识经验的结构。经验是自明的，这种自明性源于经验的内在结构，主体可通过反观自身经验而达到。例如，在胡塞尔看来，当我们看到一棵树时，我们实际上并未看到这棵树的全貌，树是以高度结构化的方式呈现在我们的经验之中的；当我们绕着树走动时，我们看到了这棵树的新的轮廓，从而不断更新关于这棵树的结构图。他认为，人们都有自己的位置，并从这个位置看身边的事物，而且将因此看来不同的事物显现。可以说，胡塞尔的"视域"概念触发了当代对现象意向性问题的思考，为建构意向性的现象理论提出了更有希望的框架[①]。

概言之，布伦塔诺、胡塞尔对意向性的现象学解释与意向性的自然化解释相对立。前者认为在解释心理状态与世界的因果关系、与脑的神经关联之前，有必要先描述心理状态是什么，特别是从"第一人称"视角进行分析。这是因为有意识的感知经验有两面性：一面是经验主体感觉起来像什么的现象学；另一面是指向外部世界的意向性。这种"一体两面性"包含了经验的现象属性和意向属性。从布伦塔诺的一阶对象和二阶对象的划分，到胡塞尔的"视域"概念，充分体现了意向性由内向外（关涉性）到由外向内（反身性）的转向，表现出了强调经验主体的现象属性的趋势，极大地提升了现象意识在意向性中的地位，也推动了人们对现象意向性的研究兴趣。

第二，现象意向性是所有意向性的根源。在意识和认知问题上，是什么使得心理状态具有现象学特征？意识是如何依赖于外部世界的？如果心理状态与外部世界是相关的，那么这种相关性是由什么构成的？在意向性问题上，是什么使得有机体能够意向性地指向外部世界？是什么使得心理状态具有了内容？思想和主观经验是如何关涉事态的？在解释这些问题上，以经验的现象属性和意向属性的关系为起点，形成了自然化意向性和现象意向性两种进路。自然化意向性凭借追踪关系来解释意向性，而现象意向性则凭借现象意识来解释意向性。

自然化意向性区分了现象属性和意向属性，是一个二分图景，且二者各自独立：现象属性是心理状态的"它像什么"，是非意向的；意向属性是心理状

[①] Walsh P J. Motivation and Horizon: Phenomenal Intentionality in Husserl. http://booksandjournals.brillonline.com/content/journals/18756735,2017[2022-03-09].

态的关涉性、指向性，是非现象的。根据自然主义，脑的状态与外部世界的状态之间是一种自然化关系，心理状态的意向性与环境、环境中的事物因果地、信息地、历史地相关联。以这种自然主义为基础，形成了两种经典的理论：一种是追踪理论，将心理状态的意向性与环境中的事物因果-信息-历史地关联起来；另一种是概念角色理论，将心理状态的内容与其他心理状态、外部世界联系起来。福多的非对称依赖理论（Fodor，1987）、德雷斯基的信息语义学（Dretske，1981）、密立根的目的论语义学（Millikan，1984），均属于意向性的自然主义解释理论。但是，在非对称依赖关系和信息语义学中，意向关系被解释为因果关系。当不同输入可产生相同的意向内容时，这就是所遇到的析取问题，而目的论语义学的功能不确定性又产生了循环问题。从根本上说，意向性是心理状态与意向对象（实在或非实在的）之间的关系，而自然主义将这一关系转化为心理状态与实在的外部因素的关系，意向性因此被解释为内部状态与外部世界的表征关系，这本质上是将意向性完全还原为物理事实。正如里昂（W. Lyons）指出的，"当代哲学家在心灵方面，尝试结合相关科学的发现，给出最新的、确切的解释。当代理论一是集中在信息负载内容和过程的概念，弱化意向性的其他方面；另一是与布伦塔诺和胡塞尔的理论相比，意识和注意不再被视为意向性的本质"（Lyons，1995：3-4）。

与自然主义从追踪关系解释意向性不同，现象意向性从经验的现象属性解释意向性。经验以特定的方式表征，经验内容呈现为表征内容。经验不仅能表征对象，也有特定的现象属性。比如对红色、绿色的经验，不仅有表征内容的不同，如红色的小车、绿色的树叶，还存在现象属性的差异，如红色让人亢奋、绿色让人平和。现象意向性并不是从传统的物理功能解释的意向性，而是从描述其本质的角度出发，以现象意识为基础，从心理状态的主观特性、经验特性以及经验的主观质性的"它像什么"的方面解释的意向性。也就是说，现象意向性是由现象意识构成的意向性。现象意识是主体在感知时，内在地体验到、感受到的现象属性，现象状态例示了现象属性，如知觉体验、痛苦、情绪感受等。

克里格尔认为现象意识有四个特征：①以现象属性为基础；②现象属性与意向属性相互交织；③内在的，构成上不依赖于经验主体的外部事物；④主观的，建立在现象意向性状态的现象属性之上（Kriegel，2013）。从现象意识维度来解释意向性，对将传统心理状态分为意向状态和现象状态且二者相互排斥、相互独立的观点形成了挑战。因为现象意向性强调意向状态和现象状态是密切相关的（Kim，2000）。一方面，现象属性是意向的，如幻肢痛这种独特的现象；另一方面，意向属性在很大程度上依赖于现象属性，意向状态的现象属性源于具体的命题态度或意向内容的经验。意向性中的态度类型、意向内容的变化，都会导致现象属性的改变。

可以看出，现象意向性理论以现象意向性的独特性和基础性为前提，只是在独特程度和基础程度上存在分歧。斯特劳森将这种分歧分为三种立场（Strawson，2008：53-74）：强、弱和中立的现象意向性。强观点认为，所有的意向状态都是现象的意向状态，现象意向性是唯一的意向性。这里的"所有的"指的是所有的、实际的意向状态，而非所有的、形而上学可能的意向状态。弱观点认为，只有一些意向性的可能形式是独立于物理属性的。现象意向性立场则承认非实际的意向状态与现象意识无关。强观点的困境在于，所有的意向状态是否由足够的、恰当的现象状态组成是模糊不清的。例如，"草是绿色的"由多少现象状态构成并不易分析（Farkas，2008）。中立观点认为，一些意向状态是现象的意向状态，意向状态中现象的意向状态和非现象的意向状态共存，二者并无相互关系，例如，知觉状态、正在发生的认知状态具有现象意向性，而无意识的、超个人的、非当前的认知状态不具有现象意向性。弱观点尤其受心灵哲学家、各种形式的表征主义者的支持，承认现象状态与意向状态相同。中立观点承认现象的意向状态与非现象的意向状态都是意向状态，但非现象的意向状态至少部分地进入现象的意向状态。强、弱观点将现象意向性局限在知觉和其他感觉状态，而中立的现象意向性观点认为思维也具有这一特征。这里笔者不对三种不同倾向的观点做出评述，而侧重讨论中立的现象意向性。

纵观以上三种立场，从现象状态如何构成意向状态这一角度看，现象意向性立场可归纳为"入场论"和"同一论"。"入场论"让现象的意向状态进入现象状态，入场的不对称性决定了现象的意向状态不同于其所进入的现象状态。根据入场论，强现象意向性与现象意向性本质上都是还原的，入场的现象状态自身不具有意向性，但比意向状态更为基本，因此，所有的意向性最终进入现象状态。相反，"同一论"则认为，现象的意向状态和现象状态的关系是相同的，意向性质的例示与现象性质的例示相同，因此，现象描述比意向描述更为根本，如"腿疼"比"我感到腿疼"更根本。根据同一论，现象的意向状态与现象状态同一，也可以是非还原的，即意向状态的现象描述并不比意向描述更基础。在笔者看来，现象的意向状态与现象状态是否可还原仍是一个开放的问题。无论现象意向性是否为意向性提供了普遍的还原论解释，现象意向性允许非现象的意向状态的存在，旨在将这种状态还原为现象意向性和其他成分，这至少提供了一些意向状态的还原论解释。

简言之，自然化意向性是根据特定的追踪关系，意向性地注入世界。注入后，意向性就可脱离这种追踪关系，如语言表达、绘画、交通信号就自动携带了意向性，但追踪关系是所有意向性的根源。现象意向性是根据特定的现象属性，意向性地注入世界。一旦出现相关的现象属性，就具有了意向性。因此，现象属性是所有意向性的源泉，或者说，感觉属性是意识现象的根源。

第三，现象意向性在解释上优于自然化意向性。在对意向性的解释上，自然化意向性方案尝试为意向性寻找自然秩序，本质上是由可认知的、可解释的因果过程构成的追踪关系。但是，哪种理论对追踪关系做了最好的信息理论解释？技术层面能否充实信息理论解释？如何解释错误表征等意向的失败？这些问题仍悬而未决，我们对此做进一步的探讨。

我们知道，自然化意向性是从"第三人称"视角即客观主义立场解释和预测行为的，意识和注意之类的现象被排除在意向性之外，而对自然化意向性的批判多集中于它忽视了现象意识和意向性的"第一人称"视角。因此，意向性的范式是命题态度，特别是信念和愿望，而这忽略了意向性离本质更近的另一个维度，即我们认知世界的自然观。虽然意向性具有"第一人称"方面的特征，但因果理论及类似理论所偏好的自然主义概念似乎不可能把握这一点，因为这些理论强调"第三人称"视角。如果我们不能通过宽泛的物理学概念以自然主义的方式解释意识，那么也不能解释意识的构成性结构。经验和思想中的意向性和身体知觉中的主观感受是一致的：它们都不能得到客观的物理解释。因此，"标准的自然主义理论如还原论的功能主义遗漏了某些本质性的东西，即对知觉的'感觉'，它们未能把握住我们描述为领会、理解、探出、引入等心理状态的现象特征。在经验与对象之间的关系存在一种内在性，它似乎很难用'外在的'因果或目的关系描述出来。经验对象向主体的呈现无法通过这样的自然关系得到完全的表达"（麦金，2015：53）。

笔者认为，现象意向性之所以优于自然化意向性，以下五个视角展示了其独特之处。

一是现象例证性角度。弱现象意向性立场认为，由现象组成的意向性普遍存在于人的心理活动中。一方面表现为现象学的意向性，现象的心理状态具有与其现象特征不可分割的意向内容，每个现象属性都例示了相关的意向内容，如颜色经验及痒、嗅等知觉经验状态。"你看到附近桌子上有一只（支）红色的钢笔，桌子后面是一把红色的扶手椅。看到红色一定有对于你来说像什么的东西，但首先你所看到的红色是客体的属性。这些客体位于你的视觉中心，是完整的三维场景的一部分，还包括地板、墙壁、天花板和窗户。这种空间特征建立起经验的现象学。"（Horgan et al., 2003）关键是，在经验中注意到的红色是外部客体的属性，红色是被表征的属性。这个论证回应了表征的透明性理论。另一方面表现为意向性的现象学，意向的心理状态具有与其意向内容不可分离的现象特征，每个意向属性都例示了相关的现象性质，如信念等认知状态。这种对意向性的现象学的论证主要依赖于详细的现象学观察，表明意向性对应于命题态度的内容，以及信念和欲望的态度的现象特征。

通过现象学的意向性和意向性的现象学两个维度的论证，霍根等指出了主体的现象复制，进而论证了现象意向性的广泛性表现为四个方面：①成对的现象复制的知觉现象状态必然共享一些内容，包括许多感知内容；②因此，现象的复制必共享知觉信念；③现象的复制必然共享非知觉信念；④现象的复制必然在知觉、知觉信念和非知觉信念层面共享许多意向内容。通常而言，现象状态与现象意向性的产生大部分依赖于"信念网"。

显而易见，从①到②，霍根等详细阐述了在个人和群体中知觉经验的内容如何产生知觉信念。意向性的现象学的核心观点是，知觉信念和感知内容的其他态度具有相关的现象特征。一旦我们具有相关知觉内容的知觉经验，接受和拒绝其中的知觉内容就足以产生许多感知信念。从②到③的论证也源于意向性的现象学，非知觉信念具有广泛的现象学特征。非知觉思维的现象学以及广泛的知觉信念和知觉经验的集合，固定了大量的非知觉信念和其他非知觉的命题态度。④组合了①和③的结论。如果所有的信念和欲望都有独特的现象特征，现象的复制将分享这些现象特征。通过现象学的意向性，这些现象特征必须确定内容，也决定了所表征的信念和欲望的内容。因此，如果主体确定了信念内容 C，那么现象复制以这一信念内容作为经验的内容。而且，复制品承担 C 的感觉，然后复制品相信 C 的可能性也较大。总之，虽然霍根等的论点建立了弱现象意向性理论，但没有建立中立现象意向性理论。许多意向状态是现象的意向状态，但一些意向状态既不是现象的意向状态，也不进入现象意向性（Bourget and Angela, 2014）。然而，与霍根等的论据相结合，许多非现象的意向状态进入现实的意向性能够支持现象意向性。

二是意向内在性角度。以心理内容的内在论来论证现象意向性理论，主体的心理状态的表征完全取决于主体的内在属性。劳尔从内在论出发，对现象意向性理论进行了论证（Loar, 2003）。首先，现象意向性理论需要满足两个要求：①内在论决定了现象意向性应该是一种非指称理论，意向性不是指称外部实体的条件（Putnam, 1975b）；②现象意向性也应该适用于关于指称和真值条件的外在论（Burge, 1979）。其次，非现象的内在论不能满足①和②。在此，劳尔排除了两种观点：一是将大脑状态与意向性关系视为因果关系的短臂功能主义（short-arm functionalism）；二是将短臂功能主义与指称的描述理论关于其原始表征联合起来。在劳尔看来，现象意向性理论可满足两个要求：一是现象属性具有指向性，是内在意向的，因为指向与指称不同，其结果是非指称的心理内容，这满足了第一个要求；二是现象属性本身不能确保指称或真值条件，相反，指称和真值条件是由外部关系确定的，这满足了第二个要求。进一步讲，一方面，如果指称的外部决定关系取决于主体的非指称的内在内容，那么人脑与其物理复制的"缸中之脑"的现象意向性是完全匹配的；另一方面，如果人脑的信念的窄真值条件得到满足,而与"缸中之脑"匹配的信念没有满足,那么"缸中之脑"的信念系统就是非真实的。

显然,劳尔和霍根等(Horgan et al., 2004)通过"缸中之脑"论证为内在论辩护。"缸中之脑"是"具身之脑"的精确物理复制品,放置在维持生命的液体的缸中,连接到计算机,该计算机向其传递与"具身之脑"相同种类的刺激。直观地看,"缸中之脑"与"具身之脑"的活动相"匹配",具有匹配的感知经验、感知判断和信念。然而,主体人的信念可能是真实的,而"缸中之脑"的信念和许多其他的心理状态是非真实的。根据具身认知观,信念等心理状态也具有具身性,无身的"缸中之脑"即使有信念,那也一定不同于"具身之脑"。这样,现象意向性适用于窄内容,而由外部确定的指称、真值条件、宽内容是一种外在论视角,所以,所有意向性理论所需的是内在论的现象意向性。

三是意向表征性视角。在现象意向性理论的早期论证中,塞尔提出基于意向状态的"表形方面"(aspectual shape)的论证(Searle, 1991)。塞尔发现,所有的意向状态都有一个表形方面,涉及事物如何表征的问题。例如,表征月球与表征水、表征超人与表征爱因斯坦是不同的,区别不在于表征哪些对象,而在于如何表征它们,这些是它们表形方面的差异。塞尔认为,内在或外在的无意识的物理事实或功能事实无法决定表形方面,唯一可以确定表形方面的是意识,无意识状态只有与意识状态相连接,才能有表形方面。也就是说,表征是一种有意识行为。无意识的意向状态具有意识状态的倾向,即一种连接原则:所有意向状态都有表形方面,所以只有有意识的或有意识状态的倾向才具有表形方面;继而得出,所有意向状态要么是有意识的,要么是具有意识状态倾向的(Searle, 1994)。因此,所有的意向状态是现象意向状态,或具有现象意向状态的倾向,这就支持了现象意向性的观点。不过,塞尔的论证引起了大量的反驳。福多认为,并没有合适的方法来证明,塞尔所说的潜在意识都具有可能性、倾向性;戴维斯认为,除了塞尔的意向性外,在认知科学中还有不依赖于意识的其他种类的意向性,这就是意向性的扩展(Davies, 1995)。

四是意向扩展性视角。自然化意向性在构成上依赖于认知主体与认知对象之间特定的外部关系,而现象意向性在构成上不依赖于经验主体的外部世界,但具有扩展能力,其核心是现象学、现象意识、心理活动中的"它像什么"方面。霍根指出,现象意向性是具有现象学特征的一种内部状态的存在,内在意向是一个实体凭借其内部状态所具有的功能而不能拥有的特征;现象意向性的核心就是现象学或现象意识,其构成不依赖于任何现象意识本身之外的东西,在这个意义上,它是内在的、固有的,是原初意向性(Horgan, 2013)。由此得出,现象意向性是所有意向性的源泉,也是其他意向性的基础。进一步说,现象意识本质上是内在的现象特征和经验的自我显现;现象意向性是意识的本质性和决定性特征，是心理活动中的现象意识、感觉的主观的方面，描述了经验的主观品质的"它像什么"。然而，正如内格尔的蝙蝠论证所揭示的，即便我们用科学的方式解释了蝙蝠是用回声来判断物体的距离、大小、形状，仍然无法告诉我们身为蝙蝠的真正感觉是什么，这是物理主义难以解释的问题。即使借助脑电图、正电子发射断层成像、单光子发射计算机断层成像等非侵入性技术对脑机制、脑功能的探究，都难以解决心理状态的"它像什么"方面的问题。

据此我们发问，智能机仅依靠内部状态间的功能角色、输入输出状态以及内部状态与外部环境的因果联系，就能拥有现象意向性吗？以塞尔的"中文屋"思想实验为例，屋内仅懂英语的实验者可以按照英文说明书，通过图灵测试产生正确的中文输出，使得屋外的测试者难以辨别屋内是人还是机。事实上，屋内的人对中文一无所知。即便智能机比懂汉语的人表现得更好，也不足以说明智能机就有如人一般的心智。在塞尔看来，如汽车恒温器察觉到发动机温度的变化，这种以隐喻形式指涉的意向性，本质上是无意识的（Searle，1984）。类似于其他生理现象，内在意向性来自有意识的生命，汽车恒温器所表现出的意向性并没有原初意向性，而是一种派生意向性。在"中文屋"中，屋内的智能机没有对中文符号的现象意识，其输出行为表现的也是一种派生意向性。这是因为，功能角色所赋予智能机的意向性是非内在的、无现象意识的，而人所具有的现象意向性是内在的、由现象意识构成的。功能主义将意向性的意向特征予以抽象化，将意向性还原为一种功能角色的解释，忽略其内在细节。有意识的意向性除了意向属性外，还包括了现象属性。智能机所匮乏的现象意向性，正是意向性的现象方面，是由现象意识构成的。所以，基于现象意识构成的意向性是一种现象意向性，现象意识是现象意向性的充分条件。智能机的内在系统具有生成智能行为的功能，这是现象意向性的必要但不充分条件。由于现象意识是内在的，功能角色是外在的，具有功能角色的智能机无法获得现象意识，故而难以生成具有现象特征的现象意向性。功能角色所赋予智能机的意向性是非内在的、无现象特征的，智能机只有亲自体验内在的电化学活动，才能呈现出它自身的现象意向性。因此，智能机的符号化、算法化的意向性也不具备现象意识，不能等同于现象意向性。

据此，霍根修正了"中文屋"思想实验，从现象意识角度揭示了理解中文时所表现出的现象特征，从而说明现象意向性的重要性。在塞尔"中文屋"论证的基础上，霍根假设屋内的实验者脑中嵌入监控-处理-模拟装置（monitoring/processing/simulation device，MPSD），监控进入实验者的视觉输入、听觉输入、语音输入等，并迅速自动执行相应的规则，自发式地刺激实验者的大脑，使之产生有意义的输出。在屋外的人看来，嵌入 MPSD 的实验者，与懂中文的人一样，产生了完全相同的输出。但事实上，嵌入 MPSD 的实验者仍不懂中文。霍根认为，这是由于缺乏对中文理解的现象学。虽然二者都能产生相同的意向内容，但仍存在现象意识的差异。懂中文的人经历了语言理解的现象学，而不懂中文的人则缺乏语言理解的现象学。霍根推论，智能机只有具备了现象意向性，才能达到类人的智能。也就是说，智能机只有智能意向性，没有现象意向性，只有智能，没有意识或心智。在笔者看来，霍根从现象学对塞尔"中文屋"论证的修正有一定道理，但并不能令人满意。意向性是原初也好派生也罢，都是一种功能呈现，一种适应性表征。事实上，智能机不能感知其内在的电化学活动，我们也同样不能，比如我们不能体验到身体内部的化学反应。所以，以此来说明智能机没有现象意向性是不充分的。

五是意向根源性视角。根据现象意向性理论，现象意向性是现象意识之源，呈现出指向性、内在性和体验性特征，即现象意识是具有独特的、专有的、个体化的"它像什么"的心理状态，其神秘性引发了关于意识的"解释鸿沟"和"难问题"。针对物理状态或功能状态如何产生现象意识的问题，主流观点认为意向性与现象意识互不相关。功能主义认为，典型的意向心理状态缺乏独特的、专有的和个体化的现象属性，仅仅凭借所扮演的功能角色，如因果关系、协变关系以及进化历史关系，将各种构成关系与认知主体的更广泛环境结合在一起。功能主义的意向性是一种强烈外化的、自然化的特征。一旦接受这种观点，就会倾向于认为，适当的、复杂的智能机能以恰当的功能性架构而具有意向性。这样的话，即使是一个完全没有现象意识的"僵尸机器人"，也可能具有完整的、原初的意向性。

在笔者看来，虽然现象意向性的功能主义概念仍然在心灵哲学中占主导地位，但其中确实存在一个现象意识的难题以及随之而来的"解释鸿沟"。无论是"中文屋"中的符号系统，还是符号系统的操作者，都不懂中文，因为二者都缺乏构成理解中文的现象意向性。这意味着，僵尸机器人完全没有真正的心理活动，功能架构组成的智能机只有具有了现象意向性，才能产生类人的意识。

总之，现象意向性以心理状态的现象属性和经验特征为基础，现象意识是产生意向状态的关键。意识状态先于意向性，并将意向性"注入"世界，是意向性的"源头"。因此，无论是在发生意义上还是在解释意义上，意识均优先于意向性。或者说，现象意向性是以"意识第一"通向意向性的路径的，本质上是将意向性还原为意识，并在逻辑空间中提供了理解意向性的新角度。为解决认知科学中的意识难题，现象意向性将现象学与意向性联姻，将意识的"第一人称"方法与科学客观方法联合，其严谨性是基于共证共识的科学过程，有助于推动认知哲学的综合。以"第一人称"方法研究人类活动采取的是行动者的角度，而"第三人称"方法则是拆分研究者和研究对象的科学过程；"第一人称"方法研究经验现象的科学过程，这些现象是研究者作为自我和主体而相关联和显现的。在此，现象意向性试图克服主观（"第一人称"）与目标（"第三人称"）之间的鸿沟，但能否填补这一鸿沟仍存在巨大分歧，这有待于我们的进一步研究。

第六节 认知的现象学分析面临的问题

通过上述分析可以发现，对认知行为进行现象学解读会面临以下三个问题。

首先，感觉、知觉与思维能否还原。思维附随于思维的感觉方面，思维伴随着知觉表征、身体感觉、图像和内在语言等心理图像，这似乎否定了思维这一认知状态自身的现象特性。思维的经验 P 只是经验中所听到的、读到的、想象到的 P。按照这一思路，伯奇断言，现象意识思维中的现象意识源于现象特性的使用，源于更简单的心理系统；他也认同思想不是现象的意识本身，认为我们的思想与视觉、想象和情绪感觉有关，这些现象思维本质上是类似感觉的状态（Burge，2007）。这种对意识的哲学态度源自于维特根斯坦，他预设所有的心理过程都是经验的，理解并不是一个感觉过程或感觉经验，也无法称其为心理过程（维特根斯坦，2012）。但是，他的论证并没有否认非感觉经验存在的可能性。

针对思维附随于感觉的观点，皮特给出了三种回应：其一，感觉的伴随状态的出现并不是意识思维的充分条件，尤其是在不附随感觉内容的思维具有现象特性的情形中。感觉状态的现象特性与相关的命题状态内容是偶然连接的，比如，用"猫"这个词而不是别的词来表达关于猫的想法，这并不是思维自身的本质，而是语言的特征使然。经验的质性特征只属于相伴随的感觉表征，而独立于其概念内容。因为感觉表征出现于具体的思想之中，而推出感觉表征的现象特性是非感觉思维的特性。其二，非感觉思维与感觉表征并不共现。当听到埃菲尔铁塔将要被拆除这一消息的过程中通常会产生埃菲尔铁塔的视觉影像，这一想象是理解经验的一部分。这说明转瞬即逝的思维可能无法具有感觉表征。比如，当你站在门口伸手摸裤兜发现没带钥匙时，你会突然感到十分惊慌，你想可能把自己锁在门外了。你尝试回忆钥匙的去处，想起原来将钥匙从裤兜移到了夹克兜里，最后找到了钥匙解除了惊慌。在这个例子中，突然焦虑的现象特性并不能说明思维具有具体的认知状态。其三，思维的现象学与感觉经验的现象学彼此独立。两个不同的思想可能有相同的图像，但具有不同的现象特性。譬如，想象埃菲尔铁塔高 300 米与其高 301 米，两种想象虽具有相同的图像,却在现象状态上有所不同;想到一只叫巴克的狗和一只叫巴克的老虎,书面表达和发音都相同,但你想到它的形象则是不同的。"纯粹的"认知现象或作为一种"专有的"思维现象,有独特的现象特性(Pitt,2004)。但关于"纯粹的"认知现象分析也会有争议,因为它仅认可思维具有独特的现象特性。

这种分歧进一步演化为两种观点:一是认为思维实质上涉及或以某种方式"实现"某种形式的感觉介质,如内在的言语,根据这种观点,特殊的思维将由现象的状态"承载",但该状态的现象特性将是特定的感觉;二是认为思维的发生影响主体的感觉结构的多样性。例如,味觉模式的现象特性的不同是判断肉和豆的依据。这些现象是"不纯粹"的认知现象的例证。不纯粹的或非专有的现象是否属于认知的现象学分析仍悬而未决,对认知的现象学分析仍是对非感觉的现象特性种类的恰当指称。这一限制的结果是拒斥了对认知的现象学分析,也意味着承认了独特的思维种类的现象特性是该思维的独特标志,感觉现象属性的集合只存在于特殊的思维中。

其次,知觉现象的多样性与思维现象的多样性是否对称。感官领域内的各种类型的现象状态,除了经验中不同的知觉方式存在明显的差异外,知觉模式本身也有许多区别。比如,嗅到发霉的软酪,与嗅到新鲜出炉的牛排完全不同。丰富多样的思维现象中是否有相同的种类?以此建构的核心维度又是什么?罗素认为,思维涉及对命题的态度。根据这种观点,将判断鱼游动理解为采取判断的态度对待命题<鱼游>。同样,想去黄山旅游,应被理解为对"到黄山玩"这一命题的态度。此处援引罗素的观点不在于分析(所有)思维是否可理解为对命题的态度,而是在于这个思维方式是否可能给现象学的结构提供一个有用的框架。

问题是,我们能否用命题态度、命题内容建构认知的现象学分析?存在与命题类型相对应的独特的现象特征吗?罗素指出,相信 P 不同于不相信 P、假设 P、期望 P,或以任何其他命题的态度对 P(Russell,1949)。因此,即使 P 与 Q 的整体特征可能不同,判断 P 的现象元素与判断 Q 的现象元素类似。同样,期望 P 与期望 Q 具有所有出现的愿望共同的现象元素。在各种知觉方式的现象特征的模型中,人们可能会想到特定态度类型的现象特征。正如视觉经验具有与听觉经验不同的现象特性,非价值的认知判断具有区别于期望的独特的现象特性。事实上,现象特性标记了思维之间的态度对比,这使得有些不同的现象特性与某人的信念的强度相关联,即与命题态度的现象学相关(Klausen,2008)。思维可作为孤立的事件发生,如沉思、冥想,但它们通常在思维链的语境中被标记出。认知的现象学分析中关于思维内容的争论,主要是思维内容与现象特性的关系上存在分歧。一种观点是,思维内容对现象特性无任何直接的影响;另一种观点则认为,思维内容的不同导致了现象特性的区别;中间派则认为，只有某些种类的思维内容之间的区别反映在现象特性上。

我们知道，意向内容有多个层面：有根据对象及其属性来设想的意向内容；有根据状态、事态或可能世界的集合来构想的意向内容；还有根据呈现的模式来建构的意向内容。许多哲学家认为，思维和感知可以有多层内容。如果何种内容能获取知觉现象是个开放问题的话，那何种内容能获取思维现象的问题也同样敞开。核心问题在于，与现象特性共变的内容是内部的（"窄的"）还是外部的（"宽的"）。这个问题可通过普特南的"孪生地球"思想实验来说明，即将地球上一个人的现象状态与在孪生地球上的"孪生"状态进行对比（Putnam，1975a）。假设双胞胎在各自的语言中都能有意识地思考"水是湿的"。如果两种"水"的思维具有相同的认知现象特征，那么认知现象的特征与内部（"窄的"）内容相关联；如果两种"水"的思维是不同的认知现象特征，则这种特征与外部（"宽的"）内容相关联。虽然认知现象的支持者和反对者通常认为认知现象必须是"窄的"，但这种假设是否应该被承认是存在争议的（Dretske，1996）。如果可以合理地认为感觉现象是"宽的"，那么或许也可以合理地认为认知现象也是广泛的。

最后，心理活动中的情感、范畴化知觉和认识感觉是否存在现象特性。到目前为止，我们关注的是判断、愉悦、欲望、意图等思维的现象特性。除此之外，还有心理活动的情感、范畴化知觉、认识感觉这三个方面，从而发现认知状态具有独特的现象特性。心理活动的第一个区域是情感，情感状态往往涉及现象的属性，亲人去世后的悲伤、朋友成功时的欢庆、对不公正待遇的愤怒等体验，这些情感的现象特性是否可由纯粹的感觉术语分析？格里菲思（P. E. Griffiths）认为，人的情感与呼吸、血液循环、消化、肌肉骨骼和内分泌系统变化的感知相同，但情感有认知的成分，这种情感的认知元素独立于现象特性（Griffiths，2008）。巩特尔（Y. H. Gunther）认为，各种类型的情感状态（愤怒、快乐等）的特点是独特的、非感觉的、有现象的特性（Gunther，2004）。蒙塔古（M. Montague）指出，情感是特殊的意向态度，独特性的一部分是由现象特性来解释的，特别是她所说的"评价现象学"（Evaluative Phenomenology）是非感觉的（Montague，2009）。

心理活动的第二个区域是范畴化知觉。试想：看到一棵松树，闻到空气中成熟的香蕉的气味，或听到以一系列的音符作为舒伯特未完成的交响曲的开头，这些感知行为是否具有独特的现象性？假设范畴内容进入知觉现象是合理的，这将对认知现象学产生什么影响？一方面，它无法提供认知现象的直接证据，人们可将高级知觉与思维分离；另一方面，范畴化现象的存在也不能为认知现象提供间接证据。人们可能会认为，如果"感知为……"涉及概念内容，那么范畴化知觉的现象表明，在拥有概念内容和拥有专有的现象特性之间是不一致的。在笔者看来，这实质上是感觉和意象（概念化）之间的不同及其关联，我们的感觉疼痛和我们的意象疼痛虽然是不同的，前者有物理（生理）的原因，后者有心理（记忆）的原因，但感觉既有物理的也有精神的，正如罗素指出的，"感觉和意象之实际区别就在于，在感觉的而非意象的因果关系中，把结果通常从身体表面带入脑内的神经刺激产生了实质性作用。而且，这解释了这一事实，即意象和感觉不可能总是通过它们内在的性质而得以区分"（罗素，2012a: 135）。

心理活动的第三个区域是，像知道、舌尖的体验、熟悉的经验、理解的经验等认知感觉，这是认知状态的独特现象特性（Trout，2002）。这些状态的独特现象性质与认知内容密切相关。戈德曼（A. Goldman）认为，舌尖的体验能作为非感觉现象存在的证据（Goldman，1993），而杰肯道夫（R. Jackendoff）和洛莫（E. Lormand）认为，这种经验只可用感觉术语来解释，它们具有独特的认知结构现象的状态（Jackendoff，1987；Lormand，1996）。在笔者看来，像知道、理解等这些具有认知特性的经验，一方面可使用感觉术语描述，如我知道咖啡是苦的，同时也具有认知特征，如我知道。"苦"与生理关联，"知道"与心理关联，这两种特性在我们作为整体的人那里是统一的。因此，可以说，在命题态度的情形中，感觉状态和认知状态是交织在一起的，一味地将这两种状态严格地区分是没有意义的。

通过对以上三个区域的分析，我们可以假定非感觉现象特性的状态的存在，这也会产生思维本身是否具有现象性的讨论。这些状态可能作为对认知进行现象学分析倡导者的一种桥头堡：如果在情感、范畴化知觉和认识感觉中看到的认知结构化状态具有独特的现象性，是否思维也具有独特的现象性？这是认知哲学要进一步研究的问题。

综上，认知的现象学分析或许提供了对"现象心智"和"意识心智"之间关系的新洞见。心智的这两个特征经常被认为是形而上的、互相独立的。许多理论家包括心理学和哲学家认为，一些精神状态具有现象特性但缺乏意向内容，这种形式的"形而上学分离主义"促进了一种方法上的分离主义，而认知的现象学分析逐步化解了分离主义。因此，认知的现象学分析对于我们理解自然中的意识现象可能会产生广泛的影响。在解释刺激性神经组织如何产生意识时，认知的现象学分析不仅着重于感官意识状态，也注意到了像嗅玫瑰、品尝烧焦的糖、感觉剧痛，以及种种体验背后的神经状态与"它们像什么"之间的"解释鸿沟"。假设思维也具有独特的现象性，我们如何看待意识的"难问题"？一方面，悲观主义者可能担心接受认知的现象学分析或承认认知现象学的存在，意味着忽视了"解释鸿沟"和意识"难问题"的存在，其结果会导致意识思维受到感官经验的困扰；另一方面，乐观主义者可能支持认知的现象学分析，因为它可能为"解释鸿沟"和意识"难问题"的解决提供新方法。目前，对意识的研究在许多方面取得了进展,更科学的意识的神经基础,更丰富全面的经验数据,为我们提供了更好的逻辑空间。但认知的现象学研究对于所有这些进展是一个警示,提醒我们,我们对意识现象的理解、对知识的基本特征的掌握,仍然是那么令人惊讶的薄弱。

第七节 小 结

从现象学探讨认知的发生及其机制,是不同于从认知科学、神经科学等科学进路的哲学方法。这就是近年来兴起的认知现象学,它试图阐明有意识内容或思想为什么是有意识的问题。关于这个问题蒙塔古将其归纳为三种观点(Montague,2016:170):第一,现象学观点,认为思想由于拥有现象学特性是有意识的,或者说,仅当它拥有现象学特征时才是有意识的;第二,高阶理论,根据这种观点,思想是有意识的是因为,无意识高阶心理状态指向它;第三,存取意识观,主张正在发生的思想是有意识的,那是由于它与其他心理状态有恰当匹配的信息关系。这些观点之间仍然存在分歧与争论,孰是孰非,有待认知科学、神经科学和认知哲学进一步地探讨。

第十五章　认知现象的自然主义解释

　　自然主义作为实验心理学是根据精确的机械论的方式方法来进行对意识的自然化。

——胡塞尔（《哲学作为严格的科学》第 81 页）

　　在自然中而且作为自然之一部分而存在的身体，具有生命，体现思想，享有意识，这是一件神秘的事情。

——杜威（《经验与自然》第 246 页）

　　在哲学中，自然主义是与超自然或精神相对而言的，是指物质世界中的自然规律和自然力量，主张每一事物都是自然世界的一部分，都可用自然科学的方法加以研究。因此，自然主义本质上是一种外在主义，因为它是根据主体人之外的自然世界给出关于世界（精神的和现象的）的解释。因此，从自然主义进路探讨意识和认知的发展，就是从科学视角探讨意识和认知问题。自 20 世纪 60 年代末奎因提出自然主义的认识论以来，它已发展出了三种主要形式：替换的自然主义、合作的自然主义和实质的自然主义。但是，这三种形式依然不能反映自然主义认识论的实质所在，也难以说明认知形式的实质。意识的外在化自然主义的形成与发展，使得传统的自然主义认识论得以拓展，这就是笔者所主张的认识论的外在化自然主义。

　　外在化的自然主义包括三个方面：一是对自然化的认识论进行分类，区分出内在的自然主义和外在的自然主义，将已经存在的三种自然主义认识论界定为内在的自然化认识论，说明外在化的自然主义（即认识论的外在化自然主义）的必要性；二是探讨自然化的外在主义，这里谈论的是自然化的外在主义理论，而不是自然化的外在主义认识论[①]，因为自然主义理论不局限于认识论，它还涉及哲学的本体论、方法论等，甚至涉及理论物理学、生物学、认知心理学、神经病学等诸多学科；三是基于自然化的外在主义理论建构认识论的外在化的自然主义。

[①] 自然化的外在主义认识论是将某种形式的外在主义认识论进行自然化，如将各种可靠主义认识论进行自然化。

第一节　认识论的自然主义化和外在化的自然主义

自奎因的著名论文《认识论的自然化》（Quine，1969：75）发表以来，传统认识论逐渐发展为一种自然主义。随着认知科学的发展，自然主义认识论层出不穷，主要表现为三种形式："替换的自然主义""合作的自然主义""实质的自然主义"。与此同时，克里普克（1972年）、普特南（1975年）等的外在主义理论也被广泛接受，出现了认识论的外在主义、语义外在主义、认知外在主义（包括具身认知、延展认知）、方法论外在主义和现象学外在主义。不同的外在主义关注的问题不尽相同——认识论的外在主义关注确证问题，语义外在主义关注意义问题，具身认知和延展认知关注思维的外在生成性，方法论外在主义侧重意识的外在研究方法，它们的一个共同点是"外在性"，均认为意识的发生或意义不在或不只在头脑或心智中，而是外在于世界之中。

严格讲，认知的自然主义也属于外在主义阵营，因为它主张用客观的方法或"第三人称"方法探讨意识或认知问题。受自然主义和外在主义的影响，意识的科学研究自1994年图克森会议以来也与外在主义理论相结合，形成了自然化的外在主义，笔者称之为"外在化的自然主义认识论"。认识论的自然主义是将认识论与自然科学紧密联系起来的一类观点集。自然化的认识论是指用自然科学的知识代替或改造或革新传统认识论的方法。现在已有的自然化的认识论有三种：①替换的自然主义，主张运用科学方法获得的可验证知识代替传统认识论获得的思辨知识，传统认识论应当被完全抛弃；②合作的自然主义，认为哲学家应当利用认知科学成果解决认识论中存在的问题；③实质的自然主义，主张运用自然世界的客观属性提出完整的科学理论，建立全新的认识论范式。

替换的自然主义是奎因提出的。他认为传统认识论应该被放弃，取而代之的应该是用自然科学方法获取知识。研究认知的方法应通过科学设定确证的基础，在此基础上由人类的感知器官设定人类关于世界和关于自身的状态。人类自身的感知器官已由自然给定（进化来的），如果我们能严格设定我们对于世界和对于自身的信念，那么就可以设定关于世界的客观真实性。这样的话，日常知识和科学知识将有一个坚实的基础。在奎因看来，传统认识论不能有效应对怀疑论，我们关于"信念"方面的工作都是失败的；认识论基础主义的缺失表明认识论是不可能的。于是，他主张我们应该研究由我们的感知器官产生的对于世界的信念这一心理过程。他指出，"认识论，或者相似的东西，仅仅可作为心理学的一章，它也是自然科学。它研究一个自然现象，也就是一个物理的人类主体。这个人类主体与这样的实验相符：受控输入——如各种特定模式的映射——然后输入对外部三维世界和自身历史的描述。我们需要研究的认识论就是要研究这种源源不断地输入和输出之间的关系。也就是说，观察证据如何联系理论，自然的理论如何超越证据……但是，在旧认识论和这个由心理学设定的认识体系明显的不同在于，我们现在可自由地使用经验心理学"（Quine，1969：82-83）。

金在权（K. Jaegwon）和科恩布利斯（H. Kornblith）等也属于替换的自然主义。但金在权与奎因的研究主题不同，他选择研究传统认识论的主题——理性、确证、信念和知识的关系；金在权与奎因的目的相同，他希望在物理主义的新视角下寻找传统认识论主题下的因果关系（物理基础），进而对它们进行自然主义处理，从而取消传统认识论（Jaegwon，1998）。科恩布利斯也反对传统认识论的概念分析法和直觉的知识，提倡经验的科学方法，认为知识是一种自然的性质（Kornblith，2002）。

在笔者看来，替换的自然主义对传统认识论的处理过于简单，对认识论的研究缺少新概念，解构性大于建构性。在探讨自然世界的意义上，科学主义和自然主义是有益的，蔑视它们是对方法论的限制；但是，唯科学主义和唯自然主义同时也是有害的，持这种观念会使我们变得狭隘，科学的尽头需要哲学的思考。在当代意识之谜还没被破解的情况下，这种取消式的自然主义（替换的自然主义）的设想只是幻想。即使将来脑科学建立起了完全成熟的脑模型，人工智能创造出了有意识的人造物，认知神经科学全部弄清了神经元间的联结机制，科学心理学有效地表征了近乎全部的心理状态，我们在求真时，面对传统知识与概念，仍然应该持包容的态度。

合作的自然主义相对于替换的自然主义温和许多，这也是当下流行的一种形式。它强调三个方面：一是主张我们应该将传统认识论的研究与当代认知科学的研究成果相结合；二是强调要继续评估知识，同时，科学心理学有关人们的理性和思考的实证结果对于评估知识是必要而有用的；三是强调实证的科学结果对于认识论起何种作用在很大程度上还是取决于认识论本身。哈克（S. Haack）指出，"认知科学的结果可能是相关的，可被合理地用于传统认识论问题的分析"（Haack，1993：118）。这种思想可看作自然主义运动对传统认识论的一种回归。基切尔（P. Kitcher）问道：关乎人类知识研究的心理学和生理学的有限性在哪里失效？（Kitcher，1992）。笔者认为，实证研究与人类知识的研究紧密相关，而人类知识的研究与认识论紧密联系。认识论研究知识问题，探讨心理学和生理学的有限性。

对于实证信息在认识论中的地位看法的不同又产生了三类哲学家：先验认识论者、书斋认识论者和科学认识论者。先验认识论者认为，传统认识论在面对怀疑论的质疑时，没有引用来自科学的可用信息，他们思考的往往只有两个前提：一是知识的必要条件；二是人们的信念是否满足这一条件，而且常常关注第一个前提,认为良好的知识的概念分析可使它们描述清楚这一必要前提。所以,他们只论证知识与确证和理性间的联系,讨论是否需要一个信念的事实来支持这些关系。书斋认识论者认为,实证信息对于认识论十分重要,但实证科学的具体内容对于认识论不重要。科学认识论者认为,来自经验的研究结果的价值是可为认识论服务的。显然,合作的自然主义在方法上是正确的。原因在于,当今时代是科学的时代,从宇宙到意识,从"大爆炸模型""大陆漂移说""进化论"到"动态核假说"(Edelman and Tononi, 2000: 66),人类建立起许多思想深刻、影响深远的科学理论,使人们从现实到思想上都发生了巨变,深刻地改变了人们对世界和自身的认识。不论哪个领域的哲学家,都应了解当今自然科学的基本知识,才能真正成为时代的思考者。这是科学技术发展的必然要求。

实质的自然主义认为,认识论的事实就是自然的事实。对自然的事实的认识有两种:一种自然事实是完备的科学理论承认的全部事实;另一种自然事实是提供像自然类那样的系列的典型实例,以确保知识有充分的理由。戈德曼将传统的认识论形式总结为:"确证,保证,有好的根据,有好的理由相信,知道它,看见它,理解它,是可信的(在认识或归纳的感觉上),说明它,建立它,确定它。"并提出了新的实质的自然主义的形式:"相信那个,是真的,有理由,是必要的,意味着,其是可推论的、可信的(依靠感官的次数和感官的性质)。"(Goldman, 1979: 1-2)在戈德曼看来,纯粹信念的、形而上学的、模态的、语义的或语法的表达都不是知识。这种实质上建立新范式的方式是我们所需要的革新有关知识的信念、确证、真的三要素的传统分析方式。传统认识论面对"S 知道 p"问题时,侧重对 p 的研究,强调对知识的三要素(确证、真、信念)的辨析,将焦点集中于我们有关知识的特定领域,怀疑我们给予知识的基础证据,怀疑他人之心,怀疑对与错;他们设定人们判断他人的心理状态的信念来自对他人行为的观察,进而设定我们有关信念的一般特征,最后追问证据是否足够确证信念问题。

笔者赞同实质的自然主义,主张在面对"S 知道 p"问题时,侧重对 S 的追问,以 S 的存在来确定 p 的可靠性。也就是分析主体 S 何以成为主体 S,最终找到知识的可靠基础;而自我意识是主体 S 的形成的标志,对自我意识进行有效的自然化可保证主体 S 的客观性,进而保障知识的客观性。在笔者看来,已有的自然化的认识论虽然在自然化的方法上各异,但它们依然是"语言游戏",依然是在意识范围内[①]、大脑范围内进行讨论,这样的自然主义依然不能给知

[①] 以奎因为代表的"替换的自然主义"甚至还没有达到意识的层次,奎因还只是将自然主义的程度推进至感觉器官。20 世纪 60 年代的脑科学还没有成体系化的理论,这使得奎因的自然主义虽然态度上很强硬,但实质上内容较为空洞无力。

识以有效的基础。

通过考察众多新意识理论后笔者发现，方法论外在主义意识理论[①]可以克服传统自然主义的不足。笔者结合这种外在主义理论，提出第四种认识论的自然主义的形式——"外在化的自然主义"。这种新的自然主义以外在客观性（物理假设和物质基础）为起点，将意识进行自然化，并以自然化的意识（特别是自我意识）为基础确定知识表征的可靠性，因为知识的基础是外在于主体而内在于意识的。因此，外在化的自然主义要说明：知识虽然限定于意识范畴，但意识的存在不以颅骨及皮肤为界限，具有外在性；这种外在性是一种客观性，可用科学语言进行说明；知识源于外在化的自然主义的意识，其基础与保障是外在化的客观性。这就需要既是科学的又坚持外在性的意识理论的支撑。

第二节 意识/认知自然化的内在主义

笔者将迄今关于意识/认知的自然化内在主义概括为如下八种。

第一是"惊人的假说"意识观。它是 DNA 结构发现者克里克提出（Crick, 1994）的。克里克通过考察医学、哲学、心理学的历史，以初级视觉系统的研究为突破口，对注意、记忆、知觉等内容做出相关科学解释，建立了物理主义的科学意识观。该主张的独特之处是基于 DNA 对初级视觉系统的产生和运行的解释，提出后产生了很大影响。然而，笔者认为这一假设存在两个错误：一是蕴含的极端还原论不能深刻地体现意识的高层表征，这是起点错误；二是将意识定位于大脑皮层的扣带回处过于狭隘，这是终点错误。该假设从分子出发起点过低，带有极端还原论倾向，而对意识的科学解释应立足于神经科学。扣带回虽然对目标、计划、决策起到重要作用，但这种说法只是符合人们的直观经验，缺乏实验依据。这个极小的脑区不可能体现全部意识，也没有证据说明它是大多数意识的中心或枢纽。

第二是"核心意识"理论。这是神经病学家达马西奥（A. Damasio）提出的，有大量的病理实验支持。该理论从感觉、知觉开始，以情绪为突破口，建立生物学认知过程，进一步区分出"核心意识"与"拓展意识"（Damasio,

---

[①] 方法论外在主义的意识理论主要包括巴尔斯的"全局工作空间假说"、埃德尔曼和托诺尼的"动态核假说"和"神经达尔文主义"。这三个理论一定程度上分别在心理学、信息论和生物学上科学地解释了意识的形成，认为意识的研究在本体论上不应以颅骨或皮肤为界限；它们在方法论上运用"第三人称"视角将意识的主体进行客体化，所以笔者称这种意识理论为方法论外在主义。随着埃德尔曼的离世（2014 年 5 月），他的追随者托诺尼、沃斯（U. Voss）、霍布森（A. Hobson）等继续在意识模型、原意识、梦模型等领域细化和发展了"动态核假说"。

1999：82，195）。情绪机制的具体描述是该理论创新之处，"核心意识"是其成熟的标志。但该理论的来源主要是精神病人①，这一点在很大程度上失之偏颇。例如通过对"闭锁综合征"②等多种大量的精神疾病的研究说明：一个脑干部位损伤的人会失去意识，进而认为脑干处在意识的核心位置，并将意识定位于脑干。这种结论难以令人信服，因为脑干的简单结构使它不应成为意识的核心器官。说没有身体的人没有意识，是否能说明身体体现意识呢？答案是否定的，因为"身体意识"的说法是以人为前提的，而不是限于身体或大脑本身（舒斯特曼，2014）③。我们只能说明身体和脑共同体现意识，意识的体现至少是全脑的，而不是部分脑的。或者说，意识从不定位于脑的某个部位。

第三是"量子意识"理论。这是彭罗斯和哈莫洛夫提出的关于意识的电磁场理论。根据该理论，意识源于神经元内的微管④，微管的量子运动与世界已有的量子运动都不相同，进而形成特殊的电磁场运动产生意识，这就是意识产生的"微管假说"（Penrose，1989，1994）。彭罗斯《皇帝的新脑》（1989年）的出版使得他有关"量子意识"方面的工作引来巨大争议，因为他对意识的理解带有科幻式的投机色彩，如量子灵魂、死而复生。虽然微管的电磁波活动和脑内的量子运动可能深刻地影响着意识活动，对它们的探索也有利于意识问题的研究，脑的电磁波的频率测量对于意识的觉醒程度是重要的指标，量子运动对于自由意志和宗教理论也有很强的借鉴意义，但将意识定位于量子层次（量子纠缠）、场层次（电磁感应），并赋予大脑中量子以特殊的意义，这使其科幻色彩大于其实际意义，也难以进行测量、重复和检验。这等于是将意识还原到量子层次，是彻底的物理主义还原论。我们进一步推测，如果意识可以还原为量子纠缠，那么意识反过来也可以影响量子行为，比如说，意识可以导致波函数塌缩或崩溃，也就是说，意识和量子是相互影响的。迄今，这不过仍然只是一种假设，既不能被证实也不能被证伪（De Barros，2017）。笔者认为，意识应该是生物层次（大分子）的神经元互动涌现出的现象，要依据生物学、脑科学的研究来揭示。

第四是协同学的自组织意识模型。德国理论物理学家哈肯20世纪70年代

---

① 对精神病人、动物、人工意识等与人类意识相关的研究值得肯定，但意识研究还是应当以常人的成熟脑为核心来展开。

② 闭锁综合征，又称闭锁症候群，是人脑的一种传出状态，系部分脑干损伤所致。患者虽然意识清醒，但身体不能动，不能言语，常被认为是昏迷或植物人；患者的意识仿佛被锁在自己的躯体内。

③ 这里的身体是指充满生命和情感、感觉灵敏的包括脑的身体，而不是一个缺乏生命和感觉的、单纯的物质性的肉体。

④ 微管是细胞骨架的一个组成部分，以细胞核为中心，呈放射形存在于细胞质中，数量众多。它的长度可达50微米，直径约25纳米，具有高度活性。它是细胞的骨骼，支撑起整个细胞，同时又是细胞内的高速公路，上面可以附着马达蛋白。

初创立了协同学（Haken，2007），提出了自组织（Haken，2008）概念。协同学用演化方程分析在各种平衡与非平衡态下的协同系统，处理物理学、化学、生物学、医学、认知科学、计算机科学、心理学、社会学、经济学、生态学、哲学等多个学科中涉及的有关自组织问题。在意识科学领域，协同学认为意识就是人脑的一种自组织现象。自组织是混沌系统自发产生耗散结构的过程，正例是动植物的生长，反例是艺术家创作雕塑的过程。哈肯近十几年来用自组织理论描述脑的动态活动图式，建立了神经元的信息输入、传递、输出的数学模型来反映脑活动的本质，试图说明意识问题。这种数学化的理论对意识问题的探究精确性高但针对性弱，特别是数学模型与意识的具体内容相脱离，难以达到意识的经验内容这一层次。或者说，数学模型对意识的描述虽然精确，但不能说明意识的潜在性和模糊性问题。意识这种复杂现象可能是难以用数学来精确描述的。

第五是取消式唯物主义。丘奇兰德认为，大众心理学中的信念、愿望等概念，就像科学史上的燃素、以太等概念一样，会随着科学的发展被淘汰，整个大众心理学在将来会被科学心理学所取代（Churchland，1996a）。这种观点就是取消式唯物主义，其核心思想是：首先建立一个包含两层神经网络的模拟脑的联结意识模型（博登，2001：465），通过矩阵演算完成一定的操作，初步地模拟意识；然后将神经网络推广到真实的含六层结构的大脑皮层，从神经联结主义的角度阐述意识的形成过程。在丘奇兰德看来，意识就是神经网络之间的反馈，丘脑和大脑皮层在器官层次产生意识。笔者认同他的科学态度、联结主义的思想和皮层-丘脑的意识定位，但他的主张有两点不足：一是极端的还原主义，这会使很多已有知识被丢失，而新的科学知识不能完全填补空缺，同时科学知识（包括科学心理学）的发展依然需要传统知识（包括大众心理学）作为补充；二是两层网络的模型有些简单，还是不够具体，不能表达复杂的意识，而且忽略了身体和外部环境对意识的重要性。

第六是多重草稿意识模型。传统意识理论的进路多与笛卡儿剧场类似，认为外部的信息输入到大脑后，均需要在大脑的某个地方汇聚呈现到意识当中，如笛卡儿的松果腺、克里克的皮层扣带回、达马西奥的脑干、埃德尔曼的丘脑等。丹尼特的"多重草稿意识模型"反对这种研究进路，认为外部信息传入大脑后，大脑内产生意识的过程是并联的、多轨道的、平行的、多重的、非线性的，在多个脑区同时进行（丹尼特，2008：120）。笔者认为该模型有三个问题：①不能完全否定笛卡儿剧场。大脑内部必定存在着大量的多重平行非线性并联，但这并不能否定脑区中有相对集中的核心（可能就是由大脑皮层和丘脑组成的动态核），包含丹尼特所说的上述情况。②对身体和世界的忽视。丹尼特在研究意识时，主要集中于大脑内部，属于意识的内在主义。近年来在认知科学领域兴起的具身认知、延展认知是对其理论的很好补充。③总体来说该模型更多的还是哲学思辨,而在具体描述意识时其细节太少,没有落实到具体的脑器官之间,像是空中楼阁,缺乏实验支持。

第七是唯我论的生物中心主义。这是兰札(R. Lanza)和伯曼(B. Berman)提出的一种关于生命和意识为什么是理解宇宙真实本质的关键的宇宙新理论。该理论包括七个原理(兰札和伯曼,2012:131-132):①我们感觉真实的东西是一个与我们的意识有关的过程。如果存在一个"外在"的实体,将会——根据定义——必须存在于空间之中。但这是没有意义的,因为空间和时间并不是绝对的实体,而是人类和动物的思维工具。这是第一原理,笔者将其概括为"实在的意识依赖原理",因为根据这个原理,所谓外在实体只不过是意识这种精神的指涉物,没有意识就不会有物质实体。或者说,意识之外不存在独立的宇宙物质,未被感觉到的东西就不是真实存在的。这是哲学史上的典型的唯我论,笔者持反对意见。②我们的外在和内在感觉是相互纠缠的。它们是一枚硬币的不同两面,不可分开。这是第二原理,笔者将其概括为"感觉纠缠原理",这与胡塞尔现象学主张的"身体是一切感知的媒介"观点很相似。根据这种观点,所谓表征就是被主体人把握的感知对象,内在的心理表征和外在的知识表征是相互纠缠的。笔者赞成这个观点。③亚原子粒子——实际上所有的粒子和对象——的表现,与观察者的在场有着相互纠缠作用的关系。若无一个有意识的观察者在场,它们充其量是以概率波动的不确定状态而存在的。这是第三原理,笔者称其为"互补原理",因为这与物理学家玻尔的互补原理是相同的,即观察者、观察仪器和被观测的粒子是互补的,构成一个整体。笔者赞同这种观点。因为宏观物体与微观粒子的运动规律不同,前者遵循牛顿力学,后者遵循量子力学。④没有意识,"物质"就处在不确定的概率状态中。任何可能先于意识的宇宙,都只存在于一种概率状态中。这是第四原理,笔者称其为"宇宙存在概率原理"。根据这种观点,人类存在之前的宇宙是以概率状态存在的,也就是不确定的。在笔者看来,宇宙本来就是不确定性的,确定性是人类出于理解和解释的目的而采取的一种不得已的策略。⑤唯有生物中心主义才能解释宇宙的真正结构。宇宙对生命做精确的调节,使生命在创造宇宙时产生完美的感觉,而不是相反。"宇宙"纯粹是它自身的完整时空逻辑体系。这是第五原理,笔者称其为"绝对生物主义原理",因为根据这种观点,是生命创造了宇宙,宇宙只是调节生命让其产生完美的感觉。笔者不赞成这种观点,因为宇宙学和自然史业已证明,没有人类生命之前,宇宙就存在了,生物是宇宙包括自然世界演化的结果。坚持这种绝对生物中心主义,就等于否定了达尔文进化论。尽管进化论并不是绝对真理,但也不是随便可以推翻的。⑥在动物意识的感知之外,并无真实的时间存在。时间是我们在宇宙中感觉变化的过程。这是第六原理，笔者称其为"时间感知原理"。笔者基本赞成这种观点。在笔者看来，时间是运动的物质被我们感知的过程，这与辩证唯物主义的时间观基本一致。⑦空间和时间一样不是物体或事物。空间是我们对物质的另一种理解形式，并不是独立的实在。我们像乌龟的壳那样承载着空间和时间。因此，并没有与生命无关的物理事件发生在其中的、自我承载的绝对基体。这是第七原理，笔者称其为"空间感知原理"。笔者赞成空间和时间不是物体的看法，但不赞成没有感知就不存在时空的观点。因为时空虽然不是我们可直接感知的物体，但没有感知时空也会存在，时空是物质存在的另一种方式。生物中心主义本质上是宇宙学说，与宇宙学中的大爆炸假说、弦论、万有理论相对立，应该说有一定的科学依据（并不是反科学的），但也有某些宗教信条的色彩，如主张时间是幻觉、生命永恒等。

第八是"注意力运动推测放电"（the corollary discharge of attention movement，CODAM）意识模型（Taylor，2007）。这是伦敦大学数学家泰勒（J. G. Taylor）提出的一个纯粹物理主义的意识神经模型，他试图从注意力推测意识来解决心身问题（Taylor，2013）。在他看来，意识也称为"内在自我"、"我"（"第一人称"）、心灵和灵魂，是心身问题的核心。他的CODAM模型由七个模块组成：①用于输入处理的模块（面向条形分析仪等）；②用于对象表征模块（对象映射）；③一个目标模块；④一个逆模型控制器（创建一个反馈的注意信号到对象映射和输入模块，从而移动注意的焦点，作为偏重的目标模块）；⑤一个工作内存缓冲区（保持注意力放大活动，以便报告和觉知）；⑥一个推测放电缓冲区（作为注意运动信号的复制，对缓冲工作记忆较低品质的预期报告信号进行早期预测）；⑦一个监测模块（创造一个错误信号，以纠正可能的注意错误）。根据脑科学，大脑中有大量的宏观电信号，这些电信号是重要信息处理事件的信号。这些是事件-相关电位，产生于交互处理输入向上和向下的模块层次（在视觉上，这个层次包括V1、V2、V3、V4、TEO和TE的腹侧路径及V1、V5/MT、LIP是指背侧的），刺激试图到达它的感觉缓冲器，并由相应的放电信号给予刺激。这些信号描述了随着处理时间的持续，不同部位的活动，以及不同部位如何通过兴奋性或抑制性前馈或反馈效应互动。当大量刺激在短时间内出现时，这些互动就会增强。在这种情况下，推测放电信号的兴奋效应增强了感觉缓冲信号的生长，同时推测放电信号和感觉缓冲信号的抑制联合抑制了注意运动信号生成模块的进一步处理。这些互动现在可在注意力眨眼范式中观察到（Sergent et al.，2005）。CODAM是否解决了心身问题？在笔者看来未必。泰勒用纯物理主义的方法来研究这个问题，认为非物质实体如意识的存在是非常可疑的，但神经活动却是真实的，所以自由意志、心灵、灵魂是一种幻觉。

总之，上述意识学说基本上将意识的发生局限于脑中（以生命的存在为前提），排除了意识与环境互动的可能性。事实上，我们清楚，仅仅有大脑而缺乏其赖以生存的环境（自然的和文化的），意识的发生几乎是不可能的，原因很简单，大脑的意向性没有了"关涉"的对象，如果我们承认意向性存在的话。

第三节 意识/认知自然化的外在主义

可以看出，上述理论在具体内容和细节上有这样或那样的问题，更重要的是它们在讨论意识的范围时局限于脑内，这制约了它们的范围。与这种内在主义的意识研究相对的是近20多年来兴起的外在主义。笔者将意识的外在主义做如下划分：从内容上看有三种，即语义外在主义、现象外在主义和认知外在主义，包括延展认知、生成认识、具身认知、嵌入认知、情景认知，简称4E+S（李建会和于小晶，2014）；从形式上看亦有三种，即本体论的外在主义、认识论的外在主义和方法论的外在主义；从方法上看有两种，即自然化的外在主义和非自然化的外在主义。

在笔者看来，以下三种外在主义理论在内容上是认知外在主义，在手段上是方法论外在主义，在认识上是自然化的外在主义。这三种理论互为基础、互相兼容又互为补充，共同作为外在化的自然主义认识论的基础。

第一是"动态核假说"。这是埃德尔曼提出的一种意识假说。埃德尔曼首先依据达尔文进化论的竞争选择思想，认为从胚胎脑到成人脑都是通过自由竞争形成神经网络联结的，并由"简并"（degeneracy）形成神经的全脑工作动力学机制，这就是"神经达尔文主义"（neural Darwinism）（Edelman，1987：5）。以神经达尔文主义为基础，埃德尔曼通过计算机模拟脑实验、功能磁共振成像扫描脑和大量生理学的证据等揭示：由丘脑和大脑皮层组成的具有拓扑结构的"动态核"是形成意识的物理基础。这就是著名的"动态核假说"（Edelman and Tononi，2000：66）。根据该假设，神经活动通过"再输入"（reentry）于丘脑-皮层系统中产生意识（Edelman，1989）。后来，他以语言的形成为界线，进一步将意识分为"初阶意识"和"二阶意识"（Edelman，1992），来说明高度复杂的意识具有整体性和分化性[①]，并指出意识是由大脑、身体和世界"三位一体"的互动构成的（Edelman et al.，2011）。这与认知科学的动力系统假设基本一致。

[①] 整体性是指一个意识是一个高度统一的整体，一个时刻一个个体只拥有一个意识；分化性是指每个个体都拥有海量的潜在可能的意识状态，潜在的意识状态都可能显现到意识之中。

第二是"全局工作空间假说"。这是巴尔斯提出的一种意识假说。巴尔斯以生理学、神经病理学和心理学等学科的众多实验为依据提出基本模型（模型1）（巴尔斯，2014：66），建立全局工作空间假说。然后用模型 2 到模型 7 分别对意识的各个方面问题进行说明：模型 2 说明无意识如何形成意识；模型 3 说明意识负载的信息，意识需要程度上的适应性为多大；模型 4 说明意识、无意识、意识三元组如何形成意识流；模型 5 说明自主-非自主行为如何体现意识；模型 6 说明注意力如何调节意识通道；模型 7 说明如何将自我和自我概念模型化。全局工作空间的核心思想是意识的"剧场"隐喻（魏屹东和安晖，2013）：意识像舞台演出一样，其形成过程中存在着大量的潜在"节目"，这些潜在"节目"就像潜意识一样存在着；而在一个时刻，舞台上只能有一个"节目"，这就是意识；上演的"节目"最终会以串联的形式交替出现，形成意识流。在笔者看来，巴尔斯的全局工作空间假说与埃德尔曼的动态核假说是兼容的，特别是在意识具有整体性与分化性这一点上。埃德尔曼的理论说明的是意识的物理基础，巴尔斯的理论说明的是意识高阶的心理表征。

第三是"信息集成理论"。该理论也称信息整合理论（IIT），它是托诺尼在动态核假说的基础上，运用数学建模方法发展起来的一种理论，可对意识进行量化的模拟与测量。托诺尼是埃德尔曼的合作者，动态核假说的建立者之一，主张丘脑-皮层系统是意识中心，意识是由脑、身体、世界三位一体产生的。他独立建立的信息集成理论更关注意识的两个现象学属性：分化性（differentiation）——数量巨大的可用的意识经验；整合性或集成性（integration）——每个经验都是一个统一的整体[①]。他以集成性为突破口建立了有关测量复杂性 Φ 值的数学基本模型，通过对基本模型的不断发展进而测量意识的有效信息量，用高阶的 Φ 值表征极其复杂的感知内容（Tononi，2008）。该理论模型的基础数学工具是信息论的基本式：$H=-\Sigma p_i \log_2 p_i$（Shannon and Weaver，1998）。基本模型可测量由四个元素组成的可集成的集合信息量，之后发展出的众多模型可测量在元素不断增多的情况下可集成的集合信息量。这个理论可被看作对动态核假说在数学上的细化与发展，在神经病学、生理学和睡眠等有关研究中具有重要影响。

概言之，上述三种理论有两个共同点：一方面，研究进路是物理主义的。在方法论上，相对于用日常心理学语言（如知、情、意、行等）来描述意识不同，这些理论运用神经实验、生理实验、计算机模拟和数学模型等建立系统描述意识的科学理论，具有实证性和可靠性。前者是内省式的方法论，后者是自

---

① Tononi G.The information integration theory of consciousness-The Blackwell Companion to Consciousness-Wiley Online Library. https://onlinelibrary.wiley.com/doi/pdf/10.1002/9780470751466.ch23, 2007: 287-299[2023-03-12].

然化的方法论。另一方面，它们都倾向于意识广延的外在主义，认为丘脑和大脑皮层组成具有动态的、拓扑结构的系统是意识的核心，大脑、身体和世界交互作用，共同形成意识，意识不以颅骨或皮肤为界限。基于此，笔者将这三种理论统称为"意识的自然化外在主义"。

第四节 外在化的自然主义认识论

在自然化外在主义的科学基础确定以后，笔者运用"动态核假说""全局工作空间假说""信息集成理论"来进行外在化的自然主义认识论的建构。外在化的自然主义的起点是神经达尔文主义，而神经达尔文主义的起点是物理假设。物理假设是认识论的基础，也是我们目前唯一可依靠的科学保证。

神经达尔文主义的物理假设有三条：①物理定律适用于意识，应当排除诸如精神、灵魂等概念，建立一个纯粹科学意义上的意识模型，反对二元论；②意识是进化出的一种特质，是一种对生命有用的特质，反对极端还原主义；③感受性是不能独立存在的，它需要物理基础，感受性是个人或主体的体验、情感、知觉的集合，它不可避免地与意识相伴（Edelman，2003），即承认感受性的存在，反对取消主义。

这三条物理假设可进一步形成三条物质基础：①海量的神经元（细胞）按一定规则的相互关联交互作用而存在于大脑和身体之中；②相同种类的神经元空间上的联结和时间上的变化所形成的复杂性（Φ 值）极大，加之神经元种类众多，复杂性更为突出；③在不同的神经元之间、不同的神经元群之间和不同的脑区之间，同时进行着大量的"再输入"式交流活动。

这些物质基础为意识提供了有效的载体；物质（特别是神经元）在意识形成的初期（特别是婴儿期）利用效率很低，这为之后个体在环境中互动、进而神经元之间选择竞争形成高度复杂性的神经网络、涌现意识提供了物质保障。

在这些物理假设和物质基础确定后，我们接着讨论埃德尔曼的神经达尔文主义。神经达尔文主义有三个信条，笔者将这三个信条概括为以下三个原则。

第一是发育原则。这是基于神经元层次的规则。在器官层次上，大脑的总体生理结构由基因控制形成（主要脑器的结构、主要脑功能的分区）并由基因决定；但在细胞层次上，神经元之间的联结则是由神经元自身的性质和它的发育变化决定的，不可还原为基因控制。假设有三个神经元 a、b、c，其中 a 与 c 相连，b 与 c 相连（电传导均传向 c），a 和 b "自由竞争"构成与 c 的联系，c 最终会和 a 还是 b 联结，是由后天经验和外部刺激决定的，而不是由先天的基因决定的。这是神经元层次的"达尔文隐喻"。这一过程造成了不同个体意识间的巨大差异性,没有两个人拥有相同的大脑。这样可形成复杂性极高的联结,出现了联结的可塑性和高密度性,从而进一步产生具有适应性的"模块"(神经元群)。神经元群由不同数量、不同种类的神经元组成,相对于群外神经元,群内的神经元的联结更为紧密。发育原则说明了神经元群的形成过程,为第二原则的内容提供了前提。

第二是经验原则。这是基于神经元群层次的规则。数量巨大、种类不同的神经元群保证了大脑的自主系统的产生。自主系统面对环境中有效信息的不断刺激,对自身进行修正并产生输出。这一过程伴随着人的一生,具体表现为神经元群突触连接的持续变化。这些变化来自感觉器官的经验(有效的信息刺激),形成了神经的"地形图",使得大脑具有高度可塑性(这种可塑性远远超出基因的编码能力)。我们仍然假设有三个神经元群 a_1、b_1、c_1,其中 a_1 与 c_1 相连,b_1 与 c_1 相连(电传导均传向 c_1)。若 a_1 对于 c_1 的有效信息很多也越来越重要,那么 a_1 与 c_1 间的联结会被强化,树突、轴突联结越来越多、越来越复杂、越来越紧密。同时,如果 b_1 对于 c_1 的有效信息很少也无效,那么 b_1 与 c_1 间的联结就会被弱化甚至消失。这就是前面提及的神经元群层次的"达尔文隐喻"。这一经验原则与发育原则同时为第三原则提供了前提基础。

第三是再输入原则。这是基于脑区层次的规则。再输入是脑区之间(特别是脑皮层脑区与丘脑脑区之间)动态稳定的持续信息交换建立的连接。这种连接不同于前两种"联结",它是长距离的、脑区间的连接。例如,脑皮层中的 a_2、b_2 两个脑区的信息向丘脑的 c_2 脑区集成的过程就是再输入,其中 a_2、b_2 脑区的工作可以是平行的,a_2、b_2 的活动被"筒并"[①]到 c_2 中。再输入主要有三种形式:皮层-皮层联系、皮层-丘脑联系和丘脑-皮层联系。根据"达尔文隐喻",再输入的结果是由脑皮层和丘脑组成了动态核系统。

神经达尔文主义的这三个原则层层递进,最终形成动态核。它最为重要的两个性质是整体性和分化性。前面提及的整体性是指意识在同一时刻是一个活动整体,可以协调多种感觉和知觉活动,一个人一个时刻只具有一个意识;分化性是指一个人潜在地拥有大量的潜意识状态,在不同时刻可以拥有不同种类的意识状态,如一个人这一刻思考这个问题,下一刻思考另一个问题。在这一点上,动态核和全局工作空间是一致的,只是它们所用术语不同;它们都拥有

---

① 这一过程有三种表述:神经达尔文主义运用生物学术语"筒并"描述多种脑活动被整合到一个意识当中;全局工作空间运用心理学术语"竞争性"(competitiveness)表达多种潜意识如何选择出现在意识当中;信息集成理论运用信息论术语"集成"(integration)说明多个元素如何集体地表现出一个有意识的整体。这三种表述是相互兼容的,虽然侧重点和观察维度不同,但它们所指的是同一个过程。

大量的实验证据[①]。

结合三种外在主义理论，一个动态核（或者说一个意识状态）每隔 0.1～0.2 秒集成一次，形成一个意识；一个接一个的意识随着时间推移依靠瞬时记忆[②]就形成了詹姆斯所说的"意识流"。神经系统不只包括大脑（端脑）、间脑、小脑和脑干，还有中枢神经系统和分布在全身的巨量的神经网，毕竟脑中的神经元只占全身神经元总数的 1/5，大脑是嵌入身体的。这就是笔者所称的"具身脑"。上面提到的神经进化的过程必须有外部世界的刺激[③]，"缸中之脑"是不能真实存在的。所以说，大脑、身体和世界三位一体的协同产生了意识。

广义地讲，知识，如同信息，可看作自然界的一种性质，宇宙规律、客观事实、万事万物，皆可是潜在的"知识"。但是，在没有主体 S 存在之前的知识是一种无知的信息，不能称其为真正的知识，有知的知识方可谓知识。正如叔本华所说，"那认识一切而不为任何事物所认识的，就是主体。因此，主体就是这世界的支柱，是一切现象，一切客体一贯的，经常作为前提的条件；原来凡是存在着的，就只是对于主体的存在"（叔本华，1986：28）。因此，有知的知识一定是自表征的知识，即知识须通过自表征才能得以实现，而自表征需要有可进行表征的主体 S。主体 S 需要拥有意识后才能实现（语言）表征，所以说知识需要以意识为基础。这里说的意识是由主体 S 和客观世界 W 共同作用产生的，它是外在化自然主义意义上的意识。所以说，主体 S 与客体世界 W 共同构成了意识 C，意识 C 自表征出知识 K，笔者称之为"SWCK 论题"。该论题分为两部分：第一部分是意识的外在客观性，用集合表示为 $W=\{S,C\}$，且 $S\cap C$，其含义是 W 是全集，S 和 C 是 W 的子集，S 和 C 有交集。主体 S 包括脑和身体，加之客体世界 W 共同形成了意识 C。这样 C 在 W 之中，意识具有外在客观性。第二部分是从 C 来确定 K，即如何以外在化自然主义的意识建构知识，即 $C\rightarrow K$。我们需要回答以下几个问题：能够以意识来定义知识吗？知识在意识的什么状态下出现？它的判断标准是什么？

笔者认为，我们能以意识（相对于有生命的无意识[④]）为基点来定义知识。

[①] 证据非常多，著名的实验有："双目拮抗"（binocular rivalry）系列实验、"双耳选择"（binaural selective）系列实验、事件相关电位（event-related potentials）方面的研究、运用脑电图（EEG）扫描技术测量与意识紧密相关的 θ 脑波方面的实验、微电极（microelectrode）技术刺激实验、运用脑磁图（MEG）扫描技术的脑成像研究、运用功能磁共振成像的脑成像研究。

[②] 瞬时记忆的保持时间相对于短时记忆的保持时间（20 秒至 1 分钟）来说很短，大约 0.25 秒至 1 秒，但它能够将一个个意识状态连接起来。

[③] 例如著名的"感觉剥夺"实验也证明，在没有外部环境刺激的情况下人是无法生存下去的。

[④] 这里的"无意识"不是心理学所指的潜意识状态，而是一种广义的指不存在意识的状态，包括无活性的无机物，有活性的高分子，可自繁殖的单细胞生物，有神经元的无中枢神经系统的大型动物，有中枢神经系统但脑不发育的鱼类、两栖类、爬行类等自繁殖、自组织的无意识。无意识状态的形成标志着生命的诞生。

首先将意识分层定义，如埃德尔曼定义的初阶意识（一阶意识）与二阶意识，然后通过"自语境化"确定知识，即"自语境化"形成生命，生命"自语境化"形成意识，意识"自语境化"形成自我意识，自我意识的"自语境化"形成知识（魏屹东和杨小爱，2013）。在埃德尔曼意识分类的基础上，我们增加了高阶意识[①]。初阶意识又称感官意识，是指生命所具有的整合当下记忆现象以产生即时意识的能力，其范围与动物所处世界刚刚过去的状态相关，也是一种描述人类和动物初级经验能力的概念。换句话说，初阶意识就是当下各种主观的意识感觉内容，包括感觉、知觉和心理图像等。例如，一个人的初阶意识经验包括蓝色的海洋、鸟的歌声和疼痛的感受等，因此，初阶意识是精神世界内不包含过去和未来的东西，它在时间上对应着即时性（Edelman，2004）。初阶意识可再被细分为两种形式：焦点意识（focal awareness）和外围意识（peripheral awareness）。焦点意识的主要内容就是注意力的中心，而外围意识由关注焦点以外的知觉构成，人或动物只能模糊地意识到这个外围（Johanson et al.，2003）。拥有初阶意识的生命拥有长时记忆，可储存信息，但不能表征信息，创造的信息是无知的知识。然而，拥有初阶意识的个体有大脑皮层，可构成皮层-丘脑系统，形成动态核，这标志着意识的产生。

二阶意识可被描述为意识到的意识，它是思想对自身的反馈，包含着对过去的记忆和对未来的猜测，即一种命题态度，一种倾向，不是意识状态本身。意识状态是感觉状态，如疼痛，倾向是认知状态，如我认为……，我相信……。维特根斯坦就把意识状态看作感觉，把倾向看作命题态度，"我想谈论一种'意识状态'（BewuBtseinzustand），并把看一张特定的图画、听一种音调、感到一种疼痛、尝出一种味道等等，称为意识状态。我想说：相信、理解、知道、意图等等不是意识状态。如果我暂时把后面这些东西称为'倾向'（disposition），那么倾向和意识状态之间的一个重要区别在于，倾向不会被意识的中断或者注意力的转移所中断"（维特根斯坦，2012：287）。所以，虽然具有初阶意识的动物拥有长时记忆，但通常情况下它们不能表达事物，不能进行自表征；它们至多能处理即时场景中的当下问题，如觅食。低级动物不具有这种二阶意识，但随着进化的程度越来越高，它们所拥有的意识"复杂性"也越来越大。这一点在哺乳动物中尤为明显。二阶意识对于动物的意识复杂性来说是一个重要标志，特别是在以猿类为代表的动物中，我们已经能够观察到伴随语言功能出现的二阶意识。对于人类而言，由语法和语义所体现的意识的复杂性已经表现得非常之高。随着进化程度的不断提高，初阶意识不断地发展，特别

---

① Carruthers P. Higher-order theories of consciousness. *Stanford Encyclopedia of Philosophy*, 2011. http://plato.stanford.edu/entries/consciousness-higher/[2022-05-16].

是当爬行动物进化出哺乳动物和鸟类时，这一过程更加突出。在哺乳动物和鸟类的胚胎发育时期，更多的神经联结产生了，为端脑系统中产生丰富的"再输入"活动提供了基础，使更多知觉的分类得以产生，也使脑中有了更多的评估价值的系统。也就是说，适应性的进化使动物拥有了处理即时复杂性场景的能力优势。

在经过了漫长的进化历史之后，意识的进化进入了一个新纪元。更深刻的"再进入"神经回路不断地出现，语义和语用伴随着分类系统和概念系统的发展被不断地表现出来。这种发展使得二阶意识出现了（Edelman, 2006）。通过镜像测试发现以下动物具有不同程度的自我意识：黑猩猩、猩猩、矮黑猩猩、大猩猩（Gallup, 1970; Walraven et al., 1995; Patterson and Cohn, 1994）、海豚（Reiss and Marino, 2001）、亚洲象（Plotnik et al., 2006）和喜鹊（Prior et al., 2008a）。以上动物具有初级的自我意识——"客体我"（me）。"客体我"是最初意识到的意识，因此，它是二阶意识出现的标志。一方面，"客体我"是动物思维能力发展到一定程度的结果，它使动物具有了意向性，极大提升了语言能力。语言是实现知识的手段，拥有了语言才能进行自表征。另一方面，"客体我"又是主体 S 的初级表现形式，是主体 S 出现的标志，而主体 S 是自表征的基础。所以拥有意识、可进行自我表征的主体 S，是在"客体我"出现后才出现的。

综合这两方面，"客体我"是在二阶意识中出现的，主体 S 以及可表征知识的语言均是在二阶意识中出现的。拥有二阶意识的个体能运用简单工具，能全部或部分地通过镜像测试，具有部分或全部的自我识别能力，有一定的自我图式或自我概念，形成初步的自我意识——"客体我"。这标志着知识的产生。

我们知道，高阶意识是能进行复杂的认知活动、思维活动、推理活动和实践活动，能使用复杂工具和运用自然或人工语言，通过视听觉感受和表征事物，运用知识很好地指导实践，也就是具有良好的语言能力、精确的表征能力和有效的实践能力的意识。高阶意识的标志是主体拥有完整的自我意识——"主体我"（I）的建立。高阶意识也可分为两类：实现的高阶意识和可能实现的高阶意识。实现的高阶意识目前只有一种，就是现实人类清醒状态下的意识。笔者设想，可能实现的高阶意识是未来的一种可能意识，包括可能的人工意识、集体社会的意识、人机一体的类意识等。自我意识，即"主体我"的完整建立，标志着高度文明的产生。

概言之，知识伴随着二阶意识的形成而出现。知识 K 作为一个子集在 C 当中，进而在全集 W 之中，所以，外在化的自然主义的知识具有外在客观性。以此来界定知识，知识就是自组织的主体拥有自我意识后，以长时记忆为载体，通过自表征可提取与表达的对外部世界的复写。自我意识是由世界、身体和大脑三位一体综合产生的，具有外在客观性，因而知识亦具有外在客观性[1]。

第五节 自然主义的方法论意义

可以看出，自然主义业已成为认知科学研究的一种主流解释范式，一种新唯物主义。它认为自然科学本体论和方法论足以解释实在世界，心智表征现象也可纳入自然科学的研究范畴，因为表征对心智和语言的自然化过程意义重大。接下来我们以乔姆斯基的自然化心理表征理论为例探讨自然主义方法论的意义。

众所周知，乔姆斯基是当代美国哲学家、语言学家、认识学家、逻辑学家和政治评论家。他的生成语法被认为是对 20 世纪理论语言学研究的重要贡献，《言语行为》被认为发动了心理学的认知革命，挑战了占主导地位的行为主义范式，所采用的以自然为本的自然主义研究方法，不仅极大地影响了语言和心智的哲学研究，也对意识和认知研究产生了重要影响[2]。笔者将他的方法论启示，积极的和消极的，概括为以下四点。

第一，心智研究离不开自然科学特别是生物学。根据自然主义，心智就是一种诸如电子及粒子一样的自然现象，可通过"第三人称"方法进行研究。在乔姆斯基看来，心智的模块性假设就是将心智类似地看作身体器官，诸如消化、感觉、免疫及颈部以下器官，当然也包括各种"心智器官"，如语言、规划、各种记忆结构模块、行为管理模块等（Chomsky，2011）。心理模块是由子系统构成的复杂系统，可称之为"心智器官"。"心智器官"显然是一种隐喻说法——"心智系统是生理器官"。与前述的"心理器官"隐喻如出一辙。

显而易见，乔姆斯基的心智理论受到笛卡儿内在论的影响，其语言习得机制观也与笛卡儿密不可分，但他没有接受笛卡儿的心智作为一般工具的观点。乔姆斯基一再强调意识或认知研究的生物学基础，认为"进化论将人类置于自然界之中，人类是生物机体，与自然界其他物体一样，因此，人类能力必然受到限制，包括人类的认知领域"（Chomsky，2013：684）。这意味着，正如我

---

[1] 在这个问题上笔者坚持一种功能主义的意识观，也就是内在结构产生的功能外在化，从而体现为外在化自然主义。具体说，发生在我们身上的各种精神现象，诸如意识、心智、自我意识、自由意志等，只不过是生物的大脑产生的各种功能属性，这些功能属性被我们用不同的术语或概念来描述，以便于我们理解和解释，这些功能属性事实上并没有真实的指称物，或者说，精神属性并不是物质实体那样的东西，而是功能性的。

[2] https://www.britannica.com/biography/Noam-Chomsky[2023-02-02].

们的身体器官允许我们消化、呼吸、感知一些而不能感知另一些物体一样，我们的心智以及认知能力也受制于生物学原理，也能够解决一些问题而对另一些问题无能为力，如意识的形成问题。这说明我们的心智能力不是无限的，而是基于生物学原理并受其制约的。所以乔姆斯基指出，"如果受精卵没有内在基因限制其发展方向，它最多也只能长成一种受到物理规律限制的生灵，就像雪花一样"（Chomsky，2009b：183-184）。这就是说，如果遗传禀赋没有对机体生长设限，那么该机体可能会长成变形虫，一种原始环境的产物罢了，正是这些限制条件才让人类胚胎发展成为人，而不是一种昆虫，认知领域也是如此。这也是麦克金所说的"认知闭合"（cognitive closure）描述的认知界限问题（McGinn，1989：350）。

可以看出，乔姆斯基是将心智看作一系列隐喻式的认知"器官"集。他不认为心智能力蕴含于大脑中的各个神经元，无论它们的结构特性如何，单个心智能力仅具有一种半自主能力，且以"模块"形式运行。心智的各个模块发展彼此独立，它们的操作过程相互联系并与中枢神经系统联系。比如脑病人，虽然其他心智模块受到损伤，但语言能力模块没有受到影响，如仍可以说话。这种心智模块理论缺乏精确的计算系统，与福多的模块论相比，其涉及知觉与回应的输入输出机制（Fodor，1983）。不过，乔姆斯基的心智研究比福多的更广，比如，他还涉及激发科学假说的模块装置以及做出判断的模块研究（Chomsky，2003：256）。

第二，心智与意识是同一的，可通过自然科学方法探讨。乔姆斯基将心智研究纳入自然科学和生物框架中，这是他的方法论策略。在研究言语行为时，乔姆斯基对语言能力的行为主义观点进行了批判，反对斯金纳（B. F. Skinner）将心智看作黑箱的简单做法，认为这种方法只能根据某种原始的普遍心智法则对外部刺激做出回应（Chomsky，1959：58）。他进一步认为心智具有一种内部结构，可处理信息并且具有普遍语法的内在认知，语言能力就是构成这一过程的一部分（Chomsky，1967：142）。这样看来，心智并不是一种特殊现象，它其实与化学、光学或电子自然现象一样，是可使用自然科学方法进行研究的。因此，心智研究也不必追求特殊方法论，心智就是一种自然现象，科学可以解释，而且这种解释与科学理论相统一，尤其是与核心科学相统一。这意味着，对心智的研究就是对身体以及对身体行为的研究，或者是对大脑的研究，不同在于这种研究相比于一般的物理现象的研究显得更复杂、更抽象，因为在某种程度上，心智是不能分解还原的，而物理现象可以。

在笔者看来，意识和心智可使用科学方法研究这一立场，不仅决定了方法论问题，而且决定了对现象性质研究的方法，这就是采用"第三人称"视角将主观性排除在外。根据这种客观方法，研究心智的内在属性不是研究自身经验内容，像疼痛、焦虑和怀旧这些可感知的经验，只能通过主体体验直接获得，不需要抽象方法的介入。也就是说，与意识相关的感受性问题不是什么难问题。这似乎有点科学主义之嫌。其实，承认意识现象的存在就等于承认心智内在属性的存在，作为一种自然现象，它的确具有区别于其他自然现象的独特性，与乔姆斯基所说的化学、光学、电子现象也有区别，因为从"第一人称"视角看，心智有时是可知的，如我们的感悟，我们的直觉。如果完全将心智现象置于"第三人称"研究，那就等于将感受到的心智属性置于科学领域之内，或者将心智纳入非现象学研究路径，疏忽了实验中被试的情感因素。这也是不可取的，毕竟自然科学方法不是万能的。

第三，心理表征可采用自然主义予以说明但有限度。乔姆斯基在研究语言与心智及其关系时，采用了自然主义方法论，认为内在论有利于心智现象和语言现象的解释，但意向性和语言运用可能不属于自然主义研究的范围。根据自然主义，自然规律就是宇宙世界各种行为或结构的运行规律，每一阶段宇宙的变化都是这些规律运行的结果①。乔姆斯基将这种自然主义称为形而上学的自然主义，也称哲学自然主义，是一种本体论，主张世界万事万物具有物质性，不存在超物质的实体、属性及事件。他将这种本体论的自然主义称为"本体论承诺"，而奉行一种他称为方法论的自然主义，认为这种自然主义并非一种观点，而是一种基本的科学方法论，一种承诺——承诺科学方法、经验方法可运用到心智和语言以及其他自然现象研究，其最终结果则是对这些现象的解释，并将其并入作为核心自然科学的物理学、化学和生物学（Chomsky, 1994）。

在乔姆斯基看来，自然主义方法并不妨碍我们认识世界的其他方法，而且提供了一种解读现象的特定形式，即"理论解读"（Chomsky, 1995）。但是，自笛卡儿粒子物理学由牛顿力学取代后，形而上学自然主义缺乏统一的说明，"牛顿毁灭机器，因此解决了机器魔鬼问题，但魔鬼依然存在，未受影响"（Chomsky, 1994：181），因此，除非对"身体"或"物质"或"物理的"提供一种新概念，否则我们除了方法论自然主义外，没有其他自然主义的概念。相对而言，方法论自然主义似乎不存在争议②。然而，尽管人们普遍接受方法论自然主义这种外在主义，但对心智和语言各方面的解释理论不断受到非自然主义的挑战。例如，认知能力的计算解释存在的问题——没能满足解释心智现象特有的某些充足条件，如要求任何主体的知识必须可理解，至少是理论层面的理解，或者这些计算解读没有根据常识分类。

---

① https://www.britannica.com/topic/naturalism-philosophy[2023-02-02].
② 当然也不是完全没有争议，例如，托马斯·内格尔就不赞同方法论自然主义，认为自然主义方法论旨在客观研究，因此不能解释心智的重要特点，即主体自身的观点。

第四，意向性由于其主观性不适合用自然主义来说明。意向性是表征事物、属性以及事件状态的心智能力，构成心智哲学和语言哲学的界面[①]。但乔姆斯基认为，意向性问题包括语言使用中的意向性，不能都纳入自然主义研究，因为"与主体相关的意向性现象以及主体所做的事情主要是从主体角度出发的，不会纳入自然主义研究，因为自然主义主要将这些因素排除在外"（Chomsky，1992：208）。为什么我们对自身的常识性理解以及我们看待世界的观点会涉及意向性？为什么蕴含这些意向性的现象不能通过科学的客观方法加以研究？在乔姆斯基看来，"对于问题'某个单词指称什么？'这个单词意义不清楚，是不是为某一特定主体提出的（该主体的内化语言），还是为某种'一般语言'（更具神秘性，意义不确定性）提出的。一般而言，一个词，即使是最简单的类别，也不能指向世界实体，或指向'信念空间'"（Chomsky，2008：298）。可以看出，乔姆斯基之所以认为意向性不能用自然主义方法来研究，是因为他认为意向性属于主观范围，自然主义的客观立场难以介入；而且就词语的指称来说，这种概念意向性并不清楚。

笔者不赞同这种观点。在笔者看来，意向性作为一种关涉外物的主观能力，其发生一定是有其生物学基础的，不论这种能力是源于大脑还源于大脑、身体与环境的互动，它完全可使用自然主义方法加以研究，这与对意识进行科学研究是相同的。概念的指称在特定语境中应该是明确的。比如"伦敦"作为专有名词指称泰晤士河边的城市，这是一种指称关系，不是表征关系。依此看来，乔姆斯基在概念指称方面忽视了语境的作用，导致他认为词语不指称世界实体。根据自然主义的研究策略，意向性的自然主义研究就是将意向性这种心理特征自然化，也就是将心智的关涉性和指向性自然化，就是对表征内容进行自然化说明。因为"心智对世界的意向关系就是心智对世界的表征关系，从这个方面对意向性作出自然化的解释通常涉及表征的内容问题，因此将意向性自然化，就是将心智的指向性自然化，就是对表征内容自然化"（吴彩强，2010：102）。笔者认为这是关于心理表征意指什么的问题，也是科学表征问题——如何使科学认知包括科学发现呈现出来以便于理解的问题。关于这个问题有许多实现路径，诸如相似论的、结构主义的、语义论的、语用论的、功能主义的等，自然主义只是其中一种方式。

当然，乔姆斯基并不否认自然主义语义学，也不否认其的确具有解释力，因为这种语义学的目的就是依据语言表达和实体之间的关系来解释某些事实。他只是觉得像意向性这种具有强烈心理特征的概念，其指称是不明确的，以言语表达时自然就是模糊的。自然主义方法不适应意向性问题的另一个重要原因

---

① http://plato.stanford.edu/entries/intentionality/[2023-02-02].

是——对心智问题的充分理解还包括意识如何从神经结构涌现,这一点我们并不清楚。笔者认为这不是一个理由,我们不能因为没有弄清意识产生的生物学根源,就否认可以采用生物学方法进行研究。科学不是万能的,自然主义方法也一样,意识及其意向性虽然神秘,但并不是不能科学地研究的理由。这要看我们采取什么样的研究策略。我们承认我们认知能力的局限性,但这不能成为拒绝科学地研究意识现象的借口或托词。

第六节 小 结

自然主义,无论作为本体论还是作为方法论,比起纯粹的哲学思辨要好得多。对于意识、心智、认知这些精神现象的探讨,自然主义可能更为合适,尽管它有某些缺陷。比如,乔姆斯基运用自然主义方法研究心智和语言就是正确的选择。事实上,自然主义并不拒斥内在主义,因为蕴含于我们认知能力中的计算机制研究属于内在主义,自然主义研究中的一般假设也是赞同内在主义的(Egan, 1999),而且计算认知理论对这些机制的描述在很多方面是非语义的。在对待自然主义的态度上,我们一方面应该坚持方法论的自然主义,肯定自然主义在解释心智与语言表征方面的作用;另一方面又不低估自然主义对意向性的解释意义,特别是在计算和内容能否作为心智表征的实质问题上,对心智状态不能持取消主义立场。

然而,争论仍然存在,比如在论及内容在计算心理模型中的作用时,伊根(F. Egan)认为,如果机体计算认知功能的条件没有满足,机体就无法表征语境(Egan, 1995),但乔姆斯基认为,我们描述某种人类强加的目的与自然研究无关,而且与正常环境中表征的考察也不相关,因为这种正常语境下的表征允许我们将分析系统与视觉的非形式描述功能相联系;科学的任务不是符合直觉范畴,不是去确定在非正常环境中是否依然可视,知觉研究自然始于非形式化的认知任务,但很少关注在科学进程中是否发现相似之物(Chomsky, 1995: 56)。

从自然主义来看,表征、误表征、不可靠表征在计算模型中可重新建构,它们本身没有害处。因为在认知能力的计算描述中不存在非外在表征关系,只存在内在意向性。内容属性只是一种解释,而这种解释根植于计算机制如何与内在和外在环境相联系。计算认知科学对理解表征、误表征和不可靠表征心智现象已经取得长足进步,计算模型某种程度上得到确认,并对这些心智现象提出自然主义说明。因此,计算理论不会假定描述的机制意向性为理所当然,而是对意向性提供一种似真的解释，而且对我们用意向性术语描述的理性过程与能力给出一种形式描述。

笔者认为，计算理论并不能满足这种解释目的，除非该理论解释的某些状态被解释为这些属性的表征。更进一步说，计算理论假设具有意向性状态，就像大众心理学假设的状态，或者在可能世界算作视觉状态，或者具有"内在意向性"[①]状态，这可用来说明乔姆斯基的"方法论二元论"——本体论意义上的内在心理状态和解释方法论上的语言表达。总之，心智研究，不像其他领域的科学研究，应该具有独立性，而这种二元论立场是一种"哲学标准"。只要我们将自身和他人看作理性主体，内容或意义就是我们对自身意识的理解不可缺少的东西。

---

① "内在意向性"与"派生意向性"之间的区别是方法论二元论的一个结果。内在意向性只是不可分析的意向性，而派生意向性被认为是计算机制具有的一种意向性，是一种我们可通过自然主义解释的意向性。这种区别说明我们在理解上存在差别，而不是世界本身存在区别。

第四部分　科学理论的适应性表征

科学理论的发展，从演化的视角看，体现了诺贝尔物理学奖获得者普里戈金《从存在到演化》的发展脉络。按照这种思想，经典力学和量子力学是关于存在的物理学（时间反演对称），热力学、自组织和非平衡涨落是关于演化的物理学，连接两种物理学的桥梁是关于不可逆时间的动力学、不可逆过程的微观理论和不可逆的时空结构。适应性表征恰好体现了这种动态演化特征。

这一部分内容包括第十六至第二十章，集中讨论了自然科学理论的适应性表征。科学认知是一种复杂的思维过程，不同学科采取的表征方法不尽相同，但逻辑一致性是它们的共同特征，也就是所有科学，无论是在认知探索方面，还是在结果表征方面，遵循逻辑规则和数学规则是它们的共性。

第十六章运用多值谓词逻辑、布尔代数、拓扑空间和动态算子群方法探讨经典力学的适应性表征。这是如何将科学发现得以表达的问题。科学的本质在于发现与创造，也就是尝试建构显表征，即知识表征。不过，科学理论中仍然有许多预设是潜在表征，比如宇宙的物质性和统一性，人类认知的无限性与有限性。这些预设作为科学的前提基础应该是不言而喻的。在科学知识的表征中，这些预设是不出现的，它们作为隐性知识蕴含于表征之中。这就是表征的动态约束，动态约束的目的是保证表征的变化是适应目标的。也就是说，对运动目标的表征必须遵照一定的动态规则，如自由落体定律。

第十七章探讨了量子力学是如何进行适应性表征的问题。量子力学的观念是颠覆经典力学的。前者描述的是微观领域中粒子的运动行为，后者描述的是宏观领域中物体的运动行为。由于物体在这两个尺度相差极大的领域遵循的规律是完全不同的，因而它们的表征方式也就会迥异。在量子力学的表征中，互补性、测不准性和非定域性是其重要特征，形式化、概率和数学刻画是其主要表征方式，区分在表征中发挥重要作用。

第十八章是关于时空理论的适应性表征。时空是我们时时刻刻都会面临的现象，因为我们就生活于其中。关于时空是什么，牛顿理论奉行的是绝对时空观，爱因斯坦理论主张相对时空观，这种近乎对立的时空观与其表征方式相关。这涉及坐标系表征的相对性、同时性和同步性，以及时空结构表征的不变性。因果表征是时空理论中最常见的，如相对论的因果性表征。然而，不同的时空理论表征往往会产生悖论,如德布罗意悖论、阿哈罗诺夫-波姆效应和爱因斯坦-波多尔斯基-罗森(EPR)悖论,这是值得我们关注和思考的深刻哲学问题。适应性表征是解决这些悖论的一种可能路径。

第十九章探讨了信息过程的适应性表征问题,主要涉及统计力学的可逆和不可逆表征、热力学第二定律的统计表征、自组织过程的可逆和不可逆表征、耗散结构的自动性与适应性表征,以及认知过程的可逆和不可逆表征。从信息论的视角看,这些物理过程和其中涉及的认知过程就是处理信息的过程。信息的表征既可以是可逆的,也可以是不可逆的,比如热力学系统从低温到高温的过程不是自动发生的,但在表征上可使其逆向发生,如数学刻画在时间上的可逆性。

第二十章运用布尔区分论述了宇宙结构的适应性表征。与时空一样,宇宙结构也是我们人类最早面临的问题之一。面对天空,人们往往会发出宇宙是什么,有多大,如何产生的追问。在科学史上,关于宇宙结构的理论有许多,诸如地心宇宙、日心宇宙、绝对与相对宇宙、无限与有限宇宙、量子引力宇宙、超时空高维宇宙、弦-膜宇宙等,每一种都力图超越先前理论提出更合理可靠的宇宙观。从适应性表征的视角看,理论的更替意味着人们对宇宙结构更为深刻的认知,表现出从低级到高级、从简单到复杂、从不完善到完善的认识过程。

第十六章 经典力学的适应性表征

物理科学的新近发展已经揭示了经典物理学理论作为一个普遍合适的说明系统的局限性。这些发展也要求我们重新审视在历史上得到尊敬的许多科学研究原理的有效性。一个已受到挑战的生气（机）勃勃的观点是：自然事件是以确定的因果秩序发生的，而发现这种秩序正是科学的任务。

——欧内斯特·内格尔（《科学的结构》第330页）

以牛顿理论为代表的经典力学，堪称是科学理论的典范，是决定论的公认范式，深刻影响了其后的科学认知和表征方式，实验探索和符号表征（数学的、逻辑的）是其主要特征。本章着重探讨经典力学的表征方式、动态约束、表征区分的不变性和适应性。

第一节 经典力学表征的不同形式

力学系统，严格说是一套方程，它表述物体的某些属性对其物理性质的依赖性，如牛顿运动定律。在表征上多使用包括逻辑和数学的符号表达，具体有如下四种方式。

一、多值谓词逻辑表征

科学知识作为显表征，其最基本的表达形式应该是口语。因为口语是形成表征的最初形式或根源，而口语由基本元素（单词及其发音）和生成规则（语法）构成。说出语句就是在认知上操作句子，也就是运用语法将各个词组合起来形成完整的语句。语句负载了内容或意义，理解语句就是解读其中的意义。如果将科学研究比作"读自然之书"，那么科学认知就是理解自然之书的意义，表征就是表达自然之书的内容，解释就是给出自然之书的语义。这就是科学认知过程的"自然之书"隐喻说明。

就表征本身而言，它一定是承载内容的东西。承载者可以是有意识的，也可以是无意识的。就前者来说，无疑是人在表征，具体说是人的心智在表征，而表征要使用某种中介或工具，最常见的表征工具就是语言（口语和书面语）。在语言中，描述客体、行动或事件的是谓词项，因此，传统的主体-客体或自我-世界的二元关系，就转化为主体-客体-谓词三元关系。谓词部分描述客体的属性。更具体来说就是，主体使用语言（谓词）表征客体，比如语句"张三是一名教师"，张三是主语，教师是谓词，可以逻辑重构为教师（张三），如果 a 代表张三，b 代表教师，可形式化表征为 $b(a)$。这是单值谓词表征。再如语句"张三读书"，可以逻辑重构为读（张三，书），可形式化表征为 $c(a,d)$，其中 c 代表读，d 代表书。这是二值谓词表征。

我们也可将单值谓词与二值谓词表征结合起来形成多值谓词表征。比如将上述两个语句结合就会形成如下合成语句，"教师张三读书"，可以逻辑重构为教师（张三）和读（张三，书），按照海里根的表达方式可表征为 $b(a)\cdot c(a,d)$，其中"·"代表 and 或 &，意思是"与"或"和"。我们发现，基本元素（词）是不变的，而它们的结合体是变化的，或者说，基本元素单词和语法是有限的和不变的，而它们的合成体则是无限的和变化的。而且这两个基本表征是对称的，也就是说，基本表征或原子表征构成的合成表征的意义没有发生变化。因为我们从"教师张三读书"的语句中能够知道，"张三是教师""张三读书"。

对于否定语句情形也是如此。我们可使用连接词"非"（not）来表征。我们仍然以上述例子的否定句为例来说明。"张三不是教师"，可逻辑重构为教师"非"（张三），形式化表征为 b "NOT" (a)；"张三不读书"，可逻辑重构为"非"读（张三，书），形式化表征为 "NOT" $c(a,d)$。这两个否定语句可组合为教师"非"（张三）与"非"读（张三，书），形式化表征为 b "NOT" $(a)\cdot$ "NOT" $c(a,d)$。同样，合成语句的意义不变，它们是对称的。引入连接符"·"和 NOT，能够使我们将不同的命题或语句连接起来形成合成命题。我们还可引入其他连接符扩展合成命题的范围，比如，析取用 or（为简化用 ∪ 表示），则 a 或 b，可定义为：NOT(NOT $a\cdot$NOT b)。s 蕴含 b 可定义为：(NOT a)∪b。这些导出连接符能被用来简化合成表达，但它们不增加任何新的东西到表征上，这些不同连接符的属性和应用，在逻辑学课本上均有介绍[1]。

二、布尔代数表征

如前所述，布尔代数是一种方便的形式表征工具，可用于科学知识的形式化表征。布尔代数有三个表达符：客体集（O）、谓词（断言）集（P）和用于构造合成表达共同决定的可能表达集（E）。海里根将这些集合可递归地定义为（Heylighen, 1999：55-56）：

---

[1] 在一阶逻辑学中，非、和、或一般分别用"¬""∧""∨"表示。

一个表达 e 属于 E，如果它由连接符和表达 $e_1,\cdots,e_n$ 的结合构造，且 $e_1,\cdots,e_n$ 属于 E。初始表达 $A(b)$，由一个谓词 A（属于 P）和一个客体（属于 O）的结合形成的，则它是一个元素 E。如果使用的连接符能够被还原为合取和否定，则 E 具有布尔代数或布尔格子的结构。这意味着我们能够在 E 上定义一个前序（preorder）"<"（蕴含的逻辑关系）：$e<f$ 当且仅当，对于 e 或 f 的每一个可能真值，e 蕴含 f 总是真的。

这个定义的含义是，根据 e 蕴含 f，如果我们知道 e 是一个境遇的真描述，那么我们也知道不用进一步地观察 f 也是一个真描述。当然，关于这个由 f 携带信息的境遇总是包含 e。比如，如果我们知道 $a\cdot b$ 是真的，那么我们也知道 b 是真的，因此 $a\cdot b<b$。这些代数属性对于经典表征的逻辑结构是典型的，它们允许我们以静态的方式联系不同的表达。

在这个框架中，另一个相关概念是"状态"（states）。比如一个质点在特定时刻的位置和动量构成它在那个时刻的"力学状态"，定义这个状态的变量就是"状态变量"。一个属于 E 的表达就是该表征的一个状态。比如一个表征单元的实际结合体构成一个更大的潜在结合体。这样，它表征了我们从一个特殊外部境遇获得的信息。因此，这个状态描述了主体意识到的客体的特征。然而，在经典表征中，我们倾向于思考把这个状态概念作为客体本身的描述，并独立于主体。这种客体状态就是实际的境遇。这意味着主体的主观性的局限性被忽视了，比如对不完整信息和特征的基本感知。在这个意义上，经典状态携带的信息被认为是最大的——原则上，这个状态应该完全决定或描述属于研究域的客体。这一点在经典力学中通过相空间中系统的位置得到例示。如果我们知道系统（客体）的位置，那我们就能够推出该系统可观察的属性，比如能量、速度和动量等，并发现确定其演进的动态方程的唯一结果。用逻辑语言来说，相当于一个经典状态的表达是，所有其他表达的真或假能从这个状态导出。

在布尔代数中，这相当于这个状态表达的"原子数"属性。表达 s 是一个原子，当且仅当 $0<s$ 意指 0 是这个格子中的最小元素（这意味着表达 0 从来不是真的）。它具有属性——对于任何表达 a，我们具有：或者 $s<a$，或者 $s<$ NOT a。关系"<"能够根据那些表达提供的信息量被解释为表达的一个排序。这个状态或原子表达是包含最大信息量的表达。这样它们是相互包含的，不存在任何与它们相关的逻辑和信息序。这是状态表达的一个无结构的 s 集，可称之为"状态空间"。

然而，如何表征变化的问题是一个状态空间的动态结构问题。海里根以台球例子来说明这个问题。选择一个或多个球，置于桌面上作为基本客体。根据基本谓词，我们能够区分球的不同位置。表达 $s:P(a)$ 意指"球 a 位于桌子上标为 P 的那个部分"。一个合成表达 t 可能是 "$P(a)\cdot Q(a)\cdot$ NOT $R(b)$"，其意思是

"球 a 位于区域 P 和 Q 的交集点，而球 b 位于区域 R 之外"。显然，我们得到蕴含 $t<s$。弹性球表征的原子或状态是这样的表达，即所有球被置于桌子上最准确的地方。这种准确性依赖于如何细化谓词（或区域）系统。在理想情况下，准确性最大的地方是每个球被置于一个特殊的点上。在台球桌范围，所有点集将决定一个台球的状态空间，几个台球的状态空间在此情形中将通过采用个体状态空间的笛卡儿乘积来获得。因此，一个扩大的谓词集或状态集通过包括动量或速度作为球的描述特征来获得。在此情形下，对于台球系统，随着发生的状态空间将等同于经典力学的相空间。接下来我们将通过拓扑空间表征来说明状态的变化。

三、拓扑空间表征

表征的变化性在拓扑空间中表现得非常突出。经典状态空间的属性之一是：相互排斥的可能境遇是一个描述集（命题组）。逻辑表达就是，对于 $s,t \in S$, $s \neq t$，则 s 或 t 是一个适应性表征，但二者的合取不是，即 $s \cdot t(s \wedge t)$ 不是真的。按照海里根的推理思路，如果 s 和 t 被完全写为初始表达及其否定的合取，那么我们就会发现，s 中的正子表达（positive sub-expression）将以否定形式在 t 中发生。这是布尔代数的一般属性。因此，从 s 到 t 的变化我们至少必须否定一个命题，它对于 s 是真的，但对于 t 不再是真的。描述部分境遇的一个初始表达被其否定表达替换，这被看作经典框架内表征变化的基本机制。在这个意义上，任何变化过程基本可被分解为一系列基本的、非连续的转换，在这个过程中，一个初始命题被变换为它的否命题。

然而，一般来说，我们经历的变化的一个基本属性是其连续的本性。这种连续性基本上可被确切地描述为：对于不太长的时间间隔来说，时间间隔越小，发生在那个时间间隔的变化就越小。所谓小变化是指一个变化不会将它的客体与其最初特征离得太远，以便它的新状态仍然处于前一个状态的比邻（neighborhood）。也就是说，两个状态是相邻的。比邻是拓扑学（Topology）[①]的一个基本概念，它是研究连续性的一个数学框架，可提供描述状态空间变化的拓扑结构。一个函数如果能保持拓扑结构，它就被定义为是连续的。不过，在科学实践中，一个经典状态空间的连续性结构不能被逻辑地从拓扑学的概念导出。描述这样一个空间的可能结构是复杂多变的，如拓扑结构、投影结构、线性结构、矩阵结构等。事实上，在经典框架中，平面几何的三维空间就是一

[①] 起源于希腊语 Τοπολογy，最初叫地貌分析学，是莱布尼茨 1679 年提出的名词。19 世纪中期，黎曼在复变函数的研究中强调研究函数和积分就必须研究拓扑学，从此开始了现代拓扑学的系统研究。拓扑学主要研究"拓扑空间"在"连续变换"下保持不变的性质，简单说就是研究连续性和连通性的一个数学分支。

个质点或"原子"的状态空间结构,它是"客体"概念的一个极端理想化。变化被还原为"运动",如状态空间的连续变换被看作运动。空间的几何结构是静态结构或静态表征,要使这个结构或表征成为动态的,经典框架中必须引入时间概念。这就是动力学问题。

众所周知,在经典框架中,时间基本上是不同实际状态之间的一个线性序关系。海里根用先于关系P(precede)将其形式地表达为s_iPs_j或$P(s_i,s_j)$($s_i,s_j \in S$),意思是"状态s_i先于状态s_j"。P具有反自反性(时间自身不描述自身)、反对称性(不可逆性)、传递性(从一个时刻到另一个时刻)和完备性(对于所有$s_i,s_j \in S:s_iPs_j$或s_jPs_i)的关系属性。这意味着,我们要表征的变化系统的不同状态,能够以线性数列排列。这个数列能够通过标有来自一个数系统的数(整数或实数)序列的邻元素被索引地关联。当这个标出的特殊状态发生时,这些数相当于我们读钟表的顺序时间。

为了描述状态的演化,海里根给出了一系列状态的一个时间函数:$s_1(t_1)$,$s_2(t_2)$,$s_3(t_3)$,…而且$s_i \in S, t_i \in T$。其中,T是表示时间的一个数系统(整数或实数)。

约束条件是:$s(t_i)Ps(t_j)$,当且仅当$t_i<t_j$。这个参数化数列$s(t)$,$t \in T$,被称为状态空间中这个系统的轨迹。海里根认为,关于时刻T集的序关系决定一个拓扑结构。这个拓扑学的比邻是开放间隔$]t_1,t_2[$:([表示开放)。$\forall t \in T, t_1<t_2 \in T: t \in]t_1,t_2[$,当且仅当$t_1<t$与$t<t_2$。通过要求从$T$到$S$的函数是连续的(在那个特殊时间,该函数将一个时间$t \in T$映射到$s(t)$上),这个拓扑学能够被耦合到状态空间的拓扑学。这意味着,对于S中的一个状态$s_0=s(t_0)$的任何比邻$O(s_0)$,一定有$t_0 \in T$的一个比邻$O(t_0)$,结果是,如果$t_1 \in O(t_0)$,那么$s(t_1) \in O(s_0)$。也就是说,对于时间t_1接近t_0,相应状态$s(t_1)$一定是接近$s(t_0)$的;如果$s(t_1)$远离$s(t_0)$,那么我们会发现一个更小的比邻$O'(s_0)$,结果$s(t_1)$不属于它,即使t_1任意地接近t_0。轨迹连续性的这个要求决定时序关系和状态空间的拓扑结构之间的一个直接耦合。这预示着,在一个大变化发生前,一个小的变化一定已经发生了。前面提到的台球系统中球的位置的变化就可用一个拓扑空间结构来表征。

台球系统的状态$s \in S$是台球桌面上单一球位置的笛卡儿积[①]。台球游戏能够通过状态的参数化序列$s(t), t \in T$来建模。每个时间-依赖状态$s(t)$在时间t表征不同球的位置。假设两个分离球的精确位置在一个时刻或相同时刻被确定,比如,参数t对所有不同球都是相同的,这就是绝对时间。运动的连续性要求球在一个无限小的时间间隔不能跳跃过有限的距离。为了表征球的运动,我

[①] 笛卡儿积也即笛卡儿乘积,又叫直积。假设集合$A=\{a,b\}$,集合$B=\{0,1,2\}$,则两个集合的笛卡儿积为$\{(a,0),(a,1),(a,2),(b,0),(b,1),(b,2)\}$,可扩展到多个集合。比如,如果$A$表示某学校学生的集合,$B$表示该学校所有课程的集合,则$A$与$B$的笛卡儿积表示所有可能的选课情况。

们可在状态 S 集上使用拓扑学。这可从一个关于 S 的矩阵或距离函数导出：$d:S\times S\rightarrow R:(s_1,s_2)\rightarrow d(s_1,s_2)$。这个表达式是从关于 S 的要素空间的矩阵中建立的，它可表征单一球的可能位置。这些要素矩阵由这个要素空间的平面几何决定。限定这个拓扑学所需要的比邻状态空间中的开放球：$Br(s_0)=s\in S:d(s,s_0)<r, r\in R_0$。台球系统进行的连续性由以下要求来表达：对于任何距离 r，无论它可能多么小，我们可发现一个时间间隔 t_1-t_0 充分地小，结果是：$d(s(t_1),s(t_2))<r$。也就是说，台球被观察移动的时间有多短，它们运动的距离就有多小。这就是台球系统的动态适应性表征。

四、动态算子群表征

根据动力学，描述状态的变化需要时间参数，那么如何操作这种变化呢？操作是一种引起状态变化的行动，如操作语言的认知状态变化。在状态空间框架中，操作的形式化表征就是变换，它是一种运用算子的基本函数。比如，某函数将状态空间的一个部分 D 映射到另一个部分 C。在经典框架中，函数 $f\in F$ 是一对一关系，即 $C=D=S$。其基本观点是，一个状态被状态 s' 中的一个算子 f 转换：

$$f:S\rightarrow S:s\rightarrow s'=f(s)$$

f 可表征一个由观察者或作用于系统的环境产生的行动、力和结果，引起它以被指明的方式发生变化。这意味着，状态空间的描述是由不同时刻的位置来定义的。这些算子的有趣属性是，它们不能被组合，比如，两个算子 f、g 的合成产生一个新算子 $h=f*g$，这个新算子表征一个行动，在这个行动被 g 表征后，该行动由执行被 f 表征的行动构成。这个合成操作将一个代数结构引入这个算子集。这个结构就是一个群的结构。由此，我们可推出以下四个具体属性。

（1）在算子 F 集合中，合成处处被限定：$\forall f,g\in F, \exists h\in F:h=f*g$。

这说明执行一个行动或操作独立于系统的历史（系统先前执行的操作）。一个给定算子 f 可用于这个系统的任何状态 s_1，不论它执行的方式是什么。这个新生成的状态 s_2 依附于任何其他算子 g，导致第三个状态 s_3。这两个算子 f 和 g 的后继演进可被另一个算子 h 表征，这可直接从 s_1 到 s_3 导出。

（2）组合是联合的：$\forall f,g\in F:f*(g*h)=(f*g)*h=f*g*h$（*是组合符）。

这个特性基本说明，如果两个以上的算子是被组合的，那么组合就能被继续执行。我们首先与 h 组合，然后与那个组合的结果合成 g，这不会产生差异，如果 f 首先是与 g 组合的，那么它们的组合与 h 耦合。这种持续性相当于一个线性时序。

（3）存在一个同一元素 $i\in F$，于是有：$i*f=f*i=f, \forall f\in F$。

这一属性相当于这样一种观点，即一个可能的行动什么也没有做。表征这

个行动的算子 i 将每个状态映射到它本身，即 $\forall s \in S: i(s)=s$。也就是说，执行一个操作 f，然后什么也没有做，等同于仅执行 f。

（4）每个算子 $f\in F$，具有一个反算子 $f'\in F$，于是有 $f*f'=f'*f=i$。

这种属性预设每个行动可能遭到破坏，执行算子 f，然后执行其反算子 f'，相当于什么也没有做。所有算子都是可逆的，没有东西是不可挽回损失的，我们总是返回我们开始的境遇。包含所有算子的群 F 在状态空间上定义一个等价关系：s_1 等价于 s_2，当且仅当存在一个 $f\in F$，而且 $f(s\text{-}1)=s\text{-}2$。由于同一属性和对称以及可逆性，这种关系是自反的。它也是可传递的，因为两个算子总是能被组合。因此，它是等价关系，能够将 S 分为不相交等价类。

根据海里根的研究，经典表征框架的另一个预设是，如果我们考虑 F 作为所有物理上可能的存在，那么仅有一个等价类，即 S 本身。这种属性表明，任何状态可通过使用正确的算子被变换成 S 的任何其他状态。因此，为了将所有算子 $f\in F$ 运用到状态 s_0 上来建构整个状态空间，仅从一个状态 s_0 开始就是充分的。可以说，群 F 定义了这个系统及其本身的状态空间。执行一个不被算子 $f\in F$ 表征的行动意味着，这个状态将被发送到这个状态空间的外部的某物上。尽管属于 F 的这些算子表征系统状态的可能变化，但这些变化显然不是最一般的。

由群 F 表征的变化可被称为第一类变化，如使系统本身离开不变性的变化。第二类变化，如系统结构或要素的变化，不能被群的元素表征。与"跳出系统外"的变化相比，"保持在系统内"变化的属性，是描述群的"封闭"属性的一个结果。发生在群里的任何东西仍然保持在一个群中，它不可能离开或跳出控制。群算子的任何可能组合，表征了作用于这个系统的行动的一个复合体，能通过联合性被还原到一个线性数列。这个数列可通过将它的第一元素合成到第二元素而被简化，然后将新生成的算子与第三个元素组合，直到我们仅剩下一个算子来表征行动的整个复合体。由于存在可能属性，我们能发现这个算子的一个反算子。这意味着，无论行动的组合多么复杂，我们操作这个系统，总会有一个算子，它能充分地将系统带回到它的初始状态。因此，来自一个初始状态的操作的任何组合的任何状态，总是能被直接重新变换到这个初始状态。这个状态空间和状态空间变换的对应群是封闭的，它们形成一个分离的、单一整体，即一个等价类。

第二节　表征的动态约束

为了使一个表征是变化适应性的，我们需要某些机制来约束期望在一个给定境遇中的变化的数量。海里根将这些机制称为动态约束或规律（Heylighen, 1999：64）。在理想情形中，它们允许我们选择唯一的轨迹，如算子的时间参数序列。一般来说，从一个给定的初始状态 $s(t_0)$，几个子序状态 $s_i(t_0+T)$ 通过运用不同算子 $f_i \in F$ 来实现，即 $f_i(s_0)=s_i$。然而，唯一给定的约束是连续性。也就是说，对于一个小的时间间隔，这个子序状态 $s_i(t_0+T)$ 将位于 $s(t_0)$ 的一个小比邻。这总是限制可用于表征一个给定时间间隔 T 中变化的算子的数量。

然而，为了使谓词或断言有用，我们需要将一套应用算子做进一步的还原。海里根认为，用来选择正确的算子有两个基本类型的约束：守恒原理和变化原理。守恒是指系统的一个给定属性在系统演进期间应该是保守的。能量守恒是经典力学中的一个典型例子，即主张一个系统具有某一不变的属性，如能量不变。意思是说，有某一个命题，它由客体、谓词及其连接词的结合组成，包含了系统在其演进期间能够到达的所有状态。这个命题 e_0 对于状态的某一集合 $s_0 \in S$ 一般来说是真的，对于所有其他状态来说是假的。守恒原理要求，只有属于 s_0 的状态，才能位于系统演化的轨迹上。因此，这个约束相当于状态空间的还原。由于初始空间 S 的所有状态可通过运用适当算子 $f \in F$ 从一个给定初始状态 $s_0 \in S$ 来实现，这意味着算子集也应该被还原到 $f_0 \in F$，于是有：$\forall f \in F_0 : f(s_0) \in S_0$。

海里根认为，F_0 是又一个群，因此是 F 的一个子群：①组合在 $F_0 : f, g \in F_0$ 中是内在的，其意思是 f 和 g 保存属性 e_0。显然 $f*g$ 也保存 e_0，因此 $f*g \in F_0$；②组合在 F_0 中是联合的，因为它在 F 中；③同一性元素 i 保存所有属性，因此它保存 e_0 并属于 F_0；④如果 f 保存 e_0，那么它的反算子 f' 也将保存 e_0，因此，$\forall f \in F_0$, $f \in F_0$。

据此，我们可以得出结论，在某种意义上，引入守恒原理简单地将一个表征还原到一个更小的表征，它由一个状态空间 S_0 决定，S_0 是 S 的一个子集，也是群 F_0 的一个变换，F_0 是 F 的一个子群。

不过，我们应该清楚，e_0 不变性一般不等同于一个简单的表达，它在这个状态的表达中作为一个合取因素被包含于其中。比如，在经典力学中，决定状态的原始属性是位置和动量这两个变量，而能量的守恒属性以非常复杂的方式依赖于这些变量。能量守恒的引入将这个系统的状态空间还原到它的一个常数能量超曲面，但这些曲面一般不具有一个平凡形状。

一般来说，引入守恒原理将产生一个关于状态空间的等价关系，这会进一步产生这些状态的等价类，而这些状态由这个守恒属性的一个共同值来描述。如果两个状态都属于同一等价类，状态变换将仅由守恒原理支配。用数学物理学的术语讲，这些等价类被称为算子的对应子群 F_0 的不可还原表征，它们对于这些算子的属性来说是不变的。

第十六章 经典力学的适应性表征

动态约束的第二个类型是变化原理。该原理没有把等价关系引入状态变换，但引入了序关系。其基本观点是，即使守恒原理被应用于还原算子集和相应的状态集（它能够从一个给定状态实现），仍然存在对可能变换的一个相当大的选择。这些变换将根据一些评价标准被有序地排列。根据动态约束观点，哪种变换会实际地发生，相当于哪个排列的最大化或最小化，这依赖于被用于计算评价函数的惯例。在变量选项中，这可被理解为一个最好变换的选择。这基本上是一个最优化问题，它要求不同状态、轨迹或算子根据一个给定的评价标准被相互比较，以便决定对于这个标准来说哪个是最好的。如果被评价和被比较的事物是单一状态，那么评价函数通常被称为势函数。在这种情形下，状态空间的每个点 s 与被称为它的势数值 $P(s)$ 一致。

海里根给出约束可能演进的动态原则是：对于一个给定时间间隔 T，从将要实际发生的初始状态 s_1 的变换是这样一个变换，它在一个终态 s_t 中产生，在一个比邻 $O(s_i)$ 中，s_t 具有所有状态的最低势 $\forall s \in O(s_i): P(s) > P(s_i)$。如果 s_i 已经是一个势的局部最小值，那么 $s_1 = s_t$，没有任何状态变化发生。需要注意的是，势原理的运用预设了一个连续性原理的存在。如果状态空间中不存在连续性或比邻结构，那么每个初始状态将立即以最小势转换为那个空间的状态，所有演进将立即停止且具有相同的结果。这显然不是实际物理过程的一个有用模型。

势函数的局部最小化在混沌学中被称为"吸引子"。它们的确吸引通过其比邻而朝向中心的轨迹。一旦一个系统到达一个吸引子状态，它就一直在那里，不再有进一步的演进，如水流到最低处。也就是说，吸引子相当于一个势阱，一旦陷入其中便不能自拔。比如从山坡滚落的石头，到达最低处时就不再滚动，那个最低处就相当于吸引子或势阱。对于许多系统来说，势原理对于表征它们的动态行为是没有用的。比如，对于没有吸引子的系统就是如此，它们的演进从来没有停止过。行星围绕太阳的周期性运动就是一个从来没有终点的运动。在这种情形下，将绝对势能值归于静止状态是没有意义的。不过，我们仍能使用变化原理来比较不同轨迹。

这种表征的一个典型例子是经典力学中的哈密顿原理[1]。该原理假设，已知两个状态，一个初始态 $s_i(t_i)$，一个终态 $s_f(t_f)$，连接二者的一个轨迹就被确定为：$\{s(t), t_i < t < t_f$ 具有 $s(t_i) = s_i(t_i)$ 和 $s(t_f) = s_f(t_f)\}$。所有可能轨迹根据行动函数来评价。哈密顿原理主张，那个状态实际上将由行为最小的系统来选择。一般来说，任何系统，其行为可根据一个动态规律或与输入变量、状态变量和作为时间函

---

[1] 在经典力学中，若用坐标 $q_1, \cdots, q_s$ 和动量 $p_1, \cdots, p_s$ 描述一个点粒子系统的状态，则用这两个变量所描述的该系统的能量表达就是哈密顿量，可形式表达为：$H = E(q_1, \cdots, q_s) + V(p_1, \cdots, p_s)$。其中第一项仅取决于动量，是动能；第二项仅依赖于坐标，是势能。

数的输出变量相关的方程来表达，就可作为一个决策或优化系统被表征。这意味着，所有控制轨迹的动态约束可被看作这个轨迹用一个特殊评价函数优化的要求或条件。

另外，具有守恒或优化原理的设想是更普遍的，因为它预设了我们拥有动态约束的完全知识。事实上，我们通常仅知道被保存属性或有序功能的一部分，它们允许我们选择所期望的状态变换。在这种情形中，对这个系统轨迹的预测就变为猜测问题或启示搜索的问题，如人工智能中的搜索。然而，经典表征框架做出这种假设——这个轨迹可被完全确定而没有留下任何不确定性。这意味着，这个状态在某一时刻是这个系统的一个完全描述，而且意味着动态约束（方程、守恒原理或变化原理）仅留下这个问题的一个解决方案——该轨迹通过一个给定初始状态来决定。这就是典型的决定论表征。

第三节 经典表征中的区分及其不变性

在经典表征中，许多假设和含义似乎是直觉地获得的。比如，客体的存在、物质的实在性、时间与空间、逻辑与因果律、真与假的区分等，这些概念似乎太过自然，几乎难以应用于世界的各个方面。然而，我们必须清楚，这些概念仅仅是支配世界的一个特殊表征的原则，它们不属于客观实在性本身，而且概念本身的含义也在变化[①]。如果我们要想理解这些概念，我们就必须超越它们，因为现象的复杂性和变化性的研究已经表明：这些检验和理解原则不是变化的和先验必然的，它们是存在于具身经验中的适应性表征。正如我们看到的，经典表征框架的最一般的先决条件是：被观察的现象具有一个稳定不变的结构，因此，由不稳定性、变化性和相对性描述的现象不能与经典表征框架吻合。在这个意义上，经典框架需要修正或重建。

一个表征的原始功能无疑是分类，或者说，表征的基本元素是分类，而分类意味着区分不同类。一个信息加工系统将其接收的刺激分为不同类，这些类相当于其内在表征的确定状态，而正是这些状态决定了系统的进一步行为。一个表征对一个给定刺激做出更有效适当反应的理由是：为了减少搜索空间的范围，需要将刺激分为一系列更小的类别。如果状态或类的数量与系统遇到的不

---

① 概念变化是语言发展的一个重要方面，它主要是指概念的内涵发生了改变，如原子概念的含义由不可分到可分的变化，但原子概念的表达（语形）没有变化。还有一种情形是，随着社会的发展表达同一含义的概念发生了变化，如"包工头"变为"项目经理"，"农民工"变为"外来务工者"，"辞职"变为"跳槽"，等等。

同物理刺激的境遇的数量同样大，那么通过内在表征空间的心理搜索会与通过物理环境进行的实际搜索花费同样长的时间。这意味着系统不能做出预测，因为一个外部过程之结果的内在计算，在这个过程本身完成之前不能完成。换句话说，如果环境的一个表征与环境本身同样复杂，它将是无用的，因为它只是以一种完美的方式复制环境，而在速度或简单性方面没有任何收获。这意味着，一个表征与其表征的客体绝不是完全相同的，即非同构的，表征应该比其对象明晰和简单。因此，感知的任何过程暗示了现象之间的分类或区分。

海里根将这种分类操作归结为两个方面（Heylighen, 1999: 77）：

第一，被归入一类的现象被认为等同于系统的目标方面，它们是同化的，属于同一等价类。

第二，相当于不同类的现象是有区别的，属于不同的等价类。

一般来说，分类或区分的操作与现象的同化本质上结合在一起。一方面，如果一个认知系统不产生任何区分而仅仅产生同化，那么它将不能感知不同的现象，将以统一方式对所有境遇做出反应。这样一来，世界就失去了多样性，它也因此不能适应变化的环境。另一方面，一个系统如果不产生任何同化而只有区分，那么它将不能做预测，也因此不能适应环境。可以说，每个分类或区分意味着一个同化，因此，分类或区分对于认知系统来说是非常重要的。

然而，在经典框架中，区分具有不变性，也就是变化中的不变性。使用客体作为表征元素预设了我们可在客体及其背景或系统及其环境之间做出区分，也同时意味着不同状态的同化属于同一客体。同样，一个谓词明确地指代了一类客体或现象，也被认为表现相同属性。状态是具有最大区分的命题，命题及其否命题之间的每个其他区分可被还原到它本身，因为一个状态暗示了一个命题或其否命题。比如，疲惫的状态暗示"我"累或不累。这意味着这些状态适用于最小的等价类，而且所有其他等价类可被重建为统一的状态类。在这个意义上，经典表征结构的逻辑部分可被看作区分的一个静态坐标（参照系），其动态部分被等价类状态描述为：所有逻辑区分都是守恒的。事实上，表征变化的基本机制是以一个状态的表达替换另一个状态的表达，其中一个或多个初始次级表达被否定。这意味着这些状态从一个等价类进入另一个，而等价类本身和它们蕴含的区分仍然保持不变。而且，如果两个状态明显不同，并依附于相同的算子，那么它们仍然是不同的。

在经典因果概念中，区分也是不变的。相同原因引起相同结果，不同原因产生不同结果。质量守恒、能量守恒、信息量守恒也都是这样的。在状态发生变化的过程中，总质量、总能量、总信息量是不变的。状态的变化等同于特征的不同选择。信息的内容可以变化，但信息量不变。这就是区分守恒原理。信息论将信息定义为不确定性的减少，也就是说，信息蕴含着选择——选择确定性排除不确定性。一个选择就是接受的事物和拒绝的事物之间的一个区分。一个表征状态的实现意味着,对于一个命题,无论这个命题是真还是假,它都能够被确定,如明天下雨或不下雨。因此,对于一个命题及其否命题之间的每个区分,两个中的任何一个都是可选择的。对于完全决定的状态,做出的选择越多,状态实现的信息就越多。

时间的区分也是守恒的。我们知道,时间的结构由两个基本区分决定——同时性与非同时性之间、过去与未来之间。这两个区分被认为是不变的。事件 x 与事件 y 是同时发生的,或者不是;如果 x 不是与 y 同时发生的,那么它要么在 y 之前发生,要么在 y 之后发生。这意味着,所有观察者,从所有不同角度,将产生相同的时间区分。

总之,在经典框架中,所有决定表征结构或形式的区分是不变的——对于所有时间和一切观点,它们都是同一的。唯一变化的是状态,状态决定表征携带的信息的内容或意义。

第四节　对经典表征框架的哲学反思

在笔者看来,这种主体-客体-谓词表征框架背后的哲学支持是世界观。与传统哲学的主体-客体表征框架相比,这种框架增加了谓词项,与皮尔士的符号学的理念相一致,这也就意味着主体对客体的反映要通过语言来表征。任何知识的获得均逃不脱这种三元框架。

如上所述,认知范式理论的一个基本原则是:感知必然是选择性的,不是内在于环境的所有信息都能得到认知系统的处理,系统的适应性是由其表征(认知结构)决定的。或者说,认知结构会选择与系统的一般适应策略相关的环境的那些特征。环境的那些主观地相关的特征就是系统的世界观。每个表征结构都会选择世界的一组具体特征作为关注或意识的焦点,而同时忽略其他特征,也就是说,认知系统如人脑在环境中自己会做出选择。比如,我们面对世界时自然会问,什么事物独立于观察者而存在,这是经典表征的本体论;观察者如何知道世界的那些客观特征,这是经典表征的认识论;主体如何在这个世界中行动,这是经典表征的方法论;主体的表征有什么意义,这是经典表征的价值论。本体论相当于物理科学,认识论相当于认知科学,方法论相当于科学哲学,价值论相当于伦理学。在科学活动中,伦理学是相对最少受到关注的领域。

事实上,作为人类主体,我们的每个行动都可作为物理系统的进化用相同的概念结构来表征——每个行动相当于一个算子,它将世界的一个给定状态映射到一个新的状态上。容许的行动必然受制于某些变化的或保守的原则，比如，变化原则与道德价值相关——好与坏、是与非、丑与美，判断的标准不是一成不变的。保守或守恒原则，如"禁止杀人"，在正常社会的任何时候都应该坚持。这些伦理原则说明，人类如何行动是有限制的，不是想干什么就干什么，或者说，行动也是适应社会环境的。"三思而后行"就表明，我们在行动前要做好选择——什么可以做什么不可以做。每个行动会产生什么结果应该是能预料的。这是伦理学的决定论。在物理领域也是如此。因果决定论告诉我们，一个原因必然至少有一个结果，一个行动后会接着发生什么应该是能预测的。虽然原因与结果不是一一对应的，但原因产生结果却是必然的。决定论是经典世界观的一个主要方面，而这种世界观似乎缺乏一致性，受到了非决定论的挑战。

从本体论来看，在经典世界观中，客体-谓词图式是最基本的表征机制。它预先假定世界可被分割为一系列分离的和不变的元素，它们被表征为客体。这些元素之间的互动可被谓词表征，这些谓词的动力学由状态-空间轨迹表征，而这些轨迹又受制于变化的或保守的原则。这表明，客体-谓词图式的哲学依据是还原论，它预设了我们经历的这个复杂多变的世界能以某种方式被还原为由一组独立的、不变的元素构成的结合体。按照内格尔的说法就是还原到一个研究领域中已经确立起来的一个理论或一组实验定律中，如把热力学还原到统计力学，已确立的理论被称为"基本科学"，被还原的理论称为"从属科学"（内格尔，2002：405）。这种观点存在的问题是，表征的元素（客体、谓词）通常与基本的外部现象不一致。比如，我们可使用不同的元素描述同一客体，如我们常见的水，用物理术语描述即水是无色、无味、可饮用的液体；用化学术语描述即水是两个氢原子和一个氧原子构成的化合物（H_2O）。如果我们要使这两种描述与经典框架相容，我们就必须假设这两种描述是一个更基本表征的近似或抽象，那个更基本的表征元素与外部世界的现象相对应。这些基本现象就是德谟克利特所说的原子，现在称为基本粒子。

这一还原假设意味着每个现象都能以某种明确的方式还原到原子的组合。这还意味着表征中的每个客体（不等同于一个原子）都能以更明确的方式被表征为一个系统，该系统由几个更基本的、与某些谓词描述相关的客体组成。经典框架关于世界的一个完整的、一致的表征对于原子来说是不可能的，也就是说，只有原子之间的关系可变化，而原子本身是不变的。不同原子由它们的属性来区别，如它们的结构、在空间中的位置，而属性由谓词来表达。在客体层次，谓词还没有被引入。然而，所有原子有相同的功能，因此难以区分。虽然如此，不同原子可根据属性来区分，但不变的是它们的物质性。如果经典表征的完整性意味着存在基本客体，那也意味着存在基本谓词。一个基本谓词应该给出一个个体原子的完整描述。比如，原子是"不可分割的"，这里"不可分割的"就是谓词。这里的基本客体相当于罗素的逻辑原子主义所描述的原子客体或原子事实，基本谓词相当于原子命题。

然而，关于原子基本属性的经典表征是什么并不非常明确。基本属性的不同类依赖于理论做出假定，如质量、电荷、位置、动量和能量，但出现在所有基本表征中的一个属性就是三维空间中的位置。这一属性显然是基本的，因为它对于区分两个任意选择的原子来说是充分的——两个不同的原子具有相同的能量、质量、动量和电荷，但在空间中显然不能有相同的位置，这使得人们假定了一个"绝对欧几里得空间"作为一个原子的状态空间的必要成分。而且重要的是，这个绝对空间观念是物质观念的一个重要类比。位置不同的基本谓词可被看作表征点，如空间的一个不变实体。原子（作为物质的基本元素）和点（作为空间的基本元素）之间的区分是，每个原子位于一个特殊的空间点，但不是每个空间点都包含一个原子。这是因为一个原子相当于一个变化的谓词（表征点）被归入的不变客体。现在我们知道，根据相对论，绝对空间是不存在的，空间是相对的。空间观念在变化，对它的表征也会随之变化。这就是表征的适应性变化的精髓。

显然，这个表征变化的经典图式或框架是一个线性有序的状态集。这个有序集可被一个数集索引。在空间概念的类比中，这个数集系统的元素能被解释为指示一个普遍实体的不同基本成分或要素，这个普遍实体就是"绝对时间"。时间是绝对的还是相对的，在牛顿理论和爱因斯坦理论中是不同的，但时间的不可逆性是两个理论都承认的。在经典力学中，时间在数学方程如自由落体方程中是对称的，也就是时间在方程中是反演的，即 $t \to -t$ 是不变的。在这里，绝对意味着不变性，空间、时间、物质均是如此。

在经典表征框架中，还有一个与这种线性相关的世界特征是线性因果性。线性因果性是说，一个原因有唯一一个结果，而且原因总是先于结果，或者说，原因总是引起结果而不是相反。这意味着，整个因果关系构成一个线性序列，而不是一个反馈环，也没有分叉。这就是因果决定论。它主张，对于世界的一个给定初始状态，所有未来的状态总是被决定的，没有任何例外。事实上，在决定论框架中，一个动力学变化的原因不止一个初始状态，它也包含守恒的属性的整体价值或评价标准，是它们决定了动态约束。这些价值（如状态的潜能）通常表征外力或外部影响，而这些因素并不被明确地表征为客体。

按照因果决定论，变化只是显在的，它完全决定在发生、已发生和将发生的所有事件的基本结构，是绝对和永恒的，物质、空间、时间和动力学规律是预先固定的。时间不是被看作变化或进化的基质，而只是一个附加维度，与三维空间一起确定所有事物的精确位置。时间在宇宙中是从过去指向未来的不可逆过程，但在表征事物运动的数学方程中是反演对称的。这种基于时间对称表征的世界观认为，在这种世界里，没有什么东西能真正地被创造或被毁灭，任何变化能够被揭示；世界状态中固有的信息是守恒的——状态本身可变，但信息量不变。后面我们将论及，统计热力学、相对论和量子力学将颠覆这种决定论的世界观。

第五节 小　　结

在经典框架中，从认识论上看，观察者的功能等于我们称之为的"心的照相观"，即反映观，这意味着观察者与其观察的客体是分离的，观察者不干扰外部世界，知识被动地解释材料，并尽可能地以正确的方式安排这些材料，以得到世界的一个可靠图景。按照这种观点，真实知识就是"自然之镜"或"世界的照片"。这其实就是我们自称为同构或指代的表征观，即认为认知主体对其拥有的世界的表征，是一种与世界结构同构的结构，主体的部分和元素（客体与谓词指代世界）分离这些部分和元素（系统或原子及其属性）。经典框架中的表征的真理或正确性被认为是绝对的；表征的元素和关系相当于世界的实际元素和关系，其中不包括任何模糊和主观性。这种真理能够以一种简单的方式得到检验——对于谓词描述的一种具体客体的状态，可对该客体进行实验或观察，如果描述与实验或观察一致，就说这种描述或表征是正确的，如果不一致，就说这种描述或表征是不正确的。这是一种非真即假的检验。没有任何第三种可能。类似的情形也表现在经典伦理框架中，如人的行为非好即坏，不存在非好非坏的情况。这与事实不完全相符。

在实际科学研究中，这种非真即假的真理检验是有问题的，因为的确存在非真即假之外的可能性，既非真也非假。比如，混沌学中所描述的确定性中的非确定性现象、分数维和分叉现象等。量子力学对牛顿力学的超越也是如此。因此，要超越经典表征框架，就需要引入非决定论和非确定性以及适应性元表征的概念。

第十七章 量子力学的适应性表征

量子力学对因果性的批判必须看成是历史发展的逻辑继续，这条发展路线从气体分子运动论把统计律引入到物理学中开始，并由经验主义者对因果概念的分析继续下去。

——赖欣巴哈（《量子力学的哲学基础》第9页）

在物理学史上，量子力学是不同于经典力学表征框架的非决定论理论，是从普朗克试图调和动力学与热力学第二定律开始的。众所周知，宏观物体的行为可用牛顿理论加以描述，而微观粒子的行为不同于宏观客体的行为，用经典力学规律来描述和表征肯定是行不通的，因为微观粒子与宏观客体遵循着不同的规律。比如，微观粒子互动中交换能量单元的间断性或非连续性，与宏观客体能量交换的连续性截然不同。或者说，经典力学是严格决定论的，只要给出所描述系统的所有参量在给定时刻的初值，就能计算出这些参量在将来所有时刻的值，而量子力学是非决定论的，我们永远不能精确知道一个微观粒子如原子的初始条件，也就永远不能计算其力学行为，即使能给出初始条件，由于其互动过程的不确定性，其结果也是不确定的（布朗等，2014：184-185）。因此，决定论假设与因果律在微观物理学中就失去了意义。这就为建立非经典力学的表征框架提出了要求。

第一节 量子行为的互补性表征

为了用经验规律解释黑体辐射现象，普朗克假设电磁辐射的能量交换单位具有非连续性。这就是量子假设。为了进一步阐明这种现象，爱因斯坦引入了"光子"（光量子）概念，作为一种非连续的、类粒子的电磁学单位。经典物理学假设，电磁是由场或波携带的，场或波在时空中连续传播。干涉实验表明了波的这种特征。黑体辐射和光电效应说明，波有时也表现为粒子行为。根据经典力学，这显然是矛盾的。波就是波，怎么可能又是粒子呢？波的波动性和连续性怎么可能具有粒子性和间断性呢？在经典物理学框架中这是难以理解的。

量子力学表明，粒子具有波的行为，波也具有粒子的行为，这种双重现象或特征被称为"波粒二象性"①。

被称为量子的东西包括电子、中子、质子、光子及其放射性衰变发出的粒子等，它们已被各种实验证明是明显的"量子实体"。换句话说，虽然我们的肉眼看不见这些基本粒子，但它们通过特殊仪器的检验的确是真实存在的东西，虽然这种观点在科学哲学中仍存在着实在论与反实在论的争论。这些实体不同于我们通常的物体，如桌子、钢笔等，它们是不能用肉眼直接观察到的，重要的是，它们的行为也完全不同于宏观物体。这说明这些量子实体及其行为不能再用经典力学说明，而需要一种关于量子的理论，即量子力学。量子力学的核心是数学，具体说是关于波函数的数学，即波动力学。由于量子实体的特殊性，量子理论对它们的解释也颇受争议，因为这些解释涉及量子实在本质的哲学命题——什么样的实在既符合量子事实，也符合量子理论本身。也就是说，假设"量子事实"是某种"在那里"存在的实在，正如我们没有看见月亮时它依然存在一样，而且量子理论成功地预测和说明了这些事实，因此，我们应该认为量子理论在某种程度上解释了这些特殊的实在。这导致了关于量子事实与量子解释的实在论与反实在论的长期争论。

为了解释这种奇怪现象的含义，我们首先必须将波和粒子置于经典力学框架中考虑。在该框架中，粒子就是客体概念的一个基本例示，光波就是水波的一个类比。这意味着，粒子与其环境是分离的，而且它没有内在结构，它在状态空间的确定位置以连续的方式移动，并由动态约束决定。场是这些动态约束的例示或物质化，由附着于空间中的所有点的数目来定义。这些场变量决定了被用于使用变化原则的演化函数。比如，经典力学的哈密顿原则的应用，我们使用它表达行为，它包括电磁势能的四个成分，这些成分决定电磁场。我们要想知道粒子的连续轨迹，演化函数和场必须是一个连续的空间函数。场在时间上一般不是常量，场的值在一个给定时间是变化的，而且是以连续的方式变化的。场在时间上的连续性延伸到空间就是波。波的一个特征就是它们的叠加性——若两个波到达同一点，它们的集体效应就是两个单一波效应的叠加。

与粒子相比，一方面，波不能与其环境分离，就是说，它们在空间中不占

---

① 微观世界的粒子如电子、光子等的行为，在经典框架或常规思维中是难以理解的，即粒子和波动难以同时统一到同一客体上。C60分子的双缝干涉实验表明：电子所呈现出来的粒子性，只是经典粒子概念中的"颗粒性"或"原子性"，总是以具有一定质量和电荷等属性的实体出现在实验中，但并不与粒子有确定的轨道概念有必然的联系。电子呈现出的波动性也只是波的相干叠加性，并不一定与某种实在的物理量在空间的波动有联系。将粒子性与波动性统一起来就是将微观粒子的"颗粒性"与波的"相干叠加性"统一起来，这就是物理学家玻尔提出的概率波。本质上，电子等微观粒子既不是经典的粒子，也不是经典的波，或者说，它们既是粒子也是波，是粒子和波动两重性矛盾的统一体。而且，电子的波动性不是大量电子分布于空间而形成的疏密波，单个电子就具有波动性，比如氢原子只有一个电子，它的电子也表现出波动性。

据一个确定的位置,它们遍及整个空间传播,在波与非波之间没有边界;另一方面,粒子不能叠加,因为如果两个粒子叠加,就会导致第三个叠加的粒子,其结果必然是初始粒子失去同一性,无法在它们之间做出区分。量子效应问题就是要处理既有粒子性又有波动性的现象。主张一种物体同时既能与其环境分离又不能分离,既是非连续的又是连续的,这无论在常识上还是逻辑上都是矛盾的。基于玻尔的"互补性原理"而提出的量子力学的"哥本哈根解释"(即标准解释)试图解决这个难题或悖论。

根据这种标准解释,我们不能知道独立于我们自己的客体本身之所是。我们只能以我们与一个物理现象互动的方式产生它的表征。而且"这种表征是立足于经典力学的数学形式系统和量子力学的数学形式系统之间的那种至多只是部分的类比。其实,作为'粒子'的电子的语言在某些语境中是由作为'波'的电子语言取代的,因为各个这样的类比都只是部分的,在各方面都失败了。但是,相反,把电子表征为'波'也是立足于在经典力学的符号结构和量子力学的符号结构之间的这种部分的类比。因而对量子论的许多描述是由这两种谈论方式的一个不总是得到流畅调和的混合方式来表述的,而这种谈论方式没有一个是合适一致的,或者,没有一个完全摆脱了令人误解的联想"(内格尔,2002:357)。在测量的意义上,我们不知道量子实体有什么属性,或者说,在测量之前量子实体没有属性(即使有也不知道)。也就是说,我们只能描述微观现象,不能知道它们本身。这种描述是基于经典物理学术语的而不是量子力学的。或者说,像位置、动量、能量、粒子、波等这些术语是从经典力学借来的。在经典力学中,宏观客体,如行星,它们的经典表征是明确的、连续的和决定的,而在微观世界,像电子、光子这样的客体,没有完全的、一致的经典表征,它们的表征是部分的,而且是互补的,比如,波表征与粒子表征不仅是部分表征,也是互补的。表征的互补性说明,就一个物理境遇的透彻描述来说,尽管它们独立地相互排斥,但结合起来就是必要的和互补的。表征的互补性之所以必要,是由物理观察过程中的量子行为的作用决定的。既然存在不可分的量子行为,在初始互动期间,能量和动量的交换必然是有限的和离散的。因此,初始过程由一个不连续变化的状态描述。这种现象有时被称为"量子跃迁"。

这个原理同样可用于观察过程的解释。主体使用测量仪器(宏观)观察一个微观客体(粒子),它们之间的互动也是互补的。测量仪器可被看作主体视觉器官的延伸,不借助它,主体人观察不到粒子,而使用它,对象客体(粒子)就会受到干扰而不再是原来的客体。这不同于用望远镜观察宏观天体的情形,因为微观客体如电子、质子等太小以至于使用仪器观察时,很可能就改变了它们原来的状态。在这种情形下,主体人、测量仪器和所观察的对象构成一个整体,虽然它们各自是独立可分的,但组成一个观察系统时就是不可分割的整体。

在这里互补性起到重要作用。

为什么是这样呢？原因在于，当量子行为的能量在观察过程中被交换时，微观客体的能量具有相同的量级序，因此，这个过程在这个客体的状态上产生的结果是不能被忽视的。玻尔用一系列思想实验证明：没有任何观察仪器能完全决定这个结果。最好的方法是测量这个过程的某些属性，如从微观客体到宏观仪器的动量传递。不过，同时精确测量微观粒子的动量和位置是相互排斥的，或者说，微观粒子的动量和位置是不能被同时精确测定的。这就是海森堡（W. Heisenberg）的"不确定性原理"，也称"测不准原理"。不确定性关系说明，以不受限制的精确性同时确定基本粒子的位置和动量原则上是不可能的。这意味着，一个粒子在任何特定时刻的位置和动量不是不相干的，而是这样的相干在严格界定的空间位置与一个严格界定的速度不相容。

尽管微观粒子的动量和位置不能被同时确定，或者说它们是不相容的，但它们在测量过程中却是互补的。根据玻尔的互补性原理，分别依据位置和动量对这种现象的表征是互补的，因为两个表征对于描述这种现象的相关方面来说是必要的，只是它们不能被同时确定。因此，可以说，不仅量子的行为是互补的（波粒二象性），而且对它们的表征（波表征和粒子表征）也是互补的（一种描述是另一种描述的补充）。互补性体现了适应性，所以，我们对量子行为的描述是适应性表征。

第二节 量子行为的非定域性表征

量子行为的互补性的一个必然推论就是量子行为的"非定域性"。"非定域性"的对立面是"定域性"。要理解"非定域性"就必须先弄清什么是"定域性"。

"定域性"是指"在一处发生的事情不能影响到另一处发生的事情，除非两处之间有某种联系或者沟通"（德威特，2014：276）。也就是说，两个独立事件在彼此相距较远时，若它们之间没有某种联系，就不会产生相互影响。这是由爱因斯坦、波多尔斯基和罗森提出的著名的 EPR 思想实验的核心假设。这种现象在宏观领域是常见的，例如，在 A 市测量一辆汽车的行驶速度不能影响到在 B 市测量另一辆汽车的行驶速度。然而，在微观领域，当在不同地点同时测量不同方向运动的粒子（如光子）时，情形似乎不同于测量汽车的运动，具体说，有两个相距遥远的探测器 A 和 B，在 A 上测量光子的偏振（光子的属性）不能影响在 B 上测量光子的偏振。这种"定域性"假设说明，从探测器 A 到探

测器 B 没有时间传递光信息，除非影响传递的速度比光速还快，然而，这是违背被广泛接受的相对论的光速不变原理（迄今还没有发现超光速的传播现象，超光速现象也许存在）的。

在微观领域，某些新的量子事实排除了"定域性"的实在性，只有"非定域性"才是可能产生的。为了说明量子力学的不完备性，科学家提出 EPR 思想实验旨在揭示某些没有被包括在量子力学中的"实在因素"，因为在光子被测量偏振前，光子一定有确定的偏振，但量子力学没有说明任何光子在测量前有任何确定的偏振。根据互补性原理，测量前我们不知道光子的偏振，当然不能说明它，这恰恰是量子力学数学的一个特点。EPR 思想实验背后的哲学立场是常识实在论或朴素唯物论，相信在测量前一定存在光子的某种属性，如偏振或质量。

在笔者看来，这个思想实验可能是无意义的，因为光子在被测量前是否存在偏振我们不得而知，这个实验只能告诉我们光子在被测量时的偏振而不是在被测量前的偏振。贝尔（J. S. Bell）定律或贝尔不等式对 EPR 实验的数学修正也说明，量子理论与定域性假设之间是互不相容的，也就是说，基于定域性假设的测量结果与实验结果不一致。要么是定域性假设错了，要么是量子理论错了，它们不可能都是正确的。20 世纪 80 年代巴黎大学的阿斯派克特实验室所做实验结果显示，定域性假设和量子理论之间存在冲突，前者是错的（因果解释），后者是正确的（统计解释）。如果要我们在确凿的实验结果和假设之间做选择的话，我们无疑会选择实验结果，因为实验结果是客观事实，难以否认，尽管我们仍会坚持原有理论，但"事实胜于雄辩"。

然而，关于"定域性"与"非定域性"的思考与争论远没有结束。量子行为的"非定域性"特征从直觉上往往是我们难以接受的。相距遥远的两个事件，如果它们之间没有任何联系怎么可能会相互影响呢？两个相距遥远的事件有特定的发生范围或领域，爱因斯坦将这种定域性称为"鬼魅般的超距作用"，其含义是：在一个地域的一个事件，不能影响在遥远地域的另一个事件（德威特，2014：283）。一般来说，"影响"意味着两个事件之间发生连接，直接的（接触）或间接的（场）。在光速不变的框架下，如果两个相距遥远的事件要发生联系，它们之间的时间差至少与光穿过它们之间的距离所需的时间相等才有可能。我们知道，光从太阳射到地球大约需要 8 分钟，一件正在太阳上发生的事件如日晕，与一件正在地球上发生的事件如无线电通信中断，这两件事件之间若没有超过 8 分钟的距离，不可能有联系。也就是说，如果两个相距遥远的事件之间有可能发生某种联系，它们之间的时间差就必须等于或大于光穿越它们之间的距离所需的时间。根据相对论，这不可能发生，因为超越光速的事件是不存在的（即使存在至少目前还未知）。

如果"影响"的含义是"因果影响",也就是一个事件引起另一个事件,那么定域性的定义就是:一个地域的事件不能对遥远地域的另一事件产生因果影响。贝尔和阿斯派克特实验不能证明这种因果定域性是错误的,因为在他们的实验中两个探测器上发生的事件之间有某种联系,即一个探测器上发生的事件如刻度盘上指针的变化,似乎影响了在远处的另一个探测器上发生的事件,无论探测器记录的偏振是高还是低。如果两个事件之间的"影响"不是被理解为一个引起另一个,而是两个事件都是第三个或多个原因的结果,比如家里冷和室外结冰,都是天气足够寒冷引起的,那么贝尔和阿斯派克特实验满足这一标准,其实验结果也的确证明了因果定域性是错误的。因为一个合理的事实是:一个探测器的设置与另一个探测器的读数之间有明确的关联。因此,在某种意义上,如何理解"影响"这个概念,就成为理解"定域性"的关键。

当然,由"定域性"概念我们会想到远距离传输信息的情形。一个地球上的探测器能够向火星上的探测器发送信息。这意味着一个地域的事件能够向远处传递信息。这可以称为信息定域性。这种定域性规定两个遥远事件之间存在着某种联系(电磁波),与量子行为的"定域性"不存在某种联系不同。因此,这种信息定域性不能对量子的非定域性构成反驳,即信息定域性不是量子非定域性的反例。

第三节 量子现象的形式表征

对量子现象如何形式化表征是量子力学的形式主义的任务。哥本哈根解释只是给出这种现象的定性描述,没有给出形式化或数学描述。后来,薛定谔给出了量子行为的波动力学表征形式,海森堡给出了量子现象形式化的矩阵力学解释。这两个最初的形式主义范式由范·纽曼加以综合,形成了量子力学的希尔伯特空间中的算子积分,奠定了所有后来量子力学模型的基础。量子形式主义的动态部分与经典框架是同构的——量子系统的演化被表征为状态转换的时间参数化序列,它由算子群产生,并唯一地由一个我们熟知的薛定谔方程的动态约束决定。经典模型与量子模型的根本差别在于表征的静态或逻辑部分。这由许多公理表达,它们决定该系统的观察及其形式表征之间的关系。

在希尔伯特空间,量子系统被表征为矢量(更准确说是射线)。一个希尔伯特空间基本是具有一个正内积(它的元素能被乘,以便一个矢量与它自身的积是一个正数)的矢量空间(它的元素能被加合)。矢量的加合表征了量子状态的叠加,即由矢量 $\vec{s_1}+\vec{s_2}$ 描述的量子状态是一个由矢量 $\vec{s_1}$ 和 $\vec{s_2}$ 描述的状态的一个叠加。因为在波函数叠加的意义上，一个波函数相当于一个量子系统的特殊表征，即波动力学表征。这是一般叠加原理的一个数学公式。该公式假设，对于一个量子系统的每两个状态，我们可发现第三个状态，它是其他两个状态的一个叠加。这个原理在经典力学表征框架中没有等价物。

描述这个系统的物理性质，由于它们可被观察者测量而被称为可观察物，并由作用于希尔伯特空间的自共轭（self-adjoint）算子表征。根据这个光谱原理，每一个自共轭算子可被还原为投影算子的一个线性结合体。这些投影相当于这个系统的简单命题或谓词的观察。观察过程由这样一个假定表达，即对于一个可观察物 A，可能的测量结果是对应于 A 的自共轭算子的本征值（eigen-value）。对于由投影算子表征的二值可观察物，可能的本征值是 0 和 1。与此相关的一个假定是，如果一个测量陈述一个相当于本征值 a 的结果，那么这个系统的状态在很快被测量后就是相当于这个本征值的本征矢量（eigen-vector）。这个假定有时被称为"投影假定"——在观察过程中，状态投射到亚空间，相当于所测量的本征值。这种不连续状态的变换也被称为"波函数的塌缩"——如果一个粒子状态被表征为一个被限定在组态空间中的波函数，那么测量过程的结果将被看作波形状的一个突然的、巨大的变化，即一个"塌缩"。

比如，对于一个处于状态 s_1 的系统，发现一个本征值 a 作为可观察物 A 的测量结果的概率，是由矢量 $\vec{s_1}$ 投射到对应于 a（被自乘的）的子空间上的投影给出的。这意味着，如果一个状态 s_1 是相应于 a 的一个 A 本征值，那么发现 a 的概率是 1，而发现任何其他结果 $b \neq a$ 的概率是 0。换句话说，一个观察的结果一般来说没有被决定，除非这个状态是这个观察物的本征态。这意味着，在与这个假定联合的情形中，如果一个可观察物的一次观察随后被立即重复，那么第二次观察的结果与第一次观察的结果是相同的。因为第一次观察后的状态被投射到对应于已获得观察结果的一个本征值上。

由此可以推知，对于两个不同的观察，执行一个后立即执行另一个，我们必须面临两种不同的情形：表征两个观察的算子，或者交换（commute）或者不交换。海里根认为，在第一种情形中，两个算子表明有一个共同的本征矢量集合。如果这个状态相当于那些本征矢量中的一个，那么两个观察物都将有一个确定的结果。而且，执行观察的顺序是不相关的，因为这个状态投射到两个观察的本征矢量的子状态的投影是可交换的。然而，在第二种情形中，由于没有任何共同的本征矢量，因此，不存在两个观察都有确定结果的任何状态。可观察物被认为是不相容的。比如，分别对应于位置和动量变量的可观察物不是交换的，因此是不相容的。对于这种可观察物，观察被执行的顺序一般会影响结果。对于两个非交换的可观察物，获得确定结果的不可能性可通过海森堡类型的不确定性来表达。

然而，希尔伯特空间形式主义在实际应用中是非常复杂的，因此很难看出区分经典表征与量子表征的基本特征。然而，简化这种形式主义是可能的，以便表征的纯逻辑结构可以得到研究。这种研究就是所谓的"量子逻辑"，它是基于希尔伯特空间完全由子空间的正余互补格（ortho-complemented lattice）决定的。这些子空间相当于投射到一个子空间上的投射算子。因此，任何子空间相当于一个二元变量，或者关于这个系统的命题，其真或假能够通过观察确定。

上述业已表明，在经典框架中，命题形成一个布尔格，但由量子命题形成的格不是布尔式的。量子表征格的非布尔属性，通常是由强调这些格是非分布式的这一事实来表达的。然而，分布性是一种相当技术性的属性，它基于格中合取与析取连接词之间的关系。根据海里根的研究，在对经典框架的重构过程中，我们可采用经典逻辑学中的合取和否定作为原始连接词，将析取作为一种导出性连接词，这样就需要一种新表征来区分经典表征与量子表征格。

这种新表征的基本观点是：一个状态 s 与一个二元可观察物 a 之间的决定关系不再存在。如果状态 s 不是这个可观察物 a 的一个本征态，那么测量 a 的结果就是非决定的。一般来说，不同的实验会有不同的结果，而且具有一个由矢量投影长度决定的概率，这个对应于 s 的矢量投射到对应于 a 的本征矢量的子空间上。这个过程可用经典原理加以解释：或者 s 蕴含 a，或者 s 蕴含 a 的否定。但这对量子系统不再有价值。比如，观察 a 的结果是否定的，所测量的本征值是 0。除了 a 的本征态（蕴含了一个 a 或 a'），还有状态的一个第三范畴，对于这个范畴，回答"是真或假的"问题是非决定的。这些状态相当于来自其他两个范畴的状态叠加。因此，叠加原理的真正意思是说，假设有两个状态 s_1 和 s_2，当一个具体观察实施于它们时，它们会产生确定且明显的结果，那么总是存在状态的一个中间范畴，这些状态的结果是非决定的。也就是说，在某些情形中，这些叠加状态产生相同的结果 s_1，在另一种情形中，它们产生相同的结果 s_2。

在海里根看来，这个结果能够通过引入命题或状态之间的一个新关系——正交性（orthogonality）得到进一步阐明[①]。所谓正交性就是说，两个命题 a 和

[①] 量子力学的表征通常是通过算符实现的，如线性算符、动量算符、薛定谔方程中的拉普拉斯算符等。为简单起见，量子力学的理论表述通常采用狄拉克符号，这种算符有两个优势：一是可不必采用具体表象，即可脱离一个具体的表象；二是运算简洁，特别是对于表象或表征变换。比如，量子系统的一切可能状态构成一个希尔伯特空间，空间中的一个矢量（表示方向）一般为复量，用以标记一个量子态，用一个右矢 $|\ \rangle$ 表示。如果要表示某个特殊的态，则在右矢内标上某种记号，比如 $|\Psi\rangle$ 表示波函数 Ψ 描述的状态，$|x'\rangle$ 表示坐标的本征态（x' 是本征值），$|p'\rangle$ 表示动量的本征态（p' 是本征值），$|E_n\rangle$ 表示能量的本征态（E_n 是本征值）等。量子态的这种表征都只是一种抽象的态矢，没有涉及任何具体的表象。相应地，左矢 $\langle\ |$ 表示共轭空间中与右矢 $|\ \rangle$ 相应的一个抽象态矢，比如 $\langle\Psi|$ 是 $|\Psi\rangle$ 的共轭态矢量。

b 是正交的，如果任何一个状态对 a 产生一个正结果，那么它将对 b 产生一个否结果。换句话说，a 蕴含了 b 的否定，同样地，b 蕴含了 a 的否定，也就是说 a 与 b 是正交的，形式化表征为"$a \perp b$"[①]。

那么，正交性要说明什么呢？在量子力学中，正交性源于这样的事实——分别对应于 a 和 b 的本征值 1 的子空间是正交的（属于正交子空间的矢量的积是 0）。业已表明，状态的集连同这个集的正交性关系，完全决定命题的量子格和希尔伯特空间。其主要证据是：对于状态 S 的一个子集 A，我们可建构另一个子集：$A^{\perp}=\{s \in S: \forall s'' \in A: s \perp s''\}$。其中 $A^{\perp}$ 是所有状态的集合，这些状态正交于 A 的所有状态。

这个操作可使用两次，于是可得到 $A^{\perp\perp}$，它被称为 A 的正交闭合，具有如下三个属性（Heylighen，1999：78）：

(1) $A \in A^{\perp\perp}$（单调性）
(2) $A^{\perp}=(A^{\perp\perp})^{\perp}$（幂等性）
(3) 如果 $A \in B$，那么 $A^{\perp\perp} \in B^{\perp\perp}$（包含保存）

如果一个集合等于它的闭合（$A=A^{\perp\perp}$），那么它就是封闭的。海里根据此表明：状态空间 S 的所有封闭子集的格，就是希尔伯特空间的封闭的线性子空间（相当于命题）的格。因此，格与希尔伯特空间完全由所有状态的集合 S 加上它的正交性关系 $\perp$ 来决定。与希尔伯特空间形式主义连同它的矢量空间结构、正内积、算子代数等相比，这是一个非常简单的结构。然而，它仍比经典框架的基本逻辑结构复杂。对于布尔代数，这是一个我们相当熟悉的结果，即一个原子布尔格完全由它的原子（状态）的集合决定。这个格的所有其他元素（命题）可被还原到析取或合取。

不过，在经典框架中有一个正交性关系，但在状态的层次，它是平凡的（相对于正交）。所有经典状态（区分）都是相互正交的，即 $\forall s_1, s_2 \in S: s_1 \perp s_2$，当且仅当 $s_1 \neq s_2$（事实上，如果 s_1 与 s_2 不同，那么 s_1 蕴含 s_2 的否定）。在量子的情形中，不是所有状态都是相互正交的。假设 $s_1, s_2 \in S$，于是 $s_1 \perp s_2$，那么我们总是能发现一个第三状态 s_3，它是 s_1 与 s_2 的叠加，于是既不是 $s_3 \perp s_1$，也不是 $s_3 \perp s_2$。这种正交性关系可使我们澄清叠加原理的意义——叠加状态是那些状态，它们正交于相同的状态，当这些相同的状态被叠加：$\forall s_1, s_2, s_3 \in S: s_3$ 是 s_1 和 s_2 的一个叠加，当且仅当 $s_3 \perp s$，对于所有 $s \in S$，于是有 $s \perp s_1$ 和 $s \perp s_2$。换句话说，状态的一个集合 $A=\{s_1, \cdots, s_n\}$ 的叠加状态是这样一些状态，它们必须被增加到 A，以便获得它的正交闭合 $A^{\perp\perp}=A$。

这是经典表征和量子表征区别的根源，因为在经典表征中，没有任何叠加

[①] 用采用狄拉克标记法，正交关系可表示为：如果 $\langle a | b \rangle = 0$，那么 $\langle a |$ 与 $| b \rangle$ 正交。

状态，任何集合的正交闭合是集合本身：$A^{\perp\perp}=A$。因此，经典状态的所有集合相当于命题或"是-否"可观察物，而对于量子系统所有状态集合的仅仅一部分是正交地封闭的，因此，相当于"是-否"可观察物。海里根特别指出，一个状态集合 A 的正交要素 $A^{\perp}=(A^{\perp\perp})^{\perp}$ 相当于由 A 的正交闭合 $A^{\perp\perp}$ 决定的命题的否定。如果系统的状态 s 根据 $A^{\perp\perp}$ 的观察给出一个确定的"是"的答案，那么 A 的观察将给出一个确定的"否"的答案，而且 $A^{\perp}$ 将是一个最大的这种集合。

第四节 量子行为的概率表征

既然量子行为及其表征是非决定性的，经典框架就不再适用于它，它仅能做出概率性预测，即哪一个具有统计性质。因此，量子力学表征本质上是一个关于微观粒子行为统计的理论。当一个可观察物在一个给定状态上被执行时，这些预测只是表达了发现某一结果的概率。我们假设它们基本上可被还原到变换概率 $P(s_f,s_i)$，其中 s_i 是初始状态，系统是给定的，s_f 是 s_i 投射的终状态，而且是对应于被探测的本征值的一个本征态。P 可被解释为发现对应于 s_f 的本征值的条件概率，知道这个系统处于状态 s_i。

可以肯定的是，概率不是经典框架的。由柯尔莫哥洛夫（Kolmogorov）创立的经典概率理论预设了贝叶斯定理。我们知道，贝叶斯描述的条件概率是：

$$P(a\mid b)=P(a\cdot b)/p(b)$$

可以看出，真条件概率 $P(a\mid b)$ 知道 b 处于这种情形中，与都为真的 a 和 b 的概率 $P(a\cdot b)$ 成正比。海里根认为，如果将这个公式用于量子概率就会发现：

$$P(s_f\mid s_i)=P(s_f\cdot s_i)/p(s_i)=0$$

由于 s_f 和 s_i 是不同的状态，因此它们不能同时为真。然而，根据量子形式主义，如果 s_f 和 s_i 是正交的话，那么 $P(s_f\cdot s_i)$ 仅等于 0。在所有其他情形中，贝叶斯公式的应用产生了与量子形式主义的一个矛盾。为了解释这个矛盾结果，我们必须首先分析与概率概念相关的基本假设。

由上述可知，经典框架的决定论意味着，如果一个观察者拥有关于一个系统状态的完备信息，那么他就能预测对这个系统的观察的所有结果。然而，在实际境遇中，这个观察者所获得的信息是不完全的。统计力学是经典框架的一个外延，其目的是保持尽可能多的经典预测机制而无须初始信息是完全的。引入宏观状态 m 这个概念是已取得的方法，它表征一个观察者获得的是不完全信息，这个观察者不能履行决定微观状态所需要的所有观察或区分，而这个微观状态表征了确定现象的完全信息。

这种情形事实上是一种理想化，因为不可否认的事实是，谁也没有见过亚原子粒子的行为，不论处于激发态还是稳定态。正如普里戈金指出的，物理的"实在"相当于具有连续谱的一些系统，而标准量子力学就只是作为一个有用的理想化情形，一个简化了的极限情形而出现，因此"基本粒子乃是基本场的表现（如光子对于电磁场的情形一样），而场在本质上不是局部的，因为它们遍布在空间和时间的整个宏观局域"（普里戈金，2007：42）。

科学史表明，一方面，对于观察者是隐藏的宏观状态遵循经典框架的所有规则和约束；另一方面，宏观状态不允许我们对这个状态的所有可能观察做出确定的预测。对于所有宏观状态 $s \in S$ 保持的原则是：$\forall a \in E: s < a$ 或者 $s < a'$。其中 a 是关于这个系统的一个任意命题，对于所有宏观状态 $m \in M$，它并不持续存在。

统计力学的基本假设是，每一个宏观状态可被表征为微观状态的一个等价类，并由如下一个等价关系决定：不能由观察者宏观地区分。比如，宏观气体行为使用不可观察的微观分子运动来解释，如"温度"的意义等同于"分子的平均动能"。在这个意义上，宏观状态的集合 M 相当于微观状态空间 S 的一个部分。这意味着两个分明的宏观状态相当于微观状态的两个不相交集。因此，在海里根看来，概率概念可被定义为：正实例的数目由实例的总数来区分。

这个定义可用于说明一系列实际事件，宏观的，如温度的高低，或微观的，如分子平均运动速率。第一种情形相当于概率的频数定义，在那种情形中，事件的一个特殊类型的概率由观察频数经验地确定，而且事件的这种类型根据频数在一个被控制的系列中发生。第二种情形是这种现象的理论或抽象表征，目的是为预测来自第一种情形的经验结果提供机制解释。正如在所有适应性表征中，这要求详细指明潜在事件或状态的一个空间，据此可选择某些事件。很显然，以这种方式定义的这种概率值将依赖潜在事件的数目，如状态空间的大小。这意味着不同状态空间的表征会产生不同的概率。

不过，在经典框架中，假设每个系统存在微观状态的唯一一个集，它完全表征系统固有的信息。在海里根看来，一个任意命题或宏观状态的概率将由包含命题的宏观状态集的基数给出，并由所有宏观状态的基数区分为（Heylighen，1999：96）：$P(a) = M(S_a)/M(S)$，具有 $S_a = s \in S: s < a$；$M = $ 关于 S 的测量。因此，$P(a \mid b) = M(S_a \cap S_b)/M(S)$。

条件概率的整个公式直接源于下列假设：

$$P(a \mid b) = M(S_a \cap S_b)/M(S_b) = P(a \cdot b)/P(b)$$

实际上，假定 b 是真的，a 的概率等于正实例 $(S_a \cap S_b)$ 的数目，如状态的数

目，它们对于 a 和 b 是真的，由可能的实例 $M(S_b)$ 的数目进行区分，如对于 b 总为真的状态的数目。因此，宏观状态不相交性要求意味着，不同宏观状态是正交的，即 $P(m_1|m_2)=0$，其中，$m_1,m_2 \in M$，$m_1 \neq m_2$。

当然，量子状态不能用经典框架的宏观状态来建模。正因为如此，一些物理学家试图通过假定存在"隐变量"解释量子表征的不确定性，如经典微观状态，它们将以因果决定的方式决定观察结果，但观察者不知道这个结果。这种假设的"隐变量"是否存在还不得而知，可能是出于解释的需要而引入的，也可能是想把统计的量子力学转变为非统计的理论。然而，范·纽曼和贝尔已证明，运用隐变量从经典表征重建量子表征是不可能的。海里根认为，这些说明需要某些假设来说明一个原则——经典宏观状态是不相交的。如果放弃这个原则，那么引入宏观状态 $m \in M$ 就是可能的，这一般对应于微观状态的非不相交集，其行为像量子态，如具有一个非平凡正交性关系，它可被定义为：$m_1 \perp m_2$，当且仅当 $S_{m1}S_{m2}=\emptyset$。集合 S_m 的元素——微观状态 s_i，也被称为"层底状态（infrastate）"（Finkelstein，1979：96）。海里根将宏观状态之间变换的概率定义为：$P(m_1|m_2)=M(S_{m1} \cap S_{m2})/M(S_{m2})$。所以，运用贝叶斯概率原理表征量子行为是一种可能且合理的路径。

第五节 量子观察过程信息转移的表征

为了解释量子态这种形式建构的物理意义，海里根认为，我们有必要对微观状态做出具体说明，那些微观状态具有奇怪的属性——同一微观状态可蕴含不同的宏观状态。其中一种可能的观点将一个微观状态看作所观察客体与其直接作用的测量仪器部分之间的微观关系的一个完全描述。这种观点的意思是，如果我们知道微观状态，那么我们就能准确预测实验的结果，如实验的测量值与粒子的状态。

然而，在实验中，微观状态中仅有固有信息的一小部分被测量仪器的其余部分放大，以便宏观地做出区分。这一小部分对应于宏观状态，因此，微观状态之间的某些微小差异将被同化，其结果是：每个宏观状态包括不同的微观状态。不过，信息的哪一微小部分被区分开来将依赖于测量仪器的宏观安排，这决定互动的微观事件被耦合到观察者宏观地可见的信号的方式。这就是说，实验的设计与安排会影响或决定观察的结果。因为不同的耦合方式会引起不同的宏观状态，即使互动的微观状态是同一的。而且，确定动量描述的宏观状态和确定位置描述的宏观状态，相当于不相容的或互补的安排，因此，给出两个状态的联合的操作意义是不可能的，即使它们的微观状态的对应集合形式上具有一个非空交集。在内格尔看来，即使我们毫无疑问地接受那些有利于量子力学所设置的亚原子元素的不确定性行为的最极端的主张，这种不确定性在宏观对象的任何可在实验上检测的行为中并没有显示出来，如分子运动，从量子力学推算出来的理论不确定性比实验精确性的限度要小得多（内格尔，2002：377）。因此，量子力学的统计性并不能取消其物理定律的决定论的和非统计的结构。

根据布尔区分，宏观状态耦合的互补性也可被看作一个主客区分的互补性。这样看来，一个表征本质上是做出区分的一个图式，而且这些最基本的区分是主体与客体之间的区分。不过这种区分不是绝对的或不变的。在物理学中，客体与其观察主体之间也有相同的区分。只不过这种区分被认为是绝对的：观察者与被观察客体本质上是分离的。在量子力学中，这种区分是模糊不清的，因为观察者的行为可能干扰量子行为。这一点可由"薛定谔的猫悖论"来说明。在薛定谔的猫思想实验中，猫的生与死取决于一个量子现象的是-否被观察到的结果。这种现象被认为处于这样一个叠加态，其中"是"的结果（它没有干扰猫的生命）和"否"的结果（它启动杀死猫的机关）有相同的概率。根据量子形式主义，对这种现象的观察将导致波函数的塌缩（即波函数的巨大变化）。这种结果的两种情形之一将导致猫的死亡。

于是一个悖论随之产生：谁杀死了猫？也就是说，在形成这个观察过程的事件序列中，哪个事件引起了塌缩，从而造成猫的死亡？是量子现象与测量仪器之间的微观互动？是仪器其余部分对该事件的放大？是观察者对放大信号的感知？或者是观察者意识到这种信号预示了波函数的塌缩？海里根通过设想如下情境说明，这个问题绝不是一个可有可无的问题（Heylighen，1999：98）。一个物理学家 A 在时刻 t_1 设计了一个实验，这个互动引起一个宏观信号在随后的时刻 t_2 发生，这个已获得的信号被第二个物理学家 B 在时刻 t_3 注意到，A 在时刻 t_4 告诉 B 这个信号，意指波函数已经塌缩，而且猫已经死亡。猫是在什么时刻死亡的呢？t_1、t_2、t_3、t_4？是谁杀死了猫？A、B，或测量仪器？

海里根认为，当来自微观状态的信息被放大时，波函数就塌缩了，也因此创造了一个"已塌缩"的宏观状态。然而，这个放大的过程将依赖于被我们称为微观互动与宏观观察之间耦合的状态。这个耦合过程真实地决定自动现象与由观察者控制的宏观观察仪器之间的边界、区分和界面。这种边界可被看作一个过滤器，或者一个半渗透薄膜，它仅允许某种类型的信息通过。被放大的信息形成宏观状态，这种宏观状态应该被看作通过过滤的信息。耦合还过滤对不同类型的观察不同的信息。但是，在观察期间使用的耦合的具体类型，在量子形式主义中不会得到表征。也就是说，投影假定并没有详细表明波函数的塌缩输出如何、何时、何地发生。这种模棱两可导致了测量过程的矛盾，如薛定谔的猫、芝诺悖论。这些悖论的解决，还有对量子表征的一个更好的理解，需要建构一个更清晰的模型，即适应性表征模型。

海里根以阿兹（D. Aerts）提出的模型（Aerts，1986）来说明。阿兹设计了测量一个粒子旋转的简单模型。该模型由带有两个电极的球体构成，两个电极向第三个电荷施加吸引力来表征旋转。如果这个旋转被上电极吸引，所测量的结果是"上旋"；如果被下电极吸引，测量结果就是"下旋"。这个结果依赖于两个参数：上下电极之间的电荷 q 的差异，旋转与上电极之间的距离或角 A。q 越大，A 就越小，上电极施加在旋转上的力就越大。已知这两个参数，决定论的模型就是：测量的结果由施加在旋转上的两个力的相对力度决定，而这种力度可根据经典力学计算出来。这就等于将微观的电子行为转换为宏观的客体行为来计算和表征。

然而，阿兹假设我们缺乏相对电荷 q 的信息。通过假设 q 可在一个确定的间隔变化，假设在那个间隔所有值有相等的概率。阿兹为获得由一个已知角 A 描述的一个初始状态的"上旋"结果的概率而导出代数表达式。这个概率表达式与从旋转的量子表征导出的表达式完全一致。他的论证表明：一个量子可由这样一个假设导出，即存在着缺乏关于仪器的微观状态的一种经典知识。

不过，海里根认为，这一论证有两点需要注意：一方面，我们不需要这个旋转的精确微观状态和决定这个观察结果的工具（由两个参数 q 和 A 表征的）。知道两个参数之间的关系就足够充分了，因为它们决定作用于下向和上向旋转的吸引力的力度。这种关系可由被称为底层状态的"关系微观状态"表征。这种底层状态并不特别，要比由 q 和 A 表征的两个微观状态包含更少的信息。所以，不同观察结果导致的不同宏观状态，可由等同的底层状态产生。对于测量不同方向旋转的不同宏观实验，可处于与它们测量的客体的相同微观关系中。这允许我们揭示宏观状态之间的非平凡正交关系和变换概率。在宏观状态那里，从 m_2 到 m_1 的变换概率正比于 m_1 和 m_2 共有的底层状态的数目。

另一方面，阿兹的模型既有经典框架的属性，也有非经典框架的属性。尽管导出的吸引力明显是经典的，但它隐含地假设、吸引电极的位置相当于一个固定吸引子状态，这个状态是旋转在被吸引后要进入的状态。然而，吸引子状态的存在与经典不可逆性原理不相容。这种不可逆吸引状态意味着，关于初始角 A 的信息在测量后就被损失了：所有后续观察结果将仅依赖于旋转被吸引到的位置，而不依赖于吸引前它的初始位置。这就解释了我们为什么不需要包含在底层状态中的信息。在这个意义上，将一个确定的值归于 A，和将一个非确定的值归于 q，都是不必要的。唯一要说明的东西就是 A 和 q 之间的关系，这种关系微观上是决定的，宏观上是概率的。这种概率的非经典结构不是完全基于这样的事实——微观客体（A）的状态是确定的，而工具（q）的状态不是确定的，而是基于这样的事实——概率性的宏观状态相当于底层状态的重叠集合。

第六节　量子数学表征的解释及其争论

　　上述业已表明，量子行为肯定不同于宏观物体的行为，其表征形式（量子数学或波动力学）的解释，也必然不同于经典力学的解释。我们知道，经典力学对物体行为的解释是因果决定论的，而非经典的量子理论对量子行为的解释是随机非决定论的。这是两种完全不同的物理方案：一种代表宏观物理领域；另一种代表微观物理领域。它们建立在不同概念上，在逻辑上都是一贯的"封闭理论"（布朗等，2014：189）。在哲学上，经典力学与量子力学分别代表了两种完全不同的世界观，前者是因果决定论，后者是统计或然论，它们之间的争论仍然在持续。从辩证的视角看，在两种世界观之间保持一种适当的张力是我们应有的态度，因为我们既不能完全否认决定论，也不能完全接受统计或然论，我们居于其中的世界本质上就是必然性（因果性）和偶然性（统计性）的统一。

　　如果抛开这种哲学方式的思辨，我们进一步的追问是：我们人类居于宏观世界，我们的身体构造允许我们准确认知微观世界的奥秘？数学形式表征的量子理论真的合理地解释了量子行为？怎样把量子数学与微观世界联系起来？从数学的视角看，量子理论是波数学，一种描述粒子的数学（德威特，2014：245），它通过测量设备将电子一类的客体联系起来。但它比我们熟悉的波数学（如电磁学的波动方程）更为复杂和深奥。一个明显的区别是，量子数学通常提供的是概率预测而不是精确预测，如一个电子的位置的各种可能性。经典力学的数学能提供一个球体下落位置的精确预测，如自由落体定律。也就是说，因果决定论在对量子行为的预测中是失效的。

　　既然我们承认量子理论是一种成功的理论，它是如何解释量子行为的？对于量子行为的解释理论目前主要有三种：标准解释即哥本哈根解释、隐变量解释和多世界解释（德威特，2014：258-267）。

　　标准解释认为，量子理论是一个完整的理论，不需要增加"隐变量"或其他附加条件。不过，为了解释波函数的"塌缩"（即波的叠加状态缩成一个状态），量子数学引入投影假设，目的是将测量前的量子实体描述为波函数的叠加态。比如，在薛定谔的猫思想实验中，测量前放射的光子由波函数表征，而波函数本身就是由叠加态构成的；在测量进行时这种叠加态"塌缩"成由新的波函数表征的一种新状态。"塌缩"被投影假设以数学方式来解释，于是就产生了新的波函数。这里存在一个测量的问题。测量前量子实体如电子在哪里？

是存在于其中一个探测器的波中吗？测量发生时，其中有一个波会消失吗？根据标准解释，测量前我们不能说量子实体在哪里，有什么属性。不是因为我们根本不知道它们有什么属性，而是因为它们的属性在测量前根本不存在。也就是说，在测量前，根本不存在独立的量子实体及其属性。

如果情形是这样的，唯物主义者就会疑惑，不存在的东西如何能够测量呢？从哲学立场看，这是一种不可知论。如果不存在量子实体这种"自在之物"或"物自体"，怎么会有量子实体这种通过各种实验确证了的东西？这是违背常识直觉的。进一步追问，是我们缺乏微观领域的知识导致我们不知道测量前有关量子实体的行为？还是测量前量子实体压根就没有确定的位置、质量、自旋等属性？

这些问题在标准解释者那里是这样的，世界中存在量子实体[①]（本体论承诺），但测量前量子实体没有确定的或稳定的属性。换句话说，虽然量子实体作为"自在之物"在测量前是存在的，但它不同于测量时的"被测之物"。这意味着对量子实体行为的把握依赖于测量本身，也就是量子实体是测量-依赖的实在之物。没有测量的发生，就谈不上量子实体的属性。这意味着量子实体与测量过程是互补的、一体的，并构成一个测量系统（包括测量者、测量仪器、量子实体等）。根据标准解释，只有测量发生时，量子实体才会有确定的属性，波函数的"塌缩"才会发生。这意味着测量行动干扰或介入了量子行为。在笔者看来，标准解释实质上是一种过程论，即量子行为仅发生于测量过程中；同时也是一种建构论，即量子行为是在测量中被建构的。

隐变量解释与标准解释形成了鲜明的对比，认为量子理论是不完备的，需要增加新元素。薛定谔的猫思想实验已经表明，量子数学一定丢失了某些元素，需要增加元素（隐变量）让理论回到与我们的直觉一致（经验适当性）的轨道上来。这就产生了隐变量解释的问题。隐变量解释一般有两个版本：一是爱因斯坦的实在论解释；另一个是玻姆的实在论解释。爱因斯坦认为，在测量前量

[①] 科学哲学家赖欣巴哈在《量子力学的哲学基础》中从现象学立场（尽管他是逻辑经验主义者）尝试解释量子行为，认为世界由"现象世界"和"中间现象世界"构成，前者是可观测的，后者是不可观测的，量子力学的研究对象就是"中间现象"，因而难以确定。为了解释量子行为，他试图为量子力学建立一种所谓的"三值逻辑"体系（区别于二值逻辑），一种他认为的中立语言（区别于他认为量子力学中存在的"微粒语言"和"波动语言"），其真值是不确定的，以此与量子行为的不确定性相对应。在他看来，我们可以不谈论物理世界的结构，而代之以谈论能描述这个世界的语言的结构分析，而且这种语言结构分析能更准确地表征物理世界的结构。笔者认为这种中立语言观是成问题的：一方面，语言的结构并不能完全反映物理世界的结构（虽然可以描述和表征）；另一方面，并不存在什么中间现象世界（尽管存在现象世界），即使存在，也是一种形而上学的可能世界。至于他提出的"三值逻辑"，大多数逻辑学家并不认可，著名物理学家玻恩曾经表示过，这种逻辑纯粹是符号游戏，对于量子力学毫无价值。笔者赞同玻恩的看法，同时认为量子力学的表征是一种适应性表征。

子实体一定有确定的属性，量子理论由于缺乏某些元素才没有描述那些属性，因此是不完备的，需要修正。在笔者看来，爱因斯坦的解释是一种常识实在论的解释，主张量子理论应该与常识直觉一致，他忽视了微观世界与宏观世界的区别，微观规律与宏观规律的不同。就这个问题来说，微观物理学的发展已经证明爱因斯坦的确错了。玻姆提出一个量子理论的数学模型，用以解释量子行为。他认为，量子实体是指导波影响下的粒子，不管测量与否它们的确有自己的位置，无须波函数塌缩这个假设。关于薛定谔的猫思想实验，根据波姆的解释，由于光子在测量前就有确定的位置，故而一定会有探测器 A 或探测器 B 记录光子的行为，也一定不会有活猫和死猫的叠加态。不过，玻姆的指导波要求超光速的假设，这与爱因斯坦的相对论假设相矛盾。因此，玻姆的实在论解释得到较少的认可。

多世界解释认为波函数从不塌缩，因此这种解释也被称为"无塌缩"解释。例如光量子在穿过光束器还没有到达探测器前，量子数学将光量子描述为存在于叠加态，其中一种状态表征光量子作为射向探测器 A 的波，另一种状态表征光量子作为射向探测器 B 的波。假设当光量子到达探测器 A 后会立刻发出响声，表示它探测到光量子。根据标准解释此时会有波函数塌缩，即叠加态已经缩成一个状态。根据多世界解释，光量子到达探测器后波函数不会塌缩，叠加态继续存在。此时，叠加态由表征探测到光量子的探测器 A 和表征探测到光量子的探测器 B 这两种状态构成。在薛定谔的猫思想实验情境中，光量子探测器、猫的听觉系统、测量者的观察，均不能使波函数塌缩。

然而，一个明显的问题是，若波函数不塌缩，我们为什么观察不到叠加态而只能观察到探测器记录的光量子呢？比如，在薛定谔的猫思想实验情境中，我们为什么观察不到活猫和死猫这两种状态的叠加态呢？按照多世界解释，观察者都是叠加态的构成部分，也就是说观察者居于叠加态的一种状态中，比如观察者居于一种探测器记录的光量子的状态。由于不存在波函数塌缩这种事情，另一个状态仍然存在。在另一个状态中，可能有观察者的对应物存在。当观察者听到探测器 A 发出响声时，观察者的对应物也听到探测器 B 发出响声。当我们看到死猫时，我们的对应物却看到活猫。总之，不存在一个人为的、神秘的波函数塌缩的事件。根据薛定谔方程，波函数表征了一个由数量极大的叠加态所构成的世界，而且这种世界还在继续增加。我们居于的状态正是众多的状态之一。

总之，不论是哪种解释，认可程度如何，它们都是要给微观粒子行为以宏观解释，或者说，给微观世界建构一个宏观模型，这是因为我们居于宏观世界，我们的解释一定与此相关，也一定与我们的身体构造相关。也就是说，我们的解释是具身的、与所处环境相关的。假定有一种生物与我们一样有高级智慧，但身体构造与我们不同，它们对微观世界的解释很可能与我们的不同。但不管怎样解释和理解，从表征的视角看，解释和理解一定是适应性的，也就是适应性表征过程。

第七节 小 结

量子行为的多种表征和不同解释理论并存的情形恰恰说明，对微观世界中客体行为的解释是一个见仁见智的问题。量子力学内部的这些分歧最终能否达成一致，就在于能否有一种解释，它既能与测量实验结果相一致，又能满足我们的经验适当性。在没有出现这样一种有说服力的解释前，存在更极端的观点认为量子力学是骗局就是可理解的了。说到底，任何科学理论或假说，要想得到科学共同体的一致认可和接受，必须经得起科学实践特别是科学实验的严格检验。笔者对量子行为的适应性表征说明或许是其中一种可能的解释。但不管怎样，量子力学改变了当今人们的思维方式，正像牛顿理论改变了那时人们的世界观一样。

第十八章　时空理论的适应性表征

　　事实上，我们努力要走的是一条窄道，它介于导致异化的两个概念之间：一个是确定性定律所支配的世界；另一个是由掷骰子的上帝所支配的世界，在这个世界里，一切都是荒诞的、非因果的、无法理喻的。

——伊利亚·普利高津（《确定性的终结：时间、混沌与新自然法》第 150 页）

　　对于宇宙及其解释理论——宇宙学，时间和空间是表征它的两个重要概念，在这个意义上，宇宙学就是关于时空的理论。时间和空间是什么？它们源于何处？它们之间是什么关系？如何表征它们及其关系？牛顿的绝对时空理论与爱因斯坦的相对论是两个最主要的时空理论，前者是经典科学的代表，后者是非经典科学的代表。此后又发展出各种宇宙学理论或假说，诸如膨胀宇宙、平行宇宙、高维宇宙、黑洞、虫洞理论等。本章我们将着重探讨不同时空理论的适应性表征特征。

第一节　坐标系表征时空的相对性

　　众所周知，要在广阔的空间确定一个物体的位置，我们需要某种参照系，如在航海中以北斗星作为参照物。同样，要建构一个系统（宇宙）的有用表征，我们需要一个可操作的工具，这种操作工具能详细和精确地指明系统中的每个状态，如位置、距离等。在经典力学中，这种工具就是参照系或坐标系（reference frame）。在参照系中，观察者可根据自己所处的位置表达一个客体的具体位置。比如，在我们熟知的直角坐标系中，两个轴上标有间隔相等的点，每个点标有一个数字（正数或负数），表示到交叉点（原点）的距离，两个点之间的距离是一个测量单位（根据实际情况确定，如 1 厘米、1 米、1 千米等）。而且两个轴是有方向的，在平面上面对观察者，纵轴指向上，横轴指向右。在直角坐标系中，一个客体的位置可用平行于两个轴的投影点的位置来确定。如果观察者位于两个轴的交叉点（原点）上，一个客体相对于他的位置就是确定的。如果考虑时间因素，我们可假设观察者携带钟表，那么这个客体的时间也可被确定。

第十八章 时空理论的适应性表征 ·363·

在这种参照系中，一旦测量单位被确定，长度和时段也被认为是确定的。通过改变参照系，我们就可改变一个客体或事件的坐标，从而确定它在空间中的位置，在时间序列中的时刻及其速度，但我们不改变客体或事件之间的空间或时间关系，如它的相对距离和时段。特别是，如果两个事件是同时发生的，那么它们对于所有观察者和参照系仍是同时的。这说明，客体和观察者的位置是绝对的，时间不依赖于参照系，它也是绝对的。这就是绝对时空。牛顿力学就是基于这种绝对时空而建立的。

然而，在相对论中，情形不再是这样。相对论基于两个假设：相对性原理和光速不变原理。爱因斯坦给（狭义）相对性原理的定义是：如果 K' 是一个相对于 K 做匀速运动而无转动的坐标系，那么自然现象相当于坐标系 K' 的发展所遵循的普遍定律将与相对于坐标系 K 相同（爱因斯坦，2017：8）。若用高斯坐标系代替伽利略坐标系，就构成了广义相对性原理：对于表述普遍的自然定律而言，所有高斯坐标系原则上都是等价的。相对性原理主张，对于观察者使用不同的参照系，物理规律应该有相同的形式。这就是物理规律的不变性，用爱因斯坦的话说，任何运动都只能被视为相对运动。这个假设可被看作经典决定论的一个直接结果，即一个物理系统如何演进这个问题仅有一个答案，因此，不同的观察者应该发现相同的结果。它也可被认为是这样一种假设：状态变化方式的表征与它们在时空中位置的表征相比，应该是更守恒的。因此，相对性原理意味着，决定时空坐标和速度的这个指数化图式是相对的，只有动态规律是绝对的。

为了用数学表达这个原理，我们需要一组变换，根据这些变换，我们可将属于一个框架（参照系）的状态转换成属于另一个框架的状态，如从伽利略变换到洛伦兹变换，在这个过程中，物理规律仍是相同的。牛顿力学定律就是这种物理规律。这些规律说明，未在其上施加力的一个宏观客体，以一个恒定速度运动而不停止。这就是牛顿第一定律，也就是惯性定律，其所用的框架就是惯性参照系。对于使用这样一个参照系的观察者来说，一个没有施加力的粒子是没有加速度的。根据相对性原理，牛顿三定律在所有惯性系中是有效的。

在笔者看来，相对性原理并没有给出我们关于物理现象的任何信息，其唯一功能就是协调不同的表征。如果我们在物理意义上解释了这个原理，那么我们会发现牛顿定律在所有这些框架中均是有效的，而这些框架之所以被选择是为了保证牛顿定律是有效的。这显然是同义反复。不过，相对性原理允许我们决定一个与不同参照系相关的实际变换群的形式。假定参照系是笛卡儿式的和等方向的，我们可得到两种类型的变换：第一种是在经典力学中使用的伽利略群；第二种是一个由非决定性参数速度 v^2 决定的变换群（Rindler，1977）。为了说明速度 v 的物理意义，我们需要假设一个客体粒子既可被加速到任意大的速度，同时也不能被加速。按照连续性原理，它不能被加速到无限大速度，因此，在任何惯性系中一定存在粒子速度的一个上限。根据相对性原理，这个最大速度 c（它决定一个物理规律）在所有惯性系中一定是相同的。这意味着，从一个惯性系到另一个惯性系的变换一定保持这个速度。如果我们将这个条件应用于我们已发现的变换群，那么仍然存在唯一一个解决方法，那就是 $v=c$。也就是说，存在一个不变的最大速度（光速），这一假设排除了伽利略变换。这种描述参数 c 的剩余变换就是洛伦兹变换。

假设存在的不变速度就是相对论的光速不变原理，速度 c 就是光速或电磁辐射[①]。该原理已经得到麦克尔逊-莫雷实验的证实。麦克斯韦的电磁定律在伽利略变换中不变，但在洛伦兹变换中变化的观点也证明了这个原理。按照相对论，当速度 c 接近或达到光速时，运动客体的长度和时段可减少，物质质量可增加，时间和空间不再是分离的，而是一个整体——时空，而且时空可弯曲。这与牛顿的绝对时空观显然是不同的，尽管绝对时空观符合人们的日常观察和体验。

第二节 同时性与同步性表征的相对性

众所周知，在伽利略变换中，一个惯性系的时间坐标不发生变换，只有空间坐标发生变化。也就是说，时间是不变的或绝对的。如果两个事件在一个参照系中的同一时刻发生，那么，它们在所有参照系中都是同时的。然而，在相对论中，洛伦兹变换以依赖初始和变换参照系之间的相对速度的方式将时间和空间坐标混合。因此，具有不同速度的参照系将具有不同的时间坐标。在一个参照系中，如果两个事件在时间上同时但在空间上分离，那么它们在变换后一般来说将不再是同时的。由于这个新时间坐标依赖先前的空间坐标，具有不同空间坐标的这两个事件也将获得不同的时间坐标。由此可以推知，同时性与非同时性之间的区分是变化的或是相对的。比如，有两个事件 a 和 b，在一个参照系中 a 在 b 后发生，而在另一个参照系中 b 在 a 后发生。这意味着，过去和未来之间的区分失去了它的不变性。

不过，在许多情形中，存在某些约束禁止过去与未来之间的交换。在物理

[①] 尽管假设物体运动速度 v 大于光速 c 的情形是不矛盾的，但是，若考虑相对于我们而言，在我们的宇宙中所有质点的运动速度都小于光速 c，则任何运动速度大于 c 的质点，其速度都比我们宇宙中任何其他质点的速度大，因此，这就有可能对整个宇宙做出这样的描述，即宇宙中的任何质点，它被其他宇宙所感知的时间都不超过一瞬间（杰弗里，2011：164-165）。

层次，建立绝对的同时性似乎是不可能的。譬如，如果"我"想给另一个观察者发送一条信息，那个观察者与"我"在空间上是分离的，那么"我"必须使用一个物理载体来携带这个信息。但是，所有物理载体如粒子、宏观客体、电磁波等依附于一个有限速度 c 的存在。因此，我们不得不花费时间哪怕是瞬间传输一条信息，在那条信息到达目的地前，必然要消耗一定的时间。这一原理涉及局部性或因果性问题。海里根指出："我不能产生一个在空间中与我分离但在时间上不分离的事件，我瞬间能够影响的唯一现象是那些局部与我联系的现象，它们在空间上不能与我分离。"（Heylighen，1999：103）这实质上是"我"的时间和空间概念的客观化。经验感知与观察就是这样一个信息传递过程，其中观察者接收外部的信息。根据信息论，在信息发送者（信源）与接收者（信宿）之间一定存在一个物理信道（载体），信息从信源到信宿一定会花费一定的时间，信息的发送与接收不可能是同时的、同步的。即使是从同一信源发送同一信息给不同的接收者，接收者收到的信息由于距离远近不同也不是同时的。

假设某一客体事件 e_1 进行状态变换，对一个物理载体如电磁场产生干扰，而且这一干扰传递给一个观察者。这一过程在观察者的感知系统（神经元）引起状态变换（激活神经元）事件 e_2。显然，e_1 与 e_2 不是同时发生的，如果观察者与所观察客体在空间上是分离的，那么 e_1 必然先于 e_2，即 $e_1 P e_2$（P 表示先于）。如果观察者立即产生反应并将一个信号返回这个客体，它引起一个状态变换 e'_1，显然 $e_2 P e'_1$，根据传递性，$e_1 P e'_1$。即使假设两个信号以最大速度 s 传递，在 $e_1 P e_2$ 和 e'_1 之间仍然有一个非零的时间间隔 T。在这个时间间隔期，许多事件将发生在这个客体上。根据经典时间概念，由于 e_2 位于 e_1 和 e'_1 之间，总会有一个中间事件与 e_2 同时因果地发生。但是，是哪个中间事件呢？根据赖欣巴哈的看法，这在因果关系上是难以确定的，或者说是不可能的（Reichenbach，1958）。

一般来说，当我们说两个事件同时发生，是指在某一确定时刻如零时刻同步发生。比如，体育比赛中几个运动员的同时起跑。我们假设将两个时钟与两个事件相关联，当两个事件发生时，两个时钟指向相同的时刻。当然，一个时钟指向的时刻依赖于它被设定的方式，如测量刻度为零的时刻。如果两个不同时钟给出一致的结果，那么它们就是同步的。如果两个时钟在空间上是分离的，同步需要在两个时钟之间进行信息交换。这种信息的传递需要有限的时间，这依赖于它的速度。众所周知，在经典力学中速度被定义为距离除以时段，决定信息传递的时段需要确定信息离开的时间和到达的时间。为了确定这两个时间，我们需要以一种绝对的方式确定两个时钟总是同步的。这样一来，循环问题就产生了——如果两个时钟总是同步的，那么我们总是唯一地使两个时钟同步。这等于说 a 就是 a，类似于逻辑上的同义反复。

如何解决这个问题呢？在经典力学框架中，如果假设用无限速度发送信号是可能的，那么我们就可忽略这个有限的时段。在相对论框架中，我们可任意假设信息传递的速度有固定值，它允许我们决定传递的时段。不过，在海里根看来，狭义相对论中使用的标准同步（光速在所有运动方向上是相同的）实际上是不必要的。爱因斯坦式同步的一个属性是，相对运动中的参照系将同时性归于不同的一对事件。然而，这不应该被看作同时性的相对性的证据。定义一个非标准同步总是可能的，其结果导致参照系 K 中的同时性与参照系 K' 中的同时性是相同的，K' 在运动中与 K 相关。在赖欣巴哈看来，同时性的相对性不是惯性运动的一个结果，而是因果传递的一个有限限定速度的存在（Reichenbach, 1958：146）。还需要注意的是，建立一个遥远事件在其中发生的绝对时间是不可能的。相似地，建立一个量子系统的微观状态也是不可能的。在这两种情形中，我们有一个观察者和一个客体，它们在空间上是分离的，但交换信息。在这个意义上，量子力学和相对论可被解释为表征关于信息交换的限定理论。因此，两个理论所加载在经典物理学框架上的东西，与物理过程的物质的或能量的属性无关，但与它们的信息属性有关。这些信息原理将物理问题和认知的问题域连接起来。比如爱因斯坦就认为，时间观念与我们的回忆联系在一起，而且也与感觉经验和对这些感觉经验的回忆之间的联系的区分相联系，这种区分的产生可能最初源于创造秩序的心智的一种活动（爱因斯坦，2017：91）。

在相对论的情形中，对信息传递的约束是它的速度的限制。这意味着，在同时与非同时事件之间作区分的可能性是有限制的。在量子力学的情形中，限制是针对信息类型的，这种信息可通过客体与观察仪器之间的一个具体耦合来传递。这也意味着对做出区分之可能性的一个限制。在海里根看来，这种区分或分类由一个非平凡正交关系来表征。这两种限制是循环信息传递不可能性原理的一个结果，它引起完全自我决定的不可能性，从而产生不可能自我知识的量子问题。比如，我们想观察自己，我们可去照镜子，我们和镜子是彼此分离的。照在镜子表面的光线需要一个有限时间（尽管极其短）从我们的身体达到镜子表面然后返回我们的眼睛，在这个极短的时间间隔期，我们的物理形象已经发生微小的变化。我们所看到的形象不是我们身体的实际状态的一个完全可靠的表征。这里存在一个不变的有限速度，它导致了同时性的相对性。

不过，相对性蕴含了同步的相对性，并因此决定速度的相对性。如果不存在测量速度的绝对方式，我们如何知道一个不变的速度呢？当我们说光速不变时，我们的真实意思是说，这个速度不依赖于光信号的发送者或接收者的速度。这对于类波信号，如光波和电磁波，是有效的，但对于类粒子信号如弹道信号就另当别论了。比如，在水或空气中运动的物体，它的速度不仅与它本身的动力有关，也与介质的浓度有关，而且我们不能人为地干预介质。再比如，"我"

投掷一块石头时，在所用的力相同的情形下，"我"在静止或在运动中投掷石头时，石头运动的速度是不相同的。运动中投掷的石头的速度要快些。正是这个原因，投掷运动员都是在运动中投掷的。

光波与在物质介质中的波（如声波）的差异在于：声波的相对速度依赖相对于观察者的介质的相对速度。光波的情形不是这样的。实验已经证明，光速独立于观察者与设想的介质（以太）。这使爱因斯坦坚决否认以太的存在，而以太曾被认为是弥漫于整个宇宙的介质。也就是说，与水波和声波的传播不同，光波的传播是没有介质的，恐怕也不需要介质。以太是人们习惯于经典物质波的思维方式而设想的一种假想物。事实上，同步问题产生于我们使用了在空间上分离的两个时钟。如果我们使用一个时钟或用镜子代替其中一个，同步问题就解决了。比如使用镜子反射从光源发出的光，这样，光线离开的时间间隔与其到达的时间间隔就可用一个时钟来测量，而且计算的速度是平均速度。这表明：在不同的参照系中，同时性与同步性的表征具有相对性。

第三节 时空结构表征的不变性

就信息在空间传递的速度而言，一般有两种方式：一种是具有不变速度 c 的信号；另一种是具有小于 c 的相对速度的信号。前者是光信号的传播，后者是宏观物质信号的传播。这两种传播方式可构成所有可能事件的集合。在相对论中，一个事件被看作是瞬时的和原子维度的变化。一个典型的例子是两个基本粒子的发散。这种事件可通过空间中的一个点（指示它的位置）和时间中的一个点（指示它的发生的时刻）来表征。然而，由于同时性的相对性，将时间中的同一点归于空间中一个不同点的两个事件是不可能的。同样，不存在一个绝对的方式将空间中的同一点归于发生在时间中不同点的事件，因为不同的观察者一般将不同的点归于第二个事件，即使他们已经将同一位置归于第一个事件。因此，将独立的空间和时间位置归于事件是无意义的，而能以一个不变方式被决定的唯一事物是事件的一个被结合的时空集。

海里根给出了事件之间的几种不变关系，这些关系由交换信息的不同可能性提供，其结果是：一个信号发出的时间对应于事件 a，信号的到达时间对应于事件 b (Heylighen, 1999: 107)：

（1）如果一个信号具有类光型，那么事件 a 和 b 之间的关系被称为"共时优先"（HP）；

（2）如果一个信号具有类弹道型，那么事件 a 和 b 之间的关系被称为"历

时优先"(CP);

(3) 上述两种关系的联合的可能情形是,发送一个信号（类光或类弹道）从 a 到 b 被称为"因果优先"（P）。

根据相对论,时空的基本结构可从这三个关系提供的事件的集合导出。优先关系被解释为基本时序:"aPb"表明,"a 可引起 b",或"b 在 a 后发生"。不过,这是一个部分时序,而不是完全的线性经典时序。这意味着对于任意两个事件 a 和 b,我们不能以绝对的方式建立 aPb,或 bPa,或 a 与 b 同时。在这种意义上,相对论创造的表征结构可被还原到失去其完备性的经典优先关系的一个属性。这种新表征可被还原到没有完备性的状态之间的正交关系。在经典框架中,优先和正交关系具有一个平凡结构,而在相对论和量子理论中,这些关系在决定表征结构方面起到核心作用。在量子力学中,正交关系决定希尔伯特结构;在相对论中,优先关系决定时空结构。

在海里根看来,在这些优先关系中,因果优先与历时优先之间的差异在于,信号存在于一个不变的速度 c 之中。如果有可能发送一个宏观客体如时钟从 a 到 b 的话,那么历时优先仅能在事件 a 与 b 之间被建立。因为时钟能测量 a 与 b 之间被消失的时间,从而在它们之间建立一个历时的间隔。然而,这对于由一个共时关系连接的事件 a 与 d 来说是不可能的。事件 a 影响 d 的唯一可能性是使用类光,如无质量的信号。运用洛伦兹变换可说明这一点。根据这个变换,对于一个客体,它的速度被加速到接近光速 c 时,时段被延伸直到时间本身几乎停止。在速度 c 的限制范围,这意味着所有时钟均停止了,所有时间间隔都是无限的。这种效应的一个论证是:测量时间间隔的一个最终方式是让光信号在平行且等距的镜子之间来回传递。在光信号离开其中一个镜子和到达另一个镜子被反射回来之间的时间是守恒的,这可被看作一个时段单位。进一步假设这些镜子在平行于它们自己的方向运动,当这些镜子处于静止且其速度处于绝对值 $\sqrt{2}c$ 时,被反射的光信号速度应等于它们速度的矢量之和。根据相对论,光速是不变的,因此等于 c。由于镜子本身是以光速运动的,光信号将不能追上它,而且光信号在镜子之间的来回运动会花费无限的时间。如果镜子的运动速度稍小于光速 c,光信号将会赶上它,但需要更多时间传递。这就可以解释为什么这个"光时钟"当它的速度增加时会走慢,当它的速度达到光速 c 时,它就会完全停止。当然,这只是一个思想实验,实际上,这样的时钟和镜子是不存在的。

按照海里根给出的三个关系,我们可以看出,关系 P 在表征信息传递之可能性的事件之间建立一个普遍序;关系 CP 建立表征信息传递的可能性的一个序,信息传递的时段可根据携带信号的时钟运动被确定;关系 HP 表征以光速进行信息传递的一个边界上的情形,而且不建立一个序,因为关系是不传递的。

对于一个已知事件 a，海里根认为它可被区分为五种集合，这些集合划分所有事件的集合 M（Heylighen，1999：110）：

(1) $I^+(a)=\{x\in M:a\mathrm{CP}x\}$，这是 a 的历时未来，相当于通过它的未来光柱的内侧。

(2) $C^+(a)=\{x\in M:a\mathrm{HP}x\}$，这是 a 的共时未来，相当于它的未来光柱的边界。

(3) $S(a)=\{x\in M:\mathrm{NOT}(a\mathrm{P}x\mathrm{OR}x\mathrm{P}a)\}$，这是事件集，它的时间不能与 a 的时间比较，它们的发生既不先于也不后于 a。它们被一个类空间间隔与 a 隔离，相当于它的光柱的外侧。

(4) $I^-(a)=\{x\in M:x\mathrm{CP}a\}$，这是 a 的历时过去，通过反转关系的顺序从 $I^+(a)$ 建立。

(5) $C^-(a)=\{x\in M:x\mathrm{HP}a\}$，这是 a 的共时过去。

根据这些区分，海里根认为，关系 CP 定义关于事件的集合 M 的一个拓扑学——亚历山德罗夫（Alexandrov）拓扑学，它由下列关系式产生：$\{I^+(y):y\in M:\}\cup\{I^-(y):y\in M:\}$。它是这样一种拓扑学，对于它来说，$M$ 的一个子集是开放的，如果它是开放间隔 $I(a,b)$ 的一个联合，即 $\forall a,b\in M$，于是 $a\mathrm{CP}b:I(a,b)=\{x\in M:a\mathrm{CP}x,x\mathrm{CP}b\}$。这样，一个关于时空的拓扑学可被延伸到关于四维事件集的三维空间截面的拓扑学：$S\in M$，当且仅当 $\forall x,y\in S:\mathrm{NOT}\{(x\mathrm{P}y)\mathrm{OR}(y\mathrm{P}x)\}$。这允许我们建构关于状态空间的拓扑学。在经典框架中，拓扑学是一个先验的给定物。不过，运用这种拓扑学，因果过程是自动地连续的，因此，就再没有必要引入连续性条件。在笔者看来，在表征的意义上，任何物理事件都可分为若干个命题或陈述，每一个命题都涉及事件 a 或 b 的重合。比如在相对论中，高斯坐标系中的每个命题都可通过四个坐标 x_1、x_2、x_3、x_4 的相符合来表征，可称之为高斯空间拓扑学。

第四节　因果表征的局部性与普遍性

在相对论中，因果性主要是指由因果优先关系决定的时空的光柱结构，但从来没有被真正地定义过。有没有比光速更快的过程呢？它们是因果决定的吗？赖欣巴哈对此做过深入探讨。他假设了一个比光运动更快的过程。设想一个探照灯，它投射一个明亮的光点到一个遥远的表面比如一朵云上。假如这个探照灯旋转得足够快，那么光点的速度将大于光速 c。这个过程显然并没有物质实体的运动或转移，因为从一个光点到另一个光点没有任何物质的东西被转移。然而，为什么光点的运动速度比光速快呢？其基本理由是，它不携带任何信息，因此，不能等同于一个因果过程。也就是说，因果过程是携带信息的过程。这好比某人位于 A 处不能操作这个光柱，结果它能把信息传递给在 B 处的另一个人。在经典因果性的意义上这显然是不可能的。

海里根给出了这样的论证。假设有两个区分，一个相当于过程的原因，另一个相当于这个过程的结果。一个区分由标明的状态 a（称为指示）和这个状态的否定或补充 a' 描述，因此，任何区分可由一个标明的和非标明的状态 (a,a') 对表征，这相当于一个命题及其否定（状态是在激活的表征模式的意义上）[①]。受动态约束的状态变换集的因果性可定义为：$(a,a')\to(b,b')$。或者说，所有从 a 到 b' 和从 a' 到 b 的状态变换都是被禁止的。能量守恒就是一个例子。根据能量守恒定律，$a=b$（系统的能量是 E_0），$a'=b'$（能量不同于 E_0）。这四个状态及其变换可通过一个日常简单例子来说明。手中拿一块石头（a），它不掉落（b），松开手不再支撑石头（a'），它会掉到地上（b'）。这就是说，相同的原因产生相同的结果，不同的原因产生不同的结果。

在海里根看来，信息的传递可能也是如此。如果你发送一个信号 a 给另一个人，他与你在空间上分离。你需要一个中介或承载者，它至少有两个状态（如信号的存在与缺失）来传递信号。你需要在两个状态之一中准备一个中介，这个状态通过某些动态机制开始传播，直到达到另一个观察者，即一个信息的接收者。这个观察者会检测一个新的状态 b。为了理解这个信息的意义，他必须进行三个操作：①将状态 b 与其否定 b' 区分；②从因果关系（*）推断备好的与被检测信息之间的关系；③解释 a，如这个信息的意义，它可能由某种编码或语句组成。这是一个基本的交流或信息加工模型，既可用于两个人之间的交流，也可用于一个主体与其观察客体之间的信息交换。前者是日常的交流模式，后者是科学研究的一般模式。在科学研究的情形中，因果关系与编码相当于主体的内在表征。在两种情形中，预设区分的一个指示可被看作一个意义单位或语义元素。

例如，在传递信号的过程中，发送者与接收者可预先设定好各自的时钟为同一时刻，这就是同步问题。传递信息的中介是电磁波，其中状态"有一个光子传递到接收者"和状态"没有光子传递到接收者"之间存在用于交流的区分。光子本身承载状态变换，如它的频率可能被引力红移减少。不过，光子与非光子之间的区分仍是不变的，结果导致接收的信息是明确的。我们可以进一步设想这个光传递不是一个因果过程，而且光子可能消失或不创造任何东西。在这

[①] 一个状态是一种自然现象，对这种现象的描述需要一定的表征模式，如经典力学或量子力学，状态只有在一定的表征模式中，才能通过语言（日常的或形式的）表达为命题。因此，状态不直接对应于命题。只有在表征模式中，一个状态才是一个命题。或者说，只有在解释的语境中，命题表征才是必要的。

种情形下，所传递的信息可能是模糊的，不再承载任何可靠信息。如果接收者的确接收到一个光子，他也不能决定是由谁发送的；如果他没有接收到光子，他不能指出发送者是否曾经发送过信息，或者信息已经消失。在这两种情形下，同步两个时钟是不可能的。这个例子表明，确定时空框架需要使用信息守恒过程，而且说明基本优先关系（HP 和 CP）可以自然地从信息传递过程的属性导出。

由上述讨论可以看出，一个优先关系的基本属性就是反对称性。然而，经典因果过程的定义是对称的，即原因（a）和结果（b）的交换不改变这个关系。这种可逆性是守恒原理的一个普遍特征。在海里根看来，这仅对潜在过程有意义，因为如果一个区分在事件 e_1（由命题 a 描述）到事件 e_2（由命题 b 描述）的过程是守恒的，那么若 e_1 由 b 描述，e_2 由 a 描述，它也是守恒的。然而，一般来说，实际事件 e_1 相当于一个由 a 而不是 b 指示的某一状态。因此，我们可以假设，事件之间的实际因果关系一般是非对称的。但是，这并没有排斥非对称因果关系存在的可能性。

为了更好地说明时空理论中因果关系表征的非对称性，我们假设一个光信号从 e_1 发送到 e_2，又从 e_2 返回到 e_1，而且这两个传递过程都是因果性的；还假设 e_1 由状态 a 决定，那么区分守恒蕴含了 e_2 处于状态 b 中，于是有：$e_1(a,a') \rightarrow e_2(b,b')$。同样，对于光信号的传递而言，必然会有一个一致关系：$e_2(b,b') \rightarrow e_1(c,c')$。因此，有两个可能的因果链：一是 a 产生 b，b 产生 c；二是 a' 产生 b'，b' 产生 c'。如果 e_1 处于状态 a，那么第一个因果链是真的。如果 a 是原子状态或命题，那么会有 $a<c$ 或者 $a<c'$。

在第一个因果链中，蕴含（<）的逻辑关系与因果连接（→）一致。因此，因果连接没有增加任何新东西到表征布尔代数的逻辑信息结构上。在这个意义上，不存在从 e_2 到 e_1 的任何信息转移，因此也没有任何新选择，一切如旧。在第二个因果链中，因果连接导致 c' 经 b 到 c，在这一过程中，某些东西似乎发生了变化。在因果互动发生后，e_1 的状态不再是 a，因为 a 蕴含了这个从因果链中 b 产生新命题 c 的否定命题。然而，事件 e_1 在空间或时间中是基本的或个体的，以便它仅有一个真实原子状态。根据逻辑的矛盾律，这个状态不能同时蕴含 c 和 NOT c（或¬c），因此，一个悖论就产生了。

这个悖论与被称为可进入过去的"时间机器"那种因果悖论等价。众所周知，直觉上时间从过去到未来是不可逆的，我们不可能回到过去，如人死不能复生。设想有一架时间机器（c'）使得我们进入过去的某种状态（b），但我们从来没有进入过这种状态，这种机器不存在（c）。这显然是矛盾的。当然，如果我们严格遵循时间的不可逆原理，这种悖论就不可能发生。如果我们发现 c 蕴含 c'，接着第二次运用因果关系，使得 c' 蕴含 c，那么我们可得出结论：c'

等价于 c，也就是二者不可区分。因此，c' 与 c 之间的区分在逻辑上和物理上都是无意义的，也就当然不存在表征问题。由此，我们可以得出结论：引起从 e_1 到 e_2 再返回 e_1 的普遍过程不是因果性的，因为这个过程没有任何真实的区分。这意味着因果关系一定是有区分的，原因一定不是结果，结果也一定不是原因，虽然说结果可转化为原因。由此看来，区分是一个事物不同于他物的本质特征。一切认知和探讨，都必须从区分对象开始。

因果悖论是这样，逻辑悖论也是如此。比如语句"这句话是假的"，如果假设这个语句是真实的（a），那么我们必须相信它所说的并得出结论：它是假的（a'）；但是，如果它是假的，那么我们就不应该相信它所说的并得出结论：它是真的（a）。于是我们得到一个循环结构：$a \to a' \to a$。这种循环结构将表征看作没有任何区分的状态，它既不真也不假。或者说，循环过程中没有任何信息转移，也当然没有表征内容，因为表征是负载信息或意义的。

第五节 因果联系的适应性形式表征

以上分析表明，因果性有两种：一是局部因果性，它使直接连接的两个事件之间的区分守恒；二是普遍因果性，它使由局部联系的事件的一个序列联系的事件之间的区分守恒。如果事件的联系序列是一个圆圈或循环的部分，那么这个联系就不再是普遍的。只有非循环的关系承认普遍因果性，或者说，因果关系是开环的而非闭环的。

海里根给出这种因果性的一个形式表征定义：关系 $C \in E \times E$ 是非循环的，当且仅当对于事件的任何序列或路径为：$\{e_i \in E : i=1,\cdots,n\}$，于是，$e_j C e_{j+1}(j=1,\cdots,n+1)\}$。我们得到 $e_n C e_1$ 蕴含 $e_h = e_k$，对于所有 $h,k\{1,\cdots,n\}$。换句话说，一个关系是非循环的，如果它的曲线图不包含任何循环或封闭路径的话。

海里根进一步区分了两类普遍因果联系，并做了如下充分论证（Heylighen, 1999: 117-119）：

条件（1）：连接两个事件 a 和 b 的任何一个路径是唯一的；
条件（2）：至少有两个路径 p_1 和 p_2 连接 a 到 b：
$p_1 = \{e_i \in E(i=1,\cdots,n) : e_1=a, e_n=b, e_j C e_{j+1}(j=1,\cdots,n-1)\}$
$p_2 = \{f_i \in E(i=1,\cdots,m) : f_1=a, f_2=b, f_j C f_{j+1}(j=1,\cdots,m-1)\}$

于是，至少存在一个 $f_i \in p_2$ 具有 $f_i \text{NOT} \in p_1$，或者至少一个 $e_i \in p_1$ 具有 $e_i \text{NOT} \in p_2$ 也就是说，p_1 和 p_2 以它们从 a 到 b 的路径通过不同事件。

在第一种情形中，a 和 b 的联系是共时的。在第二种情形中，它们的联系是历时的。这两种类型的联系在形式上分别等价于共时关系和历时关系。

海里根给出如下定义：

$\forall x,y \in M: x\mathrm{HP}y$，当且仅当从 x 到 y 存在唯一一个因果路径 P。

如果一个关系 HP 是共时的，它需要满足条件：当 $e_i: i=1,\cdots,n$ 是一个有限序列时，$e_i\mathrm{HP}e_{j+1}$ 对于每个 i（除了 n）和 h，满足 $1<h<k<n$，其中 k 是整数，那么就会有 $e_n\mathrm{HP}e_1$ 蕴含 $e_h=e_k$，以及 $e_1\mathrm{HP}e_n$ 蕴含 $e_h\mathrm{HP}e_k$。因此，HP 是一个共时关系。

为什么会是这样的呢？在海里根看来，这有两个原因：一方面，条件（1）等价于关系是非循环的条件。假设 p 是一个循环的部分，那么会有另一个 p' 将 b 连接到 a，结果是一系列相互关联的事物 p 和 $p': p'*p$ 将形成一个封闭路径，导致从 x 经 y 返回 x。然而，海里根认为，我们可通过一系列相互关联的事物 $p:p':p'*p$ 从 x 到 y 建构一个新的路径。因此，连接 a 到 b 的路径将不是唯一的，与上述的假设矛盾；另一方面，假设 $e_1\mathrm{HP}e_n$，比如有一个唯一的路径 $p_{1,n}$，从 e_1 到 e_2。我们知道 e_iRe_{i+1}，比如 e_i 与 e_{i+1} 之间的路径 $p_{1,i+1}$ 是唯一的。一系列相互关联的事物 $p_{n-1,n}*p_{n-2,n-1}*\cdots*p_{1,2}$ 定义一个从 e_1 到 e_n 的路径，根据假设，这个路径是唯一的且等于 $p_{1,n}$。这个路径的构成部分决定这个唯一连接 e_h 到 e_k 的路径（$1<h<k<n$）：$p_{hk}=p_{k-1,k}*p_{k-2,k-1}*\cdots*p_{h,h+1}$，因此，$e_h\mathrm{HP}e_k$。

至于关系 P 和关系 CP，海里根的定义如下：$x\mathrm{P}y$，当且仅当存在一个从 x 到 y 的路径，它不形成一个循环的部分；$x\mathrm{CP}y$，当且仅当存在至少两个路径，它们不是连接 x 到 y 的一个循环的部分。显然，我们得到：P=CP∪HP（不相交联合）。

概括地说，在四元集（M,P,CP,HP）中，P、CP、HP 是 M 的关系。这个四元集是一个因果空间，当且仅当以下七个条件得到满足：

对于 $x,y,z \in M$：

（1）$x\mathrm{P}x$

（2）如果 $x\mathrm{P}y$ 和 $y\mathrm{P}z$，那么 $x\mathrm{P}z$

（3）如果 $x\mathrm{P}y$ 和 $y\mathrm{P}x$，那么 $x=y$

（4）非 $x\mathrm{CP}x$

（5）如果 $x\mathrm{CP}y$，那么 $x\mathrm{P}y$

（6）如果 $x\mathrm{P}y$ 和 $y\mathrm{CP}z$，那么 $x\mathrm{CP}z$；如果 $x\mathrm{CP}y$ 和 $y\mathrm{P}z$，那么 $x\mathrm{CP}z$

（7）如果 $x\mathrm{HP}y$ 当且仅当 $x\mathrm{P}y$ 而且非 $x\mathrm{CP}y$

因此，P、CP、HP 对 M 的关系形成一个因果空间，其根据是：①x 被平凡的、因果的路径连接到 x，这由同一性的区分守恒关系得到示例；②如果存在一个从 x 到 y 的非循环路径和一个从 y 到 z 的非循环路径，那么这两个路径的一系列相互关联的事物形成一个连接 x 到 z 的一个非循环路径；③假设 $x \neq y$，那么条件 xPy 和 yPx 将蕴含一个从 x 经 y 返回 x 的非平凡路径,而且这是与非循环性假设相矛盾的;④如果存在两个连接 x 到它本身的不同路径,那么至少两个路径之一将是非平凡的,而且将相当于一个封闭环;⑤这个条件直接来自这个事实——CP 包含于 P 中;⑥xPy 意味着至少存在一个从 x 到 y 的路径,yCPz 意味着至少存在两个从 y 到 z 的路径,根据一系列相互关联的事物,我们至少发现导致从 x 到 z 的两个不同路径;⑦这个条件直接来自这个事实——P 是 CP 和 HP 的一个不相交联合。

概言之,在海里根看来,如果我们具有潜在事件的一个集合 M 和一个局部因果关系 $CM \times M$ 限定事件之间的直接因果联系,那么这个关系可被延伸到包括间接因果联系,如直接因果连续的路径或序列。这样在 x 和 y 之间就会有四种不同类型的可能间接因果联系。

假设 $P=e_1,\cdots,e_n$,而且 $e_1=x$,$e_n=y$,e_jCe_{j+1},$j=1,\cdots,n$ 是连接 x 到 y 的一个因果路径,那么就有两种可能性:一种是 P 是一个循环的部分,比如从 y 到 x 存在另一个路径 P′;另一种是 P 不是一个循环的部分。

这两个可能性可再分为两个亚范畴:一是 P*P′使得区分普遍地守恒,比如,从 x 到 y 再返回 x 被转移的指示,与决定 x 状态的初始指示不矛盾。在这种情形中,不存在任何信息传递,但存在一个 x 状态和 y 状态的关联。在一个普遍层次,P*P′不使区分守恒。在这种情形中,如果我们任意地解释区分的转移,就可能存在一个因果悖论。避免这种悖论的唯一方式就是将假设的被转移的区分看作是无意义的。这种情形相当于 x 和 y 之间不存在任何因果联系的情形。二是路径 P 是唯一的。这也蕴含了所有构成部分 $\{e_h,\cdots,e_k:1<h<k<n\}\in P$ 是唯一的。在这种情形中,信号沿着路径 P 转移可被解释为一个光信号,也就是以直线的不变有限速度传播的光速。这种联系是共时的。而且至少存在一个不同的路径 P′导致从 x 到 y 的传播。因此,P 可被解释为历时联系。

第六节 时空悖论的元表征问题分析

接下来笔者将通过量子力学关于时空的三个悖论——德布罗意悖论(De Broglie,1959)、EPR 悖论(Einstein et al.,1935)和阿哈罗诺夫-波姆效应(Aharonov and Bohm,1959)来说明表征的适应性问题。

第一,德布罗意的量子境遇中没有信息转移。德布罗意境遇对于量子力学中所有明显非局域效应来说被认为是一个最简单的原型。德布罗意假设有一个被囚禁在盒子中的量子系统,它的波函数可扩散到盒子的整个空间。这个盒子被一个不可穿透的板子隔离成 A 和 B 两部分。这两部分由一个任意大的距离隔开来，每部分包含一半的量子波。假设我们现在做测量来检验盒子 A 中是否存在这个系统且结果是否定的。根据波包减少或还原的假定，位于盒子 A 中的部分波函数在测量操作后将会消失。然而，在这两个盒子之一中发现这个系统的总概率必然是守恒的。这意味着在第二个盒子 B 中发现这个系统的概率，以及在 B 中的波函数的绝对值会变大。这似乎是说，波函数的一部分瞬间已经从 A 转移到 B 了。

德布罗意已经假定 A 和 B 是被一个不可穿透的板子隔离的，而且它们之间有任意大的距离，也就是说，这个板子是一个不可逾越的障碍。在这个意义上，波函数从 A 到 B 的奇怪跳跃似乎与局域性（locality）原理相矛盾。因为局域性原理告诉我们，两个空间域 A 和 B 之间的每个物理互动，必须由连接 A 和 B 的物理中介来执行，而且其速度不能超过光速。事实上，这种矛盾是不存在的，因为局域性条件的确是物理过程连续性的一个要求，它禁止非连续地跳过拓扑边界。这个条件仅适用于信息传递过程，如事件的非循环、区分守恒序列。盒子 A 和 B 的波函数塌缩不能被用于传递信息。德布罗意境遇中的基本区分是分别在盒子 A 或 B 中的系统的在场与缺席之间的那些区分。如上所述，海里根将这些区分分别称为 (a,a') 或 (b,b')，这个区分之间显然存在关联：指示 a 蕴含指示 b'（如果这个系统出现在 A 中，那么它必须不出现在 B 中），指示 a' 蕴含指示 b，存在一个区分的守恒：$(a,a') \Leftrightarrow (b,b')$。

然而，两个区分之间的关系是对称的，因为指示 b 蕴含指示 a'，指示 b' 蕴含指示 a。这种关系陷入循环的范畴，即普遍区分守恒联系。不过，这种关系不能被用于传递信号，因为它不产生一个可观察的变化。事实上，为了从 A 到 B 传递信息，我们必须在 A 处的某一状态比如 a' 处备好系统，以便位于 B 的我们的同行能探测相应的因果地联系的状态，如 b。问题是，我们不能选择备好系统，以便 a' 是真实的。根据包含一个均匀扩散的波函数的初始盒子分裂为两个相等的部分这个假设，我们有 50% 的机会去发现一个 a 或 a'。在隔离完成后，我们没有办法保证，当打开盒子时我们会发现状态 a'。我们能做的唯一事情是观察两个状态 a 或 a' 哪个是真实的。如果我们发现 a' 是真实的，那么我们知道在 B 中的我们的同行将会发现 b。然而，我们的同行不知道他会发现何物。无论我们是否已观察到在 A 处的系统并因此减少波包，对于他来说发现 b 或 b' 的概率仍然是 50%。因此，他不能指出任何关于我们已经通过观察 B 操作在 A 处的这个系统。没有任何信息在此过程中被传递。

与经典力学框架的境遇相比，这个结果似乎微不足道。海里根假设初始盒子不包含一个量子粒子，而是一个经典系统，如弹性球。再假设我们不知道盒子中球的准确位置。如果盒子再分裂为相等的部分，那么我们能假设在两个部分之一如 A 部分发现这个球的概率是 50%。在 A 处发现这个球意指另一个观察者打开盒子 B 会发现它是空的。这里存在一个不对称守恒。然而，我们应该注意到，在 A 和 B 处的两个观察有一个共同的原因，即盒子中球的位置。如果在盒子中间放置一个隔板，当这个球位于盒子左侧部分（l），那么球将被包围在盒子左侧的 A 部分；否则，球将被包围在右侧的 B 部分（l'）。这种情形可用两个因果联系来表征：$(l,l')\Leftrightarrow(a,a')$ 和 $(l,l')\Leftrightarrow(b,b')$（Heylighen, 1999:123）。左和右之间的这个初始区分简单地决定了盒子中 A 和 B 之间在场与缺席之间的区分。这个区分守恒关系在 (a,a') 和 (b,b') 之间有相同原因，显然是非对称的，因此说明它们有关联。

然而问题是，这种经典力学境遇与量子力学境遇的类比是否适当呢？毕竟宏观客体现象与微观量子现象是根本不同的。这种类比解释相当于隐变量模型，比如，一个经典统计模型基于这样的假设——在这两个部分被分割前，量子粒子已经位于两个部分之一，左或右。这与量子表征的波函数的传统解释不一致。

第二，EPR 悖论不表征信号的传递。假设一个量子系统分裂为两个同类的粒子，其总自旋等于零，比如光子，每个自旋值是 1/2（+或-），两个光子的总自旋为零。因为根据自旋守恒规律，两个自旋的方向必须是相反的，结果是它们的和为零。这意味着，如果我们观察其中一个粒子，发现它的自旋向上（上旋），那么另一个粒子的波函数必须塌缩，结果是它的自旋必然是向下的（下旋）。这种瞬时效应不依赖距离，或者说，两个粒子之间的障碍不影响它。这完全类似于德布罗意境遇。

然而，差异在于我们能在不同的观察之间做选择，以便每次都能发现相同的关联。比如，我们可选择侧重粒子自旋的左-右方向而不是上-下方向。假设两个粒子 A 和 B，A 是右自旋，B 是左自旋。这种情形用一个经典共因不能给出解释，因为这个结果需要粒子 A 有一个初始状态，在此状态自旋在同一时刻向左且向上。但是，粒子左旋和上旋的属性不能同时为真。粒子 B 的情形也是如此。贝尔已经证明通过假设隐变量来解释两个粒子具有量子关联是不可能的（Bell, 1966）。他假设了一个重合实验，其中同时进行两个是-否测量，一个针对粒子 A，一个针对粒子 B。

基于这个实验，海里根定义了一个变量来描述这个实验的一个可能结果。他的定义如下：$X_{ab}(s)=+1$，当且仅当对一个在状态 s 的系统，我们得到粒子 A 和 B 的结果，或者是"是"，或者是"否"；$X_{ab}(s)=-1$，当且仅当我们得到的结果对于 A 是"是"，对于 B 是"否"，或者对于 A 是"否"，对于 B 是"是"。

现在再定义一个变量来描述其中一个粒子 A 的单一实验的可能结果：$X_a(s)=+1$，当且仅当 $s<a$；$X_a(s)=-1$，当且仅当 $s<a'$。

贝尔进一步假设存在一个经典局域性条件，并得出一个必然结论：

$X_{ab}(s)=X_a(s) \cdot X_b(s)$。

这就是说，描述两个粒子行为的重合实验的变量可分为描述单一粒子实验的变量的合取。这意味着，对于粒子 A 的测量结果不改变对于粒子 B 的测量结果。或者说，一个状态 s，如果 A 和 B 被完全分开测量，结果对于 A 和 B 都是"是"；如果 A 和 B 完全在一起测量，结果对于 A 是"是"，对于 B 是"否"。于是可得到：$X_a(s)=+1$，$X_b(s)=-1$ 和 $X_{ab}(s)=-1$。这一结果与贝尔的局域性条件相反。

首先，贝尔的假设似乎是很自然的。如果初始状态 s 是当 A 和 B 完全分离时，它们都已经找到了答案，而且如果两个测量完全在一起，但它们被一个类空间间隔分离，结果没有任何信号从一个测量事件转移到另一个，那么对于这个重合实验我们应该发现相同的确定答案。在量子情形中，对于测量 a 和 b 来说，量子状态一般不允许我们决定答案。不过贝尔认为，这是由于我们缺乏经典知识，而且存在一个我们不知道的经典微观状态，只是这个未知的微观状态决定答案，于是他运用他的假设导出如下不等式：

$$X_{ab}(s)-X_{ac}(s)+X_{ab}(s)+X_{ac}(s) < 2$$

其中，a 和 c 是对粒子 A 的测量，b 和 c 是对粒子 B 的测量。

然而，贝尔不等式与量子关联实验的结果是不一致的。这在理论上已经得到阐明。因此，贝尔的局域性假设不适合量子系统。对于被关联的事件，该不等式也不能通过假设一个共因解释空间上分离系统的量子关联。这个共因可决定彼此独立对 A 的实验和对 B 的实验结果。不过我们要注意到，这个神秘的关联不限于微观世界，对于宏观世界也适用。

例如，阿兹曾经提出了一个违背贝尔局域性假设的宏观系统（Aerts, 1982）。他假设一个系统由两个容器 A 和 B（在同一地平面）构成，它们由一根任意长的管子连接。这个系统被装满水，测量是通过一根虹吸管排空其中一个容器进行的，并检查集中于这样一个参照容器的水量是否多于 10 升。根据区分表征，海里根对此系统做了进一步分析（Heylighen, 1999: 125-127），他进一步假设，当对容器 A 进行观察时，形成的"是-否"观察被称为 a，当对容器 B 进行观察时，形成的"是-否"观察被称为 b。假设每个容器有 10 升水，这对应于该系统的状态 s。如果用虹吸管排空容器 A，那么我们将得到多于 10 升的水。当容器 A 中的水位下降时，容器 B 中的水通过另一根虹吸管补充到容器 A 中，以保证以这种方式集中的水量接近 20 升。这样，观察 a 在状态 s 中总是产生"是"的结果，观察 b 的结果也是如此。

然而，如果我们在同一时间操作两个测量，20 升的总水量将以某种方式被分配到位于 A 和 B 处的两个参照容器中。由于通过两根虹吸管的水流不完全相等，其中一个容器中的水位比另一个要升得快。当连接的两个容器的水位达到尽头，水流将同时在两个参照容器停止，结果 A 处的参照容器比另一个有更多的水。由于被集中的总水量是 20 升，在实验完成后，A 处的参照容器中将有多于 10 升的水，而 B 处的参照容器中的水少于 10 升。当一起操作时，观察 a 产生"是"的结果，b 产生"否"的结果。于是我们得到：$X_{ab}(s)=-1$，而 $X_a(s)=+1$ 和 $X_b(s)=+1$。这显然与贝尔的局域性假设相矛盾。

海里根运用上述的区分框架对这个思想实验做了进一步的分析。他假设，观察 a 相当于区分（a,a'），其意思是：（容器 A 中的水量多于 10 升，容器 A 中的水量少于 10 升）。同样，观察 b 对应于区分（b,b'），在那里容器 A 已被容器 B 所取代。A 和 B 的重合实验表明了这两个区分之间的关联：$(a,a')\Leftrightarrow(b,b')$。然而，这个关联不能作为一个共因的第三个区分的解释。这与盒子中的台球例子相似。

如果假设连接两个容器的虹吸管是封闭的，我们就能解释这种现象。在封闭的情形中，通过实时观察 a，就能保证容器 A 中有最大量的水。以这种方式集聚的水仅来自容器 A。如果总水量是 20 升，那么我们知道容器 A 中有 12 升水，则容器 B 中就有 8 升水，于是观察 a 产生"是"的结果，观察 b 产生"否"的结果。重合实验将产生"是，否"的结果。因此，贝尔的局域性假设得到满足，而且区分（最大水量包含在容器 A，最大水量包含在容器 B）可被看作（a,a'）和（b,b'）的一个共因。这与台球的境遇非常类似，其中初始区分（球的引力中心在区域 A，球的引力中心在区域 B）。然而，如果连接管是开放的，做一个单一实验如 a 来决定哪个容器包含最大水量是不可能的。

进一步说，如果我们能间接地决定另一个容器的体积（通过测量温度计算体积），这也不能使我们预测这个重合实验的结果。容器 A 中集聚水的体积不依赖 A 的体积，但依赖通过虹吸管的水的流速。只要虹吸管是开放的，影响这个重合实验的唯一区分就是两个虹吸管之间的大小：（从 A 中集聚更多的水，从 B 中集聚更多的水）。这个区分是在观察过程中产生的，依赖于观察仪器。这与量子观察过程不使区分守恒的观察相一致，而不能使区分守恒的过程，是不能传递信息的过程，它不受制于因果性、局域性和连续性条件。由此说明，EPR 思想实验不能被用于传递信号。因此，这个悖论根本不存在，因为 EPR 关联是非局域的，比如由一个类空间间隔分离的事件之间的关联。

概言之，EPR 效应的悖论特性只是出于这样的事实，即相关的、空间上分离的区分不是由一个共同的初始区分引起的，这种共同特征类似于一个经典的、局域的隐变量。然而，假如这个现象以一种更一般、非经典框架进行分析的话，就并没有什么神秘之处了，在那里给观察者留下了创造区分的空间，给事件之间的一个非对称、区分守恒关系留下了余地。在这样一个框架中，贝尔的局域性和非等同性将是普遍无效的，因为它预设在重合实验过程中产生的区分总是内在于客体的状态之中，因而不能由单一实验揭示出来。贝尔思想实验已经表明：这对于宏观系统来说也不是真实的。

第三，阿哈罗诺夫-波姆效应部分表征信号的传递。这是又一个量子力学悖论。它表明：非局域关联似乎独立于由波函数塌缩表征的观察过程，它们仅依赖于由薛定谔方程描述的量子表征的动态部分。让我们设想一个磁场，它局限于一个无限延伸的螺线管。假设一个电子的波函数局限于这个螺线管之外的空间域。在这种情形下，显然在磁场和波之间没有任何局域联系。不过，这个波函数的薛定谔方程的解依赖于一个参数，该参数测量通过螺线管的磁通量。薛定谔方程之所以依赖磁势能，是因为这个磁势能在螺线管之外为非零的，它也因此形成对波函数的相因子的表达。相因子的磁通量依赖性可通过波的干涉实验被观察到。

这个效应能通过两个区分之间的一个关联得到简单表征。假设有这样一个境遇，其中在干涉模式 s 中存在一个转换；还假设一个境遇，其中在螺线管 m 中存在一个非零的磁场。这两个境遇之间的关联就是：$(s,s') \Leftrightarrow (m,m')$。这个关联也是非局域的，因为探测 s 或 s' 是不是这种情形的事件，和探测 m 或 m' 是否也是这种情形的事件，总能通过一个重合实验被产生，结果是，它们由一个类空间间隔所分离。

问题是，这种关联能传递信号吗？海里根认为这有两种可能的情形：其一，磁场总是在这个螺线管中显现，而且磁通量不变；其二，在某一时刻磁场已经及时被打开。在第一种情形中，这种关联像德布罗意和 EPR 关联一样不能传递信号。区分 (m,m') 的状态是固定的，通过这个关联，区分 (s,s') 的状态也是固定的。也就是说，在一个特殊的状态，科学家不能准备磁场或电子，我们只能探测这种已存在的情形是什么，预测其他同行科学家观察其他区分时会发现什么。在第二种情形中，我们能在某一状态准备磁场，如打开被关掉的磁场。这会影响电子波的状态，以便观察干涉模式的其他科学家能探测由这个事件引起的模式转换。这样信号就被传递了。

然而，根据电磁学定律，如果磁场被打开，它必然伴随着电场的出现，并延伸到螺线管之外。这个电场将通过转换它的相局域与电子波互动。当磁场再一次成为不变时，电场会消失，留下一个已转换的电子波。电场对波的这种局部效应受制于电场传播定律，并必然以与光速相等的速度扩散。因此，被传递信号的速度不能大于光速。这表明不存在所谓的悖论。需要注意的是，在第二种情形中，这种关联能够由一个"共因"来解释。磁场的打开或关闭直接引起 (m,m')，而通过电场的出现间接引起 (s,s')。在第一种情形中，磁场在时间上绝对守恒，这种关联的起源可追溯到这样的事实——薛定谔动力学使量子状态的叠加守恒。事实上，相因子的变化仅能被观察到，因为沿着螺线管的相反侧面（左或右）传播的波，需要不同的相因子，因此会产生一个转换的干涉模式。一般来说，一个电子仅能在一个路径上运行（螺线管的左侧或右侧），其结果是，不存在不同相的干涉。

在海里根看来，这种现象可用一个拓扑区分来表征，即螺线管外的空间有一个多连接的拓扑结构。这表明沿着螺线管的不同侧面传播的路径不能被连续地变形而成为另一个。它们属于不同的"同化类"。这个螺线管可被看作空间中的一个"洞"，从而形成一个绝对边界而分离出路径。这些路径属于不同的类。然而，量子观察过程没有使拓扑区分守恒。这意味着一个一般量子状态将是沿着不同同化类传播的波的一个叠加。这样一个叠加态没有在同化类之间做出区别，类似于德布罗意境遇中的叠加态。如果要在不同路径之间做出区分，我们必须使波函数塌缩到它的一个位置本征态。当波投射到屏幕上时，这就是在干涉实验期间所发生的事情。这个干涉模式的确是不同测量结果之间的关联的一个二维图像，它本身依赖于磁通量。这类似于EPR实验的自旋关联，依赖于这个被分裂的粒子的初始自旋。

第七节 小 结

时空理论的发展表明，区分是表征的前提，没有状态的区分，就不会有表征。不同时空状态及其表征尽管可由不同理论来描述，但这一过程显然是不断适应人们对时空的认知而变化的。就表征而言，不同的时空理论有不同的表征形态，但其中的不变性是表征的核心，如坐标系变换的等价性、不同时空状态间的因果性。特别是所使用的概念，诸如时间、空间、场、粒子等，都是通过心智与经验联系的。正如爱因斯坦所言，"从逻辑上说，这些概念都是人类理智的自由创造，是思维的工具，它们能把经验联系起来，以便更好地看清楚这些经验"（爱因斯坦，2017：92）。因此，形式化表征，无论是数学的还是逻辑的，都是时空理论最常见的呈现方式。这表明，理论越抽象，符号化特征就越突出。在认知层次，这种高度符号化表征反映了人类思维方式由形象转化为抽象，表明人类的认知能力越来越强。所以，符号化表征是人类走向更高级文明和更高级智慧的标志。

第十九章　信息过程的不可逆适应性表征

> 不可逆性不仅存在于动力学系统的层次上，它还存在于宏观物理学（即湍流）的层次上，或生物界，或社会中。
>
> ——普里戈金（《从存在到演化》第 145 页）

从信息论的角度来看，认知过程包括感知、学习、问题解决等，这无疑是信息交流和信息加工的过程。从控制论来看，认知过程是一个信息控制与信息反馈的循环过程。信息的加工过程既有可逆的一面，也有不可逆的一面。从耗散结构理论来看，信息过程是系统远离平衡态形成有序整体的过程。从协同学来看，信息过程是系统的微观状态的不同序参量通过竞争获得一种支配性参量而形成宏观有序整体行为的过程。在表征的意义上，信息过程的表征也有可逆与不可逆的特性。对可逆性与不可逆性的经典表述体现在统计力学或热力学之中。

第一节　统计力学中的可逆与不可逆表征

在自然界中，存在一类逆向不能进行或不能完全回到初态的过程，如生物不能起死回生、时间不能倒流、水不能自发地从低处流向高处。这就是不可逆过程。在不可逆过程中，时间的方向是确定的，即从过去到未来而不能相反。严格讲，如果一个系统从初态出发经历某个过程变化到达终态，而且可找到一个能使该系统和其环境都复原的过程，即此时系统回到初态而对其环境不产生任何影响，那么这个过程就是可逆的；如果找不到一个能使该系统与其环境同时复原的过程，那么原来的过程就是不可逆的。这样，在表征的意义上，可逆与不可逆就形成了一个布尔区分（a,a'）。

按照这个定义，与经典力学相比，热力学的特殊之处在于：统计力学使用宏观状态表征观察者已获得的关于复杂系统（如气体）的不完全信息。这种系统的典型例子是一个充满气体的容器。容器中气体分子的数量非常大，观察者要决定所有个体分子的基态变量（如位置和动量）是不可能的。观察者能决定的唯一因素是普遍的、宏观的变量——体积、压力和温度——它们可整体地描述气体分子的属性。这些宏观参数的值能容易地测量，可被看作分子的所有微观状态的子集，正是它们决定了分子系统的宏观状态。更一般地说，一个宏观状态可被看作微观状态在空间上的概率分布。

为了描述复杂系统的演化，我们可通过微观状态轨迹的一个子集来表征，而微观状态轨迹一般由宏观状态演化的经典决定论规律确定。如果宏观状态是选择好的，以便能决定一个宏观状态 $m(t)$ 的微观状态的集，被映射到一个对应于另一个宏观状态 $m(t+T)$ 的新集上，那么这个宏观状态在空间内的演化就是决定论的。在这种情形下，从微观状态向宏观状态的变换相当于是表征的一个"还原"[1]，其中新表征与旧表征是同态的。在这个意义上，表征是可逆的，还原也是可逆的。或者说，这个新表征（宏观状态）是通过排除旧表征中被认为不相关的所有区分而从旧表征那里获得的，比如，区分属于同一宏观状态的不同微观状态的那些区分。不过，新表征比旧表征包含较少的信息，但仍保留了最主要的区分。

这种可逆的演化与表征使状态空间局域的体积守恒，而体积被看作属于同一宏观状态的微观状态量的一个量度。这是基于这样一个假设：微观状态的概率浓度在这个体积内是不变的，在体积外则是零。也就是说，同一宏观状态的微观状态数是守恒的，这意味着被用于决定微观状态的区分数（如信息量）也是守恒的。热力学中引入的熵 S（entropy）概念阐明了这个属性[2]。已知一个宏观状态 m，用于测量区分数的熵为：$S(m)=k\log W(m)$。其中 k 是一个玻尔兹曼常数，W 是属于 m 的微观状态数。这个公式就是著名的玻尔兹曼定律。它可被用于计算概率分布不守恒的情形：$S(m)=-\sum_i P_i(m)\cdot \log P_i(m)$，其中 $P_i(m)$ 是发现一个微观状态 s_i 的概率，说明宏观状态 m 是真实的。因此，该定律不仅将宏观量熵 S 与微观状态数 W 联系起来，以概率形式表征了熵及热力学第二定律的重要物理意义，而且对信息科学、生命科学乃至社会科学都产生了积极的影响。

在连续的情形下，表示加和的符号 Σ 将被一个积分代替。这是对区分信息量的系统的一个经典表征。如果 $k=1$，对数的底是 2，那么 S 就相当于比特数，比如，被执行来决定 s（已知 m）的等概率和独立的区分数。区分数可用布尔代数

---

[1] 按照经典的还原论，还原是指一个高层次系统或学科还原到一个低层次系统或学科，如将生物学还原到物理学，宏观现象还原到微观现象，比如蛋白质还原到原子，也就是说用物理学解释生物学现象。这里所说的还原是一个与经典还原论的主张相反的过程，即从微观到宏观，是一种逆还原。比如《韦氏大学词典》将还原论定义为一种"把复杂的数据或现象简化为简单术语的过程或理论"。这种还原论是亚原子物理学的主要哲学立场，即主张将原子和原子核还原为它们的基本组成部分，如电子、质子、中子等。

[2] 热力学对熵的定义是：$dS=(dQ)_{可逆}/T$，对不可逆的绝热过程，不仅其熵差 $\Delta S>0$，而且熵的产生与能量贬损程度大小有关。熵是系统无序程度大小的度量，或者说是系统混乱度的度量。比如气体系统，分子的空间分布越是均匀、分散得越开，越是无序；相反，分子空间分布越是不均匀、越是集中于一个小局域，则越是有序。在相同温度下，气体比液体无序，液体比固体无序，因为气体的微观状态数更多，如水的三个状态，冰比水和蒸汽更有序。系统的温度越高，其无序度越大，即熵就越大。

表达为(a,a')，不过(a,a')不是等概率的，不同的区分一般是依赖性的，比如$a\cdot b$的概率可能大于$a'\cdot b$的概率。然而，绝对地确定这些概率是不可能的。

众所周知，在统计力学框架中，如果所有变量被认为具有确定的概率，那么这个测量就是非常有用的。它通常被用于表达一个具体系统演化的可逆性，如一个封闭的气体系统。根据经典力学，所有信息是因果决定的、守恒的，因而对可逆过程的熵S是守恒的。然而，在量子系统中，我们也能设想这样的情形，即观察者的不完全的、宏观的信息会减少或消失的情形。假设有一个容器，它被一块刚性板分为两个独立的部分A和B。A中充满气体，B则是空的。当抽掉板后，A中的气体分子会迅速扩散到B中，很快整个容器中的气体将趋于均匀状态。假设这两种部分或区分是$a(x)$和$a'(x)$，根据区分则有：（气体分子x在A中，气体分子x在B中）。在板被抽掉前，对于这个系统中所有的气体分子x来说，确定两个情形中哪一个是真实的、是可能的（在A中）。在板被抽掉后，某个分子在A中还是在B中就难以确定了。如果最初所有分子包含在B中，情形也是如此。因此，我们失去了那个包含分子信息的部分，区分(a,a')就成为不可观察的了，也变得无意义了。这种情形表明：表征已扩散了系统的新宏观状态m_1，这比表征包含在A中的系统的初始宏观状态m_0包含更少的信息，即$S(m_1)>S(m_1)$。也就是说，m_1比m_0包含的微观状态数更多，因而熵更大，而信息则更少。系统的熵的大小与其信息量成反比。

如果假设所有微观状态数是等概率的，那么我们可推出m_1的概率将大于m_2。为什么是这样呢？假设这个系统中分子的数量是N，每个分子可能处于两个区分状态a或a'。假设m_1是已知的，如果要确定A或B是否有一个分子存在，则m_1的子集有2^N个需要区分。A中所有分子的子集必然有一个相当于m_0。因此，m_1比m_0有2^N倍的概率。或者说，在已知由m_1表达的普遍约束的情形下，发现m_0的概率可忽略不计。决定这个系统的宏观或普遍属性，如总能量、体积、温度、分子数等，允许这个系统的元素有不同构型。不过，由m_0表征的构型（在那里容器中的所有分子集中于A部分）存在的可能性极小，以至于我们不能够观察到它自发地发生。我们预期的构型是所有分子均匀地扩散而充满整个容器的构型，也就是不能区分A和B部分的宏观状态。

若将这种情形概括为一个动态约束，那就是热力学的第二定律：一个封闭系统总是朝向它的最大概率的宏观状态演化，也就是熵最大的宏观状态，即熵增加原理[①]。该定律适用于所有含大量要素的复杂系统，如有大量分子数

[①] 热力学的熵增加原理的表述是：热力学系统从一个平衡态绝热地到达另一个平衡态的过程中，它的熵永不减少。若过程是可逆的，则熵不变；若过程是不可逆的，则熵增加。由此可推知：不可逆绝热过程总是向着熵增加的方向演化，或者说，不可逆的反方向过程不可能发生，这意味着不可逆过程相对于时间坐标轴是不对称的。熵增加原理的数学表达是：$(\Delta S)_{绝热}\geq 0$，ΔS表示熵差，$=$表示可逆过程，$>$表示不可逆过程。

的气体系统。对于有少量元素的系统，它的宏观状态的概率就不能被忽略，因为它的熵值不是最大的。第二定律的一个主要结果是：热动力系统的演化是不可逆的。这种系统朝着熵最大的平衡态演化，熵在减少。相反的情形不可能自动发生，除非人为地干预，如将一个系统从低温加热到高温。这种平衡态起到吸引子的作用。克劳修斯的所谓宇宙的"热寂说"就是基于这个定律提出的。

不过，我们应该注意到，热力学第二定律所说的系统是封闭系统或绝热系统，也就是没有物质、能量甚至信息交换的系统。克劳修斯之所以得出宇宙最终会走向绝对平衡的"热寂"状态的结论，就在于他将宇宙看作一个完全封闭的、有限的系统。事实上，根据现代宇宙学，宇宙无论在时间上还是空间上都是无限的，天文学观测也发现不少的新恒星重新在集聚形成中。正如恩格斯（F. Engels）曾经指出的，"放射到太空中的热一定有可能通过某种途径（说明这种途径将是以后自然科学的课题）转变为另一种运动形式，在这种运动形式中，它能够重新集结和活动起来"（恩格斯，1971：23）。根据这种观点，宇宙中还可能存在局部的从分散到集中的趋向，也就是宇宙中的均匀物质凝结成团块（如星系、恒星等）过程，但这种趋向目前还缺乏足够的理论说明。从表征区分的角度看，宇宙中一定存在着（局部，整体），（分散，集中），（可逆，不可逆），（平衡，不平衡）等这些物理属性的区分，其描述也会有相应的数学语言表征，如经典力学的平面几何的刻画、量子力学的黎曼几何的刻画。

显然，热力学的这种不可逆性与经典科学的守恒原理是矛盾的。在上述例子中，A 和 B 部分的初态都是趋于相同的平衡态，这说明这两部分是守恒的、可逆的。这就产生了一个悖论，因为我们假设统计力学是基于经典的可逆动力学的。为了消除这个悖论，我们必须超越经典动力学而引入一个随机过程，即一个宏观状态可能有不同的潜在变换，每个变换具有其适当概率。如果这个过程不是时间对称的，也即变换概率一般有不同的形式，那么定义一个概率分布函数就是可能的，而且这个函数的时间导数 ds/dt 是正的。这个函数相当于熵，是演化不可逆过程的一个量度。也就是说，要表征不可逆的热动力系统的演化，仅仅引入关于状态的信息区分是不充分的。因为这将导致一个非零但熵守恒的状态或模型。在相同的初态，我们必须允许有不同的可能状态轨迹。

普里戈金的耗散结构理论对统计力学中的可逆与不可逆表征之间的张力给予了很好的说明。热力学告诉我们，任何一种宏观有序结构的产生都可看作是某种没有结构的无序状态失去稳定性的结果，是失稳系统对涨落放大的结果，比如对流现象包括热对流和地幔对流。普里戈金据此将那些在非平衡条件下通过能量消耗过程产生和维持的时间或空间有序结构，也就是所出现的非平衡相变，普里戈金称之为"耗散结构"[①]。耗散结构概念的提出使我们对不可逆过程和有序-无序问题有了更深入的认知,它填平了热力学第二定律与生物学之间存在的鸿沟。因为根据进化论,地球上所有的生物都是遵循从简单到复杂、从低级到高级的序列长期逐渐演变形成的,其形态和功能在生物化学物质的空间分布和时间变化方面是严格有序的。比如,高级生物的蛋白质要比低级生物的蛋白质复杂得多、有序得多。总之,生物进化过程就是生物体演化得更加有序的过程。但是,根据热力学,孤立系统最终会达到一种在空间上是均匀的、时间上是不变的无序状态——平衡态。显然,进化论与热力学是矛盾的,似乎在物理学与生物学之间存在一条鸿沟,它们似乎有各自的规律可循而朝着相反的方向演化。耗散结构理论的提出,使这两种不同的发展规律建立在符合热力学原理的统一基础上,同时也说明物理系统与生物系统之间存在着共同的结构——耗散结构(非平衡空间结构)。

在表征的意义上,普里戈金试图定义这样一个变换——它从可逆表征的分布映射到不可逆表征的分布。这等于将表征可能演化的算子群变换为表征不可逆演化的算子半群(非反算子)。然而,这种变换的物理意义仍然是模糊的,也仍没有理由从可逆表征导出不可逆表征。这一过程中可能蕴含了一种或几种我们不知道的变量。除了总能量守恒和动量守恒约束外,唯一可利用的动态约束是连续性。因为在气体动态系统的例子中,一个气体分子从 A 到 B 的扩散应该是连续的,不可能立即从 A 的中心扩散到 B 的中心。与量子观察过程相比,情形也是类似的。假设一个已知量子系统处于一个具有限定动量的状态,它的位置由宏观仪器测量。依赖于仪器的未知微观状态的互动,将以未知的方式干扰量子系统的状态,并破坏关于粒子动量的信息。在这里,区分关于微观状态的信息也同样产生一个关于区分互动的信息,并因此区分关于仪器与量子客体的耦合系统的信息。不过,这种区分动量的信息由获得关于位置的信息得到补偿。

第二节 热力学第二定律的适应性统计表征

根据热力学,虽然单一粒子的微观状态(如粒子之间的碰撞)变化是可逆的,但大多数粒子组成的系统(宏观状态),如气体系统,其与热相关的自发

[①] 这种结构具有五个特征:①一定发生在开放系统中,而且一定出现在能量消耗的系统中;②只有当控制参数如温度差、流速等达到一定阈值而产生失稳时,才能突然出现;③具有时间或空间结构,其对称性低于达到阈值前的状态,所以是一种非平衡相变;④是一种非线性复杂现象;⑤一旦产生,就具有相当的稳定性,不被任何小扰动破坏。

过程必然是不可逆的。这是为什么呢？热力学本身不能给出合理的解释，这就需要借助统计力学方法来说明微观状态与宏观状态之间的关系及其统计表征。

众所周知，热力学第二定律有两种表述：一种是开尔文表述，即不可能从单一热源吸收热量，使之完全变为有用功而不产生任何其他影响；另一种是克劳修斯表述，即不可能把热量从低温物体传到高温物体而不引起其他影响，即热量不能自发地从低温物体传到高温物体。开尔文表述中的"单一热源"是指温度处处相同且恒定不变的热源，"其他影响"是指除由单一热源吸收热量全部转化为功以外的任何其他变化。开尔文的表述不仅针对永动机的不可能性，也指明在任何热力学过程中，系统在吸热对外做功的同时必然会产生热转化为功以外的其他影响，比如，可逆等温膨胀的确是从单一热源吸收热量全部转化为功的过程，但气缸中的气体在初态时的体积较小，在终态时的体积较大，这是外界（指气缸和活塞）对气体分子活动范围约束的不同造成的，也就是对系统产生了其他影响。克劳修斯的表述则揭示了自然界普遍存在的功转化为热和热量传递的不可逆性。两种表述分别揭示了功转化为热和热传递的不可能性，虽然不同但是等效的，也就是说，我们可从一种不可逆过程的存在推出另一种不可逆过程。

根据热力学第二定律的这两种表述，我们可区分可逆与不可逆的情形，即形成区分（a, a'）。在自然界中，气体自由膨胀、大多数化学反应、扩散现象、消耗功和热传导过程均是不可逆的。我们以气体向真空的自由膨胀过程为例来说明这种过程。

假设一个容器被隔板分为左右两部分，左边容器充满气体，右边容器是真空状态。当隔板被抽取后，左边容器内的气体自发地向右边真空容器自由膨胀，最终气体均匀地充满整个容器。相反的过程，即恢复原状的逆过程不会自动发生，这说明自由膨胀是不可逆过程。这种逆过程显然是违反热力学第二定律的。其中的道理并不复杂。假设自由膨胀是可逆的，那么容器中均匀分布的气体就会自动地迅速地全部挤压到左边的容器中，而使右边的容器成为真空。如果不人为地在左右两个容器之间设计制造一个装置，如一个活塞系统，活塞另一端施加力让活塞达到平衡，然后逐渐减少力使气体做等温膨胀，从外界环境吸收热量的同时活塞对外做功，最后气体又均匀地充满整个容器，然后又自动地全部挤压到左边的容器中，如此往复就构成一部永动机，而永动机已经被证明是违反热力学的，显然是不可能的。

从微观统计的角度看，假如被隔板分开的两个容器都是真空，只在左边容器中有一个气体分子，隔板被抽取后该分子可在两个容器中自由运动，它出现在两个容器中的概率是 0.5。若最初在左边容器中有两个分子，隔板被抽取后，另一个分子出现在左边容器的概率也是 0.5。由于两个分子出现在左边容器的概率是彼此独立的，它们一起出现在左边容器的概率就是 0.5×0.5=0.25。假如左边容器中分子数增加到宏观粒子数，即 10^{23}，则隔板被抽取后全部分子会同时出现在左边容器中的概率只有 $(0.5)^{10^{23}}$。这个概率如此之小，即使我们等待再长的时间，也看不到全部分子都退回到左边容器的情形。相比之下，抽取隔板后气体均匀分布于整个容器的概率几乎是 1，即 100%。所以，一旦气体处于平衡态，只要不改变外部条件，再也看不到局部分子密度不同的情形。扩散现象包括溶解、渗透及混合过程，消耗功和热传导过程的不可逆情形与此类似。由此我们可得出一个推论：一个不受外部条件影响而自动发生的系统，总是从热力学概率小的宏观状态向概率大的宏观状态转变。这意味着表征上发生了从概率到不可逆的变化，确定性在这里终结了。

至于化学反应，大多数也是不可逆的。比如燃烧现象，一张纸或一块木头，燃烧后的灰烬不可能再恢复到原状。火箭发射通常使用液氢和液氧作为动力。氢气与氧气进入燃烧室后的产物是高温水蒸气，也就是氢气与氧气进行化学反应后的产物是水，水在燃烧室的温度条件下再转化为氢气与氧气就是不可能完成的过程。根据热力学第二定律，这是一个不可逆过程。假如这个过程是可逆的，也即高温水蒸气在燃烧室可自动地逆向分解为温度较低的氢气与氧气，那就意味着氢气与氧气燃料可循环使用，而不再需要添加新燃料。这就产生了一种新的火箭永动机了。事实上，这是不可能发生的。火箭系统是一个耗散结构。

在这里，不可逆性是不可能性的另一种说法或表述。在哲学中，不可能性就是不能实现的一种现实性，用概率描述就是其发生的概率为零。在物理学中，作为不可能性的不可逆性通常是用不等式表征的。比如，熵增加原理 $(\Delta S)_{绝热} \geqslant 0$，这是热力学第二定律所揭示的不可逾越的某种界限，热力学中还有其他对限制的表述，如"任何机器的效率不可能大于 1"，这是热力学第一定律的另一种表述[①]，即第一类永动机不可能存在。"绝对零度是不可能达到的"，这是热力学第三定律的表述。这种否定形式的表述方式在物理学中并不少见。例如，相对论中的"真空中超光速的运动是不可能存在的"，这是真空中光速的不可逾越性。还有量子力学中的"基本粒子的不可区分性"，就是所谓的"全同粒子性"，及海森堡的不确定性原理，即不可能同时测准一个粒子的位置（q）和动量（P），其表达式就是不等式 $\Delta p \Delta q \geqslant h/4\pi$（$h$ 是普朗克常量，Δ 表示微小变化）。因此，正是由于科学家发现了这些"不可能性"，并将它们作为各自理论的假设，如爱因斯坦的"光速不变"假设，物理学包括热力学、相对论、量

---

① 热力学第一定律的表述是：第一类永动机，一种不消耗任何形式的能量而能够对外做功的机械，是不能被制造出来的。

子力学等，才能适应性地表征自然界的各种规律。假如爱因斯坦没有做出光速不变的假设，可以肯定的是，相对论的创立就是不可能的。

第三节 自组织过程的不可逆性表征

所谓自组织，就是不受外力影响自发组织、自动演化的系统，如自然生命现象。热力学第二定律已经表明，在封闭系统的演化中，熵不会减少，信息不会增加[①]。这意味着封闭系统不与其环境互动，也就是没有信息交换。如果系统是开放的，那么系统中产生的熵就会向环境扩散而减少，系统就会更加有序，内部的信息就会增加。这说明信息的获得与系统的不确定性的减少相关，获得的信息越多，不确定性就越少，信息足够多时，不确定性就趋于零。正是这个原因，信息论中将信息量定义为不确定性的减少，或者说是确定性的增加（苗东升，1990：103）。这会导致在系统的不同部分之间产生新的区分，从而打破平衡态。比如生物系统，其组织程度比物理系统更高，包含的信息更多，作为一类自组织系统，它不仅在宏观上将自身与环境区分，还在微观上区分了不同的氨基酸分子。DNA分子按照一定的遗传密码（信息）复制蛋白质，在复制过程中将多氨基酸严格按照次序分毫不差地结合成蛋白质分子，其严密性、精确性是人类的任何技术无法比拟的。

贝纳德湍流（对流）是物理系统自组织的一个典型例子。1900年，法国物理学家贝纳德（Benard）给一个开放的扁平容器中的水从容器底部加热，容器底部和水表面之间自然会存在温差。贝纳德发现，当温差不大时，系统的传热能达到稳定，此时在同一高度的水平截面上各个点的宏观特征均相同，因而具有水平方向上的平移不变性。只要系统离平衡态不太远，这种平移不变性就相当稳定。当给系统一扰动时，如在容器底的局部产生温度的瞬时变化（突然加大热量），系统仍然会达到稳定。可见，这种均匀不变性不仅反映在空间上，也表现在时间上。然而，当温差达到并超过临界值时，从上面俯视容器中的水表面，会发现水表面出现了较规则的六边形图案，此时就产生了不稳定性。出现在水中的六边形图案类似于"细胞"结构。在这个细胞结构内部，热水从底部向相对冷的表面上移。在这个"细胞"外面，表面的冷水再次移动到底部。

[①] 关于熵的微观意义，在热力学中有两种：一种是热力学熵，即克劳修斯熵，$dS=dQ/T$，描述的是可逆过程；另一种是统计物理学熵，即玻尔兹曼熵，$S=k\ln W$。还有一种是信息熵，即香农熵，$S=-K\sum_{i=1}^{N}P_i \ln P_i$。虽然这些不同的熵的基本精神是一致的，但是热力学熵主要用于宏观系统，统计物理学熵主要用于微观系统，信息熵主要用于信息交流系统。不过，这三种熵都可用于描述生物系统中的熵。

从纵截面看水在做一个个环流，相邻的环流方向相反，这种规则的水花结构被称为"贝纳德水花"。贝纳德水花的出现是从无序向有序的自发演变，也是一种相变，一种无序的、非平衡相变。显然，相变是一种质变，它是温度的量变达到或超过临界点导致的。

1916年，英国物理学家瑞利（Rayleigh）对贝纳德水花做了进一步的研究，他发现，当温差等于大于临界点时，系统的稳定性遭到破坏，此时若由于某种涨落使某处的液体（水）上升，且上升中的水的密度比周围水的密度小时，水会一直竖直上升到水的表面。同样，若在另一处同时有水在向下沉，且下沉水的密度比周围水的密度大，则水会一直下沉到底部。如此上下反复地流动再加上底部和顶部水的水平方向的流动，就形成了一个环流。在环流形成的同时，整个水流的规则环流就形成了，好像各部分之间互通信息，接到命令后统一行动一般，这种现象就是"自组织"现象，形成的规则图形就是自组织结构。可以看出，这种有序结构能否出现，主要取决于使系统稳定性受到破坏的外部影响因素，如重力、浮力、温差，与使系统趋于稳定的耗散因素，如黏性、热扩散等，两者之间相互竞争何者占优。也就是说，在水被加热前，这个有序结构"细胞"内外之间没有任何区分，水分子的运动均匀地扩散。然而，加热导致了一个非平衡态，产生一个熵的耗散。这是一个可见的类细胞结构。这种结构被普里戈金称为耗散结构，类似的现象被协同学的创始人哈肯称为"自发对称破缺""涨落有序""协同系统""自组织"（Haken，1983，1996，2002）。在系统科学中，这些概念既相似又有差别，容易与经典科学中的能量、结构、组织等概念混淆。由于这些现象本质上是动态的，最好能用"组织"概念代替"结构"概念，因为结构具有静态含义，组织具有动态的含义。也由于这种现象是自发地出现的，在系统内部，用"自组织"概念就更准确了。

从上述可知，所谓自组织就是系统本身自动组织起来，而没有任何外部行动者决定其演化。从经典科学中的决定论观点看，宏观差异和区分的出现不是杂乱无章的或不可预测的，而是可被预先决定的，因为它们是由系统要素之间的微观差异引起的。也就是说，系统的微观差异造成了系统宏观的不同，宏观差异可用微观状态的变化来解释。比如在贝纳德水花现象中，是什么引起局域 A 中的水分子向上移动，而局域 B 中的水分子向下移动？在水被加热前，局域 A 和局域 B 中的水分子或多或少均匀地向所有方向移动。加热产生了一个"非平衡态边界条件"——温度，这个系统的边界（底部和顶部表面）的温度（条件）是：该系统保持一个热力学平衡态（具有最大但守恒的熵的宏观状态）是不可能的。这意味着这个系统是不稳定的，或者说，一个微小的涨落能够被极大地放大，驱动系统进入一个新系统。比如，如果局域 A 中分子向上的聚集比局域 B 中的大些，那么这个效果会被放大直到局域 A 中的所有分子向上移动，局域 B 中的所有分子向下移动。这种因果过程用布尔代数可表征为（Heylighen，1999：135）：(c,c')=（局域 A 中向上的聚集较大，局域 B 中向下的聚集较大）→(a,a')=（局域 A 中所有分子向上移动，局域 B 中所有分子向下移动）。

然而，区分 (c,c') 非常小，以至于不能被观察到或不能从先前的观察得到预测，它属于热力系统的一个未知微观状态，而区分 (a,a') 显然是可见的，属于该系统的可观察的宏观状态。这种不稳定性的特征是，彼此非常接近的初始条件（宏观上不可识别的微观状态）能够产生极远分离的最终条件（属于不同宏观状态的微观状态，宏观上可识别）。用混沌学的术语说就是，微小的初始条件能够产生巨大的结果，这就是著名的"蝴蝶效应"，有时也被称为"分叉"（格莱克，1990）。也就是说，决定论的宏观状态的轨迹在某一点出现分叉，以便系统必须在明显的宏观状态之间做出选择，如 a 和 a' 分别描述的状态。在这里，决定论的宏观表征成为随机的：进一步演化的不同可能性是开放的，系统选择的路径依赖于不可观察的事物。或者说，我们不能根据确定性对不同可能性的概率做出预测。

这种现象与量子观察是类似的。一方面，非平衡态边界条件所起的作用与耦合到宏观观察结构是相同的，也即它们都加强或增大了某种微观区分；另一方面，它们也减小或抹掉了其他微观区分。比如，贝纳德水花的"细胞"结构局域 A 中分子运动过程中的某些微小差异被忽略了，局域 A 中所有的分子都经历相同的运动。在混沌学中这有时被描述为一个混沌系统部分之间的"长程关联现象"。根据这种观点，量子力学中由波函数塌缩所描述的不可逆过程可被看作耦合系统（微观现象加上宏观观察仪器）的一种自组织系统，它导致了宏观区分的出现。这种过程的非决定论结果相当于分叉现象，在那里自组织系统必须在明显的宏观状态之间做出选择。这种观察耦合的不相容现象相当于这种事实——不同边界条件将产生不同的耗散结构。或者说，观察之间的非局域关联与耗散结构中的长程关联是相似的。

第四节 耗散结构的自动性与适应性表征

根据耗散结构理论，在耗散结构中，自组织依赖于非平衡态边界条件，也就是依赖于系统与环境的耦合。如果这些条件发生变化，那么系统的结果一般就会遭到破坏。在这个意义上，耗散结构是不稳定的。因为产生和维持此结构的内在区分的力是外在因素本身，或者说，内在的耗散结构的稳定性是靠外在环境向它输入物质、能量和信息来维持的。比如贝纳德水花结构，如果加热的水层被外部因素干扰，这种结构就会消失。再比如，在量子观察过程中，波函数的塌缩创造了一种宏观区分，它是由外部观察仪器强加给量子系统的。如果这个系统与仪器断开联系，它的状态轨迹一般会离开对应于被观察区分的本征态的亚空间。如果继续保持量子系统与仪器的联系，该系统的状态将不会改变，波函数将会继续投射到同一个本征态上。这一现象与芝诺悖论[①]极为相似。

在协同学中，哈肯将耗散结构定义为一个由大量子系统构成的系统，在一定条件下，由于子系统之间的相干效应和协调作用，如激光系统，会自发地形成具有一定功能的空间结构、时间结果或时空结构（哈肯，1989）。这是一种非平衡系统的自组织现象，其有序程度由"序参量"描述。一个系统的序参量是什么有多少，要根据系统随机涨落的类型和特性来决定。哈肯发现，不同参量在系统演化中所起的作用不同，变化快的参量起作用较小，他称之为快参量，变化慢的参量起作用较大，他称之为慢参量。慢参量才是决定系统有序演化的序参量。比如航空运输系统，乘客数比飞机数易变化且变化快，而飞机数恰好相反，因此乘客数是快参量，飞机数是慢参量，飞机数的多少在航空运输中起决定作用。根据协同学，序参量通过支配或役使原理决定各个部分的行为，因此，我们依照序参量就可描述和了解系统的复杂行为，而不必再考察各个部分的活动（哈肯，2000：50）。

然而，要使一个耗散结构稳定，我们需要一个内部控制，它通过消除所有涨落和扰动来保持内在区分。因为这些涨落和扰动可能破坏耗散结构的稳定性。这种稳定自组织的一个典型例子是活细胞系统。在这种系统中，它的内在控制是由 DNA 执行的。DNA 的基本结构是脱氧核糖核酸，它含有碱基、磷酸、脱氧核酸。每个核酸由四种碱基（腺嘌呤、鸟嘌呤、胞嘧啶、胸腺嘧啶）组成。DNA 选择氨基酸链以形成所有生物需要的适当功能的蛋白质和酶结构，而这些蛋白质和酶迟早会被化学反应破坏。不过，通过进食和消化来补充新的氨基酸，总能使损失的氨基酸得到恢复，以便 DNA 能重构最初的聚合物，其结果是细胞的组织，也就是蛋白质和酶的不同类的互动得以保持。在这个过程中，DNA 本身不是不变的，或者说，DNA 由它产生的蛋白质产生和再产生。在这个意义

---

① 芝诺悖论是古希腊哲学家芝诺（Zeno of Elea）提出的一系列关于运动的不可分性的哲学悖论，其中最著名的两个是"追乌龟"和"飞矢不动"。这些悖论的基本原理是"二分法"——"一个人从 A 点走到 B 点，要先走完路程的 1/2，再走完剩下总路程的 1/2，再走完剩下的 1/2……"如此循环下去，永远不能到终点。这些悖论虽然可用微积分的无限的概念解释，但还是得不到解决，因为微积分原理存在的前提是存在广延，如有广延的线段经过无限分割，是由有广延的线段而不是由无广延的点组成。芝诺悖论既承认广延又强调无广延的点。这些悖论之所以难解，是因为它强调笛卡儿和伽桑狄的机械论分歧点。

上，DNA的产生过程是循环的，通常被称为"自生成"（autpoiesis），即自产生（Maturana and Varela，1980）。一个自生成系统是一个其内在过程产生这个内在过程发生所需要素或实体的系统。因此，这个系统保持一个不变的组织，即使携带这个组织的要素连续地变化。

这种自生成系统类似于耗散结构的功能。比如，在贝纳德水花结构中，这种类细胞结构之间的区分是不变的，即使在类细胞结构内部运动的水分子被连续地替换。同样，属于信息范畴（不是物质范畴，也就是独立于物理载体）的一个区分可能发生变化，而它们之间的区分保持不变。自生成系统不同于耗散结构系统的地方在于：它产生的区分之一是它本身的边界，也就是将系统与其环境区分的条件。这个条件使得系统相对独立于外部的环境细节，它自己或多或少具有自主性，而不是完全依赖于环境使自己演化。在某种意义上，这个系统创造了它自己的边界条件，使它的内在组织或耗散结构独立于环境，如动物的皮肤让内在组织与环境区分开来。

对于一个活细胞系统来说，这个拓扑边界相当于一个隔膜，它封闭了内在过程在其中发生的原生质（protoplasm）。为了保持稳定的边界条件，内在关系必须抵消或反作用于所有外部扰动。在动力学中，这种类型的动态稳定性被称为"动态平衡"（homeostasis）。许多化学反应如催化反应就是动态平衡过程。恒温器就是一个动态平衡装置，它能够随着环境温度的变化而自动调节自身的温度。当然，人体也是一个动态平衡系统。换句话说，一个自组织系统要成为自主的，它就必须能够适应所有外部的变化，而要适应外部的变化，它就必须保持一个稳定的边界，以使它与环境明确地区分开来。强调系统的边界稳定是要将系统与其环境区分开来，不是要将其封闭起来，也不是让系统的边界不变。边界开放就意味着边界不是封闭的。适应性蕴含了开放性和非封闭性。因此，一个自组织系统必然是适应性系统，其表征也必然是适应性的，也是开放的。不能适应环境的系统必然是封闭或孤立的系统，根据热力学原理，这种系统最终会走向平衡态而不再演化，也就是走向了"死亡"。

这里所说的适应性应该是一个简单的因果过程，它由系统-环境边界的连续性来描述。然而，在自生成系统中，内-外区分的守恒是一系列不使区分守恒的内在过程的结果，比如耗散结构是由耗散或熵的产生来描述的。边界不变的系统也是存在的，如台球系统，它的规则是边界明确的，每个球的边界也是固定的，它没有内部变化的过程，更没有自组织或自生成属性。因此，一般来说，机械系统属于边界固定的系统，有机系统（如生物）是边界开放的系统，认知系统也是边界开放的系统，如认知延展系统，它的表征也必然是适应性的，也就是与其环境互动的，从而保持其维持下去。

第五节　认知过程的不可逆性表征

　　上述表明，自组织的过程是一个自适应（环境）的过程。人的认知系统也是一个自组织系统，因为它是自然界长期进化的结果。对于认知过程，感知应该是第一个环节。感知本质上是有意义环境的属性的一个区分，或者说，感知是认知系统与其环境的一个边界，认知系统正是通过感知系统主动与其环境发生作用或进行信息交换的。非认知系统是被动地与环境发生作用的，或者说是环境促使它接收外部信息的。感知系统的这种作用相当于一个过滤器，它对来自外部的信息进行选择，仅保留和放大重要的信息。如果所有信息，也就是所有物理区分或差异被保留的话，那么外部境遇的内在表征就会太复杂，以至于认知系统不能计划和准备做出适当的反应，因此就难以适应环境而保持主动性。

　　在这个意义上，认知系统能够自动对外部众多信息做出选择，它不会使自己陷入复杂的泥潭，或者说，认知系统如大脑也是吝啬的和挑剔的，它会选择那些对于它来说是重要的和有用的信息，排除那些微不足道的和无用的信息。对于一个非认知的机械系统，如台球系统，它因果地对所有外在影响做出反应而不加选择，这意味着所有外在干扰对于这种系统来说都是"一视同仁"的，或者说，描述外在干扰的所有区分或表征在这种系统中是守恒的。那么为什么机械系统对复杂性信息的处理没有任何困难呢？答案是，这种系统不是自组织系统，它内部没有发生任何自主过程。这意味着它的所有反应都是瞬时的和直接的、完全由输入决定的。比如计算机或人工智能系统，它的信息处理完全依赖于人的输入。它不能自主地向历史事件学习，也不能预测未来事件。这说明系统互动的范围是预先给定的，如当温度足够高时球就会燃烧或熔化。在这种互动中，其他系统的介入没有损失它的同一性。

　　一个自主系统（如动物或人类）一般能够预测自己的行为后果。比如，当动物接近火时就会产生逃离的行为，人对于能预见的危险会提前采取预防措施来保护自己，如戴口罩预防病毒感染。为了做到这一点，系统需要一个对环境提供的信息进行过滤表征（排除不相干区分），而正是这种过滤表征保证了系统的自主性，从而不依赖于环境的因果影响。这种过滤能够以不同的、不相容的方式发生。比如心理学中的"格式塔转换"，一个著名的例子是兔-鸭图。从不同角度看那张图就会生成不同的图像，比如从左看，它是一只兔子，从右看就是一只鸭子。这两种图式的突然转换是完全不同的，彼此也不相容。也就是说，所看到的图像不能同时既是兔子又是鸭子，二者必居其一。在量子力学中，某一命题或观察也具有不相容性，比如同时观察微观粒子的位置和动量就是不相容的。因此，量子观察与日常感知是同一基本类型的信息加工的两个实例，其中某些外部特征被放大，某些被过滤或被消除。

在感知过程中，一种感知方式放大一个区分(p,p')，消除一个区分(m,m')，另一个感知可能保持(m,m')，而消除(p,p')。这说明感知是有选择的。同一种现象有时被感知为m，如兔子，有时被感知为p，如鸭子。当然，还有一种可能的感知现象，那就是m和p的合取。不过，这种现象的可能性微乎其微。这相当于解释量子观察时声称既测量到粒子的位置又测量到粒子的动量，或者说，在观察兔-鸭图时，既看到兔子又看到鸭子。在实际观察中这是不可能的。这意味着，一个表征不可能与它所表征的事物同样复杂，这是表征的一个基本原则，可称之为表征的不完全性。如果所有潜在可感知区分可能同时被内在地表征，那这个表征就太复杂了。因此，感知过程必然是不可逆的、非对称的，也就是说，它不能表征全部信息，只能表征部分信息。即使表征的同构论，也是数学的高度抽象，不表明抽象的符号就完全表征了被表征的对象，如波函数不代表电子本身，仅表征了电子的属性。

对于问题解决这个认知过程来说情形也相同。如果内在表征（心理表征）是完全与外部世界同构的，那么对问题的解决就是决定论的。问题解决过程的不同步骤简单地反映了外部世界中的不同变化，或者说，认知过程的环节反映了外部世界的不同变化过程。不过，认知的内在正馈过程（观察世界）不会比世界的外部演化更快。也就是说，认知过程赶不上世界的变化。由于内在表征不可能是外部世界的完全印象或反映，我们不能为寻求对外部现象作完全预测来设计一个决定论的程序。每个内在正馈过程可根据试错法来描述，而且为了修正这个过程而依赖于内在和外在反馈。根据表征的区分原理，认知的内在与外在部分形成了一个区分（内在，外在），表征就是内在（心理）与外在（世界）互动的过程。

人工智能中使用的启示法问题解决范式就是一个典型的例子。对于问题表征的每个状态，在被应用的不同算子之间存在一个选择。唯一的操作指导是评价函数，但这个评价函数的最大化不必然是解决问题的最好选项。在这种情形下，最合理的行为过程是返回到原先的状态，即"回溯"（backtracking）执行一个候选算子。显然，通过问题空间的搜索不是一个经典因果过程，不同的初态能产生相同的终态，而相同的初态能产生不同的终态。总之，问题解决过程不会使区分守恒。

在协同学中，认知系统被认为是一种模式识别（哈肯，2000：261-265）。当我们观察或看到一个物体时，大脑和视觉系统就在工作着。哈肯将认知系统包括大脑和视觉系统看作一种动力学系统，认为它与贝纳德水花的形成机制很相似，也就是说，大脑或计算机的模式识别就相当于模式形成，可用序参量（描述系统宏观序的参量）和役使或支配原理（系统状态的整个时空行为由序参量支配）来解释。为了说明这一过程，哈肯利用计算机模拟从底部加热的圆形容器中水流动图形变化的情形。根据贝纳德的实验，从底部加热容器中的水，当达到或超过临界温度差时，若无外力干扰一般会形成一种六边形的卷筒图样。哈肯假定在一特定方向规定一种上涌的卷筒，随后的计算机模拟显示，随着时间的推移，水流体会把单个卷筒组织为整体图样。当规定最初卷筒的不同方向时，一种新的具体图样将在该方向发展。最终，通过规定有两条不同方向的初始卷筒，而且一个卷筒比另一个稍强，驱使水流体进入一种冲突状态。计算机模拟显示，一开始流体似乎在探寻一种妥协方案，但最终是原来稍强的卷筒赢得了竞争的胜利，从而决定了最终的演化模式。

根据协同学原理，在给定初始状态的前提下，我们可通过具有不同取向的所有可能的卷筒图样的叠加来表征。这些卷筒图样中的每一个都是由其特定序参量支配的，但有一种序参量是最强的，那就是最初给定的卷筒的序参量。在初始状态设定后，各个序参量之间的竞争就开始了，最终最初给定的最强卷筒的序参量获胜。这个序参量赢得竞争后，就支配着整个系统，也就是驱使整个水流体进入其有序的类卷筒状态。这意味着部分有序系统经由序参量的竞争产生了其整体有序状态。在哈肯看来，认知系统的模式识别也与此相同。面孔的某些初始特征，如鼻子、眼睛和嘴巴，反映在大脑或计算机中，从而给出这种模式的初始状态。接着，相应的序参量形成，并与所有其他序参量开始竞争，某一序参量赢得竞争的胜利后，并确定整体图样的其余特定来补充给定特点，从而定义整体图样。这样一来，一张面孔便被补全了。这就是模式识别的具体机制，其表征过程由于是逐渐依据环境条件完成的，因而也是适应性的。

第六节　作为表征变化的学习与发现

根据脑科学，大脑的结构是基本不变的。基于此我们可以假设，引导感知和问题解决的表征结构也是不变的。上述已经表明，虽然表征的状态或激活模式经历不可逆变换，但表征结构是固定的。DNA 模式就是表征结构固定的一个例子，它引导氨基酸和酶的过程。然而，在瓦雷拉（Varela，1979）看来，在高阶自主系统中，适应性所需要的知识存在一个非固定的要素。多变的知识一般居于中枢神经系统和免疫系统。在环境输入的影响下，这种知识的进化可被称为"学习"，当认知变化独立于新的外部输入时，创造或发现就出现了。因此，学习与发现是一个互补的过程。比如，我们通过学习物理学掌握了一些物理定律（如自由落体定律），或者从别人那里学习了这个定律。在实际研究中，我们也能自己发现这个定律，比如通过做物体的下落实验，像伽利略那样用数学语言描述这个过程，从而得出自由落体定律。

模型化学习过程的基本心理学范式是维克格雷恩（W. A. Wickelgren）提出的"习惯性"（habituation）和"敏化"（sensitization）概念（Wickelgren，1977）。所谓习惯性就是对某种经常发生的事件习以为常，从而忽视它的存在，用心理学术语讲，习惯性是一个用于解释刺激的内在区分的消失。比如，长期居住于铁路旁的居民，对火车的声音已经适应，当火车通过时，他们不会再注意它的存在，不会再在火车声和没有火车声之间做出区分。也就是说，火车声从他们的内在区分中消失了。生活中的某种习惯，如早起也是长期不断重复这种行为造成的。习惯性会导致麻木性，抑制敏感性。这就是我们常说"积习难改"的原因所在。

与习惯性相反，敏化相当于一个新区分的出现。当某人以前没有注意的两类刺激之间的某些差异出现对他的生存策略非常重要时，敏化就发生了。也就是说，敏化是一种对于某人来说是新奇的刺激。比如，当我们发现两类相似的蘑菇时，一类可食用，另一类有毒，我们就会想办法去识别它们。新生儿能够迅速地识别出给他喂奶的母亲的脸与不给他喂奶的其他人的脸。这一过程蕴含了对两类不同刺激的比较和识别过程。在这种意义上，通过实例和反例的概念学习就是一种敏化过程。人们通过实例与反例的比较，能较快地学习新的知识，因为有比较才有鉴别。

因此，儿童学习一个新概念意义的最佳方式就是将同类或相似概念放在一起比较。比如学习"狗"这个概念的意义，最好的方法就是将狗的图像与其他动物，如老虎、狮子、猫等的图像放在一起让其识别。通过这种对比方式，儿童能够自己根据这些动物的不同特征进行分类，如都有四条腿、有毛发，于是将它们同化为一个类范畴——动物。如果儿童能够在这些不同类动物之间建立范畴关系，这就是一种更复杂的学习。这种类型的学习被维克格雷恩称为"通过条件作用的联想"。

这类学习似于巴甫洛夫的"条件反射"。巴甫洛夫通过做给狗喂食时敲击铃的实验，使铃声与喂食之间在狗的内在表征中建立联系，从而狗在听到铃声时就会跑出来，即使不喂食，铃声也能够引起狗分泌唾液。在这个例子中，海里根认为区分之间有两类联系（Heylighen，1999：142）：第一类联系是逻辑的[铃声（b）蕴含食物（f），无食物（f'）蕴含无铃声（b'）]；第二类联系是因果的（铃声产生食物，无铃声产生无食物）。如果这个联系遵循这两个条件，那么两个区分之间的关系是一个等价关系或完全关联：没有另一个就没有任何现象发生。形式化表征就是：

逻辑关系：$(b,f') \rightarrow (f,b')$

因果关系：$(b,b') \rightarrow (f,f')$

等价关系：$(b,b')\Leftrightarrow(f,f')$

而且有一系列概率联系来描述类型的不同条件概率：

$$P(f\mid b), P(f'\mid b), P(b'\mid f), P(b\mid f),\cdots$$

由此我们可以设想，联想形成的一般过程可由一套这样的概率函数的连续演化来建模，直到达到一个"吸引子状态"，这个状态相当于一个联系的基本类型，如大多数条件概率为零的状态。

不过，在实践中，联想与敏化通常联合出现。也就是说，在两个区分之间形成一个联想之前，不可能首先有两个区分。譬如，在喂婴儿的例子中，对于婴儿的一个区分（母亲，其他人）的形成将先于一个平行的联想（喂食，不喂食）的形成：（母亲，其他人）→（喂食，不喂食）。这就是协同学和心理学所倡导的"模式识别"。因此，人类是最卓越的能识别模式的动物。我们能理解"概率分布"，而其他动物则只知道个别事件。我们通过创造语言，已能对整个世界（一系列原子事件）的描述作出反应。的确，符号表示（表征）是我们最高的组织才能，而语言的可能性则基于我们识别模式的能力，即把许多个别现象看作是客观分布而赋予一定含义的能力。（帕格尔斯，2011）

在科学发现的情形中，这种相互依赖的关系更加突出。比如在基本粒子物理学中，为了解释基本粒子互动的某一观察到的规律而引入"重子数"（baryon number）概念就是一个典型的案例。粒子之间期望发生的某些反应是通过经验难以发现的。为此，物理学家假设一个守恒原则，即它能约束某些反应而使仅观察到的反应被允许。为做到这一点，物理学家需要引入能够守恒的某些属性——"重子数"。这样，他们就能根据总"重子数"区分粒子的不同组合。如果两个组合（波道）的"重子数"是不同的，那么从一个组合到另一个的变换就被排除了。这相当于一个因果关系，其中，由不同"重子数"描述的等价类之间的区分或特征是守恒的。通过将一个基本重子数归于某一类粒子，其他粒子的"重子数"可从所观察的反应中计算出来。在这个意义上，对于一个粒子来说，"重子数"的实际值仅是一个惯例。它具有物理意义的唯一事件是，具有不同"重子数"是粒子之间的区分，因为在实际的互动中，这个区分似乎是守恒的，而这个区分的发现依据存在一个因果关系的假定。

第七节 小　　结

从适应性元表征的观点看，热力学是一种非经典表征框架，它表征了系统演化过程的不可逆性。用于表征这种过程的算子不能形成一个群（至多是一个半群）。在这种意义上，表征是由算子群属性的否定描述的，因此也是由绝对区分不变描述的。为了在元表征框架中表征不可逆现象，根据海里根的说法，我们不仅需要自动态射（表征可逆变换），也需要内态射（用区分的损失或熵增加表征内在过程）。与量子力学和相对论相比，热力学是形式化表征较弱的理论。但是，热力学揭示了我们这个世界的非确定性和演化的不可逆性，正如普利高津指出的，"人类正处于一个转折点，正处于一个新理性的开端。在这种新理性中，科学不再等同于确定性，概率不再等同于无知"（普利高津，1998：5）。不过，发现哪个附加结构描述了热力学的演化是很有意义的。也许布尔区分或群代数或它们的结合，可更好地表征过程的不可逆性。

第二十章　宇宙结构的适应性表征

> 宇宙是一个变量，这个变量取决于我们感觉器官的敏锐性和结构，取决于我们观察能力和观察仪器的灵敏度。……如果没有事实或没有在它们之间观察到的关联，那么一切知识的可能性便消失了。
>
> ——卡尔·皮尔逊（《科学的规范》第 17 页）

科学理论不是一成不变的，它们随着新的观察和实验数据的增加会得到不断的修正，不断修正的过程就是适应性过程，获得的表述就是适应性表征。这种修正过程可能是十分漫长和艰难的，因为修正不仅涉及增加或减少元素和数据，更包括概念的变化和观念的更新，而观念的更新是最难的，这就是科学革命中的"改宗现象"[①]。在科学史上，宇宙学的发展在这方面的表现尤为突出，从古至今它一直在变化着，其表征方式也在不断更新。

自人类从自然界独立出来起，首先面对的是天空，必然会发出"天问"——天空是什么？大小如何？结构如何？宇宙的本质是什么？从何而来？我们人类在其中的位置如何？宇宙为什么是现在这个样子的？这些问题的答案形形色色、各式各样，不论是什么样的答案，都是一种对宇宙的总的根本的看法，在科学上被称为"宇宙观"，在哲学上则被称为"世界观"，在学科上被称为"宇宙学"。本章中，笔者将从古代的宇宙观开始，探讨其发展过程中的适应性表征问题。

第一节　地心宇宙结构的适应性表征

人类生活在地球上，长期的观察使得古人自然而然地认为地球是静止的，而且位于宇宙的中心，繁星离地球很远但围绕在地球周围，从而在人们心中形成了关于宇宙的整体框架（地心说）。这种地心宇宙观最早是由亚里士多德总

[①] 也就是改变观念、信仰，这是一个很难完成的过程。物理学家普朗克在谈及新旧观念更替这种改宗之难时说："新的科学真理不是由于说服它的反对派，使他们接受而获得胜利，而是由于这些反对派最终死去，而熟悉它的新一代人成长起来使科学真理获得胜利。"（科恩，1998：583）。

结的，并成为西方世界的主流世界观。按照这种宇宙观，地球是球形的，而不是普通人认为的那样是平的；地球是宇宙的中心，这与人类中心的观点一致，这可能是因为在亚里士多德的信念里，人类是高于其他动物的高等物种，当然应该居于宇宙的中心。月球、太阳、其他行星和恒星与地球的结构关系是：地球处于中心，之外是月球、水星、金星、太阳、火星、木星、土星，最外层是固定恒星的球面。在经典科学中，这种结构是用欧几里得几何学表征的，即通过大小不同的圆表示围绕地球运行的不同行星的轨道，地球处于圆心。从区分的观点看，如果 a 与 b 不同，它就是一个区分（a,b）；一个理论体系若由多个区分构成，其关系就可用多个区分的合取来表征。

亚里士多德的宇宙结构体系用布尔区分及其合取可表征如下：

（地球，月球）&（地球，水星）&（地球，金星）&（地球，太阳）&（地球，火星）&（地球，木星）&（地球，土星）&（地球，恒星天），即 $(a,b) \cdot (a,c) \cdot (a,d) \cdot (a,e) \cdot (a,f) \cdot (a,g) \cdot (a,h) \cdot (a,i)$

这是一个以地球为中心的、多层次球面构成的巨大的宇宙结构，到底有多大，谁也说不清，也可能是无限大。在这个结构中，地球是不动的，其他行星在各自的球面上围绕地球运动。所有的恒星都镶嵌在最外层的球面上，离地球同样远，这个球体带着恒星围绕它的轴转动，约24小时转动一周，从地球上看，就是围绕地球24小时转动一周。

地球和它之外的星体由什么物质构成呢？在亚里士多德看来，地球由土、岩石等物质组成，这是人们都可以看到的，没有什么疑问。其他星体的构成则只能靠猜想了，就是人们想象的物质"以太"。也就是说，月球和太阳等行星和恒星都是由以太构成的。这是当时人们关于地外的物质观。根据现代科学，以太是不存在的，它只是人们设想的一种"概念体"，仅仅存在于人们的心中。当时的人们为什么会设想以太这种物质呢？这可能是信念使然，因为在他们看来，任何事物，无论是地球上的，还是地球之外其他星球上的，都是由物质构成的，至于是什么物质，当时是不得而知的。这是"事物由物质构成的"信念使然。由此看来，唯物主义是古人一开始就有的世界观，毕竟人们生活在周围充满各种物质的世界中。

在亚里士多德看来，宇宙是有目的的、有秩序的，这是他的关于宇宙的目的论。目的论是当时人们解释事物的主要工具。例如"熊为什么喜欢吃蜂蜜""青蛙没有脖子为什么叫声洪亮"，根据目的论，答案是它们天生如此。同理，"宇宙为什么是我们看到的那个样子？"的答案是，宇宙的目的使得它就是那样。由此推知：事物之所以表现出它们各自的特性，"目的"是其所是所为的根本原因。在目的论者那里，"宇宙被看成是有目的、有本质的宇宙"（德威特，2014：86）。亚里士多德为什么会将宇宙看成是有目的的呢？笔者认为，他和当时的人们是立足于"人类"而拟人地赋予宇宙以目的的，因为人是有目的的，自然会推想宇宙也是有目的的。至于宇宙到底有没有目的，我们不得而知。这可能是宇宙的一个秘密。这样，目的论通过"目的"解释了所有事物的所是所为，尽管根据现代天文学这不是一种好的解释。从表征的角度看，这是一种目的论的表征和解释，也是一种省事的表征方式。

我们进一步设想，若将"目的"换成"上帝"，由于"上帝"是全知全能的，因此，人们就可用"上帝"解释一切，这就是宗教解释或神学解释。宗教的起源应该比目的论早，或许是亚里士多德将"上帝"换成了"目的"，以此对宇宙做非宗教的解释。当然，我们也可将"自然"看作"上帝"，也就是将自然神化，自然就成为有目的和秩序的，牛顿就是这么做的，也因此建立了经典力学体系。

目的论的宇宙观影响了西方世界长达两千多年，尽管期间有一些修正，但以地球为中心的观念一直保持到哥白尼时代才有所动摇。原因是这一观念符合人们的日常所见。如果没有新的观察和实验材料，想要改变这种观念几乎是不可能的。"日心说"接受过程的艰难性充分说明了这一点。当然，人们坚持目的论宇宙观，也不是没有根据或证据的，例如常识证据——每天看到太阳东升西落，说明太阳围绕地球转动，人们也想方设法寻找各种证据来支持亚里士多德的宇宙观。这也就是亚里士多德的观念在欧洲的大学里长期占统治地位的原因之一。

亚里士多德之后影响最大的当属托勒密，其《天文学大成》是当时最有影响的天文学著作。在这本书中，托勒密基本上继承了亚里士多德的宇宙观，"地球是球形的、静止的，居于宇宙的中心"，而且根据证据做了充分的论证。托勒密的宇宙结构体系用布尔区分及其合取表征如下（伏古勒尔，2010：17）：

（地球，月球天）&（地球，水星天）&（地球，金星天）&（地球，太阳天）&（地球，火星天）&（地球，木星天）&（地球，土星天）&（地球，恒星天）&（地球，晶莹天）&（地球，最高天）&（地球，净火天），即
$(a,b)\cdot(a,c)\cdot(a,d)\cdot(a,e)\cdot(a,f)\cdot(a,g)\cdot(a,h)\cdot(a,i)\cdot(a,j)\cdot(a,k)\cdot(a,l)$

与亚里士多德的宇宙结构相比，托勒密的宇宙结构增加了晶莹天、最高天、净火天，后者比前者在时空上更大。这种修正的宇宙观是依据一定的观察证据获得的，从表征的观点看，对宇宙的表征是基于证据的，或者说，表征是根据证据做出的。托勒密的证据可归纳为如下七条：①地球上的观察者在同一时间看到太阳、月球升起或降落的位置不同，比如东方的观察者比西方的观察者看到太阳升起要早，这说明地球表面不是平的；②同一时刻发生的日食和月食现象，不同地区的记录时间不同，而且记录的时间差与观察者所处地点的距离成比例，这说明地球表面存在曲率，应该是球形的；③从海上远处驶来的帆船，

海岸观察者首先看到桅杆尖，船靠近时桅杆才显露出来，这说明海平面不是平的，存在一定的曲率；④如果地球是运动的，无论是自转还是围绕太阳转，地球上的人应该能感觉到，就像在行驶的车上能感觉到运动一样，事实上，人们不能感觉到；⑤如果地球是运动的，在地面上垂直抛起的物体应该落在后面，但实际情形不是这样的；⑥如果地球是运动的，我们应该能观察到恒星的视差，事实上观察不到，这有两种情况，即要么地球不动，要么恒星离地球太遥远；⑦太阳、月亮等星体都是运动的，而且围绕地球运动，由此推知地球是宇宙的中心，例如，北斗星一年四季在天空的位置是不同的，太阳、月亮每天都在运动。

第一至第三条是关于地球的球形的证据。第四至第六条是关于地球静止的证据。第七条是关于地球是宇宙中心的证据。这些证据似乎都有道理，因为都符合人们的常识和直觉。

根据现代天文学，这些基于常识和常规天文观察的证据，并不足以证明"地球是球形的、静止的，居于宇宙的中心"的观点，而且这一观点被证明是错误的。因此，我们不必过于相信我们的常识判定和肉眼观察，它们有时会迷住我们的眼睛，误导我们的判断。这就是科学哲学中关于经验不一定可靠或眼见不一定为实的观点。

为什么会产生现在看来是错误的宇宙观呢？在笔者看来，除受当时的技术水平限制外，哲学观念可能也是一个重要因素。比如星体的运动，在亚里士多德和托勒密的观念里，天体如太阳、月亮、火星等的运动轨迹是完美的圆周，速度是匀速的，即天体做匀速圆周运动。这是古希腊时期就形成的观念，即宇宙是和谐的，圆周是完美的。这种观念本质上是一种信念，并不需要证据支持。如果天体做匀速圆周运动，就可用欧几里得几何即平面几何（数学）形象地表征。这种表征方式一直延续到牛顿时代。

笔者在这里以托勒密对火星运动的几何表征为例，用区分代数来表征。如果 a 表征 b，根据布尔区分它就是一个区分 (a,b)；一个理论体系若由多个表征构成，就可以用多个区分的合取来表征。托勒密对火星运动的描述运用了圆心轨迹（以地球为中心的圆形）、均轮（行星围绕地球运行形成的圆形轨迹）、本轮（行星本身以均轮上的一个中心运动形成的圆形轨迹）、均衡点（一个辅助的解释性概念）等概念，用布尔区分表征如下：

（地球，均轮）&（均轮，本轮）&（本轮，火星），即 $(a,b) \cdot (b,c) \cdot (c,d)$

这个区分表征的含义是：地球位于宇宙中心静止不动，火星在地球的均轮上围绕一个中心点运行，中心点同时围绕地球运行，即本轮也围绕地球运动。这是火星的一个理想运动表征模式——本轮-圆心轨迹体系。然而，这个模式与火星的实际运动有偏差。

第二十章　宇宙结构的适应性表征　　　　　　　　　　· 403 ·

为了能合理地解释火星的实际运动，托勒密对此模式做了调整，调整的因素包括——本轮的大小、圆心轨迹的大小、中心点的变化、火星在本轮上的运动速度与方向、本轮的运动速度等，还增加了一些辅助性概念——偏心轮、圆心轨迹、均衡点。这些辅助概念并没有实指，也不起因果作用，完全是出于解释的需要设立的，或者说，是为了适应性表征而提出的。因此，从表征的语义学来看，"被表征的东西未必存在；即使存在，它与表征相关的东西也只是其概念化的方式。实际引发行为的是表征状态的特定物理性质，它们是通过反映表征状态内容的方式来引发行为的"（派利夏恩，2007：40）。不可否认，这种本轮-圆心轨迹体系提供了一定的弹性处理空间，有一定的使用价值。为了解释火星的逆行现象，如相对于固定的恒星，在地球上看，火星通常每晚向东漂移一点，人们需要本轮来说明。人们想象火星在本轮上运动，本轮也围绕地球在均轮上运动。在静止的地球上以恒星为背景观察火星，就能看到火星出现的地方。若持续观察，我们能看到火星以恒星为背景先向东运动一段距离，然后开始向西运动一定距离后再重新向东运动。托勒密的模式利用本轮很好地说明了火星的逆行。

然而，这种说明模式中的概念如本轮、圆心轨迹的大小和速度，并不是火星的实际大小和速度，这只是为了说明的方便而增加的一些概念，比如，通过调整圆心轨迹的大小和速度（成为偏心轮），就可计算火星逆向运动出现的位置，以便对逆向现象做出准确的预测和解释。也就是说，这些概念是为了解释而提出的，并不真实反映行星运动的实际情形。这意味着，只有在解释的语境中，这种概念表征才是有意义的。科学理论的说明大多是这种情形。这就是产生哲学上的实在论与反实在论的长期争论的原因。

当真实系统的行为我们不清楚时，为了给出合理的说明，我们需要提出各种假设和模型来预测和解释，若假设和模型不太符合，就需要进行调整。例如，托勒密将火星的圆心轨迹改为偏心轮（即椭圆）来准确预测和解释火星的实际运动。他的具体修正是：①在本轮上附加一个小本轮[①]，这个小本轮增加了模式的弹性，使得预测和解释更准确；②将以地球为中心的圆心轨迹偏离中心，即设立偏心轮。这两个修正均使预测和解释与观察的数据相符，在数学上也有效。

在托勒密的模式中，"均衡点"是一个很难理解的概念。它也是为寻求准确预测和解释的需要而增加的，但体现了更多的哲学信念——天体做匀速圆周运动。均轮、本轮、圆心轨迹和偏心轮都是完美的圆形。行星的运动与观察者

---

① "本轮"是为解释火星逆向运动的需要提出的，"小本轮"是为解释准确性的需要提出的，后者不解释逆向运动，只是增强模式的解释力。

的位置或视角有关,这是相对运动问题,比如地面上的人观察行驶的火车上的人,与火车上的人观察火车上的人,会有不同的结论——运动与静止。为什么说运动是匀速的,或者说,匀速是相对于什么而言的?在托勒密的观念里当然是相对于静止的地球而言的。这容易给出解释。在火星的情形中,火星的本轮中心相对于地球的中心做匀速运动,本轮相对于它围绕的偏心轮是匀速的。然而,这与实际观察数据不符,这种预测和解释并不准确。为了做出准确的预测和解释,托勒密计算出一个点作为相对于火星匀速运动的本轮的中心。该点既不是以地球为中心,也不是以偏心轮的圆心为中心,如果火星的本轮围绕这个点做匀速运动,就与实际测量数据一致了。这个点就是"均衡点",它实质上是火星的本轮匀速运动的参照点。

显然,"均衡点"是人为计算方便而设置的,就像几何证明所做的"辅助线",不是火星运动的实际中心。"均衡点"恰好体现了表征的一个特征——适应性。在这个意义上,科学表征并不是对真实系统或客体的完全反映,而是为了准确预测和解释而给出的虚构表征。这种表征尽管是虚构的,但仍有一定的解释力。这是为什么?这个问题值得我们深入思考。科学表征的虚构与文学小说很类似,小说是虚构的,但有一定的历史和事实基础,在那个历史背景下,人们会相信小说描述的是真实的。比如,许多历史真相我们不得而知,小说或演义讲的故事很大程度上就成了历史事实的表征,如《三国演义》中描述的"故事",在表征的意义上就是某种程度上的"历史事件"。除历史学家、哲学家、科学家等理性的人外,普通百姓对此会深信不疑。

第二节 日心宇宙结构的适应性表征

托勒密的宇宙结构理论在预测和解释相关观测数据方面是成功的,这加剧了人们对它的信奉,它因此在16世纪前一直是占主导的天文学理论。直到哥白尼建立以太阳为中心的宇宙结构理论后,情况才有所改观。不过,这种改观并不算大,尽管二者之间相隔1400多年,哥白尼的天文学体系仅仅是对托勒密体系的某些地方做了修正,当然不乏吸收和补充新的观测数据(仍是肉眼观测的数据)。这种不大的修正在科学史上竟然被称为"哥白尼革命"[①],原因是该体系不再以地球为中心,而是以太阳为中心。在哥白尼的观念里,太阳不仅是太阳系的中心,也是宇宙的中心。在今天看来这也是错误的。

[①] 关于"哥白尼革命",笔者认为在修正托勒密体系的意义上,哥白尼的工作算不上革命,至多是一场"拨乱反正";但是在近代科学反抗宗教压迫的意义上是一场革命,因为它预示着近代科学的诞生。

第二十章　宇宙结构的适应性表征

　　太阳是宇宙的中心的观念并不是哥白尼的首创，古希腊的哲学家菲洛斯就曾提出地球围绕中央火（太阳）运动的假说，只是当时未受到足够重视。柏拉图则把善比作太阳，善是最高的真理，太阳是一切生命的源泉。这些思想都影响了哥白尼。而且，哥白尼也是一位虔诚的基督徒，信奉上帝，上帝居住的地方一定是宇宙的中心，而太阳是上帝的位置的代表，因而太阳自然就是宇宙的中心。今天看来，促成哥白尼坚持太阳是宇宙中心的观念（日心说）是源于他的哲学信念与宗教信仰，而不是观测数据。观测数据只是为他的观念提供事实证明。

　　与托勒密的体系比较，哥白尼的体系除地球和太阳的位置互换之外，其他的几乎是相同的。例如，两个体系都使用了本轮、均轮、圆心轨迹，都将恒星看作宇宙的最外层，距离宇宙中心相等，只是哥白尼的宇宙要比托勒密的大很多，但比我们现在理解的宇宙又小很多，同时也取消了晶莹天、最高天和净火天。哥白尼体系用布尔区分表征就是：

　　（太阳，行星）&（行星，本轮）&（太阳，恒星），即$(a,b) \cdot (b,c) \cdot (a,d)$

　　其含义是：太阳处于宇宙的中心静止不动，行星如地球、火星、水星等一边围绕太阳做匀速圆周运动，一边围绕均轮上的一个点做本轮运动，最外层是恒星，也围绕太阳运动。哥白尼的宇宙结构（伏古勒尔，2010：22）的更具体的表征是：

　　（太阳，水星）&（太阳，金星）&（太阳，地球）&（地球，月球）&（太阳，火星）&（太阳，木星）&（太阳，土星）&（太阳，恒星天），即 $(a,b) \cdot (a,c) \cdot (a,d) \cdot (d,e) \cdot (a,f) \cdot (a,g) \cdot (a,h) \cdot (a,i)$

　　在这个宇宙结构中，月球围绕地球而不是太阳运动。这是哥白尼的宇宙结构不同于托勒密宇宙结构的又一个地方。

　　笔者仍以火星为例说明哥白尼体系对行星运动的适应性表征。火星在太阳的偏心轮上以某一点为中心运动，中心点同时围绕太阳运动。按照布尔区分的表征是：（太阳，偏心轮）&（偏心轮，火星）&（火星，本轮）。与托勒密体系一样，哥白尼体系也使用了本轮、圆心轨迹、偏心轮等概念，也是一个圆套圆的复杂体系，一点也不比托勒密体系简单，只是没出现"均衡点"这个很牵强的概念，而是直接遵循匀速运动的事实。运用这个复杂的体系，哥白尼似乎准确预测和解释了相关数据。

　　然而，人们为什么最终接受了哥白尼的理论而拒绝了托勒密的理论呢？尽管有多种原因，比如16世纪人们普遍把哥白尼体系仅仅看作制作天文图表的有用工具，而把托勒密体系看作是真实的（地球静止且是中心），根本原因还是前者更科学、更接近真相，后者只是更符合人们的直观，也与基督教教义一致。在表征的意义上，托勒密体系要求每个行星都有一个主本轮，其目的是用于说明行星的逆行运动，而哥白尼体系没有这个要求，但对行星逆行做了完全不同的解释。

这里仍以火星的逆行运动为例。在哥白尼体系中，火星是从太阳开始的第四颗行星，地球是第三颗行星。地球围绕太阳转两圈，火星才转一圈。大约每两年地球就能赶上并超过火星，此时出现火星的逆行运动。从地球上观察火星，好像火星又回到了恒星的背景中。因为从地球上看火星的视线与外层的恒星是交叉的，感觉火星似乎出现在恒星的背景中了。用布尔区分表征就是：（太阳，地球）&（太阳，火星）&（太阳，恒星）。火星位于地球与恒星之间，它们都围绕太阳转。木星、土星等逆行运动的情形与火星类似，它们离地球最近时才出现逆行运动，看上去也最亮。

另外，在哥白尼体系中，金星与水星位于地球与太阳之间，水星是离太阳最近的行星，金星次之，从地球上看，不论它们围绕太阳运行到哪里，它们都和太阳出现在天空的同一区域里，这就是水星和金星从不在离太阳很远的地方出现的原因。哥白尼体系对这些行星的运动均给出了比托勒密体系更自然、更合理的预测和解释，表征的适应性也更强。

第三节　宇宙结构的综合表征、调整与更新

天文学家第谷通过长期的精确观测，认识到托勒密体系和哥白尼体系各自的优势和不足，并提出了一个天文学体系将二者综合起来，在保持哥白尼体系的优点的同时，也保持了地球是宇宙中心的观念。在第谷的体系里，地球是宇宙的静止中心，固定恒星的球体被证明是宇宙的边界。月球和太阳围绕地球转，而行星则围绕太阳转。用布尔区分表征如下：

（地球，月球）&（地球，太阳）&（地球，恒星）&（太阳，其他行星），即$(a,b)\cdot(a,c)\cdot(a,d)\cdot(c,e)$

这是一种地心-日心并存的宇宙结构的表征，或者说是一种地心-日心杂混表征。按照这种宇宙观，地球作为宇宙中心静止不动，月球、太阳和恒星围绕地球转，而水星、金星、火星、木星和土星等行星围绕太阳转。这种混合的体系在预测和解释观测数据时，与哥白尼体系一样好。从适应性表征的角度看，为了能预测和解释新的数据，第谷一方面接受行星围绕太阳转的事实，以便与新证据一致；另一方面，为了符合人们的直觉，第谷保留了地球静止不动的观念。这样，在第谷天文学体系中，地球和太阳两个中心并存。如果继续坚持"地心说"同时又不反对"日心说"，第谷体系无疑是最佳的选择。第谷的做法是

为了适应新证据而做出适应性预测和解释的结果。与哥白尼体系相比，第谷的体系实际上是一种倒退，尽管它也能给出人们可接受的说明，毕竟这种牵强附会的解释比较符合人们的视觉观测。

第谷之后对宇宙结构的表征做出更大调整的当属开普勒。开普勒作为第谷的继承者，拥有了当时肉眼观察最精确的大量观测数据。通过分析这些数据，开普勒发现，托勒密、哥白尼和第谷的体系都不能十分准确地预测和解释行星的运动，特别是关于火星的数据，没有一个能很好地说明。于是他开始怀疑这些理论的正确性。

由于开普勒是哥白尼体系的信奉者，他自然以太阳为中心开始探讨火星的运动。他最初也接受完美圆周和匀速运动这两个长期以来的信条，也花费了大量时间去修正哥白尼体系，但结果不理想，运用圆周和匀速运动也不能解释他观测的火星的运动。这些事实使他意识到，基于圆周和匀速运动的理论可能不适合说明火星的运动，它们肯定是有问题的，至少对火星的运动不能给出合理的说明。这使他不得不放弃完美圆周和匀速运动的表征方法，尝试用椭圆表征火星的运动。这一尝试使他发现，在椭圆轨道上运动时，火星的速度是变化的，也很好地符合了火星的观测数据。他进一步将火星的椭圆运动模式推广到其他行星的运动，从而建立了自己的天文学体系——太阳-椭圆模式。

用布尔区分表征火星的太阳-椭圆模式是：（太阳，椭圆）&（椭圆，火星）。太阳位于椭圆的一个焦点上（椭圆有两个焦点），火星沿着椭圆轨道运动（开普勒第一定律）。在椭圆轨道上运动的行星的速度不同，而且从行星到太阳的连线在相同的时间扫过的面积相同（开普勒第二定律）。这说明，行星的运动速度不是匀速的，靠近太阳时其运动速度快些，远离太阳时运动速度慢些。而且行星在其轨道的不同地方，其运动速度也会发生变化。太阳-椭圆模式很好地说明了行星的运动，也更符合观测的数据，表征方式也更简洁了。

太阳-椭圆模式不仅彻底放弃了天体做完美匀速圆周运动的哲学信条，也不再使用均轮、本轮、偏心圆等概念，而仅使用椭圆轨道，这使复杂的体系变得简单明了，这无疑是对宇宙结构表征框架的一次革命性变革。太阳-椭圆模式最终让人们接受这样的观念：行星包括地球在内，在椭圆轨道上以不同速度围绕太阳运动。这一观念的确立在伽利略利用望远镜获得证据[1]后得到进一步的加强，这得益于伽利略对太阳中心假设的有力辩护。牛顿三大定律和万有引力的发现，强化了人们以新的观念看待宇宙，宇宙不再是有目的和本质的宇宙，而是由物理规律支配的宇宙。宇宙开始被看作一架巨大的机器，其各个部分之

---

[1] 伽利略利用望远镜发现了月球上的山、太阳黑子、土星的环、木星的卫星、金星的相位、大量肉眼看不见的恒星，从而扩大了人们的视野，也使得宇宙无限的观念开始复苏。

间以力的方式互动。宇宙中的天体之间也以力的方式互动，行星的运动被解释为惯性加上重力的影响的结果，这种宇宙观不再需要上帝了。这就是机械论世界观。

事实上，无论是伽利略利用望远镜发现的新证据，还是牛顿的天体力学，并不能证明地球围绕太阳转，还是太阳围绕地球转。即使在今天，我们利用卫星、各种太空探测器也不能直接观察到地球围绕太阳转这个事实。如果从相对性视角考虑，地心和日心是兼容的，就好像火车运动时地面不动和地面运动时火车不动一样。从表征的视角看，二者的顺序不同。以地球为中心到太阳的表征是：（地球，金星）&（地球，水星）&（地球，太阳）；以太阳为中心到地球的表征是：（太阳，水星）&（太阳，金星）&（太阳，地球）。当代科学告诉我们，太阳的体积与质量，比围绕它的行星大得多，体积和质量小的行星一定围绕比它们大的天体运动而不能相反。这可能是接受太阳中心的一个有力证据。

总之，从地心到日心以及二者的并存再到椭圆体系，表征过程是依据观测证据不断进行修正的，是一个不断修正观念、不断适应世界的过程。在这个适应性表征的过程中，最初由于观测的不精确性和认知的局限性，致使天文学家为了给出解释而设置了一些不必要的概念（本轮、均轮、偏心圆）。一旦找到了正确的表征方式，如椭圆，问题就变得简单了。由此我们可得出一个启示：科学理论的表征应该是简单的，如相对论的质能公式，复杂的表征可能是错误的。这意味着自然也偏爱简单性，认知表征也是吝啬的。因此，表征是基于证据或事实做出的，不是随意构造的。凡是随意构造的表征，如"均衡点"，终将被淘汰。

第四节　宇宙结构的相对论表征

上述探讨的宇宙结构的各种表征，仅仅描述了天体之间相对于静止中心的位置、顺序及其相互关系，几何图形几乎是它们的唯一表征工具。这是经典科学的表征方式。这种表征方式将天体看作一个点，将其运动轨迹看作圆形，至于天体是由什么物质构成的，几乎没有涉及。因为在上述提及的科学家们看来，宇宙的结构可能与其物质构成没有关系，例如，牛顿把天体看作一个刚体或质点，仅描述它们之间的关系，如万有引力定律。在仅仅描述表征关系的意义上这可能是正确的，因为宇宙已经生成，各种关系也已经形成。但是，如果宇宙的结构与其构成物质相关，那就不能忽视物质因素了。事实上，爱因斯坦的相对论已经揭示，时空不是绝对的、与物质及其运动无关的，而是相对的、与物质及其运动相关的，质能公式描述的就是这种关系。也就是说，时空的存在离不开物质，它们是不可分割的，这已经被狭义相对论所证实。这一观念颠覆了以往的绝对宇宙观及其表征方式。接下来我们将探讨相对论对宇宙结构的表征。

对于宇宙结构的表征，仅仅关注它的现有结构是不够的，还必须关注它的起源、演化与发展。只有弄清了它的起源与演化，才能弄清它的结构与表征。霍金认为，把相对论与量子理论结合，才有可能掌握宇宙的起源与演化，进而弄清它的结构以及如何表征它。爱因斯坦在《对广义相对论的宇宙学考察》（1917年）一文中，根据广义相对论的场方程，提出了一个有限无边静态宇宙模型。按照这个模型，宇宙空间是一个弯曲的封闭体，其体积是有限的，且不随时间变化。这个宇宙模型，无论正确与否，完全不同于以往的宇宙模型，是人类在认识宇宙方面的一次飞跃。

关于宇宙是有限的还是无限的，自古以来一直是一个存在争论的话题。康德曾经提出过一个关于宇宙起源的星云假说，认为对于宇宙是有限还是无限的理解，始终存在着难以摆脱的矛盾，这就是著名的"时空悖论"，这个难题可能我们人类无法解决。牛顿曾经把宇宙设想为一个无限而空虚的巨大"箱子"，其中均匀地分布着无数发光的恒星，它们靠万有引力互动。这引发了一个"光度悖论"，即"奥伯斯佯谬"[①]——若宇宙是无限的，而且其中均匀地分布着无数个发光的恒星，则在无数个太阳等距离照耀下，黑夜也应该明亮得如同白天，这是合乎逻辑的，但事实并非如此。在笔者看来，牛顿的"箱子宇宙"隐喻其实还隐藏了一个悖论——箱子的有限与宇宙的无限。这个隐喻是"宇宙是一个无限大的箱子"，既然是"箱子"，它就是时空上有限的，而不是无限的，所以"无限的箱子"表述本身就是矛盾的。

爱因斯坦根据他的相对论提出一个有限的"球体（椭圆）宇宙"，他称之为"非欧几里得宇宙"模型（爱因斯坦，2014：204-205）。宇宙既然是球形的当然就是有限的，因为球体是有球面的，球面就是宇宙的边界。根据这个模型，宇宙是一个时空上有限的闭合连续区，物质均匀地分布其中，在数学表征上是一个"无边有界""有限闭合"的四维[②]连续球体。这是一个封闭而非开放的宇宙。在笔者看来，作为反映真实宇宙系统的"球体（椭圆）宇宙"模型，其是否可靠地表征了真实宇宙系统？根据现代宇宙学该模型似乎是错误的，因为宇宙似乎是无限的，但现代宇宙学就是可靠的吗？我们不得而知，因为真实宇

---

① 这是德国天文学家奥伯斯于1826年根据牛顿的设想提出的一个难题。
② 四维是指立体空间的三维加上时间的一维，就是我们常说的四维时空。在维度的意义上，爱因斯坦的宇宙观仍停留在牛顿的绝对时空观念上，因为牛顿的时空也是四维的。区别在于，前者认为空间和时间是不可分割的，与物质及其运动相关，后者则认为空间和时间彼此独立存在，与物质的运动无关。

宙究竟是什么样子的我们并不知道，要不然就不会有那么多宇宙理论了。对宇宙的探索与对意识或心智的探索一样，多种理论竞争而没有形成统一的范式。即使形成了一种范式，也未必是对原本世界的正确反映。比如，牛顿理论在当时已经是一种范式，相对论提出后，牛顿范式就被相对论范式取代了。这既是科学发展中理论的更替现象，也是人类的认识不断提升的必然结果。

爱因斯坦设想，在宇宙的任何一点发出一束光，它将沿着时空曲面在100亿年返回其出发点，这意味着宇宙的时空是弯曲的，而不是平面的。这突破了两千多年来一直认为宇宙是平直空间的欧几里得几何学的束缚。这是表征方式上的一次革命。因为在描述世界的方式上出现了从平面几何向曲面几何的转变。

爱因斯坦是如何推出这个宇宙模型的？他通过批判牛顿理论在宇宙论中的困境和论证"有限"与"极大"宇宙的可能性，发现宇宙是有限的和曲面的。具体来说，是通过宇宙的无限性与物质密度和二维平面的不一致来论证的。就时空而言，我们如何看待"宇宙是无限的"这一问题呢？爱因斯坦认为，如果宇宙是无限的，星体应该无所不在，物质的密度平均来说应该是一样的；而且无论我们在空间穿行多远，稀薄的恒星群在各处漂游移动，它们具有相同的种类和密度。这种观点与牛顿理论完全不同。在爱因斯坦看来，在牛顿理论中，宇宙被认为具有某个中心，星群的密度非常紧密地聚集在一起，从宇宙中心向外扩展，星群的密度会逐渐减小，直到在遥远的地方成为一个空虚的无限区域。这意味着充满恒星的宇宙是一个有限的岛屿处于无限的空间的海洋之中。这显然是矛盾的，十分令人费解。

由此，爱因斯坦推出如下结论："恒星发出的光和恒星系中的各个单独的恒星不断向无限的空间奔涌，而且永不返回，永不与其他自然客体发生互动。这样一个有限的物质界一定会因逐渐而系统地削弱而进入穷尽。"（爱因斯坦，2014：194）实际的宇宙显然不是这样的，因为恒星发出的光在地球上可以看到，而且恒星与其他客体也发生互动。

摆脱这个理论困境的出路不外乎两种：一是坚持并修改牛顿理论；二是放弃牛顿理论而建构新理论。爱因斯坦选择了后一种，天文学家西利格[①]选择了前一种。西利格首先发现了宇宙的无限性导致的牛顿理论解释的困境，但他仍相信牛顿理论，认为加以修正就可以克服上述困境。他假定，两个物体之间的吸引力，在很大的距离中，与平方反比定律得出的减小的结果相比要快得多，物质的平均密度，无论是在极近处还是在极远处，可能是一样的，而无限大的

[①] 德国天文学家西利格（Hugo von Seeliger）于1884年提出的一种引力佯谬，即由经典宇宙模型和万有引力定律必然会推出一种与事实不符的结论：宇宙任一点的引力势，以及任何物体受到的力，都无限大或有一个不定值。这启发爱因斯坦设想了一个有限无边宇宙模型。

引力场也不会产生，这也就摆脱了宇宙存在某些中心等令人纠结的观念。

然而，爱因斯坦对这种修正坚持否定态度，认为这种修正的定律，既无经验根据，也无理论依据，还使牛顿理论复杂化。这样修正的定律我们可设想无数个，但没有一个有任何根据来说明为什么其中一个比另一个更为合理。爱因斯坦另辟蹊径，寻求一种非欧几里得几何学的表征方法。因为他坚信，根据相对论，几何空间是不能独立存在的，它一定与物质相关，而物质的密度决定空间的曲率，这种非平直的空间（曲面空间）不能是无限延伸的，它具有封闭性。这种封闭性使得宇宙空间是有限的成为可能。在爱因斯坦看来，欧几里得几何学中的一切建构都可借助刚性的量杆来实现，这种杆子与其所处的位置无关，也就是可用永远代表同一距离的杆子画出有无限表面积的方形图。若将二维的平面改为二维的曲面，情形就会不同。在这种曲面上，试图测量的直线实际上是一根曲线，这根曲线一直延展下去最终会形成一个封闭的大圆圈。照此设想，这个曲面就构成一个巨大的三维球体。这个球体也类似于"椭圆空间"，宇宙就类似于这样一个具有对称中心的椭圆弯曲空间。由此，我们自然可推知，这个三维球体宇宙的空间是有限且无边界的。

显然，爱因斯坦的宇宙模型是一个无中心、有限无边、静态的球体，其表征工具不是欧几里得几何（平面几何），而是黎曼几何（曲面几何）。尽管表征方式上发生了极大改变，但爱因斯坦的宇宙模型肯定是错了，因为现代宇宙学研究证明宇宙在不断膨胀，绝不是恒静不动的。爱因斯坦也欣然承认"这是一生中最大的错误"。

那么，是什么原因导致爱因斯坦犯这样的错误呢？他本人对此也做了分析和辩护（爱因斯坦，2014：206-207）。他认为，他的宇宙观最初源于广义相对论的两个已被证明的假设：①所有物质都有一个平均存在于空间中的密度，该密度每一部分皆相同，而且不等于零；②空间的大小（半径）与时间无关。

这两个假设条件只有在场方程中上加一个假设项后才能被证明。之所以需要假设②，是因为如果离开这一假设，就会陷入无休止的空想。

其实，爱因斯坦已经注意到，20 世纪 20 年代苏联数学家弗里德曼就已证明，即使在纯粹的理论观点中依然有另一种不同的假设。这样，弗里德曼认为保留假设①的前提是无须在场方程中引入较小的宇宙条件，但必须得舍弃假设②。这意味着最初的场方程容许有"世界半径"依赖时间扩大的空间这样一个解。

不久，哈勃发现了星云发出的光谱有红移现象，星云间的距离增大，红移就会有规则地增大。爱因斯坦也已预见到，根据多普勒原理，可以将这一现象归结为宇宙在膨胀；而按照弗里德曼的假设，这是引力场方程所要求的。哈勃的发现事实上是对弗里德曼假设的证实。

对于这一发现导致他的宇宙模型的失败，爱因斯坦也清晰地认识到，这里出现了一个前所未有的困难——若将红移现象解释为宇宙的膨胀，则这种膨胀仅仅起源于 109 亿年前，而按照天文物理学的观点，独立的恒星及其星系的发生和演化比这要漫长得多。如何解释这一矛盾我们仍一无所知。因此，爱因斯坦提醒我们，宇宙的膨胀理论以及天文学的经验数据，皆不能使我们对三维空间是有限的还是无限的过早下结论。这就为此后高维空间理论的提出埋下了伏笔。

第五节 宇宙结构的量子引力学表征

宇宙学表明，20 世纪 20 年代之前的宇宙观，尽管经历了从地心到日心的长达两千年的演变，但却是非演化的宇宙观。自美国天文学家哈勃 1924 年发现红移定律后，宇宙演化的观念才进入人类的意识。当代著名的相对论专家和宇宙学家霍金在其《时间简史》《果壳中的宇宙》《大设计》中将相对论与量子力学相结合，创立了关于宇宙的量子引力学，为刻画宇宙图景提供了一种新方法论——"依赖模型的实在论的方法"（霍金，2015：5），其含义是根本不存在与图像或理论无关的实在概念（霍金和蒙洛迪诺，2011），也就是说，凡是关于实在的概念，一定涉及图像、模型或理论。它基于这样的观念：我们的头脑以构造某种世界模型来解释来自感官的输入。或者说，我们的大脑（具身的脑）天生就是依据感官获得的输入来构造模型的。这种新实在论不同于旧实在论的地方在于：一个物理理论和世界图像是一个模型（通常具有数学性质）和一组将这个模型的元素与观测相连接的规则的思想。这为我们解释现代科学提供了一个哲学框架和新的方法论。

在笔者看来，霍金的立场是工具论和实在论的结合。模型是人设计的客体，被用以表征外在的目标客体，根本不存在与模型或理论无关的实在概念，也即任何实在概念如电子、夸克等微观粒子是理论化或概念化、模型化的结果，离开物理学理论它们将不复存在。认为存在一个真实的、与观察者无关的外在世界，其性质是确定的，是常识实在论的观点，也是朴素唯物主义的观点。将模型仅仅看作认知的工具，这是典型的工具论，也就是说，当两个不同的理论或模型都能准确预测同样的事件时，我们就不能说一个比另一个更真实，哪个更方便我们就使用哪个。这种基于模型的实在论是科学哲学中的一种普遍被接受的方法论——基于模型的推理和表征。

接下来的问题是，既然建模是人脑天生的能力，也是科学研究的主要方法论，那么我们如何判断一个模型的优劣呢？霍金和蒙洛迪诺给出了四个标准（霍金和蒙洛迪诺，2011），笔者将其概括为：①美学标准——它是优雅的；②简单性标准——它包含很少任意或可调整的元素；③一致性标准——它和全部已有的观测一致并能解释之；④预测性标准——它对将来的观测做详细的预言，如果这些预言不成立，观测就能证伪这个模型。完全符合这四个标准的模型并不多见，牛顿的引力模型和爱因斯坦的相对论模型可以算作好模型，它们符合这四个标准，而亚里士多德关于宇宙构成的四根说（土、气、火、水）就不是一个好模型，比如它不包含可调节的元素，也没有做出确定的预言，而当它做预言时，其预测也是不正确的，如重的物体比轻的物体下落速度更快。

对于宇宙这种我们仍未知的领域，建立模型去认知和解释宇宙就是一种必然的选择。即便是我们每天都在谈论的天气，其预报均是基于模型的。2009年笔者曾经到访过一个国际气象学的会议（在北京友谊宾馆召开），发现会议大厅的报告内容基本上都是以模型或图解方式表征的，这说明气象学研究者是通过建模来解释气象行为的。宇宙学的研究者也是如此。所以，从古至今，关于宇宙的探索人们提出了形形色色的解释模型或理论。根据霍金的归纳大致有龟宇宙理论、德谟克利特原子宇宙、平坦地球模型（地平模型）、托勒密体系（地心说）、哥白尼体系（日心说）、卢瑟福原子模型、玻尔原子模型、强人存原理、弗里德曼闭合宇宙、膨胀气球理论、黑洞理论、无边界设想、历史求和模型、弦理论、虫洞模型、暴胀宇宙，以及平行宇宙、超空间（高维）宇宙等。这些形形色色的宇宙模型都或多或少从某些方面描述了宇宙的特征。尽管这些模型或理论都不能令人满意，但从适应性表征的视角看，它们的演化均是为了适应新的观测数据，或者为更好地解释宇宙不断修正和更新的结果。

正是发现这些模型或理论的不足，霍金由此提出了所谓的M理论，一种他认为能够包容所有宇宙理论的"万物终极理论"，如果存在这样一种理论的话。看来，像爱因斯坦一样，霍金也在追寻一种能够解释宇宙的"大统一理论"。不过，M理论不同于"统一理论"的地方在于，前者试图将不同理论相互叠加去描述宇宙，后者是寻求能用一个数学方程描述的宇宙。尽管爱因斯坦没有成功[1]，也可能或根本就不存在这样的统一理论[2]，但不同理论的叠加是可能的。

---

[1] 爱因斯坦在晚年一直致力于"物理学的统一"，但鉴于当时的物理学对核力还知之甚少，时机并不成熟。而且他对量子力学一直持反对的态度，如拒绝承认不确定性原理。霍金将相对论与量子力学结合起来，这样可得出一些显著的推论，如黑洞不是黑的，宇宙没有任何奇点，它是完全自足且没有边界。

[2] 是否存在这样一种"万有之理"的统一理论呢？霍金给出了三种可能性：①确实存在一个完备的统一理论，或者一组交叠的表述，如果我们足够聪明的话，总有一天会找到它；②并不存在宇宙的最终理论，仅仅存在一个越来越精确地描述宇宙的无限理论序列；③并不存在宇宙的理论——不可能在一定程度之外预言事件，事件仅以一种随机或任意的方式发生。量子力学业已发现，宇宙总是存在一定程度的不确定性，所以我们不可能完全精确地预言宇宙中发生的事件（霍金，2015：224）。

因为 M 理论不是通常意义上的一种理论，而是整个一个理论家族，类似于维特根斯坦所说的"家族相似"概念，其中的某一种只在物理场景的某一范围很好地描述了观测，如地心说符合人们的目观测。

事实上，M 理论的提出基于一种根隐喻——"地图交叠"。该隐喻是说，一张单一地图不能展现地球的这个表面，如不能覆盖南北极。为了真实地绘制整个地球的地图，我们必须利用一组地图，每一张地图覆盖有限的地域。这些反映不同地域的地图相互交叠，在交叠处它们显示相同的图景[①]。M 理论与此相似，它不拥有单一的表述，其中的每个模型相当不同，但是，它们都可被认为是同一基本原理的一个方面。或者说，M 理论是一个表观上不同的理论的网络，其中的所有理论似乎是同样的内在基本理论在不同极限下的近似，就像牛顿引力论是爱因斯坦广义相对论在弱引力场极限的一种近似一样。然而，正如不存在一张能很好地描绘地球的平面地图一样，也不存在在一切情形下都能很好地表征宇宙图景的单一理论。按照霍金的设想，如果将量子力学与广义相对论结合，似乎产生了前所未有的新的可能性（霍金，2015：232）：空间和时间一起可形成一个有限的四维的没有奇点或边界的空间，这正如地球的表面，但具有更多的维。这就是多维宇宙设想的前奏。可以说，所谓 M 理论是对不同阶段发展的宇宙模型或理论进行历史求和，根据新的观测数据不断修正的结果。

根据量子引力学，霍金预测，广义相对论本身就预言了时空在大爆炸奇点处开始[②]，并会在大挤压奇点处（假如整个宇宙塌缩的话），或在黑洞中的一个奇点处结束。任何掉进黑洞的东西都会在奇点处毁灭，在其外只能感觉到它的质量的引力效应。而且，若考虑量子效应的话，物质的质量和能量似乎最终回答宇宙的其余部分，黑洞与在它当中的任何奇点会一起蒸发掉并最终消失。假如霍金的预言是正确的，也就是宇宙是从奇点的大爆炸开始的，随着时间的推移温度逐渐下降，在经历了一系列变化阶段后形成今天的宇宙，该过程由弗

[①] M 理论也像拼图玩具，我们容易辨认围绕着拼图边缘的小片并将其嵌在一起，但我们对在中央会发生什么知道甚少，在那里我们不能作这样的近似，使其总有一个量是很小的。这是一种拼图隐喻，用以说明 M 理论对宇宙边缘的情形解释得很好，但是在拼图中间仍有缝隙和空洞，我们不知道在缝隙和空洞处发生了什么（霍金，2002：174-175）。

[②] 事实上，爱因斯坦本人并不认可宇宙膨胀的观点，也不接受大爆炸假说。在他看来，宇宙或许早先有过一个收缩相，在一个相当适度的密度下反弹成现在的膨胀。他推测，如果人们随着星系的运动在时间上回缩过去，那么一个一直膨胀的宇宙的简单模型就是失效的，因为星系的很小的斜向速度将会使它们相互错开。霍金认为，爱因斯坦之所以不承认大爆炸模型，是因为他拒绝承认量子力学，若将相对论与量子力学结合起来，情形就完全不同了。正是将相对论与量子力学相结合，霍金才创立了量子引力学，正如牛顿综合了伽利略和开普勒的理论，创立了经典力学理论一样。可见，看似不相容的理论的整合，能够产生意想不到的结果，科学史上的不少理论创新，如牛顿理论，就是综合先前理论的结果。这给我们以深刻的启迪。

里德曼模型来描述就是（霍金，2015：148-149）：

(0) 奇点（密度、质量无限大，体积为零，无限热）→

(1) 大统一理论时期（10^{-43}秒，10^{32}℃）→

(2) 夸克-反夸克时期（10^{-43}秒，10^{27}℃）→

(3) 质子、中子和介子形成时期——夸克囚禁和反夸克消失（10^{-10}秒，10^{15}℃）→

(4) 氢、氦、锂和氘核形成时期——质子和中子束缚（1秒，10^{10}℃）→

(5) 物质和辐射耦合时期（3分钟，10^{9}℃）→

(6) 物质和辐射去耦时期——电子和核的结合时期，此时宇宙对于背景辐射变为透明的（30万年，3000℃）→

(7) 物质团形成类星体、恒星和原始星系时期——恒星燃烧太初氢和氦，合成更重的核（10亿年，20℃）→

(8) 太阳系围绕恒星凝结时期——原子连接形成复杂分子和生命物质（150亿年，3℃）。

这就是热大爆炸假说。设想宇宙从非常热的状态扩散并随着膨胀而逐渐冷却的图景，与今天宇宙学的所有的观测证据相一致。尽管如此，还是有许多没有回答的问题，比如，根据热力学，如果宇宙是封闭或孤立系统，那么散射到空间的热量去哪里了？（恩格斯对此问题做过辩证的解释。）如果宇宙是开放系统，就意味着热量散射到它之外的空间了，意味着宇宙在生成前是存在空间的？这就是后来的平行宇宙、高维宇宙模型要说明的。

假设大爆炸模型是正确的，霍金认为还有如下四个问题该模型不能给出解释：①为何早期宇宙如此之热？②为何宇宙在大尺度上如此均匀？具体说，为何宇宙在空间的所有点上和所有方向上看起来是相同的（各向同性）？为何微波辐射背景的温度几乎是完全相同的？③为何宇宙以这么接近于区分塌缩和永远膨胀模型的临界膨胀律开始，甚至到今天仍然以临界的速率膨胀？④尽管宇宙在大尺度上如此的均匀和一致，但它包含着局部的无规性，如恒星和星系。这些可能是从早期宇宙中不同区域之间密度的微小差别发展来的。这些密度起伏的起源是什么？广义相对论不能解释这些问题，因为它预言宇宙是从大爆炸奇点处的无限密度开始的，不能预言奇点会产生什么。

为了解释这些问题，古斯（A. Guth）提出一种宇宙的暴胀模型，根据该模型，早期宇宙可能经历了一个非常快速的膨胀时期，即所谓的"暴胀"——在远远小于1秒的时间里，宇宙的半径增大了10^{30}倍。在暴胀期，宇宙中的粒子运动得非常快速、能量非常高，在高温中强和弱核力及电磁力都被统一为一种单独的力。随着宇宙的膨胀，它会变冷，粒子的能量下降，最后出现了相变，力之间的对称性被打破了，即强力变得和弱力及电磁力不同。于是，宇宙从许多不同的非均匀初始状态演化出宇宙现在光滑均匀的状态。这就解释了早期宇宙中不同的区域具有相同性质的问题。而且，宇宙的膨胀率也自动变得非常接近由宇宙的能量密度决定的临界值。这就解释了为何现在宇宙的膨胀率仍然这么接近临界值。不仅如此，暴胀模型还解释了为何宇宙中存在这么多物质。我们可观察的宇宙大约有 10^{80} 个粒子。它们来自哪里？根据量子理论，粒子是以粒子-反粒子对的形式由能量产生的，但这只回答了能量从何而来的问题。根据能量守恒定律，宇宙中的总能量为零，宇宙中的物质由正能量产生。因为当宇宙暴胀时，过冷状态的能量密度保持不变，当宇宙体积加倍时，正物质能量和负引力能量都加倍，这样总能量保持不变。因此，在暴胀时，宇宙的尺度急速增大一个极大的倍数，这样一来，可用以制造粒子的总能量变得非常大。

不过，古斯的宇宙暴胀模型是基于宇宙形成泡泡后快速对称破缺思想设想的，它很快就被林德（A. D. Linde）、斯特恩哈特（P. J. Steinhardt）和阿尔伯勒特（A. Albrecht）的新暴胀模型取代。新暴胀模型以缓慢对称破缺思想为基础，能解释宇宙为何是现在这个样子，但它预言的微波背景辐射的温度变化要比观察到的大得多，而且新暴胀模型需要不断地产生暴胀泡泡来维持，即所谓的"永恒暴胀"[1]，因而遭到了许多批评。可见，宇宙模型或理论也是不断适应观测数据进行调整的，其呈现过程是适应性表征。不论是早期的龟宇宙理论，还是暴胀模型，均是一种图像，只是后者比前者更数学化，预测更准确些。

第六节 宇宙结构的超时空高维表征

直觉告诉我们，我们生活在一个三维的宇宙空间中，如果加上时间维，就是我们常说的四维时空。超越三维的空间是真实存在还是只存在于物理学家的设想或数学方程中？纯粹的思维能否把握真实的存在？如何表征呢？日裔美籍物理学家加来道雄通过平行宇宙、时间卷曲和第十维来描述宇宙的超时空现象（加来道雄，2014），这一节笔者将考察这种超时空理论是如何进行适应性表征的。

第一，通过"鱼池"隐喻说明平行宇宙的可能性。我们都看到过水池中的鱼类，鱼类生活的水池与我们生活其中的世界是不是同一个世界？从鱼的视角看，水之于它们就如同空气之于我们。在生活的意义上，水面就是鱼世界的边

---

[1] 1983 年林德提出了一个混沌暴胀模型，它假设，一个场的量子涨落的发生会导致宇宙的一部分区域像尖峰一样快速膨胀，而其他区域像盆地一样不再暴胀。这个暴胀模型说明，宇宙现在的状态可以从非常大量的不同初始结构产生。

界，空气的界面就是我们世界的边界（大气圈）。然而，我们和鱼类近在咫尺，却生活在两个完全不同的世界，彼此被水面隔离开来，从不进入对方的世界（我们虽然会在水中游泳，但不能在其中生活；鱼类虽然会跃出水面，但不能长时间停留在空气中）。加来道雄设想，假如鱼群中有一些"鱼科学家"声称水池之外存在一个平行世界，而其他鱼类则会嘲笑它们，认为唯一存在的世界就是鱼类看得见摸得着的世界，水池就是它们的世界。假如下了雨，雨点打在水面上，睡莲在风雨中摇曳，而在水中游动的鱼儿会认为睡莲自己在运动，没有任何东西影响睡莲。它们为睡莲自己能够运动大惑不解。由于它们看不到水面上存在的水波，聪明的"鱼科学家"可能虚构某种可称为"力"的东西来解释——睡莲之所以不被接触而自己运动，是因为有一种看不见的神秘力在对它起作用，并给这种神秘力起个名称"超距作用"，以此来掩盖自己的无知。

我们人类的情形何尝不是这样。一方面，为了解释宇宙，人类科学家"杜撰"了所谓的"大爆炸""弦振动"等概念来解释以宽慰自己。真实的宇宙是什么样子，我们不得而知，就像鱼类不理解睡莲的运动一样。我们就沉浸于自己编造的故事之中，也就是用虚构概念来代替真实存在，如用"实在"说明"存在"，用隐喻的方式使自己找到理解的理由。另一方面，像鱼类一样，由于自身天然的限制，我们不能理解我们宇宙之外的现象，如平行宇宙、多维空间。这个隐喻给我们的启示是，囿于某种存在的可见世界，我们就难以理解可能世界的现象。看不见的东西不一定不存在，如高维空间存在于数学思维中，眼睛是看不见的，只有"心智之眼"才可洞见。在哲学上就是实证主义或经验主义与理性主义和科学实在论之间关于经验与理性的长期争论。我们人类是有能力超越经验世界而探索可能世界的，如量子力学的发展为我们揭示了微观世界的秘密。

第二，通过数学形式的表征描述高维空间成为可能。进化使得我们生活在三维空间，欧几里得几何学（平面几何）描述了三维空间，使得我们看不见四维或更高的维度。如果用高维度来描述空间可能会更为简单和优美，这就需要超常规思维。数学思维就是不同于日常思维的超常规思维形式。数学家黎曼超越了平面几何的束缚，认为牛顿描述的力并不存在，它是几何畸变引起的结果，就如同平面的纸张被弄皱一样。由此黎曼意识到，电、磁、引力可能都是由我们的三维宇宙中看不见的第四维中因"起皱"所致。黎曼将这一思想用一种新的数学语言——度规张量来表征。他的思路是这样的——从毕达哥拉斯定律（勾股定理）（二维平面）开始，经三维立方体推出高维的"超立方体"。用数学语言表达就是：

$a^2+b^2=c^2 \to a^2+b^2+c^2=d^2 \to a^2+b^2+c^2+d^2+\cdots=z^2$。

在 $a^2+b^2=c^2$ 中，a 和 b 是直角三角形的两个短边，c 是斜边；在 $a^2+b^2+c^2=d^2$

中，a、b、c 是立方体的三个边，d 是其对角线；在 $a^2+b^2+c^2+d^2+\cdots=z^2$ 中，a、b、c、d 是超立方体的边长，z 是其对角线。这是在平面的纸上就可描述的高维客体，但我们的大脑中却难以呈现这种抽象客体。将这种方程推广到任意维空间，这些空间可以是平坦的，也可以是弯曲的。平坦的情形欧几里得几何学可以描述，而弯曲的情形它就不适用了，例如，曲面有"正曲率"如球面，也有"负曲率"如马鞍形，平面的曲率为零。

黎曼发现，二维平面在每个点引入三个数就可描述平面的弯曲，而在四维空间，需要引入 10 个数才能描述其性质，或者说，10 个数足以表达该空间的所有信息。这样的数组被称为"黎曼度规张量"，它被用来度量平面弯曲的程度，如纸张被弄皱的程度。度规张量的数值越大，平面弯曲的程度就越大。从表征的角度看，度规张量就如 $n\times n$ 大小的棋盘，形式地表征就是矩阵方式。如果将度规张量这种数学表征工具用于物理学，就可能产生一些重大的物理学意义（加来道雄，2014：50）：①电磁力和引力可能是由空间弯曲引起的，相对论证明了这一点；②黎曼切口是多连通空间的最简单范例，预示了"虫洞"存在的可能性；③将引力表述为场，即将度规张量用于引力时，就是精确的法拉第场的概念。

这是物理时空概念的数学语言表征。当然，黎曼并没有建立电磁引力所遵循的数学方程，因为他缺乏指导性的物理原理和物理图景，这就是后来麦克斯韦和爱因斯坦所做的工作。但是，黎曼的度规张量思想和表征形式的确蕴含了时空物理学的意义。

第三，物理定律在高维中通过数学表征得以简化。如果将空间的维度扩展到五维或更高的维，用黎曼的度规张量方法如何表征呢？在我看来，这是高维空间通过度规张量的适应性表征问题。由于度规张量是定义在空间各个点的 10 个数的集合，可描述任意曲率的任何维空间，如麦克斯韦场是定义在空间每一点的 4 个数的集合。数学家卡鲁查（T. Kaluza）通过引入第五维（四个空间维和一个时间维）来统一爱因斯坦的引力理论和麦克斯韦的光理论。他假设光是由高维的起伏所引起的扰动，然后根据黎曼度规张量方法，将爱因斯坦的四维场（4×4 矩阵）外加上一个第五维，构成麦克斯韦场（5×5 矩阵）。可以看出，卡鲁查只是在四维度规上加了一个维，表征形式由四维变成了五维，就一下子统一了引力和光的理论。这的确令人惊奇，据说爱因斯坦也十分震惊，因为五维的度规张量既包含了麦克斯韦场，也包含了爱因斯坦场，如此简单的思想竟然能够解释自然世界中两种最基本的力——引力和光。这是物理学的统一问题，是爱因斯坦一直苦苦追寻的，竟然被一个不知名的数学家解决了，难怪爱因斯坦感到吃惊。卡鲁查的假设无意之中将爱因斯坦的场理论与麦克斯韦的场理论在五维中统一了起来。

然而，问题来了，纯粹的数学构造怎么能准确刻画令人头疼的宇宙空间中的各种力？在笔者看来这不是什么巧合，而是适应性表征在起作用。既然欧几里得几何学不能表征更复杂且高维的物理现象，寻求更适合的数学工具就是必然的，这也是爱因斯坦一直寻求的。卡鲁查的工作只是从四维到五维迈出了一步，就有了惊人的发现。如果将空间维再提高会怎样呢？在我们居的四维时空中，五维的存在我们观测不到，更不要说六维、七维，甚至更高的维度了。按照卡鲁查的设想，也许那些高维不是实验上可观测的，它可能已塌缩到连一个原子也不能安置其中的极小空间。这样一来，第五维就不仅仅是数学的技巧问题了，而是一个实实在在的物理维，它提供了一种"胶合剂"，将两种基本力胶合为一种力，但它又太小，根本观测不到。这可能与量子力学相关。数学家克莱因（O. Klein）认为，量子理论或许能够解释第五维塌缩的原因，他给出第五维的尺度为普朗克尺度，即 10^{-33} 厘米。这个尺度是迄今任何物理实验难以企及的。这种由纯数学设想的高维空间，由于实验上无法检验，物理学家大多难以接受，也几乎不相信第五维的存在。即使能够设计出实验进行验证，所需的能量也大得超乎想象，事实上根本就达不到，据说需要的能量是 10^{28} 电子伏特，是禁锢于质子中的能量的 10^{22} 倍。

第四，微观世界与高维世界的表征可能是统一的。前面业已表明，量子力学是描述物质宇宙由原子及其组成部分构成的学科的。根据量子力学，原子等微粒子的运动完全不同于牛顿力学所描述的情形，也与相对论不同。牛顿力学是基于决定论的，描述的是宏观物体的确定性；而量子力学是非决定论的，描述的是微观粒子的不确定性。相对论与量子力学的主要区别在于（加来道雄，2014：130-133）：①力是由交换量子（一份份能量）产生的（不是因为空间曲率）；②不同的力由交换量子引起，如弱力由交换被称为 W 粒子的量子所致，强力由交换被称为 π 介子的亚原子引起；③不可能同时测量到亚原子粒子的速度和位置，这就是著名"海森堡不确定性原理"；④微粒子有可能穿透或跃迁越过不可贯穿的势垒。这是量子隧穿效应，比如，隧道二极管的原理就是量子隧穿，它是一种纯量子力学器件。事实上，各种电子器件的制造成功和广泛应用，已经证明了量子力学的正确性。基于与光量子的类比，量子物理学家认为弱力与强力是由交换某种能量产生的，这就是著名的杨-米尔斯场[①]。杨-米尔斯场的发现使得建立一种关于所有物质的无所不包的理论成为可能，因而被称为标准模型。按照标准模型，束缚各种粒子的每一种力（强力、弱力、电磁力）

[①] 这是杨振宁和他的学生米尔斯1954年发现的，用来描述光的麦克斯韦场的推广。对于弱互动，相应于杨-米尔斯场的是量子 W 粒子（所带电荷为+1，0，-1）；对于强互动，相应于杨-米尔斯场的量子被称为胶子，它将质子和中子结合在一起。

均是通过交换不同类的量子产生的。也就是说，在亚原子粒子层次，所有物质都是由夸克和轻子组成的，它们通过交换不同类型的量子而互动，这些量子由麦克斯韦场和杨-米尔斯场来描述。从度规张量的适应性表征的角度看，杨-米尔斯场是第六维，夸克-轻子是第七维，这是在黎曼度规中增加了超对称性，使该度规的大小增大一倍，从而给出了超黎曼度规。这个超黎曼度规张量的新分量对应于夸克-轻子维。通过将超黎曼度规张量分解为它的分量，物理学家发现它几乎包含了自然界中所有的基本粒子和力——爱因斯坦的引力、麦克斯韦场（光）和杨-米尔斯场（核力），以及夸克和轻子（物质）。

然而，这并没有结束，这个超黎曼度规中还缺失某些粒子，这个事实迫使物理学家去寻求更合理、更有力的表征，这就是接下来的宇宙结构的 10 维超弦理论。

第七节 宇宙结构的弦-膜表征

物理学家清楚，宇宙中的粒子本身并不是基本的，如电子并不比中微子更基本。物质和力之间似乎还缺失某些东西，"弦"可能是它们之间缺失的环节。粒子的运动被理解为弦的振动似乎更为合理。因此，弦模型是针对点粒子行为而提出的，其根隐喻是"琴弦"，即粒子的行为是弦振动而非运动。根据粒子物理学，宇宙是由基本粒子构成的[①]。我们设想，如果粒子是点状的（点粒子），那么两个点粒子相碰撞时，它们的行为可能有三种：其一，它们的路径会偏离到新的轨道上，就像两个相碰撞的弹性球，碰撞后会偏离原来的运行轨道；其二，在互动点发生爆炸并改变其轨道；其三，碰撞后短暂地相互湮灭，而后产生新的粒子，比如，电子和其反粒子正电子互动后，在一次能量迸发时短暂地相互湮灭，产生一个光子，光子释放能量产生另一个电子-正电子对，这似乎是经历了一个极为短暂的创生阶段后粒子的路径偏离到新轨道上。这三种碰撞情形的粒子行为最终的结果都是偏离原来的轨道。

假如粒子不是零维的点状，而是一维的弦（如一条线），在弦上振荡的环作为一个粒子如电子或正电子而振动，电子和正电子通过振荡碰撞，那么它们在相互湮灭时产生了新的具有不同振动模式的弦。新的弦释放能量并分成继续

[①] 粒子有两类：一类是费米子；另一类是玻色子，它们都自旋。前者的自旋是半整数（1/2）的粒子，它们构成通常的物体，其基态能量是负的。玻色子是自旋为整数（0,1,2）的粒子，它们在费米子之间引起力，如光，其基态是正的。超引力理论认为，每一种费米子和玻色子都具有其自旋比它的大或小 1/2 的"超伴侣"。比如，光子（它是玻色子）的自旋为 1，它的基态能量是正的。光子的超伴侣是光微子，其自旋为 1/2，这使它成为费米子，其基态能量是负的。

沿着新轨道的弦。假如不是将原来的弦看作是分立的时刻，而是将它们看作在时间中的连续的历史，那么所得到的弦就成为一个弦世界片（二维）。在弦模型中，基本对象不是占据空间的孤立粒子，而是一维的弦，这些弦可以有端点，也可自己连接成一个闭合环，就像小提琴上的弦的振动。不同的是，小提琴的弦的不同共振频率产生的音频不同，而量子弦的不同振动会产生不同的质量和力，它们被解释为基本粒子。也就是说，弦振动的波长越短，则粒子的质量越大。然而，四维时空中的弦我们可察觉，而额外维却察觉不到。弦模型给出的解释是，它们卷曲成异常小尺度的空间，这种空间相对于我们经验到的三维空间属于内空间，它们是无声无息隐藏的维，就像暗物质一样。

粒子物理学业已揭示，微观粒子具有波粒二象性，也就是粒子的行为既表现出物体的行为也表现出波的行为。如果说点粒子是物质属性的延伸，那么量子弦就是波属性的延伸。物质波的概念就是二者的混合。众所周知，琴弦是一维的，只有长度，而在弦模型中，量子弦是在时空背景中运动的，弦的涟漪被理解为粒子，涟漪是多维的，对应于玻色子和费米子。在这种情形下，正的和负的基态能就会湮灭。由于弦模型能够给出粒子的波粒二象性的合理解释，因此在一段时期，该模型甚受重视，几乎成为至高无上的理论。然而，弦模型有五种，包括O-杂化型、Ⅰ型、ⅡB型、ⅡA型和E-杂化型，它们之间相互分离且没有联系。因此，人们不可避免地会问，哪一种是基本模型呢？哪一种表征了我们的宇宙呢？量子弦会弯曲时空吗？这些问题是弦模型难以回答的。

据此，物理学家逐渐认识到弦模型并不是完整的理论。在霍金看来，弦模型是最接近M理论的，但它仍然只是诸多族类的一员。汤森（P. Townsend）发展了弦模型，将弦定义为"p膜"。p膜在p个方向上有长度，是p维延展的物体。当$p=1$时，p膜就是弦或卷曲的弦；当$p=2$时，p膜就是面膜或卷曲成圆环状；当$p=3$时，p膜就是球体了；当$p=10$或11时，就是我们的常规思维难以理解的了。尽管10或11维的超引力理论方程可以找到所有p膜的解，但在我们的观念中，除4维是可察觉的外，其他6或7维被卷曲成小到我们察觉不到。根据p膜模型，所有p膜都是平等的，这意味着高维p膜是存在的，然而我们为什么察觉不到呢？一种最有可能的解释是，那些p膜卷曲为基本粒子状态难以观察。宇宙真的就是p膜描述的情形吗？或者说，高维p膜真实存在吗？高维的数学模型能很好地描述宇宙吗？实证主义物理学家对此持怀疑态度。

我们前面已经谈及，弦模型也好，p膜模型也罢，都是一种隐喻思维和隐喻表征，这是人们面对复杂或不可观察现象时最常用的方法。我们可能找不到一种万能理论一劳永逸地描述我们的宇宙，但我们可以将不同类型的理论整合在一起，正如霍金倡导的M理论。我们要描述宇宙，靠单一模型或理论可能做不到，我们只能在不同情形下使用不同的模型或理论。某一种模型或理论或许都在自己的范围描述了其关于实在的版本。根据霍金的依赖模型的实在论，每当这些不同理论交叠，即都能适应之外，只要它们的预测一致就可被接受。也就是说，一个模型或理论，不仅能解释已有事实，还能做出预测，而且所做的预测与未来的观察一致，这样的模型或理论就会被认可。在笔者看来，霍金所说的理论交叠，类似于物理学家费恩曼的历史求和方法[①]，也就是笔者提出的"语境叠加"（魏屹东，2018：584-593）。科学探索主要是基于因果性的，也就是对事物的演化做因果链或关联分析。比如，牛顿力学中的万有引力（超距作用力）效应，根据相对论就是时空弯曲的结果，也就是时空的弯曲导致了引力，引力只是一种表观现象，它就像病毒感冒（时空弯曲）引起的发热（引力）。是什么导致时空弯曲呢？可能是黑洞，也可能是量子效应，或者别的什么。大爆炸理论之后的别的新理论都可能给出一种更好的解释。根据适应性表征的观点，科学理论就是一个模型或理论家族，它们是通过不断适应变化的环境和新的观测数据或新的发现而演化的。

第八节 小　　结

综上，关于宇宙结构，宇宙学对此问题的表述充满了隐喻性，几乎所有重要概念，诸如大爆炸、弦、膜、黑洞、虫洞、果壳、平行、多维、鱼池等，都是作为可能宇宙的隐喻说明的。这些大量的隐喻式表述有力地表明：所有这些宇宙学说或模型，都是为了解释宇宙的生成和演化而所做的猜测性的适应性表征，大多数宇宙理论既不能证实也不能证伪，几乎成为形而上学理论。因为随着收集的证据越多，这些理论的扭曲就越大。比如，最流行的弦模型可以有惊人的数学有效性，但在逻辑上却无法解释，也无任何经验基础，在实验上更无法验证。也许，物理学家们思考宇宙的方式错了，宇宙本来并不是我们如此看

[①] 物理学家费恩曼有关量子实在性给出了一种解释。如果一个粒子在位置 A 开始自由运动，在牛顿模型中，该粒子沿直线运动，在以后的某个时刻，它会在某一确定位置 B 出现。但在费恩曼模型中，一个量子粒子体验每一条连接 A 和 B 的路径，从某个路径获得一个相位数，相位代表在一个波的循环中的位置，即该波在波峰或波谷，或者在它们之间的某个确定位置。计算相位显示，当将所有路径的波叠加在一起时，就得到粒子从 A 到达 B 的概率幅度 P，$p2$ 给出粒子到达 B 的正确概率。费恩曼模型不仅可预言一个粒子的行为，也可预言一组粒子甚至整个宇宙。在系统从初始态到其性质被测量之间，那些性质以某种方式演化，物理学家将这种演化过程称为该系统的历史，如双缝实验中粒子的历史就是其路径。按照费恩曼模型，对于一个系统，任何观察的概率由所有可能将其产生那个观察的历史构成，正因为如此，他的方法被称为量子物理的"历史求和"方法或"历史选择"表征。

待它的图景，他们只是陶醉于自己的数学建构或形式表征之中，而表征只是描述或刻画，并不是宇宙本身，就如地图并不是真实地形地貌一样。

当然，目前已有的关于宇宙空间结构的理论，从物理原理的表达到数学形式的表征，从一维到多维，从低维到高维的数学设想，的确体现了在高维中获得理论上的高度综合与统一的特征。这可能就是人类理性力量使然，而理性作为认知行为与意识密切相关。假如没有意识这种东西（即使有生命存在），所有理论猜测都会归于零。也许宇宙在经历了十分漫长的物质演化后，其产生的生命体及其意识并不是物质的副产品，并不是我们一直以为的是次要的，生命和意识可能是我们理解宇宙与其中所包含的一切的基础。这样说并不是坚持或支持一种所谓的"生物中心主义"[①]。生物中心主义是在主流科学（物理学、生物学和宇宙学）基础上的，并对当代物质宇宙理论提出了反思。但它也同时与某些宗教（佛教）和某些哲学（唯我论、感觉论）产生共鸣。

在笔者看来，生物中心主义就是某些科学与唯我论混合的产物，有其合理的成分（基于科学），也有不合理的地方（掺杂了唯心主义和宗教思想）。最典型的是唯我论——意识是宇宙中一切存在的前提。这与"万物有灵""存在就是被感知的"观点很接近，也暗示了互补论（动物观察者创造了现实）和具身认知观（没有生物身体，就没有意识）。笔者不赞成宇宙现实是意识的创造，没有意识就没有宇宙的唯我论，但支持意识是认知的基础、意识与环境互动的具身认知观。事实上，辩证唯物主义结合相对论和系统科学的成果，已经阐明物质、时间、空间与物质的运动是不可分割的，生命体包括人类和动物及其意识和精神也是自然的一部分。从适应性表征的视角看，生物中心主义这种杂烩理论的核心是"适应性表征"，无论它坚持的是唯心主义还是唯物主义，是整体论还是还原论。地质学、自然史和古生物学揭示了一个不可否认的事实：宇宙在人类产生之前已经存在（相对于宇宙生命，人类不过几万年）。假如生物中心主义是对的，如何解释人类之前的宇宙存在呢？由此看来，宇宙学中的"人

[①] 生物中心主义包括七个原理：a. 我们感觉真实的东西是一个与我们的意识有关的过程。如果存在一个"外在"的实体，根据定义，将必须存在于空间中。但这是没有意义的，因为空间和时间并不是绝对的实体，而是人类和动物的思维工具。b. 我们的外在和内在感觉是相互纠缠的。它们是一个硬币的两面，不可分开。c. 亚原子粒子（实际上所有的粒子和对象）的表现与观察者的在场有着相互纠缠作用的关系。若无一个有意识的观察者在场，它们充其量是以概率波的不确定状态而存在的。d. 没有意识，"物质"就处在不确定性的概率状态中，任何可能先于意识的宇宙，都只存在于一种概率状态中。e. 唯有生物中心主义才能解释宇宙的真正结构。宇宙对生命做精微的调节，使生命在创造宇宙时产生美感，而不是相反。"宇宙"纯粹是它自身的完整时空逻辑体系。f. 在动物意识的感知之外，并无真实的时间存在。时间是我们在宇宙中感觉变化的过程。g. 空间与时间一样不是物体或事物。空间是我们动物的另一种理解形式，并不是独立的实在。我们像乌龟的壳那样承载着空间和时间。因此，并没有与生命无关的物理事件发生在其中的、自我承载的绝对基体（兰札和伯曼，2012：131-132）。

则原理"还是有几分道理的,生物中心主义只不过是"人类中心主义"和"唯我论"结合主流科学知识的变种而已!

总之,我们人类有意识是不言而喻的,以此为前提,我们在理解和说明宇宙结构方面,数学语言和隐喻在其中发挥了重要作用,也引发了许多重要的哲学问题,比如还原论与整体论的争论,意识在量子测量中的作用,意识的量子纠缠解释,高维的实在性和可检验性,平行宇宙的可能性,等等。这些均是关乎宇宙的演化与人类命运的大问题,值得我们去深思。

第五部分　科学认知适应性表征的方法论

　　适应性表征不仅是作为认知的概念框架，而且也体现了重要的方法论意义。这一部分包括第二十一至第二十五章，集中于探讨如何实现适应性表征的方法论。方法论是人们在认识世界过程中探讨未知现象或事物所运用的一般认知原则和手段，在科学认知活动中就是科学认知方法论。面对纷繁复杂和不确定的自然世界，科学家如何思维，如何组织和建构信息，如何寻求更好的理解，如何做出重大发现并建立理论，这些问题一直是20世纪以来科学哲学与科学史界乃至认知科学界关注的焦点。

　　第二十一章探讨了认知任务分析的过程和步骤。认知任务分析作为一种新的认知方法，旨在探讨人们在思考什么、注意什么、决策策略是什么、完成任务的目的是什么等，其过程包括准备数据、安排数据、发现意义和表征发现物四个阶段。我们在面对自然现象、事件和行为时，自然而然地会对这些事情产生疑问，进而试图认知它们，寻求解决问题的方法。这个过程就是认知任务分析。人类认知的最终目的是要解决所面临的问题，问题是在特定境遇或语境中产生的，因此，认知任务分析是一种基于语境的认知分析。认知任务分析涉及知识引导、数据分析和知识表征，它们源于认知心理学、计算机科学和人工智能等学科的发展，是一种依据环境变化的适应性表征，一种宏观认知方法，以决策为中心的设计是认知任务分析的一个精致案例。

　　第二十二章着重讨论了适应性表征的认知模拟方法。表征在最基本意义上就是类比和模拟，即是用一个中介客体模拟目标客体的过程。在类比的意义上，表征的实质就是模拟，表达方式上往往使用隐喻。其中主要有三种模拟：功能模拟、仿真模拟和心理模拟。功能模拟主要是根据相似性做出的，与类比类似，但不完全相同，因为类比还包括没有相似性的隐喻关系。仿真模拟是根据模拟对象的外形和功能设计来操作某种设备，包括外形仿真、操作仿真、视觉仿真等。心理模拟是指我们的心智能在行动前想象采取特定的行动并模拟可能的结果，通过建立一个与研究对象类似的模型来探索心理特征和规律。这些模拟方法均是适应性的。

　　第二十三章旨在阐明，认知过程不仅是情境化的，情境认知更是适应性表征的一种新形态，体现为认知情境化的方法论。情境认知作为第二代认知科学的一种研究纲领,与认知主义相对立,其思想的主要来源是现象学、实用主义、生态心理学、人工智能以及理论生物学,不仅与具身认知、生成认知和嵌入认知有着天然的紧密联系,而且有综合这些研究纲领的特质。这是因为情境认知具有境遇性、交互性、动态性和即时性特征。境遇性凸显了认知的环境依赖性,交互性刻画了认知的非单一性,动态性说明了认知的生成性,即时性体现了认知的当下性和灵活性。这些特征不仅反映了认知的情境依赖性,也体现了其语境敏感性。正是情境认知与语境论的结合,才凸显了其重要的方法论意义。

第二十四章基于语境同一性方法,提出一种语境投射机制来解决表征关系中两个客体的语境同一性问题。语境同一性是笔者提出的一种解决科学表征问题的方法论。表征作为认知科学、心理学、人工智能等诸多学科中的一个核心概念,在知识形成与获得过程中起到了关键作用。但表征是什么,如何界定与划界,仍然存在争议。语境投射将表征与语境相结合,在动词表征层次整合了关于表征的种种定义和说明理论,并给出了基于语境的表征概念的本质属性。在应用方面,语境同一方法为"自由意志问题"的解答提供了一种可行的路径。人类是否拥有自由意志,关于这个问题哲学上主要有三种立场:自由意志论、硬决定论与软决定论。这三种立场恰恰说明自由意志是一个没有统一答案的问题。从本体论层面看,"自由"与"因果"的矛盾是一个无解的哲学难题。从认识论层面看,可将习俗、传统和制度作为语境来规范行为。从语境同一性视角可给出"自由意志问题"的一种合理解释。

第二十五章探讨了充分体现适应性表征的溯因方法。在科学探索中,从已知结果或现象通过假设寻求其发生原因的推理,比之归纳和演绎是一种更常见的认知方式,但逻辑学对这种推理形式并没有给出形式刻画。从表征的视角看,溯因是一种适应性表征过程,其中蕴含的逻辑规则也不复杂,特别是在逻辑上无效的推理,却在实际探寻中增强了信任度,使得结论变得更为可信,深层的原因值得深思和研究。这就是说,溯因所蕴含的适应性表征特征,表面上使得这种认知推理有时并不那么合乎已有的逻辑规则,却反映了认知思维的实际情形。总之,适应性表征才是溯因发生的根本原因之所在。

第二十一章 认知任务分析：以目标导向解决问题

> 先有成功的实践，后有总结实践的理论；先有对方法的应用，后有作为对各种方法的批判性探讨的产物——方法论。
>
> ——吉尔伯特·赖尔（《心的概念》第 25 页）

在面对真实世界中的现象、事件、行为等时，人们是如何思维的，他们的心智如何工作，他们如何适当地执行复杂工作，如何从困难的甚至危险的境遇中提炼出创造性的结论，如何组织和建构信息并很好地理解它。这是认知任务分析（cognitive task analysis，CTA）要探讨的问题。这样一来，认知任务分析就是探讨真实世界语境中的认知的一种方法，它是用于研究和描述推理和知识的方法家族，能为许多应用类型提供一个系统地识别关键认知驱动的过程（Crandall et al., 2006：4）。这里的"认知"不是孤立的认知，而是"语境中的认知"；"任务"不是指完成日常工作的"目标"，而是指在复杂认知系统中人们试图获得的结果；"分析"不是简单地把某物分解成部分，而是通过分解系统的结构组成来弄清各部分之间的关系，从而构成整体认知，即分析是基于整体的分析，分析是为了综合。因此，没有分析就没有综合，综合是基于分析的高度概括。

第一节 认知任务分析的含义

一般来说，认知任务分析的目的是捕捉心智的工作方式，理解认知的工作机制。执行认知任务分析的研究者通常会尽力理解和描述参与者如何看待他们所做的工作，如何使事件产生意义。也就是说，认知任务分析的探讨试图理解人们在思考什么，他们注意什么，他们用于决策的策略是什么，他们要完成任务的目的是什么，他们对于一个过程的运作知道什么。具体来说，认知任务分析有三个主要方面，即知识引导、数据分析和知识表征，每个方面对于一个成功的认知任务分析都是必要的（Crandall et al., 2006：10）。这是因为，认知任务分析的首要目标是引诱出所需要的知识,而要使所获知识清晰,就必须对获得知识之过程的数据做分析,然后将知识以适当的形式表达出来。事实上,认知任务分析是关于一种知识如何产生和如何表达的过程分析,不仅体现了一种实在论的哲学立场,也体现了一种科学的方法论。

第一,如何引导出知识有许多方法,诸如采访、自我报告、观察、启发、内容分析、概念分析、心理测验等。这些方法集中于两个方面:一方面是我们如何收集数据;另一方面是某种特殊方法聚焦于何处。采访是最常见和最常用的,那就是询问人们关于某一现象或行为的问题,比如,你如何看待心智现象,你认为大脑是不是思维的器官。自我报告就是自己谈论或记录所看到的行为或事件。观察,包括间接(仪器)和直接(肉眼)观察,是对研究任务的行为、表现的数据收集,这种方法可与任何其他方法结合使用,例如,植物学家观察并采集制作各种植物标本,这是观察与绘图的结合。

这里特别要强调的是,数据收集目前可利用计算机进行自动捕获,如人工智能的对弈就能自动收集棋手的相关信息、大数据系统对网络信息的自动收集。一个典型的例子是"境遇觉知全局评估技术"(situation awareness global assessment technique,SAGAT)(Endsley,1988),它是一种能对境遇做出自主感知的装置,根据这种技术,一个人对境遇的感知越好,他对境遇的重构就会越精确。

第二,考虑从哪里寻找数据,或者说方法聚集于何处的问题,而不是如何获得数据的问题。一般来说,数据收集的目标要考虑四个方面:它的位置在时间上、在现实性上、在困难性上和在概括性上都是连续的。时间因素要说明数据目标离"此时此刻"有多近的问题,这涉及过去、现在和未来,特别是过去的数据不仅要依靠记忆和记录,还要对其真实性进行鉴别,而未来的数据涉及假设和确证。现实性要回答数据目标与真实世界有多像的问题。在真实世界中,数据有时会出现真假的问题,在模拟场景和人工环境中数据的现实性问题更加突出。困难性要回答数据目标离日常事件多近的问题,日常事件是此时此刻我们经历或处理的事件,在探索中遇到的常常是挑战性事件、稀有事件、异常事件和非典型事件,如航海、卫生保健、核电站等。概括性要回答数据目标是收集抽象知识还是具体事件的问题,如概念地图,它是一种描述核心概念及其关系的方法(Novak,1991),概括性知识是通过这种方法获得的。还有一个等级任务分析方法用于知识引导,它集中于目标和目标结构分析(Endsley et al.,2003)。这些方法的不足是,它们往往引导出认知场景的宽泛的、表面的特征,而不涉及解决竞争目标或在复杂条件下执行认知功能的更深层次。

第三,不同认知任务分析方法相结合。大多数情况下,认知任务分析不是运用一种方法，而是多种方法的结合。比如观察，几乎在所有方法中都会用到（以视觉正常为前提），采访或访谈的第一步就是观察，换句话说，采访和观察是形影不离的，比如访谈时，访谈者首先要观察被采访的对象，然后开始询问。分析的过程渗透了归纳、演绎和假设等，具体使用哪些方法要根据认知任务的特点和目标来决定，也就是我们常说的"具体问题要具体分析"，或者说，认知任务分析要视具体情况或条件来确定。这就是认知任务分析的适应性问题。

第四，认知任务的数据分析与知识表征，不能脱离特定的语境。认知任务的分析阶段是一个排列数据、识别发现物和发现意义的过程，也就是知识表征的过程，这是科学研究的一般程序。知识表征是包括展示数据、瞄准发现物和理解意义的认知过程。比如，概念地图就是一种通过概念映射来表征知识的方法。一般而言，知识表征与分析方法有四大类：①文本描述，这是最常见的语言表达方式，如书、论文；②表格、图解和例证说明；③定性模型，如流程图、曲线图；④模拟、数字和符号模型，包括计算机模型。这些方法类型都是在目标结构清晰的情况下被使用的。

第五，认知任务分析需要遵循一定的步骤。当目标结构不清晰时，知识引导的方法大致包括五个步骤：①节略事件，即简化对目标客体或事件的描述或记录，不要使目标事件复杂化。比如叙事描述就是一种有效的表征，因为它能以突出认知内容的方式被创造，而且还保持了事件的语境。②分类线索和模式，即对目标客体的数据进行分类描述和评价，然后建立一个模式，该模式就是一个表征模型，它可表达目标客体的详细信息。例如，生物学家林奈对动植物的分类，他提出界、门、纲、目、属、种的物种分类法，建立了动植物命名的"双名法"，至今仍然被广泛采用，形成了一种代表性的命名模式。③确认主题，即采用归纳法从个别事件发现普遍法则或主题，比如我们发现许多金属有导电性，于是得出金属导电的结论。④编码数据，即通过线索分析、主题分析、定性分析等对所得数据进行排列，以便得到目标客体的一个重复性说明或带有规律性的说明。⑤描述认知顺序，即按照时间动态地描述事件发生的次序，这是认知动力学的要求，因为认知过程就是时间延续的动态过程。比如，年表能够提供事件或人物、具体发生时间、认知过程的动态表征。

总之，认知任务分析有许多方法，它是一个方法家族，不同方法的组合会产生更有力的分析工具，这有利于我们进一步弄清认知的机制及其适应环境的过程。

第二节　认知任务分析的思想根源

认知任务分析方法始于 20 世纪 80 年代早期，其思想来源主要有以下六个方面。

第一，科学心理学的发展奠定了认知任务分析的基础。心理学中行为主义的兴起使认知研究转向了科学实验方面，传统的哲学式的内省方法遭到了批判，这使得心理学最终脱离了哲学，成为一门独立的学科。这一方面的代表是心理学家华生（J. B. Watson）。他的行为主义尽管有这样和那样的局限性，却统治了美国心理学长达半个世纪之久。20 世纪 50 年代，卡内几研究所召开了一个包括语言学家、心理学家和计算机科学家参加的跨学科会议，这标志着一场"心理语言学革命"（Carroll，1953）。那场革命的旗手是语言学家乔姆斯基（Chomsky，1959），他提出了"生成转换语法"的概念，即批判行为主义的语言方法。

第二，人工智能发展促进了认知任务分析的形成。在 1956 年的达茅斯会议上，一群数学家和逻辑学家，在诺依曼、维纳和图灵的开创性工作的基础上，建立和描绘了一幅雄心勃勃的人工智能的蓝图。此次会议是人工智能的开端。在会上，纽威尔和西蒙提出并讨论了一种程序语言的新颖观念，明斯基提出了人工智能的目标和核心问题。在整个 20 世纪 60 年代，解难题、对弈和证明定律的系统被创造出来，比如，一种基于程序规则的推理引擎被建立，最终产生了"专家系统"（Buchanan et al.，1971）。这一工作延伸到实验心理学和教育心理学，对此后的认知研究产生了深远影响。

第三，计算机和关于记忆与程序的相关概念提供给认知心理学一种核心隐喻，即计算机隐喻（思维是计算）和存储隐喻（记忆是库存），为认知任务分析提供了一种有力的分析技术。计算机科学提供了一种创造性装置，它能够例示 19 世纪的联想主义理论，超越了在此前的 20 多年里一直占支配地位的"电报和电话交换机"隐喻（认知是信息交换）（Hoffman et al.，1994）。尽管研究者在 20 世纪 50—70 年代里依赖于刺激-反应联系的概念，但流程图模型开始被用来说明心理操作和决策的假设阶段。其实，这些趋向在 1956 年的会议上已经出现。当时，纽威尔和西蒙提出了符号信息加工理论，乔姆斯基提出了他的语言理论，米勒提出了他的短时记忆限制概念，而且米勒还将那次会议看作是认知心理学的肇始。此后，认知心理学开始研究认知现象，包括心理表征、观念的联想、记忆中的意义表征等。这些研究基本形成并奠定了认知任务分析的基础。

第四，与认知功能研究相关的几个领域的出现，共同促成了认知任务分析的发展。这些领域包括认知系统工程、认知构架、计算机模拟、人机交互、认知机器和人工智能、认知场研究和自然主义决策等。特别是认知系统工程，它是为应对1979年发生在三英里岛的事故①和1986年的切尔诺贝利事故②而出现的。这些应急事件需要专业的认知心理学家和人类因素工程师来拓宽人们的视野，研究在复杂的、产生严重后果的环境中（如核污染）人类的认知和行为。同时，计算机制图和计算机技术提供了一个创造新支持系统和过程控制界面的基础，新一代的认知心理学家面临着在控制中心的认知工作，他们试图扩展来自心理学的概念，帮助研究者使用许多种类的工具执行实质性任务。可以说，三英里岛事故后，认知任务分析作为一种方法在20世纪80年代早期就成为该领域的共同术语。在认知过程中，认知任务分析的目标就是揭示人机交互中的模式和原则，特别是核电厂控制人员的行为如何适应于该领域中组织目标、压力、信息技术的特点。

第五，为深入理解人机交互的机制以支持界面的设计，认知任务分析在此过程中得到了长足发展。人机交互的研究试图将一个微观认知尺度的心理机制映射到具体的任务上，这导致了按键模型（计算机键盘）和后来的 GOMS（goals, operators, methods, selection rules）模型的提出（Card et al., 1983）。可以说，键盘是人机交互的第一个模型，目前仍在广泛使用。更深入的研究是认知机器和人工智能，这是关于思维的计算机模拟，似乎需要认知任务分析方法，但另一个发展方法的强烈动机是使用知识引导方法创造专家系统，目的是模型化专家执行复杂认知任务的方式。在发展专家系统中，一定存在某类知识引导程序作为一个组分增加到知识获得的整个过程。这种专家系统中使用的知识引导程序可被看作认知任务分析的一个例子。

第六，在实地考察领域，如人种学、认知人类学和科学知识社会学，工作场、认知场（cognitive field）和自然主义决策的研究中，加深和拓宽了认知任务分析的应用范围。人种学和认知人类学的工作场研究主要是理解文化传统是如何影响人类认知和思维方式的。比如，"情境认知"（Clancey, 1997）和"野生认知"（Hutchins, 1995）就是探讨在某些自然环境中的认知模式。萨奇曼（L. A. Suchman）的工作是这一研究领域的标志，他认为许多问题是利用问题

---

① 即三英里岛核泄漏事故。1979年3月28日凌晨4时，美国宾夕法尼亚州的三英里岛核电站第2组反应堆的涡轮机停转，堆芯压力和温度骤然升高，2小时后大量放射性物质溢出，造成了严重的核污染。此次事故是误操作造成的，但没有人员伤亡。

② 切尔诺贝利核电站事故为1986年4月26日发生在位于乌克兰的普里皮亚季市的核电站第4发电机组的爆炸，核反应堆全部毁坏，大量放射性物质泄漏，成为最高级的7级核事故。大量的核辐射造成了土地、水源的极度严重的污染，造成大量人员伤亡，成为核电技术时代最严重的事故。核危害至今还没有完全被消除。

语境中固有的资源在操作中解决的，而且这种表征（情境表征）"对于什么是基本的特设活动来说，最好被认为是一种弱资源"（Suchman，1987：ix）。与认知人类学相关的工作是科学知识社会学的研究，根据科学知识社会学，科学知识的获得在很大程度上是作为客观经验主义过程的一个社会成就的，而且科学本质上是一种社会建构过程，它必须是在历史的、文化的和社会的语境中发生的，这就是著名的社会建构论（Collins，1993）。

概言之，上述这些研究传统或趋向有着共同的目标——发现认知的共同基础或机制以及在语境中理解认知系统。它们每一个都或多或少对认知任务分析的发展做出了贡献。可以肯定，认知工作一定是嵌入一个更大的、专业的、组织化的和制度化的语境中的。要理解认知工作的本质，我们需要能同时阐明认知活动及其发生的语境的有效方法。这种方法就是认知任务分析，它是一种基于语境的认知分析。

第三节 认知地图知识表征模型：一种基于语境的认知手段

笔者一直坚持主张，人的认知过程一定是与语境相关或是与语境依赖的，即使认知主要发生于大脑，它离开外部的环境也一定不会产生认知结果，比如一出生就与社会隔离的婴儿，成年后也一定不具有人类社会的认知。这里笔者关注的是科学认知（科学家群体的思维），一种比普通认知（普通大众的思维）更复杂的认知行为。鉴于此，在确定认知对象（目标客体）时，我们一定要考虑客观对象的复杂性和其所在的语境，因为认知任务分析的基本目的是帮助认知者理解认知如何使人完成任务成为可能。这个过程涉及认知者要知道其认知范围是什么，包括认知的概念、原则、事件等。认知地图就是实现这一目的的一种有效的知识引导方法，它是基于语境的一种认知手段。

认知地图是诺瓦克（J. D. Novak）提出的一种研究纲领，其目的是寻求让学生理解科学知识的有效方法（Novak，1977）。这一理论的基本观点源于皮亚杰的学习理论——有意义的学习是通过将新概念和新命题同化到现存的概念和命题框架中而发生的。这就是著名的"同化-顺应"原理，也是一种认知过程的说明。根据"同化-顺应"原理，学习过程的发生包括三个环节：归属或包含，即认识到某些新东西如何与所知道的某些东西相关；分化或区分，即认识到某些新东西如何与所知道的某些东西区分开来；顺应，即将相矛盾的某些新东西与所知道的某些东西进行调和而使它们和谐一致。这些概念对于了解皮亚杰工作的人都很熟悉。所以，认知地图是源于教育领域的一种学习理论，由于学习本质上是认知过程,所以,该理论也被广泛用于认知领域和科学研究领域。比如,天气预报、医疗诊断程序、电路维修程序、火箭科学等通常采用概念地图方法,这种方法流程清晰、一目了然。

在大学的教学中,笔者通常也使用这种概念地图方法,笔者将其称为"图示-概括法",其实质是依据理论的内在逻辑概括出的图解。这里以笔者教授过的科学哲学为例(图21-1)。

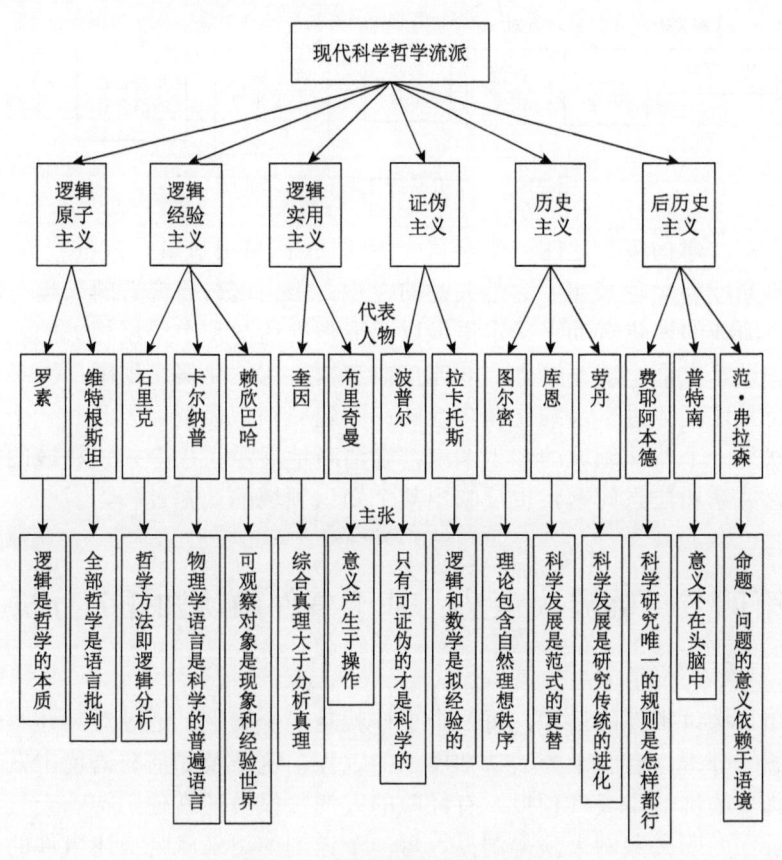

图 21-1　科学哲学的概念地图

由图 21-1 可知,概念地图方法使用方框和箭头将不同层次的概念连接起来,形成一幅概念网络,类似于一幅简化的地形图,也类似于"语义网"。在语义网中,最基本的概念被置于图解的中心,次级概念围绕中心概念向各个方向辐射(Fisher, 1990),而概念地图根据其形状更像等级结构或树形图(有主干与分枝),不同在于概念地图中的概念之间可交叉连接。一个好的概念地图,其核心概念置于最上方,每个下层概念是次一级的概念,图越详细内容就越丰富,因为上层概念为下层概念提供了一个大图景或语境。比如,关于认知系统工程的概念地图（仅描述了三个层级）（图 21-2）。这个概念地图的主题问题是：认知系统工程的价值和作用是什么？

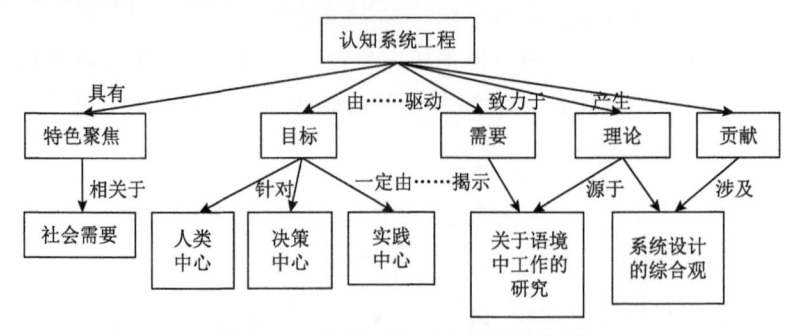

图 21-2　认知系统工程的概念地图

概言之，建构概念地图一般有六个步骤（Crandall et al.，2006：56-65）：①确定研究域和兴趣聚焦，这是关键的一步，因为这与研究者的兴趣与领域有关，一个清晰的聚焦有助于确定语境以及清晰表达与那个语境相关的知识引导过程；②设置方框，填充概念；③连接概念框；④细化概念地图；⑤寻找新的联系、交叉连接和进一步细化概念地图；⑥建立知识模型。因此，一个好的概念地图就是一个特殊领域的知识图谱，它清晰地展示了那个知识领域的概略的综合概念关系和焦点问题，也反映出某个知识领域的认知过程。

第四节　临界决策法：基于事件的认知任务分析

认知是探讨事件的过程，每一个事件就是一个案例，通过对具体案例进行认知任务的分析，有利于弄清认知展示的过程，这涉及如何在语境中发现认知机制。典型的例子是天气预报。有经验的天气预报员通常使用特殊天气事件的详细记录作为研究案例来获得洞见。每一个详细的记录就是描述事件的一个天气"故事"。这些"故事"是非常宝贵的资源，其中包含了几代预报员的知识和经验。从认知任务分析的角度看，这是知识的共享与训练过程，其中蕴含了关于天气变化的线索、模式、规律等信息，为进一步的天气预报的决策提供可用的依据。

霍夫曼等从特殊事件（如天气预报）中发展出一种临界决策法（critical decision method，CDM）（Hoffman et al.，1998），许多研究者使用这种方法进行基于事件的认知评价。CDM 作为一种具体的认知任务分析方法，它采用访谈的方式获取人们真实的、鲜活的经验，深入他们的头脑从他们的视角来理解事件。也就是说，CDM 设置了一个包括访谈者、被访谈者和事件以及访谈时间和地点的语境，因此，CDM 也是一种基于语境的分析方法。

在一个具体的 CDM 访谈中，研究者要尽量引导出关于一个特殊事件范围内的认知功能信息，如决策、计划和意义形成，尽量收集重要认知环节的所有数据。CDM 的过程包括四个阶段：选择事件、建构时间线、深化和"要是"（what if）问题说明。每个阶段使用不同的方法和视角来帮助参与者更详细地回忆事件。

第一阶段是选择事件，就是聚焦于鉴别候选事件，然后选择一个合适的事件进行深入研究。事件的精确类型取决于收集数据的计划和目标性质。一般来说，CDM 主要用于检验非常规的、挑战性的事件，因为这些困难事件具有最大潜力来揭示专门知识和相关认知现象的元素。比如，访谈者可能让被访谈者回忆他受到特殊挑战的时间，或者知识和经验在事件发生过程中产生差异的时间。总之，在这个起始阶段，你要确定一个事件，它将包含超越背景和那个领域的常规程序知识的认知成分，通过这个事件可以了解那些刻画技能行为和专门知识的认知成分。

第二阶段是建构一个时间线，精确计划访谈进行的时刻和内容，确定关键事件和片段。这是非常关键的一步，因为这个时间线结构将为参与者提供一个决定性的访谈框架。比如，在第一阶段被访谈者通常会详细地回忆事件，这极有可能延迟访谈时间，我们不知道第一阶段何时结束第二阶段何时开始。因此，制定一个清晰、详细和精确的时间线是非常必要的。例如一个作息时刻表，或者完成某个任务的时间表。

第三阶段是深化，就是进行认知分析，最具挑战性。在这一阶段，研究者有机会透视参与者的头脑，即通过他们的眼睛探视他们的内心世界。从访谈者的角度看，这一过程涉及的问题有：这个故事背后的故事是什么？基于前两个阶段，研究者知道发生了什么，谁做了什么，也知道他们在那个事件中的一些作用。但是，被访谈者知道什么，何时知道那个事件，他们如何知道，关于他们所知道的他们做了什么，这些问题是第三阶段要探明的。具体说，运用 CDM 要加深理解事件的内容——除时间因素和事件的基本事实，参与者的感知、期望、目标、判断、困惑以及对于事件的不确定性方面；参与者关心什么、在决策中还有别的什么选择、他们需要什么信息、如何获得信息等。根据这些内容决策者最终建构关于那个事件的一个综合的、详细的和语境化的说明。总之，在这个阶段，访谈探查问题的目的是引导出那个境遇中的线索和可用信息，参与者在其中的意义，以及他们产生的具体认知过程和功能。

第四阶段是"要是"问题的说明。在最后阶段，CDM 提供机会让访谈者或研究者有机会洞察参与者的经验、技能和知识。使用事件作为起始点，访谈者或研究者提出关于那个事件的各种假设，可能包括整个事件或事件的部分的假设。常见的"要是"问题一般包括专家-新手对比、假设、经验和辅助方面的问题。专家-新手对比可能会问：要是一个新手在某个事件中一直负责某个方面，他可能会犯哪种类型的错误？为什么？他们注意到你所注意的了吗？他们知道如何做吗？关于假设可能会问：要是一个境遇的重要属性已经不同，它如何影响你的决定、评估、行动和计划？关于经验可能会问：在这种境遇中什么样的认知训练可能提供有利条件？关于辅助可能会问：什么知识、信息、工具或技术有助于做认知任务分析？

在这个阶段，图像、客体、照片或绘画、实体模型（道具）和故事情节等，都可用于刻画一个假设的情形，或者作为提出几个不同假设构架的基础，这对于表征一个你想反映的概念或观念是有用的。比如，在关于妇女骨质疏松症的治疗项目中，研究者使用骨头作为道具来强化她们的问题。所有参与学习的妇女采用营养补剂，如钙补剂。在一个特殊时刻，研究者给她们看一个塑料制作的骨头，然后告诉她们钙有助于她们的骨头更强壮，接着让她们为研究者描述钙是如何从补剂进入到骨头里的。使用这些道具引导她们对钙在骨头健康方面的作用做出说明，比简单提出一个抽象问题更为有效。换句话说，使用看得见的实体模型、照片等，比单纯的抽象语言描述更能说明问题。因此，在知识表征中，使用实体模型或图像更有利于说明目标对象的结构和属性。这就是语言描述常常辅以模型和图像说明的原因所在。

概言之，CDM 是一种基于事件的认知任务分析方法，有助于我们弄清知识引导的机制和过程，但对它如何分析与表征还需要做进一步的探讨。

第五节 认知任务的分析与表征

对于一个认知任务，我们如何对其进行分析与表征呢？一般而言，分析过程不外乎四个阶段：准备数据→安排数据→发现意义→表征发现物。

第一，准备数据的过程是从一个非正式的直觉开始转移到一个结构化的探寻目标，任务是准备交流和观察数据，准备分析组织，其程序是完善和评估数据记录、规划评估的问题、计划第一次数据扫描。准备数据的关键一步是检查每个数据记录的准确性和可靠性，数据是否有遗漏等。接下来就是组织分析数据，分析者有时可能是一个人，大多数情况下是一个研究团队或小组，研究者要着重回答：以什么方式从数据中获得什么问题？是否阅读了所有数据并做了详细记录？是否建立了一个完整的分析框架？

第二，安排数据就是结构化数据，其目标是将数据分解为离散的元素，检查片段和部分，检验可靠性，其任务是数据细化——识别元素和环节、解开难题、检验片段和部分，程序包括列表、分类、定期检查、编码、编目、频率计数、描述统计。这是一个深入分析的过程。具体说，数据结构化就是为了以不同方式组织数据而分解数据，并在数据范围开始理解模式，在接下来的分析过程中，研究者将有时间和机会寻找主题，并发现数据集合之间的复杂关系，这意味着首先要确定数据集中的数据元素——片段和部分。毫无疑问，数据分析是认知任务分析的一个重要环节，它就像解一个难题。解这个难题的一个进路是确定细节和分离元素，并将它们归类和编目。比如，面对一堆有各种各样球和正方体的认知对象，为了有效正确地解决问题，你经过观察后会根据颜色、形状、大小对它们进行分类，先按照形状将球和正方体分开，然后根据颜色再分类球或正方体，最后按照大小分类和排列球或正方体。总之，数据结构化需要对数据集进行系统地观察和分析，注意其中包含的确定问题和主题的内容。这可通过分类、编排具体内容、制作表格，把数据元素范畴化，在每个事件内确定和划分关键间隔，或者例示不同因素的发生等。

第三，发现意义的目标是确定核心问题、争论、意义的应急线索，任务是解构、整合、对照、比较，其程序包括线索集、编目、排列、模式与主题、分歧与矛盾、次序、评估、统计检验。这是分析过程中的一个聚焦的转换点，即从检验个别数据记录转移到数据集作为整体的更一般的特征，其中的核心问题是：这个数据中包含什么故事（意义）？这一分析阶段的中心任务是确定包含在数据中的重要发现和洞见。这些发现和洞见可通过系统地检验概念和关系是否一致地出现在更大的数据集而被获得。这一过程可能包括（Crandall et al., 2006: 117）：①通过将列表、编目和数据编码组织成更一般的单元，如决策表；②通过确定模式、主题和线索集描述数据中存在的规律，如关键线索的清单；③确定所缺失的东西，通过对照和比较数据是不同片段和子集，确定有兴趣的分歧和矛盾，如发现一个研究小组中共享的重要信息，而在另一个小组中缺失；④检验群相似性和差异性，如比较专家和新手、不同的交流信息和工作环境；⑤执行统计分析以经验地检验数据集中的簇、群差异性、联系与其他类型的关系。

发现意义的任务将涉及发现"二级层次"的数据结构，该结构允许对更一般的发现物的认同和解释，这种解释可能与个别数据记录相抵触。比如，早产婴儿脓毒症的线索分析就包括一个"二级层次"的数据结构——脓毒症早期的信号、系统性感染，包括肤色变化、呼吸与脉搏、昏睡、无反应性以及喂食异常等。所有这些过程会涉及如何创造数据的表征问题，因为表征的重要性不仅体现在描述关系和洞见上，也体现在揭示数据中包含的规律性方面。

第四，表征发现物的目标就是让数据的意义成为可见的，将蕴含在数据中的故事挖掘出来，其任务是交流、展示、说明和表征，程序步骤包括故事与实践说明、图解、绘图、表格、时间-事件线、概念地图等。这是展示意义的最后一个阶段。如果说前三个阶段的表征是数据驱动的，因为它们是基于个别数据记录的，那么这个阶段就是意义驱动的，因为认知任务分析的目的就是分析和表征数据中所包含的意义。如果一种分析和表征没有包含任何意义，或者说不能给出合理的解释，这种分析和表征就没有任何价值。这就是数据的表征问题，即如何将一堆数据转化成可解释和理解的内容，也是著名的符号接地问题，即将数字或符号与实际内容结合的问题，也就是数字和符号的经验适当性问题。

总之，任何表征都是有内容的，如概念是有所指的，所指就是其内容或意义。表征的类型有多种，如命题、模型、图解、符号表达等，在语言描述方面，常见的有叙事格式、年代记事、数据组织者、过程图解、概念地图等。叙事格式在事件说明中捕捉丰富的细节，能突出行为的认知方面，揭示隐藏在背后的意义，因为事件说明包含年代记事和语境。年代记事描述事件的发生序列和认知过程的次序，如科学发现大事年表，它提供了如何表征一个语境变化和时间如何影响行为的认知特征的方式。数据组织者是一种表征格式，它提供范畴分类中的数据比较，通常以表格的方式出现。过程图解是以图谱的方式（使用方框、箭头线、坐标系）描述行为或事件的发生过程以及行动中的认知。概念地图如上所述，是一个具体任务或工作领域中的知识结构的等级图解说明。

第六节 自然语境中的宏观认知表征

认知研究就是关于人们思考方式的探讨，就是探讨人们在执行任务过程中是如何思维的。这包括两个方面：一是认知的微观探讨（深入大脑内部），这是认知神经科学的任务和目标；二是认知的宏观探讨，就是以人的认知行为或事件为目标从大脑外部对认知过程进行观察，这是认知任务分析的目标，这就是所谓的"宏观认知"（Klein et al., 2003）。这里探讨的是宏观认知而不是微观认知。

要理解这种宏观认知的功能，我们必须评估执行任务的语境。也就是说，认知任务是在特定语境中展示的。我们对要完成的任务的理解越深入越全面，我们就越能够运用认知任务分析获得人们思考的机制。比如，猎人要设置一个陷阱，他必须确定他要捕获什么动物，也就是根据所捕获的猎物是狼、熊还是鹰，来设置什么样的陷阱。若是熊，为了解决如何设置陷阱，猎人需要绘制它的活动范围,如它在哪里抓鱼、在哪里睡觉、在哪里觅食等。因此,认知不是发生在真空中的,人的思维是目标引导的,如猎人捕猎。

人的认知目标通常不止一个而是多个,即使像家庭开支这样非常琐碎的任务,在家庭语境中可能同时有几个目标,如购置衣服食品、买书、购车、购房等,这些目标可能是一致的,也可能是冲突的(Vicente,1999),比如,由于资金有限,要买房就不能买车了。要保持家庭的收支平衡而不至于入不敷出,就必须要做到心中有数。为了保持家庭收支平衡,我们需要记账,详细记录开支明细(流水账),这构成了过去经验这个重要的语境因素。在对自然事件的认知中,真实世界的环境是不可或缺的语境因素,这是一种实地调查或田野研究,它提供了真实任务和语境,允许我们在其中检验高度技能化的行为——专门知识。专门知识是一种能确定认知场景的特征看起来像什么和它们如何起作用的重要因素。科学知识就是一种专门知识而非大众知识,比如量子力学,它是物理学家掌握的领域,大众很难理解。在这个意义上,"科学共同体"就是一个特殊语境,只有进入这种语境的人,才能理解专门知识,才能相互交流对话。所以,对于科学认知任务的分析,专门知识是一个不可或缺的方面。

通过专门训练的人才,如科学家、医生、教师,就是专门人才,通常被称为专家,即通晓专门领域知识的特殊人才。与普通人相比,专家拥有丰富的心理模型,如爱因斯坦的超常思维模式,训练出特殊的感知技能使他们能发现普通人不能看见的细微线索,如牛顿发现万有引力,拥有许多陈述性知识——他们能利用的许多实际信息、规则和程序(经过专门教育和学习获得)。这些类型的知识将专家与普通人区分开来。比如医学领域,分工相当精细,其专门程度就连同行之间也有隔阂,如脑科医生和眼科医生。因此,专家有能力利用专门知识探讨复杂的认知任务,迅速做决定,而普通人则不能。

在宏观层次,专家的认知是指在自然环境中他们思维的认知过程和功能的组合描述(Crandall et al.,2006:136)。微观认知包括注意是不是序列或平行的,如何解决难题,这些过程通常是在实验室而不是在田野进行。毕竟实验室条件与田野自然条件完全不同。在自然条件下,宏观认知功能包括自然主义决策、意义形成(成理)、计划、适应、问题探测和协调。

决策在大多数自然环境中是一个重要认知活动。人们是如何完成这一过程的?克莱因(G. Klein)对消防员和军事指挥员的决策研究表明,人们典型地依赖他们的经验来确定一个似真的行动过程,他们使用心理模拟评估那个行动过程,而不用与其他过程比较(Klein,1999a)。克莱因的再认知-启动决策(RPD)模型描述了在自然环境中做出的近90%的挑战性决策,发现决策过程被多次重复(Klein R G,1989)。

意义形成与境遇评估是结合在一起的。大多数自然环境要求积极的意义形成，因为意义形成允许人们诊断事件的当下状态如何产生，通过将数据与一个框架匹配形成深思熟虑的、有意识的过程，预测它在未来会如何发展。克莱因等发展了一种意义形成的数据-框架模型来评估人们需要哪类框架，比如用一个脚本或场景来理解和使用数据元素，同时需要数据来选择或建构这个框架。当然，意义形成有不同方式：扩展境遇的一个现存说明、质疑一个现存说明是否准确、解释不一致数据、对比相同数据的不同说明的优点、用一个说明代替另一个并建构一个新的说明。

计划是修正行动将一个当下状态转换为一个期望状态的过程。这种功能随着新信息技术提供大量的数据而变得复杂，比如军事计划的制订需要大量的数据支撑，因为这是一个理性的、深思熟虑的计划过程，其中有多种行动需要得到评估。在这一过程中，由于情形的变化或获得新的信息，有些计划需要及时修正或调整，甚至重新做计划，这就是行动的适应性。如在航海中，计划修正或重新计划有着重要功能，因为要到达目的地，舵手必须随时考虑洋流、风向、气象等变化因素，以便及时调整航线。不过，重新计划是一个比修正原计划更可能发生的事情，因为时间压力通常是更大的因素，这意味着很可能错失良机。而且，当计划已经实施时，要调整也并非易事，这涉及目标的改变和人员的分配等棘手问题。

重新计划还非常依赖于问题探测，因为重新计划意味着原计划的改变与目标协商，而且重新计划减少了可预测性，而可预测性是协调所需要的。问题探测是在早期阶段发现潜在问题的能力，这种能力在自然环境中显得格外重要。克莱因等对消防、护理、天气预报等问题探测的研究发现，在许多情形中，发现问题的能力依赖于对境遇的一个同时再构造，即问题探测由一个线索启动来修正研究者关于那个境遇的信念，同时，信念的修正允许对线索的更丰富的评价（Klein et al., 2005）。

由于计划调整会带来一系列问题，这就需要研究团队内部的协调。在当代大科学时代，团队合作是科学研究的常态，认知任务目标的改变势必涉及整个计划和人员分配以及经费的调整，因此，协调对于认知任务的分析来说是非常重要的一环。协调不好，势必会影响研究工作的进行。这就是科学知识社会学上的科学知识产生的协商机制，即科学知识的形成是科学家群体协商的结果。这种观点虽然有点极端，但也说明了知识形成过程中协商的重要性。这是大科学时代科学合作的价值所在，超越了小科学时代个人奋斗的认知方式，如牛顿的研究。

认知功能必然产生相应的宏观认知过程。这种认知过程一般包括六个方面：保持共同基础、发展心理模型、心理模拟和故事（意义）建构、控制不确定性和危机、确定杠杆点、注意控制。就认知任务分析来说，其执行者通常是一个团队，因为执行的任务往往是一个人无法完成的。对于团队中的每个成员，他们有着相似的专业知识、理论、信念、心理模型，共享的境遇意识等，因此，共同基础对于内部的交流和协调以及高效工作是必要的（Endsley，1995）。

心理模型可被心理地投射到未来境遇中，这一过程就是心理模拟并建构故事。比如，我们能够在心中模拟一个新境遇，并描述它的可能场景和过程。这样，心理模型就提供了境遇如何产生以及它们现在是什么的因果理解，而心理模拟涉及生成一系列事件，并思考它们引起的可能的未来事件。同心理模型一样，心理模拟和故事建构对于意义形成、问题探测和决策是必要的。

在心理模拟和故事建构过程中，不确定性是不可避免的。不确定性是一个状态，一种感觉，在这种情形中，我们不知道或不理解某物，但我们感觉到我们需要它。重要数据缺失，或者我们的目标不明确，或者问题本身没有得到清晰表达，或者我们不知道接下来做什么，这些都是我们处于的一种不确定状态。这样，控制不确定性对于结构不明确和限定不明确的领域就是非常必要的。不确定性又是如何产生的呢？在认知活动中，数据缺失、数据的有效性不明确、竞争性境遇评估模糊、干扰意义形成的复杂性等，都会导致不确定性（Schmitt and Klein，1996）。在这一过程中，我们尽量减少不确定性，但在许多情形中，数据收集会持续很长时间，以至于不能获得完整数据，因此，研究者不得不面临不确定性，也不得不发展技能积极应对不确定性。也就是说，认知过程中的不确定性是不可能完全消除的，只能尽量减少。

确定杠杆点（支点）就是识别机会，并将那些机会转化为行动的过程。在认知任务分析中，如消防员在灭火过程中，他们不是通过搜索一个未确定的问题空间而产生机会，相反，他们使用他们的经验来确定一个境遇中（如着火场景）的有希望的杠杆点，寻求有利的杠杆点建构一个行动计划，如找到一个有利的灭火点。因此，机会的产生依赖于用经验来建构一个行动过程以及记忆搜索。这就涉及注意控制的问题。

注意控制是利用感知过滤器来确定一个人将寻找和注意的信息。在认知活动中，注意力集中不集中关系到认知任务分析的成败。随着信息技术的发展，数据的流动异常快捷，如手机的普及使信息的流动方便快捷，人们必须学会不断地避开干扰，学会如何分配其注意力。

显然，认知流动意味着认知是时间的函数，也就是一个动力学过程，其中认知功能与认知过程是变化的和交叉的。宏观认知反映了多认知事件是如何在真实世界一起发生的。同时也说明复杂认知的本质是这样的——认知发生在功能与过程的框架中，而不是发生在单一的、连续的实体（如长时记忆）的因果链中。认知元素以一个流动的和灵活的方式出现，在与环境的动态互动中转移。

因此，使用认知任务分析工具来理解和表征认知流动，这对于探讨心智工作的真实机制是有益的。

第七节　以决策为中心的设计：认知任务分析的一个精致案例

在认知系统发展过程中使用认知任务分析的目的之一是扩大和延伸我们做好决策的能力。一种以决策为中心的设计（decision-centered design，DCD）方法为我们提供了一个精致的认知分析工具。DCD方法使用认知任务分析来发展新技术，包括复杂的人机系统，即使用认知任务分析方法详细阐明基本认知需要，并激活设计过程，它是为解决系统必须支持的棘手案例或重要事件（即困难的和挑战性的决策）而提出的。

DCD方法由五个阶段构成（Crandall et al.，2006：180-187）：①准备——理解认知工作的领域和性质及任务和功能的范围，确定在哪里集中认知任务分析资源，以及选择认知任务分析方法；②知识引导——使用认知任务分析方法组织实施关键决定和认知复杂任务的深入检验；③分析与表征——分解数据并结构化数据以启迪决策需要和设计杠杆点；④应用设计——重复地发展设计概念和支持使用者的决策应用原型；⑤评价——确定行为的重要测量、评价和提升原型。

在这些阶段中，阶段一是领域理解，即理解领域、任务和使用者；阶段二是关键决定，即使用认知任务分析方法理解重要决定，确定研究团队的结构和交流；阶段三是杠杆点，即将数据分解为离散元素，确定使用者的决策需求、中心问题与主题；阶段四是设计概念，即建立原型系统和过程，将决策需求转化为设计概念，并决定如何最好地支持使用者决策；阶段五是影响评价，即决定哪些优点将最好地测量行为，检验系统是否支持使用者，并建议重新设计以提供更大的支持。

克兰德尔等以海军船员在军舰受损的情况下运用信息技术应对危机的行为为例，说明DCD方法的使用。在军舰严重受损时，如被鱼雷击中或触礁起火，对军舰的快速、有效的损伤控制避免其沉没是极其重要的，这关乎全体船员的生命。他们使用DCD方法提出一个损伤控制个人管理系统，被称为"损伤控制-跟踪资源和船员"（damage control-tracking resources and crew，DC-TRAC）系统，目的是寻求提高指挥和控制军舰着火的方法。DC-TRAC系统包括七个方面：①提高负责灭火的损伤控制助手（damage control assistant，

DCA）的境遇意识；②加快决策；③提供更好的资源配置；④便利工作区，适应意外事件；⑤帮助损伤控制团队强化他们的技能，发展专门知识；⑥减轻工作量；⑦帮助团队评估他们的反应效率。

可以看出，DC-TRAC系统与DCD方法的阶段基本是一致的。与DC-TRAC系统相比，在DCD方法中，阶段一是团队准备，他们评估文档或文献，研究最先进的损伤控制系统，并注意关于损伤控制的海军教程。

阶段二是实施知识引导程序。在这方面，该团队使用已超过25年的、非常系统的分类决策方法，该方法包括现在和先前的损伤控制助手、损伤控制程序、损伤控制研究人员，以及其他损伤控制专家等。这是一个损伤控制研究团队，该团队专门采访了地面战办公室学校（Surface Warfare Office School）的教师和位于弗吉尼亚诺福克岛的海上训练小组（At-sea training group）的成员。该团队还考察了在美国前军舰沙德韦尔号（Shadwell）[①]上收藏的损伤控制事件，建立了可控制火的实验方法，研究不同策略和技术的效果。

在阶段三该团队对他们所收集的数据进行广泛细致的分析。一些分析是详细的，一个事件接一个事件地进行检验；一些分析编制发现的信息，并通过交叉的全数据系统确定这些信息。例如，他们利用DCD方法按照分类和决策进行分类（也称为分类决策方法）（表21-1）。

表21-1　DCD的分类和决策

分类	决策
全船决策	确定是否进行全部访谈
个人决策	确定如何使用个人；确定是否赢得战斗及如何避免损失；确定哪些人有最佳技能可以胜任此项工作；评估是否组织战斗等
事故特点描述决策	确定问题的范围；确定事件中什么是可能的；描述事故的类型和严重程度；确定损伤的原因和进展风险
事故应对决策	确定在哪里设置界限；判断界限是否要修正；基于任务和事件严重程度确定哪些问题需要优先处理；确定潜在的级联事故；确定事故是如何被成功地控制的；确定是否有明显的油泄漏；确定污染程度和清除效果
数据完整性、交流接触	确定信息是不是准确的或过时的；确定信息是不是可靠的；确定如何保持信息连接畅通

这些数据的分析说明，在许多损伤控制事件中，损伤控制助手方法通常将着火的地点和范围与船员所在的地点和范围混淆。这一发现对于决策及其修正是非常重要的，因为混淆了这一点，对于及时营救船员是十分不利的。这种损

[①] 沙德韦尔号是一艘退役的军舰，停泊在美国亚拉巴马的莫比尔海岸，它被配置成为专门实验损伤控制策略和技术的场所。现在，沙德韦尔号是世界上最大的船着火研究机构。美国海军将沙德韦尔号作为实验室使用。它的DC-TRAC团队目前通过观察和采访编制收藏了18起事故的全部资料。

伤控制助手使用的概念地图方法可表示为图 21-3 的概念地图。因此，研究者设计 DC-TRAC 系统，利用技术能力及使用传感器和遥测数据来提高损伤控制助手的境遇理解力。

概念地图突出了损伤控制助手专门知识的五个附加方面：①通过散步并注意观察每一部分，了解他的舰船，即通过心理模拟识别和传播可能产生毁灭性事故的潜在危险；②知道如何保持大图景而不失去细节；③为获得所需信息展示主动出击的行为；④有效和快速地沟通交流；⑤与导致数据模糊的不确定性自如地共存。显然，研究团队创造了一个大的决策寻求表格来表征关于 DC-TRAC 系统的专门知识和境遇意识。该表格根据决策类型包含了组织化和范畴化的数据，以及利用线索和知识展示了这个决策为什么具有挑战性。

在 DCD 方法的阶段四，研究团队将决策需求转换为设计概念。他们确定了如下两个主要概念。

其一，支持损伤控制助手建立和保持对所揭示事件的境遇理解的能力，这通过三个步骤来实现：一是提供使事件的范围更可见的信息；二是通过帮助损伤控制助手回答问题突出资源的位置和地位，以便支持对不确定性的控制；三是通过提供关键信息建立境遇意识，将损伤控制助手转换为回路并加快速度。这些过程会反应在 DC-TRAC 系统界面上（屏幕上）。

其二，支持损伤控制助手领域专门知识的获得，这通过两方面来实现：一是创造一个工具，它在迅速决策时支持技能的发展；二是为普通人员（相对于专家）提供船的知识，以便确定潜在级联事故。研究团队设计 DC-TRAC 系统来支持"了解你的船"技能建构功能，提高船员的境遇意识，诸如他们的位置、地位、技能信息，提供可视化船的特征、船员位置的一个平台，并在一个框架中描述损伤情况。

DCD 方法的阶段五是评价 DC-TRAC 系统。DC-TRAC 系统的原型在退役的军舰沙德韦尔号上展示了四天，看它在实战灭火中是否有用。现实境遇的评价不同于使用分段模拟。当遇到火焰、烟雾和高热的现实和压力时，一个设计的抽象概念迅速地成为具体的概念。在这一阶段，DCD 团队的评价包括检验 DC-TRAC 系统对决策、境遇意识的影响，建立专门知识，控制注意和探测问题。每个特殊认知元素的评价维度是基于最初认知任务分析的发现被确定和评估的。比如，研究者通过评价损伤控制助手的能力来做出关于覆盖危险区域的决断，优化事故次序，使用有效信息并传播给他人。评估表明，DC-TRAC 系统对于灭火操作和训练是有效的，有助于控制住助手方法可视化的多维度方面的损伤，平行观看不同受影响的甲板的情形，发现潜在的问题区域，理解约定的几何图和火焰的垂直扩散。另外，评估也有助于研究团队发现他们需要在哪里强化进一步的设计。因此，测试与评估阶段为进一步发展提供了一套清晰的建议和属性。

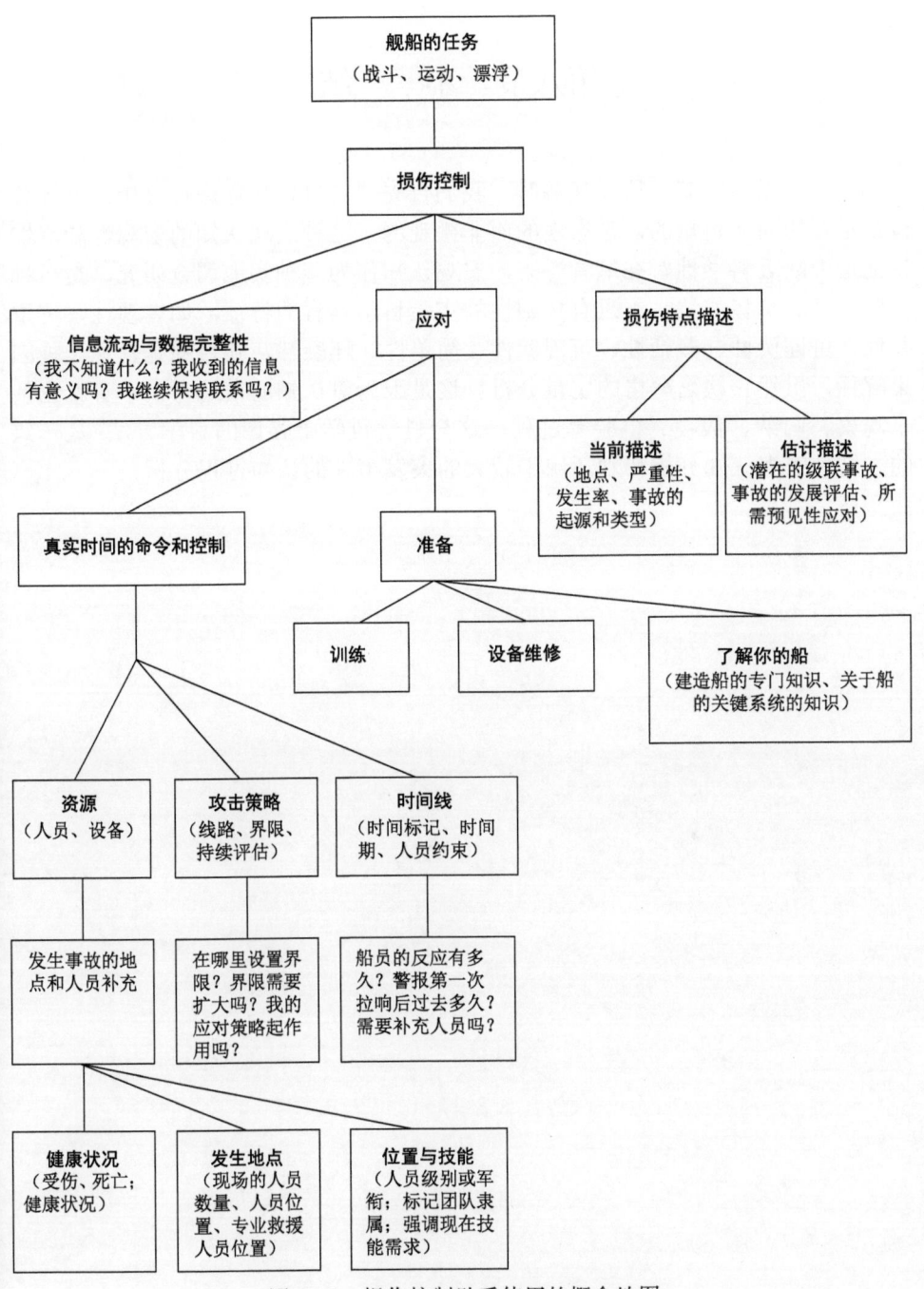

第二十一章 认知任务分析：以目标导向解决问题

图 21-3 损伤控制助手使用的概念地图

第八节 小 结

综上，当面对某一认知任务时，我们首先要对目标任务进行分析。这种分析是定性的而非定量的，是宏观的而非微观的。这种宏观认知的宏观性和定性特征是否缺乏科学性？在笔者看来，宏观认知作为一种实地调查研究，是一种自然主义的解释方法，不乏有控制性的实验科学具有的特征，如客观性、可重复性、可证伪性、概括性、可观察性、简单性、怀疑性，其目的是发现一种因果解释，虽然它缺乏严格的定量分析。这是因为对认知的实地考察本身就包括了观察、归纳、假设、检验等过程，这与科学哲学中强调的科学方法[①]是一致的。这种宏观认知分析特别适用于较大的突发事件的认知过程分析。

[①] 科学方法一般包括五个阶段：a. 选择一个问题或现象进行研究；b. 观察；c. 提出假设；d. 检验假设；e. 概括出广泛的理论或其他应用（Hogarth, 2001）。波普尔在《猜想与反驳》中更早描述了这一过程，即问题→观察→假设→检验→理论或应用。

第二十二章 认知模拟：为对象建模表征

各门科学并不想做说明，甚至也不想作解释，而主要是制造模型。模型就是一种数学构造，它加上一定的语言解释，描述观察到的现象。这样一种数学构造所以正当，只是并正是在于期望它能起作用。

——冯·诺依曼（摘自詹姆斯·格莱克《混沌：开创新科学》第288页）

模拟（simulation）是运用一个设计的事物或过程对真实事物或过程进行模仿或虚拟，目的是表现出所选择物理系统或抽象系统的关键特征，其中建模是关键。这一过程必然要求模拟物与被模拟物之间的适应性，因为模拟的关键问题是有效信息的获取、关键特征和表现的选定、近似简化和假设的应用，以及模拟的重现度和有效性。这实质上是一种功能模拟，与黑箱方法密切相关，是一种知识表征方式。仿真就是一种重现系统外在表现的特殊模拟过程。还有一种是心理模拟，即在心中实现对某物的功能或过程的再现，是一种心理表征方式。不论是功能模拟还是心理模拟，模拟过程既采用虚拟具体假想情形的方法，也采用数学建模的抽象方法，体现出具体与抽象的统一、认知与表征的统一、显在知识与潜在知识的统一。

第一节 作为适应性表征的认知功能模拟

既然模拟是用设计系统模仿真实系统，那么它一定是功能上的模拟。功能模拟一般是根据相似性做出的，这与类比相似。但是，模拟与类比不完全相同。类比是两个不同事物或系统之间的隐喻式比附，若用 A 类比 B，则 A 是我们熟悉的事物或系统，B 是未知事物或系统，也就是说，类比是用熟悉的事物类比不熟悉的事物，如用太阳系模型类比原子模型，前者的结构我们已经掌握，后者我们还不知晓，而且两个类比的事物是真实的客体。相比而言，模拟是我们对某种熟悉事物或系统的功能或属性用一个设计的人造物来代替，以模仿它的某些功能，如用计算机模拟人脑。若用 A 模拟 B，则 A 是我们要设计的人造系统，B 是我们要模拟的真实系统。一般来说，模拟的系统 B 尽管我们熟悉但对于我们而言仍然可能是黑箱,如人脑的功能我们比较熟悉,但对它的许多功能如认知机制我们还不清楚,因此模拟是功能上的,而非属性和结构上的。在表征的意义上,二者均是用 A 表征 B,A 一般是模型,而且都是依据相似性进行的,只是类比是两个真实事物,模拟只有一个是真实事物。或者说,类比和模拟都要通过建模来实现。

在科学实践中,建模处于探寻的核心。例如,在经济学中,模拟即是用模型描述经济系统的结构和行为,探讨该系统某方面的变化如何影响其他方面,或者是对模型的动态方程组求解来探测模型的灵敏度,或者是在模型的范围对所有可替换的组合进行可控试验,观察其结果,选择好的特定组合方式,如通过计算机模拟用数值运算获得数字解。

模拟的步骤一般包括:①确定问题;②收集资料;③设计模型;④建模的计算程序;⑤检验模型;⑥设计模型试验;⑦模拟操作;⑧分析结果。由于模拟能对复杂系统内部的互动进行探讨,设想不同方案来观察系统的结构和行为,反映变量间的相互关系,以及反映系统行为动态变化情况,因而能检验模型的假设,改进模型的结构。因此,模拟过程表现出确定性与随机性、静态性与动态性、线性与非线性的统一。当然,模拟毕竟还是模拟,不能完全反映真实系统的行为,它所选择的模拟方案可能遗漏了某些重要因素,这会导致模拟结果失真,这是模拟认知的局限性。

在笔者看来,功能模拟方法实质上是功能类比方法,它是控制论的方法论。根据控制论,两个系统之间最重要的相似性是行为上的相似性。当对一个系统的结构不能完全认识时,我们应采用行为模拟,也即功能模拟。功能模拟以模拟系统行为为特征,且是有目的的行为,如人工智能研究机器如何模拟人的智力活动,以代替人做一些危险事情,如深海探测、救火、核辐射检测等。

模拟的系统往往是我们不知道或无法介入的系统,这种系统被称为"黑箱",具有认识上的不透明性。黑箱是指那些我们对其内部构造还不清楚,鉴于条件限制只能通过外部观测或实验去认识其功能和特性的系统,如大脑、宇宙结构、太阳内部、地球内部等都是黑箱。模拟黑箱系统的行为采用的方法也称为"黑箱方法"。这种方法是通过考察系统的输入、输出及其动态过程,而不直接考察其内部结构来认识功能特性、行为方式,以及内部结构和运行机制。可以说,正是黑箱系统的存在,才使模拟成为必要。因为黑箱打不开或不能打开,我们只是通过外部观测找出输入和输出关系,以此来探讨黑箱系统的功能和特性。

由于模拟的系统具有黑箱的特征,相似性就成为模拟的主要根据。根据表征的相似观点,A 表征 B 就意味着 A 与 B 相似。A 模拟 B,也必须使 A 在很大程度上与 B 是相似的。在认识论上,倾向于同一性是我们人类的偏好,正如詹姆斯所说，"同一性的感觉是我们思维的龙骨与脊柱"（James，1917：459）。在认知科学中，对问题解决、范畴化、记忆恢复、归纳推理以及其他认知过程的理解，在某种程度上依赖于我们对相似性的理解。

对相似性的说明的心理学模型包括几何模型、特征模型、基于列队的模型和变换模型。几何模型，如著名的多维比例（multidimensional scaling，MDS）模型，是说明相似性的最主要方法。MDS 的输入路径可能包括相似性判断、混淆矩阵（每个实体多长时间与其他每个实体混淆的表）、实体被组合在一起的概率，以及一个集合中所有实体对之间的主观相似性的测量等。MDS 的输出路径是实体相似性的一个几何模型，该集合的每个实体被表征为 N 维空间的一个点。例如，两个实体 $D(I,j)$ 的相似性与它们之间的距离可能成反比关系，即距离越大，相似性越小。

从认识论看，几何模型典型地假设了极小性、对称性和三角不等性。比如两个实体 A 和 B，极小性是指 $D(A,B) \geq D(A,A)=0$（A 与 B 重合则二者之间完全相同，差异性为零），对称性是指 $D(A,B)=D(B,A)$（A 与 B，B 与 A 之间是对等的），三角不等性是指 $D(A,B)+D(B,C) \geq D(A,C)$（三角形的两边之和大于第三边）。这三个假设均是经验上可观察的，也是可被证伪的。比如，不是所有相同的实体都是相似的，世界上没有相同的两片树叶，即使是孪生兄弟也不完全相同。这就证伪了极小性和对称性。三角不等性也可被证伪，比如电灯（A）和太阳（B）在发光的意义上有相似特征，太阳和球（C）在圆形意义上有相似特征，但是，电灯（A）和球（C）之间没有相似特征。

从表征关系看，A 表征 B 意味着在最小意义上 A 与 B 应该是相似的。但表征关系不具有对称性，相似性本身就是不对称的，A 与 B 完全相似或同构的情形是数学意义上的，如结构映射。模拟主要是功能上的，不是结构上的，因此，模拟是基于相似性的而不是同构的。

相似性在不同学科中的表征方式不完全相同。在数学上，相似性指两个几何图形的形状完全相似，如比例不同的等腰三角形。假如两个点集，其中一个能通过放大或缩小、平移或旋转变成另一个，它们就具有相似性。这个过程就是模拟。例如余弦相似，它是通过测量两个向量内积空间的夹角的余弦值来度量的。假设 0°余弦值为 1，其他任何角度的余弦值不大于 1，且其最小值是-1。运用两个向量之间的角度的余弦值确定两个向量是否指向相同的方向。若两个向量有相同的指向时，余弦相似度的值为 1，两个向量夹角为 90°时，余弦相似度的值为 0，两个向量指向完全相反时，余弦相似度的值为-1。

在混沌学中，有一种自相似性即分形（fractal），它是一个零碎的几何形状，可分成多个部分，每部分都近似地是整体缩小后的形状，形象地说就是"一粒沙中见世界"。"分形"概念自混沌学创立后也成为描述、计算和思考那些不规则的、破碎的、参差不齐的和断裂的形状的一种方法。由迭代函数系统给出的分形会展现出精确自相似，由递推关系给出的分形是非精确半自相似，由统计方式给出的分形是随机的、非精确的半自相似。例如，洛伦兹吸引子（类似蝴蝶两翼的双吸引子）、科克曲线（三角形自相似）、曼德勃罗集（一个越来越精细的集合，具有海马尾巴和形如整个集合的岛屿微粒）、牛顿法的复杂边界（根据方程 $x^4-1=0$ 解出四个黑洞中心的点吸引子，形成各自的吸引域，用不同颜色表示显示出复杂的分形边界）（格莱克，1990）。再比如，结构相似指标（structural similarity index）是一种衡量两张数位影像相似程度的指标。当两张影像有一张为无失真影像，而另一张为失真影像时，二者的结构相似性可以看成是失真影像的影像品质衡量指标。结构相似性更符合人眼对影像品质的判断。

在化学中，分子之间的相似是指两个元素、分子或化合物在结构上的相似程度。这种化学相似是化学信息学（Chemo-informatics）中的研究主题，它在化合物性质预测，或者设计合成特定性质化合物的过程中有重要的作用。这就是相似性质定律：相似的化合物有相似的性质。

在遗传学中，有一种遗传相似性。遗传学界通常用某特定物种的 DNA 序列共享人类序列的百分比来表示相似性。例如，人类与黑猩猩共享的 DNA 序列的比例很高，相似性大。相比而言，不同人种之间的这种相似性会更高，比如，白种人与黄种人之间的 DNA 序列相似性几乎是相同的。同类型病毒的相似性也比较高，如各种冠状病毒基因序列的高度相似性。

第二节　作为适应性表征的认知仿真模拟

仿真模拟是根据模拟对象的外形和功能设计和操作某种设备，它包括外形仿真、操作仿真、视觉仿真等。例如，使用真实的汽车模型、等比例的飞机模型作为操作者的操控平台，其中包括虚拟现实（virtual reality，VR）技术的使用。通过模拟这种实际操作，可使操作者身临其境地体会一项技术，如模拟驾驶训练、军事模拟指挥、虚拟军事演习、建筑视景与城市规划，其中主要包括建模（数学模型）、实验求解和结果分析等步骤。

从认知的角度看，仿真模拟是一种基于模型的认知活动，它利用模型模拟来代替真实系统进行操作。也就是用模型代替真实系统进行表征操作。这要求首先对仿真问题进行定量描述，即建立系统的数学模型。模型是对真实系统的模拟，而真实系统千差万别，因此模型也是多种多样的。一般来说，模型的种类可根据模型中是否包含随机、时间和连续因素而分为随机模型和确定模型、动态模型和静态模型、连续系统模型和离散系统模型。在数学中通常使用的有常微分方程、偏微分方程、差分方程、离散事件模型等，如描述电磁现象的麦克斯韦偏微分方程组。

　　这说明模拟过程主要是一种建模认知，建模认知是一个信息加工的过程。信息是构造模型的原材料，建模就是要将各种材料组合起来。建模方法一般有演绎与归纳，或者自上而下与自下而上两类。演绎或自上而下建模是从预设、假设、原理和规则出发，运用数学运算或逻辑推导建立模型。例如，牛顿力学是从绝对时空、互动的原则开始，通过数学建立经典力学理论；相对论是从光速不变、相对时空原则出发，运用非欧几里得几何（黎曼几何）建立的。从哲学上看，这是一个从一般到特殊的认知过程，从普遍原理导出仿真对象的表征。

　　归纳或自下而上建模是通过对真实系统的观察和测量获得能反映该系统属性的实际数据，然后对数据进行处理，从而得出对该系统规律性的认识，如最小二乘回归模型。这是一个从特殊到一般的认知过程，科学中的经验定律就是通过归纳获得的，如理想气体方程。在实际建模实践中，归纳与演绎的结合也是常见的，即混合建模。不管使用哪种方法，关键在于对真实系统的了解，了解的越深入细致，所建模型就越可靠、准确，就越可信。这就是建模的可信度问题。

　　既然模型是对真实系统的模拟，那就存在一个模拟的真假问题，即模型与真实系统的相似度、精确度、可信度的问题。可信度取决于建模时所持信念是否正确（实在论或非实在论），测量数据是否准确完备，使用的方法是否合理，推理是否严谨。还取决于仿真程序是否能够将数学模型转化为仿真算法能处理的仿真模型，这是一个模型的转换精度问题。建模环节的任何一个失误，都会影响建模的可信度。因此，在建立模型后，建模者必须对模型进行可信度检验，比如由熟悉仿真系统的专家对模型进行评估，对所用数据进行分析和运行，将仿真结果与估计结果进行比较。

　　仿真技术中的仿真计算是对所建模型进行数值实验和求解的过程。对于连续系统，科学家通常用常微分方程、传递函数，以及偏微分方程进行表征。要得到这些方程的精确解是非常困难的事情，因而科学家总是采用数值解法，如对常微分方程采用各种数值积分法，对偏微分方程则采用有限差分法、特征法、有限元法等；对离散系统常采用概率模型，其仿真过程是一个数值实验的过程，其中的参数必须符合概率分布。

　　我们要想通过仿真模拟得出正确、有效的结论，就必须对仿真结果进行科学的分析。仿真程序既可通过大量数据输出模拟结果，也可通过采用可视化技术，即通过图形、图像、图表以及动画逼真地显示模拟系统的功能和状态，使仿真模拟的输出信息更加丰富详尽，更加有利于对模拟结果的分析。不过，模拟与仿真的作用往往容易被混淆。例如，在基于 DSP[①]的设计中，它们执行的功能非常相似。它们的区别在于：模拟是在软件中进行的，是功能上的；仿真则是在硬件中进行的，是结构上的。具体说，模拟是在设计的最初阶段进行的，设计者借助它对初始代码进行评估，开发人员在设计的初期阶段，使用模拟器对复杂的系统进行建模，这使他们在无原型器件的情况下可对各种设计配置进行评估。

虚拟现实即虚拟仿真，是一种模拟技术，它是用一个系统模仿另一个真实系统，实际上是一种由计算机生成的、可体验的虚拟世界，如各种游戏软件、元宇宙。这种虚拟世界可以是现实世界的再现，也可以是设想的可能世界，人们可借助视觉、听觉以及触觉等传感通道与虚拟世界进行交互。也就是说，虚拟现实是以仿真的方式给人们创造一个实时反映实际客体变化与互动的三维虚拟世界，其逼真性和交互性给予人们一种身临其境的真实感，如各种仿真模拟游戏。

虚拟与现实的关系是哲学的可能性与现实性关系在计算机与人工智能上的反映。如果可能性在一定条件下可转换为现实性，那么虚拟在一定条件下可转化为现实。互联网技术带来的革命性变革，使虚拟世界通过计算机的模拟仿真而成为逼真的现实世界。模拟技术带来的沉浸性、交互性和想象性，使人们能沉浸其中，超越实现，产生人与机器交互的多维信息环境。

当然，虚拟毕竟还是虚的，它不是现实本身，虚拟世界可能会与现实世界在某些方面完全相同，可能会以假乱真，如虚实结合的元宇宙，但二者终究还不是一回事。我们不能将虚拟世界当作现实世界，毕竟模拟驾驶无论如何不能代替实际驾驶，模拟竞技如虚拟划艇、虚拟帆船、虚拟飞行、虚拟射击、虚拟拳击等不能代替实际训练，就像想象的行为不能代替实际的行动一样。

第三节　作为适应性表征的认知心理模拟

心理模拟是指我们的心智能够在行动之前想象采取特定的行动并模拟可能的结果，是一种通过建立一个与研究对象类似的模型来探索心理特征和规律

---

① DSP 即数字信号处理（digital signal processing），它是用数值计算方式对信号进行加工的理论与技术。另外，DSP 也指数字信号处理器（digital signal processor），它是集成专用计算机的一种芯片。

的方法[1]。由于心理活动是实践的反映，因此，心智能力的形成必须确定心智操作活动的程序，或者说确定心理活动的原型。也由于心理活动是内在的，且是借助内在的思想言语形式自动进行的，不仅旁观者难以观察，就连主体本身也难以自我意识到，这就给预见心理机制造成了极大困难。心理模拟认知方法的确立，为解决这个难题提供了一种好的方法论。

首先，控制论的功能模拟思想为心理模拟提供了方法论依据。根据控制论原理，在分析某一系统的结构时，我们应先建模，然后利用模型与原型之间的形状、功能、属性、特征等方面的相似性，通过对模型不断进行试验来探讨原型。这就是模拟认知，一种通过试探适应性地表征目标的方法。模拟认知最初的尝试是将控制论与教学相结合。这一工作最早是由苏联心理学家兰达[2]完成的。他从思维的构造来探讨思维活动的一般方式，认为为了教会学生思考，教师必须揭示学生的思维过程本身的结构与机制，弄清其中的互动形式和机能，这就是他的"教学控制论"。他的研究表明：机制的结构（组成成分与联系方式）不同，在解决不同问题时的作用方式也不同。任何情况下，可通过思维过程的基本成分分析来探明构成每一种机制的方式。这就是他的思维构造观，一种由结构分析功能的方法。

根据这种观点，为了精确地解决思维活动方式问题，我们需要借助控制论提供的模拟方法。心理过程像物理、化学、生物和其他过程一样，原则上是可控的。兰达把思维的构造观与控制论思想相结合，提出了构造心理学的五条基本原则：①必须区分使用概念及其一定的标志所必须的、足够基本的操作；②揭示完整的、足够基本的操作系统，以成功地实现一定类型的思维过程；③揭示这些操作的内部结构；④使用可靠的方法识别所揭示的操作系统是完整的，结构是正确的；⑤确定操作系统的形成，既要注意每个操作的形成，又要注意它们的系统如何形成。

这些原则蕴含的系统方法可归结为六点：①洞察不可见的心理过程，它们构成了熟练操作、学习和解决问题的基础；②把这些过程分解成比较基本的操作成分；③明确描述这些操作，建立操作的说明模式；④建构描述过程的算法和启发规则，即建构规则模型；⑤设计训练方法、体系和有关材料，包括新型以算法为基础的自适应教科书；⑥为诊断心理过程的困难而设计可用计算机操

---

[1] 心理模拟不仅依赖我们的记忆，也通过感知和经验学习，而且依赖一个目标、一个目的，没有这些心理模拟就不可能存在。https://personalmba.com/mental-simulation/[2023-03-13]。

[2] 兰达（Lev N. Landa），生于苏联，逝于美国纽约。1955年获博士学位，1967年获列宁格勒大学博士后学位，1963—1976年任莫斯科普通和教育心理研究所教授及所长，1976年移居美国，供职于美国哥伦比亚大学。兰达因其倡导的算法-启发教学理论（algo-heuristic theory of instruction）而闻名，该理论现被称为"兰达法"（Landamatics）。

作的算法，使得补救性指令成为可能。

其次，科学创造包括心理想象作为心理过程，可通过心理模拟进行。克莱门特（J. Clement）对科学家和学生对问题解决和模型建构过程的分析表明：在科学实践中，许多科学家和学生面临的问题都是新的问题，需要设计新的解决方案，使用非形式的和形式的推理分析新问题，其中通过模拟和类比的心理想象在创造过程中是非常有用的（Clement，2009）。克莱门特发现了一个基本上没有经过充分分析和部分隐藏的定性和非正规强有力的推理过程，该推理过程是基于意象的、具体可运行的感知运动模式，科学家和学生在面对新问题时经常使用这些模式。这与科学家作为抽象思维者的观点形成了鲜明的对比，他们只使用形式逻辑和数学来解决问题。

克莱门特的工作给我们的启示是：这些非形式的、具体的和基于图像的问题解决过程通常先于更形式的、抽象的、数学的过程。这意味着，心理想象和心理模拟比抽象的逻辑和数学分析更为基本，它们在科学家进行逻辑和数学处理前就在他们的大脑中发生了。例如，关于学生和科学家如何用弹簧解决一个新的物理问题（即两个弹簧中的哪个，一个窄的或一个宽的，当施加相同的力时会更伸展），克莱门特详细说明了不同阶段和多个心理与身体行为，这有助于建立一个关于弹簧工作的模型。一些科学家一开始就试图根据已知的公式来描述数学工作，这些公式最终未能区分窄弹簧和宽弹簧的具体工作方式。这使得许多人建立了类比和心理模拟，帮助他们更好地理解这个问题，例如将一个长而宽的弹簧中的拉伸与一根短而窄的电线中的弯曲进行比较。

克莱门特进一步认为，在心理模拟过程中，知觉-运动图式的灵活感知激活也可能有助于通过联想灵活地类比而产生新的思想；不同的观点也可通过意象转换加以调节。双模拟可同时进行模型的比较和对比，图像可有效地表示多个模型的约束。例如，类似于生物学家沃森描述的发现双螺旋的过程，化学家在试图想象什么离子可能与某一晶体表面发生反应时，首先可以想象出底物表面上原子的构型，然后想象一个与其反应的离子的大小；接着选择一个已知形状的候选分子，然后向几个方向旋转该分子的图像，以检查该分子是否符合底物的形状。这个想象过程就是心理模拟。

根据克莱门特的研究，图像模拟是科学家和学生可充分利用的一个强有力的工具：它可以以非常灵活和有效的方式生成、评估和修改模型。虽然科学家和学生在解决问题时经常假定他们以不同的方式思考和行动，但他们对表象、类比和心理模拟的更深入的洞察力可帮助导师了解他们的创造力、推理和解释模型构建的共同基础和工具。

再次，心理模拟是一种显著的人类能力，它是自我投射到时间、空间、社会或假设现实中的过程。大量的研究表明（Waytz et al.，2015），心理模拟的倾向与增强意义有关。目前的研究对这一关联进行了测试，考察了两种形式的模拟（时间和空间）与生活意义之间的关系。有的研究使用神经成像技术来证明内侧颞叶网络（大脑默认网络的一个子网络）的连接增强与自我报告的生活意义相关。有的研究表明，通过实验诱导人们对过去或未来进行特定的思考或一般的思考，增强了自我报告的生活意义。空间模拟实验证明了通过实验诱导人们具体地思考另一个空间位置（从目前的位置），与一般地考虑另一个位置或具体地考虑一个人的当前位置相比，从这个模拟中得到的意义增加了。有的研究表明，通过这种模拟得出的意义，通过实验诱导人们思考另一种空间位置相对于现在的位置，增强了生活中的意义。还有的研究表明，简单地让人们想象在另一个地点完成生活中的意义，而不是在目前的地点要求他们去做，就会增加意义的理解。这些研究揭示了人生意义的一个重要决定因素，并指出无定向心理模拟有益于心理健康。

最后，心理模拟已经被用来说明广泛的认知现象，从语言中的语义处理，社会认知中的读心术和移情，到基本的运动控制[①]。首先要对心理模拟进行精确的概念化，将其定义为从感官数据生成预测的内部模型，调整它们对这些数据的预测误差最小化的能力，并将这一理论框架与一个特征鲜明的实验语境（运动意象）结合起来检验两种基本思想：一方面，我们预测心理模拟不是一个单一的现象，而是一个快速前馈和较慢反馈过程的组合。前馈过程支持简单的感觉运动联想，例如习惯性地耦合到感觉刺激的运动计划。反馈过程支持从涉及不同抽象层次的大型搜索空间中选择内部模型。这一特性提供一个计算平台，用于偏置带有感知/语义信息的运动计划，使之可供口头报告使用，并适合于为决策提供信息。另一方面，我们预测，计算运动计划的感官后果会逆转大脑中通常的感觉信息流动，内部预测是皮层感觉区域神经元处理的主要驱动因素，而不是外周感觉信息。这为关于心理模拟在人类认知中的作用的争论提供了一个新的视角。这种新视角来自于将研究的重点从感官刺激和运动反应之间的输入-输出关系，转移到驱动自我维持的内部大脑动力学的机制上。这意味着，心理模拟不是为了复制某种行为动作，而是通过观察某人的动作察觉其内心世界，即行为动作的目标。可以预计，这将会为人与机器人的互动提供心理模拟的支持。

第四节　小　　结

模拟，无论是功能模拟、仿真模拟还是心理模拟，都是人脑通过建构世界

[①] What is a mental simulation? https://www.nwo.nl/onderzoek-en-resultaten/onderzoeksprojecten/i/67/5767.html [2022-03-10].

的模型来发现外部世界中的事件的。所使用的模型不是任意想象出来的，而是根据认知对象的特性建构的，或者说，模型是通过我们的感官获得的信息与我们的先验期望相结合建构的。当我们对世界采取行动时，所设想的模型可不断地调整以提供最可能的感觉预测，这就是适应性表征，更准确地说是适应性心理表征。

心理表征作为心理模型是认知心理学的一个重要概念，它主要是指一种微观认知图式，旨在揭示基本认知操作之间的因果关系，如注意转移、长时记忆中储存的内容等。这里的心理图式或模型是指有意识经验的宏观认知现象，具有心理表象特征和事件综合理解的特征。心理模型中的事件是基于域名概念和原则的抽象知识而形成的，这样一来，心理模型就与"心理图示"概念相关。不过，心理模型不像模板那样存储于心中，它随时可以脱掉心理架子，被用于独立的认知行为。当数据集或境遇被人们感知时，它们是积极地、深思熟虑地重新形成的。或者说，心理模型是人们在新境遇中产生的心理图像。当人们获得经验时，他们能够建构更丰富、更准确、更一致、更连贯的心理模型。有证据表明，几乎所有领域中的认知者在解决问题时都会形成心理模型，比如我们在参加一个期待的晚会前会想象晚会的热烈气氛的场景，天气预报员会形成丰富的心理模型，包括空气质量、湿度、云层变化等四维表象。总之，模拟是科学认知适应性表征的本质之一。

第二十三章　情境认知：行动中感知

> 情境认知理论声称，每一个人类思想和行动都与其环境相适应，也就是情境化的，因为人们所感知的东西，他们如何确信他们的活动，以及他们生理上的刺激反应，都是一起发展起来的。
>
> ——W. J. Clancey (*Situated cognition*, 1997: 1-2)

情境认知是当代认知科学和人工智能中的一个新研究纲领或方法。科学哲学、科学知识社会学及科学论（science studies）也介入对情境认知的探讨。认知科学描述了世界的不同表征，认为学习、记忆、计划、行动和语言意义是嵌入环境、工具、社会安排，甚至人体构造的。女性主义的科学哲学主张，提供科学创造和科学决策的意识形态或观念，在很大程度上源于社会变量，包括家庭心理动力学、政治方向和社会立场。基于科学知识社会学和科学论的社会建构论认为，科学家已经情境化了知识实践，这种实践是围绕当地的实验成功构成的，并依赖于特殊工具、领域、历史语境和社会组织形式。

事实上，在认知科学领域之外，知识传统领域对认知的情境性也有研究。根据克兰西（W. Clancey）的考察，大陆哲学传统尤其是海德格尔和梅洛-庞蒂的工作，美国实用主义特别是杜威和米德的工作，心理学中的维果斯基和吉布斯的工作，这些研究贯穿于整个20世纪（Clancey, 1997: 23）。然而，他们的工作仅仅是情境认知的理论资源，还不是情境认知研究本身[①]。对情境认知的发现始于20世纪80年代的认知心理学、人工智能和分析哲学的认识论，情境认知是作为认知主义的对立面发展起来的（盛晓明和李恒威，2007）。历史地看，"情境的"这一术语是美国实用主义哲学家米德和社会学家米勒在20世纪三四十年代开始使用的，直到80年代才开始被广泛地在认知科学、人工智能和科学知识社会学等领域使用。情境认知的多学科研究表明：一方面，认知能够被例示或情境化，而不是抽象出所有认知共同的属性；另一方面，认知情境化具有天然的综合性和广泛性，诸多学科介入对它的探讨就是必然的。

---

① https://en.wikipedia.org/wiki/Situated_cognition[2021-02-09].

第一节　情境认知的语境性

所谓情境（situation）是指一个行为、事件或活动的具体场景或境遇。关于情境的概念一定是自然化的，是在自然语境中给出的，即它是具体的而不是抽象的（Seifert，1999：767）。或者说，一个情境是在一个特定语境中生成的，情境也是有语境的。比如，最简单的两人对话情景，它一定是围绕某个话题展开的，而且其中的每个人对所谈话题是有所知晓的，关于话题的知识及其背景就是对话情境的语境。情境认知作为当代认知科学中的一种进路或研究纲领，强调个体心智在其环境中的运作，强调是环境建构、引导和支持认知过程。情境认知的语境可被理解或界定为物理的，或者基于任务包括人造物和信息的外在表征的环境，或者生态的或社会的互动。认知的这种物理的、环境的和社会的语境特征被称为情境性或嵌入性。这说明物理环境、生态环境、社会环境会对认知的产生和发展产生极大的影响，不仅语言是情境化的，认知也是情境化的。也就是说，人的行为特别是智能行为是社会的、物质的、具身的和有目的的活动，是从特定环境的特别具体的细节中产生的，而不仅仅是形式或逻辑推理的抽象的、离身的和具有一般目的的过程。

历史地看，认知的情境性和嵌入性研究是在20世纪80年代针对传统心智观，特别是"好的老式人工智能"（GOFAI）的逻辑或数学方法而兴起的。这种传统计算主义心智观将认知看作是个体的、理性的、抽象的、离散的和一般的智能行为。个体的是指智能的处所被认为是孤立的个人；理性的是说深思熟虑的概念性思想被看作是认知的基本范例；抽象的是指实在和物理环境的本性被当作第二重要性，如果完全相关的话；离散的是指思维被认为与感知和行动分离；一般的是指认知科学被认为是对一般智能、对所有个体正确以及在所有环境应用的普遍原理的探讨。这些传统心智观事实上仍是一些假设，并没有在实践中完全得到证实。

情境认知的支持者对这些假设中的一个或部分持反对态度，将认知这种人类活动看作是"社会的、具身的、具体的、定位的、使用的和特定的智能行为"（B. C. Smith，1999：769）。"社会的"是指认知处于人类共同建构的环境中；"具身的"是指主体的物质身体性被认为无论在实践上还是理论上都是重要的[①]；"具体的"是指实在和环境的物理约束条件被看作是极度重要的；"定位的"是

[①] 具身认知主张认知的许多特征，无论是人类还是其他，都是由整个机体的各个方面形成的。认知的特征包括高层次的心理结构（如概念和范畴）和对各种认知任务（如推理或判断）的表现。身体的各个方面包括运动系统、感知系统、身体与环境的互动（境遇性），以及构成有机体结构的关于世界的假设（https://en.wikipedia.org/wiki/Embodied_cognition[2021-02-09]）。

指语境依赖性是所有人类活动的一个核心的、权重的特性；"使用的"是指认知与周围环境的持续互动被认为是基本的；"特定的"是指人们所做的被看作是不断变化的、依赖关于他们的特殊环境可能实施的行为。这个概念强调认知活动内在地涉及人体语境中的感知和行动，而人体是嵌入现实世界中的。因此，情境认知是嵌入式、接地式和分布式认知，是一种社会认知（Dew et al., 2015）。从科学的角度看，它是一组连锁的科学假设，包括五个互连但有时独立的论点（Roth and Jornet, 2013）：①认知产生于并连接主体的物质身体与其物理环境的互动，即认知是具身的和情境化的。②认知产生于并连接主体与其社会环境的互动，即认知是情境化于社会语境的。这种语境可能是即时的，当典型的行为出现与其他主体或中介相关时，例如典型的行为出现在更大的社会语境如社区、社会网络中。③认知产生于行动中，并为行动的目的而产生，即认知是生成的。用周围世界和目的（意图）的关系描述人类行为和工具使用的特征，这些描述关系有"为了，为何，以……之名，为……起见"。④由于前三个特征，认知分布于物质和社会环境之间。语言使用和物质实践是捕捉这些特征的相关范畴。⑤许多智能行为不需要明显的内在（心理）表征[①]，相反，重要的是世界自己是如何呈现给主体的。情境认知的这些特征或假设变化范围广泛，从语境依赖到方法论和形而上学承诺均涉及，囊括了当代认知科学中的所有新纲领（具身的、嵌入的、延展的[②]、生成的）。在笔者看来，这些假设是典型的语境论观点，情境认知实质上就是一种基于语境的认知，理由如下。

第一，情境认知首先强调认知的社会嵌入性。认知的社会性表明，人类心智是在社会情境中发展的，人类使用工具和文化提供的表征中介来支持、扩张和重组心理功能。然而，知识表征的认知理论和教育实践并没有充分认识到这些关系，忽视了社会因素在心智和认知发展中的重要作用。这导致了社会心理学[③]的兴起和发展。根据社会心理学，社会认知是指精神生活的那些方面，这种精神生活能够且由社会经验形成。社会语境提供了在由社会组成的世界中个人通过交流向他人学习的方法，如新手通过学徒方式学习师傅的技能，这会花

[①] 心理过程包括四个方面：涉及大脑和更一般的身体结构和过程；嵌入式只在相关的外部环境中起作用；其生成涉及神经过程和有机体所做的事情；延伸到生物体的环境中（Rowlands, 2010: 51）。

[②] 延展认知认为心理和心智过程超出了身体的范围，包括一个有机体所处环境的各个方面，以及有机体与该环境的互动。也就是认知超越了符号操作，包括从与世界的积极接触中进化而来的秩序和结构的出现（https://en.wikipedia.org/wiki/Extended_cognition[2021-02-09]）。

[③] 社会心理学试图发展出一门关于心理现象如信念、判断、推理、态度、动机的实验科学，而这些方面恰好是认知心理学所忽略的。因此，社会心理学致力于四个方面的探讨：信息加工隐喻，这意味着心理现象可适当地由产生它们的一系列假设的操作和结构解释；心理表征的动机、情感、行为和社会互动的解释；社会认知是认知的一个特例，应该由认知理论加以解释；以高度控制的实验方法最大化内在有效性而不是生态有效性（Gilbert, 1999: 777）。

费大量时间进行观察,向其他更有经验的学员咨询等。维果斯基的活动理论就认为,认知发展是通过社会语境中的行为发生的,社会语境因素最终会内化于个人的认知活动。显然,社会心理学强调认知在其中发生和进化的社会语境的功能,减弱信息加工原理在其中的作用,强化了社会认知与非社会认知之间的区别。

第二,情境认知凸显环境条件的约束性。除了社会性特征,具身性强调情境认知的物质性,凸显了语境实在论观点;具体性强调情境认知的各种约束条件是明确的,体现了不同相关因素的关联特征;定位性强调情境认知的时空特征,即认知是特定时间和地点的智能活动;使用性强调情境认知的实践特征,情境是使用中的境遇,不是理论的假设场景;特定性强调情境认知的变化特征和事实特征。例如,人们去市场购物,通常会根据实际境遇讨价还价,这不能简单归结为是讨便宜,而是一种竞争和策略,因为人们知道销售价格不是实际所值,价格会随着市场变化不断波动。在人工智能中,智能体与环境的互动不仅体现在高度的技术任务方面,也体现在日常任务中,比如认知人造物在执行任务时能表征需要的信息、支持决定,甚至潜在地与执行性能相互干涉。人机交互就体现了认知与环境结构的关系。人要与机器融为一体,就要熟悉机器,熟练地操作机器。例如,人们使用键盘输入文字,刚开始时手的操作与大脑的思考是分离的,熟练后就能边思考边操作。

第三,情境认知突出认知加工的语境依赖性。情境认知是在其语境中被独特地决定的,它不能孤立于特定的境遇。例如,飞行员的训练可在特制的飞行训练器上完成,而不是直接上飞机操作。但这只是前期操作训练使用的,要真正驾驶飞机,飞行员不仅要学习飞行知识和理论,掌握各种飞行技术,还要知晓天气状况、语言知识、地理知识、大气动力学知识等。这些知识都是语境因素。在民航飞行中,飞行员和乘务员共同组成一个驾驶群体,他们要相互配合才能最终完成安全飞行任务。这是一个特定的群体,加上必需的各种知识和技能共同构成了飞行情境认知的语境。

第四,情境认知要求对心智现象的理解必须是在自然语境中操作的。自然语境是认知发生的源头,认知理论必须说明这种"野性认知"(cognition in the wild[①]),因为野性的自然不仅是认知发生的地方,也是证明其真实能力与局限性的场所。这是自然主义认知科学倡导的方法。自然科学的研究是典型的自然语境中的情境认知。例如,达尔文对生物进化的研究不是停留在理论假设上,

---

[①] 也有人译为"荒野中的认知"(哈钦斯,2010),在笔者看来,野性认知更能反映这种纯粹自然认知的特征,弱化了被征服、被控制的意味。说到底,人类的认知能力毕竟是自然进化的结果,文化对认知的影响是在生物进化基础上的进一步发展,就重要性来说,更基本的才是更重要的。

而是基于对不同地区自然环境中生物进行长期的考察上。具体的自然环境和其中的生物构成境遇，对它们的探讨就是基于情境的认知。

概言之，情境认知突出具体境遇对认知的重要影响，强调认知绝不是孤立的智能行为，而是嵌套在特定境遇、环境和场所中的认识过程。这种嵌入性体现了认知对于情境的语境性和适应性，认知结果的描述也必然是在具体情境中基于语境的表征。

第二节 情境认知的语境之网

适应性认知一定是情境化的，因为适应就意味着适应什么，只有在情境中才能产生适应性。这与生物的进化非常相似。生物进化一定是自然环境中的进化，也只有在自然环境中生物才能进化。正如索罗蒙（M. Solomon）指出的，"认知总是情境化的。它总是以这种或那种方式被具体地例示，不存在非具身的认知结果"（Solomon，2007：413），而且认知的情境化包括环境、目标、社会分布、政治立场、工具（包括语言、知识人造物和互补策略）、历史语境和个体具身化七个方面，这些方面的互动构成一个情境之网。

第一，环境是情境的一个最重要方面。如果说情境认知是一个系统，那么环境是其不可或缺的构成部分，因为系统与环境在范畴上是不可分割的一对，就像主体与客体一样。许多人类行动如开门、走路、系鞋带等是由情境决定的，而不是由内在表征和概念化范畴决定的。有人敲门，我们就会去开门，而不是考虑好开门的步骤后去行动。情境语义学表明，对知识的语言解释依赖于言说者和其表达的特殊环境，这就是知识的域特异性（domain specific）。例如，语言具有很强的地域特征，如少数民族语言，学科知识和方法具有明显的学科特征，如物理学与生物学。农历是典型的中国历法，十二属相具有典型的中国文化。"隔行如隔山"说的就是知识的域特异性。域特异性表明了环境对于知识的重要性。

第二，目标蕴含于情境中。人类行动是有目标的，推理实践也典型地由认知、实用和其他目标支配。也就是说，行动是目标引导的，推理也是目标引导的。有些目标是明晰的，有的目标要通过观察或洞见才能辨识。目标是某个具体情境中的目标，不是普遍的抽象目标。分析的认识论追求的目标是真理，实用主义追求的目标是实效，进化心理学寻求行为包括推理行为的进化目标，伦理学寻求行为的善的目标等。在笔者看来，就人类的活动与其目标而言，生产活动求利，科学活动求真，伦理活动求善，审美活动求美。语境论将目标作为它的一个重要因素,将进化语境看作情境性的形式。动机推理的出现是行为目的性的有力证据,这在法律上是常见的。还有伦理学的道义推理是嵌入传统社会组织的,这种组织构成了推理的情境。不过,"推理的目标不仅是真理或某些认知和实效目标,而且也希望避免产生困难、不愉快或不协调的结论。一般来说,人类喜欢与先前信念符合或支持先前信念的结论。这种喜爱延伸到对理论的喜爱,包括科学理论与先前的训练、观念和价值一致"(Solomon,2007:416-417)。

第三,认知作为一种探寻过程是社会分布式的。合作是社会分布的重要形式。共同体是合作探寻的统一体或情境,其成员有不同领域的专门知识,每个都对认知活动有贡献。比如国际空间站进行的合作研究,不仅有不同国别的科学家参与,也有不同学科、不同领域的专家参与,他们各自掌握着不同领域的专门知识,因而分工也各不相同;共同体成员共同参与策略的制定,一起讨论一起做决定,最后共同发表研究结果。而且,分布式人工智能使用平行分布和网络连接的几个处理器,已经能够将探寻的每一类社会分布模型化,即处理器之间的连接将个体之间的关系模型化。

第四,情境知识是具身的、涉及政治立场的。根据女性主义的科学哲学,客观性就意味着情境知识(Haraway,1991:188)。每个人看问题的视角和政治立场不同,得出的结论自然会有差异。个人视角和政治立场自然就是一种境遇,在这种境遇中获得的知识一定是情境化的。不过,笔者不完全赞成女性主义的知识观。知识是分类的,如果说知识是具身的,则是可接受的,因为所有知识包括政治知识和社会知识都是具身的人做出的;如果科学知识是受政治立场影响的,是政治情境化的,则难以接受,因为科学是没有国籍的,尽管科学家有祖国,也持某种政治立场,如爱国主义。科学中立性告诉我们,科学要尽量避免政治的干扰。当然,不可否认,社会知识和意识形态无疑会受政治立场影响,但科学知识未必或根本不受政治立场影响。因此,情境知识特别是科学认知应该排除政治立场这种情境。

第五,工具作为认知中介直接包含在情境中。这里的工具不是日常意义上我们所使用的某种简单工具,如扳手,而是指人造物或物质构造的复杂东西,如语言、模型、实验仪器等。这类工具包含信息或语义,如关于工具本身的使用说明,关于世界的隐含的或显在的信息,如命题表征、物质载体(书、报纸)和互联网。有时工具也产生信息,如利用望远镜观察到新天体,利用雷达发现新物体。这说明一个工具加上人产生的认知能力强于仅是人的认知能力,所以"工欲善其事,必先利其器"。

第六,历史语境是作为背景知识起作用的。认知通常与时空和历史语境相关。按照语境论,任何行动和事件都是其历史语境中的行动和事件,已有的知识和理论就是新行动和事件的历史语境。任何历史语境都是情境或境遇，它构成了认知的基底。在科学实践中，科学发现和科学理论的形成均是与历史语境相关的，或者说都是在历史语境中继承前人的思想和理论基础上做出的（魏屹东，2004：113-128）。例如，哥白尼的日心说的形成是基于托勒密的地心说和历史上关于日心说思想的，它绝不是哥白尼个人单独苦思冥想的结果。这个例子说明，历史语境是作为一种情境嵌入探寻过程的，不纯粹是过去的行为，而是一种"似现在"，即过去的行动进入当下情境而对认知起作用。在这个意义上，历史语境不是相对于认知的，而是嵌入认知的。因此，"历史语境的相关性包括那个时候的其他知识实践的状态的相关性"（Solomon，2007：421）。

第七，个体具身化是情境认知的前提。人的推理具有这样的特征："推理是情境化于身体中的，包括特殊的策略和启示法，依赖先前知识和训练，并由个人动机构成。"（Solomon，2007：422）人的大脑并不是唯一的认知场所，我们的手、眼睛、身体都参与认知过程[1]。比如，我们在演讲时总是伴随着手势、眼神和身体动作。这说明认知是整个人包括大脑、身体的各个部分相互协调产生的[2]。当然，我们不排除某些复杂的符号加工是在大脑中进行的，如人在沉思时身体是静止的。不论是动态的还是静止的认知，身体始终参与其中。因此，说认知是具身的就是理所当然的，没有身体我们就不能存在，当然也就不能思维和认知。"缸中之脑"仅仅是一个思想实验，即使医学发达到能够做换脑术，也不能说明认知可以不需要身体。脱离身体的大脑即使能够思维，也不能说明那种认知与先前的思维是连贯的和一致的，它很可能是另一个人的思维。

总之，在索罗蒙看来，人的大多数推理使用了策略和启示法，突出了可用性和表征性这两种具有情境化的特性，但这与推理的抽象一般说明如贝叶斯逻辑并不相符。而且，认知推理的可用性和表征性依赖于对相似性的判断，而相似性的判断可基于显著的但不相关的特征，所以表征性与类比推理可能是无效的。这正是情境化导致的结果，也是情境推理的缺陷，因为情境是具体的、特殊的，而非抽象的、一般的，这种缺陷需要通过抽象的推理来弥补。虽然启示法能以一般术语描述，但其具体的应用依赖于特定的先前状态——对于主体而言，明显的和可用的东西是什么，采用的重要相似性的东西又是什么。"先验知识、经验和训练以及动机因素是重要的变量。比如，20世纪前半叶在南半球

---

[1] 身体会影响我们的思维和行为，而身体是嵌入环境中的，因而不仅影响大脑，而且塑造大脑，改变大脑，即"大脑之外改变大脑之内"（贝洛克，2016：ⅲ）。

[2] 具身认知观提出"认知无意识"观点，这一术语描述了所有与概念系统、意义、推理和语言相关的无意识心智操作。其重要意义在于，我们不仅拥有身体，就连思维某种程度上也是具身的；更为重要的是，我们身体的独特性造就了我们在概念化与范畴化方面特有的发展潜力（莱考夫和约翰逊，2018：9-18）。

工作的地理学家更倾向于支持魏格纳的大陆漂移说，因为支持漂移的数据对于他们的直接观察更显著和可用。"（Solomon，2007：422-423）

第三节　情境认知的语境模式

上述提及认知情境化的七个方面并没有穷尽情境认知的方式，肯定还有其他进路，如自然化的认识论、生态主义。在笔者看来，语境论的认知观事实上已经涵盖了这七个方面，因为语境论认为认知是某种特定语境中的认知，特定语境就包括情境，情境是更大语境的一部分。在这个意义上，语境论可被看作是情境认知的概念框架。

索罗蒙将以上七种情境化方面整合到由内外两个圆构成的一个综合模式中，其中七个方面平均分布在两个圆之间的区域，并通过传统克罗尼西亚（西太平洋岛群）航海和海军航海加以说明（Solomon，2007：423-425）。在两种传统航海中，前者是一个特殊环境（群岛）中的个人（船员），根据一个特殊的历史传统（传承下来作为专门技巧而不是作为显知识）航行的；后者是一群船员使用天文工具，按照各自承担的角色在地球的任何地方一起协调工作航海的。相比而言，后者的航海范围要大得多。

然而，从时序看，海军航海之所以比传统克罗尼西亚航海先进、航行范围广，是因为海军航海使用现代航海技术与知识，而传统克罗尼西亚航海仅靠个人经验和前人传下来的技巧，这是一个情境化的动态认知过程，索罗蒙的模式中缺乏时间这个对于情境认知十分重要的因素。在笔者看来，情境不是静态的，而是动态的，其中的历史语境不是仅仅指过去已经发生的行为，而是强调它对当下行为的影响，历史事件是一种"似现在"（魏屹东，2012a：33）。更为重要的是，情境认知的表征具有动力学特征，因为推理是一个动态过程。在这个意义上，语境论的情境认知模式更为合理。

由于情境认知本质上是语境化认知，为了凸显认知的语义内容和动态性，笔者对索罗蒙的综合模式做了修正，增加了时间因素，突出了自然环境，这是一个情境化的语境模式（图23-4，图解本身就是情境化的工具，比起文本描述能使信息更显著可用）[①]。自奎因的自然化认识论以来，情境认知趋向于多学科研究，认知心理学、社会心理学、生态学、社会建构论、认知科学及其哲学、科学哲学特别是女性主义科学哲学都将情境置于认知的核心地位，凸显环境

[①] 这个模式不同于认知语境模型，后者使用集合工具表征，构成要素包括思维水平、客体、认知工具（仪器、方法）、认知者、认知目标（魏屹东，2004：172）。

和其他外在因素在认知中的作用。这些学科采用情境化方法，尽可能避免谈论那些普遍的、抽象的、超验的、先验的、理想化的和符号化的说明。可以预见，在将来一旦众多研究者支持并运用情境化方法，情境认知这个术语将成为多余的。

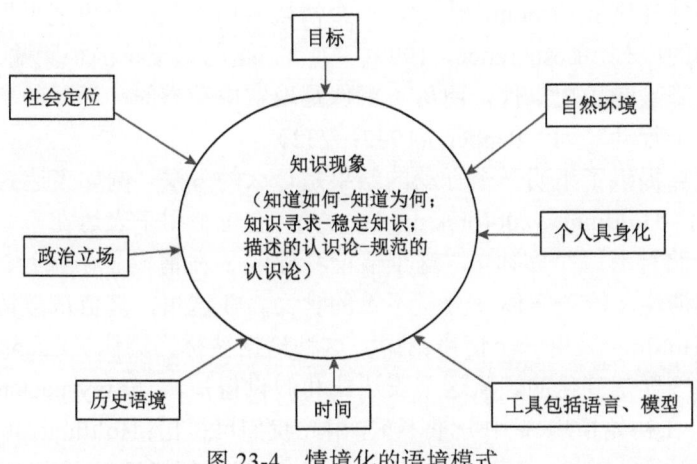

图 23-4　情境化的语境模式

第四节　情境认知的表征方式

情境认知作为适应性表征，它是如何表征的？在笔者看来，作为知识表征的情境演算（situation calculus）、时序推理（temporal reasoning）和事件演算（event calculus）、基于案例的推理（case-based reasoning）是情境认知的重要表征方式。

第一，情境演算是一种表征、推理行动和变化的谓词逻辑语言。作为一种知识表征语言，它是著名人工智能专家麦卡锡于 1963 年提出的，旨在预测一个系统状态的行动结果，规划行动以达到既定目标，诊断什么事件可解释某些观察，并分析执行任务的程序的操作[①]。其中的"情境"表示世界的一种境遇或状态。当行动者或智能体行动时，情境会发生变化。行动者如何行动取决于其所处的情境。在情境演算中，推理不但取决于情境，而且取决于行动者对情境了解多少。因此，情境演算是一种形式主义的表征方式。

在情境演算过程中，要探究的世界或系统的初始情境由常项 S_0 表征，它被

[①] McCarthy J. 1963. Situations, Actions, and Causal Laws. https://www.scirp.org/(S(vtj3fa45qm1ean45vvffcz55))/reference/ReferencesPapers.aspx?ReferenceID=1574105[2023-10-12].

理解为没有行动发生的境遇。导致一个行动 a 在一个情境 S 中被执行的情境由术语 $do(a,s)$ 表征。例如，$do(pickup(rob,package1), S_0)$ 表征这样的情境：机器人 rob 在初始情境 S_0 中执行了捡起客体包裹 package1 的行动。同样，$do(go\ to\ (rob,mailroom)), do(pick\ up(rob,package1), S_0)$ 表征这样的情境：机器人 rob 随后将包裹搬到邮件室 mailroom。因此，一个情境本质上是一个可能世界历史，它被看作行动的序列（Lesperance, 1999: 771）。这与语境论的根隐喻十分相似。语境论的根隐喻是历史事件，而历史事件是现实中动态的、活跃的事件，是其语境中的一个行动序列（Pepper, 1942: 232）。

情境演算提供了指明一个行动的结果是什么的方法。例如表达式：$\forall o \forall x \forall s (\neg heavy(o,s) \rightarrow Holding(x,o,do(pick\ up(x,o),s)))$，它可被用于表达在一个情境中一个行动者 x 将持有一个客体 o，这个情境将导致 x 在情境 s 中执行捡起客体 o 的行动，而情境 s 给予客体 o 分量不重的含义。在这里，真值依赖情境的关系如 heavy，Holding 采用一个情境论据。这种论据被称为流体（fluents），因为情境像流体一样是变化的。从这个表达式和假设得知，$\neg heavy(package1, S_0)$ 意指 package1 在初始情境 S_0 中分量不重，由此我们可得出：$Holding(rob,package1, do(pickup(rob,package1), S_0))$，其含义是：rob 在初始情境 S_0 中捡起 package1 后将持有 package1。

我们也可使用情境演算表征行动的前提条件，即在这个条件下执行那些可能的行动。需要注意的是，一个系统的情境演算模型仅是传统一阶逻辑的一个理论，因此，一个普通原理证明系统可被用于指称由它得出的结论。这也许正是它优于选择性模态逻辑形式主义的地方。因为在多行动者的世界里，与一个行动者相关的情境的变化还取决于其他行动者的行动。这是不同行动者之间的互动问题，类似于力学中的多体作用问题，凸显了智能推理的非单调性，处理起来非常困难。例如，情境演算也会遇到框架问题（简洁表征和有效计算行动的不变量的问题，非单调逻辑寻求解决这个问题）、分叉问题（行动的效果如何被表征以避免明确指出所有间接效果的问题，如机器人去某地方改变它携带包裹的地点）和资格问题（当存在大量的事物实际上能阻止行动发生时，如何表征行动的前提条件的问题，如机器人因被粘到地板上而不能捡起包裹）。这些问题在人工智能领域已经有相当多的研究。然而，无论如何，情境演算仍是知识表征的核心，它已经扩展到模型时间、并行过程、复杂行动、知识和其他心理状态，以及建模和程序化智能体的框架领域。概言之，情境演算是简单使用一阶逻辑的表征，对一个谓词的最终论据表征了它所保留的状态。行动是从状态到状态的函数。因此，情境演算的语义学是基于一个离散的、前向分支的时间模型。

第二，时序推理和事件演算是模态逻辑的表征方法，也称时序逻辑，用来表征和推理关于时间限定的命题规则和符号化的任何系统。由于时间是情境的一个不可或缺的因素，因而时序推理自然就是情境认知的一种方式。时序推理主要有三种范畴：代数系统、时序逻辑和行动逻辑。代数系统集中于时间点和时间间隔之间的关系，它们是由命名的变量表征的。一组质性或量性方程限制被分配到时序变量的赋值。这些方程采取一个约束满足问题（CSP）的形式，即一组线性方程或一阶逻辑的限定子集中的一组断言，其目标是确定一致性，找到 CSP 的一个最小标记，或者为控制某些数学客体的所有变量找到一致的集合体（Kautz，1999：829）。

一个典型的代数系统是质性时序代数，它由阿伦（J. Allen）（Allen，1983）提出并由兰迪肯（P. Ladkin）和玛达克斯（R. Maddux）（1994 年）给出代数形式，其中将时间间隔作为基元。一对时间间隔之间的初始可能关系有 13 个，诸如先于（<）（before），后于（>）（after），接触（m）（meets）即第一个的末端对应于第二个的始端，重叠（o）（overlaps）。这些初始关系可组合而形成 2^{13} 个复杂关系。例如，约束 $I_1(<m>)I_2$ 表达的意思是：I_1 先于接触，或者后于 I_2。阿伦已经说明这样一组约束如何被一个 CSP 表征，说明路径一致如何可被当作一个非完全代数使用来计算一组最小约束。

量性代数允许我们推理间隔的期间和其他矩阵信息。一个简单的时序约束问题（STCSP）是线性方程的一个限定形式（Dechter et al.，1991）。一个时间间隔与它的一对始点 I_s 和终点 I_e 同一。差分方程允许我们将约束条件置于点的关系定序（relative ordering）上。例如，$I_e-J_s \in [-\infty,0]$ 表达的意思是，I 先于 J；$I_s-I_e \in [3,5]$ 的意思是，I 的期间在 3 和 5 单元之间。由于这仅仅是线性方程，因此，STCSP 能够在多项式时间得到解决。然而，对于复杂的时序约束问题 STCSP 难以应对，如两个间隔是分离但无序的($I(<\ >)J$)，就涉及四个点($I_e<J_s \lor J_e<I_s$)。事实上，时序代数并没有说明涉及间隔或点记号如何与事件或命题联系的。例如在一阶谓词逻辑中，命题是用谓词表征的。谓词 P 的一般形式是：$P(x_1,x_2,\cdots,x_n)$。比如 professor（张三）表征了"张三是教授"这样一个事实知识。如果 $x_i(i=1,\cdots,n)$ 都是单一个体常量，则称为一阶谓词，它适合表征事物的状态、属性、概念等事实性知识，以及事物间确定的因果关系。对于事实可用 not 表示"非"、"∧"表示"与"、"∨"表示"或"。对于规则可用（→）表示蕴含，比如，如果 x 则 y 可以表示为"x→y"。这样一来，语言表征的知识虽然用简单的符号表征了，但不能说明时间特征。在情境认知实践中，某些外在机制如一个计划系统产生间隔和点记号在知识库中被用于时间邮戳或索引陈述，这种外在机制计算时序记号之间的某些约束，时序记号必须根据知识库的语义学给出，然后让代数推理根据计算推出那些断言的结果。

相比而言，时序逻辑可直接表征命题之间的时序关系，并消除表征时间间隔或点的任何显记号，这就是模态逻辑，它运用时序算子扩展了命题逻辑或一阶逻辑。例如，命题的线性时序逻辑将时间模型化为状态的一个离散序列，然后加上模态算子：next(N)（接着）、always(A)（总是）、eventually(E)（最终）、until(U)（直到）。比如，表达式(A)p∩(N)q 表达任何时候 p 存在，q 在下一个状态一定存在。因此，时序逻辑基本可表征情境认知过程中的行动和变化问题。

第三，基于案例的推理是具体的个案情境认知。基于案例的推理是指设计一个系统让思想和行动在一个给定情境中由一个明确的先前案例指导（Loui，1999：99-100）。在基于案例的推理中推理是依据具体案例而不是规则的，或者说，基于案例的推理是只有情境没有规则的推理。在这个意义上，它与基于规则的推理是对立的。

基于案例的推理有一个案例库（case base）或一组案例，其推理过程是寻求从一个"源案例"（source case）确定一个相关的"目标案例"（target case），这是按照类比模式进行的推理。基于案例的推理分为两个阶段：①找到一个适当的源案例，即检索过程；②在目标案例中确定适当的结论，即修正与再用。检索是寻求最相似的过去案例，这依赖于什么是适当的相似性问题。修正与再用是对源案例进行修改以便适合目标案例，然后用于目标案例。更详细地说，一个基于案例的推理求解过程可归结为检索（retrieve）、再用（reuse）、修正（revise）和保存（retain）四个过程。这就是所谓的 4R 推理。也就是说，基于案例的推理解决问题的基本过程是：出现一个待解决的新问题，即目标案例；利用目标案例描述的信息在案例库搜索过去相似的案例，即检索已存案例，获得与目标案例类似的源案例，并获得对新问题的一些解决方案。假如解决方案无效，推理者将对其进行调整、修正，以获得一个成功案例，之后可获得目标案例的较完整的解决方案。假如源案例未能给出满意的解，则通过修正案例并保存可获得一个新的源案例。在基于案例的推理中，案例表征、案例检索和案例修正构成推理的核心问题。例如，人工智能中基于知识的问题求解和学习方法就是通过再用或修改以前解决相似问题的方案来实现的。也就是说，基于案例的推理通过寻找与之相似的历史案例，把它重新应用到新问题的情境中。或者说，采用检索历史案例，寻求与当下情境相似的特征参数匹配的案例，根据具体情况对匹配案例的解决方案进行修正，然后应用于目标案例。这个过程显然是一个适应性表征过程。

当然，案例库可被视为一个语料库，规则可能潜在地被包含在其中。在这个意义上，基于案例的推理与基于规则的推理不完全对立，它可能是归纳推理的延缓，因为基于案例的推理中的规则我们还没有概括出来。既然是推理，就不可避免地会用到规则，案例中也不乏规则。按照这种观点，原始案例的优势在于，规则库的修正能更好地得到执行，因为最初的案例仍是可用的，它们并没有被完全抛弃。为了在一个情境中引导思维，一个基于案例的推理者表征和转换一个先例的基本原理。通过假设，一个单一案例对于引导一个情境思维是充分的，假如它是一个适当的案例并被适当地转换的话。相比而言，基于规则的推理将一个规则应用于一个情境而没有任何转换。

问题是，在基于案例的推理中，不同的案例可能得出相互冲突的结论；在基于规则的推理中，几个规则可能是冲突的。在一个情境中，我们可能选择一个案例，而在另一个情境中，我们可能选择一个规则，究竟如何选择，要视具体情境而定，这就是具体情境具体分析。非单调推理基本上兼顾两种选择。在实践中，案例与规则的互动是不可避免的。一个案例几乎总是被看作一组规则的一个紧密表征。在这个意义上，基于案例的推理仅仅是外延程序设计的一种形式，尽管基于案例的推理在线执行其概括，而其他推理预处理它们的概括。显然，基于案例的推理作为一种推理范式，强调每一个案例的独特性，而不是强调多个案例的统计特性。基于案例的推理不同于归纳推理的地方在于：归纳推理从案例的聚合获得动力，从尝试表征是什么倾向于使一个案例类似或不类似另一个而获得动力；基于案例的推理从尝试表征是什么足以让一个案例类似或不类似另一个而获得动力。因此，基于案例的推理强调理论构造的结构方面，而不是数据的统计方面。

总之，情境认知作为一种知识表征，无疑是对知识的一种描述，一种行动者或智能体可接受用于描述知识的数据结构。因此，情境表征可被视为数据结构、境遇及其处理机制的综合：情境表征=数据结构+境遇+处理机制。没有情境的表征就是纯粹的符号组合假设处理机制。

第五节 情境认知的核心预设

上述表明，自20世纪80年代以来，情境已成为认知科学理论中的一个重要概念。与坚持内在主义的认知主义相比，情境认知否认认知活动仅仅局限于头脑内，否认认知过程是单纯的符号表征的计算与操作（如记忆、存储和加工），因为符号加工依赖的是抽象的理性规则和内在的心理表征，完全忽视社会学与人类学意义上的外在情境的影响。也就是说，人脑不是计算机，思维过程也不能等同于计算。认知主义的这种符号加工模式由于和外部物理的、人文的环境相脱节，因此，无法反映活生生的认知过程的具身性、灵活性和境遇性。情境认知强调，认知过程是认知主体在与外部环境的交互过程中产生的，个体认知是处于一个更大的物理与社会环境、文化与历史的情境中的。这里笔者试图回答以下问题：究竟什么是情境认知？它与第一代认知科学理论（计算-表征主义、联结主义)和第二代具身认知科学纲领(具身认知、生成认知、嵌入认知等)之间究竟是什么关系?其本质特征有哪些?接下来笔者对情境认知做进一步的分析。

我们知道,情境认知最初是为解决在学习者概括知识遇到困难时使用的一种方法,有助于学习者将知识从一种情境迁移至另一种情境。在认知科学领域,情境认知最初是由美国人工智能专家布鲁克斯于1991年8月在悉尼举行的国际人工智能会议上所做的《无表征的智能》报告中使用的,即"认知主体处在一定的环境中,它们不涉及抽象的描述,而是处在直接影响它们行为的情境中"(Brooks,1991:139)。他呼吁人们重视人类身体与特定情境之间的交互过程,认为认知过程是在当下的、即时形成的情境中发生的。总之,认知是情境化的。

情境认知最核心的预设是,智能行为是从智能体与其所处的环境的动态耦合过程中涌现出来的,而不是心智(包括大脑和控制系统)自身的产物(Costa and Rocha,2005)。这种观点与传统认知主义的内在表征观针锋相对。根据情境认知,信息并不是某种先验的存在,而是有机体和环境耦合的结果。情境认知作为一种科学假设,体现了认知的具身性和境遇性、交互性和社会性、行动生成性、分布性以及环境嵌入性。情境认知的这些特点在很多关键问题上极大地挑战了认知主义和联结主义范式,如认知的边界在哪里。然而,情境认知并不是凭空产生的,它吸收了现象学、实用主义、生态心理学、人工智能以及理论生物学的观点,有着深厚的思想根源。

现象学包括胡塞尔的意向理论以及利用现象学方法开创的哲学解释学,是情境认知的最主要的思想来源。正是现象学思想支撑着包括情境认知在内的具身认知科学研究纲领。胡塞尔在《纯粹现象学和现象学哲学的观念》中将意向性推广到了潜在的意向领域,认为意识活动是在时间中进行的,当意向行为指向一个对象或对象的某一方面时,它还附带地指向它周围的东西,胡塞尔称之为意向内容的周围域(刘放桐等,2000:311-312)。胡塞尔本人虽未直接提及"情境"一词,但可从他的"周围域"的概念挖掘出相关的信息。

伽达默尔的解释学思想中也有和情境认知相似的观点。在伽达默尔看来,作者有他自己基于其历史和社会处境的历史结构,总是特定地处于一个世界。他强调历史性正是人类存在的基本事实,无论是理解者还是文本作者,都内在地嵌入历史性中。理解者不可能跳出他的处境之外以一个纯粹主体的身份理解对象——文本,文本就是他的世界的一部分,人不可能走出自己的世界(刘放桐等,2000:497)。笔者认为,理解当然是一种认知形式,对文本的解读过程也就是认知对象的过程,只有从历史性出发,站在作者当时的情境去理解才可能做出科学的解释。

实用主义是情境认知的另一重要思想来源。为克服和超越传统哲学中的各种二元对立，杜威提出了经验自然主义，即不把经验当作知识或主体对客体的反映，也不把经验当作独立的意识存在，而当作主体和对象即有机体和环境之间的互动。他认为，作为有机体的人在生存中总要遇到某种环境，必须对之做出反应以适应环境。经验就是人与环境的互动，它使主体和对象、有机体和环境、经验和自然连成一个不可分割的统一整体，在它们中间确立了连续性（杜威，2014：275-278）。因此，杜威反对所谓的"反射弧"观点，因为该观点主张机械的刺激-反应关系，而杜威认为感觉、思维和行动是不可分割的有机体，感官刺激、中枢连接和运动反应当被视作整体中不同的功能因素，而不是各自孤立的、自身存在的实体（Dewey，1896）。可以看到，杜威的经验自然主义对情境认知的影响是显而易见的，这也正是为什么加拉格尔将其看作情境认知的哲学先驱的原因（加拉格尔，2014：264-268）。

生态心理学的某些观点也启发了情境认知思想，其中最主要的是"给予性或可供性"（affordance）的概念，该概念暗示人知觉到的内容是事物提供的行为，而不是事物的性质，我们可将其大致地理解为事物的一种可能的意义，它描述的是环境属性和个体发生连接的过程（Gibson，1979）。行动者无须对环境进行表征，而是环境自身就向主体显现应该做什么，环境因此不再是消极被动的，而是具有了积极主动的意义。生物学与生理学一直重视有机体-环境结合的系统，它们的一些基本观念与生成主义和具身认知是有联系的，都主张二者之间存在结构性的耦合关系（Maturana and Varela，1980）。这种结构性耦合强调神经活动产生的内在与外在状态并无明显的区别。认知生态学理论强调有机体不可能脱离环境而存在，环境只有面对特别的有机体时才具有明确的特征（Jarvilehto，1998）。认知科学中的哲学进路也正是从生物学与生理学的研究中得到了启发。

在人工智能领域也存在情境认知的思想，如人工神经网络和情境机器人学。这里存在的一个争论点是：主体是否有必要在内心对世界进行表征。根据情境认知，许多复杂的人类行为无须对世界及其内容进行内在表征，相反，环境本身的结构足以说明人类行为本身。情境机器人学主张"智能无须表征"，早期的机器人都由核心的软件控制，该软件用来表征机器人所处的环境。在鲁克斯看来，情境化的机器人学致力于建造一种可与周围复杂、不断变化的环境进行交互的机器人，它无须明确的、储存的表征（Brooks，1994）。而且，人工神经网络不同意表征主义的做法也与情境认知如出一辙，其中的语言和其他结构不是编码的和储存的。

那么，情境认知与认知主义、联结主义、具身认知、生成认知以及嵌入认知有什么关系呢？

第一，情境认知拒斥认知主义及联结主义对人类认知活动本质的理解，反对将认知活动仅仅理解为表征与符号的规则转换与计算，批判其忽视环境因素并将认知主体与客体相对立的笛卡儿主义立场，认为人的认识活动具有境遇性的特征。

第二，情境认知与具身认知在某些方面相似，两者都否认人的认知活动仅局限于头脑内部，认知产生于主体和外部环境互动的过程。不同之处在于：它们对身体的重视程度有所不同——"具身认知就是指我们的身体结构和活动图式决定了我们的认知，决定了我们怎样看待世界，即我们的认知是身体结构及其与世界的交互所决定的"（魏屹东等，2016：240）。相比之下，情境认知则强调认知主体所处的情境的重要性，认为情境的变换会影响人们的认知行为，因为认知始终寓于情境中。

第三，情境认知与生成认知的共同点在于：它们都认为认知应该立足于一个情境或语境中，强调身体和环境互动的重要作用。不同点是二者对情境的理解有差异：一方面，生成认知认为情境是身体、心智和世界互动的大环境，而情境认知所考虑的情境范围则较狭窄，主要指直接影响主体认识活动的境遇；另一方面，在解释人的认知过程中，"生成认知更加强调人、心智、世界三者共同构筑的环境的相生相映性以及三者各自的演化的生成性"（魏屹东等，2016：219），但后者没有对心智和情境的关系甚至要素的演化予以更多关注，更注重人与情境的直接交互过程。

第四，嵌入认知强调认知主体对外部自然、社会与文化环境的积极依赖，通过行动导向的表征，或对外部结构的积极操作，让外部资源执行一些认知任务，可部分甚至全部取代抽象的内部表征，认为只要有机体具备适当地与环境交互的能力，就可利用环境的结构减少大脑的内部过程（夏永红和李建会，2015）。例如，沃尔特（S. Walter）将嵌入认知纳入到情境认知的范畴当中，认为该理论和具身认知、延展认知、生成认知都是情境认知的研究进路（Walter，2014）。当然，情境认知与嵌入认知都强调认知对情境的依赖性，而且是积极主动的依赖。不过二者还是有区别的：嵌入认知中的情境是"内入"到认知主体或主体镶嵌到情境中的，情境和主体是内在映射的关系；情境认知则主要强调情境对认知过程的外在影响。嵌入认知在很大程度上摒弃了内部表征，但笔者对此不敢苟同。在笔者看来，不论是情境认知、具身认知、认知主义、联结主义甚至认知动力学，都只是解释人类认知本质的假设之一，任何一种理论都没有对认知行为做出立体的、全方位的解释，不能因为强调情境对认知的巨大影响就完全拒斥心理表征。比如，逻辑与数学在很大程度上就是心智中符号与规则的演算，因而情境与内部表征不是对立的，而是互补的关系，不能以一方取代或拒斥另一方。

通过比较情境认知与其他认知理论的异同，笔者发现情境认知具有四个特征：境遇性、交互性、动态性和即时性。事实上，这四个特征不是情境认知的结果，而是人类认知活动本身就具有的特质，由于长久以来认知科学受到笛卡儿二元论的影响，特别在第一代认知科学的计算-表征主义和联结主义范式下，这些特征被无情地遮蔽了，尽管两种框架都不同程度地获得了成功，但在自身的发展过程中也暴露了许多缺陷，没有完全揭示人类认知的真正本质。因此，接下来我们将详细论述情境认知的本质特征。

第六节 情境认知的本质特征

与成熟的认知科学理论相比，情境认知具有如下四个特征。

第一是作为认知主体环境适应的境遇性。情境认知的境遇性主要是针对认知内在主义的，该观点认为心智与认知不仅不涉及而且独立于任何外在环境，心智与认知的内容都在大脑之内。作为情境认知首要特征的境遇性与意向性有着千丝万缕的联系，因为意向性关涉外在事物，所以外在于认知主体的情境通过意向性被投射到人的意识中。接下来我们侧重探讨情境认知的境遇性及其与意向性之间的关系。

作为第一代认知科学范式的认知主义将人类认识活动理解为基于规则的符号表征的转换，它以计算-表征理论的三大基本假设为基础（哈尼什，2010：171）：①认知状态是具有心理内容的计算心理表征（在思维语言中）的计算关系；②认知过程（认知状态的改变）是具有心理内容的计算心理表征（在思维语言中）的计算操作；③计算的结构和表征（上述第一点和第二点）都是数字的。

认知主义的这些假设表明：第一，计算机与人脑类似，人的认知机制可类比计算机的运行；第二，人的认知活动的基本成分是符号和表征，其本质上是表征或符号的操作与计算。正如瓦雷拉指出的，"认知主义的理论假设是：认知——人类的认知——就是类似于数字计算机那样的符号操作。换句话说，认知就是心理表征；心智活动就是操作符号，这些符号以某种方式表征世界和世界的特征"（Varela，1991：8）。尽管这种框架在认知实践中取得了令人瞩目的成就，但在理论上遇到诸多瓶颈，其后的联结主义计算理论则通过模拟人脑的神经网络活动来研究认知活动，虽然极大地克服了以符号计算为主要特征的认知主义对智能进行形式化处理的困难，较好地处理了快速认知、联想记忆以及范畴概括等问题，但其理论核心仍是具有内容的心理表征之间的计算关系，仍然将认知活动理解为符号与表征的规则转换和计算，忽视了对外部物理或社会环境甚至认知个体间的考察,忽略了人类认知活动的境遇性特征。

情境认知的预设主要有四个(Smith and Semin, 2004):①认知是为了对行为进行适应性的控制,心理表征源于人的行为;②认知是具身的,依赖于感觉运动的能力、环境以及我们的大脑;③认知与行为是有机体与环境之间交互的动态过程涌现的结果;④认知是分布于大脑与环境(如工具的使用)以及社会有机体(如以群组的形式讨论、评价有关信息)之间的。显然。情境认知主张认知活动是作为一个适应性的过程而在有机体与世界(包括物理世界与人类世界)的交互过程中得以涌现,其核心假设是:认知的功能在于对适应性行为的控制,适应性行为必须与即时环境相符,因此认知是情境的、交互的、灵活的,认知活动并非以自主的、不变的、无语境的方式进行,而是从认知主体与环境的交互中不断涌现。由于情境在认知中的特殊地位与作用,境遇性必然成为情境认知最根本的特征。那么什么是情境?为什么情境在认知中起基础性的作用?或者说情境是如何对我们的认知活动产生影响的?这是我们难以回避的问题。

如前所述,情境在字面意义上是指一定时空范围内各种情况相对的或结合的情况。杜威的有机体环境思想以及海德格尔的"在世之在"都不同程度地阐述了情境的意义。早在1884年,杜威就指出了有机体与环境的重要的生物学意义,"总的来说,生物科学对心理学的影响已经非常巨大了……生物学提出了有机体的观念……在心理学中,有机体的观念已经使我们将精神生活理解为一种依据所有生命规律而发展的整体有机体活动,并且精神生活不再被理解为一种独立自主能力的展示舞台,不再是孤立和原子式感觉和观念相互聚合、与外部对象相异并且由此相互永远分离的一种集合点。伴随着对整体精神生活的这种再认识,有机体与社会组织中的其他生命体之间的关系也呈现出来。有机体的思想必然带来环境的思想,并且伴随着环境的思想,这就使得我们不再可能将心理活动看作是一种在真空中发展的个体性和孤立的事情"(加拉格尔,2014: 264-265)。杜威通过阐明环境的生物学意义,批判了将经验局限于心智,并在心智内组合形成认知的观点。由于有机体的主体间性,经验不仅具有生物性,更具有社会性,认知活动是从有机体与环境的交互关系中不断涌现出来的,因此认知是情境化的。正如杜威指出的,"在实际经验中,从来就不存在任何孤立的单一对象或者事件;对象或者事件总是处于某种周围经验世界或者情境中的一种特殊部分、阶段或者方面"(加拉格尔,2014: 265)。

海德格尔对情境的认识得益于布伦塔诺和胡塞尔的意向性概念,借助这一概念工具,他找到了正确理解人类存在和认识本质的有效进路。意向性是指所有意识都是对某物或关于某物的意识,意味着意识与世界无法割舍的关联。在海德格尔看来,我们的存在方式就是一种与外部世界有着意向性关联的存在，也是最能体现人的本真状态的存在方式。在《存在与时间》中他也提到了 situation 一词，并将其理解为"形势"，"代表着一种发自人的生活境遇或世界的解释学形势……世界与经验着它的人的实际生活息息相通而不可区分，因此世界（welt）就绝不只是所有存在者的集合，而意味着一个世界境域"（谢地坤，2005：496）。海德格尔将情境称为"环境"或"周遭世界"（umwelt）。他认为世界是在存在与人、人与事物的关系的基础上对我们显现的意义整体，人对于世界是一种情境性的而非嵌入性的存在，我们不是仅仅在地理意义上被置于环境之中，而是一种有意义的世界构成了我们存在的一部分，情境是作为我们存在的构成部分而存在。我们无法想象在没有意义的情境中进行认知活动，因此从一开始，人就是境遇性的，浸没在情境之中。

上述考察表明，情境概念有着悠久的哲学根源，某种意义上回答了情境是什么的问题。接下来我们着手解答第二个问题：为什么情境在认知中起基础性的作用？

一方面，由于认知主义将认知局限于大脑内并将其理解为一种符号计算模式，对世界的认识无非是对存储于大脑内部的关于自身和世界的信息进行内在操作；心理主义则提出一种规则，认为该规则给我们遇到的心智活动的各种问题提供了一个貌似合理的解决——将问题置于大脑中。但是，它们忽视了外部环境以及身体对认知行为产生的巨大影响，认知的最终目的是通过实践改造世界，使之不断符合人的需要。既然认知是行为导向的，而行为与身体和环境又紧密相关，因此，我们的认知活动并不单纯是心智内的符号操作，它与身体、环境不可分割，所以认知是具身的、情境的。

另一方面，我们的认识活动、知识以及智能都依赖于情境，认知和智能的发展基于行动主体和情境之间的互动，认知主体从情境中获取各种信息，经过大脑中的认知机制加工整理之后形成对外部世界的表征。它与"闭门造车，出门合辙"的认知主义所主张的心智内部对符号的逻辑计算有着本质的区别。这里的情境不是外部事物、关系的单纯累积，而是包括自身、他者、社会、自然环境的有机统一体。"认知是一个发生于智能体-环境互动和相互关系的整体中的事件……认知是面向生存的，它是活动指向的，是指向环境的活动。"（盛晓明和李恒威，2007：808）其中牵涉到意向性的问题，人与其他生命体的区别之一就在于人的意识能够主动地指向外物，正是意向性使得我们的认知活动与外部环境相关联，将整个情境纳入到了认知的框架内，环境因此成为人类意识的相关物。如果脱离意向性，那么人的认知活动则与动物对刺激的反应一样只是对外部环境刺激的消极反应，根本谈不上认识世界的积极行动。因此，在笔者看来，人类意识的意向性决定了认知具有境遇性的特点，二者相互保证，互为前提，所以说从意向性的视角来看，认知也是情境化的。

第二是作为认知因素整合的交互性。情境认知的交互性与认知主义孤立的认知观相对立。认知主义将人的认知活动看作是对符号和规则孤立的计算，后来的联结主义虽有所进步，但仍将认知和智能看作是大量单一处理神经元互动的结果。从情境认知的角度看，它们都忽视了情境的影响和作用，认为认知行为只是大脑与心智的产物，因此仍是孤立的内在表征主义。

在这里，我们有必要强调情境认知的交互性和一般意义下的具身性的不同。具身性是指认知与人的身体是紧密联系的，身体的生理性制约心智的意向性，心智一开始就是具身的；它的提出是为了消解笛卡儿的心身二元论带来的理论困境，因为心本来就是具身的，所以认知也是具身化的。情境认知的交互性是包括心、脑、身体在内的人与情境之间的相互映射，不仅强调身体的基础性作用，更注重其与情境的耦合过程。

所谓交互性是至少两个自为（自主）的行动者之间有限定（规定）的耦合，通过控制（限定）这种耦合，在不损害行动者自主过程的前提下，并在相关的动力机制的范围内，建构一种从机制内涌现出的自主结构（Gallagher, 2012b）。我们不再视认知为独立于身体和情境活动的世界表征的逻辑操作，而是与环境互动的动态过程，尝试将认知建立在交互性的基础上，通过主体与具体情境的交互来解释人类的认知活动。认知主义主张认知活动以计算机的运行过程为摹本，认知过程就是抽象符号的心理表征，这些符号可表征世界以及世界中的关系序列。但其产生了诸如抽象符号的表征如何获得意义，大脑内部的表征与外部世界之间如何统一等一连串问题。笛卡儿主义的主客体的二元对立在此得以体现，计算-表征内在于大脑中，认知行为仅仅发生在个体的头脑中，思想的意义是客观的，在于符号与外部世界的符合，虽然认知主义并未完全否认人的身体和情境在认知活动中的作用，但强调情境对于认知的意义并不是内在的、客观的，而是非本质的、次要的。

在笔者看来，认知主义低估了情境的作用，将思想的意义完全计算化、符号化的做法不是很妥当。情境对于认知活动不是被动的、抽象的数据库，而是时时刻刻在与人的交互过程中影响着认知行为的产生和发展；反过来，人也在一定程度上影响和塑造着情境。人与情境不是相对立的，人无法置身于情境之外，对于将认知主体与认知客体、情境对立起来的做法，笔者是不赞同的。瓦雷拉的生成认知主义主张，人的身体、心智和世界三者之间是相互联系的，人的心智就寓于身体与外部世界互动所产生的情境中。"我们认识到的或通过行动实践得到的知识或经验，既不是外界事物性质的外显，也不是我们先验的、主观臆造的，而是通过人的身体和世界相互作用的结果。任何事物只有在其存在的环境中谈论才有意义……认知必须给定在一个情境中。这个情境就是人的身体、心智、世界相互作用的大环境。每个因素的变化都会扰动情境的平和；

情境的变动会对存在因素有着潜移默化的影响；情境的变化是人的实践认知活动所产生的，反过来又影响人通过心智结构来理解世界。情境及其因素的波动是认知活动的相互生成性的具体体现。"（魏屹东等，2016：218）

认知的交互性保证了认知主体以及情境的能动性，使人在认识世界时居于一种主体地位。现象学借助理智直观的方法去呈现主体间的交互本质，这种方法也可用来考察主体与世界（情境）的交互关系，胡塞尔提出的"回到事实本身"的现象学信条为我们提供了一条新的研究进路。自笛卡儿以来的主体与客体的二元对立不过是一种理性的建构，主体与认识对象之间并不存在不可逾越的鸿沟，我们主张认知的交互性就是试图消解这种不合理的结构，使认知主体的存在无须不必要的预设前提。现象学指出，更为原初、根本和现实的状况是主体与自然对象、他人之间的一种共存关系，我们作为认知主体是嵌入到整个情境中的，认知活动伴随着与情境的交互，这样便模糊了主体与世界的概念差别，消解了二元论造成的人与世界的对立。

在笔者看来，主体和情境之间的交互也许更依赖于一种根本的"非理性关联"。胡塞尔指出，"感觉从一开始就包含着世界，因为它始终包含着行为、包含着基本的主动性"（胡塞尔，2005：16），人从一开始便与世界（情境）打交道，这种活动深深地打上了交互的烙印，主体与世界的互动处于根本的地位。加拉格尔也指出，"我们原初和通常的在世方式，就是一种实践的互动（即一种行动、介入或基于环境因素的互动），而不是心理主义的或概念式的沉思"（Gallagher，2005：212）。换句话说，认知的交互性以主体和情境的实践互动为基础，认知的结果不是心智内在的自我反省，也并非抽象符号的内在表征，而是认知主体与情境交互的结果。

第三是作为认知机制体现的动态性。情境认知的交互性其实就蕴含了动态性。动态性主要是针对传统认知主义的内部表征而言的。以往的计算-表征模型将认知活动局限于大脑内，认为认知产生于大脑内的神经活动。这种符号主义进路的认识模式以笛卡儿的心物、主客二分对立为预设前提，认知就是孤立的主体对客体的反映和表征。在笔者看来，这种认识模式与现实情况不相符，忽略了认知主体与情境的动态交互性的存在。

众所周知，认知主义假设，人类的认知活动就是心智或大脑中以抽象符号为基本单元的表征结构及操作这些结构的计算过程，即便其后的联结主义，也主张用人工神经网络来模拟人类心智。这两种认知科学的范式仍未能摆脱功能主义假设和计算隐喻的基础，依旧将认知活动理解为一种表征与符号的规则转换或计算，它们都承认人类认知活动能在计算机等物理装置中实现。但是，这样就忽略了认知的动力学性质，人类的认知活动终究不是简单的符号的计算和表征。根据情境认知，认知是主体和环境在互动过程中的一种动态涌现的结果。

范·戈尔德提供了理解认知的动力学观念,一种"动力学假设",认为自然的认知系统是某种动力系统,而且从动力学的角度理解认知是最好的。他根据动力系统理论,利用状态空间、吸引子、轨迹、确定性混沌等动力学概念来解释与环境互动的主体的认知过程(van Gelder,1995)。

笔者认为,情境认知无疑是动态性的,其动态性需要与心理表征的动态性加以区分。计算主义与联结主义都认为人的认知活动只存在于大脑中,认知是对外在事物的符号表征,思维是心智对表征结构的操作计算。虽然两种理论都只研究内部的形式规则与表征,但表征本身就蕴含了动态性,只是这种动态性是局限于大脑内部的、封闭的"内动态"。相比之下,情境认知强调人的认知活动存在于特定的情境中,有机体与情境之间的交互是一种延展至大脑之外的、身体与情境交互的、开放的"外动态"过程,用海德格尔存在主义哲学的一个术语说就是"敞开的"过程。

需要强调的是,这里所说的外动态性并不排除内动态性,两者在情境认知中是统一的。虽然身体是人类认知活动的基础,认知主体总是通过身体与情境打交道,似乎我们所讲的动态性就是指身体与情境的"外动态"过程。但我们更强调,身体固然是人类认知活动的基础,认知主体通过身体与情境打交道,然而大脑(心智)始终是我们认知的核心,如果没有大脑对身体感知到的感觉经验进行整理与再加工,那么我们只能获得一堆杂乱的感觉材料,无法由感性认识上升到理性认识,更谈不上用认识指导实践了。我们所指的情境不仅包括人的身体,还囊括外部的环境(物理的与人文的),甚至还包括时间(时间不是作为认知的一种外部环境因素,而是内化于认知活动过程,因为人类的认知是一种连续性的现象)。

一方面,认知行为是具身的,认知主体是利用身体的感觉器官、视觉系统、神经系统进行认知活动的,而主体的身体由于受到来自周围环境的直接刺激,处于不断的变化状态当中,保持着一种动态的平衡;认知的内容由身体所提供,身体的主观感觉和体验为我们的思想提供经验内容,但主观的感觉和体验并不是一成不变的,它时刻受到身体和环境的影响而变化,所以,人的认知活动当然也并非是完全内动态的表征,而是内外动态相结合的非线性的过程。

另一方面,从现象学思想对传统认知科学研究范式进行的补充,特别是海德格尔对传统认识论的批判,以及对"此在"结构的分析中,我们可以挖掘出关于动态性的思想。海德格尔利用现象学方法比胡塞尔更加彻底地批判了笛卡儿的心身二元论,贯彻了超越主客二分的认识论方向。在海德格尔看来,人与其世界的关系不是外在的、静止的,而是一个存在着(处于过程中)的统一的整体;人对其世界中的其他一切存在者的认知,是通过工具的使用来达到的。人的存在的基本结构是"在世之存在",人和世界的联系不是日常经验中的空间关系，此在的在世意味着人与其所处的世界是一种浑然一体的关系。笔者认为这正是一种耦合关系，作为认知主体的人和其所处的情境存在着协调和共变。海德格尔指出，"认识乃是在世的另有根基的样式，而在世之存在先要越过在操劳活动中上手的东西才能推进到对仅只现成在手的东西的分析"（海德格尔，2012：84）。我们通过与事物发生关系，了解事物的上手状态，才能揭示其存在，这表明海德格尔试图用一种动态的认知方式去替换笛卡儿主义的传统静态认知观。这样看来，正是海德格尔为我们打开了认知动态性的广阔视域，使我们认识到人类认知在最根本、最原初的意义上就是能动的，动态性是人们认知活动的基本特征。

第四是作为认知当下耦合的即时性。情境认知强调人类的所有认识活动不只是依赖于认知主体的自上而下、由内而外的加工，即由人出发解释和构造关于外部世界的一系列知识，更依赖于外部环境对主体的自下而上、由外而内的刺激，并且这种刺激过程是当下的、即时的，同所处的情境是共变的关系，一旦变换所处的情境，该情境对认知主体的刺激和影响过程也就随之改变。我们将情境认知的这种特征称为即时性。对于情境认知为何具有即时性的特征，在笔者看来有以下四个原因。

其一，情境认知意味着我们的认知是建构的，情境与认知主体之间的互动一定是在线的，而非离线的重构，主体是直接受到情境影响和作用的，即便是作为交流工具的语言，也受到情境的不同程度的制约。由于人直接处于影响其行为的情境中，因此，很多情况下，在面对复杂多变的情境变化时，认知主体必须当机立断，即时地、当下地处理所遇到的任何问题。例如，在一场篮球比赛中，场下的教练必须根据球场上的情况来布置战术，对于场上的球员来说，除了依据教练场下布置的战术外，他们还必须依据比赛中的形势自动调整球队的打法来赢球。这样看来，教练与球员在比赛中的判断及作出的反应都是即时性的、在线的，情境强调当下的要求迫使运动员必须这样行动。

其二，情境认知暗示了我们人类的认知是一种即时的、情境化的过程，情境与认知主体的关系是在线耦合的。也就是说，在认知过程中，人们借助自身的感觉器官实时地从情境中输入各种有效信息，然后经过大脑和神经中枢编码解码等一系列过程，产生最终的结果——认知主体的一连串行为，且主体的行为也会对情境产生实时的影响，并最终作用于人们的认知行动。虽然人们强调存在去情境化的认知行为，即认知可以是"去耦合的""离线的"，例如，人们对过去事情的回忆，对未来的憧憬和规划，甚至侦探小说中的推理等，都是去情境化的认知活动，即"对离线时空中的事物产生心理表征也是人类认知的一个重要特征"（袁銮和章有国，2015：33）。在这里，我们并非否认离线认知的重要性，而是坚持在线、即时认知的首要性。具体来说，认知在线的能力比离线的能力更为根本，人们首当其冲受到情境的影响和制约，而情境则是当下的、即时的，所以，认知主体在情境下的认知活动也不可避免地具有即时性的特征。

其三，作为经典计算-表征范式的认知主义和联结主义，要么将认知活动完全类比于数字计算机的信息处理，要么通过大脑神经网络及其神经元的分布式表征来理解认知，两者都认为认知过程就是对符号进行的计算表征过程。但这种计算-表征模式"很难建构和再现人类非高阶的认知活动，即依赖于感知运动系统进行的感知及其行为"（刘晓力和孟伟，2014：98）。前面提到人们借助自身的感官系统实时地从情境获取信息，我们很难脱离即时性去迅速、有效地对遇到的问题做出回应。正如丹尼特曾经指出的，如果让按照计算-表征模式制造的机器人在复杂的环境中去排除炸弹，那么它会因为忙于处理巨量的数据计算而耗费时间，结果炸弹早已爆炸。虽然丹尼特并未直接说明认知的即时性，但他似乎注意到了这一点。人们在认知过程中无法排除情境的即时影响，这也从侧面说明认知活动是即时性的，也就是人是行动中的人，实践中的人，情境中的人。

其四，人类的日常活动，特别是日常交流都离不开语言，都要在一定的语境下进行，并且这种语境是当下的、直接的。人们在交谈时产生一个情境的语境，一旦交谈结束，语境也自然随之消失；当变换了交谈对象，语境又自动改变，在这里笔者认为语境和情境是相通的：即时的语境即是情境。如果我们要理解谈话者的意图，接收最准确的信息，那么我们就有必要投入到即时的语境或情境当中去，这就是为什么人们特别是新闻记者强调要获得第一手的信息和资料。在笔者看来，即时、当下获得的信息是最真实可靠的（当然不排除会有虚假信息的可能性），准确程度也最高，即使过后的回忆、推理和之前的预测、判断也要基于当时的即时的情境，所以，我们有理由相信认知行为是处于即时性中的，这个特征非常明显。

概言之，在认知过程中，情境是不可或缺的因素，境遇性发挥着基础性的作用，动态性与交互性都是在情境基础之上展开的，即时性则是对境遇性的进一步详细描述。情境认知的这四个特征相互依存、相辅相成。当然，这些特征不是情境认知所独有的，其他认知形式如具身认知、生成认知、交互认知等都或多或少具有这些特征，但正如我们上述所强调的，这些特征不是某一种认知纲领的产物，而是人类认知活动本身就具有的性质。情境认知具有的这些本体论和认识论的特征再一次说明，情境认知就是一种适应性表征，或者说，情境认知是适应性表征的一种新形态。在这里，笔者将这种新的适应性表征形态看作语境实在论框架下的认知科学的新范畴，也是认知研究的一种新方法论。

第七节　情境认知的方法论意义

情境认知的环境嵌入性和语境依赖性表现为情境化语言、情境语境化、情境化直觉、情境化学习，以及情境具身化、情境具体化等方面，蕴含了重要的方法论意义。

第一，语言的情境化体现在索引词、时态和其他语境依赖的语句构造方面，使理解通过适应情境得以实现。当我使用"我"时，"我"指我自己，当你使用"我"时，"我"是指你自己。我们使用相同的词语表达相同的惯例意义。这就是词语的索引性。索引的作用在于：词义可以不变，但解释说明是变化的。当我们改变语境，即改变说者、时间、地点、听者时，我们会终止不同的指示词。这是语境决定意义的作用。在英语中，时态是一种潜在情境的表现形式，通过时态我们能知晓行动发生的大致时段。例如"it rained"，我们知道下过雨了，虽然不知道过去的确切时间，"it is raining"是正在下雨，表明是说话时在下雨。若要知道确切时间，加上时间副词如"昨天""现在"即可。这表明时态已经蕴含了时间状态是过去、现在还是将来。至于语句，可以说任何语句的**实际意义**都是依赖语境的，比如我们说"是"或"不"时，是针对什么内容或事情说的，所针对内容或事情就是说"是"或"不"的语境。缺乏这个语境，说"是"或"不"虽然意思明确（**原始词义**），但不知道肯定什么或否定什么。再例如，像"这儿""那里"这些地点副词，如果没有语境存在，我们不知道它们究竟具体指的是哪里。

第二，情境化语言恰恰说明，理解和解释是依赖和适应语境的，即情境是语境化的。具体说，意义、解释和语境构成一个函数关系。如果用 M 表示意义，C 表示语境，I 表示解释或说明，f 表示它们之间的关系，那么我们可以给出它们之间的函数关系：$M=f(C,I)$。这个函数关系的意思是，一个词语或语句的意义是由其特定语境和解释者的说明共同给出的。例如语句"雪是白的"，其中名词"雪"和谓词"白"均是意义明确的，它们由系词"是"连接句子表达了一个特定意义"雪的颜色是白色的"。这个语句的语境是在阳光下，解释者知晓阳光下雪是白的。假如是在黑暗这个语境下，解释者也不知道阳光下雪的白色属性，解释者自然不会解释说"雪是白的"。因此，意义是随着语境和解释共同变化的。即使是在科学语境中，一个命题或陈述的意义与其学科语境和解释者的知识背景是密不可分的。天文学上的"地心说"与"日心说"的长期争论表明，地球围绕太阳转还是太阳围绕地球转，在地心说语境和日心说语境中给出的解释是完全不同的。之所以会得出相反的结论，原因就是两种不同语境决定两种不同解释从而得出不同的结论。在方法论上，意义的变化焦点经历了一个从语句类型到个人表达方式的转换，经历了一个从保留真值到保留指称的推理概括的转换。比如，我们理解昨天和明天的意义是相对于今天推出的。没有今天这个概念，就不会有昨天和明天之说。

第三，直觉是在情境化中产生的，情境化直觉成为情境认知更深层的原因。在传统哲学中，直觉被认为是与顿悟、灵感相类似的东西，它是指一种无须经验刺激或理性推理直接领悟真理的天生能力，是通过瞬间的洞察对普遍中的特殊事物的认知。直觉可以是经验的或实践的，也可以是抽象的或理智的。无论是哪种形式，它都是对对象（实在的或非实在的，感知的或非感知的）的直接把握，而无须任何中介环节。因此，直觉知识通常与经验知识、理性知识相对。如果对直觉的这种理解是对的，那么直觉本身就是嵌入情境的，它绝不是某种孤立、神秘不可测的东西。在感官的意义上，直觉不像视觉、听觉和触觉那样有相对应的感觉器官，因而常常被认为是不能被检验的，是非认知的和非理性的。在笔者看来，直觉的感官是大脑或包括大脑在内的整个人体，通过直觉获得的知识是具身的、情境化的。因此，直觉也是一种潜在的具身认知和情境认知。

第四，具身化是情境认知的生物基础和认知适应性取向。在认知科学中，认知人造物的具身化研究表明：一个智能体的嵌入性情境确定指称的一个语义资源，也是简化思维本身的一种物质资源。这个智能体无须记住是什么保存在视觉领域中，也无须测量它们直接比较了什么。"世界本身就是它自己的最好模型"（Brooks，1991：139），一个智能体让世界做计算，通过检验决定结果，较之通过演绎推理承担全部认知有效得多。假如世界没有提供我们想要的东西，我们可以重新安排它让其提供我们想要的东西。这就是人工智能要做的工作。在这个意义上，机器智能走向类人那样的具身化是实现高级智能的关键，因为这样一来，机器就会具有适应能力。这也是机器人学一直追求的目标。

第五，行动者的行动均是具体的而非抽象的，因而是在具体情境中做出的。情境认知倾向于将抽象演绎转化为具体活动，如做饭、洗衣服、购物、旅游、交谈等。这些看似简单的日常活动并不是不值一提的，相反，它们是人类智力的范例，是认知行为的具体化。例如，具身的行动者能够创造性地揭示关于他们的物理环境的事实，以避免显表征和推理。认知科学表明，大多数人类活动由连续的、创新的、即兴的活动和环境提供的大量可用资源构成，而不是执行预先概念化的计划。这与有准备的行动或"三思而后行"不同，因为即时行动来不及事先制订计划。即使有计划，也应该被理解为不是关于活动如何发展的诚实报告，而是根据事实的重构。重构的作用在于能够使活动成为有智力的，而不是可以说明的，如紧急情形下的趋利避害行为。情境认知具体化的方法论意义在于：一方面，它拒绝笛卡儿的直觉观，虽然运动、情绪以及对物理世界的适应性反应限制在原始粗糙事实的范围内，但高层次的概念化是人类之为人类的范例和挑战；另一方面，它从抽象的学科转向实践的学科也构成一个挑战，即从逻辑学、数学、计算机科学、心理学到社会学、人类学、科学论、一般认识论和科学哲学，具体说，就是在方法上从离身的研究转向具身的研究，从统计测量和实验室实验转向实际生活情境中的真实人行为的深刻描述。

第八节 小 结

情境认知作为当代认知科学的一种新的研究纲领，一方面试图超越传统的计算表征主义范式，以情境化消解表征；另一方面试图整合具身的、嵌入的、延展的和生成的认知纲领。这两种倾向的实质是将情境具身化、具体化和语境化，通过情境化语言、情境化直觉、情境化认知使认知适应其特定环境，凸显了情境认知的适应性表征的方法论意义。情境无论是作为认知系统的耦合因素，还是作为构成因素，相对于大脑来说，它仍然是作为认知过程的一个外部因素，肯定或多或少都会对认知结果产生影响。

首先，情境认知作为认识论可能会导致更激进的情境化倾向。在情境化语言中，词语意义是稳定的而解释是变化的。事实上，环境变化也能够影响意义。例如，我国改革开放以来社会环境发生了重大变化，有些词语的意义也跟着发生了根本性变化，如"农民"，过去是指以种地为生的人，如今则指"农业工人"。这些环境影响词语意义的例子是挑战性的，因为它们提出了一个本体论的问题——词语的什么属性表达了指称。根据语境论，本体论问题也是依赖语境的。按照这种观点，不仅我们所做的、所说的和我们如何通达世界，被认为依赖于关于我们环境的事实，而且这个我们生活于其中的世界本身，包括我们谈论的和探讨的客体和属性的变化，也是依赖解释语境的。或者说，世界不是单纯的逻辑的构造，而是社会的构造，环境的构造。这涉及我们对科学本质的理解。

其次，情境认知作为方法论，与一种几乎公认的传统观点是对立的。这种传统观点在认知心理学、人工智能、分析的认识论关于思维的研究中非常明显，认为认知是个人主义的（由个体完成）、一般的（所有个体的认知都是正确的，可用于所有情境）、抽象的（范畴的）、符号的（基于规则的）、显在的（可感知的）、基于语言的（知识表征）、居于头脑的（作为感觉输入和行动输出的中介）。当然，情境认知不是完全拒绝上述所有观点，它特别强调认知是社会的、特殊的、具体的、隐含的、非语言和分布式的观点。情境认知的凸显表明：传统认知心理学、传统认识论和传统认知科学对认知的假设和理论是不完全适当的，它们忽视了情境对认知的潜在影响。

最后，表征是一种认知过程，认知一定是处于特定情境中的，特定情境中的认知表征也是适应性的，因为认知必须适应于那种情境，否则认知过程就会终止。从生物符号学的视角看，"重要的不仅是生物上的适应性，更是符号学上的适应性。适应性取决于关系——只有在给定的语境中，某物才能去适应"（Hoffmeyer，1998：290-291）。这意味着认知的适应性应该在关系整体中去考察，而关系能力就是一种符号表征能力。也就是说，认知总是情境化的，总是以这种或那种方式置于具体情境中的。在科学实践中，不同的学科产生不同的情境，如物理学的、化学的、生物学的，它们的认知也存在差异，表征形式也不尽相同，如物理的数学描述、化学的符号表达、生物的实物标本。

不可否认，情境认知得到了广泛认可。语言、认知、事件和活动是依赖于情境和语境的，这已经成为一个基本理论信条。语言是索引的，认知是情境化的，意义是依赖语境的，这些命题结论基本上没有什么异议。但直觉的情境化可能会有争议，毕竟直觉本身就是有争议的。

第二十四章　语境同一分析：把握对象意义

在达尔文进化意义上，语境论哲学有两个核心点：一是变化和处理变化的方式；二是根据经验的生物基质形成的自然主义方法。

——Lewis E. Hahn (*A Contextualistic Worldview*: 13)

根据语境论，认知过程是语境依赖和语境敏感的，不单是独立地发生在头脑中的思维过程。由于认知是蕴含内容的，这必然涉及表征，所以表征是承载内容或意义的指涉关系，也就是意向性关系。因此，认知是一个表征过程。在这个表征过程中，若要使表征关系成立，表征客体（表征中介），如语言、模型、符号等，一定与其要表征的客体或对象（目标客体）形成意向的、相适应的匹配；而要达到这个目的，表征行动就必须在同一语境中进行，因为语境是形成内容或意义的保障或基底。这一思想实质上就是弗雷格在《算术的基础》中论及的基本方法论原则——"语境原则"：一个词只有在句子的语境中才有意义，也就是语境决定意义。如果将一个词替换为一个模型、一个符号表达式，模型与符号表达式的意义同样由它们的语境决定。只是表征关系要比词的指代关系复杂得多。原因在于，在指代关系中，词的上下文就是其语境，这是非常明显的；而在表征关系中，表征中介与被表征的对象的语境不是那么明确的，这涉及两个语境的交叉或叠加（魏屹东，2018：584-587）。只有两个语境形成了交叉或叠加关系，表征关系才能形成，才能产生实际意义。这就是笔者所说的语境同一性问题。如何使表征关系中的两个语境同一呢？在这里笔者进一步提出"语境投射"来解决语境如何同一的问题。

第一节　语境同一化作为适应性表征

语境同一性是笔者在解决科学表征问题中提出的一种方法论策略，旨在解释认知表征问题以及逻辑悖论的问题。该方法论的要点如下（魏屹东，2017：49-50）。

（1）本体原则：语境是一切待解释问题的本体，谈论或解决特定问题必须在特定语境（投射到特定问题的语境）中进行。

（2）意义制约原则：每个概念、命题以及由命题组成的理论体系都有其语境，先前的理论构成后继理论的语境，它们的语境就是它们的语义域或意义的限制边界。

（3）主体原则：基本表征关系是使用者在特定语境中依据从目标客体获得的一组经验证据而运用或者设计中介客体确立的，使用者在其中起主导作用。

（4）范畴化原则：在基本表征关系中，中介客体，无论是概念、命题还是理论、模型，均是一种人造工具系统；目标客体，无论存在与否，实在的还是非实在的，均是使用某种语言描述的客体。这两种客体都是语境化客体。

（5）表征充要原则：表征客体的语境同一是构成可靠表征关系的必要条件，即谈论表征问题首先必须在同一语境中进行；中介客体适应性地指涉目标客体是形成可靠表征的充分条件。

（6）同一差异原则：表征作为一种语境化的认知过程，其结果由于两个客体的语境关联程度和适应程度不同，可能是可靠的、不可靠的甚至虚假的。或者说，语境同一性的程度差异和两个客体的适应程度差异是造成表征可靠或不可靠的根源。

根据上述语境同一性六原则，我们可以得出：所有人类知识，无论是哲学社会科学的还是科学技术的，只要进行交流和传承，就必须被表征出来。所有问题，无论是简单的还是复杂的，只要想找到正确的答案，就必须是基于问题语境的，因为语境决定问题的含义。所有表征，特别是通过语言和符号的表征，只有形成有效可靠的表征关系，才能表现为真实知识；而要形成有效可靠的表征关系，表征工具与被表征对象必须形成同一语境，也就是表征工具的语境与被表征对象的语境必须形成交叉或叠加，交叉或叠加的部分就是它们形成的同一语境。这种形成同一语境的过程，笔者称之为"语境同一化"。

语境同一化过程是适应性表征过程。原因在于，在表征关系中，为了让表征工具能够准确、可靠、真实地表征目标对象，作为人造客体，其必须与要被表征的作为自然客体的目标对象相匹配、相适应。要达到这个目的，两种表征客体的语境必须达到同一，即构成同一语境，否则就难以形成表征关系。因此，语境同一的过程，或者说语境同一化的过程，就是适应性表征的过程。适应性表征是以语境同一性为前提的。总之，对于我们人类而言，我们是语境化的物种，我们的智能是适应性智能，我们的认知表征是适应性表征。

问题是，如何保证表征关系的语境同一呢？答案是语境投射。这是笔者提出的"语境投射论"，其目的是解决我们的知识是如何获得的以及符号如何具有意义的问题。要弄清这两个问题，就必须弄清我们是如何"表征"的。表征是心理学、认知科学、计算机科学和哲学等学科中关于知识形成的一个重要假设性概念。基于这个概念形成的观点被称为"表征主义",它是这样一种主张,认为人的心智是一个信息使用系统,人的认知能力被理解为表征能力(Egan,2012:250)。根据表征主义,知识特别是显在知识是表征的结果,没有表征,就不会有知识。因此,表征就是知识产生的内在机制。固有或内在的表征被称为心理表征,如我们的心理想象、心理图像;外在的表征被称为知识表征,如各种语言的书籍,科学的和人文的,技术的和工程的,包括人工智能的知识表征。

从认知科学来看,表征是所有知识领域的基本概念图式,没有哪个概念能像它那样遍及整个知识领域。尽管表征的形式多种多样、千差万别——艺术中的绘画、照片、雕塑、舞蹈、舞台演出、电影、电视、动画;音乐中的五线谱、音响;文学中的各种印刷作品(科幻或纪实);科学中的各种模型、图表、曲线图、概念和命题;逻辑和数学中的符号表达式;军事地图、烽火台;交通图标和信号;各种玩具、样品、道具、替身、假扮游戏;身体姿势、眼神;心理状态,如信念、意愿;各种"代表",如大使、律师、代理机构等。概括起来不外乎是艺术表征(绘画)、文学表征(语言描述)、音乐表征(音符)、物理表征(模型)、数学表征(方程式)、社会表征(各种中介)。这些表征形式存在于人类社会的方方面面,构成了一幅极其丰富的知识表征图谱。

然而,笔者发现,虽然关于表征的理论有多种,诸如图像论、相似论、同构论、语义论、语用论等,但对于这些不同表征形式,它们本质上是否相同、如何形成、如何界定等问题,并没有给出令人满意的解答。如何解决这些问题及其争论是笔者接下来要着重探讨和阐明的。

第二节 表征概念的语境重构

关于"表征"这个概念及其说明理论,经历了一个悠久的演变过程(魏屹东,2012b)。就其含义来说,根据《牛津英语词典》representation 词条,按照动词形式有九种含义:"a 表征 b"意味着:①a 代表 b;②a 指代 b;③a 代替 b;④a 为了 b 而行动;⑤a 扮演 b 的角色;⑥a 描述 b;⑦a 是 b 的语言说明;⑧a 是 b 的假扮同一者;⑨a 是 b 在心中的想象(心理图像)。按照哲学和科学中的用法,卡尔哈特(J. Kalhat)认为还有两种含义:⑩a 与 b 自然地相关;⑪a 携带关于 b 的信息(Kalhat, 2016)。这 11 种含义既不是相互排除的,也不是联合排除的,比如从含义②到含义⑪可推出含义①,因为含义①是表征的最小概念;含义⑦可推出含义②,因为指代是以概念指涉客体,是概念化的说明。仔细分析就会发现，这11种含义都预示了视觉表征，没有涉及听觉、触觉、味觉和嗅觉的表征。事实上，后两种含义是前九种含义的必要条件，尽管它们并不充分。

根据以上含义，卡尔哈特归纳出四种表征：①基本表征，即 a 代表 b；②意向表征，即 a 将 b 作为其内容；③代理表征，即 a 是 b 的代表；④假扮表征，即 a 是 b 的假扮同一者。基本表征涵盖了其他表征形式，是最小意义上的表征关系。在这种表征关系中，a 是表征的源，即表征工具，各种人造物，如模型、道具；b 是要表征的目标，即表征对象，真实的或虚构的，自然的或人造的。

虽然《牛津英语词典》使用"代表"（stand for）、"指代"（refer to）、"代替"（stand in）、"象征"（symbol）、"代理"（agent）、"扮演"（play）、"假扮"（make-believe）、"描述"（describe）等概念来解释表征，但这些用于解释的概念表面意义相近，彼此之间仍存在差异。按照笔者的理解，表征是"再现"（re-present），是对所指涉客体的再表达（客体作为现象是一阶呈现，我们运用表征工具如语言对其描述就是二阶表达）；代表是"替代"，在受托或指派的意义上与"代替""代理"同义，在表达抽象属性上与"象征"同义，如鸽子代表或象征和平。指代在表征层次上是"指示"，即用概念或符号指示所指物，如"猫"指称猫，这是范畴化的表征。象征是在抽象意义上使用的，即用符号或记号表达某种意义，如 x 通常表达未知数或未知事物。由于象征的抽象特征，它通常使用隐喻表达，如"虎爸""虎妈"，就是以虎的凶猛隐喻人性的暴虐，但是"虎"无论如何都不表征人。代理是受托代办，表现出中介性，如社会上的各种代理机构；在计算机科学和认知科学中，代理是指具有自主能力的行动者或智能体，如程序或算法。扮演是执行某个角色（化装或不化装），如演员。假扮是指假装，多用于儿童游戏，如"过家家"。描述是使用某种语言对客体或事件及其发生过程的刻画或表达，如各种命题、陈述。在笔者看来，表征同时部分地具有这些概念的含义，是一种综合描述范畴，本质上是一种中介表达工具，一种"工作描述"（job description）（Ramsey，2007），具有语境依赖性。

显然，在不同的学科语境中，表征所蕴含的意义的侧重点不同。在心理学和认知科学中，表征主要是指心理表征，一种内在图式或思想语言。在人工智能中特指知识表征，一种程序性知识；在认知神经科学中是指神经表征，一种神经联结描述。这种神经表征需要满足两个必要条件：表征对于事件是唯一的和具体的；表征执行与这些事件相关的任务（Morris et al.，2006：72）。在科学哲学中，表征主要是指结构主义意义上的映射关系和图像论意义上的相似类比关系。这些含义除神经科学和人工智能的表征是指"呈现"外，均是意向表征，而且要求被表征对象是实在的而不是虚假的。这是科学表征与一般表征或非科学表征的本质区别。事实上，在属人的世界中，所有表征都是意向性的，是一种带有目的性的指涉关系。需要指出的是，由于科学是求真的，所以其表征不能是无实际对象的虚假表征，尽管这种表征可能不准确不可靠，甚至出现误表征。这是表征对象的实在性和客观性问题。因此，在不同的语境中，表征的含义和要求会有所不同，比如，文学艺术的表征不必要求有真实的对象。

概括地讲，表征是两个事物或状态之间的一种象征关系，就是用一个事物或状态描述或呈现另一个相关事物或状态，如烟表征火。这形成了各种表征理论，诸如图像论、相似论、同构论、结构主义、推理主义、语义论等。然而，这些理论对表征的理解和定义不尽相同，因而造成了一定的分歧和争论——表征不是一个与另一个事物相似或同构（属性或结构），如红色并不表征红苹果；表征不是一个推出另一个，如 DNA 模型没有推出遗传分子结构；用一个事物的功能不能表征另一个事物的功能，如 H_2O 不能表征水的特性，如流动性；表征不是一个事物指代另一个事物，如儿童游戏中用木桩代表熊；一个概念是否必须有所指（实在或非实在的，存在或不存在）；等等。有鉴于此，我们需要重新审视表征的含义并重构表征概念。

在笔者看来，"表征"概念可分为动词（represent）、名词（representation）和动名词（representing）三类，与"知道（认知）"（know、knowing、knowledge）概念类似且密切相关。动词的表征是指认知过程作用于目标的行动；名词的表征是认知的结果，即知识，如命题、理论；动名词的表征是指认知呈现的过程。其中，动词的表征是最基本、使用最广泛的一类。因此，这里的重点是探讨及物动词类型的表征。

关于动词的表征，如上所述，其一般形式是"a 表征 b"，这一表达式除了上述的"代表""指代""代替""象征""代理""扮演""假扮""描述"这些含义，还有："a 映射 b"（同构论）；"a 图化 b"（图像论）；"a 推出 b"（推理主义）；"a 关涉 b"（意向论）；"a 引起 b"（解释上的因果论）；"a 模型化 b"（语义论）；"a 隐喻 b"（类比主义）；"a 叠加到 b"（语境同一论）。这些关于表征的不同含义表明，表征是一个意义极其丰富且易混淆的概念。在"表征"作为动词的意义上，a 是中介，一种人造物（假体、工具），如假肢、模型；b 是被表征的目标客体或现象。对于自然科学，b 是自然世界的一部分，如自然类，必须具有客观性和实在性，也就是说，科学表征不能是对虚假或不存在事物或客体的表征，尽管其中允许有假设，但科学的假设不是随意的猜测和无端的臆造，而是根据观察或实验数据做出的假说，如宇宙大爆炸假说有微波背景辐射等证据；对于非自然科学，b 通常是真实的社会事件和行为，也可能是虚构的东西，如神话故事，在这一点上，客观性和实在性要弱许多。比如，我们不必要求小说中的人和事必须是真实发生过的，比如《西游记》中的孙悟空、猪八戒和沙僧及其除魔的故事。

可见，在表征关系中，若 a 表征 b 成立，不论表征有多少种含义，在最基本意义上，都是使用者将"a 投射到 b"。在这里，笔者使用"投射"一词是因为，这个概念不仅涵盖了指代、关涉、指涉、替代、代表、表示、推出、映射等含义，还将表征工具蕴含的语境因素包括结构、属性、语义、背景、情境等投射到要表征的目标上。所以，a 不仅是一个表征项，同时也是一个解释项，因为它将语义加载到目标对象上。这也解决了符号的接地问题，即符号如何具有意义的问题。

第三节　表征的语境投射机制

在表征作为中介工具的意义上，表征是携带内容的，因而也是携带潜在语境的。这就是说，表征工具是人为的，必然具有属人的语境依赖属性。就科学理论而言，没有一个不是用某种语言特别是数学语言表述的。这产生了一个极为深刻的问题——自然类（事物、客体或系统）是如何被范畴化的，或者说是如何被纳入语言系统的？对于科学探究，这是一个必不可少的环节，如果不能将自然类纳入语言系统，我们就不能对其进行表征，也就谈不上科学理论的形成了。

这表明了一个不可否认的事实：人的世界是一个语言的世界，在这个世界中，所有客体都是被概念化或范畴化的。即使新发现的客体也必须给它命名，即将其概念化，而命名是有其语境的，这又产生了一个相关问题，自然类是否有语境？概念或命题有其语境，这没有什么异议，因为它们是人赋予的，而自然类是非人化的，只是在表征的意义上需要将其概念化，否则我们就不能描述和解释它们了。进一步追问，外部世界对于我们人类究竟意味着什么？我们的科学知识、科学理论是不是对实在世界的真实反映？这回到了实在论与反实在论的无休止的争论上。为了避免这种争论，更为了解释目标客体是如何进入我们语言系统的，笔者提出了表征的"语境投射论"。那么，语境是如何被投射的？

在笔者看来，关于我们如何将目标客体纳入自己的语言系统这个问题，康德的"物自体"在这里没有意义，因为若目标客体是作为"物自体"存在而不能纳入语言系统，那么在认知表征的层次上就没有意义了。这就涉及目标客体的语境化问题。这里侧重探讨语境投射与表征之间的关系，也就是表征的投射机制问题。

"投射"，顾名思义，就是对准目标扔或掷。在心理学中，弗洛伊德1894年就提出了这个概念，意思是个体将自己的情绪、态度、动机等主观意向转移到他人身上。对于表征，就是将中介客体对准目标客体，进而将此客体的属性、结构、特征等转移到目标客体上。正如皮尔逊所认为的那样，"外部客体"（目标客体）是即时感觉印象组合而成的构象（construct），这样的客体主要是由我们自己建构的，因为"即时的感觉印象在大脑中形成持久的印记，这在心理上对应于记忆。即时的感觉印象与被结合的存储的印记之联合，导致'构象'的形成，我们把构象投射到'我们自己之外'，并称其为现象。在我们看来，实在的世界在于这样的构象，而不在于影子似的物自体。在自己'之外'和'之内'同样地最终以感觉印象为基础；但是，从感觉印象出发，通过机械的和心理的结合，我们形成概念并引出推论。这些是科学事实，它的领域本质上是心智的内容"（皮尔逊，2003：73）。这就是说，我们将某些与即时感觉印象结合的构想向外面投射，并说它们是物理事实或现象，这个过程就是表征，准确说，是心理表征的外在对象化。

表征作为中介客体（概念、命题、模型、理论）的属性、结构、特征等来自哪里？用哲学术语说，就是来自它们的使用者这个主体和目标客体的互动。因此，投射的前提首先是使用者对目标客体的观察、测量以及在此基础上的想象，这可看作是投射的"回声定位"机制，这种"回声模型的关键在于，它规定主体只有在收集了足够的资源、能够复制其染色体字符串的时候，才能繁殖。因此，主体的适应度，即繁殖后代的能力，隐含在其收集资源的能力中"（霍兰，2011：99）。具体说，在使用者建立中介客体前，他先对目标客体，或者通过观察，或者通过测量，或者通过想象，然后根据所得数据或属性建构中介客体，这是一个对目标客体进行语境化的过程。当然，对目标客体的观察、测量或想象不可能一次完成，一个人要进行多次，不同人也要重复多次，这是使用者对目标客体的再语境化过程。这就是表征投射过程的语境化与再语境化。

简单说，首次发现与命名就是语境化，对其进行再探讨或描述就是再语境化。这是表征发生的认知机制。就我们的观察视阈来说一般有三个区域：可见域，即视域；仪器延伸域，即器域；不可观察域，即思域。这三个区域相应于三个语境：直观语境、中介语境和可能世界语境。这类似于哈瑞所说的人类知觉能力涉及的三个区域：能感觉的、能看见的和能想象的（哈瑞，2006：18-20）。前两个区域是实证主义关注的，第三个区域是科学实在论重点关注的（也关注前两个区域）。这个表征的语境投射过程可描述为：

语境+使用者→中介客体→目标客体
　　　　　　　　　↑　　　　↑
　　　　　　　语境投射　表征投射

　　这个过程分为两个阶段：一是语境投射，即使用者依据自身的知识语境设计或运用中介客体，如模型，这是一阶投射；二是表征投射，即使用者将带有语境属性的中介客体运用到目标客体上，如用原子模型解释原子结构，这是二阶投射。这两个阶段是连贯的，其中语境起到"背景辐射"的作用。投射内容包括概念投射、命题投射、理论投射、模型投射、思想实验投射。这样一来，"投射"概念就统摄了表征关系的各种理论的核心概念——指代、相似、同构、替代、推理、类比等。或者说，基于语境的表征投射论将各种表征说明理论整合起来，建立了一种关于表征的统一理论。

　　为什么这样说呢？从投射角度看，指代、相似、同构、替代、推理、类比等，均是一种投射方式，相应地就有了指代投射、相似投射、同构投射、替代投射、推理投射、类比投射等。因此，表征的语境投射观念既解决了目标客体的语境化问题（符号接地问题），又在语境基底上统一了各种表征说明理论。这是因为，根据语境同一论，表征的指涉性和适应性必须产生于具体的语境中，即指涉度与适应度与语境相关。语境变化，指涉度和适应度必然发生变化，这就是语境的基底作用。需要指出的是，语境投射论与语境同一论并不是彼此独立的，而是互补的，因为二者都是基于语境的，而且语境的同一性是通过投射来保证的。不同在于，"投射"更突出表征的方向性、针对性、目的性和语义加载性，因为形成表征关系的两个客体不可能完全是同一的；而语境同一论侧重强调在一个特定语境中两个客体之间的相互关联性和适应性，不在同一语境中的两个客体不会形成表征关系。所以，语境投射就是要保证表征关系中两个客体的语境同一，解决两个语境如何同一和两个客体如何意义同一的问题，换句话说，就是中介客体如何真实、可靠地说明目标客体的问题。

第四节　语境投射表征的本质特征

　　显然，在属人的世界，我们对目标客体的表征是基于语境的，因为我们要给出所表征的目标客体的意义，就必须要在特定语境中给出。在这个意义上，语境投射是表征具有内容的根本原因，这是由语境表征的如下本质属性决定的。

　　第一是本体性。上述分析表明，语境表征蕴含了一种普遍性、基础性和根本性，是最深刻的本体特征。首先，表征广泛存在于自然世界和人类知识的方方面面。如果表征被看作自然现象或状态，那么它就是作为自然现象或状态的呈现，例如生物的显性特征的表现、结构的展示，如树的年轮。这是自然本体意义上的表征，普遍存在于自然世界。其次，作为概念或范畴，表征是人类知识呈现的方式，没有表征也就没有人类知识。在这个意义上，表征具有认知的基础性。最后，在解释的意义上，语境具有根本性，因为它是我们解释目标客体的立足点，也是避免解释循环的基底和制止无休止争论的底线。

第二是结构性。物理学告诉我们，任何事物或客体，大到宇宙小到基本粒子，均有其结构。这是无可争辩的事实，语境和表征也不例外。作为物质组成的表征，如原子结构，是本体性结构，因为表征是物质属性的呈现。作为认知活动的表征，是关系性结构，因为表征是意向性的体现。在内容层次，表征具有语义性结构，因为表征承载内容，表征不论是动词还是名词，均是携带内容或语义的。作为动词，它表达"a 表征 b"，按照投射的定义，就是 a 将其内容投射到 b；作为名词，表征是认知过程的结果，当然负载语义，如知识形态。或者说，表征是关于对象的，所指对象就是其内容，这是语用性结构，是有目的、有意图的。事实上，语境投射的过程本身就表现为结构性。

第三是隐喻性。两个不同的客体之间为什么会形成表征关系呢？或者说，是什么导致一个客体表征另一个？关于这个问题的说明，目前的理论主要有图像论、相似观、同构观、替代观、推理主义、功能主义等。图像论认为，a 表征 b 当且仅当 b 是 a 的心理图像；相似观认为，a 表征 b 当且仅当 a 与 b 相似，为结构的或属性的；同构观认为，a 表征 b 当且仅当 a 与 b 同构，即 a 映射 b；替代观认为，a 表征 b 当且仅当 a 代替 b；推理主义主张，a 表征 b 当且仅当 a 推出 b；功能主义认为，a 表征 b 当且仅当 a 的功能彰显了 b 的功能。这里笔者不对这些观点的优劣做评论，只是论证它们的说明手法本质上都是隐喻式的。

图像论的隐喻是"感受器"（Morgan，2014：213），表征就是通过感受器将外部客体的形象印记于脑中而形成图像，客体形象与心理图像之间依赖的是相似性，因此，感受器也是相似观的根隐喻。感受器类似于照相机镜头，大脑类似于照相机的核心结构，形成的心理图像类似于图片或照片。同构观的隐喻是"探照灯"，表征就是一个客体向另一个客体在属性或结构方面的一一对应的照射或映射，在表征方式上通常运用数学的集合，如科学中的结构主义。替代观的隐喻是"代表"，表征就是一个人或客体或事物代表另一个，如律师作为当事人的代理、替身演员。代表既可以是全权代理，也可以是部分权限代理，既可以是长期的，也可以是临时的，如儿童游戏中用木桩代表熊就是临时指定的。在替代关系中，代表者与被代表者之间几乎没有相似性，无论是属性还是结构，它突出的是"代"，忽略两个客体的物理性质，如牛顿力学中的地球、月亮等天体均被看作是刚性的质点，而不考虑它们的形状、大小和结构等物理属性。或者说，质点并不表征地球、月亮等行星，仅仅是代表它们自己。推理主义的隐喻是"力"，表征就是一个事物"用力"推出另一个，推出本身也是个隐喻，以实际的"力推"类比思维的"理推"。若推出关系意味着一个包含另一个，依据规则推出后者，前者是条件，后者是结论，这就是逻辑上的蕴含关系；若推出意味着一个引起另一个，前一个是原因，后一个是结果，这是因果关系，如行为的心理因果解释。但是，许多表征并不是推出关系，它们之间没有严格的逻辑或因果关系，如用桌子上的盐瓶指代大象，从盐瓶推不出大象。因此，表征关系很少是推理关系。只有数学模型的计算结果的表征才是推出关系。推理主义严格说也是结构主义的表征观。功能主义的隐喻是"模型"，表征就是用模型描述目标客体或系统，如 DNA 模型、原子模型等。模型是制作实物如铸件的工具，也称模子，它是依据实物的形状和结构按比例制作的，如出土文物的复制品、飞机模型。模型表征是科学中最常见的，科学的语义论就认为科学理论由模型构成（Suppes，1967：56），建模是科学研究的常态，不论是抽象的理论模型还是具体的物理模型，模型在科学认知中起到了关键作用。但模型本身不是目标客体，它只是目标客体的工作描述，至于这种模型是否真实可靠地反映了目标客体，还需要得到实验的检验。这与"代表""替代""假扮"意义上的表征不同，这些表征不需要检验。

第四是工具性。从工具主义来看，所有表征的根隐喻都是"工具"，图像、模型、语言、符号等，都是作为描述目标客体的工具客体。在这种意义上，表征的最合适理论应该是工具主义，因为表征实质上就是中介或代理。人是真正的表征者和解释者，表征是人使用工具（如模型、图像、语言、符号）描述所研究的目标客体。表征工具是人造物，是物质的或符号的，其本身包含了内容，一幅图画如蒙娜丽莎，一个方程式如 $F=ma$，是有特定内容的。它们具有的内容是对目标客体的说明或描述。在这个意义上，表征就是对目标客体的工作描述，是一种工具性或中介性表达。

第五是语境性。表征作为人造工具，本身负载了人的特征，特别是语言特征，这使得表征活动一定是语境化的。既然表征是依赖语境的，我们对表征的描述就必须在特定语境中进行。根据语境论，所有表征都是语境化的，是一种人化的表征，即表征是主体人通过各种描述或表达形式呈现世界的方式。具体说，表征，无论是内在表征，如心理表征，还是知识表征，如科学表征，都是与语言和环境密切相关的，没有语言包括自然的和符号的，我们就不能描述，没有环境包括自然的、文化的、社会的和历史的因素，我们就不能生存。因此，语言和环境在表征过程中不是可有可无的，而是不可替代的，语言和环境是语境中不可或缺的成分。

第六是多样性。由于表征概念涉及面广，必然是分层的，构成不同的类型，因此就存在划界问题。划界首先要有标准，标准不同，划分的类型就不同。根据环境介入认知系统的程度，表征可分为内在表征与外在表征，如心理图像与物理模型，相应地就有了内在主义与外在主义之争；根据显现的程度，表征可分为隐表征与显表征，如心理表征与知识表征；根据对象的客观实在性与真理性，表征可分为科学表征与非科学表征，如科学理论和文学作品；根据意向性，表征可分为自然表征与非自然表征，如树的年轮与人造物；根据语义性，表征可分为语言表征与非语言表征，如命题表征与图像表征；根据认知性，表征可分为认知表征与非认知表征，如问题解决与临摹写生；根据可见性，表征可分为视觉表征与非视觉表征（听觉、味觉、触觉、嗅觉）；根据具身性，表征可分为具身表征与离身表征，如肌运动表征与机器表征；根据抽象性，表征可分为抽象表征与具象表征，如符号表达与物理模型；根据结果的有效性，表征可分为可靠表征与不可靠表征（误表征和虚假表征）；等等。

这些划分并没有穷尽表征的分类，其多样性是十分明显的。但这些划分标准同时也反映了表征所具有的特性——关联性（与环境互动）、隐含性（在脑中进行）、实在性（表征对象真实存在）、意向性（指涉或关涉）、语义性（具有内容）、认知性（探寻、发现）、可见性（依赖视觉）、具身性（依赖身体行动）、抽象性（符号表达）、有效性（可靠与否）。这些特性并不是所有表征类型都具有的，有些是某一类表征所特有的，如图像表征具有可见性，心理表征就没有，因为心理表征也可通过听觉、味觉、触觉、嗅觉形成表象，即经过除视觉感知到的客体在头脑中再现的形象。因此，表征的类型与特性要根据它所在的语境来确定。

在笔者看来，绝大多数表征都是视觉表征，特别是科学表征，由于其非常依赖观察，非视觉表征几乎不可能，我们很难想象盲人能够进行科学研究。绝大多数表征也是认知表征，因为表征意味着探索和解决问题。绝大多数表征也是隐喻式的，因为表征所蕴含的内容需要清晰和容易给予说明和解释。即使自然本身能够表征，其含义也需要人来解读，如树的年轮意味着树的年龄，树本身不会做出解释，是人给予的。

概言之，关于表征，鉴于其概念的多义性和表达方式的多样性，针对它的争论从来就没有间断过。主要是围绕表征是内在的还是外在的，是否负载内容，科学表征是否具有特殊性，究竟有无表征存在这些问题展开。在理论上表现为内在主义与外在主义、表征主义与无表征主义，以及语义论与语用论之争。内在主义认为，表征纯粹是大脑内部的功能，是一种心理表征，如意象、记忆等，是极端的心理主义。外在主义认为，表征是社会建构和文化塑造的结果，是外在世界在大脑中的反映，大脑就是自然之镜，没有外在世界就不会有表征，这是激进的社会建构论。表征主义认为知识获得依赖于表征，无表征主义则相反，认为知识获得无须表征，如熟练技能。语义论主张表征是通过模型等工具进行的，是包含内容的，语用论认为表征是语言使用的过程，意义在使用中显现。表征的语境投射论力图将这些不同表征观加以综合，消解它们之间的无谓争论。这个目的是否达到，可能还有待进一步的探讨。为了更好地理解和说明知识表征与问题解决的语境同一性和语境投射机制，接下来的部分笔者将以"自由意志问题"为例来说明语境同一方法的实际应用。

第五节 案例研究："自由意志问题"的语境同一分析

"自由意志"是哲学史上的一个重要概念，它与决定论的关系构成了哲学的基本难题之一。从认知的视角看，如果"自由意志"这个东西存在，它也一定是意识的一个方面，一定具有某种认知功能，如做什么不做什么的决定，这是决策问题。从表征的角度看，自由意志有无指称、能否形成表征关系，是由特定语境决定的。一般来说，人们认为自己可自由地做选择，且能根据自身意愿自由地对某些事情做出轻重缓急的判断。在现实中，人们都相信自己生活的周围环境，认为自身的欲望和感情都是自由的；也相信许多事情都能由自己所掌控，如自己当下的决定、行动及未来的行为等。但在其背后，一个更深刻的形而上问题是：我们是否真的能自由地做选择？自由地做决定？或者这些选择、决定只是一种幻觉或一厢情愿？这就是自由意志的决定或非决定的问题。自由地或无语境限制地讨论自由意志是无意义的。有鉴于此，我们有必要梳理一下"自由意志问题"的形成语境。

一、"自由意志问题"的形成语境

目前，关于自由意志与决定论的关系，主要存在以下三种不同的观点。

（1）自由意志论（libertarianism），即非决定论，认为人类拥有自由意志，决定论是错误的。绝对地坚持这种立场会导致唯意志论，一种唯心主义的变体。

（2）硬决定论（hard determinism），即不相容论，认为人类没有自由意志，只有一个可能的未来，决定论才是真的。所有的决定论者都相信"严格"的因果关系，没有因果关系，知识是不可能的，因为我们无法确定我们的推理过程和推导出的真理。这是一种严格的机械唯物主义（强因果决定论），现代哲学中少有人持这种立场。

（3）软决定论（soft determinism），即相容论（compatibilism），一方面承认决定论是真的，另一方面又认为人类也拥有自由意志，或者说，因果决定论和逻辑必然性与自由意志是相容的，如心智哲学中的自然主义。持这种立场的人认为，我们的意志是由我们自己决定的，这一过程并不包括性格，即使它们是足够自由的，即使我们的性格本身是由先前的原因决定的。与前两种相互对立的观点相比，这一观点虽有折中之嫌，但也最为引人关注，因为它涉及人的道德责任问题，其本质上是一种关于自由意志的二元论。

然而，自由意志论（非决定论）与硬决定论（不相容论）具有一个共同的前提：如果决定论是真的，那么就没有自由行动；如果有自由行动，那么决定论就是假的。换言之，硬决定论和自由意志论都持不相容立场。但从这两种对立的立场出发，人们的自由究竟如何可能呢？一般来说，人们行为的背后总是跟随着某种意向状态，如举手是一种意向状态的结果，背后总伴随某些原因或目的，又如李四举手可能是和张三打招呼，等等。如果要解释他人的某种行为的话，那么此人行为背后是否总会伴随着某些理由呢？即行为的发生总是具有理由的吗？（Searle，1983：16）这就为软决定论（相容论）解释"自由意志问题"留有了空间。

关于"自由意志问题"的讨论从古至今从来没有停止过①。这个问题最早可追溯到古希腊时代，与道德责任问题密切相关。那时的哲学家大都认为我们人类有能力控制自己的行为决定，而不是依赖命运、上帝、逻辑必然性或自然因果决定论预先决定的。古希腊的哲人开始寻找行为背后的原因或理由。宇宙论者最先寻找自然现象背后的原因，他们倾向于认为物理世界背后的理由成为支配物质现象的理想规律。比如，阿那克西曼德把"宇宙"与"有组织的自然"和"逻各斯"结合起来，作为自然背后的法则。赫拉克利特认为一切变化背后存在着规律和法则，法则就是"逻各斯"而不是"上帝"。当时的思想家大多数并不将万能的"上帝"作为支配自然现象的"第一因"，而是寻求一种"逻各斯"，这类似于中国哲学中的"道"，因为"道法自然"。唯物主义哲学家德谟克利特和留基伯主张，一切事物包括人类都由空虚的原子构成，而原子的运动严格由因果律控制。他们首次提出了物理决定论和逻辑必然性的概念，可以说这直接导致了现代自由意志论和决定论问题。

这种寻求现象或行为背后的原因的倾向，事实上蕴含了世界的现在和未来由过去决定。亚里士多德描述了一个因果链条或原动力或"第一因"，并详细阐述了四个可能的原因（质料、形式、动力、目的）。这是关于事物背后的多因素解释，而不是认为每一个事件仅有一个原因。他在《物理学》和《形而上学》中认为存在由机遇或偶然性引起的意外事件，这意味着机遇也是导致事件的一个因素，即第五因，或者说是一种非因的或自给的原因，当两条因果链偶

---

① History of the Free Will Problem. http://www.informationphilosopher.com/freedom/history/[2018-02-26].

然地聚集在一起时就会发生。这暗含了偶然事件没有确切的原因,而只有机遇或不确定的原因。这可能是关于非决定论的首次说明。

亚里士多德之后的伊壁鸠鲁认为,当原子在空虚中移动时,它们有时会"转向"它们原本确定的路径,从而引发新的因果链①。这些转向会让我们对自己的行为更加负责,如果每一种行为都是决定性的,这是不可能的。在伊壁鸠鲁看来,随意的干预会比严格的决定论更可取,人类有能力超越必然性和偶然性;有些事情是必然发生的,有些事情是偶然发生的,另一些事情则是通过我们自己的机制发生的;必然性破坏了责任,机遇是不连续的,而我们自己的行动是自主的。

斯多葛学派的主要创始人克里西帕斯摒弃了严格的决定论,他强调对道德责任的论证,特别是从亚里士多德和伊壁鸠鲁不确定的偶然原因中为道德责任辩护。在他看来,尽管过去是不可改变的,但未来可能发生的一些事件并不是必然地发生在过去的外部因素中,而是可能取决于我们自己,因为我们可以选择同意或不同意一项行动。这意味着我们的行动部分是由我们自己决定的,部分是由偶然性决定的,但机遇并不是必须的。这种观点今天被看作是一种相容论。

可以看出,大多数古代思想家认识到,偶然性作为一种无因之因或自因,显然是人类自由的源泉,甚至亚里士多德也把偶然性看作人类理性无法理解的原因。显然,偶然性引起的行为似乎是随机的,我们不认为我们对它们负有责任,但我们确实感到应该对我们的行为负责任。尽管我们经历了超过两千多年的哲学化过程,但大多数现代思想家并没有明显超越自由主义的随机性和自由意志这一核心问题——自由行动是由随机事件直接造成的这一令人困惑的观点。

现代哲学始于二元论者笛卡儿和大陆理性主义者莱布尼茨和斯宾诺莎。他们试图用理性来确立真理,包括宗教的确定性。笛卡儿在头脑中找到了人的自由王国(心智),认为这是一种独立于物质身体的实体。他主张一种心身二元论,认为身体是确定的,心智是自由的,其本性是不可约束的。斯宾诺莎则反对笛卡儿的自由,因为他认为这涉及一个无因之因,因而是不可能的。显然,斯宾诺莎的自由与必然性相容。霍布斯认为,自由只不过是行动没有外部障碍,因为"自由意志"的自主行动都有先验必然性的原因,因此是被确定的。他把必然性等同于上帝的命令。布拉姆霍尔认为,自由是一种从必然性和预先决定

---

① 我们现在知道,原子不会偶尔转向,当原子之间密切接触时,它们就会不可预测地移动。物质宇宙中的一切事物都是由原子构成的,原子的运动是不可阻挡的永恒不变的运动。确定性的路径只适用于宏观物体,其中原子物理的统计定律成为诸如行星的几乎确定的动力学定律。

中解放出来的自由，但它与上帝的先见之明是一致的。霍布斯和布拉姆霍尔都是相容论者，只是前者的自由与因果决定论相容，而后者的自由与宗教决定论相容。

英国经验主义哲学家贝克莱、洛克、休谟都认为偶然性或不确定性是不可接受的，决定论显然要求我们对自己的行动负责。休谟怀疑某些知识的存在，并质疑因果关系，认为所谓因果联系不过是我们的习惯性联想，是从我们性格中的原因出发的，自由意志充其量与决定论是相容的，因为我们的意志导致了我们的行动，尽管意志行动是先验原因的结果。因此，无因之因是荒诞的和莫名其妙的。洛克认为把意志本身描述为自由是不恰当的，意志是一个决定，是人使它成为自由的。这些经验主义者在自然科学中发现了严格因果关系和决定论的新证据。比如，牛顿的运动力学能够根据事物的始点、速度和它们之间的力的知识来预测所有事物的运动。由此推出，控制天体的力量控制着一切，包括我们的头脑。这样一来，决定论的原理就从神学或宗教决定论转向了希腊宇宙学家和原子学家的物理-因果决定论。比如，强决定论者拉普拉斯认为，只要我们知道宇宙中所有原子的位置和速度，就可利用牛顿运动方程来准确预测未来。

康德把因果性和决定论包含在他的纯理性思想中。他一方面把决定论作为理性思考的前提，另一方面却又限制了实践理性，这为上帝、自由和永恒留下了空间。在实践理性中，康德想象了两个世界，即一个现象的世界和一个心智的"实体"世界，而且将理性信仰建立在自由、上帝、永恒以及价值观之上。同时，康德还发明了他对自由意志最奇特的其他-世界的解释，即我们知道我们的意志是自由的，意志也是有目的的。

康德之后，很少有哲学家提出真正的新思想来调和人类的自由观和物质决定论，对于大多数思想家来说，这也意味着因果性、确定性、必然性和预见性，这是与决定论相一致的一个可能的未来。比如，黑格尔所谈的自由是一个共同体（存在）的意志，在他看来，自由既不在于不确定性，也不在于确定性，而在于两者，自由和意志是主观和客观的统一。叔本华将绝对自由——自由仲裁的不可区分性——定义为不被先验理由所决定，在他看来，在给定的外部条件下，认为两种截然相反的行动是可能的，则是完全不可接受的。如果我们不接受所有发生的一切的严格必要性，即因果链将所有事件毫无例外地联系起来，但允许这个因果链在任何地方被绝对自由打破，那么所有的未来预见绝对是不可能的，而且是不可思议的。可见，叔本华是软决定论者，他一方面承认自由意志的存在，另一方面也承认因果必然性。

总之，当时科学取得了巨大进步，产生了进化论、热力学和量子力学，这在很大程度上取决于宇宙中是否存在真正的偶然性，而逻辑和数学的发展则质疑哲学确定性的地位，比如，哥德尔不完全性定理证明了在一个自洽的数学体系中总有一些命题是不能被证明的。所以，科学的发展进一步促进了"自由意志问题"的探讨与争论。

二、因果决定论的语境同一性问题

一个不可否认的事实是，自 17 世纪中叶以降，因果决定论（硬决定论）迅速成为西方哲学界所普遍持有的信念，新兴科学的发展特别是牛顿力学的兴起为这一理论提供了"科学"的法则，进一步强化了这一信念。由此，宇宙中每一个物理运动都可用这一法则解释。现代因果决定论的代表人物霍斯珀斯（J. Hospers）、丹诺（C. Darrow）、华生、斯金纳等，基于牛顿范式认为宇宙由永恒的自然法则所支配，如同机器按既定机械原理运转一样。或者说，一切事物的发生都有原因，因果法则支配宇宙中所发生的一切事件。正是在这个意义上，弗拉纳根（O. Flanagan）指出，"如果科学图景是真实的话，那么在物理上就不可避免地由因果律支配所有事物"（Flanagan，2002：135）。

概括地讲，因果决定论主要包含两个主要观点：其一，宇宙中任何事件（包括人）都完全受因果法则的支配，在任何时刻所发生的任何事件，一定是前一时刻事件的结果，即前者为原因，后者为结果；其二，任何事件皆有原因，任何事件的出现，一定有另一个事件或状态作为其原因，原因还有原因。例如，森林大火的发生是由恶劣的天气造成的，恶劣的天气是由厄尔尼诺现象造成的，而造成厄尔尼诺现象的原因是温室效应，而温室效应是由于人类对自然的过度开发……

根据这两个观点，因果决定论者认为，一切事件的发生都是业已被确定所要发生的，且每一件事件的发生从原因到结果都受因果法则的必然支配，不能以其他方式发生。如果这一观点为真，那么过去、现在或将来所发生的事情都是被决定的，且受因果法则支配。这样，因果决定论将会消除人的自由。因为人们的行动不是由人们决定的，而是取决于外在的原因，甚至某些因素都超出了人们所掌控的范围，如出生时的环境、基因等。

如果因果决定论为真，那么无论人们做什么事都与个人的自由意志无关，因为人们的每一行动都是由它之前事件的因果决定的。然而，按照因果封闭原则，这就会不可避免地导致无限后退或循环论证。如果张三举手是因果决定的，那么导致张三举手必然有其原因，有可能是被李四拿枪指着，李四拿枪指着张三是因为他想抢劫，李四抢劫是因为他赌博输了钱……最终，举手的终极原因被追溯到了遥远的过去，甚至可能在张三出生之前就已经被决定了。这显然是荒谬的，出生前之事，人们显然无法选择和控制，否则，因果决定论就倒向了"宿命论"。

这样，从这种硬决定论的立场来看，人类的行为完全是被决定的，别无选择。因为人们无法以任何方式来阻止自己的行为，也不能以任何方式来产生其他行为。那么，这是否可以说，没有人能够理性地为自己的行为负责？假使李四枪杀了张三，其结果会怎样？根据硬决定论的观点，李四开枪射杀张三只不过是因果决定的结果，且这个结果在李四出生之前就已先验地决定了。原因在于李四本人缺乏自由选择的意志，所以他没有真正的选择权，最终结果是，李四不用为自己杀人的行为负任何责任。

据此，我们可以得到硬决定论的如下逻辑推论（Lowe, 2002：96）：

（1）假如因果决定论是真的。
（2）如果因果决定论是真的，那么人就没有自由的行动意识。
（3）如果没有自由行动意识，那么就没有人需要为自己的行动负责。
（4）因此，没有任何人需要为自己的行动负责任。

遵循这一推论，如果我们接受因果决定论立场，那么得出的结论将非常悲惨：人类没有自由意志，也没有自由选择，因而所有人都不必为自己的行为负任何责任。这样一来，因果决定论不仅摧毁了人们的自由与道德，而且也使日常道德失去了理性基础，自由成为一种幻觉。事实上，人类所有的行动并非都是由因果决定的，人们或许具有这种因果倾向，但仅是一种倾向，并非既定事实，个体的实际行为仍有可能打破这种因果决定的模式。因而，因果决定论的观点可能只不过是一种猜想或假想，并无确凿的科学依据，也显然与现实中的道德与法律不符。

我们设想，若将因果决定论替换为"上帝"，上帝就是一切事件或行为发生的原因，我们就可以用有神论或宗教解释任何事件或行为了，这岂不省事？因此，坚持因果决定论就等于以客观的"假设"替代了虚幻的"上帝"。或者说，"自由意志问题"不能用因果决定论来解释。既然无法证实这种硬决定论为真，那么，人类行为是自由意志决定的吗？我们还设想，假如因果决定论是真的，它不仅支配万事万物包括人体，还内化于人的精神层次，产生一种"内在因果性"，这种内在因果性就是人的自由意志，它一旦产生就不再受外在因果性的支配，这样，我们就可以解释人的行为的自由不再受自然因果性的支配了。

我们的这一假设并非是一种自由意志的非决定论的立场，而是一种相容论，这与非决定论的事件因果论或软因果性很相似[①]。这说明非决定论一般并不反对因果性，只是否认人的行为完全由外在规律支配，因此，非决定论还不

[①] The Problem of Free Will. http://www.informationphilosopher.com/freedom/problem/[2018-02-26].

是反决定论,正如非科学不等于反科学。根据这种事件因果论,我们应该接受因果关系,但同时承认存在一些不可预知的事件,它们会产生因果关系,并开始形成新的因果链。这种情形至少在微观物理世界会发生,持这种理论的人都认为,宇宙中存在着偶然性,量子力学是正确的,非决定论是真的,而且偶然性对自由意志很重要,它打破了决定论的因果链。但也有人认为,偶然性不能直接导致我们的行为,否认偶然性和量子随机性对于自由意志的重要性,我们不能对随机行为负责。或者说,偶然性只能产生随机的、不可预知的可能行动或思想,一个行动的选择必须充分确定,以便我们能够承担责任。一旦我们做出选择,心脑和运动控制之间的联系就应该被充分地确定。这必然涉及生物进化和自然选择的关系,以及生殖成功对合适基因的宏观自然选择,如免疫系统。与此相似的另一种非决定论被称为代理-因果论(agent-causalism),它假设了原因的一个非物质来源,就像代理人心中的理由。这意味着,原因可以是非物质的、非自然的。这为心理因果性提供了哲学依据。

可以看出,在决定论的语境中,一切都是预先决定好的,一切受因果律支配,不存在自由意志,即使存在,也受因果律支配,因而自由意志并不自由。然而问题出现了,决定论的前提假定是真的吗?根据语境同一论,决定论所假定的因果语境是有问题的,世界可能是非因果决定的,也就是说它不能形成自由意志表征关系中的表征中介的语境,因而缺乏语境同一性。

三、自由意志论的语境同一性问题

在有无"自由意志问题"上,自由意志论与因果决定论恰好相反。前者否认人类的行动由自然因果决定,认为人类的行动完全是自己自由选择的结果,后者认为一切事物与行为由因果性支配,不存在"自由意志"这种东西。随着认知科学的发展,我们的大脑似乎越来越有可能沿着决定论的进路工作,或者说,如果量子效应是不可忽视的,那么至少是沿着机械论的方向工作。于是出现了一场新的争论:将决定论包括自然主义或机械论的概念应用于脑科学逻辑上是否符合自由意志?一些人的注意力已经从"决定论"和"反决定论"之间的争论,转移到了"相容论"和"反相容论"之间的争论,如丹尼特(相容论者)和因瓦根(P. Van Inwagen)(反相容论者)[①]。

自由意志论的主要代表人物有因瓦根、海森堡、萨特等。因瓦根在其《自由意志随笔》中写道:"不相容论者如何能用责任来解释我们行为的优与劣呢?又如何解释道德呢?如果没有人能为自己的行为做选择,那么责任、遗弃、表

---

① Norwitz M. Free Will and Determinism. https://philosophynow.org/issues/1/Free_Will_and_Determinism [2018-02-26].

扬与羞耻等概念就都是多余的。"（Inwagen，2013：56）他的主要论证中表达了三个前提：自由意志与决定论不相容；道德责任与决定论不相容；由于我们有道德责任，所以决定论是错误的。因此，他得出结论，我们有自由意志。

第一个前提的论证是："如果决定论是正确的，那么我们的行为就是遥远的过去的自然规律和事件的结果。但我们出生前发生了什么、自然法则是什么也不取决于我们自己。因此，这些事情的后果（包括我们现在的行为）并不取决于我们自己。"（Caro and Massimo，2007：56）

第二个前提的论证是："如果没有人对没有履行任何行为负有道德责任，没有人对任何事件负有道德责任，没有人对任何事态负有道德责任，那么就没有所谓的道德责任这种东西。"（Caro and Massimo，2007：181）

至于第三个前提，因瓦根并没有给出论证。因为在他看来这是不言而喻的，我们有道德责任，毕竟，我们要求人们对他们的行为负责。

从本质上看，自由意志论者也持一种不相容论立场，即相信人们确实是自由的，同时人们也能为自己的行动承担责任，且过去的原因并不会强制地对现今的行动施加影响。根据自由意志论，人们的自由行为需要满足三个条件：①如果我们进行选择的话，我们可自由地选择 A 或 B，或者都不选；②我们的选择行为是自愿的；③没有人能强迫我们做选择。

也就是说，当人们需要行动时，有权自由选择不去行动；或当人们不需要去行动时，也有权自由选择去行动。在现实中，人们思考要不要做某事时，既可以自由选择去做某事，也可以自由选择不去做某事，如吃水果时可以自由选择吃苹果或橘子，这时，无论选择苹果或是橘子，首先服从于自由选择的能力。

因而，自由意志论进一步主张：

（1）我们有充分的经验证据证明我们可以有其他选择。

（2）如果我们有充分的经验证据证明我们可以有其他选择的话，那么也有充分的经验证据证明我们能够产生自由的行动。

（3）如果我们有充分的经验证据证明我们能够产生自由行动的话，那么我们也有充分的经验证据来证明因果决定论（硬决定论）是假的。

（4）因此，我们有充分的经验证据证明因果决定论是假的。

在自由意志论的内部，也分为两种立场：一种立场从自由主义出发认为人们是自由的，因果决定论是假的；另一种立场从怀疑论出发，认为自由是不可能的，因为自由与决定论或非决定论都是不相容的。后一立场来自一种极端的自然主义观点，即无论什么事物都能被自然化或被还原。因此，我们也不需要任何实证研究来得出我们是不自由的结论（Caro and Massimo，2007：265）。

显然，不相容论认为自由意志与决定论的真理是不相容的。因瓦根的论证是一种"结果论证"，它基于对过去和未来的根本区分，即基于这样一种观念：

拥有自由意志就是对我们的某些行动有选择，而有选择就是对自己所做的事情有真正的选择。还有一种论证是"起源论证"，它基于这样一种观点：决定论的真理意味着我们没有以正确的方式导致我们的行动，或者说，决定论的真理意味着我们的行动不是以重要的方式产生的，我们的行动不是由我们最终控制的，即我们缺乏自我决定的能力。

蒂姆佩给出了这种论证的如下形式[①]：

（1）只有当主体是其行为的发起者或最终来源时，他才能以自由意志行事。

（2）如果决定论是正确的，那么主体所做的一切最终都是由他控制之外的事件和环境引起的。

（3）如果主体所做的一切最终都是由他无法控制的事件和环境造成的，那么该主体就不是他行为的发起者或最终来源。

（4）如果决定论是正确的，那么任何主体都不是其行为的发起者或最终来源。

（5）因此，如果决定论是正确的，任何主体都没有自由意志。

应该说，这个论证是有效的。因为如果前提（1）是正确的，整个论证就是有效的，因此，要拒绝结论（5），就必须拒绝前提（1）。然而，前提（1）很难反驳，因为我们人类的确是自己行为的发起者。不过，自由意志论的难题在于：必须能够解释非因果决定的事件都是真正自由决定的行为。例如，张三和李四打招呼，这只是偶然或随机行为，并不是有意识行动的结果。与此同时，自由意志论还需要证明，这些偶然或随机行为既非因果决定，也不是随意或盲目的，而是自由决定的结果。事实上，这很难做到，因为自由要具体化在行动之中，但任何一种偶然行为都不是真正自由的行动。如果一个行为是随意产生的，那么它的发生肯定不是人们自由决定的结果，也就是说，随机性或随意性对自由意志论的观点构成了严重挑战。

显然，在自由意志论的语境中，自由意志的存在是以有意识主体的存在为前提的，而有意识主体是如何产生的问题又出现了。这样一来，自由意志论的前提也是有问题的。即使有意识主体的存在这个问题解决了，主体的自由选择也不是任意的，也必然受到所选择对象存在与否，或正确与否的限制。在表征的意义上，自由意志与其指称对象的语境同一性问题就出现了。然而，自由意志的所指对象又难以由经验证实，虽然有时我们的确可以在一定范围内或一定条件下自由选择，如受邀请出席会议与否我们可以选择。但是一定范围或一定条件就是制约因素，在这个意义上，自由意志论仍然缺乏语境同一性，也就是形成自由意志的语境与其所指对象的语境不同一。

---

① Timpe K. Free Will. http://www.iep.utm.edu/freewill/[2018-02-26].

四、软决定论的语境同一性问题

我们究竟该如何来解释人们的各种自由行为？在日常生活中，人们自然需要自由选择，同时也要为自己选择的行为负责，这样，人们的行为就蕴含着重要的道德责任问题。软决定论（相容论）主张，自由和责任在某种意义上是相辅相成的，自由既与因果决定论相容，又不与自由意志论矛盾。如前所述，休谟、康德等是软决定论的主要代表。康德区别了现象世界（phenomenal world）和理智世界（intelligible world），认为现象世界由因果法则支配，而理智世界中人是自由的；同时，理智世界遵循自律，即自己给自己立法。在康德看来，所谓"自由"并不是由物理世界的因果性控制的，物理世界有自然律，理智世界有自律，两者遵循不同法则。

根据软决定论，人的不自由主要存在三种情况：①人被迫做不愿意做的事情，即违心做某事，例如被迫周末加班；②服从权威、听命于人，如相信某位权威人士的话而不进行任何个体反思，服从领导的决定而不问对错是非；③被习惯所制约，如有盗窃癖或患强迫症的人。

通常情况下，人的任意一种行为都具有某种特殊的道德蕴意。普通道德行为以个人的道德理性为基础，道德标准具有一定的社会性和强制性，人们依此判断某人行为符合或不符合道德标准。在情感或欲望中却不总是这样，它具现于人们内心之中，无法体现在人们自身之外。例如，李四可能在内心非常憎恨张三，但李四只是内心拥有这种情感，并没有做什么出格的事情，因而这种情感无法用外在的是非标准来评判。既然如此，在谈论道德或道德责任时，所谓的判断标准是什么呢？

首先，承担道德责任的主体自身必须具备一种形而上的自由。也就是说，人们的行动是由人们自己所支配或决定的，在道德上自己为自己的行为负责，而不是为自己的感情或欲望负责。因为我们能够控制自己的行动，但却难以完全控制自己内在的情感或欲望（Pink, 2004：8）。比如，我们对某些人的见死不救非常不满，甚至感到愤怒，但这并没有让我们去指责他们，因为我们知道不救是他们的自由选择，在道德上他们的行为是会受到谴责的，即他们为自己的行为承担道德责任，但不会承担法律责任。

其次，在道德评判中，自由与行动是一对范畴，自我支配或自由选择是体现"自由意志"的最直观方式，主体必须完全能够控制自己的行动。只有当人们可自由选择时，才能为自己的行动负责。但人们又只能通过行为来证明自我真正的"自由"选择权，原因在于理性行为必然是自由决定的结果，最终，"自由意志问题"演变成为解决道德与行动的关系问题。人们负道德责任的前提是要证明自己的行为是自由决定的结果，如何控制自己的行为亦成为道德的核心问题。比如，李四杀人的行为，只有他清楚地知道自己做了什么，也知道自己是如何行动的，且这种行动完全在他的控制之下发生，此时对李四的道德审查与评判才是公平的。如果李四的行为或言语完全出于他自身的控制范围之外，那么李四又如何能为这些事情负责呢？

当法院要判决李四杀人是否有罪时，首先要求他能合理合法地解释自己的行为，因此"自由"也成为法律判决的先决条件，如杀人的动机是有意还是无意是量刑的关键。对某人进行处罚是让其为自己所做的事承担责任，但只有当主体能控制自己的行动时，他才能承担相应的责任。无民事行为能力的人，如精神病人，对他们的行为（如伤害他人）不负责任。可实际上，并非所有的行动都在自我控制范围之内。例如，有盗窃癖或受强迫症控制的人去偷东西，强迫症剥夺了某人不去偷东西的自由，某人偷东西可能完全不是出于自己的意志，也不是刻意而为之，只是缺乏不去偷东西的自由意志，在这种情形下，这个人应不应该为自己的行为负责？如果负责的关键判据是"自由意志"，那么只有在真正自由、行动完全在自己的控制之下才能为自己的行动负责任，而有盗窃癖或受强迫症控制的人没有真正的自由意志，因此，他们不必为自己的行为负责。若果真如此，那将有悖于人们的常识和法律规范，因为在现代哲学的道德评判中是否有自由或行动，两者之间没有绝对统一性。这样，"哲学家们已经越来越倾向于忽略或放弃'自由'这一概念，他们试图解释道德，但却避而不谈自由"（Pink，2004：10）。

据此，软决定论的主张可概括为以下几点。①如果把自由选择看作是没有任何因果作用的话，那么自由意志显然与硬决定论是不相容的；但是，如果把自由选择看成是不受任何外力限制或强迫的话，那么自由意志论与硬决定论则完全是可相容的。②人们做出的选择或行为，必须是在没有受到胁迫或强制的情况下，或者他们的行为不受外在力量影响时，行为才是自由的；反之则是不自由的。③人们很容易犯范畴错误，混淆逻辑必然与因果必然。比如，"三角形有三个角"与"用力敲击某人的脑袋，则这个人脑袋会很痛"。这两句话有不同的外延，前者是逻辑必然，不会出现反例，即三角形没有三个角是不可能的，从"三角形"这个词的概念就可得出它必须有三个角；而后者则属于因果必然，要根据因果关系来推断所产生的结果，即由敲击这个原因推出痛这个结果。因果必然需要借助于经验事实，比如，天下雨，地会湿。④人们也常常混淆自然法则和法律。法律条文是限制或强制人们的行为所必须遵守的规范，而自然法则并没有强制性地规定人们要如何行动，也没有限制人们如何选择，它只不过是陈述宇宙的自然规律。或者说，法律条文是人类制定的，是"人为的"、强制性的；自然法则是自然本身具有的，是"自为的"，须遵循的。

概言之，软决定论的困难在于，如果从因果决定论或物理因果封闭原则出发，人们何以可能进行自由选择呢？具有盗窃癖或强迫症的人，其行为是否需要承担相应的法律后果呢？换言之，人们如何能准确区分盗窃癖或强迫症患者的哪种行为是自由决定的结果，哪些又不是自由决定的——谁才是真正的小偷呢？显然，软决定论没有解决这些问题。原因在于，软决定论本身就是一个矛盾体：一方面承认因果性的存在，另一方面承认自由意志的存在。矛盾意味着不一致，意味着冲突。在表征的意义上，两个表征客体的语境是不能冲突的，或者说是不能彼此独立的，因为这不能形成同一语境下的表征关系，也就是缺乏语境同一性。

五、"自由意志问题"的语境同一性解释

由上述分析可知，关于"自由意志问题"的三种观点对自由意志的说明都是不充分的，甚至是错误的。笔者认为，"自由意志"与"自我""自我意识""自主选择"等概念是密切相关的，它可由这些概念来定义、解释，甚至代替，比如，"自我是自由意志的一种形式""自我意识是自由意志发生的先决条件""自主选择是自由意志的本质特征""自由意志表现为自我意识性和自主选择性"等等。这些命题构成了自由意志的语义域，即语境。因此，自由意志概念是语境依赖的和语境敏感的，"自由意志问题"必须在特定语境中才能得到解释。这里我们运用语境同一论给出"自由意志问题"的一种解答。

根据语境同一论的意义制约原则，"每个概念、命题以及由命题组成的理论都有其语境，先前的理论构成后继理论的语境，它们的语境就是其语义域或意义限制边界"（魏屹东，2017：49），这就是说，任何概念，若要有意义，就必须有所指，无论其所指是实在的还是虚构的，是存在的还是非存在的。换句话说，概念与其所指要构成一种表征关系，这种关系的边界就是它的语境，即表征关系是一种特定语境中的指涉性关系。

对于"自由意志"，作为概念，它是存在的，至于这个概念有无实际指称（是不是真实存在物），无关紧要。因为若无指称（不存在或空指称），它就是一种假设性指代，如"上帝"；若有指称，它就是实在性指代，如"桌子"。作为实体，它也是存在的，只是不能在可观察意义上谈论，比如，动物、植物这些自然类是可观察的，而原子、电子是不可观察的，自由意志的存在更像是不可观察的微粒子。在笔者看来，不同的自由意志观都是在"实体"意义上讨论"自由意志"的。比如，因果决定论就认为自由意志是"虚幻的"，因为它不存在也当然不可观察。根据语境同一论，如果自由意志的表征关系不存在，它就没有任何意义，因此，当我们谈论这个概念时，无论其指称如何，其表征

关系必须存在，因为它必须有意义，在这个前提下，处于不同语境（不同立场）中的人们才会对自由意志概念做出承认（自由意志论）或拒绝（硬决定论）或既承认又调和矛盾（软决定论）的决定。

在自由意志论的语境中，自由意志是存在的，而且不是由因果原则决定的，它可能是人类先天就具有的一种自主选择或自我决定的能力，这种能力高于自主感知能力，也就是说，意志是一种精神性力量，而感知是一种物质性力量，二者不是同一层次的东西。但自由意志论者并不能给出其指称，也不能说明它存在于何处，即使认为它存在于某处，如笛卡儿的松果体或大脑前扣带回，也不能给出确凿的经验证据，最多还只是一种形而上猜想或科学假设。正是出于这种原因，硬决定论者拒绝自由意志的存在。

在硬决定论的语境中，自由意志根本就不存在，因为这个概念没有所指，它只不过是机械因果关系的一种虚幻反映，是哲学家对假想的现象的概括性描述，或者说，所谓自由意志只不过是因果力的另一种说辞而已。由于自由意志概念没有指称，不能构成表征关系，因而硬决定论者不予承认。硬决定论者是因果决定论者，一般以科学家居多，也有一部分科学哲学家。在科学的语境中，概念要以可操作或做出因果解释为其存在的前提，否则就只能取消或暂时"搁置"起来，如认知科学和科学哲学对"意识"的取消态度。这里存在科学主义与人文主义之间的冲突，自由意志论者一般是人文主义者，硬决定论者一般是科学主义者包括自然主义者。由于两种科学（自然科学和人文科学）的语境不同，冲突和分歧自然就难以避免。这就是关于科学与人文的冲突自斯诺提出两种文化以来，就争论不断的原因。

在软决定论的语境中，一方面认为决定论是真的，另一方面又不拒绝自由意志的存在。这是为什么？难道仅仅是调和或折中或相容就可解释吗？笔者认为另有原因。根据语境同一论，对问题的合理解释必须在特定或同一语境中做出，也就是说解释者必须处于同一个语境中。我们知道，自由意志论和硬决定论属于不同的语境，它们对同一问题如自由意志的解释结论自然就会不同。软决定论者的做法是将两个不同语境进行交叉和叠加，形成一个新语境，即交叉或叠加的部分。之所以能够形成交叉，是因为自由意志论者并不否认对自由意志概念所做的解释，只是不承认决定论的自然因果解释；硬决定论者虽然不承认有自由意志这种东西，但并不否认自由意志概念和现象的存在，如人们的自由选择行为，在他们看来，所谓自由意志只不过是因果关系的一种表现。两种观点的根本分歧在于自由意志的实体方面，而不是现象方面。在更一般意义上，这两种对立观点好像是唯物主义和唯心主义的分歧在自由意志方面的具体化。事实上，由于两种观点都不否认自由意志概念和现象的存在，这就为软决定论留下了空间。

但软决定论者为什么没有解决像"盗窃癖或强迫症是否有自由意志"的问题呢？原因在于，它没有意识到自由意志的语境同一性问题。软决定论之所以有折中之嫌，是因为它实质上是在上述共识基础上调和了两种冲突的观点，并没有给出对立双方的语境同一性。笔者的做法是将软决定论与语境同一论相结合，或者说以语境同一论改造软决定论，使之成为一种科学的解释范式。具体做法是：其一，坚持因果性，要给出自由意志的因果解释，奠定其存在的自然基础；其二，坚持其有指称，要指明自由意志是人脑神经元网络活动的"相关物"，或是神经网络涌现的一种精神现象；其三，坚持语境同一论，在语境同一性基础上将决定论与自由意志论统一起来，即形成实在的表征关系，使两个极端的主张适当保持一种张力，因为两种对立的观点虽然极端但并不完全错误。这种张力的结果就是形成语境同一性。这是语境同一论优于其他三种观点的原因所在。也在一定程度上为科学地解释"自由意志问题"扫清了哲学上的障碍。

其实，大多数科学家是软决定论的支持者，也是一定程度上的语境论者，代表性的人物有物理学家薛定谔、生物学家克里克和神经生物学家盖尔曼等。薛定谔认为"在一个生物的肉体里，同它的心智活动相对应的，以及同它的自觉活动或任何活动相对应的时空事件，如果不是严格地决定的，无论如何也是统计地决定的"（薛定谔，2003：85）。克里克假设人脑的某个部分与制订进一步的计划或决定有关，但人不能意识到这部分脑区执行计算的过程，而且执行哪个计划的决定受到限制，他将自由意志看作一种自主决策的能力（克里克，1998：272）。盖尔曼认为自由意志就是自我意识，它可能位于前额突出的部分，"人的意见和行动在相当大程度上是在意识的控制之下，我们的陈述反映的不仅是承认意识的聚光灯，而且也反映出强烈地信任我们有一定的自由意志"（盖尔曼，1998：157）。在他看来，我们能够自由地做决定，就意味着这个决定并不是严格根据以前发生过的事情做出的。人类行为的这种明显的不确定性可能更多地起因于一种隐蔽的动机，而不是一种内部随机的过程。目前，科学的研究意识包括自由意志更多是一种软决定论的立场。因为要研究自由意志，就必须首先承认它的存在，否则，就没有必要研究了。要给出"自由意志问题"的合理解释，仅仅依靠软决定论还不够，还必须加以语境同一论的说明，这是因为我们必须给出这个概念的意义。当然，我们承认，语境同一论对"自由意志问题"的说明也仅仅是一种解释而已，肯定还会有其他理论的说明，如一般系统论、信息论以及新近的量子理论等，但有一点是不可或缺的，那就是，不论我们能给出自由意志的多少种说明，缺乏同一语境基底的解释都是不靠谱的，因为无法给出统一的意义。

第六节 小 结

  对于表征，不论关于它有多少种说明理论，其最核心的问题仍然是我们人类如何认知自然世界。这一过程必然涉及认知主体、认知客体和认知工具。就认知本身来说，主体的存在是不言而喻的，在此前提下，使用什么工具探索客体对象并给出明确和可靠的说明，就是知识表征问题了。基于语境同一性的语境投射论主张，认知主体将其携带的语境投射到目标客体的过程，是一种适应性表征行为，其中蕴含了表征的指涉性、意向性、语义和语用性。语境投射不仅说明了语境如何同一的问题，而且合理地解释了人类知识的生成与意义获得问题。

  在笔者看来，哲学上的"自由意志问题"可通过语境同一论和语境投射机制加以说明。自由意志论、硬决定论和软决定论各自的理论困境十分明显：要么人们不可能有自由，自由只是一种幻想；要么人们的行为只是一些盲目的、自发的、随机的现象；要么人们无法区分真正自由与受控的行为。无论在哪一种情形中，自由似乎都是不可能的。当然，有人引用量子力学中的随机性来支持自由意志论，但这种微观尺度上的随机性和宏观尺度上的自由意志论之间仍然存在着难以逾越的鸿沟，因为这种随机的不可还原性在当前的认知水平上还难以通过实验来证明。关于人类是否真的有自由，这可能是一个没有统一答案的问题。从本体论层面来讲，自由与因果是一对矛盾概念，可能会产生无解的谜题；但从认识论层面来看，后天的教育和习得塑造了人们的世界观，奠定了人们的方法论基础，建构了人们思维和行动的"标准"定势，在人们做出选择或行为时，这种背景知识（语境）潜移默化地影响着人们的行为。因此，所谓真正的绝对自由，可能只是一种乌托邦式的幻想，它必须在特定的语境中才可能得到合理的解释。自由意志是这样，"自我""自我意识""心智"这些传统哲学和常识心理学的概念何尝不是这样。

第二十五章 溯因推理：从结果探明原因

溯因推理一词有两个主要的认识论含义：（1）只是产生"可信的"假说的溯因（选择性的或创造性的）；（2）作为最佳解释的推理的溯因，它同时也评价假说。

——洛伦佐·马格纳尼（《发现和解释的过程：溯因、理由与科学》第25页）

溯因作为一种推理方法，是美国实用主义创始人皮尔士提出的有别于归纳和演绎的第三种方法[①]。作为这种逻辑形式的首创者，其目的是解释认知过程中大量存在的从一个已知事实或现象，推知其发生原因而产生的假设选择的逻辑问题。也就是说，溯因作为一种认知方式，是从已知数据或事实推出能解释那些数据或事实的假设，也因此被称为假设推理。由于这种推理方式包括对所做假设的检验过程，因而常常出现在科学发现的过程中，即科学假设形成和检验的阶段，在科学哲学中也被称为"最佳说明"的推理（Lipton，1991）。从思维的角度看，任何推理都是认知，推理过程就是认知表征形成的过程，必须与要达到的目标相适应。所谓适应，就是看推理是否合乎逻辑，是否达到目标，其实质就是适应性表征问题。在笔者看来，与归纳、演绎相比，"溯因推理类似于数学上的倒推法或反证法，即从结论开始，把结论当作已知条件，一步步往前探索。溯因的实质也是如此，从要解释的事实出发，结合背景知识和前提条件，去发现最佳的假设，寻找最合适的原因"（魏屹东，2012a：309）。因此，溯因逻辑更体现了认知的适应性表征。在分析归纳和演绎之谜的基础上，笔者着重探讨和阐释溯因的含义、特征、推理机制以及如何成为最佳说明的适应性表征方法。

第一节 归纳和演绎形成之谜

面对纷繁复杂的自然现象，人们从个别事实自发感应或诱发出某些一般结论，或者从特殊情形得出一般假定，或者从具体事实推出抽象结论，这种认知方法就是我们习以为常的归纳。归纳可以说是人类最早的一种认知方式，科学

[①] 哈曼似乎独立地提出了与皮尔士的溯因极其相似的推理方法，那就是最佳说明推理。在那篇论文中，哈曼没有提及皮尔士关于溯因的工作（Harman，1965）。

中的许多经验定律就是归纳的结果。由于归纳出的结论是从特殊事实推出的，其结论超出了其前提所蕴含的范围，皮尔士将这种推理称为扩展论证。由于这种特征，归纳的结论往往是非充分决定的。"说一个结论是非充分决定的就是说关于初始条件和规则或原则的一些信息不能保证一个唯一的结论。"（Lipton，1998：412）尽管休谟从经验主义出发论证了归纳原理的非因果性，认为它是一个独立的逻辑原理，是从经验或从其他逻辑原理都推论不出来的，没有这个原理，便不会有科学（罗素，1981：212），但罗素则证明"归纳作为逻辑原理是无效的"（罗素，2001：483-487），并认为要使一般所接受的科学推理具有不可动摇的根据，我们还需要其他原理来补充归纳法，如果不是完全代替的话。这就为后人留下了归纳之谜和进一步解谜的机会。

我们知道，归纳的方式在哲学和逻辑中有多种，诸如简单枚举、完全枚举、淘汰归纳、直观归纳等，不论是哪种，都会面临一个从个别事实产生一般结论的不对称推论问题。这就是著名的"归纳问题"，由哲学家休谟首先发现，被康德称为"休谟问题"。按照波普尔的看法，归纳问题是指归纳推理是不是确证的，或者在什么条件下是确证的，也可被描述为如何建立基于经验的普遍陈述的真理问题（Popper，1998：426）。自这个问题被揭示以来，人们对归纳结果的确定性和可靠性提出了质疑。人们不明白，为什么有些情况下从一些有限的事实能够推出普遍陈述（全称命题），如由"某些人会死"推出"所有人都会死"。这种跳跃式推理预设了"自然的齐一性"，即未来的实例类似于过去，可以从已观察事实概括出适用于未来观察的情形。坚持这种主张必然导致归纳主义，即认为知识按照归纳原理能够从积累的事实推出一般原理，如经验科学的假设和理论体系。然而，从有限事实推出的结论不是必然的，因此，人们普遍承认归纳的结论往往带有偶然性或概率性，因而不可避免地存在不准确性和不可靠性。但在认知实践中，人们又常常使用归纳，尽管"归纳问题"依然存在[①]。这

---

① 科学哲学家波普尔声称他解决了"归纳问题"。他的论证是：首先将该问题分为两个，即"逻辑问题"（从经验过的事例推出没有经验过的其他事例的证明问题）和"心理学问题"（推理的人都期望没有经验过的事例同经验过的事例相一致的问题）；在此基础上，波普尔认为，当逻辑问题成为问题时，可以把心理学的术语转换为客观的术语，如把"信念"说成"陈述"，通过将事情说成客观的或逻辑的或形式的言语方式，就把心理学问题归结为逻辑问题，但客观术语不能用于心理学问题；一旦解决了逻辑问题，根据转换原则（逻辑上是正确的，在心理学上也是正确的，这就将逻辑问题转换到心理学问题上，科学史或科学方法也坚持这一原则），心理学问题也就被解决了，也就是通过转换原则消解了休谟的非理性主义。这意味着，波普尔是用理性主义解决心理学这种非理性主义问题，或者以科学的方法解决心理学问题。在波普尔看来，休谟没有解决逻辑问题，而对心理学问题的回答是重复性的"习惯性联想"。既然休谟认为逻辑学中不存在由重复形成的归纳这样的方法，并且这种看法是正确的，那么按照转换原则，在心理学中也不可能存在任何这样的东西。总之，在波普尔看来，以重复为根据的归纳观念一定是错误的，根本不存在由重复形成的归纳法。这种以客观方法解决归纳问题的做法，实质上是以客观作为标准掩盖了心理学问题，也就是以物质观念消解了精神观念，这是有问题的。所以，笔者认为，波普尔并没有从根本上解决归纳问题（波普尔，2003a：6-7）。

种理论与实践之间的矛盾是如何形成的？迄今仍然令人不解。

为了追求所得推论的必然真理性，人们发明了演绎。演绎是从一个普遍命题推出个别结论，或者是从必然命题推出偶然结果或特殊事例的推理。由于其结论已蕴含在前提中，因而是必然的，或者说，演绎得出的结论是前提的逻辑后承，比如"凡人必死"必然推出"某人会死"。正如罗素曾经说过的，在演绎中，一个命题被证明对于一类中的每个成员都成立，于是可以推断它对于该类中的一个特殊成员也成立。人们普遍承认这种推理的结论在逻辑上是必然的。

然而，演绎的普遍前提来自哪里以及如何确定其真理性？来自先天直觉？来自后天经验？抑或二者的结合？若是先天的，则产生了先验论，会导致神秘主义；若是后天的，则产生了建构论或经验论；若是二者的结合，则会有折中的嫌疑，会导致折中主义。笔者将这个问题称为"演绎前提来源之谜"或"演绎问题"。当然，人们可以给出种种答案，例如来自先天（直觉、灵感），如笛卡儿的"我思故我在"；来自后天（经验、实践），如"实践出真知"；等等。这必然会引起怀疑与争论。

在笔者看来，这个问题有两个可能的答案：一个是演绎的前提来自归纳。归纳和演绎构成了一个推理环。如果是这样，演绎问题是消解了，但归纳问题依然存在。这就像"鸡-蛋问题"，若问"何者先有"则无解，若将它们构成一个循环，问题就消解了。但是，"先有鸡还是先有蛋"是个伪问题，并不能解决"鸡"如何产生的问题。这就涉及推理的思路或方法论的重大问题。另一个是来自溯因，就是从一个已知事实通过假设-验证推出一个普遍结论。这是一种假设主义的进路。正如恩格斯正确地指出的，"只要自然科学在思维着，它的发展形式就是假说"，而且"进一步的观察材料会使这些假设纯化，取消一些，修正一些，直到最后纯粹地构成定律"（恩格斯，1971：218）。因此，基于假设的溯因逻辑的出现有望解决归纳与演绎之谜。

第二节 溯因、归纳和演绎的互动结构

在传统哲学与经典逻辑领域，归纳与演绎是两个公认的推理方法，并在科学探寻中一直发挥着重要作用。在科学哲学、人工智能与认知科学领域，一种还不为人们广泛接受的推理方法在其中发挥着重要作用，这就是溯因。溯因这种更为重要的推理在皮尔士提出后并没有引起人们的足够重视，甚至以为假设方法就是溯因推理。事实上，假设方法与溯因推理有着本质上的区别，前者着重于方法论功能，后者着重于逻辑机制。溯因之所以重要，那是因为，在探寻

过程中，人们面对的往往是某种已观察的现象或结果。当面对这些现象或结果时，人们自然会问，为什么会产生那种现象或结果呢？具体原因是什么？这种寻找原因的过程就是溯因过程。医疗诊断就是典型的溯因推理，也就是从某种病的症状（结果）诊断出病因（原因）。解决问题的实质就是寻找产生问题的原因。因此，溯因作为一种推理方法，比归纳和演绎更为常见和普遍。

那么，人们对溯因推理的认识为什么要比归纳和演绎晚得多呢？原因主要是人们对它的运行机制不清楚，还没有给出独立的逻辑形式，尽管在认知过程中常常会不自觉地使用它。这就是为什么在逻辑学中，溯因被认为是一种不明推理。如此一来，溯因的推理机制和形式表征以及与归纳和演绎的关系，就成为不可回避的重要问题。

然而，20世纪的科学哲学致力于科学解释和检验方面，而创造和发现被排除在哲学反思之外，认为其属于心理学范围，因此并没有在科学方法论方面建立范式。哲学家对待科学创造和发现的这种排斥态度，反而激发了认知科学和人工智能专家对科学发现问题的计算和程序化的研究，这无疑对"发现的语境"无法形式化的断言形成了挑战，其中逻辑的作用更加突出。也就是说，20世纪的实证主义科学哲学将演绎逻辑作为解决解释和评价的主要形式框架，而归纳逻辑对科学方法论的分析是非常有限的。相比而言，基于计算机的人工智能和认知科学则表明，逻辑具有形式规则系统和经验研究的方法论特征。这可看作对皮尔士的溯因逻辑的"重新发现"。

皮尔士在研究逻辑时敏锐地发现，归纳和演绎并不能囊括所有可能的推理。他指出，"科学逻辑中出现的混乱或错误观念的最大根源在于，不能区分科学推理中各个不同要素之特征的本质差别；其中最常见的也最糟糕的一种混乱是，将外展推理（即溯因推理）与归纳推理合在一起（有时也与演绎相混）视为单个论证"（张留华，2012：294）。他意识到，溯因与其他两种推理存在强弱的差异，在得出确定性结论上，溯因是最弱的，因为它的结论是猜测性的，具有或然性，但却是在科学中使用最多的，甚至有可能是造就科学的那种推理（McMullin，1992）。演绎是确定性最强的一种，也是最安全、最可靠的，因为演绎是最规范的，但没有创造新东西。在认识到这些不同推理形式的差异后，皮尔士将推理归结为溯因、演绎和归纳三种类型，并将它们与科学研究的不同阶段相对应——首先通过溯因构成和发现新的假设，接着从假设演绎出可检验的命题，最后用归纳和实验使演绎合理化，"演绎证明某物必须是；归纳说明某物实际上是实施中的；溯因只是提议某物可能是"（Peirce，1965a：106）。这意味着这三种推理形式不仅彼此独立，而且相互关联、相互渗透，构成科学发现的不同阶段和模式。柯德（M. V. Curd）在评价皮尔士的溯因方法时认为，"溯因是形成解释性假设的过程，是提出新观念的唯一逻辑操作；假设源于我们本能的猜测和直觉的闪现；溯因是在'尝试中'选定一个假设，且这种选定不是将它当作真理来接受，而是当作一种值得仔细考察和严格检验的猜测或者有希望的提议"，因此，溯因可被理解为"理论生成的逻辑、发现蕴含的不可消除的心理成分和事先估价的逻辑"（Curd，1980）。

皮尔士通过如下例子给出了三种推理的三段论形式及其相互关系（Peirce，1965b：372-375）。假设我们从一个装满豆子的袋子里随机抓一把豆子。我们不知道白豆子的比例是多少，但知道手中的豆子有 2/3 是白的，由此我们会猜测：袋子里有 2/3 的豆子可能是白的，这描述了一个简单的情形，即手中所有的豆子被发现是白的。其推理形式是：

归纳：
  前提 1：这些豆子是这个袋子里的（特殊事例 PC1）。
  前提 2：这些豆子是白的（特殊事例 PC2）。
  结论：这个袋子里的所有豆子都是白的（普遍规则 GR）。

根据皮尔士的描述，这是一个从事例（前提1）和结果（前提2）到规则（结论）的归纳推理，因为这是对袋子里所有豆子的概括。将这个推理倒过来就是如下推理：

演绎：
  前提 1：这个袋子里的所有豆子都是白的（普遍规则 GR）。
  前提 2：这些豆子是这个袋子里的（特殊事例 PC1）。
  结论：这些豆子是白的（特殊事例 PC2）。

在皮尔士看来，所有演绎只不过是将普遍规则用于特殊事例。这个例子说明，归纳与演绎是互逆的，结合起来就构成一个推理循环，这可解决演绎的大前提（普遍规则）如何产生的问题（源于对事实的概括总结）。

同样是这个例子，如果情形发生变化，归纳与演绎就失效了。假设有许多袋子，里面装着不同颜色的豆子，地上只有一些白豆子，搜索一番后你发现只有一袋是白豆子。此时你会假设这些白豆子是哪个袋子里的。这个推理过程就是先假设后选择再验证，推理形式为：

溯因：
  前提 1：这个袋子里的所有豆子都是白的（普遍规则 GR）。
  前提 2：这些豆子是白的（特殊事例 PC2）。
  结论：这些豆子是这个袋子里的（特殊事例 PC1）。

这个推理是根据所发现的经验事实来推测可能的结果的。用什么来解释这些经验事实呢？答案是假设。在这个例子中，我们可根据发现的一些白豆子和只有一袋白豆子这些事实推测——这些白豆子是这个袋子里的。也就是依据所知道的和所不知道的做假设给出解释，这是一个最佳说明过程。显然，这个推理过程既不是归纳的也不是演绎的,而是概率性的。因为其他袋子里也可能有白豆子,只有检验后才能确证所猜测的结论的正确性。

在这三种推理形式中,皮尔士区分了两个概念:普遍规则和特殊事例。在演绎推理中,所有演绎只是将普遍规则(前提1)用于特殊事例(前提2和结论),其中没有例外发生。在归纳推理中,演绎中的前提2和结论变为了两个前提(特殊事例),而前提1成了结论(普遍规则),说明普遍规则是由归纳得出的。在溯因推理中,前提1与演绎中的相同(普遍规则),其前提2是演绎中的结论(特殊事例),结论(特殊事例)与演绎中的前提2(特殊事例)相同。就这个例子而言,三种推理形式的不同只不过是"普遍规则"和"特殊事例"之间的顺序变换的结果。

如果按照"普遍规则"和"特殊事例"(又分为**例子**和**结果**)的分类,归纳、演绎和溯因的结构为:

归纳:$GR \leftarrow PC1 \wedge PC2$(从例子和结果到规则的推理)
演绎:$GR \wedge PC1 \rightarrow PC2$(从规则和例子到结果的推理)
溯因:$GR \wedge PC2 \rightarrow PC1$(从规则和结果到例子的推理)

如果将普遍规则作为推理的始点,显然,溯因与演绎是同向的,区别在于特殊事例的顺序不同,或者说例子和结果互换了;溯因与归纳是反向的,而且普遍规则与特殊事例是混合的;归纳与演绎也是反向的,且例子、结果和规则的组合发生了变化。在归纳推理中,结论作为普遍规则;在演绎和溯因推理中,普遍规则都是作为特殊事例1(前提1)的,溯因因此可被理解为一种回溯性的演绎推理,它既不是由规则推出结论,也不是由结论推出规则,而是由规则和结论推出事例。从解决问题的视角看,演绎要回答的是特殊(个别)问题(一些豆子是白的?),归纳要回答的是普遍(一般)问题(所有豆子是白的?),溯因要回答的也是特殊问题(白豆子在哪个袋子里?),但不同于演绎问题。

从事实和知识角度看,上述三段论的语句均是命题,都包含事实和知识,前提和结论在不同类的推理中是可互换的,推理形式都是合取。然而,我们并不能从归纳和演绎的合取中推出溯因,因此,溯因是不同于前两者的一个推理方式,其推理过程是假设性的,其结论是概率性的,只有经过经验检验才能确定其真假。这意味着,在科学探索中,从观察结果和假设的规则猜测该结果的原因,是要冒风险的,只有假定规则和结果都是真的,溯因推理才有意义。然而,以三段论形式处理溯因的方式并不能完全保证推理的有效性,因为三段论的推理能力是有限的,其结论不是必然从前提得到的(李煜,2018)。

然而,正是由于溯因的猜测性和试探性特征,它被广泛用于科学探索中,因为科学认知中常常遇到偶然性和不确定性。正如亨普尔所说的,"科学知识不是通过把某种归纳推理程序用于先前收集的资料而得到的,相反,它们是通过通常所谓的'假说方法'即通过发明假说作为对所研究问题的试探性解答，然后将这些假说付诸经验而得到的"（亨普尔，2006：26）。而且"在判定一个被提出的假说是否有经验含义时，我们必须自问，在给定的语境中，有哪些辅助假说已被明确地或暗含地预设了，而给定的假设是否与后者相结合时产生检验蕴涵（而不是单单从辅助假定中导出这个检验蕴涵）"（亨普尔，2006：48）。因此，溯因中的猜测性假设不是任意的，它们必须具有经验意义，也就是必须得到经验检验才能成为合格的假设。

第三节 溯因推理的逻辑结构

可以看出，溯因作为一种假设性推理，直观地看是逆向运行的（由结果推出原因），而不是标准因果推理的前向运行（由原因推出结果）。出于适应性的目的，它显示出非标准的非单调性特征，即溯因的结论必须根据进一步的证据回溯得到，而数学推理和经典逻辑推理是确定性（certainty）和单调性（monotonicity）的。确定性是指从前提推出的结论是必然的，如演绎推理。单调性是指从演绎推理得出的结论其有效性是不容置疑的。按照皮尔士的看法，"演绎证明必定为真；归纳说明是可操作的；溯因仅表明那可能是什么样的"（Peirce，1965a：171）。这就是说，演绎推理是完全确定的，归纳和溯因则不是必然性的，而是可被证据推翻的。例如，归纳推理必须经过实验或经验检验才能证明其有效性，而溯因推理仅仅主观地提供了一些假设，而且这些假设能够由于新的附加信息而遭到反驳。

在皮尔斯看来，一个假设是否可能，它必须满足解释性、可检测性和经济性三个条件。也就是说，一个假设，如果说明事实就是一种解释，直到被证实，也就满足了可检测性的要求。皮尔士给出溯因推理的逻辑结构为（亨普尔，2006：117）：

观测到惊奇的事实 C，

如果 A 是真的，C 就是必然的结果，

因此，有理由猜测 A 是真的。

在这个推理中，C 是描述事实的陈述或陈述集，A 是假设地说明那些事实的另一个陈述（一个假设命题）。其形式表达为：

C

$A \to C$

A

其中 $A \to C$ 是逻辑的蕴含规则，即"如果 A 是真的，那么 C 必然为真"。这个推理在逻辑上称为假言命题，包含了演绎的必然性、归纳的或然性和溯因的预测性。这是科学实践中常常遇到的情形。这是为什么呢？

这个形式结构可被看作是逻辑中的肯定前件式的逆推理：

如果 A 是真的，那么 C 就是必然的结果，

A 是真的，

因此，有理由猜测观测到惊奇的事实 C 是真的。

其形式表达为：

$A \to C$

A

C

这种逆推理是一种探究式推理，在人工智能的逻辑编程、知识获得、目标搜索、决策和自然语言程序中得到广泛应用。比如逻辑程序语言 Prolog 的应用，这种程序语言由一阶逻辑激发并由逻辑程序、问题和一个作为适应性的"修理机制"构成。阿丽色达（A. Aliseda）以下雨-草坪湿的例子说明 Prolog 的溯因推理过程（Aliseda，2006：41-42）：

程序 P：

草坪-湿 ← 下雨

草坪-湿 ← 洒水器工作

*问题 q：*草坪-湿

已知程序 P，问题 q（草坪为什么湿？）并不随后发生，因为它不是从该程序中导出的。为了使 q 随后发生，"下雨""洒水器工作""草坪-湿"这些事实会被添加到程序中。这意味着溯因发生在追问的过程中，通过此过程这些添加的事实产生了。这一过程的完成经过了一个解决机制的适应和延伸，当原路返回机制失效时，该机制开始起作用。在这个例子中，当两种事实在程序中找不到时，不是宣称它们失效了，而是被标示为"假设"，也就是溯因解释，并被当作形式规则，如果添加到程序中，形式规则将使问题随后发生。

上述的参数一旦设定，就会产生多种可能的溯因过程：

程序 P：

草坪-湿 ← 下雨（？）

草坪-湿 ← 洒水器工作（？）

草坪-湿 ←（？）

......

*问题 q：*草坪-湿

法安（K. T. Faan）认为，皮尔士的溯因推理可被还原为一个相应的演绎有

效推理，演绎因此成为归纳和溯因要遵循的基本原理（Faan，1970：52）。溯因不仅与肯定前件式对应，也与否定后件推理（modus tollens）对应：

如果 A 蕴含 C 成立

C 为假

则 A 为假

形式表达为：

$A \to C$

$\neg C$

$\neg A$

同样，从肯定的视角看也会给我们以启发推理：

如果 A 蕴含 C 成立

C 为真

则 A 更可信

形式表达为[①]：

$A \to C$

C

A 更可信

这意味着，C 的真实性强化了人们对 A 的信任度，尽管肯定后件在逻辑上无效。为什么逻辑上无效的推理却在科学实践中有用呢？笔者认为这不仅仅是理论与实践之间存在"解释鸿沟"的问题，而是适应性表征的问题。一种推理，只要能适应性地表征目标客体，而且是经得起检验的，它就是合理的，正如肯定后件带来的信任度的增加。

在科学哲学中，汉斯（N. R. Hanson）是最早使用皮尔士溯因推理的人。他在《科学发现的模式》中把溯因推理表达为如下形式（Hanson，1958：86）：

前提1：某些令人惊奇的现象 P 被观察到。

前提2：P 被解释为必然的结果，如果假设 H 为真的话。

结论：因此，有理由认为 H 为真。

其形式表达为：

P

$H \to P$

H

这是从可观察现象出发，通过给出假设再检验假设的方法来理解已知现象

[①] 这种推理模式被称为"肯定后件的谬误"，在逻辑上是无效的。这就是说，即使它的前件是正确的，其结论也可能是错误的。然而，作为一种启示法，其还是能够提供可信度的。

的推理。汉斯将这个过程称为"反证法"（retroduction），一种回溯推理。在汉斯看来，达尔文的自然选择学说、牛顿的万有引力定律和开普勒的行星椭圆轨道运动定律，都是采用这种方法给出的。显然，汉斯的这种从观察开始再返回对所观察现象的解释，将溯因与解释联系起来，将解释与理解联系起来，某种程度上超越了皮尔士的溯因逻辑。

当然，也有人怀疑科学发现逻辑的存在，比如科学哲学家波普就严格区分了"构想新观点的过程"与"逻辑地检验它的方法和结果"（Popper，1959：31-32），认为两者是完全不同的过程，前者属于心理过程，后者属于逻辑和实验过程。由于学界对溯因推理普遍持怀疑态度，汉斯的工作并未受到太多的关注。正如尼克勒斯（T. Nickles）总结的那样：一方面，人们对皮尔士-汉斯的溯因推理概念与用于分析科学说明的亨普尔的假设-演绎推理模型之间的区别不明确；另一方面，以溯因推理为逻辑形式的皮尔士-汉斯模型不能说明许多涉及给定观察的语境因素，诸如"先前的理论结果、理性期望、启示法、目标和一起指引探究的标准"（Nickles，1980：23）。笔者认为，尼克勒斯的总结的确点中了溯因推理不足的要害：一方面，假设在推理中的作用如何，在两个模式中并没有严格的区别；另一方面，忽视语境因素的确是溯因推理的缺陷，事实上，溯因更依赖于语境，因为提出假设是语境敏感的。

其实，皮尔士-汉斯模型中的假设更依赖心理学的"格式塔感知隐喻"，使人们认为发现属于心理学的研究范围，远离理性的逻辑学。人工智能的发展使溯因推理有了用武之地，弥补了溯因推理缺乏逻辑规则的不足。约瑟夫森（J. R. Josephson & S. G. Josephson）给出了溯因推理的如下更新的形式（Josephson J R and Josephson S G，1994：14）：

D 是一个数据集。

假设 H 解释 D。

除 H 外没有其他假设能够解释 D。

因此，H 可能为真。

可以看出，这一模式通过构想假设解释已知数据，对皮尔士的溯因逻辑做了进一步拓展。根据生物化石推测该生物的形状以及考古中根据骨骼复原人体是这种溯因的典型领域。比如，我国考古工作者根据"妇好"的骨骼再结合历史记载复原她的面容，就是根据已有事实和资料推测历史真相的过程。

接下来的问题是，如何评估这种溯因推理的可能性呢？在约瑟夫森看来，这涉及六个因素：①如何决定 H 超越了其他选项；②不考虑其他选项，H 本身的效度；③数据可靠性的判断；④对于所有似真解释被考虑有多大信心；⑤效用考虑，包括犯错误的代价和选择正确的优点；⑥得出结论需求有多强烈，特别是考虑在决定前寻找进一步证据的可能性。

笔者发现，约瑟夫森的模式似乎蕴含了一个最佳说明，即只有假设 H 能够解释 D，排除了其他假设的可能性。这与科学认知的实践不太符合。在科学认知中，一种或一组数据或事实可能由两种或两种以上的假设来解释，有时很难选择哪个最佳，比如，光的粒子假设和波动假设，生命的自然发生说、酶学说和化学说。马格纳尼（L. Magnani）认为，溯因这个词有两个意义（Magnani, 2001：19）：一是创造性，二是最优性（选择性）。这必然会产生两种溯因——创造性溯因和选择性溯因。在创造性溯因中，认知任务是产生似真的假设；在选择性溯因中，认知任务是评价假设。在笔者看来，马格纳尼对溯因的分类实际上是对溯因阶段的划分，因为提出假设是创造性阶段，检验就是评价检验阶段。这两个含义或阶段在溯因推理中是统一的，不能截然分开，而且创造性和选择性在溯因中都是适应性的。波普尔指出，"科学理论并不是观察的汇总，而是我们的发明——大胆提出来准备加以试探的猜想，如果和观察不合就清除掉；而观察很少是随便的观察，观察通常按一定目的进行，旨在尽可能获得明确的反驳证据以检验理论"（波普尔，2003a：59-60）。猜想-反驳的过程体现了科学认知的证伪性和逼真性。如果把观察到的现象或数据转换为问题（为什么出现那些现象），给出的假设与检验就是猜想与反驳。因此，溯因的过程本质上就是试探性和适应性过程，通过试探和适应达到目标获得知识。显然，皮尔士的溯因推理与波普尔的从问题开始试探错误的猜想-反驳模式基本上是一致的。

第四节 溯因推理作为最佳说明模型

溯因推理通常被视为最佳说明的推理。哈曼（G. Harman）认为"最佳说明的推理近似对应于其他人所称的溯因"（Harman, 1965）。在哈曼看来，不同形式的推理可被看作是最佳说明推理的例示，比如科学家推断原子和亚原子粒子存在的情形，医生诊断病因的情形[①]。因此，"溯因法实质上是从有待解释的事实开始，分析它们，然后发明并选择最佳的假设，使之从这个被选定的最佳假设出发，再加上其他背景知识和前提条件，能够演绎出有关待解释的事实的特称命题来"（章士嵘，1986：240）。如果是这样的话，溯因就是某种程度上的假设演绎推理。在这个过程中，用于解释事实所做的假设不止一个，这就

[①] 马格纳尼给出了治疗推理的认识论模型——一个溯因-演绎-归纳循环模式。根据这个模式，医疗推理分为两个阶段：一是对患者的资料进行抽象并用于选择假设，也就是对患者问题的试探性解决，这是选择溯因的阶段；二是根据假设来预测结果并与患者的资料进行对比，从而评估（确证或否认）那些假设，这是演绎-归纳循环阶段（马格纳尼，2006：88-93）。

存在如何选择最佳或最合适的假设的问题，也就是溯因如何成为最佳说明的问题，接下来我们分析这个过程。

按照溯因的逻辑，在面对一种新事实或现象的情形下，我们首先猜想其各自可能的原因，比如发现自家窗户的玻璃破碎了，我们脑海中会立刻浮现出几种可能性——人为？猫？刮风？地震？这些可能性如果表达为陈述性命题，就形成了各种不同的说明或解释，而新事实就会形成问题——"窗户的玻璃为什么破碎了？"。这意味着由新事实产生的问题会产生一系列假设性陈述命题，对这些假设性陈述命题——进行评估（确定或否定）和验证，以便证实所做的猜测的正确性。如果其中一个假设得到证实，它就是新事实或现象发生的原因。这个过程就是诱因的过程，其中包含了试探性、猜测性、选择性、可能性和适应性等特征。就对假设的选择性而言，其中包含了最优或最佳性，即哪个假设能给出那个新事实的最佳解释，哪个假设就是最佳说明。这就是马格纳尼所说的"选择性溯因"，它是溯因推理的起点，因为就医疗诊断过程而言，"选择性溯因是做出初始猜测，引入一组可信的诊断假说，接下来通过演绎获得它们的后承，并通过归纳用现有的病人资料来检验它们，如果发现可以被某个假说解释的证据，其他竞争假说却不能解释，那么（1）增加了此假说的可能性；或者（2）反驳了其余的假设"（马格纳尼，2006：29），而选择假设的过程是依赖语境的，也就是说，新事实或现象产生的问题是语境敏感的，如上述例子，如果是刚刮过大风，我们就会推出大风最有可能是导致窗户的玻璃破碎的原因，排除了其他可能性。这是语境的聚焦或过滤作用。

笔者将这个语境敏感的溯因过程的机制描述为：语境→新事实或现象→问题→假设集→检验→结论。结论就是所选择的最佳说明。其中的"语境"并不是可有可无的因素，它是所发现新事实或现象的背景支撑物或基底，是事实、观察、相关知识等的集合体，其功能相当于人工智能中的数据库。我们知道，没有数据库，人工智能中的智能体是无法进行搜索的，也就不能解决问题。语境作为"数据库"不是一成不变的，它随着使用者的知识增长和认识的提升不断更新，因此语境也是变化的、扩充的。使用者能否给新事实或现象以最佳说明，其语境起着潜在的重要作用。这可以回答为什么是牛顿发现了万有引力，爱因斯坦提出了相对论，而不是别的什么人的问题。原因在于，牛顿和爱因斯坦的语境（包括天赋）与他人截然不同。在实际行动中，我们往往将语境看作理所当然的东西，或者根本就忽视它的存在。这种最基本的、潜在的东西，恰恰就是最重要的。比如我们的意识，之所以产生意识，是因为有大量的潜意识的存在作为支撑物，这就是意识的"冰山之角"隐喻所要说明的现象。

从适应性表征的角度看，在科学研究中，寻求最佳说明的过程，实质上是进行适应性表征的过程。最佳说明事实上应该是适应性说明（没有最好只有更好、更适应）。为什么这样说呢？我们知道，表征就是使用某个表征工具（语言的、数学的、模型的）描述目标系统（自然的或社会的）的过程，溯因推理是其中的一个重要部分（还有归纳、演绎等），而且选择假设的过程就是为了不断与目标系统相适应、相符合的过程。不适应、不符合的就会被抛弃。可以说，成熟的科学理论，如牛顿力学、爱因斯坦的相对论，都是最佳说明，也是适应性表征，这是经过千锤百炼验证过的。需要指出的是，最佳说明不是最终真理，它只是一种更好的解释而已。如果有新的信息补充，最佳说明是可更新的，这是一个不断逼近真理的适应性表征过程。

第五节 溯因的适应性表征特征

鉴于溯因推理表现出的试探性和选择性，其表征必然是适应性的，理由如下。

第一，溯因推理作为科学发现的逻辑，是在不断尝试中逐渐实现所假设目标的过程。相比于归纳和演绎，溯因推理更适合于科学发现。原因在于，归纳更多的是侧重于综合（概括），演绎则是侧重于分析，而且这两种推理是互逆的。当然，分析和综合不是孤立的，没有分析，就难有综合，它们只有结合使用才能产生意义。溯因是从已知事实或结果推测所做假设的过程，即寻求结果发生之原因的过程，从而为我们预测性理解我们所生活的世界建立了一种解释模式。按照阿丽色达的看法，溯因是一种用于解释困惑性观察的推理过程（Aliseda，2006：28）。例如，早上醒来透过窗户发现地面是湿的，你推测可能是下雨了，或者是有人洒水了。这是日常生活中我们不自觉地使用溯因推理的事例。前面已谈及，医疗诊断是溯因推理最典型的情形。可以说，医生看病的过程就是从结果（疾病）推断病因的过程——医生首先观察病人的症状，根据自身所掌握的疾病和症状之间的因果关联知识对可能的病因做出假设，即给出可能的诊断结果，然后对症下药。

第二，溯因假设的选择是使用者的信念修正的结果，而信念修正过程就是适应性表征得以展现的过程。在科学认知活动中，溯因作为一种从结果找原因的推理，是一种重要的科学方法论。比如，开普勒发现火星椭圆形轨道就采用了溯因推理，最终建立行星运行定律。事实上，在他猜测到最佳解释应该是用椭圆轨道代替圆形轨道之前，还尝试了多种假设来解释。因此，溯因本质上是一种假设推理，是从证据到说明猜测的过程，一种以不完整信息为特征的推理类型。显然，在溯因推理中，除了背景知识外，猜想和信念发挥了重要作用。

开普勒的例子说明,他掌握了相当多的天文学知识,并发现了其中的问题,也就是说开普勒处于问题语境中才能做猜测和判断。这是溯因推理的一个总特征,即溯因中的假设通常是一种涉及当事者信念以及信念修正的解释,需要在几个假设中做选择,以便适应解释目标。这个过程显然是适应性表征过程。因为假设的形成与选择过程就是使用者的信念形成与修正的过程,这是一个信息变化的动力学过程,一种动态行为。现代逻辑就是使用信念修正来说明溯因的这种动态过程的(Boutilier and Becher, 1995),因为说到底,假设的选择过程必然涉及信念状态的改变,这正是逻辑中的信念修正理论[①]要研究的问题——认知主体是如何理性地改变其信念状态的。因此,信念状态的改变是适应性表征的心理根源,信念修正理论则成为适应性表征说明的逻辑基础。

第三,溯因作为假设推理是通过判断、证据给出适应性说明的。既然溯因是通过假设寻找所发生事件的原因,它必然是一种解释性论证,即建构解释的过程。在上述开普勒的例子中,开普勒并没有观测到行星围绕太阳的运动是圆周运动还是椭圆运动,而是发现用圆周运动做解释与观测数据不一致,改用椭圆运动(两个焦点)来解释则与观测数据基本符合。这也是对所观察现象的确证,并不涉及如何做出这种发现的溯因过程。这意味着溯因过程是通过假设、判断、验证给出适当解释的过程。解释构成溯因推理的一部分,其结论是解释过程的产物。而且在溯因过程中,既要建构意义又要做出选择。给出不同假设就是建构意义,假设是以命题形式给出的,如"行星运行轨迹是椭圆";假设不止一个而是多个,选择其中的最好的一个,也就是最符合事实的那个假设,就是最佳说明。所以,假设的选择不是一个简单的"是或否"的过程,它包含了复杂判断和检验的环节。比如儿童发烧了,是什么原因造成的,医生诊断后会有一个初步判断——或流感或受风寒或饮食不当等,有时通过观察和询问就可做出决定,如近期流感流行,当情形复杂时,医生会通过血液化验来确证。可以看出,溯因是从一个事实或结果推测原因的假设推理,而归纳是从不同事实概括结论的总结推理,"更准确地说,我们应将溯因理解为从单一观察到其溯因性解释的推理,将归纳理解为一种从个例到一般陈述的推理。归纳解释的是一组观察,溯因解释的是一个观察。归纳对进一步观察做出了预测,溯因并不直接涉及进一步的观察。归纳本身不需要背景理论,溯因则依赖背景理论建构,而且检验其溯因的解释"(Aliseda, 2006: 35)。

第四,溯因通过诱导的、假定的、似真的适应性表征而成为最佳说明。皮

[①] 这是逻辑学中近30年来发展而成的一种新的逻辑理论,它运用符号逻辑的方法和理论来研究信念状态的理性改变和信念修正过程,给出了假设或理论更替背后的深层次心理状态的逻辑刻画,为科学地研究信念状态与心理表征的关系提供了逻辑表征方法。

尔士将溯因看作这样一个过程，"在那里我们发现一些非常好奇的环境，这种环境将由作为某一普遍规则的猜想说明，然后采用这种猜想"（Peirce，1965b：375）。这意味着，溯因是一类基于猜想的推理，由建构一个假设进行。那个假设是临时性猜测，当有更多的实验证据出现时，可能会被放弃。所以，正如沃尔顿（D. Walton）认为的，溯因推理本质上是假定性的（presumptive），是从已知结论寻找该结论赖以依靠的前提的认知过程（Walton，2004：34-35）。由于溯因推理是假定性的，其结论可能是似真的，即从表面看似乎是真实的，也是概率性的或或然性的（probable），也就是具有统计性特征。因此，溯因就是诱出原因，是一种发现的逻辑和创造性过程，一种从结果推出可能的原因，常常用于科学发现。

第六节 小　　结

溯因作为一种认知和逻辑分析方法，是从观察数据到可能原因的推理模式。相比于归纳和演绎，其应用更为广泛，涉及日常生活、医疗活动、法律事务和科学认知等。在医疗诊断中，溯因推理是一种主要的诊断方法。在刑侦活动中，寻找嫌疑人也主要采用溯因推理。在科学活动中，溯因推理也不可避免地使科学哲学中的经验进步与解释理论相结合，促使人工智能中信念变化的计算理论的产生[①]。比如人工智能中的专家系统，它是一种基于知识的系统，这种系统是信念变化的基础。总之，只要我们想对观察到的事实或现象给出说明，就离不开溯因推理，探究和发现原因的过程突出了其适应性表征，而其蕴含的认知功能还有待于进一步研究。

[①] 该理论描述了如何使数据库、科学理论或一组常识信念能接纳新信息，这些信念变化的类型包括"扩展""缩减""修正"。根据这种理论，一个理论可通过增加新准则而得以扩展，通过删除现有的准则而得以缩减，或是先缩减再扩展最后实现修正。这样做的目的是保证理论或信念系统能在接纳新信息后保持一致或适度的封闭（Gärdenfors，1988：43）。

结语　认知表征适应论：一种新的认识论和方法论

作为一名科学的表征主义者，笔者坚信，表征作为一种现象——自然的、心理学的或知识的——是真实存在的，不仅仅是假设性的或概念上的。按照指称论的术语说，表征概念不仅是能指、有所指，而且所指是有真实指称的，就像自然类如山水、植物、动物一样，不仅有概念或名称，也有概念或名称所表达的对象的存在。也就是说，科学表征是有真实指称物的，不是仅存在于概念中的空表征。这就是"科学的"含义所要表明的。

根据波普尔的三个世界理论（多元哲学观），世界至少包括三个在本体论上泾渭分明的亚世界，"第一世界是物理世界或物理状态的世界；第二世界是心智世界或心智状态的世界；第三世界是智性之物的世界（the world of intelligibles），即客观意义上的世界——它是可能的思想客体的世界：自主的理论及其逻辑关系、自在的论证、自在的问题情境等的世界"（波普尔，2003b：158-159）。这三个世界之间的关系是：前两个世界互动，后两个世界互动。也就是第二世界作为主观世界与其他两个世界互动，第一世界和第三世界之间不发生关系，除非经过第二世界的介入。也就是说，物理世界作为第一世界，是我们赖以生存的自然世界；心智世界作为第二世界，是我们的心理或精神世界，是连接其他两个世界的桥梁；智性之物的世界作为第三世界，是第一世界和第二世界互动的人工产物。

如果将三个世界理论用于认知的表征问题，笔者发现，三个不同的世界对应于三个不同层次的表征：自然表征、心理表征和知识表征。这里的"表征"是指具有物质载体的某种属性的呈现，如树的年轮、心理图像、文学表述。这是广义的表征，是在载体加属性（内容）的意义上界定的，笔者将这种广义的表征分类称为表征的不同阶：自然表征包括无机的和有机的为零阶，物理表征（模型）是一阶，语言表征为二阶，数学表征为三阶，心理表征为四阶（魏屹东，2018：596-597）。除自然表征外，其他表征都是基于心智的表征。自然表征对应于物理世界，心理表征对应于心智世界，物理的、语言的和数学的知识表征对应于智性之物的世界。狭义的表征是指有使用者的表征，或者说是基于心智的表征，作为载体的物理模型、自然语言、数学符号，都是作为表征中介或工具被使用的，具体来说，狭义的表征就是主体人使用表征中介描述或刻画目标客体的过程。这种狭义的表征观是一种目标引导的自然主义，但不是纯粹的哲学上的目的论。

从适应性表征的视角看，所有表征，不论是自然的还是心理的和知识的，均是适应性的。无机的自然表征的适应性由物理学说明，如温度计、空调、热机、自动机器装置等；有机的自然表征的适应性由生物学特别是进化生物学来说明。心理表征的适应性由进化心理学、生物心理学、认知科学包括脑科学以及文化人类学来说明，比如，进化心理学的一系列替代模型揭示并调用了构成人类认知的四个因素：文化遗传、适应文化学习、认知可塑性和人类在结构化的学习中发展（Jeffares and Sterelny, 2012: 487-488）。这些均是适应性表征行为。知识表征的适应性由计算机科学包括人工智能，哲学特别是心智哲学、语言哲学和科学哲学，以及符号学、现象学、实用主义等来说明。认知哲学的目标之一就是要致力于所有这些表征形式及其功能的研究。因为说到底，认知是一种探索过程，其结果就是对思想观念的表征。在这个意义上，科学表征就是认知过程，一种科学家借助某种工具反映自然或世界某方面的过程。也就是说，认知表征必须借助特殊工具——自然语言、符号、图形、模型等——来完成，具体体现在以下几个方面。

第一，通过命题建构意义。从语言的角度看，科学理论是命题的集合。命题是由自然语言组成的，有所断定的陈述句，如"地球围绕太阳转""光沿直线传播"。因此，自然语言无疑是我们表达思想的首要工具，也是科学知识传播所必须的，因为自然语言是大众语言，是交流的工具。要让科学知识得到普及和理解，就必须将抽象的理论通俗化，能让大众理解。

第二，通过形式语言刻画关系。形式语言包括逻辑和数学，是一种符号体系。科学在某种程度上是使用数学语言书写的，特别是现代物理学，数学是其表征的最主要工具。近代科学自伽利略以来，就走向了数学化的道路，比如电磁理论中的麦克斯韦方程，量子力学中的薛定谔方程。可以说，没有数学，就不会有现代科学的精确描述，比如，没有欧几里得几何就难以形成"地心说"和"日心说"的形象描述，没有黎曼几何，就不会有相对论思想的充分表达。在人工智能中，逻辑和数学构成算法语言的主要部分。

第三，通过可视图像表征展示形象。图像包括几何图形、图表、坐标等，是一种可视的图标。这种表征方式在科学文献中很常见，如宇宙学中的各种天文图像、数据曲线图、行星运行轨迹的几何图等。这些可视图不仅是自然语言描述的必要补充，如方程式含义的说明，也是确证理论假设的重要手段，如细胞的结构图、黑洞的图像。

第四，通过物理模型表征显示结构。物理模型在科学中也是一种常见的表征方式，如DNA模型、各种分子结构模型，其特点是直观明了，就像汽车、飞机的模型一样。模型表征是伴随我们一生的形象思维方式，是心理表征如思想实验的物理实现。思想实验作为一种想象的实验，它不仅仅是科学发现和论辩的工具，更是一种理想的、在头脑中设计形成的认知模型。

第五，通过复合表征呈现理论。复合表征是上述几种表征工具的混合。成熟的科学理论往往不只是使用单一的表征形式，其中既有自然语言的说明和形式的刻画，也有图像的显示和模型的描述。所有科学杂志如《科学》《自然》刊登的论文几乎都运用混合表征。

总之，适应性表征就是建构意义（概念、命题）的过程，显现关系（数学方程）的过程，呈现结构（组成、类型）的过程，展示图景（如天文学图像）的过程，最终形成科学知识体系的过程。概念、命题使得理论具有自然语言的含义，形式表征使得目标客体的关系得以简洁清晰，图像使得理论更形象，模型使得理论有了内核和框架，这些表征形式共同构筑了理论的完整体系。科学理论就是通过这些特殊工具及其复合表征得以实现的，科学知识就是这些特殊工具的集合，科学认知正是通过各种表征方式彰显了意义。这就涉及科学方法论问题。

从方法论考察，科学发现作为认知活动在逻辑经验主义那里被排除在认知领域之外，逻辑经验主义认为认知是心理学问题，注重知识、解释与证明的合理性，后来的历史主义虽然不反对认知，但更注重历史和文化对科学进步的意义，反而远离了认知问题。随着20世纪70年代认知科学的兴起，认知问题逐渐成为科学哲学和科学知识社会学等学科的关注点，"认知转向"也继"语言转向""解释转向""修辞转向"之后发生，科学认知逐渐进入人们的视野，也直接或间接地导致了认知科学中的计算-表征主义、联结主义、动力主义和新近发展出的嵌入认知、延展认知、具身认知、生成认知、情境认知等内在主义和外在主义。

众所周知，哲学的功能之一是提供方法论，因此，本书最后有必要从哲学史角度梳理出各种方法，以便为科学认知提供丰富的方法论启示。据笔者的考察，哲学的方法论主要包括以下五个方面：①传统认识论的启示、反省、类比、想象等；②方法论的唯物主义、个人主义、自然主义、实用主义、唯我论和怀疑论、存在主义和现象学方法；③科学哲学中各种范式蕴含的归纳主义、假设-演绎、概率主义、保守主义（收敛主义）、确证主义、实证主义、证伪主义、历史主义、工具主义、操作主义、语义整体主义、相对主义与绝对主义、实在论与反实在论、基础主义与融贯主义、猜想-反驳与最佳说明推理；④语言哲学上的修辞学、解释学、语义学方法以及隐喻方法；⑤心智哲学上的一元论（中心状态唯物主义、非还原唯物主义、取消式唯物主义）、二元论、平行论、副现象论、同一论、随附论、内容外在主义、殊型-类型物理主义、逻辑行为主义、心智因果论、机器功能主义、工具主义与诠释主义、思想语言与认知地图方法等。

除哲学外，自然科学和社会科学中也都蕴含了重要的方法论启示。物理科学的观察、测量、假设、检验（实验）、理想化、模型化和思想实验等；系统科学中的系统分析、结构分析、功能分析、控制-反馈方法、黑箱方法、信息处理方法等；逻辑学中的归纳、演绎和溯因推理；数学中的集合、递归、矩阵、近似处理等；社会科学中的社会学计算模拟、定性定量分析和数学建模；科学（知识）社会学中的结构-功能分析、内容计量分析、多变量分析、社会实践分析、人类学方法、社会修辞学方法、行动者-网络方法、社会建构方法；等等。

不过，我们也应该看到，自然科学和社会科学方面的研究大多是对具体方法本身的描述，缺乏方法论高度的概括和归纳；哲学多囿于思辨和反省，较少讨论各种认知观点蕴含的方法论；认知科学方面的研究主要限于认知模式的讨论与争论。因此，从认知科学与认知哲学而不是传统认识论和知识论探讨科学认知的方法论，就显得格外重要了。因为科学认知方法论可让科学研究者了解科学认知的机制和方式，如何利用现有证据并使用自然语言、逻辑符号和数学方程进行建模和表征，如何使用确定性表达不确定性，如何利用简单性描述复杂性。

综上可知，无论是哪种形式的表征，也无论使用何种方法，在笔者看来都具有适应性的特征。笔者将这种观点称为"认知表征适应论"（区别于适应性表征主义[①]），旨在表明：①自然世界包括人类社会是不断演化的，这种演化是适应性的，呈现出自然世界自主演化的规律性；②心智世界是自然世界长期演化的结果，一旦生成，便独立于自然世界，并与自然世界互动产生智性之物的世界，产生知识的过程是适应性表征的过程；③适应性表征是连接自然世界和人类世界包括心智世界和智性之物的世界的桥梁，起到了一个统一概念框架的整合作用；④认知系统包括自然的（大脑）和人工的（智能体），均是适应性表征系统，因此，人工智能的研究应该致力于如何让智能机具有适应性表征能力；⑤适应性表征是语境敏感和语境依赖的，适应性的语境是自然演化和生物进化的历史，表征的语境是自然语言表达的境遇，包括已经建立的人类知识体系。总之，认知系统，无论是自然的还是人工的，也无论是具身的还是离身的，其表征都必须适应其环境和目标，都是情境化和语境化的，均是目标导向的适应性表征系统。

[①] 认知表征适应论侧重表征功能的环境适应性和语境依赖性，适应性表征主义侧重表征过程的变化性和约束守恒性（见本书第三章），共同点是二者都认为表征是适应性的。

参 考 文 献

（包括与认知研究相关的大脑、感知、意识、情感及文化方面的文献，以便读者参考）

一、中文文献

阿尔伯特·爱因斯坦. 2014. 相对论：广义与狭义相对论全集. 易洪波, 李智谋译. 南京：江苏人民出版社.
阿尔伯特·爱因斯坦. 2017. 狭义与广义相对论浅说. 张卜天译. 北京：商务印书馆.
阿丽色达. 2016. 溯因推理：从逻辑探究发现与解释. 魏屹东, 宋禄华译. 北京：科学出版社.
埃尔温·薛定谔. 2003. 生命是什么. 罗来鸥, 罗辽复译. 长沙：湖南科学技术出版社.
埃尔温·薛定谔. 2014. 生命是什么？——活细胞的物理观. 张卜天译. 北京：商务印书馆.
埃利希·诺伊曼. 2021. 意识的起源. 杨惠译. 北京：世界图书出版有限公司北京分公司.
埃默·福德, 格林·汉弗莱斯. 2007. 脑与心智的范畴特异性. 张航, 等译. 北京：商务印书馆.
艾肯鲍姆. 2008. 记忆的认知神经科学——导论. 周仁来, 郭秀艳, 叶茂林, 等译. 北京：北京师范大学出版社.
艾森克, 基恩. 2004. 认知心理学. 高定国, 肖晓云译. 上海：华东师范大学出版社.
昂利·彭加勒. 2006. 科学与方法. 李醒民译. 北京：商务印书馆.
奥克肖特. 2005. 经验及其模式. 吴玉军译. 北京：文津出版社.
巴尔斯. 2014. 意识的认知理论. 安晖译. 北京：科学出版社.
巴斯, 盖奇. 2015. 认知、大脑和意识. 王兆新, 库逸轩, 李春霞, 等译. 上海：上海人民出版社.
芭芭拉·特沃斯基. 2022. 行为改造大脑. 刘杨, 郑琛译. 成都：四川科学技术出版社.
柏格森. 2004. 创造进化论. 姜志辉译. 北京：商务印书馆.
保罗·穆丁. 2015. 超级宇宙：难以想象的天文发现.《超级宇宙：难以想象的天文发现》翻译组译. 北京：人民邮电出版社.
保罗·萨伽德. 2001. 病因何在——科学家如何解释疾病. 刘学礼译. 上海：上海科技教育出版社.
保罗·萨伽德. 2012. 心智：认知科学导论. 朱菁, 陈梦雅译. 上海：上海辞书出版社.
保罗·萨伽德. 2019. 热思维：情感认知的机制与应用. 魏屹东, 王敬译. 北京：科学出版社.
贝洛克. 2016. 具身认知：身体如何影响思维和行为. 李盼译. 北京：机械工业出版社.
贝内特, 哈克. 2008. 神经科学的哲学基础. 张立, 高源厚, 于爽, 等译. 杭州：浙江大学出版社.
波拉克. 2005. 不确定的科学与不确定的世界. 李萍萍译. 上海：上海科技教育出版社.
波普尔. 2003a. 猜想与反驳：科学知识的增长. 傅季重, 纪树立, 周昌忠, 等译. 北京：中国美术学院出版社.
波普尔. 2003b. 客观的知识: 一个进化论的研究. 舒炜光, 卓如飞, 梁咏新, 等译. 北京: 中国美术学院出版社.
博登. 2001. 人工智能哲学. 刘瑞西, 王汉琦译. 上海: 上海译文出版社.
布拉登-米切尔, 杰克逊. 2015. 心灵与认知哲学. 魏屹东译. 北京: 科学出版社.
布莱恩·考克斯, 杰夫·福修. 2013. 量子宇宙: 一切可能发生的正在发生. 伍义生, 余瑾译. 重庆: 重庆出版社.
布朗, 等. 2014. 20世纪物理学(第1卷). 刘寄星译. 北京: 科学出版社.
蔡曙山. 2021. 认知科学导论. 北京: 人民出版社.
陈剑涛. 2012. 认知的自然起源与演化. 北京: 中国社会科学出版社.
陈巍, 殷融, 张静. 2021. 具身认知心理学: 大脑、身体与心灵的对话. 北京: 科学出版社.
陈巍. 2016. 神经现象学: 整合脑与意识经验的认知科学哲学进路. 北京: 中国社会科学出版社.
陈晓平. 2015. 心灵、语言与实在——对笛卡尔心身问题的思考. 北京: 人民出版社.
丹尼尔·丹尼特. 2008. 意识的解释. 苏德超, 李涤非, 陈虎平, 等译. 北京: 北京理工大学出版社.
丹尼尔·西格尔. 2021. 心智的本质. 乔森译. 杭州: 浙江教育出版社.
道格拉斯·R. 霍夫施塔特, 丹尼尔·C. 丹尼特. 1999. 心我论: 对自我和灵魂的奇思冥想. 陈鲁明译. 上海: 上海译文出版社.
德威特. 2014. 世界观: 科学史与科学哲学导论. 2版. 李跃乾, 张新译. 北京: 电子工业出版社.
杜威. 2014. 经验与自然. 傅统先译. 北京: 商务印书馆.
杜威. 2015. 杜威全集·晚期著作(1925—1953)(第一卷 1925). 傅先统, 郑国玉, 刘华初译. 上海: 华东师范大学出版社.
恩格斯. 1971. 自然辩证法. 中共中央马克思恩格斯列宁斯大林著作编译局译. 北京: 人民出版社.
弗拉森. 2002. 科学的形象. 郑祥福译. 上海: 上海译文出版社.
弗兰兹·布伦塔诺. 2017. 从经验立场出发的心理学. 郝亿春译. 北京: 商务印书馆.
弗朗西斯·克里克. 1998. 惊人的假说. 汪云九, 齐翔林, 吴新年, 等译. 长沙: 湖南科学技术出版社.
弗雷泽. 2013. 21世纪新物理学. 2版. 秦克诚译. 北京: 科学出版社.
弗里斯. 2012. 心智的构建: 脑如何创造我们的精神世界. 杨南昌, 等译. 上海: 华东师范大学出版社.
伏古勒尔. 2010. 天文学简史. 李珩译. 北京: 中国人民大学出版社.
戈尔茨坦. 2015. 认知心理学: 心智、研究与你的生活. 3版. 张明, 等译. 北京: 中国轻工业出版社.
葛詹尼加, 等. 2011. 认知神经科学: 关于心智的生物学. 周晓林, 高定国, 等译. 北京: 中国轻工业出版社.
管群. 2019. 具身语言学: 人工智能时代的语言科学. 北京: 科学出版社.
哈肯. 1989. 高等协同学. 郭治安译. 北京: 科学出版社.

哈肯. 2000. 大脑工作原理. 郭治安, 吕翎译. 上海: 上海科技教育出版社.
哈尼什. 2010. 心智、大脑与计算机: 认知科学创立史导论. 王淼, 李鹏鑫译. 杭州: 浙江大学出版社.
哈瑞. 2006. 认知科学哲学导论. 魏屹东译. 上海: 上海科技教育出版社.
海德格尔. 2012. 存在与时间(修订译本). 4版. 陈嘉映, 王庆节译. 北京: 生活·读书·新知三联书店.
海德格尔. 2014. 存在与时间(修订译本). 陈嘉映, 王庆节译. 北京: 生活·读书·新知三联书店.
何静. 2020. 具身社会认知. 上海: 上海人民出版社.
何曼宛. 2004. 在参与宇宙中的有机体和心灵//D. 洛耶. 进化的挑战: 人类动因对进化的冲击. 胡恩华, 钱兆华, 颜剑英译. 北京: 社会科学文献出版社: 45-71.
黑格尔. 2009. 小逻辑. 贺麟译. 上海: 上海人民出版社.
亨普尔. 2006. 自然科学的哲学. 张华夏译. 北京: 中国人民大学出版社.
胡塞尔. 2002. 哲学作为严格的科学. 倪梁康译. 北京: 商务印书馆.
胡塞尔. 2005. 生活世界现象学. 倪梁康, 张廷国译. 上海: 上海译文出版社.
胡塞尔. 2012. 形式逻辑和先验逻辑——逻辑理性批评研究. 李幼蒸译. 北京: 中国人民大学出版社.
胡塞尔. 2014. 纯粹现象学通论——纯粹现象学和现象学哲学的观念(第1卷). 李幼蒸译. 北京: 中国人民大学出版社.
胡塞尔. 2015. 逻辑研究(第二卷第二部分). 倪梁康译. 北京: 商务印书馆.
胡塞尔. 2017. 欧洲科学的危机与超越论的现象学. 王炳文译. 北京: 商务印书馆.
胡塞尔. 2018. 第五、第六逻辑研究. 李幼蒸译. 北京: 中国人民大学出版社.
胡万年. 2020. 身体和体知: 具身心智范式哲学基础研究. 北京: 北京师范大学出版社.
怀特海. 2010. 思维方式. 刘放桐译. 北京: 商务印书馆.
黄华新. 2020. 认知科学视域中隐喻的表达与理解. 中国社会科学, (5): 48-64, 205.
黄家裕. 2017. 实践身体与认知可塑性: 实践唯物主义认知观. 北京: 中国社会科学出版社.
霍兰. 2011. 隐秩序: 适应性造就复杂性. 周晓牧, 韩晖译. 上海: 上海科技教育出版社.
吉尔伯特·赖尔. 1988. 心的分析. 刘建荣译. 上海: 上海译文出版社.
吉尔伯特·赖尔. 1992. 心的概念. 徐大建译. 北京: 商务印书馆.
加来道雄. 2014. 平行宇宙. 伍义生, 包新周译. 重庆: 重庆出版社.
加扎尼加. 2016. 双脑记: 认知神经科学之父加扎尼加自传. 罗路译. 北京: 北京联合出版公司.
杰弗里. 2011. 科学推断. 龚凤乾译. 厦门: 厦门大学出版社.
卡尔·皮尔逊. 2003. 科学的规范. 李醒民译, 北京: 华夏出版社.
卡拉特. 2011. 生物心理学. 苏彦捷, 等译. 北京: 人民邮电出版社.
卡莱维·库尔, 瑞因·马格纳斯. 2014. 生命符号学: 塔尔图的进路. 彭佳, 汤黎, 等译. 成都: 四川大学出版社.
卡鲁瑟斯, 等. 2015. 科学的认知基础. 范莉译. 北京: 科学出版社.
卡米洛夫-史密斯. 2001. 超越模块性——认知科学的发展观. 缪小春译. 上海: 华东师范大学出版社.

康德.2013.纯粹理性批判//李秋零主编.康德著作全集(第3卷).2版.北京:中国人民大学出版社.
科恩.1998.科学中的革命.鲁旭东,赵培杰,宋振山译.北京:商务印书馆.
科赫.2015.意识与脑:一个还原论者的浪漫自白.李恒威,安晖译.北京:机械工业出版社.
科斯林,米勒.2015.上脑与下脑:找到你的认知模式.方一云译.北京:机械工业出版社.
孔达.2013.社会认知——洞悉人心的科学.周治金,朱新秤,等译.北京:人民邮电出版社.
莱文森.2003.思想无羁.何道宽译.南京:南京大学出版社.
赖欣巴哈.2015.量子力学的哲学基础.侯德彭译.北京:商务印书馆.
李恒威,盛晓明.2006.认知的具身化.科学学研究,(2):184-190.
李建会,等.2017.心灵的形式化及其挑战:认知科学的哲学.北京:中国社会科学出版社.
李建会,于小晶.2014."4E+S":认知科学的一场新革命?哲学研究,(1):96-101.
李煜.2018.论皮尔士的溯因逻辑.逻辑学研究,(4):125-135.
理查德·罗蒂.2003.哲学和自然之镜.李幼蒸译.北京:商务印书馆.
理查德·舒斯特曼.2014.身体意识与身体美学.2版.程相占译.北京:商务印书馆.
理查德·舒斯特曼.2020.通过身体来思考.张宝贵译.北京:北京大学出版社.
利尔加斯,等.2013.结构生物学:从原子到生命.苏晓东,等译.北京:科学出版社.
郦全民.2021.当代科学认知的结构.北京:科学出版社.
刘放桐,等.2000.新编现代西方哲学.北京:人民出版社.
刘高岑.2018.自我、心灵与世界:当代心灵哲学的自我理论研究.北京:科学出版社.
刘晓力,等.2020.认知科学对当代哲学的挑战.北京:科学出版社.
刘晓力,孟伟.2014.认知科学前沿中的哲学问题:身体、认知和世界.北京:金城出版社.
刘晓力.2020.哲学与认知科学交叉融合的途径.中国社会科学,(9):23-47,204-205.
鲁道夫·卡尔纳普.1999.世界的逻辑构造.陈启伟译.上海:上海译文出版社.
罗伯特·兰札,鲍勃·伯曼.2012.生物中心主义:为什么生命和意识是理解宇宙真实本质的关键.朱子文译.重庆:重庆出版社.
罗伯特·L.索尔所,M.金伯利·麦克林,奥托·H.麦克林.2008.认知心理学.7版.邵志芳,李林,徐媛,等译.上海:上海人民出版社.
罗伯特·帕斯诺.2018.中世纪晚期的认知理论.于洪波译,北京:北京大学出版社.
罗素.1981.西方哲学史.马元德译.北京:商务印书馆.
罗素.2001.人类的知识.张金言译.北京:商务印书馆.
罗素.2007.哲学问题.何兆武译.北京:商务印书馆.
罗素.2012a.罗素文集第4卷——心的分析.贾可春译.北京:商务印书馆.
罗素.2012b.罗素文集第10卷——逻辑与知识.苑莉均译.北京:商务印书馆.
洛伦佐·马格纳尼.2006.发现和解释的过程:溯因、理由与科学.李大超,任远译.广州:广东人民出版社.
马文·明斯基.2016.心智社会:从细胞到人工智能,人类思维的优雅解读.任楠译.北京:机械工业出版社.
迈克斯·泰格马克.2019.生命3.0:人工智能时代人类的进化与重生.江婕舒译.杭州:浙江教育出版社.
曼吉特·库马尔.2012.量子理论:爱因斯坦与玻尔关于世界本质的伟大论战.包新周,伍义生,余瑾译.重庆:重庆出版社.
孟伟.2009.交互心灵的建构——现象学与认知科学研究.北京:中国社会科学出版社.
苗东升.1990.系统科学原理.北京:中国人民大学出版社.
莫里斯·梅洛-庞蒂.2001.知觉现象学.姜志辉译.北京:商务印书馆.
尼古拉斯·汉弗莱.2015.一个心智的历史:意识的起源和演化.李恒威,张静译.杭州:浙江大学出版社.
尼古拉斯·雷舍尔.2007.复杂性:一种哲学概观.吴彤译.上海:上海科技教育出版社.
尼科莱利斯.2015.脑机穿越:脑机接口改变人类未来.黄珏苹,郑悠然译.杭州:浙江人民出版社.
尼克.2017.人工智能简史.北京:人民邮电出版社.
尼克尔斯,等.2014.神经生物学——从神经元到脑(原书第5版).杨雄里,等译.北京:科学出版社.
倪梁康.2007.意识的向度:以胡塞尔为轴心的现象学问题研究.北京:北京大学出版社.
倪梁康.2016.胡塞尔现象学概念通释.北京:商务印书馆.
欧内斯特·内格尔.2002.科学的结构——科学说明的逻辑问题.徐向东译.上海:上海译文出版社.
欧文·拉兹洛.1998.系统哲学引论:一种当代思想的新范式.钱兆华,熊继宁,刘俊生译.北京:商务印书馆.
欧文·拉兹洛.2004.微漪之塘:宇宙中的第五种场.钱兆华译.北京:社会科学文献出版社.
帕格尔斯.2011.宇宙密码:作为自然界语言的量子物理.郭竹第译.上海:上海辞书出版社.
派利夏恩.2007.计算与认知:认知科学的基础.任晓明,王左立译.北京:中国人民大学出版社.
潘菽.1998.意识——心理学的研究.北京:商务印书馆.
佩德罗·多明戈斯.2017.终极算法:机器学习和人工智能如何重塑世界.黄芳萍译.北京:中信出版集团.
彭聃龄,张必隐.2004.认知心理学.杭州:浙江教育出版社.
皮埃尔·迪昂.1999.物理学理论的目的和结构.李醒民译.北京:华夏出版社.
皮亚杰.1981.发生认识论原理.王宪钿,等译.北京:商务印书馆.
皮亚杰.1989.生物学与认识:论器官调节与认知过程的关系.尚建新,杜丽燕,李浙生译.北京:生活·读书·新知三联书店.
平克.2015.思想本质:语言是洞察人类天性之窗.张旭红,梅德明译.杭州:浙江人民出版社.
普里戈金.2007.从存在到演化.曾庆宏,严士健,马本堃,等译.北京:北京大学出版社.
乔治·莱考夫,马克·约翰逊.2018.肉身哲学:亲身心智及其向西方思想的挑战.李葆嘉,孙晓霞,司联合,等译.北京:世界图书出版公司.
任晓明,董云峰.2014.社会化的认知研究路径—论罗伯特·威尔逊的延展认知思想.科学技术哲学研究,(1):1-5.
任晓明,桂起权.2010.计算机科学哲学研究:认知、计算与目的性的哲学思考.北京:人民出版社.
余振苏.2012.复杂系统学新框架——融合量子与道的知识体系.北京:科学出版社.

盛晓明, 李恒威. 2007. 情境认知. 科学学研究, (5): 806-811.
施皮格伯格. 2011. 现象学运动. 王炳文, 张金言译. 北京: 商务印书馆.
史蒂芬·霍金, 列纳德·蒙洛迪诺. 2011. 大设计. 吴忠超译. 长沙: 湖南科学技术出版社.
史蒂芬·霍金. 2002. 果壳中的宇宙. 吴超忠译. 长沙: 湖南科学技术出版社.
史蒂芬·霍金. 2015. 时间简史. 许明贤, 吴超忠译. 长沙: 湖南科学技术出版社.
史蒂芬·卢奇, 丹尼·科佩克. 2018. 人工智能. 2版. 林赐译. 北京: 人民邮电出版社.
史蒂芬·平克. 2016. 白板: 科学和常识所揭示的人性奥秘. 袁冬华译. 杭州: 浙江人民出版社.
史蒂芬·平克. 2016. 心智探奇: 人类心智的起源与进化. 郝耀伟译. 杭州: 浙江人民出版社.
史密斯. 2015. 乔姆斯基: 思想与理想. 2版. 田启林, 马军军, 蔡激浪译. 北京: 中国人民大学出版社.
史忠植. 2008. 认知科学. 合肥: 中国科学技术大学出版社.
叔本华. 1986. 作为意志和表象的世界. 石冲白译. 北京: 商务印书馆.
斯科特·D. 斯劳尼克. 2019. 记忆的秘密: 认知神经科学的解释. 欣牧译. 北京: 知识产权出版社.
斯科特·佩奇. 2019. 模型思维. 贾拥民译. 杭州: 浙江人民出版社.
斯珀波, 威尔逊. 2008. 关联: 交际与认知. 蒋严译. 北京: 中国社会科学出版社.
斯坦顿. 2015. 认知科学中的当代争论. 杨小爱译. 北京: 科学出版社.
苏珊·布莱克莫尔, 埃米莉·T. 特罗西安科. 2021. 人的意识. 张昶译. 北京: 中国轻工业出版社.
唐晓嘉. 2003. 认知的逻辑分析. 重庆: 西南师范大学出版社.
唐孝威. 2004. 意识论: 意识问题的自然科学研究. 北京: 高等教育出版社.
田平. 2005. 符号计算主义与意向实在论. 北京师范大学学报(社会科学版), (6): 105-109.
田平. 2006. 模块性、经典计算和意向实在论: 论福多思维非模块性论题的一个本体论后果. 自然辩证法研究, (7): 14-17.
涂纪亮. 2009. 实用主义、逻辑实证主义及其他. 武汉: 武汉大学出版社.
托马斯·库恩. 2003. 科学革命的结构. 金吾伦, 胡新和译. 北京: 北京大学出版社.
瓦雷拉, 汤普森, 罗施. 2010. 具身心智: 认知科学和人类经验. 李恒威, 李恒熙, 王球, 等译. 杭州: 浙江大学出版社.
王华平. 2009. 心灵与世界: 一种知觉哲学的考察. 北京: 中国社会科学出版社.
王晓阳. 2019. 意识研究. 上海: 上海人民出版社.
王寅. 2003. 体验哲学: 一种新的哲学理论. 哲学动态, (7): 24-30.
威尔逊. 2003. 生命的未来: 艾米的命运, 人类的命运. 陈家宽, 李博, 杨凤辉, 等译. 上海: 上海人民出版社.
威廉·詹姆斯. 2012. 实用主义: 美国现代气质的基因解码. 陈小珍译. 北京: 北京出版集团公司北京出版社.
威廉·詹姆斯. 2013. 实用主义: 一些旧思想方法的新名称. 陈羽纶, 孙瑞禾译. 北京: 中国青年出版社.
维特根斯坦. 2012. 心理学哲学评论. 涂纪亮译. 北京: 北京大学出版社.
魏屹东, 安晖. 2013. 全局工作空间理论的方法论意义. 学术研究, (5): 14-19, 159.
魏屹东, 等. 2008. 认知科学哲学问题研究. 北京: 科学出版社.

魏屹东, 等. 2015. 语境实在论: 一种新科学哲学范式. 北京: 科学出版社.
魏屹东, 等. 2016. 认知、模型与表征: 一种基于认知哲学的探讨. 北京: 科学出版社.
魏屹东, 杨小爱. 2013. 自语境化: 一种科学认知新进路. 理论探索, (3): 5-11.
魏屹东. 2004. 广义语境中的科学. 北京: 科学出版社.
魏屹东. 2010a. 认知哲学: 认知现象的整合性研究. 中国社会科学报, 2010-08-10(6).
魏屹东. 2010b. 认识的语境论形成的思想根源. 社会科学, (10): 107-114.
魏屹东. 2012a. 语境论与科学哲学的重建. 北京: 北京师范大学出版社.
魏屹东. 2012b. 表征概念的起源、理论演变及本质特征. 哲学分析, (3): 96-118, 166, 199.
魏屹东. 2017. 语境同一论: 科学表征问题的一种解答. 中国社会科学, (6): 42-59, 206.
魏屹东. 2018. 科学表征: 从结构解析到语境建构. 北京: 科学出版社.
吴彩强. 2010. 从表征到行动: 意向性的自然主义进路. 北京: 中国社会科学出版社.
吴彤. 2001. 自组织方法论研究. 北京: 清华大学出版社.
希科克. 2016. 神秘的镜像神经元. 李婷燕译. 杭州: 浙江人民出版社.
夏皮罗. 2014. 具身认知. 李恒威, 董达译. 北京: 华夏出版社.
夏永红, 李建会. 2015. 超越大脑界限的认知: 情境认知及其对认知本质问题的回答. 哲学动态, (12): 89-98.
肖恩·加拉格尔. 2014. 情境认知的哲学先驱//刘晓力, 孟伟. 认知科学前沿中的哲学问题: 身体、认知与世界. 北京: 金城出版社: 262-289.
谢地坤. 2005. 西方哲学史学术版(第七卷): 现代欧洲大陆哲学(上). 南京: 凤凰出版社, 江苏人民出版社.
熊哲宏. 2002. 认知科学导论. 武汉: 华中师范大学出版社.
休伯特·德雷福斯. 1986. 计算机不能做什么: 人工智能的极限. 宁春岩译. 北京: 生活·读书·新知三联书店.
徐献军. 2009. 具身认知论——现象学在认知科学研究范式转型中的作用. 杭州: 浙江大学出版社.
徐献军. 2016. 现象学对于认知科学的意义. 杭州: 浙江大学出版社.
亚当斯, 埃扎瓦. 2013. 认知的边界. 黄侃译. 杭州: 浙江大学出版社.
闫坤如. 2016. 科学解释模型与解释者信念研究. 北京: 中国社会科学出版社.
伊丽莎白·欧文. 2018. 意识作为一种科学概念: 从科学哲学视角审视. 武建峰译. 北京: 科学出版社.
伊利亚·普利高津. 1998. 确定性的终结: 时间、混沌与新自然法则. 湛敏译. 上海: 上海科技教育出版社.
袁銮, 章有国. 2015. 环境在认知研究中的两种进路. 山西师大学报(社会科学版), (6): 33-36, 75.
约翰·E. 道林. 2020. 理解大脑: 细胞、行为和认知. 苏彦捷, 等译. 北京: 中国轻工业出版社.
约翰·布罗克曼. 2019. 心智: 关于大脑、记忆、人格和幸福的新科学. 黄珏苹, 邓园, 欧阳明亮译. 杭州: 浙江人民出版社.
约翰·范本特姆. 2009. 逻辑、语言和认知. 刘新文, 等译. 北京: 科学出版社.
约翰·塞尔. 1991. 心、脑与科学. 杨音莱译. 上海: 上海译文出版社.
约翰·塞尔. 2001. 心灵、语言和社会. 李步楼译. 上海: 上海译文出版社.

约翰·塞尔. 2008. 心灵导论. 徐英瑾译. 上海: 上海人民出版社.
约翰-克里斯蒂安·史密斯. 2014. 认知科学的历史基础. 武建峰译. 北京: 科学出版社.
约瑟夫·阿伽西. 2006. 科学与文化. 邬晓燕译. 北京: 中国人民大学出版社.
詹姆斯·格莱克. 1990. 混沌: 开创新科学. 张淑誉译. 上海: 上海译文出版社.
湛垦华, 孟宪俊, 张强. 1989. 涨落与系统自组织. 中国社会科学, (4): 173-184.
张留华. 2012. 皮尔士哲学的逻辑面向. 上海: 上海人民出版社.
张一兵. 2021. 神会波兰尼: 意会认知与构境. 上海: 上海人民出版社.
张之沧, 张禹. 2014. 身体认知论. 北京: 人民出版社.
章士嵘. 1986. 科学发现的逻辑. 北京: 人民出版社.
赵南元. 1994. 认知科学与广义进化论. 北京: 清华大学出版社.
赵南元. 2002. 认知科学揭秘. 2版. 北京: 清华大学出版社.
朱志方. 2002. 认知科学与涉身的实在论. 哲学研究, (2): 60-67.
C. 麦金. 2015. 意识问题. 吴杨义译. 北京: 商务印书馆.
D. 洛耶. 2004. 进化的挑战: 人类动因对进化的冲击. 胡恩华, 钱兆华, 颜剑英译. 北京: 社会科学文献出版社.
E. 哈钦斯. 2010. 荒野中的认知. 于小涵, 严密译. 杭州: 浙江大学出版社.
J. 阿卡西奥·德巴罗斯, 卡洛斯·蒙特马约尔. 2021. 量子与心智: 联系量子力学与意识的尝试. 刘燊译. 合肥: 中国科学技术大学出版社.
M. 盖尔曼. 1998. 夸克与美洲豹. 杨建邺, 李湘莲译. 长沙: 湖南科技出版社.
P. H. 雷. 2004. 文化进化的下一个阶段将是什么? //D. 洛耶. 进化的挑战: 人类动因对进化的冲击. 胡恩华, 钱兆华, 颜剑英译. 北京: 社会科学文献出版社: 304-339.

二、英语文献

Achinstein P. 1983. *The Nature of Explanation*. New York: Oxford University Press.
Adams F, Aizawa K. 2001. The bounds of cognition. *Philosophical Psychology*, 14(1): 43-64.
Adams F, Aizawa K. 2010. The value of cognitivism in thinking about extended cognition. *Phenomenology and the Cognitive Sciences*, 9(4): 579-603.
Aerts D, Aerts S, Broekaert J, et al. 2000. The violation of Bell inequalities in the macroworld. *Foundations of Physics*, 30(9): 1387-1414.
Aerts D, Gabora L. 2005a. A state-context-property model of concepts and their combinations I: the structure of the sets of contexts and properties. *Kybernetes*, 34(1/2): 167-191.
Aerts D, Gabora L. 2005b. A state-context-property model of concepts and their combinations II: a Hilbert space representation. *Kybernetes*, 34(1/2): 192-221.
Aerts D. 1982. Example of a macroscopical classical situation that violates Bell inequalities. *Lettere Al Nuovo Cimento*, 34(4): 107-111.
Aerts D. 1986. A possible explanation for the probabilities of Quantum Mechanics. *Journal of Mathematical Physics*, 27(1): 202-210.
Aerts D. 2009. Quantum structure in cognition. *Journal of Mathematical Psychology*, 53(5): 314-348.
Afraz S R, Kiani R, Esteky H. 2006. Microstimulation of inferotemporal cortex influences face

categorization. *Nature*, 442(7103): 692-695.

Aguirre G K. 2003. Functional imaging in behavioral neurology and cognitive neuropsychology//Feinberg T E, Farah M J (eds.). *Behavioral Neurology and Cognitive Neuropsychology*. New York: McGraw Hill: 85.

Aharonov Y, Bohm D. 1959. Significance of electromagnetic potentials in the Quantum Theory. *Physical Review*, 115(3): 485-491.

Aiello L C. 1996. Hominine pre-adaptations for language and cognition//Mellars P, Gibson K (eds.). *Modeling the Early Human Mind*. Cambridge: McDonald Institute Monographs: 89-99.

Aiello L. 1997. Brains and guts in human evolution: the expensive tissue hypothesis. *Brazilian Journal of Genetics*, 20(1): 141-148.

Aizawa K. 2010. The coupling-constitution fallacy revisited. *Cognitive Systems Research*, 11(4): 332-342.

Akagi M. 2018. Rethinking the problem of cognition. *Synthese*, 195(8): 3547-3570.

Akins K. 1996. Of sensory systems and the 'aboutness' of mental states. *Journal of Philosophy*, 93(7): 337-372.

Alberts B, Bray D, Lewis J, et al. 2008. *Molecular Biology of the Cell*. New York: Garland Publishing.

Alchourrón C E, Gärdenfors P, Makinson D. 1985. On the logic of theory change: partial meet contradiction and revision finctions. *Journal of Symbolic Logic*, 50(2): 510-530.

Alden E. 2004. Why do good hunters have higher reproductive success? *Human Nature*, 15(4): 343-364.

Aliseda A. 2006. *Abductive Reasoning: Logical Investigations into Discovery and Explanation*. Dordrecht: Springer.

Alkire M T, Hudetz A G, Tononi G. 2008. Consciousness and anesthesia. *Science*, 322(5903): 876-880.

Allen J. 1983. Maintaining knowledge about temporal intervals. *Communications of the ACM*, 26(11): 832-843.

Ambrose S. 2001. Paleolithic technology and human evolution. *Science*, 291(5509): 1748-1753.

Anderson J R. 1983. *The Architecture of Cognition*. Cambridge: Harvard University Press.

Anderson J R. 1995. *Cognitive Psychology and its Implications*. 4th ed. New York: W. H. Freeman and Company.

Anderson J R. 2007. *How can the Mind Occur in the Physical Universe*? Oxford: Oxford University Press.

Anderson M, Deely J, Krampen M, et al. 1984. A semiotic perspective on the sciences: steps toward a new paradigm. *Semiotica*, 52(1/2): 7-47.

Anderson M. 2003. Embodied cognition: a field guide. *Artificial Intelligence*, 149(1): 91-103.

Anderson M. 2007a. Massive redeployment, exaptation, and the functional integration of cognitive operations. *Synthese*, 159(3): 329-345.

Anderson M. 2007b. *How Can the Human Mind Occur in the Physical Universe*? Oxford: Oxford University Press.

Anshakov O, Gergely T. 2010. *Cognitive Reasoning: A Formal Approach*. Berlin: Springer.

Antonietli A. 2008. Must psychologists be dualists?//Antonietti A, Corradini A M, Lowe B J (eds.). *Psycho-physical Dualism Today. An Interdisciplinary Approach*. Lenham: Lexington Bopks: 37-67.

Antonietti A. 2010. Emerging mental phenomena: implications for the psychological explanation//O'Connor T, Corradini A (eds.). *Emergence in Science and Philosophy*. New York: Routledge: 266-288.

Antonietti A. 2011. What does neurobiological evidence tell us about psychological mechanism underlying moral judgment?//Sanguincti J J, Aceibi A, Lombo J A (eds.). *Moral Behaviour and Free Will: A Neurobiological and Philosophical Approach*. Rome: IF Press: 283-298.

Arbib M A, Manes E G. 1975. *Arrows, Structures, and Functors: The Categorical Imperative*. New York: Academic Press.

Arp R. 2005. Scenario visualization: one explanation of creative problem solving. *Journal of Consciousness Studies*, 12(1): 31-60.

Arp R. 2005. Selectivity, integration, and the psycho-neuro-biological continuum. *Journal of Mind and Behavior*, 26(1/2): 35-64.

Arp R. 2008. *Scenario visualization: An Evolutionary Account of Creative Problem Solving*. Cambridge: MT Press.

Arrabales R, Ledezma A, Sanchis A. 2008. Criteria for consciousness in artificial intelligent agents//*Proceedings of the Autonomous Agents and Multiagent Systems Conference 2008*. Estoril: 1187-1192.

Arrabales R, Ledezma A, Sanchis A. 2010. ConsScale: a pragmatic scale for measuring the level of consciousness in artificial agents. *Journal of Consciousness Studies*, 17(3/4): 131-164.

Ashby F G, Isen A M, Turken A U. 1999. A neuropsychological theory of positive affect and its influence on cognition. *Psychological Review*, 106(3): 529-550.

Attard P. 2012. *Non-equilibrium Thermodynamics and Statistical Mechanics: Foundations and Applications*. Oxford: Oxford University Press.

Augusto L M. 2013. Unconscious representations 1: belying the traditional model of human cognition. *Axiomathes*, 23(4): 645-663.

Augusto L M. 2014. Unconscious representations 2: towards an integrated cognitive architecture. *Axiomathes*, 24(1): 19-43.

Azzopardi P, Cowey A. 1998. Blindsight and visual awareness. *Consciousness and Cognition*, 7(3): 292-311.

Baars B J. 1997. In the theatre of consciousness: global workspace theory, a rigorous scientific theory of consciousness. *Journal of Consciousness Studies*, 4(4): 292-309.

Baars B J. 2005. Global workspace theory of consciousness: toward a cognitive neuroscience of human experience. *Progress in Brain Research*, 150(1): 45-53.

Bailer-Jones D M. 2009. *Scientific Models in Philosophy of Science*. Pittsburgh: University of Pittsburgt Press.

Baker M. 2001. *The Atoms of Language. The Mind's Hidden Rules of Grammar*. New York: Basic

Books.
Bakker B. 2000. The adaptive behavior approach to psychology. *Cognitive Processing*, 1(1): 39-70.
Balduzzi D, Tononi G. 2009. Qualia: the geometry of integrated information. *PLoS Computational Biology*, 5: e1000462.
Balke W, Mainzer K. 2005. Knowledge representation and the embodied mind. *Professional Knowledge Management*, 3782(1239): 586-597.
Barandiaran X, Di Paolo E, Rohde M. 2009. Defining agency: individuality, normativity, asymmetry and spatio-temporality in action. *Adaptive Behavior*, 17(5): 367-386.
Barbalet T S. 2004. Noble Ape simulation. *IEEE Computer Graphics and Applications*, 24(2): 6-12.
Barbalet T S. 2013. The mind of the Noble Ape in three simulations//Swan L (ed.). *Origins of Mind*. New York: Springer: 383-397.
Barbieri M. 1981. The ribotype theory on the origin of life. *Journal of Theoretical Biology*, 91(4): 545-601.
Barbieri M. 1985. *The Semantic Theory of Evolution*. London, New York: Harwood Academic Publishers.
Barbieri M. 1998. The organic codes. The basic mechanism of macroevolution. *Rivista di Biologia-Biology Forum*, 91(3): 481-514.
Barbieri M. 2001. The *Organic Codes: The Birth of Semantic Biology*. Ancona: PeQuod.
Barbieri M. 2003. *The Organic Codes: An Introduction to Semantic Biology*. Cambridge: Cambridge University Press.
Barbieri M. 2006. Semantic biology and the mind-body problem-the theory of the conventional mind. *Biological Theory*, 1(4): 352-356.
Barbieri M. 2008a. Biosemiotics: a new understanding of life. *Die Naturwissenschaften*, 95(7): 577-599.
Barbieri M. 2008b. Is the cell a semiotic system?//Barbieri M (ed.). *Introduction to Biosemiotics*. Dordricht: Springer: 179-207.
Barbieri M. 2008c. Life is semiosis: the biosemiotic view of nature. *Journal of Natural and Social Philosophy*, 5(1/2): 29-51.
Barbieri M. 2008d. What is biosemiotics? *Biosemiotics*, 1(1): 1-3.
Barbieri M. 2009. A short history of biosemiotics. *Biosemiotics*, 2(2): 221-245.
Barbieri M. 2010. On the origin of language. A bridge between biolinguistics and biosemiotics. *Biosemiotics*, 3(2): 201-223.
Barbieri M. 2011. Origin and evolution of the brain. *Biosemiotics*, 4(3): 369-399.
Barbieri M. 2013. Organic codes and natural history of mind//Swan L (ed.). *Origins of Mind*. New York: Springer.
Bargmann C I, Horvitz H R. 1991. Chemosensory neurons with overlapping functions direct chemotaxis to multiple chemicals in C. elegans. *Neuron*, 7(5): 729-742.
Barkow J H, Cosmides L, Tooby J (eds.). 1992. *The Adapted Mind: Evolutionary Psychology*

and the Generation of Culture. New York: Oxford University Press.

Baron-Cohen S. 2003. *The Essential Difference: Men, Women and the Extreme Male Brain*. London: Penguin.

Barrett L F. 2006. Solving the emotion paradox: categorization and the experience of emotion. *Personality and Social Psychology Review*, 10(1): 20-46.

Barrett L. 2009. The future of psychology: connecting mind to brain. *Perspectives on Psychological Science*, 4(4): 326-339.

Barrow J D, Davies P C W, Harper C Jr (eds.). 2004. *Science and Ultimate Reality. Quantum Theory, Cosmology, and Complexity*. Cambridge: Cambridge University Press.

Barrow J D. 2007. *New theories of everything*. Oxford: Oxford University Press.

Barsalou L W. 1999. Perceptual symbol systems. *Behavioral and Brain Sciences*, 22(4): 577-660.

Barsalou LW. 2007. Grounded cognition. *Annual Review of Psychology*, 59(1): 617-645.

Baslow M H. 2011. Biosemiosis and the cellular basis of mind. How the oxidation of glucose by individual neurons in brain results in meaningful communications and in the emergence of 'mind'. *Biosemiotics*, 4(1): 39-53.

Bateson G. 1973. *Steps to an Ecology of Mind: Collected Essays in Anthropology, Psychiatry, Evolution and Epistemology*. St. Albans: Paladin.

Baumeister R F, Masicampo E J, Vohs K D. 2011. Do conscious thoughts cause behavior? *Annual Review of Psychology*, 62(2): 331-361.

Bauson G, Bergfeldt N, Ziemke T. 2005. Brains, bodies, and beyond: competitive co-evolution of robot controllers, morphologies and environments. *Genetic Programming and Evolvable Machines*, 6(1): 25-51.

Bayne T, Spener M. 2010. Introspective humility. *Philosophical Issues*, 20(1): 1-22.

Bazerman M H. 1994. *Judgment in Managerial Decision Making*. New York: John Wiley and Sons.

Bechara A, Damasio H, Tranel D, et al. 1997. Deciding advantageously before knowing the advantageous strategy. *Science*, 275(5304): 1293-1295.

Bechtel W. 2001. Representation: from neural systems to cognitive systems//Bechtel W, Mandik P, Mundale J, et al (eds.). *Philosophy and the Neurosciences: A Reader*. Malden: Blackwell Publishers.

Bechtel W. 2008. *Mental Mechanisms: Philosophical Perspectives on Cognitive Neuroscience*. London: Routledge.

Bell J S. 1966. On the Problem of Hidden Variables in Quantum Mechanics. *Rew. Mod. Phys.*, 38(3): 447-452.

Bellagamba F, Tomasello M. 1999. Re-enacting intended acts: Comparing 12-and 18-month-olds. *Infant Behavior & Development*, 22(2): 277-282.

Belli S, Harré R, Íñiguez L. 2010. What is love? Discourse about emotions in social sciences. *Human Affairs: A Postdisciplinary Journal for Humanities and Social Sciences*, 20(3): 249-270.

Bencivenga E. 1997. *A Theory of Language and Mind.* Berkeley: University California Press.
Benitez-Bribiesca L. 2001. Memetics: a dangerous idea. *Interciencia: Revista de Cienciay Technologia de América*, 26(1): 29-31.
Bennet M, Dennet D, Hacker P, et al. 2007. *Neuroscience and Philosophy: Brain, Mind and Language.* New York: Columbia University Press.
Bennet M, Hacker P. 2007. The philosophical foundation of neuroscience//Bennet M, Dennet D, Hacker P, et al (eds.). *Neuroscience and Philosophy Brain Mind and Language.* New York: Columbia University Press.
Bentin S, McCarthy G, Wood C C. 1985. Event-related potentials, lexical decision and semantic priming. *Electroencephalography and Clinical Neurophysiology*, 60(1): 43-355.
Berlin B, Kay P. 1969. *Basic Color Terms: Their Universality and Evolution.* Berkeley: University of California Press.
Bermúdez J. 2003. *Thinking without Words.* Oxford: Oxford University Press.
Berry J W, Portinga Y H, Segall M H, et al. 1992. *Cross-cultural Psychology: Research and Applications.* Cambridge: Cambridge University Press.
Bertenthal B, Fischer K. 1987. Development of self recognition in the infant. *Developmental Psychology*, 14(1): 44-50.
Bertone G. 2010. *Particle Dark Matter: Observations, Models and Searches.* Cambridge: Cambridge University Press.
Best M. 1999. How culture can guide evolution: an inquiry into gene/meme enhancement and opposition. *Adaptive Behavior*, 7(3): 289-293.
Bickerton D. 1981. *The Roots of Language.* Karoma: Ann Arbour.
Bickle J. 2006. Reducing mind to molecular pathways: explicating the reductionism implicit in current cellular and molecular neuroscience. *Synthese*, 151(3): 411-434.
Bitbol M, Luisi P L. 2004. Autopoiesis with or without cognition: defining life at its edge. *Journal of Royal Society Interface*, 1(1): 99-107.
Blackmore S. 1999. *The Meme Machine.* Oxford: Oxford University Press.
Blackwell H R. 1952. Studies of psychophysical methods for measuring visual thresholds. *Journal of the Optical Society of America*, 42(9): 606-616.
Blakemore S J, Boyer P, Pachot-Clouardet, et al. 2003. The detection of contingency and animacy from simple animations in the brain. *Cerebral Cortex*, 13(8): 837-844.
Blakemore S J, Decety J. 2001. From the perception of action to the understanding of intention. *Nature Reviews*, 2(8): 561-567.
Blakemore S J, Frith C D, Wolpert D. 1999. Spatio-temporal prediction modulates the perception of self produced stimuli. *Journal of Cognitive Cambridge Neuroscience*, 11(5): 551-559.
Blanco M I. 1975. *The Unconscious as Infinite Sets: An Essay in Bi-logic.* London: Duckworth.
Blanco M. 1988. *Thinking, feeling, and Being: Clinical Reflections on the Fundamental Antinomy of Human Beings and World.* London, New York: Routledge.
Blatt S J. 1984. *Continuity and Change in Art: the Development of Modes of Representation.* Hillsdale: Erlbaum.

Block N. 1990. Consciousness and accessibility. *Behavioral and Brain Sciences*, 13(4): 596-598.
Block N. 1992. Begging the question again phenomenal consciousness. *Behavioral and Brain Sciences*, 15(2): 205-206.
Block N. 1995. On a confusion about a function of consciousness. *Behavioral and Brain Sciences*, 18(2): 227-287.
Block N. 2001. Paradox and cross purposes in recent work on consciousness. *Cognition*, 79(2): 197-219.
Block N. 2005. Two neural correlates of consciousness. *Trends in Cognitive Science*, 9(1): 46-52.
Block N. 2007. Consciousness, accessibility, and the mesh between psychology and neuroscience. *Behavioral and Brain Sciences*, 30(5/6): 481-548.
Block N. 2009. Comparing the major theories of consciousness//Gazzaniga M (ed.). *The Cognitive Neuroscience IV*. Cambridge: MIT Press.
Blouw P, Solodkin E, Thagard P, et al. 2016. Concepts as semantic pointers: a framework and computational model. *Cognitive Science*, 40(5): 1128-1162.
Boden M A. 1990a. *The Creative Mind: Myths and Mechanisms*. New York: Basic Books.
Boden M A. 1990b. Escaping from the Chinese room//Boden M A (ed.). *The Philosophy of Artificial Intelligence*. Oxford: Oxford University Press.
Boeckx C, Uriagereka J. 2011. Biolinguistics and information//Terzis G, Arp R (eds.). *Information and Living Systems: Philosophical and Scientific Perspectives*. Cambridge: MIT Press: 353-370.
Boeckx C. 2006. *Linguistic Minimalism*. New York: Oxford University Press.
Boesch C, Tomasello M. 1998. Chimpanzee and human cultures. *Current Anthropology*, 39(5): 591-614.
Bolinska A. 2013. Epistemic representation, informativeness and the aim of faithful representation. *Synthese*, 190(2): 219-234.
Bonner J. 1980. *The Evolution of Culture in Animals*. Princeton: Princeton University Press.
Bourget D, Angela M. 2014. Tracking representationliam//Bailey A (ed.). *Philosophy of Mind: The Key Thinkers, Continuum*. London: Bloomsbury Academic: 209-235.
Boutilier C, Becher V. 1995. Abduction as belief revision. *Artificial Intelligence*, 77(1): 43-94.
Boyd R, Richerson P J. 1985. *Culture and the Evolutionary Process*. Chicago: University of Chicago Press.
Boyd R. 1989. What realism implies and what it does not. *Dialectica*, 43(1): 5-29.
Boyd R. 1991. Realism, anti-foundationalism and the enthusiasm for natural kinds. *Philosophical Studies*, 61(1): 127-148.
Braddon-Mitchell D, Jackson F. 2007. *Philosophy of Mind and Cognition*. Oxford: Blackwell.
Brading K, Landry E. 2006. Scientific structuralism: presentation and representation. *Philosophy of Science*, 73(5): 571-581.
Braithwaite V. 2010. *Do Fish Feel Pain?* Oxford: Oxford University Press.
Bramble D, Lieberman D. 2004. Endurance running and the evolution of homo-erectus. *Nature*,

432(7015): 345-352.

Brandom R B. 2004. The pragmatist enlightenment (and its problematic semantics). *European Journal of Philosophy*, 12(1): 1-16.

Braun J. 2009. Attention and awareness//Bayne T, Cleeremans A, Wilken P (eds.). *The Oxford Companion to Consciousness*. Oxford: Oxford University Press: 72-77.

Breazeal C L. 2002. *Designing Sociable Robots (Intelligent robotics and autonomous agents)*. Cambridge: MIT Press.

Brentano F. 1995. *Psychology from an Empirical Standpoint*. 2nd English edition. London: Routledge.

Breyer T, Gutland C. 2016. *Phenomenology of Thinking*. New York: Routledge.

Brier S. 1999. Biosemiotics and the foundation of cybersemiotics. Reconceptualizing the insights of ethology, second order cybernetics and Peirce's semiotics in biosemiotics to create a non-Cartesian information science. *Semiotica*, 127(1/4): 169-198.

Brier S. 2000a. Biosemiotic as a possible bridge between embodiment in cognitive semantics and the motivation concept of animal cognition in ethology. *Cybernetics & Human Knowing*, 7(1): 57-75.

Brier S. 2000b. Transdisciplinary frameworks of knowledge. *Systems Research and Behavioral Science*, 17(5): 433-458.

Brier S. 2001. Cybersemiotics and Umweltslehre. *Semiotica*, (4): 779-814.

Brier S. 2008. The paradigm of Peircean biosemiotics. *Signs-International Journal of Semiotics*, 61(2): 30-81.

Brier S. 2009. Cybersemiotic pragmaticism and constructivism. *Constructivist Foundations*, 5(1): 19-38.

Brier S. 2010a. Cybersemiotics: an evolutionary world view going beyond entropy and information into the question of meaning. *Entropy*, 12(8): 1902-1920.

Brier S. 2010b. *Cybersemiotics: Why Information is not Enough*. Toronto: University of Toronto.

Brigandt I. 2003. Species pluralism does not imply species eliminativism. *Philosophy of Science*, 7(5): 1305-1316.

Britten K H, van Wezel R J. 1998. Electrical microstimulation of cortical area MST biases heading perception in monkeys. *Nature Neuroscience*, 1(1): 59-63.

Brockmole J R, Wang R F. 2003. Integrating visual images and visual percepts across space and time. *Visual Cognition*, 10(7): 853-873.

Brook A. 2004. Kant, cognitive science, and contemporary neo-Kantianism. *Journal of Consciousness Studies*, 11(10/11): 1-25.

Brooks R. 1991. Intelligence without Representation. *Artificial Intelligence*, 47(3): 139-159.

Brooks R. 1994. Intelligence without reason//Steels L, Brooks R (eds.). *The Artificial Life Route to Artificial Intelligence: Building Embodied, Situated Agents*. Hillsdale: Lawrence Erlbaum Associate: 25-81.

Brooks R. 1999. *Cambrian Intelligence*. Cambridge: MIT Press.

Broom D M, Sena H, Moynihan K L. 2009. Pigs learn what a mirror image represents and use it to obtain information. *Animal Behavior*, 78(5): 1037-1041.

Brown J S, Collins A, Duguid P. 1989. Situated cognition and the culture of learning. *Educ Res*, 18(1): 32-42.

Brown R E. 1994. *An Introduction to Neuroendocrinology*. Cambridge: Cambridge University Press.

Brown S. 1996. *Buzz: The Science and Lore of Alcohol and Caffeine*. New York: Penguin.

Bruineberg J, Rietveld E. 2014. Self-organization, free energy minimization, and optimal grip on a field of affordances. *Frontiers in Human Neuroscience*, 8(1): 1-14.

Bruner J S, Postman L. 1947. Emotional selectivity in perception and reaction. *Journal of Personality*, 16(1): 69-77.

Bruner J S, Postman L. 1949. Perception, cognition, and behavior. *Journal of Personality*, 18(1): 14-31.

Bruza P D, Kitto K, Nelsonm D, et al. 2009. Is there something quantum-like about the human mental lexicon? *Journal of Mathematical Psychology*, 53(5): 362-377.

Buchanan B G, Feigenbaum E A, Lederberg J. 1971. A heuristic programming study of theory formation in science//Cooper D C (ed.). *Proceedings of the Second International Joint Conference on Artificial Intelligence*. London: IJCAI: 40-50.

Buchanan B. 2008. *Onto-ethologies: The animal environments of Uexküll, Heidegger, Merleau-Ponty, and Deleuze*. Albany: SUNY Press.

Buck L, Axel R. 1991. A novel multigene family may encode odorant receptors: a molecular basis for odor recognition. *Cell*, 65(1): 175-187.

Buller D J. 2005. *Adapting Minds*. Cambridge: MIT Press.

Bullot N. 2011. Attention, information, and epistemic perception//Terzis G, Arp R (eds.). *Information and Living Systems: Philosophical and Scientific Perspectives*. Cambridge: MIT Press: 309-352.

Bunge M. 2003. *Emergence and Convergence: Qualitative Novelty and the Unity of Knowledge*. Toronto: University of Toronto Press.

Buonomano D V. 2007. The biology of time across different scales. *Nature Chemical Biology*, 3(10): 594-597.

Burge T. 1979. Individualism and the mental. *Midwest Studies in Philosophy*, 4(1): 73-122.

Burge T. 2007. Foundations of mind. *Journal of Philosophy*, 83(12): 697-720.

Burge T. 2014. Perception: where mind begins. *Philosophy*, 89(3): 385-403.

Buss D M. 2004. *Evolutionary Psychology: The New Science of the Mind*. Boston: Pearson.

Buss D. 2009. The great struggles of life: darwin and the emergence of evolutionary psychology. *The American Psychologist*, 64(1): 140-148.

Butz M V, Kutter E F. 2017. *How the Mind Comes into Being*. Oxford: Oxford University Press.

Byrne R W. 2002. Emulation in apes: Verdict 'not proven'. *Developmental Science*, 5(1): 20-22.

Byrne R, Russon A. 1998. Learning by imitation: a hierarchical approach. *The Behavioral and Brain Sciences*, 21(5): 667-721.

Byrne R. 2001. Social and technical forms of primate intelligence//DeWaal F (ed.). *Tree of*

Origin: What Primate Behavior Can Tell Us about Human Social Evolution. Cambridge: Harvard University Press: 145-172.
Cajal S R. 1999. *Advice for a Young Investigator*. Cambridge: MIT Press.
Call J, Hare B H, Carpenter M, et al. 2004. 'Unwilling' versus 'Unable': Chimpanzees' understanding of human intentional action?*Developmental Science*, 7(4): 488-498.
Call J, Tomasello M. 1994. The social learning of tool use by orangutans (Pan pygmaeus). *Human Evolution*, 9(4): 297-313.
Call J, Tomasello M. 1998. Distinguishing intentional from accidental actions in orangutans (Pongo pygmaeus), chimpanzees (Pan troglodytes), and human children (Homo sapiens). *Journal of Comparative Psychology*, 112(2): 192-206.
Calvin W. 1996. *The Cerebral Code: Thinking a Thought in the Mosaics of the Mind*. Cambridge: MIT Press.
Calvin W. 2004. *A Brief History of the Mind: From Apes to Intellect and Beyond*. Oxford: Oxford University Press.
Campbell D T. 1974. Evolutionary epistemology//Schilpp P A (ed.). *The Philosophy of Karl Popper*. La Salle ILL: Open Court Publishing.
Campbell R L, Bickhard M H. 1986. *Knowing levels and developmental stages*. Basel: Karger.
Canales A F, Gomez D M, Maffet C R. 2007. A critical assessment of the consciousness by synchrony hypothesis. *Biological Research*, 40(4): 517-519.
Card S K, MoranT P, Newell A. 1983. *The Psychology of Human-Computer Interaction*. Hillsdale: Lawrence Erlbraum & Associates.
Carey S, Smith C. 1993. On understanding the nature of scientific knowledge. *Educational Psychologist*, 28(3): 235-251.
Carey S. 2003. Science education as conceptual change. *Journal of Applied Developmental Psychology*, 21(1): 13-19.
Carey S. 2004. Bootstrapping and the origin of concepts. *Daedalus*, 133(Winter): 59-68.
Cariani P. 1998. Towards an evolutionary semiotics: the emergence of new sign-functions in organisms and devices//de Vijver G V, Salthe S, Delpos M (eds.). *Evolutionary Systems*. Dordrecht: Kluwer: 359-377.
Cariani P. 2011. The semiotics of cybernetic percept-action systems. *International Journal of Signs and Semiotic Systems*, 1(1): 1-17.
Carmody R N, Wrangham R W. 2009. The energetic significance of cooking. *Journal of Human Evolution*, 57(4): 379-391.
Caro M D, Massimo M (ed.). 2007. *How to Deal With the Free Will Issue: The Roles of Conceptual Analysis and Empirical Science*. Dordrecht: Springer.
Carpenter M, Akhtar N, Tomasello M. 1998. Fourteen-through-18-month-old infants differentially imitate intentional and accidental actions. *Infant Behavior & Development*, 21(2): 315-330.
Carrier D. 1984. The energetic paradox of human running and hominid evolution. *Current Anthropology*, 25(4): 483-495.

Carroll J B (ed.). 1993. *Human Cognitive Abilities: A Survey of Factor-analytic Studies*. New York: Cambridge University Press.

Carroll J B. 1953. *The Study of Language: A Survey of Linguistics and Related Disciplines in America*. Cambridge: Harvard University Press.

Carruthers P. 1996. Simulation and self-knowledge: a defence of the theory-theory//Carruthers P, Smith P K (eds.). *Theories of Theories of Mind*. Cambridge: Cambridge University Press: 22-38.

Carruthers P. 2002. The roots of scientific reasoning: Infancy, modularity and the art of tracking//Carruthers P, Stich S, Siegal M (eds.). *The Cognitive Basis of Science*. Cambridge: Cambridge University Press: 73-96.

Carruthers P. 2011. *The Opacity of Mind: An Integrative Theory of Self-Knowledge*. Oxford: Oxford University Press.

Carruthers P. 2015. *The Centered Mind: What the Science of Working Memory Shows Us about the Nature of Human Thought*. Oxford: Oxford University Press.

Carruthers P. 2017. The Illusion of Conscious Thought. *Journal of Consciousness Studies*, 24(9/10): 228-252.

Cassirer E. 1978. *An Essay on Man*. New Haven: Yale University Press.

Castelhano M S, Henderson J M. 2008. The influence of color on the activation of scene gist. *Journal of Experimental Psychology: Human Perception and Performance*, 34(3): 660-675.

Cavalli-Sforza L L, Feldman M W. 1981. *Cultural Transmission and Evolution: A Quantitative Approach*. Princeton: Princeton University Press.

Cavalli-Sforza L, Feldman M. 1973. Cultural versus biological inheritance: phenotypic transmission from parents to children. *Human Genetics*, 25(6): 618-637.

Chabris C, Simons D. 2010. *The Invisible Gorilla*. New York: Crown.

Chalmers D J. 1995. Facing up to the problem of consciousness. *Journal of Consciousness Studies*, 2(3): 200-219.

Chalmers D J. 1996. *The Conscious Mind: In Search of a Fundamental Theory*. New York: Oxford University Press.

Chalmers D J. 1997. Moving forward on the problem of consciousness. *Journal of Consciousness Studies*, 74(1): 3-46.

Chalmers D J. 2000. What is a Neural Correlate of Cnsciousness?//Metzinger T (ed.). *Neural Correlates of Consciousness*. Cambridge: MIT Press.

Chalmers D J. 2003. Consciousness and its place in nature//Stich S P, Warfield T A (eds.). *Blackwell Guide to the Philosophy of Mind*. Malden: Blackwell: 104-105.

Chemero A. 2009. *Radical Embodied Cognitive Science*. Cambridge: MIT Press.

Chemero A. 2012. Modeling self-organization with nonwellfounded set theory. *Ecological Psychology*, 24(1): 46-59.

Chomsky N. 1959. A review of Skinner's verbal behaviour. *Language*, 35(1): 26-58.

Chomsky N. 1965a. *Aspects of the Theory of Syntax*. Cambridge: MIT Press.

Chomsky N. 1965b. *Syntactic Structures*. The Hague: Mouton.

Chomsky N. 1967. Preface to A Review of B. F. Skinner's Verbal Behavior//Jakobovits L A, Miron M S (eds.). *Readings in the Psychology of Language*. Englewood Cliffs: Prentice-Hall.

Chomsky N. 1975. *The Logical Structure of Linguistic Theory*. Chicago: University of Chicago Press.

Chomsky N. 1992. Explaining language use. *Philosophical Topics*, 20(1): 205-231.

Chomsky N. 1994. Naturalism and dualism in the study of language and mind. *International Journal of Philosophical Studies*, 2(2): 181-209.

Chomsky N. 1995. Langudge and nature. *Mind*, 104(413): 1-61.

Chomsky N. 2003. Reply to Lycan//Anthony L M, Hornstein N (eds.). *Chomsky and His Critics*. Oxford: Blackwell.

Chomsky N. 2005. Three factors in language design. *Linguistic Inquiry*, 36(1): 1-22.

Chomsky N. 2008. New horizens in the study of language and mind//Arnove A (ed.). *The Essential Chomsky*. New York: The New Press.

Chomsky N. 2009a. *Cartesian Linguistics: A Chapter in the History of Rationalist Thought*. 3rd ed. Cambridge: Cambridge University Press.

Chomsky N. 2009b. Mysteries of nature: how deeply hidden? *Journal of Philosophy*, 104(413): 167-200.

Chomsky N. 2011. Language and other cognitive system. what is special about language. *Language Learning and Development*, 7(4): 263-278.

Chomsky N. 2013. What kind of creatures are we?Dewey lectures 2013. *Journal of Philosophy*, 110(12): 663-684.

Chudnoff E. 2015. *Cognitive Phenomenology*. London, New York: Routledge.

Churchland P M. 1981. Eliminative materialism and the propositional attitudes. *Journal of Philosophy*, 78(2): 67-90.

Churchland P S, Sejnowski T J. 1993. *The Computational Brain*. Cambridge: MIT Press.

Churchland P S. 1986. *Neurophilosophy*. Cambridge: MIT Press.

Churchland P S. 1996a. *The Engine of Reason, The Seat of the Soul: A Philosophical Journey into the Brain*. Massachusetts: MIT Press.

Churchland P S. 1996b. The Hornswoggle problem. *Journal of Consciousness Studies*, 2(5/6): 402-408.

Clancey W J. 1997. *Situated Cognition: On Human Knowledge and Computer Representations*. Cambridge: Cambridge University Press.

Clapin H (ed.). 2002. *Philosophy of Mental Representation*. Oxford: Clarendon Press.

Clark A, Chalmers D J. 1998. The extended mind. *Analysis*, 58(1): 10-23.

Clark A, Karmiloff-Smith A. 1993. What's special about the development of the human mind/brain? *Mind & Language*, 8(4): 569-581.

Clark A. 1992. *The Presence of a Symbol*. Cambridge: MIT Press.

Clark A. 1997. *Being There*. Cambridge: MIT Press.

Clark A. 2001. *Mindware*. Oxford: Oxford University Press.

Clark A. 2013. Whatever next?Predictive brains, situated agents, and the future of cognitive

science. *Behavioraland Brain Sciences*, 36(2): 181-253.
Clark A. 2015. Radical predictive processing. *Southern Journal of Philosophy*, 53(1): 1-25.
Clark A. 2016. Busting out: predictive brains, embodied minds, and the puzzle of the evidentiary veil. *Nouss*, 51(4): 727-753.
Clark A. 2016. *Surfing Uncertainty: Prediction, Action, and the Embodied Mind*. New York: Oxford University Press.
Clayton P D. 2004. Emergence: us from it//Barrow J D, Davies P C W, Harper C (eds.). *Science and Ultimate Reality. Quantum Theory, Cosmology, and Complexity*. Cambridge: Cambridge University Press: 577-606.
Cleeremans A. 2008. Consciousness: the radical plasticity thesis//Banerjee R, Chakrabarti B K (eds.). *Progress in Brain Science*, 168(1): 19-33.
Cleeremans A. 2011. The radical plasticity thesis: How the brain learns to be conscious. *Frontiers in Psychology*, 2(1): 1-12.
Clement J. 2009. *Creative Model Construction in Scientists and Students: The Role of Imagery, Analogy, and Mental Simulation*. Berlin: Springer.
Cloak F T. 1975. Is a cultural ethology possible? *Human Ecology*, 3(3): 161-182.
Clore G L. 2009. Affective guidance of intelligent agents: how emotion controls cognition. *Cognitive Systems Research*, 10(1): 22-30.
Cole D. 2002. The functions of consciousness//Fetzer J H (ed.). *Consciousness Evolving*. Amsterdam: John Benjamins: 43-62.
Cole M. 1996. *Cultural Psychology*. Cambridge: Harvard University Press.
Collins A M, Loftus E F. 1975. A spreading-activation theory of semantic processing. *Psychological Review*, 82(6): 407-428.
Collins H M. 1993. The structure of knowledge. *Social Research*, 60(1): 95-116.
Collins M. 2010. *The nature and implementation of representation in biological systems*. New York: Department of Philosophy, CUNY Graduate Center PhD dissertation.
Contessa G. 2007. Representation, interpretation and surrogative reasoning. *Philosophy of Science*, 74(1): 48-68.
Cordeschi R. 2002. *The Discovery of the Artificial: Behavior Mind and Machines before and beyond Cybernetics*. Dordrecht: Kluwer Academic Publishers.
Cosmides L, Tooby J. 1994. Origins of domain specificity: the evolution of functional organization//Hirschfeld L, Gelman S (eds.). *Mapping the Mind: Domain Specificity in Cognition and Culture*. Cambridge: Cambridge University Press: 71-97.
Costa F A, Rocha L M. 2005. Introduction to the special issue: embodied and situated cognition. *Artificial Life*, 11(1-2): 5-11.
Cowley S J, Major J C, Steffensen S V, et al. 2010. *Signifying Bodies, Biosemiosis, Interaction and Health*. Braga: The Faculty of Philosophy of Braga Portuguese Catholic University.
Cozolino L. 2006. *The Neuroscience of Human Relationships: Attachment and the Developing Social Brain*. New York: W. W. Norton.
Craik K. 1943. *The Nature of Explanation*. Cambridge: Cambridge University Press.

Crandall B, Klein G, Hoffman R R. 2006. *Working Mind: A Practitioner's Guide to Cognitive Task Analysis*. Cambridge: The MIT Press.

Craver C F, Darden L. 2013. *In Search of Mechanisms: Discoveries across the Life Sciences*. Chicago: University of Chicago Press.

Craver C F. 2007. *Explaining the Brain: Mechanisms and the Mosaic Unity of Neuroscience*. Oxford: Clarendon Press.

Craver C F. 2009. Mechanisms and natural kinds. *Philosophical Psychology*, 22(5): 575-594.

Crawford L E. 2009. Conceptual metaphors of affect. *Emotion Review*, 1(2): 129-139.

Crick F, Koch C A. 2003. A New Framework for consciousness. *Nature Neurosic*, 6(2): 119-126.

Crick F, Koch C. 1990. Towards a neurobiological theory of consciousness. *Seminars in the Neurosciences*, 2(2): 263-275.

Crick F, Koch C. 1992. The problem of consciousness. *Scientific American*, 267(3): 152-159.

Crick F. 1994. *The Astonishing Hypothesis: The Scientific Search for the Soul*. New York: Scribner.

Critchley H D, Mathias C J, Josephs O, et al. 2003. Human cingulate cortex and autonomic control: converging neuroimaging and clinical evidence. *Brain*, 126(10): 2139-2152.

Cummins D, Cummins R. 2002. Innate modules vs innate learning biases. *Cognitive Processing*, 3(3/4): 19-30.

Curd M V. 1980. The logic of discovery: an analysis of three approaches//Nichles T (ed.). *Scientific Discovery, Logic and rationality*. Dordrecht: Reidel: 201-219.

Currie G. 2011. Empathy for objects//Coplan A, Goldie P (eds.). *Empathy: Philosophical and Psychological Perspectives*. Oxford: Oxford University Press: 82-98.

Curtis G. 2006. *The Cave Painters: Probing the Mysteries of the World's First Artists*. New York: Knopf.

da Fonseca I B, et al. 2013. Bryond Embodiment: from internal representation of action to symbolic//Swan L (ed.). *Origins of Mind*. Heidelberg: Springer: 87-199.

Dalgleish T, Power M J (eds.). 1999. *Handbook of Cognition and Emotion*. New York: John Wiley and Sons.

Damásio A, Carvalho G B. 2013. The nature of feelings: evolutionary and neurobiological origins. *Nature Reviews Neuroscience*, 14(1): 143-152.

Damásio A. 1996. The somatic marker hypothesis and the possible functions of the prefrontal cortex. *Philosophical Transactions of the Royal Society*, 351(1346): 1413-1420.

Damásio A. 1999. *The Feeling of What Happens, Body, Emotion and the Making of Consciousness*. London: London Willim Heinemann.

Damásio A. 2000. A neurobiology for consciousness//Metzinger T (ed.). *Neural Correlates of Consciousness*. Cambridge: MIT Press: 111-120.

Damásio A. 2005. *Descartes' Error: Emotion Reason, and the Human Brain*. New York: Penguin.

Damásio A. 2012. *Self Comes to Mind: Constructing the Conscious Brain*. New York: Vintage.

Damaslo H, Grabowski T, Frank R, et al. 1994. The return of phineas gage: clues about the brain from the skull of a famous patient. *Science*, 264(5162): 1102-1104.

Danesi M. 2008. Towards a standard terminology for (bio) semiotics//Barbieri M (ed.). *Introduction to Biosemiotics*. Dordrecht: Springer: 283-298.

Darwin C. 1859. *On the Origin of Species*. London: John Murray.

Darwin C. 2004. *The Descent of Man*. 2nd ed. London: Penguin.

Davies M. 1995. Consciousness and the varieties of aboutness//Macdonald C (ed.). *Philosophy of Psychology: Debates on Psychological Explanation*. Oxford: Oxford University Press: 365-392.

Dawkins R. 1976. *The Selfish Gene*. Oxford: Oxford University Press.

Dawkins R. 1982. *The Extended Phenotype*. Oxford: Oxford University Press.

Dawkins R. 1986. *The Blind Watchmake*. New York: Norton.

Dawkins R. 2005. *The Ancestor's Tale: A Pilgrimage to the Dawn of Evolution*. New York: Mariner Books.

Dawkins R. 2006. *The God Delusion*. Boston: Houghton Miflin.

Dayan P, Abbott L F. 2001. *Theoretical Neuroscience: Computational and Mathematical Modeling of Neural Systems*. Cambridge: MIT Press.

De Barros J A. 2017. Can we falsify the consciousness-causes-collapse hypothesis in quantum mechanics? *Fondations of Physics*, 47(10): 1294-1308.

De Beaune S, Coolidge F, Wynn T. 2009. *Cognitive Archeology and Human Evolution*. Cambridge: Cambridge University Press.

De Broglie L. 1959. Wave Mechanics Interpretation. *Journal of Physics Radium*, 20(12): 963-979.

De Gegt H. 1999. Ludwig Boltzmann's Bildtheorie and Scientific Understanding. *Synthese*, 119: 113-134.

De Jaegher H, Di Paolo E. 2007. Participatory sense-making. *Phenomenology and the Cognitive Sciences*, 6(4): 485-507.

De Jesus P. 2016. Autopoietic enactivism, phenomenology and the deep continuity between life and mind. *Phenomenology and the Cognitive Sciences*, 15(2): 265-289.

De Mey M. 1982. *The Cognitive Paradigm*. Dordrecht: Reidel.

Deacon T W. 1997. *The Symbolic Species: The Coevolution of Language and the Brain*. New York: W. W. Norton & Company.

Deacon T W. 1999. Editorial: memes as signs. The trouble with memes (and what to do about it). *The Semiotic Review of Books*, 10(3): 1-3.

Deacon T W. 2007. Shannon-Boltzmann-Darwin: Redefining information(Part I). *Cognitive Semiotics*, 1(s1): 123-148.

Deacon T W. 2008. Shannon-Boltzmann-Darwin: redefining information(Part II). *Cognitive Semiotics*, 2(2): 169-196.

Deacon T W. 2010. Excerpts from the symbolic species//Favareau D (ed.). *Essential Readings in Biosemiotics*. New York: Springer: 541-852.

Deacon T W. 2011. *Incomplete Nature: How Mind Emerged from Matter*. New York: W. W. Norton and Company.

Dechter R, Meiri I, Pearl J. 1991. Temporal constraint network. *Artificial Intelligence*, 49(1): 61-95.
Dehaene S, Changeux J P, Naccache L, et al. 2006. Conscious, preconscious, and subliminal processing: a testable taxonomy. *Trends in Cognitive Sciences*, 10(5): 204-211.
Dehaene S, Changeux J P. 2004. Neural mechanisms for access to consciousness//Gazzaniga M (ed.). *The Cognitive Neurosciences*. 3rd ed. NewYork: Norton: 1145-1157.
Dehaene S, Changeux J. 2011. Experimental and theoretical approaches to consciousness processing. *Neuron*, 70(2): 200-227.
Dehaene S, Naccache L, Cohen L, et al. 2001. Cerebral mechanisms of word masking and unconscious repetition priming. *Nature Neuroscience*, 4(7): 752-758.
Dehaene S, Naccache L, Le Clec'H G, et al. 1998. Imaging unconscious semantic priming. *Nature*, 395(6702): 597-600.
Dehaene S, Naccache L. 2001. Towards a cognitive neuroscience of consciousness: basic evidence and a workspace theory. *Cognition*, 79(1): 1-37.
Dehaene S. 2009. Neuronal global workspace//Bayne T, Cleeremans A, Wilken P (eds.). *The Oxford Companion to Consciousness*. Oxford: Oxford University Press: 466-470.
Dehaene S. 2014. *Consciousness and the Brain: Deciphering How the Brain Codes Our Thoughts*. New York: Viking.
Dehn M J. 2008. *Working Memory and Academic Learning: Assessment and Intervention*. Hoboken: Wiley.
Del Cul A, Baillet S, Dehaene S. 2007. Brain dynamics underlying the nonlinear threshold for access to consciousness. *PLoS Biology*, 5(10): e260.
Dempsey L P, Shani I. 2009. Dynamical agent: consciousness, causation, and two spectres of epiphenomenalism. *Phenomenology and the Cognitive Science*, 8(2): 225-243.
Dempsey L P, Shani I. 2013. Stressing the flesh: in defense of strong embodied cognition. *Philosophy and Phenomenological Research*, 86(3): 590-617.
Dempsey L P, Shani I. 2015. Three misconceptions concerning strong embodiment. *Phenomenology and the Cognitive Sciences*, (14): 827-849.
Dempsey L P. 2013. The side left untouched: panpsychism, embodiment, and the explanatory gap. *Journal of Consciousness Studied*, 20(3-4): 61-82.
Dennett D C. 1979. *True believers: The Intentional, Strategy and Why It Works*//Haugeland J (ed.). *Mind Design II*. Cambridge: MIT Press.
Dennett D C. 1987. *The Intentional Stance*. Cambridge: MIT Press.
Dennett D C. 1988. Quining qualia//Marcel A, Bisiach E (eds.). *Consciousness in Contemporary Science*. Oxford: Oxford University Press.
Dennett D C. 1991. *Consciousness Explained*. Boston: Little, Brown & Co.
Dennett D C. 1994. Instead of qualia//Revonsuo A, Kamppinen M (eds.). *Consciousness in Philosophy and Cognitive Neuroscience*. Hillsdale: Lawrence Erlbaum: 129-139.
Dennett D C. 1995. *Darwin's Dangerous Idea: Evolution and the Meanings of Life*. New York: Simon & Schuster.

Dennett D C. 1996a. *Kinds of Minds*. New York: Basic Books.
Dennett D C. 1996b. Facing backwards on the problem of consciousness. *Journal of Consciousness Studies*, 3(1): 4-6.
Dennett D C. 1999. *The evolution of culture*. The Charles Simonyi lecture, Oxford University, Feb 17.
Dennett D. 1969. *Content and Consciousness*. London Routledge & Kegan Paul.
Descartes R. 2000. *Philosophical Essays and Correspondence*. Indianapolis: Hackett.
Devinski O. 2003. Psychiatric comorbidity in patients with epilepsy: implications for diagnosis and treatment. *Epilepsy Behavior*, (S4): 2-10.
Devitt M, Sterelny K. 1999. *Language and Reality: An Introduction to the Philosophy of Language*. 2nd ed. Cambridge: MIT Press.
Dew N, Grichnik D, Mayer-Haug K, et al. 2015. Situated entrepreneurial cognition. *International Journal of Management Reviews*, 17(2): 143-164.
Dewey J. 1896. The reflex arc concept in psychology. *Psychol Rev*, 3(4): 357-370.
Dewey J. 1981. *The Later Works of John Dewey*. Boydston A (ed.). Carbondale: Southern Illinois University Press.
Dewey J. 1989. *Experience and Mature*. La Salle: Open Court.
Di Lollo V. 1980. Temporal integration in visual memory. *Journal of Experimental Psychology: General*, 109(1): 75-97.
Di Paola S, Gabora L. 2009. Incorporating characteristics of human creativity into an evolutionary art algorithm. *Genetic Programming and Evolvable Machines*, 10(2): 97-110.
Di Paola S. 2009. Exploring a parameterized portrait painting space. *International Journal of Art and Technology*, 2(1/2): 82-93.
Di Paolo E. 2005. Autopoiesis, adaptivity, teleology, agency. *Phenomenology and the Cognitive Sciences*, 4(1): 97-125.
Di Paolo E. 2009. Extended life. *Topoi*, 28(1): 9-21.
Dijkerman H C, McIntosh R D, Schindlre I, et al. 2009. Choosing between alternative wrist postures: action planning needs perception. *Neuropsychologia*, 47(6): 1476-1482.
Dodig-Crnkovic G. 2010. The cybersemiotics and info-computationalist research programmes as platforms for knowledge production in organisms and machines. *Entropy*, 12(4): 878-901.
Dominowski R. 1995. Productive problem solving//Smith S, Ward T, Finke R (eds.). *The Creative Cognition Approach*. Cambridge: MIT Press: 73-96.
Donald M. 1991. *Origins of the Modern Mind: Three Stages in the Evolution of Culture and Cognition*. Cambridge: Harvard University Press.
Donald M. 1997. The mind considered from a historical perspective//Johnson D, Erneling C (eds.). *The Future of the Cognitive Revolution*. New York: Oxford University Press: 355-365.
Donald M. 1998. Hominid enculturation and cognitive evolution//Renfrew C, Scarre C (eds.). *Cognition and Material Culture: The Archaeology of Symbolic Storage*. Cambridge: McDonald Institute Monographs: 7-17.
Donald M. 2001. *A Mind so Rare: The Evolution of Human Consciousness*. New York: W. W.

Norton & Company.
Dretske F I. 1981. *Knowledge and the Flow of Information*. Cambridge: MIT Press.
Dretske F I. 1988. *Explaining behavior: Reasons in a world of causes*. Cambridge: MIT Press.
Dretske F I. 1994. Misrepresentation//Stich S, Warfield T (eds.). *Mental Representation A Reader*. Cambridge: Blackwell: 157-174.
Dretske F I. 1996. Phenomenal externalism or If meanings ain't in the head, where are qualia? *Philosophical Issues*, 7(1): 143-159.
Dretske F I. 2004. Change blindness. *Philosophical Studies*, 120(1): 1-18.
Dretske F I. 2007. What change blindness teaches about consciousness. *Philosophical Perspectives*, 21(1): 215-230.
Drummon J J. 2003. The structure of intentionality//Welton D (ed.). *The New Husserl: A Critical Reader*. Bloomington: Indiana University Press: 65-92.
Dugatkin L A. 2001. *Imitation Factor: Imitation in Animals and the Origin of Human Culture*. New York: Free Press.
Dunbar R I M, Shultz S. 2007. Understanding primate evolution. *Philosophical Transactions of the Royal Society*, 362(1480): 649-658.
Dunbar R. 1992. Neocortex size as a constraint on group size in primates. *Journal of Human Evolution*, 22(6): 469-493.
Dunbar R. 1993. Coevolution of neocortical size, group size and language in humans. *Behavioral and Brain Sciences*, 16(4): 681-735.
Dunbar R. 2000. The Origin of the Human Mind//Carruthers P, Chamberlain A (eds.). *Evolution and the Human Mind*. Cambridge: Cambridge University Press: 238-253.
Dunn J C, Kirsner K. 2003. What can we infer from double dissociations?*Cortex*, 39(1): 1-7.
Dupre J. 1999. Pinker's how the mind works. *Philosophy of Science*, 66(3): 489-493.
Eco U. 1976. *A Theory of Semiotics*. Bloomington: Indiana University Press.
Edelman G M, Gally J A, Baars B J. 2011. Biology of consciousness. *Frontiers Psychol.*, 2(4): 1-7.
Edelman G M, Gally J A. 2001. Degeneracy and Complexity in Biological System. *Proceedings of the National Academy of Sciences of the United States of America*, 98(24): 13763-13768.
Edelman G M, Mountcastle V M. 1978. *Mindful Brain: Cortical Organization and the Group-selective Theory of Higher Brain*. Cambridge: MIT Press.
Edelman G M, Tononi G. 2000. *A Universe of Consciousness: How Matter Becomes Imagination*. New York: Basic Books.
Edelman G M. 1987. *Neural Darwinism: The Theory of Neuronal Group Selection*. New York: Basic Books.
Edelman G M. 1988. *Topobiology: An Introduction to Molecular Embryology*. New York: Basic Books.
Edelman G M. 1989. *The Remembered Present: A Biological Theory of Consciousness*. New York: Basic Books.
Edelman G M. 1992. *Bright Air, Brilliant Fire: On the Matter of the Mind*. New York: Basic

Books.

Edelman G M. 2003. Neuturalizing consciousness: a theoretical framework. *National Academy of Science*, 100(9): 5520-5524.

Edelman G M. 2004. *Wider than the Sky: The Phenomenal Gift of Consciousness*. New Haven: Yale University Press.

Edelman G M. 2006. *Second Nature: Brain Science and Human Knowledge*. New Haven, London: Yale University Press.

Eder J, Rembold H. 1992. Biosemiotics-a paradigm of biology: biological signaling on the verge of deterministic chaos. *Naturwissenschaften*, 79(2): 60-67.

Egan F. 1995. Computation and content. *The Philosophical Review*, 104(2): 181-203.

Egan F. 1999. In defence of narrow mindedness. *Mind and Language*, 14(2): 177-194.

Egan F. 2012. Representationalism//Margolis E, Samuels R, Stephen P, et al (eds). *The Handbook of Philosophy of Cognitive Science*. Oxford: Oxford University Press.

Einstein A, Podolsky B, Rosen N. 1935. Can Quantum-mechanical description of physical reality be considered complete?*Phys. Rev.*, 47: 777-780.

Ekman P. 2003. *Emotions Revealed: Recognizing Faces and Feelings to Improve Communication and Emotional Life*. New York: Henry Holt.

Eliasmith C, Anderson C H. 2003. *Neural Engineering: Computation, Representation and Dynamics in Neurobiological Systems*. Cambridge: MIT Press.

Eliasmith C, Stewart T C, Choo X, et al. 2012. A large-scale model of the functioning brain. *Science*, 338(6111): 1202-1205.

Eliasmith C, Thagard P. 2001. Integrating structure and meaning: a distributed model of analogical mapping. *Cognitive Science*, 25(2): 245-286.

Eliasmith C. 1996. The third contender: a critical examination of the dynamicist theory of cognition. *Philosophical Psychology*, 9(4): 441-463.

Eliasmith C. 2013. *How to Build a Brain: A Neural Architecture for Biological Cognition*. Oxford: Oxford University Press.

Ellis G F R. 2004. True complexity and its associated ontology//Barrow J D, Davies P C W, Harper C (eds.). *Science and Ultimate Reality. Quantum Theory, Cosmology, and Complexity*. Cambridge: Cambridge University Press: 607-636.

Elster J. 1988. *Ulysses and the Sirens*. Cambridge: Cambridge University Press.

Emmeche C, Hoffmeyer J. 1991. From language to nature-The semiotic metaphor in biology. *Semiotica*, 84(1/2): 1-42.

Emmeche C. 1991. A semiotical reflection on biology, living signs and artificial life. *Biology and Philosophy*, 6(3): 325-340.

Emmeche C. 1991. *The Garden in the Machine*. Princeton: Princeton University Press.

Emmeche C. 1998. Defining life as a semiotic phenomenon. *Cybernetics & Human Knowing*, 5(1): 33-42.

Emmeche C. 2004. A-life, organism and body: the semiotics of emergent levels//Bedeau M, Husbands P, Hutton T, et al(eds.). *Workshop and Tutorial Proceedings. Ninth international*

conference on the simulation and synthesis of living systems (A-life IX), Boston: 117-124.
Endsley M R, Bolte B, Jones D G. 2003. *Designing for Situation Awareness: An Approach to Human-centered Design*. London: Taylor & Francis.
Endsley M R. 1988. Situation awareness global assessment technique//*Proceedings of the national Aerospace and Electronics Conference*. IEEE: 1988: 789-795.
Endsley M R. 1995. Situation awareness and the cognitive management of complex systems. *Human Factors*, 37(1): 85-104.
Engel A K, Fries P, König P, et al. 1999. Temporal binding, binocular rivalry, and consciousness. *Consciousness and Cognition*, 8(1): 128-151.
Erdelyi M H. 1986. Experimental indeterminacies in the dissociation paradigms of subliminal perception. *Behavioral and Brain Sciences*, 9(1): 30-31.
Ereshefsky M. 1992. Eliminative pluralism. *Philosophy of Science*, 59(4): 671-690.
Ereshefsky M. 1998. Species pluralism and anti-realism. *Philosophy of Science*, 65(1): 103-120.
Ereshefsky M. 2009. Darwin's solution to the species problem. *Synthese*, 175(3): 405-425.
Eriksen C W. 1960. Discrimination and learning without awareness: a methodological survey and evaluation. *Psychological Review*, 67(2): 279-300.
Erneling C E, Johnson D M. 2005. *The Mind as a Scientific Object: Between Brain and Culture*. Oxford: Oxford University Press.
Evans S, Azzopardi P. 2007. Evaluation of a 'bias-free' measure of awareness. *Spatial Vision*, 20(1): 61-77.
Faan K T. 1970. *Peirce's Theory of Abdaction*. The Hague: Martinus Nijhoff.
Facobson A J. 2013. *Keeping the World in Mind: Mental Representations and the Science of Mind*. Hampshire: Palgrave Macmillan.
Farkas K. 2008. Phenomenal intentionality without compromise. *The Monist*, 91(2): 273-293.
Fauconnier G, Turner M. 2002. *The Way We Think: Conceptual Blending and the Mind's Hidden Complexities*. New York: Basic Books.
Favareau D (ed.). 2010. *Essential Readings in Biosemiotics: Anthology and Commentary*. Berlin, New York: Springer.
Favareau D. 2007. How to make Peirce's ideas clear//Witzany G (ed.). *Biosemiotics in Transdisciplinary Contexts*. Helsink: Umweb Press: 163-177.
Feigl H. 1958. The 'mental' and the 'physical'//Feigl M S, Maxwell G (eds.). *Concepts, Theories and the Mind-body Problem*. Minneapoli: University of Minnesota Press: 370-497.
Ferree T C, Lockery S R. 1999. Computational rules for chemotaxis in the nematode C. elegans. *Journal of Computational Neuroscience*, 6(3): 263-277.
Fetzer J H. 1981. *Scientific knowledge*. Dordrecht: D. Reidel Publishing.
Fetzer J H. 1984. Philosophical reasoning//Fetzer J H(ed.). *Principles of Philosophical Reasoning*. Totowa: Rowman & Littlefield: 3-21.
Fetzer J H. 1988. Signs and minds: an introduction to the theory of semiotic systems//Fetzer J (ed.). *Aspects of Artificial Intelligence*. Dordrecht: Kluwer: 133-161.
Fetzer J H. 1989. Language and mentality: computational, representational, and dispositional

conceptions. *Behaviorism*, 17(1): 21-39.

Fetzer J H. 1990. *Artificial Intelligence: Its Scope and Limits*. Dordrecht: Kluwer.

Fetzer J H. 1991. Primitive concepts//Fetzer J H, et al. (eds.). *Definitions and Definability*. Dordrecht: Kluwer.

Fetzer J H. 1993. Donald's origins of the modem mind. *Philosophical Psychology*, 6(3): 339-341.

Fetzer J H. 1993. Evolution needs a modern theory of the mind. *The Behavioral and Brain Sciences*, 16(4): 759-760.

Fetzer J H. 1994. Mental algorithms: are minds computational systems?*Pragmatics and Cognition*, 2(1): 1-29.

Fetzer J H. 1996. *Philosophy and Cognitive Science*. 2nd ed. St. Paul: Paragon.

Fetzer J H. 1997. Dennett's kinds of minds. *Philosophical Psychology*, 10(1): 113-115.

Fetzer J H. 2002a. Propensities and frequencies: inference to the best explanation. *Synthese*, 132(1-2): 27-61.

Fetzer J H. 2002b. *Computers and Cognition: Why Minds are not Machines*. Dordrecht: Kluwer.

Fetzer J H. 2002c. Introduction//Fetzer J H (ed.). *Consciousness Evolving*. Amsterdam: John Benjamins Publishing: xiii-xix.

Fetzer J H. 2005. *The Evolution of Intelligence: Are Humans the Only Animals with Minds?* Chicago: Open Court.

Fetzer J H. 2007. *Render unto Darwin: Philosophical Aspects of the Christian Right's Crusade against Science*. Chicago: Open Court.

Fetzer J H. 2011. Minds and machines: limits to simulations of thought and action. *International Journal of Signs and Semiotic Systems*, 1(1): 39-48.

Fetzer J H. 2013. Evolving Consciousness: the very idea!//Liz Swan (ed.). *Origins of Mind*: 234.

Feynman R. 1999. *The Pleasure of Finding Things Out*. Cambridge: Perseus Books.

Findlay S D, Thagard P. 2014. Emotional change in international negotiation: analyzing the Camp David accords using cognitive-affective maps. *Group Decision and Negotiation*, 23(6): 1281-1300.

Finke R A, Ward T B, Smith S M. 1992. *Creative Cognition: Theory, Research, and Applications*. Cambridge: MIT Press.

Finkelstein D. 1979. Holistic methods in quantum logic//Castell L, Drieschner M, von Weizsacker C F (eds.). *Quantum Theory and the Structure of Space and Time* 3. Hanser Munich, pdf.

Fisher K M. 1990. Semantic networking: the new kid on the block. *Journal of Research in Science Teaching*, 27(10): 1001-1018.

Fisk G D, Haase S J. 2006. Exclusion failure does not demonstrate unconscious perception II: evidence from a forced-choice exclusion task. *Vision Research*, 46(25): 4244-4251.

FitzGerald T, Dolan R, Friston K. 2014. Model averaging, optimal inference, and habit formation. *Frontiers in Human Neuroscience*, 8(1): 1-11.

Flanagan O, Polger T. 1995. Zombies and the function of consciousness. *Journal of*

Consciousness Studies, 2(4): 313-321.

Flanagan O, Sarkissian H, Wong D. 2007. Naturalizing ethics//Sinnott-Armstrong W(ed.). *Moral Psychology*. Cambridge: MIT Press.

Flanagan O. 2002. *The Problem of the Soul: Two Visions of Mind and How to Reconcile Them*. New York: Basic Books.

Fodor J, Pylyshyn Z. 1988. Connectionism and cognitive architecture: a critical analysis. *Cognition*, 28(1): 3-81.

Fodor J. 1975. *The language of Thought*. New York: Thomas Crowell Co.

Fodor J. 1981. *Representations*. Cambridge: MIT Press.

Fodor J. 1983. *The Modularity of Mind: An Essay on Faculty Psychology*. Cambridge: MIT Press.

Fodor J. 1987. *Psychosemantics: The Problem of Meaning in the Philosophy of Mind*. Cambridge: MIT Press.

Fodor J. 1990. *A Theory of Content and Other Essays*. Cambridge: MIT Press.

Fodor J. 1998. *In Critical Condition: Polemical Essays on Cognitive Science and the Philosophy of Mind*. Cambridge: MIT Press.

Fodor J. 2007. The revenge of the given//McLaughlin B P, Cohen J(eds.). *Contemporary Debates in Philosophy of Mind*. Oxford: Blackwell: 105-116.

Fodor J. 2008. *Preconceptual Representation*. New York: Oxford University Press: 169-196.

Fontaine J R J, Scherer K R, Roesch E B, et al. 2007. The world of emotions is not two-dimensional. *Psychological Science*, 18(12): 1050-1057.

Franks D. 2010. *Neurosociology: The Nexus between Neuroscience and Social Psychology*. New York: Springer.

Frautschi S. 1990. Entropy in an expanding universe//Weber B, Depew D, Smith J(eds.). *Entropy, Information, and Evolution*. Cambridge: MIT Press: 11-22.

French S. 2003. A Model-theoretic account of representation (Or, I don't know much about art... but I know it involves isomorphism). *Philosophy of Science*, 70(5): 1472-1483.

Fridland E. 2013. Imitation, skill learning, and conceptual thought: an embodied, developmental approach//Swan L (ed.). *Origin of Mind*. New York: Springer.

Friston K, Mattout J, Kilner J. 2011. Action understanding and active inference. *Biological Cybernetics*, 104(1): 137-160.

Friston K, Rigoli F, Ognibene D, et al. 2015. Active inference and epistemic value. *Cognitive Neuroscience*, 6(4): 187-214.

Friston K, Stephan K E. 2007. Free energy and the brain. *Synthese*, 159(3): 417-458.

Friston K, Thornton C, Clark A. 2012. Free-energy minimization and the dark-room problem. *Frontiers in Psychology*, 3(1): 1-7.

Friston K. 2009. The free-energy principle: a rough guide to the brain?*Trends in Cognitive Sciences*, 13(7): 293-301.

Friston K. 2010. The free-energy principle: a unified brain theory?*Nature Reviews Neuroscience*, 11(2): 127-138.

Friston K. 2011. Embodied inference: or 'I think therefore I am, if I am what I think'//Tschacher

W, Bergomi C(eds.). *The Implications of Embodiment (cognition and communication)*: 89-125.

Friston K. 2012. A free energy principle for biological systems. *Entropy*, 14(11): 2100-2121.

Friston K. 2012. Free energy and global dynamics//Rabinovich M, Friston K, Varona P (eds.). *Principles of Brain Dynamics: Global State Interactions*. Cambridge: MIT Press: 261-292.

Frith C D, Lau H C. 2006. The problem of introspection. *Consciousness and Cognition*, 15(4): 761-764.

Froese T, Di Paolo E A. 2009. Sociality and the life-mind continuity thesis. *Phenomenology and the Cognitive Sciences*, 8(4): 439-463.

Froese T, Ikegami T. 2013. The brain is not an isolated 'black box', nor is its goal to become one. *Behavioral and Brain Sciences*, 36(3): 213-214.

Froese T, Stewart J. 2010. Life after Ashby: ultrastability and the autopoietic foundations of biological individuality. *Cybernetics & Human Knowing*, 17(4): 83-106.

Froese T, Ziemke T. 2009. Enactive artificial intelligence: investigating the systemic organization of life and mind. *Artificial Intelligence*, 173(3/4): 466-500.

Gärdenfors P. 1988. *Knowledge in Flux: Modeling the Dynamics of Epistemic States*. Cambridge: MIT Press.

Gabora L, Aerts D. 2002. Contextualizing concepts using a mathematical generalization of the quantum formalism. *Journal of Experimental and Theoretical Artificial Intelligence*, 14(4): 327-358.

Gabora L, Aerts D. 2009. A mathematical model of the emergence of an integrated worldview. *Journal of Mathematical Psychology*, 53(5): 434-451.

Gabora L, Firouzi H. 2012. Society functions best with an intermediate level of creativity. *Proceedings of the Annual Meeting of the Cognitive Science Societ*. Sapporo: 1578-1583.

Gabora L, Kitto K. 2013. Concept combination and the origins of complex cognition//Swan L (ed.). *Origins of Mind*. : 367-374.

Gabora L, Leijnen S. 2009. How creative should creators be to optimize the evolution of ideas? A computational model. *Electronic Proceedings in Theoretical Computer Science*, 9(1): 108-119.

Gabora L, Russon A. 2011. The evolution of human intelligence//Sternberg R, Kaufman S (eds.). *The Cambridge Handbook of Intelligence*. Cambridge: Cambridge University Press: 328-350.

Gabora L, Saab A. 2011. Creative interference and states of potentiality in analogy problem solving//*Proceedings of the Annual Meeting of the Cognitive Science Society*, Boston: 3506-3511.

Gabora L, Saberi M. 2011. How did human creativity arise? An agent-based model of the origin of cumulative open-ended cultural evolution//*Proceedings of the ACM conference on cognition & creativity*. Atlanta: 299-306.

Gabora L. 1995. Meme and variations: a computer model of cultural evolution//Nadel L, Stein D. (eds.). *1993lectures in Complex Systems*. Reading: Addison-Wesley: 471-486.

Gabora L. 1996. A day in the life of a meme. *Philosophica*, 57(1): 901-938.

Gabora L. 1999. To imitate is human: a review of 'The Meme Machine' by Susan Blackmore. *Journal of Consciousness Studies*, 6(5): 77-81.

Gabora L. 2003. Contextual focus: a cognitive explanation for the cultural transition of the Middle/Upper Paleolithic//Alterman R, Hirsch D(eds.). *Proceedings of the 25th annual meeting of the Cognitive Science Society*. Boston: Lawrence Erlbaum: 432-437.

Gabora L. 2004. Ideas are not replicators but minds are. *Biology and Philosophy*, 19(1): 127-143.

Gabora L. 2008. EVOC: a computer model of cultural evolution//Sloutsky V, Love B, McRae K (eds.). *Proceedings of the 30th annual meeting of the Cognitive Science Society*. North Salt Lake: Sheridan Publishing: 1466-1471.

Gabora L. 2008. Modeling cultural dynamics//*Proceedings of the Association for the Advancement of Artificial Intelligence (AAAI) Fall symposium I: Adaptive agents in a cultural context*. Menlo Park: AAAI Press: 18-25.

Gabora L. 2008. The cultural evolution of socially situated cognition. *Cognitive Systems Research*, 9(1-2): 104-113.

Gadamer H-G. 1989. *Truth and method*. 2nd rev. ed. New York: Crossroad.

Gallagher S, Sorensen J B. 2006. Experimenting with phenomenology. *Consciousness and Cognition*, 15(1): 119-134.

Gallagher S. 2000. Philosophical conceptions of the self: implications for cognitive science. *Trends in Cognitive Science*, 4(1): 14-21.

Gallagher S. 2005. *How the Body Shape the Mind*. Oxford: Oxford University Press.

Gallagher S. 2012a. Multiple aspects in the sense of agency. *New Ideas in Psychology*, 30(1): 15-31.

Gallagher S. 2012b. In defense of phenomenological approaches to social cognition: interacting with the critics. *Rev. Phil. Psych.*, 3(2): 187-212.

Gallup G G. 1970. Chimpanzees: self-recognition. *Science*, 167(3914): 86-87.

Galvin S J, Podd J V, Drga V, et al. 2003. Type 2tasks in the theory of signal detectability: discrimination between correct and incorrect decisions. *Psychonomic Bulletin and Review*, 10(4): 843-876.

Gamble M J, Freedman L P. 2002. A coactivator code for transcription. *Trends in Biochemical Sciences*, 27(4): 165-167.

Garcia-Carpintero M, Mariti G (eds). 2014. *Empty Representations: Reference and Non-existence*. Oxford: Oxford University Press.

Gardelle V de, Sackur J, Kouider S. 2009. Perceptual illusions in brief visual presentations. *Consciousness and Cognition*, 18(3): 569-577.

Gardner H. 1993. *Multiple Intelligences: The Theory in Practice*. New York: Basic Books.

Garey M, Johnson D. 1979. *Computers and Intractability*. New York: Freeman.

Gazzaniga M S. 1988. *Mind Matters*. Boston: Houghton Mifflin.

Gelfert A (ed.). 2011. Model-based representation in scientific practice. *Studies in History and Philosophy of Science*, 42(2): 251-398.

Georgopoulos A P, Schwartz A B, Kettner R E. 1986. Neuronal population coding of movement direction. *Science*, 233(4771): 1416-1419.

Gergely G, Csibra G. 2005. The social construction of the cultural mind: Imitative learning as a mechanism of human pedagogy. *Interaction Studies*, 6(3): 463-481.

Gibbs R W Jr. 2005. *Embodiment and Cognitive science*. Cambridge, New York: Cambridge University Press.

Gibson J J. 1979. *The Ecological Approach to Vision Perception*. Boston: Houghton-Mifflin.

Giere R N. 1994. The cognitive structure of scientific theories. *Philosophy of Science*, 61(2): 276-296.

Giere R N. 1999. *Science without Laws*. Chicago, London: University of Chicago Press.

Giere R N. 2004. How models are used to represent reality. *Philosophy of Science*, 71(5): S742-S752.

Gilbert D. 1999. Social Cognition//*The MIT Encyclopedia of the Cognitive Science*.

Gilbert S F. 2006. *Developmental Biology*. 8th ed. Sunderland: Sinauer.

Ginsburg S, Jablonka E. 2009. Epigenetic learning in non-neural organisms. *Journal of Biosciences*, 34(4): 633-646.

Gładziejewski P, Miłkowski M. 2017. Structural representations: causally relevant and different from detectors. *Biology and Philosophy*, 32(3): 337-355.

Glenberg A M, Witt J K, Metcalfe J. 2013. From the revolution to embodiment: 25Years of cognitive psychology. *Perspectives on Psychological Science*, 8(5): 573-585.

Godfrey-Smith P. 1994. Spencer and Dewey on life and mind//Brooks R A, Maes P (eds.). *Artificial Life IV*. Cambridge: MIT Press: 80-89.

Godfrey-Smith P. 1996. Spencer can dewey on life and mind//Boden M (ed.). *The Philosophy of Artificial Life*. Oxford: Oxford University Press: 314-331.

Godfrey-Smith P. 2003. *Theory and Reality: An Introduction to the Philosophy of Science*. Chicago: University of Chicago Press.

Goldberg S, Pessin A. 1997. *Gray Matters: An Introduction to the Philosophy of Mind*. New York: Armonk.

Goldfarb L, Treisman A. 2013. Counting multidimensional objects: implications for the neural-synchrony theory. *Psychological Science*, 24(2): 266-271.

Goldiamond I. 1958. Indicators of perception: 1. Subliminal perception, subception, unconscious perception: an analysis in terms of psychophysical indicator methodology. *Psychological Bulletin*, 55(3): 373-411.

Goldman A I. 1979. What is Justified Belief?//Pappas G (ed.). *Justification and Knowledge: New Studies in Epistemology*. Dordrecht: Reidel: 1-23.

Goldman A I. 1993. The psychology of folk psychology. *Behavioral and Brain Sciences*, 16(1): 15-28.

Goldman A I. 2006. *Simulating Minds: The Philosophy, Psychology and Neuroscience of Mind Reading*. New York: Oxford University Press.

Goldman A I. The bodily formats approach to embodied cognition//Kriegel U(ed.). *Current*

Controversies in Philosophy of Mind. New York: Routledge, 1013: 91-108.
Gomila T, Calvo P. 2008. Directions for an embodied cognitive science: toward an integrated approach//Calvo P, Gomila T(eds.). *Handbook of Cognitive Science: An Embodied Approach*. Oxford: Elsevier: 1-26.
Goodale M A, Milner A D. 2004. *Sight Unseen: An Exploration of Conscious and Unconscious Vision*. Oxford: Oxford University Press.
Gopnik A. 2009. *The Philosophical Baby: What Children's Minds Tell Us about Truth, Love, and the Meaning of Life*. New York: Farrar, Straus and Giroux.
Gottesmann C. 1999. Neurophysiological support of consciousness during waking and sleep. *Progress in Neurobiology*, 59(5): 469-508.
Gould S J, Lewontin R C. 1979. The spandrels of San Marco and the Panglossian paradigm: a critique of the adaptationist programme. *Proceedings of the Royal Society*, 205(1161): 581-598.
Gould S J. 1977. *Ontogeny and Phylogeny*. Cambridge: The Belknap Press of Harvard University Press.
Gould S J. 1991. Exaptation: a crucial tool for evolutionary analysis. *Journal of Social Issues*, 47(3): 43-65.
Gould S J. 1997. Darwinian fundamentalism. *New York Review of Books*, 44(10): 34-37.
Gray J. 2004. *Consciousness: Creeping up on the Hard Problem*. Oxford: Oxford University Press.
Green D M, Swets J A. 1966. *Signal Detection Theory and Psychophysics*. New York: Wiley.
Gregory R (ed.). 2004. *The Oxford Companion to the Mind*. Oxford: Oxford University Press.
Griffin D R. 1992. *Animal Minds*. Chicago: University of Chicago Press.
Griffiths P E, Gray R D. 2001. Darwinism and developmental systems//Oyama S, Griffiths P E, Gray R D (eds.). *Cycles of Contingency: Developmental Systems and Evolution*. Cambridge: MIT Press: 195-218.
Griffiths P E. 1997. *What Emotions Really Are: The Problem of Psychological Categories*. Chicago: University of Chicago Press.
Griffiths P E. 2004. Emotions as natural kinds and normative kinds. *Philosophy of Science*, 71(S5): 901-911.
Griffiths P E. 2008. Jesse Prinz gut reactions: a perceptual theory of emotion. *The British Journal for the Philosophy of Science*, 59(3): 559-567.
Gross J J, Barrett L F. 2011. Emotion generation and emotion regulation: one or two depends on your point of view. *Emotion Review*, 3(1): 8-16.
Gross M. 1998. Molecular computation//Gramp T, Bornholdt S, Grop S (eds.). *Non-Standard Computation*. Weinheim: Wiley-VCH: 15-58.
Grush R. 2007. A plug for generic phenomenology. *Behavioral and Brain Sciences*, 30(5-6): 504-505.
Gunther Y H. 2004. The phenomenology and intentionality of emotion. *Philosophical Studies*, 117(1-2): 43-55.

Gurven M, Hill K. 2009. Why do men hunt?A re-evaluation of 'Man the Hunter' and the sexual division of labor. *Current Anthropology*, 50(1): 51-74.

Gurven M, von Rueden C. 2006. Hunting, social status and biological fitness. *Biodemography and Social Biology*, 53(1): 81-99.

Haack S. 1976. The justification of deduction. *Mind*, 85(337): 112-119.

Haack S. 1993. *Evidence and Inquiry: Towards Reconstruction in Epistemology*. Oxford: Blackwell.

Haase S, Fisk G. 2001. Confidence in word detection predicts word identification: implications for an unconscious perception paradigm. *The American Journal of Psychology*, 114(3): 439-468.

Hahn L E. 2001. *A Contextualistic Worldview*. Carbondale, Edwardsville: Southern Illinois University Press.

Haken H. 1983. *Synergistics: An Introduction. Non-equilibrium Phase Transitions and Self-organisation in Physics, Chemistry and Biology*. New York: Springer.

Haken H. 1996. *Principle of Brain Functioning: A Synergetic Approach to Brain Activity, Behavior, and Cognition*. Berlin: Springer.

Haken H. 2002. *Brain Dynamics. Synchronization and Activity Patterns in Pulse-Coupled Neural Nets with Delays and Noise*. Berlin: Springer.

Haken H. 2007. Synergetics. *Scholarpedia*, 2(1): 1400.

Haken H. 2008. Self-organization of brain function. *Scholarpedia*, 3(4): 2555.

Haldane J B S. 1945. A Quantum Theory of the origin of the solar system. *Nature*, (155): 133-135.

Hall S S. 2010. *Wisdom: From Philosophy to Neuroscience*. New York: Knopf.

Halligan P W. 2002. Phantom limbs: the body in the mind. *Cognitive Neuropsychiatry*, 7(3): 252-268.

Hameroff S R, Penrose R. 1996. Conscious events as orchestrated space-time seletions. *Journal of Consciousness Studies*, 3(1): 36-53.

Hampton S. 2010. *Essential Evolutionary Psychology*. Thousand Oaks: SAGE Publishers.

Hanson N R. 1958. *Patterns of Discovery*. Cambridge: Cambridge University Press.

Haraway D. 1991. *Science, Cyborgs and Woman: the Reinvention of Woman*. New York: Routledge Press.

Hardcastle V. 2001. Visual perception is not visual awareness. *Behavioral and Brain Sciences*, 24(5): 985.

Harman G. 1965. The inference to the best explanation. *Philosophical Review*, 74(1): 88-95.

Harman G. 1986. *Change in View: Principles of Reasoning*. Cambridge: MIT Press/Bradford Books.

Harman G. 1990. The intrinsic quality of experience. *Philosophical Perspective*, 4(1): 31-52.

Harnad S. 2002. Turing indistinguishability and the blind watchmaker//Fetzer J H (ed.). *Consciousness Evolving*. New York: Springer: 3-18.

Harré R (ed.). 1989. *The Social Construction of Emotions*. Oxford: Blackwell.

Harré R, Gillelt G. 1994. *The Discursive Mind*. Thousand Oaks: Sage Publications.
Hartley J. 2009. From cultural studies to cultural science. *Cultural Science*, 2(1): 1-16.
Hartshorne C. 1962. *The Logic of Perfection*. Lasalle: Open Court.
Haugeland J (ed.). 1997. *Mind Design II*. Cambridge: MIT Press.
Hawkes K. 1991. Showing off: tests of an hypothesis about men's foraging goals. *Ethology and Sociobiology*, 12(1): 29-54.
Haynes J-D, Sakai K, Rees G, et al. 2007. Reading hidden intentions in the brain. *Current Biology*, 17(4): 323-328.
Haynes J-D. 2009. Decoding visual consciousness from human brain signals. *Trends in Cognitive Sciences*, 13(5): 194-202.
Hebb D O. 1949. *The Organization of Behavior: A Neuropsychological Theory*. New York: Wiley.
Heelan P A. 1983. *Space-perception and the Philosophy of Science*. Berkeley: University of California Press.
Heelan P A. 1987. Husserl's Later Philosophy of Natural Science. *Philosophy of Science*, (53): 368-390.
Heise D R, Weir B. 1999. A test of symbolic interactionist predictions about emotions in imagined situations. *Symbolic Interaction*, 22(2): 139-161.
Heise D R. 2007. *Expressive Order: Confirming Sentiments in Social Action*. New York: Springer.
Heise D R. 2010. *Surveying Cultures. Discovering Shared Conceptions and Sentiments*. New York: Wiley.
Held C, Knauff M, Vosgerau G (eds). 2006. *Mental Models and the Mind: Current Development in Cognitive Psychology, Neuroscience, and Philosophy of Mind*. California: Elsevier Academic Press.
Henrich J, Boyd R. 2002. On modeling culture and cognition: why cultural evolution does not require replication of representations. *Culture and Cognition*, 2(2): 87-112.
Henshilwood C S, Marean C W. 2003. The origin of modern human behavior. *Current Anthropology*, 44(5): 627-651.
Hermans H J M, Kempen H J G, van Loon R J P. 1992. The dialogical self: beyond individualism and rationalism. *American Psychologist*, 47(1): 23-33.
Hermans H J M, Kempen H J G. 1993. *The Dialogical Self: Meaning as Movement*. San Diego: Academic.
Hermans H J M. 2001. The dialogical self: toward a theory of personal and cultural positioning. *Culture & Psychology*, 7(3): 243-281.
Hernandez A, Zainos A, Romo R. 2000. Neuronal correlates of sensory discrimination in the somatosensory cortex. *Proceedings of the National Academy of Sciences USA*, 97(11): 6191-6196.
Hernandez A, Zainos A, Romo R. 2002. Temporal evolution of a decision-making process in the medial premotor cortex. *Neuron*, 33(5): 959-972.
Heyes C M. 1998. Theory of mind in nonhuman primates. *The Behavioral and Brain Sciences*, 211(1): 104-134.

Heylighen F. 1999. *Representation and Change: a Meta-representational Framework for the Foundations of Physical and Cognitive Science*. http: //pcp. vub, ac. be/books/Rep&Change. pdf[2015-03-17].

Hickman L A. 2007b. Some strange things they say about pragmatism: Robert Brandom on the pragmatists' semantic 'mistake'. *Cognition*, 8(1): 93-104.

Hickman LA. 2007a. *Pragmatism as Post-postmodernism: Lessons from John Dewey*. New York: Forham University Press.

Higgs P. 2000. The mimetic transition: a simulation study of the evolution of learning by imitation. *Proceedings: Royal Society B: Biological Sciences*, 267(1450): 1355-1361.

Hinton G E, Nowlan S J. 1987. How learning can guide evolution. *Complex Systems*, 1(3): 495-502.

Hobson A, Friston K. 2014. Consciousness, dreams, and inference. *Journal of Consciousness Studies*, 21(1-2): 6-32.

Hoffman R R, Cochran E L, Nead J M. 1994. Cognitive metaphors in the history of experimental psychology//Leary D (ed.). *Metaphors in the History of Psychology*. Cambridge: Cambridge University Press: 173-209.

Hoffman R R, Crandall B W, Shadbolt N R. 1998. Use of the critical decision method to elicit expert knowledge: a case study in cognitive task analysis methodology. *Human Factors*, 40(2): 254-276.

Hoffmeye J. 1996. *Signs of Meaning in the Universe*. Bloomington: Indiana University Press.

Hoffmeyer J, Emmeche C. 1991. Code-duality and the semiotics of nature//Anderson M, Merrell F (eds.). *On Semiotic Modeling*. Berlin: Mouton de Gruyter: 117-166.

Hoffmeyer J. 1995. The swarming cyberspace of the body. *Cybernetics and Human Knowing*, 3(1): 16-25.

Hoffmeyer J. 1997. Biosemiotics: towards a new synthesis in biology. *European Journal for Semiotic Studies*, 9(2): 355-376.

Hoffmeyer J. 1998. The unfolding semiosphere//Vijver G, Stanley N, Delpos M (eds.). *Evolutionary Systems, Biological and Epistemological Perspectives on Selection and Self-organization*. Dordrecht: Kluwer Academic Publishers.

Hoffmeyer J. 2006. Genes, development, and semiosis//Neumann-Held E, Rehmann-Sutter C (eds.). *Genes in Development: Re-reading the Molecular Paradigm*. Durham: Duke University Press: 152-174.

Hoffmeyer J. 2008. *Biosemiotics*. Scranton: University of Scranton Press.

Hoffmeyer J. 2010a. A biosemiotic approach to health//Cowley S J, Major J C, Steffensen S V, et al (eds.). *Signifying Bodies, Biosemiosis, Interaction and Health*. Braga: The Faculty of Philosophy of Braga Portuguese Catholic University.

Hoffmeyer J. 2010b. The semiotics of nature: Code-duality//Favareau D (ed.). *Essential Readings in Biosemiotics*. New York: Springer: 583-628.

Hogarth R. 2001. *Educating Intuition*. Chicage: University of Chicage Press.

Hohwy J. 2012. Attention and conscious perception in the hypothesis testing brain. *Frontiers in*

Psychology, 3(1): 1-14.
Hohwy J. 2015. The neural organ explains the mind//Metzinger T, Windt J (eds.). *Open Mind: 19 (T)*. Frankfurt am Main: MIND Group: 1-22.
Hohwy J. 2016. The self-evidencing brain. *Nous*, 50(2): 259-285.
Holekamp K E. 2007. Questioning the social intelligence hypothesis. *Trends in Cognitive Science*, 11(1): 65-69.
Holender D. 1986. Semantic activation without conscious identification in dichotic listening, parafoveal vision, and visual masking: a survey and appraisal. *Behavioral and Brain Sciences*, 9(1): 1-23.
Holland J H. 1975. *Adaptation in Natural and Artificial Systems*. Ann Arbor: University of Michigan Press.
Holland J H. 1992. *Adaptation in Natural and Artificial Systems*. 2nd ed. Cambridge: MIT Press.
Holland J H. 1995. *Hidden Order: How Adaption Build Complexity*. New York: Addison-Wesley.
Holliday T. 1998. The ecological context of trapping among recent hunter-gatherers: Implications for subsistence in terminal Pleistocene Europe. *Current Anthropology*, 39(5): 711-719.
Hollingworth A, Henderso J M. 2002. Accurate visual memory for previously attended objects in natural scenes. *Journal of Experimental Psychology: Human Perception and Performance*, 28(1): 113-136.
Holyoak J, Thagard P. 1995. *Mental Leaps: Analogy in Creative Thought*. Cambridge: MIT Press.
Homer-Dixon T, Maynard J L, Mildenberger M, et al. 2013. A complex systems approach to the study of ideology: cognitive-affective structures and the dynamics of belief systems. *Journal of Social and Political Psychology*, 1(1): 337-364.
Hopfield J J. 1982. Neural networks and physical systems with emergent collective computational abilities. *Proceedings of the National Academy of SciencesUSA*, 79(8): 2554-2558.
Horgan T E, Tienson J L, Graham G. 2003. The phenomenology of first-person agency//Walter S, Heckmann H-D (eds.). *Physicalism and Mental Causation*. New York: Academic Press: 323-324.
Horgan T E, Tienson J L, Graham G. 2004. Phenomenal intentionality and the brain in a vat//Schantz R(ed.). *The Externalist Challenge*. Berlin: Walter De Gruyter: 297-318.
Horgan T, Tienson J. 2002. The intentionality of phenomenology and the phenomenology of intentionality//Chalmers D J (ed.). *Philosophy of Mind: Classical and Contemporary Readings*. Oxford: Oxford University Press.
Horgan T. 2013. Original intentionality is phenomenal intentionality. *The Monist*, 96(2): 232-251.
Horner V, Whiten A. 2005. Causal knowledge and imitation/emulation switching in chimpanzees (Pan troglodytes) and children (Homo sapiens). *Animal Cognition*, 8(1): 164-181.
Horst S. 2016. *Cognitive Pluralism*. Cambridge, Lundon, England: The MIT Press.
Howard-Jones P A, Murray S. 2003. Ideational productivity, focus of attention, and context. *Creativity Research Journal*, 15(2/3): 153-166.
Hrdy S. 2009. *Mothers and Others, the Evolutionary Origins of Mutual Understanding.*

Cambridge: Harvard University Press.

Hubel D H, Wiesel T N. 1979. Brain mechanisms of vision. *Scientific American*, 241(3): 150-182.

Hughes R I G. 1997. Models and representation. *Philosophy of Science*, 64(4): S325-S336.

Hulme O J, Friston K F, Zeki S. 2008. Neural correlates of stimulus reportability. *Journal of Cognitive Neuroscience*, 21(8): 1602-1610.

Hume D. 1999. *An Enquiry Concerning Human Understanding*. Oxford: Oxford University Press.

Humphrey N K. 1998. Cave art, autism, and the evolution of the human mind. *Cambridge Archaeological Journal*, 8(2): 165-191.

Humphreys P, Imbert C(eds.). 2012. *Models, Simulations, and Representations*. London: Routledge.

Hurchins E, Hazelhurst B. 1991. Learning in the cultural process//Langton C, Taylor J, Farmer D, et al. (eds.). *Artificial life II*. Redwood City: Addison-Wesley.

Hurley S. 1998. *Consciousness in Action*. Cambridge: Harvard University Press.

Husserl E. 1970. *The Crisis of European Science and Transcendental Phenomenology*. Evanston: Northwestern University Press.

Hutchins E. 1995. *Cognition in the Wild*. Cambridge: MIT Press.

Hutto D D, Myin E. 2013. *Radicalizing Enactivism: Basic Minds without Content*. Cambridge: MIT Press.

Inwagen P V. 2013. *An Essay on Free Will*. Oxford: Oxford University Press.

Irvine E. 2009. Signal detection theory, the exclusion failure paradigm and weak consciousness—evidence for the access/phenomenal distinction?*Consciousness and Cognition*, 18(2): 551-560.

Isaac G. 1986. Foundation stones: early artifacts as indicators of activities and abilities//Bailey G, Callow P (eds.). *Stone Age Prehistory*. Cambridge: Cambridge University Press: 221-241.

Isham C. 1995. *Lectures on Quantum Theory*. London: Imperial College Press.

Jablonk E, Lamb M, Eytan A. 1998. 'Lamarckian' mechanisms in Darwinian evolution. *Trends in Ecology and Evolution*, 13(5): 206-210.

Jack A I, Roepstorff A. 2003. Trusting the Subject I. *Special issue of Journal of Consciousness Studies*, 10(1): 9-10.

Jack A I, Roepstorff A. 2004. Trusting the Subject II. *Special issue of Journal of Consciousness Studies*, 11(1): 7-8.

Jackendoff R. 1987. *Consciousness and the Computational Mind*. Cambridge: MIT Press.

Jackendoff R. 1996. How language helps us thinks. *Pragmatics & Cognition*, 4(1): 1-34.

Jackendoff R. 2002. *Foundations of language: Brain, Meaning, Grammar, Evolution*. Oxford: Oxford University Press.

Jackson F. 1982. Epiphenomenal qualia. *Philosophy Quarterly*, 32(1): 127-136.

Jacob F. 1982. *The Possible and the Actual*. New York: Pantheon Books.

Jacob P, DeVignemont F. 2010. Spatial coordinates and phenomenology in the two-visual systems model//Gangopadhyay N(ed.). *Perception, Action, and Consciousness: Sensorimotor*

Dynamics and Two-visual Systems. Oxford: Oxford University Press: 125-144.
Jacob P. 2012. Embodying the mind by extending it. *Review of Philosophy and Pychology*, (3): 33-51.
Jacoby L L, Ste-Marie D, Toth J P. 1993. Redefining automaticity: unconscious influences, awareness, and control//Baddeley A D, Weiskrantz L (eds.). *Attention, Selection, Awareness, and Control: A Tribute to Donald Broadbent*. London: Oxford University Press: 261-282.
Jacoby L L. 1991. A process dissociation framework: separating automatic from intentional uses of memory. *Journal of Memory and Language*, 30(5): 513-541.
Jaegwon K. 1998. *Mind in a Physical Word*. Cambridge: MIT Press.
James W. 1917. *The Principles of Psychology* (Vol. 1). New York: Henry Holt.
James W. 1977. Does Consciousness Exist?//McDermott J (ed.). *The Writings of William James*. Chicago: University of Chicago Press.
Jamsä T. 2008. Semiosis in evolution//Barbieri M (ed.). *Introduction to Biosemiotics*. Dordrecht: Springer: 69-100.
Jarvilehto T. 1998. The theory of the organism-environment system: description of the theory. *Integrative Physiological and Behavioral Science*, 33(2): 317-330.
Jaynes J. 1976. *The Origin of Consciousness in the Breakdown of the Bicameral Mind*. Boston: Houghton Mifflin Company.
Jaynes J. 1986. Consciousness and the voices of the mind. *Canadian Psychology*, 27(2): 128-148.
Jeanteur P. 2005. *Epigenetics and Chromatin*. Berlin: Springer.
Jeffares B, Sterelny K. 2012. Evolutionary Psychology//Margolis E, Samuels R, Stich S P (eds.). *The Oxford Handbook of Philosophy of Cognitive Science*. Oxford: Oxford University Press.
Jerison H J. 1973. *Evolution of the Brain and Intelligence*. New York: Academic Press.
Jessell T M. 2000. Neuronal specification in the spinal cord: inductive signals and transcriptional codes. *Nature Genetics*, 1(1): 20-29.
Jiang M, Thagard P. 2014. Creative cognition in social innovation. *Creativity Research Journal*, 26(3): 375-388.
Johanson M, Revonsuo A, Chaplin J, et al. 2003. Level and contents of consciousness in connection with partial epileptic seizures. *Epilepsy & Behavior*, 4(3): 279-285.
Johnson-Laird P N, Quinn J G. 1976. To define true meaning. *Nature*, 264(4): 635-636.
Johnson-Laird P N. 1983. *Mental Models: Towards a Cognitive Science of Language, Inference, and Consciousness*. Cambridge: Harvard University Press.
Johnson-Laird P N. 1988. *The Computer and Mind*. Cambridge: Harvard University Press.
Jonas H. 1966. *The Phenomenon of Life: Toward a Philosophical Biology*. Chicago: University of Chicago Press.
Jonas H. 1968. Biological foundations of individuality. *International Philosophical Quarterly*, 8(2): 231-251.
Josephson J R, Josephson S G. 1994. *Abductive Inference: Computation, Philosophy, Technology*. New York: Cambridge University Press.

Kahneman D, Tversky A. 1979. Prospect theory: an analysis of decision under risk. *Econometrica*, 47(2): 263-291.

Kalhat J. 2016. Varieties of Representation. *Philosophy*, 91(1): 15-37.

Kandel E R, Pittenger C. 1999. The past, the future and the biology of memory storage. *Philosophical Transactions of the Royal Society of London*, 354(1392): 2027-2052.

Kandel E R. 2000. From nerve cells to cognition: the internal cellular representation required for perception and action. *Principles of Neural Science*, 4(3): 381-403.

Kandel E R. 2009. The biology of memory: a forty-year perspective. *Journal of Neuroscience*, 29(41): 12748-12756.

Kandel E, Schwartz J, Jessell T, et al. 2000. *Principles of Neural Science*. New York: McGraw-hill.

Kant I. 1909. *Fundamental Principle of The Metaphysics of Morals*. London: Forgotten Books.

Kant I. 1988. *Critique of Pure Reason*. Cambridge: Cambridge University Press.

Karmiloff-Smith A. 1986. From meta-processes to conscious access: evidence from children's metalinguistic and repair data. *Cognition*, 23(2): 95-147.

Karmiloff-Smith A. 1990. Constraints on representational change: evidence from children's drawing. *Cognition*, 34(1): 57-83.

Karmiloff-Smith A. 1992. *Beyond Modularity: A Developmental Perspective on Cognitive Science*. Cambridge: MIT Press.

Kauffman S. 1993. *The Origins of Order: Self-Organization and Selection in Evolution*. Oxford: Oxford University Press.

Kaufman A, Kaufman J. 2009. Book review: Scenario visualization: an evolutionary account of creative problem solving. *American Journal of Human Biology*, 21(1): 139-140.

Kaufman S B, DeYoung C G, Gray J R, et al. 2010. Implicit learning as an ability. *Cognition*, 116(3): 321-340.

Kautz H. 1999. Temporal reasoning//Wilson R A, Keil F C(eds.). *The MIT Encyclopedia of the Cognitive Science*. New York: The MIT Press.

Ketner K L. 2009. Charles Sanders Peirce: interdisciplinary scientist//Bisanz E(ed.). *Charles S. Peirce: The Logic of Interdisciplinarity*. Berlin: Akademie Verlag: 35-57.

Khalifa K. 2012. Inaugurating understanding or repackaging explanation? *Philosophy of Science*, 79(1): 15-37.

Kilpinen E. 2008. Memes versus signs: on the use of meaning concepts about nature and culture. *Semiotica*, 171(1/4): 215-237.

Kim J. 2000. *Mind in a Physical World: An Essay on the Mind-Body Problem and Mental Causation*. Oxford: Oxford University Press.

Kind A. 2013. The case against representationalism about moods//Kriegel U (ed.). *Current Controversies in Philosophy of Mind*. New York: Routledge: 113-134.

King P. 2004. Rethinking representation in the Middle Ages: a Vade-mecum to Mediaeval theories of mental representation//Lagerlund H (ed.). *Representation and Objects of Thought in Medieval Philosophy*. Aldershot: Ashgate: 83-102.

Kinggard J J. 2010. *Rethinking Ethical Naturalism: The Implications of Developmental Systems Theory*. Tampa: University of South Florida.

Kinsbourne M. 1995. Awareness of one's own body: an attentional theory of its nature, development, and brain basis//Bermúdez J L, Marcel A, Eilan N, et al. *The Body and the Self*. Cambridge: MIT Press: 205-223.

Kirby S. 2001. Spontaneous evolution of linguistic structure: an iterated learning model of the emergence of regularity and irregularity. *IEEE Transactions on Evolutionary Computation*, 5(2): 102-110.

Kirchhoff M D. 2015. Experiential fantasies, prediction, and enactive minds. *Journal of Consciousness Studies*, 22(3/4): 68-92.

Kirsh D. 1991. Today the earwig, tomorrow man? *Artificial Intelligence*, 47(1-3): 161-184.

Kirshner D, Whitson J A, Whitson J A, et al. 1997. *Situated Cognition: Social, Semiotic, and Psychological Perspectives*. Mahwah: Lawrence Erlbaum Associates.

Kitcher P. 1992. The naturalists return. *The Philosophical Review*, 101(1): 53-114.

Kitto K J. 2006. *Modelling and Generating Complex Emergent Behaviour*. Flinders University, School of Chemistry, Physics and Earth Sciences.

Kitto K, Bruza P, Gabora L. 2012. A quantum information retrieval approach to memory//IEEE. *The 2012International Joint Conference on Neural Networks* (IJCNN): 932-939.

Kitto K, Ramm B, Sitbon L, et al. 2011. Quantum theory beyond the physical: information in context. *Axiomathes*, 21(2): 331-345.

Kitto K. 2008. High end complexity. *International Journal of General Systems*, 37(6): 689-714.

Kitto K. 2008. Why quantum theory?//*Quantum Interaction: Proceedings of the 2nd Quantum Interaction Symposium*. London: College Publications: 11-18.

Kiverstein J. 2018. Extended cognition//De Bruin L, Gallagher S, Newen A (eds.). *The Oxford Handbook of 4E Cognition*. Oxford: Oxford University Press: 19-40.

Klausen S H. 2008. The phenomenology of propositional attitudes. *Phenomenology and the Cognitive Sciences*, 7(3): 445-462.

Klein G A. 1989. Recognition-primed decisions//Rouse W(ed.). Advances in Man-Machine Systems Research. Greenwich: JAIPress, 5: 47-92.

Klein G, Pliske R M, Crandal B, et al. 2005. Problem detection. *Cognition, Technology, and Work*, 7(1): 14-28.

Klein G, Ross K G, Moon M M, et al. 2003. Use of the critical decision method to elicit expert knowledge. *IEEE Intelligent System*, 18(3): 81-85.

Klein R G. 1989. Biological and behavioural perspectives on modern human origins in southern Africa//Mellars P, Stringe C (eds.). *The Human Revolution*. Edinburgh: Edinburgh University: 529-546.

Klein R G. 1999a. *The Human Career: Human Biological and Cultural Origins*. Chicago: University of Chicago Press.

Klein R G. 1999b. *Sources of Power: How People Make Decisions*. Cambridge: MIT Press.

Klein R G. 2003. Whither the Neanderthals? *Science*, 299(5612): 1525-1527.

Knights C D, Catania J, Giovanni S D, et al. 2006. Distinct acetylation cassettes differentially influence gene-expression patterns and cell fate. *The Journal of Cell Biology*, 173(4): 533-544.

Koch C, Crick F. 2004. The neuronal basis of visual consciousness//Chalupa L M, Werner J S. (eds.). *The Visual Neurosciences*. Cambridge: MIT Press: 1682-1694.

Koch C, Tsuchiya N. 2007. Attention and consciousness: two distinct brain processes. *Trends in Cognitive Sciences*, 11(1): 16-22.

Koch C. 1999. *Biophysics of Computation: Information Processing in Single Neurons*. New York: Oxford University Press.

Koch C. 2012. *Consciousness: Confessions of a Romantic Reductionist*. Cambridge: MIT Press.

Koestler A. 1964. *The Act of Creation*. New York: Dell.

Kohonen T. 1984. *Self-Organization and Associative Memory*. New York: Springer.

Koivisto M, Railo H, Revonsuo A, et al. 2011. Recurrent processing in V1/V2contributes to categorization of natural scenes. *Journal of Neuroscience*, 31(7): 2488-2492.

Koivisto M, Revonsuo A, Lehtonen M. 2006. Independence of visual awareness from the scope of attention: an electrophysiological study. *Cerebral Cortex*, 16(3): 415-424.

Koivisto M, Revonsuo A, Salminen N. 2005. Independence of visual awareness from attention at early processing stages. *Neuroreport*, 16(8): 817-821.

Koivisto M, Revonsuo A. 2003. An ERP study of change detection, change blindness, and visual awareness. *Psychophysiology*, 40(3): 423-429.

Kolmogorov A N. 1965. Three approaches to the quantitative definition of information. *Problems of Information Transmission*, 1(1): 1-7.

Korb K B. 1993. Stage effects in the Cartesian theater: a review of Daniel Dennett's consciousness explained. *Psyche*, 1(4) (PDF).

Korf R E. 1980. Toward a model of representation changes. *Artificial Intellegence*, 14(1): 41-78.

Koriat A. 2007. Metacognition and consciousness//Zelazo D, Moscovitch M, Thompson E, et al. *The Cambridge Handbook of Consciousness*. Cambridge: Cambridge University Press: 289-325.

Kornblith H. 1993. *Inductive Inference and its Natural Ground: An Essay in Naturalistic Epistemology*. Cambridge: MIT Press.

Kornblith H. 2002. *Knowledge and its Place in Nature*. Oxford: Oxford University Press.

Kosslyn S M, Thompson W L, Ganis G. 2006. *The Case for Mental Imagery*. New York: Oxford University Press.

Kosslyn S M. 1973. Scanning visual images: some structural implication. *Perception and Psychophysics*, (14): 90-94.

Kosslyn S M. 1994. *Image and Mind*. Cambridge: MIT Press.

Kosslyn S M. 2001. Neural foundations of imagery. *Nature*, 2(9): 636-642.

Kouider S, Dehaene S, Jobert A, et al. 2007. Cerebral bases of subliminal and supraliminal priming during reading. *Cerebral Cortex*, 17(9): 2019-2029.

Kouider S, Dehaene S. 2007. Levels of processing during non-conscious perception: a critical review of visual masking. *Philosophical Transactions of the Royal Society B: Biological Sciences*, 362(1481): 857-875.

Kouider S, Dupoux E. 2004. Partial awareness creates the 'illusion' of subliminal semantic priming. *Psychological Science*, 15(2): 75-81.

Krampen M. 1981. Phytosemiotics. *Semiotica*, 36(3/4): 187-209.

Krantz G S. 1968. Brain size and hunting ability in earliest man. *Current Anthropology*, 9(5): 450-451.

Krasnegor N, Lyon G R, Goldman-Rakic P S. 1997. *Prefrontal Cortex: Evolution, Development, and Behavioral Neuroscience*. Baltimore: Brooke.

Kriegel U. 2013. Phenomenal intentionality past and present: introductory. *Phenomenology and the Cognitive Sciences*, 12(3): 437-444.

Kriegel U. 2014. *Current Controversies in Philosophy of Mind*. New York: Routledge.

Kripke S. 1972. *Naming and Necessity*. Oxford: Blackwell.

Kroeber A. 1948. *Anthropology: Race, Language, Culture, Psychology, Prehistory*. New York: Harcourt Brace.

Krois J M, Rosengren M, Steidele A, et al. 2007. *Embodiment in Cognition and Culture*. Amsterdam, Philadephia: John Benjamins.

Kuhl P K, Meltzoff A N. 1996. Infant vocalizations in response to speech: vocal imitation and developmental change. *The journal of the Acoustical Society of America*, 100(4): 2425-2438.

Kuhl P, Moore M. 1977. Infant vocalizations in response to speech: vocal imitation and developmental change. *The Journal of the Acoustical Society of America*, 100(4): 2425-2438.

Kuhn T. 1970. *The Structure of Scientific Revolutions*. 2nd enlarged ed. Chicago: The University of Chicago Press.

Kull K, Deacon T, Emmeche C, et al. 2009. Theses on biosemiotics: prolegomena to a theoretical biology. *Biological Theory*, 4(2): 167-173.

Kull K. 2000. Copy versus translate, meme versus sign: development of biological textuality. *European Journal for Semiotic Studies*, 12(1): 101-120.

Kull K. 2009. Vegetative, animal, and cultural semiosis: the Semiotic Threshold Zones. *Cognitive semiotics*, 4(Supplement): 8-27.

Kunda Z. 1999. *Social Cognition*. Cambridge: MIT Press.

Kunimoto C, Miller J, Pashler H. 2001. Confidence and accuracy of near-threshold discrimination responses. *Consciousness and Cognition*, 10(3): 294-340.

Ladkin P B, Maddux R D. 1994. On binary constraint problems. *Journal of the ACM (JACM)*, 41(3): 435-469.

Lakoff G, Johnson M. 1980. *Metaphors We Live By*. Chicago: University of Chicago Press.

Lakoff G, Johnson M. 1999. *Philosophy in the Flesh: The Embodied Mind and its Challenge to Western Thought*. New York: Basic Books.

Lakoff G, Núñcz R. 2001. *Where Mathematics Comes From: How the Embodied Mind Brings Mathematics into Being*. New York: Basic Books.

Laland K N, Odling-Smee J, Feldman M W. 2000. Niche construction, biological evolution, and cultural change. *Behavioral and Brain Sciences*, 23(1): 131-146.

Lamme V A F, Roelfsema P R. 2000. The distinct modes of vision offered by feedforward and recurrent processing. *Trends in Neurosciences*, 23(11): 571-579.

Lamme V A F. 2003. Why visual attention and awareness are different. *Trends in Cognitive Sciences*, 7(1): 12-18.

Lamme V A F. 2004. Separate neural definitions of visual consciousness and visual attention; a case for phenomenal awareness. *Neural Networks*, 17(5/6): 861-872.

Lamme V A F. 2006. Towards a true neural stance on consciousness. *Trends in Cognitive Sciences*, 10(11): 494-501.

Landman R, Spekreijse H, Lamme V A F. 2003. Large capacity storage of integrated objects before change blindness. *Vision Research*, 43(2): 149-164.

Langland-Hassan P. 2011. A puzzle about visualization. *Phenomenology and the Cognitive Sciences*, 10(2): 145-173.

Langton C G. 1995. *Artificial Life: An Overview*. Cambridge: MIT Press.

Larsen R J, Diener E. 1992. Promises and problems with the circumplex model of emotion//Clark M S (ed.). *Review of Personality and Social Psychology*. Thousand Oaks: Sage: 25-59.

Latour B. 1993. *We Have Never Been Modern*. Cambridge: Harvard University Press.

Latour B. 2004. *Politics of Nature: How to Bring the Sciences into Democracy*. New York: Harvard University Press.

Latour B. 2007. *Reassembling the Social: An Introduction to Actor Network Theory*. New York: Oxford University Press.

Lau H C, Passingham R E. 2006. Relative blindsight in normal observers and the neural correlate of visual consciousness. *Proceedings of the National Academy of Sciences*, 103(49): 18763-18768.

Lau H C. 2007. A higher order Bayesian decision theory of consciousness. *Progress in Brain Research*, 168(1): 35-48.

Laughlin S B, de Ruyter van Steveninck R R, Anderson J C. 1998. The metabolic cost of neural information. *Nature Neuroscience*, 1(1): 36-41.

Laureys S, Owen A M, Schiff N D. 2004. Brain function in coma, vegetative state, and related disorders. *The Lancet Neurology*, 3(9): 537-546.

Laureys S. 2005. The neural correlate of (un) awareness: lessons from the vegetative state. *Trends in Cognitive Sciences*, 9(12): 556-559.

Lawlay J, Tompkins P. 2000. *Metaphors in Mind: Transformation Through Symbolic Modeling*. London: The Developing Company Press.

Leakey R. 1984. *The Origins of Humankind*. New York: Science Masters Basic Books.

LeDoux J. 1996. *The Emotional Brain*. New York: Simon and Schuster.

Lee H W, Hong S B, Seo D W, et al. 2000. Mapping of functional organization in human visual cortex: electrical cortical stimulation. *Neurology*, 54(4): 849-854.

Lee T S. 2002. Top-down influence in early visual processing: a Bayesian perspective. *Physiology & Behavior*, 77(4/5): 645-650.

Leijnen S, Gabora L. 2009. How creative should creators be to optimize the evolution of ideas?A computational model. *Electronic Proceedings in Theoretical Computer Science*, 9(1): 108-119.

Leijnen S, Gabora L. 2010. An agent-based simulation of the effectiveness of creative leadership. https: //arxiv. org/abs/1005. 1516v3[2023-03-20].

Lesperance Y. 1999. Situated Calculus//Wilson R A, Keil F C(eds.). *The MIT Encyclopedia of the Cognitive Science*. New York: The MIT Press.

Levenson J M, Sweatt J D. 2005. Epigenetic mechanisms in memory formation. *Nature Reviews Neuroscience*, 6(2): 108-118.

Levi-Montalcini R. 1987. The nerve growth factor 35years later. *Science*, 237(4819): 1154-1162.

Levi-Montalcini R. 1992. NGF: an uncharted route//Worden F G, et al. *The neurosciences Paths of discoveries*. Cambridge: MIT Press.

Levine A. 2011. Epistemic objects as interactive loci. *Axiomathes*, 21(1): 57-66.

Levine J. 1983. Materialism and qualia: the explanatory gap. *Pacific Philosophical Quarterly*, 64(4): 354-361.

Levy S. 1992. Artificial Life: A Report from the Frontier Where Computers Meet Biology. Artificial Life A Report from the Frontier Where Computers Meet Biology.

Lewis C I. 1929. *Mind and the World Order: Outline of A Theory of Knowledge*. New York: C. Scribner's Sons.

Lewontin R C. 1979. Sociobiology as an adaptationist program. *Behavioral Science*, 24(1): 5-14.

Liebenberg L W. 1990. *The Art of Tracking: The Origin of Science*. Cape Town: David Philip.

Liebenberg L. 2006. Persistence hunting by modern hunter-gatherers. *Current Anthropology*, 47(6): 1017-1026.

Lillard A. 1998. Ethnopsychologies: cultural variations in theories of mind. *Psychological Bulletin*, 123(1): 3.

Lindquist K A, Gendron M. 2013. What's in a word? Language constructs emotion perception. *Emotion Review*, 5(1): 66-71.

Lindquist K A, Wager T D, Kober H, et al. 2012. The brain basis of emotion: a meta-analytic review. *Behavioral and Brain Sciences*, 35(3): 121-143.

Lipton P. 1991. *Inference to the Best Explanation*. London: Routledge.

Lipton P. 1998. Induction//Curd M, Cover J A (eds.). *Philosophy of Science: The Central Issues*. New York, London: W. W. Norton & Company.

Litt A, Eliasmith C, Thagard P. 2008. Neural affective decision theory: choices, brains, and emotions. *Cognitive Systems Research*, 9(4): 252-273.

Llinás R R. 1987. 'Mindness' as a functional state of the brain//Blakemore C, Greenfield S (eds.). *Mindwaves*: Thoughts on Intelligence, Identity and Consciousness. New York: Basil Blackwell.

Llinás R R. 2001. *I of the Vortex: From Neurons to Self*. Cambridge: MIT Press.

Lloyd E A. 1999. Evolutionary psychology: the burdens of proof. *Biology and Philosophy*, 14(2): 211-233.

Lloyd E A. 2005. *The Case of the Female Orgasm: Bias in the Science of Evolution*. Cambridge: Harvard University Press.
Loar B. 1987. Subjective intentionality. *Philosophical Topics*, 15(1): 89-124.
Loar B. 2003. Phenomenal intentionality as the basis of mental content. *Annals of Surgery*, 79(4): 499-505.
Lodish H, Berk A, Kaiser C A, et al. 2000. *Molecular Cell Biology*. New York: W. H. Freeman.
Loftus G R, Irwin D E. 1998. On the relations among different measures of visible and informational persistence. *Cognitive Psychology*, 35(2): 135-199.
Logothetis N K, Schall J D. 1989. Neuronal correlates of subjective visual perception. *Science*, 245(4919): 761-763.
Lonsdorf E, Ross S R, Matsuzawa T, et al. 2010. *The Mind of the Chimpanzee: Ecological and Experimental Perspectives*. Chicago: University of Chicago Press.
Lorenz K. 1970-1971. *Studies in Animal and Human Behaviour I and II*. Cambridge: Harvard University Press.
Lorenz K. 1977. *Behind the Mirror a Search for a Natural History of Human Knowledge*. New York: Harcourt Brace Jovanovic.
Lormand E. 1996. Nonphenomenal consciousness. *Noûs*, 30(2): 242-261.
Lotman J. 1991. *Universe of the Mind: A Semiotic Theory of Culture*. Bloomington: Indiana University Press.
Loui R. 1999. Case-based reasoning and analogy//Wilson R A, Keil F C(eds.). *The MIT Encyclopedia of the Cognitive Science*. New York: The MIT Press.
Lovelock J. 1979. *Gaia: A New Look at Life on Earth*. Oxford: Oxford University Press.
Lowe E J. 2002. *A Survey of Metaphysics*. Oxford: Oxford University Press.
Luck S J, Hollingworth A. 2008. *Visual Memory*. New York: Oxford University Press.
Luria A R. 1976. *Cognitive Development: Its Cultural and Social Foundations*. Cambridge: Harvard Uuniversity Press.
Lutz A, Thompson E. 2003. Neurophenomenology integrating subjective experience and brain dynamics in the neuroscience of consciousness. *Journal of Consciousness Studies*, 10(9-10): 31-52.
Lutz A. 2004. Special issue: naturalising phenomenology. *Phenomenology and Cognitive Science*, 3(4): 325-398.
Lyons D E, Young A G, Keil F C. 2007. The hidden structure of overimitation. *Proceedings of the National Academy of Sciences*, 104(50): 19751-19756.
Lyons W. 1995. *Approaches to Intentionality*. Oxford: Oxford University Press.
Mach E. 1897. *Contributions to the Analysis of the Sensations*. Chicago: The Open Court Publishing Co.
Machamer P, Darden L, Craver C F. 2000. Thinking about mechanisms. *Philosophy of Science*, 67(1): 1-25.
Machery E. 2009. *Doing without Concepts*. Oxford: Oxford University Press.
Mack A, Rock I. 1998. *Inattention blindness*. Cambridge: MIT Press.

Mack A, Rock I. 2003. Inattentional blindness: a review. *Directions in Psychological Science*, 12(2): 180-184.

Mack A. 2003. Inattentional blindness: looking without seeing. *Current Directions in Psychological Science*, 12(5): 180-184.

MacKinnon N J, Heise D R. 2010. *Self, Identity, and Social Institutions*. New York: Palgrave Macmillan.

MacPhail E M. 1998. *The Evolution of Consciousness*. New York: Oxford University Press.

Magnani L. 2001. *Abduction, Reason and Science: Processes of Discovery and Explantation*. New York: Kluwer Academic/Plenum Publishers.

Maia T V, Cleeremans A. 2005. Consciousness: converging insights from connectionist modeling and neuroscience. *Trends in Cognitive Sciences*, 9(8): 397-404.

Maiese M. 2015. *Embodied Selves and Divided Minds*. New York: Oxford University Press.

Mallgrave H F. 2010. *The Architect's Brain: Neuroscience, Creativity, and Architecture*. West Sussex: Wiley-Blackwell.

Mandik P, Collins M, Vereschagin A. 2007. Evolving artificial minds and brains//Schalley A C, Khlentzos D. *Mental states, Vol. 1: Nature, Function, Evolution*. Philadelphia: John Benjamins Publishing Company.

Manstead A S R, Fischer A H. 2001. Social appraisal: the social world as object of and influence on appraisal processes//Scherer K R, Schorr A, Johnstone T, et al. *Appraisal Processes in Emotion: Theory, Research, Application*. New York: Oxford University Press: 221-232.

Margolis E, Samuels R, Stich S P, et al. 2012. *The Oxford Handbook of Philosophy of Cognitive Science*. Oxford: Oxford University Press.

Markoš A, Švorcová J. 2009. Recorded versus organic memory: interaction of two worlds as demonstrated by the chromatin dynamics. *Biosemiotics*, 2(1): 131-149.

Marquardt T, Pfaff S L. 2001. Cracking the transcriptional code for cell specification in the neural tube. *Cell*, 106(6): 651-654.

Marshall I N. 1989. Consciousness and Bose-Einstein condensates. *New Ideas in Psychology*, 7(1): 73-83.

Martindale C. 1995. Creativity and connectionism//Smith S M, Ward T B, Finke R A, et al. *The Creative Cognition Approach*. Cambridge: MIT Press: 249-268.

Marvell L. 2007. *Transfigured Light: Philosophy, Cybernetics and the Hermetic Imaginary*. Bethesda: Academia Press.

Maslon L. 1972. *Wolf Children and the Problem of Human Nauture*. New York: Monthly Review Press.

Maturana H, Mpodozis J, Letelier J C. 1995. Brain, language and the origin of human mental functions. *Biological Research*, 28(1): 15.

Maturana H, Varela F. 1980. *Autopoiesis and Cognition: The Realization of the Living*. Dordrecht: D. Reidel.

Maturana H, Varela F. 1987. *The Tree of Knowledge: The Biological Roots of Human Understanding*. Boston: Shambhala.

Mayer R. 1995. The search for insight: grappling with Gestalt psychology's unanswered questions//Sternberg R, Davidson J. *The Nature of Insight*. Cambridge: MIT Press.

Maynard S J, Szathmary E. 1997. *The Major Transitions in Evolution*. New York: Oxford University Press.

Maynard S J, Szathmary E. 1999. *The Origins of Life: From the Birth of Life to the Origin of Language*. Oxford: Oxford University Press.

Mayr E. 1991. *One Long Argument: Charles Darwin and the Genesis of Modern Evolutionary Thought*. Cambridge: Harvard University Press.

McBrearty S, Brooks A S. 2000. The revolution that wasn't: a new interpretation of the origin of modern human behavior. *Journal of Human Evolution*, 39(5): 453-563.

McCarthy J. 1990. The little thoughts of thinking machines//Lifschitz V (ed.). *Formalizing Common Sense*. Nordwood: Ablex Publishing Corporation.

McCauley R N, Bechtel W. 2001. Explanatory pluralism and heuristic identity theory. *Theory & Psychology*, 11(6): 736-760.

McEvoy P. 2002. *Classic Theory: The Theory of Interacting Systems*. San Francisco: Microanalytix.

McGinn C. 1989. Can we solve the mind-body problem?*Mind, New Series*, 98(391): 349-366.

McGinn C. 2000. *The Mysterious Flame: Conscious Minds in a Material World*. New York: Basic Books.

McGrew W C. 2004. *The Cultured Chimpanzee: Reflections on Cultural Primatology*. Cambridge: Cambridge University Press.

McGuigan N, Whiten A, Flynn E, et al. 2007. Imitation of causally opaque versus causally transparent tool use by 3-and 5-year-old children. *Cognitive Development*, 22(3): 353-364.

Mchenry H M, Berger L R. 1998. Body proportions of Australopithecus afarensis and Aafricanus and the origin of the genus Homo. *Journal of Human Evolution*, 35(1): 1-22.

McIntosh R D, Mulroue A, Blangero A, et al. 2011. Correlated deficits of perception and action in optic ataxia. *Neuropsychologia*, 49(1): 131-137.

McMullin E. 1992. *The Inference that Makes Science*. Milwaukee: Marquette University Press.

McNabb J, Ashton N. 1995. Thoughtful flakers. *Cambridge Archaeological Journal*, 5(2): 289-298.

Mead G H. 1934. *Mind, Self and Society: From the Standpoint of a Social Behaviorist*. Chicago: University of Chicago Press.

Meichenbaum D. 1994. *A Clinical Handbook/Practical Therapist Manual for Assessing and Treating Adults with Post-Traumatic Stress Disorder* (PTSD). Waterloo: Institute Press: 112-113.

Mellars P. 1973. The Character of the Middle-upper Transition in South-west France//Renfrew C. (ed.). *The Explanation of Culture Change*. London: Duckworth.

Mellars P. 1989. Major issues in the emergence of modern humans. *Current Anthropology*, 30(3): 349-385.

Mellars P. 1989. Technological changes in the Middle-upper Paleolithic transition: economic,

social, and cognitive perspectives//Mellars P, Stringer C. *The Human Revolution.* Edinburgh: Edinburgh University Press.
Mellers B, Schwartz A, Ritov I. 1999. Emotion-based choice. *Journal of Experimental Psychology: General*, 128(3): 332.
Melloni L, Molina C, Pena M, et al. 2007. Synchronization of neural activity across cortical areas correlates with conscious perception. *Journal of Neuroscience*, 27(11): 2858-2865.
Meltzoff A N, Moore M K. 1997. Explaining facial imitation: a theoretical model. *Infant and Child development*, 6(3/4): 179-192.
Meltzoff A N. 1995. Understanding the intentions of others: re-enactment of intended acts by 18-month-old children. *Developmental Psychology*, 31(5): 838.
Meltzoff A N. 2005. Imitation and other minds: the 'Like Me' hypothesis//Hurley S, Charter N (eds.). *Perspectives on Imitation: From Neuroscience to Social Science.* Cambridge: MIT Press.
Meltzoff A, Moore K. 1999. Persons and representation: why infant imitation is important for theories of human development//Nadel J, Butterworth B (eds.). *Imitation in Infancy.* Cambridge: Cambridge University Press.
Menary R. 2006. Attacking the bounds of cognition. *Philosophical Psychology*, 19(3): 329-344.
Menary R. 2007. *Cognitive Integration: Mind and Cognition Unbounded.* New York: Palgrave Macmilan.
Merikle P M, Daneman M. 1998. Psychological investigations of unconscious perception. *Journal of Consciousness Studies*, 5(1): 5-18.
Merikle P M, Smilek D, Eastwood J D. 2001. Perception without awareness: perspectives from cognitive psychology. *Cognition*, 79(1-2): 115-134.
Merleau-Ponty M. 1962. *Phenomenology of Perception.* London: Routledge & Kegan Paul.
Merleau-Ponty M. 2008. *The Structure of Behavior.* Pittsburgh: Duquesne University Press.
Mesoudi A, Whiten A, Laland K N. 2004. Towards a unified science of cultural evolution. *Evolution*, 58(1): 1-11.
Mesoudi A, Whiten A, Laland K N. 2006. Towards a unified science of cultural evolution. *Behavioral and Brain Sciences*, 29(4): 329-347.
Millau J F, Gaudreau L. 2011. CTCF, cohesin, and histone variants: connecting the genome. *Biochemistry and Cell Biology*, 89(5): 505-513.
Miller C A, Sweatt J D. 2007. Covalent modification of DNA regulates memory formation. *Neuron*, 53(6): 857-869.
Miller G A. 1956. The magical number seven, plus or minus two: some limits on our capacity for processing information. *Psychological Review*, 63(2): 81.
Millikan R G. 1984. *Language, Thought, and Other Biological Categories: New Foundations for Realism.* Cambridge: MIT Press.
Millikan R G. 1989. Biosemantics. *Journal of Philosophy*, 86(6): 281-297.
Millikan R G. 1993. *White Queen Psychology and Other Essays for Alice.* Cambridge: Bradford Books, MIT Press.

Millikan R G. 2004. *Varieties of Meaning, the Jean Nicod Lectures.* Cambridge: MIT Press.

Millikan R G. 2006. Styles of rationality//Hurley S, Nudds M (eds.). *Rational Animals?* Oxford: Oxford University Press: 117-126.

Milne E A. 1945. A Quantum Theory of the origin of the solar system. *Nature*, (3927): 135-136.

Milner A D, Goodale M A. 1995. *The Visual Brain in Action.* Oxford: Oxford University Press.

Milner A D, Goodale M A. 2008. Two visual systems re-viewed. *Neuropsychologia*, 46(3): 774-785.

Milner A D. 1995. Cerebral correlates of visual awareness. *Neuropsychologia*, 33(9): 1117-1130.

Minsky M. 1988. *The Society of Mind.* New York: Simon and Schuster.

Mithen S. 1996. *The Prehistory of the Mind: The Cognitive Origins of Art, Religion and Science.* London: Thames and Hudson.

Mithen S. 1998. *Creativity in Human Evolution and Prehistory.* London: Routledge.

Mithen S. 1999. Handaxes and ice age carvings: hard evidence for the evolution of consciousness//Hameroff S, Kaszniak A, Chalmers D, et al. *Toward a Science of Consciousness: The Third Tucson Discussions and Debates.* Cambridge: MIT Press: 281-296.

Mithen S. 2001. Archeological theory and of cognitive evolution//Hodder I (ed.). *Archeological Theory Today.* Cambridge: Polity Press: 98-121.

Mithen S. 2005. *The Singing Neanderthals: The Origins of Music, Language, Mind and Body.* London: Weidenfeld and Nicolson.

Mitroff S R, Simons D J, Levin D T. 2004. Nothing compares 2views: change blindness can occur despite preserved access to the changed information. *Perception & Psychophysics*, 66(8): 1268-1281.

Montague M. 2009. The logic, intentionality, and phenomenology of emotion. *Philosophical Studies*, 145(2): 171-192.

Montague M. 2016. Cognitive phenomenology and conscious thought. *The Phenomenology and Cognitive Science*, 15(1): 167-181.

Moore C C, Romney A K, Hsia T L, et al. 1999. The universality of the semantic structure of emotion terms: methods for the study of inter-and intra-cultural variability. *American Anthropologist*, 101(3): 529-546.

Moore G E. 1910. *Propositions: In His Some Main Problems of Philosophy.* London: Allen and Unwin.

Morgan A. 2014. Representations gone mental. *Synthese*, 191(2): 213-244.

Morgan L C. 1923. *Emergent Evolution.* London: Williams and Norgate.

Morris R, Tarassenko L, Kenward M. 2006. *Cognitive System: Information Processing Meets Brain Science.* California: Elsevier Academic Press.

Most S B, Scholl B J, Clifford E R, et al. 2005. What you see is what you set: sustained inattentional blindness and the capture of awarenes. *Psychological Review*, 112(1): 217.

Most S B, Simons D J, Scholl B J, et al. 2001. How not to be seen: the contribution of similarity and selective ignoring to sustained inattentional blindness. *Psychological Science*, 12(1): 9-17.

Mountcastle V B, Steinmetz M A, Romo R. 1990. Frequency discrimination in the sense of flutter: psychophysical measurements correlated with postcentral events in behaving monkeys. *Journal of Neuroscience*, 10(9): 3032-3044.

Mountcastle V B, Talbot W H, Sakata H, et al. 1969. Cortical neuronal mechanisms in flutter-vibration studied in unanesthetized monkeys. Neuronal periodicity and frequency discrimination. *Journal of Neurophysiology*, 32(3): 452-484.

Moutoussis K, Keliris G, Kourtzi Z, et al. 2005. A binocular rivalry study of motion perception in the human brain. *Vision Research*, 45(17): 2231-2243.

Mumford D. 1992. On the computational architecture of the neocortex II. The role of cortico-cortical loops. *Biological Cybernetics*, 66(3): 241-251.

Murphey D K, Maunsell J H R, Beauchamp M S, et al. 2009. Perceiving electrical stimulation of identified human visual areas. *Proceedings of the National Academy of Sciences*, 106(13): 5389-5393.

Nagel T. 1974. What is it like to be a bat?*The Philosophical Review*, 83(4): 435-450.

Nagel T. 1986. *The View from Nowhere*. New York: Oxford University Press.

Nathans J. 1999. The evolution and physiology of human color vision: insights from molecular genetic studies of visual pigments. *Neuron*, 24(2): 299-312.

Nawrot M, Rizzo M. 1998. Chronic motion perception deficits from midline cerebellar lesions in human. *Vision Research*, 38(14): 2219-2224.

Neander K. 1991. Functions as selected effects: the conceptual analyst's defense. *Philosophy of Science*, 58(2): 168-184.

Neander K. 1991. The teleological notion of 'function'. *Australasian Journal of Philosophy*, 69(4): 454-468.

Neander K. 1995. Misrepresenting & malfunctioning. *Philosophical Studies*, 79(1): 109-141.

Negrotti M. 1999. *The Theory of the Artificial*. Exeter: Intellect Books.

Negrotti M. 2010. Designing the artificial: an interdisciplinary study//Buchanan R, Doordan D, Margolin V, et al. *The Designed World*. Oxford: Berg.

Negrotti M. 2010. Naturoids: From a dream to a paradox. *Futures*, 42(7): 759-768.

Negrotti M. 2012. *From Nature to Naturoids*. Heidelberg: Springer.

Neisser U. 1967. *Cognitive Psychology*. New York: Appleton-Century-Crofts.

Nelson R J. 1995. *An Introduction to Behavioral Endocrinology*. Sunderland: Sinauer Associates.

Nersessian N J. 2008. *Creating Scientific Concepts*. Cambridge: MIT Press.

Newberg A B, D'Aquili E G. 1998. The neuropsychology of spiritual experience//König H G (ed.). *Handbook of Religion and Mental Health*. San Diego: Academic Press: 75-94.

Newberg A, Pourdehnad M, Alavi A, et al. 2003. Cerebral blood flow during meditative prayer: preliminary findings and methodological issues. *Perceptual and Motor Skills*, 97(2): 625-630.

Newell A, Simon H A. 1972. *Human Problem Solving*. Prentice Hall: Englewood Cliffs.

Newell A, Simon H. 1976. Computer science as an empirical inquiry. *Communications of the ACM*, 19(3): 113-126.

Newell A. 1990. *Unified Theories of Cognition*. Cambridge: Harvard University Press.

Newen A, De Bruin L, Gallagher S, et al. 2018. *The Oxford Handbook of 4E Cognition*. Oxford: Oxford University Press.

Newsome W T, Pare E B. 1988. A selective impairment of motion perception following lesions of the middle temporal visual area (MT). *Journal of Neuroscience*, 8(6): 2201-2211.

Nichols M J, Newsome W T. 2002. Middle temporal visual area microstimulation influences veridical judgments of motion direction. *Journal of Neuroscience*, 22(21): 9530-9540.

Nickerson R S, McGoldrick Jr C C. 1963. Confidence, correctness, and difficulty with non-psychophysical comparative judgments. *Perceptual and Motor Skills*, 17(1): 159-167.

Nickles T. 1980. Introductory essey: scientific discovery and the future of philosophy of science//Nickles T(ed.). *Scientific Discovery, logic, and Rationality*. Dordrecht: Reidel.

Nicolelis M A L, Lebedev M A. 2009. Principles of neural ensemble physiology underlying the operation of brain-machine interfaces. *Nature Reviews Neuroscience*, 10(7): 530-540.

Nicolelis M A L, Ribeiro S. 2006. Seeking the neural code. *Scientific American*, 295(6): 70-77.

Nicolelis M A L. 2001. Actions from thoughts. *Nature*, 409(6818): 403-407.

Nicolescu B. 2002. *Manifesto of Transdisciplinarity*. Albany: State of New York University Press.

Nicolis G, Prigogine I. 1977. *Self-organisation in Non-equilibrium Systems*. New York: Wiley.

Niedenthal P M, Winkielman P, Mondillon L, et al. 2009. Embodiment of emotion concepts. *Journal of Personality and Social Psychology*, 96(6): 1120.

Nillson N J. 1998. *Artificial Intelligence: A New Synthesis*. San Francisco: Morgan Kaufmann Publishers.

Nir Y, Tononi G. 2010. Dreaming and the brain: from phenomenology to neurophysiology. *Trends in Cognitive Sciences*, 14(2): 88-100.

Noë A. 2004. *Action in Perception*. Cambridge: MIT Press.

Noë A. 2009. *Out of Our Heads: Why You are Not Your Brain, and Other Lessons From the Biology of Consciousness*. New York: Hill and Wang.

Norris J, Papini M. 2010. Comparative psychology//Weiner I, Craighead W (eds.). *The Corsini Encyclopedia of Psychology*. Malden: Wiley-Blackwell: 507-520.

Nöth W. 1990. *Handbook of Semiotics*. Bloomington: Indiana University Press.

Novak J D. 1977. *A Theory of Education*. Ithaca: Cornell University Press.

Novak J D. 1991. Clarify with concept maps. *The Science Teacher*, 58(7): 45-49.

O'Connor M, Fauri D, Netting F. 2010. How data emerge as information: a review of scenario visualization. *The American Journal of Psychology*, 123(3): 371-374.

O'Doherty J E, Lebedev M A, Ifft P J, et al. 2011. Active tactile exploration using a brain-machine-brain interface. *Nature*, 479(7372): 228-231.

O'Doherty J E, Lebedev M A, Li Z, et al. 2011. Virtual active touch using randomly patterned intracortical microstimulation. *IEEE Transactions on Neural Systems and Rehabilitation Engineering*, 20(1): 85-93.

O'regan J K, Noë A. 2001. A sensorimotor account of vision and visual consciousness. *Behavioral and Brain Sciences*, 24(5): 939-973.

O'regan J K, Rensink R A, Clark J J. 1999. Change-blindness as a result of 'mudsplashes'. *Nature*, 398(6722): 34.
O'reilly R C, Munakata Y. 2000. *Computational Explorations in Cognitive Neuroscience: Understanding the Mind by Simulating the Brain*. Cambridge: MIT Press.
Oatley K. 1992. *Best Laid Schemes: The Psychology of Emotions*. Cambridge: Cambridge University Press.
Oliva A. 2005. The Gist of a Scene//Itti L, Rees G, Tsotsos J K, et al. *The Neurobiology of Attention*. London: Academic Press: 251-256.
Osgood C E, May W H, Miron M S, et al. 1975. *Cross-cultural Universals of Affective Meaning*. Urbana: University of Illinois Press.
Osgood C E, Suci G J, Tannenbaum P H. 1957. *The Measurement of Meaning*. Urbana: University of Illinois press.
Osherson D, Smith E. 1981. On the adequacy of prototype theory as a theory of concepts. *Cognition*, 9(1): 35-58.
Overgaard M, Rote J, Mouridsen K, et al. 2006. Is conscious perception gradual or dichotomous? A comparison of report methodologies during a visual task. *Consciousness and Cognition*, 15(4): 700-708.
Overgaard M. 2006. Introspection in science. *Consciousness and Cognition*, 15(4): 629-633.
Oyama S, Griffiths P E, Gray R D, et al. 2003. *Cycles of Contingency: Developmental Systems and Evolution*. Cambridge: MIT Press.
Oyserman D. 2011. Culture as situated cognition: cultural mindsets, cultural fluency, and meaning making. *European Review of Social Psychology*, 22(1): 164-214.
Pacherie E. 2007. The sense of control and the sense of agency. *Psyche*, 13(1): 1-30.
Pacherie E. 2008. The phenomenology of action: a conceptual framework. *Cognition*, 107(1): 179-217.
Padian K. 2008. Darwin's enduring legacy. *Nature*, 451(7179): 632-634.
Pain S P. 2007. The ant on the kitchen counter//Barbieri M (ed.). *Biosemiotic Research Trends*. New York: Nova Science.
Palmer J A, Palmer L K. 2002. *Evolutionary Psychology: The Ultimate Origins of Human Behavior*. Needham Heights: Allyn and Bacon.
Palva S, Linkenkaer-Hansen K, Näätänen R, et al. 2005. Early neural correlates of conscious somatosensory perception. *Journal of Neuroscience*, 25(21): 5248-5258.
Panksepp J. 1993. Neurochemical control of moods and emotions: amino acids to neuropeptides//Lewis M, Haviland J M (eds.). *Handbook of Emotions*. New York: Guilford Press: 87-107.
Panksepp J. 1998. *Affective Neuroscience: The Foundations of Human and Animal Emotions*. Oxford: Oxford University Press.
Papineau D. 1984. Representation and explanation. *Philosophy of Science*, 51(4): 550-572.
Papineau D. 1987. *Reality and Representation*. Oxford: Blackwell.
Papineau D. 1993. *Philosophical Naturalism*. Oxford: Blackwell.

Papineau D. 1998. Teleosemantics and indeterminacy. *Australasian Journal of Philosophy*, 76(1): 1-14.

Papineau D. 2003. Could there be a science of consciousness?*Philosophical Issues*, 13: 205-220.

Papineau D. 2003. Theories of consciousness//Smith Q, Jokic A (eds.). *Consciousness: New Philosophical Essays*. Oxford: Clarendon Press.

Parkinson B, Simons G. 2009. Affecting others: social appraisal and emotion contagion in everyday decision making. *Personality and Social Psychology Bulletin*, 35(8): 1071-1084.

Pasternak T, Merigan W H. 1994. Motion perception following lesions of the superior temporal sulcus in the monkey. *Cerebral Cortex*, 4(3): 247-259.

Pattee H H. 1997. The physics of symbols and the evolution of semiotic controls//Coombs M, Sulcoski M (eds.). *Control Mechanisms for Complex Systems: Issues of Measurement and Semiotic Analysis*. Albuquerque: University of New Mexico Press: 9-25.

Patterson F G P, Cohn R H. 1994. Self-recognition and self-awareness in lowland gorillas//Parker S T, Mitchell R W(eds). *Self-awareness in Animals and Humans: Developmental Perspectives*. New York: Cambridge University Press: 273-290.

Pearce J. 2008. *Animal Learning and Cognition: An Introduction*. New York: Psychology Press.

Peirce C S, Jastrow J. 1884. On small differences in sensation. *Memoirs of the National Academy of Sciences*, 3(1): 75-83.

Peirce C S. 1936. The basis of pragmaticism//Hartshorne C, Weiss P (eds.). *The Collected Papers of Charles Sanders Peirce* (Vols. I-VI). Cambridge: Harvard University Press.

Peirce C S. 1958a. *Peirce: Collected papers*. Cambridge: Harvard University Press.

Peirce C S. 1958b. *Charles S. Peirce: Selected writings*. New York: Dover Publications.

Peirce C S. 1965a. Collected papers of Charles Sanders Peirce(vol. 5)//Hartshorne C, Weiss P (eds.). *Pragmatism and Pragmaticism*. Cambridge: Harvard University Press.

Peirce C S. 1965b. Collected papers of Charles Sanders Peirce 1931-1935(Vol. 2)//Hartshorne C, Weiss P (eds.). *Pragmatism and Pragmaticism*. Cambridge: Harvard University Press: 372-375.

Peirce C S. 1980. *New Elements of Mathematics*. Amsterdam: Walter De Gruyter Inc.

Peirce C S. 1992. The fixation of belief//Houser N, Kloesel C(eds.). *The Essential Peirce: Selected Philosophical Writings*. Bloomington: Indiana University Press: 109-123.

Peirce C S. 1998. Nomenclature and divisions of triadic relations, as far as they are determined//The Peirce Edition Project (ed.). *The Essential Peirce: Selected Philosophical Writings* (Vol. 2). Bloomington: Indiana University Press.

Peirce C S. 2011. Logic as semiotic: the theory of signs//Buchler J (ed.). *Philosophical Writings of Peirce*. New York: Dover Publications.

Peirce C S. 1940. *Philosophical Writings of Peirce*. New York: Dover Publications.

Pelegrin J. 1993. A framework for analyzing stone tool manufacture and a tentative application to some early stone industries//Berthelet A, Chavaillon J (eds.). *The Use of Tools by Human and Non-human Primates*. Oxford: Clarendon: 302-314.

Pelli D G, Palomares M, Majaj N J. 2004. Crowding is unlike ordinary masking: distinguishing feature integration from detection. *Journal of Vision*, 4(12): 12.

Penrose R. 1989. *The Emperor's New Mind: Concerning Computers, Minds, and the Laws of Physics*. Oxford: Oxford University Press.

Penrose R. 1994. *Shadows of the Mind: A Search for the Missing Science of Consciousness*. Oxford: Oxford University Press.

Penrose R. 1997. *The Large, the Small and the Human Mind*. Cambridge: Cambridge University Press.

Pepper S. 1942. *World Hypotheses: A Study in Evidence*. Berkeley: University of California Press.

Pepperberg I. 2002. *The Alex Studies: Cognitive and Communicative Abilities of African grey Parrots*. Cambridge: Harvard University Press.

Perea M, Gotor A. 1997. Associative and semantic priming effects occur at very short stimulus-onset asynchronies in lexical decision and naming. *Cognition*, 62(2): 223-240.

Perini L. 2004. Convention, resemblance and isomorphism: understanding scientific visual representation//Malcolm G (ed.). *Studies in Multidisciplinarity*, vol. 2: 37-47.

Perissi V, Rosenfeld M G. 2005. Controlling nuclear receptors: the circular logic of cofactor cycles. *Nature Reviews Molecular Cell Biology*, 6(7): 542-554.

Perlovsky L I, Deming R, Ilin R. 2011. *Emotional Eognitive Neural Algorithms with Engineering Applications*. Warsaw: Polish Academy of Sciences.

Perner J. 1991. *Understanding the Representational Mind*. Cambridge: Bradford Books/MIT Press.

Persaud N, McLeod P, Cowey A. 2007. Post-decision wagering objectively measures awareness. *Nature Neuroscience*, 10(2): 257-261.

Pertea M, Mount S M, Salzberg S L. 2007. A computational survey of candidate exonic splicing enhancer motifs in the model plant Arabidopsis thaliana. *BMC Bioinformatics*, 8(1): 1-8.

Pezdek K, Whetstone T, Reynolds K, et al. 1989. Memory for real-world scenes: the role of consistency with schema expectation. *Journal of Experimental Psychology: Learning, Memory, and Cognition*, 15(4): 587.

Pham M T, Lee L, Stephen A T. 2012. Feeling the future: the emotional oracle effect. *Journal of Consumer Research*, 39(3): 461-477.

Phillips I B. 2011. Perception and iconic memory: what Sperling doesn't show. *Mind & Language*, 26(4): 381-411.

Piccinini G. 2018. Computation and representation in cognitive neuroscience. *Minds and Machines*, 28(1): 1-6.

Pigliucci M. 2008. The borderlands between science and philosophy: an introduction. *The Quarterly Review of Biology*, 83(1): 7-15.

Pincock C. 2012. *Mathematics and Scientific Representation*. Oxford: Oxford University Press.

Pink T. 2004. *Free Will: A Very Short Introduction*. Oxford: Oxford University Press.

Pinker S. 1994. *How the Mind Works*. New York: W. W. Norton.

Pinker S. 1997. *The Language Instinct*. New York: William Morrow.

Pins D, Fytche D. 2003. The neural correlates of conscious vision. *Cerebral Cortex*, 13(5): 461-474.

Pitt D. 2004. The phenomenology of cognition or what is it like to think that P?*Philosophy and Phenomenological Research*, 69(1): 1-36.

Place U T. 1956. Is consciousness a brain process?*British Journal of Psychology*, 47(1): 44-50.

Plate T. 2003. *Holographic Reduced Representations*. Stanford: CSLI.

Plotnik J M, de Waal F B M, Reiss D. 2006. Self-recognition in an Asian elephant. *Proc Natl Acad Sci U S A*, 103(45): 17053-17057.

Polanyi M. 1966. *The Tacit Dimension*. New York: Doubleday & Co.

Poldrack R A, Halchenko Y O, Hanson S J. 2009. Decoding the large-scale structure of brain function by classifying mental states across individuals. *Psychological Science*, 20(11): 1364-1372.

Polger T, Flanagan O. 2002. Consciousness, adaptation and epiphenomenalism//Fetzer J H (ed.). *Consciousness Evolving*. Amsterdam: John Benjamins: 21-42.

Pollack I. 1959. On indices of signal and response discriminability. *The Journal of the Acoustical Society of America*, 31(7): 1031.

Popper K R, Eccles J C. 1984. *The Self and its Brain: An Argument for Interactionism*. New York: Taylor & Francis.

Popper K R. 1959. *The Logic of Scientific Discovery*. New York: Basic Books.

Popper K R. 1972. *Objective Knowledge: An Evolutionary Approach*. Oxford: Clarendon.

Popper K R. 1998. The Problem of Induction//Curd M, Cover J A (eds.). *Philosophy of Science: The Central Issues*.

Popper K R. 1999. *All Life is Problem Solving*. London: Routledge.

Porkka-Heiskanen T, Kalinchuk A V. 2011. Adenosine as a sleep factor. *Sleep and Biological Rhythms*, 9(1): 18-23.

Port R F, Van Gelder T (eds.). 1995. *Mind as Motion: Explorations in the Dynamics of Cognition*. Cambridge: The MIT Press.

Power M L, Schulkin J. 2009. *The Evolution of Obesity*. Baltimore: The Johns Hopkins University Press.

Premack D, Woodruff G. 1978. Does the chimpanzee have a theory of mind?*Behavioral and Brain Sciences*, 1(4): 515-526.

Premack D. 1990. The Infant's theory of self-propelled objects. *Cognition*, 36(1): 1-16.

Preston S D, De Waal F B M. 2002. Empathy: its ultimate and proximate bases. *Behavioral and Brain Sciences*, 25(1): 1-20.

Prinz J J. 2002. *Furnishing the Mind: Concepts and their Perceptual Basis*. MA: MIT Press.

Prinz J J. 2004. *Gut Reactions: A Perceptual Theory of Emotion*. Oxford: Oxford University Press.

Prinz J J. 2005. A neurofunctional theory of consciousness//Brook A, Akins K (eds.). *Cognition and the Brain: The Philosophy and Neuroscience Movement*. Cambridge: Cambridge University Press.

Prinz J J. 2012a. Emotions: how many are there?//Margolis E, Samuels R, Stich S P. *Philosophy of Cognitive Science*. Oxford: Oxford University Press: 183-199.

Prinz J J. 2012b. *The Conscious Brain: How Attention Engenders Experience*. Oxford: Oxford University Press.

Prior H, Schwarz A, Güntürkün O. 2008a. Mirror-induced behavior in the magpie (Pica pica): evidence of self-recognition. *Plos Biology*, 6(8): 1642-1650.

Prior H, Schwarz A, Güntürkün O. 2008b. Mirror-induced representation in magpies: evidence of self-recognition. *PLoS Biology*, 6(8): e202.

Prodi G. 1988. Material bases of signification. *Semiotica*, 69(3/4): 191-241.

Puccetti R. 1975. Is pain necessary?*Philosophy*, 50(193): 259-269.

Pulvermüller F. 2005. Brain mechanisms linking language and action. *Nature Reviews Neuroscience*, 6(7): 576-582.

Pulvermüller F. 2013. How neurons make meaning: brain mechanisms for embodied and abstract-symbolic semantics. *Trends in Cognitive Sciences*, 17(9): 458-470.

Putnam H. 1975a. *Philosophical Papers: Mind, Language and Reality*. Vol. 2. Cambridge: Cambridge University Press: 215-273.

Putnam H. 1975b. The meaning of meaning. *Minnesota Studies in the Philosophy of Science*, 7: 131-193.

Putnam H. 1981. *Reason, Truth and History*. Cambridge: Cambridge University Press.

Quine W V O. 1969. *Ontological Relativity and Other Essays*. New York: Columbia University Press.

Radman Z. 2012. *Knowing without Thinking: Mind, Action, Cognition, and the Phenomenon of the Background*. Hampshire: Palgrave Macmillan.

Ramachandran V S, Blakeslee S. 1998. *Phantoms in the Brain: Probing the Mysteries of the Human Mind*. New York: Morrow.

Ramachandran V S, Hirstein W. 1998. The perception of phantom limbs. The DO Hebb lecture. *Brain: A Journal of Neurology*, 121(9): 1603-1630.

Ramachandran V S, Hirstein W. 1999. The science of art: a neurological theory of aesthetic experience. *Journal of Consciousness Studies*, 6(6-7): 15-51.

Ramachandran V S. 2007. *The Artful Brain*. New York: Pi Press.

Ramsey W. 2007. *Representation Reconsidered*. Cambridge: Cambridge University Press.

Ramsøy T Z, Overgaard M. 2004. Introspection and subliminal perception. *Phenomenology and the Cognitive Sciences*, 3(1): 1-23.

Rashevsky N. 1938. *Mathematical Biophysics*. Chicago: University of Chicago Press.

Ray T S. 1991. Evolution and optimization of digital organisms//Billingsley K R, Brown H U, Derohanes E (eds.). *Scientific Excellence in Super Computing: The IBM 1990Contest Prize Papers*. Athens: The Baldwin Press: 489-531.

Ray T S. 2013. Mental organs and the origins of mind//Swan L (ed.). *Origins of Mind*. New York: Springer: 301-326.

Raymond J E, Shapiro K L, Arnell K M. 1992. Temporary suppression of visual processing in an

RSVP task: an attentional blink? *Journal of Experimental Psychology: Human Perception and Performance*, 18(3): 849.

Recchia-Luciani A N M. 2012. Manipulating representations. *Biosemiotics*, 5(1): 95-120.

Recchia-Luciani A N M. 2013. The descent of humanity: the biological roots of human consciosness, culture and history//Swan L (ed.). *Origins of Mind*. Springer: 53-84.

Redies C, Takeichi M. 1996. Cadherins in the developing central nervous system: an adhesive code for segmental and functional subdivisions. *Developmental Biology*, 180(2): 413-423.

Reichenbach H. 1958. *The Philosophy of Space and Time*. Dover: New York.

Reingold E M, Merikle P M. 1988. Using direct and indirect measures to study perception without awareness. *Perception & Psychophysics*, 44(6): 563-575.

Reingold E M, Merikle P M. 1990. On the inter-relatedness of theory and measurement in the study of unconscious processes. *Mind & Language*, 5(1): 9-28.

Reingold E M. 2004. Unconscious perception and the classic dissociation paradigm: a new angle? *Perception & Psychophysics*, 66(5): 882-887.

Reiss D, Marino L. 2001. Mirror self-recognition in the bottlenose dolphin: a case of cognitive convergence. *Proc. Natl. Acad. Sci. U S A*, 98(10): 5937-5942.

Rensink R A, O'regan J K, Clark J J. 1997. To see or not to see: the need for attention to perceive changes in scenes. *Psychological Science*, 8(5): 368-373.

Rensink R A. 2001. Change blindness: implications for the nature of visual attention//Jenkin M, Harris L (eds). *Vision and Attention*. New York: Springer.

Rescher N. 2001. *Cognitive Pragmatism: the Theory of Knowledge in Pragmatic Perspective*. Pittsburgh: University of Pittsburgh Press.

Rescher N. 2006. *Presumption and the Practices of Tentative Cognition*. Cambridge: Cambridge University Press.

Rindler W. 1977. *Essential Relativity*. 2nd ed. New York: Springer.

Rivera F. 2010. *Toward a Visually-oriented School Mathematics Curriculum: Research, Theory, Practice, and Issues*. London: Springer.

Robbins P, Aydede M. 2009. *The Cambridge Handbook of Situated Cognition*. New York: Cambridge University Press.

Robinson W. 2007. Evolution and epiphenomenalism. *Journal of Consciousness Studies*, 14(11): 27-42.

Rochat P, Hespos S J. 1997. Differential rooting response by neonates: evidence for an early sense of self. *Infant and Child Development*, 6(3-4): 105-112.

Rochat P, Striano T. 2002. Who's in the mirror? Self-Other discrimination in specular images by four-and nine-month-Old infants. *Child Development*, 73(1): 35-46.

Rochat P. 2010. The innate sense of the body develops to become a public affair by 2-3years. *Neuropsychologia*, 48(3): 738-745.

Rockwell T. 2008. Processes and particles: the impact of classical pragmatism on contemporary metaphysics. *Philosophical Topics*, 36(1): 239-258.

Rockwell W T. 2005. *Neither Brain nor Ghost: A Nondualist Alternative to the Mind-Brain*

Identity Theory. Cambridge: MIT Press.

Roediger H L, McDermott K B. 1995. Creating false memories: remembering words not presented in lists. *Journal of Experimental Psychology: Learning, Memory, and Cognition*, 21(4): 803.

Romo R, Brody C D, Hernández A, et al. 1999. Neuronal correlates of parametric working memory in the prefrontal cortex. *Nature*, 399(6735): 470-473.

Romo R, DeLafuente V, Hernandez A. 2004. Somatosensory discrimination: neural coding and decision-making mechanisms//Gazzaniga M (ed.). *The Cognitive Neurosciences*. Cambridge: Bradford Book, MIT Press.

Romo R, Hernández A, Zainos A, et al. 2002. Neuronal correlates of decision-making in secondary somatosensory cortex. *Nature Neuroscience*, 5(11): 1217-1225.

Romo R, Hernández A, Zainos A. 2004. Neuronal correlates of a perceptual decision in ventral premotor cortex. *Neuron*, 41(1): 165-173.

Romo R, Salinas E. 2001. Touch and go: decision-making mechanisms in somatosensation. *Annual Review of Neuroscience*, 24(1): 107-137.

Rorty R. 1980. *Philosophy and the Mirror of Nature*. Princeton: Princeton University Press.

Rosen R. 1970. *Dynamical System Theory in Biology*. New York: Wiley-Interscience.

Rosen R. 1991. *Life Itself: A Comprehensive Inquiry into the Nature, Origin, and Fabrication of Life*. New York: Columbia University Press.

Rosenberg G. 2005. *A Place for Consciousness: Probing the Deep Structure of the Natural World*. Oxford: Oxford University Press.

Rosenthal D M. 1991. *The Nature of Mind*. New York: Oxford University Press.

Rosenthal D M. 1993. Higher-order thoughts and the appendage theory of consciousness. *Philosophical Psychology*, 6(2): 155-166.

Rosenthal D M. 2005. *Consciousness and Mind*. Oxford: Clarendon.

Roth W M. 2001. Situating cognition. *The Journal of the Learning Sciences*, 10(1-2): 27-61.

Roth W-M, Jornet A G. 2013. Situated cognition. *WIREs Cognitive Science*, 4(5): 463-478.

Rounis E, Maniscalco B, Rothwell J C, et al. 2010. Theta-burst transcranial magnetic stimulation to the prefrontal cortex impairs metacognitive visual awareness. *Cognitive Neuroscience*, 1(3): 165-175.

Rowlands M. 2010. *The New Science of the Mind: from Extended Mind to Embodied Phenomenology*. Cambridge: MIT Press, Bradford Books.

Royce J. 1901. *The World and the Individual*. New York: Macmillan.

Ruff C B, Trinkaus E, Holliday T W. 1997. Body mass and encephalization in Pleistocene Homo. *Nature*, 387: 173-176.

Rumbaugh D M. 1997. Competence, cortex, and primate models: a comparative primate perspective//Krasnegor N A, Lyon G R, Goldman Rakic P S, et al. *Development of the Prefrontal Cortex: Evolution, Neurobiology, and Behavior*. Baltimore: Paul: 117-139.

Rumelhart D E, McClelland J L. 1986. *Parallel Distributed Rrocessing: Explorations in the Microstructure of Cognition*. Cambridge: MIT Press.

Rupert R D. 2010. Extended cognition and the priority of cognitive systems. *Cognitive Systems Research*, 11(4): 343-356.

Rupert R D. 2013. The Sufficiency of Objective Representation//Uriah Kriegel (ed.). *Current Controversies in Philosophy of Mind*. New York: Routledge: 180-195.

Ruse M. 2006. *Darwinism and Its Discontents*. Cambridge: Cambridge University Press.

Russell J A. 1980. A circumplex model of affect. *Journal of Personality and Social Psychology*, 39(6): 1161.

Russell J A. 2009. Emotion, core affect, and psychological construction. *Cognition and Emotion*, 23(7): 1259-1283.

Russell L J. 1949. Human knowledge—its scope and limits. *Philosophy*, 24(90): 253-260.

Ryle G. 1949. *The Concept of Mind*. London: Routledge.

Sadaghiani S, Scheeringa R, Lehongre K, et al. 2010. Intrinsic connectivity networks, alpha oscillations, and tonic alertness: a simultaneous lectroencephalography/functional magnetic resonance imaging study. *Journal of Neuroscience*, 30(30): 10243-10250.

Salinas E, Hernandez A, Zainos A, et al. 2000. Periodicity and firing rate as candidate neural codes for the frequency of vibrotactile stimuli. *Journal of Neuroscience*, 20(14): 5503-5515.

Salinas E, Romo R. 1998. Conversion of sensory signals into motor commands in primary motor cortex. *Journal of Neuroscience*, 18(1): 499-511.

Salmon W. 1984. *Logic*. Englewood Cliffs: Prentice-Hall.

Salzman C D, Murasugi C M, Britten K H, et al. 1992. Microstimulation in visual area MT: effects on direction discrimination performance. *Journal of Neuroscience*, 12(6): 2331-2355.

Sandberg K, Timmermans B, Overgaard M, et al. 2010. Measuring consciousness: is one measure better than the other?*Consciousness and Cognition*, 19(4): 1069-1078.

Savage-Rumbaugh E S, Lewin R. 1994. *Kanzi: The Ape at the Brink of the Human Mind*. New York: Wiley.

Saver J L, Rabin J. 1997. The neural substrates of religious experience. *The Journal of Neuropsychiatry and Clinical Neurosciences*, 9(3): 498-510.

Scalambrino F. 2013. Mnemo-psychography: the origin of mind and the problem of biogical memory storage//Swan L (ed.). *Origins of Mind*: 329-330.

Schachter S, Singer J. 1962. Cognitive, social, and physiological determinants of emotional state. *Psychological Review*, 69(5): 379-399.

Schacter D L, Badgaiyan R D. 2001. Neuroimaging of priming: new perspectives on implicit and explicit memory. *Current Directions in Psychological Science*, 10(1): 1-4.

Schacter D L, Buckner R L. 1998. Priming and the brain. *Neuron*, 20(2): 185-195.

Schacter D L, Dobbins I G, Schnyer D M. 2004. Specificity of priming: a cognitive neuroscience perspective. *Nature Reviews Neuroscience*, 5(11): 853-862.

Schacter D L. 2012. *Forgotten Ideas, Neglected Pioneers: Richard Semon and the Story of Memory*. Philadelphia: Psychology Press.

Schenk T, McIntosh R D. 2010. Do we have independent visual streams for perception and action? *Cognitive Neuroscience*, 1(1): 52-62.

Scherer K R, Schorr A, Johnstone T. 2001. *Appraisal Processes in Emotion: Theory, Methods, Research*. New York: Oxford University Press.

Schlagel R H. 1986. *Contextual Realism: a Meta-physical Framework for Modern Science*. New York: Paragon House.

Schmidt T, Vorberg D. 2006. Criteria for unconscious cognition: three types of dissociation. *Perception & Psychophysics*, 68(3): 489-504.

Schmitt J F, Klein G. 1996. Fighting in the fog: dealing with battlefield uncertainty. *Marine Corps Gazette*, 80(8): 62-69.

Schoenemann P T. 1999. Syntax as an emergent characteristic of the evolution of semantic complexity. *Minds and Machines*, 9(3): 309-334.

Scholte H S, Jolij J, Fahrenfort J J, et al. 2008. Feedforward and recurrent processing in scene segmentation: electroencephalography and functional magnetic resonance imaging. *Journal of Cognitive Neuroscience*, 20(11): 2097-2109.

Scholte H S, Witteveen S C, Spekreijse H, et al. 2006. The influence of inattention on the neural correlates of scene segmentation. *Brain Research*, 1076(1): 106-115.

Schröder T, Stewart T C, Thagard P. 2014. Intention, emotion, and action: a neural theory based on semantic pointers. *Cognitive Science*, 38(5): 851-880.

Schröder T, Thagard P. 2013. The affective meanings of automatic social behaviors: three mechanisms that explain priming. *Psychological Review*, 120(1): 255-280.

Schrödinger E. 1992. *What is Life? With Mind and Matter and Autobiographical Sketches*. Cambridge: Cambridge University Press.

Schulkin J. 2003. *Rethinking Homeostasis: Allostatic Regulation in Physiology and Pathophysiology*. Cambridge: MIT Press.

Schulkin J. 2009. *Cognitive Adaptation: A Pragmatist Perspective*. Cambridge: Cambridge University Press.

Schulkin J. 2011a. Social allostasis: anticipatory regulation of the internal milieu. *Frontiers in Evolutionary Neuroscience*, 2(1): 111-126.

Schulkin J. 2011b. *Adaptation and Well-being: Social Allostasis*. Cambridge: Cambridge University Press.

Schwarz N. 2002. Situated cognition and the wisdom of feelings: cognitive tuning//Barrett L F, Salovey P (eds.). *The Wisdom in Feeling: Psychological Processes in Emotional Intelligence*. New York: The Guilford Press: 144-166.

Schwitzgebel E, Huang C, Zhou Y. 2006. Do we dream in color? cultural variations and skepticism. *Dreaming*, 16(1): 36-42.

Schwitzgebel E. 2002. How well do we know our own conscious experience? The case of visual imagery. *Journal of Consciousness Studies*, 9(5-6): 35-53.

Schwitzgebel E. 2002. Why did we think we dreamed in black and white? *Studies in History and Philosophy of Science Part A*, 33(4): 649-660.

Schwitzgebel E. 2004. Introspective training apprehensively defended: reflections on Titchener's lab manual. *Journal of Consciousness Studies*, 11(7-8): 58-76.

Schwitzgebel E. 2006. Do things look flat?*Philosophy and Phenomenological Research*, 72(3): 589-599.

Schwitzgebel E. 2007. Do you have constant tactile experience of your feet in your shoes? or is experience limited to what's in attention? *Journal of Consciousness Studies*, 14(3): 5-35.

Schwitzgebel E. 2008. The unreliability of naive introspection. *Philosophical Review*, 117(2): 245-273.

Schwitzgebel E. 2012. Introspection, what?//Smithies D, Stoljar D. *Introspection and Consciousness*. Oxford: Oxford University Press: 29-48.

Scovel T. 1998. *Psycholinguistics*. Oxford: Oxford University Press.

Searle J R. 1980. Minds, brains, and programs. *Behavioral and Brain Sciences*, 3(3): 417-424.

Searle J R. 1983. *Intentionality*. Cambridge: Cambridge University Press.

Searle J R. 1984. Intentionality and its place in nature. *Dialectica*, 38(2-3): 87-99.

Searle J R. 1984. *Minds, Brains and Science*. Cambridge: Harvard University Press.

Searle J R. 1991. Consciousness, unconsciousness and intentionality. *Philosophical Issues*, 1(1): 45-66.

Searle J R. 1992. *The Rediscovery of the Mind*. Cambridge: MIT Press.

Searle J R. 1993. The problem of consciousness. *Social Research: An International Quarterly*, 60(1): 3-16.

Searle J R. 1994. The connection principle and the ontology of the unconscious: a reply to Fodor and Lepore. *Philosophy and Phenomenological Research*, 54(4): 847-855.

Searle J R. 1997. *The Mystery of Consciousness*. New York: New York Review of Books.

Searle J R. 2002. *Consciousness and Language*. Cambridge: Cambridge University Press.

Searle J. 1999. Minds, brains, and programs//Warburton N (ed.). *Philosophy Basic Readings*. New York: Routledge.

Searle J. 2007. Putting consciousness back in the brain//Bennet M, Dennet D, Hacker P, et al (eds.). *Neuroscience and Philosophy Brain Mind and Language*. New York: Columbia University Press.

Sebeok T A, Danesi M. 2000. *The Forms of Meaning: Modeling Systems Theory and Semiotic Analysis*. Berlin: Walter de Gruyter.

Sebeok T A. 1963. Communication among social bees;porpoises and sonar;man and dolphin. *Language*, 39(3): 448-466.

Sebeok T A. 1972. *Perspectives in Zoosemiotics*. The Hague: Mouton.

Sebeok T A. 1987. Language: How primary a modeling system?//Deely J. *Semiotics*. Lanham: University Press of America: 15-27.

Sebeok T A. 1988. *I Think I am a Verb: More Contributions to the Doctrine of Signs*. New York: Plenum Press.

Sebeok T A. 2001. Biosemiotics: its roots, proliferation, and prospects. *De Gruyter Mouton*, 134(1): 61-78.

Sebeok T. 1991. *A Sign is Just a Sign*. Bloomington: Indiana University Press.

Segal E, Fondufe-Mittendorf Y, Chen L, et al. 2006. A genomic code for nucleosome positioning.

Nature, 442(7104): 772-778.

Segerdahl P, Fields W, Savage-Rumbaugh S. 2005. *Kanzi's Primal Language: The Cultural Initiation of Primates into Language*. London: Springer.

Seifert C M. 1999. Situated cognition and learning//Wilson R A, Keil F C (eds). *The MIT Encyclopedia of the Cognitive Science*. Cambridge, Massachusetts, London, England: The MIT Press.

Selfridge O G. 1959. Pandemonium: a paradigm for learning//Anderson J A, Rosenfeld E (eds). *Mechanisation of Thought Processes*. London: HMSO: 513-526.

Sellars W. 1956. Empiricism and the philosophy of mind. *Minnesota Studies in the Philosophy of Science*, 1(19): 253-329.

Sellars W. 1962. Philosophy and the scientific image of man. *Frontiers of Science and Philosophy*, 1(1): 35-78.

Sengupta B, Stemmler M B, Friston K J. 2013. Information and efficiency in the nervous system-a synthesis. *PLoS Computational Biology*, 9(7): e1003157.

Sergent C, Baillet S, Dehaene S. 2005. Timing of the brain events underlying access to consciousness during the attentional blink. *Nature Neuroscience*, 8(10): 1391-1400.

Sergent C, Dehaene S. 2004. Is consciousness a gradual phenomenon? Evidence for an all-or-none bifurcation during the attentional blink. *Psychological Science*, 15(11): 720-728.

Sergent C, Dehaene S. 2004. Neural processes underlying conscious perception: experimental findings and a global neuronal workspace framework. *Journal of Physiology-Paris*, 98(4-6): 374-384.

Seth A K, Dienes Z, Cleeremans A, et al. 2008. Measuring consciousness: relating behavioural and neurophysiological approaches. *Trends in Cognitive Sciences*, 12(8): 314-321.

Seth A K. 2008. Post-decision wagering measures metacognitive content, not sensory consciousness. *Consciousness and Cognition*, 17(3): 981-983.

Shallice T. 1988. *From Neuropsychology to Mental Structure*. Cambridge: Cambridge University Press.

Shams L, Beierholm U R. 2010. Causal inference in perception. *Trends in Cognitive Sciences*, 14(9): 425-432.

Shanahan M, Baars B. 2007. Global workspace theory emerges unscathed. *Behavioral and Brain Sciences*, 30(5-6): 524-525.

Shannon C E, Weaver W. 1998. *The Mathematical Theory of Communication*. Urbana: University of Illinois Press.

Shannon C E. 1948. A mathematical theory of communication. *The Bell System Technical Journal*, 27(3): 379-423.

Shapiro L, Colman D R. 1999. The diversity of cadherins and implications for a synaptic adhesive code in the CNS. *Neuron*, 23(3): 427-430.

Shapiro L. 2013. When is cognition embodied//Kriegel U. *Current Controversies in Philosophy of Mind*. New York: Routledge: 73-90.

Sharov A A. 2006. Genome increase as a clock for the origin and evolution of life. *Biology*

Direct, 1(1): 17.
Sharov A A. 2009a. Role of utility and inference in the evolution of functional information. Biosemiotics, 2: 101-115.
Sharov A A. 2009b. Coenzyme autocatalytic network on the surface of oil microspheres as a model for the origin of life. *International Journal of Molecular Sciences*, 10(4): 1838-1852.
Sharov A A. 2010a. Genetic gradualism and the extraterrestrial origin of life. *Journal of Cosmology*, 5: 833-842.
Sharov A A. 2010b. Functional information: towards synthesis of biosemiotics and cybernetics. *Entropy*, 12(5): 1050-1070.
Sharov A A. 2012. The origin of mind//Maran T, Lindström K, Magnus R, et al. *Semiotics in the Wild*. Tartu: University of Tartu: 63-69.
Sharov A A. 2013. Minimal mind//Swan L (ed.). *Origins of Mind*: 343-360.
Shattuck R. 1981. *The Forbidden Experiment: The Story of the Wild Boy of Aveyron*. New York: Washington Square Press.
Shea N, Bayne T. 2010. The vegetative state and the science of consciousness. *The British Journal for the Philosophy of Science*, 61(3): 459-484.
Shea N. 2018. *Representation in Cognitive Science*. Oxford: Oxford University Press.
Shepard R N, Metzler J. 1971. Mental rotation of three-dimensional objects. *Science*, (171): 701-703.
Shepard R N. 1984. Ecological constraints on internal representation: resonant kinematics of perceiving, imagining, thinking, and dreaming. *Psychological Review*, 91(4): 417-447.
Shinkareva S V, Mason R A, Malave V L, et al. 2008. Using fMRI brain activation to identify cognitive states associated with perception of tools and dwellings. *PLoS One*, 3(1): e1394.
Shock J, Hupp J. 1982. The worms programs-early experiences with a distributed computation. *Communications of the ACM*, 25(3): 172-180.
Sidis B. 1898. *The Psychology of Suggestion: A Research into the Subconscious Nature of Man and Society*. NewYork: D. Appleton and Company.
Siemer M, Reisenzein R. 2007. The process of emotion inference. *Emotion*, 7(1): 1-20.
Siewert C. 1998. *The Significance of Consciousness*. Princeton: Princeton University Press.
Sikorsky R. 1969. *Boolean Algebras*. 3rd ed. New York: Springer.
Simon H A. 1979. *The Sciences of Artificial*. 2nd ed. Cambridge: MIT Press.
Simons D J, Chabris C F. 1999. Gorillas in our midst: sustained inattentional blindness for dynamic events. *Perception*, 28(9): 1059-1074.
Simons D J, Levin D T. 1998. Failure to detect changes to people during a real-world interaction. *Psychonomic Bulletin & Review*, 5(4): 644-649.
Simons D J, Rensink R A. 2005. Change blindness: past, present, and future. *Trends in Cognitive Sciences*, 9(1): 16-20.
Simons D J. 2000. Attentional capture and inattentional blindness. *Trends in Cognitive Sciences*, 4(4): 147-155.
Simonton D K. 2010. Creative thought as blind-variation and selective-retention: combinatorial

models of exceptional creativity. *Physics of Life Reviews*, 7(2): 190-194.
Singer W. 2000. Phenomenal awareness and consciousness from a neurobiological perspective//Metzinger T. *Neural Correlates of Consciousness*. Cambridge: MIT Press: 121-138.
Skinner B F. 1953. *Science and Human Behaviour*. New York: Macmillan.
Skrbina D(ed.). 2009. *Mind that Abides*. Amsterdam: John Benjamins.
Skrbina D. 2001. *Participation, Organization and Mind: Toward a Participatory Worldview*. Bath: University of Bath.
Skrbina D. 2005. *Panpsychism in the West*. Cambridge: MIT Press.
Slagter H A, Johnstone T, Beets I A M, et al. 2010. Neural competition for conscious representation across time: an fMRI study. *PLoS One*, 5(5): e10556.
Slater P B. 1985. *An Introduction to Ethology*. Cambridge: Cambridge University Press.
Sligte I G, Scholte H S, Lamme V A F. 2008. Are there multiple visual short-term memory stores?*PLOS One*, 3(2): e1699.
Sloman A, Chrisley R. 2003. Virtual machines and consciousness. *Journal of Consciousness Studies*, 10(4-5): 133-172.
Sloman A. 2007. Why some machines may need qualia and how they can have them: including a demanding new turing test for robot philosophers//Chella A, Manzotti R(eds.). *AI and Consciousness: Theoretical Foundations and Current Approaches AAAI Fall Symposium*. Menlo Park: AAAI Press: 9-16.
Sloman A. 2010. An alternative to working on machine consciousness. *International Journal of Machine Consciousness*, 2(1): 1-18.
Smart J J C. 1959. Sensations and brain processes. *The Philosophical Review*, 68(2): 141-156.
Smith B C. 1999. Situstedness/embeddedness//Wilson R A, Keil F C(eds.). *The MIT Encyclopedia of the Cognitive Science*. New York: The MIT Press.
Smith D L. 1999. *Freud's Philosophy of the Unconscious*. Dordrect: Springer.
Smith E E, Kosslyn S M. 2007. *Cognitive Psychology: Mind and Brain*. Upper Saddle River: Pearson Prentice Hall.
Smith E R, Semin G R. 2004. Socially situated cognition: cognition in its social context. *Advances in Experimental Social Psychology*, 36(1): 53-117.
Smith E R, Semin G R. 2007. Situated social cognition. *Current Directions in Psychological Science*, 16(3): 132-135.
Smith H. 2001. Do drugs have religious import?A thirty-five-year retrospective//Roberts T B(ed.). *Psychoactive Sacramentals, Essays on Entheogens and Religion*. San Francisco: Council on Spiritual Practices: 11-16.
Smith W M, Ward T B, Finke R A. 1995. *The Creative Cognition Approach*. Cambridge: MIT Press.
Snodgrass J M. 2002. Disambiguating conscious and unconscious influences: do exclusion paradigms demonstrate unconscious perception?*The American Journal of Psychology*, 115(4): 545-579.

Snodgrass M, Bernat E, Shevrin H. 2004. Unconscious perception: a model-based approach to method and evidence. *Perception & Psychophysics*, 66(5): 846-867.

Snodgrass M, Lepisto S A. 2007. Access for what? Reflective consciousness. *Behavioral and Brain Sciences*, 30(5-6): 525-526.

Snodgrass M, Shevrin H. 2006. Unconscious inhibition and facilitation at the objective detection threshold: replicable and qualitatively different unconscious perceptual effects. *Cognition*, 101(1): 43-79.

Snodgrass M. 2004. The dissociation paradigm and its discontents: how can unconscious perception or memory be inferred?*Consciousness and Cognition*, 13(1): 107-116.

Solomon M. 2007. Situated cognition//Thagard P (ed.). *Philosophy of Psychology and Cognitive Science*. North-Holland: Elsevier B. V.

Soltis D E, Soltis P S. 1989. Allopolyploid speciation in Tragopogon: insights from chloroplast DNA. *American Journal of Botany*, 76(8): 1119-1124.

Solymosi T. 2011. Neuropragmatism, old and new. *Phenomenology and the Cognitive Sciences*, 10(3): 347-368.

Solymosi T. 2012a. Can the two cultures reconcile? Reconstruction and neuropragmatism//Turner J, Franks D(eds.). *The Handbook of Neurosociology*. Dordrecht: Springer: 83-98.

Solymosi T. 2012b. Pragmatism, inquiry, and design: a dynamic approach//Swan L S, Gordon R, Seckbach J(eds.). *Origin(s) of Design in Nature: A Fresh, Interdisciplinary Look at How Design Emerges in Complex Systems, Especially Life*. Dordrecht: Springer: 143-160.

Sonesson G. 2009. New considerations on the proper study of man-and, marginally, some other animals. *Cognitive Semiotics*, 4(Supplement): 133-168.

Sorokin P A. 1947. *Society, Culture and Personality: Their Structure and Dynamics*. New York: Cooper Square Publishers.

Sorrer O. 1994. Ancestral lifeways in Eurasiaó The Middle and Upper Paleolithic records//Nitecki M, Nitecki D(eds.). *Origins of Anatomically Modern Humans*. New York: Plenum Press: 101-119.

Spear N E, Riccio D C. 1994. *Memory: Phenomena and Principles*. Boston: Allyn and Bacon.

Spencer H. 1855. *The Principles of Psychology*. London: Longman, Brown, Green, and Longmans.

Spencer-Brown G. 1969. *Laws of Form*. London: Allen and Unwin.

Sperling G. 1960. The information available in brief visual presentations. *Psychological Monographs: General and Applied*, 74(11): 1-29.

Sperry R W. 1943. Visuomotor coordination in the newt (Triturus viridescens) after regeneration of the optic nerve. *Journal of Comparative Neurology*, 79(1): 33-55.

Sperry R W. 1963. Chemoaffinity in the orderly growth of nerve fiber patterns and connections. *Proceedings of the National Academy of Sciences*, 50(4): 703-710.

Spiegelberg H. 1965. *The Henomenological Movement: A Historical Introduction*. The Hague: Martinus Nijhoff.

Squire I R. 1987. *Memory and Brain*. New York: Oxford University Press.

Stace W T. 1960. *Mysticism and Philosophy*. New York: Macmillan.
Stao H. 1995. *One Hundred Frogs*. New York: Weatherhill.
Stapp H P. 2007. *The Mindful Universe*. New York: Springer.
Steffensen S V, Cowley S. 2010. Signifying bodies and health: a non-local aftermath//Cowley S J, Major C J, Steffensen S V (eds.). *Signifying Bodies, Biosemiosis, Interaction and Health*. Braga: The Faculty of Philosophy of Braga Portuguese Catholic University: 331-355.
Sterelny K. 1990. *The Representational Theory of Mind*. Oxford: Blackwell.
Sterelny K. 2012. *The Evolved Apprentice*. Cambridge: MIT Press.
Steriade M, McCarley R W. 2005. *Brain Control of Wakefulness and Sleep*. New York: Springer.
Stevenson L. 2014. Who afraid of determinism? *Pholosophy*, 89(3): 431-450.
Stewart J. 1995. Cognition=life: implications for higher-level cognition. *Behavioural Processes*, 35(1-3): 311-326.
Stewart T C, Eliasmith C. 2012. Compositionality and biologically plausible models//Hinzen W, Machery E, Werning M (eds.). *Oxford Handbook of Compositionality*. Oxford: Oxford University Press: 596-615.
Strahl B D, Allis C D. 2000. The language of covalent histone modifications. *Nature*, 403(6765): 41-45.
Strawson G. 2008. *Real Materialism and other Essays*. Oxford: Oxford University Press.
Strawson G. 2010. *Mental Reality*. Cambridge: MIT Press.
Stringer C, Gamble C. 1993. *In Search of the Neanderthals*. London: Thames & Hudson.
Strogatz S. 2004. *Sync: How Order Emerges from Chaos in the Universe, Nature, and Daily Life*. Hachette: Hachette Books.
Suárez M. 2003. Scientific representation: against similarity and isomorphism. *International Studies in the Philosophy of Science*, 17(3): 225-244.
Suárez M. 2004. An inferential conception of scientific representation. *Philosophy of Science*, 71(5): S767-S779.
Suárez M. 2010. Scientific representation. *Philosophy Compass*, 5(1): 91-101.
Suchman L A. 1987. *Plan and Situated Action*. New York: Cambridge University Press.
Sugu D, Chatterjee A. 2010. Flashback: reshuffling emotions. *International Journal on Humanistic Ideology*, 3(1): 109-133.
Sullivan J A. 2009. The multiplicity of experimental protocols: a challenge to reductionist and non-reductionist models of the unity of neuroscience. *Synthese*, 167(3): 511-539.
Sun R, Bookman L (eds.). 1994. *Computational Achitectures Integrating Neural and Symbolic Processes*. Needham: Kluwer Academic Publishers.
Supèr H, Spekreijse H, Lamme V A F. 2001. Two distinct modes of sensory processing observed in monkey primary visual cortex (V1). *Nature Neuroscience*, 4(3): 304-310.
Super H, van der Togt C, Spekreijse H, et al. 2003. Internal state of monkey primary visual cortex (V1) predicts figure-ground perception. *Journal of Neuroscience*, 23(8): 3407-3414.
Suppes P. 1967. What is a scientific theory?//Morgenbesser S (ed.). *Philosophy of Science Today*. New York: Basic Books: 55-67.

Swan L S, Goldberg L J. 2010a. Biosymbols: symbols in life and mind. *Biosemiotics*, 3(1): 17-31.

Swan L S, Goldberg L J. 2010b. How is meaning grounded in the organism?*Biosemiotics*, 3(2): 131-146.

Swan L S, Howard J. 2012. Digital immortality: self or 0010110? *International Journal of Machine Consciousness*, 4(1): 245-256.

Swan L. 2013. Introduction: the origin of Mindedness in Nature//Swan L (ed.). *Origins of Mind*. Springer.

Swets J A. 1996. *Signal Detection Theory and ROC Analysis in Psychology and Diagnostics: Collected papers*. Mahwah: Erlbaum Associates.

Swoyer C. 1991. Structural representation and surrogative reasoning. *Synthese*, 87(3): 449-508.

Sytsma J, Machery E. 2010. Two conceptions of subjective experience. *Philosophical Studies*, 151: 299-327.

Sytsma J. 2010. Folk psychology and phenomenal consciousness. *Philosophy Compass*, 5(8): 700-711.

Szczepanowski R, Pessoa L. 2007. Fear perception: can objective and subjective awareness measures be dissociated?*Journal of Vision*, 7(4): 1-17.

Tallerman M (ed.). 2005. *Language Origins: Perspectives on Evolution*. Oxford University Press.

Tarkiainen A, Cornelissen P L, Salmelin R. 2002. Dynamics of visual feature analysis and object-level processing in face versus letter-string perception. *Brain*, 125(5): 1125-1136.

Taylor J G. 2007. The CODAM model: through attention to consciousness. *Scholarpedia*, 2(11): 1598.

Taylor J G. 2013. *Solving the Mind-Body Problem by the CODAM Neural Model of Consciousness?*New York: Springer.

Thagar P. 1988. *Computational Philosophy of Science*. Cambridge: MIT Press.

Thagard P, Aubie B. 2008. Emotional consciousness: a neural model of how cognitive appraisal and somatic perception interact to produce qualitative experience. *Consciousness and Cognition*, 17(3): 811-834.

Thagard P, Nussbaum A D. 2014. Fear-driven inference: mechanisms of gut overreaction//Magnani L (ed.). *Model-based Reasoning in Science and Technology*. Berlin: Springer: 43-53.

Thagard P, Schröder T. 2014. Emotions as semantic pointers: constructive neural mechanisms//Barrett L F, Russell J A (eds.). *The Psychological Construction of Emotions*. New York: Guilford: 144-167.

Thagard P, Stewart T C. 2011. The AHA! experience: creativity through emergent binding in neural networks. *Cognitive Science*, 35(1): 1-33.

Thagard P, Stewart T C. 2014. Two theories of consciousness: semantic pointer competition vs. information integration. *Consciousness and Cognition*, 30(November): 73-90.

Thagard P, Verbeurgt K. 1998. Coherence as constraint satisfaction. *Cognitive Science*, 22(1): 1-24.

Thagard P, Wood J V. 2015. Eighty phenomena about the self: representation, evaluation, regulation, and change. *Frontiers in Psychology*, 6(3): 334.

Thagard P. 1992. *Conceptual Revolutions*. Princeton: Princeton University Press.

Thagard P. 2000. *Coherence in Thought and Action*. Cambridge: MIT Press.

Thagard P. 2005. *Mind: Introduction to Cognitive Science*. Cambridge: MIT Press.

Thagard P. 2006. *Hot Thought: Mechanism and Applications of Emotional Cognition*. Cambridge: The MIT Press.

Thagard P. 2010. *The Brain and the Meaning of Life*. Princeton: Princeton University Press.

Thagard P. 2012a. Mapping minds across cultures//Sun R (ed.). *Grounding Social Sciences in Cognitive Sciences*. Cambridge: MIT Press: 35-62.

Thagard P. 2012b. *The Cognitive Science of Science: Explanation, Discovery, and Conceptual Change*. Cambridge: MIT Press.

Thagard P. 2012c. Cognitive architectures//Frankish K, Ramsay W(eds.). *The Cambridge Handbook of Cognitive Science*. Cambridge: Cambridge University Press: 50-70.

Thagard P. 2012d. Coherence: the price is right. *The Southern Journal of Philosophy*, 50(1): 42-49.

Thagard P. 2012e. Creative combination of representations: scientific discovery and technological invention//Proctor R, Capaldi E J(eds.). *Psychology of Science: Implicit and Explicit Processes*. Oxford: Oxford University Press: 389-405.

Thagard P. 2013. Cognitive sciences//Kaldis B(ed.). *Encyclopedia of Philosophy and the Social Sciences*. Thousand Oaks: Sage: 95-99.

Thagard P. 2014a. Artistic genius and creative cognition. //Simonton D K (ed.). *Wiley Handbook of Genius*. Oxford: Wiley-Blackwell: 120-138.

Thagard P. 2014b. Creative intuition: how EUREKA results from three neural mechanisms//Osbeck L M, Held B S (eds.). *Rational Intuition: Philosophical Roots, Scientific Investigations*. Cambridge: Cambridge University Press: 287-306.

Thagard P. 2014c. Economic explanations//Lissack M, Graber A(eds.). *Modes of Explanation*. London: Palgrave Macmillan.

Thagard P. 2014d. Explanatory identities and conceptual change. *Science & Education*, 23(7): 1531-1548.

Thagard P. 2014e. The self as a system of multilevel interacting mechanisms. *Philosophical Psychology*, 27(2): 145-163.

Thagard P. 2014f. Thought experiments considered harmful. *Perspectives on Science*, 22(2): 288-305.

Thagard P. 2015. The cognitive-affective structure of political ideologies//Martinovski B(ed.). *Emotion in Group Decision and Negotiation*. Berlin: Springer: 51-71.

Thagard P. 2016. Emotional cognition in urban planning//Portugali J, Stolk E(eds.). *Complexity, Cognition, Urban Planning and Design*. Berlin: Springer: 197-213.

Thau M. 2002. *Consciousness and Cognition*. Oxford: Oxford University Press.

Thompson E(ed.). 2003. *The Problem of Consciousness: New Essays in the Phenomenological*

Philosophy of Mind. Alberta: University of Calgary Press.

Thompson E. 2007. *Mind in Life: Biology, Phenomenology, and the Sciences of Mind*. Cambridge: Harvard University Press.

Thompson R K R, Oden D L. 2000. Categorical perception and conceptual judgments by nonhuman primates: the paleological monkey and the analogical ape. *Cognitive Science*, 24(3): 363-396.

Thorpe S, Fize D, Marlot C. 1996. Speed of processing in the human visual system. *Nature*, 381(6582): 520-522.

Tinbergen N. 1973. *The Animal in its World*. London: Allan & Unwin.

Tolman E C. 1932. *Purposive Behavior in Animals and Men*. New York: Aplleton-Century.

Tomasello M, Call J. 1997. *Primate Cognition*. Oxford: Oxford University Press.

Tomasello M, Carpenter M, Call J, et al. 2005. Understanding and sharing intentions: the origins of cultural cognition. *Behavioral and Brain Sciences*, 28(5): 675-691.

Tomasello M, Kruger A C, Ratner H H. 1993. Cultural learning. *Behavioral and Brain Sciences*, 16(3): 495-511.

Tomasello M, Rakoczy H. 2003. What makes human cognition unique? From individual to shared to collective intentionality. *Mind & Language*, 18(2): 121-147.

Tomasello M. 1996. Do apes ape?//Heyes C M, Galef Jr B J (eds.). *Social Learning in Animals: The Roots of Culture*. San Diego: Academic: 319-346.

Tomasello M. 1998. Emulation learning and cultural learning. *Behavioral and Brain Sciences*, 21(5): 703-704.

Tomasello M. 2006. Rational imitation in 12-month-old infants Christiane Schwier, Catharine van Maanen, Malinda Carpenter. *Infancy*, 10(3): 303-311.

Tomasello M. 2009. The question of chimpanzee culture, plus postscript//Laland K, Galef B (eds.). *The Question of Animal Culture*. Cambridge: Harvard University Press: 198-221.

Tomkins G M. 1975. The Metabolic code: biological symbolism and the origin of intercellular communication is discussed. *Science*, 189(4205): 760-763.

Tononi G, Edelman G. 1998. Consciousness and integration of information in the brain. *Advances in Neurology*, 77: 245-279.

Tononi G, Koch C. 2008. The neural correlates of consciousness: an update. *Annals of the New York Academy of Sciences*, 1124(1): 239-261.

Tononi G. 2004. An information integration theory of consciousness. *BMC Neuroscience*, 5: 1-22.

Tononi G. 2008. Consciousness as integrated information: a provisional manifesto. *The Biological Bulletin*, 215(3): 216-242.

Tononi G. 2010. Information integration: its relevance to brain function and consciousness. *Archives Italiennes De Biologie*, 148(3): 299-322.

Tononi G. 2012. *PHI: A Voyage from the Brain to the Soul*. New York: Pantheon.

Tough D F, Sprent J. 1994. Turnover of naive-and memory-phenotype T cells. *The Journal of Experimental Medicine*, 179(4): 1127-1135.

Trifonov E N. 1987. Translation framing code and frame-monitoring mechanism as suggested by the analysis of mRNA and 16S rRNA nucleotide sequences. *Journal of Molecular Biology*, 194(4): 643-652.

Trifonov E N. 1989. The multiple codes of nucleotide sequences. *Bulletin of Mathematical Biology*, 51(4): 417-432.

Trifonov E N. 1996. Interfering contexts of regulatory sequence elements. *Bioinformatics*, 12(5): 423-429.

Trifonov E N. 1999. Elucidating sequence codes: three codes for evolution. *Annals of the New York Academy of Sciences*, 870(1): 330-338.

Trout J D. 2002. Scientific explanation and the sense of understanding. *Philosophy of Science*, 69(2): 212-233.

Trout J D. 2009. *The Empathy gap: Building Bridges to the Good Life and the Good Society*. New York: Viking/Penguin.

Tsakiris M, Haggard P. 2005. Experimenting with the acting self. *Cognitive Neuropsychology*, 22(3/4): 387-407.

Tudge C. 2000. *The Variety of Life. A Survey and a Celebration of All the Creatures that Have Everlived*. Oxford, New York: Oxford University Press.

Tulving E, Schacter D L. 1990. Priming and human memory systems. *Science*, 247(4940): 301-306.

Tulving E, Schacter D. 1992. Priming and memory systems//Smith B, Adelman G (eds.). *Neuroscience Year: Supplement 2to the Encyclopedia of Neuroscience*. Boston: Birkhauser: 130-133.

Tulving E. 2002. Episodic memory: from mind to brain. *Annual Review of Psychology*, 53(1): 1-25.

Turchin V F. 1977. *The Henomenon of Science*. New York: Columbia University Press.

Turing A. 1952. Can automatic calculating machines be said to think?//Copeland B J(ed.). *The Essential Turing: The Ideas that Gave Birth to the Computer Age*. Oxford: Oxford University Press: 487-506.

Turner B M. 2000. Histone acetylation and an epigenetic code. *Bioessays*, 22(9): 836-845.

Turner B M. 2002. Cellular memory and the histone code. *Cell*, 111(3): 285-291.

Tye M. 1996. The function of consciousness. *Noûs*, 30(3): 287-305.

Tye M. 2006. Nonconceptual content, richness, and fineness of grain//Szabo T G, Hawthorne J(eds.). *Perceptual Experience*. Oxford: Oxford University Press: 504-530.

Tye M. 2009. *Consciousness Revisited: Materialism without Phenomenal Concepts*. Cambridge: MIT Press.

Tylor E B. 1958. *Religion in Primitive Culture*. New York: Harper & Brothers.

Uhlhaas P J, Singer W. 2006. Neural synchrony in brain disorders: relevance for cognitive dysfunctions and pathophysiology. *Neuron*, 52(1): 155-168.

Uhlhaas P, Pipa G, Lima B, et al. 2009. Neural synchrony in cortical networks: history, concept and current status. *Frontiers in Integrative Neuroscience*, 3(1): 1-19.

Ungerleider L G, Mishkin M. 1982. Two cortical visual systems//Ingle D J, Goodale M A,

Mansfield R J W (eds.). *Analysis of Visual Behavior.* Cambridge: MIT Press: 549-586.
Vallar G. 1999. The methodological foundations of neuropsychology//Denes G, Pizzamiglio L (eds.). *Handbook of Clinical and Experimental Neuropsychology.* Hove: Psychology Press: 95-131.
Vallbo A B. 1995. Single-afferent neurons and somatic sensation in humans//Gazzaniga M (ed.). *The Cognitive Neurosciences.* Cambridge: A Bradford Book, MIT Press: 237-252.
Van Fraassen B C. 1980. *The Scientific Image.* Oxford: Oxford University Press.
Van Fraassen B C. 2004. Science as representation: flouting the criteria. *Philosophy of Science,* 71(5): S794-S804.
Van Fraassen B C. 2006. Representation: the problem for structuralism. *Philosophy of Science,* 73(5): 536-547.
Van Fraassen B C. 2008. *Scientific Representation: Paradoxes of Perspective.* Oxford: Oxford University Press.
Van Gelder T, Port R. 1995. It's about time: an overview of the dynamical approach to cognition//Port R, van Gelder T (eds.). *Mind as Motion: Explorations in the Dynamics of Cognition.* Cambrdge: MIT Press: 1-43.
Van Gelder T. 1995. What might cognition be if not computation? *Journal of Philosophy,* 92(7): 345-381.
Van Gulick R. 2007. What if phenomenal consciousness admits of degrees? *Behavioral and Brain Sciences,* 30(5-6): 528-529.
Van Harmelen F, Lifschitz V, Porter B (eds.). 2008. *Handbook of Knowledge Representation.* Oxford: Elsevier Science.
VanRullen R, Thorpe S J. 2001. The time course of visual processing: from early perception to decision-making. *Journal of Cognitive Neuroscience,* 13(4): 454-461.
Varakin D A, Levin D T. 2006. Change blindness and visual memory: visual representations get rich and act poor. *British Journal of Psychology,* 97(1): 51-77.
Varela F J. 1997. Patterns of life: intertwining identity and cognition. *Brain and Cognition,* 34(1): 72-87.
Varela F (eds). 1991. T*he Embodied Mind: Cognitive Science and Human Experience.* Cambridge: The MIT Press.
Varela F, Thompson E, Rosch E. 1991. *The Embodied Mind.* Cambridge: MIT Press.
Varela F. 1979. *Principles of Biological Autonomy.* New York: North Holland.
Velmans M. 1992. Is consciousness integrated?*Behavioral and Brain Sciences,* 15(2): 229-230.
Verhey K J, Gaertig J. 2007. The tubulin code. *Cell Cycle,* 6(17): 2152-2160.
Vicente K J. 1999. *Cognitive Work Analysis: Toward Safe, Productive, and Healthy Computer-Based Work.* Mahwah: Lawrence Erlbaum & Associates.
Vihalemm R. 2007. Philosophy of chemistry and the image of science. *Foundations of Science,* 12(3): 223-234.
Villars P S, Kanusky R R T J T, Dougherty T B. 2004. General anesthesia. *AANA Journal,* 72(3): 197-205.

Visel A, Blow M J, Li Z, et al. 2009. ChIP-seq accurately predicts tissue-specific activity of enhancers. *Nature*, 457(7231): 854-858.
Visser T A W, Merikle P M. 1999. Conscious and unconscious processes: the effects of motivation. *Consciousness and Cognition*, 8(1): 94-113.
Volterra V. 1931. Variations and fluctuations of the number of individuals in animal species living together//Chapman R N(ed.). *Animal Ecology*. New York: McGraw-Hill: 409-448.
Voltolini A. 2009. Consequences of schematism. *Phenomenology and the Cognitive Sciences*, 8(1): 135-150.
Von Bayern A M P, Heathcote R J P, Rutz C, et al. 2009. The role of experience in problem solving and innovative tool use in crows. *Current Biology*, 19(22): 965-1968.
Von Uexküll J. 1934. A stroll through the worlds of animals and men: a picture book modern of invisible worlds//Schiller C H (ed.). *Instinctive Behavior: The Development of a Modern Concept*. New York: International Universities Press: 5-80.
Vorms M, Pincock C(eds.). 2013. Models and Simulations 4. *Synthese*, 190(2): 187-188.
Vygotsky L S. 1978. *Mind and Society: The Development of Higher Mental Processes*. Cambridge: Harvard University Press.
Waddington C H. 1968. Towards a theoretical biology. *Nature*, 218(5141): 525-527.
Wagar B M, Thagard P. 2004. Spiking Phineas gage: a neurocomputational theory of cognitive-affective integration in decision making. *Psychological Review*, 111(1): 67-79.
Walraven V, van Elsacker L, Verheyen R. 1995. Reactions of a group of pygmy chimpanzees (Pan paniscus) to their mirror images: evidence of self-recognition. *Primates*, 36(1): 145-150.
Walter S. 2014. Situated cognition: a field guide to some open conceptual and ontological issues. *Review of Philosophy and Psychology*, 5(2): 241-263.
Walton D. 2004. *Abductive Reasoning*. Tuscaloosa: The University of Alabama Press.
Wang X T. 1996. Domain-specific rationality in human choice: violations of utility axioms and social context. *Cognition*, 60(1): 31-63.
Want S C, Harris P L. 2001. Learning from other people's mistakes: causal understanding in learning to use a tool. *Child Development*, 72(2): 431-443.
Waskan J A. 2006. *Models and Cognition: Prediction and Explanation in Everyday Life and in Science*. Cambridge, Massachusetts, London: The MIT Press.
Watanabe S, Huber L. 2006. Animal logics: decisions in the absence of human language. *Animal Cognition*, 9: 235-245.
Watson J B. 1913. Psychology as the behaviorist views it. *Psychological Review*, 20(2): 158-177.
Watson J D. 1969. *The Double Helix*. New York: New American Library.
Waytz A, Hershfield H E, Tamir D I. 2015. Mental simulation and meaning in life. *Journal of Personality and Social Psychology*, 108(2): 336-355.
Webb J. 1980. *Mechanism, Mentalism and Metamathematics: An Essay on Finitism*. Dordrecht, Boston: D. Reidel Publ. Co.
Weber A, Varela F J. 2002. Life after Kant: natural purposes and the autopoietic foundations of

biological individuality. *Phenomenology and the Cognitive Sciences*, 1(2): 97-125.

Weber R J, Perkins D N. 1989. How to invent artifacts and ideas. *New Ideas in Psychology*, 7(1): 49-72.

Weinberg S(ed.). 1992. *Against Philosophy. In Dreams of a Final Theory*. New York: Pantheon.

Weiner P P. 1973. *Dictionary of the History of Ideas*. Vol III. New York: Scribner's Sons.

Weiskrantz L. 1986. *Blindsight: A Case Study and Implications*. Oxford: Oxford University Press.

Weiskrantz L. 1998. Consciousness and commentaries. *International Journal of Psychology*, 33(3): 227-233.

Wellman H M. 1990. *The Child's Theory of Mind*. Cambridge: Bradford Books, MIT Press.

Wertheim A H, Hooge I T C, Krikke K, et al. 2006. How important is lateral masking in visual search? *Experimental Brain Research*, 170: 387-402.

Wexker B. 2006. *Brain and Culture: Neurobiology, Ideology and Social Change*. New York: Bradford Books.

Weygandt M, Schaefer A, Schienle A, et al. 2012. Diagnosing different binge-eating disorders based on reward-related brain activation patterns. *Human Brain Mapping*, 33(9): 2135-2146.

Wheeler J A. 1994. *At Home in the Universe*. New York: American Institute of Physics.

Wheeler J A. 1998. *Geons Black Holes & Quantum Foam: A Life in Physics*. New York: W. W. Norton & Company.

Wheeler M. 2005. *Reconstructin the Cognitive World: The Next Step*. Cambridge, Massachusetts London England: The MIT Press.

Wheeler M. 2008. Cognition in context: phenomenology, situated robotics and the frame problem. *International Journal of Philosophical Studies*, 16(3): 323-349.

White R. 1989. Production complexity and standarzation in early auriganacian bead and pendant manufacture: evolutionary implications//Mellars P, Striger C (eds.). *The Human Revolution: Behavioral and Biological Perspectives on the Origins of Modern Humans*. Cambridge: Cambridge University Press: 366-390.

White R. 1989. Toward a contextual understanding of the earliest body ornaments//*The Emergence of Modern Humans: Biocultural Adaptations in the Later Pleistocene*. Cambridge: Cambridge University Press: 211-231.

Whitehead A N. 1978. *Process and Reality: An Essay in Cosmology*. New York: The Free Press.

Whiten A, Goodall J, McGrew W C, et al. 1999. Cultures in chimpanzees. *Nature*, 399(6737): 682-685.

Whiten A, Hinde R A, Laland K N, et al. 2011. Culture evolves. *Philosophical Transactions of the Royal Society B: Biological Sciences*, 366(1567): 938-948.

Whiten A, McGuigan N, Marshall-Pescini S, et al. 2009. Emulation, imitation, over-imitation and the scope of culture for child and chimpanzee. *Philosophical Transactions of the Royal Society B: Biological Sciences*, 364(1528): 2417-2428.

Whiten A. 2010. A coming of age for cultural panthropology//Lonsdorf E, Ross S, Matsuzawa T(eds.). *The Mind of the Chimpanzee: Ecological and Experimental Perspectives*. Chicago: University of Chicago Press: 87-100.

Wichert A. 2009. Sub-symbols and icons. *Cognitive Computation*, 1(4): 342-347.
Wickelgren W A. 1977. *Learning and Memory*. Englewood: Prentice-Hall.
Wierzbicka A. 1999. *Emotions Across Languages and Cultures: Diversity and Universals*. Cambridge: Cambridge University Press.
Wiesel T N, Hubel D H. 1963. Effects of visual deprivation on morphology and physiology of cells in the cat's lateral geniculate body. *Journal of Neurophysiology*, 26(6): 978-993.
Wiesel T N, Hubel D H. 1963. Single-cell responses in striate cortex of kittens deprived of vision in one eye. *Journal of Neurophysiology*, 26(6): 1003-1017.
Wilkes K V. 1984. Is consciousness important?*British Journal for the Philosophy of Science*, 35(3): 223-243.
Wilkes K V. 1988. Yìshì, duh, um and consciousness//Marcel A J, Bisiach E(eds.). *Consciousness in Contemporary Science*. Oxford: Oxford University Press: 16-41.
Wilson D S. 2003. *Darwin's Cathedral: Evolution, Religion, and the Nature of Society*. Chicago: University of Chicago Press.
Wilson E O. 1999. *Consilience: The Unity of Knowledge*. New York: Vintage Books Division of Random House Inc.
Wilson M. 2002. Six views of embodied cognition. *Psychological Bulletin and Review*, 9(4): 625-636.
Wilson R A, Clark A. 2009. How to situate cognition: letting nature take its course//Robbins P, Aydede M (eds.). *The Cambridge Handbook of Situated Cognition*. Cambridge: Cambridge University Press: 55-77.
Wilson R A. 1999. Realism, essence, and kind: resuscitating species essentialism?//Wilson R A (ed.). *Species: New Interdisciplinary Essays*. Cambridge: MIT Press: 187-207.
Wimmer H, Perner J. 1983. Beilief about belief: representation and constraining function of wrong beliefs in young children's understanding of deception. *Cognition*, 13(1): 103-128.
Wimsatt W C. 2007. *Re-engineering Philosophy for Limited Beings*. Cambridge: Harvard University Press.
Winsberg E. 2011. *Science in the Age of Computer Simulation*. Chicago: Chicago University Press.
Wittgenstein L. 1953. *Philosophical Investigations*. Malden: Blackwell.
Witzany G. 2010. Excerpts from the logos of the bios//Favareau D(ed.). *Essential Readings in Biosemiotics*. New York: Springer: 731-750.
Woese C R. 1987. Bacterial evolution. *Microbiological Reviews*, 51(2): 221-271.
Woese C R. 2000. Interpreting the universal phylogenetic tree. *Proceedings of the National Academy of Sciences*, 97(15): 8392-8396.
Woese C R. 2002. On the evolution of cells. *Proceedings of the National Academy of Sciences*, 99(13): 8742-8747.
Wolpert D M. 1997. Computational approaches to motor control. *Trends in Cognitive Sciences*, 1(6): 209-216.
Wood D C. 1992. Learning and adaptive plasticity in unicellular organisms//Squire L R(ed.).

Encyclopedia of Learning and Memory. New York: Macmillan: 623-624.
Woods J (ed.). 2010. *Fictions and Models: New Esseys.* Munich: Philosophia Verlag.
Wrangham R W. 2010. *Catching Fire: How Cooking Made Us Human.* New York: Basic.
Wrathall M A, Malpas J (eds). 2000. *Heidegger, Coping, and Cognitive Science: Essays in Honor of Dreyfus.* Cambridge, Massachusetts, London, England: The MIT Press.
Wynn T. 1993. Layers of thinking in tool behavior//Gibson K, Ingold T (eds.). *Tools Language and Cognition in Human Evolution.* Cambridge: Cambridge University Press: 389-406.
Yaeger L S. 1994. Computational genetics, physiology, metabolism, neural systems, learning, vision, and behavior or Poly World: life in a new context//Langton C (ed.). *Proceedings of the Artificial LifeIII Conference.* Reading: Addison-Wesley: 263-298.
Yarkoni T, Poldrack R A, Nichols T E, et al. 2011. Largescale automated synthesis of human functional neuroimaging data. *Nature Methods*, 8(8): 665-670.
Yuille A, Kersten D. 2006. Vision as Bayesian inference: analysis by synthesis? *Trends in Cognitive Sciences*, 10(7): 301-308.
Zahavi D. 2002. First-person thoughts and embodied self-awareness. *Phenomenology and the Cognitive Sciences*, 1(1): 7-26.
Ziemke T, Zlatev J, Frack R M. 2007. *Body, Language and Mind (vol. 1). Embodiment.* Berlin, New York: Mouton de Gruyter.
Zlatev J. 2009. Levels of meaning, embodiment, and communication. *Cybernetics & Human Knowing*, 16(3/4): 149-174.
Zlatev J. 2009. The semiotic hierarchy: life, consciousness, signs and language. *Cognitive Semiotics*, 4(1): 170-185.
Zwaan R A, Magliano J P, Graesser A C. 1995. Demensions of situation-model construction in narrative comprehension. *Journal of Experimental Psychology: Learning, Memery, and Cognition*, 21(2): 386-397.
Zwaan R A. 2014. Embodiment and language comprehension: reframing the discussion. *Trands in Cognitive Sciences*, 18(5): 229-234.

后　记

　　本书是笔者承担的国家社会科学基金重点项目"科学认知的适应性表征研究"（16AZX006）（2020年2月完成）的成果。该成果结项后，笔者对其做了多次修改和补充，形成了最终的书稿。该书是《科学表征：从结构解析到语境建构》（2017年入选国家哲学社会科学成果文库）的逻辑延展和所发现问题的进一步深化，从酝酿（2013年）到成书（2023年）用了10年，也算是"十年磨一剑"，这把"剑""磨"的怎样，还需读者评判。在做科学表征问题的研究中，笔者逐渐意识到，适应性表征是科学理论的本质属性，具有认知上的根本性和普遍性，也就是说，任何可靠的科学理论，其表征形式一定是与其目标对象相适应的，创造性就体现在表征过程中，因为表征本身就是认知的方式。没有表征，任何新发现和新观念都会落空；没有适应性，表征很可能是不可靠甚至错误的。适应性同时也反映和体现了新一代认知科学主张的具身性。这种人类认知的适应性已得到进化生物学和认知神经科学的证明。

　　沿着适应性表征的思路，笔者进一步推想，人工智能若要达到人类水平，它的表征也应该是适应性的，这就是"人工智能的适应性表征问题"，该问题是笔者下一步要研究的，涉及计算机科学、人工智能、机器人学，其难度是可想而知的。无论如何，在笔者看来，适应性表征是跨越物理层次、生物层次和认知层次的一种共性，而且这种共性从物理层次经生物层次到认知层次是逐渐进化的，智能行为就是适应性表征的结果。更进一步说，认知适应性（如心智）的自主性远高于物理适应性（如热胀冷缩）和生物适应性（适者生存），也就是说，认知适应性拥有主体性（意识、心智）和自治性（自繁殖、自复制），生物适应性则具有主动性（适应环境）和目的性（如生存），而物理适应性仅具有自发性（自组织的物理属性）。因此，适应性是分层次的，不同层次之间

后　记

既有量的变化，也有质的飞跃。质的飞跃就是涌现出了意识、心智和智能。人工智能能否涌现出意识，就要看它的适应性表征能力能够发展到何种程度，如拥有了具身性、情境性和语境性。这很可能是未来的具身人工智能要做的，比如新近的聊天机器人程序 ChatGPT 据说有了像人一样的语境对话能力，这种对话能力在笔者看来就是适应性表征能力。在这里，笔者感谢全国哲学社会科学规划办公室对本研究的大力支持！

魏屹东于山西大学蕴华庄寓所
2023 年 5 月 1 日